MEYERS KLEINES LEXIKON

Meteorologie

MEYERS KLEINE LEXIKA

Allgemeinverständliche Sachlexika
zu ausgewählten Wissensgebieten

Biologie
Geographie
Kunst
Literatur
Musik
Politik
Psychologie
Philosophie
Religionen
Sport
Meteorologie
Ökologie
Geschichte

In Vorbereitung:

Wirtschaft
Chemie
Pädagogik
Tiere
Foto, Film, Video

MEYERS KLEINES LEXIKON

Meteorologie

Herausgegeben und bearbeitet
von Meyers Lexikonredaktion

Wissenschaftliche Bearbeitung:
Prof. Dipl.-Met. Hans Schirmer,
Prof. Dr. Werner Buschner,
Dipl.-Met. Albert Cappel,
Dipl.-Met. Hans Georg Matthäus,
Dipl.-Met. Max Schlegel

Mit Unterstützung
des Deutschen Wetterdienstes

MEYERS LEXIKONVERLAG
Mannheim/Wien/Zürich

Redaktionelle Leitung:
Karl-Heinz Ahlheim
Redaktion:
Dr. Gerd Grill M.A.

CIP-Kurztitelaufnahme der Deutschen Bibliothek

Meyers kleines Lexikon Meteorologie / hrsg. u. bearb. von Meyers Lexikonred. Wiss. Bearb.: Hans Schirmer... [Red. Leitung: Karl-Heinz Ahlheim. Red. Bearb.: Gerd Grill]. - Mannheim; Wien; Zürich: Meyers Lexikonverl., 1987.
(Meyers kleine Lexika)
ISBN 3-411-02661-8

NE: Schirmer, Hans [Bearb.]; Meteorologie

Druck und Einband:
Benziger AG, Graphisches Unternehmen, Einsiedeln
Printed in Switzerland
ISBN 3-411-02661-8

Das Problem der Wettervorhersage

von Werner Buschner[1]

Der Mensch war zu allen Zeiten abhängig vom Wetter. Daran hat auch der technische Fortschritt nichts geändert, wie wir alle in jedem Winter aufs neue leidvoll erfahren, wenn Schneemassen, Eis, Kälte oder wetterbedingte Verkehrsbehinderungen uns zu schaffen machen. Kein Wunder also, wenn das Bedürfnis des Menschen, zu erfahren, wie denn das Wetter am nächsten Tag oder in den nächsten Tagen werden würde, schon immer groß gewesen ist.

Viele Irrwege sind in der Vergangenheit beschritten worden, um dieses Bedürfnis zu befriedigen. Mancher dieser Irrwege ist für einen Menschen unserer Zeit leicht zu durchschauen. So wird niemand im Ernst glauben, daß sich das Wetter alle sieben Jahre genau wiederhole, wie es uns der Hundertjährige Kalender weismachen will. Andererseits hängen auch heute noch viele Menschen an dem Glauben, daß der Mond das Wetter beeinflusse, daß insbesondere ein Mondphasenwechsel einen Wetterumschlag zur Folge habe oder wenigstens begünstige. Dabei ist dieser Irrglaube durch eine einfache Überlegung leicht zu widerlegen. Mondphasen sind bekanntlich auf der ganzen Erde einheitlich. Wenn sich bei Neu- oder Vollmond ein markanter Wetterwechsel einstellen sollte, dann müßte dieser gleichzeitig auf der ganzen Erde eintreten, was aber bei der allgemein bekannten Wetterstruktur völlig ausgeschlossen ist.

Schwieriger zu entkräften ist die Vorstellung, daß man aus Zeichen der Natur, etwa aus dem »ungewöhnlichen« Verhalten von Tieren oder Pflanzen, auf die zukünftige Witterung schließen könne. Aber alle angestellten sorgfältigen Untersuchungen haben ergeben, daß der Zusammenhang gerade umgekehrt ist, d. h. daß das Verhalten von Tieren und Pflanzen nicht vom zukünftigen, sondern vom vergangenen Wetter bestimmt wird.

Oft hört man die Meinung, daß besonders naturverbundene Menschen, etwa Schäfer, Landwirte oder auch Bergbewohner, eine außergewöhnliche Fähigkeit besäßen, das Wetter vorherzusagen. Daß Menschen, die wegen ihrer Abhängigkeit vom Wetter dieses besonders sorgfältig beobachten und darum oftmals zutreffende Aussagen über einen bevorstehenden Wetterumschwung machen können, soll nicht generell bestritten werden. Diesen Aussagen haftet jedoch ein grundsätzlicher Mangel an: Sie sind nicht jederzeit, sondern nur von Fall zu Fall möglich, und sie gelten jeweils nur für einen speziellen Ort und nur für eine sehr begrenzte Zeitspanne.

Die Erkenntnis, daß es nicht möglich ist, auf der Grundlage der Beobachtungen an nur einem Punkt der Erde eine fundierte Wettervorhersage zu

---

[1] Dr. Werner Buschner ist Honorarprofessor für numerische Synoptik an der Johann-Wolfgang-Goethe-Universität in Frankfurt am Main.

machen, setzte sich schon seit Anfang des vorigen Jahrhunderts allmählich durch. Heute weiß man aufgrund theoretischer Beweise, daß im Prinzip sogar die gesamte globale Atmosphäre betrachtet werden muß, wenn eine wissenschaftlich begründete Aussage über die zukünftige Wetterentwicklung gemacht werden soll. Auch wenn man ein noch so großes Stück aus der Atmosphäre herausschneidet, steht man immer vor dem Problem, daß Veränderungen und Störungen aus der Umgebung in der Folge auf den Ausschnitt übergreifen und die Entwicklung beeinflussen.

Natürlich kann man von diesem Grundprinzip bis zu einem gewissen Grad abweichen, wenn man sich von vornherein bei der Vorhersage auf nur kurze Zeitspannen beschränkt und gleichzeitig den Ausschnitt so groß wählt, daß innerhalb der Vorhersagezeit Störungen vom Rand her noch nicht bis zum Vorhersagegebiet vorgedrungen sein können. In der Praxis wird von solchen Einschränkungen vielfältig Gebrauch gemacht, schon allein deshalb, weil die regelmäßige Auswertung der Wetterlage über der gesamten Erdoberfläche zu viel Aufwand erfordern würde. Eine oft benutzte und bewährte Methode ist die Beschränkung auf eine Hemisphäre. Man macht dabei von der Erfahrungstatsache Gebrauch, daß im Äquatorbereich die Änderungen in der Atmosphäre von Tag zu Tag so gering sind, daß die von dort kommenden Störungen nicht so rasch in die Entwicklung des Wetters in den mittleren Breiten eingreifen können.

In der Arbeitsweise unterscheidet man zwei Wege, wie man zu einer Wettervorhersage gelangen kann: die synoptische und die numerische Methode. Bei der *synoptischen Methode* werden alle Arbeitsgänge, das Eintragen der Wettermeldungen in eine Wetterkarte, die Durchführung einer Analyse, die Konstruktion einer Vorhersagekarte und die Ableitung einer Wettervorhersage, von Hand ausgeführt. Dabei werden insbesondere bei der Konstruktion der Vorhersagekarte eine ganze Reihe von empirischen, teils quantitativen, teils qualitativen Regeln sowie Extrapolationen verwendet. Da diese Methode mehr und mehr an Bedeutung verliert, möchte ich hier nicht weiter auf sie eingehen. Dafür soll die numerische Methode etwas näher betrachtet werden:

Kennzeichnend für die *numerische Methode* ist nicht nur, daß sie von der zahlenmäßigen Darstellung einer Wetterlage ausgeht, sondern auch, daß alle obengenannten Arbeitsgänge weitestgehend ohne menschliches Zutun, also automatisiert ablaufen und die Vorhersagekarten allein aufgrund theoretischer Gleichungen berechnet werden.

Die *Automatisierung der Arbeitsgänge* auch außerhalb der eigentlichen Vorhersagerechnung ist durchaus kein Selbstzweck; sie dient vielmehr in erster Linie der Beschleunigung des Verfahrens. Eine Wettervorhersage ist immer auch ein Wettlauf mit der Zeit. Wenn man für das Sammeln der Meldungen eines Beobachtungstermins, für das Eintragen der Meldungen in Karten, für die Erarbeitung einer Analyse, für die Konstruktion einer Vorhersagekarte und für die Erstellung einer Wettervorhersage viele Stunden benötigt, dann ist ein großer Teil der Gültigkeitsspanne der Vorhersage bereits verstrichen, wenn diese veröffentlicht wird. Da gleichzeitig die Güte einer Vorhersage mit zunehmender Vorhersagezeit stetig abnimmt, ist mit der verzögerten Ausgabe auch immer eine Qualitätseinbuße verbunden.

Heute liegen dank des Einsatzes von automatischen Fernmeldeverbindungen die Meldungen eines Termins in einem Bruchteil der Zeit vor, die früher dafür benötigt wurde; sie können unmittelbar der weiteren automatischen Verarbeitung zugeführt werden und so als Grundlage für eine Vorhersagerechnung dienen, die dann wenige Stunden nach dem Beobachtungstermin zur Verfügung steht. Der Zeitgewinn allein hat also bereits eine merkliche Qualitätsverbesserung zur Folge.

Tatsächlich sind die numerischen den synoptischen Vorhersagekarten ohnehin beträchtlich überlegen. Alle objektiv berechneten, die Güte kennzeichnenden Maßzahlen liegen auf einem deutlich höheren Niveau als die der früheren synoptischen Vorhersagekarten. Darüber hinaus zeigen diese Maßzahlen Jahr für Jahr eine steigende Tendenz, ein Zeichen dafür, daß die Bemühungen der Wissenschaftler, die Atmosphäre noch genauer mathematisch-physikalisch zu erfassen, durchaus erfolgreich sind. Allerdings werden zur Bewältigung der dadurch immer komplizierter und umfangreicher werdenden Rechnungen auch immer schnellere und leistungsfähigere Rechenanlagen benötigt.

Trotz allen wissenschaftlichen Fortschritts ist es eine nicht zu bestreitende Tatsache, daß auch heute noch gelegentlich mehr oder weniger unrichtige oder gar falsche Wettervorhersagen vorkommen. Welche Gründe hat dies? Um dieser Frage nachzugehen, ist es notwendig, den Ablauf zur Berechnung einer numerischen Wettervorhersage etwas näher zu betrachten: Am Anfang steht die Erfassung der Ausgangslage. Jedes Ergebnis einer noch so sorgfältigen Berechnung kann nicht genauer sein als die Ausgangswerte. Im Gegenteil, eine Ungenauigkeit in den Ausgangswerten wird sich notwendigerweise in den Ergebnissen langwieriger Berechnungen sogar noch vergrößern. Mit der Genauigkeit der Anfangswerte steht es nun in der täglichen Praxis der numerischen Vorhersagerechnungen nicht zum besten. Zwar gibt es zur Ermittlung des Anfangszustandes ein weltweites, gut organisiertes Beobachtungsnetz; betrachtet man jedoch die Verteilung dieser Beobachtungsstationen, so findet man neben gut besetzten Gebieten, wie etwa Europa oder Nordamerika, große Räume mit wenigen oder gar keinen Stationen wie dünnbesiedelte Landgebiete oder die Ozeane, von denen nur wenige Schiffsbeobachtungen zur Verfügung stehen.

Eine gewisse Abhilfe haben in dieser Beziehung die *meteorologischen Satelliten* geschaffen. Sie liefern nicht nur Wolkenaufnahmen und damit Anhaltspunkte für die Feuchte- und Windverteilung, sondern durch Messung der Strahlungsintensität in verschiedenen Spektralbereichen auch Angaben über die vertikale Temperaturverteilung. So wertvoll diese Beobachtungen und Messungen auch sind, das für die Erfassung einer Wetterlage wichtigste meteorologische Element, der Luftdruck, kann von einem Satelliten aus nicht gemessen werden. Bei der Erfassung der Ausgangslage bleiben also gewisse Abweichungen von der Realität unvermeidlich, die schließlich die Genauigkeit einer Wettervorhersage beeinträchtigen müssen.

Damit eine Rechenanlage Berechnungen durchführen kann, muß ihr der Zustand der kompliziert aufgebauten Atmosphäre durch eine große Anzahl von Zahlenwerten zur Verfügung gestellt werden. Man benutzt dazu ein *dreidimensionales Gitternetz,* dessen Gitterpunkte in der Horizontalen im allgemeinen einen Abstand von einigen hundert Kilometern haben. Nur an den Gitterpunkten dieses Netzes sind der Rechenanlage die meteorologischen Elemente bekannt. Die wirkliche Atmosphäre wird also stark vereinfacht als ein Gerippe von Gitterwerten dargestellt, die die Erdoberfläche überdecken. Alle Erscheinungen und Vorgänge, deren Größenordnung nicht deutlich über der des Gitterabstandes liegt, können also weder in der Anfangslage erkannt noch durch Berechnungen vorhergesagt werden. Das heißt, daß alle kleinräumigen Wettererscheinungen, wie etwa Gewitterherde, lokale Luftzirkulationen oder enger begrenzte Schlechtwettergebiete, von numerischen Vorhersagen grundsätzlich nicht angegeben werden können.

Hinzu kommt, daß die komplizierten atmosphärischen Prozesse in diesem relativ groben Raster ebenfalls nur unvollkommen, also in »verstümmelter« Form, berechnet werden können. Die daraus entstehenden Fehler, die nie ganz zu vermeiden sind, nehmen natürlich mit fortschreitender Vorhersagezeit zu. Sie hängen stark vom Abstand der Gitterpunkte ab: Je enger ein Gitternetz ist, um so geringer werden sie. Man ist daher bestrebt, den Gitterabstand immer mehr zu verringern. Dies vermehrt aber beträchtlich die Zahl der Gitterpunkte und damit den erforderlichen Rechenaufwand, so daß man bald an eine Grenze stößt, jenseits welcher die Vorhersagerechnung nicht mehr in einer erträglichen Zeit durchgeführt werden kann.

Neben diesen auf die Unsicherheit der Ausgangslage und die mathematischen Rechenverfahren zurückzuführenden Ungenauigkeiten stehen Fehlerquellen, die mit der Behandlung der *in der Atmosphäre vor sich gehenden physikalischen Prozesse* verbunden sind. Zu diesen Prozessen gehören vornehmlich alle Vorgänge, die sich in der untersten Schicht der Atmosphäre, die unmittelbar mit der Erdoberfläche in Berührung steht, abspielen. Von der Erdoberfläche aus wird der Atmosphäre Wärme und Feuchtigkeit zugeführt. Die Erdoberfläche liefert damit die Antriebsenergie, mit der die atmosphärischen Bewegungsvorgänge in Gang gehalten werden. Es ist deshalb von besonderer Bedeutung, die Wärme- und Feuchteübergänge an der Erdoberfläche möglichst genau zu berechnen. Dies ist jedoch sehr schwierig, da hier die lokalen Verhältnisse ebenso eine Rolle spielen wie zum Beispiel die Schwankungen der Sonneneinstrahlung und der nächtlichen Ausstrahlung durch wechselnde Bewölkung, die Schichtung der Atmosphäre und der Wind. Das Hauptproblem liegt dabei darin, daß alle diese komplexen Vorgänge in einem sehr kleinräumigen, zum Teil mikrophysikalischen Größenbereich ablaufen und in dem vorgegebenen Gitternetz gar nicht im einzelnen berechnet werden können. Man muß sich vielmehr darauf beschränken, nur ihre pauschale Wirkung zu erfassen, indem man Beziehungen zwischen ihnen und den großräumig bekannten meteorologischen Größen ableitet und benutzt. Da dies nur in relativ großzügiger Weise erfolgen kann, sind Ungenauigkeiten unvermeidlich.

Wenn man sich alle geschilderten Fehlerquellen und Unsicherheiten vor Augen hält, kann man über die hohe Qualität der heutigen Vorhersagen nur staunen. Trotzdem arbeiten Wissenschaftler in vielen Ländern intensiv an den noch offenen Problemen weiter. Allerdings liegt die Frage nahe, ob es natürliche Grenzen für die Genauigkeit und die zeitliche Ausdehnung der Wettervorhersage gibt.

Sicherlich läßt sich die Natur nicht alle ihre Geheimnisse entreißen. So wird es immer eine klare Grenze der Vorhersagbarkeit für engbegrenzte, lokale Wetterereignisse geben. Zeit und Ort eines einzelnen Schauers bei einer Schauerwetterlage wird man niemals vorhersagen können, da hierbei der Zufall eine entscheidende Rolle spielt.

Andererseits gibt es auch eine äußerste zeitliche Grenze, bis zu der Wettervorhersagen möglich sind. Nach neuesten Forschungsergebnissen dürfte diese bei etwa zwei bis drei Wochen liegen. Untersuchungen auf diesem Gebiet müssen davon ausgehen, daß in der Atmosphäre Vorgänge in ganz verschiedenen Größenordnungen auftreten, von Wellen kontinentalen Ausmaßes bis herunter zu den kleinsten Wirbeln und sogar zu molekularen Bewegungsvorgängen. Alle diese Prozesse beeinflussen sich gegenseitig; zwischen ihnen gibt es Wechselwirkungen und Energieübergänge. Besonders wichtig sind dabei wieder die kleinräumigen Vorgänge, die – wie schon erwähnt – von vornherein bei den Rechnungen in einem Gitternetz gar nicht erfaßt werden können. Sie beeinträchtigen im Laufe der Vorhersagezeit die wesentlichen großräumigen Entwicklungen, bis diese völlig überwuchert sind.

Natürlich sind die zur Zeit verfügbaren Wettervorhersagen von dieser äußersten Grenze von zwei bis drei Wochen noch weit entfernt; sie sind bestenfalls bis zu einer Frist von etwa sechs bis sieben Tagen brauchbar. Es gibt also noch genügend Spielraum für weitere wissenschaftliche Forschungen und Fortschritte auf diesem Gebiet. Da die Ergebnisse dieser Forschungen in Gestalt einer verbesserten Wettervorhersage jedermann zugute kommen werden, verdienen sie und damit auch das gesamte Gebiet der meteorologischen Wissenschaft in besonderem Maße das Interesse einer breiten Öffentlichkeit.

Die Zeichen der Internationalen Lautschrift

Bei schwer auszusprechenden Stichwörtern ist im Stichwortkopf in eckigen Klammern die korrekte Aussprache in phonetischer Umschrift angegeben. Die Ausspracheangaben bedienen sich der folgenden Zeichen des Internationalen Phonetischen Alphabets (IPA):

a	helles bis mittelhelles a	hat [hat], Rad [ra:t]
ɑ	dunkles a	Father *englisch* ['fɑ:ðə]
æ	sehr offenes ä	Catch *englisch* [kætʃ]
ʌ	abgeschwächtes dunkles a	Butler *englisch* ['bʌtlə]
aɪ	ei-Diphthong	reit! [raɪt]
aʊ	au-Diphthong	Haut [haʊt]
b	b-Laut	Bau [baʊ]
ç	Ich-Laut	ich [ɪç]
d	d-Laut	Dampf [dampf]
ð	stimmhafter englischer th-Laut	Father *englisch* ['fɑ:ðə]
dʒ	dsch-Laut („weich")	Gin [dʒɪn]
e	geschlossenes e	lebt [le:pt]
ɛ	offenes e	hätte ['hɛtə]
ɛ̃	nasales [ɛ]	Teint [tɛ̃:]
ə	Murmellaut	halte ['haltə]
f	f-Laut	fast [fast]
g	g-Laut	Gans [gans]
h	h-Laut	Hans [hans]
i	geschlossenes i	Elisa [e'li:za]
i̯	unsilbisches [i]	Mario *italienisch* ['ma:ri̯o]
ɪ	offenes i	bist [bɪst]
ɨ	zwischen [i] und [u] ohne Lippenrundung	Gromyko *russisch* [gra'mɨkɐ]
j	j-Laut	just [just]
k	k-Laut	kalt [kalt]
l	l-Laut	Last [last]
ʎ	lj-Laut	Sevilla *spanisch* [se'βiʎa]
m	m-Laut	man [man]
n	n-Laut	Nest [nɛst]
ŋ	ng-Laut	lang [laŋ]
ɲ	nj-Laut	Champagne *französisch* [ʃɑ̃'paɲ]
o	geschlossenes o	Lot [lo:t]
õ	nasales o	Bon [bõ:]
ɔ	offenes o	Post [pɔst]
ø	geschlossenes ö	mögen ['mø:gən]
œ	offenes ö	könnt [kœnt]
œ̃	nasales ö	Parfum [par'fœ̃:]
ɔʏ	eu-Laut	heute ['hɔʏtə]
p	p-Laut	Pakt [pakt]

pf	pf-Laut	Pfau [pfaʊ]
r	r-Laut	Rast [rast]
s	ß-Laut („scharf")	Rast [rast]
ʃ	sch-Laut	schalt! [ʃalt]
t	t-Laut	Tau [taʊ]
θ	stimmloser englischer th-Laut	Commonwealth *engl.* ['kɔmənwɛlθ]
ts	z-Laut	Zelt [tsɛlt]
tʃ	tsch-Laut	Matsch [matʃ]
u	geschlossenes u	Kur [ku:r]
u̯	unsilbisches [u]	Capua *italienisch* ['ka:pu̯a]
ʊ	offenes u	Pult [pʊlt]
v	w-Laut	Wart [vart]
w	konsonantisches u	Winston *englisch* ['wɪnstən]
x	Ach-Laut	Bach [bax]
y	ü-Laut	Tüte ['ty:tə]
ʏ	offenes ü	rüste ['rʏstə]
ɥ	konsonantisches ü	Suisse *französich* [sɥis]
z	s-Laut („weich")	Hase ['ha:zə]
ʒ	sch-Laut („weich")	Genie [ʒe'ni:]
ʼ	Kehlkopfverschlußlaut	Verein [fɛr'ʼaɪn]
:	Längenzeichen, bezeichnet Länge des unmittelbar davor stehenden Vokals	bade ['ba:də]
'	Hauptbetonung, steht unmittelbar vor der betonten Silbe; wird nicht gesetzt bei einsilbigen Wörtern und nicht, wenn in einem mehrsilbigen Wort nur ein silbischer Vokal steht.	Acker ['akər], Apotheke [apo'te:kə]; Haus [haʊs]; Johnson *englisch* [dʒɔnsn]
-	Bindestrich, bezeichnet Silbengrenze	Wirtschaft ['vɪrt-ʃaft]

Zur Einrichtung des Lexikons

Die Hauptstichwörter stehen in streng alphabetischer Folge und sind in **fetter Groteskschrift** gesetzt. Unterstichwörter im fortlaufenden Text sind in **halbfetter Grundschrift** gesetzt. Derartige Unterstichwörter erscheinen an der jeweiligen alphabetischen Stelle zugleich als Verweisstichwörter in fetter Groteskschrift (**A** ↑B oder **A**: svw. ↑B). Zur besseren Übersicht und zur Gliederung des Stoffes sind besonders in größeren Artikeln manche Wörter oder Wortfolgen *kursiv* hervorgehoben.

Hat ein Stichwort mehrere, stark voneinander abweichende Bedeutungen, werden diese durch das Zeichen ◇ differenziert.

Betonung und Aussprache

Bei Fremdwörtern wird die Hauptbetonungsstelle angegeben; dabei kennzeichnet ein untergesetzter Punkt eine betonte Kürze, ein untergesetzter Strich eine betonte Länge. Schwer auszusprechende Fremdwörter (in Ausnahmefällen auch deutschstämmige Wörter) erhalten im Stichwortkopf Ausspracheangaben in der Internationalen Lautschrift (siehe nebenstehende Tabelle); in diesen Fällen erhält das Stichwort selbst keine Betonungsangabe.

Sprachblock

Alle nicht zusammengesetzten fremdwörtlichen Stichwortartikel (in Ausnahmefällen auch deutschstämmige Stichwörter) erhalten im Stichwortkopf einen sog. Sprachblock, der im Idealfall alle folgenden Elemente aufweist.

1. Bei Substantiven steht unmittelbar hinter dem Stichwort, mit Komma angeschlossen, die Genusangabe (der, die, das); bei Stichwörtern in der Mehrzahlform steht entsprechend: die (Mehrz.).
   Alle übrigen Elemente des Sprachblocks sind in eckigen Klammern zusammengefaßt. Sie stehen dabei, falls ihre Position im einzelnen besetzt ist, immer in der gleichen Reihenfolge, voneinander durch das Zeichen ‖ deutlich getrennt, und zwar:
2. Aussprache in Internationaler Lautschrift;
3. Angabe der Einzahlform bei pluralischen Substantiven (Einz.: ...);
4. Herkunftsangaben (Etymologie);
5. Standardabkürzung für das Stichwort (Abk.: ...);
6. Zeichen und Symbole;
7. Hinweise auf abgeleitete Wortbildungen, die im Kontext oder als selbständige Stichwörter vorkommen (Abl.: ...);
8. Anführung von Synonymen (Syn.) und Schreibvarianten.

Fremdsprachliche Wortelemente, die im Lexikonteil als Bestimmungs- oder Grundwörter von Zusammensetzungen oder in abgeleiteten Bildungen häufiger vorkommen, werden als selbständige Stichwörter mit entsprechenden Beispielen abgehandelt (z. B. photo-, -logie).

Abkürzungen

Abgekürzt werden die Stichwörter im fortlaufenden Text mit ihren Anfangsbuchstaben; dabei gelten die Buchstabenfolgen ch., ph., qu., sch., st. und th. als Einheit. In den gebeugten Formen der Einzahl und Mehrzahl werden die Beugungsendungen an die Stichwortabkürzung angehängt. Im übrigen werden folgende Abkürzungen verwendet (die abgekürzten Sprachangaben gewöhnlich nur im Stichwortkopf bei den Herkunftsangaben):

Abb.	Abbildung
Abk.	Abkürzung
Abl.	Ableitung(en)
ahd.	althochdeutsch
allg.	allgemein
amerik.	amerikanisch
aram.	aramäisch
Bed.	Bedeutung(en)
bes.	besonders, besondere
Bez.	Bezeichnung(en)
BR Deutschland	Bundesrepublik Deutschland
bzw.	beziehungsweise
chin.	chinesisch
d. h.	das heißt
dt.	deutsch
eigtl.	eigentlich
einschl.	einschließlich
Einz.	Einzahl
engl.	englisch
finn.	finnisch
frz.	französisch
gleichbed.	gleichbedeutend
griech.	griechisch
hebr.	hebräisch
hpts.	hauptsächlich
indian.	indianisch
insbes.	insbesondere
internat.	international
italien.	italienisch
jap.	japanisch
Jh.	Jahrhundert
Kurzbez.	Kurzbezeichnung
lat.	lateinisch
Mehrz.	Mehrzahl
mex.	mexikanisch
mhd.	mittelhochdeutsch
Mill.	Million(en)
mlat.	mittellateinisch
Mrd.	Milliarde(n)
N	Norden, Nord-
nat.	national
n. Br.	nördliche Breite
n. Chr.	nach Christus
niederl.	niederländisch
nlat.	neulateinisch
NNO	Nordnordosten
nnö.	nordnordöstlich
NNW	Nordnordwesten
nnw.	nordnordwestlich
NO	Nordosten, Nordost-
nö.	nordöstlich
norw.	norwegisch
NW	Nordwesten, Nordwest-
nw.	nordwestlich
O	Osten, Ost-
ö. L.	östliche Länge
ONO	Ostnordosten
onö.	ostnordöstlich
OSO	Ostsüdosten
osö.	ostsüdöstlich
österr.	österreichisch
poln.	polnisch
portugies.	portugiesisch
russ.	russisch
S	Süden, Süd-
s.	siehe
Sammelbez.	Sammelbezeichnung
sanskr.	sanskritisch
s. Br.	südliche Breite
skand.	skandinavisch
SO	Südosten, Südost-
sö.	südöstlich
sog.	sogenannt
span.	spanisch
SSO	Südsüdosten
ssö.	südsüdöstlich
SSW	Südsüdwesten
ssw.	südsüdwestlich
svw.	soviel wie
SW	Südwesten, Südwest-
sw.	südwestlich
Syn.	Synonym(e)
Tab.	Tabelle
u. a.	und andere(s), unter anderem
u. ä.	und ähnliches
u. d. M.	unter dem Meeresspiegel
ü. d. M.	über dem Meeresspiegel
v. a.	vor allem
v. Chr.	vor Christus
vgl.	vergleiche
W	Westen, West-
wiss.	wissenschaftlich
w. L.	westliche Länge
WNW	Westnordwesten
wnw.	westnordwestlich
WSW	Westsüdwesten
wsw.	westsüdwestlich
Zus.	Zusammensetzung(en)

Zeichen

↑ siehe   * geboren   † gestorben

A

a- [aus gleichbed. griech. a-, an-, dem sog. Alpha privativum]: Präfix, das den Begriffsinhalt des folgenden Wortbestandteils verneint; entspricht dem dt. Präfix un-; z. B. axeromerisch. – Vor Vokalen und h erweitert zu: **an-;** z. B. anisobar (↑ anisobarer Massenfluß).

Abenddämmerung ↑ Dämmerung.

Abendrot: abendliche Dämmerungserscheinung, die durch ein Überwiegen des roten Anteils im Sonnenlicht hervorgerufen wird (entsprechend morgens das **Morgenrot**). Mit sinkender Sonne verlängert sich der Lichtweg der Sonnenstrahlung; der kurzwellige Anteil des Sonnenlichts wird durch Streuung an Luftmolekülen, Staub- und Dunstteilchen mehr und mehr herausgefiltert, so daß nur noch der rote, längerwellige Anteil übrigbleibt.

Abflauen: das Schwächerwerden des Windes; im allg. bei Windstärken unter 6 (↑ Beaufortskala) benutzter Begriff.

Abfluß: Gesamtheit aller Vorgänge (Landschaftsoberflächen-A., Flußbett-A., bodeninnerer A., Grundwasser-A.), die das aus der Atmosphäre als Niederschlag auf die Landoberfläche gelangte Wasser dem Ozean wieder zuführen, aus dem es durch Verdunstung entstanden ist.

Abflußbahn: svw. ↑ Abflußschneise.

Abflußjahr [Syn.: hydrologisches Jahr]: in Abweichung vom Kalenderjahr festgelegter Zeitraum zur besseren zeitlichen Erfassung hydrologischer Vorgänge. In Deutschland umfaßt das A. die Zeit vom 1. November bis 31. Oktober; es wird mit der Jahreszahl desjenigen Kalenderjahres belegt, in das die Monate Januar bis Oktober fallen.

Abflußschneise [Syn.: Abflußbahn]: natürliche oder künstliche Bahn mit entsprechendem Gefälle für den Abfluß lokal gebildeter Kaltluft vom ↑ Kaltlufteinzugsgebiet in das zugehörige ↑ Kaltluftsammelgebiet.

Abgasfahne: Ableitung von Abgasen über Schornsteine zur Erreichung eines ungestörten Abtransports der Abgase mit der freien Luftströmung; Höhe des Schornsteins mindestens 10 m. Die Ausprägung der A. ist abhängig vom Innendurchmesser und von der Höhe des Schornsteins, von der Temperatur des Abgases an der Mündung, vom Volumenstrom des Abgases, von der Windrichtung und -geschwindigkeit sowie von den ↑ Ausbreitungsbedingungen. **Abgase** sind Trägergase mit festen, flüssigen oder gasförmigen Emissionen von industriellen Feuerungen, Hochöfen oder Verbrennungsmotoren, v. a. Stickstoff, Wasserdampf, Kohlen- und Schwefeldioxid, z. T. Kohlenmonoxid.

abgeleitete Temperatur: aus der konventionellen Lufttemperatur abgeleiteter, für praktische Bedürfnisse der angewandten Klimatologie modifizierter Temperaturbegriff; z. B. ↑ Gradtagzahl, ↑ Flughafenbezugstemperatur.

abgesetzte Niederschläge: Formen des Niederschlags in flüssigem oder festem Zustand, die unmittelbar an der Erdoberfläche, an Pflanzen oder Gegenständen entstehen, wenn diese kälter als die sie umgebende Luft sind (z. B. ↑ Nebelfrost, ↑ Reif, ↑ Tau).

Abgleiten: schräg abwärts gerichtete Luftbewegung in der freien Atmosphäre in einer geneigten ↑ Gleitfläche oder oberhalb einer ↑ Frontfläche.

Abgleitfläche: geneigte ↑ Gleitfläche, über der Luft schräg abwärts gleitet. A.n sind im allg. nur wenig gegenüber der Horizontalen geneigt.

Abgleitfront [Syn.: Katafront]: eine ↑ Front, über deren Frontfläche nach den Vorstellungen der ↑ norwegischen Schule wärmere Luft schräg abgleitet. Je nach der Bewegung der Frontfläche relativ zur Erdoberfläche können A.en Kalt- oder Warmfronten sein. Im Falle einer Warmfront fließt die unter der Frontfläche liegende Kaltluft rascher ab, als die darüberliegende Warmluft nachströmt. Bei einer Kaltfront gleitet die zurückweichende Warmluft über die Frontfläche rascher ab, als die darunter liegende Kaltluft nachstößt. In beiden Fällen führt die abwärts gerichtete Bewegung in der Warmluft zu einer adiabatischen Erwärmung und damit zu einer Abnahme der relativen Feuchte und zur Wolkenauflösung.

Abgleitinversion: ↑Inversion, die durch Abgleiten einer über einer Abgleitfläche liegenden Warmluft entsteht. Da die abgleitende Warmluft sich adiabatisch erwärmt und austrocknet, ist eine A. mit einem Rückgang der relativen Feuchte verbunden. Die Vertikalverteilung von Temperatur und Feuchte entspricht derjenigen einer ↑Absinkinversion.

Abkühlung: die Temperaturabnahme im Laufe der Zeit; sie kann durch Ausstrahlung, durch Advektion kalter Luftmassen, durch dynamische Vorgänge in der freien Atmosphäre oder durch Verdunstungsvorgänge bedingt sein.

Abkühlungsgesetz ↑Newton-Abkühlungsgesetz.

Abkühlungsgröße: eine von den Umgebungsbedingungen abhängige Wärmemenge, die im Rahmen des menschlichen Wärmehaushaltes unter den gegebenen atmosphärischen Verhältnissen (Temperatur, Feuchte, Windgeschwindigkeit, Strahlung) pro Zeit- und Flächeneinheit der Körperoberfläche ab- oder zugeführt wird; meist als turbulenter Wärmefluß, berechnet aus Temperatur und Windgeschwindigkeit. Messungen erfolgen mit ↑Katathermometer oder ↑Frigorimeter. – ↑auch thermischer Wirkungskomplex, ↑Wind-chill-Index.

Abkühlungsnebel: eine Nebelart (↑Nebelklassifikation).

Ablagerungen: Bez. für die Ausscheidung des Wasserdampfgehaltes der Luft an festen Gegenständen der Erdoberfläche in flüssiger (↑Tau) oder fester Form (↑Reif, ↑Nebelfrost).

ablandiger Wind: an der Küste oder am Ufer größerer Seen ein Wind vom Land zum Wasser; bei der Land- und Seewindzirkulation der nächtliche Landwind. – Gegensatz: ↑auflandiger Wind.

Ablation, die [zu lat. auferre, ablatum = forttragen, entfernen]: das Abschmelzen und Verdunsten von Eis und Schnee, speziell an Gletscheroberflächen, durch Einwirkung von Sonnenstrahlung, Regen, Wind, warmer oder trockener Luft. Entsprechend der unterschiedlichen Widerstandsfestigkeit von Firn und Eis gegenüber den Tauprozessen entstehen charakteristische Schmelz- bzw. Ablationsformen (u. a. ↑Büßerschnee).

Ablationsperiode: 1. *allg.* der Zeitraum zwischen Beginn und Ende des Verschwindens von Schnee und Eis aufgrund von Abschmelz- und Verdunstungsvorgängen; 2. auf eine *Schneedecke* bezogen die Zeitspanne zwischen einem Maximum und dem darauffolgenden Minimum des ↑Wasseräquivalents der Schneedecke innerhalb einer Schneedeckenperiode, d. h. eines Zeitraums von ununterbrochen aufeinanderfolgenden Tagen mit einer Schneedecke.

Ablenkung des Windes: eine v. a. durch äußere Einflüsse verursachte Abweichung des Windes von der Richtung des ↑Gradientwindes. Die regelmäßig auftretende Ablenkung in der bodennahen Luftschicht wird durch die Reibung verursacht. Hierfür gibt es verschiedene Berechnungsmethoden (z. B. ↑Guldberg-Mohn-Reibung). Daneben gibt es im lokalen Bereich zahlreiche Fälle von Ablenkung durch orographische Gegebenheiten; so führen Gebirgsränder, Täler und auch Steilküsten zu einer Angleichung der Windrichtung an die vorgegebenen orographischen Strukturen.

Ablenkungswinkel: Winkel zwischen der Richtung des ↑Gradientwindes und dem beobachteten Wind. Der A. am Boden kann sehr unterschiedlich sein; er hängt von der Bodenrauhigkeit, der vertikalen Stabilität und von der Windgeschwindigkeit ab. Als Mittelwerte gelten im allg. über See (wegen geringer Reibung) 10–20°, über Land 30–50°.

Abschnürungsprozeß: Bildung eines Höhentiefs aus einem Höhentrog (↑Cut-off-Prozeß).

Absinken: eine abwärts gerichtete Luftbewegung in der freien Atmosphäre.

Ursachen sind entweder großräumige dynamische Prozesse, wie z. B. divergente Strömungsverteilung in den unteren Schichten von Hochdruckgebieten und das dadurch bedingte Nachsinken in der Höhe, oder kleinräumige Kompensationsströme, wie sie z. B. aus Kontinuitätsgründen in wolkenfreien Räumen zwischen Konvektionswolken notwendig sind. Die auftretenden Absinkgeschwindigkeiten sind im Bereich von Hochdruckgebieten mit Größenordnungen von wenigen cm/s sehr klein; sie erreichen nur in der Umgebung von intensiven zyklonalen Entwicklungen wesentlich höhere Werte.

Absinkinversion: ↑Inversion, die an der Untergrenze einer absinkenden Luftschicht entsteht; wegen der adiabatischen Erwärmung und der Austrocknung der absinkenden Luft ist sie immer durch einen markanten Rückgang der relativen Feuchte mit der Höhe charakterisiert. A.en sind eine sehr verbreitete Erscheinung v. a. bei antizyklonalem Wetter und in der kalten Jahreszeit. Sie liegen am häufigsten in einer Höhe von 800 bis 1 200 m und haben eine vertikale Erstreckung von wenigen hundert Metern.

Absinkkurve: Temperaturkurve in einem thermodynamischen Diagrammpapier, längs der sich ein Luftpaket bewegt, wenn es ohne Zufuhr oder Verlust von Wärme absinkt. Wenn es sich um ein trockenes oder ungesättigt feuchtes Luftpaket handelt, ist die A. identisch mit der durch den Ausgangspunkt verlaufenden Trockenadiabate. Besteht das Luftpaket aus Wolkenluft, so verdunsten zunächst bei steigender Temperatur die im Paket enthaltenen Wolkentröpfchen; die dem Luftpaket entzogene Verdampfungswärme führt zu einem geringeren Temperaturanstieg, der durch die Feuchtadiabate durch den Ausgangspunkt gegeben ist. Nach Verdunstung aller Tröpfchen folgt das Luftpaket dann der Trockenadiabate.

absolute Extreme: die an einem Ort oder in einer Region seit dem Beginn regelmäßiger Instrumentenmessungen (bzw. bei einer Klimastation seit Eröffnung der Station), also innerhalb eines möglichst langen Zeitraums, bisher aufgetretenen höchsten **(absolutes Maximum)** und tiefsten Werte **(absolutes Minimum)** eines meteorologischen Elements. – ↑auch absolute Temperaturextreme.

absolute Feuchte: Maß für den Wasserdampfgehalt der Luft; die a. F. ist das Gewicht (in g) des in 1 m^3 feuchter Luft enthaltenen Wasserdampfs.

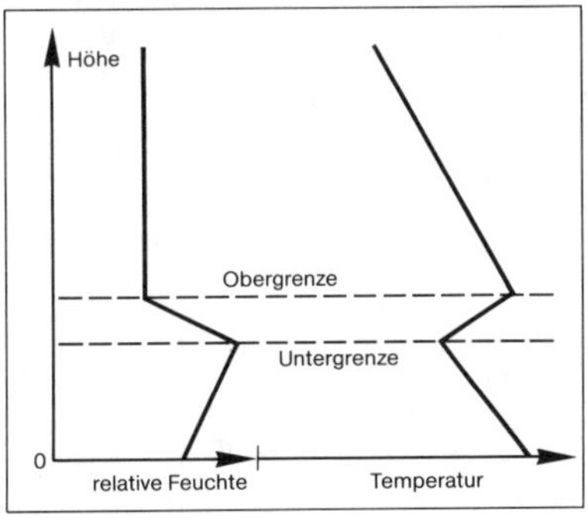

Absinkinversion

absolute Häufigkeit: Zahl, die angibt, wie oft ein bestimmtes meteorologisches Ereignis (z. B. Zahl der Tage mit Frost) in einem vorgegebenen Zeitraum auftritt.

absoluter Nullpunkt: die nach den Gesetzen der Thermodynamik, insbes. von der Temperaturabhängigkeit des Volumens der Gase bei konstantem Druck, tiefstmögliche Temperatur, bei der die mittlere Bewegungsenergie der Moleküle und das Volumen eines Gases null werden. Dem absoluten Nullpunkt ist der Temperaturwert 0 K zugeordnet (↑Kelvin-Skala, ↑absolute Temperatur). Da ein Gas bei Temperaturerniedrigung um 1 K sein Volumen um $^1/_{273}$ verringert, entspricht dem absoluten Nullpunkt auf der Celsius-Skala der Wert −273,15 °C.

absolute Temperatur: aus thermodynamischen Gesetzmäßigkeiten abgeleiteter Temperaturbegriff. Zur a.n T. gelangt man durch folgende Überlegung: Kühlt man ein Gas soweit ab, daß die thermische Bewegung seiner Moleküle aufhört, so erreicht es einen Grenzwert der Temperatur, den sog. ↑absoluten Nullpunkt. Dieser wird als unterer ↑Fixpunkt der Temperaturskala definiert. Die auf den absoluten Nullpunkt bezogene Temperatur wird in Kelvin (Einheitenzeichen K) angegeben. – ↑auch Kelvin-Skala.

absolute Temperaturextreme: an einem Ort oder in einer Region seit dem Beginn regelmäßiger Instrumentenmessungen, also innerhalb eines möglichst langen Zeitraums, aufgetretene höchste **(absolutes Maximum)** bzw. tiefste **(absolutes Minimum)** Werte der Temperatur.

BR Deutschland: absolutes Maximum 40,2 °C (Gärmersdorf bei Amberg am 27. Juli 1983), absolutes Minimum −37,8 °C (Hüll in Niederbayern am 12. Februar 1929).

Gesamte Erde: absolutes Maximum 58,0 °C (Al Asisia, Libyen; 13. September 1922), absolutes Minimum −89,2 °C (Station Wostok, Antarktis, am 21. Juli 1983).

absolute Topographie ↑Topographie.

absolute Vorticity, die [vɔrˈtɪsɪti: ‖ engl. vorticity = Wirbeligkeit ‖ Syn.: absolute Wirbelgröße]: Maß der Drehbewegung eines in einer Luftströmung mitgeführten Luftteilchens um seine vertikale Achse. Die Drehbewegung setzt sich aus zwei Anteilen zusammen: Einerseits kann sich ein Luftteilchen relativ zur Erdoberfläche (in einem mit der Erde fest verbundenen Koordinatensystem) um seine vertikale Achse drehen; diesen Anteil nennt man ↑relative Vorticity. Andererseits führt ein Luftteilchen auch mit der rotierenden Erde eine Drehbewegung aus. So dreht sich ein am Pol in Ruhe liegendes Teilchen am Tage einmal um seine vertikale Achse.

Mit abnehmender geographischer Breite wird dieser durch die Erdrotation hervorgerufene Anteil der Drehbewegung immer geringer; am Äquator verschwindet er, da hier die Drehachse der Erdrotation senkrecht auf der vertikalen Achse des Luftteilchens steht und keinen Beitrag mehr zu dessen Drehung liefern kann. Die Summe dieses Anteils der Erdrotation und der relativen Vorticity wird als a. V. bezeichnet. Da der Anteil der Erdrotation nur von der geographischen Breite abhängt, ist dieser bei rein zonalen Strömungen konstant. Änderungen der a. V. werden dann nur von Änderungen der relativen Vorticity bedingt.

Aus theoretischen strömungsdynamischen Gründen muß die a. V. immer positiv sein, wenn die Strömung stabil sein soll. Da der Anteil der Erdrotation positiv ist, die relative Vorticity aber positiv oder negativ sein kann, existiert ein Grenzwert für die (negative) relative Vorticity. Aus diesem Grund können z. B. Hochdruckgebiete nicht unbegrenzt anwachsen und die antizyklonale Krümmung und Scherung an deren Rändern ein bestimmtes (von der Windgeschwindigkeit abhängiges) Maß nicht überschreiten.

Absolutmessung: die direkte Bestimmung des Wertes einer physikalischen Meßgröße mit Hilfe der Verfahren, die zur Festlegung der verwendeten Einheit vorgeschrieben sind. So erfolgt z. B. die A. einer Länge durch Vergleich mit Lichtwellenlängen unter Verwendung eines Interferenzkomparators. Dagegen bedeutet **Relativmessung** die Bestimmung des Wertes einer Meßgröße durch Vergleich mit einer gleichartigen physikalischen Bezugsgröße. In der Strahlungsmessung beispielsweise sind ↑Pyrheliometer **Absolutmeßgeräte** der Sonnenstrahlung; im Gegensatz zu ↑Aktinometern, die **Relativmeßgeräte** darstellen.

Absorption, die [zu lat. absorbere, absorptum = hinunterschlürfen, verschlucken]: Vorgang, bei dem die auf ein Medium (Gas, Festkörper) einfallende Strahlung von diesem zurückgehalten (geschwächt) und in Wärme oder eine andere Energieform umgewandelt wird. – ↑auch Strahlungsabsorption, ↑Absorptionsbanden.

Absorptionsbanden: bestimmte Wellenlängenbereiche eines *Strahlungsspektrums* (Sonnenstrahlung, terrestrische Strahlung), in denen die Strahlung selektiv absorbiert (geschwächt) oder sogar ausgelöscht wird. In der Atmosphäre wird eine selektive Absorption hpts. durch Ozon (unterhalb 0,3 µm), Kohlendioxid (etwa bei 2,7, bei 4,3 und 15 µm) und Wasserdampf (etwa bei 5 bis 8 und über 20 µm) verursacht. Bedeutend schwächere A. besitzen u. a. die Spurengase Methan, Distickstoffoxid und Fluortrichlormethan. Ihre z. T. im sog. Wasserdampffenster (↑atmosphärische Fenster) liegenden A. könnten langfristig die thermische Struktur der Atmosphäre mit beeinflussen. – ↑auch Strahlungsabsorption.

Absorptionsgrad: Verhältnis der von einer Oberfläche absorbierten Strahlungsflußdichte (↑Strahlungsfluß) zur Strahlungsflußdichte eines ↑schwarzen Körpers.

Absorptionshygrometer: meteorologisches Instrument zur Messung der ↑absoluten Feuchte; Meßprinzip: Eine Luftmenge bekannten Volumens wird durch stark absorbierende hygroskopische Stoffe (z. B. Schwefelsäure, Chlorcalcium) hindurchgeleitet. Dabei wird ihr der Wasserdampf völlig entzogen; dies führt zu einer Gewichtszunahme der absorbierenden Substanz. Beträgt das hindurchgeleitete Luftvolumen genau 1 m³ der Temperatur 0 °C bei Normaldruck (1 013,25 hPa), so liefert die mit einer Waage bestimmte Gewichtszunahme sofort die absolute Feuchte.
Wegen seiner großen Meßgenauigkeit wird das A. manchmal zur Prüfung und Eichung von Hygrometern und Psychrometern verwendet.

Absorptionskoeffizient: Maß für die Abnahme der Strahlungsintensität beim Durchgang durch ein absorbierendes Medium (z. B. die Atmosphäre). Der A. wird häufig auch als **Extinktionskoeffizient** bezeichnet, v. a. dann, wenn beim Durchgang der Strahlung durch ein absorbierendes Medium eine zusätzliche, merkliche Schwächung der Strahlung infolge Streuung eintritt (↑Bouguer-Lambert-Beer-Gesetz).

Absorptionslinien: Linien eines ↑Absorptionsspektrums.

Absorptionsspektrum: diejenigen Bereiche eines Strahlungsspektrums (Sonnenstrahlung, terrestrische Strahlung), in denen die durch ein Medium (z. B. Atmosphäre) dringende Strahlung von dessen Gasbestandteilen in bestimmten Wellenlängenbereichen absorbiert (geschwächt) wird; im Energiespektrum der Strahlung treten dann einzelne **Absorptionslinien** oder ↑Absorptionsbanden auf. In der Meteorologie spielen v. a. die Absorptionsbanden von Ozon, Wasserdampf und Kohlendioxid eine Rolle.

Absteigen: abwärts gerichtete Bewegung der Luft, v. a. an Berg- bzw. Gebirgshängen.

Abwärme: alle ein System verlassenden fühlbaren und latenten Wärmeströme (mit Ausnahme der das System verlassenden Zielenergie), die durch Wärmerückgewinnung nicht genutzt werden können. Abgabe u. a. über Kühltürme an die Atmosphäre (z. T. auch Einleitung in Gewässer). Größte A.emittenten sind Wärmekraftwerke. Man unterscheidet bei der A. **Punktquellen** (Kühltürme, Großfeuerungsanlagen), **Flächenquellen** (Siedlungs- und Industriegebiete) und **Linienquellen** (Verkehrsadern, erwärmte Flüsse).

Abweichung:

◇ in der Verbindung **mittlere** oder **durchschnittliche A.** ein *statistisches Maß* für die Streuung einzelner Meß-, Rechen- oder Beobachtungswerte um einen Mittelwert.

◇ in der *Klimatologie* die Differenz eines Klimaelements während eines begrenzten Zeitabschnittes gegenüber einem langjährigen Mittel (↑auch Anomalie).

◇ in der Verbindung **A. des Windes vom Gradientwind:** die gegenüber dem ↑Gradientwind veränderte Richtung und Geschwindigkeit des Windes, in der freien Atmosphäre durch positive oder negative Beschleunigungen (↑ageostrophischer Wind), in Bodennähe durch Reibung (↑Reibungswind) bedingt. Das Ausmaß der A. vom Gradientwind in der freien Atmosphäre ist im allg. so klein, daß diese nicht aus Wetterkarten entnommen werden kann.

Abwind: an Berghängen, aber auch schon in schwach geneigtem Gelände auftretende abwärts gerichtete Luftströmung. Die durch nächtliche Ausstrahlung abgekühlte bodennahe Luft fließt aufgrund ihrer Schwere die Hänge hinab (↑Hangwind, ↑Gletscherwind). A.e treten auch in Schauer- und Gewitterwolken auf, wo sie ähnliche Geschwindigkeiten wie die dort herrschenden ↑Aufwinde erreichen können.

Abwurfsonde [Syn.: Dropsonde, Fallsonde]: aus einem Flugzeug abgeworfene oder von einer Rakete (↑Wetterrakete) abgesetzte, mit einem Fallschirm versehene spezielle ↑Radiosonde. Im Gegensatz zur konventionellen Vertikalsondierung von unten nach oben wird mit der A. die Verteilung der wichtigsten Zustandsgrößen in der freien Atmosphäre in umgekehrter Richtung gemessen. Die A. eignet sich insbes. für spezielle Untersuchungen, z. B. Messung der vertikalen Temperaturverteilung oder der Luftelektrizität in einer Gewitterwolke.

Ac: Abk. für ↑Altocumulus.

Acidität, die [zu lat. acidus = sauer ‖ Schreibvariante: Azidität]: Bez. für den Säuregehalt einer Lösung (z. B. des Niederschlagswassers). – ↑auch pH-Wert, ↑saurer Niederschlag.

Adaptation, die [zu lat. adaptare = gehörig anpassen ‖ Syn.: Adaption]

◇ in der *Meteorologie* die gegenseitige Anpassung von Luftdruck- und Windfeld im Sinne der Herstellung des geostrophischen Gleichgewichtes. Die Natur strebt dieses Gleichgewicht immer an. Dabei treten gedämpfte Schwingungen auf, bis der stationäre Endzustand erreicht ist. Bei numerischen Vorhersagerechnungen muß vor Beginn der Rechnungen die A. durch geeignete Rechenverfahren (↑Initialisierung) sichergestellt werden.

◇ in der *Medizinmeteorologie* die kurzfristige Anpassung des menschlichen Organismus an Veränderungen der Umwelt und des Klimas. – ↑auch Akklimatisation.

Adaption, die: svw. ↑Adaptation.

Adiabate, die [zu griech. adiábatos = unüberschreitbar ‖ Abl.: ↑adiabatisch ‖ Syn.: Isentrope]: Kurve in einem Diagramm, die thermodynamische Zustände gleicher ↑Entropie verbindet. Da bei einer Zustandsänderung längs einer A. keine Entropieänderung eintritt, findet auch kein Wärmeaustausch mit der Umgebung statt; in diesem Fall muß jeder zur Verrichtung von Arbeit erforderliche Energiebetrag aus der inneren Energie des thermodynamischen Systems bzw. der ↑Enthalpie gedeckt werden. – ↑auch adiabatische Zustandsänderung.

Adiabatenpapier: ein ↑thermodynamisches Diagramm.

adiabatisch [zu ↑Adiabate]: ohne Änderung der ↑Entropie ablaufend, d. h. ohne Wärmezu- oder -abführung, reversibel im thermodynamischen Sinne.

adiabatische Prozesse: Vorgänge in der Atmosphäre, bei denen sich Eigenschaften der Luft (z. B. Temperatur, Druck, Dichte, Feuchtigkeit) ändern, ohne daß zwischen dem betrachteten Luftquantum und der Umgebung ein Wärmeaustausch stattfindet. Solche Vorgänge sind vertikale Luftbewegungen, u. a. verursacht durch Thermik, Überströmen von Gebirgen oder Gleitvorgänge im Bereich von Fronten. – ↑auch adiabatische Zustandsänderung.

adiabatischer Temperaturgradient: die Änderung der Temperatur eines adiabatisch aufsteigenden bzw. absinkenden Luftquantums mit der Höhe. Der a. T. läßt sich für trockene Luft aus der Gaszustandsgleichung und der ↑barometrischen Höhenformel berechnen. Danach kühlt sich ein trockenadiabatisch aufsteigendes Luftquantum um 1 K pro 100 m ab; umgekehrt erwärmt sich ein absinkendes Luftquantum um 1 K pro 100 m. – ↑auch feuchtadiabatischer Temperaturgradient.

adiabatische Zustandsänderung: bei einem Gas ein Vorgang, bei dem durch eine gedachte Hülle um das System keine Wärme hindurchgeht, dem also keine Wärme zugeführt oder entzogen wird. Wärmeänderungen in einem solchen System können nur auf Kosten oder zugunsten der inneren Energie stattfinden. Wenn z. B. in der Atmosphäre bei Vertikalbewegungen ein Luftquantum schnell gehoben wird, dehnt es sich adiabatisch aus, da es unter geringeren Luftdruck gelangt. Die Ausdehnungsarbeit erfordert einen Energieaufwand, der die innere Energie des Luftquantums mindert, erkennbar an einer

Abkühlung bzw. Temperaturabnahme. Umgekehrt gelangt ein absinkendes Luftquantum unter höheren Druck und wird komprimiert. Durch die Kompressionsarbeit erhöht sich seine innere Energie und damit seine Temperatur. – ↑auch Poisson-Gleichung.

Adriatief: Tiefdruckgebiet über dem Adriatischen Meer. Die Zyklogenese über dem oberitalienischen Raum erfolgt, wenn auf der Rückseite eines über Mitteleuropa ostwärts ziehenden Tiefs mit einer nördlichen Strömung Kaltluft gegen die Alpen geführt wird. Dabei entsteht durch die gestaute Kaltluft auf der Luvseite der Alpen ein Hochdruckkeil, auf der Leeseite dagegen in relativ warmer Luft eine zyklonale Ausbuchtung der Isobaren (Leetief). Die Kaltluft fließt dann durch die Leitwirkung der Westalpen mit starken bis stürmischen Winden durch das Rhonetal (↑Mistral) zum westlichen Mittelmeer. Die Veränderungen im Temperatur- und Strömungsfeld verursachen dabei südlich der Alpen kräftigen Luftdruckfall und damit die Entstehung von Tiefdruckgebieten, die auch für das Wetter Mitteleuropas große Bedeutung haben. – ↑auch Genuatief, ↑Fünf-b-Tief.

Advektion, die [aus lat. advectio = Zufuhr ‖ Abl.: ↑advektiv]: horizontale Zufuhr von Luftmassen im Unterschied zu den vertikalen Bewegungen der ↑Konvektion; wichtig für großräumige Wettervorgänge. Bei A. wärmerer Luftmassen **(Warmluft-A.)** dreht in der freien Atmosphäre auf der Nordhalbkugel der großräumige Wind mit der Höhe nach rechts. Dreht der Wind mit der Höhe nach links, herrscht **Kaltluftadvektion.** Die A. unterschiedlich dichter Luft führt zu Luftdruckänderungen am Boden, wenn diese nicht durch andere Vorgänge kompensiert werden. So erzeugt Warmluft-A. bei sonst gleichen Bedingungen Luftdruckfall, Kaltluft-A. Luftdruckanstieg.

Advektionsfrost: svw. ↑Advektivfrost.

Advektionsnebel: eine Nebelart (↑Nebelklassifikation).

Advektionsreif: Eisablagerungen von kristallinem Aussehen, die durch Sublimation vorbeistreichender wärmerer feuchter Luft an meist senkrechten, unter den Gefrierpunkt abgekühlten Flächen entstehen. A. bildet sich überwiegend bei hoher Luftfeuchte, jedoch nicht bei Nebel.

Advektionsschicht: der obere Teil der Troposphäre zwischen Peplopause und Tropopause. In der A. erfolgt der hauptsächliche horizontale Transport (Advektion) der Luftmassen.

Advektionstau: sich besonders an senkrechten Flächen und Gegenständen absetzende Wassertropfen, die durch Kondensation vorbeistreichender feuchter und wärmerer Luft an kühleren Oberflächen entstanden sind. Voraussetzung für Entstehung von A. ist eine hohe Luftfeuchte, jedoch kein Nebel.

Advektionswetterlage: Wetterlage, bei der großräumige horizontale Luftbewegungen vorherrschen, die einen Austausch von warmen und kalten, feuchten und trockenen Luftmassen zwischen den verschiedenen Zonen der Erde bewirken; so führen z. B. Westwetterlagen im Winter milde, im Sommer meist kühle Meeresluft nach Mitteleuropa.

advektiv [zu ↑Advektion]: horizontal zuströmend; im Unterschied zu ↑konvektiv.

Advektivfrost [Syn.: Advektionsfrost]: Frost infolge Heranführung (Advektion) von Kaltluft, deren Temperatur unter dem Gefrierpunkt liegt; im Unterschied zum ↑Strahlungsfrost.

aero- [a-e... ‖ aus griech. aḗr = Luft]: in Zusammensetzungen mit den Bedeutungen: 1. „Luft; Gas; Sauerstoff"; z. B. Aerobiologie. 2. „Luftfahrt"; z. B. Aerosonde.

Aerobiologie, die: die Wissenschaft, die sich mit Herkunft, Verfrachtung und Ablagerung von in der Luft schwebenden Organismen in Abhängigkeit von den meteorologischen Bedingungen befaßt und insbes. die Einwirkungen auf den Menschen untersucht. – ↑auch Pollenflugvorhersage.

Aerodynamik, die [zu ↑aero- und griech. dýnamis = Kraft]: *im weiteren Sinne* die Wissenschaft von strömenden Gasen bzw. von strömender Luft und den dabei an umströmten Körpern oder

Hindernissen auftretenden Kräften; sie schließt dabei meteorologische Vorgänge mit ein. *Im engeren Sinne* ist die A. die Lehre von den Kräften, denen ein bewegter (Flug)körper in einem Gas, speziell in Luft, ausgesetzt ist, und damit für die Meteorologie von geringerem Interesse.

Die **meteorologische A.** unterscheidet sich von der allgemeinen A. v. a. durch die Betrachtung großräumiger atmosphärischer Stromfelder, die die Berücksichtigung der Erdrotation notwendig macht, sowie der vertikalen Struktur der Atmosphäre, die die Beachtung thermodynamischer Zustandsänderungen erfordert.

Aerogramm, das [↑aero- u. ↑-gramm ‖ Syn.: Refsdal-Diagramm]: thermodynamisches Diagramm, von A. Refsdal konstruiert; Koordinaten sind $\ln T$ und $T \cdot \ln p$ als logarithmische Skalen für Temperatur T (Abszisse) und Luftdruck p (Ordinate). Im A. ist die Isobarenschar schiefwinkelig. Zusätzlich enthält es in entsprechender Transformation die übrigen Isolinien des ↑Emagramms, aus dem es entwickelt ist. Es gestattet die Darstellung der Zustandskurven verschiedener Elemente sowie Höhenberechnungen und exakte Zirkulations- und Energiebetrachtungen.

Aeroklimatologie, die: die Lehre vom Klima der ↑freien Atmosphäre einschließlich der ↑Flugklimatologie. Aufgaben der A. sind in erster Linie die Sammlung, Aufbereitung, Bearbeitung, Darstellung und wiss. Interpretation der mit Radiosonden gewonnenen aerologischen Beobachtungen für Forschungs- und Anwendungszwecke.

Aeroklimatologische Grundsatzuntersuchungen erstrecken sich in erster Linie auf Belange der Luftfahrt und des Umweltschutzes.

Aerologie, die [↑aero- und ↑-logie ‖ Abl.: aerologisch]: Teilgebiet der Meteorologie; erforscht die höheren Schichten der Atmosphäre mit Hilfe von Ballons, Wetterflugzeugen, Radiosonden, Raketen und Wettersatelliten, deren mitgeführte meteorologische Meßgeräte die atmosphärischen Zustände registrieren und teilweise mittels Sendern die Ergebnisse an aerologische Stationen melden. Da der Ablauf des Wettergeschehens am Boden in engem Zusammenhang mit den physikalischen Prozessen in höheren Atmosphärenschichten steht, ist für die tägliche synoptische Wetteranalyse eine ständige Überwachung der freien Atmosphäre durch **aerologische Beobachtungen** notwendig. Die Ergebnisse finden ihre praktische Anwendung in der Flugmeteorologie und Wettervorhersage. Statistische Auswertungen längerer Meßreihen liefern wiss. Erkenntnisse zum Klima der freien Atmosphäre und zu Fragen der Flugklimatologie.

aerologische Beobachtungen: zusammenfassende Bez. für visuelle Beobachtungen meteorologischer Erscheinungen in der freien Atmosphäre und instrumentelle Messungen meteorologischer Elemente (z. B. Luftdruck, Temperatur, Feuchte, Wind, Bewölkung) mit Hilfe von Radiosonden, Wettersatelliten und Radar sowie bei Frei-, Fesselballon- und Flugzeugaufstiegen.

Aerologische Forschungs- und Erprobungsstelle: Dienststelle des Deutschen Wetterdienstes; ↑AFE.

aerologische Karten: zusammenfassende Bez. für die aus den Meßwerten gleichzeitiger Radiosondenaufstiege zahlreicher Stationen abgeleiteten absoluten und relativen Topographien (↑Topographie) sowie gesonderte gebietsmäßige Darstellungen meteorologischer Elemente, z. B. Lufttemperatur, Feuchtigkeit, Wind (Strahlstrom) oder Wolken, in bestimmten Druck- oder Niveauflächen, teilweise unter Verwendung von Satellitenbeobachtungen.

aerologischer Aufstieg: Bez. für die an aerologischen Stationen mit Hilfe von Radiosonden bzw. Windgespannen erfolgende Gewinnung von Meßdaten der Lufttemperatur, Luftfeuchte, des Luftdrucks, der Windrichtung und -geschwindigkeit aus der freien Atmosphäre bis in etwa 30 km Höhe. Aerologische Aufstiege werden auf der Nordhalbkugel der Erde an rund 700 aerologischen Stationen zu internat. festgelegten Terminen, um 00 und 12 Uhr UTC, Windmessungen zusätzlich um 06 und 18 Uhr UTC durchgeführt. Die in aerologische

Diagrammpapiere und Höhenwetterkarten eingetragenen Ergebnisse liefern ein Bild vom Zustand der Atmosphäre zum Zeitpunkt der Messung; sie sind eine wesentliche Grundlage der Wettervorhersage.
Für aerologische Aufstiege wurden früher Drachen, Fesselballons und Flugzeuge verwendet.

aerologisches Diagramm ↑thermodynamisches Diagramm.

aerologische Station: meteorologische Station, an der mittels Radiosonden aerologische Aufstiege durchgeführt werden. Die a.n St.en sind jeweils mit einem Empfänger für Sondensignale, Radargerät für die Windmessung, Radiosondenprüfeinrichtung und Auswertungshilfsmittel sowie mit einem optischen Theodoliten für Hilfsbeobachtungen bei Ausfall des Radars ausgestattet.
Zum synoptisch-aerologischen Meßnetz des Deutschen Wetterdienstes gehören die Stationen Berlin, Essen, Hannover, München, Stuttgart und Schleswig. – Die ↑Georg-von-Neumayer-Station in der Antarktis hat u. a. auch die Funktion einer aerologischen Station. – ↑Kleinaerologische Aufstiege werden an den Meßstationen Hamburg, Essen, Saarbrücken, Offenbach am Main, Mannheim, Stuttgart und München durchgeführt.

aeronautisch [zu ↑aero- und griech. nautikḗ (téchnē) = Schiffahrtskunde]: die Luftfahrt betreffend.

aeronautische Meteorologie: svw. ↑Flugmeteorologie.

Aeronautisches Observatorium Lindenberg: Institut für die Erforschung der freien Atmosphäre; 1899 in Reinickendorf bei Berlin gegründet, 1904 nach Lindenberg im Kreis Beeskow, 70 km sö. von Berlin, verlegt; 1934 in den Reichswetterdienst eingegliedert, 1945 demontiert.

Aeronomie, die [zu ↑aero- und griech. nómos = Gesetz, Ordnung]: die Wissenschaft von der chemischen Zusammensetzung der Atmosphäre und den physikalischen Vorgängen, die diese beeinflussen, vorzugsweise in der höheren Atmosphäre. Schwerpunkt der Forschung in der A. sind die Physik der Ionosphäre und der Stratosphäre sowie die Einwirkung der von der Sonne ausgehenden Strahlung und Teilchenströme, die zu Dissoziation und Ionisation in bestimmten Höhen führen.
In der *BR Deutschland* ist die aeronomische Forschung konzentriert im **Max-Planck-Institut für A.** in Katlenburg-Lindau.

Aerosol, das [zu ↑aero- und lat. solutio = Lösung]: Gruppe von Kolloiden aus festen oder flüssigen Substanzen, die in einem Gas dispergiert und schwebend sind. Quellen sind: Verwitterung des Bodens, Bildung aus Gasen (natürliche und anthropogene Quellen), Vulkaneruptionen, Waldbrände, Seesalz, Partikelemission. A.e sind Bestandteile von Luftbeimengungen; sie beteiligen sich wesentlich am luftchemischen Wirkungskomplex und spielen bei Strahlungsprozessen (Absorption, Streuung, Extinktion) eine wichtige Rolle. Hygroskopische A.teilchen wirken v. a. als ↑Kondensationskerne bei der Wolkenbildung. Sie haben unterschiedliche Verweilzeiten in der Atmosphäre aufgrund verschiedener ↑Senken (Adsorption, chemische Reaktionen, Inkorporation); eine Selbstreinigung der Atmosphäre findet durch ↑Deposition und ↑Cloud-scavenging statt.
Ein hoher Anteil an A.en kann zu Schädigungen der menschlichen Gesundheit und Vegetation führen. Natürliche A.e (Salzpartikel) lassen sich dagegen in den Brandungszonen von Meeresküsten therapeutisch nutzen.
Das *Größenspektrum der A.partikel* reicht von den Kleinionen (↑Luftelektrizität) mit Radien um 10^{-4} µm bis zu den sog. Riesenkernen (Salz und Staub) mit Radien bis zu 10 µm. Die *Teilchenkonzentration* ist sehr unterschiedlich: In relativ reiner Luft (über dem Meer in Polargebieten) beträgt sie etwa $100/cm^3$, in Großstadtluft bis zu $10^6/cm^3$.

Aerosonde, die: Meßvorrichtung in der Aerologie; ↑Radiosonde.

AFC, das [a:ɛfˈtse:]: Abk. für: **Area Forecast Centre;** Gebietsvorhersagezentrale für die Luftfahrt; beim Deutschen Wetterdienst der Analysen- und Vorhersagezentrale (AVZ) angegliedert. Sie hat die

Aufgabe, Flugberatungsunterlagen für die im Rahmen des europäischen Gebietsvorhersagesystems von der BR Deutschland übernommenen Gebiete zu bearbeiten und zu verbreiten. Nach einem Beschluß der ↑ICAO wurden dem Deutschen Wetterdienst diese Aufgaben für alle Flugstrecken über Europa und dem Mittelmeerraum sowie für Flüge über dem Mittleren Osten bis nach Indien übertragen. Mitwirkende Zentralen in diesem System sind London für den Nordatlantik und Nordamerika, Paris für Nordwestafrika und die Karibik, Rom für Ostafrika und Moskau für Osteuropa und Zentralasien.

AFE, die [a:ɛf'e:]: Abk. für: **Aerologische Forschungs- und Erprobungsstelle;** Dienststelle mit überregionalen Aufgaben des Deutschen Wetterdienstes in München; zuständig u.a. für die Erarbeitung der wiss. Grundlagen für den aerologischen Dienst, die Erprobung von aerologischen Meßgeräten und Meßverfahren sowie die Durchführung des Aufstiegsbetriebs einer aerologischen Station.

Afghanez, der [russ.]: heißer, stürmischer, staubführender Wind in den sommerlich überhitzten Ebenen von Afghanistan und Mittelasien, vorwiegend aus nördlichen Richtungen; auch **Wind der 120 Tage** genannt.

AFWA, die: Abk. für: automat. Flugwetteransage (↑Flugwetterberatung).

ageostrophischer Wind [↑a-]: Wind, der vom ↑geostrophischen Wind abweicht. Meist wird die Differenz zwischen dem ageostrophischen und dem geostrophischen Wind betrachtet und als **ageostrophische Windkomponente** bezeichnet. Diese hat immer Beschleunigungen zur Folge, und zwar derart, daß bei **untergeostrophischen Winden** eine Beschleunigung zum tiefen Druck, bei **übergeostrophischen Winden** eine Beschleunigung zum hohen Druck auftritt. Ist der ageostrophische Wind durch lokale Luftdruckänderungen bedingt, so spricht man von einem **isallobarischen Wind.** Die isallobarische Windkomponente steht immer senkrecht auf den Isallobaren und ist in das Druckfallgebiet hinein gerichtet.

Aggregatzustand [zu lat. aggregare = anhäufen]: die physikalische Erscheinungsform von Stoffen (fest, flüssig, gasförmig), die in unterschiedlichen Druck- bzw. Temperaturbereichen angenommen wird. In der Meteorologie spielen die Aggregatzustände des Wasserdampfs eine besonders wichtige Rolle. Beim Übergang von einem A. in einen anderen wird stets Energie aufgenommen oder frei (↑Schmelzwärme, ↑Verdampfungswärme, ↑Sublimationswärme).

AGI, das [a:ge:'i:]: Abk. für: **A**nnée **G**éophysique **I**nternationale (↑Internationales Geophysikalisches Jahr).

agrar- [zu lat. ager, agri = Acker]: erster Bestandteil von Zusammensetzungen mit der Bedeutung „Landwirtschafts-; Boden-"; z.B. Agrarklimatologie.

Agrarklimatologie, die: Teilgebiet der Agrarmeteorologie bzw. der angewandten Klimatologie; befaßt sich mit den Auswirkungen des Klimas bzw. dessen optimaler Nutzung im Rahmen der landwirtschaftlichen Produktion, v.a. in den Bereichen von Wind- und Frostschutz, Beregnung, Schädlingsbekämpfung, Bodenwärme- und Bodenwasserhaushalt. Zu den Daten, die vielfach speziell erhoben werden, gehören u.a. die phänologischen Beobachtungen.

Agrarmeteorologie, die: Teilgebiet der Meteorologie bzw. angewandten Meteorologie; befaßt sich mit den Auswirkungen von Wetter, Witterung und Klima (↑Agrarklimatologie) auf die Landwirtschaft. Die speziellen Standortprobleme von Nutzpflanzen, v.a. im Hinblick auf eine Ertragsoptimierung, erfordern besondere Methoden der Bearbeitung (↑Mikrometeorologie, ↑Standortklima, ↑Gewächshausklima, ↑Geländeklima, ↑Bestandsklima, ↑Bodenklima) sowie der Datengewinnung (↑Phänologie). Für die Beratung der Landwirtschaft, etwa beim Bau von Beregnungsanlagen, bei Frostschutz, Pflanzenschutz oder Weinberganlagen, werden u.a. Modelle (z.B. Wetterertragsmodell) verwendet, die eine Verbesserung der Anbaumöglichkeiten bzw. der Ernteerträge bewirken sollen.

agrarmeteorologische Station: meteorologische Station, an der Beobachtungs- und Meßwerte gewonnen werden, die der Erforschung des Einflusses der Atmosphäre auf Pflanzen und Tiere dienen. Bestimmte Stationen erfüllen besondere Forschungs- und Beratungsaufgaben, z. B. beim Deutschen Wetterdienst die **Zentrale Agrarmeteorologische Forschungsstelle (ZAMF)** in Braunschweig, die **Agrarmeteorologischen Beratungs- und Forschungsstellen (AMBF)** in Ahrensburg, Bonn, Geisenheim, Weihenstephan und Würzburg sowie der **Agrarmeteorologische Dienst** beim Wetteramt Freiburg im Breisgau.

Agulhasstrom [a'gʊljas...]: eine warme Meeresströmung im Indischen Ozean, sö. und südlich von Afrika.

ähnliche Fälle [Syn.: Analogiefälle]: aus einem Wetterlagenkatalog ausgesuchte Wetterlagen der gleichen Jahreszeit vergangener Jahre, die im atlantisch-europäischen Raum über mehrere Tage eine ähnliche Luftdruckverteilung und eine ähnliche Steuerung der Luftdruckänderungen aufweisen wie die aktuelle Wetterlage.

Die Methode der ä.n F. wurde vor Einführung der ↑numerischen Wettervorhersage u. a. für die Mittelfristprognose verwendet, hat sich aber nicht bewährt, da ä. F. selten sind und die Ähnlichkeit der Luftdruckverteilung kaum über den Vorhersagezeitraum anhält.

AIREP, der ['ɛərɛp ‖ Abk. für engl. air report = Luftbericht, Flugbericht]: Bericht über einen Flug, den der Flugzeugführer nach Vorschriften der ↑ICAO auf einem genormten Formblatt abzugeben hat. Der Bericht enthält neben Flugdaten Angaben über Temperatur, Wind, aktuelles Wetter, Bewölkung und andere Wettererscheinungen. Dabei werden nicht WMO-Schlüssel, sondern Abkürzungen in Englisch verwendet.

Airglow, das ['ɛəgloʊ ‖ engl. = Luftglühen]: allg. Bez. für die Eigenstrahlung der hohen Atmosphäre (etwa ab 100 km Höhe). Man unterscheidet drei Erscheinungsformen: ↑Dayglow, ↑Twilightglow und Nightglow (↑Nachthimmelslicht).

Airpollution, die ['ɛəpəlju:ʃən]: engl. Bez. für ↑Luftverunreinigung.

Air-sea-interaction, die ['ɛ:ə'si:ɪntərækʃən ‖ engl. = Luft-See-Wechselwirkung]: die Wechselwirkung zwischen Atmosphäre und Ozean. Da die Ozeane wegen ihrer großen Fläche von mehr als 70% der Erdoberfläche und v. a. wegen ihrer großen Wärmespeicherfähigkeit die Hauptenergielieferanten für die Atmosphäre darstellen, ist die Erforschung und Erfassung des Stroms fühlbarer und latenter Wärme vom Ozean in die Atmosphäre von großer Bedeutung. Andererseits gibt es eine Rückwirkung durch die Atmosphäre, indem anhaltende Luftströmungen großräumige Meeresströmungen verursachen, wodurch große Wärmemengen transportiert werden. Atmosphäre und Ozean bilden deshalb ein in dauernder Wechselwirkung befindliches System.

Aitken-Kerne ['ɛɪtkɪn... ‖ nach J. Aitken]: stets in der Luft vorhandene feste Schwebeteilchen mit einem Radius von ca. 0,1 μm, die mit einem ↑Kernzähler gemessen werden können. A.-K. wirken in der Atmosphäre (neben anderen Teilchen) als Kondensations- und Sublimationskerne, spielen aber auch bei der Absorption, Reflexion und Streuung der Strahlung eine Rolle. Ihre Anzahl pro cm^3 unterliegt beträchtlichen Schwankungen: in reiner Luft weniger als 1 000, in stark verschmutzter Luft bis zu 10^6 oder mehr.

Aitken-Nebelkammer ['ɛɪtkɪn... ‖ nach J. Aitken]: Bez. für den die Untersuchungsluft enthaltenden expandierbaren Meßraum des ↑Kernzählers.

Akklimatisation, die [zu lat. ad = zu, hinzu, bei, an und ↑Klima]: *im engeren Sinne* die längerfristige Anpassung eines Lebewesens an ein anderes Klima; *im weiteren Sinne* die kurzfristige Anpassung **(Adaptation)** an veränderte Umwelt- und Klimabedingungen, bei der der Körper zuerst auf den Wechsel zur Erreichung eines möglichst optimalen Gleichgewichtes zwischen innerem und äußerem Milieu reagiert. Die Anpassung vollzieht sich je nach Ausmaß des Klimagegensatzes in mehreren Tagen bis zu einigen Monaten; für ältere oder organisch vorgeschädigte Menschen ist sie gestört oder verzögert.

Akkumulation, die [zu lat. accumulare = anhäufen]: die Anhäufung bzw. Ablagerung von Schnee im Windschatten von Felsen, Bäumen oder Gebäuden bzw. die Bildung von **Schneewächten** (überhängende Schneeanhäufungen im Lee von Graten und Gebirgskämmen oder am Rand von Plateauabstürzen). Bei Schneestürmen in den Polargebieten entstehen die größten Schneeanhäufungen, wenn die Windgeschwindigkeit abnimmt (Schnee akkumuliert an der Oberfläche, da die Luft mit Teilchen „übersättigt" ist).

akryogenes Klima [↑a-, griech. krýos = Kälte, Frost und griech. -genḗs = hervorbringend; hervorgebracht]: wahrscheinlich im Jura bis zum Tertiär herrschendes Warmklima, dessen auffallendes Charakteristikum die eisfreien Polarregionen waren. An die Stelle der polaren Eisdecken traten, nach der Auffassung von H. Flohn, zwei von 65° bis 90° n. Br. bzw. s. Br. reichende polare Regenzonen mit einer Mitteltemperatur von 8 bis 15 °C. Die Mitteltemperatur der gesamten Erde betrug vermutlich 23 bis 24 °C (gegenwärtig 15 bis 16 °C). – ↑auch Klimaoptimum.

aktinisch [zu griech. aktís, aktī́nos = Strahl]: nennt man die Wirkung der von Sonne, Himmel und Umgebung ausgehenden Strahlung auf den Menschen.

Aktinograph, der [griech. aktís, aktī́nos = Strahl und ↑-graph]: registrierendes ↑Aktinometer zur fortlaufenden Aufzeichnung der auf eine horizontale Auffangfläche bezogenen sichtbaren Sonnen- und Himmelsstrahlung.

Aktinometer, das [griech. aktís, aktī́nos = Strahl und ↑-meter]: Instrument zur Messung der Intensität der direkten Sonnen- und Himmelsstrahlung. Meßprinzip: Messung der Energie des Strahlungsstroms durch dessen Wärmewirkung. Als Strahlungsempfänger dienen in Annäherung an einen idealen schwarzen, die Strahlung völlig absorbierenden Körper der Sonnenstrahlung ausgesetzte geschwärzte Flächen. Man mißt entweder die Temperaturerhöhung der geschwärzten Flächen oder ihre Übertemperatur gegenüber einem unbestrahlten Geräteteil.
A. sind Relativmeßgeräte; im Unterschied zu den ↑Pyrheliometern, die Absolutmeßgeräte darstellen. – ↑auch Bimetallaktinometer.

Aktionszentrum: Hoch- oder Tiefdruckgebiet, das an bestimmten Stellen der Erde relativ häufig vorkommt und dort längere Zeit verweilt. Die Häufigkeit des Auftretens ist jahreszeitlichen Schwankungen unterworfen. Das jeweilige A. beherrscht je nach Intensität die Zirkulation und damit Wetter, Witterung und Klima über größeren Gebieten.
Für *Europa* bedeutsam sind das ↑Azorenhoch, das ↑Islandtief, das asiatische Winterhoch bzw. Sommertief sowie in geringerem Maße das ↑Mittelmeertief.

aktive Front: in rascher Bewegung befindliche ↑Front (meist Kaltfront), die mit intensiven Wettererscheinungen (hochreichende, geschlossene Bewölkung und Niederschläge, die z. T. schauerartig oder gewittrig sind) verbunden ist, vorzugsweise im inneren Bereich eines Tiefdruckgebietes auftritt und (als entscheidendes Kennzeichen) eine Zunahme der frontsenkrechten Windkomponente mit der Höhe aufweist, so daß die (Kalt)luft in der Höhe der Luft am Boden vorauseilt.

aktive Kaltfront ↑Kaltfront.

aktives Aufgleiten: der Vorgang des schrägen Aufgleitens der Warmluft auf die vorgelagerte Kaltluft, wie er an einer Warmfront zu beobachten ist.

aktive Steuerung ↑Steuerung.

aktuelle Verdunstung: die von einer Oberfläche tatsächlich verdunstende Wassermenge; im Gegensatz zur ↑potentiellen Verdunstung.

Alaskastrom: warme Oberflächenströmung im Pazifik vor der Nordwestküste Nordamerikas.

Albedo, die [lat. = weiße Farbe]: das Rückstrahlungsvermögen von nicht selbstleuchtenden, diffus reflektierenden (also nicht spiegelnden) Oberflächen; in der Meteorologie das Verhältnis zwischen reflektierter und einfallender Sonnenstrahlung.
Die A. ist stark von der Art und Beschaffenheit der bestrahlten Fläche abhängig und für die verschiedenen Spektralberei-

che unterschiedlich groß. Reflexions- und Absorptionsvermögen ergänzen sich: Eine Oberfläche mit großer A. besitzt ein kleines Absorptionsvermögen und umgekehrt. Je dunkler eine bestrahlte Oberfläche ist, desto kleiner ist ihre A.; feuchte Oberflächen haben eine geringere A. als trockene.
Die A. von Land- und Wasserflächen ist ferner abhängig vom Sonnenstand, von der atmosphärischen Trübung, vom Wasserdampfgehalt und von der Bewölkung. Als **Erd-A. (planetare A.)** bezeichnet man das gesamte Reflexionsvermögen der Erde (einschließlich Atmosphäre und Bewölkung); ihr Jahresmittel beträgt etwa 30%.
Die A. spielt eine entscheidende Rolle bei der ↑Strahlungsbilanz.

Albedowerte verschiedener Oberflächen für die kurzwellige Sonnenstrahlung bei diffuser Reflexion:

Neuschneedecke	75–95%
geschlossene Wolkendecken	50–80%
Altschneedecke	40–70%
Gletschereis	30–45%
Sandboden	15–40%
Ackerboden	7–17%
Wälder	5–20%
Wasserflächen, Meer	3–10%

Albedometer, das [↑Albedo und ↑-meter]: Instrument zur Messung der ↑Albedo. Ihrem Meßprinzip nach sind A. Photometer, d.h. Geräte zur Lichtmessung, deren Wirkungsweise darauf beruht, daß lichtempfindliches Papier dem Sonnenlicht ausgesetzt und aus der Schwärzung auf die Lichtintensität geschlossen wird. Beim A. wird die Sonnenstrahlung unmittelbar mit der Strahlung einer beleuchteten Fläche (z.B. einer Wolke) verglichen.

Aleutentief: meist umfangreiches Tiefdruckgebiet über dem Nordpazifik im Bereich der Aleuten; infolge ständiger Neubildung von Zyklonen auch in den Karten der mittleren Luftdruckverteilung des Winters erkennbar; vergleichbar mit dem Islandtief im nordatlantischen Bereich.

Alfred-Wegener-Stiftung [nach A. Wegener ‖ Abk.: AWS]: am 25. Februar 1980 von zwölf dt. geowissenschaftlichen Gesellschaften gegründete Stiftung. Sie dient geowissenschaftlichen Zwecken durch interdisziplinäre Kooperation zur gemeinsamen Erforschung der Erde, unterstützt internat. Fachtagungen, veranstaltet über bestimmte Spezialgebiete **Alfred-Wegener-Konferenzen** (z.B. Air-sea-ice-interactions), vertritt die Geowissenschaften in ihrer Gesamtheit nach außen durch Öffentlichkeitsarbeit, Informationen und Beratungen der gesetzgebenden Stellen und der Verwaltung. Sie verleiht den „Preis der AWS für Polarmeteorologie (Stiftung von Dr. J. Georgi)". Mitteilungen werden im Organ der AWS, der Zeitschrift „Geowissenschaften in unserer Zeit", veröffentlicht.

Alkoholthermometer: meist zur Messung von Tiefsttemperaturen verwendetes Flüssigkeitsthermometer. Die Thermometerflüssigkeit besteht meist aus ungefärbtem Alkohol; die Länge des Alkoholfadens gibt die augenblickliche Temperatur an. Eine Besonderheit ist die gabelförmige Ausbildung des Thermometergefäßes, wodurch eine Vergrößerung der Oberfläche erreicht und die thermische Trägheit herabgesetzt wird; Meßbereich von −40 bis +40 °C, Skalenteilung 0,5 °C.

allgemeine Gasgleichung: svw. ↑Gaszustandsgleichung.

allgemeine Zirkulation der Atmosphäre [Syn.: planetarische Zirkulation]: die Gesamtheit aller großräumigen Luftbewegungen auf der Erde. Aus der unterschiedlichen Verteilung der Wärme auf der Erde und der daraus resultierenden Luftdruckverteilung ergeben sich Luftströmungen, die unter der Einwirkung der Erdrotation zu einer komplizierten atmosphärischen Zirkulation führen; der Motor dieser Zirkulation ist die Energie der Sonnenstrahlung. Auf einer ruhenden Erde mit homogener Oberfläche müßte am Äquator warme Luft aufsteigen, in höheren Schichten der Atmosphäre wegen des dort herrschenden, von niederen zu hohen Breiten gerichteten Druckgefälles nach N bzw. S abfließen, an den Polen absteigen und an der Erdoberfläche zum

Äquator zurückkehren. Dieser Kreislauf wird jedoch stark modifiziert, thermisch durch die unterschiedliche Erwärmung der Erdoberfläche und der darüberliegenden Luftschichten in den verschiedenen Breiten, über Kontinenten und Ozeanen, dynamisch durch die ablenkende Kraft der Erdrotation und durch die Reibungskraft, die jeweils die Luftströmungen beeinflussen.
Nach neueren Anschauungen sind die großräumigen Wirbel- und Wellenbewegungen der Atmosphäre (Hoch- und Tiefdruckgebiete, planetarische Wellen) die primären Elemente der globalen Zirkulation, während die meridonalen Zirkulationszellen (↑Hadley-Zelle, ↑Ferrel-Zirkulation) die sekundären Elemente darstellen. Beide Zirkulationsformen wirken in Verbindung mit den Meeresströmungen dem Strahlungsungleichgewicht der Erde zwischen Äquator und Pol entgegen.
Unter dem Einfluß der genannten Faktoren entsteht das sog. **planetarische Luftdruck- und Windsystem.**
Die *mittlere Luftdruckverteilung am Boden* zeigt folgendes Bild: 1. eine ↑äquatoriale Tiefdruckrinne; 2. ein ↑subtropischer Hochdruckgürtel bei etwa 30° n.Br. bzw. s.Br.; 3. eine Westwindzone (↑Westwinddrift) mit wandernden Druckgebilden in den mittleren Breiten zwischen 35° und 60° n.Br. bzw. s.Br., deren Begrenzung zum Pol hin die ↑subpolare Tiefdruckrinne bildet; 4. ein Hochdruckgebiet über der Arktis und über der Antarktis (↑Polarhoch).
Entsprechend dieser Druckverteilung ergeben sich nach dem barischen Windgesetz folgende *Windsysteme:* 1. in der äquatorialen Tiefdruckrinne teils östliche, teils westliche schwache Winde (↑auch innertropische Konvergenz, ↑äquatoriale Westwindzone); 2. beständige Nordost- bzw. Südostpassate als Ausgleichsströmungen zwischen den subtropischen Hochdruckgürteln und der äquatorialen Tiefdruckrinne; 3. vorherrschende westliche Winde der mittleren Breiten zwischen den subtropischen Hochdruckgürteln und der subpolaren

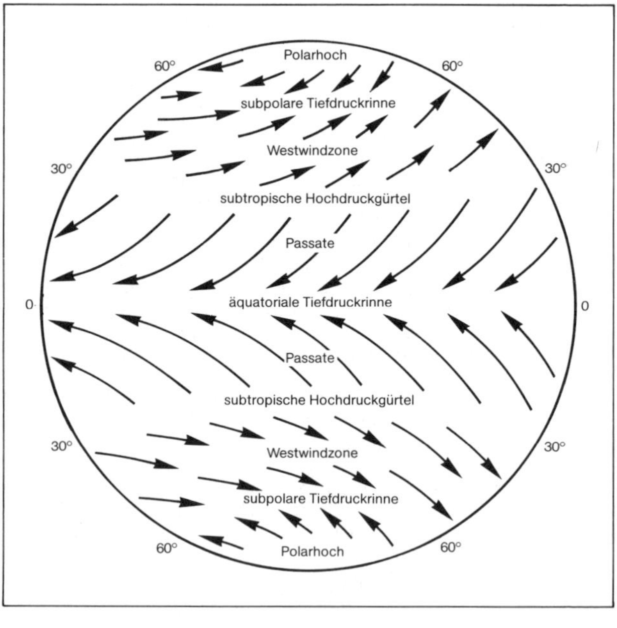

Allgemeine Zirkulation der Atmosphäre. Schematische Darstellung der planetarischen Luftdruckgürtel und der daraus resultierenden Windsysteme in der Troposphäre

Tiefdruckrinne; 4. Winde mit östlicher Komponente in hohen polaren Breiten.
Der *vertikale Aufbau* der a.n Z. d. A. ist noch nicht restlos geklärt. Über der Tropenzone herrschen meist östliche bzw. westliche Winde vor (↑QBO). Am Pol treten oberhalb der flachen Hochdruckzone bereits ab 2–3 km Höhe Westwinde auf. In der oberen Atmosphäre, im allg. ab etwa 20 km, herrschen im Sommer Ostwinde, im Winter Westwinde. Die stärksten Winde in der mittleren und oberen Troposphäre kommen in der Umgebung der Frontalzonen (Polarfrontstrahlstrom, Subtropenstrahlstrom) vor. – ↑auch Abb. S. 181.

allochthone Witterung [...ɔx'to:nə ‖ [zu griech. állos = anderer, fremd und griech. chthṓn = Erde, Boden ‖ Syn.: fremdbürtige Witterung]: durch großräumige Luftströmungen geprägte Witterung. Sie entsteht bei zyklonalen Großwetterlagen, bei denen Luftmassen mit unterschiedlichem Wärme- und Feuchtegehalt aus weit entfernten Klimagebieten herangeführt werden. Der tägliche Gang der meteorologischen Elemente ist nur schwach ausgeprägt; unperiodische Änderungen der Temperatur, des Dampfdrucks und Luftdrucks überwiegen. Die im allg. kräftige Luftströmung verhindert die Entstehung kleinräumiger, tagesperiodischer Windsysteme. Die lokalen Unterschiede der meteorologischen Elemente bleiben gering. – Gegensatz: ↑autochthone Witterung.

Alpenexperiment: internat. Forschungsvorhaben; ↑ALPEX.

Alpenglühen: Dämmerungserscheinung im Hochgebirge, bei der sich mit sinkender Sonne die Dämmerungsfarben – nacheinander Gelb, Orange, Rot, Purpur – v. a. auf hellen Felsen (Kalkstein) und Schneeflächen widerspiegeln. Das rosarote bis purpurfarbige Leuchten der Berggipfel und Gletscher tritt auf, wenn das Hauptpurpurlicht (↑Purpurlicht) bei einer Sonnentiefe von etwa 4° (25 Minuten nach Sonnenuntergang) sein Maximum erreicht.

ALPEX: Abk. für: **Alpenexperiment;** großes internat. Forschungsvorhaben im Rahmen von ↑GARP, das die Vorgänge beim Über- und Umströmen von Gebirgen untersuchte; ursprünglich als **MOUNTEX** (Abk. für engl. **Mount**ain **ex**periment) konzipiert, dann aber auf die Alpen beschränkt. Es fand vom September 1981 bis September 1982 mit Schwerpunkt im März und April 1982 unter Beteiligung aller Alpenanrainerstaaten und einiger weiterer Länder statt. Zahlreiche zusätzliche Beobachtungssysteme (Radiosonden, Flugzeuge, Schiffe, Bojen usw.) wurden eingesetzt. Spezielle Ziele waren u. a. das Studium des Mechanismus von Leezyklonen, der Deformation von Fronten durch Gebirge und der Entstehung von besonderen Gebirgswindsystemen (wie Föhn, Bora, Mistral).

alpine Meteorologie [lat. alpinus = zu den Alpen gehörend ‖ Syn.: Gebirgsmeteorologie]: Zweig der Meteorologie, der sich mit den Wetter- und Klimaverhältnissen der Alpen bzw. der Hochgebirge beschäftigt. – ↑auch Internationale Tagung für alpine Meteorologie.

alpine Stufe [lat. alpinus = zu den Alpen gehörend]: thermische Höhenstufe in den Hochgebirgen oberhalb der ↑Baumgrenze. Die Vegetation wird durch das Höhenklima bestimmt und ist derjenigen der Arktis ähnlich.

Alterung: bei einer *Luftmasse* die Umwandlung typischer Eigenschaften (Temperatur, Feuchte, Stabilität, Sicht, Trübung, Himmelsfarbe) durch Strahlung, Austausch und Vertikalbewegungen. Die A. nimmt mit zunehmender Entfernung vom Quellgebiet der Luftmasse zu und erfolgt besonders rasch, wenn die Luftmasse unter Hochdruckeinfluß gerät. – ↑auch Luftmassentransformation.

Altocumulus, der [lat. altus = hoch, tief und lat. cumulus = Haufen ‖ Abk.: Ac ‖ Schreibvariante: Altokumulus ‖ Syn.: grobe Schäfchenwolke]: Wolkengattung, die zu den mittelhohen Wolken (Höhenlage in den mittleren Breiten zwischen 2 000 und 7 000 m) zählt; weiße und/oder graue Flecke, Felder oder Schichten von Wolken, im allg. mit Eigenschatten, aus schuppenartigen Teilen, Ballen, Walzen u. ä. bestehend, die manchmal faserig oder diffus aussehen und zusammengewachsen sein können. A. enthält überwiegend und fast immer Wassertröpfchen; bei sehr niedrigen Temperaturen (unter −10 °C) können sich auch Eiskristalle bilden. Im allg. fällt aus A. kein Niederschlag. – ↑auch Wolkenklassifikation. – Abb. S. 374.

Altokumulus: Schreibvariante für ↑Altocumulus.

Altostratus, der [zu lat. sternere, stratum = hinbreiten ‖ Abk.: As]: Wolkengattung, die zu den mittelhohen Wolken (Höhenlage in den mittleren Breiten zwischen 2 000 und 7 000 m) zählt; graue oder bläuliche Wolkenfelder bzw. -schichten von streifigem oder einförmigem Aussehen, die den Himmel ganz oder teilweise bedecken und stellenweise so dünn sind, daß die Sonne schwach zu erkennen ist. Die Wolken bestehen aus Wassertröpfchen und Eiskristallen, neben denen auch Regentropfen und Schneeflocken vorhanden sind. Die Niederschläge aus A. sind meist langandauernd und können als Regen, Schnee, Eiskörner oder Frostgraupel fallen. – ↑auch Wolkenklassifikation. – Abb. S. 375.

Altschnee: im Gegensatz zu frisch gefallenem Schnee (↑Neuschnee) längere Zeit liegender Schnee, der hinsichtlich seiner Eigenschaften (z. B. Kristallstruktur, ↑Wasseräquivalent und Dichte) bereits Veränderungen erfahren hat.

Altweibersommer: in *Mitteleuropa* fast regelmäßig in der zweiten Septemberhälfte und Anfang Oktober auftretende, oft längeranhaltende Schönwetterperiode; durch hohen Luftdruck über dem Festland oder eine Hochdruckbrükke über Mitteleuropa verursacht, wobei südliche bis östliche Winde trockene Warmluft nach Mitteleuropa führen. Der A. zählt zu den bekanntesten ↑Singularitäten im jährlichen Witterungsablauf. Er ist dem ↑Indian summer Nordamerikas vergleichbar.

Amboßwolke: voll entwickelte Gewitterwolke (Cumulonimbus), die in ihrem oberen, aus Eisteilchen bestehenden Teil eine amboßähnliche Form besitzt **(Cumulonimbus incus).**

Amplitude, die [aus lat. amplitudo = Größe, Weite]: die Differenz zwischen höchstem und niedrigstem Temperaturwert in einem bestimmten Zeitraum. Die **Tages-A.** ergibt sich z. B. aus der Differenz zwischen täglichem Maximum und Minimum, die **Jahres-A.** aus der Differenz zwischen den Mitteltemperaturen des wärmsten und kältesten Monats.

Amsterdamer Pegel ↑Normalnull.

an-: Präfix (↑a-).

anabatischer Wind [zu griech. anábasis = das Hinaufsteigen]: Wind mit aufwärts gerichteter Bewegungskomponente. – Gegensatz: ↑katabatischer Wind.

Anafront, die [griech. aná = auf, hinauf]: Bez. für eine ↑Aufgleitfront.

Analogiefälle: svw. ↑ähnliche Fälle.

Analyse, die [von griech. análysis = Auflösung ‖ Abl.: analytisch ‖ Syn.: Wetteranalyse]: das Herausarbeiten von Luftdruck-, Fronten- und sonstigen Wettersystemen aus einer größeren Zahl von synoptischen Wettermeldungen des gleichen Termins, die für ein bestimmtes Gebiet (Land, Erdteil oder Hemisphäre) vorliegen. Man unterscheidet ↑synoptische Analyse und ↑numerische Analyse.

Analysen- und Vorhersagezentrale [Abk.: AVZ]: Teil der Abteilung „Synoptische Meteorologie“ im Zentralamt des Deutschen Wetterdienstes, zugleich regionale meteorologische Zentrale (RMC) der ↑Weltwetterwacht und Gebietsvorhersagezentrale für die Luftfahrt der ICAO (↑AFC). Wichtige Aufgaben der AVZ sind die zentrale Verarbeitung der zu den synoptischen Hauptterminen einlaufenden Meldungen von rund 8 000 Boden- und rund 700 aerologischen Stationen auf der Erde, von Schiffen, Flugzeugen, Wettersatelliten u. a., die Erstellung von Analysen der Boden- und Höhenwetterkarten sowie entsprechender Vorhersagekarten und die Herausgabe von Mittelfristvorhersagen. Die Verbreitung der Ergebnisse erfolgt nach Sendeplan über Fernschreiber oder Bildtelegraf sowie im „Europäischen Wetterbericht“. Bezieher sind Wetterämter und Flugwetterwarten, der Geophysikalische Beratungsdienst der Bundeswehr und meteorologische Dienste im Ausland.

analytische Klimakarten: kartenmäßige Darstellungen einzelner Klimaelemente auf der Grundlage statistischer

Kenngrößen; bisher vorwiegend in **Klimaatlanten** veröffentlicht; hierzu gehören z. B. die Karten der mittleren Monatswerte der Lufttemperatur und des Niederschlags. – ↑auch synthetische Klimakarten.

Anbaugrenze: durch natürliche Gegebenheiten (v. a. Klima und Böden) bestimmte Grenze für den Anbau von Kulturpflanzen, insbes. in ihrer Abhängigkeit von Temperatur und Niederschlag; man unterscheidet eine Höhen-, eine Polar- und eine Trockengrenze des Anbaus.

Andauer ↑Andauerhäufigkeit.

Andauerhäufigkeit: Häufigkeitsverteilung bestimmter Stufen bzw. Klassen der **Andauer** (Zeitdauer zwischen Beginn und Ende eines ununterbrochen währenden meteorologischen Ereignisses) von meteorologischen Parametern, z. B. Niederschlag, Schlechtwetterbedingungen, Nebel.

Andauerwert: bei der *Klimaklassifikation* Bez. für einen bestimmten Wert (z. B. Monatsmittel der Temperatur von 10 °C), der in einer bestimmten ↑Andauerzeit über- oder unterschritten wird.

Andauerzeit: bei der *Klimaklassifikation* Bez. für eine bestimmte Zeit (z. B. vier Monate), in der ein bestimmter Wert (z. B. Monatsmittel der Temperatur von 10 °C; ↑Andauerwert) überschritten oder unterschritten wird.

anemo- [aus gleichbed. griech. ánemos]: in Zusammensetzungen mit der Bedeutung „Wind"; z. B. Anemogramm.

Anemogramm, das [↑anemo- und ↑-gramm]: Registrieraufzeichnung (Registrierstreifen) des ↑Anemographen; manchmal als **Windschrieb** bezeichnet. Das A. enthält fortlaufende Aufzeichnungen von Windrichtung und -geschwindigkeit sowie die Maximalwerte („Böenspitzen") und das 10-Minuten-Mittel der Windgeschwindigkeit.

Anemograph, der [↑anemo- und ↑-graph ‖ Syn.: Windschreiber]: selbsttätig registrierendes Windmeßgerät mit vollelektrischer Meßwertübertragung (Linienschreiber). – ↑auch Böenschreiber.

Anemometer, das [↑anemo- und ↑-meter ‖ Syn.: Windmesser]: allg. Bez. für: Windmeßgeräte (↑auch Windmessung). Die bekanntesten und gebräuchlichsten Typen sind ↑Schalenkreuzanemometer, ↑Flügelradanemometer, ↑Handanemometer, ↑Kontaktanemometer und ↑Hitzdrahtanemometer sowie ↑Böenmesser.

Anemometerschale: Windgeber des ↑Schalenkreuzanemometers.

Aneroidbarograph, der [zu ↑a- und griech. nērós = fließend, naß]: selbstregistrierendes Aneroidbarometer zur Aufzeichnung des Luftdruckverlaufs. Meßelement ist ein auf einer Grundplatte aufmontierter Vidie-Dosen-Satz mit Temperaturkompensation. Luftdruckänderungen führen zu Deformationen des Dosensatzes, die durch einen Hebel über ein Gestänge auf einen Schreibarm übertragen werden; Registrierung auf Trommeluhrwerk mit Handfederaufzug. Ein A. muß waagrecht und erschütterungsfrei aufgestellt werden.

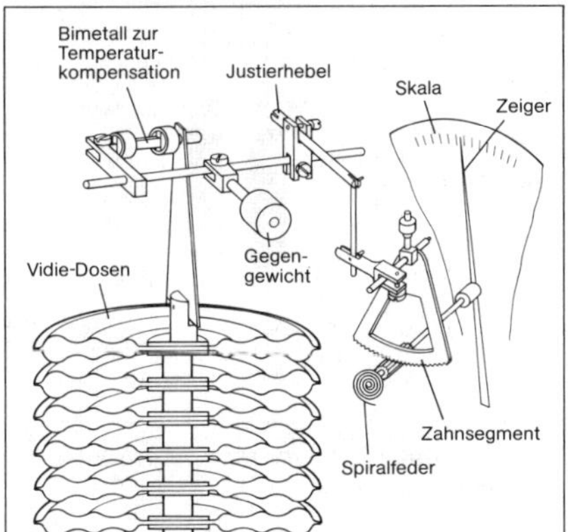

Aneroidbarometer. Schema

Aneroidbarometer, das [zu ↑a- und griech. nērós = fließend, naß ‖ Syn.: Dosenbarometer]: Instrument zur Luftdruckmessung. Hauptbestandteil ist ein Satz selbstfedernder ↑Vidie-Dosen, die zur Ausschaltung des Temperatureinflusses (↑Temperaturkompensation) ei-

ne bestimmte Menge Füllgas enthalten. Die Formveränderungen der Dosen durch den Luftdruck werden auf eine in Druckeinheiten geeichte Skala übertragen.
Vorteile des A.s (gegenüber einem Quecksilberbarometer): Wegfall der Korrekturen bezüglich Temperatur und Schwerebeschleunigung, direkte Messung des Luftdrucks in Stationshöhe, geringes Gewicht.

Anfangsbedingungen: bei *numerischen Vorhersagerechnungen* der Zustand der Atmosphäre zum Startzeitpunkt der Rechnungen. Benötigt werden hierzu (für ein hydrostatisches Modell) die dreidimensionale Verteilung der Horizontalkomponenten des Windfeldes, der Temperatur, der Feuchte sowie der Bodendruck; andere Variable können mit Hilfe von diagnostischen Beziehungen berechnet werden.

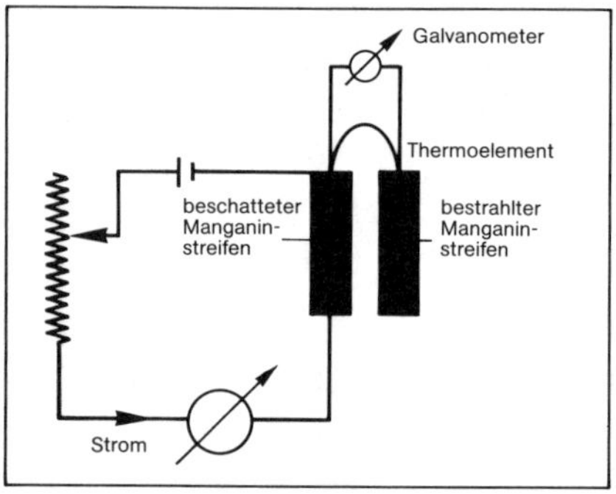

Ångström-Kompensationspyrheliometer. Funktionsprinzip.

Anfangsnäherung: die bei bestimmten Verfahren der ↑numerischen Analyse notwendigen provisorischen Annahmen über das zu analysierende meteorologische Feld, auf das das spezielle Analysenverfahren (↑Korrektionsmethode) aufbauen kann. Die A. sollte dem zu analysierenden Feld möglichst ähnlich und leicht zu beschaffen sein. Im einfachsten Fall genügen klimatologische Monatsmittel.

Angel-Echos ['ɛɪndʒəl; engl. angel = Engel ‖ Syn.: Geisterechos]: bei verschiedenen Wetterbedingungen auf dem Radarschirm des Wetterradars erscheinende, jedoch nicht auf Niederschläge oder Wolken zurückzuführende besondere Echoformen. Mögliche Ursachen: Vogel- und Insektenschwärme, Staubansammlungen, Inhomogenitäten der Brechzahl, ferner starke Temperatur- und/oder Feuchtegradienten. A.-E. treten häufig an oder in der Nähe von Inversionen auf.

angewandte Klimatologie: die praxisbezogene Anwendung klimatologischer Erkenntnisse durch entsprechende Beratungstätigkeiten oder Gutachten. Zu den Anwendungsbereichen gehören Wirtschaft, Technik (u.a. Heizung, Lüftung, Klimatisierung), Bauwesen (↑Gebäudeklimatologie), Energiewesen, Gesundheitswesen (↑Bioklimatologie), Landwirtschaft (↑Agrarklimatologie), Wasserwirtschaft (↑Hydrometeorologie), Verkehrswesen (↑maritime Klimatologie, ↑Flugklimatologie), Standort-, Stadt-, Regional- und Landesplanung, Umweltplanung und Luftreinhaltung.

angewandte Meteorologie: die Anwendung meteorologischer Erkenntnisse auf speziellen Gebieten durch entsprechende Beratung oder Gutachten. Zu den Anwendungsbereichen gehören neben der ↑Wettervorhersage hpts. Landwirtschaft (↑Agrarmeteorologie), Verkehrswesen (↑maritime Meteorologie, ↑Flugmeteorologie), Energiewirtschaft und Industrie (↑Industriemeteorologie), Gesundheitswesen (↑Biometeorologie), Sport (u.a. ↑Wintersportwetterdienst) und Wasserwirtschaft (↑Hydrometeorologie). – ↑auch angewandte Klimatologie.

Ångström-Kompensationspyrheliometer [ˌɔŋstrœm...]: von A.J. Ångström konstruiertes Absolutinstrument zur Messung der direkten Sonnenstrahlung. Meßprinzip: Zwei gleiche, geschwärzte Manganinstreifen, von denen der eine bestrahlt wird, sind in einer Metallröhre befestigt, welche gegen die Sonne gerichtet wird. Der bestrahlte Streifen nimmt infolge Absorption von Sonnenstrahlung eine höhere Temperatur an als der im Schatten befindliche. Letzterer wird nun elektrisch erwärmt, bis beide Streifen die gleiche Temperatur aufweisen. Die Heizleistung ist ein Maß für die vom bestrahlten Streifen aufgenommene Strahlungsenergie.

Ångström-Pyrgeometer [ˌɔŋstrœm...]: nach A. J. Ångström benanntes Instrument zur Messung der effektiven ↑Ausstrahlung. Meßprinzip: Von zwei gleich großen Manganinstreifen ist der eine geschwärzt, der andere reflektierend. Der geschwärzte Streifen wird gegenüber dem reflektierenden mehr abgekühlt, da er (nach Sonnenuntergang) Strahlungsenergie abgibt. Die Abkühlung ist ein Maß für die Ausstrahlung.

anisobarer Massenfluß [zu ↑a-, ↑iso- und griech. báros = Schwere, Last, Druck]: das Fließen von Luftteilchen, das durch einen vom Gradientwind abweichenden Wind quer zu den Isobaren hervorgerufen wird. Der anisobare Massenfluß ist am deutlichsten in der bodennahen ↑Reibungsschicht ausgeprägt; er entspricht hier – gemittelt über die Reibungsschicht – einem Massenfluß mit etwa dem 6. Teil der Geschwindigkeit des geostrophischen Windes an der Obergrenze der Reibungsschicht.

Année Géophysique Internationale, das [aneʒeɔfizikɛ̃tɛrnasjɔ'nal]: svw. ↑Internationales Geophysikalisches Jahr.

Anomalie, die [zu griech. anṓmalos = uneben]:

◇ 1. *allg.* die markante Abweichung eines *Klimaelements,* insbes. der Temperatur oder des Niederschlags, zu einem gegebenen Zeitpunkt für einen bestimmten Ort oder ein bestimmtes Gebiet („Einzelereignis") von den entsprechenden mittleren Verhältnissen der ↑Normalperiode oder eines anderen ausreichend langen Bezugszeitraums; 2. *speziell:* die Differenz zwischen dem Mittelwert eines Klimaelements an einem Ort und dem entsprechenden Mittelwert seines Breitenkreises; im Falle der Temperatur **thermische A.** genannt.

◇ in der *Ozeanographie* der Unterschied zwischen den an einem bestimmten Meßpunkt tatsächlich beobachteten Bedingungen und denen eines Ozeans mit vorgegebenen Standardwerten der Wassertemperatur und des Salzgehaltes.

antarktische Konvergenz: die gesamte Antarktis umschließende Zone in 50 bis 60° s. Br., die das kalte antarktische Oberflächenwasser vom wärmeren subantarktischen Wasser trennt. Die a. K. stellt eine Frontalzone des Meeres dar, eine geneigte Fläche, bei der sich das wärmere Wasser keilförmig über das kältere schiebt; ihre Lage und Stärke beeinflußt die atmosphärische Zirkulation in den antarktischen und angrenzenden Gebieten.

antarktische Zyklone: Höhentief, das sich über dem antarktischen Kontinent in der mittleren und oberen Troposphäre über einem flachen Kältehoch ausbildet.

anthropogen [griech. ánthrōpos = Mensch und griech. -genḗs = hervorbringend; hervorgebracht]: durch menschliche Einwirkung verursacht oder ausgelöst.

anthropogene Klimabeeinflussung: beabsichtigte oder unbeabsichtigte Veränderung oder Beeinflussung des Klimas, vorwiegend des Lokalklimas, durch den Menschen, und zwar im positiven (↑Klimamelioration) wie im negativen Sinne (↑Klimapejoration). Weltweite Auswirkungen ergeben sich z. B. durch die Zunahme des Kohlendioxidgehaltes (globale unterschiedliche Erwärmung) und der Spurengase (Verminderung der Ozonschicht) in der Atmosphäre oder durch die geplante Umleitung sibirischer Flüsse (länger eisfreie Häfen, Verschwinden der arktischen Eisdecke und Erhöhung des Wasserstandes). Regionale bzw. lokale Auswirkungen werden verursacht durch Luftbeimengungen (↑Smog, ↑saurer Niederschlag), Energiezufuhr (↑Abwärme), Urbanisierung (↑Stadtklima), sonstige Nutzungsänderungen (Aufforsten, Abholzen, Bewässerung, Schaffung neuer Wasserflächen, Kultivierungen), ↑Windschutz sowie durch Frostschutzmaßnahmen gegen Auswirkungen von Spät- und Frühfrösten (Räuchern, Heizen, Beregnung, Bewinden, Umlenkung des lokalen Kaltluftabflusses, Aufforstung zugehöriger Kaltluftentstehungsgebiete).

Die Klimaveränderungen können allmählich (Klimatrend) oder abrupt (Klimadiskontinuität) erfolgen, je nach dem Wirkungsgrad der Beeinflussung.

anthropogene Wetterbeeinflussung: die künstliche Beeinflussung des Wetters durch den Menschen (↑Wetterbeeinflussung).

anti- [griech. antí = gegen, entgegen]: Präfix mit der Bedeutung „gegen, entgegengerichtet"; z. B. Antipassat.

Antillenstrom: warme Meeresströmung im Nordatlantik vor den Großen Antillen; ist zunächst nach WNW gerichtet, dreht allmählich nach N und vereinigt sich mit dem Floridastrom zum Golfstrom.

Antipassat, der [↑anti-]: frühere Bez. für die oberhalb der Passate vermutete polwärts gerichtete Gegenströmung als das obere, zurückkehrende Glied der ↑Hadley-Zelle. Ein derart geschlossener Passatkreislauf existiert in Wirklichkeit nicht. Der Rücktransport der am Äquator aufsteigenden Luft in der Höhe vollzieht sich infolge verschiedenartiger Zirkulationsstrukturen (Easterly waves, äquatoriale Westwindzone, Cloud-cluster, ständige Umbildung einzelner Hochdruckzellen in den Subtropen u. a.) äußerst unregelmäßig im Vergleich zur Konstanz der Passate.

antitriptischer Wind [zu ↑anti- und griech. tríbein = reiben, zerreiben]: Wind, bei dem der Luftdruckgradient nur durch die Reibungskraft kompensiert wird und die Coriolis-Kraft nicht zur Geltung kommt; tritt nur bei kleinräumigen Strömungssystemen und in den untersten Schichten der Atmosphäre auf (z. B. bei Berg- und Talwind).

antizyklonal [zu ↑anti- und ↑Zyklone]: 1. von einer *Luftströmung* gesagt, die auf der Nordhalbkugel im Uhrzeigersinn (auf der Südhalbkugel entgegengesetzt) um ein Gebiet hohen Luftdrucks (eine Antizyklone) gerichtet ist; 2. bezeichnet allgemein bei einer *Großwetterlage* das Überwiegen des Hochdruckeinflusses. – Gegensatz: ↑zyklonal.

antizyklonale Krümmung ↑Isobarenkrümmung.

Antizyklone, die: svw. ↑Hochdruckgebiet.

äolisch [nach dem griech. Windgott Äolus]: vom Wind hervorgerufen oder geformt; ä.e Sedimente sind vom Wind abgelagerte Sedimente.

Aparktias, der [griech.]: trockenkalter winterlicher NO-Wind kontinentalen Ursprungs in Griechenland.

aper [ahd. ābar, eigtl. = nicht (Schnee) tragend]: offen, schneefrei; im Gegensatz zu schneebedeckt. Als **Ausapern** bezeichnet man das Freiwerden von Schnee (z.B. das Ausapern von Gletschern im Sommer). **Aperwind** heißt in den Alpen ein Wind (Föhn), der den Schnee schmelzen läßt.

Appleton-Schicht: ['æpltən...; nach Sir E. V. Appleton]: ältere Bez. für die ↑F-Schicht.

Approximation, die [zu kirchenlat. approximare = sich nähern]: svw. Annäherung: in der *Meteorologie* v. a. gebraucht in der Verbindung ↑geostrophische Approximation.

Aprilwetter: unbeständiges Wetter, gekennzeichnet durch raschen Wechsel von Sonnenschein und Bewölkung mit Regen-, Schnee- und Graupelschauern bei starker Böigkeit des Windes, meist aus nw. Richtungen. Ursache ist die feuchtlabile Schichtung der auf der Rückseite von Tiefdruckgebieten nach Mitteleuropa einfließenden maritimarktischen Kaltluft. Oft zeigt die Luftdruckverteilung auch ein stabiles Hoch über NW-Europa und den angrenzenden Meeresteilen bei gleichzeitig tiefem Luftdruck über Skandinavien, so daß tagelang feuchtkalte Meeresluftmassen aus dem grönländischen Raum und dem Nordmeergebiet nach Mitteleuropa strömen. Das Schauerwetter wird beim Überströmen des Festlandes infolge rascher Erwärmung der untersten Luftschichten und der dadurch bedingten Hebung der labilgeschichteten Luft ausgelöst. Häufigstes Vorkommen im Frühjahr, besonders typisch im April.

APT-System: Abk. für engl.: **Automatic-picture-transmission-system;** von den USA ab 1966 auf polarumlaufenden Wettersatelliten eingesetztes Bildaufnahmegerät, das sofort nach der Aufnahme das Bild abtastet und blind zur Erde sendet. Die Sendung kann mit verhältnismäßig wenig aufwendigen **APT-Stationen** in dem vom Satelliten überflogenen Gebiet aufgenommen werden. Bildgröße und Flughöhe der Satelliten sind so bemessen, daß Aufnahmen von mehreren aufeinanderfolgenden Umläufen einer Station ein lückenloses Wolkenbild über einem großen Gebiet (Radius 2000 bis 3000 km) vermitteln. Wegen des großen Vorteils des fast verzögerungsfreien Direktempfangs entwickelte sich in wenigen Jahren ein weltweites Netz von APT-Stationen.

äquatorial: unter dem Äquator bzw. im Bereich des Äquators befindlich.

äquatorialer Gegenstrom: ostwärts gerichtete warme Oberflächenströmung im Pazifischen, Atlantischen und Indischen Ozean; zwischen den westwärts gerichteten ↑Äquatorialströmen verlaufend.

äquatoriales Regenklima: das Klima der inneren Tropen; gekennzeichnet durch hohe Temperaturen (mittlere Temperatur des kältesten Monats mindestens 24 °C), eine geringe mittlere Jahresschwankung (weniger als 4 K), aber eine erhebliche Tagesschwankung der Temperatur sowie allg. ausreichende Niederschläge (mindestens 1500 mm pro Jahr; 10 bis 12 humide Monate).

äquatoriale Tiefdruckrinne: in der mittleren Luftdruckverteilung der Erde eine Zone tiefen Luftdrucks, an die sich nördlich und südlich des Äquators die subtropischen Hochdruckgürtel anschließen. In der ä.n T. treffen die Passate der Nord- und Südhalbkugel zusammen; man nennt dieses Gebiet deshalb auch die ↑innertropische Konvergenz. – ↑auch meteorologischer Äquator, ↑allgemeine Zirkulation der Atmosphäre, ↑äquatoriale Westwindzone.

äquatoriale Westwindzone: eine Zone gelegentlicher W-Winde innerhalb der äquatorialen Tiefdruckrinne, häufig zwischen einem nördlichen und südlichen Zweig der ↑innertropischen Konvergenz liegend. Auf der äquatornahen Seite können W-Winde innerhalb der vorherrschenden östlichen Grundströmung mit westwärts wandernden tropischen Störungen in Verbindung stehen, über dem Indischen Ozean während des Nordsommers mit der Ausbildung des Monsuns.

Äquatorialluft: sehr feuchte und wärmste der Hauptluftmassen der Erde; in ihrem Ursprungsgebiet, den Innertropen, labil geschichtet; dringt nur selten nach Europa vor. – ↑auch Luftmassenklassifikation.

Äquatorialregen: die in der Nähe des Äquators, etwa von 10° n. Br. bis 10° s. Br., bei höchstem Sonnenstand fallenden Niederschläge. Sie weisen im Jahresverlauf zwei Maxima und zwei Minima auf. Ursache dieses Jahresgangs ist die mit der Deklinationsänderung der Sonne gekoppelte jahreszeitliche Verlagerung der innertropischen Konvergenz.

Äquatorialströme: im Bereich des Nordost- bzw. Südostpassats beiderseits des Äquators in allen drei Ozeanen auftretende, westwärts gerichtete Meeresströmungen (↑Nordäquatorialstrom, ↑Südäquatorialstrom).

Äquinoktialregen [zu ↑Äquinoktien]: zu den tropischen ↑Zenitalregen zählender Regentyp, bei dem die äquatoriale doppelte Regenzeit bei einem relativ ausgeglichenen Jahresgang am deutlichsten nach den Äquinoktien (im April und November) ausgeprägt ist.

Äquinoktialstürme [zu ↑Äquinoktien]: zur Zeit der Äquinoktien besonders im Bereich der subtropischen Meere auftretende Stürme, die häufig von starken, z. T. gewittrigen Regenfällen begleitet sind.

Äquinoktien, die (Mehrz.) [...ktsiən ‖ Einz.: das Äquinoktium ‖ aus gleichbed. lat. aequinoctium, zu lat. aequus = gleich und lat. nox, noctis = Nacht ‖ Syn.: Tag- und Nachtgleichen]: die Zeitpunkte, an denen die Sonne auf ihrer jährlichen scheinbaren Bahn, der Ekliptik, den Himmelsäquator schneidet. Im **Frühlingsäquinoktium** (Frühlingsanfang; um den 21. März) und im **Herbstäquinoktium** (Herbstanfang; um den 23. September) sind für alle Orte auf der Erde Tag und Nacht gleich lang (wahrer Sonnenaufgang um 6 Uhr Ortszeit, wahrer Sonnenuntergang um 18 Uhr Ortszeit).

Äquipotentialfläche [zu lat. aequus = gleich und spätlat. potentialis = nach Vermögen, tätig wirkend ‖ Syn.: Isopotentialfläche]: in *wirbelfreien physikalischen Feldern* jede Fläche, in deren

Punkten das Potential den gleichen zeitlich konstanten Wert aufweist und die Feldlinien senkrecht verlaufen. Spezielle Ä.n sind im Schwerefeld der Erde die ↑Geopotentialflächen. – ↑auch Äquiskalarflächen, ↑Niveaufläche.

Äquiskalarflächen [zu lat. aequus = gleich und lat.-italien. scala = Treppe, Leiter]: Flächen gleicher Werte von meteorologischen Elementen, die durch skalare Größen angegeben werden; z.B. Flächen gleicher Temperatur (isotherme Flächen).

äquivalent [aus gleichbed. mlat. aequivalens, zu lat. aequus = gleich und lat. valere = wert sein]: gleichwertig; von gleicher wertmäßiger, sachlicher, logischer oder ähnlicher Geltung.

äquivalent-barotropes Niveau [ni'vo:]: in der mittleren Troposphäre, etwa in Höhe der 500-hPa-Fläche gelegenes Niveau, das nahezu divergenzfrei ist und das einem barotropen Niveau als gleichwertig angesehen werden kann. Im äquivalent-barotropen Niveau können mit äquivalent-barotropen Modellen Vorhersagerechnungen durchgeführt werden. In diesen Modellen wird nicht die Unabhängigkeit des Windes von der Höhe (wie bei rein barotropen Modellen), sondern nur eine von der Höhe unabhängige Windrichtung vorausgesetzt, während sich die Windgeschwindigkeit in bestimmter Weise ändern darf.

äquivalent-potentielle Temperatur: frühere Bez. für ↑potentielle Äquivalenttemperatur.

Äquivalenttemperatur: diejenige Temperatur $t_ä$, die eine Luftmenge mit der (in °C angegebenen) Temperatur t annehmen würde, wenn der gesamte darin enthaltene Wasserdampf kondensieren und die dabei frei werdende Kondensationswärme der Luft zugeführt würde; es gilt die Beziehung $t_ä = t + 2{,}5\,s$ (s = spezifische Feuchte in g/kg); das Additionsglied ist der sog. **Äquivalentzuschlag.** Die Ä. kennzeichnet den Gesamtwärmeinhalt einer Luftmenge und wird deshalb auch als Maß für die ↑Schwüle verwendet.

Äquivalentwind: im *Flugwesen* die durch die herrschende Luftströmung verursachte Verminderung oder Erhöhung der Fluggeschwindigkeit über Grund unter Berücksichtigung der Fluggeigengeschwindigkeit. Der Ä. läßt sich darstellen als Differenz aus der Komponente des geostrophischen Windes in Richtung der Flugstrecke und einer aus der Flugzeugeigengeschwindigkeit und der Komponente des geostrophischen Windes senkrecht zur Flugstrecke resultierenden sog. Querwindkorrektur.

Der Ä. hat große Bedeutung für die tägliche und langfristige Flugplanung, weil sich aus ihm als positivem oder negativem Zuschlag zur Flugzeugeigengeschwindigkeit die Fluggeschwindigkeit über Grund und daraus die voraussichtliche Flugdauer errechnen lassen; deren genaue Kenntnis ist eine wichtige Information zur Ermittlung der möglichen Nutzlast.

Statistiken der mittleren Häufigkeitsverteilung des Ä.es bilden eine wesentliche Grundlage für Wirtschaftlichkeitsberechnungen im Luftverkehr und bei der Planung neuer Flugstrecken.

Äquivalentzuschlag ↑Äquivalenttemperatur.

Arago-Punkt [nach D. F. J. Arago]: einer von drei sog. **neutralen Punkten,** die im oder nahe beim Sonnenvertikal liegen und in denen die Polarisation des Himmelslichtes verschwindet. Der A.-P. befindet sich bei Sonnenauf- und Sonnenuntergang etwa 20° über dem Gegenpunkt der Sonne; seine Lage schwankt mit der Trübung der Atmosphäre (höher bei starker Trübung) und mit der Sonnenhöhe. Die beiden anderen neutralen Punkte werden als **Babinet-Punkt** bzw. als **Brewster-Punkt** bezeichnet; sie liegen über bzw. unter der Sonne und sind deshalb schwerer feststellbar.

Aran, das [engl.]: in der *Medizinmeteorologie* Bez. für bodennahen ↑Ozon im Zusammenhang mit der Diskussion und Suche nach einem bestimmten biotropen Faktor.

Arbeitswetterkarte: Bodenwetterkarte, in die Wettermeldungen eingetragen sind und in der der Meteorologe die Analyse durchführt; sie dient ihm als Grundlage für die Erarbeitung der Wettervorhersage.

Die Bez. A. stammt aus einer Zeit, in der die Bodenwetterkarte nahezu die einzige Karte war, die dem Meteorologen als Unterlage für seine praktische Arbeit diente. Heute stehen eine Vielzahl von meist maschinell hergestellten zusätzlichen Karten (Höhenwetterkarten, Vorhersagekarten und Nebenkarten) für die Prognose zur Verfügung, die ebenfalls als A.n zu bezeichnen sind.

Area Forecast Centre, das ['ɛərɪə 'fɔ:kɑ:st 'sɛntə]: Gebietsvorhersagezentrale für die Luftfahrt; ↑AFC.

Argon, das [auch: ar'go:n ‖ zu griech. argós = nicht arbeitend, untätig, träge]: ein farb- und geruchloses atmosphärisches Edelgas (Volumenanteil in trockener Luft 0,93%), das nicht mit anderen Gasen oder Stoffen reagiert.

arheisch [zu ↑a- und griech. rheĩn = fließen]: nennt man ein Gebiet ohne Abfluß aufgrund mangelnder Niederschläge; Begriff bei der Klimaklassifikation zur Charakterisierung der Abflußverhältnisse in ariden Klimaten.

arides Klima [zu lat. aridus = trokken]: Klima von Gebieten, in denen die mögliche jährliche Verdunstungshöhe größer ist als die jährliche Niederschlagshöhe. Im **vollariden Klima** beträgt die Jahreshöhe des Niederschlags meist weniger als 100 mm. Im **semiariden Klima** übertrifft im Jahresdurchschnitt zwar die Höhe der Verdunstung die des Niederschlags, jedoch kann in einigen Monaten (bis zu fünf) die Niederschlagshöhe größer als die Verdunstungshöhe sein. Zu vollariden Gebieten rechnen v. a. die Kernwüsten, zu den semiariden die Steppen und Wüstensteppen der Tropen und Subtropen.

Für das Auftreten arider Klimate gibt es verschiedene *Ursachen:* 1. vorherrschend absteigende Luftbewegungen mit heiterem Himmel und Wolkenauflösung, starker Sonneneinstrahlung und großer Verdunstungshöhe (z. B. im subtropischen Hochdruckgürtel); 2. kaltes Auftriebswasser entlang der Küste; 3. Divergenz der Luftströmung; 4. Leewirkung von Gebirgen.

Aridität, die [zu lat. aridus = trocken]: Maß für das Feuchtigkeitsdefizit, das entsteht, wenn die Verdunstungshöhe größer ist als die Niederschlagshöhe (↑arides Klima).

Ariditätsfaktor [Syn.: Ariditätsindex, Trockenheitsindex]: unterschiedlich definierte klimatologische Zahl zur Bewertung der Trockenheit (↑Aridität) eines Gebietes; wird jeweils aus einer Verknüpfung bestimmter Werte des Niederschlags und der Temperatur berechnet.

Ariditätsgrenze: svw. ↑Trockengrenze.

Ariditätsindex: svw. ↑Ariditätsfaktor.

Arktikfront [zu griech. arktikós = nördlich]: Frontensystem, das sich nach den Vorstellungen der ↑norwegischen Schule an der S-Grenze der arktischen Polarluft in etwa 65–75° n. Br. bildet. In der Natur entstehen Fronten in diesem Bereich jedoch nur zeitweise. Die Annahme eines permanenten, geschlossenen Frontenzuges rings um die Arktis hat sich als nicht haltbar erwiesen.

Arktikluft [zu griech. arktikós = nördlich]: arktische Luftmasse, die im Bereich des im Mittel vorhandenen polaren Hochdruckgebietes in arktischen Breiten entsteht. Je nach ihrem Weg nach S unterscheidet man **kontinentale A.** (Abk.: **cA**), die über Nordsibirien und Nordrußland nach Mitteleuropa gelangt, und **maritime A.** (Abk.: **mA**), die über das Europäische Nordmeer nach S strömt.

arktisch [von griech. arktikós = nördlich]: die Arktis betreffend, von der Arktis stammend.

arktische Polarluft: nach einer von R. Scherhag modifizierten Luftmassenklassifikation nahezu gleichbed. mit ↑Arktikluft.

arktischer Seerauch ↑Seerauch.

arktisches Klima [Syn.: Polarklima]: das Klima der Polargebiete. Es wird geprägt durch die besonderen Strahlungsverhältnisse und die ständige Schnee- und Eisdecke, die die Luftmassen vom Untergrund her abkühlt und eine stabile vertikale Schichtung mit niedrigen Wolkendecken an der Obergrenze der so entstehenden Inversion oder Bodennebel erzeugt. Typisch sind lange, sehr kalte Winter (↑Kältepol) während der ↑Polarnacht und nebelreiche, kalte Sommer während des Polartages. Die Nieder-

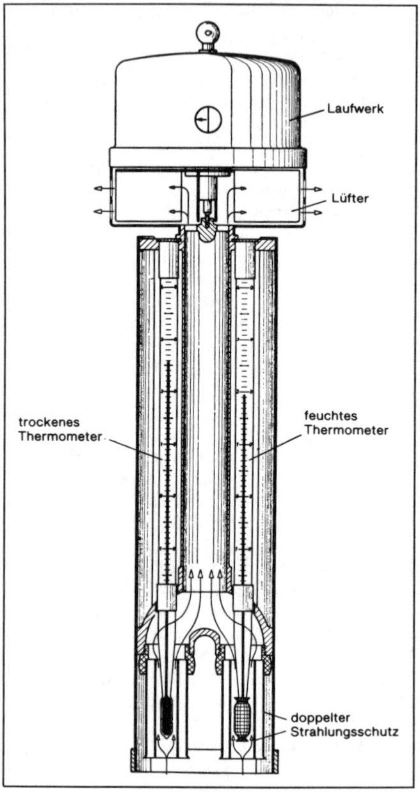

Aßmann-Aspirationspsychrometer

schläge fallen meist als Schnee. Die mittlere Temperatur liegt im zentralarktischen Bereich ständig unterhalb des Gefrierpunktes.

Das arktische Klima wird in ein hocharktisches (der Eiswüsten) und ein ↑subarktisches Klima, das wiederum durch maritime und kontinentale Einflüsse abgewandelt wird, unterteilt.

As: Abk. für ↑Altostratus.

Aspirator, der [zu lat. aspirare = anhauchen, einhauchen]: speziell der Belüftung des ↑feuchten Thermometers dienender, mechanisch oder elektrisch betriebener Ventilator, der einen gleichmäßigen Luftstrom von 2–3 m/s erzeugt, um die Herstellung des thermischen Gleichgewichtes zwischen Wärmeabgabe durch Verdunstung und Wärmezufuhr aus der umgebenden Luft zu beschleunigen.

Aßmann-Aspirationspsychrometer: von R. Aßmann konstruiertes transportables Standardmeßgerät zur psychrometrischen Feuchtemessung; arbeitet nach dem selben physikalischen Prinzip wie das ↑Psychrometer; wird als Prüfgerät für Feuchtemeßgeräte verwendet. Die beiden eichfähigen Thermometer (trockenes und ↑feuchtes Thermometer) werden zum Schutz gegen Strahlung von reflektierenden Metallrohren umhüllt. Ein am oberen Ende des Gerätes angebrachter Ventilator **(Aspirator)** saugt einen Luftstrom gleichmäßig an beiden Thermometern vorbei, um die Herbeiführung des Gleichgewichtes zwischen Wärmeabgabe durch Verdunstung und Wärmezufuhr aus der Luft zu beschleunigen.

astro- [von griech. ástron = Stern]: in Zusammensetzungen mit der Bedeutung „Stern, Gestirn; Weltraum"; z. B. Astrometeorologie.

Astrometeorologie, die [↑astro-]:
◇ die Wissenschaft von den Atmosphären anderer Himmelskörper, insbes. der Planeten.
◇ die Lehre vom Einfluß der Gestirne (insbes. bestimmter Planetenkonstellationen) auf die Witterung, wie sie v. a. im ausgehenden Mittelalter weit verbreitet war. Nach heutiger Auffassung sind langfristige Wettervorhersagen auf dieser Grundlage wertlos.

astronomische Dämmerung: eine Dämmerungsphase; ↑Dämmerung.

astronomische Refraktion ↑Brechung.

asynoptische Daten [↑a-]: Bez. für meteorologische Beobachtungen, die sich nicht auf die festgelegten synoptischen Termine beziehen, sondern zu beliebigen Terminen anfallen. Die hohen Kosten für feste synoptische und aerologische Stationen zwingen dazu, die bestehenden Lücken im Stationsnetz durch Nutzung der a.n D. anderer Beobachtungsmittel (z. B. Linienflugzeuge, Wettersatelliten) zu verringern.

atlantisches Klima: svw. ↑maritimes Klima.

Atmometer, das [griech. atmós = Dampf und ↑-meter]: älterer Name für Geräte zur Messung der Verdunstung (↑Evaporimeter).

Atmosphäre, die [griech. atmós = Dampf, Dunst und griech. sphaĩra = (Erd)kugel ‖ Abl.: atmosphärisch]: die gasförmige Hülle eines Himmelskörpers, speziell die Lufthülle der Erde. Die A. ist für die Existenz von Leben auf unserem Planeten von entscheidender Bedeutung. In ihr spielen sich auch die physikalischen Prozesse ab, die man „Wetter“ nennt.

Über die *Entstehung* der Erdatmosphäre gibt es verschiedene Hypothesen, aber letztlich noch keine genauen Kenntnisse. Sicher scheint zu sein, daß der gesamte Sauerstoff der A. und der Erdoberfläche fast ausschließlich biogenen Ursprungs ist und seit 3,8 Mrd. Jahren in alten Sedimenten der Erdkruste nachweisbar ist.

Zusammensetzung der A.: Die Lufthülle der Erde setzt sich aus einem Gemisch von permanenten und nichtpermanenten Gasen bzw. Spurenstoffen zusammen. Die Hauptbestandteile (jeweils Vol.-% in trockener Luft) sind in der Gruppe der permanenten Gase: Stick-

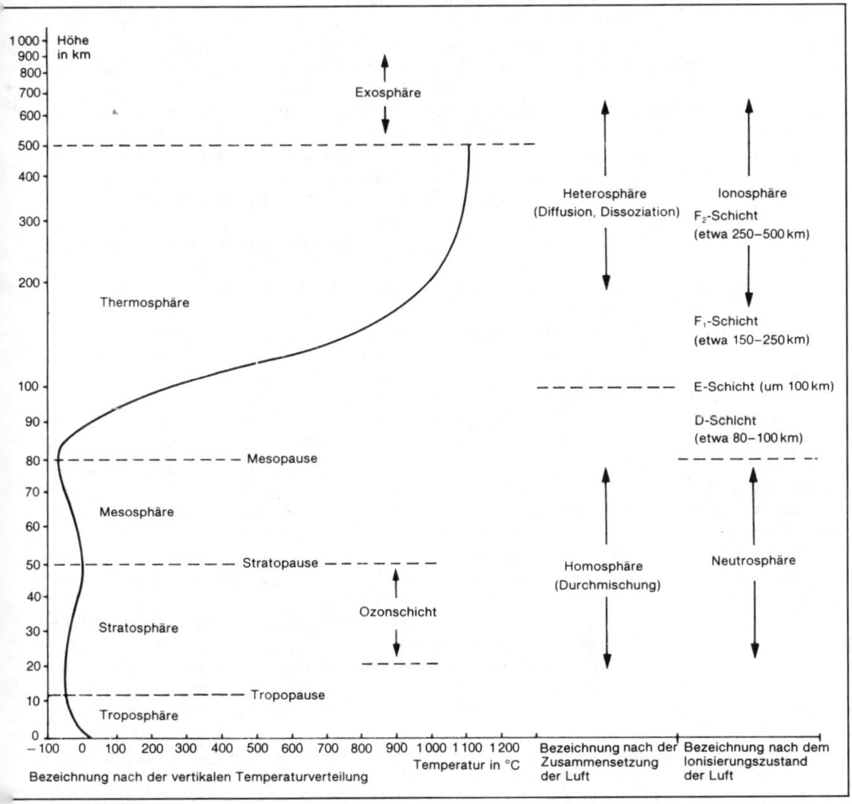

Atmosphäre. Vertikaler Aufbau

stoff (78,08), Sauerstoff (20,95), Argon (0,93) und weitere Edelgase wie Neon, Helium, Krypton und Xenon sowie Wasserstoff in verschwindend kleiner Menge (insgesamt weniger als 0,01), in der Gruppe der nichtpermanenten Gase und sonstigen Spurenstoffe: Wasserdampf (0–4), Kohlendioxid (0,034), Kohlenmonoxid, Schwefeldioxid, Stickstoffdioxid, Methan, Ozon u. a.

Stickstoff und Sauerstoff stellen mit 99,03 Vol.-% den Hauptbestandteil der Luft dar und sind für den Ablauf der Lebensprozesse auf der Erde die wichtigsten Gase. Der vorherrschende nichtpermanente Bestandteil der Luft ist der örtlich und zeitlich stark schwankende Wasserdampf, der in allen Aggregatzuständen eine ausschlaggebende Rolle für das Wettergeschehen spielt. Das Kohlendioxid ist für den biologischen Kreislauf der Natur (Photosynthese) von größter Bedeutung und wirkt zusammen mit dem Wasserdampf entscheidend auf die Strahlungsbilanz des Systems Erde–Atmosphäre ein. Von besonderer Bedeutung ist auch der Ozon, da er die UV-Strahlung der Sonne unterhalb 0,3 µm absorbiert.

Die Zusammensetzung der Luft kann, abgesehen von den Schwankungen des Kohlendioxids in den unteren Schichten und des Wasserdampfs bis etwa 20 km Höhe, infolge dauernder Durchmischung bis in Höhen von 100 km als nahezu konstant angesehen werden. Darüber setzen dann die Vorgänge der Ionisation und der Entmischung (Dissoziation) der atmosphärischen Gase ein. Mit zunehmender Höhe vergrößert sich der Volumenanteil der leichteren Gase (Helium, Wasserstoff), so daß beim Übergang in den interplanetaren Raum die Luft fast nur noch aus Wasserstoff besteht.

Vertikaler Aufbau der A.: Nach der mittleren vertikalen Temperaturverteilung ergibt sich eine Stockwerksgliederung der A. in folgende Schichten: ↑Troposphäre (bis 11 km) mit ↑atmosphärischer Grenzschicht; ↑Stratosphäre (bis 50 km) mit ↑Ozonschicht (20 bis 50 km); ↑Mesosphäre (bis 80 km); ↑Thermosphäre (bis 500 km); ↑Exosphäre (über 500 km). Die einzelnen Schichten sind durch Inversionen oder Grenzschichten gegeneinander abgegrenzt (↑Tropopause, ↑Stratopause, ↑Mesopause, ↑Thermopause). Unter Berücksichtigung des Ionisierungszustandes kann die A. in eine ↑Neutrosphäre (bis 80 km) und in eine ↑Ionosphäre (bis etwa 1 000 km) unterteilt werden. Hinsichtlich der Zusammensetzung der A. ergibt sich eine Zweiteilung in ↑Homosphäre und ↑Heterosphäre. – ↑auch allgemeine Zirkulation der Atmosphäre.

Atmosphärilien, die (Mehrz.) [ohne Einz. ‖ zu ↑Atmosphäre]: die physikalisch und chemisch wirksamen Bestandteile der Atmosphäre, die für die Verwitterung von Gesteinen und die Korrosion von Metallen verantwortlich sind.

atmosphärische Elektrizität: svw. ↑Luftelektrizität.

atmosphärische Fenster: Bez. für bestimmte Spektralbereiche, in denen die Atmosphäre die kurzwellige Sonnenstrahlung bzw. die langwellige terrestrische Strahlung fast ungehindert zur Erdoberfläche bzw. in den Weltraum passieren läßt. Die Bez. wird fast ausschließlich auf jene Bereiche im infraroten Spektralbereich angewendet, in denen Wasserdampf und Kohlendioxid (als Hauptabsorber) weder emittieren noch absorbieren. Hier befinden sich ein großes a.s F. **(Wasserdampffenster)** im Wellenlängenbereich zwischen 8 und 13 µm sowie zwei kleinere Fenster zwischen 3,4 und 4,1 µm bzw. bei 18 µm. Das Wasserdampffenster (v. a. im Bereich zwischen 10,5 und 12,5 µm) ermöglicht nach dem Planck-Strahlungsgesetz die Bestimmung der Oberflächentemperaturen von Erde und Wolken durch Messung der infraroten Ausstrahlung mittels Satellit und Flugzeug.

atmosphärische Gegenstrahlung [Kurzbez.: Gegenstrahlung]: die gegen die Erdoberfläche gerichtete langwellige Strahlung der Atmosphäre. Sie beruht darauf, daß die von der Erdoberfläche kommende langwellige Strahlung v. a. vom atmosphärischen Wasserdampf (in den Spektralbereichen um 6,3 µm und oberhalb 18 µm) und Kohlendioxid (in den Spektralbereichen um 4,3 µm und

15 µm) absorbiert und nach Umwandlung in Wärmeenergie (↑Glashauseffekt) in Form langwelliger Strahlung zum größten Teil wieder zur Erde zurückgestrahlt wird.

atmosphärische Gezeiten ↑Gezeiten.

atmosphärische Grenzschicht [Syn.: Grenzschicht, planetarische Grenzschicht, Planetary boundary layer (Abk.: PBL)]: die unterste Schicht im Aufbau der Atmosphäre, in der aufgrund der Rauhigkeit der Erdoberfläche und der daraus resultierenden Reibung eine ungeordnete turbulente Strömung vorherrscht. Je nach Rauhigkeit, vertikaler Temperaturschichtung und Windgeschwindigkeit ist die a. G. unterschiedlich hoch; als Mittelwert der Höhe gilt im allg. etwa 1 000 m.

Die große Bedeutung der a.n G. liegt darin, daß in ihr der gesamte vertikale Austausch von Wärme, Wasserdampf und Impuls zwischen Erdoberfläche und Atmosphäre vor sich geht. Die a. G. ist daher ein Schwerpunkt experimenteller und theoretischer Forschung in der modernen Meteorologie.

Man unterteilt die a. G., abgesehen von der nur etwa 1 mm dicken laminaren Unterschicht, in die ↑Prandtl-Schicht und die darüberliegende ↑Ekman-Schicht.

atmosphärische Optik: svw. ↑meteorologische Optik.

atmosphärische Spurenstoffe: Bez. für die in der Luft enthaltenen Spurengase und Aerosole natürlichen und anthropogenen Ursprungs. Als Quellen sind v. a. die primäre Emission vom Boden (durch Verbrennung fossiler Brennstoffe, Düngemittel, Verkehr, Industrie, biologische Abbauprozesse, Vulkanausbrüche usw.) und die sekundäre Emission über chemische Reaktionen in der Atmosphäre anzusehen. Die Verteilung a.r Sp. in der Luft und ihre Ablagerung (↑Senken) hängen von unterschiedlichen Verweilzeiten, von Transportvorgängen und chemischen Umwandlungen ab.

atmosphärische Störung ↑Störung.

atmosphärische Turbulenz: die in der Atmosphäre stets und in ganz verschiedenen Größenordnungen **(Scales)** aus unterschiedlichen Ursachen auftretende Turbulenz. Früher wurde im wesentlichen nur zwischen ↑dynamischer Turbulenz und ↑thermischer Turbulenz unterschieden. Einer groben Einteilung nach der Größenordnung entstammen die Begriffe ↑Mikroturbulenz und ↑Makroturbulenz. Heute kennt man ein fast lückenloses ↑Turbulenzspektrum, das von der molekularen ↑Dissipation bis zu den langen ↑planetarischen Wellen reicht.

Die besondere Bedeutung der a.n T. liegt darin, daß durch sie ↑turbulente Flüsse entstehen, die Gegensätze bezüglich Eigenschaften und Beimengungen auszugleichen suchen. Ferner findet von größeren zu kleineren Wirbeln ein Energieübergang statt, den man als **Energiekaskade** bezeichnet. – Ein Sonderfall der a.n T. ist die ↑Clear-air-Turbulenz.

Atmospherics, die (Mehrz.) [ætməs'fɛrɪks ‖ ohne Einz. ‖ engl.]: atmosphärische Impulsstrahlung (↑Spherics).

Aufbaumethode: Methode der ↑Analyse, bei der die absolute ↑Topographie einer höher gelegenen Hauptisobarenfläche durch Addition der absoluten Topographie der darunterliegenden Hauptisobarenfläche und der zwischen

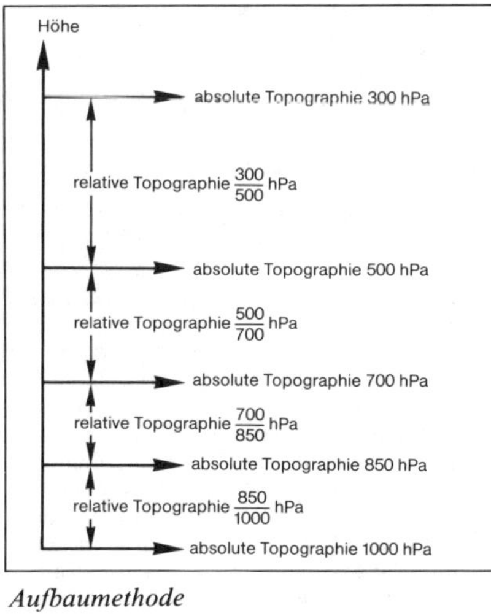

Aufbaumethode

beiden liegenden relativen Topographie gewonnen wird. Man beginnt am Boden, wandelt die Luftdruckverteilung in eine absolute Topographie der 1000-hPa-Fläche um, konstruiert die relative Topographie 850 über 1000 hPa, addiert diese zur Topographie der 1000-hPa-Fläche und erhält die absolute Topographie 850 hPa. Dieses Verfahren setzt man bis zur gewünschten Hauptisobarenfläche fort.

Auffanggefäß: Bestandteil des ↑Hellmann-Niederschlagsmessers; ein Zylinder aus Zinkblech bzw. verzinktem Eisen mit einer kreisförmigen Eintrittsöffnung (Auffangfläche) von 200 cm^2; nach unten verjüngt sich das A. konisch und schließt mit einem eingelöteten Trichter ab, der in eine Sammelkanne mündet.

Auffrieren: die durch Volumenzunahme verursachte Anhebung der obersten Bodenschichten bei Nachtfrost im Frühjahr, verbunden mit einem Abreißen der Wurzeln und damit Vertrocknen von Getreidepflanzen. – ↑auch Auswinterung.

Auffrischen: das Stärkerwerden des Windes, im allg. bei Windstärken unter 6 (↑Beaufortskala).

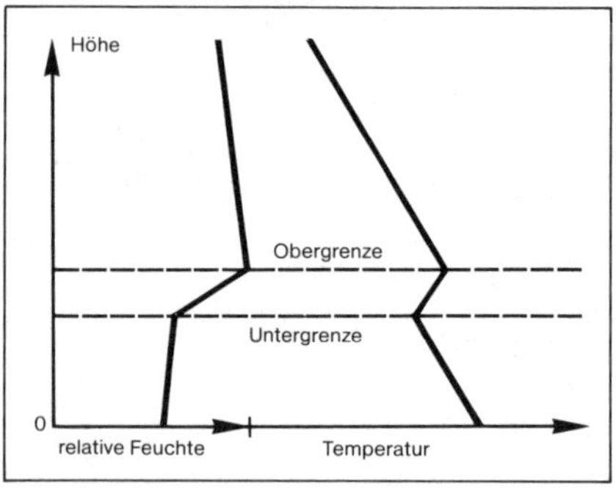

Aufgleitinversion

Auffüllen: bei einem Tiefdruckgebiet die durch Bodenreibung verursachte Abschwächung bzw. Auflösung. Durch Massenfluß in das Tief steigt der Kerndruck an, das Druckgefälle an den Flanken wird geringer, und die Winde flauen ab. Das A. erfolgt über dem Festland wegen der größeren Reibung schneller als über See.

aufgewirbelte Niederschläge: feste Niederschläge, die bereits den Erdboden erreicht hatten und vom Wind, meist unter zusätzlicher Verstärkung durch Stau- und Düseneffekte, emporgewirbelt wurden. Ihre häufigsten Vertreter sind ↑Schneefegen und ↑Schneetreiben.

Aufgleitbewölkung: die durch Aufgleiten (meist an Frontflächen) entstehenden ausgedehnten Wolkensysteme. Die A. beginnt 600 bis 1000 km vor der Warmfront mit hakenförmigen Cirren, die sich zum Cirrostratus verdichten. Mit weiterer Annäherung der Front folgen bei absinkender Untergrenze und Verdichtung Altostratus und Nimbostratus, aus dem längeranhaltende Niederschläge fallen.

Aufgleiten: schräg aufwärts gerichtete Luftbewegung in der freien Atmosphäre oberhalb einer ↑Frontfläche oder in einer geneigten ↑Gleitfläche.

Aufgleitfläche: im Sinne der ↑norwegischen Schule eine schräge ↑Frontfläche, über die wärmere Luft auf eine darunter liegende kältere Luft aufgleitet; im engeren Sinne eine ↑Gleitfläche, in der Luft schräg aufwärts gleitet.

Aufgleitfront [Syn.: Anafront]: ↑Front, bei der sich nach den Vorstellungen der ↑norwegischen Schule wärmere Luft oberhalb einer schrägen ↑Frontfläche über kältere Luft schiebt. Je nach der Bewegung der Frontfläche relativ zur Erdoberfläche können A.en Warm- oder Kaltfronten sein. Im Falle einer Warmfront gleitet die vordringende Warmluft rascher auf die vorgelagerte Kaltluft auf, als diese zurückweicht. Bei einer Kaltfront stößt die Kaltluft rascher keilförmig unter einer Warmluft vor, als diese in Zugrichtung der Kaltfront abfließt. In beiden Fällen führt die aufwärts gerichtete Bewegung in der Warmluft zu Wolkenbildung und Niederschlägen.

Aufgleitinversion: ↑Inversion, die an ↑Aufgleitfronten in der Höhe der Frontfläche auftritt. Da die aufgleitende Warmluft eine hohe Feuchte (meist Sättigung) aufweist, ist eine A. immer mit Feuchtezunahme verbunden. In der Natur sind echte A.en sehr selten und meist wenig markant ausgeprägt. Oft wirken sich Frontflächen nur durch Gradientverringerungen im vertikalen Temperaturverlauf oder bestenfalls als vertikale Isothermie aus.

Aufgleitvorgang: der allg. Vorgang des ↑Aufgleitens, der meist an Fronten gebunden ist (↑Aufgleitfront). Nicht selten treten in der Atmosphäre aber auch Aufgleitvorgänge auf, die durch entsprechende Strömungsanordnungen und großräumige dynamische Vorgänge verursacht werden, ohne daß diese unmittelbar mit Fronten in Verbindung stehen, oft als **frontenlose Schlechtwettergebiete** bezeichnet, im Gegensatz zu frontengebundenen Schlechtwettergebieten.

Aufheiterung [Syn.: Aufklaren]: das Aufreißen einer zunächst geschlossenen Wolkendecke und die zeitliche Abnahme der Wolkenmenge mit zunehmendem Sichtbarwerden des blauen Himmels. Erfolgt nach dem Durchzug von Fronten, in labil geschichteten Luftmassen nach Schauerniederschlägen, im Tagesgang der Bewölkung abends und nachts nach Abklingen der Konvektion durch Stabilisierung der Luftmassen, bei Hochdruckwetter durch Auflösen einer Hochnebeldecke infolge Tageserwärmung. – ↑auch heiter.

Aufheizungsenergie: die berechneten monatlichen Mittelwerte der Energie, die an Strahlungstagen zwischen Sonnenaufgang und 14 Uhr Ortszeit zur Verfügung steht (Minimum im Dezember 0,13 kJ/cm^2, Maximum im Juli 0,75 kJ/cm^2); bewirkt eine Aufheizung der bodennahen Luftschicht (↑Thermik), wobei sich ein trockenadiabatischer Temperaturgradient bis zur **Aufheizungshöhe,** dem Schnittpunkt der Aufheizungsadiabate mit der ↑Zustandskurve, einstellt.
Die A. stellt sich im aerologischen Diagramm als Fläche dar, die von der **Aufheizungsadiabate,** der Zustandskurve zur Zeit des Temperaturminimums kurz nach Sonnenaufgang und der Bodenisobare begrenzt wird. Die Schichtdicke (in hPa) zwischen Bodenisobare (bei isothermer Schichtung) und Aufheizungshöhe ist ein Maß der Aufheizungsenergie.

Aufklaren: svw. ↑Aufheiterung.

auflandiger Wind: an der Küste oder am Ufer größerer Seen ein Wind, der vom Wasser zum Land weht; bei der Land- und Seewindzirkulation tagsüber der Seewind. – Gegensatz: ↑ablandiger Wind.

Auflösungstyp: ein Grundschichttyp (↑Grundschicht).

Aufsteigen: Bez. für die nach oben gerichtete Bewegung der Luft, dynamisch bedingt durch Unebenheiten des Geländes, v.a. an Berg- und Gebirgshängen, bzw. durch ↑Aufgleiten an Frontflächen oder thermisch bedingt durch Erwärmung der unteren Luftschichten. – Gegensatz: ↑Absteigen.

Aufstieg: zur Erforschung der höheren Atmosphärenschichten mit Hilfe von Drachen, Fesselballons, bemannten Freiballons und unbemannten Ballons (Radiosonden) sowie mit Pilotballons (nur für Windmessung) und Flugzeugen angewandtes Meßverfahren. – ↑auch aerologischer Aufstieg, ↑kleinaerologischer Aufstieg, ↑Flugzeugaufstieg.

Aufstiegsgeschwindigkeit: die ↑Steiggeschwindigkeit von Pilotballons bzw. Radiosonden.

Auftauboden: die im Sommer kurzzeitig auftauende obere Schicht von Dauerfrostböden; sie ist stark wasserdurchtränkt.

Auftriebswasser: kaltes Tiefenwasser der Ozeane, das infolge des von ablandigen Winden verursachten Abströmens warmen Oberflächenwassers an die Oberfläche aufsteigt. Es findet sich v.a. an den W-Küsten der Kontinente innerhalb der Passatregion, in den Polarregionen und an der Leeseite von Inseln.
Gebiete mit A. zeichnen sich durch niedrige Oberflächentemperaturen und häufiges Auftreten von Nebel aus.

Aufwind: aufwärts gerichtete Luftströmung mit oder ohne Wolkenbildung; thermisch, orographisch oder dynamisch bedingt. A.e entstehen bei starker Sonneneinstrahlung über erhitztem Gelände (Heide, Sand, Städte; ↑Thermik), in Gewitterwolken, durch nach oben abgelenkte Luftströmungen (an Berghängen, Hügeln, Dünen) und vor Fronten (insbes. Kaltfronten). – A.e werden beim Segelflug genutzt.

Aufzug [Syn.: Wolkenaufzug]: das Erscheinen der zunächst sehr hohen, später immer tieferen und dichteren Wolkenfelder in der für eine Warmfront typischen Reihenfolge (zuerst Cirrus-, dann Altostratus-, schließlich Nimbostratuswolken). Der A. ist meist mit Luftdruckabfall und langsamer Erwärmung verbunden und geht einer Wetterverschlechterung voraus.

Aureole, die [zu lat. aureolus = schön, golden]: eine atmosphärisch-optische Erscheinung (↑ Hof).

Ausapern, das: Freiwerden von Schnee (↑ aper).

Ausbreitung: allg. verwendeter Begriff zur Beschreibung des Transportes von ↑ Luftbeimengungen in der Atmosphäre; Fachausdruck: ↑ Transmission.

Ausbreitungsbedingungen [Syn.: Ausbreitungsverhältnisse]: die für einen Ort oder ein Gebiet typischen statistischen Eigenschaften der Ausbreitung bzw. Transmission von Schadstoffen; auch zur Beschreibung der im Verlauf eines Tages oder einer Wetterlage auftretenden Ausbreitungssituation verwendet.

Ausbreitungsklassen: als Berechnungsgrundlage für die *Ausbreitung von Schadstoffen* dienende einfache Einteilung der möglichen Turbulenzzustände der bodennahen Atmosphäre in wenige Klassen, die aus leicht zu ermittelnden meteorologischen (Windgeschwindigkeit, Bedeckungsgrad) und astronomischen Daten (Tages-, Jahreszeit) bestimmt werden können. Voraussetzungen für eine solche Schematisierung sind horizontal-homogenes Gelände und geringe Bodenrauhigkeit. – ↑ auch Gauß-Modell.

Ausbreitungsmodell: mathematisch-physikalische Beschreibung eines Transportvorgangs (Transmission von Schadstoffen) in der atmosphärischen Grenzschicht; verbindet Emissionsquellen und Immissionen und dient zur quantitativen Ermittlung von Immissionen (Immissionsprognose). Zu berücksichtigen sind räumliche Lage der Emissionsquellen und zeitliche Änderung der Emissionsraten, räumlich-zeitliche Verteilung der Schadstoffe in der Atmosphäre in Abhängigkeit von den Ausbreitungsbedingungen, physikalische Prozesse und chemische Reaktionen in der Atmosphäre sowie trockene und nasse Deposition.
Zu den wichtigsten Typen der A.e gehört das ↑ Gauß-Modell. Die Größenordnungen sind sehr unterschiedlich; sie reichen räumlich von 10 m bis 2 000 km, zeitlich von einigen Minuten bis zu einer Woche, sind am geringsten jeweils für Straßenschluchten und Kfz-Verkehr, am größten für regionale oder überregionale Auswirkungen von Flächenquellen (Industriegebiete, Verdichtungsräume).

Ausbreitungsparameter: Bez. für die Faktoren und Exponenten, die bei der Ausbreitung von Abgasen das Anwachsen der beim ↑ Gauß-Modell auftretenden Streuungen mit zunehmender Entfernung von der Quelle beschreiben; werden experimentell bestimmt und hängen von Turbulenz, Quellhöhe und Bodenrauhigkeit ab.

Ausbreitungsrechnung: Berechnung des Verweil- und Transportvorgangs von Luftbeimengungen in der Atmosphäre im Rahmen des kausalen Zusammenhangs Emission – Transmission – Immission in Abhängigkeit von meteorologischen Parametern sowie von physikalischen, chemischen und photochemischen Prozessen. Verwendet werden ↑ Ausbreitungsmodelle.

Ausbreitungstypen: Zuordnung der Form einer Schornsteinabluftfahne zur vertikalen Temperaturschichtung; es werden drei Grundtypen (↑ Fanning, ↑ Coning, ↑ Looping) und zwei Sondertypen (↑ Fumigation, ↑ Lofting) unterschieden.

ausfällbares Wasser [Syn.: Precipitable water]: Bez. für den Gesamtgehalt der Atmosphäre an Wasserdampf, speziell in einer bestimmten Luftsäule von der Erdoberfläche bis zur Atmosphärengrenze; berechenbar aus Radiosondenaufstiegen und angegeben als Dicke der Wasserschicht (in mm oder cm), die sich bilden würde, wenn der gesamte Wasserdampf ausfiele und sich als Wasser an der Erdoberfläche sammelte, oder in

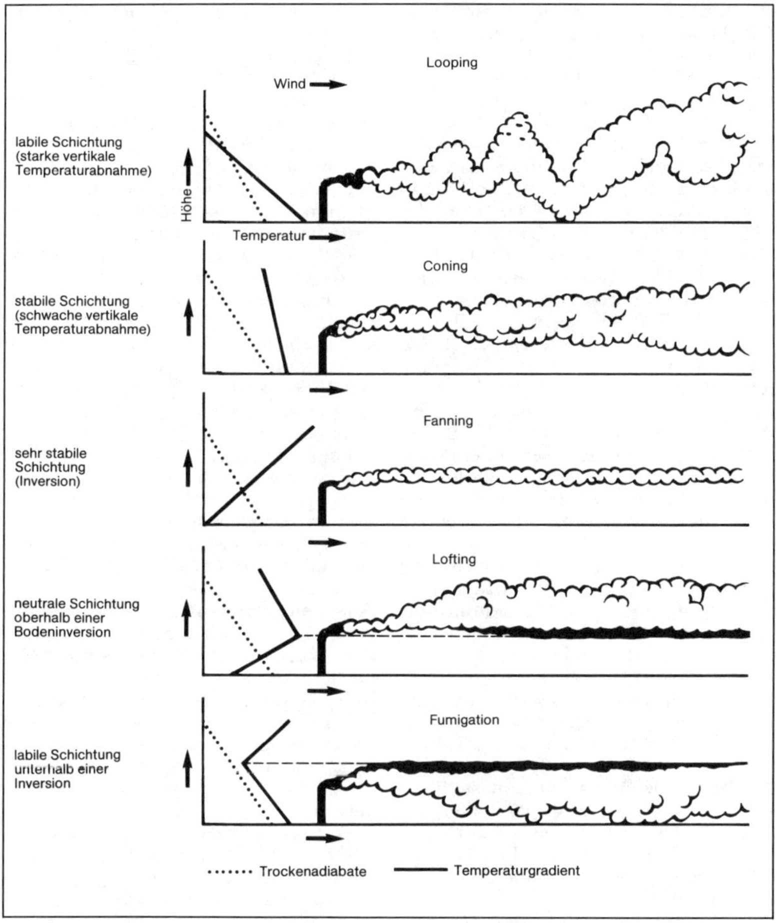

Ausbreitungstypen. Temperaturschichtung und Form der Schornsteinabluftfahnen (nach H. Wexler)

der synoptischen Praxis als ↑absolute Feuchte (in [Zehntel] Gramm pro Kubikmeter feuchter Luft) einer Luftsäule mit 1 cm^2 Grundfläche bis 400 hPa.
Da Wasserdampf einen Teil der Sonnenstrahlung absorbiert, kann das ausfällbare Wasser auch durch deren direkte Messung unter Verwendung von Farbfiltern bestimmt werden.

Ausgleichsgerade: einfaches statistisches Hilfsmittel zur graphischen Verdeutlichung eines Zusammenhangs zwischen zwei Datenreihen. Liegt z. B. eine Stichprobe von n einander zugeordneten Wertepaaren (x_1, y_1), (x_2, y_2), ..., (x_n, y_n) vor, so ist es zunächst zweckmäßig, diese n Zahlenpaare in die x, y-Ebene eines rechtwinkligen Koordinatensystems als Punkte einzutragen. Stellt man dabei optisch fest, daß die überwiegende Anzahl der Punkte auf einer Geraden oder zumindest in ihrer Nähe liegt, so kann eine gerade Linie gezogen werden, die so verlaufen muß, daß die Streuung der Punkte zu beiden Seiten dieser A.n möglichst auf ein Minimum reduziert wird. Die exakte mathematische Formulierung dieser Aussage ist der Inhalt der ↑Methode der kleinsten Quadrate.

Die A. gestattet, auf der Ordinate abzulesen, welcher *y*-Wert zu einem vorgegebenen *x*-Wert etwa zu erwarten ist, d. h., die A. ermöglicht näherungsweise die mathematische Formulierung eines Zusammenhangs zwischen zwei Variablen (Datenreihen).

Ausgleichsniveau [...nivo: ‖ Syn.: Ausgleichsschicht]: in unterschiedlicher Bedeutung verwendete Bez. für eine Höhe bzw. Schicht, in der sich thermische, dynamische oder luftelektrische Gegensätze ausgleichen, wenn die trennenden Kräfte nachlassen.

Haupt-A. der Luftströmungen ist die Erdoberfläche bzw. die ↑Reibungsschicht, da hier ein Massentransport quer zu den Isobaren vom hohen zum tiefen Druck stattfindet, der zu einem Ausgleich von Druckgegensätzen führt.

Ein A. in der *Stratosphäre* ist eine Schicht (jahreszeitlich schwankend, in mittleren Breiten in 18 bis 25 km Höhe), in der sich im Sommer die West- in eine durchgehende Ostströmung umstellt.

In der *unteren Ionosphäre* (oberhalb 80 km Höhe) existiert eine Schicht, in der sich wegen erhöhter Leitfähigkeit elektrische Spannungsdifferenzen rasch ausgleichen.

Ausgleichsströmung: Bez. für eine durch Temperaturunterschiede ausgelöste horizontale Luftströmung. Durch das Aufsteigen erwärmter Luft wölben sich über dem wärmeren Gebiet die Druckflächen auf, so daß in der Höhe ein Massenabfluß erfolgt, der am Boden Druckfall und die Bildung eines flachen Tiefs verursacht. Umgekehrt sinkt über kühleren Gebieten die Luft ab, so daß am Boden relativ hoher Druck entsteht. In der so in Gang gesetzten Zirkulation bewirkt in den unteren Schichten die A. vom Hoch zum Tief einen Druck- und Wärmeausgleich.

A.en sind u. a. der Luftzug beim Öffnen eines Fensters, Flurwinde, Hangwinde, Teile der periodischen Windsysteme (Berg- und Talwind, Land- und Seewind, Monsun) und der Passat.

Ausgleichszirkulation: geschlossener Luftkreislauf unterschiedlicher Ausdehnung; bewirkt durch ↑Ausgleichsströmungen einen horizontalen Massen- und Wärmetransport und eine vertikale Durchmischung der Atmosphäre. – ↑auch Ferrel-Zirkulation.

Ausläufer: Ausbuchtung eines Tiefdruckgebietes, seltener auch Auswölbung eines Hochdruckgebietes.

Auslöseenergie: quantitatives Maß für die zur Bildung von Konvektionswolken erforderliche Einstrahlungsmenge; darstellbar im ↑Stüve-Diagramm als Fläche, die von der Zustandskurve als Anfangszustand und der durch das Konvektionskondensationsniveau verlaufenden Trockenadiabate (Auslöseadiabate) als Endzustand begrenzt wird. – ↑auch Labilitätsenergie.

Auslösetemperatur: die Temperatur, gemessen in 2 m Höhe, die ein Luftteilchen erreichen muß, um aufgrund des Dichteunterschiedes zur umgebenden Luft mindestens bis zum ↑Kondensationsniveau aufsteigen zu können. Für ungestörte Strahlungstage läßt sich anhand der A. in einem Diagramm auch die Uhrzeit der ersten Cumulusbildung ablesen.

Ausregnung: bei einer *Wolke* das Ausfallen des Niederschlags; beginnt, wenn die Wolkentröpfchen und Eiskristalle eine bestimmte Größe erreicht haben und ihre Fallgeschwindigkeit größer wird als die Geschwindigkeit der sie tragenden Aufwinde.

Die A. ist auch Ziel von Versuchen über künstliche ↑Wetterbeeinflussung.

Ausschießen: plötzliche schnelle Rechtsdrehung des Windes auf W bis NW beim Durchzug einer Kaltfront.

Ausschnittmodell: ein ↑numerisches Modell, das nicht die globale Atmosphäre, sondern nur einen Ausschnitt davon umfaßt. Da im Laufe der Vorhersagezeit Änderungen und Entwicklungen von außerhalb auf den Ausschnitt übergreifen, werden die Ergebnisse von A.en in den Randgebieten bald fehlerhaft; sie sind nur für eine begrenzte Vorhersagezeit brauchbar, sofern man nicht die zeitlichen Änderungen der Randwerte von einem großräumigeren Modell übernimmt, wie dies bei ↑genesteten Modellen geschieht.

Außentemperatur: in der *technischen Klimatologie* überwiegend gleichbed. mit der in einer ↑Thermometerhütte in 2 m über Grund gemessenen Lufttemperatur. Der Terminus soll den Gegensatz zu anderen Temperaturbegriffen (z. B. Gebäudetemperatur, Raumtemperatur) verdeutlichen.

außertropische Westwindzone: die Westwindzone der mittleren Breiten (↑Westwinddrift).

Ausstrahlung: die Wärmeabgabe der Erdoberfläche und der Atmosphäre an den Weltraum in Form von langwelliger Strahlung. Durch die ↑atmosphärische Gegenstrahlung wird die langwellige A. der Erdoberfläche vermindert. Die Differenz der beiden Strahlungsflüsse wird **effektive A.** genannt. Der Strahlungs- bzw. Wärmeverlust durch die effektive A. ist maßgebend für die Abkühlung der Erdoberfläche und der unmittelbar darüberliegenden Luftschichten. Die starke Abkühlung in klaren Nächten ist die Folge einer stark negativen langwelligen Strahlungsbilanz.

Austausch: allg. Bez. für die Gesamtheit der turbulenten Vorgänge in allen Größenordnungen der ↑atmosphärischen Turbulenz. Beim A. wird meist unterschieden zwischen ↑Vertikalaustausch und ↑Horizontalaustausch; letzterer wird, wenn er sich auf den synoptischen Scale bezieht, oft als **Groß-A.** bezeichnet (er entspricht der ↑Makroturbulenz).

austauscharmes Wetter: Zustand der bodennahen Atmosphärenschicht, bei dem Austausch bzw. Durchmischung der Luft in der Vertikalen wegen einer ↑Inversion und in der Horizontalen wegen Schwachwindes stark eingeschränkt sind. A. W. entsteht häufig im Herbst und Winter bei geringen horizontalen Luftdruckunterschieden im Bereich oder am Rand von Hochdruckgebieten, oft in Verbindung mit Nebel. Von einer **austauscharmen Wetterlage** spricht man, wenn in einer Luftschicht, deren Untergrenze weniger als 700 m über dem Erdboden liegt, die Temperatur der Luft mit der Höhe zunimmt, die Windgeschwindigkeit in Bodennähe seit mehr als 12 Stunden im Mittel weniger als 3 m/s beträgt und nach meteorologischen Erkenntnissen nicht auszuschließen ist, daß diese Wetterlage länger als 24 Stunden anhalten wird. Die austauscharme Wetterlage wird durch kleinaerologische Aufstiege bis mindestens 1 000 m Höhe erfaßt und überwacht. Außerdem wird die Konzentration von Schadstoffen in der Luft, die sich beträchtlich erhöhen kann, laufend registriert. Werden bestimmte Schwellenwerte überschritten, erfolgt ↑Smogalarm.

Austauschbedingungen: die meteorologischen Parameter, die den Vertikalaustausch in der ↑atmosphärischen Grenzschicht bestimmen. Hierzu gehören die Windgeschwindigkeit (als Maß der dynamischen Turbulenz), die vertikale Temperaturschichtung (als Maß der thermischen Turbulenz) und die mögliche Existenz einer Temperaturinversion (als Obergrenze des Vertikalaustauschs). Die A. besitzen für die Definition des ↑austauscharmen Wetters entscheidende Bedeutung.

Austauschformel: Formel, die den Vorgang des ungeordneten ↑Austauschs von Luftteilchen beschreibt. Der hierbei entstehende Fluß der mit den Luftteilchen verbundenen Eigenschaften (wie Temperatur, Feuchte oder Impuls) oder der mitgeführten Beimengungen wird in der A. proportional zum Gefälle der Eigenschaften bzw. Beimengungen gesetzt. Der Proportionalitätsfaktor ist der **Austauschkoeffizient.**

Austauschkoeffizient ↑Austauschformel.

Austru, der [rumän.]: föhnig trockener W- bis SW-Wind in Rumänien, am häufigsten im Winter; infolge Aufheiterung durch föhnige Wolkenauflösung im Lee des Balkans und der Südkarpaten oft mit strengen Strahlungsfrösten verbunden.

Auswaschen: Teil der Selbstreinigung der Atmosphäre von ↑atmosphärischen Spurenstoffen. Man unterscheidet hierbei die Anlagerung von Spurenstoffen innerhalb einer Wolke in Wolkentröpfchen **(Cloud-scavenging),** wobei sie in den Mittelgebirgen durch aufliegende Wolken abgesetzt werden können, und den Auswaschprozeß unterhalb der Wolkenbasis **(Below-cloud-scavenging)** durch fallende Niederschlagstropfen, abhängig von der Intensität und Tropfengröße des Niederschlags.

Auswinterung [Syn.: Auswintern]: Bez. für eine besondere Art von Frostschäden bei der Wintersaat, verursacht durch wiederholten Frostwechsel (Zerreißen der zarten Pflanzenwurzeln infolge Frosthebung des Bodens) oder durch starke Bodenauskühlung bei fehlender Schneedecke.

Autan, der [o'tã ‖ frz., zu lat. altanus = ein Südwestwind, Seewind]: von den Pyrenäen und Cevennen kommender, föhnig trockener, warmer Fallwind aus SO bis O in S-Frankreich; bei starker Ausprägung und wolkenlosem Himmel als **A. blanc,** beim Auftreten von Regen in Verbindung mit einem Tiefdruckgebiet über dem Golf von Biskaya als **A. noir** bezeichnet.

auto- [griech. autós = selbst]: in Zusammensetzungen mit der Bedeutung „unmittelbar; selbst; ohne Fremdeinwirkung"; z. B. Autobarotropie.

Autobarotropie, die [↑auto-]: sich selbst erhaltende Barotropie, eine Eigenschaft ↑barotroper Modelle. Durch geeignete Modellannahmen wird dafür gesorgt, daß die Barotropie zu jedem Zeitschritt der numerischen Vorhersage erhalten bleibt.

autochthone Witterung [...ɔx'to:nə ‖ griech. autóchthōn = aus dem Lande selbst, eingeboren ‖ Syn.: eigenbürtige Witterung]: durch lokale und regionale Einflußfaktoren gestaltete Witterung. Sie entsteht bei antizyklonaler Großwetterlage und ist gekennzeichnet durch einen ausgeprägten Tagesgang der meisten meteorologischen Elemente wie Strahlung, Temperatur, relative und absolute Luftfeuchtigkeit, Bewölkung, Wind, Doppelwelle des Luftdrucks. Durch lokale Temperaturunterschiede entstehen Ausgleichsströmungen mit täglicher Periode (Land- und Seewind, Berg- und Talwind, Hangwinde). Nachts bilden sich ↑Strahlungsinversionen und in Mulden und Tälern durch stagnierende Kaltluft Kälteseen mit Temperaturumkehr. – Gegensatz: ↑allochthone Witterung.

Automatic-picture-transmission-system, das [ɔ:tə'mætɪk 'pɪktʃə trænz'mɪʃən 'sɪstəm ‖ engl.]: Sofortsendung von Satellitenbildern (↑APT-System).

automatische Flugwetteransage [Abk.: AFWA]: telefonisch abrufbare Flugwettervorhersage (↑Flugwetterberatung).

automatische Wetterstation: ursprünglich für den Betrieb in schwer zugänglichen Regionen entwickelte unbemannte Meßstation. A. W.en sind nach dem Baukastensystem konzipierte, hinsichtlich Hard- und Software modular aufgebaute und mikroprozessorgesteuerte elektronische Anlagen zur Erfassung, Speicherung, Fernübertragung (zum Zentralrechner), Verarbeitung und Dokumentation meteorologischer und klimatologischer Meßgrößen. Die Entscheidung über die zu berechnenden meteorologischen und statistischen Parameter richtet sich nach Anwendungszweck und Aufgabenstellung (z. B. technische Klimatologie, Umweltschutz, temporäre Meßnetzverdichtung). Je nach Bedarf liefert die a. W. in analoger oder digitaler Form Momentan-, Mittel-, Summen-, Extremwerte- oder statistische Maßzahlen.

AVZ, die [a:faʊ'tsɛt]: Abk. für ↑**A**nalysen- und **V**orhersage**z**entrale.

AWS, die [a:we:'ɛs]: Abk. für ↑**A**lfred-**W**egener-**S**tiftung.

axerisch kalt [zu ↑a- und griech. xērós = trocken]: bedeutet bei einer *Klimaklassifikation,* die mittlere Monatswerte des Niederschlags und der Temperatur verwendet: kein Trockenmonat, einige Frostmonate.

axeromerisch [zu ↑a-, griech. xērós = trocken und griech. méros = Teil]: bedeutet bei einer *Klimaklassifikation,* die mittlere Monatswerte des Niederschlags und der Temperatur verwendet: kein

Trockenmonat, kältester Monat 0 °C bis 15 °C Mitteltemperatur.

axerothermisch [zu ↑a-, griech. xērós = trocken und griech. thermós = warm, heiß]: bedeutet bei einer *Klimaklassifikation,* die mittlere Monatswerte des Niederschlags und der Temperatur verwendet: kein Trockenmonat, kältester Monat mit einer Mitteltemperatur über 15 °C.

Azidität: Schreibvariante für ↑Acidität.

Azorenhoch: im Gebiet der Azoren fast immer anzutreffendes, mehr oder weniger stark ausgebildetes Hochdruckgebiet; Teil des subtropischen Hochdruckgürtels und bedeutsames ↑Aktionszentrum für Wetter, Witterung und Klima in Europa.

Als **A.zelle** kann sich eine Hochdruckzelle aus dem A. lösen und als selbständiges Druckgebilde über Mitteleuropa nach O wandern.

B

Background-Aerosol, das ['bækgraʊnd... ‖ engl. background = Hintergrund]: Bez. für feinste Partikel (Aerosole), die weitab von einer Verunreinigungsquelle in sog. Reinluft enthalten sind. Aufgrund der in der Atmosphäre stattfindenden Austausch- und Mischungsvorgänge sind B.-A.e in unterschiedlicher Konzentration praktisch in der gesamten Troposphäre vorhanden; sie wirken bei der Wolkenbildung als Kondensationskerne.

Backscatter, der ['bækskɛtər ‖ engl. = Rückstreuung]: Instrument zur Sichtweitenmessung, Typ eines ↑Streulichtmessers.

Baguio, der [tagalog.-span.]: Bez für tropische Wirbelstürme im Bereich der Philippinen.

Bai-u, das [jap. = Pflaumenregen ‖ Syn.: Pflaumenregenzeit]: für Japan typische und regelmäßig von Mitte Juni bis Mitte Juli auftretende Regenperiode, die besonders für das Pflanzen des Reises von großer Bedeutung ist. B.-Regen sind zyklonale, d. h. an eine Frontalzone gebundene Monsunregen.

Balancegleichung [ba'lã:sə...]: Gleichung, die den Gleichgewichtszustand nach vollständiger gegenseitiger Anpassung (↑Adaptation) von Wind- und Luftdruckfeld beschreibt. Die B. geht – durch die Mitführung von nichtlinearen Termen – noch über den von der Gradientwindgleichung dargestellten Gleichgewichtszustand hinaus. Mit ihr kann aus einem vorgegebenen Luftdruck- ein Windfeld berechnet werden, das keine Divergenzen enthält und diese auch nicht sogleich entstehen läßt.

Die B. kann zur ↑Initialisierung der Ausgangsfelder vor Beginn numerischer Vorhersagerechnungen verwendet werden.

Ballonsatellit [ba'lɔŋ..., süddt., österr. und schweizer.: ba'lo:n...]: künstlicher Erdsatellit, dessen ursprünglich fest zusammengelegte, dünnwandige, mit einem stark reflektierenden metallischen Oberflächenfilm aus Aluminium versehene Kunststoffhülle in der Erdumlaufbahn zu einem Ballon aufgeblasen wird. B.en haben aufgrund ihrer geringen Masse, die sie empfindlich auf den solaren Strahlungsdruck, den Sonnenwind und auf Dichteänderungen in der Hochatmosphäre reagieren läßt, einen komplizierten Bahnverlauf. – Bekanntester B. war „Echo 1" (gestartet 1960, Durchmesser 30,48 m; mit bloßem Auge am Himmel sichtbar).

In der Meteorologie werden B.en zur Bestimmung der Werte von Strahlungsdruck und Luftdichte (gefolgert aus Bahnänderungen) in Höhen um 1 500 km eingesetzt.

Ballonsonde [ba'lɔŋ..., süddt., österr. und schweizer.: ba'lo:n... ‖ Syn.: Registrierballon]: als Träger meteorologischer Instrumente dienender unbemannter Ballon zur Messung von Temperatur, Luftdruck und Luftfeuchte in der freien Atmosphäre.

B.n wurden schon zu Ende des 19. Jahrhunderts eingesetzt; sie erreichten Gipfelhöhen von über 36 000 m. – ↑ auch Radiosonde.

Ballontheodolit [ba'lɔŋ..., süddt., österr. und schweizer.: ba'lo:n...]: speziell für ↑ aerologische Aufstiege konstruierter, zur Flugbahnverfolgung von Ballons (↑ Radiosonde) dienender Theodolit. Der jeweilige Standort des Ballons wird meist jede Minute durch Ablesen des Azimuts und des Höhenwinkels bestimmt. Aus der Abdrift des Ballons wird auf Richtung und Geschwindigkeit des Höhenwindes geschlossen. – Heute wird zur Abdriftmessung des Ballons und damit zur Höhenwindmessung überwiegend das Radargerät eingesetzt.

Balneologie, die [lat. balneum = Bad und ↑ -logie ‖ Syn.: Bäderlehre, Bäderheilkunde]: Wissenschaft und Lehre von der therapeut. Anwendung **(Balneotherapie)** und Heilwirkung des Wassers (speziell der natürlichen Quellwässer), von Schlamm und Moor, im weiteren Sinn auch von Licht, Luft und Klima.

Bandpaßfilterung [Syn.: numerische Bandpaßfilterung]: in der *Klimaforschung* ein spezielles, bei der Analyse einer ↑ Zeitreihe angewendetes mathematisch-statistisches Verfahren zur Auffindung von klimatologischen Periodizitäten. Die B. verfolgt das Ziel, Schwankungsanteile eines nach oben und unten begrenzten Periodenbereiches aus den alle Schwankungen umfassenden Daten der Zeitreihe herauszufiltern, um eventuell vorhandene klimatologische Gesetzmäßigkeiten besser sichtbar zu machen.

BAPMoN, das ['bapmɔn, engl. 'bæpmɔn ‖ Abk. für engl. **b**ackground **a**ir **p**ollution **mo**nitoring **n**etwork = Hintergrundluftverschmutzungs-Überwachungsnetz]: Netz von Beobachtungsstationen zur Überwachung der Umweltverschmutzung. Der Ausbau wird von der Weltorganisation für Meteorologie in den Mitgliedsländern weltweit gefördert und koordiniert; dabei erfolgt enge Zusammenarbeit mit ↑ UNEP. Die Meßstellen werden fernab von Industriegebieten, Straßen und größeren Siedlungen eingerichtet, um für größere Landschaftsräume und längere Zeiten repräsentative Werte der „Normalluft" frei von Verschmutzung durch lokale Quellen ermitteln zu können.
In vollautomatischen Anlagen werden ständig die Komponenten Schwefeldioxid, Staub, Kohlenoxide, Stickstoffoxide, Pestizide und Säuregehalt des Niederschlagswassers überwacht und dazu auch die meteorologischen Elemente Temperatur, Feuchte, Luftdruck und Wind registriert.

Bar, das [zu griech. báros = Schwere, Gewicht ‖ Einheitenzeichen: bar]: gesetzliche Einheit des Drucks, speziell des Luftdrucks; nach dem „Gesetz über Einheiten im Meßwesen" besonderer Name für den zehnten Teil des Megapascal (MPa; ↑ Pascal):
$1\,\text{bar} = 10^5\,\text{Pa} = 10^{-1}\,\text{MPa}$. – ↑ auch Millibar, ↑ Torr.

Barber, der ['bɑ:bə ‖ amerikan.]: Name heftiger Schneestürme (↑ auch Blizzard) aus nw. Richtungen in O-Kanada (Gebiet des Sankt-Lorenz-Stroms).

Barfrost [Syn.: Kahlfrost]: Frost ohne Vorhandensein einer Schneedecke.

barisch [zu ↑ Bar]: den Luftdruck betreffend.

barisches Windgesetz: allg. Bez. für den Zusammenhang zwischen Luftdruck und Wind. Das barische Windgesetz besagt, daß ein Beobachter, der dem Wind den Rücken zuwendet, auf der Nordhalbkugel den tiefen Luftdruck links vor sich und den hohen Luftdruck rechts hinter sich hat; dieser Teil des barischen Windgesetzes ist identisch mit der Aussage des ↑ Buys-Ballot-Gesetzes. Das barische Windgesetz drückt darüber hinaus aus, daß die Windgeschwindigkeit vom Luftdruckgradienten abhängt, und zwar in der Weise, daß der Wind um so stärker weht, je geringer der Abstand der Isobaren ist.
Heute wird das barische Windgesetz vielfach mit der Definition des ↑ Gradientwindes gleichgesetzt.

baro- [griech. báros = Schwere, Last, Druck]: in Zusammensetzungen mit der Bedeutung „Luftdruck"; z. B. Barometer.

Barogramm, das [↑ baro- u. ↑ -gramm]: Bez. für die auf dem Registrierstreifen des ↑Barographen befindliche Luftdruckaufzeichnung (im allg. über einen Zeitabschnitt von einer Woche).

Barogr̲aph, der [↑baro- und ↑-graph ‖ Syn.: Luftdruckschreiber]: registrierendes ↑Barometer zur Aufzeichnung des Luftdruckverlaufs (augenblicklicher Luftdruck und Luftdruckschwankungen) am Beobachtungsort. Meßelement ist ein Satz Vidie-Dosen **(Aneroid-B.)**; Luftdruckänderungen werden von den Vidie-Dosen über ein Hebelwerk auf einen Zeiger übertragen und auf einem durch ein Uhrwerk bewegten, mit einem Registrierstreifen **(Barogramm)** belegten Zylinder **(Schreibtrommel)** aufgezeichnet.

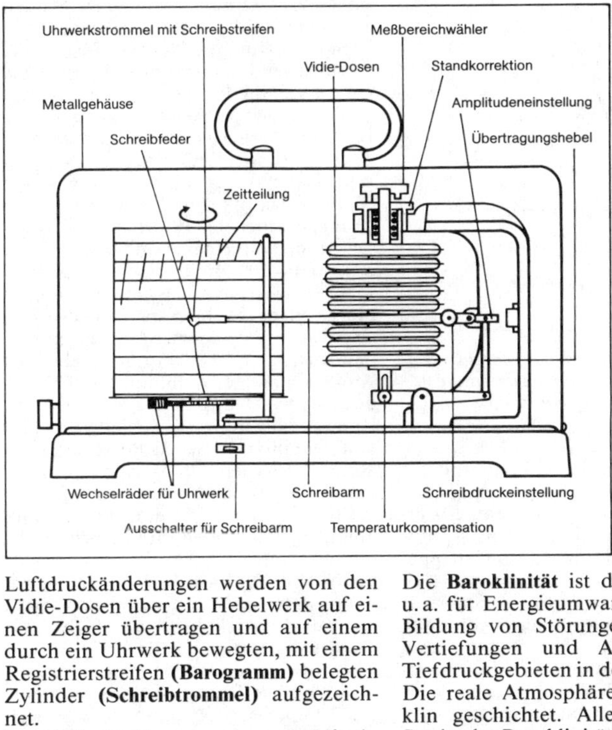

Barograph. Aneroidbarograph (schematisch)

barokl̲in [zu ↑baro- und griech. klínein = biegen; sich neigen ‖ Abl.: Baroklinität, die]: heißt ein Zustand der Atmosphäre, bei dem die Flächen gleichen Luftdrucks gegenüber den Flächen gleicher Dichte bzw. Temperatur geneigt sind, so daß sich Schnittlinien ergeben. Auf einer Luftdruckfläche herrschen deshalb unterschiedliche Temperaturen, und der Abstand zweier Luftdruckflächen ist jeweils von der horizontal uneinheitlichen Mitteltemperatur zwischen den beiden Flächen abhängig. Die Neigung übereinanderliegender Luftdruckflächen ist deshalb verschieden, so daß sich auch der Wind mit der Höhe ändert. Eine horizontale Strömung in einer Luftdruckfläche hat wegen der nicht einheitlichen Temperaturverteilung immer auch eine Temperaturänderung zur Folge.

Die **Baroklinität** ist die Voraussetzung u. a. für Energieumwandlungen, für die Bildung von Störungen sowie für die Vertiefungen und Auffüllungen von Tiefdruckgebieten in der Atmosphäre.

Die reale Atmosphäre ist immer baroklin geschichtet. Allerdings kann die Stärke der Baroklinität sehr unterschiedlich sein. In der Horizontalen gibt es weite Gebiete einheitlicher Luftmassen, in denen die Baroklinität nur schwach ist, und schmale Gebiete des Übergangs von einer Luftmasse zu einer anderen, in der die Baroklinität sehr hohe Werte erreichen kann. Auch in der Vertikalen kann die Baroklinität unterschiedlich sein, erkennbar an dem Maß der Temperaturadvektion in verschiedenen Höhen.

barokline Instabilität: die horizontale Instabilität der zonalen Grundströmung in einer *baroklinen Atmosphäre.* Kleine Störungen in der Grundströmung führen bei b.r I. zu immer weiter anwachsenden ↑baroklinen Wellen, aus denen sich schließlich Tiefdruckgebiete entwickeln.

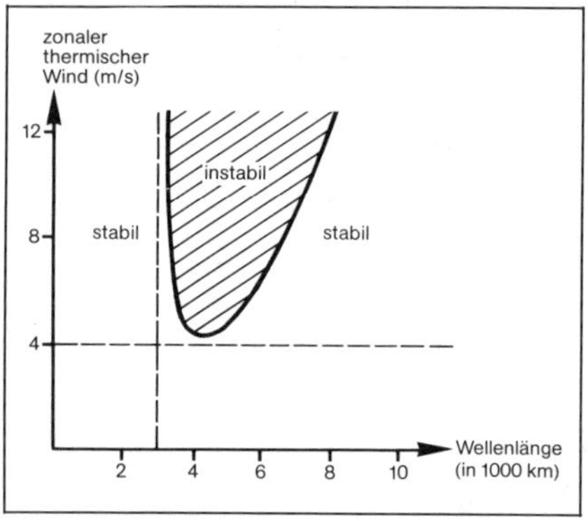

Barokline Instabilität bei mittlerer Stabilität in Abhängigkeit von Wellenlänge und zonalem thermischem Wind

Im Gegensatz zu den Voraussetzungen für die ↑barotrope Instabilität sind für die b. I. sehr wesentlich der meridionale Temperaturgradient – charakterisiert durch den zonalen thermischen Wind – sowie die vertikale Schichtung maßgebend. Die Instabilität beschränkt sich hierbei bei mittlerer vertikaler Stabilität auf den Wellenlängenbereich von etwa 3 000 bis 7 000 km. Wellen unter etwa 3 000 km Länge und unter einem Schwellenwert des zonalen thermischen Windes können nicht instabil werden.

baroklines feuchtes Modell ↑feuchtbaroklines Modell.

baroklines Modell: ↑numerisches Modell, dessen Gleichungssystem von einer baroklinen Atmosphäre ausgeht. Für die Modellierung einer baroklinen Atmosphäre sind im einfachsten Fall zwei Schichten erforderlich; meist werden 5–10 Schichten benutzt.

Wie beim barotropen Modell wird auch beim baroklinen Modell im allg. die Gültigkeit der statischen Grundgleichung vorausgesetzt. Man unterdrückt damit vertikale Beschleunigungen und unerwünschte vertikale Schallwellen (die ebenfalls in den Bewegungsgleichungen enthalten sind). Als Vertikalkoordinate verwenden barokline Modelle anstelle der geometrischen Höhe meist den Luftdruck (↑p-System) oder einen relativen Luftdruck (↑Sigmasystem).

Im Gegensatz zum barotropen Modell erfassen barokline Modelle die wesentlichen großräumigen Prozesse, insbes. die thermischen Energieumwandlungen. Sie liefern v. a. die für viele Wettervorgänge maßgebenden Vertikalbewegungen.

Ein vom *Deutschen Wetterdienst* entwickeltes und seit 1967 eingesetztes b. M. war das erste operationelle barokline Modell, das mit den ↑primitiven Gleichungen arbeitete. Es ist ein 6-Schichten-Modell mit einem Gitterabstand von 381 km in 60° Breite (in stereographischer Projektion). Das Integrationsgebiet ist ein großes hemisphärisches Achteck, das bis etwa 15° n. Br. reicht. Es enthält noch keine Feuchte und liefert als Anhaltspunkt für großräumige Wolken- und Niederschlagsbildung nur die Vertikalbewegungen in verschiedenen Höhen. Die physikalischen Prozesse in der atmosphärischen Grenzschicht werden mit verhältnismäßig einfachen Ansätzen für die Bodenreibung und den Wärmeübergang vom Boden zur untersten Luftschicht erfaßt.

barokline Wellen: Wellen in einer *baroklinen Atmosphäre.* Sie sind verbunden mit der Entwicklung von Hoch- und Tiefdruckgebieten am Boden und weisen als Folge der Baroklinität eine deutliche Phasendifferenz zu den gleichzeitigen Temperaturwellen auf.

B. W. sind zahlreicher als lange ↑Rossby-Wellen. Sie werden von diesen gesteuert, verlagern sich relativ rasch und ändern dabei ihre Amplitude, die im allg. mit der Höhe abnimmt.

Barometer, das [↑baro- und ↑-meter ‖ Abl.: ↑barometrisch]: erstmals von E. Torricelli konstruiertes Instrument zur Messung des Luftdrucks. Man unterscheidet ↑Aneroidbarometer, ↑Flüssigkeitsbarometer und ↑Hypsometer.

Barometerreduktion: svw. ↑Luftdruckreduktion.

Barometerstand:

◇Bez. für den am Barometer durch Ablesen der Höhe der Quecksilbersäule festgestellten augenblicklich herrschenden Luftdruck (je nach Barometerskala in hPa bzw., insbes. bei älteren Barometern, in mm Hg).

◇verschiedentlich Bez. für die augenblicklich herrschende Stufe der ↑Luftdrucktendenz; z. B. „fallend", „steigend", „gleichbleibend".

barometrisch [zu ↑Barometer]: die Luftdruckmessung betreffend.

barometrische Höhenformel [Syn.: Höhenformel]: physikalische Formel, die den Zusammenhang zwischen dem Luftdruck und der Höhe beschreibt. Sie lautet:

$$z = \frac{R\,T_m}{g} \ln \frac{p}{p_0};$$

(z = Höhe, R = Gaskonstante, T_m = Mitteltemperatur zwischen den Luftdruckniveaus von p_0 und p, p_0 = Luftdruck am Boden, p = Luftdruck in der Höhe z, g = Schwerebeschleunigung).

Aus dem logarithmischen Zusammenhang von Luftdruck und Höhe folgt, daß der Luftdruck jeweils in einem gleichen Höhenintervall auf den halben Wert abfällt. So geht der Luftdruck in etwa 5,5 km Höhe auf die Hälfte (= 500 hPa), in 11 km auf ein Viertel (= 250 hPa), in 16,5 km auf ein Achtel (= 125 hPa) usw. zurück. Der logarithmische Luftdruckabfall wird durch die Temperatur modifiziert; bei tiefen Temperaturen nimmt der Luftdruck mit der Höhe rascher ab als bei hohen Temperaturen.

Für genauere Berechnungen muß auch der Wasserdampfgehalt der Luft berücksichtigt werden; dies geschieht durch Einführung der ↑virtuellen Temperatur.

barometrische Höhenmessung: Bestimmung der Höhendifferenz zwischen zwei Punkten durch Messung des Luftdrucks an diesen beiden Punkten und Berechnung der Höhendifferenz mit Hilfe der ↑barometrischen Höhenformel. Für genaue Berechnungen ist die Kenntnis der Temperatur- und Feuchteverteilung zwischen beiden Höhen erforderlich. Für praktische Zwecke (z. B. beim ↑Höhenmesser) bedient man sich fester Skalen, denen die Werte einer ↑Normalatmosphäre zugrunde gelegt werden.

barometrische Höhenstufe: die Höhendifferenz, die einer Abnahme des Luftdrucks um 1 hPa entspricht. Sie beträgt am Boden etwa 8 m und vergrößert sich – entsprechend der logarithmischen Luftdruckabnahme mit der Höhe – in 5,5 km Höhe auf etwa 16 m, in 11 km Höhe auf etwa 32 m usw. Für eine genauere Bestimmung sind die Anwendung der ↑barometrischen Höhenformel sowie die Kenntnis von Temperatur und Feuchte im betreffenden Niveau erforderlich.

barometrisches Maximum: der höchste Barometerstand; ↑Hochdruckgebiet.

barometrisches Minimum: der niedrigste Barometerstand; ↑Tiefdruckgebiet.

barometrische Tendenz: svw. ↑Luftdrucktendenz.

Barothermograph, der [↑baro, ↑thermo- und ↑-graph]: Instrument zur selbsttätigen Registrierung von Luftdruck und Lufttemperatur; eine Kombination aus ↑Barograph und ↑Thermograph. In der *Aerologie* früher häufig zur Aufzeichnung von Zustandskurven des Luftdrucks und der Lufttemperatur verwendet.

barotrop [↑baro- und ↑-trop ‖ Abl.: Barotropie, die]: nennt man einen *Zustand der Atmosphäre,* bei dem die Flächen gleichen Luftdrucks und gleicher Dichte bzw. gleicher Temperatur parallel verlaufen. Die Dichte und die Temperatur sind dann eindeutig durch den Luftdruck bestimmt, d. h., jedem Luftdruckwert sind feste Werte der Temperatur und der Luftdichte zugeordnet. Auf jeder Luftdruckfläche herrschen deshalb jeweils einheitliche Temperaturen und zwischen zwei beliebigen Luftdruckflächen einheitliche Mitteltemperaturen. Die Neigung der Luftdruckflächen ist in allen Höhen die gleiche; somit ändern sich auch Windrichtung und Windgeschwindigkeit mit der Höhe nicht.

Barotropie kann theoretisch durch verschiedene Annahmen erreicht werden;

so kann man z. B. die Dichte oder die Temperatur oder auch die potentielle Temperatur in der gesamten Atmosphäre als konstant annehmen.
Da es in einer b.en Atmosphäre keine Schnittpunkte zwischen Isobaren und Isothermen gibt, kann keine Temperaturadvektion auftreten; ebensowenig kann es zu thermodynamischen Energieumwandlungen und zu Entwicklungsprozessen (Zyklogenesen, Antizyklogenesen) kommen.

barotrope Instabilität: die horizontale Instabilität der zonalen Grundströmung in einer *barotropen Atmosphäre.* Kleine Störungen in der Grundströmung führen bei b.r I. zu immer weiter anwachsenden ↑barotropen Wellen, die sich schließlich zu einem ↑Cut-off-Prozeß oder zur Bildung eines ↑blockierenden Hochs entwickeln können. Für die b. I. sind Form und Stärke der Zonalströmung maßgebend; v. a. ist der Betrag der horizontalen Scherung (bei einer gewissen Abhängigkeit von der geographischen Breite) ausschlaggebend für die Intensität der barotropen Instabilität.

barotropes Modell: ↑numerisches Modell, das davon ausgeht, daß in der Atmosphäre überall Barotropie herrscht. Die reale Atmosphäre muß dazu durch sehr einschneidende Maßnahmen durch eine barotrope Atmosphäre ersetzt werden. Neben der Barotropie setzen barotrope Modelle voraus, daß die Atmosphäre vertikal im Gleichgewicht ist, daß also keine vertikalen Beschleunigungen auftreten und die statische Grundgleichung immer gilt. Da in einer barotropen Atmosphäre in allen Höhen der gleiche Wind herrscht und alle Luftdruckflächen einander gleichen, kann bei einem barotropen Modell die Atmosphäre durch eine einzige Fläche dargestellt werden. Man nimmt im allg. die 500-hPa-Fläche, da in dieser die Abweichungen von der Barotropie in der Natur erfahrungsgemäß am geringsten sind.
Trotz der rigorosen Vereinfachungen sind barotrope Modelle erstaunlich leistungsfähig. Mit einem barotropen Modell gelang in den USA um 1950 zum ersten Mal eine numerische Wettervorhersage.
Im *Deutschen Wetterdienst* wurde ein b. M. entwickelt, das die spezielle Barotropiebedingung enthält, daß die Dichte überall und zu allen Vorhersagezeiten konstant ist (↑homogene Atmosphäre); dieses Modell wurde ab 1966 im Deutschen Wetterdienst für den praktischen Dienst eingesetzt.

barotrope Wellen: Wellen in einer *barotropen Atmosphäre.* Wenn man von einer barotropen Atmosphäre ausgeht, in der keine Reibung und keine Divergenzen auftreten, so muß nach der Theorie der ↑Vorticity-Gleichung die absolute Vorticity, d. h. die Summe aus relativer Vorticity und Coriolis-Parameter, bei der Bewegung eines Luftelements immer gleich bleiben. Da ein Luftelement, das einen Wellenberg durchläuft, immer eine antizyklonale (negative) relative Vorticity, beim Durchlaufen eines Wellentals eine zyklonale (positive) relative Vorticity aufweist, muß – wenn die absolute Vorticity gleich bleiben soll – der Coriolis-Parameter, der nur von der geographischen Breite abhängt, sich genau entgegengesetzt ändern, d. h., er muß im Wellenberg (in höherer geographischer Breite) gerade soviel zunehmen, wie die relative Vorticity abnimmt, und im Wellental (in südlicherer Breite) soviel abnehmen, wie die relative Vorticity zunimmt. In der Atmosphäre sind diese Bedingungen am ehesten für lange Wellen erfüllt, die sich weit nach N und S erstrecken (↑auch Rossby-Wellen).

Bauernregeln: meist in Reime gefaßte Sprüche, die aus der Witterung eines Monats die Witterung oder Ernteentwicklung in späteren Monaten prognostizieren; auch Regeln über bäuerliche Arbeitstermine sowie Aderlaß- und Gesundheitsregeln. Andere **Wetterregeln** beschäftigen sich mit Wettererscheinungen an einem ↑Lostag, die im mittleren Jahresablauf der Witterung um diese Zeit auftreten können, oder schließen aus dem Wetter am Lostag auf die weitere Entwicklung und Ernte.
Die B. entstanden z. T. in vorchristlicher Zeit und wurden im Mittelalter meist mit Heiligennamen verbunden. Eine landschaftliche und zeitliche Zuordnung ist kaum möglich, zumal bei der Gregoria-

nischen Kalenderreform (1582) die B. an die Kalenderheiligen gebunden blieben. Obwohl viele der B. einen wahren Kern haben, ist ihre prognostische Bedeutung gering.

Bauklimatologie: svw. ↑Gebäudeklimatologie.

Baukörperklimatologie: analytische Betrachtung der thermischen Verhältnisse einer Stadt aufgrund der unterschiedlichen Baukörperstrukturen (wie z. B. dicht verbaute gründerzeitliche Stadtviertel, Parkvillenvorstädte, Vielfamilienblockanlagen der frühen Nachkriegsjahre, Betonhochhauskomplexe), die aufgrund ihrer Unterteilung nach Gebäuden, Freiflächen, Material usw. unterschiedliche Temperaturverhältnisse (Dach, Wände) aufweisen und damit auch die räumliche Lage einer ↑Wärmeinsel bestimmen.

Baumgrenze: klimabedingte äußerste Grenzzone, bis zu der normaler Baumwuchs (auch in Einzelformation) noch möglich ist. Die **montane B.** ist abhängig von der geographischen Breite; sie liegt in Tibet und Ostafrika bei etwa 4 500 m, in den Zentralalpen bei 2 300 m, in den bayerischen Alpen bei 1 700 m, in den dt. Mittelgebirgen zwischen 1 100 und 1 500 m, in Großbritannien bei 600 m ü. d. M. Die **polare B.** weist große räumliche Unterschiede auf; sie liegt in Sibirien auf etwa 72° 40′ n. Br., auf den Britischen Inseln auf etwa 58° 45′ und auf Labrador auf 51° 50′ nördlicher Breite.

bayerischer Wind:
◊ in *Oberösterreich* aus W (Bayern) bei ausgeprägter Westwetterlage vordringende maritim-gemäßigte Luftmassen.
◊ im *Ötztal* Talwind aus N (Bayern).

Beaufortskala ['boʊfət...]: dreizehnteilige Skala der Windstärken von 0 (Windstille) bis 12 (Orkan), im Jahre 1806 von Sir F. Beaufort eingeführt. In der B. sind die einzelnen Windstärkegrade **(Beaufortgrade)** mit ihren Bezeichnungen, ihren Beziehungen zur Windgeschwindigkeit sowie den ihnen entsprechenden Auswirkungen über Land und See nach internat. Vereinbarung festgelegt. – Übersicht S. 54/55.

Becquerel, das [bɛ'krɛl ‖ nach A. H. Becquerel ‖ Einheitenzeichen: Bq]: abgeleitete SI-Einheit der Aktivität einer radioaktiven Substanz. Das B. ist ein Maß für die Zahl der Zerfälle einer radioaktiven Substanz in einer bestimmten Zeit: 1 reziproke Sekunde (s^{-1}) ist gleich der Aktivität einer Menge eines radioaktiven Nuklids, in der der Quotient aus dem statistischen Erwartungswert für die Anzahl der Umwandlungen oder isomeren Übergänge und der Zeitspanne, in der diese Umwandlungen oder Übergänge stattfinden, bei abnehmender Zeitspanne dem Grenzwert 1/s (s^{-1}) zustrebt; $1\,Bq = 1\,s^{-1}$.
Das B. hat im amtlichen und geschäftlichen Verkehr der BR Deutschland das bis zum 31. Dezember 1985 zugelassene ↑Curie abgelöst.

bedeckt: nennt man den Himmel bei vollständiger Bedeckung mit mittelhohen und/oder tiefen Wolken. – ↑auch Bedeckungsgrad.

Bedeckung [Syn.: Himmelsbedekkung]: die Menge der Wolken, die das sonst sichtbare Himmelsgewölbe bedekken.

Bedeckungsgrad [Syn.: Bewölkungsgrad]: Maßzahl für die in Achteln **(Okta)** geschätzte **Bedeckung** des sichtbaren Himmels mit Wolken. Bei *Wettermeldungen* bedeuten z. B.:
0 = keine Wolken am Himmel;
1 = 1 Okta oder weniger, aber nicht 0: ⅛ des Himmelsgewölbes oder weniger mit Wolken, auch Spuren von Wolken, aber nicht wolkenlos;
2 = 2 Okta: ²⁄₈ des Himmelsgewölbes mit Wolken;
4 = 4 Okta: ⁴⁄₈ (= die Hälfte) des Himmelsgewölbes mit Wolken;
7 = 7 Okta oder mehr, aber nicht 8: ⅞ des Himmelsgewölbes oder mehr mit Wolken, auch nur Lücken, aber nicht ganz bedeckt;
8 = 8 Okta: Himmelsgewölbe ganz bedeckt;
9 = 9 Okta: Himmel nicht erkennbar (wegen Nebel).
Es wird unterschieden zwischen dem B. für eine bestimmte Wolkengattung (z. B. Stratocumulus) und der **Gesamtbedekkung,** die den Teil des Himmelsgewölbes bezeichnet, der durch Wolken unabhängig von Art und Dichte bedeckt ist.

BEAUFORTSKALA

Beaufortgrad	Bezeichnung	Windgeschw. in 10 m Höhe über offenem, flachem Gelände			Auswirkungen des Windes	
		Knoten	m/s	km/h	im Binnenland	auf See
0	still	< 1	0–0,2	< 1	Windstille; Rauch steigt senkrecht empor.	Spiegelglatte See.
1	leiser Zug	1–3	0,3–1,5	1–5	Windrichtung angezeigt nur durch den Zug des Rauches, aber nicht durch Windfahnen.	Kleine schuppenförmig aussehende Kräuselwellen ohne Schaumkämme.
2	leichte Brise	4–6	1,6–3,3	6–11	Wind am Gesicht fühlbar; Blätter säuseln; gewöhnliche Windfahnen vom Winde bewegt.	Kleine Wellen, noch kurz, aber ausgeprägter. Die Kämme sehen glasig aus und brechen sich nicht.
3	schwache Brise	7–10	3,4–5,4	12–19	Blätter und dünne Zweige in dauernder Bewegung; der Wind streckt einen Wimpel.	Die Kämme beginnen sich zu brechen. Der Schaum ist glasig. Vereinzelt können kleine weiße Schaumköpfe auftreten.
4	mäßige Brise	11–16	5,5–7,9	20–28	Hebt Staub und loses Papier; dünne Äste werden bewegt.	Die Wellen sind zwar noch klein, werden aber länger. Weiße Schaumköpfe treten schon ziemlich verbreitet auf.
5	frische Brise	17–21	8,0–10,7	29–38	Kleine Laubbäume beginnen zu schwanken; auf Seen bilden sich kleine Schaumkämme.	Mäßige Wellen, die eine ausgeprägte lange Form annehmen. Weiße Schaumkämme bilden sich in großer Zahl (vereinzelt kann schon etwas Gischt vorkommen).
6	starker Wind	22–27	10,8–13,8	39–49	Starke Äste in Bewegung; Pfeifen in Telegrafendrähten; Regenschirme schwierig zu benutzen.	Die Bildung großer Wellen beginnt. Überall treten ausgedehnte weiße Schaumkämme auf (üblicherweise kommt Gischt vor).
7	steifer Wind	28–33	13,9–17,1	50–61	Ganze Bäume in Bewegung; fühlbare Hemmung beim Gehen gegen den Wind.	Die See türmt sich. Der beim Brechen der Wellen entstehende weiße Schaum beginnt sich in Streifen in Windrichtung zu legen.
8	stürmischer Wind	34–40	17,2–20,7	62–74	Bricht Zweige von den Bäumen; erschwert erheblich das Gehen.	Mäßig hohe Wellenberge von beträchtlicher Länge. Die Kanten der Kämme beginnen zu Gischt zu verwehen. Der Schaum legt sich in gut ausgeprägten Streifen in Windrichtung.
9	Sturm	41–47	20,8–24,4	75–88	Kleinere Schäden an Häusern (Rauchhauben und Dachziegel werden heruntergeworfen).	Hohe Wellenberge; dichte Schaumstreifen in Windrichtung. Das bekannte „Rollen“ der See beginnt. Der Gischt kann die Sicht beeinträchtigen.

BEAUFORTSKALA (Forts.)

Beaufortgrad	Bezeichnung	Windgeschw. in 10 m Höhe über offenem, flachem Gelände			Auswirkungen des Windes	
		Knoten	m/s	km/h	im Binnenland	auf See
10	schwerer Sturm	48–55	24,5–28,4	89–102	Kommt im Binnenland selten vor. Bäume werden entwurzelt; bedeutende Schäden an Häusern.	Sehr hohe Wellenberge mit langen überbrechenden Kämmen. Die entstehenden Schaumflächen werden in so dichten weißen Streifen in Richtung des Windes geweht, daß die Meeresoberfläche im ganzen weiß aussieht. Das Rollen der See wird schwer und stoßartig. Die Sicht ist beeinträchtigt.
11	orkanartiger Sturm	56–63	28,5–32,6	103–117	Kommt im Binnenland sehr selten vor; begleitet von verbreiteten Sturmschäden.	Außergewöhnlich hohe Wellenberge (kleine und mittelgroße Schiffe können zeitweise hinter den Wellenbergen aus der Sicht verloren werden). Die See ist völlig von den langen weißen Schaumflächen bedeckt, die in Richtung des Windes verlaufen. Überall werden die Kanten der Wellenkämme zu Gischt verweht. Die Sicht ist herabgesetzt.
12	Orkan	> 63	> 32,6	> 117	–	Die Luft ist mit Schaum und Gischt angefüllt. Die See ist vollständig weiß vom treibenden Gischt. Die Sicht ist sehr stark herabgesetzt.

bedingte Instabilität: vertikale Temperaturschichtung, bei der die Temperaturzustandskurve zwischen der Neigung der Trockenadiabaten und der Neigung der Feuchtadiabaten liegt. Solange die Luft ungesättigt ist, ist sie stabil geschichtet; sobald Sättigung eintritt, ist die Schichtung feuchtlabil.

bedingte Wahrscheinlichkeit: diejenige Eintrittswahrscheinlichkeit, mit der ein Ereignis A unter der Voraussetzung eintritt, daß ein anderes Ereignis B bereits verwirklicht ist. Die b. W. wird häufig Untersuchungen der ↑Erhaltungsneigung zugrunde gelegt.

Behaglichkeit: subjektiver Grad des Wohlbefindens infolge minimaler ↑Thermoregulation bei ausgeglichenem Verhältnis von Wärmeproduktion des Organismus und Wärmeabgabe an die Luft. Die maßgeblichen Faktoren für B. sind Lufttemperatur, Luftfeuchte, Wind und Strahlung einerseits, körperliche Betätigung und Bekleidung andererseits. **Thermische B.** besteht z. B. bei körperlicher Ruhe, unbekleidetem Zustand und einer Lufttemperatur von 30 °C sowie Windstille bei einer mittleren Hauttemperatur von 32 bis 34 °C und einer Körperkerntemperatur von 36,6 bis 37,0 °C. Bei zunehmender körperlicher Tätigkeit oder höheren Werten der Temperatur und Feuchte erfolgt erhöhte Wärme- und Schweißproduktion bis zum Erreichen des Schwüleempfindens (↑Schwüle, ↑Schwülegrenze).

Messungen zur Bestimmung der B. werden mit Katathermometer und Frigori-

meter (↑auch Abkühlungsgröße) vorgenommen.
Die *Bewertung* der B. erfolgt durch einfache Kenngrößen wie ↑Äquivalenttemperatur oder ↑effektive Temperatur bzw. mit Hilfe von Modellen (u. a. ↑Klimamichelmodell).
B. kann in Innenräumen durch künstliche Klimatisierung erreicht werden.

Belastung:
◇[Syn.: lufthygienische B.]: hohe Konzentration von ↑Luftbeimengungen als gesundheitsgefährdender Faktor.
◇[Syn.: bioklimatische B.]: ↑Wärmebelastung.

Beleuchtungsmesser: svw. ↑Luxmeter.

Bellamy-Formel [engl. 'bɛləmɪ... ‖ nach dem amerikanischen Geophysiker E. F. Bellamy]: Verfahren zur graphischen Bestimmung der horizontalen Divergenz aus den Höhenwindmessungen dreier benachbarter (nicht auf einer Geraden liegender) Stationen. Das Verfahren beruht darauf, daß man die Fläche des

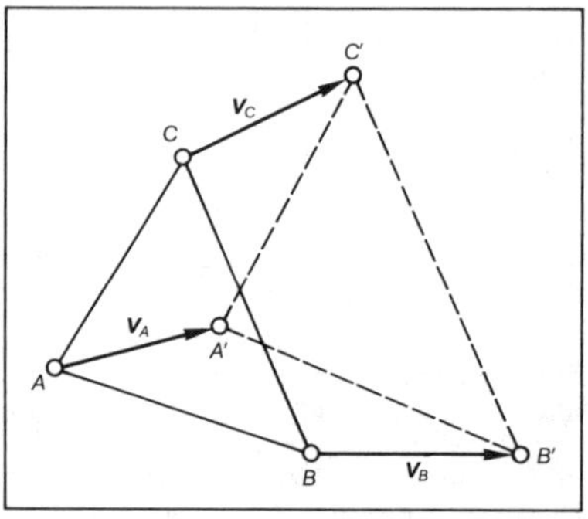

Bellamy-Formel (A, B, C Höhenwindstationen, v_A, v_B, v_C Windvektoren an den Stationen A, B und C, A', B', C' Eckpunkte des Vergleichsdreiecks)

durch die drei Stationen gegebenen Dreiecks mit der Fläche des Dreiecks vergleicht, das durch die Endpunkte der an den Stationen eingetragenen Windvektoren vom gleichen Niveau und vom gleichen Zeitpunkt gebildet wird. Die relative Änderung der Fläche pro Zeiteinheit ist proportional der Divergenz.

Below-cloud-scavenging, das [bɪ'loʊ'klaʊdskævɪndʒɪŋ ‖ zu engl. below = unter, unterhalb, engl. cloud = Wolke und engl. to scavenge = reinigen ‖ älteres Syn.: Washout]: die Anlagerung von ↑atmosphärischen Spurenstoffen unterhalb einer Wolke an fallenden Niederschlag. – ↑auch Auswaschen.

Belüftung: Entlangführen eines Ventilationsstroms von etwa 2–3 m/s an den Meßfühlern (Thermometergefäßen) des trockenen und feuchten Thermometers eines ↑Psychrometers mittels eines ↑Aspirators. Die B. begünstigt die Verdunstung am feuchten Thermometer, womit die Herstellung des thermischen Gleichgewichtes zwischen Wärmeabgabe durch Verdunstung und Wärmezufuhr aus der umgebenden Luft beschleunigt wird.

Bemessungsniederschlag: die tatsächliche oder theoretisch bestimmte Niederschlagshöhe, die von Architekten oder Ingenieuren zur Bemessung von Bauwerken benötigt wird.

Bénard-Zellen [be'na:r...]: Konvektionszellen, die von H. Bénard im Jahre 1900 in Flüssigkeiten entdeckt wurden. In der Meteorologie wurde die Bez. B.-Z. auf die in weit größerem Maßstab (20 bis 100 km) auftretenden Zellen bei ↑Zellularkonvektion übertragen, nachdem diese erst auf Satellitenaufnahmen erkannt worden war.

Benguelastrom [nach Benguela, der Distriktshauptstadt an der Küste Angolas]: kalte *Meeresströmung* im Südatlantik; verläuft vor der Küste Afrikas vom Kap der Guten Hoffnung bis zur Kongomündung, biegt dann nach NW ab und geht in den Südäquatorialstrom über.

Beobachter: Person, die meteorologische Beobachtungen und/oder Klimabeobachtungen durchführt. Man unterscheidet zwischen hauptamtlichen (Bedienstete des Wetterdienstes) und ehrenamtlichen (freiwilligen, nur gegen Aufwandsentschädigung an nebenamtlichen Stationen tätigen) Beobachtern. Zu den Aufgaben des B.s gehören u. a. die Führung des Wettertagebuches und die Aufstellung der monatlichen Klimatabellen.

Beobachteranleitung: Kurzbez. für die „Anleitung für die Beobachter an den Klimahauptstationen des Deutschen Wetterdienstes"; eine in Ringbuchform gestaltete Darstellung sämtlicher bei der Durchführung, Verschlüsselung und Eintragung der Klimabeobachtung an einer Klimastation zu beachtender Beobachtungsrichtlinien und -vorschriften.
Die B. enthält im einzelnen das Meßprogramm mit der Reihenfolge der Messungen und Beobachtungen, ferner Anweisungen zu ihrer möglichst fehlerfreien Durchführung, eine kurze Beschreibung über die Handhabung der Meß- und Registriergeräte, Instrumentenbetreuung, einfache Wartungsarbeiten, Eintragung der Meß- und Beobachtungswerte in das Klimatagebuch sowie die Aufstellung der Klimatabelle.

Beobachtung: meist auf einen einzelnen Termin (↑ Beobachtungstermine) bezogene Gesamtheit der Wahrnehmungen **(Augen-B.en)** und Messungen (Meßgrößen) der meteorologischen Elemente **(meteorologische B.)** und der Klimaelemente **(Klima-B.).**

Beobachtungsnetze: svw. ↑ Stationsnetze.

Beobachtungsreihe: Gesamtheit der für ein bestimmtes meteorologisches Element oder für ein Klimaelement an einem Ort (meteorologische Station) durch Beobachtung an bestimmten, meist äquidistanten Beobachtungsterminen bzw. für bestimmte Zeitintervalle (stündlich, täglich, monatlich) geltenden, über einen längeren Zeitraum hinweg gewonnenen meteorologischen Daten wie Termin-, Extrem- oder Mittelwerte.
Man spricht z. B. von der Luftdruckreihe von Basel oder der Temperaturreihe von Frankfurt am Main. – ↑ auch Zeitreihe.

Beobachtungsstationen: svw. ↑ meteorologische Stationen.

Beobachtungstagebücher: svw. ↑ Wettertagebücher.

Beobachtungstermine: feste Uhrzeiten, zu denen die Beobachtungen der meteorologischen und/oder Klimaelemente durchgeführt werden. Man unterscheidet gegenwärtig noch zwischen acht (dreistündlich) synoptischen Terminen (00, 03, 06, 09, 12, 15, 18, 21 Uhr UTC) und drei Klimaterminen (07, 14, 21 Uhr MOZ) je Tag, jedoch besteht der Trend zur Vereinheitlichung des synoptischen und klimatologischen Beobachtungsdienstes, d. h. zur Angleichung der Beobachtungstermine.

Beregnung: künstliche, dosierbare Wasserzufuhr mit Hilfe von B.sanlagen im Rahmen der Landwirtschaft (auf Freiland und in Gewächshäusern); dient zur Vermeidung von Dürreschäden oder zur Verhütung von Frostschäden (↑ Frostschutz).

Beregnungsberatung: die Beratung landwirtschaftlicher Betriebe über die Bewässerung des Bodens mittels Beregnung in niederschlagsarmen Zeitabschnitten, um die für das Pflanzenwachstum erforderliche Durchfeuchtung der Wurzelzone herbeizuführen; verwendet werden dabei Modelle zur Berechnung der Bodenfeuchte und der notwendigen Beregnungsmenge bzw. -dauer. Beregnungsmenge und -dauer sind abhängig vom Unterschreiten der je Kultur und Wachstumsstand unterschiedlichen Grenzwerte der Bodenfeuchte bzw. von der Wasserkapazität der Bodenart.

Bẹrgener Schule: svw. ↑ norwegische Schule.

Bergeron-Fịndeisen-Theorie ['bærjərɔn... ‖ nach T. Bergeron u. W. Findeisen]: Theorie, die die Entstehung großtropfigen Regens in den außertropischen Breiten dem Wachstum von Eiskristallen auf Kosten der Wassertropfen in den Mischwolken zuschreibt. Während in den Tropen die Atmosphäre infolge hoher Verdunstung so viel Wasserdampf enthält, daß großtropfiger Regen allein durch Kondensation und Zusammenfließen von Wassertröpfchen bei Berührung (↑ Koaleszenz) entsteht, reicht in den außertropischen Breiten der Feuchtegehalt der Luft für ein Tröpfchenwachstum auf die für großtropfigen Regen erforderliche Größe allein durch Kondensation nicht aus. Außerdem stehen hier soviele ↑ Kondensationskerne zur Verfügung, daß nicht einige große, sondern sehr viele kleine

Wolkentröpfchen (Durchmesser 0,02 bis 0,10 mm), mitunter auch Sprühregentropfen (Durchmesser 0,10–0,50 mm) gebildet werden.
Nach der B.-F.-Th. erfolgt die Bildung von Regentropfen (Durchmesser 0,50–5,0 mm) über die Eisphase der Wolkenelemente. In den in größere Höhen reichenden Wolken befinden sich im Temperaturbereich zwischen –10 °C und –35 °C unterkühlte Wassertröpfchen und Eiskristalle nebeneinander. Bei gleicher Oberflächengestalt ist aber der Sättigungsdampfdruck über Eis niedriger als über Wasser, d. h., die Wolkenluft ist über den Wassertröpfchen ungesättigt, so daß diese verdunsten und der Wasserdampf sich durch Sublimation an den Eiskristallen niederschlägt. Eine weitere Vergrößerung der Eiskristalle erfolgt durch Berührung und Anfrieren von unterkühlten Tröpfchen, Verhaken von mehreren Schneekristallen und durch Anziehungskräfte bei entgegengesetzter elektrischer Ladung. Werden die Eiskristalle wegen ihrer Größe nicht mehr vom Aufwind in den Wolken getragen, beginnen sie zu fallen und schmelzen bei Erreichen des Temperaturbereichs über 0 °C, so daß sie als großtropfiger Regen am Erdboden ankommen. Im Winter unterbleibt meistens das Aufschmelzen, und der Niederschlag fällt als Schnee.

Bergkoller: svw. ↑Höhenkrankheit.

Bergkrankheit: svw. ↑Höhenkrankheit.

Bergnebel: im Staugebiet eines Berges auftretende Wolke; sie entsteht, wenn die aus der Niederung aufsteigende Luft infolge Abkühlung kondensiert. Die Wolke erscheint dem Bergwanderer als Nebel. – ↑auch Hangnebel.

Bergstation [Syn.: Bergobservatorium, Bergwetterstation, Bergwetterwarte, Höhenobservatorium]: meteorologische Höhenstation auf exponierten Berggipfeln, besonders geeignet zur Beobachtung und zum Studium von Vorgängen in der freien Atmosphäre.
Die älteste B. der Erde besteht seit 1781 auf dem Hohen Peißenberg (994 m). Gegen Ende des 19. Jahrhunderts erfolgten zahlreiche Gründungen: in Frankreich 1876 auf dem Puy de Dôme (1464 m), in den USA 1872 auf dem Mount Washington (1 918 m) und auf dem Pikes Peak (4 300 m), in der Schweiz 1882 auf dem Säntis (2 500 m), in Schottland 1884 auf dem Ben Nevis (1 343 m), in Österreich 1886 auf dem Sonnblick (3 100 m) und 1891 auf dem Hochobir (2 141 m), in Deutschland 1895 auf dem Brocken (1 142 m), 1900 auf der Schneekoppe (1 602 m) und auf der Zugspitze (2 962 m).
Die B.en, ursprünglich für aerologische und klimatologische Forschungen gegründet, wurden mit der Entwicklung des Luftverkehrs wichtige Beobachtungs- und Meldestellen für die Flugsicherung und sind heute weitgehend Teil des weltweiten synoptischen Wetterbeobachtungsnetzes.

Berg- und Talwindzirkulation: thermisches Zirkulationssystem im Gebirge, bei dem zwei Strömungssysteme, das der ↑Hangwinde (auslösendes System) und das der Berg- und Talwinde, zusammenwirken bzw. sich überlagern.
Vorbedingung einer gut ausgebildeten Zirkulation ist eine strahlungsintensive Hochdruckwetterlage (↑Strahlungswetter), bei der großräumige Windströmungen keinen störenden Einfluß ausüben. Nach Sonnenaufgang setzt infolge starker Erwärmung der besonnten Berghänge und des damit verbundenen thermischen Auftriebs der hangnahen Luft der **Hangaufwind** ein, der im Laufe des Vormittags vom **Talwind,** einer talaufwärts gerichteten Strömung, abgelöst wird, welche die an den Hängen aufsteigende Luft von unten her ersetzt. Umgekehrt kühlt sich während der Nacht die hangnahe Luft infolge Ausstrahlung des Bodens stärker ab als die Luft in gleichen Niveaus der freien Atmosphäre; es entwickeln sich unter dem Einfluß der Schwerkraft kalte **Hangabwinde,** die nach dem Zusammenströmen im Talgrund dort den zum Talausgang gerichteten **Bergwind** erzeugen.
Die katabatische und die anabatische Phase dieses Windsystems werden in der Höhe durch entsprechende, aber schwächer ausgebildete Gegenströmungen geschlossen. Da Hangauf- bzw. Talwinde

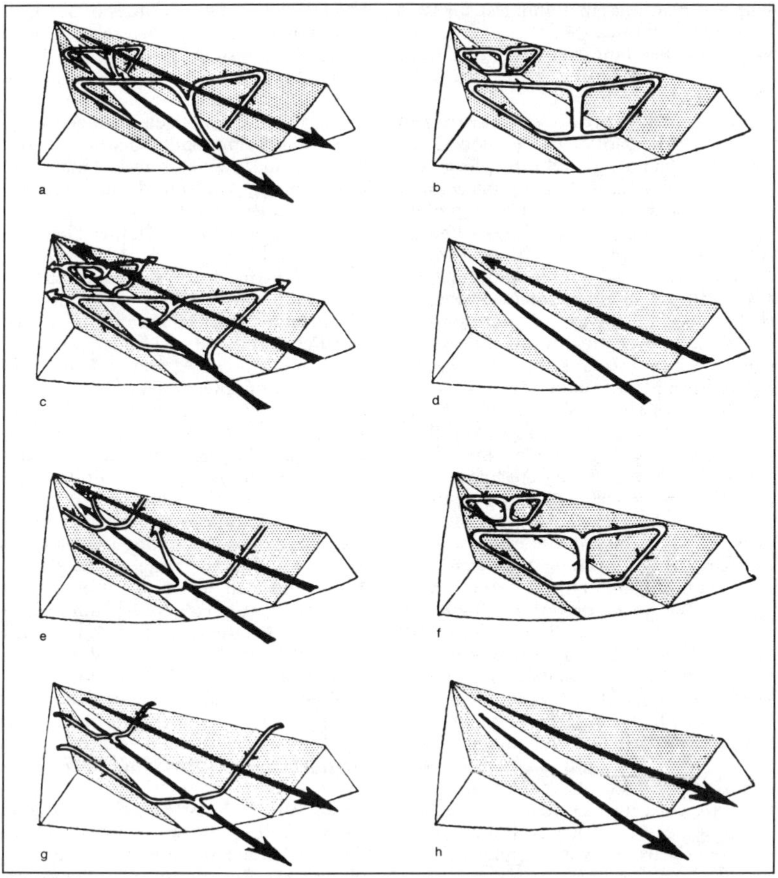

Berg- und Talwindzirkulation. Schema der Hangwinde und der Berg- und Talwinde (nach F. Defant); a Sonnenaufgang: Einsetzen der Hangaufwinde, Anhalten des Bergwindes; b vormittags: Hangaufwinde, kein Berg- oder Talwind; c mittags: Hangaufwind, Talwind; d später Nachmittag: kein Hangwind, Talwind; e abends: Einsetzen des Hangabwindes, noch Talwind; f Anfang der Nacht: Hangabwindzirkulation; g Mitte der Nacht: Hangabwind, Bergwind; h vor Sonnenaufgang: kein Hangwind, Bergwind

feuchte und warme Talluft im Laufe des Tages aus dem Tal hochführen, kommt es häufig zur Bildung von Hangwolken, während über der Talmitte durch absinkende Ausgleichsströmungen vorwiegend sonniges Wetter herrscht.

Die B.- u. T., deren einzelne Windglieder Geschwindigkeiten von 5 m/s nur selten überschreiten, kann durch besondere orographische Verhältnisse (Konfiguration der Berghänge, Richtung und Breite des Tals) und andere Faktoren (Bewuchs, Bebauung) in mannigfacher Weise abgewandelt werden.

Bergwind: talabwärts gerichtete Luftströmung (↑Berg- und Talwindzirkulation).

Berliner Phänomen [Syn.: Sudden warming]: die plötzliche „explosionsartige" Erwärmung der Stratosphäre, die 1952 von R. Scherhag in Berlin (Name!) anhand hochreichender Radiosondenaufstiege entdeckt wurde. Das Phänomen, bei dem im 10-hPa-Niveau innerhalb weniger Tage Temperaturanstiege bis zu 50–60 K beobachtet wurden, ist nicht lokaler Natur, sondern erfaßt meist größere Gebiete und kann die gesamte zirkumpolare Zirkulation in der Strato- und Mesosphäre umgestalten. Es tritt meist im Hochwinter auf.
Gemäß einer von der Weltorganisation für Meteorologie gegebenen Definition unterscheidet man geringere Erwärmungen **(Minor warmings),** bei denen es nicht zu einem Zusammenbruch des Polarwirbels kommt, und stärkere Erwärmungen **(Major warmings),** bei denen eine Zirkulationsumkehr stattfindet (d. h., östliche Winde werden nördlich von 60° Breite beobachtet) und im 10-hPa-Niveau oder niedriger das Breitenkreismittel der Temperatur von 60° n. Br. an polwärts zunimmt. Als Ursache der Erwärmung wird heute aufgrund von numerischen Simulationsexperimenten angenommen, daß besonders kräftige troposphärische Wellen von unten in die Stratosphäre eindringen und dort eine Aufspaltung des Polarwirbels und einen intensiven Wärmetransport nach N zur Folge haben.

Bermudahoch: über dem Nordatlantik im Gebiet der Bermudainseln häufig anzutreffendes Hochdruckgebiet; Teil des subtropischen Hochdruckgürtels; bedeutsam für Wetter, Witterung und Klima im SO der USA und auf den Westindischen Inseln.

Berson-westerlies, die (Mehrz.) [...wɛstəliz; engl. westerlies = die westlichen]: svw. ↑Berson-Westwinde.

Berson-Westwinde [Syn.: Berson-westerlies]: die nach A. Berson benannten, oberhalb der äquatorialen Ostströmung zeitweise auftretenden westlichen Winde, die erstmals während der Ostafrikaexpedition des Aeronautischen Observatoriums Lindenberg im Jahre 1908 mit Hilfe von Pilotballonaufstiegen festgestellt wurden.
Die B.-W. sind identisch mit der westlichen Windkomponente der in neuerer Zeit entdeckten quasizweijährigen Schwingung (↑QBO) in der unteren tropischen Stratosphäre.

Berührungsbogen ↑Haloerscheinungen.

Beschattung: 1. das Fehlen der direkten Sonneneinstrahlung aufgrund der Abschirmung von Geländepartien durch natürliche oder andere Hindernisse bzw. durch Wolken. Im letzteren Falle können bei bestimmten Wetterlagen B. und Besonnung rasch wechseln und einen ebensolchen Wechsel von Ein- und Ausstrahlung bedingen, womit sich die Temperaturtendenzen v. a. in Bodennähe ständig ändern. Das durch die B. verursachte Einstrahlungsdefizit hängt in erster Linie von Sonnenhöhe und Azimut, von der Objektneigung (z. B. Hang, Dach) und von der Exposition (Richtung der Neigung) ab. Von Hindernissen erzeugte Schattenzonen können den Pflanzenanbau oder die Gebäudeplanung (z. B. im Hinblick auf die Solararchitektur) negativ beeinflussen. Wo Naturhindernisse einen größeren Teil des Himmels beschatten, verringern sich allerdings auch die Ausstrahlungsverluste.
2. Bez. für die meist künstlich erzeugte Unterbrechung der Sonneneinstrahlung durch entsprechende Vorrichtungen, besonders zur Regulierung des Gewächshausklimas.

Beschlag: 1. im *engeren Sinne* die Kondensation des Wasserdampfs in Form einer dünnen Wasserhaut an kalten Oberflächen, deren Temperatur unter dem Taupunkt der Luft liegt (sog. Schwitzen, z. B. von Steinen); 2. *allg.* Bez. für ↑abgesetzte Niederschläge.

Besonnung: von unterschiedlichen, zeitlich und örtlich wechselnden Einflußgrößen abhängige Menge und Intensität zugestrahlter Sonnenenergie (↑auch Strahlungsgenuß). Die wichtigsten Einflußgrößen sind: geographische

Breite, astronomische und tatsächliche Sonnenscheindauer, Sonnenhöhe, Bewölkung, Exposition, Hangneigung, Orientierung (z. B. von Hauswänden) und Albedo.
In der Praxis wird die B. zumeist mit Hilfe verschiedener Nomogramme und Rechenblätter bestimmt. Die Koordinaten derartiger Nomogramme stellen unterschiedliche astronomische Parameter (z. B. Sonnenhöhe, Azimut) in Abhängigkeit von der Tages- und Jahreszeit dar. Weitere, für die Ermittlung der B. benötigte Größen, z. B. Exposition und Hangneigung, lassen sich einer topographischen Karte entnehmen. Im Jahresdurchschnitt erhält ein Südhang mit etwa 40° Neigung die größten Strahlungsmengen, eine Nordwand (Neigungswinkel 90°) dagegen die geringsten.
Die B. spielt eine bedeutende Rolle bei Fragen des Städtebaus, in der Architektur und in der Gebäudeklimatologie, aber auch in der Geländeklimatologie.

Beständigkeit: meist auf einen Einzelmonat bezogenes, in % ausgedrücktes Verhältnis von mittlerer vektorieller (↑ Luftversetzung) zu mittlerer ↑ skalarer Windgeschwindigkeit. Bei stets konstanter Windrichtung hat die B. ihren größten Wert, nämlich 100%. Hohe Werte der B. werden in den Passatregionen erreicht. Sind die Windvektoren jedoch so verteilt, daß sich ihre Geschwindigkeiten gegeneinander aufheben, d. h. die mittlere vektorielle Windgeschwindigkeit null wird, dann ist auch die B. 0%. Die B. spielt in der *Flugklimatologie* eine wichtige Rolle und wurde deshalb auch in den CLIMAT TEMP (↑ CLIMAT-Meldungen) aufgenommen.

Bestandsklima: die z. T. wesentlich vom Freilandklima abweichenden Klimaverhältnisse innerhalb und unmittelbar über einem Pflanzenbestand (z. B. Getreidefeld, Wald). Abhängig von der Art, Höhe und Dichte des Pflanzenbewuchses sind Strahlungsbilanz sowie Tagesgang von Temperatur und Feuchte ausgeglichener, der Wind ist gedämpft. Bei dichten Beständen erfolgt der Wärmeumsatz an der Obergrenze.

Bestrahlungsstärke [Syn.: Strahlungsintensität]: in der *Meteorologie* eine wichtige Strahlungsgröße, die die Intensität einer (aus verschiedenen Richtungen kommenden) Strahlung, bezogen auf eine Einheitsfläche, angibt (Einheit: Wm^{-2}). – ↑ auch Solarkonstante, ↑ direkte Sonnenstrahlung, ↑ Himmelsstrahlung, ↑ Globalstrahlung, ↑ Strahlungsfluß.

Beugung [Syn.: Diffraktion]: Änderung der Ausbreitungsrichtung von Lichtstrahlen bei gleichzeitiger Zerlegung des Lichtes in seine Spektralfarben. In der Atmosphäre findet eine B. der Lichtstrahlen an Wassertröpfchen und bestimmten Eiskristallen sowie an Staubteilchen statt.

Beugungserscheinungen: meteorologisch-optische Erscheinungen; entstehen durch Beugung von Lichtstrahlen an kugelförmigen Wolkenelementen (v. a. Wolken- und Nebeltröpfchen) und Staubteilchen, deren Radius größer als die Wellenlänge des Lichts ist. Da bei der Beugung der langwellige rote Lichtanteil stärker abgelenkt wird als der kurzwellige blaue, weist der äußere Rand von B. eine rötliche Färbung auf (im Gegensatz zu den ↑ Haloerscheinungen). Zu den B. zählen u. a. ↑ Hof und ↑ Kranz sowie der ↑ Regenbogen.

Bewegungsgleichungen: *physikalische* Gleichungen, die die Beschleunigung eines Körpers oder Massepunktes aus den auf sie wirkenden Kräften zu ermitteln gestatten. Die auf Flüssigkeiten oder Gase angewendeten B. sind die ↑ hydrodynamischen Bewegungsgleichungen, die für alle atmosphärischen Bewegungen von grundlegender Bedeutung sind und oft verkürzt nur als B. bezeichnet werden.

Bewegungssteuerung ↑ Steuerung.

Bewölkung: die unterschiedliche Bedeckung des Himmels mit ↑ Wolken. B. entsteht durch Abkühlung wasserdampfgesättigter Luft und Hebung bzw. Aufsteigen über das jeweilige Kondensationsniveau (dynamische Hebung an einem Hindernis, Aufgleiten auf eine kältere Luftmasse, thermische Aufwinde). In absteigender Luft lösen sich Wolken auf. Tiefdruckgebiete sind mit starker B., Hochdruckgebiete mit geringer oder keiner B. verbunden. Der Durchzug von Fronten bringt aufgrund von

Aufgleit- (Warmfront) oder Hebungsvorgängen (Kaltfront) stets starke Bewölkung. Kräftige Sonneneinstrahlung an einem Sommertag läßt durch Konvektion die B. zunehmen.
Das Fehlen einer B. kann insbes. in einer klaren Winternacht bei Vorhandensein einer Schneedecke infolge ungehinderter Ausstrahlung zu starkem Strahlungsfrost oder zu Nebelbildung führen.
Der Grad der B. wird geschätzt (↑ Bedekkungsgrad).

Beziehungsgleichungen [Syn.: Regressionsgleichungen]: Gleichungen, die anstelle eines strengen funktionalen Zusammenhangs zwischen mehreren Größen nur eine losere, statistische Beziehung angeben. Jedes Ergebnis einer Beziehungsgleichung unterliegt noch mehr oder weniger großen Zufallseinflüssen, so daß es nur als Wahrscheinlichkeitsaussage gewertet werden kann.
B. spielen in der Meteorologie für statistische Vorhersagen eine grundlegende Rolle. Ihre Verwendung wurde schon 1926 von F. Baur für ↑ Langfristprognosen vorgeschlagen, aber erst ab 1967 durch den Einsatz moderner Rechenanlagen regelmäßig ermöglicht. Neuerdings werden B. in weiterentwickelter Form auch für Kurzfristvorhersagen (↑ Model-output-statistics) eingesetzt.

Bezugsebene: svw. ↑ Niveaufläche.

Bezugsfläche: svw. ↑ Niveaufläche.

Bezugsreihe: die Beobachtungsreihe einer ↑ Bezugsstation.

Bezugsstation [Syn.: Vergleichsstation]: eine meteorologische oder eine Klimastation A, für die im allg. die beiden folgenden Bedingungen erfüllt sein sollten: 1. das Vorhandensein einer langen (etwa 30 Jahre oder mehr umfassenden), möglichst lückenlosen homogenen (↑ Homogenität) Beobachtungsreihe; 2. eine geographisch und landschaftlich ähnliche Lage zu einer anderen (jedoch nicht allzu weit von dieser entfernten) Station B mit einer vergleichsweise kurzen Beobachtungsreihe (sog. „gute“ Nachbarstation). Die kurze Beobachtungsreihe der Station B kann dann mit Hilfe derjenigen von A auf den langen Zeitraum der Reihe A reduziert werden (↑ Reduktionsverfahren).
Die Beobachtungsreihe der B. wird als **Bezugsreihe** bezeichnet.

Bimetallaktinometer [lat. bi- = zweifach, doppelt]: von W. A. Michelson konstruiertes Gerät zur Messung der direkten Sonnenstrahlung. Als Strahlungsempfänger dient eine geschwärzte, von einem schützenden Metallkörper umgebene Bimetallamelle geringer thermischer Trägheit. Wird die bestrahlte Bimetallamelle erwärmt, so verschiebt sich aufgrund ihrer Deformation ein auf ihr befestigter Quarzfaden auf einer Skala im Gesichtsfeld eines Ablesemikroskops. Die Temperaturdifferenz zwischen der Lamelle im bestrahlten und unbestrahlten Zustand ist ein Maß für die Intensität der Sonnenstrahlung.

Bimetallthermograph [lat. bi- = zweifach, doppelt]: Gerät zur selbsttätigen Aufzeichnung der Lufttemperatur; ein ↑ Thermograph, dessen Meßelement aus einem annähernd ringförmigen, sich bei Temperaturänderungen krümmenden oder streckenden Bimetallstreifen besteht.

Bimetallthermometer [lat. bi- = zweifach, doppelt]: zu den ↑ Deformationsthermometern gehörendes Gerät zur Messung der Lufttemperatur. Das Meßprinzip beruht auf der Deformation eines **Bimetallstreifens** bei Temperaturänderungen; die Verbiegung des Bimetallstreifens wird über ein Hebelwerk auf einen Zeiger übertragen.
Aufgrund seiner geringen thermischen Trägheit ist das B. besonders zur Verwendung in ↑ Thermographen geeignet.

Binnenklima: svw. ↑ Kontinentalklima.

bio- [griech. bíos = Leben]: in Zusammensetzungen mit der Bedeutung „Leben; Lebensvorgänge; Lebensraum“; z. B. Biosphäre.

Bioklimakarten [↑ bio-]: Darstellung von Klimaelementen in analytischen oder synthetischen Klimakarten, um Aussagen über die bioklimatischen Verhältnisse bestimmter Räume zu erhalten; hierzu gehören z. B. Karten der ↑ bioklimatischen Bewertung, der Häufigkeit des Auftretens von Tagen mit ↑ Wärmebelastung oder ↑ Kältereiz. – Abb. S. 182.

bioklimatische Belastung [↑bio-]: im Rahmen der ↑bioklimatischen Bewertung Bez. für belastende Auswirkungen von Wetter, Witterung und Klima auf den Menschen durch zeitweises Auftreten von sommerlicher Wärmebelastung, herbstlicher und winterlicher Naßkälte in stagnierender Luft, durch verminderten Strahlungsgenuß infolge Dunstes oder Nebels sowie durch erhöhte Luftbeimengungen bei austauscharmen Wetterlagen.
Bevorzugt treten b. B.en in tief eingeschnittenen Tälern ohne ausreichende Durchlüftung sowie in großen Städten und Industriegebieten auf. Beeinträchtigung besonders der Atemwegs-, Herz-, Kreislauf- und Rheumakranken; verstärkte Befindensstörungen.
bioklimatische Bewertung [↑bio-]: Feststellung des spezifischen Einflusses von Wetter, Witterung und Klima auf den Menschen in einzelnen Landschaftsräumen auf der Basis anwendungsbezogener Betrachtungsweisen (z. B. ↑Klimamichelmodell) und der Bestimmung bioklimatischer Stufen (↑bioklimatische Belastung, ↑bioklimatische Reizstufen, ↑bioklimatische Schonstufe). Grundlage für ↑Klimatherapie, Wohnsitzwechsel bei mangelnder Anpassung an eine klimatische Belastung des bisherigen Wohnsitzes, Planung von Rehabilitationszentren, Kliniken, Sanatorien, Siedlungs- und Stadterweiterungen.
bioklimatische Reizstufen: im Rahmen der ↑bioklimatischen Bewertung Bez. für die Reizwirkung von Wetter, Witterung und Klima auf den Menschen aufgrund thermischer Reize durch niedrige Temperatur und höhere Windgeschwindigkeit, intensive Sonnen- und Himmelsstrahlung sowie verminderten Sauerstoff-Partialdruck im Gebirge ab etwa 1800 m ü. d. M. (↑auch Reizklima); Auftreten in höheren Lagen der Mittelgebirge, in Hochtälern oberhalb von etwa 1000 m (Alpen) und im Küstenbereich.
Es werden folgende *Stufen* (mit Angabe der Abkühlungsgröße) unterschieden: **reizschwach** 20–24 W/cm^2; **reizmild** 25–29 W/cm^2; **reizmäßig** 30–35 W/cm^2; **reizstark** mehr als 35 W/cm^2. Die Auswirkungen auf den Menschen sind stimulierend, erhöhen Resistenz und Anpassungsfähigkeit (↑Akklimatisation).
bioklimatische Schonstufe: im Rahmen der ↑bioklimatischen Bewertung Bez. für diejenigen klimatischen Faktoren, die eine schonende, d.h. den Organismus nicht belastende Wirkung auf den Menschen ausüben, wie mäßige bis schwache thermische Reize (d.h. normale Temperaturschwankungen), guter Windschutz, Luftreinheit sowie gegenüber Küste oder Hochgebirge verminderte Intensität der Sonnen- und Himmelsstrahlung. – ↑auch Schonklima.
Bioklimatologie, die [↑bio-]: Teilgebiet der Medizinmeteorologie; untersucht den Einfluß des Klimas auf den Menschen. Grundlagen sind die ↑Wirkungskomplexe, das therapeutisch anwendbare Klima (↑Klimatherapie, ↑Kurortklimadienst) und die ↑bioklimatische Bewertung spezieller Bereiche und Klimate.
Biometeorologie, die [↑bio- ‖ Syn.: Meteorobiologie]: Lehre von den direkten und indirekten Einflüssen der Atmosphäre auf den Menschen und andere Lebewesen; Grenzgebiet zwischen Meteorologie, Medizin und Biologie. Nach den Anwendungsbereichen wird die B. unterteilt in ↑Medizinmeteorologie (mit ↑Biosynoptik und ↑Bioklimatologie), Veterinär-B. und ↑Agrarmeteorologie sowie ↑Forstmeteorologie.
Biosphäre, die [↑bio- und griech. sphaîra = (Erd)kugel]: Bereich der gesamten Erde, der von lebenden Organismen bewohnt wird; umfaßt eine dünne Oberflächenschicht der festen Erdkruste, die Binnengewässer und Meere sowie Teile der Atmosphäre.
Biosynoptik, die [↑bio- und ↑Synoptik]: Teilgebiet der Medizinmeteorologie, das den Einfluß von Wetter und Witterung auf den gesunden und kranken Menschen untersucht, v. a. die Ursachen (↑biotrope Wetterlagen) und die biotropen Auswirkungen des sog. **Wetterakkords** (Zusammenwirken mehrerer meteorologischer Elemente).
Die bisherigen Erkenntnisse werden prognostisch verwendet (medizinmeteo-

rologische Informationsdienste für Ärzte, Hinweise für die Öffentlichkeit).

biotrop [↑bio- und ↑-trop ‖ Abl.: Biotropie]: nennt man das Zusammenwirken von meteorologischen Elementen einer Wetterlage (sog. **Wetterakkord**) auf den Organismus in psychischer und physischer Hinsicht. – ↑auch Wetterfühligkeit.

biotrope Wetterlagen: Wetterlagen, denen definierte Krankheitsereignisse oder Befindensstörungen statistisch zugeordnet werden können. Mit Hilfe der aktuellen Wettervorhersage entwickeln sich daraus prognostische Beratungen von Kunden (v.a. Kliniken, Ärzte). **Stark biotrop** sind die warmluftadvektive Vorderseite eines Tiefdruckgebietes sowie die labil geschichtete Kaltluft auf der Rückseite (↑Rückseitenwetter), **schwach biotrop** die Zentren von Hochdruckgebieten. Die biotrope Wirkung nimmt mit der Intensität der Wetteränderung zu.

Birkenklima: feuchtwinterkaltes Klima, das zum ↑borealen Klima gehört; charakterisiert durch kurze Sommer und lange, sehr kalte Winter; mittlere Temperatur des wärmsten Monats 13 bis 16 °C; 6 bis 7 Monate mit mittleren Monatstemperaturen unterhalb des Gefrierpunkts; starke Fröste in fast allen Monaten möglich; mittlere Jahrestemperatur −1 bis −7 °C, an den Küsten etwas oberhalb von 0 °C; mittlere Jahresschwankung der Temperatur 26 (Küste) bis 44 K (Binnenland); Niederschläge zu allen Jahreszeiten.

Bise, die [frz.]: kalter, trockener N- bis NO-Wind im Schweizer Mittelland, besonders im Gebiet des Genfer Sees, und im Vorland der frz. Alpen; tritt bei winterlichen Hochdruckwetterlagen auf; meist mit heiterem Wetter verbunden; bei trübem Wetter **B. noire** genannt.

Bishop-Ring ['bɪʃəp... ‖ nach S. E. Bishop]: breiter, rotbrauner Ring um die Sonne mit einem mittleren Radius von 15°, der ein bläulich-weiß leuchtendes Gebiet einschließt; zählt zu den Beugungserscheinungen und ist besonders nach großen Vulkanausbrüchen (z. B. nach dem Ausbruch des Krakatau im Jahre 1883) deutlich sichtbar.

bixerisch [zu lat. bi- = zweifach, doppelt und griech. xērós = trocken]: bedeutet bei einer *Klimaklassifikation,* die mittlere Monatswerte des Niederschlags und der Temperatur verwendet: 1 bis 8 Trockenmonate in zwei getrennten Perioden, kein Frostmonat.

Bjerknes-Tabellen [ˌbjærkne:s... ‖ nach V. Bjerknes]: Zusammenstellung der gegenseitigen Abstände der Hauptisobarenflächen in Abhängigkeit von der zwischen diesen Flächen herrschenden mittleren virtuellen Temperatur. Die B.-T. wurden von V. Bjerknes berechnet. In ihnen waren für alle Hundertstufen des Luftdrucks von 1 000 bis 100 hPa die Abstände der Hauptisobarenflächen in geodynamischen Metern angegeben.
Die B.-T. wurden früher zur Höhenberechnung bei der Auswertung von aerologischen Aufstiegen, insbesondere von Flugzeugaufstiegen, benutzt.

Bjerknes-Zirkulationssatz [ˌbjærkne:s...]: ein von V. Bjerknes abgeleiteter Satz, der den Begriff Zirkulation als Maß der Geschwindigkeit einer Kreisbewegung in die Meteorologie einführt und angibt, wie die zeitliche Änderung der Zirkulation (die Zirkulationsbeschleunigung) aus dem Luftdruck- und Luftdichtefeld bestimmt werden kann.
Der B.-Z. besagt, daß die Größe der im wesentlichen wirksamen Kräfte für eine Änderung der Zirkulation, d. h. die Zirkulationsbeschleunigung, für eine vorgegebene, von einer geschlossenen Kurve eingegrenzte Fläche wie folgt bestimmt werden kann: Man konstruiert in der Fläche Linien gleichen Luftdrucks und Linien gleichen spezifischen Volumens (d. h. der reziproke Wert der Luftdichte). Beide Liniensysteme schneiden sich und bilden kleine Vierecke (Solenoide). Die Zahl der von der Kurve umschlossenen Solenoide ist ein Maß für die wirksame Zirkulationsbeschleunigung. Diese kann sich in der Atmosphäre in ganz verschiedenen Größenordnungen auswirken; so wird eine Land- und Seewindzirkulation von einer Zirkulationsbeschleunigung genauso angetrieben wie großräumige Wirbelbewegungen in Tief- oder Hochdruckgebieten.

Black frost, der ['blæk 'frɔst ‖ engl. = schwarzer Frost (nach der frostschadensbedingten Schwarzfärbung der betroffenen Vegetation)]: sehr trockener, ungewöhnlich scharfer Frost, der insbes. bei orkanartigen O-Stürmen an den S-Küsten Grönlands und Islands sowie bei NO-Stürmen in der Dänemarkstraße eine Gefahr für die Schiffahrt darstellt, und zwar durch die völlige Vereisung der Schiffsaufbauten, die zu Kopflastigkeit und zum Kentern führen kann.

Blackout, das, auch: der ['blɛkaʊt, auch: blɛk''aʊt ‖ engl., eigtl. = Verdunkelung]: der Zusammenbruch von Radioverbindungen, wie er gelegentlich nach starken solaren Ausbrüchen (↑Sonneneruptionen) vorkommt; diese führen zu abnormalen Verhältnissen in der Ionosphäre, deren D-Schicht die Mittel- und Kurzwellen besonders kräftig absorbiert, während die Langwellen von ihr reflektiert werden.

Blänke, die [eigtl. = blanke Stelle]: *seemännische* Bez. für den ersten Tagesschimmer am Horizont bzw. für das erste größere Loch in einer geschlossenen Wolkendecke (nach einem Regen).

blaue Sonne: eine seltene Blaufärbung der Sonne, die im Jahre 1950 in Europa nach riesigen Waldbränden im W Kanadas beobachtet wurde. Damals gelangten feinste Ascheteilchen in höhere Luftschichten, wo sie über große Entfernungen verfrachtet wurden. Durch Streuung des Sonnenlichtes an kleinsten Staubteilchen einheitlicher Größe kam vermutlich – ähnlich wie beim ↑Himmelsblau – die Blaufärbung der Sonne zustande. Das Phänomen (entsprechend z. B. auch **blauer Mond**) tritt verschiedentlich auch nach großen Vulkanausbrüchen auf.

Blauskala [Syn.: Linke-Skala]: Vorrichtung zur Messung des Himmelsblaus, das als Indikator für die Trübung der Atmosphäre bzw. für die Reinheit der Luft angesehen wird. Die B. besteht aus einem Satz von insgesamt 16 Farbtafeln mit abgestufter Blautönung.

Blauthermik [Syn.: Trockenthermik]: das durch Überhitzung des Erdbodens ausgelöste Aufsteigen von Warmluftblasen, ohne daß es in der aufsteigenden Luft zu Kondensation und Wolkenbildung kommt.

Blindlingsprognose: nach dem Zufallsprinzip (etwa durch Würfeln) ermittelte Prognose. Echte B.n, die genau 50% Treffer ergeben würden, setzen die gleiche Häufigkeit für das Eintreffen oder Nichteintreffen eines Ereignisses voraus. Da bei der Wetterprognose diese Voraussetzung im allg. nicht gegeben ist, ersetzt man die B.n meist durch **Trivialprognosen,** die auch keinen Bezug auf den Einzelfall nehmen, aber oft deutlich mehr als 50% Treffer liefern. Dazu gehören ↑Persistenzprognosen oder Prognosen des klimatologischen Mittelwertes oder des häufigsten Wertes. Die Trefferprozente der B.n oder Trivialprognosen sind der Maßstab für die Bewertung der Wetterprognosen; nur der Betrag, um den diese Trefferprozente von denen der Wetterprognose überschritten werden, repräsentiert die wiss. Leistung.

Blitz: Funkenüberschlag großen Ausmaßes zwischen Wolken mit entgegengesetzter Ladung **(Wolken-B.)** oder zwischen ihnen und der Erdoberfläche **(Erd-B.),** der den Ausgleich des enormen Spannungsgefälles (bis zu $40 \cdot 10^6\,\mathrm{Vm}^{-1}$) herbeiführt und mit starken Schallerscheinungen verbunden ist (↑Donner).

Der gesamte B.vorgang beginnt mit einer Vorentladung, die den Entladungskanal **(B.kanal)** aufbaut. Dieser bewegt sich ruckweise auf einer häufig verzweigten Zickzackspur (↑Linienblitz) weiter, wobei (beim Erd-B.) zunächst negative Ladungen von der Wolke zur Erde transportiert werden. Bei Annäherung an die Erdoberfläche wächst dem ersten B.kanal aus der im Boden influenzierten Ladung eine (negative) Fangladung entgegen; es entsteht eine leitende Verbindung zwischen Boden und Wolke, die zur Hauptentladung des B.es führt. Bei diesem Vorgang, dem eigentlichen **B.schlag,** bewirkt der hohe Stromfluß im B.kanal innerhalb weniger hundert Mikrosekunden den Ladungsausgleich. Der Hauptentladung folgen meist mehrere Teilentladungen (bis zu 40) in Abständen von hundertstel bis tausendstel Sekunden nach.

Wegen der sehr kurzen Dauer eines B.es (bei Annahme von 4 Entladungen, einer mittleren Stromstärke von 20 000 A und einer Gesamtspannung von $40 \cdot 10^6$ V) ergibt sich eine Gesamtenergie von nur 40 kWh. Aufgrund des hohen Stromflusses im B.kanal entsteht eine starke elektromagnetische Impulsstrahlung (↑ Spherics), die sich u. a. in Funkstörungen bemerkbar macht. – ↑ auch Flächenblitz, ↑ Kugelblitz, ↑ Perlschnurblitz, ↑ Gewitterelektrizität.

Blitzkanal ↑ Blitz.

Blitzröhren [Syn.: Blitzsinter, Fulgurite]: durch Blitzeinschlag im Sand entstehende röhrenförmige Gebilde von einigen Millimetern Wandstärke, etwa 2 cm Weite und bis zu 5 m Länge; die Sandkörner werden dabei durch die enorme Hitzewirkung zu einer sinterartigen, oft glasigen Röhre zusammengeschmolzen.

Blitzschlag [Syn.: Blitzeinschlag]: die Hauptentladung eines ↑ Blitzes bzw. die Starkstromschädigung durch einen einschlagenden Blitz.

Blitzsinter: svw. ↑ Blitzröhren.

Blitzzähler: Sammelbez. für eine Reihe von Empfangsgeräten zur Registrierung der atmosphärischen Elektrizität (↑ Luftelektrizität). Es gibt im wesentlichen drei Gruppen von B.n, nämlich Atmosphericszähler, Atmosphericspeiler und Ortungsanlagen.

Die B. arbeiten im Prinzip nach folgendem Schema: Ein Antennensystem wandelt die Feldstärken der von den Gewitterblitzen ausgehenden kurzzeitigen elektromagnetischen Impulse von etwa $^1/_{10\,000}$ s Dauer am Meßort in Antennenausgangsspannungen um. Letztere werden durch ein Verstärkersystem gefiltert und in eine Folge von Meßspannungsimpulsen, kurz als **Meßspannung** bezeichnet, umgewandelt. Ein Datenvorverarbeitungssystem leitet aus der Meßspannung diejenige Informationsform ab, die zur analogen oder digitalen Direktanzeige, Speicherung oder Online-Weiterverarbeitung der Impulse geeignet ist.

B. werden häufig zum Orten und Verfolgen von Gewittern (↑ Gewitterortung) und Labilitätszonen (z. B. in Trögen) über Entfernungen von rund 1 500 km eingesetzt. Bei der Gewitterortung ist zu beachten, daß ein B. gewöhnlich eine zu hohe Gewitteraktivität anzeigt; dies kann darauf beruhen, daß auch künstliche elektrische Störungen und atmosphärische Entladungen, die keine Blitze im bekannten Sinne sind, mitgezählt werden.

Die Anzahl der Blitze im Gewitter kann zwischen 1 und mehr als 1 000 in $^1/_4$ Stunde schwanken. Der wahrscheinlichste Mittelwert beträgt rund 200 Blitze je Stunde für ein starkes Gewitter in unseren Breiten.

Blizzard, der ['blɪzəd ‖ engl.]: mit starken Temperaturstürzen verbundener winterlicher Schneesturm in Nordamerika auf der Rückseite von Tiefdruckgebieten, verursacht durch kräftige Kaltlufteinbrüche aus N bis NW. Aufgrund fehlender querverlaufender Gebirge können B.s weit nach S (bis zum Golf von Mexiko) vorstoßen.

blockierendes Hoch: nahezu ortsfestes, bis in große Höhen reichendes, warmes Hochdruckgebiet; entsteht in mittleren Breiten aus einem nach N vorgeschobenen Keil eines Subtropenhochs. Durch die Blockierung (Blocking effect) werden die zonale Strömung in mehrere Äste mit meridionalen Komponenten aufgespalten und die Tiefdruckgebiete an ihrer normalen Verlagerung gehindert und um das Höhenhoch herumgesteuert.

Wegen ihrer langen Lebensdauer bestimmen die blockierenden Hochs oft für 8–14 Tage und länger die Großwetterlage eines Gebietes. Bevorzugte Gebiete für Blockierungen liegen vor den W-Küsten Europas und Nordamerikas mit einem zeitlichen Maximum im Spätwinter und Frühling und einem Minimum im Spätsommer. Die Höhenströmung ähnelt dem griech. Großbuchstaben Omega (Ω), weshalb man auch von einer **Omegasituation** spricht.

Blocking action, die ['blɔkɪŋ 'ækʃən]: svw. ↑ Blocking effect.

Blocking effect, der ['blɔkɪŋ ɪ'fɛkt ‖ engl. = blockierender Effekt ‖ Syn.: Blocking action]: die Blockierung der zonalen Strömung durch ein ↑ blockierendes Hoch.

Blühbeginn: der jeweilige Beginn der Blüte bei wildwachsenden und Kulturpflanzen; eine wichtige ↑phänologische Phase.

Blühvorhersage: regionale phänologische Vorhersage des Blühbeginns von Obstbäumen; basiert auf der Berechnung der Wärmesumme (↑Temperatursumme) unter Berücksichtigung der artspezifischen Schwellenwerte für das Eintreten bestimmter Phasen des Pflanzenwachstums. Die B. spielt darüber hinaus eine Rolle bei Pflanzen, deren Pollen Allergien auslösen (↑Pollenflugvorhersage).

Blutregen: durch rötliche Staubbeimengungen (z. B. Wüstenstaub aus der Sahara) gefärbter Regen. Die rote Verfärbung von Regenpfützen beruht oft auf einer Massenvermehrung von Blutalgen. – ↑auch Blutschnee.

Blutschnee: rötlich gefärbter Schnee im Gebirge und in den Polargebieten, meist durch eine Massenentwicklung von Blutalgen, rötlichen Dinoflagellaten (kleine, algenartige Einzeller) oder Urinsekten verursacht, gelegentlich auch durch den Niederschlag rötlichen Staubes. – ↑auch Blutregen.

Bö̲, die [niederdt. ‖ Schreibvariante: Böe ‖ Syn.: Windbö]: kräftiger Windstoß, Verwirbelung der Luft, plötzliche starke Zunahme der Windgeschwindigkeit oder Änderung der Windrichtung, häufig bei Durchzug von Kaltfronten. Der Wind ist **böig,** wenn innerhalb von 20 Sekunden Windstöße auftreten, die die herrschende mittlere Windgeschwindigkeit um 10 kn oder mehr überschreiten. Böen treten meist stoßweise mit einer Eigenfrequenz von 1 bis 10 s Dauer auf und bringen schwingungsfähige Gegenstände wie Bäume, Brücken, Gebäude u. ä. zum Schwingen. – ↑auch Böenfront, ↑Böigkeit.

Bodeneis: das im gefrorenen Boden vorhandene Eis. Es bildet meist dünne Lagen und Schichten, die durch Gefrieren des Bodenwassers bzw. des Grundwassers entstehen. Dauerfrostböden in Sibirien und Alaska reichen bis in mehr als 300 m Tiefe.

Die Grenze ständiger Bodengefrornis verläuft auf der Nordhalbkugel in Eurasien vom Nordkap bei 71° n. Br. bis in die nördliche Mongolei bei 46° und erreicht bei 60° das Ochotskische Meer. In Nordamerika reicht sie von der Beringstraße bis zur Südspitze der Hudsonbai. Auf der Südhalbkugel ist nur die Antarktis von B. ausgefüllt.

Bodenfeuchte: das durch hygroskopische (wasseranziehende) und kapillare Kräfte entgegen der Schwerkraft festgehaltene, in der Wurzelschicht des Bodens, d. h. zwischen der Bodenoberfläche und höchstens etwa 2 m Tiefe, haftende Wasser.

Die B. wird in Gewichtsprozent (Gewicht des Bodenwassers in % des Gewichtes der trockenen Bodensubstanz) oder in Volumprozent (vom Wasser eingenommenes Volumen in % des gesamten Bodenvolumens) angegeben. Eine einfache Methode der B.messung besteht in der Wägung einer zunächst feuchten, dann getrockneten Bodenprobe. Die B. (in Gewichts-%) erhält man daraus als Verhältnis von feuchter und trockener Bodenprobe.

Zur Bestimmung der B. wendet man außerdem Verfahren an, die die Streuung von Neutronen oder die Absorption von Gammastrahlen durch das Bodenwasser messen. Ein häufig verwendetes Instrument zur B.messung ist das ↑Tensiometer.

Bodenfront: eine Frontart (↑Frontenklassifikation).

Bodenfrost: in der *Meteorologie* der Frost unmittelbar in Bodennähe (Temperatur in 5 cm über dem Erdboden unter 0 °C); in der *Landwirtschaft* und im *Bauwesen* Temperaturen im Erdboden unter 0 °C. B. kann zu ↑Bodenhebung und Frostaufbrüchen führen. Die Frosteindringtiefe hängt von der Bodenart und -beschaffenheit sowie von der Witterung (z. B. Schneedecke als Kälteschutz) ab.

Bodengefrornis: svw. ↑gefrorener Boden.

Bodenhebung: die Auswirkung des Frostes im Erdboden (↑Bodenfrost) durch das Gefrieren des im Boden enthaltenen Porenwassers und die infolge der Volumenvergrößerung bedingten Aufwölbungen und Frostaufbrüche.

Bodeninversion: ↑Inversion, bei der die Temperaturumkehr, d. h. die Temperaturzunahme mit der Höhe, unmittelbar am Boden beginnt. Sie entsteht dadurch, daß sich die bodennahe Luftschicht von der durch Ausstrahlung abgekühlten Unterlage aus abkühlt.
B.en bilden sich vorwiegend in klaren, windstillen Nächten. Ihre Mächtigkeit beträgt meist nur einige Dekameter, ihre Stärke ist von der Länge der Nacht, d. h. von der Jahreszeit, abhängig. Im Sommer werden sie durch Sonneneinstrahlung am Vormittag rasch wieder aufgelöst, im Winter können sie tagelang anhalten.
Bei der Bildung von B.en spielt das Relief der Landschaft eine große Rolle; schon geringe Einsenkungen begünstigen die Entwicklung von B.en wesentlich.

Bodenklima: die klimatischen Verhältnisse im Erdboden, insbes. bis in 1 m Tiefe; abhängig von Ein- und Ausstrahlung, von den Verhältnissen der bodennahen Luftschicht, vom Bodenwärmestrom und vom Bodenwasserhaushalt sowie von der Bodenart, vom Bodenzustand und von der Bodenbedeckung. Die zeitlichen Schwankungen der Klimaelemente in den obersten Schichten nehmen mit der Tiefe ab.

Bodenminimum: Kurzbez. für ↑Erdbodenminimum.

bodennahe Grenzschicht: die untere Schicht der atmosphärischen Grenzschicht (↑Prandtl-Schicht).

bodennahe Luftschicht: die unmittelbar dem Boden aufliegende Luftschicht von einigen Metern bis wenigen Dekametern Mächtigkeit, die für das pflanzliche, tierische und menschliche Leben von besonderer Bedeutung ist. Mit ihrer Erforschung befassen sich deshalb v. a. die Agrarmeteorologie und die Biometeorologie. In der b.n L. sind die vom Boden ausgehenden Wirkungen die wesentlichen klimabeeinflussenden Faktoren; diese überlagern und modifizieren das großräumige Klima. Hierzu gehören insbes. die Geländeform, die Stärke und die Richtung der Hangneigung, die Art der Erdoberfläche, der Bewuchs und die Bebauung.

Bodennebel: auf dem Erdboden aufliegender, flacher Nebel; entsteht, wenn sich der Boden und die bodennahen Luftschichten infolge ungehinderter nächtlicher Ausstrahlung bis unter den Taupunkt abgekühlt haben (Abkühlungsnebel; ↑auch Nebelklassifikation). Feuchter Boden (Wiesen, Moor) begünstigt infolge Verdunstung und des damit verbundenen Wärmeverlustes die Bildung von Bodennebel.

Bodenrauhigkeit: Bez. für die durchschnittlichen Unebenheiten des Erdbodens, die die Reibung der Luftströmung am Boden beeinflussen. Die B. ist nicht nur vom Relief der Erdoberfläche, sondern in besonderem Maße auch vom Bewuchs und von der Bebauung abhängig; sie ist z.B. über Wäldern um mehr als eine Größenordnung stärker als über einer Grassteppe.
In theoretischen Berechnungen wird die B. durch den ↑Rauhigkeitsparameter quantitativ berücksichtigt.

Bodenreibung: die Reibung einer Luftströmung am Erdboden. Sie verzögert den Wind und lenkt ihn in Richtung zum tiefen Druck ab. Die Stärke der B. ist abhängig von der ↑Bodenrauhigkeit.

Bodensicht: die im allg. aus der Kanzel eines Luftfahrzeugs (manchmal auch von einem Turm) in Richtung Erdboden visuell bestimmte maximal mögliche Sicht. Ein Pilot hat B., wenn er am Boden befindliche Sichtziele (z.B. Flughafengebäude, parkende Fahrzeuge, Industrieanlagen) klar erkennen und als solche identifizieren kann (bloßes Sehen der Zielumrisse genügt dabei nicht). Die B. kann als maximal mögliche ↑Schrägsicht aufgefaßt werden.
Ein Hilfsmittel zur B.bestimmung ist das Auflassen eines kleinen Ballons bekannter Steiggeschwindigkeit. Die Höhe, die sich aus dem Zeitpunkt seines Verschwindens (Wolken, Dunstschicht, Hochnebeldecke) ergibt, stimmt ziemlich gut mit der Höhe überein, bei der eine anfliegende Maschine zum ersten Mal B. bekommt.

Bodentemperatur: die in einer ↑Thermometerhütte in 2 m Höhe über Grund (Höhe der Meßfühler) gemessene Lufttemperatur; im Gegensatz zur Temperatur am Erdboden, die in 5 cm über Grund gemessen wird (↑ Erdbodenminimum).

Bodenwärmehaushalt: die Gesamtheit von Energiezufuhr, Energieabgabe und thermischem Verhalten des Erdbodens (meist bis 1 m Tiefe). Maßgebende Faktoren sind Ein- und Ausstrahlung, Bodenwärmestrom, Wärmeleitfähigkeit des Bodens und Verdunstung, die wiederum von Bodenart, Zustand des Bodens (z. B. Bodenluftgehalt) und Vegetationsdecke abhängig sind.

Bodenwärmestrom: die Wärmeenergie, die durch Wärmeleitung entweder von der wärmeren Bodenoberfläche in die kältere Tiefe fließt (**negativer B.**; tagsüber, im Sommer) oder die von der wärmeren Tiefe zur kälteren Bodenoberfläche fließt (**positiver B.**; nachts, im Winter). Der B. hängt von der Wärmeleitfähigkeit und der Wärmekapazität des Bodens und von den Temperaturunterschieden im Boden ab.

Bodenwasserhaushalt: das Vorhandensein und die Verfügbarkeit von Wasser im Boden, seine Verteilung und jahreszeitlichen Schwankungen, im engeren Sinne in der Wurzelzone; abhängig v. a. von den Niederschlagsverhältnissen, der Evapotranspiration, dem Abfluß (oberflächennaher Abfluß, Grundwasser), der Temperatur sowie von der Beschaffenheit des Bodens.

Bodenwetterkarte: Wetterkarte, in die die Werte der gemessenen meteorologischen Elemente sowie mit bestimmten Symbolen (↑ Wetterkartensymbole) die zur gleichen Beobachtungszeit an vielen Wetterstationen beobachteten Wettererscheinungen eingetragen werden. Diese Angaben werden den vom Wetterfernmeldedienst international verbreiteten ↑ SYNOP-Meldungen und ↑ SHIP-Meldungen entnommen.

Neben den Stationseintragungen (↑ Stationsmodell) zeigt die ausgewertete B. Linien gleichen, auf Meeresniveau reduzierten Luftdrucks (Isobaren), die Gebiete hohen und tiefen Luftdrucks umschließen, sowie Fronten, Bewölkungs- und Niederschlagsgebiete und besondere Wettererscheinungen (Gewitter, Nebel u. a.), die meist mit unterschiedlichen Farbstiften hervorgehoben werden. – Abb. S. 371 und S. 373.

Bodenwind: Luftbewegung in der bodennahen Luftschicht; im allg. der in 10 m über Grund in hindernisfreiem Gelände gemessene Wind.

Böenfaktor: Bez. für eine Maßzahl der Böigkeit eines im Mittel stationären Windfeldes, die aus dem Verhältnis der maximalen Windgeschwindigkeit (Böenspitze) in Anemometerhöhe zur mittleren Windgeschwindigkeit innerhalb eines bestimmten Zeitraums (z. B. eine Stunde) berechnet wird. Der über einen längeren Zeitraum gemittelte B. ist ab einem Stundenmittel der Windgeschwindigkeit von 6,0 m/s nahezu konstant, d. h., er ist von diesem Schwellenwert an überwiegend von der Rauhigkeit der Stationsumgebung abhängig, die nach den einzelnen Windrichtungssektoren verschieden groß sein kann.

Der nach Sektoren berechnete (sektorabhängige) B. eignet sich daher für Qualitäts- bzw. Homogenitätsprüfungen von Anemometerstandorten bzw. Windgeschwindigkeitszeitreihen.

Böenfront: die Grenzfläche zwischen einer vorrückenden Kaltfront und den nach oben ausweichenden wärmeren Luftmassen, bei deren Durchzug häufig Böen auftreten; oft in Verbindung mit Gewittern. – Auch die ↑ Böenlinie wird mitunter als B. bezeichnet.

Böenkopf [Syn.: Böenkragen]: die Vorderseite eines dicken, dunklen Wolkenwulstes aus mächtigen Cumulonimben; Begleiterscheinung einer rasch wandernden Kaltfront, oft mit Gewittern. – ↑ auch Böenwalze.

Böenkragen: svw. ↑ Böenkopf.

Böenlinie [Syn.: Squall-line, auch: Böenfront]: linienförmige Anordnung von Gewitterzellen in einer Warmluftmasse in etwa 150 bis 500 km Entfernung vor der eigentlichen Kaltfront. Voraussetzung für ihre Entstehung ist eine potentielle labile Schichtung, die durch vertikale Hebungsprozesse in wirkliche Labilität umgewandelt wird. Hierbei müssen folgende Bedingungen erfüllt sein: Advektion feuchter Warmluft in den unteren Schichten, Abkühlung in mittleren und höheren Schichten, hohe

Feuchte in den unteren und höheren Schichten (dazwischen eine trockene Schicht im mittleren Niveau), Bodenkonvergenz und Höhendivergenz.
Der Durchgang der B. ist gekennzeichnet durch eine plötzliche und heftige Windbö, starke, schauerartige Niederschläge mit Gewittern und durch starken Druckanstieg (↑Gewitternase).
B.n kommen häufig in der warmen Jahreszeit über den Landgebieten der Subtropen, gelegentlich auch über West- und Mitteleuropa vor.

Böenmesser: Instrument zur Messung der Geschwindigkeit und der Geschwindigkeitsschwankungen des Windes. Der B. ist ein Staudruckmesser (↑Staudruck); sein Hauptbestandteil ist entweder ein ↑Pitot-Rohr oder ein ↑Prandtl-Rohr.
Da in einer Strömung der Staudruck gleich der Differenz aus Gesamtdruck und statischem Druck (Luftdruck) ist, beruht das Meßprinzip auf der instrumentellen Bestimmung dieser Differenz.

Böennase: svw. ↑Gewitternase.

Böenschreiber: aerodynamisches Windmeßgerät zur Aufzeichnung des Windgeschwindigkeitsverlaufes (↑Böigkeit), der Windrichtungsschwankungen, des Windweges und insbes. der maximalen Windgeschwindigkeit (↑Windspitze).
Das Meßprinzip des Geräts beruht darauf, daß in einer Strömung der ↑Staudruck sich als Differenz des Gesamtdruckes und des statischen Druckes ergibt. Ein Staurohr (↑Pitot-Rohr oder ↑Prandtl-Rohr), das in eine Windfahne eingebaut ist und von dieser stets in die jeweils herrschende Windrichtung gedreht wird, nimmt den Staudruck auf, der durch eine Rohrleitung unter ein glockenförmiges, in einer Flüssigkeit schwimmendes Gefäß (Glockenmanometer) geleitet wird. Da auf die Oberfläche des Schwimmers der statische Luftdruck wirkt, sind die Ausschläge des Schwimmers der Differenz von Gesamtdruck und statischem Druck proportional. Die besondere Formgebung des Schwimmers ermöglicht eine lineare Windgeschwindigkeitsregistrierung. Die Bewegungen des Glockenmanometers werden über eine mit ihm fest verbundene Schubstange auf eine Registriertrommel übertragen. Die geringe Trägheit des Geräts gestattet die Registrierung auch kurzzeitiger Schwankungen von Windrichtung und -geschwindigkeit.

Böenwalze: um eine horizontale Achse sich drehender und rasch fortschreitender Luftwirbel, erkennbar an einer drohend aussehenden, dunklen und mächtigen, bogenförmigen Wolkenwand aus Cumulonimben mit ausgefransten Rändern **(Böenkopf).**
Der Durchzug der B. ist mit plötzlichen starken Böen (Spitzenböen; teilweise bis Orkanstärke) und häufig mit Gewittern verbunden. Die B. entsteht meist an Kaltfronten, aber auch an Troglinien, einzelnen kräftigen Gewittern und an Böenlinien.

Böenwettertyp: ein Grundschichttyp (↑Grundschicht).

böhmischer Wind: aus dem Böhmischen Becken mit östlichen Luftströmungen über die Pässe und Kämme der Höhenzüge an der Ostgrenze Bayerns (Oberpfälzer Wald, Böhmerwald/Bayerischer Wald) einfallender böiger, kalter Fallwind; tritt am Südrand eines Hochdruckgebietes über dem östlichen Mitteleuropa auf.

Böigkeit: kurzzeitige Schwankungen der Windgeschwindigkeit und Windrichtung infolge Turbulenz der Luft. Da B. durch die Unebenheiten und die ungleichmäßige Erwärmung der Erdoberfläche **(Sonnenböigkeit)** verursacht wird, ist sie im allg. über Land größer als über dem Meer und in den unteren Luftschichten stärker als in höheren. Sie ist in der Regel in Kaltluftmassen größer als in Warmluftmassen.

Böigkeitsgrad: Maßzahl für die Beurteilung der Böigkeit, gebildet aus der Summe der positiven und negativen Änderungen der Windgeschwindigkeit pro Zeiteinheit. – ↑auch Böenfaktor.

Boje, die [niederdt. ‖ Syn.: Wetterboje]: meist verankerter Schwimmkörper; in der Meteorologie und Ozeanographie immer häufiger als Träger für Registriergeräte und automatische Wetterstationen mit Datenfernübertragung zu einer Landstation genutzt; in dieser Form auch als **Meß-B.** bezeichnet. Seit einiger

Zeit werden auch unbemannte treibende B.n eingesetzt.

Bolometer, das [griech. bolḗ = Wurf; (Sonnen)strahl und ↑-meter]: von S. P. Langley entwickeltes Instrument zur Temperatur- und Strahlungsmessung. Die Wirkungsweise beruht auf der Absorption der Strahlung in einer dünnen, geschwärzten Platinfolie, deren Widerstandsänderung infolge Erwärmung in einer Brückenschaltung gemessen wird. Durch Verwendung von Halb- oder Supraleitern (anstelle von Platinfolien) erreicht man eine erhebliche Steigerung der Empfindlichkeit.

Bora, die [italien., aus lat. boreas, von griech. boréas = Nordwind]: kalter, trockener und stark böiger Fallwind an der dalmatinischen Küste. Die B. ist in ihrer typischen Ausprägung eine winterliche Erscheinung; sie entsteht, wenn kalte Festlandsluft (aus einem Hochdruckgebiet über dem Balkan) von einem südlich der Alpen gelegenen Tiefdruckgebiet (↑Adriatief) angesaugt wird. Die nach dem Übersteigen der Karstgebirge auf der Leeseite einsetzende föhnartige Erwärmung reicht wegen der geringen Fallhöhe nicht aus, um den kalten Charakter der B. wesentlich abzuschwächen.
Über der relativ warmen Adria verursacht dieser Fallwind starke Luftmassenumlagerungen, die mit heftigen Windstößen (Böen) verbunden sind.

Bordwetterdienst: Erfüllung der Aufgaben einer ↑Bordwetterwarte. Der B. umfaßt die Durchführung des Wetterbeobachtungsdienstes auf See für die zu betreuenden Fischereifahrzeuge und Handelsschiffe, die meteorologische Beratung der Schiffsführung und der Fischereiflotten auf den nordatlantischen Fangplätzen, die Teilnahme am internat. Seebeobachtungsdienst und das Absetzen von Wettermeldungen zu den synoptischen Terminen, teilweise auch die Durchführung von Radiosondenaufstiegen auf See, die Sammlung von maritimmeteorologischen und wetterfunktechnischen Erfahrungen, die Erprobung von meteorologischen Instrumenten und die Durchführung von Forschungsaufgaben.

Bordwetterwarte: meteorologische Station an Bord eines Schiffes; ausgestattet mit speziellen Instrumenten für den Einsatz auf See, elektrisch anzeigenden Meßgeräten für Wind, Luft- und Wassertemperaturen sowie Empfangsanlagen für Kurz- und Langwelle, Faksimileempfänger und teilweise mit einem Satellitenbild-Empfangsgerät. Hauptaufgabe ist die Durchführung des ↑Bordwetterdienstes.
B.n werden vom Deutschen Wetterdienst unterhalten auf den Fischereischutzbooten „Meerkatze" und „Frithjof", auf den Fischereiforschungsschiffen „Anton Dohrn" und „Walther Herwig" sowie auf den Forschungsschiffen „Meteor" und „Polarstern". Sie sind im allg. mit einem Meteorologen und einem Funkwettertechniker besetzt.

boreales Klima [zu griech. boréas = Nordwind; Norden ‖ Syn.: Schnee-Wald-Klima]: kaltgemäßigtes Klima der nördlichen Teile von Europa, Asien und Amerika. Der Begriff wird v.a. in der Pflanzen- und Tiergeographie verwendet. In der Klimaklassifikation wird das boreale Klima in **feuchtwinterkaltes Klima** (↑Birkenklima, ↑Eichenklima) und **wintertrockenkaltes Klima** unterteilt. Mittlere Temperatur des kältesten Monats tiefer als − 3 °C, des wärmsten Monats mehr als 10 °C; scharfe Ausprägung von Sommer und Winter.

Bouguer-Halo [bu'gɛ:r... ‖ nach P. Bouguer]: ↑Haloerscheinungen.

Bouguer-Lambert-Beer-Gesetz [bu'gɛ:r... ‖ nach P. Bouguer, J. H. Lambert und A. Beer]: *physikalisches Gesetz,* das die Schwächung (Extinktion) der extraterrestrischen Sonnenstrahlung beim Durchgang durch die Erdatmosphäre in Abhängigkeit von der ↑optischen Luftmasse bestimmt: $E = E_0 \cdot e^{-\kappa m}$ (E_0 extraterrestrische Sonnenstrahlung, κ Extinktionskoeffizient, m optische Luftmasse).

Bourdon-Rohr [bur'dõ...]: von dem frz. Ingenieur E. Bourdon zur Luftdruck- oder Lufttemperaturmessung konstruiertes Meßelement: es besteht aus einem dünnwandigen, elastischen, kreisförmigen Metallrohr von fast elliptischem Querschnitt und ist mit einer alkoholi-

schen Flüssigkeit gefüllt. Änderungen der Temperatur bzw. des Luftdrucks bewirken aufgrund der unterschiedlichen Ausdehnung von Metall und Flüssigkeit eine Krümmungsänderung (Deformation) des Rohrs.
Wegen seiner thermischen Trägheit wird das B.-R. heute kaum noch verwendet.

Bourdon-Thermometer [bur'dõ... ‖ nach E. Bourdon]: zu den ↑Deformationsthermometern gehörendes Instrument zur Messung der Lufttemperatur mit einem ↑Bourdon-Rohr als Meßfühler; heute weitgehend durch das ↑Bimetallthermometer ersetzt.

Bowen-Verhältnis ['boʊɪn... ‖ nach I. S. Bowen]: das Verhältnis der Stromdichten von ↑fühlbarer Wärme und ↑latenter Wärme. Es stellt einen wichtigen Faktor bei *Energiebetrachtungen* in der atmosphärischen Grenzschicht dar.

Boxmethode [engl. box = Kasten]: Methode zur Vorhersage der Verlagerung von synoptischen Gebilden (Wirbelstürme, Tröge, Strahlstrommaxima). Dabei wird angenommen, daß das synoptische Gebilde sich mit einem bestimmten Prozentsatz des mittleren geostrophischen Windes seiner Umgebung verlagert. Hierzu legt man ein Rechteck (eine „Box") um das Gebilde und bestimmt aufgrund der Luftdruck- und Höhenwerte an den Seiten des Rechtecks die mittleren zonalen und meridionalen Komponenten des geostrophischen Windes. Diese setzt man in Beziehung zur wahren Verlagerung des betrachteten synoptischen Gebildes. Ergeben sich über mehrere Termine etwa einheitliche Quotienten, so kann man die weitere Verlagerung des Gebildes mit dem so gefundenen Prozentsatz des geostrophischen Windes vorhersagen.

Bq: Einheitenzeichen für ↑Becquerel.

Brandwolken: bei großen Bränden (Wald- oder Buschbrände, Großbrände in Industrieanlagen) entstehende Wolken, die Ähnlichkeit mit gut ausgebildeten Konvektionswolken haben, sich jedoch von diesen durch die Schnelligkeit der Entwicklung und durch ihre dunkle Farbe unterscheiden.
Die in B. enthaltenen Verbrennungsprodukte können in höheren Luftschichten durch den Wind über große Entfernungen verfrachtet werden und rufen gelegentlich die Erscheinung der ↑blauen Sonne (bzw. des blauen Mondes) hervor.

Brasilstrom: warme Meeresströmung im Südatlantik, vor der Küste Südamerikas von Kap Branco bei João Pessoa (aus dem Südäquatorialstrom hervorgehend) bis zur La-Plata-Mündung, wo sie auf den kalten Falklandstrom trifft.

brave Westwinde [Syn.: Prevailing westerlies]: *seemännische* Bez. für die beständigen Westwinde auf den Meeren der mittleren Breiten (Westwindzone), insbes. der Südhalbkugel, wo sie große Stärke und Heftigkeit erreichen und deshalb auch, entsprechend ihrem Auftreten in 40°, 50° bzw. 60° s. Br., **Roaring forties** (heulende oder brüllende Vierziger), **Furious fifties** (wütende Fünfziger) oder **Shrieking sixties** (kreischende Sechziger) genannt werden.

Brechung [Syn.: Refraktion]: die Krümmung der Lichtstrahlen in der Atmosphäre, deren Ursache die vorwiegend in vertikaler Richtung sich ändernde Luftdichte ist, verbunden mit entsprechenden Änderungen der ↑Brechzahl. Da diese Änderungen stetig erfolgen und sehr klein sind, ist auch die B. stetig und sehr gering. Legen die Lichtstrahlen dagegen lange Wege durch die Atmosphäre zurück, so erreicht die Strahlenablenkung eine merkliche Größe. Handelt es sich um Lichtstrahlen von Gestirnen, so spricht man von **astronomischer Refraktion,** die ihren höchsten Wert erreicht, wenn die Gestirne in Horizontnähe stehen. Dies führt zu scheinbaren Hebungen der Gestirne über den Horizont und zu Verzerrungen (Abflachungen) der auf- und untergehenden Sonne und des Mondes.
Die B. und ↑Reflexion der Lichtstrahlen an und in Wassertropfen bzw. Eiskristallen verursachen zum Teil farbenprächtige Erscheinungen (Regenbogen, Haloerscheinungen u. a.).

Brechzahl [Syn.: Brechungsindex]: das Verhältnis (n) der Lichtgeschwindigkeit im Vakuum (c_0) zur Lichtgeschwindigkeit in einem Medium (c): $n = c_0 : c$. Die B. ist von der Wellenlänge des Lichtes abhängig; im violetten Spektralbereich ist sie etwas größer als im roten, so daß violette Strahlen stärker gebrochen werden als rote. Im sichtbaren Spektralbereich hat *n* in den unteren Luftschichten den Wert von etwa 1,0003; für Eis und Wasser ergeben sich Werte von etwa 1,33 bzw. 1,37.

Bregenzer Fallwind: andere Bez. für ↑ Pfänderwind.

Breitenkreismittel: Mittelwert eines meteorologischen Elements (z. B. der Lufttemperatur) entlang eines geschlossenen geographischen Breitenkreises. Das B. wird häufig als Bezugsgröße für die Bildung von Abweichungen (Differenzen zwischen dem Mittelwert der Temperatur einer auf einem Breitenkreis gelegenen Station und dem entsprechenden B.) und bei der Berechnung des zonalen Indexes (mittlere Druckdifferenz zwischen einem ausgewählten Paar von Breitenkreisen) benutzt.

Breslauer Sammlung: historische Vierteljahresschrift (1717–1726), herausgegeben von dem Breslauer Arzt Dr. J. Kanold zur Förderung der Meteorologie. Enthält tägliche Aufzeichnungen und Wetterberichte von einigen dt. und ausländischen Stationen sowie Berichte über außergewöhnliche Witterungserscheinungen, u. a. auch die ältesten Regenmessungen aus Norddeutschland (Breslau 1717). Liefert wertvolle Beiträge zur Witterungsgeschichte der Jahre 1717 bis 1726.

Brickfielder, der ['brıkfi:ldər ‖ brit.-engl., zu engl. brickfield = Ziegelei (angeblich ursprünglich mit den Staubschwaden in Verbindung gebracht, die aus den Ziegeleien in der Nähe von Sydney hochgewirbelt wurden)]: besonders im Sommer in den Trockengebieten Australiens wehender sand- und staubführender Wind.

Briefing, das [engl. = kurze Anweisung ‖ Syn.: Wetterbriefing]: im *Flugwetterdienst* kurze Einsatzbesprechung zur Information der Flugleitung und der Luftfahrzeugführer über die Wetterlage und die zu erwartende Wetterentwicklung; mit Hinweisen auf gefährliche Wettererscheinungen (z. B. Nebel, Vereisung, Turbulenzen, Gewitter, Sturm), insbes. im Bereich des Startflughafens, auf der Flugstrecke, dem Landeplatz und eventuellen Ausweichflughäfen.

Bright band, das [braıt bænd ‖ engl. = helles Band]: bei einer ↑ RHI-Abbildung verschiedentlich auf dem Radarschirm als sehr helles Band erscheinende langgestreckte Schicht konstanter Höhe, von der die Radarimpulse besonders stark reflektiert werden; tritt häufig in Niederschlagssystemen mit geringer vertikaler Turbulenz (z. B. in Aufgleitniederschlag) auf. Ursache: In einer Schicht unterhalb der Nullgradgrenze umgeben sich die rückstreuschwachen Schnee- und Eispartikel während des Schmelzvorgangs mit einer Wasserhaut; dieser Vorgang führt dazu, daß das Maximum der Rückstreuverstärkung (proportional zur 6. Potenz des scheinbaren Wassertropfendurchmessers) durch das vorgetäuschte stark vergrößerte Volumen schnell erreicht ist.

Brise, die [frz.]: schwacher **(leichte B.)** bis frischer Wind **(frische B.)** der Stärke 2 bis 5 (↑ Beaufortskala).

Brockengespenst: eine vermutlich zuerst auf dem Brocken (Harz) beobachtete *atmosphärisch-optische Erscheinung,* bei der auf einer Nebel- oder Wolkenbank der stark vergrößerte Schatten des Beobachters zu sehen ist (bei tiefstehender, hinter dem Beobachter befindlicher Sonne).

Das B. entsteht auf ähnliche Weise wie der Regenbogen. Wenn der Schatten von farbigen Ringen umgeben ist, handelt es sich um eine ↑ Glorie.

Brückner-Periode: nach E. Brückner benannte 35jährige *Klimaschwankung,* die Brückner u. a. in langjährigen Niederschlagsbeobachtungen des 19. Jahrhunderts glaubte nachgewiesen zu haben. Nach späteren Untersuchungen von A. Wagner anhand neuerer Beobachtungsreihen wird die Realität einer solchen (angeblich weltweit auftretenden) Klimaperiode bezweifelt.

Buchenklima: warmgemäßigtes Regenklima ohne jahreszeitlich festgelegte Trockenzeit; mittlere Monatstemperatur in mindestens 4 Monaten mehr als 10 °C; mittlere Temperatur des wärmsten Monats weniger als 22 °C; geringe mittlere Jahresschwankung der Temperatur, von der Küste (Nordhalbkugel 13 °C, Südhalbkugel 7 bis 8 °C) zum Binnenland zunehmend (mehr als 22 °C); mittlere Tagesschwankung der Temperatur 8 bis 13 K.

Bundesnaturschutzgesetz: Rahmengesetz des Bundes zum Schutz der natürlichen Umwelt; berücksichtigt konkret das Klima als Bestandteil der Ökosysteme in der Gesetzgebung und zwar in § 2, Abs. 1, Nr. 8: „Beeinträchtigungen des Klimas, insbes. des örtlichen Klimas, sind zu vermeiden, unvermeidbare Beeinträchtigungen sind auch durch landschaftspflegerische Maßnahmen auszugleichen oder zu mindern".

Buran, der [russ.]: winterlicher N- bis NO-Sturm in Ostrußland und Sibirien als Folge kräftiger Kaltlufteinbrüche; mit verheerenden Schneestürmen und Schneetreiben.

bürgerliche Dämmerung: eine Dämmerungsphase (↑ Dämmerung).

Büßerschnee [Syn.: Zackenfirn, Zackenschnee, Penitentes]: an Pilgergestalten erinnernde Formen der ↑ Ablation von Schnee, Firn und Gletschereis in tropischen Hochgebirgen (besonders Südamerikas); gelegentlich verkümmert auch in unseren Breiten zu beobachten.

Buys-Ballot-Gesetz ['bœỹzba'lo:...]: eine der ältesten Formulierungen der Beziehung zwischen Luftdruck und Wind aus dem Jahre 1856, benannt nach dem Niederländer Ch. H. D. Buys-Ballot (obwohl die Beziehung schon etwa 30 Jahre früher von dem dt. Physiker H. W. Brandes erkannt worden war). Das B.-B.-G. besagt, daß der Wind an der Erdoberfläche auf der Nordhalbkugel so weht, daß er von der Richtung des Luftdruckgradienten um einen Winkel von kleiner als 90° nach rechts abweicht. In einer anderen, häufig gebrauchten Formulierung lautet es: Dreht man dem Wind den Rücken zu, so liegt (auf der Nordhalbkugel) der tiefe Luftdruck vorn links, der hohe Luftdruck hinten rechts (auf der Südhalbkugel umgekehrt).

C

C: Abk. für das Hinweiswort Celsius bei Temperaturangaben in Grad Celsius (°C; ↑ Celsius-Skala).

cA: Abk. für: kontinentale Arktikluft (↑ Arktikluft).

cal: Einheitenzeichen für ↑ Kalorie.

Calina, die [span. = Dunst]: sommerliche, durch thermische Turbulenz verursachte schmutzig-staubige Lufttrübung (Dunstglocke) v. a. in S-Spanien, oft tagelang über der Meseta anhaltend.

Calmen: Windstillen (↑ Kalmen).

Camanchaca, die [kaman'tʃaka ‖ span.]: Bez. für Küstennebel in N-Chile (↑ Garúa).

Candela, die [lat. = Talg-, Wachslicht, Kerze ‖ Einheitenzeichen: cd]: SI-Basiseinheit der Lichtstärke; 1 cd ist die Lichtstärke, mit der $^1/_{600\,000}$ m^2 der Oberfläche eines schwarzen Strahlers (↑ schwarzer Körper) bei der Temperatur des beim Druck 101 325 N/m^2 erstarrenden Platins senkrecht zu seiner Oberfläche leuchtet.

castellanus [lat. = zum Kastell gehörend, zu lat. castellum = Kastell]: adjektivischer Zusatz zu den Namen von Wolkengattungen, der eine Wolkenart der Gattungen Altocumulus oder Stratocumulus (seltener Cirrus oder Cirrocumulus) mit der Bedeutung „türmchenförmig, zinnenförmig" bezeichnet. Die so geformten, aus einer gemeinsamen Basis quellenden und reihenartig angeordneten Wolken zeigen eine instabile Schichtung in der Atmosphäre an und sind häufig ein Vorzeichen für Gewitter. – ↑ auch Wolkenklassifikation.

CAT, die [tse:'a:'te:]: Abk. für ↑ Clear-air-Turbulenz.

CAVOK, das ['ka:vɔk ‖ Abk. für engl. ceiling and visibility **O. K.** = Wolkenuntergrenze und Sicht in Ordnung]: Schlüsselname (↑ METAR-Code).

Cb: Abk. für ↑Cumulonimbus.
Cc: Abk. für ↑Cirrocumulus.
cd: Einheitenzeichen für ↑Candela.
Ceiling, das ['si:lıŋ ‖ engl., eigtl. = Dekke, Maximum]: von den USA eingeführte, inzwischen im Flugwetterdienst internat. verbreitete Bez. für die Höhe der tiefsten Wolkenschicht, die mehr als $^4/_8$ des Himmels bedeckt (Hauptwolkenuntergrenze).
Ceilograph, der [silo... ‖ zu engl. ceiling = Wolkenhöhe und ↑-graph]: registrierendes Gerät zur Messung der Wolkenhöhe; das Meßprinzip entspricht dem des ↑Ceilometers.
Ceilometer, das [silo... ‖ zu engl. ceiling = Wolkenhöhe und ↑-meter]: Gerät zur fortlaufenden Messung der Wolkenhöhe; Meßprinzip: impulsoptische Höhenmessung. Von einer modulierten Lichtquelle ausgesendete intensive Lichtblitze (Lichtimpulse) erzeugen an der Wolkenuntergrenze ständig einen für das Auge unsichtbaren Lichtfleck. Gleichzeitig bewegt sich ein aus einem Parabolspiegel mit Photozelle bestehender Empfänger in einer Vertikalebene auf und ab. Ist der Spiegel auf den Lichtfleck an der Wolkenuntergrenze gerichtet, wird die Photozelle angeregt. Der dadurch ausgelöste elektrische Impuls erreicht über einen Verstärker ein Anzeigegerät oder einen Schreiber, dessen Arm sich synchron mit dem Spiegel bewegt. Mit dieser Meßanordnung kann die Wolkenhöhe auch laufend registriert werden **(Ceilograph).**
In zunehmendem Maße finden auch **Laufzeitmeßgeräte** Verwendung. Bei diesen sendet ein Scheinwerfer Lichtimpulse senkrecht nach oben aus. Gemessen wird die Laufzeit zwischen der Aussendung des Impulses und der Aufnahme des von der Wolkenuntergrenze reflektierten bzw. gestreuten Impulses mit einem photoelektrischen Empfänger.
Celsius-Skala: von A. Celsius 1742 eingeführte Temperaturskala. Ihre Fixpunkte, beide bei einem äußeren Luftdruck von 1013,25 hPa, wurden von Celsius ursprünglich mit 0 °C (Siedepunkt des Wassers) und 100 °C (Schmelzpunkt des Eises) festgelegt. Erst C. von Linné stellte diese Skala „auf den Kopf", woraus dann die heutige, zur Temperaturangabe fast überall auf der Welt verwendete C.-S. mit 0 °C bei schmelzendem Eis und 100 °C bei siedendem Wasser wurde. Der als **Fundamentalabstand** bezeichnete Abstand zwischen den Fixpunkten beträgt 100 gleiche Teile **(Celsius-Grade);** der Differenz zweier benachbarter Teilstriche entspricht genau 1 °C. Für Temperaturdifferenzen gilt 1 °C = 1 K. Die Erweiterung der C.-S. auf unter dem Gefrierpunkt liegende Temperaturwerte führt zu negativen Celsius-Graden. Der ↑absolute Nullpunkt liegt auf der C.-S. bei − 273,15 °C.
CGS-System [CGS ist Abk. für cm (= Zentimeter), g (= Gramm) und s (= Sekunde) ‖ Schreibvariante: cgs-System]: durch den Elektrikerkongreß in Paris 1881 international festgelegtes *Einheitensystem.* Es wurde von C. F. Gauß und W. E. Weber aus dem metrischen System (mit den Basiseinheiten Meter, Kilogramm und Sekunde) für die Belange der Wissenschaft abgeleitet. Die Basisgrößen des CGS-S.s sind Länge (cm), Masse (g) und Zeit (s).
Im Gesetz über Einheiten im Meßwesen vom 2. Juli 1969 wurden cm, g und s wieder durch die entsprechenden Basiseinheiten Meter (m), Kilogramm (kg) und Sekunde (s) ersetzt. – ↑auch SI-Einheiten.
Chamsin, der [x...]: ein Wüstenwind (↑Kamsin).
chaotischer Himmel [k... ‖ zu griech. cháos = der unendliche leere Raum]: das ungeordnete, durch eine Vielfalt der Formen bestimmte Erscheinungsbild des Himmels, hervorgerufen durch das Nebeneinander von Wolken verschiedener Gattungen und Arten in unterschiedlichen Schichten, besonders an Tagen mit Gewittern oder starker Schauertätigkeit. Die Wolken des chaotischen Himmels sind z. T. zusammengewachsen; es entsteht oft der Eindruck eines sich verdunkelnden, düsteren Himmels.
Chergui, der [ʃɛr'gi ‖ Schreibvariante: Schergui]: trocken-heißer O- bis SO-Wind in Marokko auf der Vorderseite vom Ostatlantik zum Mittelmeer ziehender Tiefdruckgebiete; v. a. im Frühjahr und Herbst.

Chinook, der [tʃɪ'nʊk ‖ engl.-amerikan., nach den Chinookindianern]: warmer, trockener Fallwind an der O-Seite der Rocky Mountains; entsteht auf ähnliche Weise wie der ↑Föhn. Der Ch. führt im Winter häufig zu rascher Schneeschmelze in den vorgelagerten Plains.

Chi-Quadrat-Test ['çi:... ‖ Schreibvariante: χ^2-Test]: *statistisches Verfahren* zur Prüfung von Annahmen (z. B. vermuteter Zusammenhang zwischen einzelnen Klimaelementen) aufgrund vorgegebener Häufigkeitsverteilungen. Mit seiner Hilfe kann man nachweisen, ob zwei Stichprobenverteilungen derselben Grundgesamtheit entstammen. Die Fragestellung, auf die der Chi-Qu.-T. eine Antwort geben soll, lautet im allg.: Entspricht eine beobachtete Verteilung einer hypothetischen Häufigkeitsverteilung? Rein formelmäßig ist der Wert von χ^2 gleich der Summe aller quadratischen Differenzen zwischen beobachteten und erwarteten Werten, jeweils durch die erwartete Häufigkeit dividiert. Der so erhaltene Zahlenwert von χ^2 liefert einen Schwellenwert für die Entscheidung, ob vermutete und vorgegebene Häufigkeitsverteilung zueinander „passen" oder sich wesentlich voneinander unterscheiden. Im letzten Fall gilt die Vermutung durch die Realität als widerlegt.
In *klimatologischen Gutachten* wird der Chi-Qu.-T. häufig benutzt, um herauszufinden, ob eine gutachtliche Aussage hinreichend abgesichert ist (oder sich nur im Rahmen des Zufallsspielraums bewegt).

Chromosphäre, die [k... ‖ zu griech. chrõma = Haut, Hautfarbe, Farbe und griech. sphaĩra = (Erd)kugel]: die über der Photosphäre liegende, rund 10 000 km dicke Schicht der Sonnenatmosphäre, deren Temperatur von etwa 5 000 K (unterste Schicht) nach oben zur Sonnenkorona sehr stark ansteigt.

Churer Expreß [k...]: Kaltlufteinbruch, begleitet von Nebelbildung, in den Alpentälern bei Chur.

Ci:
◇ Abk. für ↑Cirrus.
◇ Einheitenzeichen für ↑Curie.

Cierzo, der ['θi̯ɛrθo ‖ span.]: winterlicher, trockenkalter Landwind in Spanien, aus NW in das Ebrobecken eindringend.

Cirrocumulus, der [Zusammenbildung aus ↑Cirrus und ↑Cumulus ‖ Abk.: Cc ‖ Schreibvariante: Zirrokumulus ‖ Syn.: feine Schäfchenwolke]: Gattung der hohen Wolken; dünne, weiße Flekke, Felder oder Schichten von Wolken ohne Eigenschatten, die aus sehr kleinen, mitunter verwachsenen oder einzelnen Wolkenteilen bestehen und mehr oder weniger regelmäßig in Rippen oder Reihen angeordnet sind („feine Schäfchen"). C. besteht fast ausschließlich aus Eiskristallen. Vorübergehend können auch stark unterkühlte Wassertröpfchen darin enthalten sein, die gelegentlich an Beugungserscheinungen (↑Kranz) beteiligt sind. – ↑auch Wolkenklassifikation. – Abb. S. 374.

Cirrostratus, der [Zusammenbildung aus ↑Cirrus und ↑Stratus ‖ Abk.: Cs ‖ Schreibvariante: Zirrostratus ‖ Syn.: Schleierwolke]: Gattung der hohen Wolken; ein durchscheinender weißlicher Wolkenschleier von faserigem (haarähnlichem) Aussehen, der den Himmel ganz oder teilweise bedeckt und ↑Haloerscheinungen um Sonne und Mond hervorruft. – ↑auch Wolkenklassifikation. – Abb. S. 374.

Cirrus, der [lat. = Federbüschel; Franse ‖ Abk.: Ci ‖ Schreibvariante: Zirrus ‖ Syn. Federwolke]: Gattung der hohen Wolken; zarte, weiße Wolken in Form von Fäden, schmalen Bändern oder Flecken von faserigem (haarähnlichem) Aussehen, oft seidig glänzend. Cirren bestehen aus Eiskristallen, die in mittleren Breiten in Höhen zwischen 5 und 13 km auftreten. – ↑auch Wolkenklassifikation. – Abb. S. 374.

Cirrus uncinus, der [lat. uncinus = Haken ‖ Abk.: Ci unc ‖ Syn.: Hakencirrus]: Wolkenart der Gattung ↑Cirrus, oft in Form eines Kommas, nach oben hakenförmig oder auch in Büscheln auslaufend (oberer Teil aber nicht quellend). Wolken der Art C. u. erscheinen oft vor einem herannahenden Schlechtwettergebiet. – ↑auch Wolkenklassifikation. – Abb. S. 374.

Clear-air-Turbulenz ['klɪə'ɛə... ‖ engl. clear air = klare Luft ‖ Abk.: CAT]: Turbulenz in wolkenfreier Luft (ein Sonderfall der ↑atmosphärischen Turbulenz), die in der oberen Troposphäre außerhalb von Konvektionswolken und Gewittern vorkommt und gelegentlich Luftfahrzeuge durch die dabei auftretenden hohen Vertikalbeschleunigungen erheblich gefährden kann. CAT tritt vorzugsweise in vertikal nur wenige 100 m mächtigen Schichten am Rande von Strahlströmen bei starker vertikaler Windscherung auf. Besonders häufig kommt CAT im Bereich von Höhenhochkeilen vor, wenn diese eine starke antizyklonale Krümmung und hohe Windgeschwindigkeiten aufweisen.

CLIMAT-Meldungen [CLIMAT = festgelegter Schlüsselname]: nach einem besonderen Schlüssel zusammengestellte monatliche Mittelwerte des Luftdrucks, der Lufttemperatur, der relativen Luftfeuchte und des Niederschlags für zahlreiche Klimastationen (Landstationen) der Erde. Die C.-M. werden allmonatlich über Fernmeldekanäle verbreitet, weltweit ausgetauscht und in der Publikation „Monthly Climatic Data for the World", die im Auftrag der Weltorganisation für Meteorologie von den USA herausgegeben wird, monatlich veröffentlicht.
Außer in der Form der C.-M. werden monatliche Mittelwerte der entsprechenden Klimaelemente noch in folgenden *Code-Formen* verbreitet:
CLIMAT SHIP: entspricht CLIMAT, jedoch für Stationen auf See (z. B. Wetterschiffe);
CLIMAT TEMP: aerologische Beobachtungen für Stationen auf Land (Radiosondenstationen);
CLIMAT TEMP SHIP: entspricht CLIMAT TEMP, jedoch für Stationen auf See (z. B. Wetterschiffe).

CLIMAT-Station, die: Klimastation, von der monatlich ↑CLIMAT-Meldungen zusammengestellt und international verbreitet werden.

CLINO, die (Mehrz.) [Abk. für engl. **cli**matological **no**rmals = klimatologische Normalwerte]: von der Weltorganisation für Meteorologie veröffentlichte monatliche und jährliche Mittelwerte bezüglich Luftdruck, Lufttemperatur, relative Luftfeuchte und Niederschlag für zahlreiche Klimastationen (↑CLIMAT-Station) der Erde im 30jährigen Zeitraum der ↑Normalperiode.
Die Werte dienen zum Entwurf von globalen Klimakarten und als Bezugswerte für die Berechnung von Abweichungen aktueller Zeitabschnitte (Monat, Jahr) von der Norm (z. B. zu warmer oder zu nasser Monat).

Cloud-cluster, der ['klaʊdklʌstə ‖ engl. cloud = Wolke und engl. cluster = Büschel, Anhäufung ‖ Syn.: Wolkencluster, Cluster]: Zusammenballung konvektiver Wolken (↑Konvektionswolken) mit Durchmessern von 100 bis über 1 000 km, wie sie erstmals mit Hilfe von Satellitenbildern in den Tropen festgestellt wurde. Ein solches Wolkensystem entsteht meist in einer Konvergenzzone (↑innertropische Konvergenz); in seinem Bereich herrscht eine rege Schauer- oder Gewittertätigkeit.
Die tropischen C.-c. spielen beim Wärmetransport von der Erdoberfläche in höhere Luftschichten eine entscheidende Rolle und sind auch an der Entstehung tropischer Wirbelstürme beteiligt.

Cloud-scavenging, das ['klaʊdskævɪndʒɪŋ ‖ zu engl. cloud = Wolke und engl. to scavenge = reinigen, säubern ‖ Syn.: In-cloud-scavenging, älter: Rainout]: die Anlagerung von ↑atmosphärischen Spurenstoffen innerhalb einer Wolke in Wolkentröpfchen. – ↑auch Auswaschen.

Cluster, der ['klʌstə]: svw. ↑Cloud-cluster.

C-14-Methode: svw. ↑Radiocarbonmethode.

Comfort-Index, der ['kʌmfət... ‖ engl. comfort = Behagen]: Klimasummenmaß für unterschiedliche Behaglichkeitsstufen; bezieht sich auf die Wirkung bestimmter Kombinationen von Lufttemperatur und Feuchte.

Composite Observing System for the North Atlantic, das ['kɔmpəzaɪt əb'zəːrvɪŋ 'sɪstəm fə ðə 'nɔːθ ət'læntɪk]: svw. ↑COSNA.

congestus [zu lat. congerere, congestum = anhäufen]: adjektivischer Zusatz zu den Namen von Wolkengattungen, der eine Wolkenart der Gattung Cumulus mit der Bedeutung „aufgetürmt, kräftig quellend" bezeichnet. So geformte Wolken besitzen häufig eine große vertikale Ausdehnung und ähneln in ihrem aufgewölbten oberen Teil einem Blumenkohl. – ↑auch Wolkenklassifikation.

Coning, das ['koʊnɪŋ ‖ engl., zu engl. to cone = kegelförmig machen]: Form einer Schornsteinabluftfahne bei Ausbreitung in neutraler vertikaler Temperaturschichtung; die Abluftfahne breitet sich kegelförmig aus. – ↑auch Ausbreitungstypen.

Constant-level-balloon, der ['kɔnstənt'lɛvlbəlu:n ‖ engl. constant = gleichbleibend, engl. level = Niveau und engl. balloon = Ballon]: Bez. für einen horizontal freifliegenden, mit der vorherrschenden Luftströmung driftenden Ballon. Die Besonderheit des Ballons besteht darin, daß er sich aufgrund einer speziellen Druckventilsteuerung ziemlich konstant auf einer isobaren Fläche bewegt.

Mit dem Einsatz von C.-l.-b.s gelingt es, Luftströmungen in der freien Atmosphäre, vorwiegend in der Stratosphäre, über große Strecken (Tausende von km) und Zeitabschnitte (Verweildauer der Ballons in der Atmosphäre oft Wochen bis Monate) hinweg zu verfolgen und somit Aufschlüsse über die großräumige atmosphärische Zirkulation zu erhalten. Diese Ballons werden insbes. dort eingesetzt, wo sich die Sondierung der Atmosphäre vom Boden aus schwierig gestaltet (z. B. in tropischen und südhemisphärischen Meeresgebieten).

Kleinere Typen derartiger Ballons, **Schwebeballons** genannt, werden zur Untersuchung der atmosphärischen Grenzschicht (z. B. lokale Luftzirkulationen) verwendet.

Coriolis-Kraft [kɔrjɔ'lis... ‖ nach G. G. de Coriolis]: die ablenkende Kraft der Erdrotation, eine Scheinkraft, die auf jeden Körper bzw. jedes Luftteilchen wirkt, das sich auf der rotierenden Erde bewegt; sie ist der Bewegungsgeschwindigkeit proportional, steht senkrecht auf dem Bewegungsvektor und dem Drehvektor der Erdrotation und wirkt auf der Nordhalbkugel nach rechts, auf der Südhalbkugel nach links. Die Horizontalkomponente der C.-K., die **Coriolis-Parameter** genannt wird, ist dem Sinus der geographischen Breite proportional, so daß sie am Äquator verschwindet und am Pol ihr Maximum hat. Die auf die Masseneinheit bezogene C.-K. ist die **Coriolis-Beschleunigung.**

CO̩SNA, das: Abk. für engl. **Composite Observing System for the North Atlantic** (= integriertes Beobachtungssystem für den Nordatlantik); ein meteorologisches Beobachtungssystem, das sich in der Entwicklungsphase befindet und ab 1988 das System der nordatlantischen Wetterschiffe (↑NAOS) ersetzen soll. COSNA enthält die Komponenten: stationäre und driftende Bojen, zentrale Erfassung der mit automatischen Meßeinrichtungen an Bord von Großraumflugzeugen ermittelten Wind- und Temperaturwerte durch Satelliten (engl. aircraft to satellite data relay, Abk.: **ASDAR**) und automatische mobile aerologische Stationen auf Schiffen (engl. automated shipboard aerological programme, Abk.: **ASAP**).

Ziel ist, stufenweise für alle Ozeanbereiche, die automatische Messung der meteorologischen Elemente an der Meeresoberfläche und in der freien Atmosphäre sowie die Einsammlung der Werte durch Wettersatelliten, die sie in das globale Fernmeldenetz der Weltorganisation für Meteorologie einspeisen.

CO̩SPAR, das [Schreibvariante: Cospar]: Abk. für: **Co**mmittee on **Space Re**search (= Komitee für Weltraumforschung); ↑International Council of Scientific Unions.

Courant-Levy-Friedrichs-Kriterium ['ku:rant'le:vi...]: Kriterium, das einen kritischen Wert für die Länge des ↑Zeitschritts in numerischen Rechnungen in Abhängigkeit von der Maschenweite des verwendeten Rechengitters angibt. Der Wert hängt ab von der Verlagerungsgeschwindigkeit der schnellsten im Gleichungssystem enthaltenen Wellen (das sind bei Verwendung der ↑primitiven Gleichungen die Schallwellen). Der Zeitschritt muß kleiner sein als die Zeit, die die schnellste Welle benötigt, um einen Weg von der halben Länge der Diagonalen in einem Gitterrechteck zurückzulegen; anderenfalls würde das Lösungsverfahren instabil.

Crivetz, der [rumän.]: kalter, zum Teil heftiger Wind aus nö. bis östlichen Richtungen, der im Winter vom eurasischen Kontinent ins östliche Rumänien weht und wesentlich das Klima der Moldau und des östlichen Donautieflandes prägt.

Cross-section, die ['krɔssɛkʃən ‖ engl. = Querschnitt]: bildliche Darstellung (mit Zeit-Höhen-Skala) des auf einer Flugstrecke oder über einem Gebiet (Segelfluggelände) zu erwartenden Wetterablaufs; wichtige Unterlage für die Flugwetterberatung.

Cross totals, die (Mehrz.) ['krɔs 'toʊtlz ‖ ohne Einz. ‖ engl. = Quersummen]: ↑Total-totals-Index.

Cs: Abk. für ↑**C**irro**s**tratus.

Cu: Abk. für ↑**Cu**mulus.

Cumulonimbus, der [zu ↑Cumulus und lat. nimbus = Regen, Regenwolke ‖ Abk.: Cb ‖ Schreibvariante: Kumulonimbus ‖ Syn.: Gewitterwolke]: Gattung der tiefen Wolken; massige, dichte Wolke von beträchtlicher vertikaler Ausdehnung in Form eines hohen Bergs oder mächtigen Turms. Der Wolkengipfel ist meist abgeflacht, faserig oder streifig und breitet sich häufig amboßförmig (↑Amboßwolke) aus.

C. bildet sich durch Konvektion in hochreichend labil geschichteten Luftmassen, dic sich oft bis zur Tropopause erstrecken. Er besteht aus Wassertröpfchen und (besonders im oberen Teil) aus Eiskristallen. Außerdem enthält C. große Regentropfen und häufig auch Schneeflocken, Reifgraupeln, Eiskörner, Frostgraupeln oder Hagelkörner, die als Schauerniederschläge ausfallen. Die Wassertröpfchen und Regentropfen können erheblich unterkühlt sein. – ↑auch Wolkenklassifikation. – Abb. S. 376.

Cumulus, der [lat. = Haufen ‖ Abk.: Cu ‖ Schreibvariante: Kumulus ‖ Syn.: Haufenwolke]: Gattung der tiefen Wolken; eine einzelne, durchweg dichte und scharf abgegrenzte Wolke, die sich in der Vertikalen in Form von Haufen, Kuppeln oder Türmen entwickelt und deren aufquellender oberer Teil oft ein blumenkohlähnliches Aussehen hat **(C. congestus).** Die von der Sonne beschienenen Wolkenteile sind meist leuchtend weiß; die Wolkenbasis ist dunkler und verläuft nahezu horizontal.

C. bildet sich meist durch Konvektion in einer hochreichend labil geschichteten Atmosphäre und besteht hpts. aus Was-

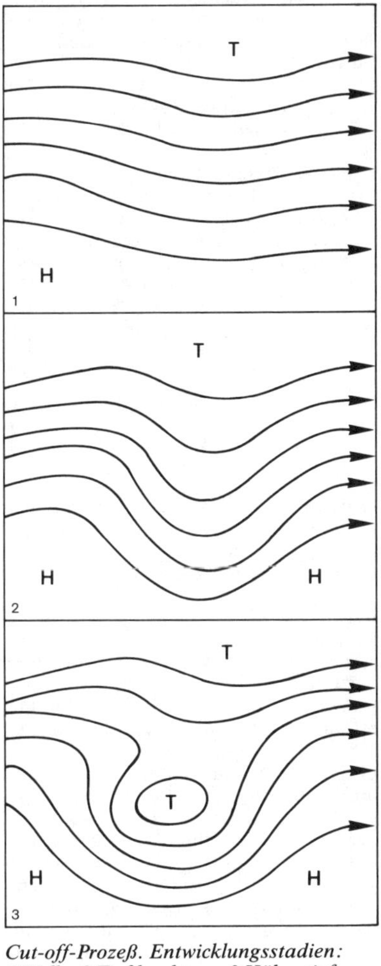

Cut-off-Prozeß. Entwicklungsstadien: 1 Welle, 2 Tiefdrucktrog, 3 Höhentief

sertröpfchen. Normalerweise fällt aus C. in unseren Breiten kein Niederschlag. – ↑auch Wolkenklassifikation. – Abb. S. 376.

Cumuluskondensationsniveau: svw. Konvektionskondensationsniveau (↑Kondensationsniveau).

Curie, das [ky'ri: ‖ nach dem frz. Physikerehepaar P. und M. Curie ‖ Einheitenzeichen: Ci]: die im geschäftlichen und amtlichen Verkehr der BR Deutschland bis zum 31. Dezember 1985 zugelassene Einheit der Aktivität einer radioaktiven Substanz; heute abgelöst durch das ↑Becquerel. 1 C. entspricht $3{,}7 \cdot 10^{10}$ Zerfallsprozessen pro Sekunde (1 Ci = $3{,}7 \cdot 10^{10}$ Bq) oder der Strahlung von 1 g Radium.

Cut-off-Prozeß [kʌt'ɔf... ‖ engl. to cut off = abschneiden ‖ Syn.: Abschnürungsprozeß]: Entwicklung eines Höhentiefs durch Abschnürung eines Wellentals in der Höhenströmung. Ausgangslage ist eine lange Welle in der Höhenströmung, deren Strömungsanordnung instabil ist, so daß sich ihre Amplitude vergrößert. Wenn das Wellental sich weiter verstärkt, entsteht über die Phase eines Tiefdrucktrogs schließlich durch Abschnürung ein neues Höhentief, während sich nördlich davon die Höhenströmung wieder in zonaler Richtung herstellt. – Abb. S. 79.

Cut-off-Termin [kʌt'ɔf... ‖ engl. to cut off = abschneiden]: der Zeitpunkt, an dem der nahezu kontinuierliche Datenstrom aus dem weltweiten Wetterfernmeldesystem „abgeschnitten" wird, um das bis dahin eingegangene Datenmaterial einem bestimmten Verarbeitungsprogramm zuzuführen. Der C.-o.-T. wird üblicherweise als Zeitdifferenz zum letzten Hauptbeobachtungstermin angegeben. Diese Zeitdifferenz ist abhängig von der Leistungsfähigkeit des Wetterfernmeldesystems sowie vom Gebiet und der Art der weiteren Verarbeitung; sie beträgt z. B. für eine Eintragungskarte mit Bodenmeldungen für Mitteleuropa etwa 30 Minuten, für eine vollständige hemisphärische Analyse 3 Stunden.

D

Dalton-Gesetz ['dɔ:ltən... ‖ nach J. Dalton]: *physikalisches Gesetz,* das besagt, daß bei Gemischen von idealen Gasen der Gesamtdruck gleich der Summe der Teildrucke (Partialdrucke) der einzelnen Bestandteile ist. Der Teildruck eines Bestandteils ist der Druck, den der Bestandteil haben würde, wenn er allein bei gleicher Temperatur das gleiche Volumen einnehmen würde wie das Gemisch. Da die Atmosphäre im allg. als ideales Gas angesehen wird, gilt das D.-G. für die Zusammensetzung der Luft.

Dämmerung: die Übergangszeit zwischen Tag und Nacht **(Abend-D.)** bzw. zwischen Nacht und Tag **(Morgen-D.),** in der die Helligkeit mehr oder weniger schnell ab- bzw. zunimmt. Die D. entsteht durch diffuse Streuung und Reflexion der Sonnen- und Himmelstrahlung in höheren Luftschichten, wenn die Sonne für den Beobachter unter dem Horizont steht. Man unterscheidet die **bürgerliche D.,** wenn die Sonne nicht tiefer als etwa 6° unter dem Horizont steht, und die **astronomische D.,** wenn die Sonne 18° unter dem Horizont steht.
Die Dauer der D. nimmt mit der geographischen Breite zu. Meteorologische Faktoren (Bewölkung, Dunst, Niederschlag, Schneedecke) verlängern oder verkürzen die Dämmerungsdauer. – ↑auch Dämmerungserscheinungen.

Dämmerungsbogen: eine Dämmerungserscheinung; entsteht durch Streuung und Reflexion des Sonnenlichtes an verschieden hohen Unstetigkeits- bzw. Aerosolschichten außerhalb des Erdschattens. Der obere Rand des Erdschattens wird als **Hauptdämmerungsbogen** bezeichnet.

Dämmerungserscheinungen: die während der Dämmerung, besonders bei stärkerer atmosphärischer Trübung, auftretende Folge optischer (meist farbiger) Erscheinungen, deren Verlauf eng mit dem Sonnenstand zusammenhängt. Intensive und abnorme D. sind nach größeren Vulkanausbrüchen zu beobachten. Zu den D. gehören u. a. das Morgen- bzw. ↑Abendrot, der klare ↑Schein, der ↑Dämmerungsbogen, die ↑Gegendämmerung und das ↑Purpurlicht mit dem ↑Alpenglühen.

Dämmerungsregenbogen: svw. roter ↑Regenbogen.

Dampf: gasförmiger Aggregatzustand eines Stoffs, der mit der flüssigen oder festen Phase des gleichen Stoffs im thermodynamischen Gleichgewicht steht **(gesättigter D.)** oder nicht **(ungesättigter D.)**; im engeren Sinn der ↑Wasserdampf.

Dampfdruck: in Hektopascal (hPa) angegebener Partialdruck des Wasserdampfs in einem Wasserdampf-Luft-Gemisch (↑auch Dalton-Gesetz), d.h. der Druckanteil, den der Wasserdampf am gesamten Luftdruck ausmacht. Der D. ist ein Maß für den Feuchtigkeitsgehalt der Luft. Da ein Luftquantum bei einer gegebenen Temperatur nur eine ganz bestimmte Feuchtigkeitsmenge aufnehmen kann, hat der D. für jede Temperatur einen oberen Grenzwert, den Sättigungsdampfdruck (↑Sättigung). In gesättigter Luft sind D. und Sättigungs-D. gleich. Die funktionale Abhängigkeit zwischen D. und Sättigungs-D. findet ihren quantitativen Ausdruck in der ↑Magnus-Formel.

Der D. über einer ebenen Eisfläche ist bei gleicher Temperatur geringer als über einer ebenen Wasserfläche. Übersteigt über einer ebenen Eisfläche der D. den Sättigungs-D., so spricht man von **Übersättigung.** Die Differenz aus Sättigungs-D. und D. heißt **Sättigungsdefizit.** In der Meteorologie wird der D. indirekt mit Hilfe der Psychrometertafel aus der ↑psychrometrischen Differenz bestimmt.

Den D. kann man auch aus Messungen mit dem Absorptionshygrometer und dem Taupunkthygrometer erhalten (↑Dampfdruckmessung).

Dampfdruckerhöhung: Zunahme des Dampfdrucks aufgrund der Abnahme des Radius eines Wassertropfens. Strenggenommen gilt der Sättigungsdampfdruck nur über einer ebenen Wasser- oder Eisfläche. Innerhalb einer gekrümmten Oberfläche, wie bei einem Tropfen, ist aber die Bindung der Wassermoleküle schwächer als in einer ebenen Oberfläche und daher der Sättigungsdampfdruck über einer gekrümmten Oberfläche allg. größer.

Dampfdruckerniedrigung: die Herabsetzung des Partialdrucks eines Dampfs durch Substanzen, die sich in gelöster Form in der flüssigen Phase des verdampfenden Stoffs befinden. Der Dampfdruck der Lösung ist dabei kleiner als der des reinen Lösungsmittels. Nach dem von F. M. Raoult experimentell gefundenen und von J. H. van't Hoff thermodynamisch begründeten Raoult-Gesetz ist die D. einer verdünnten Lösung der Zahl der gelösten Mole proportional.

Eine Folge der D. ist die ihr proportionale Siedepunktserhöhung bzw. ↑Gefrierpunktserniedrigung.

Dampfdruckmessung: übergeordneter Begriff für die instrumentellen Methoden zur Bestimmung des Dampfdrucks. Die drei gebräuchlichsten *Instrumente* zur D., die im wesentlichen eine Feuchtemessung darstellt, sind das Psychrometer, das Absorptionshygrometer und das Taupunkthygrometer:

Beim *Psychrometer* läßt sich der Dampfdruck unter Benutzung der ↑psychrometrischen Differenz aus der ↑Psychrometerformel berechnen. In der Praxis wird der Dampfdruck zumeist mit der ↑Psychrometertafel bestimmt.

Die D. mit dem *Absorptionshygrometer* beruht auf dem ↑Dalton-Gesetz. Gemessen wird die Druckzunahme bis zur Erreichung des Sättigungsdampfdrucks. Setzt man Luftdruck und Temperatur während des Meßvorgangs als konstant voraus, so ergibt sich der Dampfdruck (Dampfspannung) als Differenz aus Sättigungsdampfdruck und gemessener Druckzunahme.

Die D. mit dem *Taupunkthygrometer* ist eigentlich eine Taupunktbestimmung. Der Dampfdruck läßt sich aber aus der ↑Magnus-Formel leicht berechnen. Ersetzt man nämlich in dieser Formel die Temperatur durch den Taupunkt, so geht der Sättigungsdampfdruck in den Dampfdruck über. Die Bestimmung des Dampfdrucks mit dem Taupunkthygrometer eignet sich besonders für unter dem Gefrierpunkt liegende Temperaturen, bei denen wegen der geringen Absolutwerte des Dampfdrucks die psychrometrischen Differenzen gering werden, die psychrometrische D. also versagt.

Dampfdruckthermometer [Syn.: Dampfspannungsthermometer]: Gasthermometer zur Temperaturbestimmung über die Dampfdruckmessung. Das Meßprinzip beruht auf der funktionalen Abhängigkeit des Sättigungsdampfdrucks von der Temperatur (↑ Magnus-Formel). Verwendet man Helium als Gasfüllung, so lassen sich mit dem D. sehr tiefe, in der Nähe des absoluten Nullpunkts liegende Temperaturwerte messen.

Dampfnebel: svw. Verdunstungsnebel (↑ Nebelklassifikation).

Dampfpunkt: Bez. für die Gleichgewichtstemperatur zwischen flüssigem Wasser und Wasserdampf beim Normaldruck von 1013,25 hPa. Der D. ist derjenige Fundamentalpunkt der Celsius-Skala, dem der Temperaturwert 100 °C zugeordnet wurde (↑ Siedepunkt). In der Kelvin-Skala liegt der D. bei der absoluten Temperatur von 373,15 K.

Dampfspannungsthermometer: svw. ↑ Dampfdruckthermometer.

Daten, die (Mehrz.) [ohne Einz. ‖ zu lat. datum = gegeben]: svw. ↑ meteorologische Daten.

Datenassimilation [Syn.: vierdimensionale Datenassimilation]: das Einbringen und Verschmelzen asynoptischer Daten in die Analyse bzw. deren Anpassung an diese Daten (↑ vierdimensionale Analyse).

Datenbank: der automatischen Datenverarbeitung zugängliches System von Dateien und Programmen zu deren Verwaltung, Erweiterung und Nutzung.

In der *Meteorologie* unterscheidet man nach dem Ordnungsprinzip der Daten synoptische D.en und klimatologische D.en. In einer **synoptischen D.** sind die Daten jeweils eines Beobachtungstermins, in einer **klimatologischen D.** die in sich zeitlich geordneten Daten einer Beobachtungsstation als Einheit enthalten. Daneben gibt es D.en für spezielle Anwendungszwecke, z. B. agrarmeteorologische D.en oder D.en, in denen Forschungsergebnisse gespeichert werden.

Datenprüfung: die Bereinigung von Meß-, Beobachtungs-, Auswertungs-, Erfassungs-, Übertragungsfehlern usw. in meteorologischen Daten. Für die D. wurde eine Reihe von Verfahren entwickelt, deren Hauptinhalt Prüfkriterien sind. Letztere bestehen im allg. aus einer Anzahl von Abfragen hinsichtlich gegenseitiger Plausibilität (Verträglichkeit) und Widerspruchsfreiheit der Daten untereinander. Entscheidungskriterien für die Verträglichkeit sind zumeist statistisch ermittelte Toleranzgrenzen (z. B. Extremwerte), die von den zu prüfenden Einzeldaten nicht unter- bzw. überschritten werden dürfen.

Die am häufigsten angewendeten Verfahren der D. sind die Prüfung auf innere, zeitliche und räumliche ↑ Konsistenz. Die D. wird überwiegend maschinell (Durchlaufen eines EDV-Prüfprogramms) vorgenommen. Eine manuelle Vorkontrolle bezieht sich lediglich auf die Überprüfung der Vollständigkeit (Kennziffer, Stationsdaten u. a.) der Eintragungen.

Dauerfrost:

◇ ständiges Auftreten von Temperaturen unter dem Gefrierpunkt. – ↑ auch Dauerfrostboden.

◇ Bez. für Temperaturverhältnisse, bei denen die Lufttemperatur nicht nur nachts unter den Gefrierpunkt **(Nachtfrost)** sinkt, sondern auch tagsüber darunter bleibt (↑ Eistag). D. stellt sich im Winter nach Kälteeinbrüchen häufig in den Mittelgebirgslagen ein, er kann aber in strengen Wintermonaten auch in den Niederungen 3 bis 4 Wochen anhalten.

Dauerfrostboden [Syn.: ewige Gefrornis, Permafrost]: ständig tiefgründig gefrorener, nur in der warmen Jahreszeit oberflächlich auftauender Boden, hpts. in den Polar- und Tundrengebieten.

Dauerregen: langanhaltender Regen; häufig definiert als ununterbrochene Regenfälle von mindestens sechs Stunden Dauer mit einer stündlichen Intensität von mindestens 0,5 mm Regenhöhe. D. entstehen u. a. im Stau von Gebirgen, im Bereich einer ↑Schleifzone und bei ↑Fünf-b-Tiefs.

Davoser Frigorimeter: svw. ↑Frigorimeter.

Davoser Talwind: paßübergreifender Talwind im Davoser Tal.

Dayglow, das ['dɛɪgloʊ ‖ engl. = Tagglühen]: die tagsüber erfolgende Eigenstrahlung der hohen Atmosphäre (↑Airglow); sie ist intensiver als beim Nightglow (↑Nachthimmelslicht), kann jedoch wegen der stark zerstreuten Sonnenstrahlung nicht beobachtet werden.

DCP, das [de:tse:'pe: ‖ Abk. für engl. **d**ata **c**ollection **p**latform = Datensammlungsvorrichtung]: elektronisches Gerät, das die automatische Datensammlung ermöglicht. Für meteorologische Zwekke können DCPs auf schwer zugänglichen Positionen (z. B. auf Schiffen, Bojen, Plattformen, Bohrinseln, Bergen) eingesetzt werden. Sie strahlen die von angeschlossenen Sensoren ermittelten Meßwerte auf Abruf oder zu festen Zeiten an ein (meist) in einen meteorologischen Satelliten eingebautes Übertragungsgerät ab, das sie dann an eine Bodenzentrale weitergibt.

Deformationsfeld [lat. deformatio = Verformung]: Luftdruckfeld, das von je zwei Hochdruckgebieten und zwei Tiefdruckgebieten, die einander kreuzweise gegenüber liegen, gebildet wird. In einem D. existiert eine **Schrumpfungsachse,** aus deren Richtung von beiden Seiten Luftteilchen zuströmen, und eine **Dehnungsachse,** in deren Richtung die Luftteilchen einbiegen und parallel abströmen. Der Schnittpunkt zwischen Schrumpfungsachse und Dehnungsachse ist der **Sattelpunkt** oder **neutrale Punkt.** Ein Luftkörper, der in den Bereich einer Dehnungsachse gerät, erleidet eine Dehnung **(Dilatation).**
Ist einem D. ein Temperaturfeld überlagert, so wird dieses, je nach Richtung der Isothermen im Anfangszustand, in bestimmter Weise deformiert. Verlaufen die Isothermen etwa parallel oder in einem Winkel von < 45° zur Dehnungsachse, so werden sie durch die Strömung zusammengedrängt, der Temperaturgradient wird verstärkt, und es kann zu einer ↑Frontogenese kommen. Verlaufen die Isothermen dagegen parallel oder in einem Winkel von < 45° zur Schrumpfungsachse, so werden sie auseinandergeführt, die Temperaturgegensätze werden verringert, und es kann zu einer ↑Frontolyse kommen. Im ersten Fall ist der Sattelpunkt des D.es ein **frontogenetischer Punkt,** im zweiten Fall ein **frontolytischer Punkt.**

Deformationsthermometer [lat. deformatio = Verformung]: Sammelbez. für alle Thermometer, deren Meßprinzip auf der elastischen Verformung (Deformation) eines Körpers beruht; am bekanntesten: ↑Bimetallthermometer und ↑Bourdon-Thermometer.

Dehnungsachse ↑Deformationsfeld.

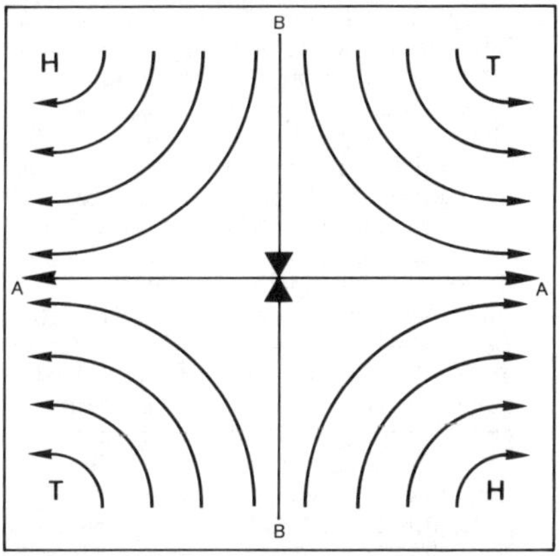

Deformationsfeld (A–A Dehnungsachse, B–B Schrumpfungsachse)

Delta, das [nach der Form des griech. Großbuchstabens Delta: Δ]: der Teil einer Frontalzone im Sinne R. Scherhags, in dem jenseits des hyperbolischen Punktes im Starkwindfeld die Stromlinien deltaförmig divergieren. Das D. einer Frontalzone spielt in der ↑Divergenzregel eine besondere Rolle.

Dendrochronologie, die [griech. déndron = Baum]: svw. ↑Jahresringchronologie.

Dendroklimatologie, die [griech. déndron = Baum]: Wissenschaft, die sich mit dem Klima vergangener Zeiträume befaßt, und zwar mit Hilfe der ↑Jahresringchronologie.

Deposition, die [lat. depositio = das Ablegen]: die Ablagerung ↑atmosphärischer Spurenstoffe am Boden, im Wasser, an Pflanzen und an Gebäuden. Man spricht von **trockener D.**, wenn die Spurenstoffe an Stäube gebunden oder direkt an Oberflächen abgelagert werden, und von **nasser D.**, wenn die Spurenstoffe sich im Wasserdampf der Luft lösen und mit dem Niederschlag ausgewaschen werden. Die nasse D. von Schwefel- und Stickstoffoxiden wird auch als ↑saurer Niederschlag bezeichnet.

Depression, die: ↑Tiefdruckgebiet.

Desertifikation, die [zu lat. desertus = verlassen, leer und lat. facere (in Zusammensetzungen: -ficere) = machen, bewirken]: die Ausweitung der Wüsten oder die Schaffung wüstenähnlicher Bedingungen, weniger als Folge natürlicher Klimaveränderungen als vielmehr durch Eingriffe des Menschen in das Ökosystem der Wüstenrandgebiete.
Der sich selbst verstärkende Prozeß der D. wirkt sich hpts. in den klimatisch bedingten Trockengebieten der Erde und ihren Randzonen aus. Das bekannteste Beispiel ist die Ausdehnung der Sahara gegen den Sahel. Der weltweit zu beobachtende Vorgang könnte zu großräumigen Veränderungen in der atmosphärischen Zirkulation bzw. des globalen Klimas führen, wenn entsprechende Gegenmaßnahmen des Menschen erfolglos blieben.

Destillationsluzimeter: svw. ↑Luzimeter.

Detektor, der [engl., von lat. detector = Offenbarer]: svw. ↑Meßfühler.

deterministisch [zu lat. determinare = abgrenzen]: nennt man Modelle und Vorhersagen, die davon ausgehen, daß eine bestimmte Ausgangslage nur eine eindeutige Folgeentwicklung haben kann, daß also das Kausalitätsprinzip voll gültig ist. Fehlerhafte Vorhersagen sind dann nicht Folge einer Unbestimmtheit des Systems, sondern die Folge der unvollständigen Erfassung der Ausgangslage oder der Entwicklungsprozesse. Alle üblichen numerischen Modelle sind deterministisch. Das Gegenstück sind Wahrscheinlichkeitsaussagen durch statistische Vorhersagen.

Deutsche Meteorologische Gesellschaft e.V. [Abk.: DMG]: Fachorganisation der dt. Meteorologen zur Pflege und Förderung der Meteorologie als reiner und angewandter Wissenschaft sowie zur Verbreitung meteorologischen Wissens. Sitz ist Frankfurt am Main; zur Zeit rund 1 200 Mitglieder; 1883 in Hamburg gegründet. Die nach 1945 wiedergegründeten regionalen meteorologischen Gesellschaften in der BR Deutschland schlossen sich 1964 zum **Verband Deutscher Meteorologischer Gesellschaften** (VDMG) zusammen, der sich 1974 ebenso wie die alte DMG auflöste. Deren Tradition setzte als Rechtsnachfolgerin die am 27. März 1974 in Bad Homburg gegründete DMG fort (unabhängig davon die **Meteorologische Gesellschaft der DDR;** gegründet 1957 in Berlin [Ost]).
Die DMG gliedert sich in die Zweigvereine Berlin, Frankfurt am Main, Hamburg, München und Rheinland, die regionale Aufgaben in eigener Zuständigkeit wahrnehmen. Sie führt alle drei Jahre Deutsche Meteorologentagungen und zu besonderen Anlässen wiss. Symposien durch. Sie ehrt Persönlichkeiten, die sich als Wissenschaftler hervorragende Verdienste in der Meteorologie bzw. physikalischen Ozeanographie erworben haben, durch Verleihung der Alfred-Wegener-Medaille bzw. der Albert-Defant-Medaille sowie jüngere Wissenschaftler durch den Förderpreis.

Deutscher Wetterdienst [Abk.: DWD]: seit 1952 bestehende, dem Bundesminister für Verkehr unterstellte Anstalt der BR Deutschland. Der DWD hat u.a. die Aufgabe, die meteorologischen Erfordernisse, insbes. auf den Gebieten des Verkehrs, der Land- und Forstwirtschaft, der gewerblichen Wirtschaft, des Bauwesens und des Gesundheitswesens, zu erfüllen, die meteorologische Sicherung der Seefahrt und der Luftfahrt zu gewährleisten, die Atmosphäre auf radioaktive Beimengungen und deren Ver-

frachtung zu überwachen, durch Forschungsarbeiten die Erkenntnisse auf dem Gebiet der Meteorologie zu fördern, an der internat. Zusammenarbeit auf dem Gebiet der Meteorologie teilzunehmen und die sich daraus ergebenden Verpflichtungen auf dem Gebiet des Wetterdienstes und des Wetternachrichtendienstes zu erfüllen.
Die zentralen Aufgaben werden vom **Zentralamt des Deutschen Wetterdienstes** (Sitz in Offenbach am Main) mit den Abteilungen „allgemeine Fachangelegenheiten“ (mit Wetterdienstbibliothek), „synoptische Meteorologie“, „Klimatologie“, „Forschung“, „Agrarmeteorologie“, „Fernmeldedienst“, „Verwaltung“ sowie von Dienststellen mit überregionalen Aufgaben (z. B. Instrumentenämter, Observatorien) wahrgenommen, die regionalen Aufgaben vom Seewetteramt in Hamburg und den Wetterämtern Berlin, Bremen, Essen, Frankfurt am Main, Freiburg im Breisgau, Hannover, München, Nürnberg, Schleswig, Stuttgart, Trier sowie den nachgeordneten meteorologischen Stationen. Hierzu unterhält der DWD einen Wetterbeobachtungs- und -meldedienst, Vorhersagedienste (synoptischer Dienst, Wirtschafts-, Flug-, Seewetterdienst), Klimadienste, einen medizinmeteorologischen und einen agrarmeteorologischen Dienst.
Der DWD beschäftigt im gesamten Bundesgebiet rund 2 200 Bedienstete, darunter rund 300 Meteorologen. Die Arbeitsergebnisse werden entsprechend der Gebührenordnung der Allgemeinheit zugänglich gemacht durch Wettervorhersagen, Warnungen, Berichte, Auskünfte, Gutachten, Publikationen (Wetterkarte, Europäischer Wetterbericht, Monatlicher Witterungsbericht, Dt. Meteorologisches Jahrbuch, Berichte des DWD). – ↑auch Reichswetterdienst.

Deutsche Seewarte: aus der ↑Norddeutschen Seewarte hervorgegangenes, aufgrund des Seewartengesetzes vom 9. Januar 1875 in Hamburg gegründetes Reichsinstitut. Umfaßte vier Abteilungen mit den Sachgebieten maritime Meteorologie, theoretische Nautik, ausübende Witterungskunde (Ausgabe von Wettervorhersagen und Sturmwarnungen an der Küste), Prüfung von Chronometern, Schiffslaternen, Kompassen.
Die D. S. publizierte die erste Wetterkarte in Deutschland (ab 16. Februar 1876 als täglicher „Wetterbericht der Deutschen Seewarte“ mit allen in- und ausländischen Wettermeldungen), die Zeitschrift „Annalen der Hydrographie und maritimen Meteorologie“ sowie die Reihe „Aus dem Archiv der Deutschen Seewarte“.
Die D. S. wurde 1934 in den Reichswetterdienst eingegliedert. Nach 1945 wurden die nautischen und hydrographischen Aufgaben vom Deutschen Hydrographischen Institut, die meteorologischen Tätigkeitsbereiche vom Meteorologischen Amt für Nordwestdeutschland übernommen, das 1952 in den Deutschen Wetterdienst überführt und in das Seewetteramt umgewandelt wurde.

Deutsches Meteorologisches Jahrbuch ↑meteorologisches Jahrbuch.

diabatische Prozesse [zu griech. diábasis = Übergang ‖ Syn.: nichtadiabatische Prozesse]: solche Prozesse in der Atmosphäre, bei denen (im Gegensatz zu ↑adiabatischen Prozessen) einem Luftteilchen von außen Wärme zugeführt oder entzogen wird. Typische d. Pr. sind Erwärmungen oder Abkühlungen durch Strahlung und Wärmeübergänge zwischen Boden und Luft.

Diagenese, die [griech. diá = durch und griech. génesis = Entstehung]: die Verfestigung von Schnee über Firn bis zum Gletschereis. Wechselnde Witterungsbedingungen (Tauen, Wiedergefrieren) tragen neben Sonnenstrahlung, Temperatur und Wind hierzu bei.

Diagnose, die [von griech. diágnōsis = unterscheidende Beurteilung ‖ Abl.: diagnostisch]: die Erarbeitung einer möglichst eingehenden Kenntnis des dreidimensionalen Bildes einer Wetterlage. Dazu dienen nicht nur die üblichen Analysen von Wetterkarten, sondern auch Darstellungen abgeleiteter Größen, zonale oder meridionale Vertikalschnitte und die Auswertung moderner Beobachtungsmittel wie Radarbilder oder Satellitenaufnahmen.

diagnostische Beziehungen [zu ↑Diagnose]: solche Beziehungen, die verschiedene meteorologische Parameter zu einem festen Zeitpunkt aufgrund physikalischer Gesetzmäßigkeiten miteinander verknüpfen. Sie können einerseits dazu dienen, meteorologische Parameter z. B. einer Analyse oder auch nur eines aerologischen Aufstiegs im Hinblick auf ihre gegenseitige Abhängigkeit zu überprüfen und gegebenenfalls zu korrigieren; andererseits kann ein fehlender Parameter berechnet werden, wenn die übrigen bekannt sind.

Bekanntestes Beispiel ist die – aufgrund der ↑barometrischen Höhenformel gegebene – Beziehung zwischen Bodendruck, vertikaler Temperaturverteilung und Höhe der Hauptdruckflächen. Da letztere nicht direkt meßbar ist, wird sie meist aus Bodendruck und vertikaler Temperaturverteilung berechnet.

diagnostische Gleichungen [zu ↑Diagnose]: diejenigen Gleichungen des Gleichungssystems für die ↑numerische Wettervorhersage, die keine zeitlichen Änderungen (Differentialquotienten) enthalten. Mit ihnen kann man deshalb keinen Zeitschritt in die Zukunft berechnen. Dies ist nur mit den ↑prognostischen Gleichungen möglich.

Die d.n G. dienen dann dazu, aus den von den prognostischen Gleichungen für den nächsten Zeitschritt gelieferten Parametern die übrigen Parameter zu berechnen, die für die vollständige Vorhersage nötig sind.

Diamantschnee [Syn.: Diamantstaub]: im Sonnenschein glitzernde feinste Eisnadeln, die bei meist wolkenlosem bis heiterem Himmel, überwiegend bei strenger Kälte und Windstille, langsam zur Erde schweben. Weitere Bestandteile des D.s sind strukturlose Eiskörnchen und feine Schneekristalle in Stern- und Plättchenform.

D. bildet sich durch Sublimation bei sehr niedrigen Werten der Lufttemperatur, also gewöhnlich in höheren Schichten der Atmosphäre, nur in sehr kalter Polarluft im Bereich winterlicher Kaltlufttropfen auch in den unteren Schichten. Die Tatsache, daß Eissättigung bereits bei geringeren relativen Feuchten als Wassersättigung eintritt, begünstigt die Bildung von D. bei großer Kälte außerordentlich und kann sogar zu leichten Schneefällen **(Polarschnee)** führen, ohne daß eine kompakte Wolkenschicht zu erkennen ist.

Dichte: die in der Volumeneinheit eines Körpers oder Stoffs enthaltene Masse (der Quotient aus der Masse *m* und dem Volumen *V*): $\varrho = m/V$; SI-Einheit kg/m^3 oder g/cm^3. – ↑auch Luftdichte.

diesig [niederdt.]: nennt man eine durch Lufttrübung eingeschränkte Horizontalsicht. Der d.e Zustand kann physikalisch wie folgt erklärt werden: In reiner, nicht verschmutzter Luft vorhandene wasserlösliche Kondensationskerne leiten bereits bei erheblich unter 100% liegenden Werten der relativen Feuchte langsam den Kondensationsprozeß ein. Letzterer kommt zwar zuerst nur langsam in Gang, weil die von den noch winzigen Kernen angeregte Dampfdruckerhöhung der Anlagerung von Wasserdampfmolekülen entgegenwirkt, jedoch wachsen die optisch noch unwirksamen Kondensationsprodukte bald zu Größenordnungen von 10^{-5} bis 10^{-4} cm heran, was genügt, die Atmosphäre als d. zu empfinden.

Differenzenapproximation: die Annäherung der räumlichen und zeitlichen Differentialquotienten durch endliche Differenzenquotienten, eine Voraussetzung für die Durchführung numerischer Rechnungen. Dabei entstehen ↑Verstümmelungsfehler. Besondere Probleme ergeben sich dadurch, daß Differenzenquotienten aus zwei benachbarten Gitterpunkten der Intervallmitte zuzuordnen sind. Zentrierte Werte für einen Gitterpunkt liefert die Differenzenbildung über zwei Maschenweiten; der Verstümmelungsfehler wird dadurch aber vergrößert. Einen Ausweg bietet die Verwendung des ↑Eliassen-Gitters.

Differenzenverfahren: Verfahren zur Prüfung der Homogenität von Beobachtungsreihen der Lufttemperatur und zur Reduktion kurzer Beobachtungsreihen (z. B. 10 Jahre) auf eine ↑Normalperiode.

Dem D. liegt die von W. Köppen gefundene „Quasikonstanz der Differenzen“

zugrunde: Die Temperaturdifferenzen benachbarter geographisch und klimatologisch ähnlich liegender Klimastationen verlaufen weitgehend parallel und schwanken viel weniger als die Temperaturwerte selbst. Bildet man nun für jeden Einzelmonat Differenzen der monatlichen Mitteltemperatur zwischen einer zu reduzierenden Station und einer geeigneten, als Vergleichsstation dienenden Nachbarstation, so liefert der arithmetische Mittelwert dieser Differenzen unmittelbar ein Korrektionsglied zur Reduktion der kurzen Reihe auf die Normalperiode bzw. auf einen anderen entsprechend langen Beobachtungszeitraum.

Diffluenz, die [aus lat. diffluentia = das Zerfließen]: das Auffächern von Stromlinien. Die Bez. wird in der Meteorologie v. a. dann benutzt, wenn nur die äußere Form des Stromlinienbildes beschrieben werden soll, ohne daß eine Aussage über die Existenz einer physikalischen Divergenz (mit Massenverlust) gemacht werden soll.

Diffraktion, die: svw. ↑Beugung.

diffus [lat. diffusus = ausgebreitet]: unregelmäßig zerstreut, nicht scharf begrenzt, ohne bevorzugte Ausbreitungsrichtung der Strahlung.

diffuse Himmelsstrahlung: svw. ↑Himmelsstrahlung.

Diffusion, die [aus lat. diffusio = Ausbreitung]: die gegenseitige Vermischung einander berührender Gase oder Flüssigkeiten als Folge der Wärmebewegung der einzelnen Moleküle ohne äußere Einflüsse. In der Atmosphäre spielt die molekulare D. im allg. nur eine untergeordnete Rolle, da sie gegenüber der turbulenten Durchmischung nur sehr klein ist.

Die Bez. D. wird häufig auch bei der Behandlung und Berechnung der Ausbreitung von Luftbeimengungen (↑Ausbreitungsrechnung) gebraucht; hier handelt es sich jedoch überwiegend um ↑turbulente Diffusion.

Diffusionsgleichung: Gleichung, die den Vorgang des ausschließlich durch Eigenbewegung der Moleküle verursachten Austauschs von Eigenschaften, der ↑Diffusion, beschreibt. Die Diffusion ist dem Gefälle der austauschbaren Eigenschaften proportional. Der Proportionalitätsfaktor ist der **Diffusionskoeffizient.** Dieser ist um mehrere Zehnerpotenzen kleiner als der ↑turbulente Diffusionskoeffizient.

Diffusionskoeffizient ↑Diffusionsgleichung.

Dilatation, die [zu lat. dilatare = ausdehnen, erweitern]: die horizontale Dehnung oder Streckung eines Luftkörpers, wie diese in einem ↑Deformationsfeld in Richtung der Dehnungsachse erfolgt.

Dimmerföhn: schweizerische Bez. für einen starken Südföhn, der mit einem ↑Schirokko verbunden ist, wobei die auf der Leeseite der Alpen absteigende Luft durch gelblichrötlichen Wüstenstaub getrübt ist. Der ausfallende Staub kann gelegentlich noch in Mitteleuropa beobachtet werden.

Diplommeteorologe: akademischer Grad (↑Meteorologe).

direkte Sonnenstrahlung: der Anteil der Sonnenstrahlung, der unbeeinflußt bis zum Erdboden gelangt. Die Intensität der d.n S. wird auf eine zur Einfallsrichtung senkrecht stehende Einheitsfläche bezogen.

Für die Erwärmung der Erdoberfläche ist der Strahlungsfluß zum Erdboden maßgebend. Nach dem Lambert-Kosinusgesetz ist die Strahlungsflußdichte durch eine horizontale Einheitsfläche um den Faktor $\cos\alpha$ kleiner (α = Winkel zwischen der einfallenden d.n S. und der Horizontalen).

Discomfort, der [dɪsˈkʌmfət ‖ engl. = Unbehagen]: subjektives Empfinden, das sich einstellt, wenn der Bereich der ↑Behaglichkeit verlassen wird, und zwar als **Kalt-D.** oder **Warm-D.**; das Empfinden kann durch die ↑Thermoregulation des Menschen, durch entsprechende Bekleidung oder Aktivität geändert werden. Die Bewertung erfolgt mit Hilfe sog. **Discomfort-Indizes.**

Discomfort-Index, der [dɪsˈkʌmfət...]: Repräsentationsgröße (↑Klimasummenmaß) für Behaglichkeits- oder Schwüleempfinden; Grundlage ist die ↑effektive Temperatur.

Diskontinuität, die [zu lat. dis- = entzwei; fort; un- und lat. continuus = zusammenhängend]: die sprunghafte Änderung einer Größe (eines meteorologischen Elements oder einer abgeleiteten Größe) zu einer bestimmten Zeit, an einer Linie oder an einer Fläche. Echte D.en, an denen der Wert eines Elements ohne Übergang einen plötzlichen Sprung macht, kommen in der Atmosphäre nicht vor, vielmehr treten immer Übergangsschichten auf, wie z. B. an einer ↑ Frontfläche.

Oft wird unterschieden zwischen einer **D. nullter Ordnung,** an der ein Element einen Sprung aufweist, und einer **D. erster Ordnung,** an der der Gradient eines Elements sich sprunghaft ändert.

Dispersion, die [aus lat. dispersio = Zerstreuung]: in der *Wellentheorie* die Abhängigkeit der Ausbreitungsgeschwindigkeit einer Wellenbewegung von der Wellenlänge. In der *Meteorologie* tritt eine D. bei der ↑ numerischen Wettervorhersage auf. Hier wirken sich ↑ Verstümmelungsfehler durch eine Verminderung der Verlagerungsgeschwindigkeit um so mehr aus, je kürzer die Wellen sind, während die Verlagerung längerer Wellen nur wenig beeinflußt wird.

Dissipation, die [zu lat. dissipare = zerstreuen, verschwenden ‖ Syn.: Energiedissipation]: eigentlich die Zerstreuung, d. h. die Vernichtung von Energie, in Wirklichkeit aber die Umwandlung von Bewegungsenergie in Wärme.

In der *Atmosphäre* findet eine D. dadurch statt, daß die kleinsten Wirbelelemente der ↑ atmosphärischen Turbulenz immer weiter zerfallen und die Bewegungsenergie der Wirbel schließlich in die ungeordnete Bewegung der Moleküle übergeht, wodurch diese in innere Energie der Luft, d. h. in Wärme, umgewandelt wird. Die D. wird hpts. durch Reibung verursacht und ist deshalb in der ↑ atmosphärischen Grenzschicht am größten; sie kann aber auch in höheren Schichten im Bereich starker Scherungen am Rande von Strahlströmen größere Werte erreichen.

Dissipationssphäre: svw. ↑ Exosphäre.

Divergenz, die [zu mlat. divergere = auseinanderstreben ‖ Syn.: Strömungsdivergenz]: das Auseinanderströmen des Windes. Die Bez. wird in der Meteorologie einerseits anschaulich zur Beschreibung von horizontalen Strömungsbildern benutzt (z. B. ↑ Divergenzlinie), andererseits wird sie im Sinne der Vektoranalysis verstanden, wobei die D. die Differenz zwischen der aus einem Volumenelement herausströmenden und der in das Element hineinströmenden Masse angibt. Die zeitliche Änderung der D. wird durch die ↑ Divergenzgleichung gegeben.

divergenzfreies Niveau [ni'vo:]: in der mittleren Troposphäre etwa in der Höhe der 500-hPa-Fläche gelegenes Niveau, in dem die Divergenz gleich null ist. Da im Normalfall über einer Divergenz in den unteren Schichten eine Konvergenz in den oberen Schichten liegt

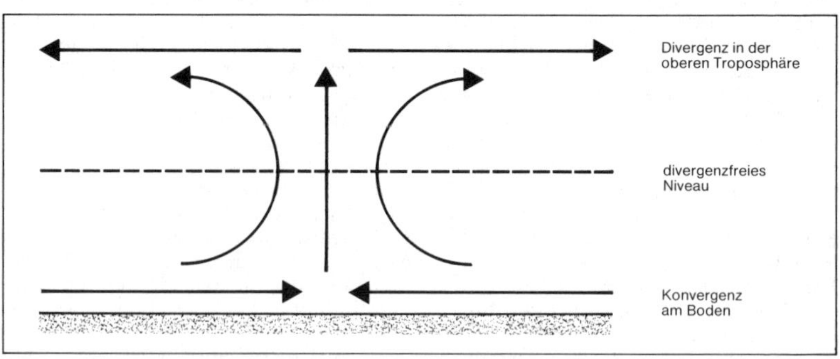

Divergenzfreies Niveau (Schema)

und umgekehrt, muß dazwischen zwangsläufig ein d. N. vorhanden sein; es ist zugleich ein Niveau maximaler Vertikalgeschwindigkeit.

Divergenzgleichung: Gleichung, die die zeitliche Änderung der ↑Divergenz in einer horizontalen Strömung in Abhängigkeit von verschiedenen Parametern des Luftdruck- und Strömungsfeldes angibt. Setzt man in der D. die Divergenz gleich null, so ergibt sich die ↑Balancegleichung.

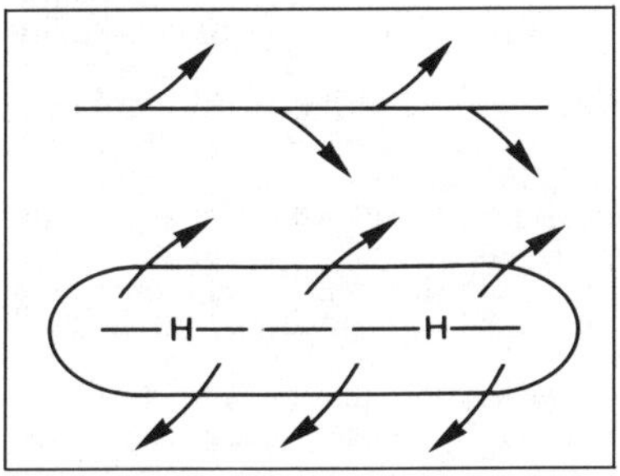

Divergenzlinien (Beispiele)

Divergenzlinie: singuläre Linie in einem *Stromfeld,* von der aus die Stromlinien mindestens nach einer Seite auseinanderführen. D.n treten besonders deutlich in *Stromlinienkarten* auf, wie sie für die Gebiete der tropischen Breiten üblicherweise gezeichnet werden, da dort die Benutzung von Isobarenkarten wegen zu geringer Luftdruckgegensätze nicht sinnvoll ist. Außerdem findet man D.n in *Bodenwetterkarten* längs der Kammlinie eines Hochdruckrückens als Folge der Bodenreibung; sie werden im allg. nicht besonders gekennzeichnet.

Divergenzregel [Syn.: Divergenztheorie, Scherhag-Divergenzregel]: die von R. Scherhag entwickelte Zyklonentheorie, nach der Druckfall und damit Zyklogenese bzw. Zyklonenverstärkung am Boden unter dem in der Höhenströmung vorhandenen ↑Delta einer Frontalzone auftreten. Als physikalische Ursache des Druckfalls wird der ↑Ryd-Scherhag-Effekt angesehen.

DMG, die [de:ɛmˈge:]: Abk. für ↑**D**eutsche **M**eteorologische **G**esellschaft e. V.

Doldrums, die (Mehrz.) [engl.]: Seemannsausdruck für: Windstillen (↑Kalmen).

Donner: krachendes und rollendes Geräusch als Folge einer Blitzentladung. Die plötzliche und starke Erhitzung der Luft durch den hohen Stromfluß im Blitzkanal (in wenigen Mikrosekunden bis auf 30 000 K) führt zu einer explosionsartigen Ausdehnung mit plötzlichem und starkem Druckanstieg, der eine Schockwelle aussendet, die sich in unmittelbarer Nähe des Blitzeinschlags als scharfer Knall **(Donnerschlag)** bemerkbar macht, in weiterer Entfernung vom Einschlagort dagegen als gewöhnliche Schallwelle.
Aufgrund unterschiedlicher Laufzeiten der Schallwellen von einzelnen Punkten des Blitzkanals und durch Reflexionen an Wolken, Inversionen und an der Erdoberfläche entsteht das **Donnerrollen.**
Da die Schallgeschwindigkeit unter normalen Verhältnissen etwa 340 m/s beträgt, läßt sich aus dem Zeitintervall zwischen Aufleuchten des Blitzes und Einsetzen des D.s die Entfernung der Blitzentladung abschätzen (bei einem Zeitintervall von 3 s etwa 1 km).

Doppelanschnitt: Verfahren der Höhenwindmessung, bei dem eine direkte Höhenbestimmung des Pilotballons erfolgt. Der Ballon wird dabei gleichzeitig von zwei Theodoliten angepeilt, die an den Enden einer genau vermessenen Basisstrecke stehen. Voraussetzung für eine akzeptable Genauigkeit des Verfahrens ist eine exakte gleichzeitige Winkelbestimmung.

Doppler-Effekt [nach Ch. Doppler]: bei *Wellenvorgängen* beobachtbare Erscheinung; sie tritt auf, wenn Beobachter und Wellenerzeuger (z. B. elektromagnetische oder Schallquelle) gegeneinander bewegt sind. Der D.-E. äußert sich in einer Frequenzverringerung bei Vergrößerung des Abstandes zwischen Beobachter und Quelle bzw. in einer Erhöhung der Frequenz bei Abstandsverkleinerung. Die Wirkung des D.-E.s macht man sich u. a. in der Meteorologie (↑Wetterradar) zunutze.

Dosenbarometer: svw. ↑Aneroidbarometer.

Dosimeter, das [griech. dósis = Gabe und ↑-meter]: Meßgerät zur Bestimmung der Strahlendosis ionisierender Strahlung. Das Funktionsprinzip der D. beruht auf meßbaren Wechselwirkungen der Strahlung mit Materie.
Im einzelnen unterscheidet man im wesentlichen folgende *Methoden* der Dosismessung: strahleninduzierte chemische Reaktionen in Lösungen oder festen Substanzen, Schwärzung photographischer Emulsionen, Ausnutzung des strahleninduzierten Photolumineszenzvermögens von anorganischen Stoffen (Photolumineszenz) und Benutzung des strahleninduzierten Thermolumineszenzvermögens von Kristallen.
Nach der Strahlenschutzverordnung der BR Deutschland müssen alle Personen, die beruflich ionisierender Strahlung ausgesetzt sind, ein D. am Körper tragen.

Drachenaufstieg: Messungen des Luftdrucks, der Temperatur und Feuchte durch einen ↑Meteorographen, der von einem Drachen in die Atmosphäre (bis etwa 5 km Höhe) getragen wird. Die Windrichtung ergibt sich aus der Richtung des Drachendrahtes.
Früheste Versuche im 18. Jahrhundert, u.a. durch B. Franklin zum Nachweis der Luftelektrizität. D.e in Deutschland am Aeronautischen Observatorium Lindenberg und auf dem Bodensee bei Friedrichshafen (ab 1908). – ↑auch aerologischer Aufstieg.

Drehen des Windes ↑Winddrehung.

Drehimpuls: svw. ↑Impulsmoment.

Drehungsschicht: andere Bez. für ↑Ekman-Schicht.

Dreimasseneck: synoptische Situation, bei der im hyperbolischen Punkt einer ↑Frontalzone drei unterschiedlich temperierte Luftmassen gegeneinanderstoßen. Die Wetterlage zeigt anfangs zwei benachbarte Frontenzüge, durch die die drei Luftmassen noch getrennt werden. Bei entsprechender Luftdruckverteilung kommt es dann mit Annäherung der nördlichen Kaltfront an den südlichen, meist quasistationären Frontenzug zu einer raschen und kräftigen ↑Zyklogenese, in deren Verlauf die beiden Fronten miteinander verschmelzen. Aus solchen D.lagen entstehen häufig plötzliche winterliche Sturmtiefs im Raum Neufundland–Grönland–Island.

Dreiphasenpunkt: svw. ↑Tripelpunkt.

Drift, die [niederdt., zum Stamm von dt. treiben ‖ Schreibvariante: Trift]:
◇ eine der ungeordneten Luftbewegung (Turbulenz) überlagerte, im Mittel gleichgerichtete *Windströmung,* die durch ein vorherrschendes Luftdruckgefälle und unter dem Einfluß von Coriolis-Kraft, Zentrifugal- und Reibungskraft zustande kommt (z. B. ↑Westwinddrift).
◇ durch einen regelmäßigen Wind (z. B. den Passat) erzeugte *Oberflächenströmung des Meeres.*

Dropsonde, die [engl.]: svw. ↑Abwurfsonde.

Drosograph, der [griech. drósos = Tau und ↑-graph]: svw. ↑Tauschreiber.

Drosometer, das [griech. drósos = Tau und ↑-meter]: svw. ↑Taumesser.

Druck: Quotient aus der senkrecht auf eine Fläche wirkenden (gleichmäßig verteilten) Kraft **(Druckkraft)** und der Größe dieser Fläche; SI-Einheit: Pascal; gesetzliche Einheiten sind daneben Bar sowie alle Quotienten, die aus einer gesetzlichen Krafteinheit und Flächeneinheit gebildet werden; in der Meteorologie Hektopascal (↑Pascal) bzw. Millibar, früher auch ↑Millimeter Quecksilbersäule. – ↑auch Luftdruck.

Druckänderung ↑Luftdruckänderung.

Druckänderungskarte: Karte der 3stündigen Luftdruckänderungen **(Tendenzkarte)** bzw. Karte der 24stündigen Luftdruckänderungen. D.n lassen flächenmäßig die Änderungen des Luftdrucks während eines bestimmten Zeitraums vor dem letzten Beobachtungstermin erkennen und ergänzen so das aus den Boden- und Höhenwetterkarten gewonnene Bild vom Zustand und Aufbau der Atmosphäre. Sie erleichtern die Extrapolation der Vorgänge für die Wettervorhersage. Die Tendenzkarte enthält die zu den synoptischen Hauptterminen gemeldeten 3stündigen Luftdruckände-

rungen (Luftdruckfall in Rot, -anstieg in Blau). Bei der Auswertung werden Punkte gleicher Änderung durch Linien, die Isallobaren, miteinander verbunden. Die Lage der Fall- und Steiggebiete gibt Hinweise auf die Verlagerung von Fronten und Druckgebilden.
Die Karte der 24stündigen Luftdruckänderungen wird im allg. durch graphische Subtraktion gewonnen. Sie enthält Isallobaren im Abstand von 5 hPa. Die Verlagerung der Fall- und Steiggebiete in den letzten 24 Stunden wird durch einen Pfeil gekennzeichnet. Die Karte gibt Hinweise auf die Verlagerung und Entwicklung von Druckgebilden und hat insbes. Bedeutung für die Konstruktion von Vorhersagekarten.

Druckdose: svw. ↑Vidie-Dose.

Druckfeld: gebietsmäßige Verteilung des Luftdrucks, dargestellt in der synoptischen Wetterkarte. – ↑auch Druckverteilung.

Druckfläche: isobare Fläche; eine Fläche, auf der in allen Punkten der gleiche Luftdruck herrscht. D.n sind im allg. zur Erdoberfläche leicht geneigt; die Schnittlinien mit dem Meeresniveau sind die Isobaren. D.n haben in Tiefdruckgebieten die Form von Einsenkungen, in Hochdruckgebieten die Form von Aufwölbungen. Die vertikale Verbindungslinie der tiefsten bzw. höchsten Punkte der übereinanderliegenden D.n steht nicht senkrecht, sondern ist in irgendeiner Richtung geneigt **(Tiefdruckachse).** Die Höhenlage einer bestimmten D. wird durch Isohypsen (Isopotentialen) dargestellt. Im praktischen Wetterdienst werden Höhenkarten der **Hauptdruckflächen (Standarddruckflächen)** 850, 700, 500, 300, 200 und 100 hPa, die absoluten ↑Topographien, gezeichnet.

Druckgebilde: die Formen der Luftdruckverteilung in Isobarendarstellung. Neben dem ↑Hochdruckgebiet gibt es den ↑Hochdruckkeil und die ↑Hochdruckbrücke. Neben dem ↑Tiefdruckgebiet kommen der ↑Tiefausläufer, das ↑Randtief und die ↑Tiefdruckrinne vor. Der **Sattel (Sattelpunkt)** bezeichnet als Sonderform das Gebiet zwischen je zwei schachbrettartig angeordneten Tief- und Hochdruckgebieten. Im allg. sind die einzelnen D. mit typischen Wettererscheinungen verbunden.

Druckgradient ↑Luftdruckgradient.

Drucknase: svw. ↑Gewitternase.

Druckschwankungen: svw. ↑Luftdruckschwankungen.

Drucktendenz: svw. ↑Luftdrucktendenz.

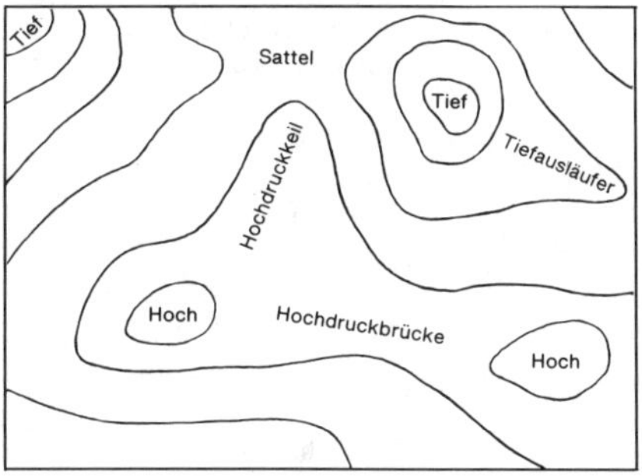

Druckgebilde

Drucktendenzgleichung [Syn.: Tendenzgleichung]: Gleichung, die angibt, wie sich der Luftdruck an einer bestimmten Bezugsfläche in der Atmosphäre in Abhängigkeit vom augenblicklichen Wind- und Dichte- bzw. Temperaturfeld ändert. Die Luftdruckänderungen werden von Vorgängen bestimmt, die sich in der über der Bezugsfläche befindlichen, unendlich hohen Luftsäule abspielen.
Im einzelnen gibt die D. drei Ursachen an, die die Luftdruckänderung bedingen: 1. die Summe der horizontalen Divergenzen oder Konvergenzen in der Luftsäule oberhalb der Bezugsfläche; 2. die horizontale Dichteadvektion in der Luftsäule (gekennzeichnet durch die Advektion wärmerer oder kälterer Luft); 3. den vertikalen Transport von Luft durch die Bezugsfläche. Da am Boden die Vertikalbewegung verschwindet, entfällt hier der letzte Anteil, und die Luftdruckänderung ist hier nur von dem über dem Ort vor sich gehenden Massenzufluß oder -abfluß und der Temperaturadvektion abhängig.

Drucktrichter: Bez. für die durch die Rotation eines Wirbelsturms in seinem

Kern auf engem Raum trichterförmig angeordneten Druckflächen. Als D. wird auch der von einem Barographen beim Durchzug des Wirbelsturms registrierte Luftdruckverlauf bezeichnet. Der ungewöhnlich kräftige Druckfall (bei Tornados 50 bis 100 hPa, bei Orkantiefs in Mitteleuropa bis 40 hPa) innerhalb weniger Minuten bzw. Stunden und der nachfolgende rasche, etwa gleich große Druckanstieg geben dem Barogramm ein trichterförmiges Aussehen.

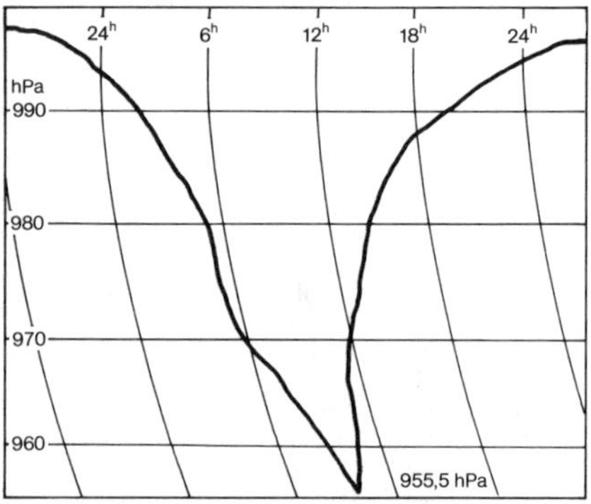

Drucktrichter. Luftdruckkurve von Hamburg am 13. November 1972 beim Durchzug eines Orkantiefs

Druckverteilung [Syn.: Luftdruckverteilung]: die horizontale Verteilung des Luftdrucks in einer Wetterkarte. Zur Darstellung des Luftdrucks im Meeresniveau werden die auf NN reduzierten Luftdruckwerte in die Bodenwetterkarte eingetragen und Orte mit gleichem Luftdruck durch Linien, die Isobaren, verbunden, die im allg. im Abstand von 5 zu 5 hPa gezeichnet werden. Die D. läßt dann die Lage der Hoch- und Tiefdruckgebiete erkennen. Die D. in der Höhe wird durch absolute ↑Topographien dargestellt.

Druckwellen: svw. ↑Luftdruckwellen.

D-Schicht: die unterste, in einer Höhe zwischen 60 und 85 km liegende Schicht der Ionosphäre. Sie existiert nur tagsüber und löst sich nachts rasch auf. Die Elektronenkonzentration ist in ihr (mit Beträgen von 10^2 bis 10^4 Elektronen/cm^3) relativ und absolut am geringsten im Vergleich zu den anderen Schichten der Ionosphäre. Kurzzeitige, durch Sonneneruptionen verursachte Erhöhungen der Elektronenkonzentration in der D-Sch. führen zu Dämpfungen oder gar völliger Auslöschung von Kurzwellen; andererseits können dann Langwellen reflektiert werden.

Dunst: sichtmindernde, durch feine Wassertröpfchen (mit einem Durchmesser von weniger als $5 \cdot 10^{-5}$ cm) und Verunreinigungen (feiner Sand, Staub, Rauch, Industrieabgase) hervorgerufene Trübung der Atmosphäre im horizontalen Sichtweitenbereich von 1 bis 8 km (bei einer Sichtweite unter 1 km spricht man von Nebel).
D. äußert sich optisch als milchigweißer bis schmutziggelber Schleier, durch den hindurch Sichtziele in der Ferne diffus erscheinen. Er entsteht durch Kondensation oder Sublimation des Wasserdampfs an in der Luft befindlichen Teilchen, die als Kondensations- bzw. Sublimationskerne wirken. Die durch diese Vorgänge sich ausbildenden feinen Wassertröpfchen bewirken eine Lichtstreuung, die zur Verschlechterung der Sichtverhältnisse führt.
D. entsteht häufig bei windschwachen Wetterlagen (↑austauscharmes Wetter) und beim Vorhandensein einer Inversion. In Großstädten und industriellen Ballungsgebieten führt die durch Rauch und Industrieabgase erhöhte Anzahl der Kondensationskerne häufig zur Ausbildung einer ↑Dunstglocke.
Je nach der relativen Luftfeuchte unterscheidet man zwischen ↑trockenem Dunst und ↑feuchtem Dunst.

Dunstglocke [Syn.: Dunstfahne, Dunsthaube, Dunstkalotte, Dunstzunge]: die durch Emissionen aus Industrie, Hausbrand und Verkehr verursachte und optisch erkennbare Anreicherung von ↑Aerosolen in der ↑städtischen Grenzschicht; führt im Extremfall zu ↑Smog.

Dünung: durch den Wind erzeugte, weit schwingende Wellenbewegung der Meeresoberfläche, die auch nach Aufhören des Windes noch lange (oft Tage) andauert. Die D. und die ↑Windsee machen den Seegang aus. Bei Windstille spricht man von **toter Dünung.**

Durchmischung: die vertikale Umwälzung von Luft durch auf- und absteigende Bewegungen. Die D. erfolgt ungeordnet durch Turbulenz und Konvektion, geordnet durch dynamisches Auf- und Abgleiten an Fronten, beim Überströmen von Gebirgen und durch Absinken in Hochdruckgebieten. Sie bewirkt einen Wärmeaustausch zwischen Erdoberfläche und Atmosphäre sowie einen vertikalen Ausgleich bestimmter Luftmasseneigenschaften.

Die D. erfaßt bei labiler Schichtung die gesamte Troposphäre durch starke Aufwinde in Cumulonimben und korrespondierende Abwinde. Stabile Schichtung hemmt die Durchmischung.

Dürre: außergewöhnliche Trockenheit, hervorgerufen durch großen Niederschlagsmangel bei gleichzeitig hohen Temperaturen und damit hoher Verdunstung; führt, über einen längeren Zeitraum anhaltend **(D.periode)** und/oder verstärkt durch trockene Winde, zu erheblichen D.schäden bei Pflanzen.

Düseneffekt: die Zunahme der Windgeschwindigkeit infolge Kanalisierung der Strömung und Einengung des Strömungsquerschnittes (aus Kontinuitätsgründen strömt die Luft schneller, wenn sie eine enge Stelle passieren muß). D.e zeigen sich bei abfließender Kaltluft in relativ engen Tälern mit einem breiten Einzugsgebiet, aber auch in Straßenzügen und an eng beieinanderstehenden Bauwerken. – ↑auch Eckeneffekt.

Dust-devil, der ['dʌstdɛvl ‖ engl. = Windhose, Staubsturm]: ein Staubwirbel (↑Trombe).

Dust-veil-Index, der ['dʌstvɛil... ‖ engl. dust = Staub und engl. veil = Schleier ‖ Syn.: Staubschleierindex]: von H. H. Lamb 1972 eingeführte Maßzahl zur allg. Vergleichbarkeit vulkanischer Staubausbrüche und zur Abschätzung ihrer Effekte in der Erdatmosphäre, besonders im Zusammenhang mit Klimaschwankungen. In den D.-v.-I. gehen die maximale Minderung der Sonnenstrahlung (in %), die größte Ausbreitung und die Verweildauer des Staubschleiers (gemessen zwischen Ausbruch und letztem Datum feststellbarer Strahlungsminderung) ein, wobei der Index = 1 000 für den Krakatauausbruch (im Jahre 1883) gesetzt wird.

DWD, der [de:we:'de:]: Abk. für ↑Deutscher Wetterdienst.

D-Wert: die Differenz zwischen der wirklichen Höhe eines Punktes auf einer Druckfläche und der fiktiven, nach der ↑Standardatmosphäre errechneten Höhe; wird im Flugzeug bestimmt durch Vergleich des Radiohöhenmessers (wirkliche Höhe) mit dem Aneroidhöhenmesser (auf Bodendruck 1 013,2 hPa eingestellt).

Der D-W. wird bei der Drucksystem-Navigation von Langstreckenflugzeugen zur Bestimmung der Abdrift von ihrer Flugrichtung verwendet.

Dyn, das [Kurzbildung aus griech. dýnamis = Kraft ‖ Einheitenzeichen: dyn]: nichtgesetzliche Einheit der Kraft; 1 dyn ist diejenige Kraft, die der Masse 1 g die Beschleunigung 1 cm/s^2 erteilt: 1 dyn = 1 g cm/s^2.

Bis zum 31. Dezember 1977 war D. in der BR Deutschland gesetzlich zugelassen; danach wurde das Dyn durch die gesetzliche Einheit ↑Newton ersetzt (1 N = 10^5 dyn = 1 kg m/s^2).

Dynamik, die [zu griech. dýnamis = Kraft ‖ Abl.: dynamisch]: der Teil der *theoretischen Meteorologie,* der die Bewegungsvorgänge in der Atmosphäre als Folge der auf die Luftteilchen wirkenden Kräfte beschreibt **(D. der Atmosphäre).** In den Bereich der D. gehören in erster Linie die hydrodynamischen Bewegungsgleichungen, ferner u. a. die Behandlung von Turbulenz- und Austauschproblemen, von Reibungsvorgängen, von Zirkulationsentstehung und -änderung und von Energieumwandlungen. Gelegentlich wird zwischen **kleinräumiger D.,** bei der die Erdrotation nicht ins Gewicht fällt, und **großräumiger D.,** bei der diese berücksichtigt werden muß, unterschieden.

dynamisch [zu ↑Dynamik]: die Dynamik betreffend.

dynamische Abkühlung: die adiabatische Abkühlung eines Luftteilchens, das unter niedrigeren Luftdruck gerät, meist verursacht durch Hebung bei konvergenten Bodenströmungen (z. B. an der Vorderseite oder im Zentralbereich eines Tiefdruckgebietes) oder beim Aufsteigen an einem Berg- oder Gebirgshang. Eine d. A. kann – in geringerem Maße – auch durch stärkeren Luftdruckfall ohne Vertikalbewegung hervorgerufen werden.

dynamische Erwärmung: die adiabatische Erwärmung eines Luftteilchens, das unter höheren Luftdruck gerät; kommt v. a. im Bereich von Hochdruckgebieten vor, wenn eine divergente Strömung in den unteren Schichten zu einem Absinken in höheren Schichten führt. D. E. ist mit einem Rückgang der relativen Feuchte und gegebenenfalls mit Wolkenauflösung verbunden.

dynamische Klimatologie: die Lehre von den Auswirkungen der allg. Zirkulation der Atmosphäre auf das Klima; verbindet die dynamischen Vorgänge mit den entsprechenden Wetterlagen und den dazugehörenden meteorologischen Erscheinungen (Fronten, Zugbahnen von Hoch- und Tiefdruckgebieten usw.) durch Typisierungen (z. B. ↑Großwetterlagenklassifikation).

dynamische Konvektion: svw. ↑dynamische Turbulenz.

dynamische Labilität: svw. ↑hydrodynamische Labilität.

dynamische Luftdruckänderung ↑Luftdruckänderung.

dynamische Meteorologie: ältere Bez. für ↑theoretische Meteorologie.

dynamischer Druck: svw. ↑Staudruck.

dynamisches Hochdruckgebiet [Syn.: warmes Hochdruckgebiet]: Bez. für ein warmes, bis in große Höhen reichendes ↑Hochdruckgebiet, das durch dynamische Vorgänge, einen Massenzufluß in der oberen Troposphäre mit Druckanstieg am Boden, verursacht wird.

dynamisches Meter: svw. ↑geodynamisches Meter.

dynamische Turbulenz [Syn.: dynamische Konvektion, mechanische Turbulenz]: der Anteil der ↑atmosphärischen Turbulenz, der durch Reibung an der Erdoberfläche und durch Scherung entsteht. Die Größenordnung der Turbulenzelemente erstreckt sich vom cm-Bereich, in dem die d. T. hpts. von der Scherung ausgelöst wird, bis in den Bereich von einigen 10 Metern, in dem die Unebenheiten der Erdoberfläche die Hauptursache darstellen.

Die Intensität der d.n T. ist v. a. von der Windgeschwindigkeit, im Falle der Scherung vom Geschwindigkeitsgefälle, sowie von Größe und Beschaffenheit der Hindernisse an der Erdoberfläche abhängig.

dynamische Viskosität: das Verhältnis von Schubspannung zu Geschwindigkeitsgefälle; hat die Bedeutung eines Fließwiderstandes und beschreibt charakteristische Eigenschaften fließfähiger Stoffsysteme; *SI-Einheit:* Pascalsekunde (Pa · s), *ältere,* bis 1977 zugelassene *Einheit:* Poise (P); P ist nach dem Gesetz über die Einheiten im Meßwesen besonderer Name für die Dezipascalsekunde (dPa · s). 1 Pa · s ist gleich der d.n V. eines laminar strömenden homogenen Fluids (Flüssigkeit, Gas oder Dampf), in dem zwischen zwei ebenen, parallel im Abstand von 1 m angeordneten Schichten mit dem Geschwindigkeitsunterschied 1 m/s die Schubspannung 1 Pa herrscht. Es gilt:

$$1\,\mathrm{Pa \cdot s} = 1\,\mathrm{N \cdot s/m^2} = 1\,\mathrm{kg/(m \cdot s)};$$
$$1\,\mathrm{P} = 1\,\mathrm{dPa \cdot s} = 1\,\mathrm{g/(cm \cdot s)}.$$

E

E [von Engl. east = Osten]: Abk. für ↑Ostlage.

Easterly waves, die (Mehrz.) ['i:stəlı 'wεıvz ‖ engl. = östliche Wellen]: in der tropischen Ostströmung auf der Äquatorseite der subtropischen Hochdruckgürtel von O nach W wandernde Wellenstörungen. Bei ihrem Durchzug folgt auf die divergente, oft mit wolkenlosem Wetter verbundene Strömung der Vorderseite eine konvergente Strömung (↑innertropische Konvergenz) auf der Rückseite, die zur allg. Hebung und Labilisierung der feuchtwarmen Luft und damit zur Bildung hochreichender Cumulus- oder Cumulonimbuswolken (↑auch Cloud-cluster) bzw. zu Schauer- und Gewitterniederschlägen führt. Diese Wellenstörungen können auslösende Ursache ↑tropischer Wirbelstürme sein.

Easton-Periode ['i:stn...]: ein von C. Easton aufgrund sog. „Charakterzahlen" 1928 gefundener Zeitraum der Wiederkehr strenger Winter in Europa mit einer mittleren Periodenlänge von 89 Jahren. Da dieser Zeitabschnitt genau 8 Sonnenfleckenzyklen von je 11,1 Jahren Dauer enthält, sind in erster Linie physikalische Vorgänge auf der Sonne für die Erklärung dieser Klimaschwankungen verantwortlich.

Die E.-P. ist bis in das 13. Jahrhundert zurückzuverfolgen. So überwogen kalte Winter z. B. um 1580, 1670, 1760 und 1850. Die Serie kalter bis strenger Winter in den 40er Jahren unseres Jahrhunderts ist ebenfalls hier einzuordnen.

Auch bei den Gletscherhöchstständen und sogar bei den großen Sturmfluten an der dt. und niederl. Nordseeküste lassen sich Zusammenhänge mit der E.-P. vermuten.

Eckeneffekt: die Zunahme der Windgeschwindigkeit an Ecken, Vorsprüngen des Reliefs und sonstigen Hindernissen infolge Zusammendrängung der Stromlinien. Durch den E. entstehen außerdem kleinräumige Luftwirbel, die insbes. bei labiler Schichtung der Luft eine stärkere vertikale Durchmischung bewirken. – ↑auch Düseneffekt.

ECMWF, das [e:tse:ɛmwe:'ɛf]: Abk. für: **E**uropean **C**entre for **M**edium Range **W**eather **F**orecasts (↑Europäisches Zentrum für mittelfristige Wettervorhersage).

effektive Ausstrahlung ↑Ausstrahlung.

effektive Klimaklassifikation: typisierende Einteilung der Klimate nach charakteristischen Werten meßbarer Klimaelemente (v. a. Temperatur und Niederschlag) sowie deren Auswirkungen auf Boden, Pflanzenwelt, Abfluß, Anbau, menschliches Befinden usw. Grundlage der Typisierung bildet die Kombination von Mittel-, Andauer-, Grenz- und Schwellenwerten einzelner Elemente. Bei weltweiten Bearbeitungen bereitet die Datenbasis in manchen Teilen allerdings wegen der unvollständigen Erfassung von Klimawerten Schwierigkeiten. – ↑auch genetische Klimaklassifikation.

effektive Quellhöhe: das horizontale Ausbreitungsniveau von Abgas- oder Kühlturmfahnen; ergibt sich aus der Schornsteinhöhe plus der ↑Schornsteinüberhöhung.

effektive Temperatur: Kenngröße für subjektives Wärmeempfinden, der unterschiedliche Kombinationen bestimmter Werte von Lufttemperatur und -feuchte entsprechen. E. T.en sind empirisch gewonnene Grenzwerte für verschiedene Behaglichkeitsstufen.

Eichenklima: feuchtwinterkaltes Klima, das zum borealen Klima (Schnee-Wald-Klima) gehört; charakterisiert durch starke Gegensätze der Jahreszeiten; mittlere Temperatur des wärmsten Monats 18 bis 21 °C, des kältesten Monats −4 bis −20 °C; bis zu 5 Monate mit mittleren Temperaturen von mehr als 10 °C; große mittlere Tagesschwankung der Temperatur; mittlere Jahresschwankung der Temperatur 25 bis 30 K; auf der Nordhalbkugel sehr verbreitet.

eigenbürtige Witterung: svw. ↑autochthone Witterung.

Eigenschwingung: die Schwingung der Atmosphäre, die diese nach einem einmaligen Anstoß von außen ausführen würde. Eine regelmäßige Anregung in der Frequenz der Eigenschwingung (der Eigenfrequenz) würde aufgrund der Resonanz maximale Amplituden der Schwingung zur Folge haben.

Das Problem der E. hat bei der Erklärung der halbtägigen Luftdruckwelle eine besondere Rolle gespielt. Die Amplitude dieser solaren Gezeitenwelle ist in der Atmosphäre etwa 100fach so groß, wie sie nach Berechnungen sein dürfte. Als Ursache wurde lange Zeit eine E. in dieser Frequenz angesehen, obwohl theoretische Berechnungen auf eine Schwingungsdauer von 10,5 Stunden und nur in der oberen Stratosphäre auf eine solche von 12 Stunden führten. Neuerdings wird diese Resonanzhypothese bezweifelt und die Verstärkung der halbtägigen Luftdruckwelle auf den halbtägigen Anteil der täglichen Temperaturschwankung zurückgeführt.

Einbruchsfront: rasch fortschreitende Kaltfront, hinter der meist unter markanten Wettererscheinungen (Schauer, Gewitter, Sturmböen, Temperatursturz) hochreichende Kaltluft einbricht und die vorher wetterbestimmende Warmluft verdrängt.

Eindringtiefe: Kurzbez. für ↑ Frosteindringtiefe.

Einflußkreis: der Kreis um einen Gitterpunkt, der die Stationen umschließt, die bei der ↑ Korrektionsmethode der ↑ numerischen Analyse für den betreffenden Gitterpunkt berücksichtigt werden. Der Radius des E.es beeinflußt die Glättung der resultierenden Felder; er wird am Boden, wo man viele Einzelheiten analysieren kann, am kleinsten angesetzt und in größeren Höhen (etwa bei der Analyse der 100-hPa- oder der 50-hPa-Fläche) am größten, da dort die Felder nur sehr glatte und großzügige Strukturen aufweisen.

Einschichtenmodell: ↑ numerisches Modell, das nur eine Horizontalschicht enthält; im allg. svw. ↑ barotropes Modell.

Einstrahlung [Syn.: Insolation]: die der Erde und ihrer Atmosphäre von der Sonne zugeführte Strahlung. – Gegensatz: ↑ Ausstrahlung.

Eintragungskarte: Boden- oder Höhenwetterkarte mit manuell oder maschinell nach einem bestimmten Schema (↑ Stationsmodell) eingetragenen Wettermeldungen zahlreicher Wetterstationen; wichtigste Arbeitsunterlage für die Wetteranalyse.

Eintragungsschema: die einheitliche Anordnung der Wetterelemente einer Wettermeldung als Zahlenwerte oder Wettersymbole um den in der ↑ Eintragungskarte vorgedruckten oder programmierten Stationskreis. – ↑ auch Stationsmodell.

Einzugsgebiet:

◇ in der *Meteorologie* Bez. für konvergierende Höhenstromlinien (Isohypsen der absoluten Topographie), die in eine Frontalzone einmünden.

◇ in der *Hydrogeographie* Bez. für das von einem Fluß ober- und unterirdisch entwässerte, durch Wasserscheiden begrenzte Gebiet.

Eis: Wasser in festem Aggregatzustand, kristallin in Form hexagonaler ↑ Eiskristalle erstarrt (gefroren). Der Gefrierpunkt liegt beim Normdruck (= 1013,25 hPa) bei 0 °C (↑ Eispunkt). Die Dichte des E.es beträgt bei Normalbedingungen 0,91674 gcm^{-3}, die Schmelzwärme bei einer Umwandlungstemperatur von 0 °C 333,7 kJK^{-1}; dieselbe Wärmemenge wird beim umgekehrten Phasenübergang – bei der Kristallisation von Wasser – wieder frei (Gefrierwärme).

Reines Eis ist farblos; in größeren Massen erscheint es bläulich, bei Trübung grünlich. Die Wärmeleitfähigkeit ist gering (0,022 $Wcm^{-1}K^{-1}$).

An der Erdoberfläche entsteht E. durch Gefrieren des Wassers von Flüssen, Seen und Meeren, durch Gefrieren von Bodenfeuchtigkeit und durch Anhäufung von festem Niederschlag, besonders von Schnee, der über das Stadium des Firns zu Gletschereis wird. Innerhalb des Bodens entsteht das Bodeneis.

Eisansatz: in der Regel aus ↑ Klareis, ↑ Rauheis oder ↑ Rauhreif bestehende Ablagerungen an Gegenständen oder an der Erdoberfläche. Die Bedingungen für E. sind im allg. Festfrieren unterkühlter Regentröpfchen bei Berührung mit der Erdoberfläche oder mit Gegenständen bei mäßigem Frost, Festfrieren von Regen an Gegenständen nach strengem Frost und Ablagerungen aus dichtem Nebel auf der unterkühlten Erdoberfläche.

Der E. stellt eine große Gefahr für die Luftfahrt (↑ Vereisung) und den Schiffsverkehr (↑ Black frost, ↑ Eissturm) dar. Insbes. in den Wintermonaten verursacht der zumeist in Form von Nebelfrostablagerungen in Erscheinung tretende E. hohe volkswirtschaftliche Schäden an Funktürmen, Antennen und Freileitungen (↑ Eislast).

Eisbedeckung: die Bedeckung von Teilen der Erdoberfläche mit Meer- und Gletschereis. Das Gletschereis bedeckt etwa 11% der gesamten Festlandsfläche (= 29% der Erdoberfläche), von den Meeren (= 71% der Erdoberfläche) sind 7,5% fast ständig mit Meereis und 17,5% mit Packeis und Eisbergen bedeckt. Nimmt man die Dauerfrostböden hinzu, so befinden sich 25% der gesamten Erdoberfläche in eisförmigem oder gefrorenem Zustand.
Änderungen der globalen E. stehen wegen der Wechselwirkungsprozesse zwischen Ozean und Atmosphäre in engem Zusammenhang mit langfristigen Klimaveränderungen.

Eisberg: im Meer schwimmende größere Eismasse, die durch Abbrechen („Kalben") von einer bis ans Meer vorgeschobenen Gletscherstirn oder von einem Eisschelf (sog. **Tafel-E.**) entsteht. Nur etwa $^1/_9$ der Masse eines E.es befindet sich über Wasser.
E.e sind in Größe und Form sehr unterschiedlich. In der Antarktis können sie eine Größe von weit über 100 km^2 erreichen; ihre Wände fallen 30 bis 40 m senkrecht ab. E.e treiben mit den Meeresströmungen und den Winden weit in den offenen Ozean hinaus (im Nordatlantik bis 40° n. Br., im Südatlantik bis 38° s. Br.). Da sie eine große Gefahr für die Schiffahrt bilden, existieren für die Hauptschiffahrtswege **Eiswarndienste** (in der BR Deutschland beim Hydrographischen Institut in Hamburg).

Eisdecke: mehr oder weniger geschlossene Schicht von Meer-, See- oder Flußeis, deren Bildung und Dickenwachstum in erster Linie von der Andauer einer Lufttemperatur unter 0 °C, aber auch von der atmosphärischen Zirkulation, von den physikalisch-chemischen Eigenschaften des Wassers und seinen Strömungsverhältnissen abhängt.

Eisglätte: Glätte, die dadurch entsteht, daß auf dem Erdboden (Fahrbahnen, Gehwege) vorhandenes Wasser gefriert. Es kann sich dabei um gefrorenes Schmelzwasser einer Schnee- oder Eisdecke, um gefrorene Regenwasserpfützen, um am Boden austretendes gefrierendes Sickerwasser u.a. handeln. E. setzt im Gegensatz zum ↑Glatteis keinen unmittelbaren Niederschlag voraus und ist bei Frostwetter meist örtlich begrenzt. Verbreitete E. stellt sich ein, wenn nach einem Kälteeinbruch mit Regen beim nächtlichen Aufklaren die Temperatur am nassen Erdboden den Gefrierpunkt unterschreitet. Man spricht dann auch von **gefrierender Nässe.**

Eisgrenze: die Grenze zwischen dem Meereis und dem offenen Meer.

Eishagel: Bez. für eine Hagelart; die Körner bestehen aus abwechselnd klaren und weißlichen Eisschichten, wobei letztere eine poröse Struktur aufweisen.

Eisheilige: *volkstümliche* Bez. für bestimmte Tage im Mai, an denen Kaltlufteinbrüche in manchen Gegenden Frostschäden verursachen, da sie mit einer sehr frostempfindlichen Vegetationsperiode zusammenfallen. In *Norddeutschland* gelten Mamertus, Pankratius, Servatius, deren Namenstage auf den 11. bis 13. Mai fallen, als E., in *Süddeutschland* Pankratius, Servatius und Bonifatius (12.–14. Mai). Die Zeitdifferenz des Eintretens erklärt sich aus dem Weg der aus N nach S vordringenden Kaltluft. Als weiterer Lostag wird die **Kalte Sophie** (15. Mai) in Zusammenhang mit Nachtfrost gebracht.
Untersuchungen haben keine deutliche Kalendergebundenheit der Kälterückfälle gezeigt. Sie entstehen bei Nordlagen, die im Mai ihre größte Häufigkeit haben und Polarluft nach Mitteleuropa führen, wobei infolge nächtlicher Ausstrahlung Nachtfrostgefahr besteht, die zum Juni hin abnimmt.

Eiskeime: svw. ↑Sublimationskerne.

Eiskerne: svw. ↑Gefrierkerne.

Eisklima: Klima, bei dem die monatlichen Mitteltemperaturen unter dem Gefrierpunkt liegen; umfaßt als extreme Stufe die Kältewüste und als Übergangsstufe das Tundrenklima.

Eiskörner: eine Graupelform; bis 4 mm im Durchmesser große, harte und halbdurchsichtige bis durchsichtige, aus gefrorenen Regentropfen bestehende Eiskügelchen. E. fallen bei Temperaturwerten um den oder unter dem Gefrierpunkt, oft im Wechsel mit gefrierendem Sprühregen, jedoch nie als Schauer.

Eiskristalle: kristalline Formen gefrorenen Wassers, die bei Temperaturen unter dem Gefrierpunkt entstehen. Bildung und Wachstum von E.n in der Atmosphäre stellen wichtige Faktoren bei der Entstehung von Niederschlag dar (Schnee, Graupel, Griesel, Hagel). Sie entstehen entweder durch Gefrieren von Wolkentropfen unter Mitwirkung von Gefrierkernen oder (seltener) durch Sublimation von Wasserdampf an Sublimationskernen (d. h. überwiegend über die Wasserphase bei Wasserdampfübersättigung), bevorzugt bei Temperaturen um −10 °C und im Bereich von −30 bis −40 °C.

Die mannigfache Gestalt der atmosphärischen E. (hexagonale Plättchen, Säulchen mit sechseckigem Querschnitt, feine Nadeln) hängt von der Temperatur und in geringerem Maße vom Sättigungsgrad der Luft an Wasserdampf ab.

Eislast: das Gewicht des ↑Eisansatzes an Gegenständen bzw. Flächen und die dadurch verursachten Materialbeanspruchungen. Nach einer entsprechenden, auf Angaben des Deutschen Wetterdienstes beruhenden DIN-Norm ist E. die Lastannahme zur Erfassung von Eisansätzen, die sich in Abhängigkeit von besonderen meteorologischen Verhältnissen an gefährdeten Bauteilen (Funktürme, Antennenträger, Hochspannungsleitungen) ergeben.

Das Ausmaß der E. hängt von den durch Geländeform und Geländehöhe über Meeresniveau erheblich beeinflußten meteorologischen Verhältnissen ab. Wesentlich sind ferner die Exposition des Geländes zur Hauptrichtung des die Vereisung begünstigenden Windes und die Eigenschaften der Bauteile (Werkstoff, Oberflächenbeschaffenheit, Form). Einen erheblichen Anteil an den E.en haben Nebelfrostablagerungen, da sie nicht (wie der Schnee; ↑Schneelast) an vorwiegend horizontalen Flächen als Materialbeanspruchung in Erscheinung treten, sondern vertikal wirken. Die von Nebelfrostablagerungen verursachten E.en erhöhen außerdem durch Oberflächenvergrößerung die ↑Windlast. Bei Eisansatz ist die Windlast auf die vereisungsbedingt vergrößerte Fläche des Bauteils mit 75 % des Staudrucks zu ermitteln. Der Eisansatz an starren Bauteilen wächst wesentlich in Richtung gegen den Wind. Freileitungen sind besonders eislastgefährdet; an ihnen wurden schon E.en bis zu 30 kg/m festgestellt.

Eislawine ↑Lawine.

Eisnebel: Art des Nebels, die entsteht, wenn extrem kalte Luft über relativ warmes Wasser streicht. Der aufsteigende Dampf sublimiert dann unter Vorhandensein von Sublimationskernen sofort, wodurch die Luft mit Eiskristallen angefüllt wird, die klein genug sind, um sich in der Schwebe zu halten.

E. kann aus arktischem Seerauch entstehen, ist jedoch aufgrund der zur E.bildung erforderlichen extrem kalten Temperaturen nicht mit diesem zu verwechseln.

E. treten häufig in den norwegischen Fjorden und an den Küsten Alaskas auf.

Eispartikel [Syn.: Eisteilchen]: Sammelbez. für alle in der Atmosphäre befindlichen, an wolken- und niederschlagsbildenden Prozessen beteiligten bzw. die Sicht mindernden Erscheinungsformen des Eises (↑Eishagel, ↑Sublimationskerne, ↑Gefrierkerne, ↑Eiskörner, ↑Eiskristalle, ↑Eisnebel, ↑Eisregen).

Eispunkt [Syn.: Frostpunkt]: Bez. für die Gleichgewichtstemperatur zwischen Eis und luftgesättigtem Wasser beim Normaldruck von 1 013,25 hPa. Der E. ist derjenige der beiden Fundamentalpunkte der Celsius-Skala, dem der Temperaturwert 0 °C zugeordnet wird. In der Kelvin-Skala liegt der E. bei 273,15 K. – ↑auch Gefrieren.

Eisregen: überwiegend aus ↑Eiskörnern bestehender fallender Niederschlag. E. entsteht vorzugsweise, wenn Regentropfen aus einer warmen in eine kältere Luftschicht fallen und dabei gefrieren.

Die Bez. E. wird auch für unterkühlten Regen, der beim Auftreffen auf den Erdboden oder auf Gegenstände sofort zu Eis gefriert und häufig zur Bildung von Glatteis führt, verwendet.

Eissättigung: der maximale Wasserdampfgehalt der Luft (↑Sättigungsfeuchte) über Eis; er ist bei Temperaturen unter 0 °C geringer als über unterkühltem Wasser (bei −20 °C beträgt der Unterschied beispielsweise 0,2gm^{-3}).

Eissturm: zu ↑Eisansatz aufgrund von Eisregen oder Eisnebel führender Sturm. E. kann bei Schiffen zur völligen Vereisung der Schiffsaufbauten führen (↑Black frost). Besonders gefürchtet ist der E. an den Südküsten Grönlands und Islands, aber auch am Rande der Antarktis. Ein E. kann ebenso Flugzeugen zum Verhängnis werden, da er die Vereisung von Flugzeugteilen begünstigt und damit die aerodynamischen Eigenschaften verschlechtert.

Eistag: Tag mit einer Höchsttemperatur unter dem Gefrierpunkt. Definitionsgemäß ist die Anzahl der E.e in derjenigen der Frosttage enthalten, da bei beiden das Minimum der Lufttemperatur unter 0 °C liegt, d. h., jeder E. wird auch als Frosttag gezählt. Die mittlere Zahl der E.e dient zur Charakterisierung des Klimas.

Eiswolke: Wolke aus Eiskristallen (in Form sechseckiger Säulchen oder Plättchen). Reine E.n entstehen meist erst bei Temperaturen unter −35 °C, das entspricht Höhen oberhalb 6 000 bis 7 000 m, in winterlicher Polarluft über Mitteleuropa etwa ab 5 000 m. Die Anzahl der Wolkenelemente (teilweise nur 100 Eiskristalle pro Kubikmeter Wolkenluft) ist als Folge des geringen Wasserdampfgehaltes der Luft bei tiefen Temperaturen erheblich geringer als in Wasserwolken.

E.n zeigen meist faseriges, haarähnliches Aussehen mit unscharfen, stark diffusen, ausgefransten Rändern. Sie sind am Tage weiß und häufig (infolge Lichtspiegelung an den Eiskristallen) seidig glänzend. Die Lichtdurchlässigkeit ist groß, so daß Gegenstände am Erdboden immer noch Schatten werfen. Typisch für E.n sind farbenprächtige optische Erscheinungen (↑Haloerscheinungen), die durch Brechung und Spiegelung des Lichtes an den Eiskristallen entstehen. Reine E.n sind ↑Cirrus, ↑Cirrostratus, ↑Cirrocumulus sowie der obere Teil des ↑Cumulonimbus.

Eiszeit: [Syn.: Glazial]: durch großräumige Klimaveränderungen aufgrund riesiger Ausdehnungen der Vergletscherung, der Inlandeisbedeckung, der Eisschelfe und der Treibeiszonen charakterisierter Zeitraum der Erdgeschichte. E.en finden sich bereits in den älteren Epochen der Erdgeschichte, z. B. im Algonkium, zu Beginn des Kambriums und v. a. im Perm.

Die nachhaltigste Prägung erfuhr die Erdoberfläche durch die E.en des Pleistozäns (Diluvium); sein Anfang liegt 1,5–2 Mill., sein Ende etwa 10 000 Jahre zurück. Während der *pleistozänen Vereisung* waren in Nordeuropa, Nord- und Zentralasien, Kanada, Grönland, dem südlichen Südamerika und – in einem weit größeren Ausmaße als heute – auch in der Antarktis über 55 Mill. km^2 der Erdoberfläche von Eismassen bedeckt, mehr als das 3fache der heutigen Eisbedeckung (rund 15 Mill. km^2). Die Eismassen reichten, von N vorrückend, zeitweise bis an den Fuß der dt. Mittelgebirge und der Karpaten, in Osteuropa bis in die Dnjepr- und Donniederung. Die Alpen waren weitaus stärker vergletschert als heute, ebenso die asiatischen Hochgebirge, die südlichen Anden und die neuseeländischen Gebirge. In Nord- und Mitteleuropa sind drei große, nach Flüssen benannte Inlandeisvorstöße nachweisbar: Elster-, Saale- und Weichseleiszeit. Ihnen entsprechen im Alpengebiet die nach Nebenflüssen der oberen Donau benannten Günz-, Mindel-, Riß- und Würm-Eiszeit. In der Riß-E. erreichte die Vereisung ihre größte Ausdehnung.

Als Folge des allg. Temperaturrückgangs fand in der E. eine äquatorwärts gerichtete Verlagerung der Luftdruck- und Windgürtel und damit eine globale Verschiebung der Klimagürtel statt.

Sichtbare Zeugen der eiszeitlichen Gletschertätigkeit sind Moränen und Urstromtäler.

Als mögliche *Ursachen* der E.entstehung kommen gesetzmäßige säkulare Änderungen der Erdbahnelemente, Reduzierung der Sonneneinstrahlung (z. B. durch gesteigerten Vulkanismus, Veränderungen der Albedo und somit Änderungen der allgemeinen Zirkulation der Atmosphäre, Veränderungen im Son-

neninnern) oder zwischen Eisflächen und Temperaturverhältnissen wirkende, sich selbst verstärkende Prozesse in Betracht.
Die E.n wurden von wärmeren Zeiten, **Interglaziale** genannt, unterbrochen, von denen die **Interstadialzeiten,** wärmere Phasen innerhalb der einzelnen E.en, zu unterscheiden sind. – ↑auch kleine Eiszeit.

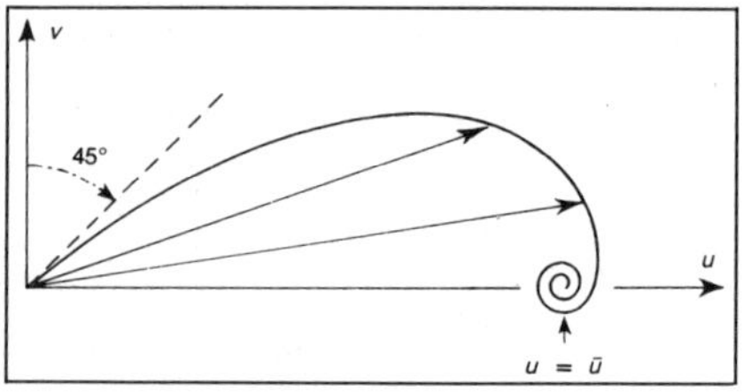

Ekman-Schicht. Ekman-Spirale über der Nordhalbkugel (v Windkomponente in Richtung des horizontalen Druckgefälles, u Windkomponente in Richtung des geostrophischen Windes, ū geostrophischer Wind an der Obergrenze der Ekman-Schicht)

Ekliptik, die [von lat. linea ecliptica, eigtl. = zur Eklipse gehörende Linie, Bahn (da in ihr Eklipsen auftraten)]: größter Kreis am Himmel, in dem die scheinbare Bewegung der Sonne vor sich geht, auch **Tierkreis** genannt (nach der längs ihr liegenden Sternbilder). Die E. schneidet im Frühlings- und Herbstpunkt den Himmelsäquator unter einem Winkel von etwa 23° 27′, der als **Schiefe der E.** bezeichnet wird.

Ekman-Schicht [Syn.: Drehungsschicht, Oberschicht]: der nach W. Ekman benannte Hauptteil der ↑atmosphärischen Grenzschicht, der in etwa 100 m Höhe an der Obergrenze der ↑Prandtl-Schicht beginnt und bis etwa 1 000 m Höhe, die Obergrenze der atmosphärischen Grenzschicht, reicht.
Die E.-Sch. ist gekennzeichnet durch Winddrehung nach rechts (auf der Nordhalbkugel) bis zur Richtung des geostrophischen Windes und – im Gegensatz zur Prandtl-Schicht – durch nur noch geringe Windzunahme. Trägt man von einem gemeinsamen Punkt aus die in den einzelnen Höhenstufen der E.-Sch. gemessenen Winde nach Richtung und Geschwindigkeit auf (wie bei einem ↑Hodogramm), so beschreibt die Spitze der Windpfeile eine Spirale, die **Ekman-Spirale.** Ekman hatte diese Spirale zunächst bei der Untersuchung von Driftströmen in Ozeanen gefunden. An der Untergrenze der E.-Sch. ist der Wind gegenüber der Richtung des horizontalen Druckgefälles genau um 45° abgelenkt.

Ekman-Spirale ↑Ekman-Schicht.

ektropischer Westwindgürtel: die außertropische Westwindzone (↑Westwinddrift).

Elbtalwind: kräftiger Fallwind aus SSO im Elbtal oberhalb von Dresden; entsteht durch die aus dem Böhmischen Becken durchs Elbtal und andere Durchlässe im Gebirge ausfließende Kaltluft; infolge Düsenwirkung meist böig auffrischend.

ELDO, die: Abk. für engl. **E**uropean **S**pace Vehicle **L**auncher **D**evelopment **O**rganization (↑ESA).

elektrische Leitfähigkeit: svw. ↑Leitfähigkeit.

Elektrolythygrometer: spezielles, der Feuchtemessung dienendes ↑Absorptionshygrometer; Meßprinzip: Nutzbarmachung der Änderung der elektrischen Leitfähigkeit eines zwischen zwei Elektroden in dünner Schicht angeordneten Elektrolyten (heute meist eine Lithiumchloridlösung) infolge Absorption von Wasserdampf. – ↑auch Lithiumchloridhygrometer.

Elektrometeore, die (Mehrz.): Sammelbez. für die sichtbaren oder hörbaren Folgeerscheinungen der Luftelektrizität. Zu den wichtigsten E.n zählen ↑Gewitter, ↑Blitz, ↑Donner, ↑Elmsfeuer und ↑Polarlicht.

Eliassen-Gitter [nach A. Eliassen]: Schema der Gitterbelegung in einem äquidistanten Gitternetz, bei dem bei der Lösung der Gleichungen der numerischen Wettervorhersage die verwendeten Gitterpunkte bei jedem Zeitschritt alternierend um eine halbe Maschenweite diagonal hin- und herspringen (weshalb auch die Bez. **Flipflopgitter** gebraucht wird). Dies wird erreicht durch

eine spezielle Gitterbelegung, die so ausgewählt ist, daß die für den nächsten Zeitschritt benötigten Werte gerade an den Punkten des um eine halbe Maschenweite versetzten Gitters definiert sind.
Der Vorteil des E.-G.s liegt darin, daß damit eine höhere Rechengenauigkeit, d.h. eine Verminderung des ↑Verstümmelungsfehlers, erreicht werden kann.

Elliptizitätskriterium [zu Ellipse gebildet]: mathematische Beziehung, die in der numerischen Wettervorhersage dazu dient, vor Beginn der Vorhersagerechnungen das Luftdruckfeld auf seine hydrodynamische Stabilität zu überprüfen. Insbes. läßt sich mit Hilfe des E.s feststellen, ob die im Luftdruckfeld vorkommenden antizyklonalen Krümmungen und Scherungen die Gleichgewichtsbedingungen verletzen. Wird dies festgestellt, so wird der Luftdruck in der Analyse im Bereich des Hochdruckgebietes in kleinen Schritten so lange erniedrigt, bis das E. erfüllt ist.

Elmsfeuer [wohl nach dem hl. Erasmus (roman. Sant'Elmo, Santo Elmo) ‖ Syn.: Sankt-Elms-Feuer, Eliasfeuer]: büschelförmige elektrische Gasentladung an aufragenden spitzen Gegenständen (Blitzableiter, Masten, Dachfirste, Bäume usw.) bei hohem Spannungsgefälle in Bodennähe (etwa 10^5 V/m). Die lichtschwache Erscheinung ist bei gewittrigem Wetter v.a. im Gebirge und auf See zu beobachten, seltener im Flachland.

El-Niño-Phänomen [ɛl'nɪnjo... ‖ span. el Niño = das Christkind]: um die Weihnachtszeit (Südsommer) in unregelmäßigen Abständen von einigen Jahren auftretende Zirkulationsanomalie entlang der W-Küste Südamerikas, die v.a. für die peruanische Fischereiwirtschaft verheerende Folgen haben kann. Bei diesem Ereignis (z.B. in den Jahren 1976/77 und 1982/83) wird das kalte Wasser des Humboldtstroms vor den Küsten Perus und Ecuadors durch warme Wassermassen des äquatorialen Gegenstroms ersetzt, die wegen ihrer Nährstoffarmut zu einem katastrophalen Massensterben der Fischbestände in den sonst ertragreichen Küstengewässern führen.
Die Ursache des E.-N.-Ph.s liegt in einer starken Abschwächung des Südostpassats (v.a. im zentralen Bereich des Pazifiks), die mit Schwankungen der ↑Walker-Zirkulation im Zusammenhang steht (↑auch Southern oscillation). Sobald die Windschubspannung der Passate in diesem Bereich nachläßt, setzen sich die im W angestauten warmen Wassermassen nach O in Bewegung und breiten sich längs der Küsten Ecuadors und Perus nach S aus.
Das E.-N.-Ph. ist ein klassisches Beispiel für großräumige Wechselwirkungen

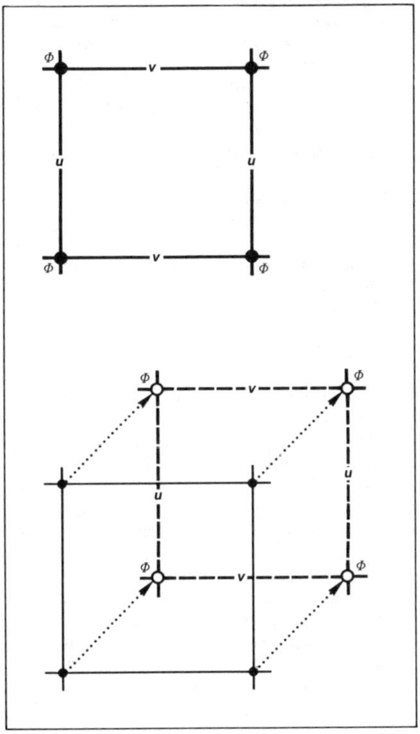

Eliassen-Gitter (einfaches Beispiel). Oben: Gitterbelegung bei Zeitschritt 0, 2, 4, ...; unten: Gitterbelegung bei Zeitschritt 1, 3, 5, ...; Φ Geopotential, u und v Windkomponenten in x- und y-Richtung

zwischen Atmosphäre und Ozean (↑ auch Telekonnektion).

Emagramm, das [Kurzbildung aus Energie pro **Ma**sseneinheit und ↑-gramm]: *thermodynamisches Diagramm,* von A. Refsdal konstruiert; Koordinaten sind Temperatur *T* in linearer Skala als Abszisse und der Logarithmus des Luftdrucks, $\ln p$, als Ordinate. Außerdem sind Systeme von Trocken- und Kondensationsadiabaten und Kurven der spezifischen Sättigungsfeuchte festgelegt. Auf den Hauptisobaren (1 000, 900, 800 ... hPa) geben kurze Striche („Grashalme") den Unterschied zwischen der ↑ virtuellen Temperatur für gesättigte Luft und der Lufttemperatur an. Das E. gestattet bei der Auswertung aerologischer Aufstiege die Bestimmung des Betrages der Energie pro Masseneinheit und somit quantitative Vorstellungen von der Stabilität bzw. Labilität der Atmosphäre.

Emission, die [zu lat. emittere, emissum = ausschicken]:

◇ die Aussendung bzw. Abstrahlung von *elektromagnetischen Wellen* oder *Teilchen* in Form von Strahlung (Sonnenstrahlung, terrestrische Strahlung, Radioaktivität).

◇ der Ausstoß von *Schadstoffen* in die Außenluft.

Emissionsfaktor: Verhältnis der von einer Oberfläche in eine Richtung abgestrahlten spektralen Strahldichte zur entsprechenden Strahldichte eines ↑ schwarzen Körpers. Der E. hängt außer von der Wellenlänge vom Zenit und vom Azimutwinkel ab, jedoch kann die Abhängigkeit vom letzteren in der Praxis meist vernachlässigt werden.

Emissionsgrad ↑ Emissionsvermögen

Emissionskataster, der, auch: das [aus italien. catastro = Zins-, Steuerregister]: Verzeichnis von Art, Häufigkeit, Andauer und Menge sämtlicher Emissionen aus Kraftwerken, Industrie, Verkehr, Kleingewerbe und Hausbrand für bestimmte Gebiete (meist Verdichtungsräume); die Datenzusammenstellung ist für Belastungsgebiete nach dem Bundesimmissionsschutzgesetz vorgeschrieben. Daten für Hausbrand, Kleingewerbe und Verkehr werden pauschal für Rasterflächen und Linienzüge (Hauptverkehrsstraßen) erhoben.

Emissionsquellen: Bez. für Stellen des Übertrittes von Luftbeimengungen in fester, flüssiger und gasiger Form aus einer Anlage in die Atmosphäre. Man unterscheidet **Punktquellen** (z. B. Schornsteine), **Linienquellen** (Verkehrsstraßen) und **Flächenquellen** (Industriebereiche, Hausbrand) mit jeweils abweichenden Tages- und Jahresgängen der Emission sowie unterschiedlichen Höhen (Verkehr: Boden; Hausbrand: Dachhöhe; Industrie: Kaminhöhe, z. T. mehr als 100 m über Grund).

Emissionsvermögen: allg. die von einem beliebigen, als Temperaturstrahler wirksamen Körper bei einer bestimmten Temperatur pro Zeiteinheit insgesamt **(Gesamt-E.)** oder in einem schmalen Frequenz- oder Wellenlängenbereich **(spektrales E.)** emittierte Wärmestrahlung. Im engeren Sinne und gleichzeitig als Maß dafür das auch als **Emissionsgrad** bezeichnete Verhältnis der vom Körper emittierten spektralen Strahlungsleistung zu der eines ↑ schwarzen Körpers gleicher Temperatur. Dieses von der Wellenlänge und der absoluten Temperatur abhängige E. ist eine Kenngröße des nichtschwarzen Körpers und nach dem ↑ Kirchhoff-Gesetz gleich seinem ↑ Absorptionsgrad. Beim schwarzen Körper haben beide Größen für alle Frequenzen bzw. Wellenlängen den maximalen Wert 1.

endogen [griech. éndon = innen, drinnen und ↑-gen]: nennt man Vorgänge, die von innen her entstehen; z. B. adiabatische Prozesse.

endorheisch [zu griech. éndon = innen, drinnen und griech. rheĩn = fließen]: nennt man ein Gebiet des ariden Klimas ohne Abfluß zu den Ozeanen (Binnenentwässerung).

Energie, die [von griech. enérgeia = wirkende Kraft]: in der *Meteorologie* die Fähigkeit der Atmosphäre, Arbeit zu leisten. E. tritt in der Atmosphäre in drei verschiedenen Formen auf, als **potentielle E.,** als **kinetische E.** und als **innere Energie.** Diese drei Energiearten sind durch den ↑ Energiesatz verknüpft. Da man die Atmosphäre als eine Wärme-

kraftmaschine ansehen kann, ist die Erfassung der Energieumsetzungen und Energieströme ein wichtiges Forschungsgebiet in der Meteorologie.
Global gesehen, existiert ein großer **Energiezyklus:** In den tropischen Breiten wird die Atmosphäre durch die Absorption der kurzwelligen Sonnenstrahlung – direkt und über den Erdboden indirekt – erwärmt; die innere E. der Atmosphäre wird damit erhöht. Durch die Ausdehnung der erwärmten Luft in den Tropen, der gleichzeitig in den Polargebieten eine durch langwellige Ausstrahlung verursachte Abkühlung und damit Schrumpfung der Luft gegenübersteht, erhöht sich die potentielle E., gekennzeichnet durch größere Luftdruckunterschiede in höheren Schichten zwischen Pol und Äquator. Diese Luftdruckgegensätze führen zur Entstehung von Strömungen; dabei wird potentielle E. in kinetische E. umgesetzt. Die kinetische E. der Luftströmung wird schließlich durch Reibung, d. h. durch Dissipation der E., allmählich vernichtet.
Die bei diesem Kreislauf beteiligten, außerordentlich hohen Energiemengen sind berechnet worden. So beträgt global der Vorrat an verfügbarer potentieller E. etwa $2{,}8 \cdot 10^{18}$ kJ; die gesamte kinetische E. der Atmosphäre wurde mit $0{,}76 \cdot 10^{18}$ kJ abgeschätzt, d. h., der Vorrat an verfügbarer potentieller E. beträgt fast das Vierfache der zu beobachtenden kinetischen Energie.

Energiebilanz: in der *Meteorologie* die Gegenüberstellung der zeitlichen Änderung des Energieinhaltes eines atmosphärischen Systems und der Faktoren, die diese Änderungen verursachen; das können Transportvorgänge (äußere Faktoren) sein, mit denen Energie in das System gelangt, oder Produktion bzw. Vernichtung im System selbst (innere Faktoren). E.en können für die Gesamtenergie und auch für jede Art von Energie aufgestellt werden.
Bekanntestes Beispiel sind Bilanzen der inneren Energie der bodennahen Luftschicht. Hier wirken sich auf die innere Energie, deren Änderung sich aufgrund der dazu proportionalen Temperaturänderung gut bestimmen läßt, die Strahlung, vertikale Wärmeströme vom Boden her und horizontale Wärmetransporte als äußere Faktoren und Verdunstung oder Kondensation als innere Faktoren aus.

Energiedissipation: svw. ↑Dissipation.

Energiesatz: der Satz von der Erhaltung der Gesamtenergie, d. h. der Summe der beteiligten Energiearten in einem geschlossenen System. Der E. ist die Grundlage für viele Betrachtungen und Berechnungen des Energiehaushaltes der Atmosphäre und seiner Einzelkomponenten. Die Atmosphäre ist zwar kein abgeschlossenes System im physikalischen Sinne. So finden Energieübergänge sowohl an der äußeren Grenze der Atmosphäre durch kurzwellige Einstrahlung und langwellige Ausstrahlung als auch am Boden durch Wärmeübergänge zwischen der Luft und der Unterlage, besonders über den Ozeanen, statt. Da das Klima der Erde in erster Näherung sehr stabil ist, muß angenommen werden, daß Energiegewinne und Energieverluste der Gesamtatmosphäre gleich sind, so daß innerhalb der Atmosphäre die Summen von innerer, potentieller und kinetischer Energie im Mittel konstant sind.

englische Hütte: svw. ↑Thermometerhütte.

Enstrophie, die [zu griech. enstréphein = hineindrehen; sich herumbewegen]: der über eine bestimmte Fläche gemittelte Wert des Quadrats der relativen Vorticity. Dieser Wert ist theoretisch für eine abgeschlossene Fläche zeitlich konstant, wenn keine E.flüsse über die Ränder hinweg auftreten.
Die Erhaltung der E. ist ein wichtiges Problem bei numerischen Vorhersagerechnungen. In einem Gitternetz kann sich nämlich durch nichtlineare Wechselwirkungen zwischen Wellen verschiedener Länge ein Anwachsen der kürzesten noch auflösbaren Wellen (mit einer Länge von zwei Maschenweiten) einstellen, das schließlich zu numerischer Instabilität führt. Durch spezielle, die E. erhaltende Differenzenschemata kann diese Instabilität weitgehend verhindert werden.

Enthalpie, die [zu griech. enthálpein = darin erwärmen]: thermodynamische Zustandsgröße (Formelzeichen *H*) für den Gesamtwärmeinhalt der Luft, definiert als Summe aus innerer Energie und der Verdrängungsenergie $p \cdot V$ eines Systems vom Volumen *V*, das unter dem Außendruck *p* steht.
Für die Lösung von Fragestellungen der *technischen Klimatologie* hat die E. große Bedeutung; so ist ihre Kenntnis z. B. für die Ermittlung der Energie, die zur Erreichung bestimmter Temperatur- und Feuchteverhältnisse erforderlich ist, notwendig. Während in der Technik als Ausgangswert zur Ermittlung der E. meist die Feuchttemperatur herangezogen wird, geht man in der klimatologischen Praxis überwiegend von der Äquivalenttemperatur $t_Ä$ aus, weil zwischen ihr und der E. die einfache Beziehung $H = 0{,}24 \cdot t_Ä$ besteht.
Die physikalischen Zusammenhänge zwischen dem Wasserdampfgehalt der Luft, der Lufttemperatur und der E. werden in der Praxis speziellen Diagrammen entnommen. Beispielsweise kann man aus Häufigkeitsverteilungen des Wertepaars Lufttemperatur/E. einparametrige Summenhäufigkeiten der E. herleiten. Aus den jeweiligen Kurvenzügen ist dann abzulesen, wie häufig bestimmte Schwellenwerte der E. erreicht oder unterschritten werden. Derartige E.verteilungen stellen wertvolle Planungsunterlagen für die Dimensionierung von Kühltürmen und Klimaanlagen dar.

Entrainment, das [ɪn'treɪnmənt; engl. = Verladung]: das Einbeziehen von Luft der Umgebung in die Randbereiche von Cumuluswolken. Die Umgebungsluft ist trockener und, solange in der Cumuluswolke Auftrieb herrscht, auch kälter als die Wolkenluft. Die Vermischung mit der Wolkenluft kann in den Randbereichen der Wolke zu Untersättigung und damit zu einer Verdunstung von Wolken- und Niederschlagströpfchen führen; dadurch wird der Wolkenluft Wärme entzogen. Die Abkühlung wird gegebenenfalls durch die niedrigere Temperatur der Umgebungsluft verstärkt. Beide Effekte haben eine Verminderung des Auftriebs in der Wolke und des Wolkenwachstums zur Folge. Wenn hohe Quellwolkentürme in eine verhältnismäßig trockene Luftschicht vorstoßen, kann man das Verdunsten, das sich durch Ausfaserung der Wolkenränder auswirkt, oft vom Boden aus beobachten.

Entropie, die [zu griech. en = in, in – hinein, innerhalb und griech. tropḗ = Wendung, Umkehr]: eine thermodynamische Zustandsgröße. Für die Meteorologie ist v. a. die Eigenschaft der E. von Interesse, daß sie bei in geschlossenen Systemen ablaufenden Prozessen ohne Wärmezufuhr oder Wärmeverlust konstant bleibt. Solche reversiblen Prozesse, bei denen also kein Energieverlust durch dissipative Vorgänge auftritt, bezeichnet man als **isentrop** oder **adiabatisch.** Die E. steht daher in enger Beziehung zur potentiellen Temperatur; sie ist gleich dem Logarithmus der potentiellen Temperatur, multipliziert mit der spezifischen Wärme der Luft bei konstantem Druck, unter Hinzufügung einer Konstanten.
Bei Prozessen ohne Wärmezufuhr oder Wärmeverlust bleibt nicht nur die E., sondern auch die potentielle Temperatur konstant, und Isentropenflächen sind zugleich auch Flächen gleicher potentieller Temperatur. – ↑auch Isentropenanalyse.

Entschlüsselung: die Auswertung der in Form von Zahlengruppen verbreiteten Wettermeldungen für die verschiedensten Zwecke der Anwendung und Rückführung der Daten in die ursprünglichen Meßwerte der meteorologischen Elemente als Basismaterial für die ↑numerische Analyse.

Environmental Science Services Administration, die [ənvaɪərən'mɛntl 'saɪəns 'səːrvɪsiːz ədmɪnɪ'streɪʃən]: svw. ↑ESSA.

Ephemeriden, die (Mehrz.) [griech. = Tagebücher]: in der *Meteorologie* Bez. für Schriften (Jahrbücher) mit Angaben über das tägliche Wetter; berühmt und wiss. besonders wertvoll die E. der ↑Societas Meteorologica Palatina.

Erdalbedo ↑Albedo.

Erdbahnelemente: himmelsmechanische geometrische Größen, die die Bahn

der Erde wie die jedes anderen Planeten (auch eines Kometen) nach Lage, Form und Ausdehnung sowie den Ort der Erde auf ihrer Bahn zu einer bestimmten Epoche festlegen.
Die für das Klima der Erde maßgebenden und miteinander verbundenen himmelsmechanischen Fakten sind die Rotation der Erde um ihre Achse, die elliptische Umlaufbahn um die Sonne, die Neigung der Erdachse (23,5°) auf der Ebene ihrer Umlaufbahn (Schiefe der Ekliptik) und die Richtungsfixierung der Erdachse im Raum. Von diesen Tatsachen werden insbes. die Jahreszeiten und ihre unterschiedliche Länge, die Dauer des Jahres sowie die Tages- und Nachtlänge eines Tages bestimmt.
Die mathematisch berechenbaren Veränderungen bestimmter E. (Exzentrizität der Erdbahn, Schiefe der Ekliptik, Perihellänge) im Laufe der Erdgeschichte bilden die Grundlage astronomischer Theorien über Klimaschwankungen, insbes. über die Entstehung von Eiszeiten (↑ Milanković-Theorie).

Erdblitz: die von der Wolke zur Erdoberfläche sich ausbreitende Blitzentladung (↑ Blitz).

Erdbodenminimum: im *Klimadienst* Bez. für die mit einem ↑ Minimumthermometer in 5 cm Höhe über unbewachsenem Boden gemessene tiefste Lufttemperatur der vergangenen Nacht. Das E. wird zum Klimatermin I (07 Uhr MOZ) bestimmt und bezieht sich auf die vorangegangenen 24 Stunden.

Erdbodentemperatur, die Temperatur im Erdboden; im allg. wird die E. mit ↑ Erdbodenthermometern in 2, 5, 10, 20, 50 und 100 cm Bodentiefe gemessen.
Die E. ist in erster Linie abhängig von den Temperaturverhältnissen über dem Erdboden, vom Wärmetransport in den Boden, von der Wärmeleitfähigkeit und der spezifischen Wärmekapazität des Bodens, von der Wärmespeicherung im Boden und somit auch von der Bodenart. Mit zunehmender Bodentiefe ist eine zunehmende Verzögerung und ein Ausgleich der Temperaturschwankungen kennzeichnend.
Daten der E., insbes. ihrer Änderung mit der Tiefe, sind vorwiegend in der Agrarmeteorologie und in der technischen Klimatologie (Verkehrswesen, Tiefbau) von Bedeutung. Die vertikale Verteilung der E. wird mittels ↑ Tautochronen dargestellt.

Erdbodenthermometer: spezielles Quecksilberthermometer, neuerdings zunehmend auch Platinwiderstandsthermometer (↑ Widerstandsthermometer), zur Messung der ↑ Erdbodentemperatur in 2, 5, 10, 20, 50 und 100 cm Bodentiefe.
Bis 20 cm Tiefe wird die Erdbodentemperatur mit E.n gemessen, die in einer Halterung befestigt sind und bei denen sich das Gefäß (Meßfühler) unter und die Ableseskala über dem Erdboden befinden. Die Erdbodentemperatur in 50 und 100 cm Tiefe wird mit E.n gemessen, die sich in einem der Länge entsprechenden Führungsrohr, das ständig im Erdboden verbleibt, befinden. Zur Ablesung müssen die E. aus dem Führungsrohr herausgezogen und schnell abgelesen werden. Das Meßfeld für E. muß mindestens im Umkreis von 1 m aus unbewachsenem Boden bestehen, damit vergleichbare Meßergebnisse gewährleistet sind. Bei der Installierung ist darauf zu achten, daß die E. nicht in das Grundwasser hineinreichen.

Erdbodenzustand: im *Klimadienst* der zum Beobachtungstermin herrschende Zustand der Oberfläche des natürlichen Erdbodens im Bereich des Beobachtungsplatzes bzw. des die Beobachtungsstation umgebenden Geländes, soweit es im Blickfeld des Beobachters und annähernd in Stationshöhe liegt.
Der E. wird nach einer nachfolgend vereinfacht wiedergegebenen, *10teiligen Skala* bestimmt und ins Beobachtungstagebuch eingetragen: 0–5: ohne, 6–9: mit Decke aus abgelagerten festen Niederschlägen; dabei bedeutet: 0 trocken; 1 feucht; 2 naß (Pfützenbildung); 3 überflutet; 4 gefroren, hart und trocken; 5 Glatteis, Eisglätte; 6 mindestens 50% des Bodens mit Niederschlag bedeckt, ohne Schnee; 7 mindestens 10% des Bodens mit festem oder nassem Schnee bedeckt; 8 mindestens 10% des Bodens mit lockerem, trockenem Schnee bedeckt; 9 geschlossene Schneedecke mit mindestens 50 cm hohen Schneeverwehungen.

erdmagnetischer Sturm: svw. ↑Magnetsturm.

Erdrotation: die Drehung der Erde um die Erdachse, vom Nordpol aus gesehen entgegen dem Uhrzeigersinn. Eine vollständige Drehung dauert 86 164,099 s (= 24 Sternzeitstunden). In der Meteorologie ist die in die Coriolis-Kraft eingehende Winkelgeschwindigkeit der E. von Bedeutung; diese beträgt $7{,}2922 \cdot 10^{-5}\,s^{-1}$.

Erdsicht: in etwa der ↑Bodensicht entsprechende, aus einer Flugzeugkanzel oder auch von einem Turm in Richtung des Erdbodens visuell bestimmte maximal mögliche Sichtweite. Die E. ist diejenige Sicht, bei der ein Pilot beim Sinkflug zum ersten Mal Sichtkontakt mit dem Boden bekommt. Im Flugwetterdienst und v. a. im Flugbetrieb hat die E. große Bedeutung, weil sie mit der Entscheidungshöhe, in der ein Fehlanflug (Durchstarten) eingeleitet werden muß, wenn bis dahin der für den Landeanflug erforderliche Sichtkontakt nicht hergestellt ist, annähernd gleichgesetzt werden kann.

Die E. erlaubt eine bessere Ausnutzung der zum Teil rasch wechselnden Wolken- und Sichtbedingungen und bietet insofern größere Sicherheit, als die Entscheidung über Landeanflug oder Abbruch des Landevorgangs nicht von Wolkenhöhenbestimmungen vom Boden aus abhängig ist.

Erdzeitalter: Bez. für die die einzelnen Entwicklungsabschnitte (geologische Formationen) der Erde umfassenden, meist einige 10 Mill. Jahre dauernden Zeiträume.

In der *Klimatologie* dienen die einzelnen E. als zeitliches Zuordnungsmerkmal für die Beschreibung und Klassifizierung vorgeschichtlicher Klimate (↑auch Paläoklimatologie). Sie versetzen den Klimatologen in die Lage, den erdgeschichtlichen Klimaablauf anhand vielfältiger ↑Klimazeugen zeitlich zu ordnen und zu systematisieren, um damit ein möglichst vollständiges Abbild vom Ablauf der einzelnen Klimaabschnitte der Erdgeschichte zu zeichnen.

eremeisch [zu griech. erēmos = einsam, wüst]: bedeutet bei einer *Klimaklassifikation,* die Monatswerte des Niederschlags und der Temperatur verwendet: 12 Trockenmonate, kein Frostmonat. **Eremeisch kalt** bedeutet: 11–12 Trockenmonate, einige Frostmonate.

Erhaltungsneigung [Syn.: Erhaltungstendenz]: die Beständigkeit des augenblicklichen Wetters oder eines atmosphärischen Vorgangs. Die E. ist um so größer, je länger das gleiche Wetter bereits andauert. Unter Annahme der E. abgefaßte Prognosen, daß das Wetter des nächsten Tages dem vorangehenden entsprechen wird, sind in 66% aller Fälle richtig.

Erler Wind: nach dem Ort Erl (Österreich) benannter Bergwind des bayerischen Inntals; z. T. recht steifer, das Tal herabwehender Wind, der Windschutzanlagen erfordert.

Erstarrungswärme: svw. ↑Gefrierwärme.

Erwärmung: in der *Meteorologie* die Temperaturzunahme im Laufe der Zeit; sie kann durch Strahlungsabsorption, durch Advektion warmer Luftmassen, durch dynamische Vorgänge in der freien Atmosphäre (Temperaturzunahme eines Luftquantums beim Absteigen) oder durch Zufuhr von Kondensations- bzw. Sublimationswärme verursacht werden.

Erwartungswert: Maßzahl zur Charakterisierung der Verteilung einer Zufallsgröße (eines Merkmals) aufgrund der vorgefundenen Stichprobenverteilung; gibt den bei einer großen Anzahl von Abschätzvorgängen zu erwartenden Mittelwert dieser Zufallsgröße an.

In der *Meteorologie* dient der E. als Kriterium zur Beurteilung der Eintreffwahrscheinlichkeit von Langfristprognosen.

ESA, die; Abk. für engl. **European Space Agency;** 1975 gegründete europäische Weltraumorganisation (Sitz Paris), die die zuvor von der **ESRO** (European Space Research Organization; Europäische Organisation zur Erforschung des Weltraums; gegründet 1962) und der **ELDO** (European Space Vehicle Launcher Development Organization; Europäische Organisation für die Entwicklung von Trägerraketen; gegründet 1964) wahrgenommenen Aufgaben der Entwicklung und des Baus von Satelli-

ten bzw. Trägerraketen für friedliche Zwecke übernahm und die Zusammenarbeit der europäischen Staaten in der Weltraumforschung und Raumfahrttechnologie gewährleisten soll. Mitgliedsstaaten sind Belgien, die BR Deutschland, Dänemark, Frankreich, Großbritannien, Irland, Italien, die Niederlande, Schweden, die Schweiz und Spanien, außerdem mit Sonderstatus Norwegen, Österreich und Kanada.
Die ESA umfaßt neben dem Hauptquartier in Paris folgende *Einrichtungen:* das European Space Research and Technology Centre (**ESTEC**; Europäisches Raumfahrtforschungs- und -technikzentrum) in Noordwijk (Niederlande); das European Space Research Institute (**ESRIN**; Europäisches Raumforschungsinstitut) in Frascati (Italien); das European Space Operations Centre (**ESOC**; Europäisches Operationszentrum für Weltraumforschung) in Darmstadt, das mit der Erfassung und Verarbeitung der über die Bodenstationen in Michelstadt, Redu (Belgien), Villafranca del Castillo (Spanien) und Kourou (Frz.-Guayana) empfangenen Daten betraut ist.
Wichtige Projekte der ESA sind das Weltraumlaboratorium Spacelab, die Trägerrakete Ariane und ↑METEOSAT.

E-Schicht: Schicht der *Ionosphäre* in einer Höhe von 85–140 km. Die Elektronenkonzentration liegt tagsüber bei 10^5, nachts geht sie auf etwa $2 \cdot 10^3$ Elektronen/cm^3 zurück. Sie folgt ziemlich genau dem Sonnenstand und nimmt nach Sonnenuntergang etwa exponentiell mit der Zeit ab. Entsprechend variieren die Absorptions- und Reflexionseigenschaften für Radiowellen verschiedener Wellenlänge. Vertikal hat die Elektronenkonzentration in 120 bis 130 km Höhe ihr Maximum.
Eine Besonderheit ist die „sporadisch" auftretende **E_s-Schicht.** Sie hat oft eine wolkenartige Struktur, ist vertikal nur einige 100 m bis einige km mächtig und horizontal einige km bis einige 1 000 km ausgedehnt. Ihre Elektronenkonzentration kann bis zum 25fachen der Umgebung ansteigen.

ESOC, das: Abk. für engl. **E**uropean **S**pace **O**perations **C**entre (↑ESA).

ESRIN, das: Abk. für engl. **E**uropean **S**pace **R**esearch **In**stitute (↑ESA).

ESRO, die: Abk. für engl. **E**uropean **S**pace **R**esearch **O**rganization (↑ESA).

ESSA, die: Abk. für engl. **Environmental Science Services Administration** (= Behörde für die Wissenschaftsdienste im erdnahen Raum); zuständige Organisation für die ab Frühjahr 1966 bis 1969 in den USA gestartete Serie operationeller Satelliten **ESSA 1** bis **ESSA 9** (ESSA ist in diesem Fall Abk. für engl. **E**nvironmental **S**urvey **Sa**tellite = Überwachungssatellit für den erdnahen Raum); Höhe meist bei 1 400 km auf polarumlaufender Bahn; sonnensynchron, d. h., Polargebiete und jeder beliebige Ort der Erde wurden an allen Tagen zur gleichen Ortszeit überquert. Wichtigste Aufgabe war die Überwachung der Bewölkungsverteilung der Erde mit Fernsehkameras, bei ESSA-Satelliten mit gerader Startnummer durch Bilder im Abstand von 6 Minuten über APT-System in Echtzeit an entsprechend ausgerüstete Stationen (sehr nützlich für Wetteranalyse und -vorhersage) oder bei ESSA-Satelliten mit ungerader Startnummer durch Speicherung der Fernsehbilder an Bord und Abruf beim Überfliegen der Kommandostationen Wallops Island bzw. Fairbanks in USA und danach Verbreitung der Ergebnisse im globalen Wetterfernmeldedienst. – ↑auch Wettersatelliten.

ESTEC, das: Abk. für engl. **E**uropean **S**pace Research and **Te**chnology **C**entre (↑ESA).

Etesien, die (Mehrz.) [...iən ‖ ohne Einz. ‖ griech.-lat., eigtl. = jährliche (Winde)]: die mit großer Regelmäßigkeit von Mai bis Oktober über Griechenland, der Ägäis und dem östlichen Mittelmeer wehenden N- bis NW-Winde. Die E. sind trockene, relativ kühle, über dem Meer oft stürmische Winde, die am frühen Nachmittag ihre größte Stärke erreichen. Sie verdanken ihre Entstehung einem über Vorder- und Südasien gelegenen sommerlichen Tiefdruckgebiet, auf dessen Rückseite (W-Seite) sie in südliche Richtung vorstoßen. Die E. können als Teilglied des asiatischen Monsuns angesehen werden.

Etesienklima [...iən... ‖ Syn.: mediterranes Klima, Mittelmeerklima]: das Klima des europäischen Mittelmeerraums (nach den im östlichen Mittelmeergebiet im Sommer vorherrschenden Winden, den ↑ Etesien) wie auch anderer subtropischer Winterregengebiete der Erde, z. B. Kalifornien, Mittelchile. Das E. hat trockene, heiße Sommer und milde Winter mit Niederschlägen. Im Sommer steht es unter dem Einfluß des nach N verlagerten Hochdruckgürtels der Subtropen, im Winter wird es durch die Tiefdruckgebiete der Westwindzone geprägt.

Euler-Bewegungsgleichungen: die ↑ hydrodynamischen Bewegungsgleichungen in der auf L. Euler zurückgehenden Form. Hierbei werden die Bewegungsgleichungen auf ein Strömungsfeld angewendet, das in Form von Stromlinien wiedergegeben ist und für einen festen Zeitpunkt gilt.

Da die E.-B. genau der in der Meteorologie üblichen synoptischen Arbeitsweise entsprechen, werden sie dort überwiegend benutzt; die Bez. wird dabei meist als gleichbedeutend mit den hydrodynamischen Bewegungsgleichungen verwendet.

Den E.-B. stehen die **hydrodynamischen Bewegungsgleichungen** in der von J. de Lagrange entwickelten Form gegenüber, bei der die Gleichungen jeweils auf ein individuelles Luftteilchen angewendet werden, dessen Bahnlinie (Trajektorie) verfolgt wird.

Euler-Wind [nach L. Euler]: Wind, bei dem der Luftdruckgradient allein wirkt, während Coriolis-Kraft und Reibungskraft nicht zur Geltung kommen. Der E.-W. weht vom hohen zum tiefen Luftdruck und ist bestrebt, das Luftdruckgefälle abzubauen; er ist bei kleinräumigen Windsystemen zu beobachten.

Ein spezieller Fall des E.-W.es sind engbegrenzte Zirkulationen, bei denen die Gradientkraft weitgehend durch die Zentrifugalkraft kompensiert werden kann (z. B. bei Tromben).

EUMETSAT, die: Abk. für **Europäische Organisation zur Nutzung meteorologischer Satelliten;** 1983 gegründete (Ratifikation 1986) Behörde, der 16 europäische Staaten angehören; Sitz Darmstadt. Aufgaben der E. sind die operationelle Durchführung eines europäischen Wettersatellitenprogramms (METEOSAT-Programm), die Planung neuer Projekte und die Entscheidung über die Nutzungsrechte der Wetterdaten.

Die präoperationelle Phase des METEOSAT-Programms wurde von ↑ ESA geleitet. Für die nächsten Jahre ist der Start weiterer Satelliten beschlossen, die die Durchführung des Programms bis 1995 garantieren. Die Betriebsabwicklung erfolgt durch das Satellitenkontrollzentrum (ESOC) in Darmstadt.

Europäische Organisation zur Nutzung meteorologischer Satelliten: svw. ↑ EUMETSAT.

Europäischer Wetterbericht: Titel des Amtsblattes des Deutschen Wetterdienstes; eine seit 1. Januar 1976, auch im Auftrag der meteorologischen Dienste anderer europäischer Länder, täglich erscheinende wiss. Dokumentation der Wetterlage; Fortsetzung des ↑ Täglichen Wetterberichtes.

Der Europäische Wetterbericht enthält von 00 UTC jeweils für nahezu die gesamte Nordhemisphäre bzw. den nordatlantisch-europäischen Bereich u. a. die Bodenwetterkarte, die absoluten Topographien der Hauptdruckflächen, die relative Topographie 500/1 000 hPa, aerologische Diagramme von 36 europäischen Radiosondenaufstiegen sowie als Beilage die synoptischen Meldungen der Wetterstationen und der aerologischen Stationen des Deutschen Wetterdienstes.

Europäisches Flugwetter-Fernmeldenetz ↑ MOTNE.

Europäisches Zentrum für mittelfristige Wettervorhersage [Abk.: EZMW ‖ Syn.: European Centre for Medium Range Weather Forecasts (Abk.: ECMWF)]: auf Beschluß des Europäischen Ministerrates 1973 gegründetes und von 17 europäischen Mitgliedsstaaten unterhaltenes meteorologisches Institut mit Sitz in Shinfield bei Reading, England. Wichtigste *Aufgaben:* Entwicklung numerischer Verfahren für die mittelfristige Wettervorhersage bis zu zehn Tagen; Übermittlung der Vorhersagekarten an die Mitgliedsstaaten (seit 1980 täglich); Bereitstellung eines Teiles der Rechenkapazität für Forschungsarbeiten in den Mitgliedsstaaten; Fortbildung von Wissenschaftlern; Mitwirkung bei Programmen der Weltorganisation für Meteorologie.

European Centre for Medium Range Weather Forecasts, das [jʊərəˈpi:ən ˈsɛntə fə ˈmi:djəm ˈrɛɪndʒ ˈwɛðə ˈfɔ:kɑ:sts]: svw. ↑Europäisches Zentrum für mittelfristige Wettervorhersage.

European Space Agency, die [jʊərəˈpi:ən ˈspɛɪs ˈɛɪdʒənsɪ ‖ Syn.: Europäische Weltraumorganisation]: ↑ESA.

Euros, der [griech.]: auf der Vorderseite von Tiefdruckgebieten im östlichen Mittelmeer nach N strömende, oft staubreiche Warmluft.

Evaporation, die [zu lat. ex, e = aus, heraus, weg und lat. vapor = Dunst, Dampf]: die ↑Verdunstung von einer freien Wasseroberfläche oder von der vegetationsfreien Erdoberfläche.

Evaporimeter, das [↑Evaporation und ↑-meter ‖ Syn.: Verdunstungsmesser, älter: Atmometer]: Gerät zur Bestimmung der aus einer Oberfläche verdunsteten Wassermenge (aktuelle Verdunstung). Man mißt entweder das Gewicht des verdunsteten Wassers durch Wägung einer mit Wasser gefüllten, der Verdunstung ausgesetzten Schale (↑Verdunstungswaage) oder das Volumen des Wassers, das infolge Verdunstung von einem porösen, kugel- oder zylinderförmigen Ton- oder Porzellankörper aus einem Vorratsgefäß nachfließt. Versieht man die Verdunstungswaage mit einer Registriereinheit, so hat man einen **Verdunstungsschreiber.**

Das gegenwärtig am meisten verbreitete E. ist das von der Weltorganisation für Meteorologie international eingeführte zylinderförmige **PAN-A-E.** mit einem Durchmesser von 1 250 mm, einer Tiefe von 250 mm und einer Wassertiefe von 150–200 mm. Die offene Wasserfläche des E.gefäßes wird zur Verdunstung ausgesetzt und alle 24 Stunden der Wasserverlust festgestellt. – ↑auch Lysimeter.

Evapotranspiration, die [Kurzbildung aus ↑Evaporation und ↑Transpiration]: die Gesamtverdunstung von einer natürlich bewachsenen Bodenoberfläche; setzt sich aus der **Evaporation** (Verdunstung von der Bodenoberfläche) und der **Transpiration** (Pflanzenverdunstung) zusammen. – ↑auch Verdunstung.

ewige Gefrornis: svw. ↑Dauerfrostboden.

exogen [griech. éxō = außen, außerhalb und ↑-gen]: nennt man Vorgänge, die von außen her entstehen; z. B. die Erwärmung der Erdoberfläche durch die Sonnenstrahlung.

exorheisch [zu griech. éxō = außen, außerhalb und griech. rheīn = fließen]: nennt man ein Gebiet mit Außenabfluß, d. h. mit Entwässerung zu den Ozeanen; Begriff bei der *Klimaklassifikation* zur Charakterisierung der Abflußverhältnisse arider bzw. humider Klimate.

Exosphäre, die [griech. éxō = außen, außerhalb und griech. sphaĩra = (Erd)kugel ‖ Syn.: Dissipationssphäre]: die oberste Schicht der Atmosphäre, etwa in 500 bis 1 000 km Höhe beginnend. In der E. ist die Zahl der Luftteilchen so gering, daß einzelne ungeladene Teilchen, die sich zufällig mit hoher thermischer Geschwindigkeit nach oben bewegen, ohne Zusammenstöße weiterfliegen und schließlich das Schwerefeld der Erde verlassen können. Geladene Teilchen werden durch das Magnetfeld der Erde zurückgehalten.

experimentelle Meteorologie: derjenige Zweig der Meteorologie, der sich schwerpunktmäßig mit der Weiterentwicklung der meteorologischen Meßmethodik und -technik befaßt. Die Aufgaben der e.n M. reichen von den konventionellen meteorologischen Meßverfahren (Luftdruck-, Lufttemperatur-, Wind-, Niederschlags-, Feuchte-, Verdunstungs-, Strahlungsmessung) über die Verfahren der Fernerkundung (↑Remote sensing) bis hin zur speziellen Erfassung atmosphärischer Zustandsgrößen mittels Forschungsflugzeugen bzw. Simulationstechniken im Labor. Als Beispiele seien Niederschlagsmessung mittels Radar, Strahlungsmessung durch Satelliten, Infrarotthermographie, Windkanaluntersuchungen sowie Messungen der vertikalen Windverteilung mit ↑Sodar genannt.

Zu den Untersuchungsschwerpunkten der e.n M. gehören ferner strahlungsphysikalische und turbulente Prozesse, Wolken- und Niederschlagsbildung sowie akustische und elektrische Phänomene der Atmosphäre.

Exposition, die [zu lat. exponere, expositum = herausstellen; aussetzen]: in der *Klimatologie* (v. a. in der Geländeklimatologie) die Richtung und Neigung eines Hangs in bezug auf Sonnenstrahlung (kalte Nordseiten, warme Südseiten), vorherrschende Windrichtungen und Niederschläge (niederschlagsreiche Westseiten, niederschlagsärmere Ostseiten).

Extinktion, die [aus lat. extinctio = das Auslöschen]: die Schwächung einer Strahlung beim Durchgang durch ein Medium infolge Absorption und Streuung; im engeren Sinne die durch die Atmosphäre verursachte Schwächung der Sonnenstrahlung, bei der neben der Absorption (durch Ozon, Wasserdampf, Kohlendioxid und andere Spurengase) und der Streuung an Luftmolekülen und Partikeln auch die Reflexion an Wolken und Aerosolteilchen mitwirkt.

Extinktionskoeffizient: Maß für die Schwächung der Sonnenstrahlung infolge Absorption und Streuung in der Atmosphäre (↑ Bouguer-Lambert-Beer-Gesetz).

Extrapolationsmethode [Extrapolation: Gegenbildung mit dem Präfix extra- (aus lat. extra = außerhalb; äußerlich) zu Interpolation (↑ Interpolationsverfahren) ‖ Syn.: Verlagerungsmethode]: einfache Methode zur Vorhersage der Lage von Luftdruckzentren und Fronten aufgrund der bisherigen Verlagerung: Man zeichnet die Lagen der Druckzentren und der Fronten aus den Analysen der 24, 18, 12 und 6 Stunden zurückliegenden Termine zusammen mit den Lagen zum aktuellen Termin in eine Karte **(Verlagerungskarte)** und versucht, diese Positionen für 24 Stunden zu extrapolieren. Dabei werden, soweit aus der bisherigen Verlagerung erkennbar, Krümmungen von Zugbahnen und gegebenenfalls eine abnehmende oder zunehmende Verlagerungsgeschwindigkeit mit berücksichtigt.

In der Praxis wird diese reine E. ergänzt durch weitere Überlegungen, die sich z. B. auf die Verteilung und Stärke der Luftdrucktendenzen sowie auf die Richtung und Geschwindigkeit der Höhenströmung über dem vorherzusagenden Gebilde beziehen. Die so erweiterte E., die sinngemäß auch auf Höhenkarten angewendet werden kann, wurde früher viel benutzt und findet heute noch für die Vorhersage der Frontensysteme in der Bodenkarte Anwendung, da die numerischen Vorhersagekarten keine Fronten enthalten.

extraterrestrische Sonnenstrahlung [zu lat. extra = außerhalb und lat. terra = Erde]: der (kurzwellige) Strahlungsenergiefluß der Sonne außerhalb der Erdatmosphäre. Die Intensität der e.n S. im mittleren Abstand von der Sonne wird ↑ Solarkonstante genannt.

Extreme, die (Mehrz.) [Einz.: das Extrem ‖ aus lat. extremus = äußerst, letzt]: Kurzbez. für ↑ Extremwerte.

Extremthermometer: aus Maximum- und Minimumthermometer bestehende, in einer gemeinsamen Halterung in der ↑ Thermometerhütte angebrachte Meßanordnung zur Messung der Höchst- (Maximum) bzw. Tiefsttemperatur (Minimum) der vergangenen 24 Stunden. – ↑ auch Six-Thermometer.

Extremwerte [Syn.: Extreme]: Bez. für den höchsten **(Maximum)** und tiefsten **(Minimum)** Wert einer auf einen bestimmten Beobachtungszeitraum bezogenen Beobachtungsreihe. Die Differenz aus Maximum und Minimum heißt Schwankungsbreite (↑ Variabilität), auf einen einzelnen Tag bezogen Tagesschwankung.

Die E. für den Zeitraum seit dem Beginn möglichst lückenloser Messungen bis heute werden als ↑ absolute Extreme, bzw., im Falle der Lufttemperatur, als ↑ absolute Temperaturextreme bezeichnet.

Extremwertstatistik: übergeordneter Begriff für anwendungsorientierte physikalisch-statistisch begründete Modellannahmen über das Auftreten von ↑ Extremwerten in Häufigkeitsverteilungen. E.en geben im allg. den Wert eines meteorologischen Elements an, der innerhalb eines vorgegebenen Zeitraums (10 Jahre, 100 Jahre) erreicht oder überschritten wird. Derartige Aussagen werden, z. B. hinsichtlich der Dimensionierung von Stadtentwässerungsnetzen, Rückhaltebecken oder Talsperren, häufig in meteorologischen Gutachten verlangt. E.en sind ferner ein wichtiges Hilfsmittel der ↑ Zeitreihenanalyse.

EZMW [e:tsɛtɛm've:]: das, Abk. für ↑ **E**uropäisches **Z**entrum für **m**ittelfristige **W**ettervorhersage.

F

F: Einheitenzeichen für: Fahrenheit (↑ Fahrenheit-Skala).

Fahrenheit-Skala: von D. G. Fahrenheit 1714 eingeführte Temperaturskala, die zwischen den Fixpunkten, dem Siedepunkt des Wassers bei 212 °F (Grad Fahrenheit) und dem Schmelzpunkt des Eises bei 32 °F, in 180 gleiche Teile unterteilt ist. Der Nullpunkt der F.-S. entsprach der tiefsten, in Danzig (Fahrenheits Geburtsort) gemessenen Temperatur, die von Fahrenheit mit einer aus Wasser, Eis und Salmiak bestehenden Kältemischung realisiert wurde; als weiteren Fixpunkt setzte Fahrenheit die Körpertemperatur des Menschen mit 100 °F (37,8 °C) an.

Einer Temperaturdifferenz von 1 °C (1 K) entspricht eine Temperaturdifferenz von $^9/_5$ Grad Fahrenheit. Umrechnung:

$$t\,°F = [^5/_9\,(t-32)]\,°C \text{ bzw.}$$
$$t\,°C = [^9/_5\,t+32]\,°F.$$

Die F.-S. wird heute nur noch in den USA und in Großbritannien verwendet.

Faksimileübertragung [lat. fac simile = mach ähnlich!]: Verbreitung und Empfang von Wetterkarten, Graphiken und Satellitenbildern nach dem **Faksimileverfahren,** bei dem die für die meteorologische Beratungs- und Vorhersagetätigkeit benötigten Unterlagen zentral erstellt und den Nutzern als originalgetreue Bilder über Funk und Draht zugeleitet werden.

Die Einführung der F. im Deutschen Wetterdienst ab 1955 brachte eine wesentliche Rationalisierung der synoptischen Arbeitsweise und verbesserte die meteorologischen Informationen im Wirtschafts-, Flug- und Seewetterdienst.

Falklandstrom [nach den Falklandinseln]: kalte Meeresströmung vor der Küste Argentiniens; spaltet sich südlich von Feuerland von der Westwinddrift ab und driftet nach N bis etwa vor die La-Plata-Mündung.

Fallbö: kräftige, abwärts gerichtete und räumlich begrenzte Luftströmung, häufig auf der Leeseite von Hindernissen, Bergen und Gebirgskämmen. F.en entstehen insbes. bei labiler Schichtung durch thermische Turbulenz. Sie werden im Flugzeug als plötzliches Absacken **(Luftloch)** empfunden.

Fallgebiet: in der *Druckänderungskarte* das durch Isallobaren (↑ Isolinien, Übersicht) gekennzeichnete Gebiet, in dem der Luftdruck in den letzten 3, 12 bzw. 24 Stunden gefallen ist. – ↑ auch Luftdruckänderung.

Fallgeschwindigkeit: Geschwindigkeit fallender ↑ Hydrometeore. Die F. ist abhängig von der Größe (Durchmesser) und dem Luftwiderstand des betreffenden Hydrometeors sowie vom Luftdruck. Große Regentropfen z. B., deren Durchmesser mehr als 4 mm beträgt, erreichen in Bodennähe eine maximale F. von 9 m/s (vgl. Tab.).

Hydrometeor	Fallgeschwindigkeit (in m/s)
Wolkentropfen	<0,01–0,25
Sprühregentropfen	0,25–2,0
Regentropfen	2,0 –9,0
Schneesterne, Eiskristalle	0,3 –0,7
Schneeflocken	1,0 –2,0
Graupel	1,5 –3,0
Hagel	5,0 –30,0

Fallout, der ['fɔ:laʊt ‖ zu engl. to fall out = herausfallen]: Ablagerung künstlicher radioaktiver Beimengungen der Luft (v. a. als Folge von Kernwaffenexplosionen) durch fallenden Niederschlag und Staub an der Erdoberfläche.

Fallsonde: svw. ↑Abwurfsonde.

Fallstreifen: eine Wolkensonderform (↑virga).

Fallwind: auf der Leeseite von Gebirgen absteigende, zeitweise stark böige Luftströmung. Je tiefer F.e absteigen, um so wärmer und trockener erscheinen sie, da die Luft sich beim Absteigen adiabatisch erwärmt und damit die relative Feuchte abnimmt.
Man unterscheidet **warme F.e** (↑Föhn, ↑Chinook, ↑Zonda u. a.) und **kalte F.e** (↑Bora, ↑Gletscherwind u. a.), je nachdem, ob die am leeseitigen Gebirgsfuß ankommende Luft wärmer oder kälter als die vorher dort lagernde ist.
Kurze, stoßartige F.e, die durch einmaliges Abtropfen von Kaltluft aus einer höher gelegenen Kältequelle zustande kommen, werden auch als **Luftlawine** bezeichnet.

Fanning, das ['fænɪŋ ‖ zu engl. to fan = fächeln]: Form einer Schornsteinabluftfahne bei Ausbreitung in stabiler vertikaler Temperaturschichtung. Die räumliche Zerstreuung der Abluftfahne ist sehr gering, so daß sie horizontal zum Teil bis in 20 km von der Quelle noch identifiziert werden kann. – ↑auch Ausbreitungstypen.

Fata Morgana, die [italien. = Fee Morgana (eine Gestalt des Volksglaubens, auf die diese Naturerscheinung zurückgeführt wurde)]: komplizierte Art einer ↑Luftspiegelung nach unten, die in Wüstengebieten Wasserflächen vorgaukelt und entfernte Teile einer Landschaft näherrückt. Die Spiegelbilder einer F. M. können verschoben und verzerrt sein, mit Wiederholungen und Auslassungen von Bildteilen.

Faust-Index [nach H. Faust]: Maßzahl für die Stabilität bzw. Labilität der Schichtung der Atmosphäre, deren Größe eine Aussage über die Wahrscheinlichkeit des Auftretens von Gewittern ermöglicht. Anhand der in einem ↑Skew(T, $\log p$)-Diagramm eingezeichneten Zustandskurve wird die Labilitätsenergie zwischen dem Konvektionskondensationsniveau und dem 600-hPa-Niveau ermittelt.
Der Einfluß der Vermischung aufsteigender Luft mit der Umgebung wird dadurch berücksichtigt, daß die ermittelte Energiefläche mit einem statistisch bestimmten Faktor multipliziert wird, der von der mittleren Taupunktdifferenz zwischen dem Konvektionskondensationsniveau und der 600-hPa-Fläche abhängt. Man erhält so Werte für einen Labilitätsindex von 0 bis 10, der in statistischem Zusammenhang mit dem Auftreten von Gewittern steht (0 = 50%, 10 = 100% Gewitter).
Dieses exakte, aber aufwendige Verfahren der flächenmäßigen Auszählung der Labilitätsenergie wurde für die Praxis abgewandelt; es wurde daraus ein **vereinfachter F.-I.** entwickelt. Man geht von der Annahme aus, daß sich das Konvektionskondensationsniveau immer in 850 hPa befindet und errechnet eine mittlere Taupunktdifferenz aus den Werten der 850-, 700- und 500-hPa-Fläche. Mit diesem Wert und der Temperatur im 850-hPa-Niveau entnimmt man einer Tabelle eine Vergleichstemperatur, die von der Temperatur der 500-hPa-Fläche abgezogen wird. Negative Werte dieses F.-I.es lassen Gewitter erwarten, positive Werte von 1 bis 4 Gewitter nur bei stark zyklonaler Isobarenkrümmung, bis 7 gebietsweise oder vereinzelt Schauer.

Federwolke: svw. ↑Cirrus.

Fehlererkennung: Verfahren zur Erkennung von Beobachtungs-, Meß-, Übertragungs-, Auswertungs- und Erfassungsfehlern in meteorologischen Daten. Die F. erfolgt anhand der ↑Datenprüfung.

Fehlerfortpflanzungsgesetz [Syn.: Gauß-Fehlerfortpflanzungsgesetz]: von C. F. Gauß abgeleitetes allg. Prinzip der Abschätzung des Gesamtfehlers aufgrund einzelner Meßfehler. Das F. gibt an, in welcher Weise und mit welchen Anteilen sich die Meßfehler unterschiedlicher physikalischer Meßgrößen durch ein angewendetes Berechnungsverfahren auf den Gesamtfehler des

endgültigen Rechenergebnisses auswirken, d. h. sich „fortpflanzen".
Vereinfacht lassen sich aus dem F. folgende Fehlerabschätzungen herleiten: Bei Addition (Subtraktion) addieren (subtrahieren) sich die absoluten Fehler, bei Multiplikation die relativen Fehler. Potenzierung vervielfacht, Wurzelziehen vermindert den relativen Fehler. Die Häufigkeitsverteilung der Fehler hat die Struktur der ↑Gauß-Verteilung.

feine Schäfchenwolke: svw. ↑Cirrocumulus.

feinmaschiges Modell: ↑numerisches Modell, das mit einem besonders feinmaschigen Gitternetz arbeitet. Da durch die große Zahl der Gitterpunkte und die dadurch gleichzeitig notwendig werdenden kurzen Zeitschritte der Rechenaufwand sehr hoch ist, werden feinmaschige Modelle in der Praxis meist nicht für die gesamte Hemisphäre, sondern nur für einen Ausschnitt als ↑genestete Modelle verwendet. Man erhält dann genauere Vorhersagen nur für das besonders interessierende Gebiet.

Felder ↑meteorologische Felder.

Feldkapazität: der maximale Wassergehalt eines natürlich gelagerten Bodens, der sich etwa 2 bis 3 Tage nach Niederschlägen, wenn das Sickerwasser abgelaufen ist, entgegen der Schwerkraft durch Adsorption und kapillare Kräfte einstellt. Im Winter übersteigt die Bodenfeuchte die F., im Sommer wird sie oft nicht erreicht. Bei leichten Sandböden beträgt die F. 15 mm je 10 cm Bodenschicht, bei schweren Lehmböden 35–40 mm.

Feldstärke: eine die Stärke des luftelektrischen Feldes (↑Luftelektrizität) charakterisierende (vektorielle) Größe: $E = -dV/ds$. Anstelle der elektrischen F., die in Volt pro Meter (V/m) gemessen wird, verwendet man oft den ↑Potentialgradienten:

$$P = +dV/ds \quad (P = -E).$$

In Bodennähe erreicht die elektrische F. an ungestörten Tagen (Schönwetterelektrizität) einen durchschnittlichen Wert von 130 V/m; sie nimmt mit der Höhe ab.

Feldwind: Teilglied der ↑Wald- und Feldwindzirkulation.

Fensterhütte: veralteter Typ der ↑Thermometerhütte. Die F. bestand aus einem beweglichen, vor einem Fenster auf der N-Seite der Wohnung des Beobachters angebrachten Blechgehäuse, das zur Beobachtung an das Fenster herangezogen werden konnte. Wegen der Temperaturbeeinflussung (Wände, Fensternähe), der zu kleinen Dimensionierung (kein Platz für Registrierinstrumente) und der durch ihre Beweglichkeit bedingten Erschütterungseinflüsse ist die F. schon seit langem aus dem Beobachtungsdienst verschwunden.

Fensterthermometer: an der Außenseite eines Fensters so angebrachtes Flüssigkeitsthermometer, daß die Temperatur vom Zimmer aus bequem abgelesen werden kann.
F. müssen sich, um gegen Strahlung hinreichend geschützt zu sein, in mitteleuropäischen Regionen immer auf der N-Seite des Hauses befinden. Wegen der Verfälschung der Messungen (Ausstrahlung durch das Mauerwerk) dürfen F. nicht zu nahe an Häuserwänden installiert sein. F. werden deshalb mit einem als Strahlungsschutz dienenden, um das Thermometergefäß angeordneten Metallzylinder versehen. F. sind heute im Klimadienst nicht mehr in Gebrauch.

Fernanzeige: durch räumliche Trennung von Meßfühler und Meßwertanzeige (Empfänger) charakterisierte elektrische Übertragung von Meßwerten. Mit Hilfe der F. lassen sich Meßwerte von unterschiedlichen Instrumentenstandorten in einen gemeinsamen Arbeitsraum übertragen.
Zur F. besonders geeignet sind die Verfahren der elektrischen Temperaturmessung. Die Aufzeichnung der mittels F. übertragenen Meßwerte wird **Fernregistrierung** genannt.

Fernerkundung: svw. ↑Remote sensing.

Ferngewitter: Gewitter, das im allg. mehr als 15 km entfernt ist und von dem kein Donner mehr zu hören ist; Blitze oder von diesen herrührende Lichterscheinungen (↑Wetterleuchten) sind jedoch zu erkennen.

Fernmeldedienst ↑Wetterfernmeldedienst.

Fernsehwetterbericht: nach Unterlagen der meteorologischen Dienste im Fernsehen verbreiteter Bericht über die Wetterlage mit Vorhersage im allg. für ein bis zwei Tage.
Die Form der Darbietung ist bei den einzelnen Medienanstalten unterschiedlich: Neben dem persönlichen Vortrag des Fernsehmeteorologen, der anhand der Europawetterkarte, von Satellitenbildern (Standbild oder Zeitrafferfolge) und einer regionalen Karte mit Wettersymbolen für die vorhergesagten Elemente (Wolken, Nebel, Niederschlag, Temperatur, Wind) die Wetterlage und deren Entwicklung erläutert, wird der F. teilweise auch als Trickfilm verbreitet, der die Verlagerung von Druckgebilden und Fronten, die Veränderungen der Isobaren sowie in der Vorhersagekarte den Wetterablauf durch Veränderung von Symbolen zeigt, wobei ein entsprechender Text verlesen wird.
In anderen F.en gibt eine Zeitrafferfolge von Satellitenbildern die Informationen zur Wetterlage, während die Vorhersage durch Standbilder, die den Vorhersageraum durch geeignete Symbole abdekken, ergänzt wird.

Fernsicht [Syn.: ungewöhnliche Fernsicht]: Sichtverhältnisse, die sich einstellen, wenn die ↑meteorologische Sichtweite mindestens 50 km beträgt. Bei F. ist die Luft von ungewöhnlicher Klarheit und fast frei von trübenden Teilchen. Die Sichtmarken in mehr als 50 km Entfernung sind dann in Einzelheiten ohne Verschleierung in voller Deutlichkeit und scharf konturiert erkennbar.
F.en treten häufig in einer polaren Luftmasse (Kaltluftmasse) und bei Annäherung einer Front auf.

Ferrel-Druckgebilde ↑Ferrel-Zirkulation.

Ferrel-Zelle ↑Ferrel-Zirkulation.

Ferrel-Zirkulation [nach W. Ferrel]: Bez. für die mittleren vertikalen und meridionalen Zirkulationsverhältnisse in den mittleren Breiten der Erde, dargestellt in einem Meridianschnitt als geschlossenes Zirkulationsrad **(Ferrel-Zelle)** mit aufsteigender Luft in der subpolaren Tiefdruckrinne, einer in den höheren Schichten zu niedrigeren Breiten gerichteten Strömungskomponente und einem Absinken in den Subtropenhochs sowie einer in den unteren Schichten von den Subtropen zu den Tiefdruckgebieten der subpolaren Tiefdruckrinne gerichteten Ausgleichsströmung.
Im Gegensatz zur thermisch bedingten ↑Hadley-Zelle spricht man bei der F.-Z. von einer thermisch indirekten oder dynamischen Zirkulation; sie bewirkt einen Wärmeaustausch zwischen niederen und hohen Breiten, der in den **Ferrel-Druckgebilden,** den Tief- und Hochdruckgebieten der mittleren Breiten, vor sich geht.

Fesselballon: durch ein Drahtseil über einem bestimmten Ort gehaltener Ballon, geeignet als Träger wiss. Instrumente zur Erforschung der unteren Atmosphärenschichten (bis in etwa 500 m Höhe). Die Länge des stromlinienförmigen, aus gummibeschichteten Perlongewebe bestehenden Ballons beträgt in aufgeblasenem Zustand 7,50 m, der Durchmesser 2,80 m.

Festlandsluft: volkstümliche Bez. für eine Luftmasse, deren typische Eigenschaften vom Festland geprägt sind bzw. die über Mitteleuropa lagert; meist trokken, im Sommer warm, im Winter tiefere Lagen kalt und neblig, auf den Bergen mild und tagsüber sonnig.

Feuchtadiabate: Kurve in einem Adiabatenpapier, die die Änderung der Temperatur eines gesättigten Luftquantums bzw. Wolkenluftquantums erkennen läßt, wenn sich der Druck (oder seine Höhe) ohne Wärmeaustausch mit der Umgebung ändert. Die F. wird auch **Kondensationsadiabate** genannt, da längs der F. Kondensation erfolgt.
Kondensations- bzw. **feuchtadiabatische Prozesse** entstehen beim Aufsteigen eines feuchtegesättigten Luftquantums. Sie werden als reversibel angenommen, wenn das kondensierte Wasser im Luftquantum verbleibt und beim Absteigen in das Ausgangsniveau wieder verdunstet. Sie sind irreversibel, wenn bei Druckabnahme das kondensierende Wasser sofort aus dem Luftquantum ausfällt. Die frei gewordene Kondensationswärme verbleibt dabei größtenteils im Luftquantum, dessen Temperatur

beim Absteigen ins Ausgangsniveau infolge trockenadiabatischer Erwärmung höher sein wird als vorher.
Dieser Prozeß ist nicht mehr streng adiabatisch. Er wird daher auch **pseudoadiabatisch** genannt und die entsprechenden F.n **Pseudoadiabaten.**

feuchtadiabatischer Temperaturgradient: die Abnahme der Temperatur eines gesättigten, feuchtadiabatisch aufsteigenden Luftquantums. Der feuchtadiabatische Temperaturgradient ist kleiner als der ↑trockenadiabatische Temperaturgradient, da die bei der Kondensation frei gewordene Wärme der trockenadiabatischen Abkühlung beim Aufsteigen entgegenwirkt. Er beträgt bei hohen Temperaturen (großer Sättigungsdampfdruck) etwa 0,4 K pro 100 m Höhendifferenz und nähert sich bei tiefen Temperaturen 1 K pro 100 m, d.h. dem trockenadiabatischen Temperaturgradienten.

feuchtbaroklines Modell: ↑numerisches Modell, das von einer baroklinen Atmosphäre ausgeht und die Feuchte als vorherzusagenden Parameter mitführt. Ein f. M., das im Deutschen Wetterdienst entwickelt wurde und seit 1978 im Einsatz ist, ist ein 9-Schichten-Modell mit einem Gitterabstand von 254 km in 60° Breite (in stereographischer Projektion). Das Integrationsgebiet ist ein großes, bis etwa 10° n. Br. reichendes Achteck. Durch die Verdichtung des Gitternetzes in der Horizontalen und Vertikalen ermöglicht es eine wesentlich verfeinerte Erfassung der physikalischen Prozesse gegenüber dem älteren baroklinen Modell. So sucht man Konvektion, Wolken- und Niederschlagsbildung, kurz- und langwellige Strahlungsvorgänge in der freien Atmosphäre und am Boden, v. a. aber die Prozesse in der atmosphärischen Grenzschicht mit den turbulenten Vertikalflüssen von Wärme, Feuchte und Impuls mit besonderer Sorgfalt durch Modellierung oder Parametrisierung zu erfassen.

Feuchte [Syn.: Feuchtigkeit]: Gehalt eines Stoffs, z.B. der Luft (↑Luftfeuchte), an Wasser oder Wasserdampf.

Feuchtediagramm: graphische Darstellung mit linearer Temperaturskala als Abszisse und linearer Skala des Dampfdrucks als Ordinate. Die Linien gleicher relativer Feuchte ergeben dabei eine von links unten nach rechts oben ansteigende und auseinanderstrebende Kurvenschar, die Linien gleicher ↑Äquivalenttemperatur verlaufen von rechts unten nach links oben. Außerdem sind ↑Taupunkt und ↑Feuchttemperatur angegeben. An den Schnittpunkten lassen sich die jeweils zusammengehörigen Werte der Temperatur und der Feuchtegrößen ablesen.
Das F. wird u. a. für die Abgrenzung von Behaglichkeitsbereichen verwendet.

Feuchtefaktor: klimatischer Index, verwendet bei der Klimaklassifikation zur Charakterisierung der Niederschlagsverhältnisse; z. B. der ↑Regenfaktor oder der ↑Ariditätsfaktor.

Feuchtegefälle [Syn.: Feuchtegradient]: die vertikale bzw. horizontale Abnahme der Luftfeuchtigkeit. Da die bodennahe Luft im allg. um so mehr Wasserdampf enthält, je wärmer sie ist, besteht im Mittel ein F. von den wärmeren zu den kälteren Gebieten, d.h. vom Äquator polwärts und in der Vertikalen vom Boden aufwärts. Ausnahmen bilden wegen fehlender Verdunstung die Wüstengebiete.
Im einzelnen ist das F. auch von der Wetterlage abhängig, wie die unterschiedliche Ausbildung von Dunst, Nebel, Hochnebel, Wolken und Tau zeigt. Die vertikale Struktur des F.s hat besondere Bedeutung für die Ausbreitung und Reichweite von Radarwellen.

Feuchteinversion: markante Änderung der Feuchte in der Höhe, ohne daß die vertikale Temperaturverteilung eine ↑Inversion erkennen läßt.

Feuchtemessung [Syn.: Hygrometrie]: übergeordneter Begriff für Methoden zur Bestimmung des Wasserdampfanteils der Luft für die wichtigen Meßgrößen absolute, relative und spezifische Feuchte, Dampfdruck, Sättigungsdampfdruck, Sättigungsdefizit, Taupunkt, Mischungsverhältnis und Sättigungsmischungsverhältnis. Die Geräte zur F. heißen ↑Hygrometer, ihre selbsttätig registrierenden Ausführungen ↑Hygrographen.

Die verschiedenen Meßmethoden beruhen auf der hygroskopischen (wasseraufnehmenden) Eigenschaft von Stoffen (↑Absorptionshygrometer, ↑Lithiumchloridhygrometer), auf der durch Feuchteeinwirkung hervorgerufenen Längenänderung menschlicher oder tierischer Haare (↑Haarhygrometer) bzw. ↑Pernixhaare, auf der durch Verdunstung von Wasser verursachten Abkühlung (↑Psychrometer), auf der Bestimmung der Luftfeuchte aus der Taupunkttemperatur (↑Kondensationshygrometer, ↑Taupunkthygrometer), auf der Änderung der elektrischen Leitfähigkeit infolge Absorption von Wasserdampf (↑Elektrolythygrometer) oder auf der kapazitiven Änderung der Dielektrizität in Abhängigkeit von der Feuchte der Umgebungsluft (↑Kapazitätsfeuchtefühler). Die F. kann auch mit Hilfe der Verdunstungsmessung durchgeführt werden, d. h. durch Bestimmung der bei Verdunstung hervorgerufenen Gewichtsänderung einer Flüssigkeitsmenge.

feuchter Dunst: Bez. für ↑Dunst bei einer relativen Luftfeuchte von $\geq 80\%$; eine sichtmindernde Trübung der Luft, die teils durch mikroskopisch kleine Wassertröpfchen, teils durch hygroskopische Partikel, aber auch durch feste Teilchen verursacht wird. Charakteristisch ist eine milchiggraue Färbung. Bei starkem feuchtem Dunst liegt die Sichtweite zwischen 1 und 2 km. F. D. stellt somit ein Übergangsstadium zwischen Dunst und Nebel dar.

feuchtes Thermometer: Thermometer mit während des Meßvorgangs feucht gehaltenem Thermometergefäß; einer der beiden Hauptbestandteile des ↑Psychrometers.

Feuchtigkeitskoeffizient: nach einem Vorschlag von A. K. Ångström ein Maß für die Feuchtigkeit eines Klimas: $F = N/1{,}07^T$ (N = Niederschlagshöhe in cm, T = Lufttemperatur in °C; beide Größen als Mittelwerte für den gleichen Zeitraum).

feuchtindifferent: nennt man eine bestimmte Art der Luftschichtung (↑Schichtung).

feuchtlabil: nennt man eine bestimmte Art der Luftschichtung (↑Schichtung).

Feuchtluftwüste: svw. ↑Nebelwüste.

feuchtpotentielle Temperatur: svw. ↑potentielle Feuchttemperatur.

feuchtstabil: nennt man eine bestimmte Art der Luftschichtung (↑Schichtung).

Feuchttemperatur: in der Meteorologie die Temperatur, die ein feuchtes Thermometer (↑Psychrometer) anzeigt; die F. ist eine von Lufttemperatur und Luftfeuchte abhängige Größe. – ↑auch psychrometrische Differenz.

Feuchtzeit: svw. ↑Regenzeit.

Feuersicht [Syn.: Nachtsicht]: die bei Nacht bestimmte größte Entfernung, in der Lichter (am günstigsten Punktlichtquellen) von mäßiger Lichtstärke (Leistungsaufnahme etwa 40 W) gerade noch gesichtet und identifiziert werden können.

Die F. kann durch die Beleuchtung der Umgebung und durch Blendeffekte merklich beeinflußt werden; infolgedessen ist es zweckmäßig, die F. im Freien und von einem dunklen Platz aus zu bestimmen.

FGGE, das [ɛfge:ge:ˈe:]: Abk. für engl. **First GARP Global Experiment;** das erste globale Experiment des ↑GARP, dessen operationelle Phase vom 1. Dezember 1978 bis 30. November 1979 mit Schwerpunkten (↑SOP) vom 5. Januar bis 5. März und vom 1. Mai bis 30. Juni 1979 stattfand.

Das FGGE, das unter Beteiligung zahlreicher Länder durchgeführt wurde, war das bisher größte internat. meteorologische Forschungsvorhaben. Es hatte zum Ziel, die atmosphärischen Bewegungen als Voraussetzung für die Entwicklung realistischerer Vorhersagemodelle genauer zu erforschen, ferner die äußersten Grenzen der Vorhersagbarkeit der Wetterentwicklung abzuschätzen, bessere Methoden der Verwertung meteorologischer Beobachtungen, insbes. asynoptischer Daten, für Analysen zu entwickeln und ein optimal zusammengesetztes meteorologisches Beobachtungssystem für die routinemäßige numerische Wettervorhersage zu entwerfen.

Zu diesem Zweck wurde versucht, die Lücken des bestehenden weltweiten meteorologischen Beobachtungsnetzes soweit wie möglich zu schließen. Dazu wurden z. B. in den tropischen Bereich der Ozeane rund 40 Forschungs- und Beobachtungsschiffe entsandt, mehr als 300 Flugzeugeinsätze geflogen, über 300 langlebige Schwebeballons (↑Constant-level-balloon) zur Ermittlung der Luftströmung in höheren Niveaus gestartet, in der Südhemisphäre etwa 300 driftende automatische Bojen zur Wetterbeobachtung ausgesetzt und schließlich das konventionelle Beobachtungsnetz durch den verstärkten Einsatz meteorologischer Satelliten ergänzt.

Für die Sammlung und Auswertung der gewonnenen umfangreichen Daten wurde ein kompliziertes, auf viele Länder und Institutionen verteiltes Datenmanagementsystem organisiert. Die vollständigen globalen Datensätze bilden eine bisher einzigartige Grundlage für die Forschungs- und Entwicklungsarbeiten. Hieran beteiligen sich mehr als 150 wiss. Institutionen mit rund 300 Forschungsprojekten.

Filter: in der ↑numerischen Wettervorhersage Rechenverfahren, die geeignet sind, den ↑meteorologischen Lärm in den Vorhersagerechnungen zu unterdrücken. Bei ↑gefilterten Modellen ist die Filterung des meteorologischen Lärms durch die Verwendung der Vorticity-Gleichung als Vorhersagegleichung sichergestellt.

Bei Verwendung von ungefilterten Modellen mit den ↑primitiven Gleichungen kann die Filterung nur im Anfangszustand durch sorgfältige ↑Initialisierung erfolgen. In der Vertikalen sorgt die Verwendung der statischen Grundgleichung für die Filterung des meteorologischen Lärms.

Filterung [Syn.: numerische Filterung]: in der *Klimaforschung* angewandtes statistisches Verfahren zur ↑Glättung von meteorologischen Zeitreihen, je nach Anwendungszweck mittels Unterdrükkung oder Hervorhebung der Schwankungsanteile unterschiedlicher Periodizität bzw. Frequenz.

Mit Hilfe der F. sollen Trends sichtbar gemacht und Gesetzmäßigkeiten in klimatologischen Beobachtungsreihen aufgefunden werden. Die am häufigsten angewandten F.sverfahren sind ↑Bandpaßfilterung, ↑Hochpaßfilterung und ↑Tiefpaßfilterung.

Firn, der [zu ahd. firni = alt]: alter, mehrjähriger Schnee des Hochgebirges, der durch vielfaches Auftauen und Wiedergefrieren körnig geworden ist. Mit fortschreitender Verfirnung (von der Oberfläche nach der Tiefe zu) werden die Firnkörner immer größer, die lufterfüllten Zwischenräume verschwinden langsam, aus wasserdurchlässigem F. wird wasserundurchlässiges **Firneis.** Das milchige Firneis geht schließlich unter zunehmendem Druck in **Gletschereis** über.

Firnlinie: die Schneegrenze auf einem Gletscher, bis zu der der Schnee des letzten Winters im Sommer wegschmilzt und der Gletscher ausapert (schneefrei wird); sie liegt etwa 100 m tiefer als die Schneegrenze im unvergletscherten Nachbargebiet, da der Gletscher temperaturerniedrigend wirkt.

Die F. trennt beim Gletscher das Nährgebiet (oberhalb) vom Zehrgebiet.

Die F. ist identisch mit der ↑klimatischen Schneegrenze.

First GARP Global Experiment, das ['fə:st 'gɑ:p 'gloʊbl 'ɪks'pɛrɪmənt]: ein internat. meteorologisches Forschungsvorhaben (↑FGGE).

Fixpunkt [aus lat. fixus = angeheftet, befestigt ‖ Syn.: Fundamentalpunkt]: mit großer Konstanz und Genauigkeit physikalisch realisierbarer Zustand eines Körpers, dem je nach verwendeter Temperaturskala ein bestimmter Temperaturwert in eindeutiger und reproduzierbarer Weise zugeordnet wird. Die F.e der Celsius-Skala sind 0 °C (schmelzendes Eis) und 100 °C (siedendes Wasser).

Fjørtoft-Methode ['fjø:...]: eine von R. Fjørtoft entwickelte Methode zur Vorhersage der 500-hPa-Fläche durch Integration der barotropen Vorticity-Gleichung auf graphischem Weg. Fjørtoft führt dabei alle Arbeitsgänge, die zur Berechnung einer Vorhersage der 500-hPa-Fläche nötig sind, auf eine Serie einfacher graphischer Additionen, Subtraktionen und Verlagerungen zurück.

Die Bedeutung der Methode liegt darin, daß man ohne Hilfe von Rechenanlagen die für ein sehr einfaches numerisches Modell notwendigen Berechnungen mit manuellen Arbeitsgängen und erträglichem Zeitaufwand durchführen kann.

FL, der [ɛf'ɛl]: Abk. für: Flight level (↑Flugfläche).

Flächenblitz: der Widerschein eines Linienblitzes an Wolken; der Eindruck eines F.es kann auch durch eine Büschelentladung, d. h. eine selbständige elektrische Gasentladung (wie etwa beim ↑Elmsfeuer), entstehen. Das Auftreten echter Flächenentladungen ist umstritten.

Flächenniederschlag: Bez. für Niederschläge, die gleichzeitig über einem größeren Areal fallen (↑Landregen); vereinzelt auch Bez. für Niederschläge auf einer bestimmten Fläche, z. B. dem Einzugsgebiet eines Flusses (↑Gebietsniederschlag).

Flaute: in der Seemannssprache svw. ↑Windstille.

Flight level, der ['flaɪt 'lɛvl]: svw. ↑Flugfläche.

Flimmern: durch Überhitzung der bodennahen Luft infolge starker Sonneneinstrahlung hervorgerufene Erscheinung, die v. a. bei Windstille über wenig bewachsenen Bodenflächen (Sand, Heide), über Straßen oder Eisenbahndämmen zu beobachten ist.

Die Ursache liegt in vom Boden aufsteigenden Paketen warmer Luft, die sich von ihrer Umgebung durch Dichte und Brechzahl unterscheiden. Diese als **Schlieren** bezeichneten räumlich begrenzten Bereiche verschiedener Dichte verändern ständig die Brechungsverhältnisse längs der Bahn eines Sehstrahles.

floccus [lat. = Flocke, Faser]: substantivischer Zusatz zu den Namen der Wolkengattungen Cirrus, Cirrocumulus und Altocumulus mit der Bedeutung „flokkenartig". Bei dieser Wolkenart sieht jede Einzelwolke wie ein kleiner, cumulusähnlicher Bausch aus, dessen unterer Teil stark ausgefranst ist, wobei häufig Fallstreifen (↑virga) auftreten.

Wolken der Art f. deuten auf Labilität in der Höhe hin und können Vorboten eines Gewitters sein.

Floridastrom: aus dem Karibischen Meer kommende warme Meeresströmung; durchfließt die Floridastraße und verläuft von dort nordwärts entlang der nordamerikanischen Küste bis auf Höhe von Kap Hatteras; vereinigt sich mit dem Antillenstrom zum Golfstrom.

Flügelradanemometer: Instrument zur Messung geringer Windgeschwindigkeiten. Im Gegensatz zum ↑Schalenkreuzanemometer hat das F. ein aus konzentrisch um eine Drehachse angeordnetes, aus schrägstehenden Platten bestehendes Flügelrad (Windrad) als Meßelement (Windgeber).

Die Umdrehungsgeschwindigkeit des Flügelrades ist von der Windrichtung abhängig. Aufgrund dieser Eigenschaft ist die meteorologische Verwendbarkeit des F.s stark eingeschränkt. Es wird daher nur zur Messung kleiner Windgeschwindigkeiten in der Größenordnung von 1 m/s bei bekannter Windrichtung benutzt (hpts. Messung von geringen Strömungsgeschwindigkeiten im Windkanal und in Rohrleitungen von Heizungs- und Lüftungsanlagen).

Flugfläche [Syn.: Flight level (Abk.: FL)]: im *Flugbetrieb* zur Höhenangabe während des Reiseflugs verwendete Bez. für Flächen konstanten Luftdrucks, die auf den Druckwert 1013,25 hPa (Druck in Meereshöhe gemäß der internat. festgelegten ICAO-Atmosphäre) bezogen sind (Einstellung der Höhenmessersubskala). Die Angabe erfolgt in 100 Fuß (Feet); FL 250 bedeutet z. B. 25000 Fuß über dem Niveau, in dem der Luftdruck 1013,25 hPa beträgt.

Flughafenbezugstemperatur: an Flughäfen das mittlere tägliche Temperaturmaximum des wärmsten Monats, d.h. des Monats mit der höchsten Mitteltemperatur (an dt. Flughäfen: Juli); dient als Eingangsgröße in flugmeteorologischen Planungen und Berechnungen (maximale Nutzlast, Länge des Startweges).

Flughafenwettervorhersage [Syn.: Flugplatzvorhersage]: die an einem Flughafen in einem bestimmten Vorhersagezeitraum zu erwartende Wetterentwicklung; enthält nach dem TAF-Code in verschlüsselter Form Vorhersagen der meteorologischen Elemente Wind, Sicht, Wetter und Bewölkung für 9 bzw. 18 Stunden, wobei der Vorhersagezeitraum unterteilt wird, wenn Änderungen des Wetterzustandes erwartet werden.

Flugklimatologie: Teildisziplin der Aeroklimatologie; umfaßt die anwendungsorientierte Bearbeitung und Darstellung von aeroklimatologischen Daten und flugklimatologischen Parametern in Form von Gutachten und Expertisen für Beratungsaufgaben und andere praktische Bedürfnisse der Luftfahrt, z.B. Flugplatz- und Flugstreckenplanung.

Einzelbearbeitungen zur Versorgung der Luftfahrt mit aufbereiteten Daten und Arbeitsunterlagen sind beispielsweise Statistiken über Windrichtung und -geschwindigkeit, Äquivalentwind, Scherwind, Lufttemperatur, Flughafenbezugstemperatur, Schlechtwetterbedingungen, Ausweichhafengüte, Landebahnsicht, Ceiling (Hauptwolkenuntergrenze) und Luftdruck (für die barometrische Navigation).

„Verbraucher" von flugklimatologischen Bearbeitungen sind Flughafen- und Fluggesellschaften, die Luftfahrtindustrie, Flugsicherheitsbehörden, das Luftfahrtbundesamt, flugwiss. Institute, der allg. Luftverkehr und Aeroclubs.

Flugmeteorologie [Syn.: aeronautische Meteorologie]: Teilgebiet der Meteorologie, das sich mit der Anwendung meteorologischer Erkenntnisse auf die Belange der Luftfahrt befaßt; hierzu zählen u. a. Forschungen auf den Gebieten der Wolkenphysik (Vereisung, Nebel), Turbulenz (Thermik, Windscherung, Wirbelschleppen, Clear-air-Turbulenz), Luftströmungen über Gebirgen (Leewellen), Luftelektrizität und Strahlströme, ferner flugklimatologische Untersuchungen für wichtige Flugstrecken, Verkehrsflughäfen und Landeplätze sowie der Flugwetterdienst. – ↑auch Flugklimatologie.

Flugplatzvorhersage: svw. ↑Flughafenwettervorhersage.

Flugsicht: Sichtweite in Flugrichtung aus dem Cockpit eines Flugzeugs. Hierbei wird die durch die atmosphärischen Bedingungen bestimmte und in Entfernungen ausgedrückte Fähigkeit, tagsüber herausragende unbeleuchtete und nachts auffällige beleuchtete Objekte zu sehen und zu identifizieren, als Sichtdefinition zugrunde gelegt.

Flugwetterberatung: Bez. für die nach Vorschriften der ↑ICAO an Flugleitung, Luftfahrzeugführer und Luftverkehrsgesellschaften in mündlicher (↑Briefing) oder schriftlicher (tabellarischer oder kartenmäßiger) Form zur Verfügung gestellten meteorologischen Informationen; insbes. Start- und Landewetterbedingungen (einschl. des Wetters an Ausweichflugplätzen), Wetterlage und Entwicklung auf der Flugstrecke, Höhenwinde und Temperaturen für den Steig-, Reise- und Sinkflug, Höhe und Temperatur der Tropopause, Lage und Intensität von Starkwindfeldern sowie Warnungen vor signifikanten Wettererscheinungen.

Der F.sdienst wird an den ↑Flugwetterwarten von lizenzierten Wetterberatern durchgeführt, denen auch die Ausgabe von TAF- und TREND-Meldungen obliegt.

Die F. für die allg. Luftfahrt (Sport- und private Luftfahrt) erfolgt bei Starts auf Landeplätzen, an denen keine Flugwetterwarte eingerichtet ist, auf Anforderung des Piloten telefonisch oder per Fernschreiber durch die den Landeplätzen zugeteilten Flugwetterwarten, an denen auch die **automatische Flugwetteransage** (AFWA), die nach dem ↑GAFOR-Code verschlüsselte Vorhersage der Sichtflugmöglichkeiten, telefonisch abgerufen werden kann.

Flugwetterdienst: Teil des praktischen Wetterdienstes zur Sicherung der Luftfahrt; umfaßt die wetterdienstliche Versorgung des Flughafens (Wetterbeobachtungs-, Vorhersage- und Warndienst), des davon ausgehenden Luftverkehrs (Wetter auf der Strecke und am Zielhafen) und der Dienststellen zur Flugsicherung.

Die ↑Flugwetterberatung ist dabei eine wichtige Aufgabe der ↑Flugwetterwarten, während die erforderlichen meteorologischen Flugunterlagen (Analysen und Vorhersagekarten) aufgrund internat. Vereinbarungen (↑ICAO) von Gebietsvorhersagezentralen für die Luftfahrt (↑AFC) erstellt und über Bildfunk verbreitet werden.

Flugwetterwarte: meteorologische Station an Flughäfen; neben dem normalen Instrumentarium der Wetterstationen besitzt die F. eine Sonderausstattung mit Radargerät, Satellitenbildempfangsanlage, Faksimile- und Fernschreibgeräten sowie nach den Vorschriften der ↑ICAO für den „Allwetterflugbetrieb" je nach Betriebsstufe im Bereich der Landebahn Transmissometer, Ceilometer und Anemometer.

Wichtige *Aufgaben* der F. sind die ständige Wetterbeobachtung am Flugplatz (Landebahnbeobachtung), die flughafenintern den Nutzern (Flugsicherung, Luftverkehrsgesellschaften, Flughafenhalter) unmittelbar zugeleitet oder zugänglich gemacht und außerhalb des Flughafens halbstündlich nach internat. Schlüssel über ↑MOTNE und ↑VOLMET sowie stündlich als ↑SYNOP-Meldung verbreitet wird, ferner die Abgabe von Sonderwettermeldungen beim Erreichen oder Durchschreiten flugbetrieblich wichtiger Grenzwerte von Wind, Sicht/Landebahnsicht, Wetter und Wolken, die Überwachung von **AS-DUV** (**a**utomatisches **S**ystem zur **D**atenerfassung **u**nd **V**erbreitung an Flughäfen), das alle wichtigen meßbaren meteorologischen Elemente erfaßt und über Sicht- und Registriergeräte an die Nutzer übermittelt, die Abgabe von Warnungen vor signifikanten Wettererscheinungen und die Durchführung der ↑Flugwetterberatung.

Flugzeugaufstieg: in der *Meteorologie* ein mit einem Wetterflugzeug durchgeführter ↑aerologischer Aufstieg; dabei werden Luftdruck, Temperatur und Feuchte durch einen unter den Tragflächen befestigten ↑Meteorographen registriert sowie Dunstschichten, Wolkenformen, Vertikalbewegungen (Böigkeit) und Vereisung visuell beobachtet.

Im Routinedienst ist der F. weitgehend durch Radiosondenaufstiege verdrängt worden, in der aerologischen Forschung bildet er aber weiterhin ein Hilfsmittel.

Flugzeugmeldung: Wettermeldung, die von einem Flugzeug abgegeben wird. Man unterscheidet regelmäßige F.en, die als ↑AIREP bezeichnet werden, und besondere F.en, die nur bei Vorliegen bestimmter Wetterbedingungen (Vereisung, Turbulenz, Gewitter und Hagel) über Sprechfunk abgesetzt werden.

Flugzeugvereisung ↑Vereisung.

Flurwind: thermisch bedingte kleinräumige Ausgleichsströmung; entsteht durch horizontale Temperaturdifferenzen zwischen benachbarten Gebieten (Stadt/Umland); allg. schwach ausgeprägt und zum wärmeren Gebiet (Stadt) hin gerichtet; die Strömung erfolgt meist schubweise mit einer vertikalen Mächtigkeit von einigen Metern, hpts. in den Abend- und Nachtstunden.

Flüssigkeitsbarometer: Instrument zur Luftdruckmessung; gemessen wird das auf die Flächeneinheit bezogene Gewicht einer dem Luftdruck das Gleichgewicht haltenden Flüssigkeitssäule. Als Meßflüssigkeit wird meist Quecksilber verwendet. – ↑Fortin-Barometer, ↑Gefäßbarometer, ↑Gefäßheberbarometer, ↑Heberbarometer, ↑Quecksilberbarometer.

Flüssigkeitsthermometer: Sammelbez. für eine Gruppe von Thermometern, die als Meßfühler eine Flüssigkeit (als **Meß-** oder **Thermometerflüssigkeit** bezeichnet) verwenden, und zwar Quecksilber (↑Quecksilberthermometer) oder Alkohol, z. B. Amyl-, Äthylalkohol, Toluol bzw. Weingeist (↑Alkoholthermometer).

Das Meßprinzip beruht auf der temperaturabhängigen Längenausdehnung des Fadens der Thermometerflüssigkeit.

F. bestehen aus einem kleinen Glaskolben (Thermometergefäß) zur Aufnahme der Thermometerflüssigkeit und einer angeschmolzenen Glaskapillare, in die die Meßflüssigkeit je nach Temperatur verschieden weit hineinragt. Die Temperatur wird an einer Temperaturskala abgelesen.

Flüssigwassergehalt: svw. ↑Wassergehalt.

Flußrauch: ein Verdunstungsnebel (↑Nebelklassifikation), der ähnlich wie der ↑Seerauch entsteht.

Föhn [altes Lehnwort aus lat. favonius = Frühlingswind]: warmer, trocke-

ner und meist stark böiger Fallwind auf der N-Seite **(Süd-F.)** bzw. S-Seite **(Nord-F.)** der Alpen, allg. auf der Leeseite hoher Gebirge. Er entsteht, wenn Luft ein Gebirge überströmt, wobei sich die im Luv aufsteigende Luft zunächst trockenadiabatisch (um rund 1 K pro 100 m), nach Erreichen des Kondensationsniveaus feuchtadiabatisch (um 0,65 K pro 100 m) abkühlt. Nach Überqueren des Gebirgskamms erwärmt sich die absteigende Luft unter Wolkenauflösung trockenadiabatisch um rund 1 K pro 100 m und kommt deshalb im gleichen Niveau im Lee erheblich wärmer an als am Ausgangspunkt im Luv.
Je höher die überströmten Gebirgszüge, um so ausgeprägter sind die F.erscheinungen. Der Süd-F. bringt gewöhnlich höhere Temperaturanstiege (infolge höherer Ausgangstemperatur), während der Nord-F. mehr durch seine Trockenheit charakterisiert ist.
Das Auftreten von F. ist an eine bestimmte Luftdruckverteilung mit charakteristischer Isobarendeformation (↑ Föhnnase) und die daraus resultierende Windverteilung gebunden: Der Süd-F. der Alpen tritt bei Winden aus südlicher Richtung, der Nord-F. bei Winden aus nördlicher Richtung auf.
Föhnige Winde treten auch an niedrigeren Gebirgen, z. B. den dt. Mittelgebirgen, auf. – ↑ auch Föhnkrankheit.
Föhnkeil: svw. ↑ Föhnnase.
Föhnkrankheit: Bez. für bestimmte Gesundheits- oder Befindensstörungen beim Auftreten von Föhn auf der N-Seite der Alpen bis etwa zur Donau, v. a. in der Vorföhnsituation, wenn der Föhn noch nicht bis zum Talboden vorgedrungen ist; spezielle Variante der Wetterfühligkeit. Allg. Symptome sind Mattigkeit, Beklommenheit, Unruhe, Reizbarkeit, Arbeitsunlust, Konzentrationsschwäche, Migräne und Schlafstörungen.
Föhnlücke: auf der Leeseite von Gebirgen bei Föhn oder föhnartigen Erscheinungen zu beobachtende Wolkenauflösung (ganz oder teilweise). – Abb. S. 183.
Föhnmauer: bei Föhn von der Leeseite eines Gebirges aus zu beobachtende mächtige Wolkenbank über dem Gebirgskamm, die durch die Staubewölkung der Luvseite gebildet wird. – Abb. S. 183.
Föhnnase [Syn.: Föhnkeil]: für den Alpenföhn charakteristische Isobarendeformation in Form eines Keils, der bei Nordföhn nördlich des Alpenhauptkamms von W nach O, bei Südföhn südlich des Hauptkamms von O nach W gerichtet ist.

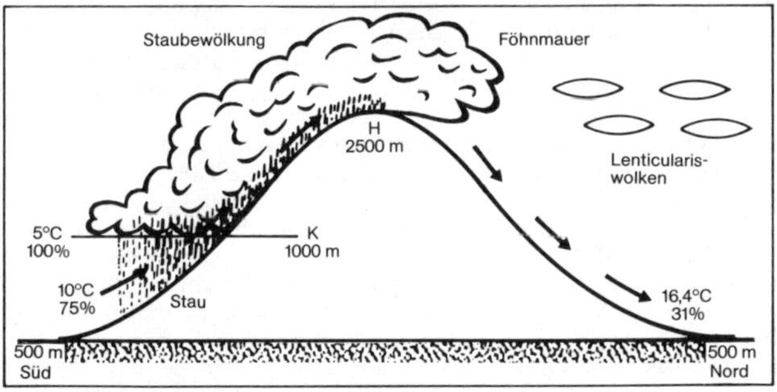

Föhn. Schematische Darstellung. K Kondensationsniveau, H Scheitelhöhe des Gebirges; Luftfeuchte in %

Föhnwellen: bei einer Föhnlage auftretende ↑ Leewellen.
Föhnwolken: linsenförmige Wolken (↑ lenticularis), die sich bei Föhn im Lee von Gebirgen bilden; sie sind ortsfest und parallel zum Gebirge angeordnet.
Forstmeteorologie: Teilgebiet der Biometeorologie, das sich mit den Einwirkungen von Wetter, Witterung und Klima auf Forstkulturen befaßt (z. B. Windwurf, Schneebruch, Dürre, Fröste und Waldbrände, Pflanzenkrankheiten, Auftreten von Schädlingen). Anderer-

seits werden die Auswirkungen des Waldes auf Klima (Waldklima) und Wasserhaushalt sowie die Schutzfunktionen (Windschutz, Klimaschutz) untersucht.

Fortin-Barometer [fɔr'tɛ̃:...]: von M. Fortin konstruiertes transportables Quecksilberbarometer (Flüssigkeitsbarometer); Typ eines ↑Gefäßbarometers mit feststehender Meßskala und einem durch eine Schraube von unten her verschiebbaren ledernen Gefäßboden, wodurch die Höhe des unteren Quecksilberspiegels auf die Höhe eines festen Stahl- oder Elfenbeinzeigers, den Nullpunkt der Skala, eingestellt werden kann.

Das F.-B. wurde früher häufig zu aerologischen Messungen und auf Expeditionen verwendet. – Abb. S. 183.

Fourier-Analyse [fu'rje... ‖ Syn.: harmonische Analyse]: von J. Baron de Fourier entwickeltes *mathematisches Verfahren* zur Zerlegung eines periodischen Vorgangs in seine Grundschwingung und deren Oberschwingungen. Die F.-A. beruht auf der Voraussetzung, daß jede noch so komplexe periodische Schwingung durch Reihen von einfachen, regelmäßigen Wellenbewegungen (Sinusschwingungen) dargestellt werden kann, deren Summe wieder die ursprüngliche komplexe periodische Schwingung ergibt. Die Amplituden und Phasen der Partialschwingungen werden durch numerische Integration bestimmt. Mit Hilfe der F.-A. sollen die den Einzelbeobachtungen anhaftenden Zufälligkeiten von den rein periodischen Vorgängen getrennt werden.

In der *Meteorologie* wird die F.-A. überall dort angewendet, wo periodische Vorgänge eine Rolle spielen, z. B. bei der Analyse des Tages- oder Jahresgangs der Lufttemperatur oder des Luftdrucks.

fractus [lat. = gebrochen]: adjektivischer Zusatz zu den Namen von Wolkengattungen mit der Bedeutung „fetzenartig"; bezeichnet die Wolkenart der Gattungen Cumulus bzw. Stratus.

Frankfurter Schule: Meteorologenschule an der Universität in Frankfurt am Main (markanteste Vertreter waren G. Stüve und R. Mügge), die sich v. a. in den 20er und 30er Jahren unseres Jahrhunderts intensiv mit dem Problem der Steuerung befaßte. Ihre Auffassung stand dabei in scharfem Gegensatz zur norwegischen ↑Polarfronttheorie. Während nämlich die Norweger davon ausgingen, daß alle frontalen Störungen einen selbständigen Charakter haben und durch Labilitäten an der Polarfront – also in der Troposphäre – verursacht werden, legte die F. Sch. den Ursprung aller troposphärischen Störungen in die Stratosphäre.

Freiballon: frei fliegender, nicht am Boden verankerter Ballon; hergestellt aus beschichteten Geweben oder folienartigen Materialien, gefüllt mit einem Gas, das leichter als Luft ist, oder mit Heißluft.

F.s steigen aufgrund des Dichteunterschiedes zur umgebenden Luft auf und werden mit der Luftströmung fortgetragen. Sie waren das erste Hilfsmittel der aerologischen Forschung (1784).

freie Atmosphäre: Bez. für die Schichten der Atmosphäre, die nicht mehr dem unmittelbaren Einfluß der Erdoberfläche unterliegen. Die f. A. reicht nach unten bis zur Obergrenze der ↑atmosphärischen Grenzschicht (im Mittel bei 1 000 m), nach oben ist sie offen.

freier Föhn: nicht ganz zutreffende Bez. für absinkende Luftbewegungen innerhalb eines Hochdruckgebietes (↑Absinken), die zu föhnartiger Erwärmung und Austrocknung der Luft oberhalb der ↑Absinkinversion führen.

F. F. kann im antizyklonalen Vorstadium eines Föhns vorkommen, hat aber mit dieser, an ein Gebirge gebundenen Luftströmung unmittelbar nichts zu tun.

Freilandklima: Bez. für die klimatischen Verhältnisse in einem offenen Gelände, in dem Ein- und Ausstrahlung ungehindert stattfinden; im Bereich der Normierung (DIN-Normen) auch als **Freiluftklima** bezeichnet und als ungehinderte Einwirkung aller gebietsüblichen Klimaeinflüsse auf Objekte definiert.

Freiwilliges Kooperationsprogramm ↑UNDP.

fremdbürtige Witterung: svw. ↑allochthone Witterung.

Frigorigraph, der [lat. frigus, frigoris = Kälte und ↑-graph]: von H. Pfleiderer entwickelter Probekörper (doppelwandige Kupferhohlkugel) zur Ermittlung der Wärmeabgabe des unbekleideten Menschen. In Umkehrung des Meßprinzips beim ↑Frigorimeter ist die Wärmebildung (Aufheizung) konstant und die Oberflächentemperatur der Kugel (Hauttemperatur) variabel. Die kontinuierlich aufgezeichnete Oberflächentemperatur stellt sich als Ergebnis von Heizung, Lufttemperatur, Windstärke, Ein- und Ausstrahlung ein.

Frigorimeter, das [lat. frigus, frigoris = Kälte und ↑-meter ‖ Syn.: Davoser Frigorimeter]: in der *Bioklimatologie* verwendetes, von C. Dorno, Gründer und Leiter des Physikalisch-Meteorologischen Observatoriums in Davos, entwickeltes Gerät zur Bestimmung der mittleren ↑Abkühlungsgröße.

Meßprinzip: Bestimmung der Wärmemenge, die nötig ist, um eine sich abkühlende, als Probekörper fungierende schwarze Kupfervollkugel (Durchmesser: 7,5 cm) auf konstanter Temperatur von 36,5 °C (annähernd die Hauttemperatur des Menschen) zu halten. Die zur Einhaltung dieser Temperatur notwendige Wärmezufuhr (mittels Heizstrom) entspricht derjenigen Wärmemenge, die der Kugel durch Abkühlung entzogen wird. Das Produkt aus Heizzeit und Stromstärke ist ein Maß für die mittlere Abkühlungsgröße.

Front, die [von lat. frons, frontis = Stirn(seite); vordere Linie]: ursprünglich in der norwegischen ↑Polarfronttheorie definiert als die Schnittlinie einer ↑Frontfläche, die zwei unterschiedliche Luftmassen trennt, mit der Erdoberfläche.

Wegen Schwierigkeiten bei der Anwendung dieser Definition in der Praxis gab es mehrfach Versuche zur Neudefinition des Begriffs. Als in der Praxis am besten anwendbare Definition hat sich diejenige von R. Scherhag erwiesen, die – in enger Anlehnung an die ursprüngliche Definition – zwei Bedingungen nennt, die erfüllt sein müssen, wenn eine Störungslinie als F. bezeichnet werden soll: 1. eine Luftmassengrenze und 2. eine mit dieser zusammenfallende Konvergenz am Boden.

frontal [zu ↑Front]: eine Front betreffend, von einer Front ausgehend.

Frontalband [Syn.: Frontalwolkenband]: ein Band mehr oder weniger geschlossener Bewölkung, durch das eine Front (meist eine Kaltfront) in einer Satellitenaufnahme zu erkennen ist. Das Band hat eine Breite von etwa 300 km, besitzt häufig, v. a. auf der Rückseite, eine scharfe Begrenzung und besteht meist aus gemischten Wolkenformen. Die Dichte des Bandes entspricht der Intensität der Front. Durchbrochene, unregelmäßige Bänder aus meist cumulusartiger Bewölkung kennzeichnen schwache und quasistationäre Fronten.

Frontalfläche: svw. ↑Frontfläche.

Frontalwelle: Anfangsstadium einer ↑Frontalzyklone. An einer quasistationären oder sich nur langsam verlagernden Front entwickeln sich, bedingt durch zufällige Ungleichförmigkeiten in der Strömungs- oder Temperaturverteilung, manchmal auch durch orographische Einflüsse, kleine Deformationen, die sich zunächst wellenförmig längs der Front (in Richtung der Höhenströmung) verlagern.

F.n an Kaltfronten oder quasistationären Fronten sind meist labil, d. h., ihre Amplitude vergrößert sich stetig; sie gehen dann in Frontalzyklonen über.

F.n können auch an Warmfronten entstehen; sie sind dann oft stabil und lösen sich bald wieder auf.

Frontalwolkenband: svw. ↑Frontalband.

Frontalzone: Zone im Bereich einer Front oder eine Zone, in der bevorzugt Fronten entstehen. Der Begriff wird in der Meteorologie unterschiedlich angewendet. Ursprünglich von T. Bergeron geprägt, wird er auf die Übergangszone zwischen zwei unterschiedlichen Luftmassen bezogen. Bergeron definiert **Haupt-F.n** als schmale Gebiete, in denen sich aufgrund der klimatologischen Verteilung der quasipermanenten Luftdruckgebilde bevorzugt Fronten bilden.

Vielfach wird mit F. nur die Übergangsschicht bezeichnet, die in einer realen Front (anstelle einer Diskontinuitätsfläche) die ↑Frontfläche darstellt. R. Scherhag nannte speziell den Bereich stark gebündelter Höhenströmung F., der sich oberhalb einer Front als Folge der unterschiedlichen Temperaturen beiderseits der Front und der daraus resultierenden Luftdruckgegensätze entwickeln muß. In diesem Sinne ist die Bez. nahezu identisch mit dem später geprägten Begriff des ↑Strahlstroms.

Frontalzyklone: Zyklone, die aus einer ↑Frontalwelle hervorgegangen ist. Nachdem sich an der Wellenspitze einer Frontalwelle ein Wirbel gebildet hat, der in der Bodenkarte durch geschlossene Isobaren in Erscheinung tritt, spricht man von einer Frontalzyklone. Die meisten in den mittleren Breiten auftretenden Wellen sind Frontalzyklonen. Sie stehen frontenlosen Zyklonen gegenüber, die in nahezu einheitlichen Luftmassen entstehen; z. B. ↑Polartief, ↑Hitzetief.

Frontenanalyse: die Festlegung einer ↑Front in der Wetterkarte. Hierbei sollten nahezu alle in den synoptischen Beobachtungen enthaltenen und in die Wetterkarte eingetragenen Elemente berücksichtigt werden.

Dabei hat sich – insbes. bei sich teilweise widersprechenden Merkmalen – eine *Rangordnung der Argumente,* die für oder gegen eine Front sprechen, bewährt: 1. Merkmale, die eine Konvergenz am Boden kennzeichnen (Windsprung und Sprung der Luftdrucktendenz); 2. Merkmale, die eine Luftmassengrenze erkennen lassen (Unterschiede in Temperatur, Feuchte, auch Sichtweite beiderseits der Front); 3. sonstige Wettererscheinungen (Bewölkung, Niederschlag). Die Wettererscheinungen stehen an letzter Stelle, da Schlechtwettergebiete sowohl vor als auch hinter oder über der Front liegen können und somit den geringsten Bezug zur exakten Frontenlage haben.

Frontenfriedhof ↑Zyklonenfriedhof.

Frontenklassifikation: die Unterteilung der Fronten in Frontenarten und die Zuordnung einer analysierten Front zu einer Frontenart. Maßgebend sind die unterschiedlichen Temperaturen vor und hinter der Front. Eine Front, der Abkühlung folgt, ist eine ↑Kaltfront; eine Front, der Erwärmung folgt, ist eine ↑Warmfront.

Treten beim Durchzug einer Front in Bodennähe umgekehrte Temperaturänderungen auf als in der Höhe darüber, so spricht man von einer **maskierten Front** (z. B. ↑maskierte Kaltfront); erfolgt eine Temperaturänderung nur in der Höhe und nicht am Boden, so wird die Front als ↑Höhenfront bezeichnet. Der umgekehrte Fall, gleichbleibende Temperatur in der Höhe, Temperaturänderung nur in der bodennahen Schicht, wird gelegentlich **Bodenfront** genannt. Daneben gibt es die aus dem Zusammenschluß von Warm- und Kaltfront entstehende ↑Okklusion sowie die sich zur Zeit nicht bewegende ↑quasistationäre Front.

Frontenneigung: die Neigung einer ↑Frontfläche gegenüber der Erdoberfläche. Bei Warmfronten wird als mittlerer Wert der F. meist 1:100 angegeben, gelegentlich noch geringere Werte. Bei Kaltfronten ist der Wert in der Regel größer. Da die Frontfläche bei Kaltfronten im allg. keine Ebene bildet, ist die Neigung innerhalb dieser Front nicht einheitlich. In den unteren Schichten kann die Frontfläche nahezu senkrecht stehen, in höheren Schichten ist eine Neigung bis 1:100 möglich.

Frontensymbole: die zur Kennzeichnung der Frontenart in den Wetterkarten verwendeten Symbole (↑Wetterkartensymbole).

Frontensystem [Syn.: Frontenzug]: ein System zusammenhängender Fronten; besteht mindestens aus Warm- und Kaltfront eines Tiefdruckgebietes; es können die aus dem Zusammenschluß von Kalt- und Warmfront hervorgehende Okklusion sowie durch Wellenbildung an der Kaltfront entstehende weitere Fronten hinzukommen.

Frontfläche [Syn.: Frontalfläche]: im Idealfall (nach den Vorstellungen der norwegischen ↑Polarfronttheorie) die schräge Grenzfläche zwischen zwei unterschiedlichen Luftmassen im Bereich einer Front.

Ideale F.n, die echte zweidimensionale Diskontinuitätsflächen sein müßten, kommen in der Natur nicht vor. Statt dessen treten Übergangsschichten von endlicher Dicke auf. Wenn diese ein gewisses Maß nicht überschreiten (in der Größenordnung von einigen 100 m in der Vertikalen und einigen 10 km in der Horizontalen – bei einer angenommenen Frontenneigung von 1:100), spricht man von einer F. und von einer realen Front.

Frontgewitter: Gewitter, das ursächlich mit einer Front verbunden ist. Seine Auslösung erfolgt also nicht in erster Linie durch Labilisierung aufgrund starker Erwärmung der Luft vom Boden her, sondern durch Hebungs- oder Umlagerungsvorgänge im Bereich einer Front. Grundsätzlich können Gewitter an jeder Frontart auftreten. Am häufigsten ist dies an Kaltfronten (↑ Kaltfrontgewitter) der Fall, am seltensten an Warmfronten (↑ Warmfrontgewitter). Wenn F. an Okklusionen auftreten, handelt es sich meist um eine Kaltfrontokklusion.
F. können zu allen Tages- und Nachtzeiten auftreten, sie werden nachmittags im Binnenland allerdings durch Konvektion verstärkt. Aufgrund ihrer Verbindung mit einer Front bilden sie oft eine langgestreckte Gewitterzone.

Frontnebel: svw. Niederschlagsnebel (↑ Nebelkassifikation).

Frontogenese, die [↑ Front und griech. génesis = Erzeugung, Hervorbringung ‖ Abl.: frontogenetisch]: das Entstehen einer Front, meist durch Gegeneinanderströmen unterschiedlicher Luftmassen. Das Gegeneinanderströmen wird im Idealfall begünstigt durch ein typisches Luftdruckfeld, das als ↑ Deformationsfeld bezeichnet wird. Liegen in einem Deformationsfeld die Isothermen im Anfangsstadium etwa parallel oder in einem Winkel von <45° zur Dehnungsachse, so kommt es zu einer Drängung der Isothermen im Bereich der Dehnungsachse und zur Bildung einer Front. In der Natur treten mannigfache Abwandlungen dieses Idealfalls auf.

frontogenetischer Punkt [zu ↑ Frontogenese]: der Sattelpunkt in einem ↑ Deformationsfeld bei Frontogenese.

Frontolyse, die [↑ Front und griech lýsis = Lösung, Auflösung ‖ Abl.: frontolytisch]: die Auflösung einer Front. Im Idealfall tritt F. auf, wenn die Temperaturverteilung im Bereich der Front von einem ↑ Deformationsfeld so überlagert wird, daß die Schrumpfungsachse etwa parallel oder in einem Winkel von <45° zu den Isothermen liegt. Die Drängung der Isothermen im Bereich der Front löst sich dann auf.
In der Natur kommt als weitere Ursache für F. u.a. die allmähliche Verringerung der Temperaturgegensätze an der Front, z. B. durch fortschreitende Alterung und Erwärmung der Kaltluft, hinzu.

frontolytischer Punkt [zu ↑ Frontolyse]: der Sattelpunkt in einem ↑ Deformationsfeld bei Frontolyse.

Frost: Absinken der Lufttemperatur unter den Gefrierpunkt des Wassers (0 °C). In klaren, windschwachen Nächten besteht durch starke Ausstrahlung des Erdbodens (besonders durch frisch eingeflossene Kaltluft) vorwiegend im Frühjahr (↑ Spätfrost) und Herbst (↑ Frühfrost) die Gefahr von ↑ Nachtfrost.
Der F. dringt bis zur sog. **F.grenze** in den Boden ein, die in Mitteleuropa etwa 1 m beträgt. – ↑ auch Bodenfrost.

Frostberegnung ↑ Frostschutz.

Frostbeschlag: reifähnlicher Beschlag aus Eisnadeln, der sich vorwiegend an senkrechten Flächen (z. B. Haus- und Tunnelwände) ausbildet, wenn deren Temperaturen nach einer Frostperiode noch unter dem Gefrierpunkt liegen. Wesentlich für die Entstehung von F. ist das Vorhandensein einer feuchten Luftmasse, die an den Objekten vorbeistreicht, von ihnen unter den Taupunkt abgekühlt wird und kondensiert. – ↑ auch Nebelfrost.

Frostboden: svw. ↑ gefrorener Boden.

Frosteindringtiefe [Kurzbez.: Eindringtiefe]: die größte vertikale Tiefe im Erdboden, bis zu der der ↑ Bodenfrost eindringt. Die F. ist in erster Linie von der Temperatur über dem Erdboden, von der Schneebedeckung, vom Wärmetransport aus dem Boden, von der spezifischen Wärmekapazität und der Wärmeleitfähigkeit sowie vom Wassergehalt des Bodens abhängig. Je besser die Wärmeleitfähigkeit eines Bodens ist, desto tiefer dringt unter sonst gleichen Bedin-

gungen der Frost in den Boden ein; Straßendecken mit ihren durch Frostaufbrüche bedingten Schäden sind hierfür ein Beispiel.
Im allg. dringt in unseren Regionen der Frost bereits Mitte Dezember bis etwa 50 cm Tiefe in den Boden ein. Nach Beginn der Strengfrostperiode steigt die F. verhältnismäßig schnell (innerhalb von 14 Tagen) auf maximale Werte von 110 bis 120 cm Bodentiefe an. Jedoch liegt nur an der Hälfte aller Tage mit Frost im Boden die F. tiefer als 20 bis 30 cm.
Im Tiefbau ist die F. ein wichtiger Anhaltspunkt zur Festlegung der sog. frostsicheren Gründungstiefe von Bauwerken.

Frostgare: Bez. für die nach wiederholtem Gefrieren und Auftauen des unbewachsenen Bodens eintretende gute krümelige Struktur des Ackerbodens.

Frostgraupel: eine Graupelform; nur als Schauer fallende, meist runde, schwer zusammendrückbare, nasse, halbdurchsichtige Bällchen mit weichem, trübem Kern und einer diese Bällchen umschließenden, sehr dünnen Klareisschicht; Durchmesser 1 bis 5 mm. F.n fallen oft zusammen mit Regen, meist bei Temperaturwerten über dem Gefrierpunkt.

Frostgrenze: Bez. für das maximale Eindringen des Frostes in den Boden.

Frostklima: in der ↑Köppen-Klimaklassifikation Bez. für die Klimabereiche an beiden Polkappen, in denen das Monatsmittel der Temperatur immer unter dem Gefrierpunkt liegt; das Maximum der Temperatur kann jedoch an einzelnen Tagen den Gefrierpunkt überschreiten.
Die Küsten sind relativ warm, während landeinwärts und mit zunehmender Seehöhe die Temperatur abnimmt. Das F. ist gekennzeichnet durch hohe Werte der mittleren Jahresschwankung, relativ geringe Niederschlagshöhen und Vegetationslosigkeit **(Kältewüste).**

Frostloch: Geländevertiefung (Mulde, Becken usw.), in der es aufgrund der Bildung von Kälteseen zu häufigen Frösten kommt.

Frostperiode: ein ununterbrochener Zeitraum von ↑Frosttagen. Die F. ist zumeist durch den Einbruch kalter Luftmassen geprägt, in denen aufgrund nächtlicher Ausstrahlung die Temperaturen unter den Gefrierpunkt absinken. Die maximale Andauer der in Einzeljahren stark schwankenden F.n ist durch den Frühfrost im Herbst und den Spätfrost im Frühjahr gegeben.
Der zur F. komplementäre Zeitraum zwischen den mittleren Daten des letzten und ersten Frostes heißt **frostfreie Zeit.**

Frostpunkt: svw. ↑Eispunkt.

Frostrauch: niedrige Nebelschwaden, die bei Frostwetter über (relativ warmen) Gewässern entstehen.

Frosträuchern ↑Frostschutz.

Frostrisiko: die Gefahr des häufigen Auftretens von Frösten bzw. von Frostschäden in einzelnen Landschaftsräumen; zur Beurteilung der Wirtschaftlichkeit des Anbaus bestimmter Kulturen von Bedeutung.

Frostschäden: die Schädigung speziell von Kulturpflanzen durch Spät- bzw. Frühfröste. Im Winter treten F. wegen der Vegetationsruhe kaum auf.

Frostschadenkartierung: kartographische Aufnahme eingetretener Frostschäden nach bestimmten Schadensstufen für Weinberge, Obstanlagen, Grünland usw.; Grundlage für die Beurteilung der Frostgefährdung eines Gebietes bzw. für zu ergreifende Maßnahmen des ↑Frostschutzes.

Frostschutz: Maßnahmen zum Schutz der Kulturpflanzen vor Frostschäden. Zu den vorbeugenden Maßnahmen zählen aufgrund der Auswertung von Frostschadenkartierungen die Beseitigung von Kaltluftseen, die Aufforstung von Kaltlufteinzugsgebieten, die Veränderung von Kaltluftabflüssen oder der Bau von Windschutzanlagen, zu den unmittelbaren Maßnahmen das Abdecken gefährdeter Kulturen, bei größeren Beständen das **Frosträuchern** (Abbrennen von Chemikalien, wobei entstehende Rauch- oder Nebeldecken die Wärmeabstrahlung vermindern), die **Frostberegnung** (Beregnung der Pflanzen vor Einsetzen des Frostes; bei Eisbildung wird Erstarrungswärme frei) oder die direkte Beheizung der Kulturen.

Frosttag: Tag mit einer Tiefsttemperatur unterhalb des Gefrierpunktes. Die mittlere Zahl der F.e dient zur Charakterisierung des Klimas.

Frostvorhersage: Vorhersage, daß die Lufttemperatur, gemessen in 2 m Höhe in der Thermometerhütte, unter den Gefrierpunkt absinken wird. Dies ist der Fall, wenn bei einer winterlichen Wetterlage kalte Festlandsluft, deren Temperatur unter 0 °C liegt, herangeführt wird (Advektivfrost). Frostgefahr besteht jedoch häufiger, wenn Kaltluft mit positiven Temperaturen einfließt und eine weitere Abkühlung infolge nächtlicher Ausstrahlung zu erwarten ist.
Anhaltspunkte für eine **Nachtfrostprognose** sind ein zu erwartender klarer Himmel, Windstille oder nur schwache Luftbewegung und ein bereits am Tage unter dem Gefrierpunkt liegender Taupunkt. Zu beachten ist, daß das nächtliche Temperaturminimum in der Thermometerhütte oft über 0 °C bleibt, während es an der Erdoberfläche und in der unmittelbar aufliegenden Luftschicht unter 0 °C sinkt. Bodenfrost kann es daher bereits bei Hüttentemperaturen von 3 °C, manchmal sogar bei 5 °C geben.
Schließlich enthält dic F. oft auch Hinweise auf „Frost in ungünstigen Lagen", die durch das Bodenrelief (z. B. Täler, Mulden, Becken) und die Bodenbeschaffenheit (Grasflächen) gekennzeichnet sind.
Die F. ist eine wichtige Aufgabe des Wirtschaftswetterdienstes, der mit Frostwarnungen Frostschäden verhüten hilft.

Frostwechseltag: Tag mit einer Höchsttemperatur über und einer Tiefsttemperatur unter dem Gefrierpunkt. Die Temperaturkurve geht an einem F. also mindestens einmal im Tagesverlauf durch den Gefrierpunkt.
Die mittlere Zahl der F.e, gebildet aus der Differenz der Mittelwerte von Frost- und Eistagen, dient zur Charakterisierung des Klimas. In der technischen Klimatologie dient die Statistik der F.e als Planungsunterlage, um Frostschäden, die durch Frostaufbrüche verursacht werden können, zu vermeiden.

Frühfrost: Bez. für den ersten Frost (in bezug auf die winterliche Frostzeit) im Herbst, der noch innerhalb der Vegetationszeit auftritt.

Frühling ↑Jahreszeiten.

Frühlingsäquinoktium ↑Äquinoktien.

Frühlingspunkt: der Schnittpunkt der Ekliptik mit dem Himmelsäquator, in dem die Sonne während ihres scheinbaren jährlichen Umlaufs um den 21. März (in Schaltjahren um den 20. März) den Himmelsäquator von S nach N überschreitet. Der Gegenpunkt dazu wird ↑Herbstpunkt genannt. Beide Punkte bezeichnet man als **Äquinoktialpunkte.**

F-Schicht [älteres Syn.: Appleton-Schicht]: Schicht der Ionosphäre, die tagsüber in zwei Schichten, die F_1- und die F_2-Schicht, aufgeteilt ist. Die **F_1-Schicht** verschwindet nachts und im Winter fast vollständig. Sie liegt in einer Höhe von 140 bis etwa 200 km und hat tagsüber eine maximale Elektronenkonzentration von etwa $3 \cdot 10^5$ Elektronen/cm^3. Die **F_2-Schicht** beginnt oberhalb 200 km und hat keine feste Obergrenze. Die Elektronenkonzentration erreicht in 250–350 km Höhe mit $5 \cdot 10^5$ Elektronen/cm^3 ihr absolutes Maximum.
Im Gegensatz zur F_1- und den übrigen Ionosphärenschichten weist die F_2-Schicht keinen ausgeprägten Tagesgang auf, vielmehr spielen hier Transportvorgänge (Ionosphärenwind) eine entscheidende Rolle, die ihre Ursache in Gezeiten der Atmosphäre, in der unregelmäßigen Erwärmung der oberen Atmosphäre bei Tag und Nacht sowie in den elektrischen Feldern der Ionosphäre haben.

fühlbare Wärme [Syn.: sensible Wärme]: in der *Meteorologie* Bez. für eine durch das Gefühl erfaßbare, d. h. mit dem Thermometer meßbare Wärmemenge, die von warmen Oberflächen durch Wärmeleitung bzw. Wärmestrahlung, hpts. jedoch durch turbulente Luftbewegungen (Konvektion) weitertransportiert wird. Bei der Konvektion, die zu Wolken- und Niederschlagsbildung führt, wird ↑latente Wärme in f. W. umgewandelt.

Fulgurite, die [Einz.: der Fulgurit]: svw. ↑Blitzröhren.

Fumigation, die [zu lat. fumigare = rauchen]: Form einer Schornsteinabluftfahne bei Ausbreitung in leicht labiler vertikaler Temperaturschichtung unterhalb einer abgehobenen Inversion; dieser atmosphärische Zustand stellt sich morgens bei Auflösung einer Bodeninversion meist kurzzeitig ein, ist jedoch länger anhaltend nachts im Bereich der ↑städtischen Grenzschicht. Die Verwirbelungen von Abluftfahnen im labilen Schichtungsbereich (↑auch Looping) können vorübergehend hohe Konzentrationen von Luftbeimengungen am Erdboden hervorrufen. – ↑auch Ausbreitungstypen.

Fundamentalpunkt: svw. ↑Fixpunkt.

Fünf-b-Tief [Schreibvariante: Vb-Tief]: Bez. für ein Tiefdruckgebiet oder eine Wellenstörung, die auf der ↑Van-Bebber-Zugstraße Vb von der Adria nordwärts über Österreich/Ungarn, die Tschechoslowakei und Polen zum Ostseeraum wandert. Ausgangslage ist meist ein Tiefdruckgebiet über Oberitalien, das auf der Vorderseite eines Troges die Ostalpen nordwärts überquert und vom östlichen Mittelmeerraum und dem Balkan feuchtwarme Luft in seine Strömung einbezieht, die nach N strömt und auf die über Mitteleuropa lagernde Kaltluft aufgleitet.
Bei großen horizontalen Temperaturunterschieden auf engem Raum kommt es in größeren Landschaftsräumen zu mäßigen bis starken, von Gewittern begleiteten, tagelang anhaltenden Niederschlägen mit gefürchteten Hochwassern in den Einzugsgebieten von Donau, Elbe und Oder. Größte Häufigkeit des Vorkommens dieser Wetterlage im Frühjahr und Herbst.

Funkwetterdienst: die Anwendung der drahtlosen Telegrafie für wetterdienstliche Zwecke; zu Beginn des Jahrhunderts die Übermittlung einzelner Wettermeldungen per Funk von fahrenden Schiffen an Landstationen bzw. von Wetterberichten und Sturmwarnungen an Schiffe; ab 1911 Einrichtung eines Flugwetterfunkdienstes für die Luftfahrt mit funktelegrafischen Gewitterwarnungen; später Ausbau eines internat. Wetterfunknetzes mit festem Sendeplan für die Verbreitung von Wetterbeobachtungen, -karten und -vorhersagen. – ↑auch Wetterfernmeldedienst.

Furious fifties, die (Mehrz.) ['fjʊərɪəs 'fɪftɪz ‖ ohne Einz. ‖ engl. furious = wütend und engl. fifty = fünfzig ‖ Syn.: wütende Fünfziger]: in der Seemannssprache ↑brave Westwinde.

G

GAFOR-Code ['ga:fo:r..., engl. 'gɛɪfə...]: in zahlreichen europäischen Ländern eingeführter Wetterschlüssel mit der Kennung **GAFOR** (Abk. für engl. **g**eneral **a**viation **for**ecast = Vorhersage für die allgemeine Luftfahrt), der für die nach Sichtflugregeln fliegenden Piloten der allg. Luftfahrt (hpts. privater Luftverkehr) eine Vorhersage der Sichtflugmöglichkeiten für 6 Stunden, aufgeteilt in drei aufeinanderfolgende Zeitabschnitte von je zwei Stunden, enthält.
Die *Einstufung* der Sichtflugmöglichkeiten erfolgt nach folgenden *Kriterien:*
offen (engl. open = Oskar): Flugsicht 8 km und mehr, keine Hauptwolkenuntergrenze unter 2 000 Feet über Grund;
schwierig (engl. difficult = Delta): Flugsicht weniger als 8 km, mindestens jedoch 3 km und/oder Hauptwolkenuntergrenze unter 2 000 Feet, jedoch nicht unter 1 000 Feet über Grund;
kritisch (engl. marginal = Mike): Flugsicht weniger als 3 km, mindestens 1,5 km und/oder Hauptwolkenuntergrenze unter 1 000 Feet, jedoch nicht unter 500 Feet über Grund;
geschlossen (engl. closed = X-Ray): Flugsicht weniger als 1,5 km und/oder Hauptwolkenuntergrenze unter 500 Feet über Grund.
Die Vorhersage wird für nach Gebietskennzahlen eingeteilte geographische Gebiete (in der Schweiz, Österreich und

Norditalien für bestimmte Flugrouten) mehrmals täglich erstellt und kann über die automatische Flugwetteransage der Flugwetterwarten telefonisch abgerufen werden.

GARP, das [engl. gɑ:p]: Abk. für engl. **Global Atmospheric Research Programme** (= globales Atmosphärenforschungsprogramm); internat. Programm zur Erforschung der gesamten Atmosphäre der Erde.

Gestützt auf Resolutionen (1961 und 1962) der Generalversammlung der UN, wurde GARP durch Vereinbarung zwischen der Weltorganisation für Meteorologie und dem International Council of Scientific Unions im Oktober 1967 als gemeinsame Aufgabe beider internat. Organisationen ins Leben gerufen.

Das Programm dient der Erforschung bestimmter physikalischer Prozesse in der Troposphäre und Stratosphäre, die wesentlich sind für das Verständnis großräumiger Schwankungen in der Atmosphäre, die wiederum für Wetteränderungen verantwortlich sind und deren genauere Kenntnisse bessere Wettervorhersagen im Zeitraum von einem Tag bis mehrere Wochen ermöglichen. Untersucht werden außerdem die Größen, die die statistischen (mittleren) Verhältnisse der allg. Zirkulation der Atmosphäre bestimmen. Diese sind für bessere Kenntnisse über die physikalischen Grundlagen des Klimas wichtig.

Diese Zielsetzung soll erreicht werden: 1. durch Entwicklung und Prüfung theoretisch-mathematischer Modelle, in denen die physikalischen Prozesse der Atmosphäre möglichst gut beschrieben werden; 2. durch beobachtungsmäßige und experimentelle Untersuchungen der Atmosphäre, um die erforderlichen Daten für diese Modellrechnungen zu gewinnen.

Damit ist GARP ein langfristiges internat. Programm mit mehreren globalen Experimenten (oder globalen GARP-Subprogrammen), anderen Subprogrammen und weiteren regionalen Experimenten. Hierzu zählen u. a. ↑GATE, ↑FGGE, ↑MONEX und ↑ALPEX.

Für die wiss. Leitung wurde ein gemeinsames Organisationskomitee **(Joint GARP Organizing Committee;** Abk.: **JOC)** gegründet, das aus 12 Wissenschaftlern besteht und zu allen Vorschlägen über GARP und seinen Subprogrammen Stellung nehmen, Empfehlungen aussprechen und Verbesserungen vorschlagen soll. Auf nationaler Ebene bestehen GARP-Komitees, in denen wiss. und behördliche Interessen abgestimmt werden.

Die Probleme und bisherigen Aktivitäten von GARP sind in zahlreichen, von der Weltorganisation für Meteorologie und dem International Council of Scientific Unions gemeinsam herausgegebenen Berichten publiziert.

GARP Atlantic Tropical Experiment, das [gɑ:p ət'læntɪk 'trɔpɪkl ɪks'pɛrɪmənt]: internat. Forschungsprogramm (↑GATE).

Garúa, die [ga'rua ‖ span. ‖ Syn.: Camanchaca]: dichter Küstennebel über dem kalten Auftriebswasser des Humboldtstroms im Randbereich der peruanisch-chilenischen Küstenwüsten; ermöglicht die Existenz einer charakteristischen Pflanzengesellschaft **(Lomavegetation).** Ähnliche Nebel treten im Wirkungsbereich kalter Auftriebswasser auch an anderen Küsten (Kalifornien, Angola) auf.

Gas: Materie im gasförmigen Aggregatzustand, bei dem die zwischenmolekularen Kräfte so gering sind, daß die Materie weder eine bestimmte Form noch ein konstantes Volumen hat, sondern jeden zur Verfügung stehenden Raum durch (im Mittel gleichmäßige) Verteilung der Atome bzw. Moleküle ausfüllt, sofern keine äußeren Kräfte (z. B. die Schwerkraft) einwirken bzw. diese Kräfte im betrachteten Raum als konstant angesehen werden können; Volumen und Dichte sind daher nur durch die äußeren Bedingungen bestimmt.

Als **ideales G.** wird ein G. bezeichnet, bei dem man voraussetzt, daß die ↑Gaszustandsgleichung für beliebige Drücke, Volumina (bzw. Dichten) und Temperaturen gilt. Die **realen G.e** verhalten sich bei genügend hohen Temperaturen und genügend geringen Dichten nahezu wie ideale G.e; dies gilt auch für die aus einem G.gemisch bestehende ↑Luft.

Gasthermometer: Instrument zur Temperaturmessung, dessen Meßprinzip die Abhängigkeit des Volumens bzw. des Drucks eines nahezu idealen Gases von der Temperatur (↑Gaszustandsgleichung) zugrunde liegt; entweder erfolgt Druckmessung in einer Gasmenge konstanten Volumens oder Volumenmessung einer Gasmenge unter konstantem Druck. Füllgase sind überwiegend Helium oder Stickstoff.
Vorteile der G. sind große Genauigkeit und ein großer Meßbereich.

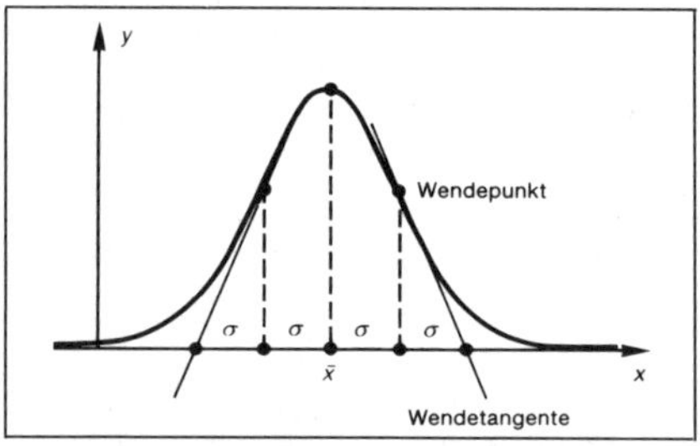

Gauß-Verteilung. Gauß-Glockenkurve

Gaszustandsgleichung [Syn.: allgemeine Gasgleichung, Zustandsgleichung idealer Gase]: physikalische Gleichung, die den Zusammenhang der Zustandsgrößen Druck (p), Volumen (V) bzw. Dichte und Temperatur (T) für ein ideales Gas angibt: $pV = RT$, wobei R die individuelle Gaskonstante darstellt, deren Wert jeweils vom betrachteten Gas abhängt.
Da die atmosphärische Luft als ideales Gas angesehen werden kann, gilt auch für sie die Gaszustandsgleichung. Die Gaskonstante für trockene Luft hat den Wert 287 $\mathrm{Jkg^{-1}K^{-1}}$; für feuchte Luft gilt die Beziehung $R_f = R_t\ (1 + 0{,}61\, s)$, wobei s die spezifische Feuchte (in g/kg) ist.

GATE, das [engl. gɛɪt]: Abk. für engl. **GARP Atlantic Tropical Experiment;** im Rahmen des ↑GARP vom 17. Juni bis 23. September 1974 durchgeführtes internat. Unternehmen zur Erforschung des Tropengürtels der Erde in einem Gebiet von 20° n. Br. bis 10° s. Br. und 95° w. L. bis 55° ö. L., also vom tropischen Pazifik bis zum Indischen Ozean; mit Schwerpunkt im tropischen Atlantik etwa 1 000 km sw. von Dakar. Zum Einsatz kamen 40 Forschungsschiffe, 12 Forschungsflugzeuge, 2 geostationäre und mehrere polarumlaufende Satelliten sowie rund 100 Landstationen mit Radiosonden- und Radiowindmessungen. An den intensiven meteorologischen und ozeanographischen Messungen waren 70 Nationen beteiligt.
Ziel von GATE war es, den Mechanismus zu finden, durch den die Sonnenenergie, die in den tropischen Ozeanen gespeichert ist, die globale Zirkulation der Atmosphäre antreibt, um aus den Erkenntnissen und gesammelten Meßdaten numerische Modelle und Vorhersagemethoden zu entwickeln. Bei den Messungen wurden die atmosphärischen Vorgänge in vier Größenordnungen (Scales) unterteilt, wobei den Cloudclustern im Bereich von 100 bis 1 000 km besondere Aufmerksamkeit gewidmet wurde.
Der Umfang des wiss. Programms machte eine Aufteilung in Unterprogramme erforderlich (Synoptik-, Konvektions-, Grenzschicht-, Strahlungs- und ozeanographisches Unterprogramm).
Die BR Deutschland beteiligte sich an dem Experiment mit den Forschungsschiffen „Meteor", „Planet" und „Anton Dohrn" sowie mit zahlreichen Wissenschaftlern und Technikern.

Gauß-Fehlerfortpflanzungsgesetz: svw. ↑Fehlerfortpflanzungsgesetz.

Gauß-Modell [nach C. F. Gauß]: ein Ausbreitungsmodell, verwendet zur Berechnung der Ausbreitung von Gasen im Nahbereich (bis 15 km) einer Emissionsquelle unter der Annahme, daß sich die Rauchfahne senkrecht zur Windrichtung sowohl in der Horizontalen als auch in der Vertikalen nach einer ↑Gauß-Verteilung ausbreitet; gültig für gasförmige und staubförmige Emissionen ohne physikalische und chemische Veränderungen bei der Ausbreitung, für ebenes Gelände ohne Bewuchs/Bebauung, nicht dagegen für windschwache Wetterlagen.
Anwendung bei Standortvorsorge, Genehmigungsverfahren, Stadt- und Re-

gionalplanung, Ursachenanalysen, Luftreinhalteplänen, Erfolgskontrollen von entsprechenden Maßnahmen und Optimierung der Meßstellenplanung für Immissionsnetze.

Gauß-Tiefpaßfilterung [nach C. F. Gauß]: svw. ↑Tiefpaßfilterung.

Gauß-Verteilung [Syn.: Normalverteilung]: von C. F. Gauß gefundene glokkenförmige Struktur der Häufigkeitsverteilung für die Grundgesamtheit eines Datenkollektivs (z. B. Verteilung zufälliger Fehler bei einer Zeitreihe). Die G.-V. hat die Form einer Glockenkurve **(Gauß-Glockenkurve)** und läßt sich allein durch die beiden statistischen Parameter ↑Mittelwert und ↑Streuung eindeutig beschreiben. Je nach dem Ausmaß der Streuung σ ergibt sich eine flachere oder steilere Glockenkurve. Diese ist symmetrisch: Beiderseits des Maximums liegen immer genau gleich große Flächenteile (die den Werten der Verteilung entsprechen), und zwar im einfachen σ-Bereich (Mittelwert $\bar{x} \pm \sigma$) 68,3 %, im doppelten ($\bar{x} \pm 2\sigma$) 95,5 % und im dreifachen Streuungsbereich (d. h. zwischen $\bar{x} \pm 3\sigma$) bereits 99,7 % der von der Glockenkurve und der Abszisse eingeschlossenen Fläche, d. h. 99,7 % aller möglichen Werte. Der letztere Bereich gilt als Grenze des Zufallsspielraums bei Signifikanztests.

gdm: Einheitenzeichen für ↑geodynamisches Meter.

GDPS, das [ge:de:pe:''ɛs]: Abk. für: Global **d**ata **p**rocessing **s**ystem (↑Weltwetterwacht).

gealterte Polarluft ↑Polarluft.

Gebäudeklima: die klimatischen Verhältnisse innerhalb von Gebäuden in ihrer Abhängigkeit und Wechselwirkung mit dem umgebenden Klima (z. B. Stadtklima). Auf das G. wirken v. a. Lufttemperatur, Strahlung, Wind (Windlast), Feuchte und Niederschlag (Schlagregen, Schneelast) ein.

Die Auswirkungen im Inneren der Gebäude können durch bauphysikalische Maßnahmen beeinflußt werden, z. B. durch Lage, Anordnung und Gliederung der Gebäude, Fensterorientierung, Dachformen, Wärmedämmung bzw. -speicherung, Lüftung, Schutz gegen Einstrahlung und Regen sowie durch Klimatisierung. Das G. kann dabei so für die verschiedenen Funktionen (Wohnen, Arbeiten, Erholung) gestaltet werden, daß jeweils Behaglichkeit erreicht wird.

Gebäude können andererseits das Klima der unmittelbaren Umgebung wesentlich beeinflussen, und zwar durch die Art der Hausfassade (Reflexion und Wärmestrahlung), durch Gebäudeform (Umströmung, Düseneffekte), Abwärme und Luftbeimengungen (Heizungssystem).

Gebäudeklimatologie [Syn.: Bauklimatologie]: Lehre vom Klima in Gebäuden und von der Wechselwirkung mit dem Klima der unmittelbaren Umgebung. Ziel der G. ist es, die natürlichen und technischen Möglichkeiten aufzuzeigen, um (für ein „klimaorientiertes Bauen“) die gegenseitige Beeinflussung

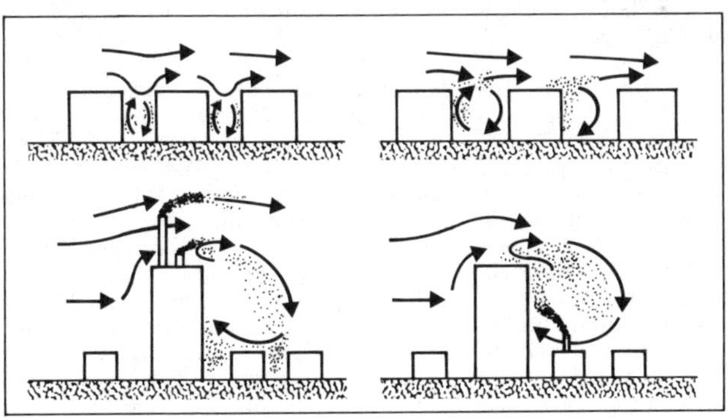

Gebäudeklima. Der Einfluß von Gebäuden auf den Wind und auf die Verdünnung von Luftverunreinigungen (nach T. R. Oke)

von Klima und Gebäuden für ein gesundes und behagliches Wohnen (↑auch Kryptoklima) zu nutzen sowie ungünstige oder schädliche Einwirkungen zu korrigieren.

Geber: svw. ↑Meßfühler.

Gebietsniederschlag: auf der Basis von Monatswerten berechnete Flächenmittel des Niederschlags für bestimmte Einzugsgebiete, abgegrenzt durch oberirdische Wasserscheiden zur Korrelation mit den zugehörigen Abflußmessungen. Zur Berechnung dient u.a. das ↑Polygonverfahren.

Gebietswettervorhersage: im *Flugwetterdienst* die Wettervorhersage für ein bestimmtes geographisches Gebiet, herausgegeben in Form von Kartensätzen und sonstigen Flugberatungsunterlagen durch die Gebietsvorhersagezentrale für die Luftfahrt (↑AFC) und in verschlüsselter Form über Fernschreiber unter der Kennung **ARFOR** (Abk. für engl. **ar**ea **for**ecast).

Die G. enthält neben der Bez. des großräumigen Vorhersagegebietes und des -zeitraumes in Ziffern und Buchstabenabkürzungen Angaben über zu erwartende Gewitter, tropische Wirbelstürme, Böenlinien, Hagel, markante Luftwellen an Gebirgen, Staubstürme und gefrierenden Regen, ferner über Unter- und Obergrenzen von Wolkenschichten, Höhe der Nullgradgrenze, Vereisungs- und Böigkeitsschichten, Höhe und Temperatur der Tropopause, Lage und Geschwindigkeit von Strahlströmen.

Die G. für die allg. Luftfahrt enthält insbes. Vorhersagen der Sichtflugmöglichkeiten für 6 Stunden und bedient sich des ↑GAFOR-Codes.

Gebirgsklima: die klimatischen Bedingungen der Gebirge. Vom Klima des Tieflandes unterscheidet sich das G. durch Abnahme des Luftdrucks (Grenze des Lebensraumes in 4000 bis 5000 m ü.d.M.; ↑auch Höhenkrankheit), durch verminderte Absorption der Sonnenstrahlung (dadurch Zunahme der Strahlungsintensität, insbes. der UV-Strahlung), niedrigere Temperaturen (außer beim Vorhandensein von Inversionen bis in etwa 1500 m ü.d.M.), geringere Jahres- und Tagesschwankungen der Temperatur sowie Verspätung der Temperaturextreme im Jahresgang, durch Zunahme des Niederschlags (Staueffekt an Luvseiten) und v.a. des Schneeanteils sowie durch erhöhte Luftreinheit (allg. wenig Rauch, Staub, Dunst). Markante Phänomene des G.s sind außerdem Föhn sowie Berg- und Talwindzirkulation.

In hochaufragenden Gebirgen erfährt das G. oberhalb von Wald- und Schneegrenze im **Hochgebirgsklima** seine extreme Ausprägung.

Gebirgsmeteorologie: svw. ↑alpine Meteorologie.

Gefahrenmeldung [Syn.: Verschlechterungsmeldung]: Sonderwettermeldung von (nicht auf einem Flugplatz gelegenen) Land- und Küstenstationen bei rascher Wetterverschlechterung, die Luftfahrzeugen gefährlich werden kann.

Die G. beginnt mit der Schlüsselkennung MMMMM und wird als Verschlechterungsmeldung nach dem verkürzten SYNOP-Schlüssel bei Sichtverschlechterung unter 1500 m, dem Auftreten von Wolken mit einem Bedekkungsgrad von mindestens $^4/_8$ in Höhen unter 150 m über Grund, dem erstmaligen Auftreten von Windstößen (Böen) mit einer Geschwindigkeit von mindestens 25 kn (40 km/h), bei Bergstationen ab 35 kn (46 km/h), und beim Auftreten eines Gewitters, auch in Stationsnähe, abgesetzt.

Die G. wird durch eine Wetterbesserungsmeldung mit der Kennung BBBBB aufgehoben, falls die Besserung 10 Minuten angehalten hat und innerhalb der nächsten Stunde keine Terminmeldung fällig ist.

Gefäßbarometer: zu den Quecksilberbarometern (Flüssigkeitsbarometern) gehörendes Instrument zur Luftdruckmessung; es besteht aus einem oben offenen, mit Quecksilber gefüllten Gefäß, auf das die Außenluft wirkt und in das ein 85 cm langes, nach unten geöffnetes Glasrohr (sog. Torricelli-Rohr) ragt. Da sich bei Luftdruckänderungen nicht nur die Länge der Quecksilbersäule im Rohr ändert, sondern geringfügig auch die Quecksilberoberfläche im offenen Gefäß, wird zur Ablesung eine verkürzte

Skala verwendet. – ↑auch Fortin-Barometer. – Abb. S. 183.

Gefäßheberbarometer: zu den Quecksilberbarometern (Flüssigkeitsbarometern) gehörendes Instrument zur Luftdruckmessung; Kombination eines ↑Heberbarometers mit einem ↑Fortin-Barometer. Das unten geöffnete sog. Torricelli-Rohr ragt in ein mit Quecksilber gefülltes Gefäß mit verschiebbarem Lederbeutel als Zwischenboden (zur Einstellung der Quecksilberoberfläche); nach oben setzt sich das Gefäß in eine zweite, den offenen Schenkel des Heberbarometers bildende Röhre fort. – Abb. S. 183.

gefilterte Modelle: ↑numerische Modelle, in denen durch geeignete Abwandlungen der ursprünglichen Bewegungsgleichungen (↑primitive Gleichungen) die Eliminierung des ↑meteorologischen Lärms von vornherein sichergestellt wird. Dies wird erreicht durch die Verwendung der ↑Vorticity-Gleichung als Vorhersagegleichung.

G. M. unterstellen, daß die Divergenz des Windes nicht nur zum Anfangszeitpunkt, sondern zu allen Vorhersagezeiten verschwindet. Sie modifizieren und verstümmeln dabei aber auch die meteorologisch interessanten Wellen der synoptischen Größenordnung. Ihr Vorteil ist, daß man bei der Vorhersagerechnung mit verhältnismäßig großen Zeitschritten (etwa ½ oder 1 Stunde) arbeiten kann. G. M. können ↑barotrope Modelle oder ↑barokline Modelle sein.

Gefrieren: der Übergang des Wassers, einer wässerigen Lösung oder einer anderen Flüssigkeit in den festen Aggregatzustand. Die Temperatur, bei der dieser Übergang stattfindet, der **Gefrierpunkt,** ist als die Gleichgewichtstemperatur zwischen flüssiger und fester Phase definiert (gleiche Stoffmengen gehen vom flüssigen in den festen Aggregatzustand über und umgekehrt) und steigt bei den meisten Stoffen mit zunehmendem Druck an.

Beim G. von Lösungen (z. B. salzhaltige Wassertröpfchen) liegt der Gefrierpunkt niedriger als der des reinen Lösungsmittels; es tritt eine ↑Gefrierpunktserniedrigung auf.

gefrierender Regen: Bez. für Regen- oder Sprühregentropfen, die aus einer warmen in eine kältere Luftschicht fallen und dabei zu Eiskörnern gefrieren **(Eisregen)** oder als unterkühlter Regen beim Auftreffen auf gefrorenen Boden oder gefrorene Gegenstände sofort gefrieren und Glatteis bilden. G. R. setzt unmittelbaren Niederschlag voraus. Dagegen spricht man von **gefrierender Nässe,** wenn am Boden vorhandenes Wasser gefriert (↑Eisglätte).

Gefrierkerne [Syn.: Eiskerne]: in der Luft schwebende feste Teilchen, die bei Temperaturen unter dem Gefrierpunkt als Ansatzpunkte für die Eiskristallbildung dienen. Im wesentlichen handelt es sich um drei *Arten von G.n,* die in folgenden Temperaturbereichen vorkommen und wirksam sind:

0 bis $-32\,°C$: feste, mit einer gefrorenen Wasserhaut überzogene Teilchen;

-32 bis $-41\,°C$: salzhaltige und unterkühlte Tropfen mit festen Teilchen, die das Gefrieren einleiten (Bildung gefrorener Tropfen);

$\geqq\ -41\,°C$: Tropfen aus reinem Wasser oder aus einer salzhaltigen Lösung ohne feste Teilchen; das Gefrieren der unterkühlten Tropfen erfolgt spontan.

Eine Sonderstellung nehmen die **Mischkerne** ein, feste Kerne, deren Oberflächen teilweise mit hygroskopischen Lösungen überzogen sind; sie wirken mit den hygroskopischen Teilen als Kondensationskerne, mit den nichthygroskopischen als Gefrierkerne.

Die Anzahl der für die Eisbildung geeigneten G. ist viel geringer als die der ↑Kondensationskerne.

Gefrierpunkt ↑Gefrieren.

Gefrierpunktserniedrigung: die Herabsetzung des Gefrierpunkts eines Lösungsmittels (z. B. Wasser) durch in ihm gelöste Stoffe. Die G. ist, unabhängig von der Art des gelösten Stoffs, der molaren Konzentration des gelösten Stoffs proportional.

Die G. führt gleichzeitig zu einer Erniedrigung des Sättigungsdampfdrucks der Lösung (bzw. zur Herabsetzung der relativen Feuchte bei Sättigung). Salzhaltige Lösungen (z. B. Wolkentröpfchen mit hygroskopischen, salzhaltigen Kondensationskernen) gefrieren daher erst mehr oder weniger weit unter 0 °C (z. B. unterkühltes Wasser). – ↑auch Raoult-Gesetz.

Gefrierwärme [Syn.: Erstarrungswärme]: Wärmemenge, die frei wird, wenn die Mengeneinheit eines Stoffes (meist 1 kg) ohne Temperaturänderung aus dem flüssigen in den festen Aggregatzustand überführt wird. Die G. des Eises beträgt 333,7 kJ/kg, d. h., bei der Überführung von 1 kg Wasser in 1 kg Eis wird die Energiemenge von 333,7 kJ frei. Die G. ist zahlenmäßig gleich der ↑Schmelzwärme.

gefrorener Boden [Syn.: Frostboden, Bodengefrornis]: Boden, in dem die Erdbodentemperatur unter den Gefrierpunkt sinkt und es zur Bildung von ↑Bodeneis kommt. G. B. zeigt an der Oberfläche häufig Aufwölbungen und Frostaufbrüche durch Spaltenfrost. Die Dauer der Gefrornis kann periodisch, aperiodisch, langanhaltend oder permanent sein; im letzten Fall spricht man von ↑Dauerfrostboden.

Gegendämmerung: das nach Sonnenuntergang bzw. vor Sonnenaufgang am östlichen bzw. westlichen Himmel sichtbare graublaue und flache Segment, in das durch die Schattenwirkung der Erde kein Sonnenlicht fällt. Nach oben wird es vom ↑Dämmerungsbogen begrenzt. Die G. ist am deutlichsten bei 3° Sonnentiefe ausgeprägt.
Anstelle der G. erscheint bei wolkenlosem Himmel und aufkommendem Nebel ein farbloser Nebelbogen.

Gegenläufigkeitsprinzip: Bez. für die Tatsache, daß sich die Temperatur in der Stratosphäre meist gegenläufig zur Temperatur in der Troposphäre verhält. Im allg. wird das G. auf die Temperaturänderungen von Tag zu Tag bezogen und dann als ↑stratosphärische Kompensation bezeichnet.
Gelegentlich wird die Bez. G. auch auf die mittlere Temperaturverteilung in der Stratosphäre angewendet, die – bis zu einer Höhe von über 20 km – eine deutliche Temperaturzunahme vom Äquator zum Pol aufweist und damit dem Temperaturgefälle in der Troposphäre gerade entgegengesetzt ist.

Gegensonne ↑Haloerscheinungen.

Gegenstrahlung: svw. ↑atmosphärische Gegenstrahlung.

Geisterechos: svw. ↑Angel-Echos.

Geländeklima [Syn.: Topoklima]: räumlich begrenzte Klimabesonderheit, die sich auf den Einfluß der Topographie sowie der Eigenschaften der Bodenoberfläche (z. B. Rauhigkeit, Albedo) und des oberflächennahen Untergrundes (z. B. Wärmeleitfähigkeit) zurückführen läßt, deutlich ausgeprägt bei Wetterlagen mit weitgehend ungehinderter Ein- und Ausstrahlung (u. a. Kaltluftbildung, lokale Windsysteme).
Das G. bezieht sich auf Raumeinheiten von 1–100 km^2 und schließt die Wirksamkeit von Einzelformen (Täler, Hänge, Bergkuppen usw.) ein, so daß sich beträchtliche klimatische Unterschiede auf kleinem Raum ergeben können.
Das G. ist ein Teilbereich des Mesoklimas, in seine Ausbildung gehen jedoch auch makro- und mikroklimatische Einflüsse ein. – ↑auch Geländeklimatologie.

Geländeklimakartierung [Syn.: Landesklimaaufnahme]: Bez. für die verschiedenen Verfahren zur Erfassung des Geländeklimas, das durch die Daten der Beobachtungsnetze nicht dargestellt werden kann. Zum Instrumentarium gehören v. a. Profilfahrten und -messungen (temporär, bei Strahlungswetterlagen), Aufbau dichter, temporärer Netze (zur Temperatur-, Feuchte- und Windmessung), Sonderbeobachtungen durch Laien (Wind, Frost, Nebel), Befragung naturverbundener Personen (Frost, Nebelstruktur, Wind), Erfassung phänologischer Phasen oder Vegetationserscheinungen (Wind, Frost, Schnee) sowie die Darstellung der kleinräumigen Besonnungsverhältnisse.
Die Ergebnisse werden in großmaßstäbigen Karten (z. B. 1:10 000) dargestellt und inhaltlich an die Daten der Beobachtungsnetze (bezüglich Häufigkeiten usw.) angeschlossen. Die Methoden der G. sind jeweils anwendungsorientiert (z. B. ↑Frostschadenkartierung).

Geländeklimatologie [Syn.: Topoklimatologie]: Lehre vom Einfluß der Topographie auf das Klima von Raumeinheiten im allg. bis zu 10 km horizontaler Erstreckung.

Die G. erforscht mit meso- und mikroklimatischen Untersuchungsmethoden die Wirksamkeit von Topographie und Bodenbeschaffenheit in bezug auf die Klimaelemente (↑Geländeklima) und erarbeitet aufgrund der klimatologischen Eignungsbeurteilung für verschiedene Arten der Geländenutzung Grundlagen v. a. für die land- und forstwirtschaftliche Nutzung sowie für die Raumplanung. Eine wichtige Aufgabe ist z. B. die Kartierung der lokalen Frostgefährdung. Bei geplanten Veränderungen der topographischen Gegebenheiten (Bebauung, Rodung oder Aufforstung) können Modifikationen des Geländeklimas mit Hilfe von Klimamodellen abgeschätzt werden.

gemäßigtes Klima: nur bedingt zutreffende Bez. für das Klima der hohen Mittelbreiten. Abgesehen vom „gemäßigten" zyklonalen Westwindklima an den Westseiten der Kontinente werden in dieser Zone sehr unterschiedliche Klimabedingungen und z. T. extreme Temperaturgegensätze angetroffen.

gemäßigte Tropikluft ↑Tropikluft.

GEMS, das: Abk. für **Global environmental monitoring system** (engl. = weltweites Umweltüberwachungssystem); im Rahmen des Umweltprogramms der Vereinten Nationen (↑UNEP) in enger Zusammenarbeit mit der Weltorganisation für Meteorologie eingerichtetes operationelles Netz von Meßstellen zur Überwachung von Luftverunreinigungen. Zuständig für den Aufbau und Betrieb des Netzes sind staatliche Behörden, in der BR Deutschland das Umweltbundesamt.

GEMS wird von der Weltorganisation für Meteorologie auch mit den Meßergebnissen von ↑BAPMoN beliefert.

-gen [aus gleichbed. griech. -genēs]: Suffix mit der Bed. „hervorbringend; entstanden"; z. B. exogen.

genestetes Modell: ↑numerisches Modell, das nur einen begrenzten Ausschnitt umfaßt und in ein großräumigeres Modell eingebettet ist. Man kann auf diese Weise für ein begrenztes, für die Vorhersage wichtiges Gebiet ein Vorhersagemodell mit dichterem Gitternetz und hoher Auflösung, dessen Einsatz für ein größeres Gebiet zu zeit- und rechenaufwendig wäre, verwenden und genauere Vorhersagen erzielen. Allerdings ergeben sich durch die aus dem großräumigeren Modell zu übernehmenden Randwerte oft Störungen im genesteten Modell, die durch geeignete mathematische Verfahren unterdrückt werden müssen. – Im Deutschen Wetterdienst ist seit 1981 ein g. M. mit einer Maschenweite von 127 km im Einsatz, das das Gebiet Europa–Ostatlantik überdeckt und in ein hemisphärisches Modell mit doppelt so großer Maschenweite eingebettet ist.

genetische Klimaklassifikation: typisierende Einteilung der Klimate nach den dynamischen Vorgängen in der Atmosphäre. Sie erfordert eine komplexe Betrachtung der allgemeinen Zirkulation der Atmosphäre unter besonderer Berücksichtigung von Luftströmungen, Luftmassen und Fronten. Solche Klimaeinteilungen sind, da sie nicht durch Grenz-, Schwellen- oder Mittelwerte gekennzeichnet werden können, quantitativ schwer faßbar. Eine Unterteilung mittels Modellvorstellungen ist möglich. – ↑auch effektive Klimaklassifikation.

genetische Wolkenklassifikation: Einteilung der Wolken nach ihren physikalischen Entstehungsprozessen (z. B. ↑Aufgleitbewölkung, ↑Konvektionswolken, ↑orographische Wolken, ↑Turbulenzwolken). Die g. W. hat keinen Eingang in den praktischen Wetterdienst gefunden; im Gegensatz zur morphologischen ↑Wolkenklassifikation.

Genuatief: unter dem Einfluß der Alpen über dem Golfe du Lion bzw. dem Golf von Genua entstehendes Tiefdruckgebiet. Der Einfluß des G.s reicht oft über die Alpen weit nach Norden. Dabei gleitet in höheren Luftschichten Warmluft über die nördlich der Alpen lagernde Kaltluft auf und löst ergiebige, längeranhaltende Niederschläge aus. Das G. wandert häufig über Österreich und das östliche Mitteleuropa nach Norden.

Mit der wiss. Erforschung der Entstehung bzw. Verbesserung der Vorhersage von G.s beschäftigte sich ↑ALPEX.

geo- [zu griech. gē = Erde, Erdboden]: in Zusammensetzungen mit den Bedeutungen „Erde (als Planet bzw. Masse); Erdoberfläche", „Erdboden"; z. B. Geopotential.

geodynamisches Meter [Einheitenzeichen: gdm ‖ Syn.: dynamisches Meter]: Einheit des ↑Geopotentials: 1 gdm = 10 Jkg^{-1}. Die Geopotentialeinheit gdm entspricht einer Höhendifferenz zwischen zwei ↑Geopotentialflächen von $10/g$ m (≈ 1,02 m), wobei $g = 9{,}80\ ms^{-2}$ die Schwerebeschleunigung ist. Die Höhendifferenz 1 m entspricht umgekehrt einer Geopotentialdifferenz von $g/10$ gdm (≈ 0,98 gdm). Vom konventionellen Meter unterscheidet sich das geodynamische Meter also um etwa 2 %. Es ist aber von Vorteil, z. B. in der Aerologie, für das Geopotential eine Maßeinheit zu verwenden, die zahlenmäßig dem Meter noch besser angenähert ist; diese Überlegung führt zum ↑geopotentiellen Meter.

Geophysik, die [↑geo- ‖ Abl.: geophysikalisch]: die Physik der Erde; im engeren Sinn die Physik der festen Erde; im umfassenden Sinn die Wissenschaft von den physikalischen Zuständen und Vorgängen im festen Erdkörper, in der Hydrosphäre und in der Lufthülle sowie von den Wechselwirkungen mit extraterrestrischen Kräften und Vorgängen (hpts. den von Sonne und Mond ausgehenden). Dementsprechend bestehen enge, z. T. sich überschneidende Beziehungen zu einer Reihe selbständiger Teilgebiete, insbes. zur Meteorologie, Aeronomie, Ozeanographie und Hydrologie.

Die **angewandte G.** beschäftigt sich mit der Erforschung der Erdkruste, v. a. im Hinblick auf das Vorkommen nutzbarer Lagerstätten.

Geophysikalischer Beratungsdienst der Bundeswehr [Abk.: GeophysBDBw]: in die Bundeswehr eingegliederter Spezialdienst bei Heer, Luftwaffe, Marine und im wehrtechnischen Bereich. Zentrale Einrichtungen sind das Amt für Wehrgeophysik in Traben-Trarbach, die Geophysikalischen Beratungsleitstellen und die Schule für Wehrgeophysik in Fürstenfeldbruck. Der GeophysBDBw hat u. a. die Aufgabe, die militärische Führung in der operativen Planung und beim taktischen Einsatz sowie die Truppe bei der Durchführung militärischer Operationen und beim Einsatz der Waffensysteme über Art und Größe geophysikalischer Einflüsse zu beraten. Wiss. Arbeitsbereiche sind dabei Meteorologie, Ozeanographie, Wehrgeologie und Wehrbiologie sowie der ABC-Melde- und Warndienst. Von den nachgeordneten Dienststellen haben die **Geophysikalischen Beratungsstellen** (GeophysBSt) auf Flugplätzen der Bundeswehr unter Verwendung zentral erstellter Unterlagen die kurzfristige Flugwetterberatung durchzuführen. Zur Vermeidung von Doppelarbeit werden die regelmäßig über Funk und Draht verbreiteten meteorologischen Informationen des Deutschen Wetterdienstes und des Auslandes genutzt.

Geophysikalisches Jahr: svw. ↑Internationales Geophysikalisches Jahr.

Geopotential, das [↑geo- ‖ Abl.: geopotentiell]: Bez. für das Potential der Schwerkraft, gemessen durch die Hubarbeit, die zu leisten ist, um eine Masseneinheit von einem Höhenniveau (z. B. dem Meeresniveau) entgegen der Schwerebeschleunigung auf ein höheres Niveau zu bringen. Der zahlenmäßige Wert des Geopotentials ergibt sich als Produkt aus der Schwerebeschleunigung ($g = 9{,}8\ ms^{-2}$ in mittleren Breiten) und der Höhe in m über Normalnull.

Flächen gleichen G.s heißen ↑Geopotentialflächen. Als Einheit des G.s dient in der Aerologie das ↑geopotentielle Meter.

Geopotentialfläche: Fläche gleichen ↑Geopotentials, auf der in jedem Punkt die Schwerkraft senkrecht einwirkt. Bezugsniveau ist das mittlere Meeresniveau mit dem Geopotential 0 gpm.

Der Abstand zweier G.n wird durch die Arbeit bestimmt, die geleistet wird, um ein Luftteilchen gegen die Schwerkraft auf die höhere G. zu heben. Die Höhe der G. ist daher umgekehrt proportional zur Schwerebeschleunigung, die aufgrund der Abplattung der Erde und der Erdrotation am Pol größer ist als am Äquator. Die G.n verlaufen daher in der

Atmosphäre über dem Pol in geringerer Entfernung vom Meeresniveau als über dem Äquator; sie sind somit in Richtung auf den Pol zu gegen das Meeresniveau geneigt.
Der Abstand der G.n wird in ↑geopotentiellen Metern angegeben, deren Zahlenwert fast der Angabe für eine Höhendifferenz in Metern entspricht. – ↑auch Topographie.

geopotentielles Meter [zu ↑Geopotential ‖ Einheitenzeichen gpm]: Einheit des ↑Geopotentials; festgelegt als Produkt aus dem ↑geodynamischen Meter und dem konstanten Wert $g_{45}/10$; hierbei ist $g_{45} = 9{,}8062\ \mathrm{ms}^{-2}$ die Schwerebeschleunigung in 45° geographischer Breite. Einem geopotentiellen Meter ($= g_{45}\ \mathrm{Jkg}^{-1}$) entspricht eine Höhendifferenz zweier ↑Geopotentialflächen von g_{45}/g m; umgekehrt entspricht der Höhendifferenz 1 m die Geopotentialdifferenz $g\mathrm{Jkg}^{-1}$ oder g/g_{45} gpm. Es gilt: 1 gpm = 0,98 gdm bzw. 1 gdm = 1,02 gpm.
Das geopotentielle Meter wird überwiegend in der Aerologie verwendet.

Georg-von-Neumayer-Station: erste ständige Forschungsstation der BR Deutschland in der Antarktis (seit Frühjahr 1981; benannt nach dem dt. Hydrographen Georg von Neumayer), auf dem Schelfeis der Atkabucht (bei 70° 37′ s. Br. und 8° 22′ w. L.). Observatorium für Meteorologie und Aerologie sowie für Luftchemie; geophysikalisches Labor mit räumlich isolierten Meßstationen für Seismologie, Gravimetrie und Magnetik sowie Ionosphärenforschung. Routinemäßige Wetterbeobachtungen werden zu den synoptischen Terminen über das internat. Wetterfernmeldenetz verbreitet.

geostationärer Satellit [zu ↑geo- und lat. statio = das Stehen, der Standort]: künstlicher Satellit, der sich gleichsinnig wie die Erde um diese (erdsynchron) dreht. Die Umlaufzeit von 24 Stunden in 36 000 km Höhe über der Äquatorebene entspricht einer Drehung der Erde um ihre Achse; der Satellit scheint daher, von der Erde aus betrachtet, am Himmel still zu stehen. In dieser Position ist eine ständige meßtechnische Überwachung eines beträchtlichen Teiles, und zwar immer des gleichen Teiles, der Erdoberfläche möglich. – ↑auch Wettersatelliten.

Geostationary Meteorological Satellite, der [dʒɪoʊ'stɛɪʃənərɪ mi:tɪərə'lɔdʒɪkəl 'sætəlaɪt ‖ Abk.: GMS]: ein Satellitenprogramm (↑Wettersatelliten).

Geostationary Operational Environmental Satellite, der [dʒɪoʊ'stɛɪʃənərɪ ɔpə'rɛɪʃənəl ɪnvaɪərən'mɛntl 'sætəlaɪt ‖ Abk.: GOES]: ein Satellitenprogramm (↑Wettersatelliten).

geostrophische Approximation: das Ersetzen des wahren Windes in Gleichungen und Formeln durch den ↑geostrophischen Wind. Die g. A. ist nicht in allen Fällen zulässig. So führt sie z. B. bei der Bestimmung der relativen Vorticity zu gut brauchbaren Ergebnissen; sie versagt aber bei der Ermittlung der Divergenz. Wird die g. A. in Gleichungen oder Gleichungssystemen aus diesen Gründen nur teilweise durchgeführt, so spricht man von **selektiver geostrophischer Approximation.**

geostrophische relative Vorticity ↑relative Vorticity.

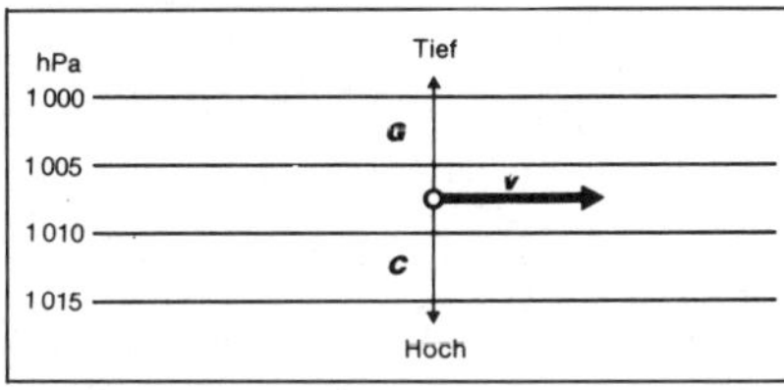

Geostrophischer Wind

geostrophischer Wind [zu ↑geo- und griech. strophḗ = Drehung, Wendung]: der Wind bei geradlinigen Isobaren, wenn ein Gleichgewichtszustand zwischen der Gradientkraft und der Coriolis-Kraft besteht. Er wird mit dem zyklostrophischen Wind, der bei gekrümmten Isobaren auftritt, zusammengefaßt unter der Bez. ↑Gradientwind. Man kann den geostrophischen Wind deshalb als **Gradientwind bei geradlinigen Isobaren** bezeichnen.
Da die Coriolis-Kraft immer senkrecht auf der Windrichtung steht und auf der Nordhalbkugel nach rechts wirkt, die

Gradientkraft aber immer zum tiefen Luftdruck hin gerichtet ist, kann ein Gleichgewicht zwischen beiden Kräften nur dann hergestellt werden, wenn der Wind genau parallel zu den Isobaren weht und so gerichtet ist, daß auf der Nordhalbkugel der tiefe Luftdruck links und der hohe Luftdruck rechts (in Strömungsrichtung gesehen) liegt. Auf der Südhalbkugel liegt der tiefe Luftdruck rechts, der hohe Luftdruck links, da hier die Coriolis-Kraft nach links wirkt.
Die Geschwindigkeit des geostrophischen Windes wird in erster Linie von der Gradientkraft bestimmt, die in Wetterkarten unmittelbar aus dem Abstand der Isobaren abzulesen ist. Da die Gradientkraft umgekehrt proportional zum Abstand der Isobaren ist, wirkt sich eine kleine Änderung des Isobarenabstandes bei engem Isobarenverlauf (d. h. bei hohen Windgeschwindigkeiten) sehr viel stärker aus als bei weitem Abstand der Isobaren (d. h. bei geringen Windgeschwindigkeiten).
In zweiter Linie ist die Windgeschwindigkeit auch von der geographischen Breite abhängig, und zwar ist sie umgekehrt proportional der Coriolis-Kraft. Das hat zur Folge, daß bei gleichem Gradienten der Wind in niederen Breiten beträchtlich stärker ist als in höheren Breiten. Da die Coriolis-Kraft am Äquator null wird, würde dort die Geschwindigkeit des geostrophischen Windes unendlich groß werden. Die Definition des geostrophischen Windes verliert deshalb in Äquatornähe ihre Gültigkeit. Alle Arbeitsmethoden, die auf der Gültigkeit des geostrophischen Windes aufbauen (z. B. Analysen- und Vorhersageverfahren), sind somit in Äquatornähe nicht anwendbar.

geothermische Tiefenstufe [zu ↑geo- und griech. thermós = warm, heiß]: die Tiefe in Metern, innerhalb deren beim Eindringen in die Erde (in Richtung Erdmittelpunkt) eine Temperaturzunahme von 1 K stattfindet; in der Nähe der Erdoberfläche beträgt der Durchschnittswert der g.n T. 33 m.

Geschwindigkeitsdivergenz ↑Richtungsdivergenz.

Gesellschaft zur Förderung medizinmeteorologischer Forschung e. V.: wiss. Verein, von Ärzten, Meteorologen und Wissenschaftlern der Grenzgebiete gemeinsam mit Kreisen der Wirtschaft 1952 in Hamburg gegründet; Sitz in Offenbach am Main; bezweckt die Förderung und Verbreitung medizinmeteorologischen Wissens, die Erfassung und Aufklärung der unter wetter- und klimabedingten Reaktionen Leidenden sowie die Informierung von Behörden, Krankenversicherungen, Verbänden und der Industrie über Möglichkeiten der Verhütung und Beseitigung wetter- und klimabedingter Krankheitseinflüsse.

Gewächshausklima: das künstlich erzeugte Klima in Gewächshäusern durch Abschluß von der Außenluft (Wind entfällt), Belüftung, künstliche Beleuchtung, Befeuchtung und Erwärmung, entweder mittels Heizung oder Sonnenstrahlung (Glasbauweise), wobei im letzteren Fall Übertemperatur dadurch entsteht, daß Glas die langwellige Rückstrahlung absorbiert.

Gewitter: bei hochreichender feuchtlabiler Schichtung der Atmosphäre auftretende Wettererscheinung, die mit elektrischen Entladungen (↑Blitz), Schallerscheinungen (↑Donner), starken, meist schauerartigen Niederschlägen (bisweilen als Hagel) und heftigen, böigen Winden (↑Gewitterbö) verbunden ist.
Die zur Entstehung von G.n bzw. zur Bildung von **G.wolken** (Cumulonimbus) notwendige Labilisierung der Luftmassen kann durch mehrere, z. T. zusammenwirkende *Ursachen* hervorgerufen werden: 1. durch starke Erwärmung der bodennahen Luftschichten infolge Sonneneinstrahlung (↑Wärmegewitter); 2. durch Hebung der Luft beim Vorüberzug von Fronten, insbes. von Kaltfronten (↑Kaltfrontgewitter, ↑Warmfrontgewitter); 3. durch Verschärfung des vertikalen Temperaturgradienten infolge Abkühlung (durch Ausstrahlung oder durch Advektion kälterer Luft in der Höhe); 4. durch Hebung feuchtwarmer Luft an Gebirgshindernissen (↑orographische Gewitter).

Eine G.wolke besteht meist aus mehreren Zellen mit verschiedenen Entwicklungsphasen, wie sie v.a. für Wärme-G. typisch sind. Im **Jugendstadium (Cumulusstadium)** herrschen starke Aufwinde in der Wolke vor, besonders auf ihrer Vorderseite (in Zugrichtung), die bis zu 20 m/s erreichen können und die zunächst ein Ausfallen von Niederschlägen verhindern.

Im **Reifestadium (Cumulonimbusstadium)** entwickelt sich mit beginnender Eisbildung im obersten Teil der Wolke ein sog. **G.schirm (Amboßwolke);** die Aufwinde sind noch kräftiger (bis 30 m/s), und es setzt eine verstärkte Niederschlagsbildung ein. Die an Größe und Menge zunehmenden Niederschlagsteilchen beginnen allmählich gegen den Aufwind zu fallen; gleichzeitig entwickeln sich in der Wolke Abwinde, gewittereigene Kaltluftkörper, die durch Abkühlung infolge Verdunstung von Wolkentröpfchen und Schmelzen fester Niederschlagsteilchen entstanden sind und fallwindartig zusammen mit starken Niederschlägen den Boden erreichen und sich dort seitwärts böenartig ausbreiten.

Im **Auflösungsstadium (Altersstadium),** bei nachlassender Energiezufuhr, regnet die Wolke aus, Abwinde setzen sich durch, und die Gewitterwolke bildet sich zurück.

Front-G. und orographische G. zeigen in ihrer Entwicklung einen abweichenden Verlauf. – ↑auch Gewitterelektrizität.

Gewitterbeobachtungsnetz: von der Naturforschenden Gesellschaft in Halle 1820 gegründetes Beobachtungsnetz, das erste in Deutschland mit der besonderen Zweckbestimmung der Beobachtung von Gewittern; umfaßte zeitweise 500 Meldestationen. Die Einrichtung des G.es gab den Anstoß zur Gründung weiterer meteorologischer Beobachtungsnetze in verschiedenen dt. Ländern.

Gewitterbö: starker Windstoß (Bö), meist vor Beginn eines Gewitters bzw. Gewitterregens. Die G. wird durch die aus großen Höhen der Gewitterwolke (Cumulonimbus) herabstürzende Kaltluft verursacht, die sich durch Schmelzvorgänge weiter abgekühlt hat. Ihre Stärke liegt weit über der Windgeschwindigkeit, die nach dem vorhandenen Druckfeld zu erwarten ist.

Gewitterelektrizität: die elektrischen Eigenschaften einer Gewitterwolke (Cumulonimbus) und die Entladung verschiedenpoliger Raumladungen (↑Blitz). Eine Gewitterwolke (im Reifestadium) ist wegen der bereits im Cumulusstadium einsetzenden Ladungstrennung in den oberen Teilen positiv, in den unteren negativ geladen; häufig ist aber in den unteren Wolkenteilen (in der Nä-

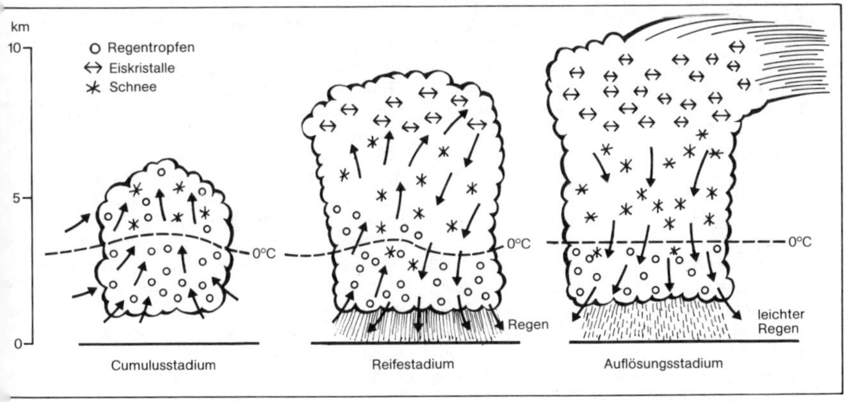

Gewitter. Schema der Entwicklungsstadien einer Gewitterzelle

he der Wolkenbasis) ein kleines Gebiet mit positiver Ladung eingelagert, das mit der Hauptniederschlagszone zusammenfällt (↑Lenard-Effekt).
Verschiedene Gewittertheorien, die hpts. von Influenzerscheinungen oder von Grenzflächeneffekten ausgehen, versuchen den Vorgang der Ladungstrennung, der zur Entstehung der Raumladung in einer Gewitterwolke führt, zu erklären. Jedoch liegt bis heute keine allgemeingültige Gewittertheorie vor.

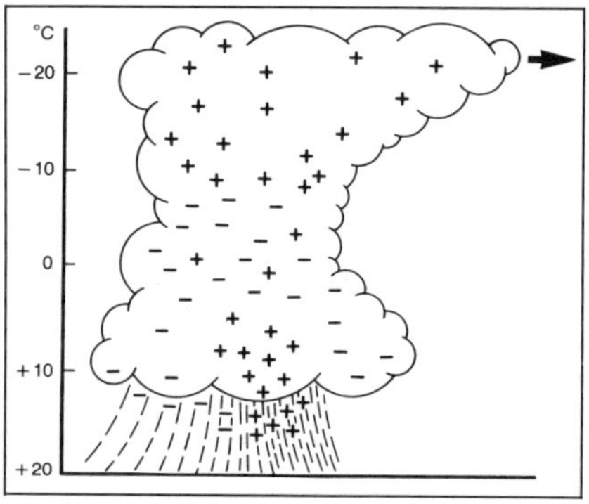

Gewitterelektrizität. Schema des Ladungsaufbaus in einer Gewitterwolke bzw. -zelle

Da die Grenze zwischen positiver und negativer Raumladung mit Temperaturen unterhalb $-10\,°C$ zusammenfällt, Temperaturen, bei denen die Umwandlung von Wassertröpfchen in Eiskristalle vor sich geht oder beide Niederschlagsteilchen nebeneinander vorkommen, müssen Vorgänge, die an diese Vorbedingung geknüpft sind, den Vorrang haben. Daneben spielt der vertikale Transport (Auf- und Abwinde) der Niederschlagsteilchen für die Ladungstrennung eine maßgebende Rolle.

Gewitterherd: allg. Ort oder Gegend des Auftretens von Gewittern; speziell auch Gegenden, in denen aufgrund der Orographie und des Untergrundes bevorzugt und häufig Gewitter entstehen.

Gewitterklassifikation: die Einteilung der Gewitter nach ihrer Entstehung. Man unterscheidet hpts. zwei Gewitterarten: ↑Luftmassengewitter und ↑Frontgewitter. Zu den ersteren zählen insbes. die ↑Wärmegewitter, zu den letzteren ↑Warmfrontgewitter und ↑Kaltfrontgewitter. – ↑auch orographische Gewitter.

Gewitternase [Syn.: Drucknase, Böennase]: höckerartige Aufwölbung im Barogramm beim Durchzug einer ↑Böenlinie und bei Kaltfrontgewittern. Die Luftdruckregistrierung zeigt mit Annäherung der Front erheblichen Luftdruckfall an, dem mit Frontdurchgang ein plötzlicher sehr starker Anstieg folgt. Nach kurzer Zeit fällt der Luftdruck wieder leicht, um danach ebenso rasch in einen länger andauernden Anstieg überzugehen.
Ursache der G. ist die mit dem Niederschlag aus der Gewitterzelle herabstürzende Kaltluft.

Gewitterneigung: Bez. für einen Zustand der Atmosphäre (meist bei sommerlichen Schönwetterlagen), bei dem infolge zunehmender Aufheizung der bodennahen Luftschicht die Entstehung örtlicher Gewitter nicht mehr auszuschließen ist.

Gewitterortung: die Feststellung von Gewittern; im Umkreis von 10 bis 15 km durch die Wahrnehmung des ersten Donners bei der Wetterbeobachtung oder durch Blitzzähler, bei entfernten Gewittern durch Beobachtung von Wetterleuchten; weit entfernte Gewitter lassen sich durch Anpeilen der von Blitzen ausgehenden elektromagnetischen Störungen (↑Spherics) orten.

Gewittersack: sackförmige zyklonale, meist nach S gerichtete Ausbuchtung der Isobaren in feuchtlabiler Warmluft bei einer sommerlichen Luftdruckverteilung mit einem Tiefdruckgebiet im Bereich der Britischen Inseln und hohem Luftdruck über dem Mittelmeer-Balkan-Gebiet; entsteht meist über Frankreich und läßt die Entwicklung von Gewittern erwarten, die durch Hebungsvorgänge und Tageserwärmung vor der nachfolgenden Kaltfront ausgelöst werden.

Gewittertag: Tag, an dem im Verlauf von 24 Stunden mindestens ein Gewitter beobachtet wurde. Als Beginn des Gewitters ist der Zeitpunkt, an dem der erste Donner gehört wurde, anzugeben. Gewitter, die über Mitternacht hinaus andauern, werden nur als ein Gewitter gezählt und dem Tag zugeordnet, an dem die größte Nähe des Gewitters beobachtet wurde.

Gewittertyp: ein Grundschichttyp (↑ Grundschicht).

Gewittervorhersage: die Ankündigung von Gewittern; erfordert eine sorgfältige Analyse der aktuellen Bodenwetterkarte und eine labilitätsenergetische Analyse der durch die Radiosondenaufstiege ermittelten Zustandskurven.

Hinweise für die G. in der warmen Jahreszeit sind: eine flache Luftdruckverteilung am Boden; ungehinderte Sonneneinstrahlung bei hohen Temperaturen und gleichzeitig hohen Feuchtewerten (überschreitet der Dampfdruck 18 hPa bzw. die Taupunkttemperatur 16 °C, steigt die Gewitterwahrscheinlichkeit auf über 50 %); das Auftreten bestimmter Quellwolkenformen (Altocumulus castellanus) am frühen Morgen und die erwartete Entwicklung von Cumulonimben; die Ausbildung bestimmter Isobarenformen (Gewittersack) und Konvergenzlinien, deren Verlagerung und Intensivierung bei der G. zu berücksichtigen sind; ferner eine feuchtlabile Schichtung, bei der durch Konvektion, frontales Aufsteigen und orographische Aufwinde Gewitter ausgelöst werden. Indikatoren für Labilität bzw. Gewitter sind auch die verschiedenen ↑ Labilitätsindizes. Diese ermöglichen auch die Vorhersage von Wintergewittern.

G.n sind Aufgabe des Wirtschaftswetterdienstes, der mit **Gewitterwarnungen** vorbeugende Maßnahmen zur Schadensverhütung einleitet.

Gewitterwolke: svw. ↑ Cumulonimbus. – ↑ auch Gewitter.

Gezeiten: durch das Zusammenwirken von Gravitations- und Zentrifugalkräften bei der Bewegung des Mondes um die Erde und der Erde um die Sonne entstehende Massenbewegungen des Meeres, der Atmosphäre und des Erdkörpers.

G. des Meeres treten bes. an den Küsten der offenen Meere als periodisches Ansteigen **(Flut)** und Absinken **(Ebbe)** des Wasserspiegels in Erscheinung (zweimal am Tage).

G. der Atmosphäre äußern sich in periodischen Schwingungen (Druckschwankungen), die jedoch sehr klein gegenüber den mit den Wetteränderungen verbundenen Druckschwankungen sind und deshalb vernachlässigt werden können. Als atmosphärische Ebbe- und Fluterscheinung ist eine halbtägige Schwingung anzusehen, die überall mit Maxima um 10 und 22 Uhr mittlerer Ortszeit und Minima um 4 und 16 Uhr feststellbar ist. Sie wandert als doppelte Welle mit der Sonne um die Erde, d. h. von O nach W; ihre maximale Amplitude beträgt 1,25 hPa am Äquator und nimmt regelmäßig mit $\cos^3\varphi$ polwärts ab.

G. des Erdkörpers machen sich teilweise in Deformationen des Erdkörpers durch die G.beschleunigungen (nicht kompensierte Differenzkräfte infolge unterschiedlicher Anziehung an verschiedenen Orten der Erde und in ihrem Innern) bemerkbar. Der G.hub der festen Erdkruste erreicht 15 cm mit einer rund zwölfstündigen Periode.

Gibli, der [arab. ‖ Schreibvariante: Ghibli]: auf der Vorderseite von Tiefdruckgebieten im Mittelmeerraum aus den heißen Wüsten Nordafrikas wehender Staubsturm, nach Überschreiten von Gebirgen föhnig erwärmt. Der G. gehört zu den als ↑ Schirokko bekannten Winden des Mittelmeeres. – ↑ auch Kamsin.

Gipfelhöhe: in der Meteorologie die Höhe, die eine ↑ Radiosonde erreicht; normalerweise 25 bis 30 km, in Ausnahmefällen bis 51 km.

Gitterelement: svw. ↑ Gitterwert.

Gitterfunktion ↑ Gitterwert.

Gitternetz [Syn.: Punktgitter]: Rechengitter, das numerischen Rechnungen, insbes. der numerischen Analyse und Vorhersage, zugrunde gelegt wird. Nur in den Gitterpunkten sind die Werte eines meteorologischen Feldes definiert.

Das G. kann eine unterschiedliche *Gitterstruktur* haben: Für hemisphärische Rechnungen wird meist ein äquidistantes G. verwendet, das einer geographischen Karte in stereographischer Projektion überlagert wird. Wegen der Maß-

stabsverzerrung der stereographischen Projektion wird der Gitterabstand in niedrigen Breiten verhältnismäßig klein (er ist am Äquator nur halb so groß wie am Pol), eine für numerische Rechnungen ungünstige Ausgangssituation.
Das G. kann auch auf die geographischen Koordinaten aufbauen. Ein solches G. hat den Nachteil, daß es nicht äquidistant ist und zudem zum Pol hin eine sehr hohe Dichte der Gitterpunkte aufweist. Es wird im allg. nur für globale Rechnungen benutzt, da globale Darstellungen in stereographischer Projektion nicht möglich sind.

Gitterpunktdaten: allg. Bez. für die in Gitterpunktform dargestellten Analysen oder Vorhersagen von meteorologischen Feldern. Für Fernmeldezwecke werden die G. in genau vereinbarter Form zu Datensätzen oder Datenblökken zusammengestellt. Die digitale Übermittlung von Analysen und Vorhersagen in Form von G. ist wesentlich rationeller als die Übermittlung von Kartendarstellungen in Bildform.

Gitterwert [Syn.: Gitterelement]: der Wert eines Elements, der an einem Gitterpunkt des ↑Gitternetzes definiert ist. Die Gesamtheit aller G.e eines bestimmten meteorologischen Elements nennt man die **Gitterfunktion.** Die Werte der Gitterfunktion müssen nicht immer genau den Gitterpunkten zugeordnet werden. Es kann sich als vorteilhaft erweisen, die Werte bestimmter Elemente zu gewissen Zeiten der Rechnungen der Mitte zwischen zwei Gitterpunkten zuzuordnen. Als Beispiel für eine abweichende Art der Gitterbelegung ↑Eliassen-Gitter.

Glarner Wind: im Schweizer Mittelland von den Glarner Alpen her wehender Südföhn.

Glashauseffekt [Syn.: Treibhauseffekt]: Erwärmungseffekt in der Atmosphäre, der der Wirkung eines Gewächshauses ähnelt; er kommt dadurch zustande, daß die Atmosphäre die kurzwellige Sonnenstrahlung fast ungehindert bis zum Erdboden durchdringen läßt, jedoch die von der erwärmten Erdoberfläche ausgesandte langwellige Strahlung absorbiert und in Wärmeenergie umsetzt, wobei der atmosphärische Wasserdampf und das Kohlendioxid die Hauptabsorber sind. Im Gegensatz zu einem Treibhaus ist die Atmosphäre allerdings nach oben offen und gibt deshalb einen Teil der umgewandelten Strahlungsenergie als langwellige Strahlung an den Weltraum ab.

Glätte: Sammelbez. für meteorologische Erscheinungen, die durch Eisablagerungen am Erdboden oder an Gegenständen hervorgerufen werden. Die häufigsten G.arten sind ↑Eisglätte, ↑Glatteis, ↑Reifglätte und ↑Schneeglätte.

Glatteis: glatte, kompakte, im allg. durchsichtige Eisablagerung am Erdboden und an Gegenständen. Voraussetzung für das Entstehen von G. ist das Vorhandensein von gefrierendem Regen oder gefrierendem Sprühregen.

Glättung:
◇ die Beseitigung von meteorologisch nicht begründeten Unebenheiten oder Unregelmäßigkeiten in ↑meteorologischen Feldern. Die Unebenheiten können bei Analysen verursacht sein durch Meßfehler oder auch kurzperiodische Schwankungen eines meteorologischen Elements, die bei einer großräumigen Darstellung nicht erfaßt werden können. Bei manueller Bearbeitung wird die G. nach sorgfältiger Prüfung der herausfallenden Einzelwerte aufgrund von Erfahrungen durchgeführt. Bei numerischen Analysen werden spezielle Glättungsoperatoren verwendet, die nur auf kurzwellige Störungen wirken, die meteorologisch wesentlichen längeren Wellen aber unangetastet lassen.
◇ die Bereinigung einer aus Messungen oder Beobachtungen gewonnenen Kurve von Unregelmäßigkeiten. In der Klimatologie wird die G. häufig angewendet, um in einer ↑Zeitreihe zufällige Schwankungen zu eliminieren. Das einfachste G.sverfahren ist die Bildung ↑übergreifender Mittelwerte; daneben bestehen die Verfahren der ↑Filterung.

glazial [zu lat. glacies = Eis]: während einer Eiszeit entstanden, mit einer Eiszeit in Zusammenhang stehend.

Glazial, das [zu ↑glazial]: svw. ↑Eiszeit.

Gleichgewicht: in *Physik* und *Technik* der Zustand eines Körpers oder

eines Systems, bei dem maßgebende Zustandsgrößen zeitlich konstant sind und/ oder Wirkungen und Gegenwirkungen sich aufheben.
Nach der Stabilität eines G.szustandes unterscheidet man drei *G.sarten:* 1. **stabiles G.:** Nach Ablenkung aus dieser G.slage treten am Körper (Luftquantum) Kräfte auf, die ihn wieder in die Ausgangslage zurückführen; 2. **labiles G.:** Bei Ablenkung aus dieser G.slage treten am Körper (Luftquantum) Kräfte auf, die ihn weiter aus der Ausgangslage entfernen; 3. **indifferentes G.:** Jede Ablenkung des Körpers (Luftquantums) führt in eine neue G.slage, da keine rückstellenden oder den Körper weiter ablenkenden Kräfte (Momente) auftreten. Der G.szustand in der Atmosphäre ist von der ↑Schichtung abhängig. – ↑auch hydrostatisches Gleichgewicht.

Gleichgewichtsbedingungen: die Bedingungen für die Neigung einer Grenzfläche zwischen zwei im Gleichgewicht nebeneinanderliegenden Luftmassen in Abhängigkeit von Temperatur- und Windverteilung, 1909 von M. Margules abgeleitet **(Margules-Formel).**
Die Neigung ist zunächst proportional dem Coriolis-Parameter, d. h., am Äquator (oder auf einer nichtrotierenden Erde) wären zwei Luftmassen nur dann im Gleichgewicht, wenn ihre Grenzfläche genau horizontal liegt. Ferner ist die Neigung der Grenzfläche der Differenz der parallel zur Grenzfläche wehenden Windkomponenten in der Warm- und Kaltluft direkt und der Temperaturdifferenz zwischen beiden Luftmassen umgekehrt proportional. Die Neigung ist im allg. sehr gering; unter plausiblen Annahmen liegt sie in mittleren Breiten zwischen etwa 1:50 und 1:300; als Mittelwert wird meist 1:100 angesehen.
Aus den G. folgt ferner, daß an der Grenzfläche immer eine zyklonale Scherung auftreten muß, d. h. daß sich die Kaltluft, von der Warmluft aus gesehen, relativ nach links bewegt.

gleitende Mittelwerte: svw. ↑übergreifende Mittelwerte.

Gleitfläche: horizontale bzw. mehr oder weniger stark geneigte Fläche in der Atmosphäre, in der sich ein Luftteilchen ohne Wärmezufuhr oder Wärmeverlust bewegt. Bei abwärts gerichteter Bewegung ist eine G. eine Fläche gleicher ↑potentieller Temperatur, bei aufwärts gerichteter Bewegung ist sie, sobald Sättigung eintritt, eine Fläche gleicher ↑pseudopotentieller Temperatur.
G.n sind „materielle" Flächen, d. h., sie bestehen immer aus den gleichen Teilchen; ein in ihnen befindliches Luftteilchen kann diese (ohne Wärmezufuhr oder Wärmeverlust) nicht verlassen.
G.n müssen nicht identisch mit ↑Frontflächen sein, sie können vielmehr als zahlreiche nahezu parallele Flächen die gesamte Atmosphäre durchziehen.

Gletscher: große Masse dauerhaften Eises über Landflächen, die durch allmähliche Verdichtung und Rekristallisierung von Schnee entstanden ist und sich in ständiger Bewegung befindet. G.ströme fließen, der Schwerkraft folgend, in bestimmten reliefabhängigen Bahnen; bei größerer Ausdehnung und Mächtigkeit können G. aber auch unabhängig vom Relief weite Teile einer Landfläche bedecken.
G. bilden sich oberhalb der klimatischen Schneegrenze (Firnlinie), dem sog. **Nährgebiet,** durch Umwandlung von Firneis (↑Firn) zu G.eis. Unterhalb der Schneegrenze endet der G. als **G.zunge;** in diesem Bereich ist die Ablation größer als der Niederschlag (meist Schnee), weshalb man von **Zehrgebiet** spricht. Fließt aus dem Nährgebiet mehr Eis nach, als durch Ablation verloren geht, erfolgt ein Vorstoß des G.s, ist dagegen die Ablation stärker, erfolgt ein Rückzug. Solche **G.schwankungen** sind immer mit Klimaveränderungen verbunden.
Das gesamte von G.n eingenommene Gebiet der Erde wird auf rund 15 Mill. km^2 geschätzt; davon entfallen 84,5% auf die Antarktis und die subantarktischen Inseln, 14% auf die arktischen Inseln (besonders Grönland) und die subarktischen Inseln.

Gletscherwind: Über einem Gletscher talwärts gerichtete Luftströmung (Mächtigkeit wenige hundert Meter). Die über dem Gletscher stark abgekühlte Luft fließt dabei aufgrund ihrer größeren Dichte ab.

In engen Gebirgstälern und an den Rändern des grönländischen und antarktischen Inlandeises können G.e als kalte Fallwinde hohe Geschwindigkeiten erreichen, wenn sie durch eine gleichgerichtete allg. Luftströmung überlagert und verstärkt werden.

Global Atmospheric Research Programme, das ['gloʊbl ætməs'fɛrɪk 'ri:sə:tʃ 'proʊgræm]: ein weltweites Forschungsprogramm (↑GARP).

Global data processing system, das ['gloʊbl 'dɛɪtə 'proʊsɛsɪŋ 'sɪstəm ‖ Abk.: GDPS]: globales Datenverarbeitungssystem (↑Weltwetterwacht).

Global environmental monitoring system, das ['gloʊbl ənvaɪərən'mɛntl 'mɔnɪtərɪŋ 'sɪstəm]: weltweites Umweltüberwachungssystem (↑GEMS).

globales Klima: die die Erde als Ganzes betreffenden klimatischen Gegebenheiten. Bei der Berechnung von Mittelwerten für das globale Klima werden die jahreszeitlichen Gegensätze der Hemisphären sowie die räumlichen Unterschiede völlig unterdrückt.

Global observing system, das ['gloʊbl əb'zə:vɪng 'sɪstəm ‖ Abk.: GOS]: globales Beobachtungssystem (↑Weltwetterwacht).

Globalstrahlung [zu lat. globus = Kugel, Ball]: die Summe des Strahlungsflusses aus direkter Sonnenstrahlung und diffuser Himmelsstrahlung, bezogen auf eine horizontale Einheitsfläche.

Global telecommunication system, das ['gloʊbl 'tɛlɪkəmju:nɪ'kɛɪʃən 'sɪstəm ‖ Abk.: GTS]: globales Fernmeldesystem (↑Weltwetterwacht).

Glorie, die [...iə ‖ aus lat. gloria = Ruhm, Ehre]: atmosphärisch-optische Erscheinung, bestehend aus farbigen Ringen um den Schatten eines Beobachters oder Objekts (z. B. Flugzeug, Ballon) auf einer von der Sonne beschienenen Nebelwand oder Wolkenoberfläche. Die Farbanordnung ist dieselbe wie bei einem ↑Kranz.

G.n entstehen durch Beugung des Lichtes an Wassertröpfchen oder Eiskristallen der Wolken bzw. des Nebels. – ↑auch Brockengespenst.

Glühfadenpyrometer ↑Strahlungspyrometer.

GMS, der [ge:'ɛm''ɛs]: Abk. für: **G**eostationary **M**eteorological **S**atellite (ein Satellitenprogramm; ↑Wettersatelliten).

GMT, die ['dʒi:ɛm'ti:]: Abk. für: **G**reenwich **m**ean **t**ime (↑Weltzeit).

GOES, der [goʊz]: Abk. für: **G**eostationary **O**perational **E**nvironmental **S**atellite (ein Satellitenprogramm; ↑Wettersatelliten).

Golfstrom: Meeresströmung im Nordatlantik; Glied des nordatlantischen Stromkreises, dessen warme, nordwärts gerichtete Strömungen als **G.system** bezeichnet werden. Der eigentliche G. entsteht aus der Vereinigung von ↑Antillenstrom und ↑Floridastrom und stellt bis zur Großen Neufundlandbank ein schmales Band (Breite etwa 100 km) schnell fließenden Wassers (Oberflächengeschwindigkeit bis 6 km/h) dar, das als Grenzfläche zwischen dem warmen Wasser der Sargassosee und dem kalten Wasser vor der nordamerikanischen Küste wirkt. In diesem Bereich kommt es zu Mäanderbildungen und zur Abschnürung bzw. Loslösung von Wirbeln (Durchmesser 100 bis 200 km).

Östlich der Großen Neufundlandbank fächert sich der G. auf: Der Hauptarm an der Oberfläche wird **Nordatlantischer Strom** genannt, von dem ein Teil auch die europäischen Gewässer erreicht. Der weitaus größte Teil der vom G. transportierten Wassermassen wird südwärts abgeführt. Das System schließt sich durch den **Kanarenstrom,** der in die breite Drift des Nordäquatorialstroms einmündet.

Die meteorologischen Auswirkungen des G.s bestehen hpts. darin, daß er laufend subtropisches Wasser heranführt und es in höhere Breiten befördert. In seinem Bereich bestehen daher hohe positive Temperaturdifferenzen zwischen Wasser und Luft, die die Verdunstung fördern; deren große latente Verdampfungswärme bildet eine Hauptenergiequelle der atmosphärischen Zirkulation über dem Ozean. Damit verbindet sich wegen der vorherrschenden südwestlichen bis westlichen Winde ein Einfluß auf das Klima West-, Mittel- und Nordeuropas.

Görlitzer Wind: böiger SSW-Wind, der durch das Zittauer Becken zwischen

Sudeten und Erzgebirge bei tiefem Druck über Norddeutschland und hohem Druck über Böhmen in das Neißetal einströmt; wirkt bei angestauter Kaltluft im Böhmischen Becken als kalter Fallwind.

GOS, das [ge:'o:''ɛs]: Abk. für: **G**lobal **o**bserving **s**ystem (ein globales Beobachtungssystem; ↑Weltwetterwacht).

gpm: Einheitenzeichen für ↑geopotentielles Meter.

Gradient, der [zu lat. gradi = einherschreiten, schreiten]: Maß für das Gefälle einer meteorologischen Größe in horizontaler oder vertikaler Richtung pro Längeneinheit. Der G. steht senkrecht auf den Isolinien der betreffenden Größe.

Im Gegensatz zu der sonst in der Mathematik üblichen Definition gibt der G. in der Meteorologie die Richtung des stärksten Gefälles an; er erhält dafür in Formeln ein negatives Vorzeichen. Obwohl der G. von jeder meteorologischen Größe gebildet werden kann (z. B. von Temperatur, Feuchte, Dichte), wird unter G. meist die verkürzte Bez. von ↑Luftdruckgradient verstanden.

Gradientkraft: die Kraft, die aufgrund des Luftdruckgradienten auf ein Luftelement wirkt. Sie steht senkrecht auf den Luftdruckflächen und ist immer zum tiefen Druck gerichtet.

Betrachtet man ein würfelförmiges Luftelement, so ist die G. gegeben durch die Differenz, um die die Druckkraft, die auf die dem höheren Luftdruck zugewendete Seite wirkt, größer ist als die Druckkraft, die auf die dem niedrigen Luftdruck zugewendete Seite wirkt. Bezieht man die G. auf eine Masseneinheit, so ergibt sie sich durch Division der G. durch die Luftdichte.

Auf Wetterkarten ist die Horizontalkomponente der G. direkt am Abstand der Isobaren erkennbar. Je enger die Isobaren verlaufen, um so größer ist die Gradientkraft. Wird die Luftdruckverteilung nicht durch Linien gleichen Luftdrucks, sondern durch Linien gleicher geopotentieller Höhe einer Luftdruckfläche dargestellt, wie bei allen Höhenkarten üblich, so entfällt die Berücksichtigung der Dichte; denn die horizontale G. ist durch die Neigung einer Luftdruckfläche direkt gegeben.

Nach einer Faustformel entspricht die horizontale G. in einer Bodenkarte zwischen zwei Isobaren im Abstand von 5 hPa derjenigen in einer Höhenkarte zwischen zwei Isopotentialen im Abstand von 40 gpm. Dies ist der Grund dafür, daß in allen Topographien Isopotentialen im Abstand von 40 oder 80 gpm gezeichnet werden.

gradientschwache Wetterlage: Wetterlage mit geringen horizontalen Luftdruckunterschieden und dementsprechend schwacher Luftbewegung; im Sommer bei labiler Schichtung der Luft infolge Sonneneinstrahlung Ausbildung örtlicher Schauer, bei stabiler Schichtung überwiegend sonniges Wetter; im Winter meist kaltes, in den Niederungen oft neblig-trübes Wetter. – ↑auch austauscharmes Wetter.

Gradientwind: Oberbegriff für ↑geostrophischer Wind und ↑zyklostrophischer Wind. Beim G. stehen die gleichen Kräfte im Gleichgewicht wie beim zyklostrophischen Wind, nämlich Gradientkraft, Coriolis-Kraft und Zentrifugalkraft. Die Zentrifugalkraft kann hier-

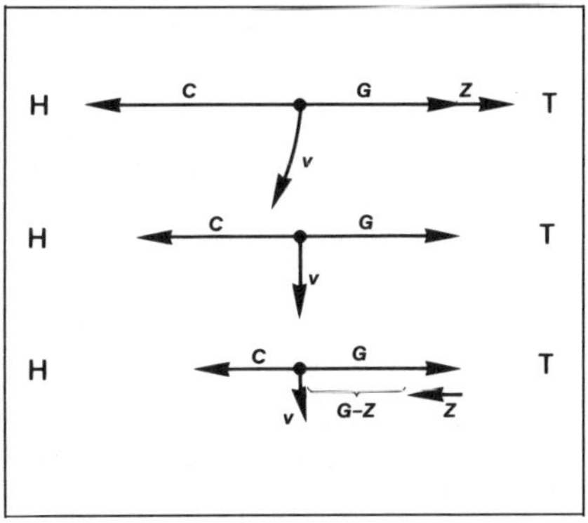

*Gradientwind. Gleichgewicht der Kräfte beim Gradientwind: bei antizyklonaler Krümmung (oben), bei geradlinigen Isobaren (Mitte) und bei zyklonaler Krümmung (unten). **G** Gradientkraft, **Z** Zentrifugalkraft, **C** Coriolis-Kraft, **v** Windgeschwindigkeit*

bei wie die Gradientkraft gerichtet sein, sie kann gleich null sein (wenn keine Krümmung der Isobaren vorhanden ist) oder sie kann entgegengesetzt zur Gradientkraft gerichtet sein. In allen Fällen weht der Wind – wie beim geostrophischen Wind – genau parallel zu den Isobaren, im Falle von gekrümmten Isobaren tangential zu ihnen.
Quantitative Berechnungen haben ergeben, daß bei den in der Natur vorkommenden Krümmungsradien die Zentrifugalkraft meist erheblich kleiner ist als die Gradientkraft. Man kann sich das Gleichgewicht der Kräfte beim G. deshalb so vorstellen, daß die Gradientkraft (der die Coriolis-Kraft immer entgegengesetzt ist) durch die Zentrifugalkraft je nach deren Richtung etwas verstärkt oder abgeschwächt wird. In gleicher Weise wird auch der Wind – gleichbleibender Isohypsenabstand vorausgesetzt – durch die Zentrifugalkraft verstärkt oder abgeschwächt (wie beim zyklostrophischen Wind). Die Richtung des Gradienten bleibt dabei immer unverändert und damit auch die Richtung des Windes. Der Wind weht also (wie beim geostrophischen Wind) so, daß der tiefe Druck auf der Nordhalbkugel links, der hohe Druck rechts liegt, auf der Südhalbkugel wegen der umgekehrten Richtung der Coriolis-Kraft entgegengesetzt.
Wenn man die Krümmung der Isobaren hinzunimmt, so folgt daraus, daß auf der Nordhalbkugel Tiefdruckgebiete entgegen dem Uhrzeigersinn, Hochdruckgebiete dagegen im Uhrzeigersinn umströmt werden; auf der Südhalbkugel ist die Umströmungsrichtung umgekehrt.
Da in vielen Fällen der G. nur wenig vom geostrophischen Wind abweicht, wird in der Praxis die Bez. G. oft verwendet, wenn nur der geostrophische Wind gemeint ist. So wird ein Maßstab für den geostrophischen Wind meist als **G.maßstab** bezeichnet.

Gradientwindgleichung: eine Gleichung, die das Gleichgewicht der beim ↑Gradientwind beteiligten Kräfte (Gradientkraft, Coriolis-Kraft und Zentrifugalkraft) beschreibt. Da die Zentrifugalkraft das Quadrat der Windgeschwindigkeit enthält, handelt es sich um eine quadratische Gleichung.
Bei der Lösung der Gleichung ergibt sich bei zyklonaler Krümmung, wenn also die Zentrifugalkraft entgegengesetzt zur Gradientkraft gerichtet ist, immer ein reelles Ergebnis. Dagegen ist bei antizyklonaler Krümmung, wenn Zentrifugalkraft und Gradientkraft gleichgerichtet sind, das Ergebnis nur dann reell, wenn ein unter der Wurzel stehender Ausdruck, der die Gradientkraft, den Krümmungsradius und den Coriolis-Parameter enthält, nicht negativ wird. Hierbei existiert ein Grenzwert des Gradientwindes, der genau dem doppelten Wert des ↑geostrophischen Windes bei gleichem Luftdruckgradienten entspricht. Daraus ergibt sich, daß ein Hochdruckgebiet nicht unbegrenzt anwachsen kann, während für Tiefdruckgebiete eine solche natürliche Grenze der Vertiefung nicht existiert.

Gradientwindlineal: nicht ganz korrekte, aber fachsprachlich übliche Bez. für einen Maßstab zur Bestimmung des geostrophischen Windes aus dem Abstand der Isobaren oder der Isopotentialen. Da der geostrophische Wind nicht nur vom Isobarenabstand, sondern auch von der geographischen Breite abhängt, müssen für jeden Breitenbereich andere Skalen benutzt werden. Ferner ist zu beachten, daß die Skalen dem Maßstab der Wetterkarten angepaßt sein müssen.

Gradientwindnomogramm: graphische Darstellung zur Bestimmung des ↑Gradientwindes. Da der Gradientwind von drei Größen, dem Luftdruckgradienten, der geographischen Breite und dem Krümmungsradius der Luftbahn, abhängt, ergeben sich verhältnismäßig komplizierte Nomogramme, die z. T. eine doppelte Ablesung oder die Konstruktion von Hilfslinien erforderlich machen. Sie werden in der Praxis wenig benutzt, insbes. wegen der Schwierigkeit, den Krümmungsradius zu ermitteln. Dieser muß von der Trajektorie, nicht von der Stromlinie bestimmt werden und kann deshalb nicht unmittelbar den Wetterkarten entnommen werden.

Gradtagzahl [Syn.: Gradtag, Heizgradtag]: in der *technischen Klimatologie* zur

überschlagsmäßigen Berechnung des Verbrauchs von Heizmaterial benutzte heiztechnische Kenngröße. Die G. ist für die Heizperiode die Summe der Differenzen, die zwischen der als Grenzwert mit 20 °C festgelegten mittleren Raumtemperatur und den Tagesmittelwerten der Lufttemperatur über alle Heiztage, die zwischen Beginn und Ende der Heizperiode liegen, gebildet werden.
Für die Heizzeit (1. September bis 31. Mai des Folgejahres) wird die G. durch die G. der Heizperiode zuzüglich der Summe der G.en einzelner Heiztage, die vor Beginn und nach Ende der Heizperiode noch aufgetreten sind, gebildet. Da noch andere Einflüsse, wie z. B. Wind, Luftfeuchtigkeit, Sonnenstrahlung, wirksam sind, stellen die G.en jedoch keinen alleinigen Kennwert für den Wärmeverbrauch dar.

-gramm [von griech. grámma = Geschriebenes, Buchstabe, Zeichen]: letzter Wortbestandteil von Zusammensetzungen mit der Bedeutung „Geschriebenes; Aufzeichnung, Aufgezeichnetes"; z. B. Aerogramm.

-graph [zu griech. gráphein = schreiben]: letzter Wortbestandteil von Zusammensetzungen mit der Bedeutung „Gerät, das aufzeichnet"; z. B. Aktinograph.

Grasminimum: Bez. für das in 5 cm Höhe über dem Erdboden gemessene Minimum der Temperatur (Bereich des Grases); im Gegensatz zur üblichen Messung in 2 m Höhe. In 5 cm Höhe tritt bei nächtlicher Ausstrahlung des Erdbodens häufiger Frost als in 2 m Höhe auf.

Graupel: aus Wolken fallender fester Niederschlag; besteht aus meist runden, in der Regel halbdurchsichtigen oder undurchsichtigen Körnern zusammengeballter Schneekristalle oder aus gefrorenen Regentropfen. Die häufigsten G.formen sind ↑Eiskörner, ↑Frostgraupel, ↑Reifgraupel und ↑Schneegriesel.

Gravitationskraft [zu lat. gravis = schwer]: allg. Bez. für die Anziehungskraft, die zwei Massen aufeinander ausüben; sie ist dem Produkt der beiden Massen proportional und dem Quadrat der Entfernung ihrer Schwerpunkte umgekehrt proportional. Der Proportionalitätsfaktor ist die **Gravitationskonstante.** Die auf der Erde wirkende G. stellt einen Sonderfall dar und wird **Schwerkraft** genannt. Bei ihr tritt als kleine zusätzliche Komponente die durch die Erdrotation bedingte Zentrifugalkraft hinzu, die der G. entgegenwirkt (↑Schwerebeschleunigung).

Gravitationswellen: svw. ↑Schwerewellen.

Grecale, der: svw. ↑Gregale.

Grecco, der: svw. ↑Gregale.

Grecco Levante, der: svw. ↑Gregale.

Greco, der: svw. ↑Gregale.

Greenwich mean time, die ['grɪnɪdʒ 'mi:n 'taɪm ‖ engl. = mittlere Greenwichzeit ‖ Abk.: GMT]: ↑Weltzeit.

Gregale, der [italien., eigtl. = der Griechische ‖ Syn.: Grecale, Greco, Grecco, Grecco Levante]: hpts. im Winter herrschender kühler, kräftiger, zuweilen stürmischer NO-Wind über Malta und dem Ionischen Meer; bedingt durch hohen Druck über den Alpen und Südosteuropa und ein Tiefdruckgebiet im südlichen Mittelmeer oder über Nordafrika. – Auch allg. Bez. für strenge NO-Winde in anderen Teilen des Mittelmeeres.

Grenzfläche: allg. Bez. für die flächenhafte Grenze zwischen zwei Luftmassen. Ist die G. im Gleichgewicht und kommt es zu keinen wesentlichen vertikalen Luftbewegungen, spricht man von einer ↑Luftmassengrenze. Anderenfalls handelt es sich um eine ↑Frontfläche.

Grenzflächenklima: svw. ↑Mikroklima.

Grenzschicht: verkürzte Bez. für ↑atmosphärische Grenzschicht.

Grenzschichtstrahlstrom [Syn.: Low-level-jet]: an der Obergrenze der atmosphärischen Grenzschicht auftretender ↑Strahlstrom.

Griesel: aus weißen, undurchsichtigen Körnchen (vergraupelte, zusammengeballte Eisnadeln bzw. Schneesterne) bestehender Niederschlag von schneeähnlicher Struktur. G. erinnert an Reifgraupeln (und wird manchmal damit verwechselt); die G.körner sind aber im allg. abgeplattet und länglich, mit einem Durchmesser unter 1 mm. Beim Auftreffen auf den Boden prallen G.körner (im

Gegensatz zu Reifgraupeln) nicht zurück und zerspringen auch nicht. – ↑auch Schneegriesel.

grobe Schäfchenwolke: svw. ↑Altocumulus.

Grönlandhoch: kaltes Hochdruckgebiet über Grönland, das sich bes. häufig im Winter ausbildet. In seinem Bereich entsteht die **grönländische Polarluft,** die zur Belebung der Tiefdrucktätigkeit über dem Atlantik beiträgt.

Größenordnung: dt. Bez. für ↑Scale.

großer Ring ↑Haloerscheinungen.

Großklima: svw. ↑Makroklima.

Großkonvektion ↑Konvektion.

Großschneefälle: Bez. für intensive Schneefälle, deren ↑Wasseräquivalent mindestens 15 mm beträgt.

Großtrombe ↑Trombe.

Großwetterlage [Abk.: GWL]: die mittlere Luftdruckverteilung auf Meeresniveau und in der mittleren Troposphäre über einem Großraum (etwa von der Größe Europas einschließlich der angrenzenden Teile des Nordatlantiks) während eines mehrtägigen Zeitraums, in dem sich diese und die Zugbahnen aufeinanderfolgender 24stündiger Fall- und Steiggebiete nicht wesentlich verändern. Das Wetter selbst kann während der Andauer der G. in den einzelnen Teilgebieten des Großraums wechseln, der Charakter der Witterung bleibt jedoch erhalten.

Die unterschiedliche Häufigkeit, regionale Ausbildung und typische Aufeinanderfolge der G.n prägen den Jahresablauf der Witterung und gestalten wesentlich das Klima eines Gebietes mit.

Der „Katalog der G.n" enthält für jeden Tag die G. seit 1. Januar 1881. – Die „G.n Europas" werden monatlich vom Deutschen Wetterdienst publiziert. – ↑auch synoptische Klimatologie.

Großwetterlagenklassifikation: Einteilung der Großwetterlagen nach bestimmten Merkmalen. Beim Deutschen Wetterdienst wird die von F. Baur entwickelte und von P. Hess und H. Brezowsky überarbeitete G. verwendet. Grundlage ist die Zirkulationsform, die durch die Lage der steuernden Aktionszentren (Höhenhoch- und Höhentiefdruckgebiete, Tröge) und die Erstrekkung der Frontalzonen bestimmt wird. Es wird unterschieden zwischen zonaler, gemischter und meridionaler Zirkulationsform sowie nach dem Witterungscharakter, über Mitteleuropa hpts. zyklonal oder antizyklonal. Die Bezeichnungen richten sich nach der Lage der quasistationären Hoch- und Tiefdruckgebiete und der in der Troposphäre (500-hPa-Fläche) vorherrschenden, auf Mitteleuropa gerichteten Strömung.

Für *Europa* wurden 29 verschiedene Großwetterlagen definiert, die sich für *Mitteleuropa* in acht *Großwettertypen* zusammenfassen lassen: West (W), Südwest (SW), Nordwest (NW), Hoch Mitteleuropa (HM), Tief Mitteleuropa (TM), Nord (N), Ost (E), Süd (S).

Für *Österreich* hat F. Lauscher eine ähnliche G. entwickelt, nach der aus dem Gesamtgebiet Europas jeweils das synoptische Luftdruckgebilde ausgewählt wird, das auf das Wetter in den Ostalpen den größten Einfluß ausübt. Neben den Hoch- und Tiefdrucklagen sowie Strömungslagen wird hier stärker die Entwicklung von Tiefdruckgebieten über dem Mittelmeer berücksichtigt.

Grundlawine ↑Lawine.

Grundschicht [Syn.: Peplosphäre]: Bez. für den untersten Bereich der Troposphäre (bzw. der Atmosphäre überhaupt), die rund 1 bis 2,5 km mächtige, zuweilen auch höher reichende, dem Erdboden aufliegende Luftschicht bis zur Hauptdunstgrenze oder einer markanten Schichtwolkendecke.

Die Obergrenze der G., die häufig mit einer Inversion zusammenfällt, ist die **Peplopause.** Sie trennt die G. von der darüber befindlichen ↑Advektionsschicht.

Die G. selbst wird in zwei Räume unterteilt, den **Reibungsraum** (unten) und den **Konvektionsraum;** beide sind jedoch eng miteinander verzahnt und nur gelegentlich durch eine Dunstgrenze oder Wolkenuntergrenze voneinander getrennt.

Je nach vertikaler Mächtigkeit, vertikalem Temperaturgradienten sowie typischen Wolken- und Witterungserscheinungen unterscheidet man empirisch sechs verschiedene *G.typen:*

1. **Inversionstyp:** Höhe nur einige hundert m; kräftige Bodeninversion mit

Dunst- oder Nebelschicht und schwacher Luftbewegung (kontinentale, winterliche Hochdruckgebiete).
2. **Hochnebeltyp:** Höhe knapp 1 km; vom Erdboden abgesetzte Inversion mit Hochnebel oder Stratusbewölkung an deren Unterseite (im Sommer über dem stabilisierenden Meer, im Winter in kontinentalen Hochdruckgebieten).
3. **Normaltyp:** Höhe 1000 bis 1500 m; nach Kaltlufteinbruch; kräftige Temperaturabnahme mit der Höhe bis zur Peplopause (scharfe Dunstgrenze mit flachen Cumulus- oder Stratocumuluswolken).
4. **Konvektionstyp:** Höhe 1500 bis 2000 m; Stratocumulusbewölkung in mehreren Schichten; trockenadiabatischer Temperaturgradient bei gleichzeitig hoher Feuchte; Entwicklung von Haufenwolken unterschiedlicher Mächtigkeit im Konvektionsraum (häufig im Sommer, in den Subtropen ständig als **Passattyp**).
5. **Böenwettertyp:** Höhe 3 km und mehr; infolge verstärkter Konvektion hoch aufgetürmte Quellwolken, die Grundschicht überragend; mit Schauerniederschlägen (nach Kaltlufteinbrüchen).
6. **Auflösungstyp** (unterteilt in **Gewittertyp** und **Regenwettertyp**): Höhe mehrere km; gleichförmige, fast inversionsfreie Temperaturabnahme mit der Höhe; aufquellende Gewitterwolken oder der Nimbostratus eines Wolkenaufzugs lösen die Peplopause auf (zyklonale Wetterlagen).
Der Begriff der G. und ihre Unterteilung werden in der neueren Literatur nur noch selten verwendet. Dafür hat sich der Begriff der ↑atmosphärischen Grenzschicht durchgesetzt.

Grundströmung: längeranhaltende, v. a. in der Höhe ausgeprägte großräumige Strömung, der Störungen überlagert sein können. Soweit es sich um eine G. in zonaler Richtung handelt, die Teil der allgemeinen Zirkulation der Atmosphäre ist, spricht man vom ↑zonalen Grundstrom.
Die Bez. G. wird aber auch in Zyklonentheorien benutzt, wenn Zyklonen als Wellenstörungen einer G. aufgefaßt werden, oder in Verbindung mit dem Begriff ↑Steuerung, dort gleichbed. mit Führungsströmung.
Früher wurde in der Theorie über die Entstehung der Luftmassen eine G. als Trägerin einer Luftmasse von bestimmter Herkunft und von bestimmten Eigenschaften angesehen.

Grundwahrscheinlichkeit: Bez. für den Näherungswert der Wahrscheinlichkeit (Verhältnis von günstigen zu möglichen Fällen) in einer Stichprobe. Die G. erhält man als ↑relative Häufigkeit des Auftretens der Merkmalswerte (Ereignisse) aller verfügbaren Glieder einer hinreichend großen Stichprobe.

Grundwindgeschwindigkeit: das maximale Zehnminutenmittel der Windgeschwindigkeit in ebenem und offenem Gelände, das in einem definierten, langjährigen Zeitraum (z. B. 10, 30 oder 50 Jahre) durchschnittlich einmal erreicht oder überschritten wird. Die im gleichen Zeitraum im Mittel maximal zu erwartende ↑Spitzenbö wird als **Nennböengeschwindigkeit** bezeichnet.

grüner Strahl: durch atmosphärische Brechung verursachte Erscheinung bei der untergehenden Sonne, die nur bei sehr klarer, dunstarmer Atmosphäre und mit geübten Augen zu beobachten ist: Wenn der obere rote Rand der Sonnenscheibe soeben unter dem Horizont verschwunden ist, ist für Sekundenbruchteile der grüne Oberrand der Sonne noch wahrnehmbar, während der noch etwas später verschwindende blaue Oberrand der Sonne wegen des mangelnden Farbkontrastes zur bläulichen Himmelsfarbe dem Auge nicht sichtbar wird.

GTS, das [ge:te:'ɛs]: Abk. für: **G**lobal **t**elecommunication **s**ystem (ein globales Fernmeldesystem; ↑Weltwetterwacht).

Guilbert-Großmann-Regel [gil'bɛ:r ... ‖ nach P. G. Guilbert und L. A. Großmann]: zu Anfang des 20. Jahrhunderts empirisch festgestellte Regel über die Verlagerung von Druckgebilden. Danach zieht ein Tiefdruckausläufer mit Vorliebe in 24 Stunden in das Gebiet des ihm vorangehenden Hochdruckkeils und dieser in das Gebiet des ihm vorangehenden Tiefdruckausläufers.
Daneben findet sich auch ziemlich häufig eine doppelt so schnelle Verlagerung,

so daß mitunter Tiefdruckausläufer bereits nach 12 Stunden das Gebiet des ihnen vorangehenden Hochdruckkeils erreichen. Dasselbe gilt auch für die Verlagerung von abgeschlossenen Tiefdruck- und Hochdruckgebieten.

Guldberg-Mohn-Reibung: ein von C. M. Guldberg und H. Mohn formulierter einfacher Ansatz für die Berücksichtigung der Bodenreibung in der Gleichung für den geostrophischen Wind. Die Reibungskraft wird als eine Kraft angenommen, deren Stärke proportional zur Windgeschwindigkeit und deren Richtung der Windrichtung entgegengesetzt ist.

Ein Kräftegleichgewicht ergibt sich dann, wenn die Vektorsumme aus Reibungskraft und Coriolis-Kraft gleich groß wie die Gradientkraft, dieser aber entgegengesetzt gerichtet ist. Notwendigerweise muß der Wind dann gegenüber der Isobarenrichtung zum tiefen Druck abgelenkt sein, dies um so mehr, je stärker die Reibung ist. Der Winkel zwischen Isobarenrichtung (bzw. Richtung des geostrophischen Windes) und Windrichtung heißt **Ablenkungswinkel.**

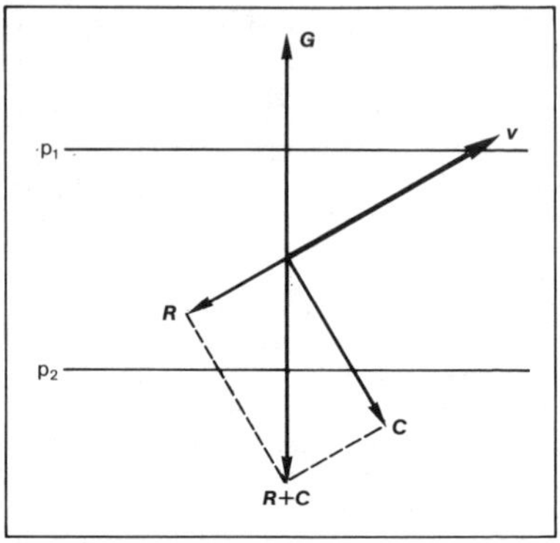

*Guldberg-Mohn-Reibung. Das Kräftegleichgewicht (**G** Gradientkraft, **R** Reibungskraft, **C** Coriolis-Kraft, **v** Windvektor, p_1, p_2 Isobaren)*

Zu beachten ist, daß der Ansatz der G.-M.-R. nur für den Bodenwind, nicht aber für den Wind in der gesamten Reibungsschicht gilt.

GWL, die [ge:we:'ɛl]: Abk. für ↑Großwetterlage.

H

H: Abk. für ↑Hochdruckgebiet.

Haarhygrometer: Gerät zur Messung der relativen Luftfeuchte. Das Meßprinzip beruht auf der Eigenschaft des menschlichen Haares, sich bei Feuchtigkeitsaufnahme auszudehnen und bei Feuchtigkeitsentzug zu verkürzen. Als Meßfühler werden entfettete Haare (Haarbündel) verwendet. Die Längenänderung der Haare wird über ein Hebelwerk mechanisch auf einen Zeiger übertragen. Zur Erhöhung der Meßempfindlichkeit wird das Haarbündel bei manchen H.typen in eine Haarharfe aufgelöst.

Als Fehlerquellen müssen Temperatureinfluß, Einfluß von Staub und Dämpfen sowie zeitliche Veränderungen der Haarlänge berücksichtigt werden.

Habub, der [arab. ‖ Schreibvariante: Haboob]: heißer Staubsturm aus meist nördlichen Richtungen in Ägypten und im Sudan; hpts. im Sommer.

Hadley-Zelle ['hædlı ... ‖ nach G. Hadley]: vertikales, geschlossenes Zirkulationssystem auf jeder Seite des meteorologischen Äquators zwischen der äquatorialen Tiefdruckrinne und dem subtropischen Hochdruckgürtel. Es wird angetrieben von der starken Erwärmung der Luft im Bereich des Äquators; hier steigt die Luft auf (bis zur Tropopause) und strömt in höheren Schichten polwärts, wobei die Strömung durch die Erdrotation immer mehr nach O abgelenkt wird; in etwa 30° Breite erfolgt dann eine großräumige Absinkbewegung, und die Luft fließt in den unteren Schichten der

Atmosphäre als Passat äquatorwärts zurück. Beide Passatströmungen treffen sich in der innertropischen Konvergenz, womit sich die H.-Z. schließt.
Die H.-Z. stellt eine thermisch direkte Zirkulation dar. Sie ist ein Glied in der allg. Zirkulation der Atmosphäre.

Hagel: Niederschlag in Form von Eiskugeln oder Eisklumpen **(H.körner, Schloßen)** mit Durchmessern von 5 bis 50 mm, in Extremfällen von über 10 cm. Hochreichende Gewitterwolken (Cumulonimbus) mit starken Auf- und Abwinden erreichen das **H.stadium,** wenn sich unterkühltes Wasser und Eiskristalle beim Zusammenstoß vergraupeln und sog. **H.embryos** bilden. Bei einem Überangebot an unterkühlten Wassertröpfchen bilden sich um den H.kern klare Eisschichten **(nasses Wachstum),** bei Temperaturen etwa unter −14 °C frieren nur noch einzelne Tröpfchen und Eiskristalle an **(trockenes Wachstum),** die eine kristalline, milchige Schicht mit Lufteinschlüssen bilden.
Der für größere H.körner typische Schalenaufbau entsteht durch mehrmaliges Auf- und Absteigen in verschieden temperierten Wolkenschichten. – H. kann als Eishagel, Schneehagel oder in Form von Frostgraupeln auftreten.
H.schläge sind räumlich meist eng begrenzt und dauern im allg. weniger als 15 Minuten, können aber große Schäden, v. a. in der Landwirtschaft, anrichten. In Verbindung mit Frontgewittern treten gelegentlich **H.streifen** mit mehreren hundert km Länge und einigen km Breite auf, die erhebliche volkswirtschaftliche Schäden verursachen.

Hagelbekämpfung ↑ Wetterbeeinflussung.

Hagelschießen: früher v. a. im Alpenraum verbreitete, wirkungslose Methode, Hagelschlag durch die Auslösung von Explosionen (Abfeuern von Kanonen und Raketen) zu verhindern. – ↑ auch Wetterbeeinflussung.

Hakencirrus: spezielle Wolkenart der Gattung Cirrus (↑ Cirrus uncinus).

halbtägige Druckwelle ↑ Luftdruckschwankungen.

Halbwüstenklima: Klima des Übergangsgebietes zwischen Vollwüste und Steppe bzw. Savanne mit vollariden bis semiariden Merkmalen; durchschnittli-

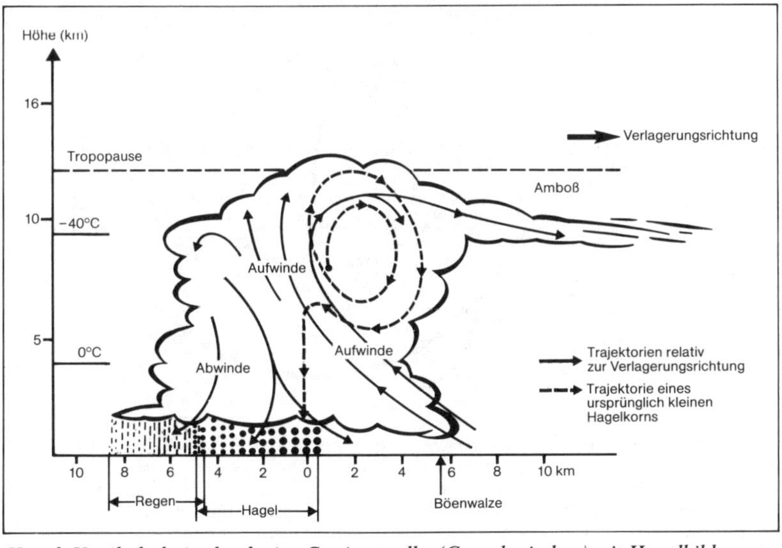

Hagel. Vertikalschnitt durch eine Gewitterwolke (Cumulonimbus) mit Hagelbildung

che jährliche Niederschlagshöhen etwa 100 bis 125 mm.

Haloerscheinungen [lat. halos = Hof um Sonne oder Mond, von gleichbed. griech. hálōs (eigtl. = runde Tenne)]: optische, zum Teil farbenprächtige Erscheinungen, die durch Brechung oder Spiegelung, seltener durch Beugung der Lichtstrahlen an Eiskristallen in der Atmosphäre entstehen.

H. haben am häufigsten die Form von Ringen um Sonne und Mond (zu unterscheiden von einem ↑Kranz), Lichtstreifen oder Lichtflecken und sind hpts. bei dünner, hoher Bewölkung (Cirrus, Cirrostratus) zu beobachten; gelegentlich können sie auch von aufgewirbelten Schneekristallen oder von Eiskristallen in Fallstreifen (↑virga) verursacht werden.

Die verschiedenen H. unterscheidet man nach ihrer Lage zur Lichtquelle oder in ihrer Lage zueinander. Die am häufigsten an der Himmelskugel vorkommenden *Haloformen* sind:

22°-Ring (kleiner oder **gewöhnlicher Ring):** Winkelabstand zur Sonne 22°; weißlich, mit rötlichem Innenrand;

46°-Ring (großer Ring): Winkelabstand zur Sonne 46°; weißlich, mit rötlichem Innenrand;

oberer Berührungsbogen zum 22°-Ring: in den Spektralfarben leuchtend;

unterer Berührungsbogen zum 22°-Ring: ebenfalls meist farbenprächtig;

umschriebener Halo (oberer und unterer Berührungsbogen sind Teile davon): seltener zu beobachten; je nach Sonnenhöhe apfelförmig oder elliptisch;

Nebensonnen: mit der Sonne in gleicher Höhe stehend; intensive Farben; mit zunehmender Sonnenhöhe vergrößert sich der Abstand von der Sonne; befindet sich die Sonne in Horizontnähe, so lie-

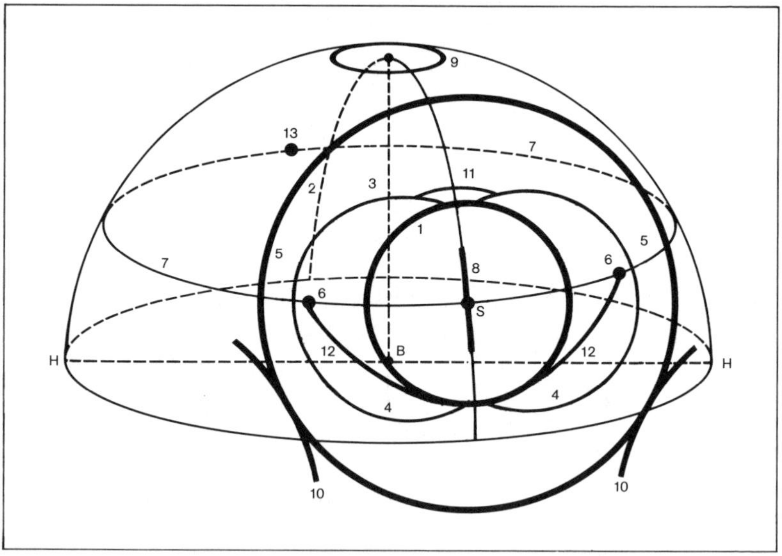

Haloerscheinungen an der Himmelskugel (B Beobachter, S Sonne, H Horizont): 1 22°-Ring, 2 46°-Ring, 3 oberer Berührungsbogen zum 22°-Ring, 4 unterer Berührungsbogen zum 22°-Ring, 5 umschriebener Halo (3 und 4 sind Teile davon), 6 Nebensonnen, 7 Horizontalkreis, 8 Lichtsäule, 9 Zirkumzenitalbogen, 10 seitliche untere Berührungsbögen zum 46°-Ring, 11 Parry-Bogen, 12 Lowitz-Bogen, 13 Gegensonne

gen die Nebensonnen auf dem 22°-Ring; **Horizontalkreis:** weißlicher Ring; selten vollständig ausgebildet; verläuft parallel zum Horizont durch die Sonne, gegebenenfalls auch durch die Nebensonnen; mit zunehmender Sonnenhöhe kleiner werdend;
Lichtsäule: stark leuchtender weißer Streifen durch die Sonne längs des Vertikalkreises;
Zirkumzenitalbogen: kleiner, nur teilweise ausgebildeter Kreis um den Zenit; liegt stets außerhalb des 46°-Rings oder berührt ihn gerade; in auffallend reinen Farben leuchtend;
seitliche untere Berührungsbögen: berühren den 46°-Ring; ändern mit der Sonnenhöhe ihre Form und Lage; in schönen Farben leuchtend;
Parry-Bogen: leicht zur Sonne konkav gekrümmter Bogen dicht oberhalb des Berührungsbogens zum 22°-Ring; seine Enden treffen mit dem Berührungsbogen zusammen;
Lowitz-Bogen: seitlicher Berührungsbogen; verläuft von den Nebensonnen bis an den unteren Berührungsbogen zum 22°-Ring;
Gegensonne: Lichtfleck in gleicher Höhe wie die Sonne, aber in entgegengesetzter Richtung.
Weitere H. sind: **Lichtkreuz:** entsteht, wenn sich Lichtsäule und ein Stück des Horizontalkreises schneiden. – **Untersonne** (leuchtender Lichtfleck oder senkrechter Streifen): gelegentlich zu sehen, wenn sich unter dem Beobachtungsort eine Eiswolke befindet; sie liegt in gleicher Azimutrichtung wie die Sonne und genau so tief unter dem Horizont wie die Sonne über dem Beobachter. – **Bouguer-Halo** (selten zu beobachten): ein zarter, kreisförmiger Lichtbogen um den Gegenpunkt der Sonne mit einem Radius von etwa 39°.

Handanemometer [Syn.: Schalenhandanemometer]: transportables Windmeßinstrument zur Bestimmung der (auf einen relativ kurzen Zeitraum bezogenen) mittleren Windgeschwindigkeit an einem beliebigen Ort. H. haben als Windgeber ein Schalenkreuz.
Man unterscheidet H. mit direkter Anzeige der Windgeschwindigkeit (in m/s) und H., die nur den Windweg (das ist der von der bewegten Luft zurückgelegte Weg) anzeigen. Die Windgeschwindigkeit erhält man durch Division des Windweges (m) durch die mit einer Stoppuhr gemessene Zeit (s).

Hangklima: das sich an Hängen lokal ausbildende Klima; maßgebend hierfür ist die dem Hang zugeführte Strahlung, die von Exposition und Neigung des Hangs abhängt. Bekannt sind die kalten N-Hänge (längere Schneedeckenzeit) und die warmen S-Hänge. Nachts bei lokaler Kaltluftbildung Auftreten von Hangabwinden und im oberen Bereich Ausbildung der ↑ warmen Hangzone; die unteren Hanglagen sind vielfach frostgefährdet.

Hangnebel: Nebel bzw. Wolken, die (ähnlich wie der ↑ Bergnebel) an einem Hang entstehen. Der Hangwind führt feuchte und wärmere Luft aus dem Tal hangaufwärts, wobei es in einer bestimmten Höhe des Hangs, die mit dem Kondensationsniveau identisch ist, zur Nebel- bzw. Wolkenbildung **(Hangwolken)** kommt.

Hangwind: tagsüber hangaufwärts **(Hangaufwind),** nachts hangabwärts **(Hangabwind)** wehender Wind, der bei einer ruhigen Strahlungswetterlage besonders gut ausgebildet ist. Nach Sonnenaufgang wird die dem Berghang aufliegende Luft stärker erwärmt als die hangferne Luft und steigt dem Hang entlang auf, wobei es unter Einbeziehung feuchterer Talluft am Hang oder in Gipfelnähe schon im Laufe des Vormittags zur Wolkenbildung (hpts. Cumuli) kommen kann.
Umgekehrt wird nachts die dem Hang aufliegende Luft infolge der nächtlichen Ausstrahlung stärker abgekühlt als die in gleicher Höhe in der freien Atmosphäre befindliche Luft; sie fließt wegen ihrer größeren Dichte deshalb hangabwärts. Im Gebirge sind die H.e Teilglieder der ↑ Berg- und Talwindzirkulation.

Hangwolken ↑ Hangnebel.

Harmattan, der [afrikan.]: mit Sand und oft rotem Lateritstaub beladener trocken-heißer, aus NO kommender Passatwind in der W-Sahara und in Oberguinea; weht im Winter oft über die

Küste hinaus bis zu den Kapverdischen Inseln; gekennzeichnet durch starke Lufttrübung über dem Meer („Dunkelmeer").

harmonische Analyse: svw. ↑Fourier-Analyse.

Harsch: verfestigter Schnee als Folge wechselnder Witterungsperioden (Tauwetter/Frostperiode). **Wind-H.** entsteht durch Oberflächenverdichtung infolge Winddrucks, **Sonnen-H.** durch Schmelzen der Schneeoberfläche und erneutes Gefrieren.

Haufenwolke: svw. ↑Cumulus.

Häufigkeitsverteilung: Die H. beschreibt die Zusammensetzung und die charakteristischen Werte und Eigenschaften aller durch Messung oder Beobachtung gewonnenen Einzeldaten eines meteorologischen Elements, das ausgewertet werden soll.

Zur Erstellung der H. werden die Einzeldaten zunächst **Klassen** mit festgelegten Klassenmerkmalen zugeordnet. Jede Klasse ist durch einen **Klassenwert** charakterisiert, im allg. durch die **Klassenmitte.** Die Anzahl der Klassen und die zu wählenden Klassenbreiten richten sich nach der Anzahl der Einzeldaten. Im allg. bestimmt man die **Klassenbreite,** indem man die Differenz aus dem größten und kleinsten Einzelwert aller Daten des Kollektivs durch die Anzahl der Klassen dividiert.

Zur statistischen Beschreibung von H.en dienen insbes. Mittelwerte und Streuungen. H.en werden meist durch Histogramme, Polygonzüge oder Summenkurven graphisch dargestellt.

Hauptdämmerungsbogen ↑Dämmerungsbogen.

Hauptdruckflächen [Syn.: Standarddruckflächen]: Bez. für die in internat. Vereinbarungen festgelegten isobaren Flächen, für die bei der Auswertung aerologischer Aufstiege Geopotential, Temperatur, Taupunktdifferenz und Wind bestimmt und in der TEMP-Meldung verbreitet werden.

H. sind die 1000-, 850-, 700-, 500-, 400-, 300-, 250-, 200-, 150- und 100-hPa-Fläche sowie die 70-, 50-, 30-, 20- und 10-hPa-Fläche. Die troposphärischen H. werden größtenteils, die stratosphärischen teilweise im praktischen Wetterdienst als absolute ↑Topographien dargestellt; sie sind unentbehrliche Bestandteile der täglichen Wetteranalyse und -vorhersage.

Hauptfrontalzone ↑Frontalzone.

Hauptpurpurlicht ↑Purpurlicht.

Hauptregenbogen ↑Regenbogen.

Haupttermin ↑synoptische Termine.

Hauptwolkenuntergrenze: svw. ↑Ceiling.

Heat-Streß-Index ['hi:t... ‖ engl. heat = Hitze ‖ Kurzbez.: HS-Index]: in den USA verwendete Kenngröße zur Berechnung der Arbeitsdauer bei Wärmebelastung auf der Basis der Wärmebilanz des menschlichen Körpers.

Heaviside-Schicht [engl. 'hɛvɪsaɪd]: ältere Bez. für die ↑Ionosphäre, insbes. für die E-Schicht; nach dem britischen Physiker O. Heaviside benannt, der das Vorhandensein einer hochliegenden ionisierten Schicht der Atmosphäre vermutete.

Heberbarometer: von R. W. Bunsen erfundenes, zu den Quecksilberbarometern (Flüssigkeitsbarometern) gehörendes Instrument zur Luftdruckmessung; es besteht aus einem U-förmigen Glasrohr mit einem langen, geschlossenen Schenkel, der das sog. Torricelli-Rohr bildet, und einem offenen Schenkel mit der Funktion des Barometergefäßes. Den Barometerstand erhält man als Differenz der Ablesungen am oberen und unteren Quecksilberspiegel. – Abb. S. 183.

Hebungskondensationsniveau ↑Kondensationsniveau.

Hebungskurve: im Gegensatz zur ↑Zustandskurve der in einem thermodynamischen Diagramm bis zum Kondensationsniveau durch die Trockenadiabate und darüber durch die Feuchtadiabate gekennzeichnete Verlauf (Temperaturabnahme) eines individuellen, adiabatisch aufsteigenden Luftteilchens.

Die Temperaturzunahme eines absinkenden Luftteilchens wird durch die ↑Absinkkurve dargestellt.

Heidelberger Talwind: im Neckartal bei Heidelberg bei windschwachem Hochdruckwetter nachts talabwärts wehender Wind; nach wenigen Kilometern in der Oberrheinebene nicht mehr feststellbar.

Heiligenschein: atmosphärisch-optische Beugungserscheinung, die gelegentlich als leuchtender, weißfarbiger Ring um den auf eine betaute Grasfläche (oder eine ähnlich beschaffene Fläche) geworfenen Kopfschatten eines Beobachters entsteht; hpts. bei niedrigem Sonnenstand, wenn der Schatten des Beobachters lang ist.

Heilklima: therapeutisch wirksames Klima mit überprüften klimatologischen Eigenschaften nach festgelegten Grenzwerten von Nebel und Temperatur, jährlicher Sonnenscheindauer und lufthygienischen Verhältnissen. – ↑auch heilklimatischer Kurort, ↑Klimatherapie, ↑Kurortklimadienst.

heilklimatischer Kurort: Kurort mit wiss. anerkannten und durch Erfahrung kurmäßig bewährten klimatischen Eigenschaften (therapeutisch anwendbares Klima), die durch eine Klimastation laufend überwacht werden. In den Begriffsbestimmungen sind Grenzwerte für Staubbelastung in Kur- und Wohngebieten der Gäste, Sonnenscheindauer (mindestens 1 500 Stunden im Jahresmittel), Nebelhäufigkeit (höchstens 50 Tage von Oktober bis März) und Wärmebelastung (höchstens 25 Tage mit einer Äquivalenttemperatur von mindestens 49 °C jährlich) angegeben.
Die therapeutische Nutzung erfolgt entsprechend den verschiedenen Heilklimaten (Haupttypen sind Hochgebirgs-, Mittelgebirgs-, Wald- und Seeklima). – ↑auch Kurortklimadienst.

heißer Tag: Tag mit einem Höchstwert der Temperatur (Tagesmaximum) von mindestens 30 °C; wurde in Mitteleuropa früher auch als **Tropentag** bezeichnet.

heiter: in der Meteorologie gesagt von einer Bedeckung des Himmels mit Wolken, bei der der Bedeckungsgrad weniger als $^{2}/_{8}$ beträgt.

heiterer Tag: Tag mit einem Tagesmittel der Bewölkung von weniger als 1,6 Achtel (↑Bedeckungsgrad); wurde früher bei Verwendung einer Skala von 0 bis 10 (bedeckt) mit weniger als 2 Zehntel (entspricht 20 % der sichtbaren Himmelsfläche) definiert.

Heizgradtag: svw. ↑Gradtagzahl.

Heizgrenztemperatur [Syn.: Heiztemperatur]: gemäß VDI-Richtlinie der Kennzeichnung von Beginn und Ende der Heizperiode als Grenzwert zugrunde gelegtes Tagesmittel der Lufttemperatur (Außentemperatur) von 15 °C.

Heizperiode: witterungsabhängiger, der Beheizung von Gebäuden zugrunde gelegter Zeitabschnitt. Die H. beginnt in Mitteleuropa jeweils im Herbst, und zwar dann, wenn die Außentemperatur von 15 °C **(Heizgrenztemperatur)** im übergreifenden Fünftagesmittel letztmals und endgültig unterschritten wird, frühestens jedoch am 1. September. Die H. endet im Frühjahr des Folgejahres, wenn im übergreifenden Fünftagesmittel wieder eine Außentemperatur von 15 °C erreicht oder überschritten wird, spätestens aber am 31. Mai. Gemäß dieser Definition fällt die H. in die ↑Heizzeit.
Nachteil der H. als Planungsunterlage für die Verbrauchsberechnung: Sie ist erst nachträglich genau bekannt.

Heiztag: Tag, an dem das Tagesmittel der Lufttemperatur unter 15 °C liegt. Die mittlere Anzahl der H.e für die ↑Heizzeit und für die Sommermonate Juni bis August kann entsprechenden Tabellen (VDI-Richtlinie) entnommen werden.
In der technischen Klimatologie dienen H.-Statistiken der überschlagsmäßigen Berechnung des Verbrauchs an Heizmaterial.

Heiztemperatur: Kurzbez. für ↑Heizgrenztemperatur.

Heizzeit: der gemäß VDI-Richtlinie rein kalendermäßig vom 1. September bis zum 31. Mai des Folgejahres festgesetzte Zeitraum. Auf die H. werden die der Berechnung des Verbrauchs von Heizmaterial dienenden ↑Gradtagzahlen und die mittlere Anzahl der ↑Heiztage bezogen.

Hektopascal ↑Pascal.

Heliograph, der [griech. hḗlios = Sonne und ↑-graph]: Gerät zur Registrierung der Sonnenscheindauer (↑Sonnenscheinautograph).

Helioklima: svw. ↑Strahlungsklima.

Helium, das [zu griech. hḗlios = Sonne (das Gas erhielt seinen Namen deshalb,

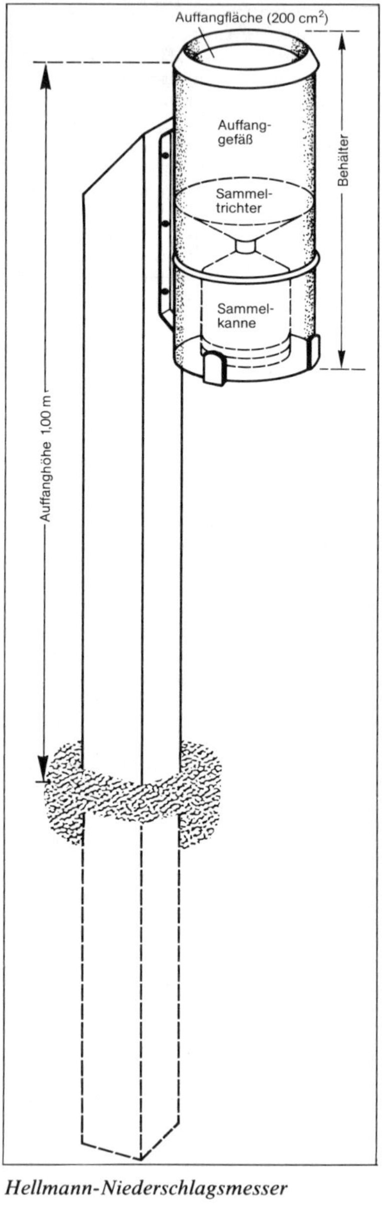

Hellmann-Niederschlagsmesser

weil seine Spektrallinien mit denen eines früher schon in der Sonne entdeckten Elementes übereinstimmten) ‖ Zeichen: He]: sehr leichtes Edelgas, das in der Atmosphäre nur in außerordentlich geringer Konzentration vorkommt. Wegen seiner Leichtigkeit entweicht es an der Obergrenze der Atmosphäre ständig in den Weltraum, jedoch wird dieser Verlust durch die Produktion von Alphateilchen (Heliumkerne) infolge radioaktiver Zerfallsprozesse in Nähe des Erdbodens in etwa wieder ausgeglichen.

Hellmann-Niederschlagsmesser [früher: Hellmann-Regenmesser]: von G. Hellmann entwickelter Niederschlagsmesser; besteht aus einem zylindrischen Auffanggefäß mit trichterförmigem Boden, einer Auffangfläche von 200 cm² und einer Auffanghöhe von 1,0 über dem Boden, in schneereichen Gebieten 1,5 m. Der im Sammeltrichter aufgefangene Niederschlag fließt in eine Sammelkanne im Inneren des Behälters und wird an den Niederschlagsmeßstellen einmal täglich (an den Klimastationen dreimal täglich) gemessen, und zwar mit Hilfe eines Meßglases, das in der Skalierung gleich die Ablesung in mm Niederschlagshöhe (= l/m²) ermöglicht. Im Winter sind die zusätzliche Verwendung eines ↑Schneekreuzes im Auffanggefäß und Schmelzen des Schnees im Zimmer (durch Austausch des gesamten Behälters) erforderlich, um die Menge des gefallenen Schnees in mm Wasserhöhe anzugeben.

Hellmann-Niederschlagsschreiber [früher: Hellmann-Regenschreiber]: von G. Hellmann entwickelter Niederschlagsschreiber; mit gleicher Auffangfläche und -höhe wie der ↑Hellmann-Niederschlagsmesser, jedoch mit einem zylindrischen Blechgehäuse bis zum Boden. Im Inneren werden von einem zylindrischen Gefäß mit Schwimmer die Veränderungen des aufgefangenen Niederschlags auf einen Schreibarm übertragen, der diese auf einem Registrierstreifen (Trommelumlauf 24 Stunden) aufzeichnet. Mit Hilfe eines Heberrohrs wird nach jeweils 10 mm Niederschlagshöhe das aufgefangene Wasser in ein anderes Gefäß geleitet.

Im Winter ist der Auffangtrichter beheizt (2 °C), um den gefallenen Schnee zu schmelzen.

Helmholtz-Wirbelsätze: die von H. Helmholtz abgeleiteten Sätze über die Hydrodynamik der Wirbelbewegungen in idealen, d. h. inkompressiblen und reibungsfreien Flüssigkeiten in einem Trägheitssystem (↑Inertialsystem). Im wesentlichen beinhalten sie, daß unter den genannten Bedingungen der Inkompressibilität, der Reibungsfreiheit und des Inertialsystems zwar Wirbel in Flüssigkeiten ihre Gestalt und ihre Lage ändern können, daß sie aber ohne Einwirkung von außen nicht neu entstehen und sich auch nicht auflösen können.

Für die Meteorologie liegt die Bedeutung der H.-W. darin, daß die Ursache der in der realen Atmosphäre tatsächlich entstehenden und vergehenden Wirbel auf Faktoren zurückgeführt werden muß, die von Helmholtz nicht berücksichtigt worden sind. Dies sind für die Wirbelentstehung die Kompressibilität der Luft, bei meridionalen Strömungen die auf der rotierenden Erde wirksamen, von der geographischen Breite abhängigen Trägheitskräfte (Coriolis-Kraft) und für die Wirbelauflösung v. a. die Reibung.

Helmholtz-Wogen [nach H. Helmholtz]: wellenartige Wolkenstruktur (↑Wogenwolken).

hemisphärische Analyse: ↑Analyse, die eine Hemisphäre vollständig oder nahezu vollständig überdeckt. H. A.n nehmen in der praktischen Vorhersagetätigkeit eine Vorzugsstellung ein. Man kann davon ausgehen, daß die Zirkulation und alle Faktoren, die darauf einen Einfluß ausüben, auf einer Hemisphäre ein weitgehend geschlossenes System darstellen, da an der Grenze der Hemisphäre, im Äquatorgebiet, die Änderungen von Tag zu Tag sehr klein sind und bei Prognosen für einige Tage vernachlässigt werden können. Erst bei Prognosen für mittelfristige Zeiträume werden nach heute vorherrschender Auffassung globale Analysen und Vorhersagen benötigt.

hemoeremeisch [hεmo-e... ‖ griech. hḗmisys = halb und ↑eremeisch]: bedeutet bei einer Klimaklassifikation, die mittlere Monatswerte des Niederschlags und der Temperatur verwendet: 8 bis 11 Trockenmonate, kein Frostmonat.

hemoeremeisch kalt [hεmo-e...]: bedeutet bei einer Klimaklassifikation, die mittlere Monatswerte des Niederschlags und der Temperatur verwendet: 9 bis 10 Trockenmonate, einige Frostmonate.

Herbst ↑Jahreszeiten.

Herbstäquinoktium ↑Äquinoktien.

Herbstpunkt: der Schnittpunkt der Ekliptik mit dem Himmelsäquator, in dem die Sonne auf ihrer scheinbaren Bahn den Himmelsäquator von N nach S überschreitet (um den 23. September). – ↑auch Frühlingspunkt.

Heterosphäre, die [Kurzbildung aus griech. héteros = anders beschaffen, fremd und ↑Atmosphäre]: der obere Teil der Atmosphäre (etwa in 120 km Höhe beginnend), in dem eine Entmischung der Gase entsprechend ihrem Atomgewicht stattfindet und in dem infolgedessen die prozentuale Zusammensetzung der Atmosphäre je nach der Höhe verschieden ist.

In der äußersten Atmosphäre, oberhalb etwa 1 000 km, ist überwiegend Wasserstoff als leichtestes Gas vorhanden.

heulende Vierziger: svw. Roaring forties (↑brave Westwinde).

High-Index-Typ ['haı... ‖ engl. high = hoch]: Zirkulationstyp, der durch einen hohen Wert des ↑zonalen Indexes gekennzeichnet ist, bei dem also in der freien Atmosphäre hohe Windgeschwindigkeiten aus westlichen Richtungen herrschen.

Charakteristisch für diesen Typ ist, daß auftretende lange Wellen nur sehr flach sind und daß am Boden Wellenstörungen und kleinere Tiefdruckgebiete rasch nach Osten wandern und in den mittleren Breiten wechselhaftes Wetter verursachen. Dabei ist der Luftaustausch zwischen niederen und hohen Breiten verhältnismäßig gering.

Hilfsmeldestelle [Syn.: Wetterhilfsmeldestelle]: im Rahmen des synoptischen Stationsnetzes an Verkehrsflughäfen und Landeplätzen (ohne amtliche Wetterstation) sowie an orographisch markanten und für den Flugwetterdienst

bedeutsamen Orten eingerichtete Wetterbeobachtungs- und -meldestelle.
Die H. ist nicht mit hauptamtlichem Wetterdienstpersonal, sondern mit geschulten nebenamtlichen Beobachtern besetzt, die tagsüber zu den synoptischen Terminen, z. T. auch stündlich, das gegenwärtige signifikante Wetter sowie Wind, Sichtweite und Bewölkung an die nächstgelegene Wetterstation telefonisch melden. Von dort wird die Wettermeldung der H. in einem Sonderschlüssel über das Wetterfernmeldenetz verbreitet.

Himmelsansicht: mit Inkrafttreten des ↑Kopenhagener Wetterschlüssels 1929 in die ↑SYNOP-Meldung aufgenommene besondere Schlüsselziffer zur Angabe des Zustandes der gesamten Himmelsfläche. So wurde z. B. mit Ziffer 9 „gewitterdrohender chaotischer Himmel" verschlüsselt.
Die Angabe der H. entsprach einer damaligen Arbeitsweise, die im Gegensatz zur Betrachtung einzelner Wolken und ihrer physikalischen Entstehung das gesamte Himmelsbild zu erfassen trachtete und hieraus vor allem prognostische Schlüsse hinsichtlich der Wetterentwicklung ableiten wollte.

Himmelsbedeckung: svw. ↑Bedekkung.

Himmelsblau: blaue Farbe des Himmels, die dadurch entsteht, daß der kurzwellige (blaue) Anteil der Sonnenstrahlung besonders an Luftmolekülen viel stärker gestreut wird als der langwellige (rote) Anteil (↑Rayleigh-Streuung).

Himmelslicht: der sichtbare Anteil der ↑Himmelsstrahlung.

Himmelsstrahlung [Syn.: diffuse H.]: die von der gesamten Himmelskugel kommende elektromagnetische Strahlung, vermindert um die ↑direkte Sonnenstrahlung.
Die **kurzwellige H.** mit Wellenlängen $<3\ \mu m$ besteht am Tage aus der in der Atmosphäre gestreuten und an Wolken reflektierten Sonnenstrahlung (ihr sichtbarer Anteil ist das **Himmelslicht**); ihre nächtliche Erscheinungsform wird als ↑Nachthimmelshelligkeit bezeichnet.
Die auf eine horizontale Fläche auffallende direkte Sonnenstrahlung und die kurzwellige H. bilden die ↑Globalstrahlung.
Die **langwellige H.** mit Wellenlängen $>3\ \mu m$ ist im wesentlichen die Wärmestrahlung der absorbierenden Bestandteile der Atmosphäre; sie ist ständig vorhanden und wird als ↑atmosphärische Gegenstrahlung bezeichnet.

Hinderniswolken: Wolken, die bei der erzwungenen Hebung feuchter Luftmassen an einem Hindernis (z. B. Gebirge) durch adiabatische Abkühlung entstehen.
Die Wolkenformen sind auf der Vorderseite des Hindernisses (Luv) und auf der Rückseite (Lee) jeweils verschieden. Typische H. sind die Föhnmauer, Wolkenfahnen an Bergen (z. B. am Matterhorn und als sog. Tafeltuch am Tafelberg in Südafrika), Wolken der Art lenticularis (↑auch Moazagotlwolken) oder Rotorwolken (↑Leewirbel).

historische Meteorologie: Zweig der Meteorologie, der Anomalien von Wetter, Witterung und Klima in Zeiten vor der Verwendung von Meßinstrumenten untersucht. Ausgewertet werden dazu hpts. Chroniken, namentlich Aufzeichnungen über gute oder schlechte Weinernten bzw. sonstige Ernteergebnisse, Dürren, auffällige Wettererscheinungen, Gletschervorstöße, Gefrieren von Seen und andere Phänomene.

Hitzdrahtanemometer: Instrument zur Messung geringer Windgeschwindigkeiten; hpts. bei agrarmeteorologischen und mikroklimatologischen Messungen und Untersuchungen eingesetzt. Meßprinzip: Die durch die Luftströmung (Wind) verursachte Abkühlung (Wärmeentzug) mehrerer beheizter Platindrähte führt bei letzteren zu einer temperaturabhängigen Widerstandsänderung, die in einer Wheatstone-Brücke mittels Galvanometer gemessen bzw. mittels Registriereinrichtung aufgezeichnet wird. Die Widerstandsänderung der Platindrähte ist ein Maß für die Windgeschwindigkeit.

Hitze: Bez. für ungewöhnlich hohe Werte der Temperatur. Aufgrund des unterschiedlichen Wärmeempfindens der Menschen in den verschiedenen Klimazonen gibt es keine einheitliche Definition. In der *BR Deutschland* wird vielfach das Überschreiten eines Tagesmittels der Temperatur von 25,0 °C als Grenzwert für H. verwendet.

Hitzeperiode [Syn.: Hitzewelle]: die Andauer von Tagen mit Hitze. Die Wahrscheinlichkeit des Auftretens von H.n ist in Kontinentalklimaten am größten, und zwar bei anhaltenden antizyklonalen Wetterlagen mit ungestörter Einstrahlung und Luftruhe.

Hitzetag: nach einer veralteten Definition von G. Hellmann ein Tag, an dem das Tagesmittel der Lufttemperatur mindestens 25 °C beträgt. – ↑auch heißer Tag, ↑Sommertag.

Hitzetief [Syn.: Wärmezyklone]: durch starke Sonneneinstrahlung, meist im Bereich relativ hohen Luftdrucks bei geringen horizontalen Luftdruckunterschieden, über dem Festland entstehendes flaches Tiefdruckgebiet von geringer Ausdehnung. Die starke Erwärmung des Erdbodens und der bodennahen Luftschicht verursacht eine Labilisierung der Luft, die zu Vertikalbewegungen führt. Bei ausreichender Luftfeuchtigkeit bilden sich ↑Wärmegewitter.

Sommerliche H.s entstehen regelmäßig auch über größeren Landgebieten (z. B. Spanien, Sahara, Arizona, Australien und NW-Indien). Sie sind in der Höhe vom subtropischen Hochdruckgürtel überlagert und daher nur wenig wetterwirksam.

Hitzewelle:

◇ fachsprachlich für: plötzliche starke Erwärmung mit extremen Maxima der Lufttemperatur; entsteht in Mitteleuropa bei sommerlichen Hochdruckwetterlagen, bei denen trocken-heiße Festlandsluft aus Rußland, dem Balkan bzw. Nordafrika herangeführt und durch intensive Sonneneinstrahlung und Föhnwirkung zusätzlich erwärmt wird; in extremen Fällen in Deutschland Maxima bis 40 °C.

◇ gemeinsprachlich für ↑Hitzeperiode.

Hitzschlag: akute Erkrankung durch Überwärmung des Körpers; tritt auf beim Versagen des Wasser- und Wärmehaushaltes des menschlichen Organismus (Versagen der ↑Thermoregulation) beim Erreichen bestimmter, individuell unterschiedlicher Extremwerte. Im äußersten Fall der ↑Wärmebelastung verläuft der H. oft tödlich.

HKN: Abk. für: **H**ebungs**k**ondensations**n**iveau (↑Kondensationsniveau).

Hoch: svw. ↑Hochdruckgebiet.

Hochdruckausläufer: selten gebrauchte Bez. für ↑Hochdruckkeil.

Hochdruckbrücke: Hochdruckzone, die zwei Hochdruckgebiete verbindet. Besondere Bedeutung für die Witterung Mitteleuropas hat die als Großwetterlage definierte **H. über Mitteleuropa** (Abk.: **BM**), die eine Verbindung zwischen dem Azorenhoch und einem osteuropäischen Hoch herstellt. Nördlich dieser BM wandern in einer westlichen Strömung einzelne Tiefausläufer ostwärts und durchbrechen mitunter die Brücke. Dadurch wird das an sich meist heitere und trockene Wetter gelegentlich durch etwas Regen, Sprühregen oder im Sommer durch Gewitter unterbrochen. Die Temperaturen liegen im Sommer meist über, im Winter durch Strahlungsfröste unter dem Durchschnitt.

Im Herbst und Frühwinter, der Zeit des häufigsten Auftretens, sind längere Nebel und Hochnebel oft mit BM-Lagen verbunden. In seltenen Fällen liegt die Achse der Brücke nördlich von 50° n. Br., so daß über ganz Mitteleuropa eine nordöstliche bis östliche Strömung mit ungestörtem Strahlungswetter herrscht. Lediglich der Alpenraum gerät dabei mitunter in den Einflußbereich von Mittelmeertiefs mit stärkeren Niederschlägen.

Hochdruckgebiet [Abk.: H ‖ Syn.: Hoch, Antizyklone, barometrisches Maximum]: Gebiet relativ hohen Luftdrucks, dessen Zentrum **(Hochdruckkern)** den höchsten Druckwert besitzt und in der Wetterkarte von einer oder mehreren Isobaren umschlossen ist.

Im H. herrscht absinkende Luftbewegung, die zu adiabatischer Erwärmung, Wolkenauflösung und Austrocknung führt. Sie reicht im allg. nicht bis zum Erdboden, sondern endet meist an der Obergrenze der atmosphärischen Grenzschicht, wo sich eine Absinkinversion bildet, unter der sich Staub und Verunreinigungen sammeln **(Dunstschicht).**

In den unteren Schichten herrscht als Folge der Reibung eine horizontale Ausgleichsströmung vom hohen zum tiefen Luftdruck, die allerdings durch die Coriolis-Kraft auf der Nordhalbkugel nach rechts abgelenkt wird, so daß um den Hochkern ein im Uhrzeigersinn rotierender Luftwirbel entsteht. Diese antizyklonale Luftbewegung ist im allg. schwächer als die zyklonale um ein ↑Tiefdruckgebiet. In der Wetterkarte liegen daher die Isobaren um ein H. weiter auseinander als um ein Tiefdruckgebiet.
Der Divergenz der Strömung in den unteren Schichten steht eine Konvergenz (ein Massenzufluß) in der Höhe gegenüber, die beim Aufbau des H.es (der **Antizyklogenese**) zuerst wirksam und bis zum beginnenden Abbau stärker ist als die untere Divergenz.
Von jahreszeitlichen Temperaturunterschieden abgesehen, ist das Wetter in einem H. im Sommer oft deutlich verschieden von dem im Winter:
In der *warmen Jahreszeit* herrscht in einem H. bei großen Temperaturschwankungen zwischen Tag und Nacht oft tagelang wolkenloses Wetter. Mitunter bilden sich tagsüber flache Quellwolken, sog. Schönwettercumuli, die sich gegen Abend wieder auflösen. Der Abbau des H.es kündigt sich durch stärker fallenden Luftdruck und mächtig aufgetürmte Quellwolken, oft mit Gewittern, an.
In der *kalten Jahreszeit* entstehen in Höhe der Absinkinversion durch nächtliche Ausstrahlung verbreitet Stratusbewölkung oder Hochnebel bzw. bei tiefliegender Inversion auch Nebel, die wegen der geringeren Intensität der Sonneneinstrahlung nur langsam oder überhaupt nicht aufgelöst werden. Dann herrscht in den Niederungen oft tagelang trübes und naßkaltes Wetter (↑austauscharmes Wetter), über der Inversion (etwa in den Gipfellagen der Mittelgebirge) dagegen bei wolkenlosem Himmel mildes Wetter mit sehr guter Fernsicht.

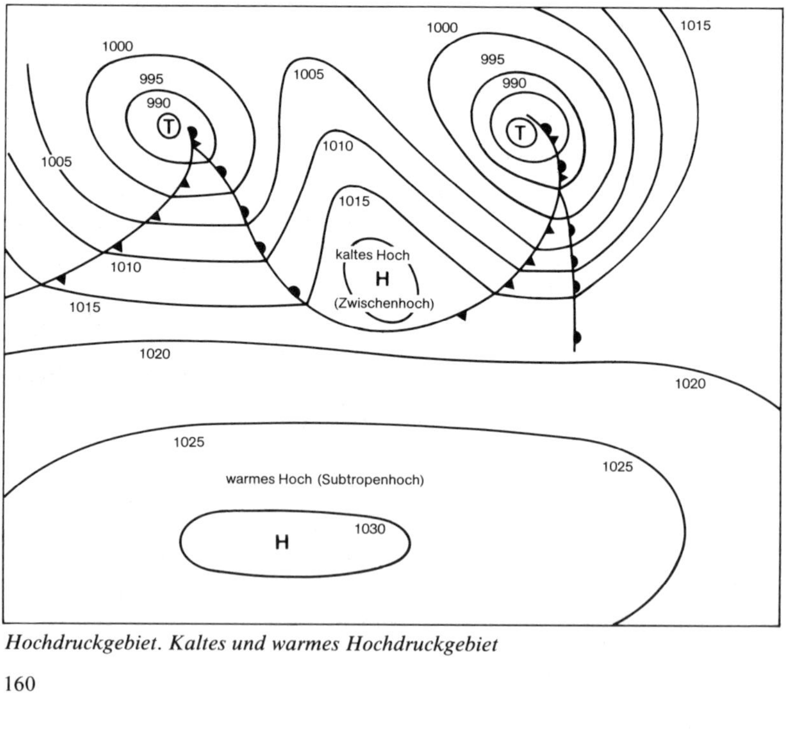

Hochdruckgebiet. Kaltes und warmes Hochdruckgebiet

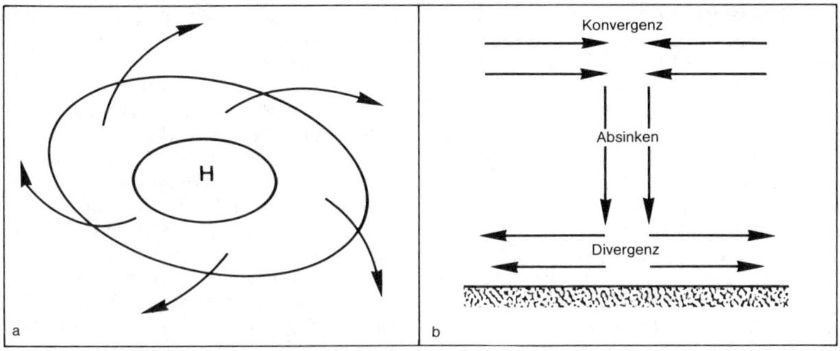

Hochdruckgebiet. Luftströmungen in einem Hochdruckgebiet (a antizyklonale Bodenströmung, b vertikale Zirkulation)

Nach dem *thermischen Aufbau* unterscheidet man kalte und warme Hochdruckgebiete:

Das **kalte H.** oder **Kältehoch** besteht aus Kaltluftmassen, ist jedoch nur von geringer vertikaler Mächtigkeit. Es wird in der oberen Troposphäre von einem Tiefdruckgebiet oder von einer zyklonal gekrümmten Höhenströmung überlagert und entsteht im Bodendruckfeld durch strahlungsbedingte Auskühlung der bodennahen Luftmassen. Persistente Kältehochs bilden sich im Winter über Sibirien, Kanada und der Antarktis und erreichen einen Kerndruck bis 1080 hPa. Kalte H.e sind in mittleren Breiten auch die aus der Rückseitenkaltluft von Tiefdruckgebieten aufgebauten H.e bzw. Hochdruckkeile, denen meist rasch ein weiteres Tief folgt. Entsprechend dieser Folge von Druckgebilden werden sie als **Zwischenhoch (Zwischenhochkeil)** bezeichnet. Sie wandern mit den Tiefdruckgebieten mehr oder weniger rasch in Richtung der Höhenströmung. Die mit ihrem Durchzug an einem Beobachtungsort verbundene Aufheiterung ist meist nur von kurzer Dauer. Unter günstigen Umständen (bei gleichzeitiger Warmluftadvektion in der Höhe und Druckanstieg am Boden) kann sich aus einem kalten und flachen Zwischenhoch ein warmes und vertikal mächtiges H. entwickeln.

Das **warme** oder **dynamische H.** ist bis in große Höhen warm, wobei im Anfangsstadium einem nach N gerichteten Warmluftstrom an der W-Flanke des H.es ein nach S verlaufender Strom von Kaltluft östlich des Kerns gegenübersteht. Im weiteren Verlauf zeigt die Mitteltemperatur der unteren Troposphäre eine zum Kern symmetrische Verteilung mit den höchsten Werten über dem Bodenhoch. Meist bildet sich dann auch in höheren Niveaus ein durch eine geschlossene Isohypse gekennzeichnetes H., das **Höhenhoch.** Solche hochreichenden Druckgebilde sind nahezu stationär und bestimmen oft für eine Woche und länger die Witterung größerer Gebiete, wobei sich lokale und regionale Einflußfaktoren überlagern.

Warme H.e sind auch die Hochdruckzellen des subtropischen Hochdruckgürtels, die aus absinkender Tropikluft aufgebaut sind. Sie erneuern sich mitunter durch Polarlufteinbrüche in den unteren Schichten. Weitet sich ein Keil des Subtropenhochs nach N aus, entsteht oft ein ↑blockierendes Hoch.

Hochdruckkeil [Syn.: Keil, Hochdruckrücken, selten: Hochdruckausläufer]: von einem Hochdruckgebiet ausgehende Zone hohen Luftdrucks mit Höchstwerten entlang einer Linie, der **Keillinie** oder **-achse,** die gleichzeitig die Linie stärkster antizyklonaler Isobarenkrümmung darstellt. Verbindet die Keilachse zwei Hochdruckgebiete, spricht man von einer ↑Hochdruckbrücke.

Hochdruckkern ↑Hochdruckgebiet.

Hochdruckrücken: svw. ↑Hochdruckkeil.

Hochdruckzelle: in einem umfangreichen Hochdruckgebiet bzw. im subtropischen Hochdruckgürtel von einer Isobare umschlossenes Gebiet relativ hohen Luftdrucks. Eine H. löst sich mitunter vom ↑Azorenhoch und wandert über West- und Mitteleuropa ostwärts.

Hochgebirgsklima ↑Gebirgsklima.

Hochnebel: durch Abkühlung wasserdampfreicher Luft unterhalb einer Inversion entstehender Nebel. H. bildet sich oft großräumig in winterlichen Hochdruckgebieten und ist identisch mit einem tiefliegenden ↑Stratus. Infolge Abkühlung der darunterliegenden Luftschicht wächst er oft nach unten, so daß schließlich auch in Bodennähe das Kriterium für Nebel (Sichtweite weniger als 1 km) erfüllt ist.
Aus dem H. kann gelegentlich leichter Niederschlag fallen (Sprühregen, feiner Schnee, Griesel, Rauhreifansatz).

Hochnebeltyp: ein Grundschichttyp (↑Grundschicht).

Hochpaßfilterung [Syn.: numerische Hochpaßfilterung]: in der *Klimaforschung* ein spezielles, bei der Analyse einer ↑Zeitreihe angewendetes mathematisch-statistisches Verfahren zur Auffindung von klimatologischen Periodizitäten. Im Gegensatz zur ↑Tiefpaßfilterung verfolgt die H. das Ziel, Schwankungen relativ großer Periode (niedriger Frequenz) zu unterdrücken, um solche von relativ kleiner Periode (hoher Frequenz) um so deutlicher hervortreten zu lassen.

Hochsommer: im Jahresablauf der Witterung die Monate Juli und August; bei den Witterungsregelfällen (↑Singularitäten) speziell die häufig Mitte Juli, im letzten Julidrittel oder ersten Augustdrittel vorkommenden Hochdruckwetterlagen (↑Hundstage); bei den ↑phänologischen Jahreszeiten die Zeit der Winterroggenernte.

Hochwassersituation [Syn.: Hochwasserlage]: Bez. für eine Wetterlage, bei der ein erhebliches Ansteigen der Wasserstände an Flüssen und Seen beobachtet wird; kommt meist durch das Zusammenwirken mehrerer Faktoren zustande. Der H. geht oft eine längere Niederschlagsperiode voraus, in der Erdboden und Flüsse mit Wasser bis an den Rand der Aufnahmekapazität angereichert werden. Weitere anhaltende und ergiebige Niederschläge, d. h. durch die Orographie des Geländes (Stau) verstärkte Landregen, lösen dann das eigentliche Hochwasser mit Überschwemmungen der flußnahen Gebiete aus, im Winter und Frühjahr oft begünstigt durch Tauwetter und Schneeschmelze auf den Bergen nach plötzlichen Warmluftvorstößen oder durch gefrorenen Boden, der ein Eindringen des Regen- und Schmelzwassers in den Erdboden verhindert.
Typische Wetterlagen hierfür sind ↑Schleifzone, ↑Fünf-b-Tief, ↑Genuatief, südliche ↑Westlage, ↑Nordwestlage und ↑Südwestlage (im Winter). – Geographisch begrenzte H.en entstehen bei sommerlichen wolkenbruchartigen Konvektionsregen.
Den H.en wird durch vorbeugende wasserwirtschaftliche Maßnahmen, Errichtung von Hochwasserschutzbauten und hochwasserführenden Bauwerken aufgrund klimatologischer Datensätze der ↑Gebietsniederschläge und Starkregenereignisse begegnet. Für aktuelle H.en wird von wasserwirtschaftlichen Dienststellen ein **Hochwasserwarndienst** unterhalten, der aufgrund von telefonisch übermittelten Meßwerten bei Starkregen, Dauerregen und starker Schneeschmelze für bestimmte Flüsse Abfluß- und Hochwasservorhersagen berechnet und die Öffentlichkeit informiert.

Hochwinter: im Jahresablauf der Witterung die Monate Januar und Februar; bei den Witterungsregelfällen (↑Singularitäten) speziell die Hochdruckwetterlagen der zweiten Januarhälfte, die oft die tiefsten Temperaturen des Winters bringen.

Hodogramm, das [griech. hodós = Weg und ↑-gramm]: Kurve, die sich ergibt, wenn die in bestimmten Intervallen gemessenen Geschwindigkeitsvektoren eines Bewegungsvorgangs von einem festen Punkt aus aufgezeichnet und die Endpunkte jeweils miteinander verbunden werden.
H.e werden oft zur Darstellung des Höhenwindes in verschiedenen Höhen ver-

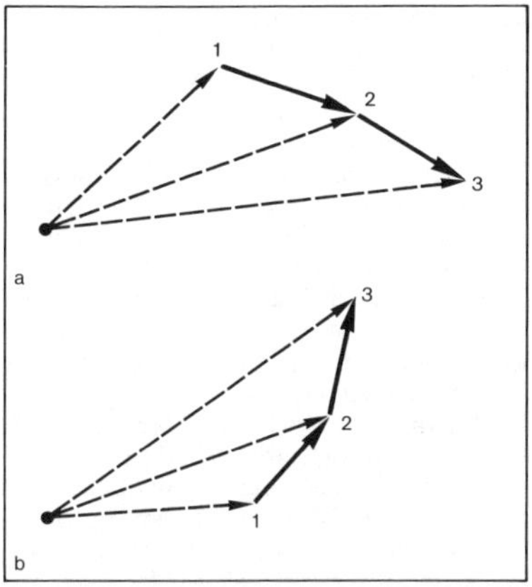

Hodogramm. Beispiele für Hodogramme von Höhenwindmessungen (a Warmluftadvektion, b Kaltluftadvektion)

wendet. Der Differenzvektor zwischen den Geschwindigkeitsvektoren aufeinanderfolgender Höhen ist der Vektor des ↑thermischen Windes. Aus dem H. läßt sich deshalb direkt die ↑Temperaturadvektion ablesen. Es gilt die Regel: Dreht der Wind mit der Höhe nach rechts, so herrscht in der Schicht Warmluftadvektion, dreht er nach links, herrscht Kaltluftadvektion. Auch die Ekman-Spirale ist ein Beispiel für ein H. (↑Ekman-Schicht).

Hof [Syn.: Aureole]: atmosphärisch-optische Erscheinung: der helle, bläulichweiß leuchtende innere Teil eines ↑Kranzes um Sonne oder Mond; durch Beugung des Lichtes an Wassertröpfchen oder Eiskristallen dünner Wolkenschichten hervorgerufen.

Höhendruckfeld [Syn.: Höhendruckverteilung]: die horizontale Verteilung des Luftdrucks in der Höhe. Im Gegensatz zum Druckfeld am Boden, das in Wetterkarten die Verteilung des Luftdrucks im Meeresniveau zeigt, wird der Luftdruck in höheren Schichten der Atmosphäre nicht für bestimmte Höhenniveaus dargestellt, sondern als absolute Topographien der Hauptdruckflächen, in denen Isohypsen näherungsweise Höhenlinien der Druckflächen (Linien gleichen Geopotentials) darstellen und den Isobaren der Bodenwetterkarte vergleichbar sind.

Im H. sind neben den Höhenhoch- und -tiefdruckgebieten Höhenkeile (Höhenrücken) und Höhentröge zu erkennen, die für die jeweilige Wetterlage eine besondere Bedeutung haben. Das langjährige mittlere H. zeigt bis in große Höhen der Atmosphäre tiefen Luftdruck über den Polargebieten und auf jeder Halbkugel einen Hochdruckgürtel in den Tropen. Lediglich im Sommer bildet sich in der Stratosphäre über den Polargebieten ein kräftiges Hochdruckgebiet.

Höheneuphorie ↑Höhenkrankheit.

Höhenformel: Kurzbez. für ↑barometrische Höhenformel.

Höhenfront: Front, an der die definitionsgemäß mit ihr verbundenen Luftmassengegensätze (v.a. die Gegensätze der Temperatur) nur in der Höhe ausgeprägt sind, während in den unteren Schichten zwischen beiden Seiten der Front keine wesentlichen Temperaturunterschiede auftreten.

Am bekanntesten sind **Höhenkaltfronten;** sie treten v.a. im Sommer auf und führen infolge der Abkühlung in höheren Schichten zur Labilisierung und zur Ausbildung von Gewittern. Andererseits entstehen im Winter nicht selten **Höhenwarmfronten;** sie bilden sich dann, wenn in den unteren Schichten eine ausgeprägte Kaltluftschicht entstanden ist, die von der aufgleitenden Warmluft nicht bis zum Boden beseitigt werden kann. Es kann dann zu verbreiteten Schneefällen kommen; nach Durchzug des Schneefallgebietes, d.h. der Höhenwarmfront, tritt am Boden jedoch keine Erwärmung ein.

Höhengrenze: der durch klimatische Faktoren wie Abnahme der Temperatur, Zunahme der Niederschlagshöhe, Verstärkung der Windwirkung bedingte Grenzsaum, oberhalb dessen eine Vegetationsformation oder Pflanzen nicht mehr gedeihen können.

Die H. des Anbaus, im wesentlichen eine Kältegrenze, die in hohen Breiten in die Polargrenze übergeht, weist je nach Breitenlage, Jahreszeitenklima und Exposition eine große Schwankungsbreite

auf; sie erreicht ihre größte Höhenlage in Zentralasien und Südamerika.
Höhenhoch: in den absoluten Topographien durch eine geschlossene Isohypse erkennbares warmes ↑Hochdruckgebiet.
Höheninversion: Bez. für eine Schicht in der freien Atmosphäre mit Temperaturzunahme (↑Inversion).
Höhenkaltfront ↑Höhenfront.
Höhenkarte: svw. ↑Höhenwetterkarte.
Höhenklima: das Klima in Höhenlagen oberhalb von etwa 1 000 m ü. d. M.; seine Ausprägung wird bestimmt von der geographischen Breite und der Streichrichtung des Gebirges in bezug auf die vorherrschende Luftströmung (Luv-, Leewirkung, Föhn). Kennzeichnend sind die Änderungen der Klimaelemente mit zunehmender Höhe: Abnehmende Werte haben Sauerstoffpartialdruck, Temperatur und Luftfeuchte, zunehmende Werte haben Sonnenstrahlung (UV-Anteil), Niederschlag, Windgeschwindigkeit und Luftreinheit. Das H. wird therapeutisch genutzt.
Höhenkollaps ↑Höhenkrankheit.
Höhenkrankheit [Syn.: Bergkrankheit, Bergkoller]: Krankheitsbild, das durch den abnehmenden Sauerstoffpartialdruck in Höhen etwa oberhalb 3 000 m ü. d. M. verursacht wird. Symptome sind verminderte körperliche und geistige Leistungsfähigkeit, verbunden mit einem dem Alkoholrausch ähnlichen Zustand **(Höheneuphorie, Höhenrausch).** Im fortgeschrittenen Stadium finden sich mangelnde Bewegungskoordination, Gleichgewichtsstörungen **(Höhenschwindel),** Atemnot, völlige Kritik- und Entschlußlosigkeit, Bewußtseinsstörungen, Übelkeit und Erbrechen; schließlich treten Krämpfe, unregelmäßige Atmung, Herzrasen, Ohnmacht **(Höhenkollaps)** und der Tod **(Höhentod)** ein.
Nach einer langfristigen physiologischen Anpassung des Organismus liegen die Grenzen der Höhenanpassung bei 6 000 m für volle Leistungsfähigkeit und bei 8 000–8 800 m für kurzzeitige, stark eingeschränkte Leistungsfähigkeit.
Höhenmesser: in Luftfahrzeugen verwendete Instrumente zur Anzeige der Flughöhe. **Barometrische H.** basieren auf der ↑barometrischen Höhenmessung; sie zeigen entweder die Flughöhe über Normalnull oder über Grund an. Hauptbestandteil der barometrischen H. ist ein Aneroidbarometer. Mit Hilfe der in Hektopascal geeichten H.skala sind Einstellmöglichkeiten für verschiedene Flugaufgaben (Wahl eines Bezugsdrucks; ↑auch Q-Code) gegeben.
Statt barometrischer H. verwendet man zunehmend auf dem Laufzeit- oder Frequenzmodulationsverfahren basierende **Funkhöhenmesser.**
Höhenmessung [Syn.: Hypsometrie]: die Bestimmung der vertikalen Höhe eines Punktes über einer gewählten Bezugsebene, meist über ↑Normalnull. Die bekanntesten Verfahren der H. sind das Nivellement, die trigonometrische H., photogrammetrische Verfahren und die ↑barometrische Höhenmessung.
Höhenobservatorium: svw. ↑Bergstation.
Höhenrauch: durch Wald-, Steppen- und Moorbrände, aber auch durch industrielle und städtische Luftverunreinigungen verursachter Dunstschleier von diesigem oder opaleszierendem Aussehen (gegen hellen Hintergrund gelblich, gegen dunklen Hintergrund bläulich wirkend).
Höhenrausch ↑Höhenkrankheit.
Höhenschwindel ↑Höhenkrankheit.
Höhensonne: in der *Meteorologie* Bez. für die Sonnenstrahlung in größerer Höhe; sie ist wesentlich intensiver als im Tiefland (geringere Absorption aufgrund kleinerer durchstrahlter Luftmasse, geringeren Wasserdampfgehaltes und geringerer Lufttrübung) und besitzt einen größeren Anteil an UV-Strahlung.
Höhenstrahlung: svw. ↑kosmische Strahlung.
Höhenströmung: die Strömung der Luft in der freien Atmosphäre. Im Gegensatz zur Strömung in den unteren Schichten, wo schwache Störungen als Folge des Einflusses der ungleichmäßigen Verteilung von Land und Meer, der ungleichmäßigen Erwärmung der Erdoberfläche u. a. entstehen, ist die H. großräumiger und übersichtlicher.
Die H. hat in den mittleren Breiten der Erde einen wellenförmigen W-O-Ver-

lauf und schwankt meist zwischen SW und NW. Diese Schwankungen werden hpts. durch die Verteilung von warmen und kalten Luftmassen, aber bis in große Höhen auch durch das Relief der Erdoberfläche bestimmt. So wird die H., die quer über eine hohe und lange Gebirgskette verläuft, nach rechts (auf der Nordhalbkugel) abgelenkt, so daß stromabwärts Wellen (Höhentröge und -rücken) entstehen. Typisch hierfür ist der Einfluß der Rocky Mountains in Nord- und der Anden in Südamerika auf die westliche Höhenströmung.

Bei bestimmten Wetterlagen weiten sich die Wellentäler bzw. -berge so weit nach S bzw. N aus, daß sich selbständige zyklonale bzw. antizyklonale Wirbel (Höhentief bzw. -hoch) mit einer nahezu kreisförmigen H. bilden.

Die H. wird in den absoluten Topographien der Hauptdruckflächen dargestellt (z. B. der absoluten Topographie 500 hPa für rund 5 000 m Höhe). Der Verlauf der Isohypsen in diesen Höhenkarten und ihr Abstand zueinander kennzeichnen dabei Richtung und Geschwindigkeit der H., die in den Strahlströmen ihre größten Werte erreicht.

Die Vorhersage der H. ist insbes. für die Planung und Durchführung des Luftverkehrs wichtig.

Höhentief [Syn.: Höhenzyklone]: Tiefdruckgebiet in höheren Schichten der Atmosphäre, erkennbar in der absoluten Topographie durch eine oder mehrere geschlossene Isohypsen mit niedrigen Geopotentialwerten.

Im Zentrum des H.s finden sich die niedrigsten Temperaturen. Im Satellitenbild ist es durch kompakte oder spiralförmige Wolkenformationen gekennzeichnet, die die Luftzirkulation um das H. sichtbar machen.

H.s entstehen im allg. in einem fortgeschrittenen Stadium der Tiefdruckentwicklung, die sich zunächst in den darunterliegenden Schichten vollzieht, oder durch Abschnürung eines Höhentrogs.

Räumlich begrenzte H.s ohne Bodentief bezeichnet man als ↑Kaltlufttropfen. Ausgedehntere H.s zeigen sich über den Polargebieten, also über den Bereichen der kältesten Luftmassen. Sie kennzeichnen die Mittelkarten der absoluten Topographie in der Troposphäre über den Polargebieten.

Höhentod ↑Höhenkrankheit.

Höhentrog: zyklonale Ausbuchtung in der Höhenströmung, die zusammen mit dem vorgelagerten oder nachfolgenden Höhenhochkeil (Höhenrücken) als Welle mit unterschiedlicher Geschwindigkeit normalerweise von W nach O wandert. Auf der Vorderseite des H.s, auf der sich häufig Tiefdruckgebiete entwikkeln, wird Warmluft nach N, auf der Rückseite Kaltluft nach S verfrachtet. Höhentröge bilden sich oft hinter orographischen Hindernissen, die quer zur Strömung verlaufen. Bevorzugte Orte für solche wellenförmigen Deformationen der Höhenströmung sind die großen Gebirgsmassive der Nordhemisphäre, z. B. die zentralasiatischen Gebirge und die Rocky Mountains in Amerika, wobei der Höhenrücken leicht luvseitig, der H. auf der Leeseite des Gebirges entsteht. Stromab bilden sich dann weitere Höhentröge und -rücken.

Bei geradliniger Höhenströmung bildet sich ein H. auch über der nach S vorstoßenden Rückseitenkaltluft eines in tieferen Atmosphärenschichten entstandenen Tiefdruckgebietes und weitet sich mit dieser nach S aus. Es handelt sich dabei meist um einen kurzwelligen H., während der wesentlich langsamer wandernde langwellige H. mit einer ganzen Zyklonenfamilie verbunden ist.

Im jahreszeitlichen Mittel, dargestellt in Mittelkarten der absoluten Topographie, findet man in der Troposphäre im Winter je einen markanten H. über Ostasien, dem östlichen Amerika und einen schwächeren über Europa bei 30° ö. L., im Sommer vier, allerdings nur schwach ausgeprägte Höhentröge bei 10° ö. L., 90° ö. L., 160° w. L. und 70° westlicher Länge.

Höhenwarmfront ↑Höhenfront.

Höhenwetterdienst: eine mit der Entwicklung aerologischer Meßmethoden entstandene Bez. für einen Teil des Wetterdienstes, dem die regelmäßige Durchführung ↑aerologischer Aufstiege sowie die Verbreitung, Sammlung und Auswertung der Meßergebnisse obla-

gen, um daraus die meteorologischen Zustände und Luftströmungen in der Höhe erkennen zu können.
Der H. erstellte früher die wesentlichen Arbeitsunterlagen für den Flugwetterdienst und ist heute als **aerologischer Dienst** unentbehrlich für die Ermittlung von Meßwerten aus der freien Atmosphäre, die für die tägliche Wetteranalyse und -vorhersage benötigt werden.

Höhenwetterkarte [Syn.: Höhenkarte]: Wetterkarte der höheren Luftschichten; mit Angaben über Temperatur, Taupunkt und Wind in einem bestimmten Druckniveau (absolute ↑Topographie) oder mit Angaben des Höhenabstandes zweier bestimmter Druckflächen (relative ↑Topographie). – ↑auch Wetterkarte.

Höhenwettermeldung: mit der Entwicklung der aerologischen Meßverfahren entstandene Bez. für Angaben über meteorologische Elemente (Wind, Temperatur, Feuchte, Wolkenzug) aus unterschiedlichen Höhen der Atmosphäre.
H.en wurden nach dem 1. Weltkrieg regelmäßig für die zivile Luftfahrt über Funk verbreitet. Heute versteht man unter H. die als TEMP- und PILOT-Meldung verbreiteten Ergebnisse der Radiosonden- und Pilotballonaufstiege.

Höhenwind: Bez. für die im wesentlichen horizontale Luftbewegung in der freien Atmosphäre, auf die der Einfluß des Bodens (Reibung) nicht mehr oder nur noch in geringem Maße wirksam ist. Normalerweise ist der H. kräftiger als der Wind in der Nähe des Erdbodens. Er nimmt in der Troposphäre mit der Höhe zu und erreicht unterhalb der Tropopause in den ↑Strahlströmen seine größte Geschwindigkeit. Richtung und Geschwindigkeit des H.es sind von der jeweiligen Wetterlage abhängig und werden von der horizontalen Druck- und Temperaturverteilung bestimmt.

Höhenwindmessung: Bestimmung des ↑Höhenwindes nach Richtung und Geschwindigkeit. Im täglichen Wetterdienst ist die H. Aufgabe der aerologischen Stationen, die die Messung zu synoptischen Hauptterminen vornehmen und die Ergebnisse nach internat. Übereinkunft als **PILOT- oder TEMP-Meldung** verbreiten.
Die H. erfolgt hpts. mit Hilfe von ↑Radiotheodoliten oder Radargeräten (↑Radarwind, ↑Radiosonde, ↑Radarsonde, ↑Windradar).
Der Höhenwind für bestimmte Niveaus läßt sich mit Hilfe eines Gradientwindlineals auch aus dem Abstand der Isohypsen der absoluten Topographien bestimmen. Mit dem Einsatz geostationärer Satelliten lassen sich Windrichtung und -geschwindigkeit im Wolkenniveau aus der Beobachtung der Wolkenbewegung in aufeinanderfolgenden Bildern ableiten.

Höhenzyklone: svw. ↑Höhentief.

hohe Wolken: Sammelbez. für Wolken, die in Höhen zwischen 5 und 13 km (in unseren Breiten) auftreten (↑Wolkenfamilien).

Höhlenklima: das Klima in Höhlen; hängt v. a. von der geographischen Lage, von räumlicher Gestalt, Lage und Zahl der Tagöffnungen sowie von statischer oder dynamischer Bewetterung ab. Das H. zeichnet sich allg. durch geringe Tages- und Jahresschwankungen der Temperatur aus, bedingt durch den Wärmeaustausch mit den Felsmassen des Berges, durch hohe Werte der relativen Feuchte und unterschiedliche Zugluft. Zwischen Höhleninnerem und Eingangsregion bestehen klimatische Unterschiede, die von der Verbindung mit der Außenluft abhängen.

Höllentäler, der: im Dreisamtal bei Freiburg im Breisgau auftretender nächtlicher Bergwind, aus dem Höllental (oberes Dreisamtal) kommend; im Frühjahr und Sommer am häufigsten. Beeinflußt wesentlich das Stadtklima von Freiburg im Breisgau.

homogene Atmosphäre [griech. homós = gemeinsam, gleich und griech. -genḗs = hervorbringend, hervorgebracht]: fiktive Atmosphäre, die in allen Höhen die gleiche Luftdichte wie am Boden aufweist. Eine h. A. hat eine endliche Höhe; sie beträgt bei trockener Luft und einer Temperatur von 0 °C 8 000,2 gpm.
Nachdem eine h. A. lange Zeit nur von rein theoretischer Bedeutung gewesen war, rückte sie in den letzten Jahrzehnten dadurch ins Blickfeld, daß sie als

eine Atmosphäre, die a priori die Barotropiebedingung erfüllt, für ↑barotrope Modelle verwendet werden kann.

Homogenität, die [zu homogen gebildet (↑homogene Atmosphäre)]: die Eigenschaft einer klimatologischen Beobachtungsreihe, frei von nicht witterungsbedingten Einflüssen zu sein. Störungen der H. werden im allg. verursacht durch Veränderungen in der Bebauung und im Bewuchs in der unmittelbaren Umgebung, Stationsverlegung, Beobachterwechsel, Instrumentenaustausch und Änderungen der Beobachtungs-, Meß- und Auswertemethodik.

Homosphäre, die [Kurzbildung aus griech. homós = gemeinsam, gleich und ↑Atmosphäre]: der untere Teil der Atmosphäre, in der die Zusammensetzung der trockenen Luft etwa einheitlich ist; ihr mittleres Molekulargewicht beträgt 29. Die H. reicht bis etwa 120 km Höhe, in der die ↑Heterosphäre beginnt.
H. und Heterosphäre beziehen sich auf eine Zweiteilung der Atmosphäre, bei der nur die chemische Zusammensetzung der Luft maßgebend ist und sonstige Faktoren, wie Temperaturverhältnisse und Ionisierungszustand, unberücksichtigt bleiben.

HOMS, das [hɔms oder hoʊms]: Abk. für: **H**ydrological **O**perational **M**ultipurpose **S**ubprogramme (↑OHP).

Hörbarkeitszone: Bereich, in dem der Schall gehört wird (↑Schallausbreitung).

Horizontalaustausch: die Horizontalkomponente des ↑Austauschs. Bei kleinräumigen turbulenten Vorgängen, v. a. bei der Thermik und der Cumuluskonvektion, spielt der H. nur eine untergeordnete Rolle, da die horizontale Komponente der Turbulenz klein ist gegenüber der vertikalen. Dagegen ist bei großräumigen turbulenten Vorgängen wegen der großen horizontalen und vergleichsweise geringen vertikalen Erstreckung der atmosphärischen Störungen der H. fast allein von Bedeutung. In dieser Größenordnung wird der H. heute meist unter dem Begriff ↑Makroturbulenz behandelt.

horizontaler Temperaturgradient ↑Temperaturgradient.

Horizontalkreis ↑Haloerscheinungen.

Horizontalsicht: svw. ↑meteorologische Sichtweite.

Horizonteinschränkung: Verringerung des ↑Tagbogens durch den Horizont begrenzende Hindernisse (Berge, Bauwerke, Bäume). Die H. reduziert die astronomische Sonnenscheindauer.
Die H. wird mit dem ↑Tagbogenmesser bestimmt. Sie ergibt sich als Differenz zwischen vollem Tagbogen (astronomische Sonnenscheindauer) und eingeschränktem Tagbogen (maximal mögliche Sonnenscheindauer), ausgedrückt als Bogenmaß oder Zeiteinheit.

Horizontvermessung: Bestimmung des meist durch ↑Horizonteinschränkung verringerten ↑Tagbogens eines Ortes mit dem ↑Tagbogenmesser.
Die H. dient in erster Linie der Ermittlung der maximal möglichen ↑Sonnenscheindauer.

Howard-Wolkenklassifikation ['haʊəd...]: eine der ersten Wolkeneinteilungen, 1803 von L. Howard aufgestellt; sie umfaßt die drei Hauptklassen Cirrus, Cumulus und Stratus, die durch Kombination weiter unterteilt werden. Die H.-W. bildete eine der Grundlagen für die später eingeführte, internat. gültige ↑Wolkenklassifikation.

hPa: Abk. für: **H**ekto**pa**scal (↑Pascal).

HS-Index: svw. ↑Heat-Streß-Index.

Humanbiometeorologie [lat. humanus = menschlich]: svw. ↑Medizinmeteorologie.

Humboldtstrom [Syn.: Perustrom]: kalte, nordwärts gerichtete Meeresströmung vor der W-Küste Südamerikas; subantarktisches Wasser, das von der östlich gerichteten Westwinddrift abzweigt. Infolge Vorherrschens der Südostpassate steigt vor der Küste aus 100 bis 150 m Tiefe kaltes Auftriebswasser auf (Wassertemperatur vor der Küste Perus vielfach nur 14 °C), das die Küstengebiete N-Chiles und Perus klimatisch stark beeinflußt (Nebelbildung, Küstenwüste). – ↑auch El-Niño-Phänomen.

humides Klima [lat. humidus = feucht ‖ Abl.: ↑Humidität]: Klima von Gebieten, in denen die jährliche Niederschlagshöhe größer ist als die mögliche jährliche Verdunstungshöhe (Gegen-

satz: ↑arides Klima). Der nicht verdunstende Teil der Niederschläge fließt oberflächlich ab oder versickert in den Grundwasserbereich.
Im **vollhumiden Klima** reichen die Niederschlagshöhen in allen Monaten aus (Zone des immerfeuchten tropischen Regenwaldes und große Teile der hohen Mittelbreiten). Im **semihumiden Klima** übertrifft in einigen (bis zu sechs) Monaten die mögliche Verdunstungshöhe die Niederschlagshöhe.
Beim humiden Klima werden phreatische Bereiche mit Grundwasserspeicherung sowie polare mit ewiger Gefrornis (anstelle von Grundwasser) unterschieden.

Humidität, die [zu humid (↑humides Klima)]: der Feuchtigkeitsgrad in Gebieten mit humidem Klima; nimmt mit wachsendem Niederschlag zu, jedoch mit steigender Temperatur ab, da dann die Verdunstungshöhe ansteigt.

Humiditätsgrad: das Ausmaß der ↑Humidität; hängt von Niederschlag und Verdunstung (bzw. Temperatur) ab; wird vielfach mit Indizes beschrieben (↑Regenfaktor).

humilis [lat. = niedrig]: adjektivischer Zusatz zum Namen der Wolkengattung Cumulus mit der Bedeutung „wenig entwickelt", „niedrig, flach quellend". **Cumulus h.** ist eine flache Haufenwolke mit meist scharfen Umrissen und ebener Unterseite; v. a. im Sommer als typische Schönwetterwolke zu beobachten. – Abb. S. 375.

Hundertjähriger Kalender: seit 1721 Bez. für vereinfachende Druckausgaben des „Calendarium oeconomicum practicum perpetuum" (= beständiger Hauskalender) des Abtes Mauritius Knauer (1613–1664), worin die täglichen Wetterbeobachtungen aus den Jahren 1652 bis 1658 in einem astrologisch begründeten und mit Bauernregeln vermischten System zu sieben Witterungsklassen zusammengefaßt sind, die jeweils von einem der damals bekannten Planeten, zu denen auch Sonne und Mond zählten, regiert werden und sich nach Ablauf von sieben Jahren ständig wiederholen sollten. Der Verfasser wollte damit der landwirtschaftlichen Praxis des Klosters Langheim bei Bamberg und des Frankenlandes nützliche Hinweise geben.
Die erste verkürzte Druckausgabe wurde, unter Umgehung der lokalen Einschränkung und Ausdehnung auf hundert Jahre (von 1701 bis 1801), von dem Arzt Ch. von Hellwig 1700 in Erfurt besorgt. Auf ihr basieren die mehreren hundert späteren Ausgaben und Übersetzungen in viele Sprachen der Erde (meist zusammen mit Knauers Planetentafeln) sowie die auch noch heute in vielen Volkskalendern enthaltenen Wetterregeln.
Der Hundertjährige Kalender ist ein bedeutsames kulturhistorisches Dokument, das jedoch für die Wettervorhersage völlig wertlos ist.

Hundstage: die Kalendertage vom 23. Juli bis 23. August. Die Sonne steht um diese Zeit in der Nähe des Sirius (Hundsstern), dessen Aufgang den Beginn dieser Zeitspanne bestimmt. Die alten Griechen schrieben dieser Stellung die um diese Zeit eintretende sommerliche Hitze zu. In die H. fallen auch in Mitteleuropa in vielen Jahren die heißesten Tage des Jahres, insbes. in die erste Hälfte dieser Zeitspanne.
Mit H. wird außerhalb dieser Zeit allg. auch eine besonders intensive hochsommerliche Hitzewelle bezeichnet.

Hurrikan, der ['hʊrika:n, engl. Aussprache: 'hʌrɪkən ‖ span.-engl., vom gleichen indian. Grundwort wie ↑Orkan]: tropischer Wirbelsturm im Bereich des Karibischen Meeres, der Westindischen Inseln und des Golfs von Mexiko.
H.e entstehen meist aus Wellenstörungen der Passatströmung (↑Easterly waves) und immer über warmen Meeresgebieten mit einer Wassertemperatur von 26 bis 27 °C, also am häufigsten im Sommer und Herbst.
Der Durchmesser eines H.s beträgt einige hundert Kilometer. Der Luftdruck im Kern des H.s kann im Meeresniveau 900 hPa unterschreiten. Die Windgeschwindigkeiten erreichen Werte von mehr als 200 km/Stunde.
Ein typisches Merkmal des H.s ist das **Auge** des Sturms, eine windschwache, niederschlagsfreie und wolkenarme Zone von etwa 20 km Durchmesser im Wir-

belzentrum; am Rand des Auges erhebt sich dagegen eine mächtige Wolkenwand.
H.e können nur über dem Meer längere Zeit bestehen. Beim Übertritt auf das Festland schwächen sie sich rasch ab, richten jedoch durch den von Wolkenbrüchen begleiteten Orkan und durch Sturmfluten verheerende Zerstörungen an. Ein Teil der H.s bleibt auf dem Ozean und schwenkt vor Erreichen der Küstengebiete um das Subtropenhoch nach N und später NO. Hier wandeln sich die H.e unter Abschwächung in Tiefdruckgebiete der Westwindzone um. Zur Kennzeichnung und Registrierung werden die einzelnen H.e eines Jahres mit (engl.) Mädchennamen in alphabetischer Reihenfolge benannt. – Zur rechtzeitigen Erkennung und laufenden Verfolgung durch den **H.warndienst** der USA und auf den Karibischen Inseln werden Aufnahmen von Wettersatelliten herangezogen, Wettererkundungsflüge durchgeführt und weitreichende Radargeräte eingesetzt.

Hurrikanbekämpfung ['hʊrika:n..., 'hʌrɪkən...]: ↑Wetterbeeinflussung.

Hütte: Kurzbez. für ↑Thermometerhütte.

Hüttenfrost: das Auftreten von Temperaturwerten unterhalb des Gefrierpunkts an den Meßgeräten in der Thermometerhütte (2 m über dem Boden). H. tritt seltener auf als Frost an der Erdoberfläche (↑Grasminimum).

hydro- [zu griech. hýdōr, hýdatos = Wasser]: in Zusammensetzungen mit der Bedeutung „Wasser; Flüssigkeit; Gewässer"; z. B. Hydrosphäre.

Hydrodynamik, die [zu ↑hydro- und griech. dýnamis = Kraft ‖ Abl.: hydrodynamisch]: Teilgebiet der Kontinuumsmechanik bzw. der Strömungslehre, das sich mit den Strömungen dichtebeständiger Fluide befaßt, also vor allem mit den Strömungen von Flüssigkeiten.

hydrodynamisch [zu ↑Hydrodynamik]: die Hydrodynamik betreffend, auf den Gesetzen der Hydrodynamik beruhend.

hydrodynamische Bewegungsgleichungen: die Grundgleichungen für atmosphärische Bewegungen. Nach der Newton-Bewegungsgleichung (Kraft = Masse × Beschleunigung) kann die Beschleunigung der Masseneinheit eines Luftpakets bestimmt werden aus der Summe der Kräfte, die auf das Luftpaket wirken. Bei großräumigen atmosphärischen Bewegungen sind dies die Coriolis-Kraft, die Luftdruckgradientkraft, Potentialkräfte, zu denen Zentrifugalkraft und Schwerkraft gehören, sowie innere und äußere Reibungskräfte.
Die h.n B. gelten jeweils für die beiden horizontalen Bewegungskomponenten und die Vertikalkomponente. Da bei großräumigen Bewegungen die Beschleunigungen in der Vertikalen im allg. nur klein sind, wird die Bewegungsgleichung für die Vertikalkomponente meist durch die statische Grundgleichung ersetzt (↑hydrostatische Approximation).

hydrodynamische Labilität [Syn.: dynamische Labilität]: die horizontale Labilität in einer geostrophischen Grundströmung. Während ein Luftteilchen, das in einer stabilen Grundströmung horizontal aus seiner Gleichgewichtslage gebracht wird, in Form von gedämpften Schwingungen um die Ausgangslage pendelt und diese schließlich wieder erreicht, würde es sich in einer labilen Grundströmung immer weiter von der Gleichgewichtslage entfernen. Theoretische Ableitungen führen zu dem Ergebnis, daß für die Labilität bzw. Stabilität einer geradlinig angenommenen zonalen Strömung die horizontale Scherung und der Coriolis-Parameter maßgebend sind. Ist die Scherung zyklonal, d. h., nimmt (auf der Nordhemisphäre) die zonale Strömung nach N ab, so ist die Strömung immer stabil. Ist die Scherung antizyklonal, so ist die Strömung nur so lange stabil, wie der Betrag der Scherung nicht größer wird als der Coriolis-Parameter.
Auf der antizyklonalen Seite von Strahlströmen wird der Grenzwert (Scherung = Coriolis-Parameter) nicht selten erreicht. In der Natur zeigt sich, daß die Atmosphäre sich immer im Gleichgewicht befindet und daß bei eventuellen Störungen sich stabile Strömungsverhältnisse rasch wieder einstellen.

Hydrological Operational Multipurpose Subprogramme [haɪdroʊ'lɔdʒɪkl ɔpə'rɛɪʃənl mʌltɪ 'pə:pəs 'sʌbproʊgræm ‖ engl. = hydrologisches Unterprogramm für Mehrzweckeinsätze]: svw. HOMS (↑OHP).

Hydrologie, die [↑hydro- und ↑-logie]: die Wissenschaft vom Wasser einschl. der darin enthaltenen Stoffe und Mikroorganismen, von seinen Eigenschaften und Erscheinungsformen über, auf und unter der Erdoberfläche (↑auch Wasserkreislauf).

Der Zweig der H., der sich mit dem Wasser im natürlichen Wasserkreislauf zwischen dem Niederschlag auf das Festland und dem Abfluß in die Meere befaßt, wird als **Hydrographie (Gewässerkunde)** bezeichnet.

Zur H. gehört im weiteren Sinne auch die ↑Ozeanographie.

hydrologisches Jahr: svw. ↑Abflußjahr.

Hydrometeore, die (Mehrz.) [Einz.: der Hydrometeor ‖ ↑hydro-]: Gesamtheit der Ausscheidungen atmosphärischen Wasserdampfs in flüssiger oder fester Form. H. schweben als Dunst, Nebel oder Wolken in der Luft und fallen als flüssige oder feste Niederschläge zur Erde. Sie entstehen durch Kondensation oder Sublimation des Wasserdampfs an Gegenständen oder am Erdboden (Tau, Reif, Rauhreif), lagern sich am Boden als Schneedecke oder Glatteis ab oder treten als vom Boden hochgewirbelter Niederschlag auf (Schneetreiben).

Hydrometeorologie, die [↑hydro-]: Teilgebiet der Meteorologie, das sich mit der Untersuchung der atmosphärischen Prozesse des Wasserkreislaufs befaßt (v. a. Niederschlag und Verdunstung).

Die Anwendung spezieller Auswertungsergebnisse (z. B. Gebietsniederschläge, Niederschlagsspenden oder -intensitäten) erstreckt sich hpts. auf Bereiche der Wasserversorgung und Wasserkraftnutzung, der Stadtentwässerung, der Abwasserbeseitigung, der Ableitung von Abwärme in Gewässer, der Binnenschiffahrt sowie der wasserwirtschaftlichen Rahmenplanung.

Hydrosphäre, die [Kurzbildung aus ↑hydro- und ↑Atmosphäre]: Bez. für die Wasserhülle der Erde; umfaßt neben den Meeren auch das Grundwasser, alle Binnengewässer sowie das im Gletschereis gebundene und das in der Atmosphäre vorhandene Wasser. Die einzelnen Bereiche der H. hängen durch den allg. Wasserkreislauf miteinander zusammen.

hydrostatisch [zu ↑hydro- und griech. statikḗ (téchnē) = Kunst des Wägens]: auf den Gesetzen der Hydrostatik beruhend.

hydrostatische Approximation: das Ersetzen der ↑hydrodynamischen Bewegungsgleichung für die Vertikalkomponente durch die ↑statische Grundgleichung. Dabei wird vorausgesetzt, daß die vertikalen Beschleunigungen so klein sind, daß sie vernachlässigt werden können.

Größere vertikale Beschleunigungen, wie sie z. B. bei der Entwicklung von Konvektionswolken auftreten, können bei der numerischen Wettervorhersage in einem üblichen Gitternetz wegen ihrer geringen Ausdehnung ohnehin nicht erfaßt werden. Dagegen hat die h. A. den großen Vorteil, daß damit eine eindeutige Zuordnung von Luftdruck und Höhe besteht, so daß der Luftdruck selbst oder eine Funktion des Luftdrucks als Vertikalkoordinate verwendet werden können.

Ferner wirkt die h. A. bei numerischen Vorhersagerechnungen in der Vertikalen als ↑Filter gegen den ↑meteorologischen Lärm.

hydrostatische Grundgleichung: svw. ↑statische Grundgleichung.

hydrostatischer Druck: der von einer Flüssigkeit oder einem Gas senkrecht auf eine Fläche von 1 cm^2 – unabhängig von ihrer Orientierung – ausgeübte Druck.

In der Atmosphäre ist die Größe des hydrostatischen Drucks allein bestimmt vom Gewicht einer Luftsäule vom Querschnitt 1 cm^2, die oberhalb des betrachteten Niveaus beginnt und bis zur äußeren Grenze der Atmosphäre reicht.

hydrostatisches Gleichgewicht: das Gleichgewicht zwischen der nach oben gerichteten Gradientkraft des vertikalen ↑Luftdruckgradienten und dem nach unten gerichteten ↑hydrostatischen

Druck an einer Bezugsfläche in der freien Atmosphäre.
Für großräumige Vorgänge kann man das hydrostatische Gleichgewicht weitgehend als erfüllt ansehen; dies ist eine Voraussetzung für die ↑hydrostatische Approximation. Bei kleinräumigen Abweichungen, z. B. bei Konvektion, kommt es zu Vertikalbeschleunigungen; ein gegenüber der Umgebung zu warmes Luftquantum steigt so lange auf, bis es in ein Niveau gelangt, in welchem das hydrostatische Gleichgewicht hergestellt ist.

Hyetograph, der: veraltete Bez. für ↑Niederschlagsschreiber.

Hyetometer, das: veraltete Bez. für ↑Niederschlagsmesser.

hygr- ↑hygro-.

hygrisch [zu ↑hygro-]: den Niederschlag oder die Luftfeuchte betreffend. Niederschlagsverteilung im Jahresgang (erfolgt in gleicher Weise für die Maritimität), beispielsweise durch Bildung der Differenz von mittleren Niederschlagshöhen zwischen Spätsommer- und Frühsommermonaten.

hygrische Maritimität ↑Maritimität.

hygro-, vor Vokalen: **hygr-** [griech. hygrós = feucht, naß]: in Zusammensetzungen und Ableitungen mit der Bed. „Feuchtigkeit; Wasser"; z. B. Hygrogramm, hygrisch.

Hygrogramm, das [↑hygro- und ↑-gramm]: Bez. für die auf dem Registrierstreifen (Schreibstreifen) des ↑Hygrographen befindliche, sich über eine Woche erstreckende Aufzeichnung (Feuchtekurve) der relativen Feuchte.

Hygrograph, der [↑hygro- und ↑-graph]: in der Thermometerhütte untergebrachtes Instrument zur selbsttätigen Aufzeichnung (Registrierung) der relativen Feuchte. Wie beim ↑Haarhygrometer wird die Eigenschaft der Längenzunahme des menschlichen Haares bei zunehmender Luftfeuchtigkeit zur Feuchtemessung benutzt. Als Meßfühler

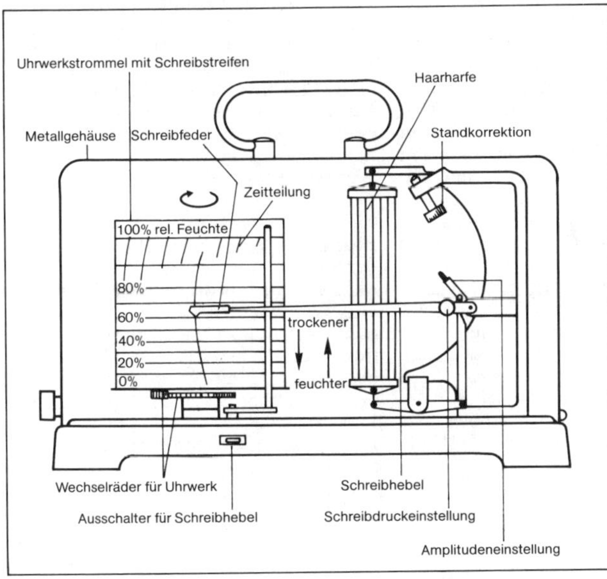

Hygrograph (schematisch)

hygrische Jahreszeiten: Bez. für die Trocken- und Regenzeiten, die entscheidend den Jahreszeitenwechsel in den Tropen bestimmen.

hygrische Kontinentalität: Kennzeichnung der Kontinentalität durch die

dient eine sog. **Haarharfe.** Ihre Längenänderung wird über ein verstellbares Hebelgetriebe auf einen Zeiger mit Schreibfeder übertragen und auf einer mit dem Schreibstreifen bespannten, uhrwerkgetriebenen Trommel aufgezeichnet.
Die Meßgenauigkeit des H.en liegt bei etwa ± 3 % relative Feuchte.

Hygrometer, das [↑hygro- und ↑-meter]: Feuchtigkeitsmesser; Bez. für Instrumente zur Messung der Luftfeuchte. Je nach den physikalischen Grundlagen der ↑Feuchtemessung unterscheidet man ↑Absorptionshygrometer, ↑Elektrolythygrometer, ↑Haarhygrometer, ↑Kondensationshygrometer bzw. ↑Taupunkthygrometer, ↑Lithiumchloridhygrometer, ↑Psychrometer und ↑Kapazitätsfeuchtefühler.

Hygrometrie, die: svw. ↑Feuchtemessung.

Hygroskop, das [↑hygro- und ↑-skop ‖ Abl.: hygroskopisch]: Gerät zur rein qualitativen Angabe der Luftfeuchte. Das H. ist kein Meßgerät im heutigen Sinne, das quantitative Meßdaten liefert, sondern eine Vorrichtung, mit deren Hilfe man sich durch den Augenschein ein ungefähres Bild vom augenblicklichen Wasserdampfgehalt der Luft machen kann. Als „Meßfühler" werden Darmsaiten (z. B. in den sog. Wetterhäuschen) oder Pflanzenfasern benutzt. Das H. ist Vorläufer des ↑Hygrometers.

hygroskopische Kerne [zu ↑Hygroskop]: kleinste, salzhaltige Teilchen, die Feuchtigkeit an sich binden. Sie entstehen hpts. über den Ozeanen als Gischtrückstände brechender Wellen und gelangen durch die atmosphärischen Austauschvorgänge in größere Höhen, wo sie als Kondensationskerne bei der Wolkenbildung wirksam werden.

hyperbolischer Punkt [zu griech. hyperbolḗ = Hyperbel]: der Punkt auf der Achse eines Starkwindfeldes, dem sich von beiden Seiten die Stromlinien hyperbelartig am stärksten annähern (Maximum der Windgeschwindigkeit).

Hypsometer, das [griech. hýpsos = Höhe und ↑-meter ‖ Abl.: Hypsometrie, hypsometrisch ‖ Syn.: Siedebarometer]: Instrument zur Luftdruckmessung. Das Meßprinzip beruht auf der funktionalen Abhängigkeit des Sättigungsdampfdrucks über einer Flüssigkeit (meist wird destilliertes Wasser verwendet) allein von der Lufttemperatur. Eine Flüssigkeit siedet, wenn der Sättigungsdampfdruck mindestens gleich dem entgegengesetzt gerichteten, auf der Flüssigkeit lastenden äußeren Luftdruck ist. Je geringer der Luftdruck, desto tiefer liegt die Siedetemperatur des Wassers unter 100 °C. Durch Messung der Siedetemperatur mit einem im Temperaturbereich von 95–105 °C hochaufgelösten (Skalenteilung 0,02 oder 0,01 °C) ↑Siedethermometer läßt sich daher der Luftdruck und aus diesem über die ↑barometrische Höhenmessung die Höhe eines Beobachtungsortes bestimmen.

Hypsometrie, die: svw. ↑Höhenmessung.

hypsometrischer Temperaturgradient [zu ↑Hypsometer]: die Abnahme der Siedetemperatur des Wassers bei abnehmendem Luftdruck. Der theoretisch und experimentell sehr genau ermittelte hypsometrische Temperaturgradient beträgt 0,029 K pro hPa. Die Temperatur des Wasserdampfs über kochendem Wasser beträgt bei einem Luftdruck von 1 000 hPa 99,63 °C.

Hypsothermometer: svw. ↑Siedethermometer.

I

IA: Abk. für ↑Instrumentenamt.

IAMAP, die: Abk. für: **International Association of Meteorology and Atmospheric Physics;** internat. wiss. Vereinigung für Meteorologie und Physik der Atmosphäre im Rahmen der ↑Internationalen Union für Geodäsie und Geophysik; untergliedert nach einzelnen In-

teressengebieten (Kommissionen), z. B.: die **ICMUA (= International Commission on the Meteorology of the Upper Atmosphere),** die die mittlere Atmosphäre (20–110 km Höhe) erforscht. Daneben sind Schwerpunkte von Arbeitsgruppen das Studium der solar-terrestrischen Beziehungen, der Gezeiten und Schwerewellen sowie der leuchtenden Nachtwolken.
Weitere Kommissionen der IAMAP sind für folgende Gebiete zuständig: atmosphärische Chemie und globale Umweltverschmutzung, Luftelektrizität, Klima, Wolkenphysik, dynamische Meteorologie, Ozon, Planetenatmosphären, Polarmeteorologie und Strahlung.

ICAO, die ['aɪsiːɛɪ'oʊ, auch: aɪ'kɛɪoʊ, iːtseː'aː''o, i'kaːo]: Abk. für: **International Civil Aviation Organization** (dt.: Internationale Zivilluftfahrtorganisation); Zusammenschluß von rund 150 Staaten zur Regelung der den Luftverkehr betreffenden Fragen; Sitz Montreal; gegr. 1947 (aufgrund einer Konvention von 1944), zugleich Sonderorganisation der UN. Der Aufgabenbereich umfaßt v. a. die Schaffung einheitlicher, für die Mitgliedsstaaten verbindlicher Normen, die die Sicherheit, Regelmäßigkeit und Wirtschaftlichkeit des internat. Luftverkehrs gewährleisten sollen. Dazu gehören auch Richtlinien für den Wetterbeobachtungs- und -vorhersagedienst sowie Form und Inhalt der an die Fluggesellschaften bzw. Besatzungen zu gebenden Informationen.
In Fragen des ↑Flugwetterdienstes arbeitet die ICAO eng mit der ↑Weltorganisation für Meteorologie zusammen. Gemeinsam erarbeitete Vorschriften und Empfehlungen werden in gleichem Wortlaut von der ICAO in der Schriftenreihe „Procedures for Air Navigation Services-Meteorology" (Abk. PANS-MET) und von der Weltorganisation für Meteorologie in den „Technical Regulations" veröffentlicht.

ICAO-Standardatmosphäre ['aɪsiːɛɪ'oʊ..., auch: aɪ'kɛɪoʊ..., iːtseː'aː''o..., i'kaːo...]: die von der ↑ICAO bis zu einer Höhe von 32 km angenommenen Normwerte der ↑Standardatmosphäre.

ICSU, der ['aɪsiːɛs'juː, auch: 'ɪksjuː, iːtseː'ɛs''uː]: Abk. für ↑International Council of Scientific Unions.

Idealzyklone: von J. Bjerknes 1919 eingeführte Bez. für ein bestimmtes Stadium der Zyklonenentwicklung, in dem die noch junge Zyklone einen deutlichen, bis in ihr Zentrum reichenden Warmsektor aufweist.
Wegen des nur kurzen Übergangsstadiums im Lebenslauf der Tiefdruckgebiete wird der Begriff der I. heute mehr auf den gesamten Lebenslauf des Tiefdruckgebietes von seiner Entstehung an der Frontalzone bis zur völligen Okklusion und Verwirbelung angewandt. – Abb. S. 174.

IGOSS, die ['iːgɔs oder engl. 'aɪgɔs ‖ Abk. für engl. **i**ntegrated **g**lobal **o**cean **s**tation **s**ystem = globales synoptisch-ozeanisches Beobachtungsnetz]: von der Internat. Ozeanographischen Kommission der UNESCO in Zusammenarbeit mit der Weltorganisation für Meteorologie organisiertes und betriebenes Beobachtungsnetz für weltweite ozeanographisch-meteorologische Messungen, das der ständigen Überwachung der Weltmeere dient.
Aufgabe von I. ist u. a. die Sammlung von Meßwerten zur Erforschung der Wechselwirkungsprozesse zwischen Ozean und Atmosphäre.

IGS, das [iːgeː''ɛs]: Abk. für ↑**i**nteraktives **g**raphisches **S**ystem.

IGY, das ['aɪdʒiː'waɪ]: Abk. für: **I**nternational **G**eophysical **Y**ear (↑Internationales Geophysikalisches Jahr).

IHD, die [iːhaː'deː, engl. 'aɪ-ɛɪtʃ'diː]: Abk. für: **International Hydrological Decade** (engl. = internat. hydrologisches Dezennium); Bez. für ein von 1965 bis 1974 von der UNESCO gemeinsam mit der Weltorganisation für Meteorologie durchgeführtes globales Großprojekt, dessen Ziel die Neueinrichtung bzw. Verdichtung von Niederschlagsmeßnetzen und die Erforschung der Einzelkomponenten des Wasserhaushaltes (Wasserbilanz, Niederschlag, Verdunstung, Abfluß) war. Dabei wurden auch neue Verfahren der Niederschlagsmessung erprobt, Wasserhaushaltsuntersuchungen an Seen (Neusiedler See),

Messungen der Eisdicke von Alpengletschern, Temperaturlotungen und Lichtmessungen bis 40 m Tiefe in österreichischen Seen durchgeführt.

IHP, das [i:ha:'pe: oder engl. 'aɪ-ɛɪtʃ'pi:]: Abk. für: **International Hydrological Programme** (= internationales hydrologisches Programm); von der UNESCO seit 1975 betriebenes internat. wiss. Programm, das den natürlichen und vom Menschen beeinflußten Wasserhaushalt schwerpunktmäßig behandelt.

Die Beteiligung der BR Deutschland wird von einem Nationalkomitee geregelt, das sich aus einem Verwaltungsausschuß und einem wiss. Beirat zusammensetzt, in dem Institutionen des Bundes, der Länder und der Hochschulen zusammenarbeiten (Sekretariat bei der Bundesanstalt für Gewässerkunde in Koblenz).

Schwerpunkte der dt. Beteiligung beim IHP sind regionale Projekte der Rheinanliegerstaaten, der Donauländer und der Ostseeanliegerstaaten sowie die Herausgabe umfassender Monographien und des Hydrologischen Atlas' der BR Deutschland, ferner die Beteiligung an Ausbildungsmaßnahmen in Entwicklungsländern.

Das IHP wird durch das Operationelle Hydrologieprogramm (↑OHP) der Weltorganisation für Meteorologie ergänzt.

IMC, die (Mehrz.) ['aɪ-ɛm'si: ‖ Abk. für engl. **i**nstrument **m**eteorological **c**onditions = Instrumentenwetterbedingungen]: im Luftverkehr verwendete Bez. für Wetterverhältnisse, die durch Werte für Sicht, Abstand von den Wolken und der Hauptwolkenuntergrenze ausgedrückt werden. Die Werte der Instrumentenwetterbedingungen liegen unter den für Sichtwetterbedingungen festgelegten Mindestwerten.

Immission, die [aus lat. immissio = das Hineinlassen]: die Einwirkung von gasförmigen, flüssigen oder festen Schadstoffen auf Menschen, Tiere,

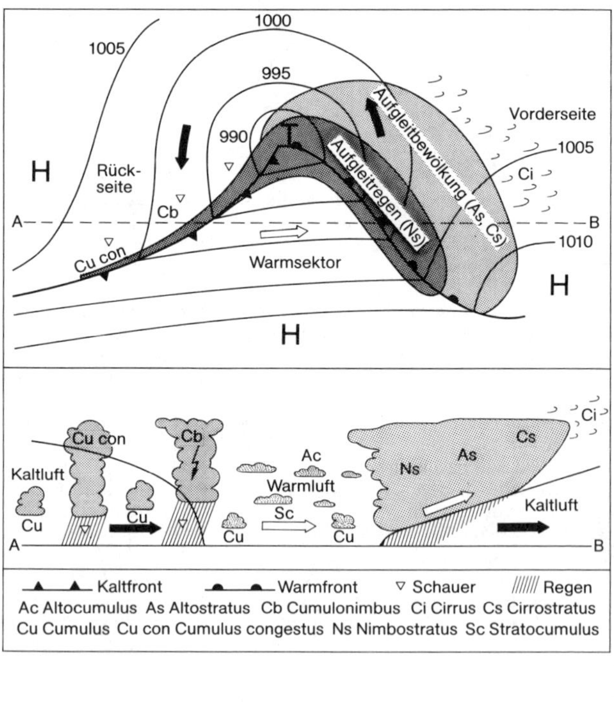

Idealzyklone. Aufbau eines jungen Tiefdruckgebietes und dazugehörige Wettererscheinungen

Pflanzen, Gebäude, den Erdboden oder das Wasser. Die hygienisch maximal zulässige I.skonzentration ist für den jeweiligen Stoff im **Bundesimmissionsschutzgesetz** festgelegt.

Immissionsschutz: der durch das Bundesimmissionsschutzgesetz vom 15. 3. 74 gewährte Schutz gegen Immissionen, die nach Art, Ausmaß oder Dauer geeignet sind, erhebliche Nachteile oder Belästigungen für die Allgemeinheit oder Nachbarschaft herbeizuführen.

Überwachung des I.es durch Immissionsmeßnetze (v. a. in Ballungsgebieten), anlagenbezogene Messungen, weltweite Überwachung durch ↑GEMS und ↑BAPMoN (↑auch TA Luft).

In der *Schweiz* und in *Österreich* ist der sachenrechtliche I. ähnlich wie im Bundesimmissionsschutzgesetz geregelt.

IMO, die ['i:mo:]: Abk. für: **Internationale Meteorologische Organisation;** Vorläuferin der ↑Weltorganisation für Meteorologie.

IMO-Preis: eine ursprünglich von der Internationalen Meteorologischen Organisation (IMO) gestiftete Auszeichnung, die weiterhin von der Weltorganisation für Meteorologie an Wissenschaftler verliehen wird, die hervorragende wiss. Leistungen und bedeutende Beiträge zur internat. Zusammenarbeit auf dem Gebiet der Meteorologie erbracht haben.

Preisträger in der *BR Deutschland* sind R. Scherhag (1970 posthum verliehen) und H. Flohn (1986).

Impulsaustausch: svw. ↑turbulenter Impulsaustausch.

Impulsdichte: das Produkt aus Impuls (= Masse × Geschwindigkeit) und Dichte eines Luftelements. Dieses Produkt tritt in wichtigen meteorologischen Gleichungen oft auf, insbes. bei der theoretischen Ableitung der Gleichung für die Änderung des Luftdrucks. Hier sind die in einer senkrechten Luftsäule über einer Bezugsfläche vor sich gehenden Änderungen (der Divergenz) der I. maßgebend für die Luftdruckänderungen an der Fläche.

Anschaulicher und durchsichtiger werden die Vorgänge allerdings, wenn man die Änderungen der beiden Anteile der I. (des Impulses, der auf eine Masseneinheit bezogen gleich der Geschwindigkeit ist, und der Luftdichte) einzeln betrachtet, wie dies bei der Interpretation der ↑Drucktendenzgleichung üblicherweise getan wird.

Impulsmoment [Syn.: Drehimpuls]: bei einer Kreisbewegung das Produkt aus der Geschwindigkeit längs der Kreisbahn und dem Abstand zur Rotationsachse.

Für ein Luftteilchen, auf das von außen keine Kräfte wirken, ist nach den Gesetzen der Mechanik das I. konstant. Dieser Satz hat Bedeutung für Luftteilchen, die auf der rotierenden Erde von niederen in höhere Breiten gelangen. Da sich dabei der Abstand zur Rotationsachse (der Erdachse) verringert, muß sich die zonale (nach O gerichtete) Geschwindigkeit entsprechend erhöhen. Bei einer Annäherung an den Pol müßten sich so nahezu unendlich hohe Geschwindigkeiten einstellen. Da dies in der Natur nicht möglich ist, kann eine direkte Zirkulation zwischen dem Äquator und den Polen nicht entstehen.

In-cloud-scavenging, das [ɪn'klaʊd-ˌskævɪndʒɪŋ]: svw. ↑Cloud-scavenging.

incus ['iŋkus ‖ lat. = Amboß]: substantivischer Zusatz zum Namen der Wolkengattung Cumulonimbus mit der Bedeutung „mit Amboß" (↑Amboßwolke).

Indian summer, der ['ɪndɪən 'sʌmər ‖ engl. = indianischer Sommer ‖ Syn.: Indianersommer]: ab Mitte September herrschende frühherbstliche Schönwetterperiode im NO von Nordamerika; gilt wegen der prachtvollen Laubfärbung der verschiedenen Baumarten als die schönste Jahreszeit. Der I. s. ist dem ↑Altweibersommer Mitteleuropas vergleichbar.

indifferentes Gleichgewicht ↑Gleichgewicht.

indirekte Aerologie: Bez. für die Methode, aus Beobachtungen und Messungen am Boden (z. B. Art und Zug der Wolken, Niederschläge, optische Erscheinungen, Luftdruckgang) bestimmte Schlüsse auf Zustände und Vorgänge in höheren Schichten der Atmosphäre zu ziehen.

indirekte Klimazeugen ↑Klimazeugen.

individuelle Zustandsänderung: die Änderung, die der Zustand eines individuellen Luftteilchens (z. B. seine Temperatur, Dichte oder Feuchte) erfährt. Falls das Teilchen sich in Bewegung befindet, bezieht sich die Änderung des Zustandes auf ein mitgeführtes Koordinatensystem. Ist das Teilchen in Ruhe, so ist seine i. Z. gleich der ↑lokalen Zustandsänderung.

Industriemeteorologie: die Anwendung von Untersuchungsmethoden und Erkenntnissen der theoretischen und synoptischen Meteorologie sowie der Klimatologie auf industrielle und technologische Prozesse. Im Mittelpunkt stehen die Wechselbeziehungen zwischen industriellen Produktionsprozessen bzw. Produkten und meteorologischen Einflußgrößen (Temperatur, Feuchte, Wind u. a.) sowie das ↑Raumklima.

Industrieschneefall: Bez. für die durch Emissionen von Industriegebieten (Luftbeimengungen, Abwärme) örtlich begrenzt ausgelösten Schneefälle, deren Häufigkeit gering ist und die bei einer Andauer von einigen Stunden Schneehöhen bis etwa 10 cm erreichen können. Neben orographischen Besonderheiten sind v. a. bestimmte meteorologische Bedingungen erforderlich: eine Nebelschicht vom Boden bis in etwa 1 000 m ü. d. M. mit ausgeprägter Inversion; Temperaturen unter dem Gefrierpunkt am Erdboden sowie schwache Luftbewegung.

Der I. ist ein seltener Fall der anthropogenen Wetterbeeinflussung.

Inertialsystem [zu lat. inertia = Trägheit]: Bezugssystem, in dem keine Trägheitskräfte auftreten, das sich also im Raum absolut in Ruhe befindet oder sich geradlinig mit konstanter Geschwindigkeit bewegt.

In der *Meteorologie* kann für kleinräumige Vorgänge ein mit der Erdoberfläche fest verbundenes Bezugssystem als I. angesehen werden. Für großräumige Vorgänge – das sind alle Vorgänge im synoptischen Scale, bei denen die Coriolis-Kraft eine merkliche Größe erreicht – gilt ein mit dem Erdmittelpunkt mitwanderndes Bezugssystem als I. (Die leichte Krümmung der Erdbahn kann hierbei vernachlässigt werden.)

Infrarotfenster: Bez. für die Spektralbereiche, in denen die Atmosphäre für die infrarote (terrestrische) Strahlung durchlässig ist (↑atmosphärische Fenster).

Infrarotstrahlung [Kurzbez.: IR-Strahlung]: im Strahlungsspektrum der Sonne der an das sichtbare Licht angrenzende Wellenlängenbereich (> 0,76 µm). Die I. der Sonne umfaßt den Bereich bis etwa 3,5 µm, die I. der Erde (↑terrestrische Strahlung) den anschließenden Bereich bis etwa 100 µm.

Infrarotthermographie [Kurzbez.: IR-Thermographie]: ein meteorologisches Fernerkundungsverfahren zur Messung von Oberflächentemperaturen. Von einem Flugzeug aus werden mit einer Infrarotkamera sog. **Wärmebilder** aufgenommen. In der Kamera wird über ein mit 16 Umdrehungen pro Sekunde rotierendes Linsensystem fortlaufend das Gelände unter dem Flugzeug auf den Strahlungsempfänger projiziert. Die dabei gewonnenen Strahlungsmeßwerte belichten synchron einen photographischen Negativfilm, auf dem sich dann Strahlungsunterschiede in Form von Schwärzungsunterschieden zeigen. Wegen der engen physikalischen Beziehung zwischen der emittierten langwelligen Strahlung und der Bodenoberflächentemperatur können die Schwärzungsunterschiede auch als Differenzen der Bodenoberflächentemperatur interpretiert werden.

Anwendung findet die I. z. B. in der Regionalplanung (Entstehung und Ausbreitung von Kaltluftflüssen, Frischluftkanalisierung in Ballungsgebieten, Ausweisung klimatisch geeigneter Flächen zur Nutzung für Landwirtschaft und Naherholung).

Infrarotthermometer: Instrument zur (berührungsfreien) Temperaturmessung aufgrund der von der Oberfläche eines Körpers ausgehenden Wärmestrahlung. Das I. besteht im wesentlichen aus einem Filter, das nur im Spektralbereich zwischen 8 und 14 µm durchlässig ist, und einem ↑Bolometer.

In der Agrarmeteorologie werden I. bei der Temperaturmessung von Blattoberflächen benutzt.

Die bei Satellitenmessungen verwendeten, hochauflösenden Infrarotstrahlungsmeßgeräte werden **Radiometer** genannt.

Ingenieurmeteorologie [ɪnʒeni'ø:r...]: ↑technische Klimatologie.

Initialisierung, die [zu lat. initialis = anfänglich]: Arbeitsgang zwischen der numerischen Analyse und der numerischen Vorhersagerechnung mit Hilfe der ↑primitiven Gleichungen, der die Herstellung einer möglichst vollständigen Adaptation von Wind- und Luftdruckfeld zum Ziele hat.

Die von der numerischen Analyse gelieferten Felder weisen noch nicht den in der Atmosphäre vorhandenen Gleichgewichtszustand auf. Eine Vorhersagerechnung, die auf diese unveränderten Felder aufbaut, würde zu unrealistisch großen Schwankungen der atmosphärischen Parameter, zu ↑meteorologischem Lärm, führen. Dies zu verhindern, ist Zweck der Initialisierung.

Man unterscheidet statische und dynamische Methoden. Zu den **statischen Methoden** gehört z. B. die Anwendung der ↑Balancegleichung. Als **dynamische Methode** bezeichnet man ein Verfahren, bei dem die Vorhersagerechnung für eine begrenzte Vorhersagezeit mehrfach vorwärts und rückwärts um den Anfangszustand herum durchgeführt wird, wobei die auftretenden Schwankungen gedämpft werden, bis der meteorologische Lärm weitgehend verschwunden ist. Neu entwickelt wurde die ↑Normalmode-Initialisierung.

innere Energie: der Gesamtwärmeinhalt eines Luftquantums. Die i. E. ist rechnerisch gleich dem Produkt aus der absoluten Temperatur und der spezifischen Wärme der Luft bei konstantem Volumen. Sie ist also der absoluten Temperatur direkt proportional, wenn das Volumen konstant gehalten wird.

innere Konsistenz ↑Konsistenz.

innere Reibung: die Reibungskraft, die an der Grenzfläche zwischen zwei sich unterschiedlich bewegenden Flüssigkeits- oder Gasschichten auftritt. Die i. R. wird bei völlig laminarer Strömung durch die ungeordnete Molekularbewegung verursacht; bei turbulenter Strömung wird sie durch den turbulenten Impulsaustausch um mehrere Größenordnungen verstärkt.

In der Atmosphäre, in der fast überall eine mehr oder weniger starke Turbulenz herrscht, kann der molekulare Anteil an der i.n R. meist vernachlässigt werden. Bei der numerischen Wettervorhersage wird die Wirkung der i.n R. durch Glättungsoperatoren ersetzt.

innertropische Konvergenz [Abk.: ITC (von entsprechend engl. intertropical convergence) ‖ Syn.: innertropische Konvergenzzone (Abk.: ITCZ; von entsprechend engl. intertropical convergence zone)]: die Zone der ↑äquatorialen Tiefdruckrinne zwischen den Passatgürteln der Nord- und Südhalbkugel. In der i.n K. steigt die konvergierende Luft der Passate auf, es kommt zu starker Wolkenbildung und zur Entstehung heftiger Regenschauer. Zeitweise entwickeln sich in ihr, besonders in den Übergangsjahreszeiten, auf den Ozeanen auch tropische Wirbelstürme.

Die i. K. fällt nicht mit dem geographischen Äquator zusammen. Sie wandert, dem Sonnenhöchststand folgend, auf den Festländern weit nach N und S, über Indien bis zu 30° n. Br., über Afrika bis etwa 20° n. Br. bzw. s. Br., über Südamerika und Australien bis zu 20° s. Br.; ihre mittlere Lage befindet sich bei etwa

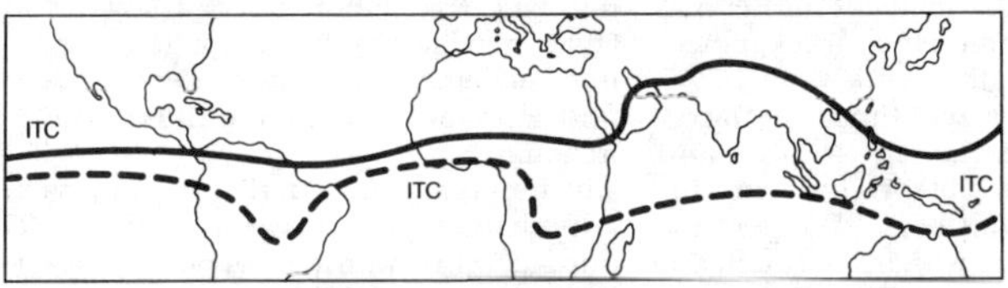

Innertropische Konvergenz. Mittlere Lage im Juli und im Januar (gestrichelt)

5° n. Br. (↑meteorologischer Äquator). Häufig spaltet sie sich in einen nördlichen und einen südlichen Zweig auf, zwischen denen Westwinde (↑äquatoriale Westwindzone) herrschen.

innertropisches Klima: das Klima der äquatornahen Tropen mit ganzjährigen Niederschlägen im Bereich der innertropischen Konvergenz (starke Konvektionsniederschläge), hohen Mitteltemperaturen (tiefstes Monatsmittel nicht unter 18 °C) und geringer mittlerer Jahresschwankung (weniger als 3,5 K) sowie vorherrschenden äquatorialen Westwinden (mindestens 8 Monate pro Jahr); Verbreitungsgebiet des tropischen Regenwaldes.

Inselklima: das maritime Klima der Inseln im Meer; es wird vorwiegend durch den Einfluß der umgebenden Wassermassen, ferner durch die Lage der Inseln in einer bestimmten Klimazone sowie durch orographisch bedingte Besonderheiten geprägt. Generell wird es gekennzeichnet durch ausgeglichene Temperaturverhältnisse im Jahresgang, Niederschlagsreichtum und Windhäufigkeit (sofern die Insel nicht im Bereich der windschwachen Hochdruckgebiete der Subtropen liegt).

Insolation, die: svw. ↑Einstrahlung.

Instabilität, die [lat. in- = un- und ↑Stabilität]: in der Meteorologie Bez. für eine instabile vertikale Temperaturschichtung der Atmosphäre. – ↑auch Labilität.

Instabilitätslinie: frontenähnliche Linie in der Wetterkarte, an der verstärkt labile Bewölkung (Cumulus congestus, Cumulonimbus) und labile Niederschläge (Schauer oder Gewitter) auftreten, an der aber kein Luftmassenunterschied vorhanden ist.

Beim Durchzug einer I. tritt in allen Höhen keine wesentliche Temperaturänderung ein; lediglich die Labilität ist vorübergehend verstärkt. I.n kommen v. a. im Sommer vor, wenn die Sonneneinstrahlung zu einer verstärkten Labilisierung einer Luftmasse führt.

Instrumentenamt [Abk.: IA]: bei den meteorologischen Diensten die für das Instrumentenwesen zuständige Stelle, der die Beschaffung, Entwicklung, Eichung und Instandhaltung meteorologischer Instrumente und Beobachtungssysteme obliegt.

Beim Deutschen Wetterdienst betreut das **I. Hamburg (IAH)** die norddt. Wetteramtsbereiche und Berlin (West). Zu seinen Aufgaben gehören außerdem die Entwicklung und Erprobung von Geräten und Meßsystemen im maritimmeteorologischen Anwendungsbereich sowie für den Flugwetterdienst, im synoptischklimatologischen Dienst die Entwicklung von automatischen Wetter- und Klimastationen.

Das **I. München (IAM)** betreut die süddt. Wetteramtsbereiche und entwickelt und erprobt in entsprechender Weise wie das I. Hamburg Meßgeräte für die Gebirgsregion, aerologische Geräte und allg. Bodenmeßgeräte; es ist außerdem zuständig für die Meßgeräte zur Radioaktivitätsüberwachung der Atmosphäre im gesamten Meßnetz.

Instrumentenflug: Flug eines Luftfahrzeugs nach Maßgabe von Fluginstrumenten wie Fahrtmesser, Höhenmesser, Variometer, Kurskreisel, Wendezeiger, Kreiselhorizont u. a. sowie von (Funk)navigationseinrichtungen, die einen sicheren Flug auch ohne Boden- und Horizontalsicht (Blindflug) ermöglichen.

Ein Flug kann und darf nur dann nach vorgeschriebenen **I.regeln** (Abk.: **IFR**) durchgeführt werden, wenn das Flugzeug über eine Mindestausrüstung an Flug- und Navigationsinstrumenten verfügt und der Pilot eine **I.berechtigung (IFR-Lizenz)** besitzt. Der kommerzielle Luftverkehr wird im Interesse größtmöglicher Sicherheit unabhängig von den jeweils gegebenen meteorologischen Bedingungen nach I.regeln durchgeführt.

Instrumentenkorrektion [lat. correctio = Berichtigung]: Bez. für den konstanten systematischen Meßfehler eines meteorologischen Instruments. Die I. wird bereits bei der Eichung festgestellt und in einen das Instrument stets begleitenden Prüfschein eingetragen.

I.en sind am häufigsten bei Temperatur- und Luftdruckmessern anzubringen. Sie beruhen in erster Linie auf Anzeigefehlern in bestimmten Skalenbereichen, die von unterschiedlichen Weiten der die Meßflüssigkeit aufnehmenden Glasrohre herrühren.

Die I. ist als sog. Korrekturglied (Korrekturbetrag) unmittelbar nach jeder Messung zum Meßwert zu addieren bzw. von diesem zu subtrahieren; der korrigierte Wert ist in die Spalte „korrigiert" des Beobachtungstagebuches einzutragen.

inter- [gleichbed. lat. inter]: Präfix mit der Bed. „zwischen" (räumlich, zeitlich und übertragen); z. B. international.

interaktives graphisches System [Abk.: IGS]: zur graphischen EDV-Aufbereitung und -Verarbeitung von klimatologischem Datenmaterial verwendetes System. Einsatzmöglichkeiten: Prüfung, Korrektur und Archivierung von Daten, Ausgabe von Tabellen und Graphiken, Digitalisierung von Klimakarten, Entwurf von Isolinien, digitale Bildverarbeitung aus Fernerkundungsdaten (z. B. Aufbereitung von Satellitendaten), computergestützte räumliche Analyse.

interdiurne Veränderlichkeit [zu inter- und lat. dies = Tag]: überwiegend auf die Lufttemperatur, aber auch auf den Luftdruck bezogene Bez. für die Differenz zwischen den Meßwerten an zwei gleichen, jedoch 24 Stunden auseinanderliegenden Meßterminen.

Insbes. die i. V. der Lufttemperatur ist ein markantes Klimamerkmal und demzufolge ein wirksames Kriterium zur Abgrenzung von Klimaten. Sie nimmt mit der geographischen Breite zu und ist im kontinentalen Klima größer als im maritimen. Ihre größten Werte erreicht die i. V. auf dem nordamerikanischen Kontinent und in Westsibirien, und zwar jeweils im Winter (im Mittel etwa 5 K); die entsprechenden Sommerwerte sind geringer (im Mittel 2 bis 2,5 K). Die geringsten Werte der durchschnittlichen i.n V. treten in den Polargebieten auf.

Interferenzregenbogen: svw. sekundärer ↑ Regenbogen.

Interglazial, das [Syn.: Interglazialzeit]: ↑ Warmzeit.

International Association of Meteorology and Atmospheric Physics, die [ɪntəˈnæʃənəl əsoʊsɪˈɛɪʃən əv miːtɪəˈrɔlədʒɪ ənd ætməsˈfɛrɪk ˈfɪzɪks]: eine internat. wissenschaftliche Vereinigung (↑ IAMAP).

International Civil Aviation Organization, die [ɪntəˈnæʃənəl ˈsɪvl ɛɪvɪˈɛɪʃən ɔːgənaɪˈzɛɪʃən]: internat. Zivilluftfahrtorganisation (↑ ICAO).

International Council of Scientific Unions, der [ɪntəˈnæʃənəl ˈkaʊnsl əv saɪənˈtɪfɪk ˈjuːnjənz ‖ Abk.: ICSU ‖ dt.: Internationaler Rat wissenschaftlicher Vereinigungen]: 1931 gegr. internat. wiss. Organisation mit Sitz in Paris, der 18 internat. wiss. Vereinigungen angehören, u. a. die ↑ Internationale Union für Geodäsie und Geophysik.

Daneben gehören dem ICSU 65 nationale Organisationen und 16 wiss. Vereinigungen an; vier assoziierte Mitglieder (Bourkina Faso, Jamaika, Malaysia und Nepal).

Zu den nationalen Organisationen gehören u. a. seit 1952 die Deutsche Forschungsgemeinschaft (DFG) und die Akademie der Wissenschaften der DDR.

Aufgabe der ICSU ist die Förderung aller wiss. Aktivitäten, die der Menschheit Nutzen bringen können, z. B. das ↑ Internationale Geophysikalische Jahr und das Internationale Biologische Programm. Der ICSU steuert den internat. Austausch von Ideen, die Entwicklung neuer Arbeitsmethoden, die Vereinheitlichung der Nomenklatur und der Maßeinheiten sowie die Verbreitung von Forschungsergebnissen durch Publikationen oder im Rahmen von Kongressen, Symposien oder Expertengesprächen.

Komitees oder Kommissionen des ICSU werden gebildet, wenn fachübergreifende Programme zu organisieren sind, die nicht völlig in die Zuständigkeit einer einzigen der wiss. Trägergesellschaften des **ICSU** fallen, z. B. bei der Antarktisforschung **SCAR** (Scientific Committee on Antarctic Research), bei der Weltraumforschung **COSPAR** (Committee on Space Research), bei der Erforschung der Weltmeere **SCOR** (Scientific Committee on Oceanic Research) oder auf dem Gebiet des Umweltschutzes **SCOPE** (Scientific Committee on Problems of the Environment). Enge Zusammenarbeit besteht auch zwischen dem ICSU und der Weltorganisation für Meteorologie (z. B. gemeinsame Initiativen zum ↑GARP und zum ↑Weltklimaprogramm).

Internationale Biometeorologische Gesellschaft [engl.: International Society of Biometeorology (Abk.: ISB)]: Vereinigung von Wissenschaftlern aus aller Welt (gegr. 1956), die sich mit biometeorologischen Problemen von Mensch, Tier und Pflanze beschäftigen. Neben diesen drei Hauptgruppen ist die ISB in etwa 15 Arbeitsgruppen gegliedert, die z. B. für die Bereiche Aerosole, Balneologie, Bioindikatoren für Luftverunreinigungen, biologische Effekte elektromagnetischer Felder, interdisziplinäre Probleme der Biowissenschaften, für Stadt- und Gebäudeklimatologie zuständig sind.
Die ISB veranstaltet im Abstand von etwa drei Jahren internat. biometeorologische Kongresse.

Internationale Fernmelde-Union [engl.: International Telecommunication Union (Abk. ITU), frz.: Union Internationale des Télécommunications (Abk. UIT)]: internat. Organisation mit 154 Mitgliedern zur Regelung des internat. Fernmelde- und Nachrichtenverkehrs sowie zur Förderung der Entwicklung der technischen Nachrichtenmittel und der Zusammenarbeit der Staaten auf dem Gebiet der Telegrafie, der Telefonie und des Funkwesens; auf dem Gebiet des Wetterfernmeldedienstes enge Zusammenarbeit mit der Weltorganisation für Meteorologie; Sitz Genf.
1932 in Madrid durch Zusammenschluß des 1865 gegründeten Welttelegraphenvereins mit dem seit 1906 bestehenden sog. Weltfunkverein gegründet; seit 1947 Sonderorganisation der UN. Der 1947 gegründete **Internat. Ausschuß für Frequenzregistrierung** registriert die von den einzelnen Ländern vorgenommene Frequenzzuteilung; nach seinen Vorschlägen erfolgt die internat. abgestimmte Vergabe von Funkfrequenzen an die einzelnen Mitgliedsländer.

Internationale Jahre der ruhigen Sonne [engl.: International Quiet Sun Years (Abk.: IQSY)]: Bez. für den mit umfangreichen geophysikalischen Messungen ausgefüllten Zeitraum zwischen Januar 1963 und Dezember 1964, der mit einer Periode relativ schwacher Sonnenaktivität zusammenfiel und daher zur Vertiefung der Erkenntnisse des ↑Internationalen Geophysikalischen Jahres über alle von den Vorgängen auf der Sonne beeinflußten physikalischen Erscheinungen in der Erdatmosphäre beitrug.

Internationale Meteorologische Organisation [Abk.: IMO]: Vorläuferin der ↑Weltorganisation für Meteorologie.

internationale Normalatmosphäre: svw. ↑Standardatmosphäre.

Internationale Phänologische Gärten [Abk.: IPG]: 1959 gegründetes, gegenwärtig 63 Gärten in 22 europäischen Ländern umfassendes Netz zur Beobachtung von ↑phänologischen Phasen. Die Besonderheit der I.n Ph.n G. besteht in ihrer Ausstattung mit erbgleichem, d. h. von der selben Mutterpflanze abstammendem Pflanzengut. Erst durch diese Bedingung gelangt man zu vergleichbaren phänologischen Beobachtungen (die sonst durch verschiedene Erbanlagen verursachten unkontrollierbaren Störungen entfallen).
Die Beobachtungsergebnisse werden jährlich in den von der Arbeitsgemeinschaft I.r Ph.r G. herausgegebenen **Arboreta Phaenologica** veröffentlicht.

Internationaler Rat wissenschaftlicher Vereinigungen: svw. ↑International Council of Scientific Unions.

Internationales Geophysikalisches Jahr [engl.: International Geophysical Year (Abk.: IGY), frz.: Année Géophysique Internationale (Abk.: AGI)]: Bez. für einen Zeitraum, in dem aufgrund internat. Absprachen geophysikalische Daten in allen Teilen der Erde gemessen und gesammelt werden; insbes. die vom 1. Juli 1957 bis zum 31. Dezember 1958 auf der ganzen Erde vorgenommenen Forschungen auf dem Gebiet der Geophysik.
Das Internat. Geophysikalische Jahr 1957/58 fiel mit einer Periode besonders starker Sonnenfleckentätigkeit zusam-

Allgemeine Zirkulation der Atmosphäre. Die Erde mit ihrer Atmosphäre, aufgenommen vom Wettersatelliten METEOSAT aus einer Höhe von rund 36 000 km. Auf dem Bild sind wesentliche Glieder der allgemeinen Zirkulation deutlich zu erkennen: die innertropische Konvergenzzone etwa 5° nördlich des Äquators mit ihrem breitenparallelen Wolkenband, in dem an einigen Stellen (vor der Küste Westafrikas, im westlichen tropischen Atlantik) größere Zusammenballungen konvektiver Wolken (Cloud-cluster) auftreten; ferner die wolkenarmen Zonen der subtropischen Hochdruckgürtel und die Bereiche der Westwinddrift der mittleren Breiten mit eingelagerten Störungen

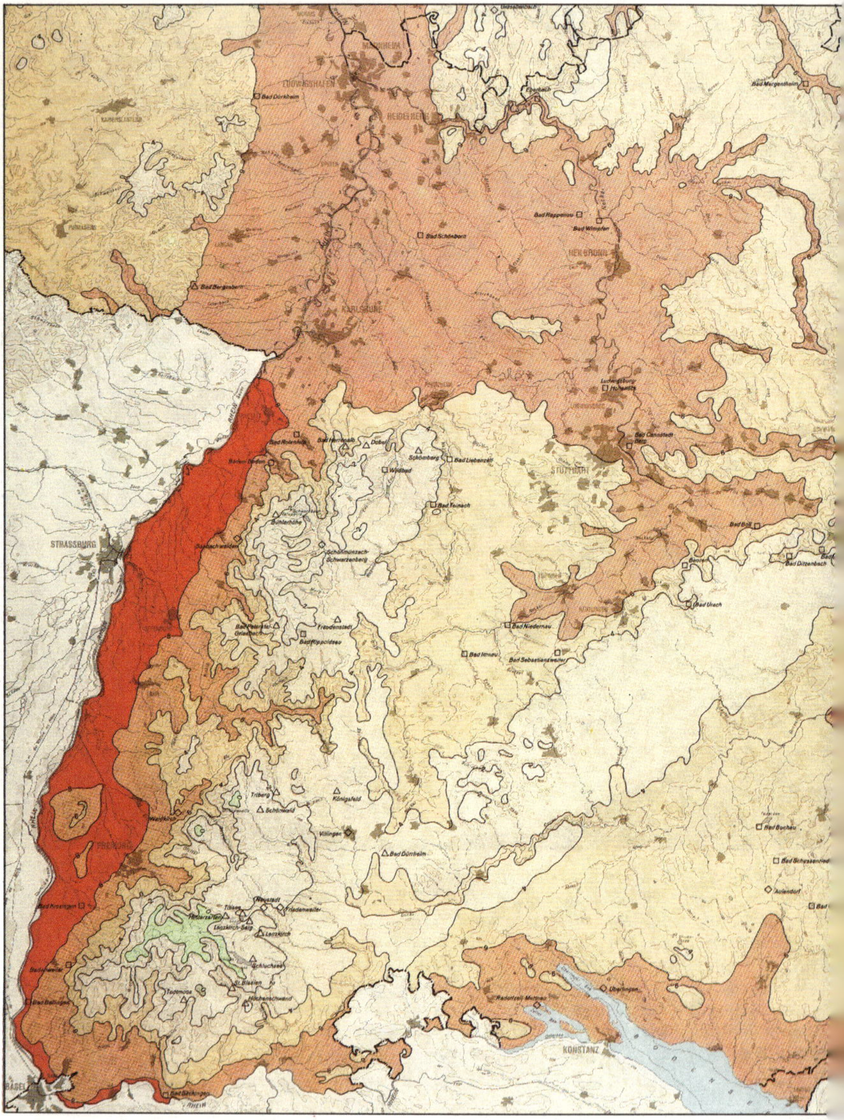

Bioklimakarte von Baden-Württemberg (Ausschnitt). Zahl der Tage mit Wärmebelastung (Juliwerte; Abstufung von 0 [grün] bis mehr als 8 Tage [rot]). Nach: Deutscher Wetterdienst, Medizin-Meteorologische Forschungsstelle Freiburg

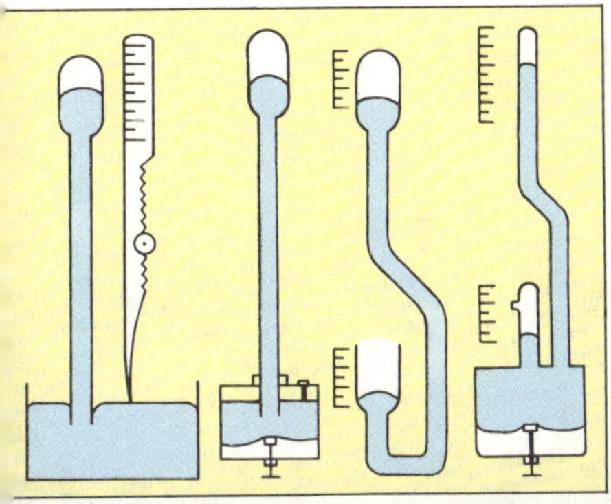

Links, oben: Barometer. Schematische Darstellung (von links nach rechts) eines Gefäß-, Fortin-, Heber- und Gefäßheberbarometers. Rechts, oben: Fallstreifen (virga)

Mitte: Föhnlücke am Genfer See

Links, unten: Föhnmauer. Rechts, unten: Jahreszeiten. Stellung der Erde zur Sonne im Sommer und im Winter auf der Nordhalbkugel

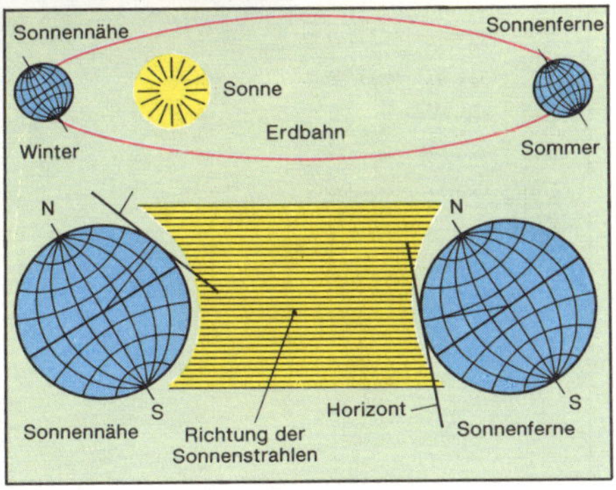

Klimazonen der Erde (nach W. Köppen)

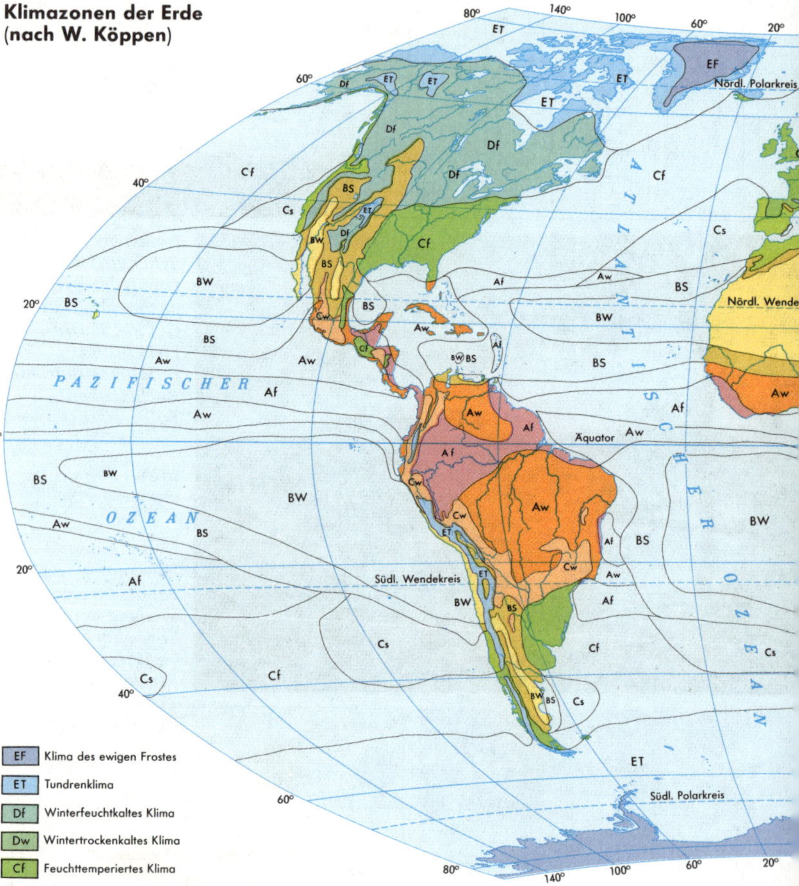

EF	Klima des ewigen Frostes
ET	Tundrenklima
Df	Winterfeuchtkaltes Klima
Dw	Wintertrockenkaltes Klima
Cf	Feuchttemperiertes Klima

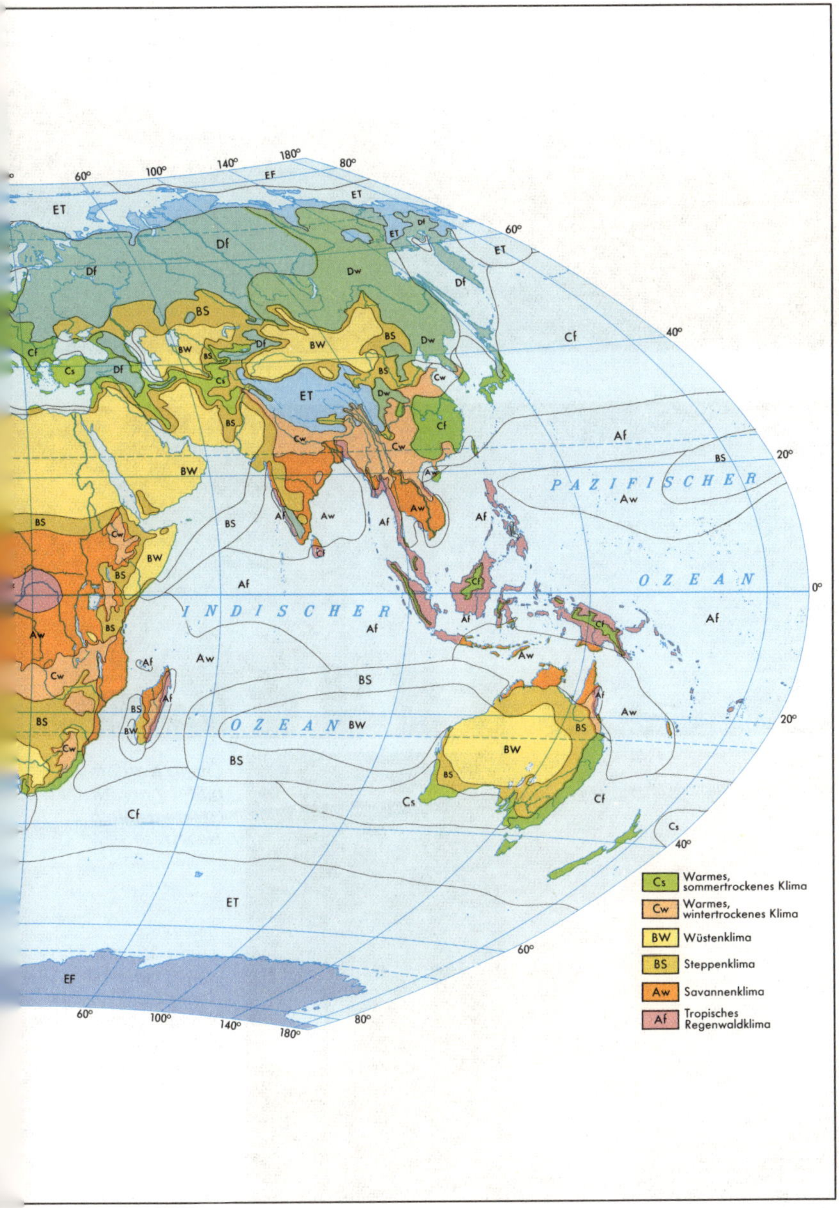
PAZIFISCHER
OZEAN
INDISCHER
OZEAN
Cs Warmes, sommertrockenes Klima
Cw Warmes, wintertrockenes Klima
BW Wüstenklima
BS Steppenklima
Aw Savannenklima
Af Tropisches Regenwaldklima

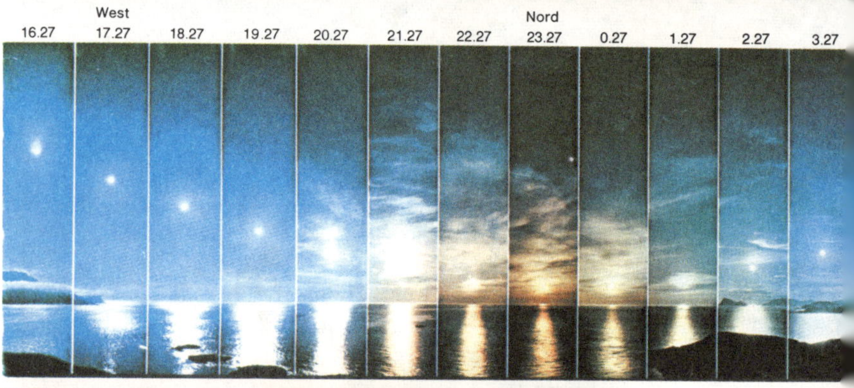

Oben: Kaltluftbildung am Abend (sichtbar durch Nebel)

Mitte: Mitternachtssonne. Stand der Sonne nach je einer Stunde, vom gleichen Standpunkt aus photographiert

Unten: Polarlicht

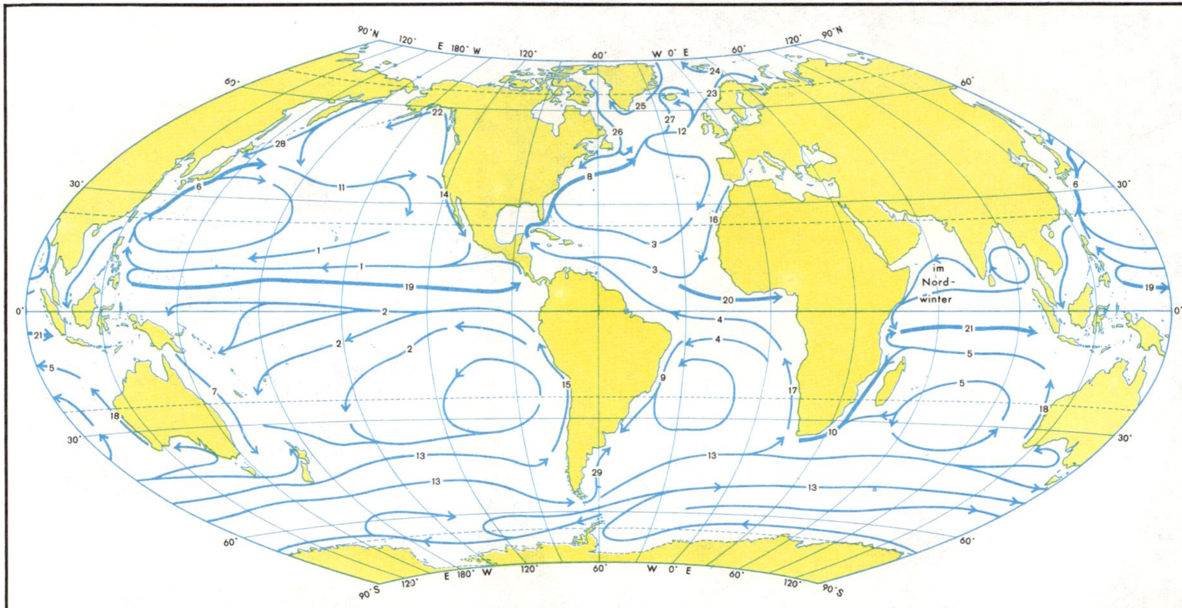

Meeresströmungen. Oberflächenströmungen im Weltmeer. 1–5 Nord- und Südäquatorialströme, 6 Kuroschio, 7 Ostaustralstrom, 8 Golfstrom, 9 Brasilstrom, 10 Agulhasstrom, 11 Nordpazifischer Strom, 12 Nordatlantischer Strom, 13 Westwinddrift, 14 Kalifornischer Strom, 15 Humboldtstrom, 16 Kanarenstrom, 17 Benguelastrom, 18 Westaustralstrom, 19–21 Äquatorialströme, 22 Alaskastrom, 23 Norwegischer Strom, 24 Westspitzbergenstrom, 25 Ostgrönlandstrom, 26 Labradorstrom, 27 Irmingerstrom, 28 Ojaschio, 29 Falklandstrom (die starken Pfeile bezeichnen besonders schmale, starke Strömungen)

Wasserdampfverteilung. METEOSAT-Bild im Wasserdampfabsorptionsband; zeigt die Verteilung der Feuchte in der oberen Troposphäre (helle Gebiete: hohe Feuchte)

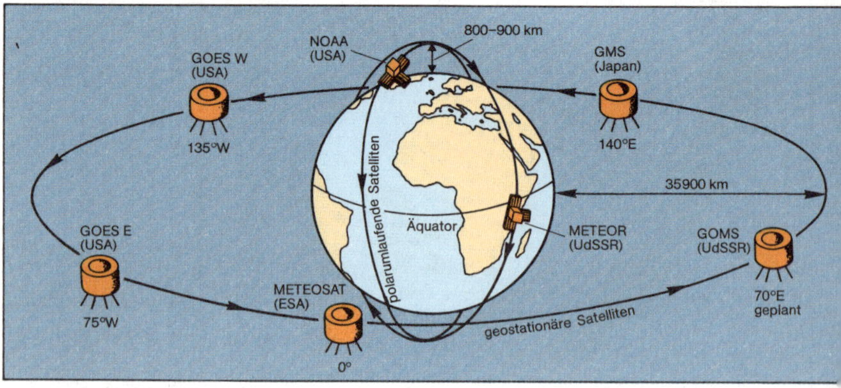

Wettersatelliten. Globales meteorologisches Satellitensystem

men, weshalb mit solarer Aktivität verknüpfte Probleme der Geophysik in den Vordergrund gestellt wurden. Es umfaßte außerdem als drittes ↑Polarjahr ein großes Antarktisprogramm, dessen internat. Koordination den Anstoß einerseits zum Abschluß des Antarktisvertrages und andererseits zur Gründung des Wiss. Komitees für Antarktisforschung (SCAR) gab.

Internationales Polarjahr ↑Polarjahr.

Internationale Tagung für alpine Meteorologie [Abk.: ITAM]: seit 1950 in zweijährigem Turnus von den meteorologischen Diensten Italiens, Österreichs, der Schweiz, Frankreichs, Jugoslawiens und der BR Deutschland (in gleichbleibender Reihenfolge) ausgerichtete wiss. Tagung, auf der Forschungsergebnisse über die vielfältigen meteorologischen und klimatologischen Verhältnisse des Hochgebirgsraums vorgetragen und Erfahrungen ausgetauscht werden, mit dem Ziel, Wettervorhersage und klimatologische Begutachtungen im Alpenraum zu verbessern.

In ähnlicher Form veranstalten die meteorologischen Dienste des Karpatenraums seit 1963 in zweijährigem Wechsel eine **Internat. Tagung für Karpatenmeteorologie.**

Internationale Union für Geodäsie und Geophysik [Abk.: IUGG ‖ engl.: International Union of Geodesy and Geophysics]: 1919 gegründete internat. Organisation (Sitz Brüssel), der nationale Akademien und wiss. Gesellschaften aus 78 Staaten angehören, für die BR Deutschland das ↑Nationale Komitee für Geodäsie und Geophysik.

Die IUGG ist die Dachorganisation der sieben selbständigen internat. Vereinigungen für Geodäsie (IAG), Seismologie und Physik des Erdinnern (IASPEI), Vulkanologie und Chemie des Erdinnern (IAVCEI), Geomagnetismus und Aeronomie (IAGA), Meteorologie und Physik der Atmosphäre (IAMAP), Hydrologische Wissenschaften (IAHS) sowie Physik der Ozeane (IAPSO). Ihre Aufgabe ist die Förderung der Untersuchung aller bei der Bestimmung der Erdgestalt sowie in der Physik des Erdkörpers, der Ozeane und der Atmosphäre auftretenden Probleme.

Vorläufer der IUGG war die 1863 auf Initiative des preußischen Generals J. J. Bayer gegründete **Internationale Erdmessung.**

Internationale Zivilluftfahrtorganisation ↑ICAO.

International Geophysikal Year, das [ıntəˈnæʃənəl dʒiːoʊˈfızıkl jəː]: ↑Internationales Geophysikalisches Jahr.

International Hydrological Decade, die [ıntəˈnæʃənəl haıdroʊˈlɔdʒıkl ˈdɛkɛıd]: ↑IHD.

International Hydrological Programme, das [ıntəˈnæʃənəl haıdroʊˈlɔdʒıkl ˈproʊgræm]: ↑IHP.

International Organization for Standardization, die [ıntəˈnæʃənəl ɔːgənaıˈzɛıʃən fə stændədaıˈzɛıʃən ‖ Abk.: ISO]: 1946 als Nachfolgeorganisation der 1928 gegründeten **International Federation of the National Standardizing Associations** (Abk.: **ISA**) entstandene internat. Vereinigung von nationalen Normenausschüssen und Standardisierungsorganen; Sitz Genf. Die BR Deutschland ist durch **DIN Deutsches Institut für Normung** vertreten.

Die ISO fördert die Entwicklung und Angleichung von Normen, um den internat. Austausch von Gütern und Dienstleistungen und die Zusammenarbeit auf wiss., technischem und wirtschaftlichem Gebiet zu erleichtern.

International Society of Biometeorology, die [ıntəˈnæʃənəl səˈsaıətı əv baıoʊmiːtıəˈrɔlədʒı ‖ Abk.: ISB]: ↑Internationale Biometeorologische Gesellschaft.

International Telecommunication Union, die [ıntəˈnæʃənəl ˈtɛlıkəmjuːnıˈkɛıʃən ˈjuːnjən ‖ Abk.: ITU]: ↑Internationale Fernmelde-Union.

interne Wellen [lat. internus = im Inneren befindlich, innerlich]: Wellen in einer Schicht der Atmosphäre, die sich in einem stabilen Zustand befindet. Sie entstehen, wenn ein Luftpaket vertikal aus seiner Gleichgewichtslage gebracht wird und dann, angetrieben von der Schwerkraft, Schwingungen um seine Gleichgewichtslage ausführt. Die Schwingungsdauer von i.n W. ist ent-

sprechend der rücktreibenden Kraft stark abhängig vom Grad der Stabilität; an Inversionen beträgt sie etwa 2 bis 5 Minuten.
Oft sind i. W. mit typischen Wolkenbildungen verbunden. Wenn die Feuchte entsprechend hoch ist, kommt es durch Hebung vor den Wellenbergen zur Wolkenbildung und durch das Absinken vor den Wellentälern zu Wolkenauflösung. So kann eine deutliche Wellenstruktur einer Wolkendecke entstehen.

Interpolationsmethode [lat. interpolatio = Veränderung, Umgestaltung]: Methode der ↑numerischen Analyse. Die zu analysierende Fläche des betreffenden meteorologischen Elements stellt man sich hierbei als eine (gekrümmte) Fläche vor, deren Höhe über einer Bezugsebene dem Wert des Elements an jedem Punkt entspricht. Die I. besteht darin, an jedem Gitterpunkt ein Flächenstück zu bestimmen, das so gestaltet ist, daß die in der Umgebung vorhandenen Beobachtungswerte möglichst genau in der Fläche liegen. Die Höhe der Fläche an dem Gitterpunkt ist dann der gesuchte Gitterwert des meteorologischen Elements.
Das mathematische Verfahren, das eine solche Fläche zu berechnen gestattet, ist ein **Interpolationsverfahren,** das die Bestimmungsgrößen (die Koeffizienten) einer (die Fläche darstellenden) mathematischen Funktion (eines Polynoms) so berechnet, daß die mittleren Abweichungen der Funktion von den Meßwerten ein Minimum erreichen. Die Durchführung dieses Verfahrens setzt allerdings voraus, daß die Zahl der Beobachtungen in der Umgebung des zu berechnenden Gitterwertes größer ist als die Zahl der zu bestimmenden Koeffizienten des Polynoms.
Da die synoptischen Stationen weltweit sehr unregelmäßig verteilt sind und aus manchen Gebieten nur sehr wenig Meldungen eingehen, sind bei der Anwendung der I. große Schwierigkeiten zu überwinden. Da außerdem die I. sehr rechenaufwendig ist, wird die Methode nur wenig verwendet.

Intertropikfront: ältere Bez. für die ↑innertropische Konvergenz. Dem Begriff liegt die Vorstellung zugrunde, daß die Passatwinde beider Hemisphären in einer schmalen, frontartigen Grenzzone aufeinandertreffen. Da dies aber nur selten in der Natur beobachtet wird, vielmehr diese Grenzzone im allg. eine beträchtliche, bis zu einigen 100 km reichende Breite aufweist, hat sich die Bez. innertropische Konvergenz bzw. Konvergenzzone als zutreffender erwiesen.

Interzeption, die [aus lat. interceptio = Wegnahme]: die Rückhaltung von Niederschlägen an Blättern und Zweigen der Pflanzen (insbes. im Kronenraum von Wäldern) und der damit zusammenhängende Verdunstungsverlust; dieser Teil des fallenden Niederschlags erreicht nicht den Erdboden. In dichten Wäldern können bis zu 50% der Wasserversorgung der Pflanzen durch I. verlorengehen.

Inversion, die [aus lat. inversio = Umkehrung ‖ Syn.: Temperaturumkehr]: in einer mehr oder weniger dicken Schicht der Atmosphäre die Unterbrechung des normalen Temperaturabfalls mit der Höhe durch eine Temperaturzunahme.
Je nach Entstehungsursache unterscheidet man ↑Absinkinversionen, ↑Schrumpfungsinversionen, ↑Abgleitinversionen und ↑Aufgleitinversionen sowie ↑Strahlungsinversionen. Beginnt die I. unmittelbar am Boden, bezeichnet man sie als ↑Bodeninversion.
Allen I.en gemeinsam ist die Eigenschaft, daß sie als Sperrschichten wirken, d. h., sie bilden wegen der in ihnen herrschenden großen vertikalen Stabilität der Temperaturschichtung für alle konvektiven oder turbulenten vertikalen Bewegungen, Austausch- und Durchmischungsvorgänge eine nahezu undurchdringliche Grenzfläche. Sie stellen deshalb oft die Obergrenze von Wolken-, Nebel- oder Dunstschichten dar und haben besondere Bedeutung bei der Entwicklung von ↑austauscharmem Wetter.

Inversionsnebel: Hochnebel, der durch Wärmeabstrahlung an einer ↑Inversion entsteht.

Inversionstyp: ein Grundschichttyp (↑Grundschicht).

Inversionswetterlage: Wetterlage, die in den untersten Luftschichten eine markante ↑Inversion aufweist. Die I. ist meist mit einer Hochdruckwetterlage identisch oder entsteht im Gebiet geringer Luftdruckunterschiede am Rand eines Hochdruckgebietes. Sie ist durch eine stabile Luftschichtung und geringe Luftbewegung gekennzeichnet, so daß vertikale und horizontale Austauschvorgänge behindert werden **(austauscharmes Wetter)**. Dadurch kommt es besonders in der kalten Jahreszeit zu einer beträchtlichen Erhöhung der Schadstoffkonzentration in den bodennahen Schichten, so daß in extremen Fällen Smogalarm gegeben wird.

Eindrucksvoll sind die I.n im Winter, wenn in den Niederungen nebligtrübes und naßkaltes Wetter herrscht, während gleichzeitig die Mittelgebirgshöhen bei wolkenlosem Himmel und sehr guter Fernsicht tagsüber mildes und sonniges Wetter haben.

Inversionswolken: meist ausgedehnte Schichtwolkenfelder unterhalb einer ↑Inversion; sie entstehen durch Abkühlung infolge langwelliger Ausstrahlung von Dunstschichten. Bei weiterer Wärmeabstrahlung an ihrer Obergrenze wird das vertikale Temperaturgefälle verstärkt; es kommt zu einer Labilisierung und damit zu konvektiven Umlagerungen in der Wolkenschicht. Die ursprünglich zusammenhängende Wolkendecke teilt sich dann in viele kleine Schollen auf oder nimmt unterschiedliche Dicke und Dichte an. Typische Wolkengattungen sind Stratocumulus, Altocumulus und Cirrocumulus.

IOC, die [iːˈoːˈtseː, engl. ˈaɪ-oʊˈsiː]:

◊ Abk. für: **International Ozone Commission;** internat. wiss. Kommission der ↑IAMAP, zuständig für Forschungen über die vertikale Verteilung des Ozons in der freien Atmosphäre einschl. der Entwicklung von Meßmethoden.

◊ Abk. für: **Intergovernmental Oceanographic Commission;** internat. (auf Regierungsebene) ozeanographische Kommission der UNESCO, zuständig für die Koordination bei der Sammlung und Archivierung sowie beim Austausch von maritimen Klimadaten.

Ionisation, die: Erzeugung von Ionen (elektrisch geladene Teilchen) in Materie durch Abspaltung von Elektronen aus Atomen und Molekülen. Die hierzu erforderliche Energie wird in der Atmosphäre durch Ultraviolettstrahlung, Röntgenstrahlung, Strahlung von radioaktiven Stoffen und durch kosmische Strahlung geliefert.

Die I. ist in den unteren Schichten der Atmosphäre gering; hier wirken sich nur die kosmische Strahlung und die Strahlung radioaktiver Stoffe der obersten Bodenschicht aus. Zu starker I. kommt es dagegen in den oberen Schichten der Atmosphäre, der ↑Ionosphäre. Der Grad der I. ist ausschlaggebend für die Leitfähigkeit der Atmosphäre.

Ionosphäre, die [Kurzbildung aus ↑Ionisation und ↑Atmosphäre ‖ Syn.: Heaviside-Schicht, Kennelly-Heaviside-Schicht]: der Teil der hohen Atmosphäre, in dem die Ionisation der Luft so stark, d. h. die Zahl der Ionen und freien Elektronen so groß ist, daß die Ausbreitung von Radiowellen merkbar beeinflußt wird. Die Ionisation wird in ihr hauptsächlich von der solaren Ultraviolett- und Röntgenstrahlung hervorgerufen.

Entsprechend dem Sonnenstand zeigt die Ionisation und damit die Elektronenkonzentration in der I. einen ausgeprägten Tagesgang. In der Nacht geht sie durch Rekombination (Vereinigung eines Elektrons mit einem positiven Ion) oder durch Anlagerung eines Elektrons an ein neutrales Teilchen (Bildung eines negativen Ions) zurück.

Da die Atmosphäre aus verschiedenen Gasen besteht und sich deren Mischungsverhältnis in größeren Höhen ändert, sich außerdem die wirksame solare Strahlung über einen weiten Wellenlängenbereich erstreckt (etwa 0,1 bis 100 nm), werden unterschiedliche Ionisierungsprozesse wirksam, und es ergeben sich mehrere Schichten maximaler Ionisation. Die wichtigsten sind die ↑D-Schicht, die ↑E-Schicht und die ↑F-Schicht.

Neben regelmäßigen, durch den Sonnenstand bedingten Schwankungen dieser Schichten kennt man gelegentliche, unregelmäßige Störungen. Diese werden entweder durch kurzzeitig verstärkte

UV-Strahlung der Sonne (UV-Ausbrüche) oder durch solare Korpuskeln hervorgerufen. Letztere können zu **Ionosphärenstürmen** (räumlich ausgedehnte, starke Störungen der oberen I., die den Funkverkehr auf Kurzwelle erheblich beeinflussen) und auch zu erdmagnetischen Störungen (↑Magnetsturm) führen.
Wegen der großen Bedeutung der I. für die Ausbreitung der Radiowellen ist die I.nforschung ein wichtiges Teilgebiet der Geophysik und speziell der Aeronomie.

IPG, die (Mehrz.) [i:pe:'ge:]: Abk. für ↑**I**nternationale **P**hänologische **G**ärten.

IQSY, die (Mehrz.) ['aıkju:εs'waı]: Abk. für: **I**nternational **Q**uiet **S**un **Y**ears (↑Internationale Jahre der ruhigen Sonne).

irisierende Wolken [zu griech. îris = Regenbogen]: in Perlmutterfarben leuchtende Wolken, wobei Grün und Rot vorherrschen. Die Erscheinung tritt vorwiegend an den Rändern dünner, in Sonnennähe befindlicher Altocumulus- oder Cirruswolken auf und entsteht durch Beugung der Lichtstrahlen an Wassertröpfchen oder Eiskristallen bei mehr oder weniger einheitlicher Größe der Wolkenelemente. – ↑auch Perlmutterwolken.

Irmingerstrom: warme Meeresströmung im Nordatlantik, Zweig des Nordatlantischen Stroms sw. von Island, nach N in die Dänemarkstraße gerichtet.

irreversible Prozesse [lat. in- (vor r: ir-) = un]: solche Zustandsänderungen, die ohne Einwirkung von außen nicht rückgängig gemacht werden können. Zu den i.n P.n in der Atmosphäre zählen insbes. diejenigen, die einen Ausgleich bestehender Gegensätze bewirken, wie Diffusion, Wärmeleitung, Austauschvorgänge bezüglich Wärme, Feuchte, Impuls oder Beimengungen. Ferner gehören dazu Reibung, Verdunstung und Niederschlag sowie alle Strahlungsvorgänge. – Gegensatz: ↑reversible Prozesse.

IR-Strahlung: Kurzbez. für ↑Infrarotstrahlung.

IR-Thermographie: Kurzbez. für ↑Infrarotthermographie.

is- ↑iso-.

Isallobaren, die (Mehrz.) [Einz.: die Isallobare]: ↑Isolinien (Übersicht).

Isallothermen, die (Mehrz.) [Einz.: die Isallotherme]: ↑Isolinien (Übersicht).

Isamplituden, die (Mehrz.) [Einz.: die Isamplitude]: ↑Isolinien (Übersicht).

Isanemonen, die (Mehrz.) [Einz.: die Isanemone]: ↑Isolinien (Übersicht).

Isanomalen, die (Mehrz.) [Einz.: die Isanomale]: ↑Isolinien (Übersicht).

Isarithmen, die (Mehrz.) [Einz.: die Isarithme]: svw. ↑Isolinien.

ISB, die ['aı-εs'bi:]: Abk. für: **I**nternational **S**ociety of **B**iometeorology (↑Internationale Biometeorologische Gesellschaft).

Isentrope, die [zu ↑iso- und ↑Entropie]: svw. ↑Adiabate.

Isentropenanalyse: die Darstellung einer Fläche gleicher ↑Entropie, d.h. gleicher potentieller Temperatur. Hierzu sind die Höhen einer bestimmten potentiellen Temperatur aus den aerologischen Aufstiegen zu entnehmen und in eine Karte einzutragen, wobei als Höhenmaß im allg. der Luftdruck genommen wird. Es werden Linien gleichen Luftdrucks (z.B. von 50 zu 50 hPa) gezeichnet.
Die dargestellten Isentropenflächen, die echte ↑Gleitflächen sind, sind meist wesentlich stärker geneigt als Isobarenflächen. Trägt man in die Karte die in dem jeweiligen Niveau gemessenen Winde mit ein, so kann man daraus die auf- oder abgleitende Luftbewegung unmittelbar erkennen; denn ein Luftteilchen verbleibt immer in der (geneigten) Isentropenfläche. Ein geschlossenes Windfeld kann man durch Berechnung der ↑Montgomery-Stromfunktion erhalten.

Islandtief: im Seegebiet um Island sehr häufig anzutreffendes, meist umfangreiches und quasistationäres Tiefdruckgebiet; Teil der subpolaren Tiefdruckrinne.
Das I. ist neben dem Azorenhoch als eines der Aktionszentren der Atmosphäre für die Witterung und das Klima Europas von großer Bedeutung. Häufigkeit und Intensität des I.s sind als Folge des jahreszeitlich schwankenden Temperaturunterschiedes zwischen den Subtropen und dem Polargebiet im Winter grö-

ßer als im Sommer. In der mittleren Luftdruckverteilung ist daher das I. im Winter deutlicher ausgeprägt als im Sommer.

ISO, die ['i:zo, engl. 'aɪ-ɛs'oʊ]: Abk. für ↑International Organization for Standardization.

iso-, vor Vokalen meist: **is-** [aus griech. ísos = gleich]: Halbpräfix mit der Bed. „gleich"; z. B. ↑Isolinien.

isobare Flächen [zu ↑iso- und griech. báros = Schwere, Last, Druck]: Flächen gleichen Luftdrucks; in Höhenwetterkarten dargestellt als absolute ↑Topographie bestimmter Hauptdruckflächen.

Isobaren, die (Mehrz.) [Einz.: die Isobare]: ↑Isolinien (Übersicht).

Isobarenkrümmung: der nichtgeradlinige Verlauf von Isobaren. Man bezeichnet die I. als **zyklonal,** wenn die Isobare in Windrichtung gesehen auf der Nordhalbkugel nach links (auf der Südhalbkugel nach rechts) von der Geraden abweicht, und als **antizyklonal,** wenn die Isobare auf der Nordhalbkugel nach rechts (auf der Südhalbkugel nach links) von der Geraden abweicht.

Die I. hat Auswirkungen auf die Windgeschwindigkeit (↑zyklostrophischer Wind) und ist maßgebend für die Krümmungsvorticity (↑relative Vorticity).

Isobarensynoptik: Bez. für die Entwicklungsphase der synoptischen Meteorologie, in der einseitig nur das Luftdruckfeld betrachtet wurde. Man ging davon aus, daß allein das Luftdruckfeld am Boden die Wetterverhältnisse und die Wetterentwicklung bestimmt. Dazu wurde die Wetterverteilung in den verschiedenen Typen des „barischen Systems" statistisch ermittelt und jedem Teil eines Luftdruckfeldes ein bestimmtes Wetter zugeordnet (auch die heute noch gebräuchliche Zuordnung eines bestimmten Wetters – „beständig", „veränderlich", „Sturm" – zu festen Barometerständen auf handelsüblichen Barometern geht auf diese Auffassung zurück). Wichtiges Hilfsmittel der Prognose war die Bestimmung und Verfolgung von Luftdruckänderungen.

Die I., die im Laufe des letzten Jahrhunderts entwickelt wurde, wurde erst in den 20er Jahren dieses Jahrhunderts von der ↑luftmassenmäßigen Arbeitsweise abgelöst.

Isolinien, die [Einz.: Isolinie ‖ ↑iso- ‖ Syn.: Isarithmen (griech. arithmós = Zahl)]: Linien, die v.a. auf Karten benachbarte Punkte (Orte) mit gleichen Werten des betrachteten Merkmals einer flächen- oder raumerfüllenden Gegebenheit verbinden. Sie werden in der Geographie, Geophysik, Meteorologie und anderen Wissenschaften zur Darstellung von Größen benutzt, die sich von Ort zu Ort stetig ändern.

Voraussetzung für die Konstruktion von I. ist ein möglichst dichtes Netz von Beobachtungsdaten. Benachbarte I. umschließen dann bestimmte Wertintervalle. Häufig werden die sich so ergebenden Flächen durch Farben abgestuft (z. B. die durch Isohyeten berandeten Gebiete bestimmter Niederschlagshöhe in Klimakarten). – Zu den in der Meteorologie verwendeten Bezeichnungen „Isolinien" ↑Isolinien (Übersicht), S. 194/195.

Isopotentialfläche: svw. ↑Äquipotentialfläche.

Isotachen, die [...'taxən ‖ Einz.: die Isotache]: ↑Isolinien (Übersicht).

Isotachenanalyse [...'taxən...]: die Konstruktion von Linien gleicher Windgeschwindigkeit in einer Wetterkarte, meist der Topographie einer Hauptisobarenfläche.

I.n dienen insbes. zur Darstellung des Strahlstroms. Bei der Konstruktion der Isotachen werden in erster Linie die gemessenen Höhenwinde berücksichtigt. Nur in Gebieten, in denen nicht genügend Windmessungen vorliegen, werden die Windgeschwindigkeiten aus dem Gradienten der Isohypsen entsprechend dem Gradientwindgesetz bestimmt. Dic so ermittelten Geschwindigkeiten sind grundsätzlich etwas ungenauer als direkte Messungen, da die Isohypsen notwendigerweise etwas geglättet sind, so daß Spitzengeschwindigkeiten im allg. gedämpft und eventuell kleinräumige Windunterschiede verwischt werden.

V.a. in der Umgebung von Strahlströmen ist zu beachten, daß auf der antizyklonalen Seite die Isotachen nicht beliebig eng verlaufen dürfen. Wenn die Iso-

ISOLINIEN (Übersicht)

Isallobaren [zu griech. állos = anderer, fremd und griech. báros = Schwere, Last, Druck]: Linien gleicher Luftdruckänderung für einen bestimmten Zeitraum; insbes. die 3- oder 24stündige Bodendruckänderung.

Isallothermen [zu griech. thermós = warm, heiß]: Linien gleicher Temperaturänderung in einer bestimmten Zeit, meist in 24 Stunden.

Isamplituden [zu ↑Amplitude]: Linien gleicher mittlerer (jährlicher oder täglicher) Temperaturunterschiede zwischen Minimum und Maximum.

Isanemonen [zu griech. ánemos = Wind]: Linien gleicher mittlerer (jährlicher oder täglicher) Windgeschwindigkeit.

Isanomalen [zu griech. anṓmalos = uneben, von der Regel abweichend]: Linien gleicher Abweichung vom Normalwert (z. B. der Lufttemperatur) oder von einem normalen Verhalten.

Isobaren [zu griech. báros = Schwere, Last, Druck]: Linien gleichen Luftdrucks; sie verbinden in Wetter- und Klimakarten Punkte (Orte) mit gleichem, auf Meeresniveau und mittlere Breite reduziertem Barometerstand.

Isobronten [zu griech. brontḗ = Donner]: Linien gleicher Uhrzeit des ersten Donners (Beginn des Gewitters); sie dienen der Darstellung von Geschwindigkeit, Zugrichtung und Verbreitung von Gewittern.

Isochionen [...çi... ‖ zu griech. chiṓn = Schnee]: Linien gleicher Zahl der Tage mit Schneefall, gleicher Schneedeckendauer oder gleicher Höhenlage der Schneegrenze.

Isochoren [...'ko:rən ‖ zu griech. chṓra = Raum, Platz]: Linien konstanten Volumens in einem thermodynamischen Zustandsdiagramm.

Isochronen [...'kro:... ‖ zu griech. chrónos = Zeit]: Linien gleichen Beginns oder gleicher Zeitdauer bestimmter Erscheinungen.

Isogonen [zu griech. gōnía = Ecke, Winkel]: Verbindungslinien der Orte mit gleicher Windrichtung; beim Erdmagnetismus Linien gleicher Werte der erdmagnetischen Deklination

Isohelien [...iən ‖ zu griech. hḗlios = Sonne]: Linien gleicher mittlerer Sonnenscheindauer.

Isohumiden [zu lat. humidus = feucht, naß]: Linien gleicher relativer Luftfeuchtigkeit.

Isohyeten [zu griech. hyetós = Regen]: Linien gleicher Niederschlagshöhe; sie lassen in Klimakarten die Abhängigkeit des Niederschlags vom Gelände (Zunahme mit der Höhe) und von der Richtung der niederschlagsbringenden Winde erkennen.

Isohygromenen [zu griech. hygrós = naß, feucht und griech. mḗn = Monat]: Linien gleicher Anzahl arider oder humider Monate.

Isohypsen [zu griech. hýpsos = Höhe]: in der Geodäsie und Kartographie svw. Höhenlinien; in der Meteorologie Linien gleichen Geopotentials, bezogen auf ein Bezugsniveau (z. B. Meereshöhe) in einer Fläche gleichen Luftdrucks. – ↑auch Isopotentialen.

Isomenen [zu griech. mḗn = Monat]: Linien gleicher Monatsmittel der Lufttemperatur.

Isonephen [zu griech. néphos = Wolke]: Linien gleicher Bewölkungsmenge.

Isophanen [zu griech. phaínesthai = erscheinen]: Linien gleichen Beginns oder gleicher Dauer phänologischer Phasen.

ISOLINIEN (Forts.)

Isoplethen [zu griech. plēthos = Fülle, Menge]: Linien gleichen Zahlenwertes einer Größe in graphischen Darstellungen, mit denen die Abhängigkeit dieser Größe von zwei anderen Variablen gleichzeitig erfaßt werden kann; in der Klimatologie meist zur Darstellung des täglichen und jährlichen Gangs eines meteorologischen Elementes in einem Diagramm verwendet, z. B. als Thermo-I. für die Lufttemperatur.

Isopotentialen [zu Potential ‖ Syn.: Isogeopotentialen]: Linien gleichen Geopotentials einer Druckfläche (in Höhenwetterkarten); sie sind eine Art Höhenlinien (Isohypsen), die die Höhe der Hauptdruckflächen über dem Meeresniveau oder die Höhendifferenz zwischen zwei Hauptdruckflächen darstellen (↑Topographie). Einheit der Höhenberechnung ist das ↑geopotentielle Meter.

Isopyknen [zu griech. pyknós = dicht]: Linien gleicher Luftdichte.

Isotachen [...'taxən ‖ zu griech. tachýs = schnell]: Linien gleicher Windgeschwindigkeit.

Isothermen [zu griech. thermós = warm, heiß]: Linien gleicher Temperatur, in der Klimatologie meist in Karten der Lufttemperatur für einen bestimmten Zeitpunkt oder den Durchschnitt eines Zeitraums (meist Monate und ein Jahr). Die **wahren I.** geben die wirklichen Temperaturverhältnisse in einer bestimmten Höhenlage wieder, die **reduzierten I.** zeigen die auf Meeresniveau umgerechneten Temperaturen, bei denen der Einfluß der Höhenlage ausgeschaltet ist. – I. sind auch Kurven in einem thermodynamischen Zustandsdiagramm, auf denen die Temperatur gleich bleibt. Entlang der I. verlaufen die isothermen Prozesse bzw. Zustandsänderungen.

Isovaporen [zu lat. vapor = Dampf]: Linien gleichen Dampfdrucks (zur Darstellung der absoluten Luftfeuchtigkeit).

tachen im Abstand von 20 zu 20 Knoten gezeichnet werden, müssen sie z. B. in 40° Breite einen Mindestabstand von etwa 111 km (ein Breitenkreis), in 50° Breite von etwa 91 km haben. Würde dieser Mindestabstand unterschritten, so würde der Grenzwert der horizontalen Scherung überschritten, bei dem – nach theoretischen Ableitungen – eine ↑hydrodynamische Labilität einsetzen müßte. Die Erfahrung zeigt, daß in der Atmosphäre solche Labilitäten großräumig nicht auftreten.

isotherme Atmosphäre [zu ↑iso- und griech. thermós = warm, heiß]: fiktive Atmosphäre, die in allen Höhen die gleiche Temperatur aufweist. Eine i. A. hat eine unendliche Höhe. In ihr nimmt der Luftdruck exponentiell mit der Höhe ab und nähert sich asymptotisch dem Wert Null.

Bei der Höhenberechnung mit Hilfe der ↑barometrischen Höhenformel kann man für nicht zu große Höhenunterschiede die reale Atmosphäre durch eine i. A. annähern und die Mitteltemperatur zwischen beiden Niveaus anstelle der wirklichen Temperaturverteilung einsetzen.

Isothermen, die (Mehrz.) [Einz.: die Isotherme]: ↑Isolinien (Übersicht).

Isothermie, die [zu ↑iso- und griech. thermós = warm, heiß]: allg. svw. Gleichheit der Temperatur an allen Stellen eines materieerfüllten Raumgebietes; auch Bez. für den dann hier vorliegenden thermodynamischen Zustand.

In der *Meteorologie* das Gleichbleiben der Lufttemperatur in einer Schicht der Atmosphäre mit zunehmender Höhe (im Normalfall nimmt die Temperatur mit der Höhe ab). I. ist insbes. für die untere Stratosphäre charakteristisch, stellt sich aber auch in der Troposphäre in Inversionen ein und ist ein Zeichen für stabile Schichtung.

isotrope Turbulenz [zu ↑iso- und griech. tropḗ = Wende, Kehre, Wen-

dung]: Turbulenz, bei der die der Grundströmung überlagerten Störungskomponenten in allen Richtungen (parallel und quer zur Strömungsrichtung sowie vertikal) gleich verteilt sind und keine Vorzugsachse besteht.
Richtungsunabhängige Turbulenz kommt in der Atmosphäre nur selten vor, am ehesten bei kleinräumiger ↑dynamischer Turbulenz. – Bei ↑thermischer Turbulenz sind die Vertikalachse, bei Makroturbulenz die Horizontalachsen bevorzugt.

ITAM, die: Abk. für ↑**I**nternationale **T**agung für **a**lpine **M**eteorologie.

ITC [i:te:'tse:]: ↑innertropische Konvergenz.

ITCZ [i:te:'tse:'tsɛt]: ↑innertropische Konvergenz.

iterative Verfahren [zu lat. iterare = wiederholen]: mathematische Rechenverfahren zur Lösung sonst nicht lösbarer Gleichungen durch mehrfache Wiederholung des gleichen Rechenvorgangs, wobei eine Anfangsnäherung sukzessiv so lange korrigiert wird, bis eine befriedigende Übereinstimmung erreicht ist. In der *numerischen Wettervorhersage* werden i. V. zum Beispiel bei der ↑Korrektionsmethode der numerischen Analyse und bei der Lösung der ↑Balancegleichung angewendet.

ITU, die ['aɪti:'ju:]: Abk. für: **I**nternational **T**elecommunication **U**nion (↑Internationale Fernmelde-Union).

IUGG, die [i:'u:ge:'ge:]: Abk. für ↑Internationale Union für Geodäsie und Geophysik.

J

J: Einheitenzeichen für ↑Joule.

Jahresamplitude: svw. ↑Jahresschwankung.

Jahresgang: der Verlauf eines meteorologischen Elementes innerhalb eines Jahres. Der **mittlere J.** wird gekenzeichnet durch die mittlere ↑Jahresschwankung und die Eintrittszeiten der Extreme.
Der *J. der Temperatur* wird bestimmt vom J. der Einstrahlung; er ist daher in den Tropen unbedeutend, in den mittleren Breiten (besonders auf den Kontinenten) dagegen sehr ausgeprägt (Maximum im Juli, Minimum im Januar). Verwendet werden zur Darstellung vorwiegend mittlere Monatstemperaturen, jedoch auch mittlere Tages-, Pentaden- oder Dekadenmittel.
Der *J. des Niederschlags* ist komplizierter, da er durch Konvektion (Maximum im Sommer), Fronten (Maximum v. a. im Winter) oder orographische Einflüsse (Maximum je nach Strömungsverhältnissen) bestimmt wird.

Jahresmittel: zur Charakterisierung durchschnittlicher jährlicher Verhältnisse eines meteorologischen Elementes gebildeter Mittelwert. Das korrekt gebildete J. erhält man durch Aufsummierung aller 365 Tagesmittelwerte eines Jahres und anschließende Division durch 365. In der Praxis ist man jedoch übereingekommen, das J. aus den 12 Monatsmittelwerten zu berechnen, da die aus beiden Methoden sich ergebenden Differenzen nur geringfügig sind.
Das J. allein reicht für viele Anwendungszwecke nicht aus; deshalb muß seine Aussagekraft durch die Angabe von Schwankungswerten (↑Streuung) untermauert werden.

Jahresringchronologie [Syn.: Dendrochronologie]: die Datierung historischer und prähistorischer Ereignisse der Witterung durch die Untersuchung der Beschaffenheit und Struktur von Jahresringen in Bäumen und alten Hölzern; so lassen sich z. B. nasse oder trockene Jahre aus dem unterschiedlichen Holzwachstum folgern.

Jahresschwankung [Syn.: Jahresamplitude]: die Differenz zwischen dem höchsten und tiefsten Wert eines meteorologischen Elementes innerhalb eines bestimmten Jahres.

Ein speziell für die *Lufttemperatur* charakteristischer Wert ist die mittlere J., die man für ein bestimmtes Jahr als Differenz zwischen der im Jahresverlauf höchsten und tiefsten monatlichen Mitteltemperatur erhält; in Mitteleuropa überwiegend zwischen Juli und Januar. Die **mittlere J.** ist, großklimatisch gesehen, ein Maß für die Kontinentalität eines Ortes bzw. einer Region. In Deutschland nimmt die mittlere J. vom maritim beeinflußten NW zum kontinental geprägten SO hin zu.

Jahreszeiten: die Einteilung des tropischen oder Sonnenjahres in vier durch die scheinbare Sonnenbahn an der Himmelskugel gegebene Zeitabschnitte **(Frühling, Sommer, Herbst, Winter),** die durch die Äquinoktien und die Solstitien festgelegt werden.

Die unterschiedliche Länge der J. ist bedingt durch die unterschiedlich schnelle Bewegung der Erde in ihrer Bahn um die Sonne. Frühling und Sommer haben auf der Nordhalbkugel der Erde eine Länge von zusammen 186 d und 10 h, Herbst und Winter hingegen eine Länge von zusammen 178 d und 20 h. Die Dauer der einzelnen J. ist infolge der Apsidendrehung und der Präzession, die eine Verschiebung der Äquinoktialpunkte gegen die Solstitialpunkte verursachen, leicht veränderlich.

Die *klimatischen Unterschiede der J.* beruhen auf der Neigung der Erdbahnebene gegen den Äquator (Schiefe der Ekliptik); die Sonne erreicht deshalb in ihren Solstitialpunkten eine Deklination von $+23° 27'$ (zur Sommersonnenwende) bzw. von $-23° 27'$ (Wintersonnenwende). Da die Lage des Himmelsäquators über dem Horizont von der geographischen Breite des Beobachtungsortes abhängig und für ein und denselben Ort immer gleich ist, erreicht die Sonne zu verschiedenen J. unterschiedliche Höhen über dem Horizont. Dieser Unterschied, der zwischen den beiden Extremwerten, der Sommer- und Wintersonnenwende, rund 47° ausmacht, bedingt einen unterschiedlich schrägen Einfall der Sonnenstrahlen auf der Erde. Dazu kommt ein weiterer Effekt: Die Tages- bzw. Nachtlänge eines Tages ist mit der Höhe der Sonne über dem Horizont, d. h. mit der jeweiligen Deklination der Sonne, verbunden. Nur bei einem Durchgang der Sonne durch die Äquinoktialpunkte, die Punkte der Frühlings- und Herbst-Tagundnachtgleiche, sind Tag und Nacht gleich lang (abgesehen von einer Beobachtung vom Erdäquator aus, auf dem alle Tage gleiche Tages- und Nachtlängen haben). Im Sommerhalbjahr ist, abhängig von der geographischen Breite, der Tag länger als die Nacht und die Dauer der Sonneneinstrahlung deshalb größer. Die unterschiedliche Sonneneinstrahlung und der unterschiedlich steile Einfall der Sonnenstrahlen bedingen die klimatischen Unterschiede der Jahreszeiten.

Die **meteorologischen J.** stimmen mit den astronomischen J. nicht ganz überein. In mittleren Breiten, in denen z. B. der Winter schon vor dem Tiefstand der Sonne beginnt, gilt folgende Einteilung (Nordhalbkugel): *Frühling* in den Monaten März, April und Mai; *Sommer* in den Monaten Juni, Juli und August; *Herbst* in den Monaten September, Oktober und November; *Winter* in den Monaten Dezember, Januar und Februar. – ↑auch phänologische Jahreszeiten. – Abb. S. 183.

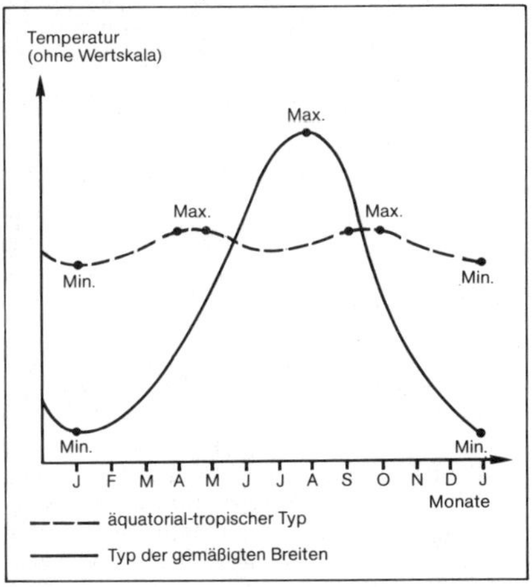

Jahresgang. Typen im mittleren Jahresgang der Temperatur (schematisch)

Jahreszeitenklima: Bez. für den jahreszeitlichen Wechsel im Klimaablauf eines Jahres außerhalb der Tropen. Das J. ist, abgesehen von den niederen Breiten, gekennzeichnet durch die größere jahreszeitliche Temperaturschwankung im Vergleich zur tageszeitlichen bei deutlicher Zunahme der mittleren Jahresschwankung der Temperatur mit wachsender geographischer Breite und Kontinentalität. – ↑auch Tageszeitenklima.

Jahrhundertsommer: im allg. Sprachgebrauch übliche Bez. für außergewöhnlich lange anhaltende sonnige und heiße Perioden während der Sommermonate. Im wörtlichen Sinn kann man den Sommer 1947 als den J. bezeichnen. Er hatte in Südwestdeutschland von April bis Oktober 96 Sommertage (Höchsttemperatur mindestens 25 °C), davon im Zeitraum von Juni bis August 60 (normal sind 42 bzw. 31).

Jalousiehütte [ʒalu'ziː...]: svw. ↑Thermometerhütte.

Jauk, der: österr. Bez. für den im Klagenfurter Becken von den Karawanken herabwehenden Südföhn.

Jeffreys-Theorem ['dʒɛfrɪz...]: der von H. Jeffreys 1919 abgeleitete Lehrsatz, daß der Luftdruck am Boden konstant bliebe, wenn in der Atmosphäre der geostrophische Wind herrschen würde. Bodendruckänderungen sind deshalb nur möglich, wenn Abweichungen vom geostrophischen Gleichgewicht auftreten.

Jetstream, der [engl. 'dʒɛt,striːm]: svw. ↑Strahlstrom.

Jochwind:

◇ paßübergreifender Talwind in den Tauern.

◇ Tagwind, der vom Murtal her über den Neumarkter Sattel weht.

Joran, der [ʒɔ'rã ‖ frz.]: vorwiegend aus W und NW kommender kalter, oft böiger Bergwind am SO-Hang des Jura, Schweiz; im Sommer häufiges Auftreten in Verbindung mit lokalen Gewittern, aber auch bei das Gebirge überschreitenden Kaltfronten.

Joule, das [nach DIN: dʒuːl, sonst auch: dʒaʊl ‖ nach J. P. Joule ‖ Einheitenzeichen: J]: SI-Einheit der Arbeit, Energie und Wärmemenge; 1 Joule ist gleich der Energie, die verbraucht (bzw. der Arbeit, die verrichtet) wird, wenn der Angriffspunkt der Kraft 1 N (↑Newton) in Richtung der Kraft um 1 m verschoben wird. Es gilt:

$1\,\mathrm{J} = 1\,\mathrm{N}\cdot\mathrm{m} = 1\,\mathrm{W}\cdot\mathrm{s} = 1\,\mathrm{m}^2\cdot\mathrm{kg}\cdot\mathrm{s}^{-2}$.

Nach dem „Gesetz über Einheiten im Meßwesen" löste in der BR Deutschland das J. die bis zum 31. Dezember 1977 gültige ältere Einheit Kalorie (cal) ab (1 J = 0,2388 cal).

Journal, das [ʒʊr...]: svw. ↑Schiffstagebuch.

Junge-Schicht [nach Ch. Junge]: svw. ↑stratosphärische Aerosolschicht.

K

K:

◇ Abk. für ↑K-Index.

◇ Einheitenzeichen für Kelvin (↑Kelvin-Skala).

Kahlfrost: svw. ↑Barfrost.

Kalibrieren, das [zu Kaliber gebildet, dies aus frz. calibre, von arab. qālib = Modell, Form]: bei einem Instrument das Ermitteln des Zusammenhangs zwischen Ausgangsgröße (Anzeige) und Eingangsgröße (Meßgröße), etwa durch Vergleich mit bereits bekannten Werten. Durch das K. wird der Anzeigefehler eines Meßgerätes festgestellt.

Das K. ist nicht dem (amtlichen) Eichvorgang gleichzusetzen, der die von der zuständigen Eichbehörde vorzunehmenden Prüfungen umfaßt.

Kalifornischer Strom: kalte, südwärts gerichtete Meeresströmung vor der SW-Küste Nordamerikas, Zweig des Nordpazifischen Stroms; beeinflußt durch kaltes Auftriebswasser das Klima der kalifornischen Küste.

Kalmen, die (Mehrz.) [Einz.: die Kalme ‖ aus frz. calme = Windstille, von gleichbed. italien. calma, dies über spätlat. cauma von griech. kaũma = (Sommer)hitze ‖ Schreibvariante: Calmen ‖ Syn.: Doldrums, Mallungen]: Windstillen. Als **K.gürtel** bezeichnet man das Gebiet der Windstillen und der schwachen, umlaufenden Winde in der Äquatorzone, das über den Ozeanen am ausgeprägtesten ist. Da der K.gürtel im Bereich der ↑innertropischen Konvergenz liegt, ist er reich an Konvektionswolken und Niederschlägen (meist schauerartig und gewittrig). – ↑auch Roßbreiten.

Kalorie, die [aus gleichbed. frz. calorie, zu lat. calor = Wärme ‖ Einheitenzeichen: cal]: ältere Einheit der Wärmemenge (Wärmeenergie); 1 cal ist diejenige Wärmemenge, die benötigt wird, um 1 g Wasser der Temperatur 14,5 °C um 1 K, d. h. auf 15,5 °C, zu erwärmen.
Die Verwendung der K. ist nach dem „Gesetz über Einheiten im Meßwesen" in der BR Deutschland seit 1. Januar 1978 im amtlichen und geschäftlichen Verkehr nicht mehr zulässig. Sie wurde durch das ↑Joule abgelöst (1 cal = 4,1868 J).

Kälteeinbruch: plötzliche Temperaturabnahme innerhalb weniger Stunden infolge Advektion von Kaltluft, besonders markant im Winter bei Winddrehung auf NO; Übergang zu Frostwetter. Im Sommer oft nach starken Gewittern. – ↑auch Kaltlufteinbruch.

Kältehoch [Syn.: kaltes Hochdruckgebiet, Kaltlufthoch]: durch Auskühlung der bodennahen Luftmassen bzw. in der Rückseitenkaltluft eines Tiefdruckgebietes entstehendes ↑Hochdruckgebiet.

Kälteperiode: meist durch einen Kaltlufteinbruch eingeleitete, mehr oder weniger lange Zeitspanne stark unternormaler Temperaturen. Eine K. kann im Winter auch durch Abkühlung der bodennahen Luftschicht infolge Ausstrahlung im Bereich eines stationären Hochdruckgebietes entstehen.

Kältepole: diejenigen Orte der Erdoberfläche mit den niedrigsten beobachteten Temperaturen. Voraussetzungen für die Ausbildung in hohen Breiten sind Andauer langer Ausstrahlungsnächte, wolkenloser Himmel, extrem geringer Wasserdampfgehalt der Luft und kein Abfluß von Kaltluft.
Vor der Einrichtung von Beobachtungsstationen in der Antarktis wurden die tiefsten Temperaturwerte mit −77,8 °C in Oimjakon (O-Sibrien, Winter 1938) bzw. mit −67,8 °C in Werchojansk (Winter 1812) registriert. Die in der O-Antarktis gemessenen absoluten Minima betragen −89,2 °C (Station Wostok, am 21. Juli 1983) und −86,6 °C (Station Sowjetskaja, am 17. August 1958). In der Nähe des Südpols sollen −94,5 °C gemessen worden sein.

Kältereiz: Bedingungen der Wärmeabgabe (bei erhöhter Beanspruchung durch Kälte), die den Organismus zur Anpassung zwingen; wird klimatherapeutisch genutzt.

kalter Fallwind ↑Fallwind.

kalter Tag: Tag, an dem das Maximum der Temperatur höchstens −10,0 °C erreicht.

Kälterückfall: Unterbrechung des jahreszeitlich bedingten Temperaturanstiegs im Frühjahr und Sommer durch Kaltlufteinbrüche; volkstümlich bekannt als ↑Aprilwetter, ↑Eisheilige, ↑Schafkälte, ↑Siebenschläfer.

Kältesumme ↑Temperatursumme.

Kältewelle: plötzliche starke Abkühlung auf unternormale Werte der Lufttemperatur. K.n entstehen in Mitteleuropa insbes. im Winter durch Advektion sehr kalter Festlandsluft aus NO, wobei durch Ausstrahlung über einer frischen Schneedecke die Minima der Lufttemperatur extrem niedrige Werte erreichen können (am 12. Februar 1929 in Hüll, Bayern, −37,8 °C).
K.n werden auch mit Schneeschauern durch Advektion maritimer Polarluft aus NW eingeleitet. – ↑auch Kaltlufteinbruch.

Kaltfront: ↑Front, der Abkühlung folgt. Im Normalfall erstreckt sich die Abkühlung über die ganze Troposphäre. Beschränkt sie sich nur auf höhere Schichten, so handelt es sich um eine Höhenkaltfront (↑Höhenfront). Tritt hierbei gleichzeitig am Boden Erwärmung ein, so spricht man von einer ↑maskierten Kaltfront.

Nach T. Bergeron unterscheidet man aufgrund der Vorstellungen der ↑norwegischen Schule **K.en erster Art** oder **Anafronten,** bei denen sich die Kaltluft keilförmig unter die Warmluft schiebt (↑Aufgleitfront), und **K.en zweiter Art** oder **Katafronten,** bei denen die Warmluft über der Kaltluft schräg abgleitet (↑Abgleitfront).

Später hat sich von mehreren neueren Klassifikationsversuchen v.a. die von H. Faust durchgesetzt. Dieser unterteilt die K.en in die beiden Hauptgruppen aktive und passive Kaltfronten. Bei **aktiven K.en** nimmt die frontsenkrechte Windkomponente mit der Höhe zu; dadurch eilt die Kaltluft in der Höhe voraus, es kommt zu Labilisierung und gegebenenfalls zu heftigen vertikalen Umlagerungen, die hochreichende Quellbewölkung und Schauer oder Gewitter zur Folge haben. Bei **passiven K.en** nimmt der Wind mit der Höhe ab; die Kaltluft schiebt sich keilförmig unter die Warmluft, diese wird zum Aufgleiten gezwungen, und es bildet sich Schichtbewölkung, aus der verbreitet Niederschlag fällt.

Je nach der Temperaturschichtung (stabil oder labil) in der vorangehenden Warmluft, im Frontbereich selbst und in der nachfolgenden Kaltluft werden in diesen Hauptgruppen eine Reihe von K.typen unterschieden, die sich in entsprechenden Abwandlungen der Bewölkungs- und Niederschlagsbildung auswirken, so daß sich eine Vielfalt der Erscheinungsformen von K.en ergibt.

Abgesehen von den Bewölkungs- und Niederschlagsverhältnissen, ist der Durchgang einer K. charakterisiert durch eine markante Winddrehung (meist von S bis SW auf W bis NW), vorübergehend auftretende Windböen, plötzlich einsetzenden Luftdruckanstieg, Abfall der Temperatur und des Taupunktes und deutliche Sichtbesserung nach Aufhören des Niederschlags.

Kaltfrontgewitter: Gewitter, die mit Kaltfronten in Verbindung stehen. Sie sind die häufigste Art von ↑Frontgewittern und treten v.a. im Sommer auf. Als Ursachen werden im allg. die kräftige und rasche Hebung der vorgelagerten Warmluft durch die hinter einer relativ steilen Frontfläche vorstoßende Kaltluft angesehen oder auch die Umlagerung, die durch ein Voreilen von Kaltluft in der Höhe und die dadurch entstehende Labilität ausgelöst werden.

Für die Intensität eines K.s sind neben der Stärke der Hebungs- oder Umlagerungseffekte der Grad der Aufheizung und die Feuchte der vorgelagerten Warmluft maßgebend. K. sind meist von einem markanten Temperaturrückgang begleitet; dabei wird die advektive Abkühlung durch den fallenden Niederschlag und das Schmelzen von Eisteilchen noch verstärkt.

Kaltfrontokklusion: Sonderform der ↑Okklusion.

Kaltfronttyp: svw. ↑K-Typ.

Kaltluft: Luftmenge, die gegenüber durchschnittlichen Verhältnissen, der Unterlage oder ihrer Umgebung eine niedrigere Temperatur aufweist bzw. deren Wärmezustand als kalt empfunden wird.

K. hat wegen ihrer größeren Dichte das Bestreben, sich unter wärmere Luft zu schieben und diese zu verdrängen.

Im lokalen oder regionalen Bereich entsteht K. in klaren Nächten durch Ausstrahlung und Abkühlung der bodennahen Luftschicht. Als Flurwind oder Land-Stadt-Wind hat K. eine besondere medizinmeteorologische Bedeutung hinsichtlich der Frischluftversorgung von Siedlungsgebieten.

K. mit überregionaler Ausdehnung bezeichnet man häufiger als K.masse (↑Luftmasse).

Kaltluftabfluß: nächtlicher Abfluß örtlich gebildeter Kaltluft bei genügendem Gefälle, insbes. an unbewaldeten und unverbauten Hängen sowie in Tälern.

Kaltluftadvektion: horizontale Zufuhr von Kaltluft; ↑Advektion.

Kaltluftbildung: bei windschwachen Strahlungswetterlagen infolge nächtlicher Ausstrahlung örtlich entstehende Kaltluft. Bei diesen Vorgängen kühlen sich der Erdboden und die bodennahe Luftschicht ab, es bildet sich bodennahe Kaltluft.

Die K. ist abhängig von Bewuchs, Form, Exposition und Albedo der Erdoberfläche; sie hat einen ausgeprägten Tages- (Maximum nachts, Minimum nachmittags) und Jahresgang (Maximum im Sommer; Minimum im Winter).

Die Berücksichtigung der K. in der Standort- und Regionalplanung ist sehr wichtig, z. B. bei der Anlage von Intensiv- und Obstkulturen, Erweiterung von Siedlungsgebieten, Trassenplanung für Verkehrswege, Standortplanung von Industrieanlagen und Kraftwerken. – ↑auch Kaltluftabfluß, ↑Kaltlufteinzugsgebiet, ↑Kaltluftsammelgebiet, ↑Kaltluftsee. – Abb. S. 186.

Kaltlufteinbruch: plötzlich einsetzende Zufuhr kalter Luftmassen, meist hinter einer ↑Einbruchsfront. Die Bez. K. wird hpts. auf sommerliche Wetterentwicklungen angewendet, bei denen eine länger anhaltende Schönwetterperiode durch von NW oder W einbrechende kältere Luft (meist maritime Polarluft) abgeschlossen wird.

Im Winter sind im allg. Kaltlufteinbrüche mit weniger markanten Wettererscheinungen verbunden; man spricht dann eher von ↑Kälteeinbruch.

Kaltlufteinzugsgebiet: die räumliche Zusammenfassung aller Kaltluftentstehungsgebiete, in denen lokale Kaltluft, die für bestimmte Standorte (z. B. wegen Frostgefahr) oder Siedlungen (nächtliche Frischluftversorgung) bedeutungsvoll ist, gebildet wird.

Kaltluftentstehungsgebiet: Gelände mit lokaler Kaltluftbildung. Brachflächen, Wiesen, Kahlschläge u. a. freie Flächen sind bevorzugt Kaltluftproduzenten.

Kaltlufthaut: kalte Luftmasse, die nur wenige Dekameter (ausnahmsweise Hektometer) mächtig ist und sich im Winter über dem abgekühlten Festland unter wärmeren Luftschichten ausbildet; auch Bez. für einen relativ flachen Rest von Kaltluft, die allmählich abfließt und in der Höhe bereits von wärmerer Luft ersetzt wurde.

Kaltlufthoch: svw. ↑Kältehoch.

Kaltluftinversion: ↑Inversion, die eine Kaltluftschicht oder die keilförmig vorstoßende Kaltluft einer ↑Kaltfront nach oben begrenzt. Wenn es sich um eine Kaltfront erster Art handelt, muß eine K. eine ↑Aufgleitinversion sein. Bei einer Kaltfront zweiter Art kann nur eine ↑Abgleitinversion auftreten. Eine K., die die Obergrenze einer winterlichen Kaltluftschicht bildet, ist dem Charakter nach eine ↑Absinkinversion.

Die Bez. K. wird auch auf Inversionen angewendet, die innerhalb von Kaltluftmassen auftreten; da diese durch Absinkvorgänge entstehen, sind sie ebenfalls Absinkinversionen.

Kaltluftkalotten: Bez. für die kappenartig über den Polargebieten angeordneten Kaltluftmassen.

Kaltluftsammelgebiet: größeres Gebiet, in dem sich die lokale Kaltluft aus den umliegenden Kaltlufteinzugsgebieten und/oder die an Ort und Stelle gebildete Kaltluft sammeln. Ein K. kann im Gegensatz zum meist kleinräumigen Kaltluftsee aufgrund der größeren vertikalen Mächtigkeit der Kaltluft auch ausgedehnte Siedlungsgebiete überdecken.

Kaltluftsee: Ansammlung lokal gebildeter Kaltluft in abgeschlossenen konkaven Geländeformen oder an Hindernissen infolge Kaltluftstaus. Im K. sind Frostgefahr (Minima der Lufttemperatur oft mehr als 2 K niedriger) und Nebelbildung im Vergleich zur Umgebung erhöht.

Kaltluftstau: Ansammlung lokal gebildeter Kaltluft vor natürlichen (z. B. hoher Bewuchs) oder künstlichen (z. B. Straßendamm) Hindernissen im Bereich eines Kaltluftabflusses.

Kaltlufttropfen: abgeschlossenes Gebiet von Kaltluft in der mittleren und oberen Troposphäre, das sich in der Luftdruckverteilung am Boden nur durch eine schwache zyklonale Deformation oder auch gar nicht auswirkt, in der Höhe aber immer mit einem Höhentief verbunden ist. Am besten ist ein K. in relativen Topographien durch mehrere geschlossene Isopotentialen erkennbar.

K. können durch die Abschnürung einer Kaltluftzunge auf der Rückseite eines alten Tiefdruckgebietes oder durch einen ↑Cut-off-Prozeß entstehen. Sie verlagern sich in Richtung der Bodenströmung, allerdings nur mit 60 bis 70% der Gradientwindgeschwindigkeit.

Die mit K. verbundenen Wettererscheinungen hängen von der Jahreszeit ab. Im Winter, in dem sie sich über dem kalten Festland – meist im nordrussisch-sibirischen Raum – bilden, weisen sie auf der Vorderseite wolkenarmes Wetter auf, während auf der Rückseite durch aufgleitende Warmluft verbreitet Schneefälle auftreten. In der warmen Jahreszeit, in der K. ihren Ursprung v.a. im Gebiet um Island und Grönland haben, führt die Labilisierung der Kaltluft beim Übertritt des K.s auf das warme Festland zu verbreiteten und ergiebigen Labilitätsniederschlägen. Sommerliche K. können – bei gradientschwacher Luftdruckverteilung – über Mitteleuropa sehr langlebig und die Ursache für länger anhaltende Schlechtwetterperioden sein.

Kaltluftvorstoß: der plötzliche Ausbruch von hochreichender Kaltluft aus dem Polargebiet, der meist im Zusammenhang mit einer kräftigen Tiefdruckentwicklung steht und auf der Rückseite eines Höhentrogs weit nach S reicht. Der K. führt meist zu einem markanten, länger anhaltenden Temperaturrückgang.

Kaltluftzunge: in der relativen Topographie ein Bereich mit Kaltluft, der in ein Gebiet mit Warmluft hineinragt und von den Isohypsen zungenförmig begrenzt wird. Längs der Achse der K., die meist durch eine Schlechtwetterzone gekennzeichnet ist, ist die Troposphäre am kältesten. In der absoluten Topographie entspricht die K. dem Höhentrog.

Kaltzeit: allg. Bez. für geologische Zeiträume mit kühlem Klima (bis etwa 8–12 K kälter als heute). Unter kaltzeitlichen Bedingungen kann es infolge Ausdehnung der von Eis bedeckten Gebiete zu einer ↑Eiszeit kommen; der entsprechende Zeitabschnitt wird für Gebiete, in denen keine Vereisung stattfindet, als ↑Pluvialzeit bezeichnet.
Markante K.en, die von mehreren ↑Warmzeiten unterbrochen wurden, beherrschten die Klimaverhältnisse im Quartär. – ↑auch kleine Eiszeit.

Kamsin, der [arab. = (Wind von) fünfzig (Tagen) ‖ Schreibvarianten: Chamsin, Khamsin]: in Ägypten an der Vorderseite von Tiefdruckgebieten auftretender trockenheißer, sand- und staubführender Wüstenwind aus S; v.a. im Frühjahr; gehört zu den in der Mittelmeerregion auftretenden Wüstenwinden, die in Libyen ↑Gibli, im westlichen Mittelmeer ↑Schirokko genannt werden.
Im Winter führt der K. kühle, staubbeladene Luft heran **(kalter K.).**

Kanadahoch: durch starke Auskühlung des Erdbodens und der bodennahen Luftmassen im Winter über Kanada entstehendes kaltes Hochdruckgebiet; es ist von großer Beständigkeit und kennzeichnet die mittlere Luftdruckverteilung Nordamerikas im Winter.
An der O-Flanke des K.s erfolgt mitunter ein Vorstoß arktischer Kaltluft weit nach S (↑Northers) oder kanadischer Kaltluft zum Atlantik, die zusammen mit subtropischer Warmluft die atlantische Tiefdrucktätigkeit belebt.

Kanalisierungseffekt: die Wirkung der Bodengestalt, insbes. von Tälern und Geländeeinschnitten oder Straßenzügen, auf Richtung und Geschwindigkeit der bodennahen Luftströmung. Durch den K. wird die Variationsbreite der Windrichtungen im Gegensatz zum freien Gelände in Tälern stark eingeengt und die Windrichtungen längs des Tals bevorzugt. Selbst bei westlicher Anströmung herrschen z.B. in einem von S nach N verlaufenden, breiten Tal südliche Winde vor, während bei östlicher Anströmung meist nördliche Winde zu beobachten sind. Die Windgeschwindigkeit ist durch den K. wegen der Einengung des Strömungsquerschnitts gegenüber der Strömung in freien Lagen erhöht.

Kanarenstrom [nach den Kanarischen Inseln]: kalte, südwärts gerichtete Meeresströmung im Nordatlantik vor der W-Küste Nordafrikas; entsteht durch Aufspaltung des Nordatlantischen Stroms, mündet in den Nordäquatorialstrom ein.

Kapazitätsfeuchtefühler: Meßfühler zur Feuchtemessung; das Meßprinzip beruht auf der kapazitiven Änderung der Dielektrizität in Abhängigkeit von der Feuchte der Umgebungsluft.

Kármán-Wirbelstraße [ungar. 'ka:rma:n ‖ nach T. Kármán]: zwei parallele, gegeneinander versetzte Reihen von äquidistanten Wirbeln mit entgegengesetztem Drehsinn, die beim Umströmen zylindrischer Objekte entstehen können. In der Atmosphäre können sich K.-W.n unter günstigen Umständen im Lee von kleinen, isoliert liegenden Inseln, z. B. Jan Mayen, bilden. Sie können sich über viele 100 km erstrecken und sind auf Satellittenbildern an entsprechenden Wolkenformationen erkennbar. Schon früher hatte man aus Luftdruckschwankungen auf ihre Existenz geschlossen.

katabatischer Wind [zu griech. katábasis = Abstieg]: Wind mit abwärts gerichteter Bewegungskomponente. – Gegensatz: ↑anabatischer Wind.

Katafront [griech. katá = herab, abwärts]: nach einem Vorschlag von T. Bergeron Bez. für eine ↑Abgleitfront.

Katathermometer [griech. katá = herab, abwärts]: zur Bestimmung der ↑Abkühlungsgröße dienendes, im allg. mit gefärbtem Äthylalkohol gefülltes Flüssigkeitsthermometer mit einem zylindrischen Thermometergefäß von 4 cm Länge und etwa 2 cm Durchmesser. Auf der Skala ist bei 38 und 35 °C je ein Eichstrich angebracht.

Zur Messung wird das K. so lange in ein Wasserbad von etwa 60 °C eingetaucht, bis die Thermometerflüssigkeit die obere Kapillarerweiterung z. T. ausgefüllt hat. Anschließend muß das Gerät schnell abgetrocknet werden. Mit einer Stoppuhr wird nun die Zeit (Abkühlungsdauer) gemessen, die zwischen den Durchgängen der Flüssigkeitssäule durch die beiden Skalenstriche 38 und 35 °C verstreicht (der Mittelwert, nämlich 36,5 °C, entspricht der mittleren Hauttemperatur). Die Abkühlungsdauer ist ein Maß für die Abkühlungsgröße, die man aus dem Quotienten von Gerätekonstante (in die Wärmekapazität und Oberfläche des Thermometergefäßes eingehen) und gestoppter Zeit für die Temperaturdifferenz von 3 K erhält.

Kausalitätsprinzip [mlat. causalitas = Ursächlichkeit]: das Prinzip, daß zwischen Ursache und Wirkung ein gesetzmäßiger Zusammenhang besteht, d. h. daß jede raumzeitliche Veränderung mathematisch durch eine Differentialgleichung darstellbar ist.

Dieses aus der klassischen Physik stammende Prinzip wird in der *Meteorologie* für alle üblichen Vorhersagemodelle als gültig angesehen. Die strenge Gültigkeit des K.s wird allerdings in den Vorhersagemodellen durch zahlreiche nicht erfaßbare Einflüsse eingeschränkt. Dazu gehören die nie ganz vollständige Erfassung der Anfangsbedingungen, die durch ↑Differenzenapproximationen nur angenäherte Durchführung der Vorhersagerechnungen und grundsätzlich die Vernachlässigung bzw. unzureichende Berücksichtigung aller kurzwelligen Prozesse, die vom Gitternetz nicht dargestellt werden können, die aber mit den großräumigen Vorgängen in dauernder Wechselwirkung stehen.

Keil: in der Meteorologie Kurzbez. für ↑Hochdruckkeil.

Kelvin-Skala: von dem brit. Physiker William Lord Kelvin of Largs vorgeschlagene Temperaturskala. Die aus thermodynamischen Überlegungen abgeleitete Schlußfolgerung, daß der ↑absolute Nullpunkt dort liegen müsse, wo die mittlere Bewegungsenergie der Gasmoleküle auf null absinkt, führte Kelvin zur Schaffung einer neuen, mit der Temperatur am absoluten Nullpunkt beginnenden Temperaturskala, die heute allgemeingültig als **absolute Temperaturskala** bezeichnet wird (gesetzliche SI-Einheit: **Kelvin;** Einheitenzeichen: K).

Für die Umrechnung eines Temperaturwertes von K in °C und umgekehrt gilt:
T (K) = t (°C) + 273,15 bzw.
t (°C) = T (K) − 273,15.

Kennelly-Heaviside-Schicht ['kɛnlɪ'hɛvɪsaɪd...]: ältere, in Deutschland wenig gebräuchliche Bez. für die ↑Ionosphäre; nach A. E. Kennelly, der diese Schicht etwa gleichzeitig mit O. Heaviside voraussagte.

kernloser Winter: in der *Klimatologie* Bez. für den typischen mittleren Temperaturverlauf im polar-maritimen Klima, in dem sich die Monatsmittel der Lufttemperatur in den Wintermonaten nur wenig voneinander unterscheiden und dadurch das Jahresminimum nicht sehr ausgeprägt ist.

Ein k. W. ist für mitteleuropäische Verhältnisse ein Winter, der im Gegensatz zum Normalfall im Januar wesentlich milder ist als im Dezember und Februar.

Kernzähler: von J. Aitken konstruiertes, ursprünglich als Staubzähler konzipiertes Instrument zur Zählung der in einem Luftvolumen enthaltenen ↑Kondensationskerne.

Meßprinzip: Die in einem veränderbaren Meßvolumen eingeschlossene zu untersuchende Luft wird mit Wasserdampf angereichert, bis sie nahezu gesättigt ist. Das Wasserdampf-Luft-Gemisch wird so lange expandiert, bis Sättigung eintritt, die sich in einer Tropfenbildung an den Kondensationskernen äußert. Die so entstandenen Tropfen fallen auf eine Glasplatte mit eingraviertem Zählgitter, wo sie unter einem Mikroskop oder mit der Lupe ausgezählt werden können.

Der veränderbare Meßkolben (Rezipient) des K.s wird auch als **Aitken-Nebelkammer** bezeichnet.

Kew-Barometer ['kju:...]: nach dem Standort Kew (London) benanntes, hpts. im nationalen meteorologischen Dienst Großbritanniens verwendetes ↑Stationsbarometer.

Khamsin, der: ein Wüstenwind (↑Kamsin).

K-Index [K steht für **K**onvektion ‖ Abk.: K]: Bez. für einen Labilitätsindex, der aus der Temperatur der 850-hPa-Fläche und den Taupunkttemperaturen in 850 und 700 hPa gebildet wird. Von der Summe dieser drei Werte zieht man die Werte der Temperatur in 700 und 500 hPa ab. Der Eingang der vertikalen Feuchteverteilung durch die Taupunkttemperaturen liefert Anhaltspunkte über die allg. Schauer- und Gewitterbedingungen (Luftmassengewitter), läßt aber durch die Verteilung hoher Indexwerte auch die Lage von Fronten deutlich erkennen. Steigt der Index über 35, sind zahlreiche Gewitter zu erwarten, bleibt er unter 20, bilden sich keine Gewitter.

Kinematik der Atmosphäre, die [zu griech. kínēma = Bewegung ‖ Abl.: kinematisch]: der Teil der theoretischen Meteorologie, in dem allein die Bewegung der Luftteilchen ohne Berücksichtigung der auf sie wirkenden Kräfte untersucht wird. Hierzu gehören u.a. die Darstellung von Strömungsfeldern durch Stromlinien oder durch Trajektorien, die Behandlung von Deformationen in einer Strömung, die Zerlegung eines Stromfeldes in eine Grundströmung und überlagerte Störungen sowie die Beschreibung von Grenzflächenbedingungen.

kinematische Extrapolation ↑kinematische Methoden.

kinematische Methoden [zu griech. kínēma = Bewegung]: Methoden der Vorhersage von Veränderungen der Luftdruckverteilung, die sich allein auf die vorgegebenen Felder der Strömung, des Luftdrucks und der Luftdruckänderung stützen.

Meist werden unter k.n M. diejenigen Verfahren verstanden, die von S. Petterssen entwickelt wurden. Petterssen berechnete, wie sich ein Luftdruckfeld unter der Wirkung der momentan herrschenden Luftdruckänderung verändert. Er benutzt dazu Differentialausdrücke des Luftdruck- und Luftdruckänderungsfeldes, wobei er die 3stündigen Tendenzen als Differentialquotienten betrachtet. Die Ergebnisse gelten zunächst nur für ein differentielles Zeitintervall.

Die Anwendung der Ergebnisse in der Praxis, die **kinematische Extrapolation,** führt bestenfalls bis zu einem Zeitabschnitt von etwa 12 Stunden zu brauchbaren Ergebnissen, da die 3stündigen Luftdruckänderungen über längere Zeiten meist nicht gleich bleiben; außerdem ist oft die Genauigkeit der Ausgangsfelder für die Bestimmung der Differentialquotienten nicht ausreichend.

kinematische Viskosität [zu griech. kínēma = Bewegung]: die durch die Dichte des Fluids dividierte ↑dynamische Viskosität; ein Maß für die innere Reibung bei laminarer Strömung.

kinetische Energie [zu griech. kineĩn = bewegen]: die Energie der Bewegung, d.h. die Fähigkeit eines Luftteilchens, aufgrund seiner Bewegung Arbeit zu leisten. Die k. E. ist gegeben durch das halbe Produkt aus der Masse und dem Quadrat der Geschwindigkeit; für ein Einheitsvolumen reduziert sich die Formel auf das halbe Produkt aus Dichte und Geschwindigkeitsquadrat. Der quadratische Zusammenhang von k.r E. und der

Windgeschwindigkeit ist besonders beachtenswert. Er spielt bei dynamischen Überlegungen (z. B. bei der Begründung der Divergenzregel von R. Scherhag), aber auch bei der Vorhersage und Beurteilung von Sturmschäden eine Rolle.

Kippthermometer: gegen hohe Außendrücke unempfindliches, sehr genaues Tiefseethermometer zur Messung der Wassertemperatur und der thermischen Schichtung des Wassers. Zur Temperaturmessung wird das in den Rahmen eines Kippwasserschöpfers eingefaßte K. in die Tiefe gelassen. Beim Kippen zerreißt der Quecksilberfaden an einer dünnen, markierten Stelle der Kapillare. Die abgerissene Quecksilbermenge ist ein Maß für die Wassertemperatur. Der durch die veränderte Außentemperatur zum Zeitpunkt der Ablesung entstehende Fehler wird, unter Verwendung eines sog. Nebenthermometers, rechnerisch berücksichtigt.

Kirchhoff-Gesetz [Syn.: Kirchhoff-Strahlungsgesetz]: von G. R. Kirchhoff aufgestelltes Strahlungsgesetz; es besagt, daß das Verhältnis des spektralen Emissionsvermögens bzw. Strahlungsflusses eines beliebigen Körpers zu seinem Absorptionsgrad bei jeder Wellenlänge und Temperatur gleich dem Emissionsvermögen eines idealen schwarzen Körpers ist; d. h., der spektrale Emissionsgrad eines beliebigen Körpers ist gleich seinem spektralen Absorptionsgrad.

KKN: Abk. für: **K**onvektions**k**ondensations**n**iveau (↑ Kondensationsniveau).

Klareis: Form der Nebelfrostablagerung; glatte, kompakte, im allg. durchsichtige und sehr fest anhaftende Eisablagerung unbestimmter Form und unregelmäßiger Oberfläche; entsteht bei Lufttemperaturwerten zwischen 0 °C und – 3 °C durch langsames Anfrieren von unterkühlten Nebeltröpfchen an Gegenständen. – K. kann zu schweren ↑ Eislasten anwachsen.

klarer Schein ↑ Schein.

Klarluftturbulenz: seltene Bez. für ↑ Clear-air-Turbulenz.

Klasseneinteilung: Zusammenfassung der Einzelwerte einer Stichprobe zu im allg. gleich großen Intervallen (Klassen) aufgrund von Klassenmerkmalen; diese können z. B. sein: 2-°C-Klassen der Lufttemperatur, 5 %-Klassen der relativen Luftfeuchte, 50-m-Klassen der Landebahnsicht. Dabei richtet sich die Anzahl der zu schaffenden Klassen nach der Anzahl der Einzelwerte (Stichprobenumfang) und nach der Differenz aus Höchst- und Tiefstwert.

Die Anzahl der Klassen sollte etwa gleich der Quadratwurzel aus dem Stichprobenumfang sein. Die Klassenbreite (Intervallänge) ergibt sich aus der Stichprobe näherungsweise als Differenz der Extremwerte, dividiert durch die Klassenanzahl.

Die in jeder Klasse enthaltene Anzahl der Stichprobenglieder heißt **absolute Häufigkeit,** ihr durch den Stichprobenumfang dividierter Wert **relative Häufigkeit.** Unter der Annahme, daß alle Werte einer Klasse mit zunehmendem Stichprobenumfang immer näher der Klassenmitte zu liegen kommen, erreicht man eine bessere Annäherung (und somit eine bessere Repräsentanz) des Stichprobenmittelwertes an den Mittelwert der Grundgesamtheit.

kleinaerologischer Aufstieg [...a-e...]: Gewinnung von Meßdaten der Lufttemperatur, der Luftfeuchte, des Luftdrucks und des Windes vom Boden bis in etwa 3 km Höhe mittels freifliegender Spezialsonden (↑ Radiosonde). Kleinaerologische Aufstiege werden an bestimmten kleinaerologischen Stationen (↑ aerologische Station) täglich und vom ↑ Meßzug bei ausgewählten Wetterlagen durchgeführt. Die Meßergebnisse lassen den vertikalen Aufbau der untersten Atmosphärenschicht erkennen. Sie werden für die lokale Wetteranalyse, insbes. zur Feststellung von Inversionen und austauscharmen Wetterlagen, sowie bei Untersuchungen über anthropogene Klimabeeinflussungen benötigt.

kleine Eiszeit: Bez. für die Gletscherhochstandsphase der Neuzeit, die nach der säkularen Klimawende zu kalten Wintern (etwa 1,5–2 K kälter) und kühlen Sommern um 1540 begann und, unterbrochen durch mildere Abschnitte, bis etwa 1850 andauerte.

Die für diesen Zeitraum nachgewiesene weltweite Ausdehnung der Gletscher erfolgte in mehreren Hauptvorstößen, die v. a. im Alpenraum, in Skandinavien und auf Island für die Jahre um 1640, 1680 bis 1700 (Höhepunkt der k.n E.) und 1820 bis 1850 gut belegt sind.
Nach 1855 setzte ein allg. Rückzug der Gletscher ein, ausgenommen schwache Vorstöße in den Jahren 1890 und 1920.

kleiner Ring ↑Haloerscheinungen.

Kleinklima: svw. ↑Mikroklima.

Kleinkonvektion ↑Konvektion.

Kleintrombe ↑Trombe.

Klima, das [von griech. klíma, klímatos = Abhang, Neigung (der Erde gegen die Pole zu) ‖ Abl.: klimatisch]: die Zusammenfassung der Wettererscheinungen, die den mittleren Zustand der Atmosphäre an einem bestimmten Ort der Erdoberfläche charakterisieren, repräsentiert durch die statistischen Gesamteigenschaften (Mittelwerte, Häufigkeit extremer Ereignisse, Andauerwerte u. a.) über eine genügend lange Periode (bisher verwendete Bezugsperiode 1931 bis 1960), zum anderen aber auch der durchschnittliche Ablauf der Witterungserscheinungen innerhalb eines Jahres.
Das K. und seine unterschiedlichen Ausprägungen entstehen unter dem Einfluß der natürlichen und anthropogenen ↑klimatologischen Wirkungsfaktoren bzw. durch die Wechselwirkung der verschiedenen Subsysteme des ↑Klimasystems. Eine Typisierung der Klimate nach bestimmten Gesichtspunkten nehmen die effektiven und genetischen ↑Klimaklassifikationen vor. Eine andere Unterteilung des K.s richtet sich nach der Größenordnung der klimatologisch untersuchten Gebiete bzw. nach der Meßhöhe über dem Erdboden (↑Makroklima, ↑Mesoklima, ↑Mikroklima).
Mit der wiss. Erforschung des K.s befaßt sich die ↑Klimatologie. Grundlage der Darstellung des K.s sind die Beobachtungen in den verschiedenen ↑Klimabeobachtungsnetzen zu festgelegten Terminen mit vergleichbaren Instrumenten und Methoden. Die Daten werden monatsweise zusammengefaßt und in Monatsberichten bzw. Jahrbüchern veröffentlicht, die der einzelnen ↑Klimaelemente statistisch verarbeitet, die Ergebnisse u. a. in ↑Klimadiagrammen, Abbildungen und ↑Klimakarten oder in Form von ↑Klimaatlanten anschaulich dargestellt; u. a. bildet das Datenmaterial auch die Grundlage für Untersuchungen von Klimaveränderungen sowie anthropogener Einflüsse auf das K. (↑Klimaforschungsprogramm, ↑Weltklimaprogramm). – ↑auch Klimatypen, ↑Klimazonen.

Klimaanalyse: Bez. für das vom Kurortklimadienst erstellte Klimagutachten, das die Grundlage für die Beurteilung der Anwendungsmöglichkeiten des Klimas als natürliches Heilmittel und der allg. Eignung eines Ortes für die Verleihung einer Artbezeichnung (Luftkurort, heilklimatischer Kurort u. ä.) bildet.

Klimaänderungen: svw. ↑Klimaveränderungen.

Klimaanomalie: 1. Unterschied zwischen dem Wert eines Klimaelements an einem bestimmten Ort und dem Mittelwert des betreffenden Klimaelements über dem gesamten Breitenkreis, auf dem der Ort liegt; 2. Abweichung der Werte eines Klimaelements in einem bestimmten Zeitabschnitt vom langjährigen Mittelwert.

Klimaatlas: Zusammenstellung von Klimakarten für ein bestimmtes Gebiet oder für einen speziellen Anwendungsbereich (z. B. Landwirtschaft). Im allg. werden aus Gründen der Beobachtungsnetzdichte Maßstäbe von 1:500 000 bis 1:2 Mill. verwendet. Die Karten werden durch Tabellen sowie Abbildungen ergänzt und textlich interpretiert.
Die Bearbeitungszeit veranlaßt vielfach zur Herausgabe der Klimaatlanten in Teillieferungen, so etwa derjenigen der BR Deutschland, der Schweiz und Europas.

Klimabeeinflussung ↑anthropogene Klimabeeinflussung.

Klimabeobachtung: die Gesamtheit der an einer Klimastation zu einem festgelegten Klimatermin durchgeführten instrumentellen Messungen (in der ↑Thermometerhütte und auf dem Meßfeld) und Augenbeobachtungen des augenblicklichen Zustandes (Momentanwerte) sowie des zeitlichen Verlaufs, der Andauer und der Intensität der Klimaelemente. Zur K. gehören ferner die Eintragung der Meß- und Beobachtungswerte in das Klimatagebuch sowie die Vorbereitung der Instrumente und des Meßfeldes für die nächste Terminmessung.

Umfang und zeitliche Abfolge der einzelnen Messungen und Beobachtungen sind durch das in der Beobachteranleitung enthaltene Meßprogramm festgelegt.

Klimabeobachtungsnetz [Syn.: klimatologisches Beobachtungsnetz]: die Gesamtheit der Klimastationen, an denen über viele Jahre hinweg regelmäßig nach einheitlichen, in der Beobachteranleitung festgelegten Richtlinien in weitgehend unveränderter Umgebung Klimabeobachtungen zu festen Beobachtungszeiten, den ↑Klimaterminen, durchgeführt werden.

Das *K. des Deutschen Wetterdienstes* dient in erster Linie zur Gewinnung der für die Praxis benötigten Klimadaten; es umfaßt derzeit rund 480 Klimastationen, von denen etwa 85 Stationen mit hauptamtlichem Wetterdienstpersonal besetzt sind und 395 Stationen mit ehrenamtlich tätigen Beobachtern. Die Netzdichte dieses K.es beträgt etwa eine Station je 510 km^2; dies entspricht einem mittleren Abstand der Klimastationen untereinander von rund 25 km.

Klima der freien Atmosphäre: der für einen Ort oder eine Region über einen längeren Zeitraum (etwa 30 Jahre) betrachtete mittlere Zustand der ↑freien Atmosphäre.

Mit dem K. d. f. A. befassen sich vornehmlich die Aerologie und die Aeroklimatologie. Es wird in erster Linie durch die Analyse der mit Radiosonden und Wettersatelliten, aber auch mit Wetterraketen gewonnenen aerologischen Beobachtungen erforscht. Dafür steht ein weltweites Radiosondennetz aerologischer Stationen, an denen zweimal täglich aerologische Aufstiege und viermal täglich Höhenwindmessungen durchgeführt werden, zur Verfügung.

Die wiss. Erkenntnisse über das K. d. f. A., insbes. über die horizontale und vertikale Verteilung aerologischer Meßgrößen (Geopotential, Lufttemperatur, relative Feuchte, Wind), haben eine große Bedeutung für die Luftfahrt.

Aus den klimatischen Verhältnissen in der freien Atmosphäre lassen sich wertvolle Schlüsse auf die allg. Zirkulation der Atmosphäre und ihren Einfluß auf die Klimate der Erde ziehen.

Klimadiagramm: Darstellung von klimatologischen Ergebnissen (Tabellen, Formeln usw.) in verschiedenen Formen von Diagrammen. Ein K. veranschaulicht z. B. gut den zeitlichen Ablauf, die tägliche oder jährliche Periode eines Klimaelements oder auch die Beziehung zwischen zwei Elementen (z. B. Temperatur und Niederschlag im sog. K.-Weltatlas), womit u. a. Eigenheiten bestimmter Klimatypen aufgezeigt werden können.

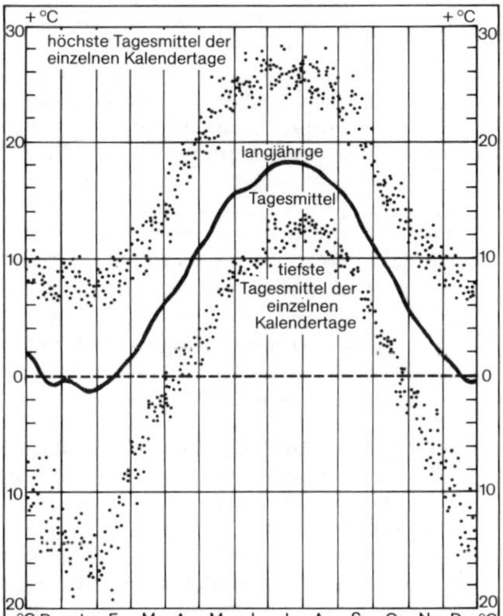

Klimadiagramm. Jahresgang der Lufttemperatur

Als Grundformen werden u. a. Kurvendarstellungen im rechtwinkligen Koordinatensystem, Säulendiagramme, Isoplethen, Klimawindrosen und Polarkoordinaten verwendet.

Klimadienst: die organisatorische Durchführung von klimatologischen Arbeiten im nationalen Bereich, z. B. im Deutschen Wetterdienst. Zu den Aufgaben gehört v. a. die Gewinnung möglichst langer Meß- und Beobachtungsreihen unter konstanten Bedingungen (↑ Klimastation) und an repräsentativen Standorten, die Bestandteile des Klimabeobachtungsnetzes oder von Sondermeßnetzen (z. B. Strahlungs- und Radioaktivitätsmeßnetz) sind. Das gewonnene Datenmaterial wird geprüft, aufbereitet und archiviert.
Die übrigen Aufgaben des K.es sind anwendungsorientiert, d. h. auf die Anforderungen von Industrie, Technik, Verkehr, Land-, Wasser-, Forstwirtschaft, Gesundheitswesen, Touristik, Planung, Standortbegutachtungen und -vorsorge sowie Umweltschutz ausgerichtet; für letzteren stehen im Bundesgebiet Umweltschutzmeßzüge zur Gewinnung relevanter Daten zur Verfügung.
Erkenntnisse und Ergebnisse werden in Form von Auskünften, Beratungen, Gutachten, Karten, Klimaatlanten und anderen Veröffentlichungen vermittelt.
Im K. werden folgende Teilbereiche der Klimatologie vom Zentralamt des Deutschen Wetterdienstes (Offenbach am Main) sowie den Wetterämtern operationell wahrgenommen: Bioklimatologie, technische Klimatologie, Hydrometeorologie, Aeroklimatologie. Maritime Klimatologie und Überseeklimatologie fallen in den Aufgabenbereich des Seewetteramtes Hamburg. Zu den Aufgaben des K.es gehören schließlich die internat. Zusammenarbeit und der direkte Kontakt mit den Nachbarländern.

Klimadiskontinuität: Bez. für den abrupten Wechsel von einem mittleren Zustand der atmosphärischen Verhältnisse zu einem wesentlich anderen; entspricht einer markanten ↑ Klimaveränderung ohne Trend.

Klimaelemente: die meß- und beobachtbaren Elemente des Wetters, die für klimatologische Bearbeitungen herangezogen werden. Im wesentlichen sind sie mit den ↑ meteorologischen Elementen identisch, besitzen im Klimadienst jedoch einen anderen Stellenwert. Wichtige K. sind: Strahlung, Lufttemperatur, Luftfeuchte, Niederschlag, Bewölkung, Sicht, Wind und Sonnenscheindauer.

Klimafaktoren: die Faktoren des Raums, welche die Klimaelemente und damit das Klima beeinflussen. Zur Unterscheidung von den Faktoren, die anthropogen bedingt sind, werden die K. heute als natürliche ↑ klimatologische Wirkungsfaktoren bezeichnet.

Klimafluktuation: die Unbeständigkeit des Klimas, die aus irgendeiner Art systematischer Veränderungen (↑ Klimaoszillation, ↑ Klimaiteration, ↑ Klimaschwankung), ausgenommen ↑ Klimatrend und ↑ Klimadiskontinuität, besteht. Sie wird charakterisiert durch mindestens zwei Maxima (oder Minima) und ein Minimum (oder Maximum), einschl. der Extreme am Endpunkt der Beobachtungsreihe.
Im dt. Sprachbereich wird mit K. häufig eine Episode von anomalen meteorologischen Verhältnissen über mehrere aufeinanderfolgende Jahre bezeichnet. Im engl. Sprachbereich versteht man darunter einen Zeitraum von 10 bis 1 000 Jahren, in dem sich Sonneneinflüsse oder Vulkaneruptionen klimatisch besonders auswirken.

Klimaformel: Aneinanderreihung von Buchstaben, die bei der ↑ Köppen-Klimaklassifikation zur Kennzeichnung der Klimagebiete verwendet wird. Der erste Buchstabe kennzeichnet die Klimazone (z. B. C = warmgemäßigtes Klima), der zweite den Klimatyp (z. B. Cf = feuchtgemäßigtes Klima), der dritte den Klimauntertyp (z. B. Cfb = mit warmen Sommern: Mitteltemperatur des wärmsten Monats weniger als 22 °C, mindestens 4 Monate mit Mitteltemperaturen von mindestens 10 °C).
Weitere Zusätze, Unterteilungen oder nähere Erläuterungen erfolgen durch Buchstaben wie s (= sommertrocken) oder d (= strenge Winter).

Klimaforschungsprogramm: nationales Forschungsprogramm der Bundesregierung (seit 1979) im Rahmen des ↑ Weltklimaprogramms. Das langfristige K. hat die rechtzeitige Einleitung von Maßnahmen zur Vermeidung von Klimaverschlechterungen durch eine enge

internat. Zusammenarbeit, v.a. mit der Weltorganisation für Meteorologie, mit dem International Council of Scientific Unions sowie mit UNEP, zum Ziel.
Folgende Projekte sind Schwerpunkte: Erforschung des Klimasystems; Sammlung, Bearbeitung und Bereitstellung von Klimadaten; Erforschung der Quellen und Senken von möglicherweise wirksamen Luftverunreinigungen; Erforschung von Auswirkungen durch Veränderungen der Biosphäre und von Luftverunreinigungen auf die Tier- und Pflanzenwelt sowie auf das regionale Kleinklima; Untersuchung der Auswirkungen von Klimaveränderungen auf die sozioökonomischen Verhältnisse.
Die 1983 eingerichteten Teilbereiche und ihre zentralen Ziele sehen wie folgt aus: *1. globale Modelle:* Kopplung von Modellen der Atmosphäre, des Ozeans und der Kryosphäre; *2. mesoskalige Modelle:* Studium der Auswirkungen einer veränderten allg. Zirkulation der Atmosphäre auf lokale Verhältnisse; *3. Kohlenstoffkreislauf und Biosphäre:* Klärung der unverstandenen Teile des Kohlenstoffkreislaufs; *4. Strahlung und Wolken:* Verbesserung der Wolkenerzeugung in Zirkulationsmodellen, experimentelle Untersuchung der Eiswolken; *5. Landoberflächenklimatologie:* Übertragung der lokalen Klimatologie auf größere Flächen mit Hilfe der Fernerkundung durch Satelliten; *6. Paläoklimatologie:* flächenhafte Darstellung von Klimagrößen zu bestimmten Zeitabschnitten; *7. Chemie der Atmosphäre:* Verständnis der chemischen Umwandlungsprozesse und ihrer Abläufe bei veränderter Spurenstoffkonzentration.

Klimafunktionskarte: spezielle synthetische Klimakarte, in der für einen bestimmten Anwendungszweck (z.B. Stadt- und Regionalplanung) ein Gebiet nach den statischen und dynamischen Klimaverhältnissen gegliedert wird; hierbei werden u.a. ↑Klimatope, lokale Windsysteme oder Kaltluftverhältnisse dargestellt.

Klimagarten: ältere Bez. für ↑Meßfeld.

Klimageographie: der auf die Geographie entfallende Anteil an der Klimatologie; die Wissenschaft von den klimatischen Erscheinungen unter geographischen Gesichtspunkten, unterschieden in allg. und regionale Klimageographie.

Klimageomorphologie [Syn.: klimatische Geomorphologie, Klimamorphologie]: Teilgebiet der Geomorphologie, das sich mit der Untersuchung von Reliefformungsprozessen in Abhängigkeit von den klimatischen Gegebenheiten befaßt. Der erhebliche Einfluß des Klimas auf den Charakter exogener Formen wird besonders in den sehr unterschiedlichen Formenkreisen der einzelnen Klimazonen der Erde deutlich.

Klimahütte: svw. ↑Thermometerhütte.

Klimaiteration, die [lat. iteratio = Wiederholung]: Klimafluktuation, bei der die Veränderlichkeit zu Wiederholungen von sehr starken Abweichungen der Maxima oder Minima von den Variablen für eine Zeitspanne von etwa zwei bis drei Jahren neigt.

Klimakammer: luftdicht abgeschlossener Raum, in dem verschiedene Klimaelemente (Temperatur, Luftdruck und dementsprechender Sauerstoffpartialdruck, Feuchte, Lichtverhältnisse) gezielt verändert werden können; für physiologische Untersuchungen an Menschen, Tieren und Pflanzen sowie zu therapeutischen Zwecken (z.B. Simulation eines ↑Höhenklimas) verwendet. Eine vollständige Imitation des natürlichen Klimas ist jedoch in einer K. nicht möglich.

Klimakarten: kartographische Darstellungen der regionalen Verteilung von Klimaelementen und Witterungsabläufen (z.B. mit Hilfe von Isolinien) auf der Grundlage langjähriger Beobachtungen. Man unterscheidet ↑analytische Klimakarten und ↑synthetische Klimakarten.
Für nationale K. werden aufgrund der Dichte der Beobachtungsnetze meist Kartenmaßstäbe zwischen 1:500 000 und 1:2 Mill. verwendet, für Karten des Geländeklimas auch großmaßstäbige Karten (z.B. 1:10 000). Räumliche Unterschiede werden vielfach durch Farbgebung hervorgehoben. Aufgrund der starken Abhängigkeit der Klimaelemente von der Topographie verwendet man Höhenschichtenkarten als Basis.

Klimaklassifikation: typisierende Einteilung der Klimate nach bestimmten Kriterien. Man unterteilt die K.en in wirkungsbezogene (↑effektive Klimaklassifikation) und ursachenbezogene (↑genetische Klimaklassifikation) Verfahren. Am verbreitetsten ist die ↑Köppen-Klimaklassifikation.

Klimakunde: svw. ↑Klimatologie.

Klimakurort: Kurort mit besonderen natürlichen Heilmitteln des Klimas, die in Verbindung mit entsprechenden therapeutischen Einrichtungen bei bestimmten Krankheiten zur Heilung oder Linderung führen können. Die Prädikate sind durch Begriffsbestimmungen (↑Kurortklimadienst) festgelegt (z. B. Erholungsort, Luftkurort, heilklimatischer Kurort).

Klimamelioration, die [spätlat. melioratio = Verbesserung]: anthropogene Verbesserung des Klimas, vorwiegend des Lokalklimas, durch gezielt geplante Nutzungsänderungen. – ↑auch anthropogene Klimabeeinflussung.

Klimamichelmodell: objektives Bewertungsverfahren für die Bedingungen der Wärmeabgabe (↑thermischer Wirkungskomplex) des Menschen auf der Basis des ↑Predicted mean vote (↑auch Wärmebilanz). Die unter Freilandbedingungen sehr variablen kurz- und langwelligen Strahlungsflüsse werden parametrisiert. Die Bez. K. soll andeuten, daß sich das Modell auf einen Durchschnittsmenschen (im dt. Sprachgebrauch: „Michel") bezieht.

Das K. macht Aussagen über denjenigen Anteil eines statistischen Kollektivs von Menschen, der sich unter vorgegebenen thermischen Bedingungen (wie Bekleidung und Aktivität) bei den bestehenden meteorologischen Verhältnissen im kalten oder warmen Discomfort (↑Kältereiz, ↑Wärmebelastung) befindet.

Kältereiz und Wärmebelastung werden räumlich in Bioklimakarten für größere Bereiche (Bundesgebiet, Bundesländer), für Landschaften und Städte dargestellt; damit ist eine Bewertung der bioklimatischen Auswirkungen von entsprechenden Planungsvorhaben oder des Bioklimas von Klimakurorten durchführbar. – Abb. S. 182.

Klimamittel: im ↑Klimadienst eine auf die Lufttemperatur angewendete spezielle Art der Mittelwertbildung aus den Temperaturwerten der täglichen ↑Klimatermine. Das K. wird berechnet, indem man die Temperaturwerte an den Klimaterminen I, II und III addiert (wobei Termin III doppelt gezählt wird) und die so erhaltene Summe durch 4 dividiert.

Klimamodelle: numerische Modelle, die das gesamte komplexe Klimasystem quantitativ behandeln. Man unterscheidet verschiedene *Entwicklungsstufen* von Klimamodellen:

Einfache K. betrachten nur global gemittelte Energiebilanzen, wobei von einem Gleichgewicht zwischen der Sonneneinstrahlung, den Energieübergängen zwischen der Erdoberfläche, der Eisbedekkung, den Ozeanen und der Atmosphäre sowie der von der Erdoberfläche ausgehenden Ausstrahlung ausgegangen wird.

Eine etwas kompliziertere Struktur weisen solche K. auf, die mit zonalen Mittelwerten rechnen, die also die orographisch bedingten Klimaunterschiede längs eines Breitenkreises vernachlässigen, aber den üblichen zonal angeordneten Klimazonen gut angepaßt sind und auch meridionale Austauschvorgänge (durch Parametrisierung) mit berücksichtigen.

Am vollständigsten erfassen **dreidimensionale K.** das Klima und seine regionalen Besonderheiten. Diese K. stellen Weiterentwicklungen von globalen ↑Zirkulationsmodellen dar und enthalten besonders sorgfältige Modellierungen bzw. Parametrisierungen aller beteiligten physikalischen Prozesse, wie z. B. die Wechselwirkungen zwischen der Atmosphäre und der Erdoberfläche (Land, Eisfläche, Ozeane). Sie sind deshalb besonders kompliziert und rechenaufwendig, v. a. auch deshalb, weil sie über mehrere Jahresabläufe hinweg durchgerechnet werden müssen. Mit ihnen kann man untersuchen, wie das Klima auf Änderungen klimabestimmender Faktoren (z. B. Sonneneinstrahlung, Zusammensetzung der Atmosphäre, Erdbodenbeschaffenheit oder anthropogene Wärmeerzeugung) reagieren würde. Solche sog. **Sensitivitätsexperimente** bilden die Grundlage für Versuche zur ↑Klimaprognose.

Klimanavigation ↑meteorologische Navigation.

Klimaoptimum, das [zu lat. optimus = bester]: eine im Verlauf der Klimageschichte in verschiedenen Regionen und geologischen Zeiträumen auftretende Periode relativer Klimagunst, insbes. eine ↑Warmzeit. Kennzeichen eines K.s sind insgesamt erhöhte Mitteltemperaturen bei vorherrschend milden Wintern, höhere relative Feuchte und ein weitgehend eisfreies Polarmeer (↑akryogenes Klima), ferner, hinsichtlich der Vegetation, ein polwärts gerichteter Vorstoß der Baumgrenze.
Die Länge eines K.s kann zwischen einigen Jahrzehnten und bis zu 2–3 Jahrtausenden schwanken. – Herausragend sind das **postglaziale K.** (etwa 5000–2000 v. Chr.), das **mittelalterliche K.** (etwa 900–1200 n. Chr.) und das **rezente K.** (etwa 1920–1960).

Klimaoszillation [Syn.: Klimapendelung]: besondere Art der Klimafluktuation, bei der die Veränderlichkeit zwischen aufeinanderfolgenden Maxima und Minima allmählich und gleichmäßig erfolgt.

Klimaparameter: die grundlegenden Eingangsgrößen des ↑Klimasystems; zu den energetisch wichtigsten gehören Solarkonstante, Strahlungsbilanz, Strom latenter und fühlbarer Wärme, Wärmespeicherung der Ozeane, Bewegungsenergie der allg. Zirkulation der Atmosphäre und große Vulkanausbrüche. Anthropogene K. sind energetisch betrachtet sehr viel schwächer.

Klimapejoration, die [zu lat. peiorare = verschlechtern]: die anthropogen verursachte Verschlechterung der Luftqualität in Ballungs- und Industriegebieten; kann durch Maßnahmen zur Luftreinhaltung vermieden oder abgeschwächt werden. – Gegensatz: ↑Klimamelioration.

Klimapendelung: svw. ↑Klimaoszillation.

Klimaperiodizität: ↑Klimarhythmus, bei dem das Zeitintervall zwischen aufeinanderfolgenden Maxima und Minima in der Beobachtungsreihe konstant oder ziemlich konstant ist.

Klimapessimum, das [zu lat. pessimus = schlechtester]: erdgeschichtlicher Zeitraum, der sich in bestimmten Regionen durch relative Klimaungunst auszeichnete, insbes. eine ↑Kaltzeit.
Das K. wird charakterisiert durch abgeschwächte Zonal- und verstärkte Meridionalzirkulation, durch kühle Sommer und starke Gletschervorstöße. In Europa lagen die Jahresmitteltemperaturen während der einzelnen Klimapessima im Mittel um 1–2 K tiefer als heute.

Klimaprognose: der Versuch, mit Hilfe von ↑Klimamodellen zukünftige Veränderungen des Klimas vorherzusagen. Wegen der sehr verwickelten Zusammenhänge innerhalb des Klimasystems ist man von einer umfassenden Lösung dieses Problems noch weit entfernt. Ergebnisse liegen bisher nur für Teilaspekte vor. So hat man z. B. errechnet, daß eine Verringerung der Solarkonstanten um nur 2% zu einer außerordentlich großen Zunahme der Eisbedeckung und zu einer Temperaturerniedrigung von mehr als 4 K führen würde. Andererseits haben Modellexperimente gezeigt, daß die zur Zeit stattfindende und in den nächsten Jahrzehnten zu erwartende Wärmeerzeugung durch menschliche Aktivitäten keine erkennbaren Reaktionen des weltweiten Klimas zur Folge hat.
Andere Experimente, die sich mit der akuten Frage befassen, wie sich der zunehmende Kohlendioxidgehalt der Atmosphäre auswirken wird, ergaben bei einer Verdopplung des CO_2-Gehaltes einen Temperaturanstieg um einige Celsiusgrade am Boden, wobei allerdings der Einfluß der Ozeane nur unzureichend erfaßt werden konnte.

Klimaregion: größeres Gebiet mit abgrenzbaren, relativ einheitlichen makroklimatischen Bedingungen. Die Abgrenzung erfolgt mittels Schwellenwerten der Temperatur und/oder des Niederschlags bzw. nach Methoden der synoptischen/dynamischen Klimatologie. Häufig werden auch Bezüge zur Vegetation oder zu Abflußregimen hergestellt.
Die Bildung von K.en ermöglicht eine großräumige Ordnung der Klimate.

Klimarhythmus: Klimaoszillation oder Klimaschwankung, in der die aufeinanderfolgenden Maxima und Minima in annähernd gleichen Zeitintervallen auftreten.

Klimascheide: Bez. für einen Landschaftsteil, der das Klima seiner weiteren Umgebung beeinflußt und dabei Räume mit verschiedenen Klimaten trennt. Besonders wirksam sind höhere Gebirge, die sich in Richtung der Breitenkreise oder parallel zu Küstenlinien erstrecken. Die Gebirgsseiten weisen unterschiedliche Verhältnisse hinsichtlich Luftdruck, Temperatur, Luftfeuchte und Niederschlag auf; der horizontale Luftaustausch wird unterbunden.

Klimaschwankung: Klimafluktuation, bei der die klimatische Veränderlichkeit dazu neigt, alternativ zwischen mindestens zwei mittleren Werten zu beharren und sich von einem Mittelwert zum anderen in gleichmäßigen oder ungleichmäßigen Intervallen zu verändern. Früher wurde unter K. die signifikante Differenz der statistischen Werte zweier zeitlich getrennter 30jähriger Beobachtungsreihen verstanden (z. B. 1901 bis 1930, 1931 bis 1960).

Klimastation: meteorologische Station, an der dreimal täglich zu den ↑Klimaterminen möglichst homogene und repräsentative Klimabeobachtungen durchgeführt werden. An das Meßfeld einer K. müssen demzufolge spezifische Anforderungen gestellt werden, z. B.: Hindernisfreiheit (außerhalb des Einflusses von Bäumen und Gebäuden; in der Praxis Abstand des Meßinstruments vom Hindernis möglichst gleich der 10fachen Hindernishöhe); Gewährleistung eines ungestörten Meßbetriebs über viele Jahre oder Vermeidung geographisch exponierter Standorte.
Die Ausrüstung einer K. umfaßt die ↑Thermometerhütte, Thermometer für Erdbodenminimum, Erdbodenthermometer für verschiedene Tiefen, Niederschlagsmesser und Niederschlagsschreiber, Schneepegel, Schneeausstecher, Windmesser, Sonnenscheinautograph, Stationsbarometer und Barograph.

Klimasummenmaß: Kenngröße, die das Zusammenwirken unterschiedlicher Kombinationen von Klimaelementen beschreibt; z. B. Abkühlungsgröße, Discomfort-Index, effektive Temperatur, Heat-Streß-Index, Wind-chill-Index. Aufgrund ihrer einfachen Konstruktion sind K.e nicht universell verwendbar. Sie werden heute durch Energiebilanzmodelle ersetzt.

Klimasystem: der geophysikalische Komplex, der sich aus den Komponenten (Subsystemen) Atmosphäre, Hydrosphäre, Kryosphäre, Landoberflächen und Biosphäre zusammensetzt. Die einzelnen, sich verschieden rasch bewegenden, ganz unterschiedlichen Reaktionszeiten unterliegenden Subsysteme sind miteinander durch vielfältige nichtlineare Wechselwirkungen verbunden, etwa dadurch, daß die Ozeane mit ihrer Zirkulation einen wichtigen Beitrag zum Wärmehaushalt liefern, die Eisflächen (v. a. Polar- und Meereis) eine große Albedo besitzen und relativ schlechte Wärmeleiter sind oder daß die Biomasse eine bedeutende Rolle im CO_2-Haushalt spielt und der Pflanzenwuchs u. a. Oberflächenalbedo und Bodenrauhigkeit bestimmt. Als einseitig steuernd wirkende Prozesse und Effekte sind Sonnenstrahlung, Vulkanausbrüche und anthropogene Eingriffe zu werten.
Das Klima ist zwar eine Eigenschaft der Atmosphäre, des reaktionsschnellsten Teils des K.s, es entsteht aber erst durch die obengenannten Wechselwirkungen. Entsprechend stellen sich Klimaschwankungen als Ergebnis veränderter Abläufe von physikalischen und chemischen Prozessen (mit jeweils verschieden großen Zeitskalen) im gesamten K. oder in Teilen desselben dar.

Klimatabelle: auf der Grundlage des ↑Klimatagebuchs vom Beobachter einer Klimastation monatlich aufgestellte Tabelle der Klimabeobachtungen zu den drei ↑Klimaterminen. Die K. besteht aus zwei Teilen:
Bogen 1 mit Meßdaten der wichtigsten Klimaelemente (Luftdruck, Lufttemperatur, Dampfdruck, relative Luftfeuchte, Wind, Bewölkung, Sichtweite, Niederschlagshöhe, Schneedecke);
Bogen 2 mit sog. „Augenbeobachtungen", d. h. Eintragungen über den zeit-

lichen Verlauf und die Intensität von visuell wahrgenommenen besonderen Wettererscheinungen, z. B. besondere Niederschlagsarten (Hagel, Eisregen), Sichttrübungen (Nebel, Dunst, Rauch), Gewitter oder optische Erscheinungen (Halo).
Die K. wird zweimal monatlich jeweils für den 1.–16. und 17.–30. (bzw. 31.) eines Monats an das zuständige Wetteramt und von dort an das Zentralamt des Deutschen Wetterdienstes übersandt. Aus den Angaben der K. wird im Zentralamt eine um statistische Berechnungen (z. B. Mittelwerte) und Auszählungen erweiterte EDV-K. erstellt.

Klimatagebuch: das für die Eintragung von täglichen Klimabeobachtungen eines Einzelmonats an Klimastationen benutzte Tagebuch. Es enthält die Meßdaten und täglichen Mittelwerte der wichtigsten Klimaelemente und Wettererscheinungen zu den ↑Klimaterminen, zusätzlich Eintragungen über Dauer und Intensität der zwischen den Terminen aufgetretenen Wettererscheinungen.
Das K. ist der eigentliche Originalbeleg (mit unbegrenzter Aufbewahrungsfrist) für die Klimabeobachtungen und Grundlage für die Aufstellung der monatlichen ↑Klimatabelle. Es enthält auf der linken Seite die Meßwerte des Luftdrucks, der Lufttemperatur, der Luftfeuchte, der täglichen Niederschlagshöhe und der Höhe einer Decke aus festen Niederschlägen, auf der rechten Seite die Beobachtungen von Wind, Bewölkung, Sichtweite, Erdbodenzustand, Wetter zum Termin, maximale Windspitze des Tages und Sonnenscheindauer sowie besondere Wettererscheinungen. Am Ende des K.s ist eine Seite für „ergänzende Gewitterbeobachtungen" und eine weitere Seite für „zusätzliche Eintragungen" (Beobachterwechsel, Austausch von Instrumenten, Wetterschäden u. ä.) vorgesehen.

Klimatermin: feste Uhrzeit, zu der die Klimabeobachtung durchgeführt wird. Die täglichen, mit römischen Ziffern I bis III numerierten K.e sind: 07 Uhr **(K. I),** 14 Uhr **(K. II)** und 21 Uhr **(K. III)** mittlerer Ortszeit (MOZ).
Die K.e gehen auf die Pfälzische Meteorologische Gesellschaft zurück (↑Mannheimer Stunden).
Den K.en wurde die mittlere Ortszeit zugrunde gelegt, um Beobachtungen und Messungen bei gleichem Sonnenstand durchführen zu können; damit wird eine

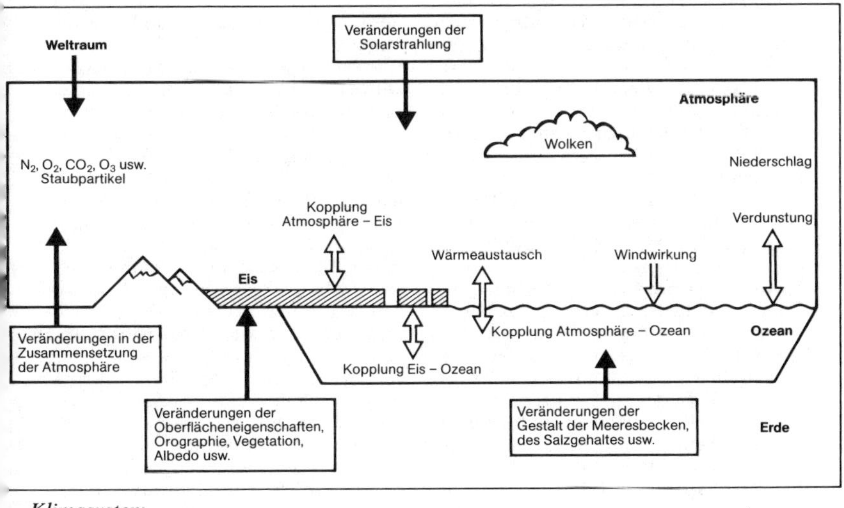

Klimasystem

bessere Vergleichbarkeit der Daten erreicht.

Klimatherapie [Syn.: Klimabehandlung, Klimakur]: die Ausnutzung der Reiz- bzw. Schonwirkung klimatischer ↑Wirkungskomplexe auf den Organismus zur Verhütung von Krankheiten, zu deren Besserung und Nachsorge (Rehabilitation) sowie zur Behandlung von chronischen Krankheiten durch Funktions- und Regulationstraining des menschlichen Organismus in Klimaten mit verschiedenen Reizstufen.

klimatische Schneegrenze: die mittlere höchste Lage der ↑temporären Schneegrenze, oberhalb deren der gefallene Schnee im Jahresdurchschnitt nicht mehr von der Ablation restlos aufgezehrt wird. Die k. Sch. wird theoretisch errechnet. In den Alpen liegt sie auf der N-Seite in 2500 m bis 2800 m ü. d. M., auf der S-Seite in 2700 m bis 2800 m, in den Zentralalpen in 2900 m bis 3200 m.

klimatische Wasserbilanz: Differenz zwischen Niederschlagshöhe und Höhe der potentiellen Verdunstung an einem Ort für einen bestimmten Zeitraum.

Die k. W. ist eine wichtige Größe für die Bewässerungswirtschaft; sie wird, unter Berücksichtigung des pflanzenspezifischen Wasserverbrauchs entsprechend der Vegetationsentwicklung und des Wasserspeichervermögens verschiedener Böden, zur Berechnung der Bodenfeuchte verwendet. Die k. W. ermöglicht u. a. die Definition trockener (Wassermangel) und nasser Perioden (Wasserüberschuß).

Die k. W. ist außerdem ein Hilfsmittel zur Klimaklassifikation (z. B. Darstellung der Aridität bzw. Humidität oder der Trockengrenze).

Klimatographie, die [↑Klima und ↑-graphie]: die Beschreibung des Klimas eines bestimmten Gebietes aufgrund der Auswertung von Datenmaterial. Eine umfassende Beschreibung erfordert neben dem Text, der auch Witterungsereignisse und Klimawirkungen behandeln sollte, Tabellen, Diagramme, Klimakarten und Abbildungen.

Klimatologie, die [↑Klima und ↑-logie ‖ Abl.: klimatologisch ‖ Syn.: Klimakunde]: Teildisziplin der Meteorologie, die sich mit der Erforschung des Klimas (in Form des mittleren Zustandes) bzw. des ↑Klimasystems und seinen Veränderungen befaßt, wobei sie sich einer besonderen, auf große Zeitskalen bezogenen Betrachtungsweise bedient (Aufbereitung langjähriger Datenreihen, Berechnung von Mittel-, Extremwertstatistiken u. a.).

Zu den Aufgaben gehören u. a. Untersuchungen der klimabildenden Vorgänge, die Klimaklassifikation und die Darstellung der geographischen Verteilung der Klimate nach erkennbaren Gesetzmäßigkeiten, die Bearbeitung verschiedener Raum- und Zeitskalen (Makro-, Meso-, Mikroklima) sowie die Erforschung von Klimaveränderungen, schließlich die kartenmäßige Darstellung statistischer Kenngrößen.

Mit Hilfe der EDV können seit einigen Jahren die großen Datenkollektive in wesentlich größerem Umfang und weitaus intensiver als früher verarbeitet werden. Dies kommt v. a. den vielen Bereichen der ↑angewandten Klimatologie zugute.

Die Grundlagen klimatologischer Betrachtungsweisen erstellen ↑Klimatonomie, ↑dynamische Klimatologie, ↑synoptische Klimatologie und ↑Witterungsklimatologie.

klimatologische Beobachtungsreihe: Beobachtungsreihe, die zugleich klimatologischen Anforderungen nach Repräsentanz und Homogenität entspricht. Lange k. B.n sind z. B. von Bedeutung für die Untersuchung von Klimaveränderungen und -schwankungen. Reihen von mehr als 100 Jahren werden **Säkularreihen** genannt. Die längste k. B. in der BR Deutschland weist das meteorologische Observatorium Hohenpeißenberg (seit 1781) auf.

klimatologische Referenzstation [Syn.: Bezugsstation, Referenzstation]: spezielle Klimastation, deren Beobachtungen und Messungen die Basisdaten für den Nachweis von Klimaveränderungen liefern. Aufgrund dieser Zielsetzung müssen an eine k. R. hohe Ansprüche gestellt werden, so u. a. die Gewährleistung homogener (↑Homogenität), re-

präsentativer (↑ Repräsentanz) und anthropogen möglichst ungestörter Messungen und Beobachtungen aus einem wenigstens 30 Jahre umfassenden Zeitraum.
Einer Empfehlung der Weltorganisation für Meteorologie zufolge sollte in jedem Mitgliedsland wenigstens eine k. R. errichtet werden. Als Standorte eignen sich am besten National- und Naturparks.

klimatologisches Beobachtungsnetz: svw. ↑ Klimabeobachtungsnetz.

klimatologische Wirkungsfaktoren: das Klima prägende natürliche und anthropogene Faktoren. Zu den **natürlichen k.n W. (Klimafaktoren)** gehören die geographische Breite (davon abhängig Sonnenhöhe und Strahlungsintensität) sowie die Art des Untergrundes (flüssig: Maritimität, Entfernung vom Meer; fest: Kontinentalität, Bodenart, Bodenbedekkung, Oberflächenbeschaffenheit und -form, Hangneigung, Exposition, Höhenlage). **Anthropogene k. W.** sind Bebauung (↑ Stadtklima), Industrie- und Verkehrsanlagen (Abgase, Abwärme, Staub) sowie Nutzungsänderungen (Aufforstung, Abholzung, Be- und Entwässerung, Schaffung neuer Wasserflächen).
Für globale Auswirkungen kommt insbes. die Zunahme des CO_2-Gehaltes (↑ Kohlendioxid) in der Atmosphäre in Betracht.

Klimatonomie, die [zu ↑ Klima und griech. nómos = Gesetz ‖ Syn.: theoretische Klimatologie]: Teilbereich der theoretischen Meteorologie; befaßt sich mit der physikalisch-numerischen Behandlung klimatologischer Probleme mit dem Fernziel einer Vorhersage (Abschätzung) des Klimas mit seinen charakteristischen statistischen Merkmalen unter Verwendung von Modellen auf der Basis physikalisch-mathematischer Gesetze.

Klimatop, das [↑ Klima und griech. tópos = Ort, Platz, Stelle]: Bez. für ein Areal mit einem im langjährigen Mittel und hinsichtlich der Mehrzahl der Witterungen gleichartigen mesoklimatischen Verhalten, wobei weniger die einzelnen Klimaelemente als vielmehr die Gesamtwirkungen des Mesoklimas zur Kennzeichnung und Abgrenzung benutzt werden.
Die Verhältnisse eines K.s können gestaltet werden durch Vegetation (z. B. Freiland-, Wald-, Parkklima), Wasser (Seeklima), Boden (z. B. Moorklima) oder Bebauung (z. B. Stadtklima).

Klimatrend: Klimaveränderung, die durch eine allmähliche und gleichmäßige Zunahme bzw. Abnahme der Mittelwerte in einer Beobachtungsreihe charakterisiert ist (oft durch Fluktuationen und Iterationen verdeckt), gekennzeichnet durch nur ein Maximum bzw. Minimum an den Endpunkten der Beobachtungsreihe.

Klimatypen: Kategorien von Klimaten, die aus dem Zusammenwirken mehrerer Klimaelemente in Abhängigkeit von Lage, Oberflächengestalt und -beschaffenheit sowie Land-Meer-Verteilung gebildet werden und verallgemeinerte Repräsentanten regional geprägter Klimate darstellen; z. B. Kontinentalklima, arides bzw. humides Klima, Gebirgs-, Wald-, Wüsten-, Monsun-, Stadt-, Heilklima.

Klimavariation: Klimafluktuation oder ein Teil derselben, deren charakteristische Zeitskala lang genug ist, um eine merkliche Unbeständigkeit der aufeinanderfolgenden 30-Jahres-Mittelwerte (Bezugswerte) der Variablen aufzuzeigen; wird häufig verwendet, um gewöhnliche natürliche Variationen von einem Jahr auf das folgende oder Veränderungen von einem Dezennium zum nächsten zu beschreiben.

Klimaveränderungen [Syn.: Klimaänderungen]: Sammelbez. für alle Unbeständigkeiten des Klimas, unabhängig von ihrer statistischen Natur oder ihren physikalischen Ursachen. Von K. werden v. a. allg. Zirkulation, Luftdruck, Temperatur und Niederschlag betroffen, wobei u. U. vielfältige, auch Rückkopplungseffekte enthaltende Wechselwirkungen bestehen. K. haben zudem unmittelbare Auswirkungen auf Ökosysteme, Energiewirtschaft, Flächennutzung oder Desertifikation.
Zu den natürlichen Ursachen von K. gehören Variabilität der Sonneneinflüsse

KLIMAVERÄNDERUNGEN
(schematisch)

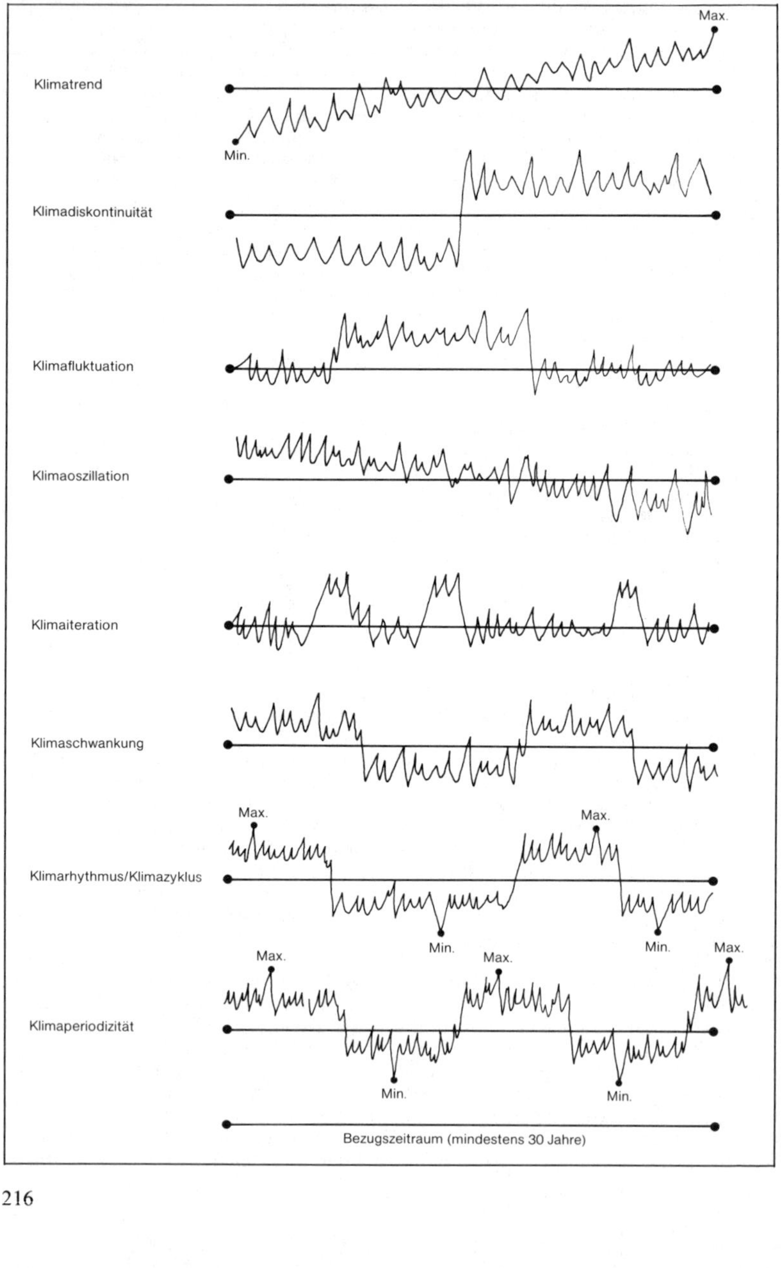

(insbes. Änderungen der Strahlungsbilanz) und Vulkaneruptionen (Verstärkung der stratosphärischen Aerosolschicht), zu den anthropogenen v.a. Energiezufuhr, Luftbeimengungen, Zunahme von Kohlendioxid und anderen Spurengasen sowie Veränderungen der Albedo (durch Zerstörung der Vegetation).
Verschiedentlich versteht man unter K. nur solche der geologischen Vorzeit mit einer Größenordnung bis zu 1 Mill. Jahren.
Besondere Formen der K. sind ↑Klimafluktuation, ↑Klimadiskontinuität, ↑Klimatrend, ↑Klimaiteration, ↑Klimaoszillation, ↑Klimaschwankung, ↑Klimarhythmus, ↑Klimazyklus, ↑Klimaperiodizität.

Klimawiese: ältere Bez. für ↑Meßfeld.

Klimawindrosen: die Zuordnung von Wetterbeobachtungen zu der jeweilig auftretenden Windrichtung am Erdboden, vorwiegend in der Form von graphischen Darstellungen. K. lassen die Richtungen erkennen, aus denen die betreffenden Erscheinungen (z.B. Regen, Schnee, Gewitter, Nebel) zum Beobachtungsort herangeführt werden.

Klimazeugen [Syn.: indirekte K.]: alle Phänomene, insbes. versteinerte Pflanzen- und Tierreste, Sedimente, Verwitterungsformen, Böden und Pflanzengesellschaften (durch Pollen repräsentiert), die in ihrer Entstehung auf bestimmte Weise klimaabhängig sind und somit als Indizien zur Beurteilung früher herrschender Klimaverhältnisse herangezogen werden können. – ↑auch Paläoklimatologie, ↑Proxydaten.

Klimazonen: großräumige Gebiete der Erde, in denen die wesentlichen Züge des Klimas gleichartig sind; sie sind in der Hauptsache durch die unterschiedlichen Einstrahlungsverhältnisse und die damit zusammenhängende allg. Zirkula-

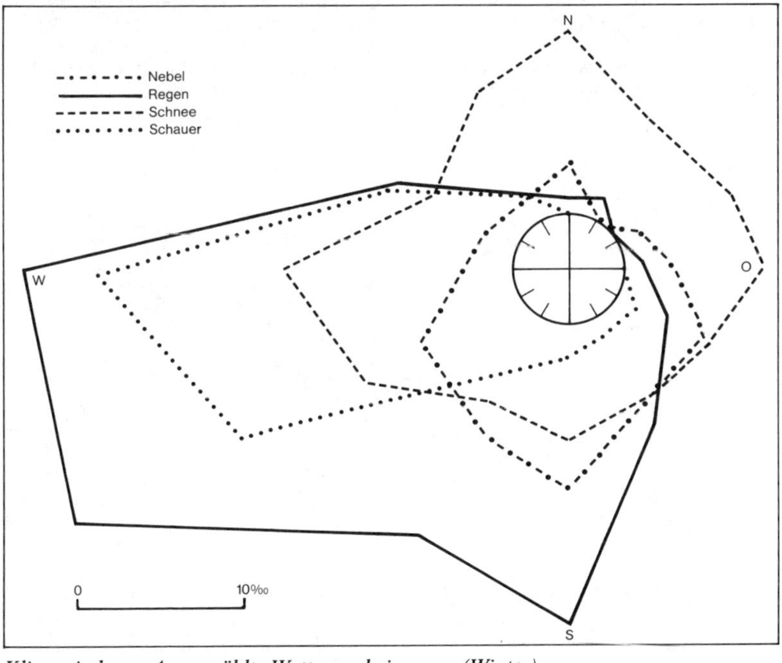

Klimawindrose. Ausgewählte Wettererscheinungen (Winter)

tion der Atmosphäre bedingt. Eine streng zonale Anordnung wird durch die Land-Meer-Verteilung, in einem gewissen Grad auch durch Gebirgskomplexe abgewandelt.
Einteilungskriterien und Bezeichnungen für die verschiedenen K. sind unterschiedlich. Am weitesten verbreitet ist die ↑Köppen-Klimaklassifikation. – Karte S. 184/185.

Klimazyklen: Bez. für periodische ↑Klimarhythmen innerhalb einer langen Beobachtungsreihe von Klimaelementen.

kn: Einheitenzeichen für ↑Knoten.

Knoten [Einheitenzeichen kn]: in der *Meteorologie* ein Maß für die Windgeschwindigkeit. K. ist eine aus der Seefahrt stammende Maßeinheit für die Schiffsgeschwindigkeit. Ein Schiff fährt mit der Geschwindigkeit 1 kn, wenn es in 1 Stunde die Strecke von 1 Seemeile zurücklegt:
1 kn = 1 sm/h = 1,852 km/h.

KO: Abk. für ↑KO-Index.

Koagulation, die [zu lat. coagulare = gerinnen machen]: das Anwachsen fallender, größerer Wolkentröpfchen (etwa ab 0,04 mm Durchmesser) durch Kollision mit kleineren, in der Luft mitgeführten Aerosolteilchen infolge unterschiedlicher Fallgeschwindigkeiten (relativ zur umgebenden Luft). Bei diesem Vorgang kann in reinen Wasserwolken jedoch nur kleintropfiger Regen bzw. Sprühregen entstehen.
Von K. spricht man auch, wenn in einer Mischwolke fallende feste Niederschlagspartikel (Eiskristalle, Schneeflokken) durch Anlagerung unterkühlter Wolkentröpfchen wachsen, die bei dieser Kollision gefrieren.

Koaleszenz, die [zu lat. coalescere = zusammenwachsen]: das Zusammenfließen von zwei Wassertröpfchen zu einem größeren Regentropfen bei Berührung. Nach heutiger Auffassung scheint dieser Prozeß für die Niederschlagsbildung innerhalb „warmer Wolken", die Temperaturen über 0 °C aufweisen und in denen deshalb die Niederschlagsbildung nicht über die Eiskristallphase (↑Bergeron-Findeisen-Theorie) erfolgen kann, von Bedeutung zu sein. Dabei spielen die Tropfengröße, die elektrische Ladung der Wassertröpfchen, das äußere

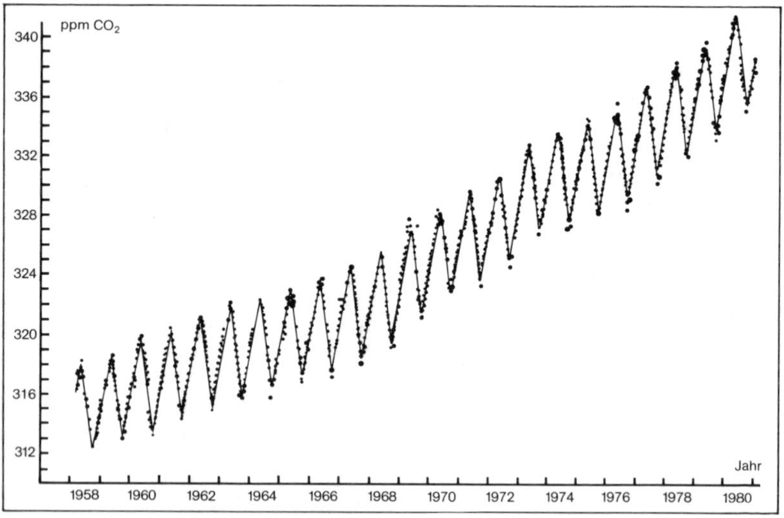

Kohlendioxid. Anstieg der Kohlendioxidkonzentration in der Atmosphäre zwischen 1958 und 1980; gemessen am Mauna-Loa-Observatorium auf Hawaii

luftelektrische Feld und die Vertikalbewegungen in der Wolke eine Rolle.

Kochpunkt: svw. ↑Siedepunkt.

Kohlendioxid [chemische Formel: CO_2]: farb-, geruch- und geschmackloses Gas, wichtiger Bestandteil der Erdatmosphäre. K. absorbiert (neben anderen Gasen und Aerosolen) die terrestrische Strahlung (↑Glashauseffekt).

Störungen im K.haushalt, d.h. ein Anstieg der K.konzentration (um etwa 1 ppm pro Jahr) durch die Nutzung fossiler Brennstoffe, das Abholzen großer Waldgebiete und die Oxidation von Humus bei der Bodenverödung, führen zu einer allmählichen Aufheizung der Atmosphäre und möglicherweise zu globalen Klimaveränderungen. Da nach den bisherigen Modellrechnungen die größte Temperaturzunahme an den Polen erwartet wird, sind die möglichen Auswirkungen durch das Schmelzen des Polareises und den damit verbundenen Meeresspiegelanstieg weltweit sehr beträchtlich. Veränderungen der allg. Zirkulation und damit der Temperatur- und Niederschlagsverteilung sind ebenfalls nicht auszuschließen. Dieses sog. **K.problem** ist u.a. Gegenstand des ↑Weltklimaprogramms.

Zu den ↑Senken von K. gehören die Biosphäre und die Ozeane.

Kohlenmonoxid: farb- und geruchloses giftiges Gas, das bei der unvollständigen Verbrennung von kohlenstoffhaltigen Materialien entsteht (Hauptquellen: Kraftfahrzeugverkehr, Industrie, Hausbrand); wandelt sich in der Luft rasch in Kohlendioxid um.

Kohlenwasserstoffe: Gruppe chemischer Verbindungen, die nur aus Kohlenstoff und Wasserstoff bestehen. K. kommen als gasförmige, flüssige oder feste Substanzen vor. Wichtigste anthropogene Quellen sind fossile Brennstoffe und Brandrodung.

KO-Index [ka:'o:... ‖ Kurzbez.: KO]: Bez. für einen Labilitätsindex (KO steht für **ko**nvektive Instabilität), der den mittleren vertikalen Gradienten der potentiellen Äquivalenttemperatur zwischen 925 und 600 hPa repräsentiert.

Der KO wird berechnet, indem von der halbierten Summe der potentiellen Äquivalenttemperatur im 700- und 500-hPa-Niveau die halbierte Summe der entsprechenden Werte in 1000 und 850 hPa abgezogen wird.

Negative Werte bedeuten instabile Schichtung (feuchtlabil) der Atmosphäre, wobei latente Labilität durch Hebungsvorgänge (Trogvorderseite) ausgelöst werden kann. Dabei sind zahlreiche, z.T. schwere Gewitter zu erwarten. Bei *Werten zwischen 1 und 6* besteht indifferente Schichtung; Gewitter sind in Verbindung mit großräumiger Hebung möglich. Ist der *Indexwert größer als 6,* ist die Schichtung stabil; es entstehen keine Gewitter.

In die vom Deutschen Wetterdienst über Faksimile als Vorhersage verbreitete **KO-I.-Karte** sind Felder der aufwärts gerichteten Vertikalbewegung eingedruckt, die für die Gewittervorhersage hilfreich sind. Darüber hinaus gibt die Feldverteilung der Indexwerte in Verbindung mit der Vertikalbewegung deutliche Hinweise auf die Lage der Fronten sowie der stabilen Zonen bzw. Absinkgebiete.

Kollektor, der: svw. ↑Potentialsonde.

kolline Stufe [lat. collinus = hügelig]: unterste thermische Höhenstufe in den Gebirgen der höheren Mittelbreiten; umfaßt Hügelländer und Hanglagen der Mittelgebirge bis maximal 800 m ü.d.M.; mit wärmeliebendem Eichenmischwald und Kiefernwald, heute jedoch meist Kulturland.

Kolloide, die (Mehrz.) [Einz.: das Kolloid ‖ aus engl. colloid, zu griech. kólla = Leim und griech. -eidēs = gestaltet, ähnlich ‖ Abl.: kolloid]: in der *Chemie* Bez. für Stoffe, die sich in feinster, lichtmikroskopisch nicht mehr erkennbarer Verteilung in einem Lösungsmittel befinden.

kolloid-labil [zu ↑Kolloide]: nennt man einen Zustand von Wolken bzw. Nebel, der durch ein Nebeneinander von großen und kleinen Tropfen gekennzeichnet ist. Die größeren Tropfen wachsen auf Kosten der kleineren, da über letzteren ein höherer Sättigungsdampfdruck herrscht und die großen Tropfen aufgrund ihrer höheren Fallgeschwindigkeit mit den kleinen Tröpfchen zusammenstoßen. Auf diese Weise

werden Tropfen genügender Größe gebildet, um den Erdboden als Niederschlag zu erreichen.
Ein ähnlicher Zustand herrscht in Wolken, die sowohl (unterkühlte) Wassertropfen als auch Eiskristalle enthalten (sog. Mischwolken); hier wachsen die Eiskristalle wegen des geringeren Sättigungsdampfdrucks auf Kosten der Wassertropfen.
Ein k.-l.er Nebel hat die Tendenz, sich aufzulösen; die entstehenden großen Nebeltröpfchen können als Sprühregen ausfallen. – ↑auch Koagulation, ↑Koaleszenz.

kolloid-stabil [zu ↑Kolloide]: nennt man einen Zustand von Wolken bzw. Nebel, bei dem in beiden Kondensationsprodukten jeweils nur Tropfen von ungefähr gleicher Größe enthalten sind, die nahezu dieselbe Fallgeschwindigkeit und etwa gleichen Sättigungsdampfdruck aufweisen; das Zusammenwachsen zu größeren Tropfen wird dadurch verhindert. Ein k.-st.er Zustand erschwert die Niederschlagsbildung bzw. die Nebelauflösung.

kommaförmige Wolken: Bez. für eine in Satellitenaufnahmen erkennbare Wolkenformation, bei der mittlere und hohe Wolken kommaförmig angeordnet sind. K. W. gehören meist zu einem Kaltlufttropfen mit einem abgeschlossenen, bis in die obere Troposphäre reichenden Zentrum.

Kompaßrose: svw. ↑Windrose.

Kompensation, die [aus lat. compensatio = Ausgleichung, Gegenzählung]: meist verkürzt für ↑stratosphärische Kompensation; sonst auch Bez. für die Kopplung von gegensätzlichen Vorgängen in der Troposphäre im Rahmen der Entwicklung von Großwetterlagen. So spricht man von kompensierenden Warmluftvorstößen östlich von großräumigen Kaltluftvorstößen (und umgekehrt).
Außerdem hat man das gegensätzliche Verhalten des Luftdrucks an zwei Punkten der Erdoberfläche als K. bezeichnet. Heute bezeichnet man solche Erscheinungen als ↑Telekonnektion.

Kompensationsdruck ↑Temperaturkompensation.

Kompensationspyrheliometer ↑Pyrheliometer.

Kondensation, die [aus spätlat. condensatio = Verdichtung]: Verflüssigung von Dämpfen und Gasen besonders durch Abkühlung.
In der *Meteorologie* der Übergang des Wasserdampfs der Atmosphäre in den flüssigen Aggregatzustand durch Tröpfchenbildung (Nebel, Wolken, Tau) beim Überschreiten des (zur entsprechenden Temperatur gehörenden) Sättigungsdampfdrucks infolge Zunahme der spezifischen Feuchte oder (häufiger) infolge Abkühlung durch Ausstrahlung, Wärmeleitung und Aufsteigen von feuchter Luft. Meist schlägt sich das Wasser an ↑Kondensationskernen nieder.
Die bei der K. frei werdende **K.swärme** hat den gleichen Betrag wie die ↑Verdampfungswärme, die beim Übergang vom flüssigen Aggregatzustand in den gasförmigen aufzubringen ist. – ↑auch Sublimation, ↑Verdunstung.

Kondensationsadiabate ↑Feuchtadiabate.

Kondensationshygrometer: zur Messung des Taupunkts geeignetes Feuchtemeßgerät; das Meßprinzip gleicht dem des ↑Taupunkthygrometers.

Kondensationskerne: in der Atmosphäre schwebende mikroskopisch kleinste Teilchen, an denen bei Sättigung der Luft mit Wasserdampf die Kondensation beginnt. K. bestehen zum größten Teil aus hygroskopischen, d. h. Feuchtigkeit anziehenden Partikeln (v. a. Aerosolteilchen, die durch chemische Reaktionen aus Verbrennungsprodukten entstanden sind, sowie Salzpartikeln aus dem Meer, die durch turbulente Austauschvorgänge in die Atmosphäre gelangen), ferner aus Staub, der von der Erde aufgewirbelt wird bzw. aus Vulkanausbrüchen stammt.
Die Anzahl der K. beträgt in reiner Luft bis zu 1 000/cm^3, in verschmutzter Großstadtluft bis weit über 100 000/cm^3.

Kondensationsniveau [...vo:]: Höhe oder Schicht, in der bei aufsteigender, mehr oder weniger feuchter Luft ↑Kondensation des Wasserdampfs eintritt.
Das **Konvektions-K.** (Abk.: KKN) oder **Cumulus-K.** gibt die Höhe der Unter-

grenze der aufgrund thermischer Vorgänge entstehenden Cumuluswolken an, im Diagrammpapier gekennzeichnet als Schnittpunkt zwischen der durch den Bodentaupunkt verlaufenden Linie des ↑Sättigungsmischungsverhältnisses mit der ↑Zustandskurve. Die ↑Trockenadiabate durch diesen Punkt zeigt im Bodenniveau die ↑Auslösetemperatur an. Das Konvektions-K. wird bei Abnahme des Taupunktes (der Feuchte) angehoben, bei Zunahme sinkt es. Bei der rechnerischen Bestimmung des Konvektions-K.s verwendet man wegen der tagsüber einsetzenden Durchmischung (infolge Einstrahlung) meist eine mittlere Feuchte der unteren Atmosphärenschicht.
Das **Hebungs-K.** (Abk.: HKN) bezeichnet die Höhe, in der bei erzwungener Hebung (Überströmen eines Berges, Aufgleiten) Kondensation und Schichtwolkenbildung eintreten, im Diagrammpapier gekennzeichnet als Schnittpunkt der Linie des durch die Taupunkttemperatur bestimmten Mischungsverhältnisses mit der durch die zugehörige Temperatur des Luftteilchens verlaufenden Trockenadiabate. Das Hebungs-K. liegt im allg. niedriger als das Konvektionskondensationsniveau.
Das **Mischungs-K.** (Abk.: MKN) ist die niedrigste Höhe, in der bei vollständiger turbulenter Durchmischung einer Schicht Kondensation eintritt, im Diagrammpapier bestimmbar als Schnittpunkt einer mittleren Trockenadiabaten dieser Schicht mit einer mittleren Linie des Mischungsverhältnisses.
Das K. läßt sich näherungsweise durch die **Henning-Formel** (122 multipliziert mit der Taupunktdifferenz = K. in m über Grund) berechnen.

Kondensationspunkt: die vom Luftdruck abhängige Temperatur, bei der die ↑Kondensation eines Gases (Dampfes) eintritt. Der K. stimmt mit dem ↑Siedepunkt überein.

Kondensationswärme ↑Kondensation.

Kondensstreifen [zu lat. condensare = verdichten]: weiße, schmale Wolkenstreifen, die sich durch Kondensation des Wasserdampfs (an Kondensationskernen) in den Abgasen eines Flugzeugs bilden, wenn die Luft in Flughöhe genügend feucht und kalt ist.
K. entwickeln häufig nach unten gerichtete Quellformen („umgekehrte Pilze"); im allg. sind sie kurzlebig, können aber auch einige Stunden erhalten bleiben und bilden dann breite, flockige oder faserige Wolken, die das Aussehen von Cirrus oder Cirrocumulus bzw. von Cirrostratusflecken haben.
An K. können ↑Haloerscheinungen mit ausgesprochen reinen Farben auftreten.

Konfluenz, die [aus spätlat. confluentia = Zusammenfluß]: das Zusammenlaufen von Stromlinien; eine Bez., die nur die äußere Form des Stromlinienbildes beschreiben soll, ohne daß eine Aussage über die Existenz einer physikalischen Konvergenz (mit Massenzuwachs) gemacht wird.

Konimeter, das [griech. kónis = Staub und ↑-meter ‖ Schreibvariante: Koniometer ‖ Syn.: Staubzähler]: Gerät zur Messung des Staubgehaltes der Luft: Eine bestimmte Menge staubhaltiger Luft wird durch einen engen Spalt gesaugt und prallt auf eine dahinter befindliche, mit einer feinen Schicht klebriger Substanz versehene Glasplatte. Die Staubteilchen bleiben daran haften und können mikroskopisch ausgezählt werden. – ↑auch Staubfolie.

konservativ [zu lat. conservare = bewahren, erhalten]: nennt man diejenigen Eigenschaften einer Luftmasse, die sich durch äußere Einflüsse und adiabatische Zustandsänderungen am wenigsten ändern und die Herkunft einer Luftmasse charakterisieren; z. B. ↑Taupunkt, ↑spezifische Feuchte, ↑pseudopotentielle Temperatur, ↑potentielle Äquivalenttemperatur und ↑opaleszente Trübung.

Konsistenz, die [zu lat. consistere = stillstehen, bestehen]:
◇ in der *Meteorologie* Verfahren der Datenprüfung. Man unterscheidet:
1. **Innere K.:** Überprüfung eines gleichzeitigen meteorologischen Datensatzes (z. B. einer ↑SYNOP-Meldung) hinsichtlich Widerspruchsfreiheit der Daten untereinander. So kann z. B. die Lufttemperatur (bei einem auf eine ebene Wasserfläche bezogenen Dampfdruck) nicht kälter als der Taupunkt sein.

2. **Zeitliche K.:** Vergleich des zeitlichen Verlaufs eines meteorologischen Elements, d. h. Vergleich eines Terminwertes mit dem Vor- und Folgetermin mittels eines Plausibilitätstests (Verträglichkeitstests). Dabei werden Werte, die statistisch ermittelte Schwankungstoleranzen über- bzw. unterschreiten, ausgeschlossen.
3. **Räumliche K.:** gleichzeitiger Vergleich eines meteorologischen Elements an einer Station mit den entsprechenden Werten umliegender Nachbarstationen mittels auf witterungsklimatologischen Zusammenhängen basierender Verträglichkeitstests. So können sich z. B. in einer homogenen Luftmasse die Temperaturwerte nicht beliebig voneinander unterscheiden.
◇ [Syn.: stochastische Konvergenz]: in der *Statistik* bestimmte Eigenschaft von aus Stichprobenwerten zu schätzenden Parametern. Eine Stichprobenfunktion, wie z. B. der Mittelwert oder die Varianz, heißt **konsistent** oder **stochastisch konvergent,** wenn sie sich mit wachsendem Stichprobenumfang dem entsprechenden Parameter der Grundgesamtheit nähert; d. h., die Wahrscheinlichkeit, daß sich die Näherung für den Stichprobenwert um weniger als einen vorgegebenen kleinen Betrag von der Grundgesamtheit unterscheidet, strebt mit wachsendem Stichprobenumfang gegen 1.

Kontaktanemometer: spezielles ↑Schalenkreuzanemometer zur Messung der mittleren Windgeschwindigkeit. Nach einer bestimmten Anzahl von Umdrehungen des Schalenkreuzes, d. h. nach einem bestimmten ↑Windweg, wird ein elektrischer Kontakt geschlossen. Die zeitliche Dichte der mit einem Chronographen registrierten Kontaktfolge ist ein Maß für die Windgeschwindigkeit.

kontinental [zu lat. (terra) continens = zusammenhängend(es Land) ‖ Abl.: ↑Kontinentalität]: den Kontinent betreffend, ihm eigentümlich; festländisch.

kontinentale Luftmassen: Bez. für Luftmassen, die in den Hochdruckgebieten über dem Festland entstanden sind und wegen der dort herrschenden geringeren Verdunstung relativ trocken sind, sowie für Luftmassen, die auf ihrem Weg über das Festland hinsichtlich Stabilität, Temperatur und Feuchte kontinentalen Charakter angenommen haben. – Gegensatz: ↑maritime Luftmassen.

kontinentale Tropikluft ↑Tropikluft.

Kontinentalität, die [zu ↑kontinental]: der Grad des Einflusses großer Landmassen auf das Klima bzw. der Grad der Einengung maritimer Einflüsse. Zur Bestimmung der Werte, die einzelne Stufen des **K.sgrades** darstellen, gibt es verschiedene K.sformeln; überwiegend basieren sie auf thermischen Größen (↑thermische Kontinentalität), wobei häufig die mittlere Jahresschwankung der Temperatur herangezogen wird; geographische Breite und Höhenlage müssen dabei eliminiert werden. Vereinzelt nimmt man auch den Niederschlagsgang (↑hygrische Kontinentalität) oder das Verhältnis von kontinentalen zu maritimen Luftmassen zu Hilfe.

Kontinentalklima [Syn.: Binnenklima, Landklima]: Bez. für die klimatischen Verhältnisse der inneren, meerfernen Festlandsgebiete. Kennzeichnend sind große Temperaturschwankungen im Tages- und Jahresgang, niedrige Luftfeuchte und allg. geringe Bewölkung, geringe Jahresniederschlagshöhen mit Maximum der mittleren Niederschlagshöhen im Sommer (durch Konvektionsniederschläge), tagesperiodische Winde und geringe mittlere Windgeschwindigkeit.

Kontingenz, die [aus spätlat. contingentia = Möglichkeit]: statistische Maßzahl für den Zusammenhang zwischen qualitativen Merkmalen, d. h. solchen, die nicht in physikalischen Einheiten darstellbar sind (z. B. Anzahl der Tage mit bestimmten Wetterereignissen).
Die Berechnung der K. basiert im allg. auf der Herstellung einer sog. **Vierfeldertafel (K.tafel);** sie stellt eine zweidimensionale (bivariable) Häufigkeitsverteilung dar.

Kontinuitätsgleichung [zu lat. continuus = zusammenhängend]: physikalische Gleichung, die – aufbauend auf dem Grundprinzip der Erhaltung der Masse – die Bedingungen mathematisch formuliert, unter denen die Masse einer

Flüssigkeit oder eines Gases in einem bestimmten Volumen gleich bleibt.
Die Masse in einem Volumen kann sich aus zwei Gründen ändern: Es kann durch die Oberfläche des Volumens mehr Masse einströmen, als an anderer Stelle der Oberfläche austritt (oder umgekehrt); es kann also im Volumen eine Konvergenz (oder Divergenz) auftreten. Andererseits kann sich im Volumen die Dichte der Flüssigkeit oder des Gases ändern; eine zunehmende Dichte führt zu einer Vergrößerung der Masse, eine abnehmende Dichte zu einer Verringerung. Wenn die Masse im Volumen konstant bleiben soll, müssen beide Vorgänge gleich groß sein, aber entgegengesetztes Vorzeichen haben.
Die K. ist eine der Grundgleichungen, die für die numerische Wettervorhersage benötigt werden.

Konvektion, die [zu lat. convehere, convectum = zusammenbringen ‖ Abl.: ↑konvektiv]: in der *Meteorologie* die vertikale Luftbewegung mit Aufsteigen erwärmter Luft bei gleichzeitigem Absinken kälterer Luft in der Umgebung. Man unterscheidet die ungeordnete **Klein-K.** (Warmluftschlieren, -blasen, Cumuluswolken) von der geordneten **Groß-K.** (Gewitterwolken, ↑Cloud-cluster).
Ursache ist meist die durch Sonneneinstrahlung erfolgte Erwärmung der Erdoberfläche und der bodennahen Luftschicht, aus der sich in unregelmäßiger Folge mehr oder weniger große Luftpakete ablösen, aufgrund ihrer geringeren Dichte aufsteigen und sich durch Ausdehnung abkühlen. Bei Erreichen des ↑Kondensationsniveaus bilden sich ↑Konvektionswolken. Als Ersatz für die aufsteigende Warmluft sinkt kältere Luft ab und erwärmt sich adiabatisch.
K. entsteht auch, wenn Kaltluft über warme Unterlagen (warmes Meer, wärmere Landflächen) oder feuchtlabil geschichtete Luft über ein größeres Hindernis (Berg) strömt, ausgelöst durch frei werdende Kondensationswärme.
Die K. verursacht eine Durchmischung der Luft, bei labiler Schichtung die gesamte Troposphäre erfassend. – ↑auch Konvektionszellen, ↑thermische Turbulenz, ↑Thermik.

Konvektionsbewölkung: die unterschiedliche Bedeckung des Himmels mit ↑Konvektionswolken.

Konvektionskondensationsniveau ↑Kondensationsniveau.

Konvektionsniederschläge: durch ↑Konvektion verursachte, aus ↑Konvektionswolken fallende Niederschläge in Form von Regen-, Schnee-, Graupel- und Hagelschauern; sie bilden im kontinentalen Klima den Hauptanteil der Niederschläge. Typisch ist der unvermittelte Beginn und das plötzliche Ende der K.; dazwischen schroffe Schwankungen der Intensität.
Entsprechend dem Tagesgang der Konvektion erreichen K. ihre größte Häufigkeit am Nachmittag über Land und nachts über See (infolge Labilisierung der Luft durch wärmeres Wasser).

Konvektions-Scale, der [...skɛɪl]: der Größenbereich atmosphärischer Phänomene, der die konvektiven Vorgänge umfaßt (↑Scale).

Konvektionsstrom: Bez. für vertikale Luftströmungen in der Atmosphäre, hpts. ausgelöst durch Aufheizung des Erdbodens und der bodennahen Luftschicht, aber auch durch Labilisierung von Kaltluft über wärmerem Untergrund und durch frei werdende Kondensationswärme bei Hebungsvorgängen.

Konvektionstyp: ein Grundschichttyp (↑Grundschicht).

Konvektionswolken: Bez. für die infolge Konvektion entstehenden Cumuluswolken. Ausdehnung und vertikale Mächtigkeit sind von der Schichtung der Luft abhängig. Es lassen sich drei *Typen* von K. unterscheiden:
1. der **normale (vergenzfreie) Konvektionstyp** mit aufquellenden Haufenwolken (Cumulus congestus) ohne Eiskristallbildung; nur selten Niederschläge;
2. der **divergente Konvektionstyp** mit überlagerten Absinkvorgängen, die der Konvektion entgegenwirken; nur dünne und flache Schönwetterwolken (Cumulus humilis oder Cumulus mediocris);
3. der **konvergente Konvektionstyp** mit hochreichender Konvektion infolge Hebung feuchtlabiler Luft; Cumulonimbuswolken, in extremen Fällen bis zur Tropopause; Schauer, Hagel, Gewitter.

Zu den K. zählen auch Inversionswolken (bestimmte Unterarten von Strato-, Alto- und Cirrocumulus), bei denen die zur Konvektion erforderliche Labilisierung durch Strahlungsabkühlung an der Obergrenze von Dunst- und Wolkenschichten (unter Inversionen) erfolgt ist.

Konvektionszellen: mehr oder weniger regelmäßig angeordnete Zellen, in denen der vertikale Austausch von Flüssigkeiten und Gasen unterschiedlicher Dichte erfolgt. In der Atmosphäre bilden die als Thermikblasen (↑Thermik) unter Wolkenbildung aufsteigenden Konvektionsströme und die ein größeres Areal erfassenden korrespondierenden, mit Wolkenauflösung absinkenden Luftströme eine zellenartige Struktur.

K. mit wabenförmiger Anordnung der Cumuluswolken sind in Satellitenbildern ein typisches Kennzeichen für Kaltluftströme über wärmerem Untergrund.

konvektiv [zu ↑Konvektion]: vertikal strömend, durch Konvektion bewirkt; im Unterschied zu ↑advektiv.

Konvergenz, die [zu lat. convergere = sich hinneigen ‖ Syn.: Strömungskonvergenz]: das Zusammen- oder Gegeneinanderströmen von Luft. Die Bez. wird in der Meteorologie einerseits anschaulich zur Beschreibung von horizontalen Strömungsanordnungen benutzt (z. B. bei Begriffen wie ↑Konvergenzlinie), andererseits mathematisch im Sinne der Vektoranalysis als negative ↑Divergenz verstanden. In diesem Sinne gibt die K. den Massenzuwachs in einer Volumeneinheit in der Zeiteinheit an, wenn in das Volumen mehr Masse ein- als ausströmt.

Konvergenzlinie: Linie in einem Strömungsfeld, auf die mindestens von einer Seite Stromlinien zuführen (konvergieren). Der entstehende Massenüberschuß längs der K. muß durch aufsteigende Luftbewegungen ausgeglichen werden. In Bodenwetterkarten ist jede Front auch eine Konvergenzlinie. Nur solche K.n, an denen keine Luftmassenunterschiede erkennbar sind, die also keine Fronten darstellen, werden als K. gekennzeichnet.

K.n entstehen oft in hochreichender Kaltluft und sind mit verstärkter labiler Bewölkung und Schauertätigkeit verbunden. Am deutlichsten treten sie in Stromlinienkarten in Erscheinung, wie sie v. a. in tropischen Breiten sowohl für Boden- als auch für Höhenkarten üblich sind.

Wenn die konvergente Strömung nicht auf eine Linie, sondern auf eine mehr oder weniger breite Zone konzentriert ist, spricht man von **Konvergenzzone.** – Ein Sonderfall ist die ↑innertropische Konvergenz.

Konvergenzzone ↑Konvergenzlinie.

koordinierte Weltzeit ↑UTC.

Kopenhagener Wetterschlüssel: Bez. für den von der Tagung der Internat. Meteorologischen Organisation in Kopenhagen 1929 beschlossenen und internat. eingeführten Wetterschlüssel, der aus mehreren fünfstelligen Gruppen von Schlüsselbuchstaben bestand. Jeder Buchstabe (oder jedes Buchstabenpaar) bedeutete ein bestimmtes meteorologisches Element, das hierdurch einen festen Platz in der Wettermeldung einer synoptischen Station einnahm. Im Einzelfall wurde der Buchstabe durch eine Zahl ersetzt, die dem gemessenen oder geschätzten Beobachtungswert entsprach.

Der K. W. wurde am 1. Januar 1949 durch einen neuen internat. ↑Wetterschlüssel ersetzt.

Köppen-Klimaklassifikation [nach W. Köppen]: zur Gruppe der ↑effektiven Klimaklassifikationen gehörende Einteilung der Klimate. Sie basiert auf Schwellenwerten der Temperatur und des Niederschlags, auf der jahreszeitlichen Verteilung sowie auf den Andauerwerten beider Elemente. Außerdem werden die Auswirkungen des Klimas auf die Vegetation berücksichtigt. Zur Kennzeichnung der Klimagebiete dient die ↑Klimaformel, mit deren Hilfe 5 *Klimazonen* (A bis E) sowie in einer weiteren Unterteilung 11 Klimatypen unterschieden werden (eine weitere Unterteilung erfolgt in Klimauntertypen):

A tropisches Regenklima ohne kalte Jahreszeit; **Af** tropisches Regenwaldklima, **Aw** Savannenklima.

B Trockenklima; **BS** Steppenklima, **BW** Wüstenklima.

C warm-gemäßigtes Klima; **Cw** warmes wintertrockenes Klima, **Cs** warmes, sommertrockenes Klima, **Cf** feuchtgemäßigtes Klima.
D boreales oder Schnee-Wald-Klima; **Dw** wintertrockenkaltes Klima, **Df** feuchtwinterkaltes Klima.
E Schneeklima; **ET** Tundrenklima, **EF** Frostklima (Klima ewigen Frostes). – Karte S. 184/185.

Korona, die [lat. corona = Kranz, Krone]: eine atmosphärisch-optische Erscheinung (↑Kranz).

Korrektionsmethode [lat. correctio = Berichtigung]: Methode der ↑numerischen Analyse, bei der eine ↑Anfangsnäherung Punkt für Punkt aufgrund der im Umkreis vorhandenen Beobachtungen so lange korrigiert wird, bis eine befriedigende Übereinstimmung zwischen den Gitterpunktwerten und den Beobachtungen besteht. Dabei werden für jeden Gitterpunkt nur solche Beobachtungen berücksichtigt, die innerhalb eines ↑Einflußkreises liegen; jede Korrektur erhält ein Gewicht, das abhängig von der Entfernung der Beobachtung vom Gitterpunkt ist und von 1 (am Gitterpunkt) auf 0 (am Einflußkreis) abnimmt. Das Verfahren wird in mehreren (meist 3) Iterationen durchgeführt.
Da die K. verhältnismäßig einfach und mathematisch wenig aufwendig ist und schon sehr früh (etwa 1955) entwickelt wurde, war sie lange Zeit die meistbenutzte Methode der numerischen Analyse. Im Deutschen Wetterdienst ist sie von der ↑multivariaten Analyse abgelöst worden.

Korrelationskoeffizient [mlat. correlatio = Wechselbeziehung]: statistische Maßzahl für den Grad des linearen Zusammenhangs zwischen den Stichprobengliedern zweier Zeitreihen. Der K. r genügt der Ungleichung $-1 \leq r \leq +1$. Es gelten drei *Spezialfälle:*
$r = -1$; bei streng linearer (funktionaler) negativer Abhängigkeit, wobei die eine Größe jeweils steigt, wenn die andere abnimmt („Gegenläufigkeit").
$r = 0$; es besteht überhaupt kein statistischer Zusammenhang zwischen den korrelierten Größen.
$r = +1$; bei streng linearer (funktionaler) positiver Abhängigkeit, d. h., steigt oder fällt die eine Größe, so gilt dies auch für die andere („Gleichsinnigkeit").
Die Anwendung des K.en ist an die Bedingungen geknüpft, daß der Zusammenhang linear ist (d. h. graphisch durch eine Gerade darstellbar) und daß die Glieder der beiden Zeitreihen einer Gauß-Verteilung unterliegen.
In der *Meteorologie* besteht der weitaus häufigste Fall darin, daß zwischen Datenreihen weder eine streng funktionale noch gar keine Beziehung besteht, sondern eine stochastische.
Die Aussagekraft des K.en richtet sich nach der Anzahl der untersuchten Stichprobenpaare: Je umfangreicher die Zeitreihen sind, desto zuverlässiger gibt der K. den berechneten Zusammenhang zwischen den untersuchten Klimaelementen wieder.
Hohe K.en zwischen meteorologischen Elementen, z. B. zwischen den monatlichen Mittelwerten des Luftdrucks und der Lufttemperatur, werden häufig in der Langfristprognose verwendet.

kosmische Strahlung [zu griech. kósmos = Weltall ‖ Syn.: Höhenstrahlung]: aus dem Weltraum kommende, sehr energiereiche und durchdringende Korpuskularstrahlung; sie besteht überwiegend aus Wasserstoffkernen (Protonen), enthält aber auch Heliumkerne (α-Strahlen) und andere Atomkerne. Die energiereichsten Teilchen der k.n St. erreichen fast Lichtgeschwindigkeit. Beim Eindringen in die Erdatmosphäre wird die k. St. wegen ihrer elektrischen Ladung durch das Magnetfeld der Erde beeinflußt. Ihre Intensität nimmt vom Äquator zu den geomagnetischen Polen hin zu.
In der Atmosphäre entstehen durch die Umwandlung der primären (extraterrestrischen) k.n St. aufgrund von Zusammenstößen mit Atomen und Molekülen der Luft sekundäre Effekte (↑Polarlicht); es werden dabei neue Teilchen gebildet, wobei Energie in Form von Strahlung frei wird (z. B. energiereiche γ-Strahlen mit Wellenlängen zwischen $4 \cdot 10^{-4}$ und $8 \cdot 10^{-8}$ µm). Dieser Vor-

gang kann sich kaskadenartig wiederholen (sog. **Luftschauer**). Stärkere Intensitätsänderungen der k.n St. hängen mit Eruptionen auf der Sonne (↑ Sonnenaktivität) zusammen.
Die k. St. ionisiert die Luft und ist ein entscheidender Faktor für die elektrischen Vorgänge in der Atmosphäre (↑ Luftelektrizität).

Kosmos, der [griech. = Weltall ‖ Schreibvariante: Kosmos]: Bez. für eine Serie unbemannter Erdsatelliten der UdSSR, die seit März 1962 gestartet wurden (bis Mitte 1982 insgesamt über 1300). Sie dienen bzw. dienten der physikalischen und astrophysikalischen Grundlagenforschung, raumfahrttechnischen Experimenten, biologischen Forschungen, z. T. auch militärischen Zwekken. Verschiedene Satelliten der Serie wurden auch als Wettersatelliten eingesetzt.

Kovarianz, die [zu lat. con- = zusammen, mit und lat. variare = verändern]: statistische Maßzahl für den Zusammenhang zwischen dem ↑ Korrelationskoeffizienten *r* und den Streuungen σ_x und σ_y in zwei Zeitreihen. Man gelangt zur K., indem für jedes einzelne Meßwertpaar (x_i, y_i) die Differenzen zum jeweiligen arithmetischen Mittelwert $\bar{x}$ bzw. $\bar{y}$ gebildet und miteinander multipliziert werden:

$$(x_i - \bar{x})\,(y_i - \bar{y}).$$

Die Aufsummierung dieser Produkte, dividiert durch die um 1 verringerte Anzahl der Meßwertpaare, führt zur K. σ_{xy}. Unter Zugrundelegung des Korrelationskoeffizienten *r* ergibt sich der Zusammenhang

$$\sigma_{xy} = r \cdot \sigma_x \cdot \sigma_y.$$

Die K. stellt das (zweidimensionale) Analogon zur **Varianz** (Quadrat der Streuung) dar.

Krakatauwinde: äquatoriale östliche Strahlströme, die in Höhen zwischen 20 und 50 km erstmals nach dem Ausbruch des ehemaligen Vulkans Krakatau im Jahre 1883 beobachtet wurden.

Kranz [Syn.: Korona, Corona]: durch Beugung des Lichtes an Wolkentröpfchen und Eiskristallen hervorgerufene atmosphärisch-optische Erscheinung, ein System aufeinanderfolgender farbiger Ringe um Sonne und Mond. Der innerste Teil des K.es ist eine helle, bläulich-weiße Scheibe, der ↑ Hof, der Außenrand leuchtet schwach rötlich. Vom Halo (↑ Haloerscheinungen) unterscheidet sich der K. durch einen geringeren Durchmesser und eine andere Spektralfarbenfolge.

Kreissteuerung: die Steuerung von wandernden Tief- und Hochdruckgebieten bzw. Luftdruckänderungsgebieten auf einer etwa kreisförmigen Bahn, wobei hochreichende Tief- und Hochdruckgebiete als Steuerungszentren wirksam sind.

Krimpen das: *seemännische* Bez. für das Rückdrehen des Windes (auf der Nordhalbkugel entgegen dem Uhrzeigersinn).

Krümmungseffekt: die Erhöhung des Sättigungsdampfdrucks über gekrümmten Oberflächen (z. B. bei Wassertropfen) im Vergleich zu einer ebenen Wasserfläche. Je kleiner der Tropfen ist, desto höher ist der Dampfdruck.
Der K. spielt neben dem Lösungseffekt (↑ Raoult-Gesetz) bei der Bildung von Wolkentropfen eine Rolle.

Krümmungsvorticity, die [...vɔrtɪsɪti]: die durch Krümmung der Isobaren bzw. Isohypsen hervorgerufene ↑ relative Vorticity.

kryomerisch [zu griech. krýos = Kälte, Frost und lat. merus = unvermischt, rein]: heißt bei einer *Klimaklassifikation*, die mittlere Monatswerte des Niederschlags und der Temperatur verwendet, daß es zwölf reine Frostmonate gibt.

Kryosphäre, die [griech. krýos = Kälte, Frost und griech. sphaĩra = Kugel, Erdkugel]: die das Eis und den Schnee umfassenden Bereiche der Erdoberfläche. – ↑ auch Eisbedeckung.

Kryptoklima, das [griech. kryptós = verborgen und ↑ Klima]: das künstlich modifizierte Klima von Innenräumen für Mensch (Wohnung, Klimakammer), Tier (Stall) und Pflanze (Gewächshäuser). Es unterscheidet sich wesentlich vom Außenklima, in Wohnräumen v. a. durch geringere zeitliche Veränderungen und generell niedrigere relative Luftfeuchtigkeit.

Das K. kann stark durch Klimatisierung und Lüftung gestaltet werden. Die Erarbeitung der wiss. Grundlagen für Architekten und Bauingenieure erfolgt durch die ↑Gebäudeklimatologie.

K-Typ, der [Abk. für: **K**altfront**typ**]: Bez. für Menschen, die beim Wetterwechsel von „warm" auf „kalt", d.h. beim Durchgang einer Kaltfront, wetterfühlig reagieren (meist hypertone Reaktionen).

Kugelblitz: seltene Erscheinungsform des ↑Blitzes, meist gegen Ende eines schweren Gewitters auftretend. K.e haben die Form einer leuchtenden Kugel von der Größe eines Tennisballs bis zu der eines Fußballs, die sich relativ langsam (rollend oder springend) längs einer unregelmäßigen Bahn nahe der Erdoberfläche fortbewegt. Manchmal verschwinden sie geräuschlos, in anderen Fällen explodieren sie mit lautem Knall, ohne dabei größeren Schaden anzurichten. Eine eindeutige Erklärung dieses Phänomens steht noch aus.

Kugelpyranometer: älteres, von A. Bellani konstruiertes, auf dem ↑Luzimeter fußendes und hinsichtlich seines Meßprinzips mit dem ↑Schwarzkugelthermometer verwandtes ↑Pyranometer zur Messung der auf eine Kugeloberfläche fallenden kurzwelligen Strahlung.

Kühlturmfahne [Syn.: Kühlturmschwaden]: die von Kühltürmen emittierte und sich in der Atmosphäre ausbreitende Wärme- und Wassermenge, bestehend aus einem sichtbaren (Schwaden, Wassertröpfchen) und einem unsichtbaren Teil. Die Vermischung des Schwadens mit der Umgebungsluft, die Ausbreitung und Auflösung hängen von den meteorologischen Ausbreitungsbedingungen ab. Mit Hilfe von Simulationsmodellen werden Aufstiegshöhe, Schwadenhöhe und -länge berechnet, ferner die meteorologischen Auswirkungen an der Erdoberfläche.

Im Mittel werden Temperatur, relative Feuchte und Nebelbildung nicht nachweisbar beeinflußt. Die Beschattung durch den Schwaden beträgt im Sommer wenige Minuten pro Tag, im Winter an heiteren Tagen bis zu 60 Minuten; eine Niederschlagsvermehrung im Nahbereich bis etwa 5% ist festzustellen (kann durch Tropfenabscheider beeinflußt werden). Insgesamt tritt keine Veränderung des Standortklimas ein.

Kumulonimbus: eindeutschende Schreibung für ↑Cumulonimbus.

Kumulus: eindeutschende Schreibung für ↑Cumulus.

künstlicher Niederschlag ↑Wetterbeeinflussung.

Kurortklima: die besonderen, durch ihre Heilwirkung gekennzeichneten bioklimatischen Verhältnisse in Kurorten. – ↑auch Heilklima, ↑heilklimatischer Kurort, ↑Kurortklimadienst, ↑Klimatherapie.

Kurortklimadienst: Bez. für eine Leistung des Deutschen Wetterdienstes, die sich aus den „Begriffsbestimmungen für Kurorte, Erholungsorte und Heilbrunnen" des Deutschen Bäderverbandes e.V. und Deutschen Fremdenverkehrsverbandes e.V. ergibt. Der Deutsche Wetterdienst erstellt Klimaanalysen und Klimagutachten, die als Grundlage für die Beurteilung der Anwendungsmöglichkeiten des Klimas als natürliches Heilmittel und der allg. Eignung eines Ortes für die Vergabe der Prädikate „heilklimatischer Kurort", „Luftkurort", „Erholungsort", „Kneippheilbad" u.a. dienen. Die Anerkennung der Prädikate ist durch Gesetze der Bundesländer geregelt.

In *Österreich* gibt es ähnliche Anerkennungsverfahren durch die Landesregierungen, in der *Schweiz* bilden die Bedingungen und Statuten des Verbandes Schweizer Kurorte die Voraussetzungen.

Kuroschio, der [jap. ‖ Schreibvariante: Kuroshio]: warme, nach NO fließende Meeresströmung im westlichen Pazifik; entsteht als Abzweigung des Nordäquatorialstroms etwa im Gebiet zwischen Luzon (Philippinen) und Taiwan; zwischen 300 km (vor der Küste Taiwans) und 150 km (vor der jap. Küste) breit. Die Masse des K. strömt entlang den Küsten von Schikoku und Hondo bis etwa 36° n.Br., biegt auf dieser Breite scharf nach O um und fließt als Nordpazifischer Strom ostwärts.

Die Oberflächentemperatur des K. beträgt zwischen 20 °C im Spätwinter und

28 °C im Spätsommer. Der K. beeinflußt erheblich die Zugbahnen von Taifunen.

Kürzestfristprognose: neuere, noch nicht allg. eingeführte Bez. für eine Vorhersage für sehr kurze Zeiträume (bis zu 12 Stunden; ↑Nowcasting).

Kurzfristprognose: Vorhersage für einen kurzen Zeitraum, im allg. gültig bis zum Abend des nächsten Tages, d. h. je nach Ausgabetermin für 24 bis 36 Stunden. Eine verbindliche Festlegung dieses Zeitraums gibt es aber nicht. Neuerdings gibt es Tendenzen, diesen Zeitraum aufgrund der Fortschritte in der numerischen Wettervorhersage bis zu etwa 3 Tagen zu verlängern, da die für K.n eingesetzten numerischen Modelle routinemäßig Ergebnisse für diesen Zeitraum liefern und die Qualität der Prognosen für den dritten Tag heute diejenige erreicht hat, die früher bei Prognosen für 24 Stunden erzielt wurde. Dieser Auffassung hat sich auch die Weltorganisation für Meteorologie in einer Empfehlung angeschlossen.

Kurzwellentrog ↑Trog.

kurzwellige Strahlung: in der *Meteorologie* Bez. für die direkte und indirekte Sonnenstrahlung im Spektralbereich von 0,29 µm bis etwa 3,5 µm.

Küstenklima: das noch stark maritim beeinflußte Klima der Meeresküstenbereiche. Gegenüber dem Binnenklima zeichnet es sich durch ausgeglichenere Jahres- und Tagesschwankungen der Temperatur sowie durch größeren Windreichtum aus; insbes. steht es unter dem Einfluß der lokalen Land-Seewind-Zirkulation. An den Küsten der Kontinente finden sich z. T. jedoch sehr unterschiedliche Verhältnisse (↑Ostküstenklima, ↑Westküstenklima).

Küstenkonvergenz: Konvergenz, die sich an der Küste infolge unterschiedlicher Reibung über See und Land bildet. Eine Luftströmung, die von der See zum Land gerichtet ist, wird durch die verstärkte Reibung über Land verzögert und mehr gegen den tiefen Luftdruck abgelenkt, so daß an der Küste eine Luftstauung, also eine konvergente Zone entsteht. Diese ist meist etwas landeinwärts verschoben. Sie wirkt sich oft deutlich durch Wolkenbildungen und Wetterverschlechterung aus und kann für die Flugwetterberatung von erheblicher Bedeutung sein.

Küstennebel: v. a. im Wirkungsbereich kalter Meeresströmungen oder kalten Auftriebswassers vor subtropischen und tropischen Küsten (z. B. Humboldtstrom vor N-Chile und Peru, Benguelastrom vor SW-Afrika, Kalifornischer Strom vor S-Kalifornien) auftretende Nebel. Sie entstehen durch Abkühlung der Luft über dem kalten Wasser, oft verstärkt durch Wärmeabstrahlung an einer Inversion (↑auch Inversionsnebel). K. treten auch auf, wenn warme Festlandsluft auf das noch kalte Meer strömt (z. B. im Frühjahr an der Ostseeküste). – ↑auch Meernebel.

Küstenwüste: extremer Wüstentyp im Küstenbereich, der unter dem Einfluß kalter Meeresströmungen bzw. kalter Auftriebswasser in den Subtropen und Tropen entsteht; durch die Überlagerung ablandiger, sehr warmer Passatluftmassen auf kalte Meeresluft bildet sich eine Inversion, die Konvektion und damit Niederschlagsentstehung verhindert. Beispiele für K.n sind Atacama (N-Chile) und Namib (SW-Afrika). – ↑auch Nebelwüste.

L

L: Abk. für ↑Tiefdruckgebiet.

labiles Gleichgewicht ↑Gleichgewicht.

Labilisierung, die [zu lat. labilis = leicht gleitend]: Veränderung des vertikalen Temperaturgradienten in bestimmten Schichten einer Luftmasse infolge Erwärmung der bodennahen Schicht (durch Aufheizung oder wärmeres Meerwasser) oder infolge Abküh-

lung höherer Schichten (durch Kaltluftadvektion oder Ausstrahlung an Dunst- und Wolkenschichten). L. erfolgt bei zyklonaler Strömung auch durch Hebung größerer Luftschichten (potentielle Labilität).
Die L. ist Ursache der Konvektion, sie verstärkt die Turbulenz und löst Quellwolken, Schauer und Gewitter aus. – Gegensatz: ↑Stabilisierung.

Labilität, die [zu lat. labilis = leicht gleitend ‖ Syn.: statische Instabilität]: in der *Meteorologie* Bez. für einen Zustand der Atmosphäre, bei dem die vertikale Temperaturabnahme in nicht feuchtegesättigter Luft größer ist, als es der Trockenadiabate entspricht, also größer als 1 K pro 100 m Höhendifferenz. Wird ein Luftquantum, das die Temperatur seiner Umgebung besitzt, bei diesem Zustand verschoben, so ist es beim Aufsteigen immer wärmer, beim Absteigen ständig kälter als seine Umgebung und hat das Bestreben, sich weiter von seiner Ausgangslage zu entfernen.
Von **potentieller L.** spricht man, wenn durch Hebung ganzer Luftschichten eine ursprünglich stabile Schichtung der Luft in eine feuchtlabile umgewandelt wird. Zustands- und Taupunktskurven verändern sich dementsprechend. – Gegensatz: ↑Stabilität.

Labilitätsenergie: quantitatives Maß für die durchschnittliche Labilität einer atmosphärischen Schichtung in bezug auf ein bestimmtes vertikal bewegtes Luftquantum; abhängig von der Differenz zwischen der Temperatur des Luftquantums, die sich bei Hebung nach der Trocken- und Feuchtadiabate ändert, und der Temperatur der umgebenden Atmosphäre entsprechend der ↑Zustandskurve, in einem thermodynamischen Diagramm als Fläche dargestellt, die von der Zustandskurve und der Hebungskurve (Trocken- und Feuchtadiabate) begrenzt wird.
Positive L. zeigt, daß mehr oder weniger kräftige Vertikalbewegungen (Cumulus-, Cumulonimbusentwicklungen) erwartet werden können, negative L. ist ein Zeichen für stabile Schichtung, in der Vertikalbewegungen gedämpft werden. Sind in dem Diagramm die positiven Flächen größer als die negativen, spricht man von **latenter Labilität.**

Labilitätsindex: aus den Meßwerten für Temperatur und Taupunkt der Hauptdruckflächen schnell und einfach bestimmbare Maßzahl, die eine objektive Aussage über die Labilität bzw. Stabilität der Schichtung der Atmosphäre und damit über die Gewitterbereitschaft zuläßt.
In der meteorologischen Praxis werden verschiedene Labilitätsindizes angewendet, so der ↑Faust-Index, der ↑Showalter-Index, der ↑Total-totals-Index, der ↑K-Index und der ↑KO-Index. Die Indizes werden aus den TEMP-Meldungen berechnet und stehen teilweise routinemäßig in Listen und Schnelldruckerkarten für den Ausschnitt Europa/Nordatlantik zur Verfügung.

Labradorstrom: kalte, südwärts gerichtete Meeresströmung im Nordatlantik, vor der O-Küste von Labrador, in der Labradorsee und östlich von Neufundland; beeinflußt stark das Klima O-Kanadas; trifft vor Neufundland auf den Golfstrom, wo es häufig zu Nebelbildung kommt (↑Neufundlandnebel).
Die vom L. mitgeführten Eisberge können eine Gefahr für die Schiffahrt darstellen.

lacunosus [lat. = voller Lücken]: adjektivischer Zusatz zu den Namen der Wolkengattungen Cirrocumulus und Altocumulus, seltener Stratocumulus, mit der Bedeutung „durchlöchert". Die mit l. bezeichnete Wolkenunterart besteht aus Wolkenflecken, -feldern oder -schichten, die gewöhnlich dünn sind und als wesentliches Merkmal mehr oder weniger regelmäßig verteilte runde Löcher aufweisen, deren Ränder häufig ausgefranst sind. Wolkenteile und wolkenfreie Zwischenräume können eine netz- oder wabenförmige Struktur besitzen. – ↑auch Wolkenklassifikation.

Laderaummeteorologie: Teilgebiet der angewandten (maritimen) Meteorologie, das sich mit den witterungs- und klimabedingten Einflüssen beschäftigt, die zur Gefährdung bzw. Schädigung von Ladegütern bei deren Lagerung oder während des Schiffstransports führen können. Meteorologisch bedingte

Schäden am Ladegut sind v. a. auf große Temperaturschwankungen, hohe Luftfeuchte und Kondenswasserbildung an den Innenwänden des Transportraums und an der Ladung zurückzuführen.
Im Deutschen Wetterdienst wird die L. als spezielles Arbeitsgebiet vom Seewetteramt in Hamburg wahrgenommen, das entsprechende Empfehlungen und Ratschläge zur Vermeidung meteorologisch bedingter Ladungsschäden herausgibt.

Lage: in der Meteorologie svw. ↑Wetterlage.

Lambert-Kosinusgesetz [nach J. H. Lambert]: ein physikalisches Gesetz; gibt die Strahlungsflußdichte auf einer Fläche an, deren Senkrechte (Normale) den Winkel α zur Strahlungsrichtung bildet. Die Bestrahlungsstärke dieser Fläche ist um den Faktor $\cos\alpha$ kleiner als die einer zur Strahlungsrichtung senkrechten Einheitsfläche.

laminare Strömung [zu lat. lamina = Platte, Blatt]: Strömung, in der im Gegensatz zur ↑turbulenten Strömung alle Teilchen auf nahezu parallelen Bahnen ungestört und ohne Wirbel nebeneinander herlaufen, auch wenn benachbarte Teilchen unterschiedliche Geschwindigkeiten aufweisen, also Scherungen auftreten. Überschreitet die Geschwindigkeit einen bestimmten kritischen Wert, der durch die ↑Reynolds-Zahl gegeben ist, so tritt ↑Turbulenz auf.

Landebahnbeobachtung: Sammelbegriff für die speziell an den Bedürfnissen der Luftfahrt orientierte Erfassung augenblicklicher meteorologischer Verhältnisse im Bereich von Start- und Landebahnen. Die L. wird im allg., unter Einhaltung der vorgeschriebenen Sicherheitsabstände, von einem L.shaus aus durchgeführt.
Hauptinhalt der L. sind Angaben über Bodenwind (Richtung, Geschwindigkeit, Böigkeit, Windscherung), Sichtweite, besondere Wettererscheinungen (Nebel, Hagel, Schauer, Gewitter), Bewölkung (Ceiling, Wolkenhöhe, Wolkenuntergrenze), Luftdruck (zur Höhenmessereinstellung) und Landebahnzustand. Bei markanten Wetteränderungen sind Sonderwettermeldungen nach dem ↑SPECI-Code durchzuführen und über Fernschreiben abzusetzen. Zusätzlich werden noch Klimabeobachtungen durchgeführt.

Landebahnsicht [Syn.: Pistensichtweite (selten), RVR (Abk. von entsprechend engl. **r**unway **v**isual **r**ange)]: die größte Entfernung in Richtung des Starts oder der Landung, bis zu der ein Pilot eines Flugzeugs die Landebahn (bei Tag) oder ihre Befeuerung (bei Nacht, zeitweise auch bei Tag) oder die Landebahn kennzeichnende Markierungen aus einer Position oberhalb des Aufsetzpunktes in einer Höhe sehen kann, die der mittleren Augenhöhe (annähernd 5 m) von Flugzeugführern beim Aufsetzen entspricht.
Die L. wird im allg. instrumentell mit ↑Transmissometern, seltener visuell durch Abzählen der sichtbaren Lampen einer Lampenkette (Sichtmeßfeuerreihe) bestimmt.

Landebahnzustand: im Flugwetterdienst verwendete Schlüsselgruppe (↑Wetterschlüssel) zur Charakterisierung der augenblicklichen Oberflächenbeschaffenheit der Landebahn. Für die Angabe des L.es werden Informationen über Art und Bedeckung der Landebahn mit abgesetzten Niederschlägen, flächenmäßige Ausdehnung und Höhe der Ablagerungen sowie über den Reibungskoeffizienten (Bremswirkung) benötigt. Die Kennung **SNOCLO** (Abkürzung durch Umstellung von engl. **clo**sed due to **sno**w = geschlossen wegen Schnees) in der Meldung über den L. bedeutet, daß der Flughafen wegen Schnees auf der Landebahn geschlossen ist.

Länderarbeitsgemeinschaft Wasser ↑LAWA.

Landesklimaaufnahme: svw. ↑Geländeklimakartierung.

Landeswetterwarten: Bez. für die Zentralinstitute der meisten, in der zweiten Hälfte des 19. Jahrhunderts in den dt. Ländern gegründeten meteorologischen Dienste. Die L. betreuten in dem jeweiligen Land ein Klimabeobachtungsnetz und unterhielten ab 1881 einen Wetterprognosendienst.
Aufgrund einer Reichsverordnung vom 6. April 1934 wurden die L. von Baden,

Bayern, Bremen, Sachsen, Thüringen und Württemberg zusammen mit weiteren meteorologischen Einrichtungen und Instituten in den ↑Reichswetterdienst überführt.

Landewettervorhersage: Wettervorhersage für die Landung eines Luftfahrzeugs. Der aktuellen Bodenwettermeldung für die Luftfahrt (↑METAR-Code) wird eine Vorhersage für die auf die Beobachtungszeit folgenden zwei Stunden angefügt, in der in Form eines Trends (↑TREND-Meldung) auf erwartete signifikante Änderungen der gemeldeten Wetterbedingungen hingewiesen wird.

Landklima: svw. ↑Kontinentalklima.

Landregen: anhaltende Regenfälle mäßiger Stärke über einem größeren Gebiet; meist beim langsamen Durchzug einer Warmfront oder im Bereich einer ↑Schleifzone.

Landschaftsklima: das durch die horizontale und vertikale Gliederung sowie durch die Bodenbedeckung differenzierte Klima eines Landschaftsraums. Je nach Größenordnung gehört das L. zum Bereich des Makro- oder Mesoklimas.

Land- und Seewindzirkulation: tagesperiodisches Windsystem, das sich bei ungestörter Strahlungswetterlage an den Meeresküsten, in abgeschwächter Form auch am Ufer größerer Binnenseen aufgrund unterschiedlicher Wärmeeigenschaften von Festland und Wasser ausbildet:

Tagsüber erwärmt sich das Land stärker als die Wasseroberfläche; es entsteht ein Druckgefälle vom Meer zum Land (in der Höhe vom Land zum Meer), das eine landeinwärts gerichtete kühle und feuchte Luftströmung **(Seewind)** zur Folge hat. Vom späten Nachmittag an stellen sich durch die stärkere Abkühlung des Festlandes gegenüber dem Meer umgekehrte Verhältnisse ein; es entsteht ein Druckgefälle vom Land zum Meer (in der Höhe vom Meer zum Land), d. h., es weht ein seewärts gerichteter, infolge Bodenreibung etwas schwächerer **Landwind.**

Landwind: vom Land zum Meer wehender Wind (↑Land- und Seewindzirkulation).

lange Reihe: Bez. für die tabellarische Aufstellung von Beobachtungsdaten einer Klimahaupt- oder Niederschlagsstation (alle Klimaelemente bzw. Niederschlagsdaten) in zeitlicher Reihenfolge, z. B. von Tages-, Monats- oder Jahreswerten, über einen längeren Zeitraum.

lange Wellen: svw. ↑Rossby-Wellen.

Langfristprognose: Vorhersage für Zeiträume von etwa einem Monat bis zu einer Jahreszeit. Das Problem der L. gilt heute im Prinzip als ungelöst, obwohl auf diesem Gebiet intensive Forschungsarbeiten – in Deutschland v. a. von F. Baur seit den 20er Jahren – geleistet worden sind.

Als *Methoden* wurden erprobt und teilweise eingesetzt: ähnliche Fälle (Vergleich von Monatsanomalien des letzten Monats mit ähnlichen früherer Jahre); Wellenuntersuchungen (↑Leipziger Schule); Stellung des Jahres im Sonnenfleckenzyklus; statistische Beziehungen zwischen Anomalien der vergangenen Monate und der zukünftigen Entwicklung. Die letztgenannte Methode wurde von F. Baur mathematisch ausgebaut; er löste mit Hilfe von Rechenanlagen aufwendige ↑Beziehungsgleichungen und gab bis kurz vor seinem Tode regelmäßig L.n heraus.

Der amtliche Wetterdienst setzte wegen nicht zufriedenstellender Erfolgsquoten

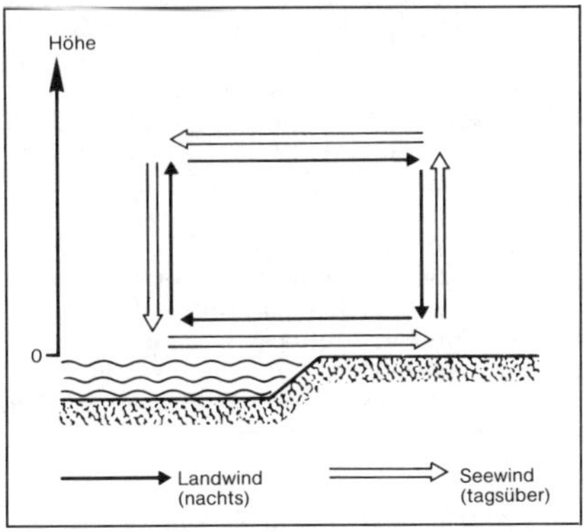

Land- und Seewindzirkulation (schematisch)

diese Arbeiten nicht fort und verzichtet auf die Veröffentlichung von Langfristprognosen.

Langley, das [engl. 'læŋlı ‖ nach S. P. Langley ‖ Einheitenzeichen: ly]: ältere, nicht mehr gebräuchliche Einheit der Strahlung:
1 ly = 1 Kalorie (cal)/cm^2 = 4,1868 J/cm^2.

Langwellentrog ↑Trog.

langwellige Strahlung: in der Meteorologie Bez. für ↑terrestrische Strahlung.

Lapse-rate, das ['læpsrεıt ‖ engl., zu engl. lapse = Entgleisung und engl. rate = Betrag]: besonders im *Flugwetterdienst* Bez. für: vertikales Gefälle (z. B. der Temperatur, des Luftdrucks). – ↑auch Temperaturgradient.

Large-Scale, der ['lɑːdʒ'skεıl ‖ engl. = Großskala]: svw. Makro-Scale (↑Scale).

Lastannahme: Bez. für eine meteorologische Einflußgröße, die zu Beanspruchungen von Bauwerken führt. Das Wort Last wird hier für Kräfte verwendet, die von außen auf ein System einwirken.
Die L.n bestimmen maßgeblich Werkstoffauswahl und Konstruktion. Die häufigsten L.n sind ↑Eislast, ↑Schneelast und ↑Windlast.

latente Labilität ↑Labilitätsenergie.

latente Wärme [zu lat. latere = verborgen sein ‖ Syn.: Umwandlungswärme]: Wärmemenge, die bei jeder Phasenumwandlung, insbes. bei Änderungen des Aggregatzustandes eines gasförmigen, flüssigen oder festen Körpers, verbraucht oder freigesetzt wird.
In der *Meteorologie* wird damit die im Wasserdampf der Luft (durch Verdunstung an der Erdoberfläche) enthaltene potentielle Energie bezeichnet, die bei der ↑Kondensation (Kondensationswärme) bzw. Sublimation (↑Sublimationswärme) des Wasserdampfs freigesetzt wird und in fühlbare Wärme übergeht; sie entspricht der gleichen Wärmemenge, die bei der Verdampfung von Wasser (↑Verdampfungswärme) bzw. beim Schmelzen von Eis (↑Schmelzwärme) verbraucht wird.

LAWA, die [Abk. für: **L**änder**a**rbeitsgemeinschaft **Wa**sser]: zur Koordinierung praktischer hydrologischer und gewässerkundlicher Aufgaben in der BR Deutschland gegründete Arbeitsgemeinschaft, in der die Landesdienststellen für Wasserwirtschaft vertreten sind.
Zu den Zielen von LAWA gehören (teilweise in Abstimmung mit dem Deutschen Wetterdienst) die Erfassung aller Niederschlagsmeßstellen, die Vereinheitlichung der Meß- und Beobachtungsmethoden, die Herausgabe einer einheitlichen Beobachteranleitung, die Erarbeitung von Empfehlungen für eine einheitliche Aufbereitung und Weitergabe von Niederschlagsregistrierungen sowie die Festlegung von einheitlichen Normen für die statistische Auswertung von Niederschlags- und Pegelmessungen.

Lawine, die [aus ladinisch lavina, von mlat. labina, zu lat. labi = gleiten]: an Gebirgshängen plötzlich niedergehende Schnee- und Eismassen, deren Abgehen durch eine Lösung des Zusammenhaltes der Schneedecke als Folge zu großen Gewichtes der Schneemassen oder infolge Wasserdurchtränkung des Schnees (v. a. zur Zeit der Schneeschmelze), durch menschliche Einflüsse (Skifahren), Schallwellen u. a. verursacht wird.
Man unterscheidet:
1. **Staub-L.n** (Locker- oder Trockenschnee-L.n, stürzende L.n) aus trockenem Pulverschnee, die bei Frost und Neuschnee in Form von Pulverschneewolken niedergehen und von starken Luftwirbeln (↑Lawinenwind) begleitet sind (Zerstörung durch Luftdruckwirkung). Ursachen sind die Temperaturunterschiede zwischen Alt- und Neuschnee sowie die Beschaffenheit der Altschneedecke.
2. **Grund-L.n** (Feuchtschnee-L.n) aus nassem Schnee, die v. a. im Spätwinter und Frühjahr (bei Föhn und Tauwetter) meist an rinnenförmigen **L.nbahnen** (L.nzüge) abgleiten und bis zum Grund alles mitreißen. Ursache ist eine bei stärkerer Sonneneinstrahlung einsetzende Unterspülung des Schneehangs.
3. **Schneebrett-L.n** (auch Touristen-L.n genannt) aus gespanntem, gepreßtem Schnee, die in Form großer, kompakter Schneestollen **(Schneebretter)** mit lautem Knall abreißen und (bis zu Breiten

von mehreren hundert Metern) auf älteren Schneeschichten abgleiten; oft schon bei kleinsten Störungen ausgelöst, z. B. durch Anschneiden mit Skiern.
4. **Eis-L.n** (Gletscher-L.n) aus Firneis oberhalb eines Gletschers oder aus Eis vom Gletscherrand, die vor allem bei länger andauerndem warmem Wetter auftreten.
Zum *L.nschutz* forsten die Alpenländer seit Jahrzehnten die Hänge mit sog. Bannwald auf und errichten Schutzwälle, -mauern und -zäune, Stütz- und Ablenkverbauungen sowie Überdachungsbauwerke **(L.ngalerien)** an Verkehrswegen. Weitere Schutzmaßnahmen sind künstliches Auslösen von L.n, z. B. durch Beschießen der Schneemassen. Wichtige **L.nsuchgeräte** zur Suche nach Verschütteten sind **L.nsonden** (meist etwa 3 m lange, zusammensteckbare Metallstäbe) sowie elektronische Hilfsgeräte. Daneben werden besonders dressierte L.n[such]hunde (v. a. Schäferhunde) eingesetzt.
Lawinenwarndienst: in den Alpenländern bestehende amtliche Einrichtung zur Überwachung der Schneeverhältnisse im Gebirge und zur Warnung vor Lawinengefahr. Der L. gliedert sich meist in eine Lawinenwarnzentrale, die den Lawinenlagebericht zusammenstellt, in Beobachtungsstellen, die die Schneedecke ständig überwachen und deren Zustand melden, und in örtliche Lawinenkommissionen.
Lawinenwind: Bez. für die in Begleitung von niedergehenden Lawinen (Staublawinen) auftretenden Luftwirbel, die hohe lokale Windstärken mit Sturmverheerungen (durch Luftdruck und Sog) in Wäldern, an Häusern u. a. erzeugen können.
Leap-frog-Verfahren ['li:pfrɔg... ‖ engl. leap-frog = Bocksprung]: häufig benutzte Methode der ↑Differenzenapproximation für zeitliche Differenzenquotienten, die den Verstümmelungsfehler möglichst klein hält. Hierbei werden zentrierte Differenzenquotienten über zwei Zeitschritte gebildet und dem dazwischenliegenden Zeitschritt zugeordnet. Von diesem Wert ausgehend, wird der nächste Differenzenquotient wieder über zwei Zeitschritte gebildet usw., so daß jeweils zwei Schritte voran- und ein Schritt zurückgegangen wird.
Der Vorteil des Verfahrens liegt darin, daß durch einen Differenzenquotienten über zwei Einheiten die Richtung der Tangente in der Mitte des Intervalls gut wiedergegeben wird.

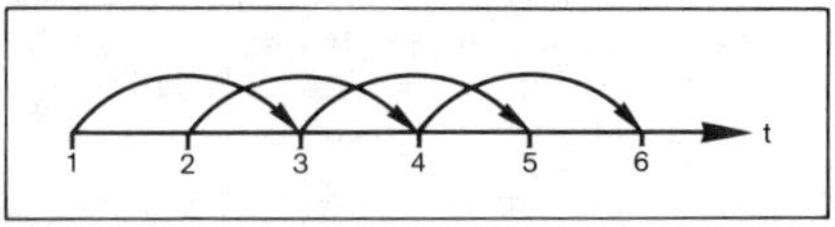

Leap-frog-Verfahren

Lee, die oder das [niederdt., eigtl. = warme, milde Stelle]: die dem Wind abgewandte Seite einer Erhebung (Berg, Gebirge), eines Gebäudes oder eines Schiffes, die im Windschatten liegt. Die L.seite eines Gebirges erhält den geringsten Niederschlag. – Gegensatz: ↑Luv.
Leelage: in der *Klimatologie* Bez. für die Lage eines Ortes oder Landschaftsraums, deren Klima aufgrund der vorherrschenden Windrichtungen durch häufige Leewirkungen (geringe Bewölkung und Niederschläge, höhere Sonnenscheindauer, Föhn) geprägt wird. – Gegensatz: ↑Luvlage.
Leetief: Tiefdruckgebiet, das im Lee eines Gebirges entstanden ist. Unter dem Einfluß eines quer zur Strömung stehenden Gebirges kommt es bei bestimmter Luftdruckverteilung zu Veränderungen des Strom- und Temperaturfeldes, wobei auf der Luvseite ein Hochdruckkeil, auf der Leeseite ein warmer Höhentrog entsteht. Die in dem Trog einsetzenden Hebungsvorgänge leiten eine zyklonale Zirkulation und damit bei entsprechenden Temperaturgegensätzen die Entwicklung eines Tiefdruckgebietes ein.
Typische L.s sind das Adria- und das Genuatief.
Leewellen: stehende Wellen, die sich im Lee eines Berges oder Gebirges ausbilden, wenn eine Luftströmung nahezu senkrecht auf den Gebirgskamm auftrifft.
L. sind theoretisch eingehend untersucht worden. Ihre Amplitude ist um so grö-

ßer, je mehr die vertikale Stabilität mit der Höhe abnimmt und die Windgeschwindigkeit mit der Höhe zunimmt. Wegen der Abhängigkeit von der Windgeschwindigkeit sind L. im Bereich von Strahlströmen besonders kräftig ausgebildet. Sie können Clear-air-Turbulenz verursachen und damit den Luftverkehr beeinträchtigen, zumal sie sich bei günstigen Bedingungen bis in sehr große Höhen (bis zum 20fachen der Höhe des Hindernisses) auswirken.

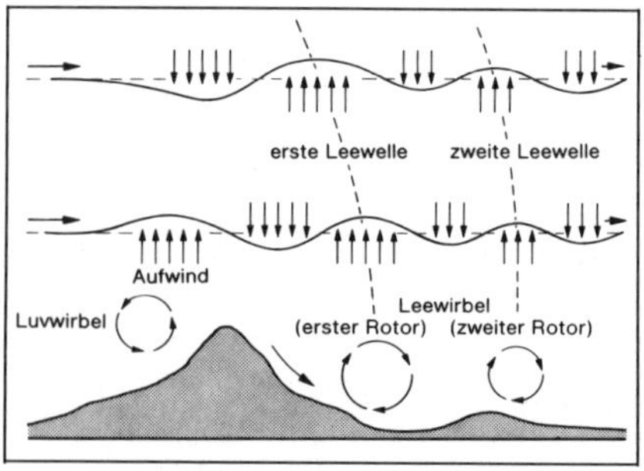

Leewellen. Bildung von Leewellen und Leewirbeln (Rotoren)

Die mit L. verbundenen Wolkenstrukturen entsprechen denen bei ↑interne n Wellen. In der Stratosphäre kann es durch L. zur Bildung von ↑Perlmutterwolken kommen.

Leewirbel: im Lee eines Berges oder Gebirges in Verbindung mit ↑Leewellen entstehende walzenförmige Luftwirbel mit horizontaler Achse, sog. **Rotoren,** die an ortsfesten Rotorwolken (oft von cumulusähnlicher Form und allg. mit glatter Oberseite) zu erkennen sind. Ähnliche Rotorströmungen können unter günstigen Bedingungen auch im Luv eines Gebirgskamms auftreten. Wegen der mit L.n verbundenen starken Abwinde sind sie v. a. für Segelflieger eine Gefahrenquelle.

Leewirkung: die beim Überströmen eines Gebirges im Lee auftretenden Auswirkungen auf Wind-, Bewölkungs-, Temperatur- und Niederschlagsverhältnisse. – ↑auch Föhn, ↑Leelage, ↑Leewellen.

Leipziger Schule: frühere Meteorologenschule an der Universität in Leipzig unter der Leitung von L. Weickmann. Sie deutete die Vielfalt von Luftdruckänderungsgebieten als das Ergebnis der Überlagerung von Luftdruckwellen verschiedener Perioden. Ausgangspunkt war die Entdeckung von ↑Symmetriepunkten im Luftdruckverlauf. Man untersuchte die Einzelschwingungen und stellte ihre Amplituden und Phasen kartenmäßig dar. Dabei konnten stehende und wandernde Wellen unterschieden werden; erstere waren meist langperiodische Wellen, die steuernd wirkten, letztere kürzere Wellen von 2 bis 4 Tagen Dauer, die gesteuert wurden. Wellenuntersuchungen haben zeitweise eine gewisse Bedeutung für die ↑Langfristvorhersage gehabt.

Leitfähigkeit [Syn.: elektrische Leitfähigkeit]: luftelektrisches Grundelement; die elektrische L. beruht auf der Existenz und Beweglichkeit von positiv und negativ geladenen Ionen. In einem elektrischen Feld setzen sich die positiven Ionen in Richtung des Vektors der Feldstärke in Bewegung, die negativen Ionen in entgegengesetzter Richtung. Die beiden Ladungsträger wirken zusammen, und es fließt ein elektrischer Strom in Richtung des Feldvektors, d. h., ionisierte Luft wirkt als ein elektrischer Leiter. Das elektrische Feld würde sich jedoch sehr rasch durch den fließenden Strom abbauen, wenn es nicht immer neue felderzeugende Prozesse in der Atmosphäre gäbe (↑Luftelektrizität, ↑Gewitterelektrizität).

Die L. der Luft ist der Anzahl der positiven und negativen Ladungsträger und ihrer Beweglichkeit (Ionenbeweglichkeit) proportional. Sie nimmt mit der Höhe zu. Durch Luftverunreinigungen wird die L. vermindert.

Leitwirkung: Bez. für den Einfluß der Orographie, insbes. von Gebirgszügen mit großer Längserstreckung, aber auch von Tälern und Senken, auf die Luftströmung. Die L. äußert sich in der Nähe von Gebirgen durch eine größere Häufigkeit der Windrichtungen parallel zum Gebirgszug, bei Tälern durch eine Kanalisierung der Strömung mit bevorzugter

Windrichtung längs des Tals und in Senken durch eine Lenkung abfließender Kaltluft in Richtung des stärksten Gefälles.

Lenard-Effekt [nach Ph. Lenard]:
◇ das auch **Wasserfalleffekt** genannte Auftreten getrennter elektrischer Ladungen verschiedenen Vorzeichens beim Zerspritzen oder Zerreißen von Wassertröpfchen; dabei werden die größeren Resttropfen positiv, die kleineren negativ geladen.
Der L.-E. könnte das eng begrenzte positive Raumladungsgebiet im unteren Teil einer Gewitterwolke erklären (↑Gewitterelektrizität).
◇ Bez. für die durch Ultraviolettstrahlung hervorgerufene Ionisation eines Gases, speziell der Luft.

lenticularis [lat. = linsenförmig]: adjektivischer Zusatz zu den Namen der Wolkengattungen Cirrocumulus, Altocumulus und Stratocumulus mit der Bedeutung „linsen- oder mandelförmig". Wolken der Art l. sind langgestreckt (zeppelinförmig) und besitzen gewöhnlich deutliche Umrisse. Sie werden v. a. im Lee von Gebirgen angetroffen. Als Durchströmungswolken sind sie stationär und wandern nicht mit der Luftströmung. Ihre Bildung zeigt an, daß die Luft im aufwärts gerichteten Ast einer Leewelle durch Hebung ihr Kondensationsniveau erreicht hat. – Abb. S. 376.

leuchtende Nachtwolken: zarte, meist wellen- oder bandenförmige Wolken in 65 bis 95 km Höhe (unterhalb der kalten Mesopause), die nach Sonnenuntergang im gestreuten und reflektierten Licht der Sonne silber- oder bläulichweiß, mitunter auch orangerötlich leuchten und sich gegen den dunklen Nachthimmel deutlich abheben. Sie bestehen vermutlich aus Eiskügelchen mit Radien $\leqq 1\,\mu m$, die sich bei Temperaturen um $-100\,°C$ spontan durch Sublimation des in dieser Höhe noch geringfügig vorhandenen Wasserdampfs bilden. Als Sublimationskerne wirken hpts. terrestrische Staubteilchen und andere Partikel.
L. N. sind am häufigsten in nördlichen Breiten und während des Sommers zu beobachten.

Leveche, der [span. le'βetʃe]: trockener, heißer S-Wind an der SO-Küste Spaniens; entspricht dem ↑Schirokko; bringt oft Staub und Sand aus seinem afrikanischen Ursprungsgebiet mit.

Lichtklima [Syn.: Photoklima]: Bez. für die vom Licht oder der Beleuchtung ausgehende Wirkung auf das Klima; wird bestimmt durch die tägliche Rotation der Erde und ihre jährliche elliptische Bahn um die Sonne; daraus ergibt sich der jahreszeitliche und von der geographischen Breite abhängige Gang der Bestrahlung, der zur Einteilung in mathematische oder solare Klimazonen (↑Solarklima) führt.

Lichtkreuz ↑Haloerscheinungen.

Lichtmesser: svw. ↑Photometer.

Lichtsäule ↑Haloerscheinungen.

Lichtstreuung: diffuse Zerstreuung der Sonnenstrahlung in der Atmosphäre durch Luftmoleküle (↑Rayleigh-Streuung) bzw. durch Staub- und Dunstteilchen (↑Mie-Streuung); auch Zerstreuung der Lichtstrahlen künstlicher Lichtquellen in dunst- bzw. staubhaltiger Luft. – ↑auch Himmelsstrahlung.

Lidar, das ['li:dar, bei engl. Aussprache: 'laɪdɑ: ‖ Abk. für engl. **li**ght **d**etecting **a**nd **r**anging = Entdecken und Entfernungsmessen mit (kohärentem) Licht]: Ortung und Entfernungsmessung mit Hilfe von Lichtstrahlen. Als Sender dienen leistungsstarke Impulslaser. Ähnlich wie beim Radar wird der Laserstrahl auf das zu untersuchende Objekt gerichtet und die Intensität der Rückstreustrahlung photoelektrisch gemessen.
Die im Vergleich zum Radar kleine Wellenlänge erlaubt die Ortung kleinster Partikel in der Atmosphäre; somit können Turbulenzen, Wolken, Staubschichten oder Rauchfahnen erfaßt sowie ihre Dichteverteilung und Ausbreitung untersucht werden.

lineare Regression ↑Regression.

Line-squalls, die (Mehrz.) ['laɪnskwɔ:lz ‖ Einz.: die Line-squall ‖ engl., zu engl. line = Linie und engl. squall = Bö ‖ Syn.: Linienböen]: Bez. für linienförmig vordringende, zu einem Cumulonimbus gehörende Böen vor einem Gewitter, meist in Verbindung mit einem ↑Böenkopf.

Linienblitz: häufigste Form des ↑Blitzes, bei der sich die elektrischen Entladungen längs einer stark verästelten Linie (Zickzackspur) von der Wolke zur Erde oder von Wolke zu Wolke bewegen.
Linienböen: svw. ↑Line-squalls.
Linke-Skala [nach F. Linke]: Farbtafeln zur Bestimmung des Himmelsblaus (↑Blauskala).
Linke-Trübungsfaktor [nach F. Linke]: Maß für die Trübung der Atmosphäre durch Dunst- und Staubpartikel; der Trübungsfaktor gibt die Zahl der reinen, trockenen Atmosphärenmassen **(Rayleigh-Atmosphären)** an, die übereinandergeschichtet werden müßten, um insgesamt dieselbe Trübung wie die reale Atmosphäre hervorzurufen.
Lithiumchloridhygrometer: Gerät zur Messung der Luftfeuchte. Das Meßprinzip basiert auf den hygroskopischen Eigenschaften von Lithiumchlorid. Als Meßfühler (Feuchtegeber) dient ein mit einer Lithiumchloridlösung getränktes Glasfasergewebe. Die mit einem Widerstandsthermometer gemessene Temperatur, bei der das Lithiumchlorid vom festen Zustand in eine Lösung übergeht, ändert sich in Abhängigkeit vom Dampfdruck. Zwischen dieser Temperatur (Gleichgewichtstemperatur), die dem Gleichgewicht zwischen dem Dampfdruck über der Lösung und dem aktuellen Dampfdruck der Luft entspricht, und der Taupunkttemperatur besteht ein eindeutiger Zusammenhang. Mittels einer Regelschaltung wird das Lithiumchlorid durch Aufheizen auf der dem aktuellen Dampfdruck entsprechenden Gleichgewichtstemperatur gehalten.
Lithometeore, die (Mehrz.) [Einz.: der Lithometeor ‖ griech. líthos = Stein und ↑Meteore]: die Gesamtheit der in der Luft schwebenden oder durch den Wind vom Erdboden hochgewirbelten festen Teilchen, die im Gegensatz zu den ↑Hydrometeoren nicht aus Wasser bestehen; z. B. Ascheteilchen, Staub, Sand, Pollen oder Salzpartikel.
LLJ, der [ɛl-ɛl'jot, engl. 'ɛl-ɛl'dʒɛɪ]: Abk. für engl. **L**ow-**l**evel-**j**et (↑Strahlstrom).
lm: Einheitenzeichen für ↑Lumen.
Lockerschnee: svw. ↑Pulverschnee.
Lofting, das [engl., eigtl. = das Hochschlagen des Golfballs]: Form einer Schornsteinabluftfahne bei Ausbreitung in neutraler vertikaler Temperaturschichtung oberhalb einer Bodeninversion. Die bei dieser Schichtung sonst kegelförmige Ausbreitung (↑Coning) wird nach unten durch die Obergrenze der Bodeninversion unterdrückt, wodurch das Eindringen von Luftbeimengungen in die Inversionsschicht verhindert wird. – ↑auch Ausbreitungstypen.
logarithmisches Windgesetz [zu griech. lógos = Wort und griech. arithmós = Zahl]: die logarithmische Zunahme der Windgeschwindigkeit mit der Höhe in der ↑Prandtl-Schicht. Die Windgeschwindigkeit nimmt nahe der Erdoberfläche stark und mit zunehmender Höhe immer weniger zu.
Das Gesetz gilt nur bei indifferenter oder nahezu indifferenter vertikaler Temperaturschichtung.
Logbuch: svw. ↑Schiffstagebuch.
-logie [zu griech. lógos = Wort; Rede; Vernunft]: letzter Wortbestandteil von Zusammensetzungen mit der Bedeutung „Lehre; Wissenschaft"; z. B. Aerologie.
lokal [aus spätlat. localis = örtlich, zu lat. locus = Ort, Platz, Stelle]: örtlich; örtlich beschränkt; für einen bestimmten Ort oder Bereich geltend.
lokale Zustandsänderung: die Änderung, die der Zustand der Luft (z. B. Temperatur, Dichte oder Feuchte) an einem festen Ort erfährt. Diese Änderung kann einerseits dadurch verursacht sein, daß herangeführte Luftteilchen einen anderen Zustand mitbringen, andererseits dadurch, daß die Luftteilchen selbst unter dem Einfluß ihrer Umgebung ihren individuellen Zustand ändern. Wenn keine Luftbewegung herrscht, ist die l. Z. gleich der individuellen Zustandsänderung.
Lokalklima: das Klima kleinerer Raumeinheiten von etwa 100 m bis 10 km Durchmesser. Es gehört im wesentlichen zum Bereich des ↑Mesoklimas; verwendet werden aber je nach Fragestellung auch mikroklimatische Meßmethoden.
Lokalwinde: kleinräumig auftretende Winde bzw. Windsysteme; z. B. die

↑Fallwinde, die ↑Berg- und Talwindzirkulation und die ↑Land- und Seewindzirkulation.

London-Smog ↑Smog.

Looping, das ['lu:pɪŋ ‖ engl., zu engl. loop = Schleife]: Form einer Schornsteinabluftfahne bei Ausbreitung in labiler vertikaler Temperaturschichtung, z. B. an heiteren Sommertagen. Als Folge der Verwirbelungen können vorübergehend hohe Konzentrationen von Luftbeimengungen am Erdboden (bei Bodenberührung der Abluftfahne) eintreten. – ↑auch Ausbreitungstypen.

Los-Angeles-Smog [lɔs'ɛndʒələs..., engl. lɔs'ændʒɪlɪs...]: ↑Smog.

Lostage: bestimmte Tage des Jahres (insgesamt 84), die nach dem Volksglauben für die weitere Wetterentwicklung und die Verrichtung bestimmter landwirtschaftlicher Arbeiten bedeutsam sein sollen.

Der Glaube an die L. geht auf Gebräuche des Altertums zurück, die später von der christlichen Kirche übernommen wurden. Im Mittelalter wurden die Termine und andere Bauernregeln in „Bauernpraktiken", landwirtschaftlichen Kalendern und mündlich überliefert.

Zu den bekanntesten L.n gehören Lichtmeß (2. Februar), die Eisheiligen (11.–14. Mai), Siebenschläfer (27. Juni), Martinstag (11. November) und die zwölf Tage zwischen Weihnachten und Dreikönigstag (6. Januar).

Lösungseffekt: ein physikalisch-chemischer Effekt (↑Raoult-Gesetz).

Low-Index-Typ [loʊ... ‖ engl. low = niedrig]: Zirkulationstyp, der durch einen niedrigen Wert des zonalen Indexes gekennzeichnet ist, bei dem also in der freien Atmosphäre die zonale Strömung stark gestört ist, nur schwache westliche Windkomponenten auftreten, dafür aber starke meridionale Winde herrschen. Dabei können sich aus den weit nach N und S ausgreifenden langen Wellen blockierende Hochdruckgebiete im N und durch Cut-off-Prozesse Höhentiefdruckgebiete im S entwickeln.

In manchen Gebieten kann sich dabei eine östliche Strömung einstellen. Der Luftaustausch zwischen niederen und hohen Breiten ist sehr groß.

Low-level-jet, der [loʊ'lɛvəldʒɛt ‖ engl. = Niedrighöhenstrom ‖ Abk.: LLJ]: svw. Grenzschichtstrahlstrom (↑Strahlstrom).

Luft: das die Erde umgebende Gasgemisch, dessen Zusammensetzung bis in etwa 120 km Höhe (Homosphäre) annähernd konstant ist. Ausnahmen bilden der Gehalt an Wasserdampf, der sich in Abhängigkeit von der Lufttemperatur ändert, und der Gehalt an Kohlendioxid, der örtlich und zeitlich stark schwankt (ähnliches gilt auch für sonstige Spurengase und Schwebeteilchen). – ↑auch Atmosphäre.

Luftaustausch: der Austausch der in Industrie- und Ballungsgebieten lufthygienisch belasteten Luft gegen unbelastete Frischluft aus der Umgebung, etwa durch den Zufluß von Kaltluft.

Luftbahn: die Bahn eines individuellen Luftteilchens (↑Trajektorie).

Luftbeimengungen: alle festen, flüssigen und gasförmigen Stoffe, die der Luft in geringen Mengen beigemischt sind; hierzu gehören u. a. große Partikel, ↑Aerosole von kontinentaler, maritimer oder stratosphärischer Herkunft sowie Spurengase wie Kohlendioxid, Schwefeldioxid, Stickstoffoxide, Ammoniak, Ozon. Die Konzentration hängt von den klein- und großturbulenten Mischungsvorgängen ab.

Luftbewegung: allg. Bez. für jede Bewegung der Luft; vorzugsweise auf Bewegungen mit geringer Geschwindigkeit angewendet.

Luftchemie: Chemie der atmosphärischen Spurenstoffe; beschäftigt sich mit deren Vorkommen, Quellen, Senken, chemischen Reaktionen und Kreisläufen.

Luftdichte: gemäß der Definition der Dichte das Verhältnis der Masse eines Luftquantums zu seinem Volumen, ausgedrückt in kg pro m^3.

Die L. ist sowohl vom Luftdruck als auch von der Temperatur abhängig. Am Boden beträgt sie bei einem Luftdruck von 1013,25 hPa und einer Temperatur von 15 °C (den Werten der Standardatmosphäre) 1,1225 kg/m^3.

Mit der Höhe nimmt die L. stetig ab, allerdings etwas langsamer als der Luftdruck, da die gleichzeitig absinkende

Temperatur der Abnahme der Dichte entgegenwirkt. So herrscht z. B. in Höhe der 500-hPa-Fläche bei einer Temperatur von −20 °C noch eine Dichte von 0,688 kg/m³, also deutlich mehr als die Hälfte der Dichte am Boden.

Luftdruck: der von der Masse der Luft unter der Wirkung der Schwerebeschleunigung der Erde ausgeübte Druck, definiert als das Gewicht einer Luftsäule von 1 cm² Querschnitt, die vom Meßpunkt bis zur äußeren Grenze der Atmosphäre reicht. Der L. wirkt, wie jeder Flüssigkeits- oder Gasdruck, senkrecht auf eine Fläche, unabhängig von ihrer Orientierung.

Als Einheit des L.s gilt heute nach internat. Vereinbarung das Hektopascal (Abk.: hPa; ↑ Pascal).

Luftdruckänderung [Syn.: Druckänderung]: die zeitliche Änderung des Luftdrucks an einem festen Punkt, entweder am Boden oder in einer bestimmten Höhe.

Wegen der fundamentalen Bedeutung der L.en für das Wetter und die Wettervorhersage war deren Erfassung, Deutung und Prognose ein Hauptproblem der synoptischen Meteorologie.

Man kann zwei *Arten von L.en* unterscheiden: Der Luftdruck kann sich einmal dadurch ändern, daß in der Höhe mehr oder weniger Masse zu- als abfließt, daß also eine Konvergenz oder Divergenz wirksam wird. Man spricht dann von **dynamischer Luftdruckänderung.** Andererseits kann sich das Gewicht der Luftsäule über dem betrachteten Ort dadurch ändern, daß die Luftsäule ganz oder teilweise durch kältere oder wärmere, d. h. schwerere oder leichtere Luft ersetzt wird. Diese Art von L. nennt man **thermische Luftdruckänderung.**

Die dynamischen L.en wurden von H. von Ficker **primäre** oder auch **obere L.en** genannt, da sie ihren Sitz offenbar in höheren Schichten haben. Die thermischen L.en nannte er **sekundäre L.en** oder auch **untere L.en,** da der Zusammenhang zwischen Luftdruck- und Temperaturänderung in den unteren Schichten am deutlichsten ist.

Aus unterschiedlichen Kombinationen und Phasenverschiebungen von primären und sekundären L.en leitete H. von Ficker eine Reihe von Regeln für die tägliche Wettervorhersage ab. Genauere Aufschlüsse über die Ursache der L.en gibt die ↑ Drucktendenzgleichung.

Luftdruckgang: der in der Registrierung sichtbare Verlauf des Luftdrucks. Der L. wird in mittleren Breiten im wesentlichen durch die Entwicklung und Verlagerung von Tief- und Hochdruckgebieten bestimmt. Die damit verbundenen unregelmäßigen Luftdruckänderungen sind von regelmäßigen Luftdruckänderungen, dem Tagesgang des Luftdrucks, überlagert, der allerdings zwei Zehnerpotenzen kleiner ist. – ↑ auch Luftdruckschwankungen.

Luftdruckgradient [Syn.: Druckgradient]: das Gefälle des Luftdrucks pro Längeneinheit. Der L. steht an sich in der Atmosphäre nahezu senkrecht nach oben, da die Flächen gleichen Luftdrucks fast horizontal angeordnet sind. Im allg. wird jedoch unter L. nur seine Horizontalkomponente verstanden, d. h. das horizontale Druckgefälle senkrecht zu den Isobaren, da dieses für den Wind maßgebend ist.

In der Praxis wird der (horizontale) L. meist in hPa pro 100 km oder auch durch die Entfernung zweier im Abstand von 5 hPa gezeichneter Isobaren in km angegeben; letztere Methode ist v. a. in Tabellen zur Bestimmung des geostrophischen Windes üblich.

Luftdruckmessung: übergeordneter Begriff für Methoden zur instrumentellen Messung des atmosphärischen Luftdrucks mit ↑ Barometern bzw. ↑ Barographen.

Luftdruckreduktion [Syn.: Barometerreduktion, Reduktion]: Umrechnung des in Barometerhöhe gemessenen Luftdrucks auf ein einheitliches Niveau, meist die mittlere Meereshöhe, und auf Normalschwere, um die bei anderen Stationen in unterschiedlichen Höhen und verschiedener geographischer Breite gemessenen Werte miteinander vergleichen zu können.

Bei Verwendung von Quecksilberbarometern wird der abgelesene Barometerstand auf eine einheitliche Temperatur von 0 °C und wegen der Abhängigkeit

des Gewichtes der Quecksilbersäule von der Erdbeschleunigung und damit von der geographischen Breite auf 45° geographischer Breite reduziert. Die unterschiedliche Stationshöhe wird dadurch berücksichtigt, daß man zu den Meßwerten den Druck einer fiktiven Luftsäule zwischen Beobachtungsort und Meeresniveau addiert, wobei zur Ermittlung der Mitteltemperatur dieser Luftsäule von der Hüttentemperatur ausgegangen und eine Temperaturzunahme nach unten von 0,65 K pro 100 m Höhe angenommen wird.
Wegen möglicher, mit der Höhe zunehmender Reduktionsfehler wird die L. nur bei Stationen unterhalb 700 m Barometerhöhe ü. d. M. durchgeführt. Bei höher gelegenen Stationen (Bergstationen) berechnet man aus Luftdruck- und Temperaturmessung die Höhe der nächstgelegenen Hauptdruckfläche.

Luftdruckschreiber: svw. ↑Barograph.

Luftdruckschwankungen [Syn.: Druckschwankungen]: zeitliche Änderungen des Luftdrucks. **Tägliche** und **jährliche L.**, durch Berechnung entsprechender Mittelwerte nachgewiesen, daneben **unperiodische** oder **unregelmäßige** L., die in den mittleren Breiten von wandernden Tief- und Hochdruckgebieten verursacht werden, bestimmen im wesentlichen den Wetterablauf.
Der Tagesgang des Luftdrucks wird durch eine die ganze Erde umfassende planetarische Druckwelle mit halbtägiger Periode verursacht **(halbtägige Druckwelle);** tägliche Maxima um 09.45 Uhr und 21.45 Uhr Ortszeit, Minima um 03.45 und 15.45 Uhr Ortszeit. Die Doppelwelle ist in den Druckregistrierungen insbes. der Tropen mit einer Amplitude von 1,3 hPa deutlich ausgeprägt, in mittleren Breiten dagegen nur bei störungsfreien Wetterlagen erkennbar.
Die täglichen L. sind Auswirkungen der täglichen Erwärmung und Abkühlung durch Strahlung sowie der Gezeitenwirkung von Sonne und Mond, allerdings mit unbedeutender Amplitude.
Bei den *jährlichen L.* lassen sich drei Haupttypen feststellen: 1. der **kontinentale Typ** mit einem Hauptmaximum des Luftdrucks im Winter und einem Hauptminimum im Sommer; 2. der **ozeanische Typ** (in mittleren Breiten) mit einem Luftdruckmaximum im Sommer und einem Minimum im Winter; 3. **der arktische** und **subarktische Typ** mit einem Maximum im Frühjahr und einem Minimum im Herbst, gebietsweise auch mit einem sekundären Maximum im Spätherbst oder Frühwinter.

Luftdrucktendenz [Syn.: barometrische Tendenz, Drucktendenz, Tendenz]: in der *synoptischen Wettermeldung* die Art („fallend", „steigend", „gleichbleibend") sowie der Betrag der 3stündigen Luftdruckänderung am Beobachtungsort in Zehntel hPa.
Die L. wird in der Tendenzkarte (↑Druckänderungskarte) flächenmäßig dargestellt. Sie hat insbes. Bedeutung für die Beurteilung von Frontdurchgängen sowie für die Entwicklung und Verlagerung von Druckgebilden.

Luftdruckverteilung: svw. ↑Druckverteilung.

Luftdruckwellen [Syn.: Druckwellen]: zeitliche Änderungen des Luftdrucks in regelmäßiger Folge, thermisch (durch unterschiedlich temperierte Luftmassen) oder dynamisch (durch orographische Hindernisse, Verlauf der Höhenströmung) bedingt. L. sind flächenmäßig an einer Folge von Druckänderungsgebieten (Fall- und Steiggebiete) zu erkennen, die von der Höhenströmung gesteuert werden.
In der freien Atmosphäre unterscheidet man zwischen stratosphärischen und troposphärischen Luftdruckwellen. In den Höhenwetterkarten sind dabei lange Wellen als stationäre oder nur langsam wandernde Keile und Tröge, kurze Wellen dagegen als schneller wandernde Druckgebilde zu erkennen.
L. mit unterschiedlichen Perioden wurden in den Arbeiten der ↑Leipziger Schule untersucht; u. a. fand man eine 36tägige stehende Schwingung des kontinental-maritimen Systems als zonale Schaukelbewegung der Atmosphäre sowie eine 24tägige wellenförmige Ausbreitung von Polarluftausbrüchen.
L. entstehen auch durch Dichteänderungen bei Explosionen.

Luftelektrizität [Syn.: atmosphärische Elektrizität]: Sammelbez. für alle natürlichen elektrischen Erscheinungen in der Atmosphäre. Unter dem Einfluß radioaktiver Strahlungen, der kosmischen Strahlung und der kurzwelligen UV-Strahlung der Sonne werden in der Atmosphäre ständig Ladungsträger (Luftionen) erzeugt, die ein luftelektrisches Feld aufbauen, dessen Feldstärkevektor unter ungestörten Verhältnissen (d. h. ohne Gewitter) auf die Erde gerichtet ist. Die Erde muß demnach eine negative Ladung tragen.

Die Potentialdifferenz zwischen der Erdoberfläche und einer leitenden Schicht in der unteren Ionosphäre (in 70–80 km Höhe), die als Ausgleichsschicht wirkt, beträgt größenordnungsmäßig 200–400 kV. Sie gibt Anlaß zu einem elektrischen Vertikalstrom zwischen beiden leitenden Schichten, der über der ganzen Erde etwa 1 500 A beträgt.

Der Ladungstransport bei dieser sog. **Schönwetterelektrizität** sucht die Spannungsunterschiede in kürzester Zeit auszugleichen. Da aber das luftelektrische Feld an ungestörten Tagen erhalten bleibt, muß in der Atmosphäre ständig ein Prozeß wirksam sein, der die Spannungsdifferenzen nicht verschwinden läßt. Hierfür dürfte die globale Gewittertätigkeit verantwortlich sein, durch die die Erde ständig negativ aufgeladen wird. Die Gewitter wirken als elektrische Generatoren in der Atmosphäre und bilden somit die notwendige Voraussetzung für die Schönwetterelektrizität. – ↑auch Gewitterelektrizität.

Luftfalle: Vorrichtung, die verhindert, daß Luft in das Vakuum des Quecksilberbarometers eindringt. Die mit einer engen Öffnung versehene L. wird im unteren Teil des Glasrohrs angebracht; die Luftbläschen können diese enge Öffnung nicht passieren, sondern werden seitlich abgeleitet.

Luftfeuchte [Syn.: Luftfeuchtigkeit]: der Wasserdampfgehalt der Luft, angegeben als Dampfdruck (in Millibar bzw. Hektopascal), relative Feuchte (in Prozent), absolute Feuchte (in Gramm Wasserdampf pro Kubikmeter Luft), Mischungsverhältnis (in Gramm Wasserdampf pro Kilogramm trockener Luft), spezifische Feuchte (in Gramm Wasserdampf pro Kilogramm feuchter Luft) oder Taupunkt bzw. Taupunktdifferenz (in °C).

Bei einer relativen L. von 100% ist die Luft mit Wasserdampf gesättigt. Überschüssiger Wasserdampf kondensiert zu Tröpfchen bzw. sublimiert zu Eiskristallen. Absolut trockene Luft (0% L.) wird selbst über Wüsten und bei sehr tiefen Temperaturen nicht angetroffen.

lufthygienischer Wirkungskomplex: die Auswirkungen von Beschaffenheit und Reinheitsgrad der Luft (Gehalt an natürlichen und anthropogenen festen, flüssigen und gasförmigen Luftbestandteilen) auf die Gesundheit des Menschen. Gesundheitsschädigungen liegen dann vor, wenn die funktionellen und/oder morphologischen Veränderungen des menschlichen Organismus die natürliche Variationsbreite überschreiten. Die natürliche interindividuelle Variabilität erschwert dabei die Ermittlung von Dosis-Wirkungs-Beziehungen und die Festlegung von Grenzwerten (Immissionswerte), z. B. für Smogalarmpläne. Durch gemeinsames Auftreten verschiedener Luftbeimengungen (z. B. hohe Schwefeldioxid- und Staub- bzw. Rußkonzentration beim London-Smog) erfolgt häufig eine Zunahme der Schadwirkung.

Zum lufthygienischen Wirkungskomplex zählt auch die physiologische Wirkung des mit der Höhe abnehmenden Sauerstoffpartialdrucks ab etwa 1 000 m ü. d. M. (bis 3 000 m z. T. Anregungseffekte, darüber zunehmend gesundheitliche Störungen).

Luftkörper: eine aus einem bestimmten Ursprungsgebiet auf einheitlichem Weg mit typischen Eigenschaften bzw. Wettererscheinungen zum Beobachtungsort gelangte oder am Beobachtungsort umgewandelte Luftmenge.

Es werden vier *Haupt-L.,* P (polar), T (tropisch), M (maritim), C (kontinental), darüber hinaus ihre Verbindungen PM, PC, TM, TC sowie der Mischluftkörper X und der indifferente L. I unterschieden. Beigesetzte Ziffern bezeichnen das

„Alter" der L. und kleine Buchstaben die Veränderungen in der bioklimatisch relevanten bodennahen Schicht des Beobachtungsortes, z.B. durch Ein- und Ausstrahlung (i bzw. e), Föhn (f) u.a.
Zweck der L.bestimmung ist die leichtere Unterscheidung der Luft verschiedener Herkunft für die Wettervorhersage und für bioklimatische Untersuchungen.
Die Führung eines **L.kalenders** über längere Zeit liefert eine Grundlage für lokale und regionale Klimabetrachtungen.
Die L.bestimmung wurde nach etwa zwei Jahrzehnten von der weniger subjektiven ↑Luftmassenklassifikation abgelöst.

Luftkurort: Kurort mit wiss. anerkannten und durch Erfahrung bewährten klimatischen Eigenschaften, die zur Regeneration erholungsbedürftiger Menschen (ohne Krankheitserscheinungen) genutzt werden können. Die Anerkennung des Prädikats ist durch Ländergesetze auf der Basis der „Begriffsbestimmungen für Kurorte, Erholungsorte und Heilbrunnen" (Herausgeber: Deutscher Bäderverband e.V. und Deutscher Fremdenverkehrsverband e.V.) geregelt. – ↑auch heilklimatischer Kurort.

Luftlawine: Art des ↑Fallwindes.

Luftloch ↑Fallbö.

Luftmasse: Bez. für eine großvolumige Luftmenge (horizontale Ausdehnung über 500 km, vertikale Erstreckung mehr als 1 000 m), die längere Zeit über einem Gebiet der Erdoberfläche verweilt und durch bestimmte Prozesse die für die jeweilige L. typischen quasihomogenen Eigenschaften hinsichtlich Temperatur, Feuchte, Stabilität und Gehalt an Beimengungen (Staubkonzentration) annimmt.
Entstehungsgebiete (Quellgebiete) sind insbes. die großen quasistationären Hochdruckgebiete. Bestimmende Faktoren für ihre Ausformung sind Strahlung, turbulenter und konvektiver Austausch sowie die Verdunstung vom jeweiligen Untergrund.
Unterschiedliche L.n (↑Luftmassenklassifikation) sind durch L.ngrenzen bzw. Frontalzonen voneinander getrennt.

Luftmassenanalyse: bei der Bearbeitung der täglichen Wetterlage die genaue Bestimmung der Luftmassen nach ihrem Ursprungsgebiet anhand der konservativen Elemente (Taupunkt, spezifische Feuchte, pseudopotentielle Temperatur) und der auf dem Weg vom Quellgebiet erlittenen Umwandlungen (↑Luftmassentransformation).

Luftmassengewitter: Gewitter, die sich in einer einheitlichen Luftmasse bilden, ohne mit einer Front in Verbindung zu stehen. Am häufigsten treten sie im Sommer über Land in Warmluft auf; sie werden dann ↑Wärmegewitter genannt.
L. können sich in selteneren Fällen auch in kälteren Luftmassen entwickeln, wenn diese hochreichend labil geschichtet sind und die Labilität durch Erwärmung vom Boden her verstärkt wird. Dies kann in Polarluft vorkommen, wenn sie über wärmere Meeresgebiete oder über vorher durch Sonneneinstrahlung aufgeheiztes Land gelangt.

Luftmassengrenze: mehr oder weniger breite Übergangszone zwischen zwei verschiedenen Luftmassen. L.n mit markanten Wettererscheinungen sind Fronten.

Luftmassenklassifikation: die Einteilung der Luftmassen nach geographischer Herkunft und Eigenschaften. Ursprünglich unterschied die ↑norwegische Schule nur zwei Luftmassen, Tropikluft (T) und Polarluft (P), die durch die Polarfront getrennt werden. Nach dem Wärmegehalt sprach man auch von Warm- und Kaltluftmassen. Später kamen die Begriffe Arktikluft (A) bzw. Antarktikluft (AA) und Äquatorialluft (E) hinzu.
Im *Reichswetterdienst* unterschied man nach G. Schinze und R. Siegel vier Hauptluftmassen: arktische Luftmasse (A), Luftmasse der gemäßigten Breiten (G), subtropische Luftmasse (T) und äquatoriale Luftmasse (E) mit entsprechenden Untergliederungen. Unterscheidungsmerkmale waren Herkunft, Wirkung im Wetter und Wärmeinhalt. Als Kennzeichen des Einflusses des offenen Meeres bzw. Festlandes diente ein vorangestelltes m (maritimer Ursprung) bzw. c (kontinentaler Ursprung).
In der *synoptischen Praxis* wird *heute* meist die von R. Scherhag vorgeschlage-

ne L. verwendet, der die ursprüngliche Zweiteilung der Hauptluftmassen zugrunde liegt, die aber nach Ursprungsgebiet, Weg und Eigenschaften stärker gegliedert sind, und zwar in nordsibirische, arktische, russische, grönländische, rückkehrende und erwärmte Polarluft, in Festlandsluft und Meeresluft sowie in asiatische, atlantische, afrikanische und Mittelmeer-Tropikluft.

luftmassenmäßige Arbeitsweise: im *synoptischen Wetterdienst* ein nach der ↑norwegischen Schule von G. Schinze entwickeltes Arbeitsverfahren zur meteorologischen Ausarbeitung von Wetterkarten, bei dem die Verteilung der Luftmassen, ihre Begrenzungen und Auswirkungen auf die momentane Wetterlage analysiert und Schlußfolgerungen für die Wettervorhersage gezogen werden.

Luftmassentransformation: die Umwandlung einer Luftmasse auf dem Weg vom Ursprungsgebiet in entferntere Klimazonen durch Einflüsse des Untergrundes und der Strahlung; sie ist von der Stabilität der Luftmasse abhängig. Bei labiler Schichtung erfolgt ein rascher vertikaler Austausch der geänderten Temperatur- und Feuchteverhältnisse, bei stabiler Schichtung verzögert sich die Luftmassentransformation. Nach S ausfließende Polarluft wird über warmen Meeresteilen erwärmt und labiler (Aprilwetter), nach N vordringende Tropikluft wird über kälterem Untergrund abgekühlt und stabiler (Nebel, Sprühregen, Stratocumuluswolken).

Die L. erfolgt in einem Tiefdruckgebiet auch durch großräumige Hebung, bei antizyklonalem Einfluß durch Absinken und Strahlungsvorgänge.

Luftmassentransport: die horizontale Verfrachtung (Advektion) von Luftmassen durch großräumige Strömungen aus ihrem Ursprungsgebiet in andere Regionen; führt im Zusammenhang mit der Entwicklung von Tiefdruckgebieten zu plötzlichen Wetterumschlägen, Kälteeinbrüchen oder Wärmewellen.

Luftmassenwetter: das im Bereich einer bestimmten Luftmasse typische Wetter. So sind beispielsweise in Warmluftmassen im Winter oft bedeckter Himmel mit feuchtem Dunst oder Nebel und Sprühregen kennzeichnend, in Kaltluftmassen rasch wechselnde Bewölkung mit Regen- oder Schneeschauern. Kontinentale Luftmassen sind relativ trocken und wolkenarm, im Winter sehr kalt, im Sommer warm bis heiß.

Luftpaket: gedachter, quaderförmiger Ausschnitt aus der Atmosphäre von begrenztem Ausmaß, der für Gedankenexperimente oder theoretische Überlegungen benutzt wird. Man betrachtet z. B. L.e, um ihre Verformung und die Änderung der physikalischen Eigenschaften der Luft bei Vertikalbewegungen oder beim Überschreiten eines Gebirges zu studieren.

Luftqualität: Beschaffenheit der Luft, gekennzeichnet durch die jeweilige Konzentration der Luftbeimengungen. Die L. wird festgelegt durch bestimmte Grenz- und Beurteilungswerte je Schadstoff auf der Basis der TA Luft. Die L. wird mittels besonderer Meßnetze überwacht.

Luftreinhaltung: Maßnahmen im Rahmen des Umweltschutzes zur Erhaltung der natürlichen Luftbeschaffenheit bzw. zur Verbesserung oder Verhinderung von Luftverschmutzungen, insbes. durch Emissionsminderungen und Ausfilterungen bestimmter Bestandteile von Emissionen (Verkehr, Industrie, Hausbrand) sowie durch bauliche oder raumplanerische Maßnahmen unter Berücksichtigung der Ausbreitungsbedingungen.

Wichtige Bestimmungen enthält das Bundesimmissionsschutzgesetz (Verwaltungsvorschrift ↑TA Luft, Luftreinhaltepläne). Die Maßnahmen zur L. sind *anlagenbezogen* (Industrie- und Gewerbeanlagen, von denen Gefahren für die Umwelt ausgehen können, sind genehmigungspflichtig), *gebietsbezogen* (zielen in einzelnen Regionen auf Erhaltung bzw. Verbesserung der Luftqualität ab) oder *produktbezogen* (regeln die Beschaffenheit von Stoffen und Erzeugnissen).

Luftschicht: horizontal ausgedehnter, vertikal begrenzter Ausschnitt der Atmosphäre, der sich im allg. durch einheitliche physikalische Eigenschaften auszeichnet. In der freien Atmosphäre werden L.en meist durch eine Änderung der vertikalen Temperaturgradienten, gegebenenfalls durch Inversionen, oder durch Sprünge in der relativen Feuchte begrenzt. Besondere Bedeutung hat die ↑bodennahe Luftschicht.

Luftspiegelung: atmosphärisch-optische Erscheinung, bei der ein Gegenstand mehrfach, z.T. auf dem Kopf stehend gesehen wird. Ursache der L. ist eine Totalreflexion von Lichtstrahlen durch eine kontinuierliche Brechung an verschieden dichten (verschieden warmen) Luftschichten.

L.en nach unten entstehen, wenn die untersten Luftschichten wärmer sind als die darüberlagernden (Dichte nach unten stark abnehmend). Sie werden bei starker Sonneneinstrahlung am häufigsten über Asphaltstraßen und Autobahnen (als Wasserfläche, in der sich der blaue Himmel spiegelt) oder über weiten, wenig bewachsenen Ebenen (z.B. Wüstenflächen) beobachtet, wo Teile von Landschaften nach unten gespiegelt werden, d.h., die Gegenstände werden von einem Beobachter, dessen Augen sich gewöhnlich über der bodennahen, überhitzten Luftschicht befindet, unter ihrer wirklichen Lage gesehen. Hierher gehört auch die ↑Fata Morgana.

L.en nach oben (seltener) treten bei starker Temperaturzunahme mit der Höhe (Dichte nach oben abnehmend) auf. Sic werden v.a. in Polargebieten über Schneeflächen oder über kalten Meeresgebieten beobachtet, wenn über der boden- bzw. meeresnahen Kaltluftschicht warme Luft lagert. Objekt und Beobachter müssen sich dabei unter der Grenze zur Luftschicht mit geringerer Dichte befinden. Die Spiegelbilder stehen überhöht häufig auf dem Kopf oder können mehrfach je nach Luftschichtung auftreten.

Komplizierte L.en entstehen dadurch, daß in vielen Fällen die Verhältnisse in den untersten Schichten der Atmosphäre sehr uneinheitlich sind (geneigte, gekrümmte oder wellige Flächen gleicher Dichte) und schwache Luftströmungen herrschen. Bei einem starken Dichtesprung an der untersten Grenzschicht können dann auch interne Wellen entstehen, wobei in solchen Fällen die Totalreflexion nicht an einer horizontalen, sondern an einer wellenförmigen Fläche erfolgt, die komplizierte Reflexionen der Lichtstrahlen hervorruft.

Luftstagnation: Bez. für fehlende Luftbewegung; tritt bei bestimmten antizyklonalen Wetterlagen auf (↑austauscharmes Wetter) und ist mit Absinken, Abgleiten und tiefliegenden Inversionen verbunden; begünstigt die Ansammlung von Staub, Kondensationskernen und Schadstoffen in der bodennahen Luftschicht und kann damit zur Bildung von Smog führen.

Luftstrom: innerhalb von mehr oder weniger klar definierten seitlichen Begrenzungen geordnet fließende Luft. Die Bez. L. wird vorwiegend auf kleinräumige Bewegungsvorgänge angewendet (z.B. bei lokalen Windsystemen), jedoch gibt es keine klare Abgrenzung gegenüber der Bez. ↑Luftströmung.

L. wird oft in Verbindung mit Angaben über den Charakter der strömenden Luft verwendet; z.B. Warmluftstrom oder Kaltluftstrom.

Luftströmung: Bez. für einen meist großräumigen und gleichförmigen Bewegungsvorgang in der Atmosphäre ohne wohldefinierte Begrenzung. Die Bez. wird oft angewendet auf die Glieder der allg. Zirkulation der Atmosphäre und auf vorherrschende Luftbewegungen in Großwetterlagen. Hierbei werden vielfach Verbindungen mit Himmelsrichtungen gebildet und verkürzte Begriffe wie N-, O-, S-, W-Strömung gebraucht. Nicht selten wird die Bez. L. auch für kleinräumige Bewegungsvorgänge benutzt; sie ist dann gleichbedeutend mit ↑Luftstrom.

Lufttemperatur: die Temperatur der im wesentlichen durch die Wärmeabgabe der Erdoberfläche erwärmten Luftschichten der Atmosphäre, gemessen unter Ausschaltung jeglicher Strahlungseinflüsse.

Die ungleiche Erwärmung der Luft in verschiedenen Teilen der Erde gibt zu großräumigen Luftströmungen Anlaß (↑allgemeine Zirkulation der Atmosphäre), aber auch zu Vertikalbewegungen, die mit Wolken- und Niederschlagsbildung bzw. -auflösung verbunden sind. Die L. nimmt mit der Höhe im Mittel um 0,65 K/100 m ab. – ↑auch Temperaturmessung.

Lufttrübung ↑Trübung.

Luftunruhe: durch kleinräumige Turbulenz verursachte, nicht direkt wahrnehmbare unregelmäßige Bewegungen der Luft. L. ist besonders bei labiler Schichtung und Sonneneinstrahlung ausgeprägt und z. B. in Feinregistrierungen des Luftdrucks und der Temperatur erkennbar, wenn möglichst trägheitsfreie Meßinstrumente verwendet werden.

L. wirkt sich v. a. durch die leichten Dichteänderungen aus, die durch wechselnde Turbulenzelemente verursacht werden, und führt aufgrund der damit verbundenen Schwankungen der Brechzahl zu rasch veränderlichen Ablenkungen optischer Strahlen. Dadurch entstehen z. B. die Schlierenbildung über heißen Flächen und die ↑Szintillation.

Luftverfrachtung: svw. ↑Transmission.

risch durch Zerlegung der einzelnen Windvektoren in Komponenten und anschließende Addition der Komponenten bestimmt.

Die L. spielt in der Flugklimatologie und im Umweltschutz (Schadstoffausbreitung) eine wichtige Rolle. Daten der mittleren L. werden deshalb monatlich durch den CLIMAT TEMP (↑CLIMAT-Meldungen) weltweit ausgetauscht.

Luftverunreinigung [Syn.: Airpollution]: Veränderung der natürlichen Luftzusammensetzung durch luftverschmutzende, den Menschen und seine Umwelt u. U. schädigende Stoffe (Rauch, Ruß, Staub, Gase, Aerosole, Dämpfe, Geruchsstoffe), die sich teilweise durch chemische Reaktionen umwandeln und aus ihrem Entstehungsgebiet weit verfrachtet werden können. Es handelt sich v. a. um Kohlenoxide, Staub bzw. Aerosole, Schwefeloxide, Stickstoffoxide und Kohlenwasserstoffe. Die wichtigsten Quellen sind Kraftfahrzeugverkehr, Industrie, Kraftwerke und Hausfeuerungen.

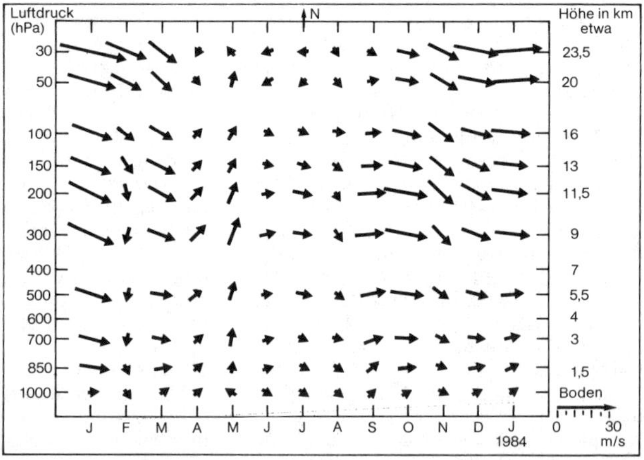

Luftversetzung. Mittlere Luftversetzung in Schleswig (nach monatlichen Mittelwerten 1983, 00 Uhr und 12 Uhr GMT)

Luftversetzung: der aus der Addition einer Reihe von einzelnen Windvektoren resultierende mittlere Windvektor. In der *Klimatologie* wird die L. meist auf einen Monat bezogen und dann als **mittlere L.** bezeichnet. Die L. wird rechne-

Luftwirbel [Kurzbez.: Wirbel]: Sammelbez. für alle Rotationsströmungen unterschiedlicher Größenordnung in der Atmosphäre. Im kleinen Maßstab sind sie, ungeordnet und in großer Zahl auftretend, Teil der Turbulenz.

Einzeln vorkommende und erkennbare L. sind (nach zunehmender Größe geordnet): Kleintromben (z. B. Sandhosen), Großtromben einschl. Tornados und tropische Wirbelstürme. Schließlich können außertropische Tiefdruckgebiete dazu gezählt werden.
Im Gegensatz zu den genannten L.n, die alle eine vertikale Achse haben, weisen Luv- und Leewirbel eine horizontale Achse auf.

Lumen, das [lat. = Licht ‖ Einheitenzeichen: lm]: SI-Einheit des Lichtstroms; 1 lm ist gleich dem Lichtstrom, den eine punktförmige Lichtquelle mit der Lichtstärke 1 Candela (cd) gleichmäßig nach allen Richtungen in den Raumwinkel 1 Steradiant (sr) aussendet:

$$1 \text{ lm} = 1 \text{ cd} \cdot \text{sr}.$$

Luv, die oder das [lu:f ‖ niederl., eigtl. = Ruder(seite); mit Bezug auf ein Hilfsruder, mit dem früher der Schiffssteven gegen den Wind gehalten wurde]: die dem Wind zugewandte Seite einer Erhebung (Berg, Gebirge), eines Gebäudes oder eines Schiffes; die Richtung, aus der der Wind kommt.
Die L.seite eines Gebirges zeichnet sich durch erhöhte Niederschläge (↑Stau) aus. – Gegensatz: ↑Lee. – ↑auch Wetterseite.

Luvlage ['lu:f...]: in der *Klimatologie* Bez. für die Lage eines Ortes oder Landschaftsraums, deren Klima aufgrund der vorherrschenden Windrichtungen durch häufige Luvwirkungen (Staubewölkung, Stauniederschläge, geringere Sonnenscheindauer) geprägt wird. – Gegensatz: ↑Leelage.

Luvwirkung ['lu:f...]: die beim An- und Überströmen eines Gebirges oder einer größeren Erhebung im Luv auftretenden Auswirkungen auf Bewölkungs- und Niederschlagsverhältnisse. – ↑Luvlage, ↑orographische Wolken, ↑Stau.

Lux, das [lat. = Licht ‖ Einheitenzeichen: lx]: abgeleitete SI-Einheit der Beleuchtungsstärke; 1 Lux ist gleich der Beleuchtungsstärke, die auf einer Fläche herrscht, wenn auf 1 m², gleichmäßig verteilt, der Lichtstrom 1 Lumen (lm) fällt:

$$1 \text{ lx} = 1 \text{ lm/m}^2.$$

Luxmeter, das [Syn.: Beleuchtungsmesser]: lichttechnisches Instrument zur Messung der Beleuchtungsstärke. Das auf ein Photoelement oder einen Photowiderstand auffallende Licht erzeugt einen zur Beleuchtungsstärke proportionalen Photostrom, der von einem in ↑Lux geeichten Milliamperemeter gemessen wird.

Luzimeter, das [lat. lux, lucis = Licht und ↑-meter ‖ Syn.: Destillationsluzimeter, Verdampfungsluzimeter]: von A. Bellani konstruiertes Strahlungsmeßgerät. In seiner ursprünglichen Form von 1834 besteht es aus einer hinter einer schützenden Glasglocke befindlichen geschwärzten Glaskugel, aus der bei Sonnenerwärmung Alkohol in eine darunter befindliche klare Kugel verdampft. Die in einer bestimmten Zeit im daran anschließenden Flüssigkeitsstandglas angesammelte Alkoholmenge ist der Strahlungsenergie proportional.

lx: Einheitenzeichen für ↑Lux.

ly: Einheitenzeichen für ↑Langley.

Lysimeter, das [griech. lýsis = Lösung, Auflösung und ↑-meter]: Vorrichtung zur Bestimmung der Wasserverdunstung des Bodens (Evaporation), der Transpiration der Pflanzen und der Gesamtverdunstung (Evapotranspiration) mit Hilfe wägbarer Kästen oder Gefäße: Ein ausgestochener Block bewachsenen oder vegetationsfreien Erdbodens von etwa 1,5 m³ wird mit einem Gefäß so in die Erde versenkt, daß seine Oberfläche mit der des umgebenden, gewachsenen Bodens abschließt. Das Gefäß steht auf einer unterirdischen Registrierwaage, durch die laufend das Gewicht bis auf 100 g – entsprechend einer Niederschlagshöhe von 0,1 mm – genau angegeben werden kann. Da der Niederschlag auf die Oberfläche und der Durchfluß des Wassers zu den tiefen Bodenschichten unmittelbar zu bestimmen sind, kann aus der Gewichtsänderung (in Tagesabständen) auf die wahre Verdunstung bzw. den Tauniederschlag geschlossen werden.
Die sehr kostspieligen L.-Anlagen werden vorzugsweise für wasser-, land- und forstwirtschaftliche Untersuchungen verwendet.

M

m: Vorsatzzeichen für ↑Milli-.

mA: Abk. für: **m**aritime **A**rktikluft (↑Arktikluft).

Mäander, der [von griech. maíandros = Schlängelung, Krümmung (nach dem westanatolischen Fluß Mäander, heute: Büyük Menderes nehri)]: aus der Geographie in die Meteorologie übernommene Bez. zur Beschreibung von Strömungsbildern, in denen stark ausgreifende, zum Teil mehr als halbkreisförmige Strömungsschlingen auftreten. In der Atmosphäre entwickeln sich M. in der zirkumpolaren Strömung durch das weitere Anwachsen instabiler Wellen; sie führen oft zu ↑Cut-off-Prozessen oder zu einem ↑Blocking effect.
Den Vorgang der Bildung eines M.s nennt man **Mäandrieren.** Die Anfangsphasen der M.entwicklung werden gelegentlich als **M.wellen** bezeichnet.

Mäanderwellen ↑Mäander.

Maestrale, der [maε...]: svw. ↑Maestro.

Maestro, der [italien., eigtl. = Meister (von lat. magister = Leiter, Lehrer), also etwa im Sinne von „Hauptwind" zu verstehen (gleiche Bedeutungsentwicklung wie ↑Mistral) ‖ Syn.: Maestrale]: im Sommer vorherrschende NW-Winde des Adriatischen und Ionischen Meeres; entsprechen den Etesien der Ägäis.

Magdeburger Halbkugeln: von O. von Guericke bei seinen Magdeburger Versuchen (1663) zur Demonstration der Wirkungen des Luftdrucks verwendete hohle, metallische Halbkugeln; luftdicht schließend aufeinandergesetzt und luftleer gepumpt, konnten sie durch je acht Pferde auf beiden Seiten nicht auseinandergerissen werden.

Magnetopause, die [zu griech. paúein = beendigen]: die äußere Begrenzung der ↑Magnetosphäre.

Magnetosphäre, die [Kurzbildung aus magnetisch und Atmosphäre]: die Erde umgebender Bereich, in dem v. a. die Wirkung des erdmagnetischen Feldes auf elektrisch geladene Teilchen die Bewegungsvorgänge bestimmt. Die M. beginnt oberhalb der Ionosphäre und reicht bis zur **Magnetopause.** Diese stellt die Grenzschicht zwischen der M. und dem sie umströmenden Plasma des ↑Sonnenwindes dar.
Der Sonnenwind bestimmt wesentlich die Form der Magnetosphäre: Auf der der Sonne zugewandten Seite reicht sie bis zu einem Abstand von etwa dem 10fachen Erdradius (vom Erdmittelpunkt aus), auf der der Sonne abgewandten Seite geht sie in einen stromlinienförmigen Schweif über. Innerhalb der M. liegt der ↑Van-Allen-Gürtel.

Magnetsturm [Syn.: erdmagnetischer Sturm]: plötzliche, kräftige Störung des erdmagnetischen Feldes, ausgelöst durch einen Ausbruch von Korpuskelstrahlung von der Sonne, der zugleich Polarlicht verursachen kann und zu erheblichen Störungen der Ionosphäre führt. Die solaren Korpuskeln bewirken eine Erhöhung der Elektronenkonzentration in der Ionosphäre; in Verbindung mit großräumigen Bewegungsvorgängen kommt es zur Ausbildung von flächenhaften Strömen bis zu einigen Millionen Ampere und dadurch zu Störungen des Erdmagnetismus.

Magnus-Formel: von H. G. Magnus 1844 abgeleitete Formel, die den maximal in der Luft enthaltenen Wasserdampfdruck in Abhängigkeit von der Temperatur angibt. Die Formel wurde aufgrund von Messungen empirisch aufgestellt. Die Abhängigkeit von der Temperatur ist logarithmisch, d. h., der maximal mögliche Dampfdruck steigt bei niedrigen Temperaturen zunächst nur langsam, bei höheren Temperaturen dagegen immer steiler an.

Main-trunk-circuit, der ['mεıntrʌŋksə:kıt ‖ engl. = Hauptleitungsstrang ‖ Abk.: MTC]: Bez. für die globalen Hauptverbindungen im Wetterfernmel-

desystem (↑Weltwetterwacht), die zusammen mit den Hauptzweigen die Weltzentralen und die regionalen Fernmeldezentralen (RTH) miteinander verbinden.
Weltweit bilden 21 MTCs das Hauptfernmeldenetz. Darin hat das Zentralamt des Deutschen Wetterdienstes in Offenbach am Main als regionale Fernmeldezentrale eine Hauptverbindung mit Paris und Prag, die zugleich Teil der MTC zwischen Washington und Moskau ist. Außerdem hat Offenbach am Main MTCs über Satellit nach Peking, Nairobi und Dschidda.

Major warmings, die (Mehrz.) ['meɪdʒər 'wɔ:mɪŋz ‖ Einz.: das Major warming ‖ engl. = größere Erwärmungen]: plötzliche Erwärmungen der Stratosphäre; ↑Berliner Phänomen.

makro- [griech. makrós = lang, groß]: in Zusammensetzungen mit der Bed. „groß"; z. B. Makroklima.

Makroklima, das [↑makro- ‖ Syn.: Großklima]: das Klima großer Räume (Länder, Zonen, Erde), das in seiner globalen Gliederung in erster Linie von der allg. Zirkulation der Atmosphäre abhängt und sich auf Messungen in der Thermometerhütte (in 2 m Höhe über dem Erdboden, um Strahlungseinflüsse des Bodens weitgehend auszuschalten) bezieht, d. h. sich aus einem Vergleich der Beobachtungen der vorhandenen Stationsnetze ergibt.
Die kartenmäßige Darstellung des M.s erfolgt v. a. in Klimaatlanten. – ↑auch Mesoklima, ↑Mikroklima.

Makro-Scale, der [...skeɪl ‖ ↑makro-]: der großräumige Größenbereich atmosphärischer Phänomene (↑Scale).

Makroturbulenz, die [↑makro-]: der großräumige Anteil der ↑atmosphärischen Turbulenz, der der Größenordnung des Makro-Scale (↑Scale) entspricht. Sie ist fast ausschließlich horizontal orientiert.
Die M. hat in der Atmosphäre eine wesentliche Funktion, indem sie die zwischen dem Äquator und den Polen bestehenden Temperaturgegensätze durch Horizontalaustausch auszugleichen sucht. Da aber durch die Strahlungsvorgänge die Atmosphäre im Äquatorgebiet immer wieder erwärmt und in den Polargebieten abgekühlt wird, kommt es zu keinem Ausgleich der Gegensätze, sondern es stellt sich schließlich ein Gleichgewicht zwischen den Erwärmungs- bzw. Abkühlungsbeträgen einerseits und dem durch die M. bedingten meridionalen Horizontalaustausch der Wärme andererseits ein.

Mallungen, die (Mehrz.) [Einz.: die Mallung ‖ zu niederl. mallen = Possen treiben]: *seemännische* Bez. für unregelmäßige Winde, insbes. für die äquatorialen ↑Kalmen, gelegentlich auch für die windschwachen Gebiete im Bereich des subtropischen Hochdruckgürtels (Roßbreiten).

Malojawind: den Malojapaß (zwischen Oberengadin und Bergell) überschreitender, entgegen der Richtung des normalen Talwindes am Tag auftretender, das Oberengadin hinabwehender Wind.

mamma [lat. = weibliche Brust]: substantivischer Zusatz zu den Namen der Wolkengattungen Cirrus, Cirrocumulus, Altocumulus, Altostratus, Stratocumulus und Cumulonimbus mit der Bedeutung „mit beutelförmigen Auswüchsen"; mit m. wird eine Sonderform der Wolken bezeichnet, die hängende, beutelförmige Quellformen an der Unterseite aufweist, besonders häufig bei Gewitterwolken, die in Auflösung begriffen sind. – ↑auch Wolkenklassifikation. – Abb. S. 376.

Man-machine-mix, der ['mænmə'ʃi:nmɪks ‖ engl. = Mensch-Maschinen-Mischung]: kombiniertes Arbeitsverfahren, bei dem sich manuelle (menschliche) und automatische (maschinelle) Arbeitsgänge bei der Erarbeitung von Analysen und Vorhersagekarten gegenseitig ergänzen.
Dies kann unterschiedlich vor sich gehen. So können numerische Analysen und Vorhersagekarten manuell ergänzt oder korrigiert werden; dies ist z. B. der Fall, wenn bei Vorhersagekarten für den Boden Frontensysteme eingefügt werden und gegebenenfalls die Luftdruckverteilung diesen angepaßt wird oder wenn systematische Modellfehler, v. a. die durch das Rechengitter bedingte

Glättung und Dämpfung von Extremwerten (z. B. bei Tiefdruckkernen oder Strahlstromachsen), korrigiert werden. Andererseits können Eingriffe in die numerische Analyse dadurch vorgenommen werden, daß falsche, vom Programm jedoch nicht als fehlerhaft erkannte Daten gestrichen oder andere Erkenntnisse, die auf einem dem Analysenprogramm nicht zugänglichen Wege gewonnen wurden, in Form von künstlichen Daten dem laufenden Programm eingegeben werden.

Mannheimer Stunden: die Beobachtungszeiten (Klimatermine) 7, 14 und 21 Uhr mittlerer Ortszeit, eingeführt von der ↑Societas Meteorologica Palatina.

manuelle Analyse ↑synoptische Analyse.

MANWD, das [ɛma:'ɛnve:'de:]: Abk. für: **M**eteorologisches **A**mt für **N**ord**w**est**d**eutschland (↑Zonenwetterdienst).

Margules-Formel ↑Gleichgewichtsbedingungen für Grenzflächen.

Marin, der [ma'rɛ̃ ‖ frz., eigtl. = zum Meer gehörend(er Wind)]: feuchtwarmer S- bis SO-Wind auf der Vorderseite von Tiefdruckgebieten an der frz. Mittelmeerküste, am häufigsten im Mai und Oktober; an den Cevennen aufsteigend und dort oft von Regen, Gewittern und diesigem Wetter begleitet.

Marinebarometer: svw. ↑Schiffsbarometer.

Marinewetterdienst: neben dem ↑Reichswetterdienst selbständige meteorologische Organisation bei der Marine, der die wetterdienstliche Betreuung der Kriegsmarine in den Jahren von 1934 bis 1945 oblag.
Zum M. gehörten das Marineobservatorium Wilhelmshaven und die Wetterwarten (zugleich für den Reichswetterdienst) Kiel, Swinemünde und Pillau sowie einige Wetterwarten an Bord von Kriegsschiffen.
Die meteorologische Betreuung der Bundesmarine gehört heute zu den Aufgaben des ↑Geophysikalischen Beratungsdienstes der Bundeswehr.

maritim [aus lat. maritimus = zum Meer gehörend ‖ Abl.: ↑Maritimität]: das Meer betreffend; unter dem Einfluß des Meeres stehend.

maritime Klimatologie: Teildisziplin der maritimen Meteorologie, die die klimatologische Bearbeitung maritim-meteorologischer Beobachtungen vornimmt und die wiss. Grundlagen für ihre Anwendung erstellt. Die räumlich und zeitlich ungleichen Beobachtungsdaten im Bereich der Ozeane erschweren dabei die klimatologische Auswertung (u. a. statistische Verknüpfung von Klimaelementen) z. B. für Klimaatlanten bestimmter Seegebiete und Seegangsklimatologien.
Zu den Anwendungsbereichen der m.n K. gehören z. B. Bautätigkeit im Offshore-Bereich, Schiffbauindustrie oder Gütertransport über See (↑auch Überseeklimatologie).
Zuständig für die Koordinierung, Sammlung, Archivierung und den Austausch maritimer Klimadaten ist die ↑IOC; die nationalen Belange werden vom Seewetteramt Hamburg wahrgenommen.

maritime Luftmassen: Luftmassen, die in den Hochdruckgebieten über Ozeanen entstanden sind und infolge Verdunstung des Meerwassers einen hohen Feuchtegehalt aufweisen, bzw. Luftmassen, die auf ihrem Weg über das Meer hinsichtlich Stabilität, Temperatur und Feuchte maritimen Charakter angenommen haben. – Gegensatz: ↑kontinentale Luftmassen.

maritime Meteorologie: Teilgebiet der Meteorologie, das sich mit den meteorologischen Prozessen über den Ozeanen befaßt; es erforscht die Physik der Atmosphäre über See, insbes. die Wechselwirkungen zwischen Ozeanen und Atmosphäre im Grenzbereich beider als Grundlage für den Wärme- und Wasserhaushalt der Atmosphäre (↑auch Air-sea-interaction).
Die geringe Dichte meteorologischer Beobachtungen in den Seegebieten erfordert für Forschungszwecke die Durchführung weltweiter Feldexperimente (↑FGGE, ↑GATE) sowie die intensive Auswertung von Satellitendaten. Praktische Bedeutung haben von den meteorologischen Elementen v. a. der Wind (als Verursacher des Seegangs und in seiner unmittelbaren Auswirkung auf

Schiffe) und die Sichtweite (Meernebel). Die operationelle Anwendung der Erkenntnisse der m.n M. erfolgt im ↑Seewetterdienst.
Ein spezieller Zweig der m.n M. ist die ↑Laderaummeteorologie.

maritimes Klima [Syn.: atlantisches Klima, ozeanisches Klima, Seeklima]: das vom Meer beeinflußte Klima mit gemäßigten Temperaturen und zeitlicher Verschiebung ihrer Extreme: Frühjahr und Frühsommer kühl, sonnig und regenarm; Sommer mäßig warm; Spätsommer und Herbst noch relativ warm, wolkig mit häufigen Regenfällen; Winter mild und regenreich. Typisch sind: geringe Tages- und Jahresschwankungen der Temperatur; relativ hohe Windgeschwindigkeit und hoher Bewölkungsgrad; geringe Luftverunreinigung.
M. K. gilt als Reizklima, das therapeutisch als Heilklima nutzbar ist.

maritime Tropikluft ↑Tropikluft.

Maritimität, die [zu ↑maritim ‖ Syn.: Ozeanität]: der Grad des Meereseinflusses auf das Klima (↑maritimes Klima), ausgedrückt durch Indexzahlen, die v. a. die Temperaturen **(thermische M.)** mit ihrem ausgeglichenen Tages- und Jahresgang sowie ihren verzögerten Extremwerten oder den Niederschlagsgang **(hygrische M.)** mit winterlichem Maximum berücksichtigen.

markante Punkte: bei der Auswertung eines aerologischen Aufstiegs Bez. für die Punkte, in denen sich die Richtung der Temperatur- oder Feuchtigkeitskurve merklich ändert.
Als m. P. sind in der *TEMP-Meldung* immer anzugeben: Boden- und Gipfelpunkt des Aufstiegs, Unter- und Obergrenze von Inversions- und Isothermieschichten (von mindestens 20 hPa Dikke) sowie weitere Punkte, die eine lineare Interpolation zwischen zwei m.n P.n mit einer Genauigkeit von 1 K bzw. 15% relativer Feuchte erlauben.
Die *m.n P. der Temperatur und der relativen Feuchte* sind so zu bestimmen, daß bei der Entschlüsselung allein mit ihrer Hilfe die Aufstiegskurven der Temperatur und der relativen Feuchte rekonstruiert werden können.
M. P. des Windes sind neben dem Boden- und Gipfelpunkt solche, in denen die Richtungs- und Geschwindigkeitskurve am weitesten von der geraden Verbindung zwischen diesen beiden abweicht, sofern diese Abweichung mehr als 10° bzw. 10 kn beträgt.

Martinssommer: Bez. für eine um den Martinstag (11. November) in Mitteleuropa in vielen Jahren vorkommende Schönwetterperiode; verursacht durch ein Hochdruckgebiet über Mittel- oder Osteuropa mit Zufuhr von Warmluft aus südlichen Breiten; dadurch für die Jahreszeit zu mild.

Märzwinter: Bez. für eine in der ersten Märzhälfte in Mitteleuropa häufig vorkommende Wetterlage, bei der infolge Zufuhr kalter Festlandsluft die Temperaturen besonders nachts nochmals winterliche Werte annehmen können. Eistage sind aber bei zunehmender Sonneneinstrahlung wegen der ansteigenden Tageslänge selten. Durch den Kaltlufteinbruch verursachte Schneedecken halten sich in den tieferen Lagen im allg. höchstens 1 bis 2 Tage.

Maschenweite: der Abstand benachbarter Gitterpunkte in einem ↑Gitternetz. Die M. ist maßgebend für das Auflösungsvermögen eines Gitternetzes, d. h. dafür, welche Mindestgröße Gebilde oder Deformationen haben müssen, um noch im Gitternetz dargestellt werden zu können. Sie ist deshalb auch mitentscheidend für die Qualität der numerischen Vorhersagen.
Als Standard galt lange Zeit (aus technischen, gerätebedingten Gründen) eine M. von 381 km in 60° Breite. Neuerdings ermöglichen leistungsfähigere Rechenanlagen, die M. wesentlich zu reduzieren. Der Deutsche Wetterdienst verwendet für hemisphärische Rechnungen eine M. von 254 km; für genestete Modelle werden noch kleinere M.n benutzt, z. B. im Deutschen Wetterdienst 127 km.

maskierte Kaltfront: Kaltfront, bei deren Durchzug nur in der freien Atmosphäre Abkühlung, in den bodennahen Schichten dagegen Erwärmung eintritt. M. K.en kommen fast nur im Winter über dem Festland vor, wenn sich bei ruhigem Wetter durch Ausstrahlung eine

flache Kaltluftschicht am Boden gebildet hat, die kälter ist als die Kaltluft, die hinter einer heranziehenden Kaltfront folgt. Ist diese Kaltfront mit auffrischenden Winden und intensiver vertikaler Durchmischung verbunden, so wird die Bodenkaltluftschicht weggeräumt, und es kommt am Boden zu einer Erwärmung.
Nicht selten leiten m. K.en im Winter nach längeren Frostperioden Tauwetter ein.

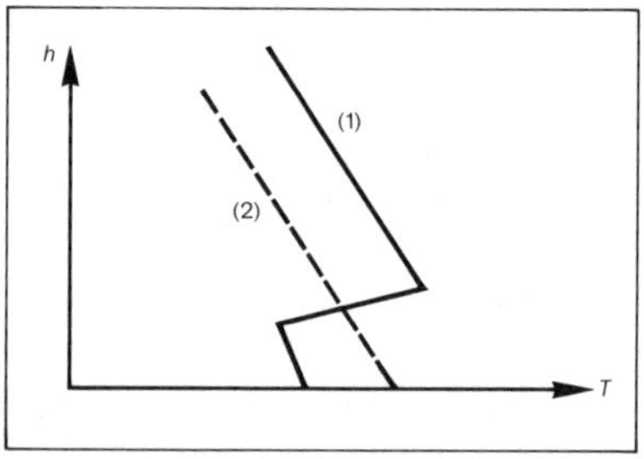

Maskierte Kaltfront. Vertikale Temperaturverteilung vor (1) und nach Durchzug (2) einer maskierten Kaltfront

Massenaustausch: der Austausch von Masseteilchen (in der Atmosphäre von Luftteilchen) durch turbulente Zusatzbewegungen quer zur Hauptströmungsrichtung. Die ausgetauschten Luftteilchen sind das Transportmittel, mit dem Eigenschaften oder Beimengungen mitgeführt oder ausgetauscht werden können, sofern ein Gefälle dieser Eigenschaften oder Beimengungen vorhanden ist.
Die Stärke des M.s wird von den jeweiligen Wetterbedingungen (wie thermische Schichtung, Windgeschwindigkeit, Rauhigkeit des Erdbodens) bestimmt.
Ein Maß für die Stärke des M.s ist der ↑turbulente Austauschkoeffizient.

Massenbilanz: die Gegenüberstellung von Massenverlust und Massenzuwachs in einem abgeschlossenen System. Nach dem physikalischen Prinzip der Erhaltung der Masse muß die M. ausgeglichen sein. Mathematisch wird dies durch die ↑Kontinuitätsgleichung ausgedrückt.

Massenfeld: die horizontale Verteilung der Masse der Luft. Das M. der Luft steht in enger Beziehung zum Luftdruckfeld und wird mit diesem meist gleichgesetzt. Da der Luftdruck gleich der Masse einer Luftsäule über einer Flächeneinheit, multipliziert mit der Schwerebeschleunigung ist und diese nahezu als konstant angesehen werden kann, sind Linien gleichen Luftdrucks nahezu auch Linien gleicher Masse.

Massenfluß: der Transport einer Luftmenge, der in der Zeiteinheit durch eine gegebene Querschnittsfläche vor sich geht. Im einfachsten Fall kann der Transport mit dem geostrophischen Wind erfolgen; der M. ist dann direkt proportional der Windgeschwindigkeit. Wenn Abweichungen vom geostrophischen Wind auftreten, geht auch ein M. quer zu den Isobaren vor sich (↑anisobarer Massenfluß).
Außerdem kann ein M. durch turbulenten Austausch quer zur Hauptströmungsrichtung zustande kommen; diesen M. bezeichnet man als ↑Massenaustausch.

Mauritiusorkane: nach der Insel Mauritius benannte ↑tropische Wirbelstürme im Meeresgebiet vor der O-Küste des tropischen Afrikas; häufigstes Vorkommen in den Monaten Februar bis April.

Maximum, das [zu lat. maximus = größter]: Höchstwert einer auf einen bestimmten Beobachtungszeitraum bezogenen Beobachtungsreihe. Der entsprechende Wert für den Zeitraum seit dem Beginn möglichst lückenloser Messungen bis heute heißt **absolutes M.** (↑absolute Extreme).

Maximum-Minimum-Thermometer: svw. ↑Six-Thermometer.

Maximumthermometer: Quecksilberthermometer zur Messung des täglichen Höchstwertes der Lufttemperatur. Eine Verengung der Kapillare oberhalb des Thermometergefäßes bewirkt, daß das Quecksilber bei steigender Temperatur in die Kapillare dringt, jedoch bei sinkender Temperatur nicht von selbst wieder in das Gefäß zurückgelangen kann; der Quecksilberfaden reißt ab und bleibt in voller Länge in der Thermome-

terkapillare. An seinem oberen Ende kann das Temperaturmaximum abgelesen werden.
Zum Abendtermin (Klimatermin III) wird das M. durch kräftiges Schütteln nach unten, wodurch sich der abgerissene Quecksilberfaden wieder mit dem Quecksilber im Thermometer vereinigt, neu eingestellt.
Die Skala des M.s ist in halbe °C geteilt; die Ablesung kann aber auf Zehntel °C genau geschätzt werden. Das M. ist, mit dem Gefäß etwas nach links geneigt, in der oberen Gabel einer mit dem ↑Minimumthermometer gemeinsamen Halterung innerhalb der Thermometerhütte untergebracht.

mb: Einheitenzeichen für ↑Millibar.

mbar: Einheitenzeichen für ↑Millibar.

mechanische Turbulenz: svw. ↑dynamische Turbulenz.

Medianwert [lat. medianus = mittlerer ‖ Syn.: Median, Zentralwert]: von n Einzeldaten, die in einer Reihe ihrer Größe nach geordnet sind und in ungerader Anzahl vorliegen, derjenige Wert, der in der Mitte steht, d. h. der die Reihe halbiert. Ist n gerade, so ergibt sich der M. aus dem arithmetischen Mittelwert der beiden in der Mitte stehenden Einzeldaten.
In der graphischen Darstellung einer Häufigkeitsverteilung ist der M. derjenige Abszissenwert, bei welchem die unter der Häufigkeitsverteilung liegende Fläche halbiert wird. Der M. hat die Eigenschaft eines Mittelwertes; seine Verwendung empfiehlt sich insbes. bei stark asymmetrischen Häufigkeitsverteilungen und bei solchen mit offenen Randklassen.

mediocris [lat. = mittelmäßig]: adjektivischer Zusatz zum Namen der Wolkengattung Cumulus mit der Bedeutung „mittelmäßig, von mittlerer Größe"; die Wolkenart Cumulus m. ist von mäßiger vertikaler Ausdehnung und weist an der Oberseite nur kleine Quellformen auf; sie zählt zu den Schönwetterwolken. – ↑auch Wolkenklassifikation.

mediterran [aus lat. mediterraneus = mittelländisch, binnenländisch]: das Mittelländische Meer und das Gebiet um dieses herum betreffend.

mediterranes Klima: svw. ↑Etesienklima.

Medizinmeteorologie [Syn.: Humanbiometeorologie]: Teilgebiet der Biometeorologie, das sich mit der Erforschung der auf den menschlichen Organismus einwirkenden fördernden und schädigenden atmosphärischen Umwelteinflüsse befaßt. Spezielle Aufgabenbereiche sind ↑Bioklimatologie und ↑Biosynoptik.

Meereis: das im Meer schwimmende Eis in Form von Treib- bzw. Packeis und Eisbergen. Neben dem eigentlichen M., das durch Gefrieren des Meerwassers im Meer selbst entsteht, unterscheidet man drei weitere Eisarten, die vom Festland als Süßwassereis ins Meer hinausgetragen werden: das Land- (Gletscher-) und Schelfeis, das See-Eis und das Flußeis. Letztere spielen nur im Mündungsbereich der großen Ströme eine Rolle.
Die M.bildung hängt von anhaltendem Frostwetter, vom Salzgehalt des Oberflächenwassers, der den Gefrierpunkt erniedrigt (bis zu 2 K bei hohem Salzgehalt), von der Schichtung des Salzgehaltes und von der Wassertiefe ab.

Meereshöhe [Syn.: Seehöhe]: vertikale Entfernung eines Punktes der Erdoberfläche vom Meeresniveau (↑Normalnull).

Meereskunde: svw. ↑Ozeanographie.

Meeresluft: gemeinsprachliche Bez. für eine Luftmasse, die vom NO-Atlantik nach Mitteleuropa strömt; meist wolkenreich, im Sommer kühl, im Winter mild.

Meeresniveau [...nivo: ‖ Syn.: mittlere Meeresspiegelhöhe]: diejenige ↑Geopotentialfläche, die der Meereshöhe Null zugeordnet ist (↑auch Normalnull).

Meeresströmungen: überwiegend horizontale Transporte von Wassermassen im Weltmeer. Nach den verursachenden Kräften, der Schubkraft des Windes bzw. den durch Dichteunterschiede im Wasser bedingten inneren Druckkräften, unterscheidet man **Drift-** und **Gradientströme.** Von wesentlichem Einfluß sind außerdem Coriolis-Kraft und Reibungskraft.
Die durch Wind erzeugte **Oberflächenströmung** wird durch Reibung auf tiefere

Schichten übertragen und aufgrund der Coriolis-Kraft gleichzeitig abgelenkt, auf der Nordhalbkugel nach rechts, auf der Südhalbkugel nach links. Dieser Massentransport in der Oberflächenschicht ist auf die oberen 100–200 m beschränkt. Stark ausgeprägte Oberflächenströmungen können nur dort entstehen, wo kräftige und richtungsbeständige Winde wehen. Dies ist v. a. innerhalb der Passatzonen der Fall, die sich über 31 % der Weltmeere erstrecken.

Als Folge des Nordost- bzw. Südostpassates entstehen beiderseits des Äquators nach W gerichtete Strömungen, **Nord- und Südäquatorialstrom.** Als Ersatz für das weggeführte warme Wasser und bedingt durch ablandige Winde, steigt vor den Küsten der Kontinente aus der Tiefe kühles Wasser auf. Vor den O-Küsten der Kontinente werden der Nord- und der Südäquatorialstrom polwärts abgelenkt; sie bringen den höheren Breiten relativ warmes Wasser (Kuroschio, Ostaustralstrom, Golfstrom, Brasilstrom, Agulhasstrom); im Bereich der mittleren geographischen Breiten erhalten sie unter dem Einfluß der starken, aber unbeständigen Westwinde und der Coriolis-Kraft eine östliche Richtung (Nordpazifischer, Nordatlantischer Strom, Westwinddrift).

An der O-Seite der Ozeane wird der Kreislauf durch äquatorwärts gerichtete, relativ kalte M. geschlossen (Kalifornischer, Humboldt-, Kanaren-, Benguela-, Westaustralstrom). Die Zirkulation an der Meeresoberfläche in höheren Breiten wird wegen der hier meist unbeständigen Winde weniger durch Drift- als vielmehr durch Gradientströme bestimmt. Dabei folgen die M. auf der Nordhalbkugel den Küsten- und Schelfrändern so, daß die Kontinente zur Rechten liegen, wenn man in Stromrichtung blickt (Alaskastrom, Norwegischer Strom, Westspitzbergen-, Ostgrönland-, Labradorstrom, Ojaschio). An der O-Seite der Ozeane bringen sie relativ warmes Wasser aus niederen in höhere Breiten, an der W-Seite umgekehrt.

Die **Tiefenzirkulation** des Weltmeers wird von den Gradientströmen beherrscht. Die ihren Antriebskräften, den inneren Druckkräften, zugrundeliegenden Dichteunterschiede beruhen auf horizontalen Unterschieden von Temperatur und Salzgehalt, auf horizontalen, durch windbedingten Aufstau des Wassers vor Küsten erzeugten Druckunterschieden sowie auf äußeren Druckunterschieden infolge von Luftdruckänderungen. – Karte S. 187.

Meernebel [Syn.: Seenebel]: über Meeresflächen, besonders im Grenzbereich zwischen warmen und kalten Meeresströmungen, auftretender Nebel; er entsteht, wenn die Luft von der warmen über die kalte Meeresoberfläche strömt und sich dabei unter den Taupunkt abkühlt, z. B. im Gebiet der Großen Neufundlandbank, wo Golfstrom und Labradorstrom zusammentreffen.

Meerrauch: Verdunstungsnebel über dem Meer (↑Seerauch).

Mehrfachkorrelation: der stochastische Zusammenhang der Werte von drei oder mehr Wertereihen.

Aus der M. zwischen den Werten verschiedener meteorologischer Veränderlichen entwickelte F. Baur eine Vorhersagemethode, die für die Ausarbeitung von Mittelfristprognosen in der Praxis einige Jahrzehnte lang eine gewisse Bedeutung hatte. Hierzu stellte er umfangreiche M.stabellen auf, in denen, in meist grober Klasseneinteilung, tägliche Werte von Luftdruckänderungen an verschiedenen Orten und Änderungen von Luftdruckgradienten zwischen bestimmten Orten aus einigen Jahrzehnten als bedingende Veränderliche sowie die zukünftige Luftdruckänderung als bedingte Veränderliche enthalten waren.

Falls die Fächer mit einer ausreichenden Zahl von Fällen besetzt waren, konnten für die Folgeentwicklung Wahrscheinlichkeitsaussagen gemacht werden, etwa von der Art: „Wenn der Luftdruck in den letzten 24 Stunden am Ort A gefallen, am Ort B dagegen um mehr als 1 hPa gestiegen und die Luftdruckdifferenz zwischen den Orten C und D angestiegen ist, dann wird am Ort E der Luftdruck in den nächsten Tagen mit einer Wahrscheinlichkeit von 90 % ansteigen."

Mehrschichtenmodell: ↑numerisches Modell, in dem die Atmosphäre durch mehrere Schichten dargestellt wird. M.e sind immer ↑barokline Modelle.

meridional [aus spätlat. meridionalis = mittägig, zu lat. meridies = Mittag, Süden]: die Längenkreise betreffend; parallel zu einem Längenkreis verlaufend.

meridionale Wetterlage: Wetterlage, bei der die großräumigen Strömungen in der freien Atmosphäre meridional, d.h. längs der Längenkreise, verlaufen und einen horizontalen Luftaustausch zwischen Gebieten verschiedener geographischer Breite bewirken. Eine typische Luftdruckverteilung dafür ist ein ↑blockierendes Hoch zwischen 50° und 65° n. Br.; außerdem sind alle ↑Troglagen mit nordsüdlicher Achsenrichtung meridionale Wetterlagen. – Gegensatz: ↑zonale Wetterlage.

Meridionalindex: in Anlehnung an den ↑zonalen Index gebildetes Maß für den mittleren geostrophischen Wind in meridionaler Richtung längs eines Breitenkreises. Hierfür sind längs eines Breitenkreises intervallweise (z. B. von 10 zu 10° Länge) die Geopotentialdifferenzen zu bilden und von den Absolutbeträgen der Differenzen das Mittel zu berechnen.
Der zeitliche Verlauf des M.es zeigt ein etwa inverses Verhalten zu dem des zonalen Indexes. Der M. wird verhältnismäßig selten verwendet.

Meridionalschnitt: graphische Darstellung meteorologischer Elemente längs eines Meridians; z.B. mittlere Temperaturverteilung, mittlere zonale Windkomponente. Die Abszisse enthält eine Skala der Breitenkreise vom Äquator zum Pol oder vom Südpol zum Nordpol, die Ordinate eine Höhen- oder Druckskala. An den Schnittpunkten werden die Breitenkreismittel der meteorologischen Elemente eingetragen; gleiche Werte werden durch Isolinien verbunden.

Meridionalzirkulation: allg. Bez. für eine Zirkulation, die durch ein Vorherrschen von meridionalen Strömungen in der freien Atmosphäre gekennzeichnet ist; deshalb weitgehend gleichbed. mit ↑Low-Index-Typ. Der Begriff M. wird jedoch auch oft auf kleinere Ausschnitte einer Hemisphäre angewendet und dient manchmal als Bez. für eine Zusammenfassung von solchen Großwetterlagen, bei denen überwiegend nördliche oder südliche Strömungen oder auch meridional orientierte Tröge oder Hochkeile auftreten.

meso- [griech. mésos = Mitte]: in Zusammensetzungen mit der Bed. „mittlerer, Mittel-, in der Mitte zwischen"; z. B. Mesosphäre.

Mesoklima, das [↑meso-]: räumlich begrenzte Klimabesonderheit, die sich auf Einflüsse der Topographie zurückführen läßt und sich auf Areale von etwa 1 km bis 100 km Durchmesser bezieht; in diesen Größenordnungsbereich fallen v.a. Gelände-, Lokal- und Stadtklima, teilweise auch das Landschaftsklima.
Nach Art der Meßmethodik gehört das M. überwiegend zum Makroklima, je nach Aufgabenstellung werden aber auch mikroklimatische Meßmethoden angewendet.

Mesometeorologie, die [↑meso-]: die Lehre von den meteorologischen Zuständen und Vorgängen im Größenbereich des Meso-Scale (↑Scale). In der M. versucht man, die mesometeorologischen Phänomene durch spezielle Meßexperimente quantitativ zu erfassen, die Vorgänge durch Meso-Scale-Modelle nachzubilden und die Ergebnisse für die Praxis nutzbar zu machen.
Anwendungsgebiete sind z. B. die regionale Wettervorhersage, d.h. die Verfeinerung der großräumigen Vorhersage mit dem Ziel, mesoskalige Wind- und Wettersysteme prognostisch zu erfassen, ferner die Ausbreitung von Luftbeimengungen und deren Konzentrationsverteilung unter Berücksichtigung orographischer Bedingungen, Entscheidungen über Standortfragen, z. B. für Windenergieanlagen, sowie die Beurteilung von anthropogenen Klimaveränderungen im regionalen oder lokalen Bereich.

Mesopause, die [Kurzbildung zu Mesosphäre und griech. paúein = beendigen]: die Obergrenze der ↑Mesosphäre.

Meso-Scale, der [...skeıl ‖ ↑meso-]: der Bereich mittlerer Größenordnung atmosphärischer Phänomene (↑Scale).

Mesosphäre, die [Kurzbildung aus ↑meso- und ↑Atmosphäre]: Schicht der hohen Atmosphäre zwischen der **Stratopause** in etwa 50 km Höhe und der **Mesopause** in 80 bis 85 km Höhe.
In der M. nimmt die Temperatur von Werten um 0 °C an der Stratopause mit der Höhe bis zu etwa −90 °C an der Mesopause ab. Die Temperaturabnahme ist mit 2,5 bis 3,0 K/km erheblich geringer als in der Troposphäre (6,5 K/km).
Die horizontale Temperaturverteilung in der M. ist nicht einheitlich: In der unteren M. ist das Polargebiet das ganze Jahr über etwas wärmer als die mittleren und niederen Breiten. In der oberen Hälfte herrschen dagegen im Polargebiet im Sommer extrem niedrige, im Winter relativ hohe Temperaturen, so daß sich global jeweils ein Temperaturabfall vom Winter- zum Sommerpolargebiet ergibt.

Meßboje: spezielle, mit meteorologischen Registriergeräten oder mit einer automatischen Wetterstation ausgerüstete ↑Boje.

Meßfehler: aufgrund von äußeren Beeinträchtigungen des Meßvorgangs und/oder der Meßapparatur auftretende Abweichung vom Zielwert (sog. wahrer Wert) einer zu messenden Größe. Man unterscheidet:
1. **Systematische M.** sind nach Vorzeichen und Betrag stets konstante M.; häufigste Ursachen sind fehlerhafte Meßanordnung (z. B. falsche Eichung, fehlerhafte Justierung, ungenaue Kalibrierung des Meßinstruments), Skalenfehler, Trägheitsfehler, Stromschwankungen, Parallaxenfehler oder Auswertefehler (falsche Umrechnung, Rundungsfehler). Systematische M. sind im allg. nur durch sorgfältige Analyse des Meßvorgangs erkennbar und können nach Aufdeckung durch Addition (oder Subtraktion) eines festen Betrages zur gemessenen Größe eliminiert werden.
2. **Zufällige M.** sind von der Geschicklichkeit und den Sinnesorganen des Messenden abhängige M., die keine bevorzugte Abweichung vom Zielwert erkennen lassen, also nach Vorzeichen und Betrag schwanken. Zufällige M. treten bei jedem Meßvorgang auf und lassen sich nur verringern (durch oftmalige Wiederholung des Meßvorgangs und anschließende Bildung des arithmetischen Mittelwertes), aber nie ganz eliminieren.

Meßfeld [ältere Bez.: Klimagarten, Klimawiese]: Standort für die Aufstellung der wichtigsten für eine meteorologische Beobachtung benötigten Instrumente und Beobachtungsvorrichtungen. Auf dem klimatologischen M. befinden sich u. a. Thermometerhütte, Niederschlagsmesser bzw. -schreiber, Erdbodenthermometer einschließlich Thermometer für die Bestimmung des Erdbodenminimums und der Sonnenscheinautograph.
Das M. ist so anzulegen, daß störungsfreie, die klimatischen Verhältnisse der Umgebung gut repräsentierende Meß- und Beobachtungsbedingungen gewährleistet sind. So soll z. B. aufgrund internat. Empfehlungen der Weltorganisation für Meteorologie der Meßplatz für die Thermometerhütte aus einer (die Mindestgröße von 9 m × 6 m nicht unterschreitenden) Rasenfläche bestehen, die außerhalb des unmittelbaren Einflusses von Bäumen, Gebäuden und anderen Hindernissen liegt. Dabei sollen die Hindernisse vom jeweiligen Meßinstrument mindestens ebenso weit entfernt sein, wie sie selbst hoch sind.

Meßfühler [Syn.: Detektor, Geber, Meßgeber, Meßwertgeber, Sensor]: bei einem meteorologischen Instrument bzw. einer Meßvorrichtung das erste, der unmittelbaren Erfassung (Meßwertaufnahme) und anschließenden Umsetzung der Meßgröße in ein elektrisches Signal dienende Bauelement.

Meßnetze: Gesamtheit der meteorologischen Stationen (↑Stationsnetze).

Meßprogramm: die für einen bestimmten Stationstyp durch die (im allg.) in der ↑Beobachteranleitung niedergelegte instrumentelle Ausrüstung vorgeschriebene Art und zeitliche Abfolge der durchzuführenden meteorologischen Beobachtungen und Messungen.

Meßreihe: Gesamtheit der Messungen eines bestimmten meteorologischen oder Klimaelements an einer Station über einen längeren Zeitraum hinweg. – ↑auch Beobachtungsreihe, ↑Zeitreihe.

Meßzug [Syn.: mobile Wetterstation]: mit meteorologischen Instrumenten und speziellen Meß- und Auswerteeinrichtungen ausgestattetes Kraftfahrzeug bzw. eine Fahrzeuggruppe; hpts. in der angewandten Klimatologie zur Untersuchung der meteorologischen Feinstruktur der bodennahen Atmosphäre, der Vorgänge bei der Ausbreitung von Luftverunreinigungen, der klimatischen Bedingungen in Verdichtungsräumen und an Industriestandorten (einschließlich Kraftwerken) sowie für Gutachten in der Städte- und Landschaftsplanung eingesetzt.
Der Deutsche Wetterdienst unterhält bei den Wetterämtern Essen, Frankfurt am Main und München je einen M., der aus mehreren Fahrzeugen besteht, dem kleinaerologischen Meßwagen, dem Profilmeßwagen und einem Zubringer- bzw. Transportfahrzeug, außerdem beim Zentralamt einen Radioaktivitätsmeßwagen. Der **kleinaerologische Meßwagen** (Sattelzug von 12,50 m Länge), der beim Einsatz im Gelände einen festen Standort einnimmt, enthält Registriergeräte für die Bodenwerte (Lufttemperatur, Luftfeuchte, Wind, Strahlungsbilanz) und eine Datenerfassungsanlage mit digitaler Bandspeicherung sowie Meßeinrichtungen für kleinaerologische Aufstiege. Der **Profilmeßwagen** ist mit Instrumenten ausgestattet, die während der Fahrt durch ein Gelände oder eine Stadt die horizontale Verteilung von Lufttemperatur, Luftfeuchte und Schwefeldioxidimmissionen messen.

MESZ, die [ɛme:ɛs'tsɛt]: Abk. für ↑**mit**teleuropäische **S**ommer**z**eit.

METAR-Code: Wetterschlüssel mit der Kennung **METAR** (Abk. für engl. **met**eorological **a**erodrome **r**eport = meteorologischer Flugplatzbericht), die eine Bodenwettermeldung für die Luftfahrt (mit oder ohne Entwicklungsvorhersage) einleitet. Die **METAR-Meldung** wird von Flugwetterwarten an internat. und besonders bestimmten Flugplätzen erstellt. Sie enthält Angaben in Zahlen und Buchstabenabkürzungen über Windrichtung und -geschwindigkeit (Böen), Landebahnsicht, Wetter, Bewölkung, Temperatur, Taupunkt, Luftdruck (für Höhenmessereinstellung) und Zustand der Start- und Landebahn.
Bestimmte Angaben entfallen und werden durch das Schlüsselwort **CAVOK** ersetzt, wenn die Sicht 10 km oder mehr beträgt, gleichzeitig keine Wolken unter 1 500 m, kein Cumulonimbus, kein Niederschlag, Gewitter, flacher Nebel oder Schneefegen zu beobachten sind.
In der anschließenden Entwicklungsvorhersage **(TREND)** werden mit bestimmten Kennworten flugbetrieblich wichtige Änderungen des aktuellen Wetterzustandes vorhergesagt.

Meteore, die (Mehrz.) [Einz.: der Meteor ‖ aus griech. metéōron = Himmels-, Lufterscheinung, zu griech. metéōros = in die Höhe gehoben, in der Luft schwebend ‖ Abl.: meteorologisch]: in der *Meteorologie* Bez. für die in der Atmosphäre oder auf der Erdoberfläche zu beobachtenden meteorologischen Erscheinungen. Dazu gehören schwebende, fallende oder abgelagerte flüssige oder feste Teilchen (↑Hydrometeore, ↑Lithometeore) sowie Erscheinungen optischen oder elektrischen Charakters (↑Photometeore, ↑Elektrometeore).

Meteorobiologie, die [↑Meteore]: svw. ↑Biometeorologie.

Meteorogramm, das [↑Meteore und ↑-gramm]: Schreibstreifen (berußte Aluminiumfolie) des ↑Meteorographen.

Meteorograph, der [↑Meteore und ↑-graph]: Vorläufer der ↑Radiosonde, ein früher in der Aerologie verwendetes Gerät zur gleichzeitigen Messung und Registrierung von Luftdruck, Lufttemperatur und relativer Luftfeuchte in der freien Atmosphäre; die entsprechenden Meßelemente sind Vidie-Dose, Bimetallthermometer und Haarhygrometer.
Die Ausschläge der Meßfühler werden über drei Zeiger mit Stahlspitzen auf eine mit einer berußten Aluminiumfolie bespannte, durch ein Uhrwerk bewegte Trommel (Umlaufzeit meist 2 Stunden) übertragen. Die drei Meßelemente befinden sich in einem gut ventilierten Leichtmetallgehäuse.
Je nach Instrumententräger unterscheidet man Freiballon-, Fesselballon-, Drachen- und Flugzeugmeteorographen.

Meteorologe, der [zu ↑Meteorologie]: Fachmann auf dem Gebiet der Meteorologie; Voraussetzung ist im allg. ein etwa zehnsemestriges Hochschulstudium (Mathematik, Physik, Meteorologie, Klimatologie, Geophysik, Ozeanographie). Die bestandene Diplomhauptprüfung berechtigt zum Führen des akademischen Grades **Diplom-M.** (Abk.: Dipl.-Met.).
Als Spezialisten unter den M.n gibt es u. a. Aerologen, Agrar-, Fernseh-, Flug-, Bord-, Medizin-M.n, Klimatologen und Synoptiker sowie M.n in Lehre und Forschung.

Meteorologica, die: Titel der ersten systematischen Darstellung der Meteorologie durch den griech. Philosophen Aristoteles; einziges, vollständig erhaltenes Werk des klassischen Altertums über Meteorologie; behandelt aus der Anschauung der griech. Naturphilosophie die damals bekannten physikalischen Vorgänge in der Luft, auf der Erde und im Meer. Erstmals wird die Region der Gestirne aus den Betrachtungen der meteorologischen Erscheinungen ausgeschlossen, ausgenommen die Kometen, die für eine Ausdünstung der Erde gehalten werden.
Das erklärende Prinzip bei Aristoteles besteht in der Schilderung des ewigen Kreislaufs, des Entstehens und Vergehens, der Veränderung in den vier Elementen: Wasser, Erde, Feuer, Luft.
Die M. war jahrhundertelang Standardwerk an den Universitäten und wurde erst vom 17. Jahrhundert an (nach Erfindung von Thermometer und Barometer) durch neue Erkenntnisse aufgrund gemessener Daten abgelöst.

Meteorological Operational Telecommunication Network Europe, das [miːtɪərəˈlɔdʒɪkl ɔpəˈreɪʃənəl ˈtɛlɪkəmjuːnɪˈkeɪʃən ˈnɛtwəːk ˈjʊərəp]: ↑MOTNE.

Meteorologie, die [aus griech. meteōrología = die Lehre von den Himmelserscheinungen ‖ Abl.: Meteorologe, meteorologisch ‖ Syn.: Wetterkunde]: die Lehre von den physikalischen und chemischen Vorgängen in der Atmosphäre sowie ihren Wechselwirkungen mit der festen und flüssigen Erdoberfläche und dem Weltraum.
Als Physik der Atmosphäre gehört die M. zur Geophysik. Sie beschränkt sich hpts. auf die untere Atmosphäre (Troposphäre, Stratosphäre), in der sich fast alle das Wetter bestimmenden Vorgänge abspielen. Mit den höheren Atmosphärenschichten befaßt sich die ↑Aeronomie.
Die *Aufgabe* der M. als Wissenschaft von der Atmosphäre besteht darin, die atmosphärischen Zustände und Prozesse zu erfassen, wozu sie sich globaler Beobachtungssysteme bedient, sie zu erforschen und allgemeingültig zu erklären. Ihr Hauptziel ist die Wettervorhersage auf wiss. Grundlage. Sie benutzt dazu insbes. Gesetze und Beziehungen der Hydro- und Thermodynamik. Die vielfältigen Wechselwirkungen, die v. a. im System Atmosphäre-Erdoberfläche bestehen, lassen nur eine stark vereinfachte Darstellung bzw. Simulation der Vorgänge zu (↑Modellphysik, ↑numerische Modelle, ↑numerische Wettervorhersage).
Werden Wetterbeobachtungen über einen längeren Zeitraum gemittelt, so erhält man Aussagen über das Klima (↑Klimatologie).
Die M. kann in zwei *Bereiche* mit jeweils mehreren, sich z. T. überschneidenden Teildisziplinen eingeteilt werden:
1. Der *Grundlagenbereich,* häufig als **allg. M.** bezeichnet, umfaßt die ↑experimentelle Meteorologie, die ↑theoretische Meteorologie, deren Methoden in zahlreichen Teildisziplinen Anwendung finden, die ↑Synoptik, zu der ↑Aerologie, bedingt auch ↑Radiometeorologie und ↑Satellitenmeteorologie zählen, und die Klimatologie.
2. *Anwendungsbereich,* die **angewandte Meteorologie.** Ihre Aufgaben liegen v. a. auf dem Gebiet der Wettervorhersage, zu der synoptische und theoretische Erkenntnisse die Grundlage liefern, sowie in der Anwendung meteorologischer Forschungsergebnisse auf zahlreichen Spezialgebieten, u. a. der technischen, der Flug- und maritimen M., der Hydro-, Bio-, Agrar- und Forstmeteorologie.

meteorologische Beobachtungen: Sammelbez. für die durch ein Meßprogramm definierte, auf einen Beobachtungstermin bezogene Gesamtheit der an ↑meteorologischen Stationen auf Land und auf See durchgeführten Instrumentenmessungen und Augenbeobachtungen der meteorologischen Elemente.

M. B. werden von hauptamtlichen Dienststellen der nationalen Wetterdienste (Observatorien, Wetterwarten, Wetterstationen usw.) angestellt, aber auch von ehrenamtlich tätigen (sog. nebenamtlichen) Wetter- und Klimabeobachtern. Die Ergebnisse m.r B. (↑meteorologische Daten) bilden die Grundlage für jede Art wetterdienstlicher Tätigkeit, insbes. für ihre Anwendung in vielen Bereichen der Wissenschaft, der Technik und des öffentlichen Lebens.

meteorologische Daten: Sammelbez. für die an meteorologischen Stationen aus meteorologischen Beobachtungen und der Auswertung von Registrierungen gewonnenen Zahlenwerte (bzw. Symbole und Zeichen) der meteorologischen Elemente. Im erweiterten Sinn umfassen die m.n D. auch alle daraus abgeleiteten Informationen über Meß- und Beobachtungswerte, z. B. statistische Kenngrößen (Mittel- und Andauerwerte, Häufigkeitsverteilungen, Überschreitungshäufigkeiten), stationsspezifische Angaben (Kennziffern, geographische Koordinaten, Stationshöhe, Homogenität, Repräsentanz) sowie Informationen zur Meß- und Auswertemethodik. Aufbereitete und als ↑Zeitreihen auf Magnetband gespeicherte m. D. sind die Grundlage jeglicher meteorologischer Tätigkeit.

M. D. werden heute von den meisten nationalen meteorologischen Diensten in großer Anzahl für zahlreiche Anwendungszwecke (Industrie, Bauwesen, Technik, Verkehr, Land-, Wasser- und Forstwirtschaft, Gesundheitswesen, Touristik, Regional-, Siedlungsplanung) aufbereitet und an Datennutzer abgegeben. Die meteorologischen Datenbestände werden in Dateien (Datenkataloge, Datenlexika) archiviert.

meteorologische Elemente [Syn.: Wetterelemente]: meßbare Elemente des Wetters, die miteinander durch Beziehungen und Gesetzmäßigkeiten verknüpft sind; die räumliche und zeitliche Veränderung der m.n E. ist ein Ausdruck für das Wettergeschehen. Die Hauptelemente sind: Strahlung, Lufttemperatur, Luftdruck, Feuchtigkeit und Luftbewegung (Wind). Die übrigen Wetterelemente wie Bewölkung, Niederschlag, Sicht u. a. hängen von den Hauptelementen ab und können von diesen abgeleitet werden.

meteorologische Felder: die horizontale oder nahezu horizontale Verteilung meteorologischer Elemente (wie Luftdruck, Temperatur, Feuchte, Wind) oder abgeleiteter meteorologischer Größen (wie potentielle Temperatur, Taupunktdifferenz) über einem größeren Gebiet.

M. F. können in einer (horizontalen) ebenen Fläche gleicher Höhe oder auf einer (nahezu horizontalen) Fläche gleichen Luftdrucks oder auch auf einer (etwas mehr geneigten) isentropen Fläche dargestellt werden. Üblich ist die Darstellung durch Linien gleichen Wertes (Isolinien). Gelegentlich wird jedoch eine Eintragung der Einzelwerte z. B. an Koordinatenschnittpunkten bevorzugt, wie neuerdings in Windkarten für die Flugberatung.

meteorologische Gesellschaften: in vielen Ländern bestehende Gesellschaften zur Förderung der Forschung sowie zur Verbreitung des Wissens und der Erkenntnisse auf dem Gebiet der Meteorologie; u. a. die Royal Meteorological Society (gegründet 1850; London), die Österreichische Gesellschaft für Meteorologie (gegr. 1865; Wien), die Meteorologische Gesellschaft von Japan (gegr. 1882; Tokio), die Deutsche Meteorologische Gesellschaft (gegr. 1883; Hamburg), die American Meteorological Society (gegr. 1919; Boston), die Meteorologische Gesellschaft der DDR (gegr. 1957; Berlin [Ost]). – ↑auch Societas Meteorologica Palatina.

meteorologische Instrumente: Sammelbez. für die bei meteorologischen Messungen am Boden (im allg. in 2 m Höhe über Grund) und in der freien Atmosphäre zur quantitativen Erfassung der meteorologischen Meßgrößen (meteorologische Elemente) eingesetzten

Meßgeräte. Sie können in die eigentlichen, im allg. an festen Terminen abzulesenden Instrumente und in die fortlaufend selbstaufzeichnenden Registriergeräte eingeteilt werden. Im Bereich der Feuchtemessung sind dies ↑Hygrometer bzw. ↑Hygrographen, bei der Luftdruckmessung ↑Barometer bzw. ↑Barographen, bei der Niederschlagsmessung ↑Niederschlagsmesser bzw. ↑Niederschlagsschreiber, bei der Windmessung ↑Anemometer bzw. ↑Anemographen, bei der Temperaturmessung ↑Thermometer bzw. ↑Thermographen, bei der Strahlungsmessung ↑Aktinometer bzw. Aktinographen, ↑Pyranometer, ↑Pyrheliometer und ↑Pyrgeometer, bei der Sichtweitenmessung ↑Transmissometer und ↑Streulichtmesser.

Im weiteren Sinne zählen zu den m.n I.n auch ↑Radiosonden, ↑Meßbojen, ↑Meßzüge, ↑Wetterraketen, ↑automatische Wetterstationen, ↑Lidar, ↑Sodar, die bei Remote sensing eingesetzten Verfahren (↑Wettersatelliten, ↑Infrarotthermographie) und das ↑Wetterflugzeug.

Gegenwärtig erlebt die meteorologische Meßtechnik einen durch den Einsatz mikroprozessorgesteuerter Meßwerterfassungssysteme (↑MIRIAM) gekennzeichneten Aufschwung.

meteorologische Jahreszeiten ↑Jahreszeiten.

meteorologische Navigation: in der *See-* und *Luftfahrt* die Berücksichtigung der meteorologischen und klimatologischen Gegebenheiten bei der optimalen Planung und Überwachung der Fahrzeugbewegungen.

Es wird unterschieden zwischen der **Klimanavigation,** die bei der Planung einer Reise die klimatischen Verhältnisse der Route und des Zielgebietes beachtet, der **Witterungsnavigation,** die für die Reise Hinweise auf die zu erwartende mittelfristige Großwetterlage gibt, und der **Wetternavigation,** die das Wetter in der Umgebung des Schiffes bzw. Luftfahrzeugs und seine voraussichtliche Entwicklung berücksichtigt, damit Gefahrengebieten rechtzeitig ausgewichen werden kann.

meteorologische Observatorien: instrumentell besonders gut ausgestattete meteorologische Stationen, deren Zweck das systematische Beobachten bzw. Messen meteorologischer Größen und Vorgänge sowie die wiss. Bearbeitung der gewonnenen Daten ist.

Der Deutsche Wetterdienst unterhält als überregionale Dienststellen m. O. in Hamburg und auf dem Hohen Peißenberg. Das meteorologische Observatorium in Hamburg ist zuständig für Forschung, Entwicklung und Beratung auf den Gebieten der Luftbeimengungen, Strahlung und Optik der Atmosphäre sowie für Untersuchungen der Austauschvorgänge in der unteren Atmosphäre, das meteorologische Observatorium „Hohenpeißenberg" in entsprechender Weise für Radarmeteorologie, Niederschlagsphysik und Ozon der Atmosphäre.

meteorologische Optik [Syn.: atmosphärische Optik]: Teilgebiet der Meteorologie, das sich v. a. mit denjenigen Erscheinungen beschäftigt, die auf der Beeinflussung der von Sonne, Mond und anderen Gestirnen kommenden Lichtstrahlen durch die verschiedenartigsten Bestandteile der Atmosphäre beruhen. Dazu gehören die durch Brechung, Reflexion und/oder Beugung der Lichtstrahlen an Wassertröpfchen bzw. Eiskristallen verursachten Erscheinungen, wie der ↑Kranz und die ↑Aureole, der ↑Regenbogen und die verschiedenen ↑Haloerscheinungen, ferner alle durch Lichtstreuung verursachten Erscheinungen, wie die blaue Himmelsfarbe (↑Himmelsblau), die verschiedenen ↑Dämmerungserscheinungen und die Trübung der Luft (mit ihren Auswirkungen auf die Sichtverhältnisse), schließlich die auf atmosphärischer Refraktion beruhenden Erscheinungen, insbes. die verschiedenen Formen der ↑Luftspiegelung (z. B. Fata Morgana) sowie die ↑Szintillation.

meteorologische Rakete: svw. ↑Wetterrakete.

meteorologischer Äquator: Bez. für die Breitenlage des niedrigsten Jahresmittels des Luftdrucks in den Tropen; liegt im Mittel bei 5° n. Br. im Gebiet der innertropischen Konvergenz; hier treten die größten Konvergenzen bzw. Diver-

genzen auf, hier herrscht energetisch gesehen Symmetrie in bezug auf die geographische Verteilung der horizontalen (meridionalen) Energietransporte im Gesamtsystem Erde – Atmosphäre.
Die Lage bei 5° n. Br. ist darauf zurückzuführen, daß auf der Nordhalbkugel der Anteil der Festländer an der gesamten Erdoberfläche größer ist als auf der Südhalbkugel und die damit verbundenen unterschiedlichen Wärmeverhältnisse von Land- und Wasseroberflächen zu einer Verschiebung des meteorologischen Äquators gegenüber dem geographischen Äquator führen.

meteorologischer Dienst: svw. ↑Wetterdienst.

meteorologischer Lärm: zusammenfassende Bez. für alle kurzwelligen Störungen in der Atmosphäre, die synoptisch uninteressant und in der numerischen Wettervorhersage unerwünscht sind, aber von den hydrodynamischen Bewegungsgleichungen mit erfaßt werden.
Zum meteorologischen Lärm gehören Trägheitswellen, Schwerewellen und Schallwellen; sie breiten sich mit hoher Geschwindigkeit (bis zu Schallgeschwindigkeit) aus. Die Unterdrückung des meteorologischen Lärms in ungefilterten numerischen Modellen erfordert erheblichen Rechenaufwand (↑Initialisierung).

Meteorologisches Amt für Nordwestdeutschland ↑Zonenwetterdienst.

meteorologische Satelliten: svw. ↑Wettersatelliten.

meteorologische Sichtweite [Syn.: Horizontalsicht]: größte horizontale Entfernung, in welcher dunkle Objekte (Sichtziele) mit einer scheinbaren Größe (Sichtwinkel) von 0,5 bis 5 Grad, die sich in Erdbodennähe befinden, vor hellem Horizonthimmel (oder gegen Nebel als Hintergrund) gerade noch erkannt werden können. Dabei genügt es nicht, nur die Umrisse des Objekts zu sehen, sondern es muß zweifelsfrei identifiziert werden können. Die in SYNOP-Meldungen zu verschlüsselnde Sichtweite ist bei Tag die m. S. und bei Nacht die ↑Feuersicht.

meteorologisches Institut: wiss. Einrichtung für Forschung und Lehre außerhalb der eigentlichen Wetterdienstorganisation, meist an Hochschulen. Die meteorologischen Institute betreiben hpts. Forschungen auf speziellen Gebieten der Meteorologie und Klimatologie.

meteorologisches Jahrbuch: bei fast allen meteorologischen Diensten aufgrund internat. Vereinbarungen jährlich erscheinende Zusammenstellung von meteorologischen Beobachtungen einer möglichst gleichbleibenden Auswahl für größere Gebiete repräsentativer Beobachtungsstellen.
Das **Deutsche Meteorologische Jahrbuch** (BR Deutschland), seit 1953 mit gleichbleibendem Aufbau, ist in 5 Teile untergliedert: I. tägliche Beobachtungen; II. Monats- und Jahresübersichten; III. phänologische Beobachtungen; IV. Niederschlagsbeobachtungen; V. Ergebnisse der aerologischen Aufstiege.

meteorologisches Rechenzentrum: Rechenzentrum, das für die speziellen Bedürfnisse des synoptischen Betriebsdienstes ausgelegt ist. Es hat die Aufgabe, alle Arbeitsgänge des synoptischen Dienstes von der Datensammlung und Verarbeitung über die Analyse und die numerische Vorhersage bis zur Ausgabe fertiger Produkte wie Vorhersagekarten oder gar Textvorhersagen möglichst vollautomatisch, d. h. mit so wenig menschlichen Eingriffen wie möglich, in möglichst kurzer Zeit zu erledigen. Außerdem muß es in der Lage sein, den Betriebsdienst zeitlich lückenlos durchzuführen und bei Ausfall einzelner Komponenten der Anlage diese durch Notmaßnahmen zu überbrücken und eine Unterbrechung der laufenden Arbeiten zu vermeiden.
Die an ein m. R. zu stellenden Anforderungen werden weniger von der großen Zahl der Daten, die zusätzlich auch für klimatologische Zwecke zu bearbeiten sind, als vielmehr von der internen Rechengeschwindigkeit bestimmt, die notwendig ist, um die sehr rechenaufwendigen numerischen Vorhersageprogramme in einer erträglichen Zeit durchzuführen. Da die Qualität der numerischen Vor-

hersagen von der Maschenweite der verwendeten Vorhersagemodelle abhängt und der Rechenaufwand bei einer Verringerung der Maschenweite stark anwächst, werden für den Einsatz in meteorologischen Rechenzentren Rechenanlagen mit den höchsten internen Geschwindigkeiten angestrebt.

meteorologische Stationen [Syn.: Beobachtungsstationen]: allg. Bez. für unterschiedliche Typen von Wetterbeobachtungsstellen, an denen regelmäßig (zu bestimmten Beobachtungsterminen) bzw. fortlaufend (zwischen den Terminen) nach einheitlichen, in den Beobachteranleitungen festgelegten Richtlinien mit meteorologischen Instrumenten Messungen und Aufzeichnungen bzw. Augenbeobachtungen (optische Wahrnehmungen über das Auftreten, die Intensität, den zeitlichen Verlauf und die Dauer bestimmter Wettererscheinungen) der meteorologischen Elemente durchgeführt werden.

Je nach dem durch die instrumentelle Ausrüstung festgelegten Meßprogramm wird zwischen einzelnen Stationstypen (z. B. synoptische, Klima-, Niederschlags-, agrarmeteorologische Station) unterschieden.

meteorologische Stationsnetze ↑Stationsnetze.

meteorologische Zeichen [Syn.: meteorologische Symbole]: zur schnellen und übersichtlichen Aufzeichnung meteorologischer Beobachtungen internat. vereinbarte symbolische Zeichen (↑Wetterkartensymbole). – ↑auch Stationsmodell.

Meteoropathologie, die [↑Meteore, griech. páthos = Leiden; Schmerz; Krankheit und ↑-logie]: Arbeitsrichtung der Medizinmeteorologie, die sich mit den durch atmosphärische Bedingungen (↑biotrope Wetterlagen) beeinflußten meteorotropen Krankheiten befaßt.

Meteoroskop, das [griech. meteōron = Himmels-, Lufterscheinung und ↑-skop]: älteres, heute nicht mehr benutztes theodolitähnliches Meßgerät zur Verfolgung von sich schnell am Himmel bewegenden Erscheinungen. In der Meteorologie wurde das M. früher häufig für Wolkenzugmessungen eingesetzt.

meteorotrop [zu griech. meteōron = Himmels-, Lufterscheinung und griech. tropḗ = Wende, Wendung ‖ Abl.: Meteorotropie]: nennt man Krankheiten, krankhafte Zustände oder Befindensstörungen, die wetterabhängig sind (↑biotrope Wetterlagen).

Meteorotropie, die [zu ↑meteorotrop]: svw. ↑Wetterfühligkeit.

METEOSAT, der [Kurzwort aus engl. **Meteo**rological **Sat**ellite = meteorologischer Satellit ‖ Schreibvariante: Meteosat]: Name der europäischen Wettersatelliten der ↑ESA, deren Entwicklung und Betrieb seit 1985 von der speziell für diesen Zweck geschaffenen Organisation ↑EUMETSAT geleitet werden.

Der erste Satellit wurde am 23. November 1977 gestartet. Die Satelliten sind geostationär und stehen auf 0° Länge über dem Äquator in etwa 36 000 km Höhe. Neben Bildaufnahmen im sichtbaren und infraroten Bereich (10,5–12,5 μm) lieferten die Satelliten erstmals auch Aufnahmen im Bereich von 5,7–7,1 μm, aus dem die Wasserdampfverteilung in der oberen Troposphäre erkannt werden kann. Da Aufnahmen im Abstand von einer halben Stunde geliefert werden, ermöglichen diese eine zeitlich und räumlich lückenlose Überwachung des Wettergeschehens über dem vom Satelliten einzusehenden Bereich, insbes. über Mitteleuropa.

Außer den Bildaufnahmegeräten haben die Satelliten Einrichtungen für die Datensammlung und Datenübertragung an Bord. Damit können einerseits die von DCPs gesendeten Meßwerte von entlegenen Stationen eingesammelt und an eine Bodenstation abgesetzt werden, andererseits können die von einer Zentrale verarbeiteten Daten über Satellit an zahlreiche Nutzer weiterverbreitet werden.

-meter [von griech. métron = Maß]: letzter Bestandteil von Zusammensetzungen mit der Bedeutung „Meßgerät"; z. B. Aktinometer.

Methode der kleinsten Quadrate: von C. F. Gauß entwickeltes *mathematisches Verfahren* zur Ermittlung einer Regressionsgleichung (↑Regression). Mit Hilfe dieses Verfahrens kann beispielsweise die Gleichung für diejenige Gerade $y = a + bx$ (↑ auch Ausgleichsgerade) gefunden werden, für die die Summe der quadrierten vertikalen Abstände $y_i - Y_i$ (Abb.) zwischen den jeweiligen Meßpunkten und den entsprechenden, auf der Regressionsgerade liegenden Punkten so klein wie möglich wird.

METROMEX, das: Abk. für engl. **Metropolitan meteorological experiment** (dt. = großstädtisches meteorologisches Experiment); in den Jahren von 1971 bis 1975 durchgeführtes nationales Forschungsprogramm der USA im Raum von Saint Louis, in dessen Rahmen der Einfluß einer großen Stadt- und Industrielandschaft auf Wetter und Klima, insbes. die anthropogene Niederschlagsbeeinflussung, untersucht wurde. Zum Einsatz kamen 250 Niederschlagsmesser, 5 Wetterradargeräte, 5 Flugzeuge, 5 Radiosondenstationen und andere Meßvorrichtungen auf einem Areal von 5 540 km²; u. a. wurde festgestellt, daß die größten Niederschlagshöhen (infolge konvektiver Starkregen) im Lee der Stadt, bezogen auf die jeweilige Hauptwindrichtung, lagen.

Metropolitan meteorological experiment, das [mɛtrəˈpɔlɪtən miːtɪərəˈlɔdʒɪkl ɪksˈpɛrɪmənt]: ein Forschungsprogramm der USA (↑ METROMEX).

Mexikotief: Bez. für die in der warmen Jahreszeit über Mexiko entstehenden Hitzetiefs, in die teils feuchtwarme Meeresluft vom Golf von Mexiko, teils feuchte Luft vom Pazifik einströmt. M.s verursachen kräftige, gewittrige Konvektionsniederschläge, die hpts. in der Regenzeit von Mai/Juni bis September/Oktober fallen.

MEZ: Abk. für ↑ **m**ittel**e**uropäische **Z**eit.

Mgla, die [russ.]: atmosphärische Trübung durch schwebende Teilchen von Staub, Rückständen von Bränden, Salzen usw. in S-Rußland; Abnahme der Sichtweite auf wenige Kilometer.

Mie-Streuung [nach G. Mie]: die Streuung von Lichtstrahlen an kugelförmigen Teilchen, insbes. an den in der Luft schwebenden Dunst- und Staubteilchen, deren Radius von gleicher Größenordnung ist wie die Wellenlänge λ der auftreffenden Strahlung. Nach der Theorie der M.-St. ist die Streuung umgekehrt proportional λ^n, wobei den durchschnittlichen Verhältnissen in der Atmosphäre n = 1,3 entspricht, d. h., es besteht bei der M.-St. (im Gegensatz zur ↑ Rayleigh-Streuung) nur eine schwache Abhängigkeit von der Wellenlänge, dagegen eine starke von den Materialeigenschaften der streuenden Teilchen. Die Folge ist, daß bei der M.-St. der Himmel keine charakteristische Streufarbe zeigt; seine Farbe nähert sich mehr dem Weiß bis Grau. Hinzu kommt, daß (im Gegensatz zur Rayleigh-Streuung) die gestreute Strahlung hpts. nach vorn **(Vorwärtsstreuung)** gerichtet bleibt. Ein dunstiger Himmel erscheint daher um die Sonne herum am hellsten.

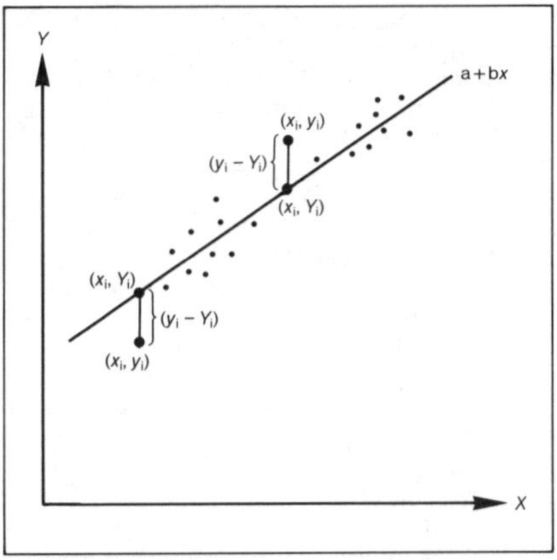

Methode der kleinsten Quadrate

mikro- [griech. mikrós = klein]: in Zusammensetzungen mit der Bed. „klein, gering, fein"; z. B. Mikroturbulenz.

Mikrobarograph, der [↑ mikro- und ↑ Barograph]: ↑ Aneroidbarograph mit hoher Anzeigeempfindlichkeit; etwa 4 mm Zeigerausschlag entsprechen 1 hPa Luftdruckänderung.

Mikrobarometer, das [↑ mikro-]: Instrument zur Messung sehr kleiner und kurzperiodischer Luftdruckschwankungen der Atmosphäre. M. sind mit hochempfindlichen ↑ Vidie-Dosen ausgestattete ↑ Aneroidbarometer.

Mikroklima, das [↑mikro- ‖ Syn.: Kleinklima, Grenzflächenklima]: das Klima der bodennahen Luftschicht bis zu einer Höhe von etwa 2 m, in der Horizontalen bezogen auf Areale von 1 cm bis 100 m Erstreckung. Maßgebend für seine Gestaltung sind der Strahlungsumsatz und die daraus abgeleitete Temperaturverteilung an der Erdoberfläche, die spezifischen Feuchteverhältnisse und der in der bodennahen Reibungszone stark herabgesetzte Austausch der Luftteilchen (im Gegensatz zur darüberliegenden turbulent durchmischten Schicht). Diese Faktoren sind jeweils abhängig von den Formen der Erdoberfläche, von den physikalischen Eigenschaften des Erdbodens und von seiner Bedeckung. Das M. weist deshalb eine kleinräumige Vielfalt auf. Mit dem Mesoklima ist es eng verzahnt.
Seine stärkste Ausprägung erfährt das M. beim Auftreten einer autochthonen Witterung; durch Berg- und Talwinde wird es allerdings gestört.
Spezielle Mikroklimate sind ↑Bestandsklima und ↑Standortklima.

Mikrometeorologie, die [↑mikro-]: spezieller Teilbereich der Meteorologie, der sich mit den physikalischen Prozessen befaßt, die sich in der bodennahen Luftschicht (vorwiegend unterhalb von 2 m über dem Erdboden) abspielen und in denen die Wechselwirkungen mit der Erdoberfläche deutlich hervortreten (↑Mikroklima).
Zu den Grundlagen der M. gehört die Untersuchung des Strahlungsumsatzes an der Erdoberfläche in Abhängigkeit von Oberflächenbeschaffenheit und Untergrund, von Geländeform, Geländeneigung und -exposition. In diesem Bereich werden lokale Faktoren und ihre Wirkungen mit Hilfe besonderer Instrumente, Meßverfahren und Auswertungsmethoden erfaßt.
Die Erkenntnisse der M. kommen v.a. der Geländeklimatologie bzw. der Agrarmeteorologie zugute.

Mikro-Scale, der [...skɛıl ‖ ↑mikro]: der kleinräumige Größenbereich atmosphärischer Phänomene (↑Scale).

Mikroturbulenz, die [↑mikro-]: der kleinräumige Anteil der ↑atmosphärischen Turbulenz, der der Größenordnung des Mikro-Scale (↑Scale) entspricht. Dazu gehören die gesamte ↑dynamische Turbulenz und von der ↑thermischen Turbulenz der Bereich bis etwa zur Cumuluskonvektion.
Für den Bereich zwischen der M. und der ↑Makroturbulenz, dem die Größenordnung des Meso-Scale zuzuordnen wäre, hat sich bisher keine gesonderte Bez. eingebürgert.

Mikrowellen [↑mikro-]: der Frequenzbereich elektromagnetischer Wellen zwischen Radiowellen und Infrarotstrahlung mit einer Wellenlänge zwischen etwa 30 cm und 1 mm (entsprechend den Frequenzen zwischen 1 und 300 GHz). M. werden in der Meteorologie in Radargeräten (↑Wetterradar) zur Erfassung von Niederschlagsgebieten und zur quantitativen Bestimmung von Flächenniederschlägen oder auch für die Höhenwindmessung verwendet.
Neuerdings versucht man auch, M. für *Satellitenmessungen* zu nutzen. Man unterscheidet hierbei *passive Meßmethoden,* bei denen die unterschiedliche natürliche Emission der Erdoberfläche im cm-Bereich von Mikrowellenradiometern an Bord von Satelliten gemessen wird, woraus man z.B. Kartierungen von Meereis ableiten kann, und *aktive Meßmethoden,* bei denen die Erdoberfläche vom Satelliten aus mit M. abgetastet wird. Dabei kann man aus der Art der Rückstreuung der M. Rückschlüsse auf den Zustand der Meeresoberfläche und damit auf den Wind ziehen.

Milanković-Theorie [...vitɕ ‖ nach M. Milanković]: astronomisch begründete Theorie globaler Klimaschwankungen. Milanković berechnete die Änderungen der solaren Erdbestrahlung für den zurückliegenden Zeitraum von 600 000 Jahren, wie sie als Folge der feststehenden Schwankungen der drei Erdbahnelemente Exzentrizität der Erdbahn, Schiefe der Ekliptik und Perihellänge – mit Perioden von etwa 96 000, 40 000 bzw. 21 000 Jahren – erwartet werden müssen. Die von ihm entworfenen Strahlungskurven für die verschiedenen Breitenzonen der Erde zeigen z.T. auffallende Übereinstimmung (zumin-

dest in qualitativer Hinsicht) mit geologischen Befunden der letzten 1 Million Jahre, insbes. in bezug auf das Auftreten von Kalt- und Warmzeiten.
Die M.-Th. wird in neuester Zeit bei Klimamodellen wieder berücksichtigt.

Milli- [zu lat. mille = tausend ‖ Zeichen: m]: Vorsatz vor Einheiten im Meßwesen; bezeichnet den 1 000. Teil der betreffenden Einheit; z. B. ↑ Millibar.

Millibar, das [↑ Milli- und ↑ Bar ‖ Einheitenzeichen: mbar, auch noch: mb]: der 1 000. Teil der Druckeinheit Bar;
1 mbar = 10^{-3} bar = 10^{2} Pa = 1 hPa.

Millimeter Quecksilbersäule [Einheitenzeichen: mm Hg]: ältere Einheit des Drucks (entspricht der Maßeinheit ↑ Torr); ursprünglich definiert als der 760. Teil des Drucks, den eine Quecksilbersäule von 760 mm Höhe im normalen Schwerefeld der Erde senkrecht auf ihre Grundfläche ausübt:
1 mm Hg ≙ 1,3332 mbar = 133,3224 Pa.
Die Verwendung von mm Hg und Torr ist nach dem „Gesetz über Einheiten im Meßwesen" in der BR Deutschland seit 1. Januar 1978 amtlich nicht mehr zulässig.

Mindestbedingungen: svw. ↑ Wettermindestbedingungen.

Minimum, das [zu lat. minimus = kleinster]: Tiefstwert einer auf einen bestimmten Beobachtungszeitraum bezogenen Beobachtungsreihe. Der entsprechende Wert für den Zeitraum seit dem Beginn möglichst lückenloser Messungen bis heute heißt **absolutes M.** (↑ absolute Extreme).

Minimumthermometer: gewöhnlich mit Alkohol gefülltes Flüssigkeitsthermometer zur Messung des Tiefstwertes der Lufttemperatur während der vergangenen 24 Stunden.
Das M. hat ein gabelförmig ausgebildetes Thermometergefäß und eine weite Kapillare. Innerhalb des Alkoholfadens befindet sich ein dunkler, beweglicher Glasstift, der bei sinkender Lufttemperatur aufgrund der Oberflächenspannung am Ende des Fadens mitgeführt wird; bei steigender Lufttemperatur fließt die Thermometerflüssigkeit am Glasstift vorbei. Dieser bleibt liegen und zeigt mit seinem oberen, dem Thermometergefäß abgewandten Ende die Tiefsttemperatur an.
Zum Abendtermin (Klimatermin III) wird das M. neu eingestellt. Hierzu ist es erforderlich, das M. aus dem Halter zu nehmen und nach dem Kapselende zu so weit zu neigen, bis der Glasstift wieder bis ans Ende des Fadens gleitet.
Die Skala des M.s ist in halbe °C geteilt; die Ablesung kann aber auf Zehntel °C geschätzt werden. Das M. liegt genau waagrecht in der unteren Gabel einer mit dem ↑ Maximumthermometer gemeinsamen Halterung innerhalb der ↑ Thermometerhütte.
Ein zweites M. wird zur Messung des Erdbodenminimums, d. h. der Temperatur in 5 cm über dem Erdboden, verwendet.

Minor warmings, die (Mehrz.) ['maɪnə 'wɔ:mɪŋz ‖ Einz.: das Minor warming ‖ engl. = geringere Erwärmungen]: plötzliche Erwärmungen der Stratosphäre; ↑ Berliner Phänomen.

MIRIAM [Abk. für: **mi**kroprozessorgesteuertes **R**egistriersystem des **I**nstru-

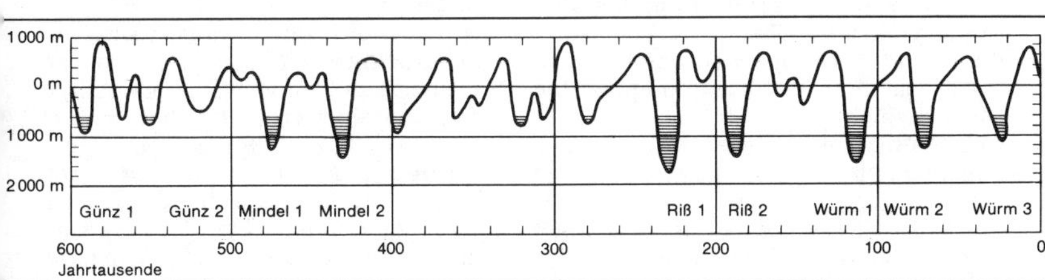

Milanković-Theorie. Milanković-Strahlungskurve der letzten 600 000 Jahre, dargestellt durch die Schwankung der Schneegrenze um den gegenwärtigen Wert auf der Nordhalbkugel oberhalb 55° n. Br.

mentenamtes München]: im Deutschen Wetterdienst entwickeltes synoptisch-klimatologisches Meßwerterfassungssystem auf modularer Basis. M. digitalisiert die von den Meßwertwandlern ankommenden Analogsignale, nimmt Steuerungsfunktionen wahr, bereitet Meßdaten auf, gibt sie über Digital- bzw. Analogschnittstellen aus und sorgt für ihre datenverarbeitungsgerechte Registrierung und Speicherung. Ferner leistet das System eine einfache Qualitätskontrolle, nämlich Prüfung des Wertebereichs und der Variabilität mit Kennzeichnung unverträglicher Daten, sowie eine Berechnung von Mittelwerten und abgeleiteten statistischen Größen.
Auf der Eingabeseite von M. sind Eingabemodule für 16 Eingänge für die Elemente Wind, Lufttemperatur, Erdbodentemperatur, Erdbodenminimum, relative Luftfeuchte und Taupunkt vorhanden. Sensoranschlüsse für Sonnenscheindauer, Niederschlag und Luftdruck können bei entsprechender Softwareanpassung ohne hardwaremäßige Modifikationen vorgenommen werden.
M. ist als modularer Baustein für zukünftige Generationen von automatischen Wetterstationen konzipiert.

Mischkerne ↑Gefrierkerne.

Mischungskondensationsniveau [...vo:]: ↑Kondensationsniveau.

Mischungsnebel: eine Nebelart (↑Nebelklassifikation).

Mischungsschicht:
◊ in der *Meteorologie* eine Schicht der Atmosphäre, in der eine Durchmischung stattfindet; gelegentlich auf die ↑atmosphärische Grenzschicht angewendet; ihre Höhe ist in dieser Bezeichnungsweise die **Mischungshöhe.**
◊ in der *Ozeanographie* die oberste, etwa 100 m mächtige, meist gut durchmischte Meeresschicht.

Mischungsverhältnis: Maß für die Feuchtigkeit der Luft; gibt die Menge des vorhandenen Wasserdampfs (in g) pro kg trockener Luft an und errechnet sich aus dem gemessenen Dampfdruck e und dem Luftdruck p:

$$m = 0{,}622 \frac{e}{(p-e)},$$

wobei der Dampfdruck wegen seines geringen Wertes gegenüber dem Luftdruck vernachlässigt werden kann:

$$m \approx 0{,}622 \frac{e}{p}.$$

Diese Größe unterscheidet sich praktisch nicht von der ↑spezifischen Feuchte.

Mischungsweg: theoretische Länge zur Charakterisierung der Turbulenz. Anschaulich ist der M. die Strecke, die ein Turbulenzelement zurücklegt, bis es sich seiner Umgebung angeglichen und seine Eigenschaften an diese abgegeben hat.

Mischwolken: Wolken, in denen unterkühlte Wassertröpfchen und Eisteilchen vorkommen, etwa im Temperaturbereich von −10 °C bis −35 °C; ihr Zustand ist kolloid-labil, d. h., in ihnen wachsen die Eiskristalle (wegen der geringeren Wasserdampfsättigung über Eis) auf Kosten der Wassertröpfchen. M. bilden in unseren Breiten eine wesentliche Voraussetzung für die Entstehung von Niederschlägen (↑Bergeron-Findeisen-Theorie). Zu den M. zählen insbes. die Wolkengattungen Altostratus, Nimbostratus und Cumulonimbus.

Mistral, der [provenzal.-frz., eigtl. etwa = meisterlicher, hervorragender Wind, von lat. magistralis = zum Lehrer gehörend, zum Meister gehörend]: rauher, meist trockener und kalter Fallwind aus N bis NW in Südfrankreich (Rhonetal, Provence), der durch die Düsenwirkung des Rhonetals verstärkt wird und häufig, v. a. im Winter und Frühjahr, Sturmstärke erreicht (Windgeschwindigkeit zum Teil 150 km/h).
Der M. wird durch ein atlantisches Hochdruckgebiet und ein Tiefdruckgebiet über dem Golf von Genua hervorgerufen und leitet einen Kaltlufteinbruch in das westliche Mittelmeergebiet ein.

mitteleuropäische Sommerzeit [Abk.: MESZ]: gegenüber der mitteleuropäischen Zeit um 1 Stunde vorverlegte Uhrzeit zur besseren Ausnutzung des Tageslichtes (Energieeinsparung) und zur Herbeiführung von Erleichterungen im europäischen Bahnreiseverkehr während des Sommerhalbjahres (Ende März bis Ende September). Dem Abkommen über die m. S. haben sich die meisten mitteleuropäischen Länder angeschlossen.

mitteleuropäische Zeit [Abk.: MEZ]: die mittlere Ortszeit (MOZ) des durch Stargard i. Pom. und Görlitz verlaufenden 15. östlichen Längengrades; in Deutschland seit dem 1. April 1893 als gesetzliche Zeit eingeführt.

Mittelfristprognose: Vorhersage für einen Zeitraum von einigen bis zu 10 Tagen. Sie schließt an den Zeitraum für ↑Kurzfristprognosen an.
Früher bestanden in den Methoden zur Erarbeitung der Kurzfristprognose und der M. grundsätzliche Unterschiede. Während für die Kurzfristprognose ausschließlich Methoden der synoptischen Meteorologie verwendet wurden, standen bei der M. statistische Methoden (ähnliche Fälle, Mehrfachkorrelationen, Wellenuntersuchungen) im Vordergrund, mit denen Veränderungen der Großwetterlage erfaßt werden sollten.
Heute haben sich die Grenzen weitgehend verwischt, da für beide Zeiträume im Prinzip gleichartige numerische Modelle verwendet werden. Nur des höheren wiss. und technischen Aufwandes wegen ist die Erarbeitung der M.n von der der Kurzfristprognosen getrennt.
Für die westeuropäischen Staaten werden die Grundlagen für die M. täglich vom ↑Europäischen Zentrum für mittelfristige Wettervorhersage zur Verfügung gestellt.

mittelhohe Wolken: Sammelbez. für Wolken, die in unseren Breiten in Höhen zwischen 2 und 7 km auftreten (↑Wolkenfamilien).

Mittelmeerklima: svw. ↑Etesienklima.

Mittelmeertief: Tiefdruckgebiet im Bereich des Mittelmeeres. M.s entstehen hpts. in der kalten Jahreszeit, etwa von September bis Mai, wenn hochreichende Kaltluft über Frankreich zum Mittelmeer strömt und über dem warmen Wasser labilisiert wird.
Bevorzugte Gebiete für Zyklogenesen, die für die Witterung der Alpenländer Bedeutung haben, sind der Golf von Genua und die Adria. Mitunter ist auch eine Frontalzone vom Golf von Biskaya südostwärts zum Mittelmeer gerichtet, so daß atlantische Tiefdruckstörungen auf dieser Zugbahn als M.s nach O wandern. Sie sind Ursache für die im Mittelmeerraum fallenden winterlichen Niederschläge.
Ein quasistationäres M. ist im Winter oft mit einem Hoch über Skandinavien gekoppelt, so daß auf seiner N-Flanke über Mitteleuropa eine kalte O-Strömung herrscht und durch aufgleitende Warmluft anhaltend Schnee fällt.

Mittelwert: aus einer Reihe von Einzeldaten abgeleitete *statistische* Kenngröße zur Charakterisierung durchschnittlicher Verhältnisse. Den **arithmetischen M.** erhält man, indem man die Summe aus den Einzeldaten bildet und durch ihre Anzahl dividert, den **geometrischen M.** durch Multiplikation der n Einzeldaten und Ziehen der n-ten Wurzel aus diesem Produkt.

Mitternachtssonne: die zwischen den Polarkreisen (66° 30′ n. Br. bzw. s. Br.) und den Erdpolen im Sommer stets sichtbare Sonne (bedingt durch die Achsenstellung der Erde zur Ekliptik). – Abb. S. 186.

mittlere Meeresspiegelhöhe: svw. ↑Meeresniveau.

mittlere Ortszeit ↑Ortszeit.

MKN: Abk. für: **M**ischungs**k**ondensations**n**iveau (↑Kondensationsniveau).

mm Hg: Einheitenzeichen für ↑Millimeter Quecksilbersäule.

Moazagotl-Wolken [...ˈgɔtəl ‖ angeblich eine mundartliche Verstümmelung des Namens Gottlieb Matz]: zuerst von dem Schäfer G. Matz über dem Hirschberger Kessel am N-Rand des Riesengebirges beobachtete, aber auch über den Föhngebieten der Alpen und anderer Gebirge auftretende, mehrfach übereinandergeschichtete linsenförmige Wolken (lenticularis), die sich bei stehenden Föhnwellen (↑Leewellen) im Bereich der Aufwindfelder (Wellenberge) bilden.
M.-W. zeigen Segelfliegern die begehrten Aufwindfelder an.

mobile Wetterstation: svw. ↑Meßzug.

Modalwert [zu lat. modus = Maß; Art, Weise ‖ Syn.: Modus, Scheitelwert]:

der am häufigsten vorkommende Wert in einer Häufigkeitsverteilung. In einer klassenorientierten Häufigkeitsverteilung ist der M. die Klassenmitte derjenigen Klasse, die die größte Häufigkeit der Merkmalswerte aufweist. Aufgrund dieser Eigenschaft hat der M. Mittelwertcharakter.

Modellatmosphäre: die einem bestimmten ↑numerischen Modell zugrundeliegende Annahme über den Aufbau und die physikalischen Eigenschaften der Atmosphäre. Jede M. ist eine mehr oder weniger vereinfachte Wiedergabe der wirklichen Atmosphäre; dies ergibt sich schon aus der Gitterdarstellung, bei der das dreidimensionale Kontinuum der Atmosphäre durch eine verhältnismäßig grobe Rasterdarstellung angenähert wird.

Modellflächen: die in einem ↑numerischen Modell verwendeten (fast) horizontalen Flächen zur Darstellung der Atmosphäre. M. sind entweder Flächen gleichen Luftdrucks (↑p-System) oder Flächen gleichen relativen Luftdrucks (↑Sigmasystem). Je mehr Flächen verwendet werden, um so genauer kann die reale Atmosphäre abgebildet werden.

Modellgleichungen: der Satz von Gleichungen, der insgesamt ein ↑numerisches Modell darstellt und dessen Eigenschaften bestimmt. Im einfachsten Fall (beim barotropen Modell) gehören dazu nur die hydrodynamischen Bewegungsgleichungen für die beiden Horizontalkomponenten und die Kontinuitätsgleichung.

Zur vollständigen Erfassung der dreidimensionalen Atmosphäre einschließlich der Feuchte sind sieben Gleichungen nötig (↑numerische Wettervorhersage).

Modellphysik: diejenigen physikalischen Vorgänge, die in einem ↑numerischen Modell über die rein hydrodynamischen Bewegungsvorgänge hinaus berücksichtigt werden. Hierzu gehören z. B. die turbulenten Vorgänge, die Austauschprozesse in der atmosphärischen Grenzschicht, die Konvektion, Wolken- und Niederschlagsbildung sowie alle Strahlungsvorgänge.

Die meisten dieser Vorgänge können wegen ihrer Kompliziertheit und geringen Größenordnung nicht explizit naturgetreu nachgebildet, sondern nur durch ↑Parametrisierung pauschal erfaßt werden.

Model-output-statistics, die (Mehrz.) ['mɔdl'aʊtpʊtstətɪstɪks ‖ engl. = modellhafte Ergebnisstatistik ‖ Abk.: MOS]: statistische Methode zur Vorhersage des lokalen Wetters mit Hilfe der Ergebnisse von numerischen Modellen. Sie hat das Ziel, die Lücke zwischen den von den Modellen gelieferten feldmäßigen Verteilungen der atmosphärischen Größen und dem eigentlichen lokalen Wetter zu schließen.

Die Methode verwendet Regressionsgleichungen, mit denen aus einer längeren Versuchsreihe systematisch diejenigen vom Modell vorausberechneten Größen (wie die Höhe verschiedener Isobarenflächen, Temperaturen, Winde, Vertikalgeschwindigkeit usw., jeweils an bestimmten Gitterpunkten) ausgesucht werden, die den stärksten Einfluß auf das vorherzusagende Wetter eines bestimmten Ortes haben. Die gefundenen Koeffizienten der Regressionsgleichungen, die von Ort zu Ort, für jeden Vorhersagezeitraum, für jede Jahreszeit verschieden sind und auch nur für das verwendete numerische Modell gelten, werden dann benutzt, um im aktuellen Fall Prognosen des lokalen Wetters zu berechnen.

Die Methode wurde in den USA entwickelt, inzwischen aber auch in der BR Deutschland mit Erfolg angewendet.

Modus, der: svw. ↑Modalwert.

molekularer Wärmetransport: der nur durch die Molekularbewegung bewirkte Wärmeübergang (↑Wärmeleitung).

Mondregenbogen ↑Regenbogen.

MONEX, das: Abk. für: **Monsoon experiment;** im Rahmen des ↑GARP durchgeführtes regionales Experiment, das aufgrund umfangreicher meteorologischer und ozeanographischer Messungen die Entstehungsbedingungen einschl. der Unregelmäßigkeiten des südostasiatischen Sommer- und Wintermonsuns untersucht.

Monin-Obuchow-Theorie [nach A. S. Monin und A. M. Obuchow]: Theo-

rie, die das Temperaturprofil und das Windprofil in der turbulenten ↑Prandtl-Schicht bei nichtadiabatischer Schichtung beschreibt. Wegen der nichtadiabatischen Schichtung müssen dabei Auftriebskräfte und turbulente vertikale Wärmeströme berücksichtigt werden.
Um die gewonnenen Profile allgemeingültig, d. h. unabhängig von den jeweils gegebenen Abmessungen, zu machen, verwendet man in der M.-O.-Th. dimensionslose Parameter, die durch Normierung (Division durch eine Normierungsgröße) gewonnen werden. Die Normierungsgröße für die Länge ist die **Monin-Obuchow-Länge.**

Monsoon experiment, das [mɔn'su:n ɪks'pɛrɪmənt]: ↑MONEX.

Monsun, der [aus engl. monsoon, dies über portugies. monção von arab. mawsim = (für die Seefahrt) geeignete Jahreszeit]: Luftströmung großer Ausdehnung mit halbjährlichem Richtungswechsel in den Tropen. Ursache dieser beständig wehenden tropischen Winde sind die unterschiedliche Erwärmung von Meer und Landmassen und die damit zusammenhängende jahreszeitliche Verlagerung der ↑innertropischen Konvergenz.
Besonders ausgeprägt tritt der M. im süd- und südostasiatischen Raum sowie im ostafrikanischen Küstenbereich auf. Hier weht im Nordwinter, wenn die innertropische Konvergenz weit im S liegt, der Nordostpassat als trockener, kühler **Winter-M.** (NO-M.), im Nordsommer dagegen, wenn die innertropische Konvergenz nach N verschoben ist, der zur äquatorialen Westwindzone gehörende **Sommer-M.** (SW-M.). Da der Sommer-M. vorher über weite, erwärmte Meeresflächen streicht, ist er feuchtwarm und bringt dem asiatischen Kontinent starke Niederschläge, die für die Wirtschaft dieser Länder von entscheidender Bedeutung sind.
In dem auf der Südhalbkugel sö. anschließenden M.gebiet, im Bereich von Indonesien und N-Australien, wechselt eine sommerliche (Südsommer) W- bis NW-Strömung mit einer winterlichen SO- bis O-Strömung ab. In den übrigen Tropen sind die diesem M. entsprechenden Erscheinungen nicht so deutlich ausgeprägt (besonders schwach sind sie im tropischen Amerika).
Im weiteren Sinne werden als M. alle großräumigen, jahreszeitlich wechselnden Luftströmungen mit einer Änderung der Windrichtung um mindestens 120° bezeichnet. Das mit der Erwärmung des eurasischen Kontinents in Zusammenhang stehende Auftreten von vorherrschenden, aber nicht beständigen NW-Winden (Meeresluftvorstöße) in der Zeit von April bis Juli hat man als **europäischen M.** bezeichnet. In Wirklichkeit handelt es sich um eine monsunale Drehung des Windvektors, die der allg. W-Strömung überlagert ist.

Monsunklima: die klimatischen Verhältnisse der durch den tropischen ↑Monsun geprägten Gebiete, insbes. im Hinblick auf den Jahresgang der Niederschläge.

Monsunregen: die besonders in Süd- und Südostasien durch das Einströmen feuchter Meeresluft in den überhitzten Kontinent während des Sommermonsuns (Mai/Juni bis September/Oktober) verursachten intensiven Regenfälle, die durch Stau an den Gebirgen noch verstärkt werden.

Monsuntief: Bez. für das durch die Erwärmung des asiatischen Kontinents im Sommer mit Kern über N-Indien entstehende Hitzetief. In der mittleren Luftdruckverteilung des Sommers weist das M. mit 995 hPa den niedrigsten Luftdruck der Nordhalbkugel auf.

montane Baumgrenze ↑Baumgrenze.

montane Stufe [aus lat. montanus = Berge bzw. Gebirge betreffend]: thermische Höhenstufe in den Hochgebirgen der höheren Mittelbreiten, in der die Vegetation gegenüber dem Tiefland mehr Feuchtigkeit, aber weniger Wärme benötigt. Im Alpenbereich bilden die Laubwälder bis 1 300–1 400 m Höhe die untere Stufe, die Nadelwälder (hpts. Fichten) bis etwa 2 000 m Höhe die obere Stufe.

Monte-Carlo-Methode ↑stochastisch-dynamische Wettervorhersage.

Montgomery-Stromfunktion [mənt'gʌmərɪ ‖ nach R. B. Montgomery]:

Potentialfunktion, deren Gradient die Luftbewegung in einer isentropen Fläche (↑ Isentropenanalyse) angibt. Die M.-St. entspricht dem Geopotential auf einer isobaren Fläche. Sie ist gegeben durch die Summe aus der geopotentiellen Höhe der Isentropenfläche und dem Produkt aus der spezifischen Wärme bei konstantem Druck und der Temperatur in der gleichen Höhe. Die Stromlinien der M.-St. geben unmittelbar die Gleitbewegungen in der Isentropenfläche wieder.
In der Praxis haben sich Isentropenkarten – insbes. aufgrund von in den USA gewonnenen Erfahrungen – wenig bewährt, da die Bestimmung der M.-St. sehr hohe Anforderungen an die Genauigkeit der Ausgangswerte stellt und außerdem die Luftfahrt mehr an Karten interessiert ist, die eine nahezu horizontale Fläche (wie eine Luftdruckfläche) darstellen, als an der Wiedergabe einer schrägen Fläche (wie einer Isentropenfläche).

Moorklima: das besondere Klima in Moorgebieten; es wird geprägt durch die Eigenschaften des Moorbodens, der im allg. eine geringe Wärmeleitfähigkeit besitzt; dies hat eine geringe Eindringtiefe der Tagesschwankung der Temperatur in den Boden zur Folge. Hoher Wärmeverlust durch Verdunstung und erhöhte Luftfeuchte, v.a. aber die besonders tiefen Nachttemperaturen, sind mit größerer Nebelhäufigkeit (Strahlungsnebel) verbunden. Allg. sind die Wärmeverhältnisse ungünstiger als in der Umgebung der Moorgebiete, insbes. nachts.

Morgendämmerung: die Übergangszeit zwischen Nacht und Tag (↑ Dämmerung).

Morgenrot: eine Dämmerungserscheinung (↑ Abendrot).

morphologische Wolkenklassifikation: die Einteilung der Wolken nach ihren Erscheinungsformen (↑ Wolkenklassifikation). – ↑ auch genetische Wolkenklassifikation.

MOS, die (Mehrz.) [mɔs, engl. 'ɛm-oʊ-'ɛs]: Abk. für ↑ Model-output-statistics.

MOTNE, das: Abk. für engl. **Meteorological Operational Telecommunication Network Europe** (dt.: **Europäisches Flugwetter-Fernmeldenetz**); internat., auf gemeinsamen Beschluß der ICAO und der Weltorganisation für Meteorologie 1960 eingeführtes und in mehreren Phasen ausgebautes, automatisiertes Fernmeldenetz für den Flugwetterdienst.
M. besteht aus einem Hauptnetz, in dem neun Zentralen durch Duplexleitungen ringförmig miteinander verbunden sind. Über Wetterring I (Brüssel, Amsterdam, Offenbach am Main, Zürich, Paris, London) und Wetterring II (Kopenhagen, Rom, Wien) erfolgt ein rascher Austausch der Wettermeldungen, wobei den Zentralen das Einsammeln und Einsteuern der Daten des jeweils zugewiesenen Bereichs sowie die Versorgung der Flugwetterwarten obliegt.
Planmäßig werden halbstündliche Bodenwettermeldungen für die Luftfahrt (METAR-Code), Lang- und Kurzzeit- (TAF-Code) sowie Streckenwettervorhersagen gesendet, außerplanmäßig u.a. Warnungen für bestimmte Fluggebiete (SIGMET-Meldung), Verbesserungen von Flugplatzvorhersagen sowie Korrekturen bereits gesendeter Meldungen und Berichte.

MOZ, die [ɛm-o: 'tsɛt]: Abk. für: **m**ittlere **O**rts**z**eit (↑ Ortszeit).

multiple Regression ↑ Regression.

multivariate Analyse [aus engl. multivariate analysis, zu lat. multus = viel und lat. variare = verändern]: in den USA entwickelte Methode der numerischen Analyse, die eine Weiterentwicklung der ↑ optimalen Interpolation darstellt. Hierbei werden zur Analyse eines meteorologischen Elements nicht nur die statistischen Eigenschaften dieses Feldes selbst, sondern auch die Beobachtungen anderer Elemente, die mit dem zu analysierenden Element statistisch verknüpft sind, durch Berechnung von Kreuzkorrelationen mit herangezogen.
Die Methode der m.n A. gilt heute als eine der fortschrittlichsten Methoden der numerischen Analyse; sie hat im Deutschen Wetterdienst die ↑ Korrektionsmethode abgelöst.

Mutterzyklone: svw. Zentraltief (↑ quasistationäre Druckgebilde).

N

N:
◇ Abk. für ↑ Nordlage.
◇ Einheitenzeichen für ↑ Newton.

Nachtfrost: infolge nächtlicher Ausstrahlung eintretender Frost. Voraussetzung für die Bildung von N. ist die Zufuhr verhältnismäßig trockener Kaltluft (Taupunkt unter 0 °C), die im Bereich eines Hochdruckgebietes zur Ruhe kommt und sich bei klarem Himmel und nur schwacher Luftbewegung unter den Gefrierpunkt des Wassers abkühlt.
Gefürchtet sind die Spätfröste während der Kälterückfälle des Frühjahrs im April und Mai (Eisheilige) wegen ihrer Schadenswirkung auf landwirtschaftliche Kulturen. Die Frühfröste im September und Oktober können die Vegetationsperiode vorzeitig beenden.

Nachtfrostprognose ↑ Frostvorhersage.

Nachtgewitter: während der Nacht, v. a. beim Durchzug von Fronten (↑ Frontgewitter) auftretende Gewitter. Über dem Meer wird im Winter die Gewitterbildung an Kaltfronten infolge zusätzlicher Labilisierung der unteren Luftschichten durch die relativ warme Meeresoberfläche begünstigt.

Nachthimmelshelligkeit [Kurzbez.: Nachthelligkeit]: allg. Bez. für die Helligkeit des nächtlichen (wolkenlosen) Himmels nach beendigter Dämmerung. Die N. stammt zu etwa 20% vom Licht der Sterne, vom ↑ Zodiakallicht und vom Streulicht terrestrischer Lichtquellen sowie zu etwa 80% vom ↑ Nachthimmelslicht.

Nachthimmelslicht [Syn.: Nightglow]: das Selbstleuchten der hohen Atmosphäre (in Höhen über 100 km), ein spezielles Phänomen der ↑ Nachthimmelshelligkeit. Atome und Moleküle der Luft (v. a. Sauerstoff, Stickstoff, Natrium und Wasserstoff) strahlen nachts einen Teil der am Tage absorbierten ultravioletten Strahlungsenergie in bestimmten Spektralbereichen wieder aus. Das schwache Leuchten des N.es, meist 15° über dem nördlichen Horizont zu sehen, erscheint dem Auge nicht buntfarbig.

nächtliche Ausstrahlung: die langwellige (infrarote) Wärmeausstrahlung der Erdoberfläche und der Atmosphäre während der Nacht; sie führt besonders bei klarem Himmel (wegen fehlender bzw. geringer atmosphärischer Gegenstrahlung) zu einer starken Abkühlung der Erdoberfläche und der bodennahen Luftschichten.

Nachtpurpurlicht ↑ Purpurlicht.

Nachtsicht: svw. ↑ Feuersicht.

Nadelwaldklima: Bez. für die fast ausschließlich auf der Nordhemisphäre vorkommenden kontinentalen winterkalten Klimate, die sich mit dem Verbreitungsgebiet des borealen Nadelwaldes südlich des Tundrengürtels decken. Kennzeichnend sind mäßig bis extrem kalte Winter (Tiefsttemperaturen im Mittel um −40 °C) mit langanhaltender Schneedecke, vielfach Dauerfrostböden und kurze, aber warme Sommer (Mitteltemperatur des wärmsten Monats über 10 °C). Niederschläge fallen zu allen Jahreszeiten. Wegen der meist niedrigen Temperaturen sind auch Gebiete mit geringen Niederschlagshöhen humid.

NAOS ['na:ɔs, engl. 'nɛɪɔs]: Abk. für engl. **North Atlantic Ocean Stations** (= nordatlantische Ozeanstationen); System von Wetterschiffen auf dem Nordatlantik, ursprünglich während des 2. Weltkriegs von den Alliierten als ein Netz von bis zu 28 gleichzeitig eingesetzten Hilfsschiffen zur Sicherung der Überführung der Luftflotten eingerichtet; nach dem Krieg unter Reduzierung auf neun Wetterschiffe, die auf festen und durchgehend besetzten geographischen Positionen standen, von der ↑ ICAO übernommen.
Hauptaufgaben waren die Wetterbeobachtung (an der Meeresoberfläche und

in der freien Atmosphäre mit Hilfe von Radiosonden), Navigationshilfe für Flugzeuge auf der Nordatlantikroute und Hilfeleistung bei Flugunfällen. Durch moderne Navigationsverfahren und Verbesserung der Flugsicherheit entfielen im Laufe der Zeit die beiden letzten Aufgaben.
Im Zusammenhang mit dem Einsatz der Wettersatelliten wurde daher NAOS 1974 auf vier Stationen reduziert, von der Weltorganisation für Meteorologie übernommen und von einer Reihe europäischer Staaten finanziert.
Das NAOS-System soll 1988 beendet und durch ein „integriertes Beobachtungssystem für den Nordatlantik" (↑COSNA) ersetzt werden.

nasse Deposition ↑Deposition.

nässender Nebel [Syn.: Nebelnässen, Nebeltraufe]: Form des abgesetzten Niederschlags; wird durch vom Wind angewehte Wolken- oder Nebeltröpfchen verursacht; n. N. führt zur Benetzung der Erdoberfläche, von Pflanzen und Gegenständen.
Im Mittel- und Hochgebirge können durch nässende Wolken jährliche Niederschlagshöhen von mehreren hundert mm erreicht werden.

Naßschnee: abgelagerter Schnee mit einem hohen Anteil an flüssigem Wasser.

Nationales Komitee für Geodäsie und Geophysik [Abk.: NKGG]: von der Deutschen Forschungsgemeinschaft (DFG) für Angelegenheiten der Internationalen Union für Geodäsie und Geophysik (IUGG) eingerichtetes nationales Gremium zur Vertretung der Interessen der geodätischen und geophysikalischen Institutionen in der BR Deutschland und ihrer Mitglieder gegenüber der IUGG.
Träger des NKGG sind zur Zeit sieben wissenschaftliche Vereinigungen: Deutsche Geodätische Kommission (DGK), Deutscher Verein für Vermessungswesen (DVW), Deutsche Gesellschaft für Photogrammetrie (DGPh), ↑Deutsche Meteorologische Gesellschaft e. V., Deutsche Geophysikalische Gesellschaft e. V. (DGG), Deutsche Mineralogische Gesellschaft (DMG), Deutscher Verband für Wasserwirtschaft und Kulturbau e. V. (DVWK).
Das NKGG koordiniert die nach internat. Absprachen und Programmen auf nationaler Ebene durchzuführenden wiss. Aufgaben.

National Meteorological Centre, das ['næʃənəl mi:tıərə'lɔdʒıkl 'sɛntə]: svw. NMC (↑Weltwetterwacht).

nautisch [von griech. nautikós = die Schiffahrt betreffend, zu griech. naũs = Schiff]: die Schiffahrtskunde betreffend.

nautische Meteorologie: veraltete Bez. für ein Teilgebiet der Meteorologie, das die Anwendung meteorologischer Erkenntnisse in der Schiffahrt umfaßt, ursprünglich v. a. die Ausnutzung von Wind- und Meeresströmungen für Segelschiffe. – ↑auch meteorologische Navigation.

NE [von engl. **n**orth**e**ast = Nordosten]: Abk. für ↑Nordostlage.

Nebel: kondensierter Wasserdampf in der bodennahen Luftschicht; in der Luft schwebende, gewöhnlich mikroskopisch kleine Wassertröpfchen, die die Sicht in Bodennähe stark vermindern. In der Meteorologie wird die Bez. N. dann verwendet, wenn die Sicht unter 1 km zurückgeht.
Die **N.bildung** erfolgt durch Kondensation des Wasserdampfs an Kondensationskernen. Sie wird im wesentlichen durch drei physikalische Prozesse verursacht: 1. Abkühlung feuchter Luft bis zum Taupunkt bzw. Reifpunkt; 2. Zunahme des Wasserdampfgehaltes der Luft durch Verdunstung; 3. Mischung von feuchtwarmer und kalter Luft. Im Einzelfall können diese Prozesse auch zusammenwirken (↑Nebelklassifikation). – ↑auch Nebelauflösung.

Nebelauflösung: physikalisch der Übergang von mit Wasserdampf gesättigter Nebelluft in ungesättigte Luft infolge Erwärmung über den Taupunkt, Entzug des Wasserdampfs bzw. der Nebeltröpfchen aus der Luft oder Durchmischung von Nebelluft mit trockener Luft. Die N. zeigt sich in einer Anhebung der Sichtweite auf mehr als 1 km. Bei der *natürlichen N.* erfolgt die Erwärmung durch Absorption der Sonnenstrahlung in der Nebelluft und am Erd-

boden, Advektion des Nebels über eine wärmere Unterlage und adiabatisch beim Absinken der Nebelluft an einem Hang. Der Feuchteentzug erfolgt bei der natürlichen N. durch Tau- oder Reifbildung, ferner bei Schneefall durch Sublimation des Wasserdampfs auf den Schneekristallen, durch Koagulation der Nebeltröpfchen oder Kondensation auf einer kalten Unterlage (schneebedeckter Boden bei Lufttemperaturen unter 0 °C). Vertikale Turbulenz wandelt den Nebel oft in einen Hochnebel um.
Zur *künstlichen N.* werden an Start- und Landebahnen der Flughäfen oder an stark nebelgefährdeten Straßen Infrarotlampen (Wärmestrahler) verwendet. Bei Kaltluftnebel (Lufttemperatur unter 0 °C) kann eine Sichtbesserung dadurch erreicht werden, daß durch Einsprühen von Propan oder Einstreuen von Trokkeneis in der Nebelluft Eiskeime gebildet werden, die auf Kosten der unterkühlten Nebeltröpfchen wachsen und wegen ihrer Schwere als Schneekristalle ausfallen.

Nebelbank: dünne, schwadenförmige Nebelschicht, die sich bei nur mäßiger nächtlicher Ausstrahlung häufig über Wiesen (sog. **Wiesennebel**) oder in flachen Mulden bildet und sich bald nach Sonnenaufgang wieder auflöst.

Nebelbogen: eine Dämmerungserscheinung (↑Gegendämmerung).

Nebelfänger: am meteorologischen Observatorium Hohenpeißenberg des Deutschen Wetterdienstes von J. Grunow entwickeltes Gerät zur Erfassung von Nebelniederschlag. Der N. besteht aus einem zylindrischen Drahtgazenetz von 1,5 mm Maschenweite und 0,25 mm Drahtdurchmesser. Die Unterkante dieses Zylinders ist abgewinkelt, damit das Wasser an den nach unten weisenden Spitzen gut abfließen kann. Der Zylinder wird einem ↑Hellmann-Niederschlagsmesser aufgesetzt, in dem das Wasser in üblicher Weise gemessen wird.

Nebelfrost: Sammelbez. für die abgesetzten Niederschläge Rauhreif, Rauheis und Klareis. N. lagert sich meist beim Gefrieren von Nebeltröpfchen an vorwiegend vertikalen Flächen ab **(N.ablagerung)**, deren Oberflächentemperatur unter dem Gefrierpunkt liegt, unter gleichzeitiger Beteiligung von Sublimationsvorgängen.
N.ablagerungen stellen insbes. in den Kammlagen der Mittelgebirge eine große Gefahrenquelle dar. Ihre Gefährlichkeit besteht in ihrer Materialbeanspruchung (↑Lastannahme) von Bauwerken (Freileitungen, Antennenträger, Sendetürme), aber auch in der Steigerung des Winddruckes aufgrund der Vergrößerung der dem Wind ausgesetzten Oberfläche der Bauwerke (d. h. Zunahme der ↑Windlast).
In der *technischen Klimatologie* dienen daher Häufigkeitsstatistiken von N.ablagerungen u. a. als Berechnungsgrundlage der extremen Eisbelastung (↑Eislast) von Antennentragwerken und zur Dimensionierung der Mastabstände von Freileitungen.

Nebelklassifikation: Einteilung der Nebel nach ihrer Entstehung. Man unterscheidet im wesentlichen drei *Nebeltypen,* die in weitere *Nebelarten* unterteilt werden können:
Abkühlungsnebel: Zu diesem Nebeltyp zählen der Strahlungsnebel und der Advektionsnebel. **Strahlungsnebel** treten v. a. im Herbst bei windstillen oder windschwachen Strahlungswetterlagen auf, wenn sich der Boden und die bodennahen Luftschichten infolge starker nächtlicher Ausstrahlung bis unter den Taupunkt abgekühlt haben (↑Bodennebel, ↑Talnebel, ↑Hochnebel). **Advektionsnebel** entstehen, wenn feuchtwarme Luftmassen über eine kalte Unterlage geführt werden. Zu dieser Nebelart gehören ↑Meernebel und ↑Küstennebel, ferner winterliche Nebel, die häufig auftreten, wenn wärmere und feuchte Luftmassen (vorwiegend maritimen Ursprungs) gegen das kalte Festland strömen (in Mitteleuropa hpts. im sw. und westlichen Quadranten eines Hochdruckgebietes).
Verdunstungsnebel (Dampfnebel): Sie bilden sich durch die Erhöhung des Feuchtegehaltes einer Luftschicht (bei gleichbleibender Temperatur) bis zur Wasserdampfübersättigung infolge Verdunstung von Wasserflächen. Sie entste-

hen insbes. dort, wo sehr kalte Luft über warmes Wasser strömt (↑Seerauch, ↑Flußrauch).

Mischungsnebel: Sie entstehen bei gleichzeitiger Abkühlung der Luft und Erhöhung des Wasserdampfgehaltes, v. a. im Bereich von Fronten **(Front-** oder **Niederschlagsnebel),** wo eine turbulente Durchmischung feuchtwarmer und kalter Luft stattfindet, die mit adiabatischer Abkühlung verbunden ist. Die Erhöhung des Feuchtegehaltes der bodennahen Luftschicht erfolgt durch Verdunstung des frontalen Niederschlags.

Nebelnässen, das: andere Bez. für ↑nässender Nebel.

Nebelniederschlag: Ablagerungen von aus Nebel stammenden Kondensationströpfchen. N. tritt vorwiegend auf, wo Erhebungen der Erdoberfläche zeitweilig in die Wolken hineinragen, Nebelfelder durch den Wind ins Gebirge verfrachtet oder Küstennebel vom Meer aufs Festland getrieben werden. In nebelreichen Klimaten liefert N. erhebliche Wassermengen.

Die Messung des N.s erfolgt mit dem ↑Nebelfänger.

Nebelobergrenze: Obergrenze des Tal- oder Hochnebels, zugleich Untergrenze einer Inversion. Der oberhalb liegende Höhenbereich hat beim Auftreten von Nebel höhere Werte der Temperatur, geringere der relativen Feuchte, meist Sonnenschein und gute Fernsicht. Der Bereich des Talnebels macht die nächtliche lokale Kaltluftbildung sichtbar (Wasserdampfsättigung bei Abkühlung). Die N. entspricht der Kaltluftobergrenze.

Nebelregenbogen: svw. weißer ↑Regenbogen.

Nebelreißen: besondere Form der Kondensation des Wasserdampfs, bei der stärkerer Nebel entsteht und die schwebenden Teilchen anwachsen, bis sie als kleinste Wassertröpfchen ausfallen.

N. kommt häufig bei Wolkennebel im Gebirge vor und ist für die Wasserversorgung von Wäldern ein bedeutungsvoller Vorgang. N. ist außerdem typisch für Klimagebiete mit häufigen Nebeln, z. B. Neufundland oder Kamtschatka.

Nebelschwaden: durch Unterschiede im Feuchtigkeitsgehalt der Luft entstehender Nebel mit begrenzter Ausdehnung. In N. sinkt die Sichtweite unter 1 km, während sie außerhalb noch mehr als 1 km betragen kann.

Nebelstruktur: zum Zwecke der Anwendung, v. a. in der Landes- und Regionalplanung, vorgenommene Einteilung der Nebelarten in **Talnebel** (austauscharm, im Winter feuchtkalt), **Hochnebel** (abgesetzte Niederschläge, höhere Windgeschwindigkeit, höhere Konzentration an Luftbeimengungen) und **Wolkennebel** (winterliche Schlechtwetterwolken mit Niederschlag, im Gebirge ab einer bestimmten Höhe am Erdboden aufliegend). Bestimmt werden Obergrenze des Talnebels, Unter- und Obergrenze des Hochnebels sowie Untergrenze des Wolkennebels, wobei für die an Inversionen gebundenen Tal- und Hochnebel, da sie mit dem Beobachtungsnetz nicht erfaßt werden, besondere Erhebungen erforderlich sind. – ↑auch Nebelobergrenze, ↑Nebeluntergrenze.

Nebeltag: im *Klimadienst* ein Tag, an dem die horizontale Sichtweite mindestens in einem Sektor von 90° irgendwann zwischen 00.00 und 24.00 Uhr gesetzlicher Zeit weniger als 1 km beträgt.

Nebeltraufe: svw. ↑nässender Nebel.

Nebeltreiben: Durchzug von Nebelschwaden, die sich in feuchter Luft bilden und vom Wind über den Beobachtungsort geweht werden. Beim N. schwankt die Sichtweite innerhalb kurzer Zeit mitunter beträchtlich. Besonders häufig kommt N. auf Berggipfeln und an Berghängen vor.

Nebeltröpfchen ↑Tropfendurchmesser.

Nebeluntergrenze: untere Begrenzungsfläche von Hoch- und Wolkennebel (die Untergrenze des Talnebels bildet der Erdboden). Ihr Verlauf ist im Mittelgebirge von Bedeutung für die Planung von Trassen, Freileitungen, Sendemasten u. ä., da der oberhalb der N. liegende Bereich durch abgesetzte Niederschläge, höhere Windgeschwindigkeit und höhere Konzentration an Luftbeimengungen gekennzeichnet ist.

Nebelvorhersage: für Luft-, Straßen- und Schiffsverkehr wichtiger Teil der Wettervorhersage, der eine Aussage über das voraussichtliche Eintreffen und die Andauer von Nebel (Sichtverschlechterung unter 1 km) enthält.
Bei der N. wird anhand von Meßwerten der aktuellen Wetterlage das Verhalten der nebelbildenden Faktoren (Abkühlung der Luft unter den Taupunkt durch Ausstrahlung, Advektion oder Hebung; Zufuhr von Wasserdampf durch Verdunstung; lokale Einflüsse) abgeschätzt und bei zu erwartendem Unterschreiten bestimmter Grenzwerte Nebel vorhergesagt. Die Aussage über die Andauer des Nebels berücksichtigt die Wirkung der nebelauflösenden Faktoren.
Für kurzfristige lokale N.n, z. B. an Flugplätzen, werden häufig **N.-Diagramme** verwendet, in die Temperatur und Taupunkt bzw. relative Feuchte eingetragen und zeitlich extrapoliert werden oder in denen langjährige Beobachtungen von Nebel statistisch verarbeitet sind, so daß ein Vergleich mit den aktuellen Verhältnissen möglich ist.

Nebelwasseranalyse: die chemische Analyse des in speziellen Sammelgeräten aufgefangenen, anthropogen verschmutzten Nebelwassers. Mit besonderen Analyseverfahren (Atomabsorptionsspektroskopie, Ionenchromatographie) werden Gehalt und Konzentration z. B. von Aluminium, Blei, Zink oder Schwefel bestimmt, ferner Flüssigwassergehalt, Anionen und Kationen.
Die Analysen des Nebelwassers ergeben höhere Konzentrationen an Schadstoffen als solche des fallenden Niederschlags.

Nebelwüste [Syn.: Feuchtluftwüste]: schmaler küstennaher Bereich einer ↑Küstenwüste, in dem aufgrund des kalten Auftriebswassers von Meeresströmungen eine höhere relative Feuchte als im Landesinneren herrscht, die zu Nebel- und Taubildung führt und eine kümmerliche Vegetation ermöglicht.

Nebenregenbogen ↑Regenbogen.

Nebensonne ↑Haloerscheinungen.

Nennböengeschwindigkeit ↑Grundwindgeschwindigkeit.

NEPH-Analyse [griech. néphos = Wolke ‖ Syn.: Wolkenanalyse]: die aufgrund von Satellitenbildern analysierte geographische Verteilung der Wolkenarten und des Bedeckungsgrades; in (über Faksimile verbreiteten) Karten durch Symbole und bestimmte Schraffuren dargestellt, wobei die Hauptwolkensysteme und größere Wolkenfelder durch markante Begrenzungslinien hervorgehoben werden.

Nephoskop, das [zu griech. néphos = Wolke und griech. skopeĩn = betrachten]: andere Bez. für ↑Wolkenspiegel.

Nest [Abl.: nesten, Nestung]: in ein großräumiges ↑numerisches Modell eingefügtes Modell für einen begrenzten Ausschnitt (↑genestetes Modell).

Netzdichte: mittlere räumliche Verteilung der meteorologischen Stationen in einem Gebiet, ausgedrückt durch die Anzahl der Stationen je km².
Die Dichte von Stationsnetzen ist so zu dimensionieren, daß die in ihnen gewonnenen meteorologischen Daten möglichst homogen und repräsentativ sind und die Klimaverhältnisse flächendeckend erfaßt werden können. Damit diese Forderung erfüllt wird, muß die

Netzdichte

Stationstyp	Anzahl der Stationen	km² je Station	mittlerer Abstand (in km)
synoptische Station	90	2 880	50
Klimastation	500	500	25
Niederschlagsstation	3 000	80	10
Windmeßstation	200	1 300	40
Sonnenscheinstation	300	850	30
aerologische Station	5	50 000	220

räumliche und zeitliche Variabilität der meteorologischen Elemente berücksichtigt werden (↑ auch optimale Netzdichte). Die Variabilität hängt wiederum von den Oberflächenformen ab; so muß z. B. die N. für ein beliebiges meteorologisches Element (etwa den Niederschlag) im Mittelgebirgsraum aufgrund seiner differenzierteren Orographie größer als im Norddeutschen Tiefland sein.
Im *Deutschen Wetterdienst* gelten für die einzelnen Stationstypen gegenwärtig die folgenden ungefähren Zahlenwerte (↑ Übersicht S. 273).

Neufundlandnebel: berüchtigter und in der Schiffahrt gefürchteter Nebel bei Neufundland; entsteht über dem vor der kanadischen O-Küste nach S fließenden Labradorstrom, wenn wärmere Luft, deren Taupunkt oberhalb der Wassertemperatur liegt, über die kälteren Meeresgebiete strömt und sich dabei abkühlt. Im Gegensatz zu anderen Nebelbildungen löst sich der N. selbst bei größeren Windstärken nur schwer auf. – Durchschnittliche Häufigkeit bei der Großen Neufundlandbank: mehr als 80 Nebeltage pro Jahr.

Neufundlandtief: häufige Bez. für Tiefdruckgebiete, die sich bei Neufundland an der ↑ Polarfront bilden und sich bei einer Dreimassenecksituation, die hier durch die geographischen Gegebenheiten begünstigt wird, zu intensiven Sturm- und Orkantiefs entwickeln.

Neuschnee: zum Beobachtungstermin I, d. h. um 7 Uhr mittlerer Ortszeit, mit dem Schneepegel auf dem Schneebrett gemessene Höhe (in cm) der in den letzten 24 Stunden gefallenen Schneemenge.

Neutrosphäre, die [Kurzbildung aus neutral und Atmosphäre]: der Teil der Erdatmosphäre, der im wesentlichen aus neutralen Gasteilchen, also aus nichtionisiertem Gas, besteht. Die N. umfaßt deshalb die gesamte Atmosphäre bis zu einer Höhe von etwa 80 km, in der die ↑ Ionosphäre beginnt.
Die Bez. N. bezieht sich auf eine Einteilung der Atmosphäre, bei der lediglich der Ionisierungszustand betrachtet wird.

Newton ['nju:tən ‖ nach Sir I. Newton ‖ Einheitenzeichen: N]: SI-Einheit der Kraft: 1 N ist gleich der Kraft, die einem Körper der Masse 1 kg die Beschleunigung 1 m/s² erteilt:

$$1 \text{ N} = 1 \text{ kg m/s}^2.$$

Newton-Abkühlungsgesetz ['nju:tən... ‖ nach Sir I. Newton ‖ Kurzbez.: Abkühlungsgesetz]: *physikalisches* Gesetz, das quantitativ die Abkühlung eines Körpers bestimmt, der mit einem anderen, in seiner Umgebung befindlichen Körper (Gas, Flüssigkeit) von niedrigerer Temperatur in Wärmeaustausch tritt. Die Temperaturunterschiede zwischen beiden Körpern gleichen sich dabei exponentiell aus. Der Wärmeaustausch kann durch Wärmeleitung, Wärmestrahlung oder Konvektion erfolgen. Bei kleinen Temperaturunterschieden ist die Abkühlungsgeschwindigkeit der Temperaturdifferenz zwischen beiden Körpern proportional.
Mit dem N.-A. kann z. B. die Anzeigeträgheit von Thermometern in erster Näherung erfaßt werden.

nichtadiabatische Prozesse: svw. ↑ diabatische Prozesse.

nichtlineare Regression ↑ Regression.

nichtstationäre Bewegungen: Bewegungen, die zeitlich nicht gleich bleiben, bei denen sich also das momentane Strömungsfeld nach einer bestimmten Zeit geändert hat.
N. B. sind in der Atmosphäre der Normalfall. Jede Luftdruckänderung verändert das Strömungsfeld und läßt die Bewegungen nichtstationär werden. Bei n.n B. unterscheiden sich grundsätzlich die ↑ Stromlinien von den ↑ Trajektorien.

Niederschlag: das in der Atmosphäre aus der Gasphase (Wasserdampf) in die flüssige oder feste Phase umgewandelte und ausgeschiedene Wasser. Man unterscheidet zwischen **fallenden** bzw. **gefallenen Niederschlägen** (Sprühregen, Regen, Schnee, Eiskörner, Schneegriesel, Reifgraupel, Frostgraupel, Hagel u. a.), **abgesetzten Niederschlägen** (Tau, Reif, nässender Nebel) und **abgelagerten Niederschlägen** (gefallene feste Niederschläge, d. h. Decken aus Schnee, Hagel usw.). Die *N.sbildung* vollzieht sich in unseren Breiten hpts. über die Eisphase, d. h.

über die Bildung von Eis- und Schneekristallen und durch Vergraupelung, wenn die Eisteilchen durch unterkühlte Wasserwolken (↑auch Mischwolken) fallen und durch das Anfrieren von unterkühlten Wassertröpfchen weiter anwachsen (↑Koagulation; ↑Bergeron-Findeisen-Theorie). Gelangen Schneekristalle in Temperaturbereiche über 0 °C, so schmelzen sie zu Regentropfen zusammen. Im Winter, wenn das Aufschmelzen bei Temperaturen unter dem Gefrierpunkt unterbleibt, fällt der N. als Schnee. In den Tropen und Subtropen kann großtropfiger Regen aus reinen Wasserwolken (mit Temperaturen über 0 °C) allein durch Kondensation des reichlich vorhandenen Wasserdampfs und durch Zusammenfließen von Wassertröpfchen bei Berührung entstehen (↑Koaleszenz).

Niederschlagsdauer [Syn.: Niederschlagandauer]: in Minuten oder Stunden, seltener in Tagen ausgedrückte Zeitspanne eines ununterbrochenen Niederschlagsereignisses.

Niederschlagsdefizit: der Fehlbetrag an Niederschlagswasser in einem bestimmten Gebiet, wenn die potentielle Evapotranspiration größer ist als die Niederschlagshöhe. Bei Verwendung von 10°-Breitenkreismitteln für beide Klimaelemente sind davon im langjährigen Durchschnitt die Gebiete vom Äquator bis etwa 40° Breite betroffen, abgesehen vom Gürtel der inneren Tropen.

Niederschlagsdichte [Syn.: Niederschlagsergiebigkeit]: die Beziehung zwischen der Höhe des Niederschlags und der Zeiteinheit, in der er fällt; z. B. 10 mm Niederschlagshöhe in 60 Minuten. Bestimmte Werte der N. werden zur Auszählung von ↑Starkregen verwendet. Die N. ist mit bestimmten Niederschlagstypen und bestimmten Wetterlagen verbunden.

Niederschlagsechos: sichtbare Darstellungen der reflektierten Radarimpulse von Niederschlagsgebieten auf der Bildschirmanzeige des Wetterradars durch horizontales (↑PPI-Abbildung) oder vertikales (↑RHI-Abbildung) Abtasten des Gesichtsfeldes. Treffen die Radarimpulse auf ein Hindernis (z. B. Regentropfen), werden sie an diesem reflektiert. Sobald im Empfänger ein Echoimpuls eintrifft, wird er „hellgetastet“ und erscheint als Lichtfleck (Niederschlagsecho) auf dem Bildschirm. Moderne Wetterradargeräte ermöglichen auch eine quantitative Untersuchung der N.; so ist z. B. durch die sog. **ISO-ECHO-CONTOUR-Einrichtung** die Feststellung der Niederschlagsintensität möglich. Dies geschieht durch Abbildung von Linien gleicher Echointensität, die in Niederschlagsintensitäten umgerechnet werden können.

Niederschlagselektrizität: die elektrische Ladung fallender flüssiger oder fester Niederschläge; sie kann positiv oder negativ sein und unterliegt schnellen, kurzzeitigen Schwankungen. Im Durchschnitt überwiegen bei allen Niederschlagsarten die positiven Ladungen. Großtropfiger Regen und Schnee tragen im allg. eine größere Ladung. Die von Niederschlägen transportierte Elektrizitätsmenge bewegt sich in der Größenordnung $3 \cdot 10^{-5}$ Coulomb/m^3 Niederschlag und $3 \cdot 10^{-12}$ Coulomb/Regentropfen. – ↑auch Gewitterelektrizität.

Niederschlagsergiebigkeit: svw. ↑Niederschlagsdichte.

Niederschlagsgang: der Verlauf des Niederschlags innerhalb des Jahres, dargestellt anhand der mittleren Monatshöhen. Man unterscheidet die **planetarischen Gangtypen,** die eine Folge der allg. Zirkulation der Atmosphäre sind und eine zellenartige Gliederung sowie jahreszeitliche Verschiebungen aufweisen, und die sie modifizierenden **tellurischen Gangtypen,** die auf dem Einfluß der Land- bzw. Meeresflächen beruhen (kontinentaler bzw. maritimer N.).
Der N. wird u. a. zur Ableitung von ↑Niederschlagstypen herangezogen.

Niederschlagsgebiet [Syn.: Niederschlagsfeld]: ausgedehnte Zone, in der anhaltende Niederschläge fallen. N.e sind meist an Fronten gebunden und können daher eine Längsausdehnung von einigen tausend und eine Breite von mehreren hundert Kilometern haben. Sie verlagern sich mit den Fronten bzw. der Höhenströmung, wobei sich ihre

Struktur je nach Entwicklungsstadium des zugehörigen Tiefdruckgebietes oder aufgrund orographischer Einflüsse verändert.

N.e entstehen auch durch Hebungsvorgänge in alternden Tiefdruckgebieten, durch aufgleitende Warmluft, besonders auf der Rückseite von Kaltlufttropfen, und an orographischen Hindernissen.

Niederschlagshöhe: mit Hilfe des Niederschlagsmessers auf Zehntel mm genau gemessene Höhe des gefallenen bzw. abgesetzten Niederschlags. Die N. gibt an, wie hoch der Niederschlag den Erdboden bedecken würde, wenn nichts abfließen, verdunsten oder versickern könnte. Der N. von 1 mm entspricht eine Flüssigkeitsmenge von 1 Liter auf 1 m^2 Bodenfläche. Bei Niederschlag in fester Form gilt als N. die Wasserhöhe des geschmolzenen Niederschlags.

Niederschlagsintensität: auf ein Zeitintervall, meist in der Größenordnung von einigen Minuten, seltener von Stunden bezogene, in mm/min bzw. mm/h ausgedrückte Niederschlagshöhe. Die zur Charakterisierung von ↑Starkregen dienende N. wird durch Auswertung von Registrierstreifen des ↑Niederschlagsschreibers bestimmt.

Niederschlagsmesser [Syn.: Hyetometer, Ombrometer, Pluviometer, Regenmesser]: Gerät zur Messung der Niederschlagshöhe. Am gebräuchlichsten ist der ↑Hellmann-Niederschlagsmesser bzw. ein ähnliches Meßprinzip, jedoch sind Auffangfläche oder Auffanghöhe der N. (vielfach 200 cm^2 bzw. 1,0 m über Grund) nicht in allen Ländern einheitlich.

In Gebirgsgegenden werden sog. **Gebirgs-N.** mit Auffangflächen von 500 cm^2 und Auffanghöhen im allg. von etwa 2 m über dem Boden eingesetzt.

Besondere Probleme entstehen bei der Niederschlagsmessung an Bord fahrender Seeschiffe, v.a. durch hohen Seegang und Sprühwasser, so daß vielfach nur Art und Dauer des Niederschlags festgestellt werden können. – ↑auch Niederschlagssammler, ↑Niederschlagsschreiber.

Niederschlagsmessung: die Messung der Niederschlagshöhe mit speziellen Meßgeräten (↑Niederschlagsmesser, ↑Niederschlagsschreiber, ↑Niederschlagssammler) an Niederschlagsstationen.

Die N. ist aus verschiedenen Gründen mit Fehlern behaftet, die bedingt sind durch Verluste infolge Benetzung (Haftwasser) und Verdunstung des gefallenen Niederschlags im Meßgerät sowie durch den Einfluß des Windes im Bereich des Meßgerätes, bes. bei Schneefall. In der BR Deutschland erreichen diese Fehler etwa 5 bis 15% der mittleren Jahreshöhe. Bei nichtrepräsentativer Aufstellung der Meßgeräte, z.B. in der unmittelbaren Umgebung von Häusern, Bäumen und anderen Hindernissen, können zusätzliche Abweichungen auftreten.

Im Gegensatz zur punktuellen N. steht die ↑Radarniederschlagsmessung.

Niederschlagsnebel: eine Nebelart (↑Nebelklassifikation).

Niederschlagsneigung: Zustand der Atmosphäre, bei dem eine mehr oder weniger große Wahrscheinlichkeit besteht, daß sich Niederschlag bilden wird.

Niederschlagsperiode: nicht eindeutig definierte Bez. für einen bestimmten Zeitraum, in dem Niederschläge gefallen sind und der durch eine niederschlagsfreie Zeit beendet wird. In der *angewandten Klimatologie* ist die N. eine Aufeinanderfolge von Tagen, an denen an einem Ort täglich mindestens 0,1 mm Niederschlag gefallen sind.

Niederschlagssammler [Syn.: Totalisator]: Niederschlagsmesser, der den gefallenen Niederschlag über mehr als einen Tag (einen Monat bis zu einem Jahr) sammelt, wenn eine tägliche Ablesung nicht möglich ist, wie z.B. in schwer zugänglichen Gebirgsgegenden oder in dünn besiedelten Gebieten.

Die Sammelgefäße unterschiedlicher Form und Größe enthalten zum Schutz gegen Frost bzw. Verdunstung eine bestimmte Menge Calciumchlorid bzw. Öl. Die Auffangfläche liegt vielfach 2 bis 3 m über dem Boden und ist erforderlichenfalls durch einen Nipher-Ring gegen zu starken Windeinfluß geschützt. N. können bis zu 4000 mm Niederschlagshöhe aufnehmen.

Niederschlagsschreiber [Syn.: Hyetograph, Ombrograph, Pluviograph, Regenschreiber]: Niederschlagsmesser mit Registriereinrichtung, die Angaben über Dauer, Intensität und Häufigkeit von Niederschlagsereignissen liefert. Die verschiedenen Typen arbeiten entweder mit einem Schwimmer, der allmählich steigt, wenn sich Niederschlagswasser im Gefäß sammelt, oder nach dem Waage- bzw. Wippeprinzip (↑ Niederschlagswippe) oder auch mit einem ↑ Tropfenzähler. Die Entleerung des Meßgefäßes erfolgt mittels Heber, Kippbewegung der Wippe oder Auslaufrohr.
Die Niederschlagsereignisse werden auf Schreibstreifen, Magnetband oder Drukker aufgezeichnet. N. müssen im Winter beheizt werden. – ↑ auch Hellmann-Niederschlagsschreiber.

Niederschlagsspende: die in Liter pro Sekunde und Quadratkilometer ($l \cdot s^{-1} \cdot km^{-2}$) umgerechnete Niederschlagsmenge, ein Maß für die Intensität des Niederschlags. Die Häufigkeit bestimmter Werte der N. in Abhängigkeit von der Andauer ist u. a. für die Bemessung der städtischen Kanalisation von Bedeutung.

Niederschlagsstation: Meßstelle, an der von den Klimaelementen nur der Niederschlag gemessen wird, und zwar einmal täglich um 7.30 Uhr. Gemessen werden ferner die Schneedeckenhöhe und die Neuschneehöhe, z. T. auch das ↑ Wasseräquivalent. Außerdem werden Aufzeichnungen über den Wetterablauf gemacht.
Aufgestellt sind Niederschlagsmesser, z. T. zusätzlich ein Niederschlagsschreiber, möglichst auf ebenem Gelände, so daß der Niederschlag von allen Seiten ungehinderten Zutritt zum Meßgerät hat.

Niederschlagstag: Tag mit einer 24stündigen, zum Frühtermin des Folgetages gemessenen Niederschlagshöhe von mindestens 0,1 mm (= 0,1 l/m^2). Die Meßtermine sind: 7 Uhr mittlerer Ortszeit für Klimastationen und 7.30 Uhr gesetzlicher Zeit für Niederschlagsstationen.

Niederschlagstypen: typisierende Einteilung des mittleren Jahresgangs des Niederschlags anhand von mitttleren Monatshöhen nach dem Verlauf. Man kann folgende Haupttypen unterscheiden:
1. **doppelter Zenitalregen** der inneren Tropen;
2. **einfacher Zenitalregen** der äußeren Tropen;
3. der genetisch mit dem einfachen Zenitalregen verknüpfte **Monsunregen;**
4. **Passatregen** als Stauniederschlag an den Luvseiten von Inseln und Küsten innerhalb der passatischen Trockenzone (mit Winterregenmaximum);
5. **Winterregen** der Subtropen, bedingt durch Tiefdruckgebiete;
6. **kontinentaler Sommerregen** der mittleren und höheren Breiten (konvektive Niederschläge) sowie winterliche, zyklonal bedingte Niederschläge;
7. **ozeanischer Winterregen** der höheren Breiten aufgrund des Vorherrschens von Tiefdruckgebieten (z. T. im Herbst beginnend; Minimum im Frühjahr).

Niederschlagsüberschuß: Bez. für den Mehrbetrag an Niederschlagswasser in einem bestimmten Gebiet, in dem die Höhe des Niederschlags die der potentiellen Evapotranspiration übersteigt. Unter Verwendung von 10°-Breitenkreismitteln für beide Klimaelemente ergibt sich im langjährigen Durchschnitt für die Gebiete von etwa 40° bis 90° Breite sowie für den schmalen Gürtel der inneren Tropen ein Niederschlagsüberschuß.

Niederschlagsverteilung: die räumliche Verteilung der Niederschläge auf der Erde, die grundsätzlich durch die allg. Zirkulation der Atmosphäre bestimmt und durch den Einfluß von Wasser- und Landflächen, v. a. auf den Nordkontinenten auch durch deren teilweise Abgeschlossenheit durch Gebirge (Stau-, Leewirkung) modifiziert wird. Man unterscheidet folgende *zonale Verteilung:*
1. *innere Tropen* (etwa zwischen 10° n. bzw. s. Br.) mit den durchschnittlich größten Niederschlagshöhen;
2. *äußere Tropen* mit rascher Niederschlagsabnahme infolge verkürzter Regen- und verlängerter Trockenzeit;

3. *randtropisch-subtropischer Trockengürtel;*
4. *mittlere* und *höhere Breiten* (insbes. zwischen 45° und 60° Breite) mit zunehmenden Niederschlagshöhen, bedingt durch die planetarische Frontalzone, am ausgeprägtesten über den Ozeanen und den W-Teilen der Kontinente;
5. *Polargebiete* mit geringer Niederschlagshöhe und -dichte.

Niederschlagsvorhersage: Teil der Wettervorhersage, der eine Aussage über das voraussichtliche Vorkommen von Niederschlägen (Regen, Schnee, Schauer, Hagel, Graupel) enthält.
Die N. stützt sich hpts. auf eine sorgfältige Analyse der in der Bodenwetterkarte zu erkennenden Niederschläge (frontale, orographische, luftmasseneigene) und der Wolkenformationen auf Satellitenbildern sowie auf Stabilitätsbetrachtungen anhand der Radiosondenaufstiege. Da sich die Niederschlagsgebiete mit der Höhenströmung verlagern, werden die vorhergesagten Höhen- und Bodenwetterkarten (Lage der Fronten und Tröge) für eine zeitliche Differenzierung der N. verwendet, wobei auch Überlegungen über eine Intensivierung oder Abschwächung der Niederschlagsgebiete bzw. der Schauertätigkeit angestellt werden. In der warmen Jahreszeit ist z. B. eine zu erwartende Zunahme der feuchtlabilen Schichtung oft mit Hagel verbunden, während in der kalten Jahreszeit das Absinken der Lufttemperatur in die Nähe des Gefrierpunktes eine Entscheidung erfordert, ob die Niederschläge in fester oder flüssiger Form fallen werden.
Früher beschränkte sich die N. hpts. auf qualitative Angaben. Mit der Entwicklung der numerischen Wettervorhersage wurden jedoch auch quantitative Aussagen möglich.

Niederschlagswindrose: spezielle Art der ↑Klimawindrosen, in der die Abhängigkeit bestimmter Erscheinungen des Niederschlags (z. B. Schlagregen, Schnee, Hagel) von der dabei auftretenden Windrichtung am Beobachtungsort dargestellt wird.

Niederschlagswippe [Kurzbez.: Wippe]: Meßfühler zur digitalen Niederschlagserfassung im Niederschlagsschreiber. Bei Niederschlagsregistrierungen nach dem Wippeprinzip wird das aus dem Auffangtrichter ablaufende Niederschlagswasser durch ein Einlaufsieb in eine Kippwaage (Wippe) geleitet. Beim Umschlagen der gefüllten Kippwaagenschale wird elektronisch oder elektromechanisch ein Impuls erzeugt. Die Gesamtzahl der beim Kippen erzeugten Impulse liefert die Niederschlagshöhe. Die Impulsrate ist ein Maß für die Niederschlagsintensität.

Nieseln [Syn.: Nieseltropfen, Nieselregen]: ältere, kaum noch gebräuchliche Bez. für ↑Sprühregen.

Nightglow, das ['naɪtgloʊ ‖ engl. = Nachtglühen]: svw. ↑Nachthimmelslicht.

Nimbostratus, der [Zusammenbildung aus ↑Nimbus und ↑Stratus ‖ Abk.: Ns ‖ Syn.: Regenschichtwolke]: Gattung der mittelhohen Wolken; eine graue, dunkle Wolkenschicht, hinter der die Sonne nicht sichtbar ist und aus der gewöhnlich anhaltender Niederschlag fällt, wobei die Wolke ein mehr oder weniger diffuses Aussehen annimmt. Häufig finden sich unter dem N. niedrige, zerfetzte Wolken (fractus).
Der N. setzt sich zum Teil aus unterkühlten Wassertröpfchen, Schneekristallen und Schneeflocken zusammen. – ↑auch Wolkenklassifikation. – Abb. S. 375.

NIMBUS, der [lat. = Regenwolke ‖ Schreibvariante: Nimbus]: Name für eine Serie meteorologischer Forschungssatelliten der USA mit sonnensynchroner Umlaufbahn in rund 1 100 km Höhe. **N. 1** wurde am 28. August 1964 gestartet, **N. 7** am 24. Oktober 1978 (noch 1986 in Betrieb).
Die Satelliten sind mit Kameras und Strahlungsmeßgeräten ausgestattet, die während der Serie teilweise geändert wurden, um neue Geräte und Verfahren zur Bestimmung der vertikalen Verteilung meteorologischer Parameter in der Erdatmosphäre zu erproben. Ferner wurden Programme zur Ortsbestimmung von driftenden Wetterballons und automatischen Meßbojen sowie für den Abruf von Meßdaten erfolgreich angewendet.

Nipher-Ring ['naıfə...]: von F. E. Nipher 1879 entwickelter Trichterschutz in Form eines nach oben weiteren konischen Rings um die Auffangfläche eines Niederschlagsmessers zum Abbremsen des darüber horizontal wehenden Windes. Die größten Wirkungen erreicht der N.-R. bei Schneefall. Er wird v.a. in windreichen und kalten Gebieten eingesetzt. Vielfach wird er auch an ↑ Niederschlagssammlern angebracht.

nival [zu lat. nix, nivis = Schnee]: von Niederschlägen in fester Form (Schnee, Eisregen) geprägt.

nivales Klima: Klima mit Niederschlägen (vorwiegend) in fester Form (Schnee). Im Bereich des nivalen Klimas sind weite Gebiete mit Schnee bedeckt oder vergletschert. Ein **vollnivales Klima** haben Polargebiete und einige vergletscherte Hochgebirge. Im **seminivalen Klima** fällt gelegentlich in einer kurzen wärmeren Jahreszeit auch Regen.

nivale Stufe: thermische Höhenstufe in den Hochgebirgen der höheren Mittelbreiten oberhalb der klimatischen Schneegrenze, in der weiteres Pflanzenwachstum (bis auf wenige schneefreie Stellen mit Moosen, Flechten u.ä.) unmöglich ist.

Niveaufehler [ni'vo:...]: solche Fehler in Vorhersagekarten, die sich durch einheitlich zu hohen oder zu niedrigen Luftdruck in größeren Gebieten oder auch über der ganzen Karte auswirken. Die relative Verteilung des Luftdrucks und damit die Strömungsverteilung kann dabei weitgehend richtig sein. Ebenso braucht der Nutzungswert von Vorhersagekarten durch N. nicht eingeschränkt zu sein. Manche Maßzahlen, die zur Beurteilung der Güte von Vorhersagekarten verwendet werden, berücksichtigen deshalb N. nicht (z.B. Korrelationskoeffizienten).

Niveaufläche [ni'vo:... ‖ Syn.: Bezugsebene, Bezugsfläche]: Fläche, der ein bestimmter Wert (z.B. auf einer Höhenskala) oder eine bestimmte Eigenschaft der Luft (z.B. Kondensation) zugeordnet ist; in Kraftfeldern die Fläche gleichen Potentials, bei der Schwerkraft die Fläche gleichen Geopotentials (↑ Geopotentialfläche).

Nivometer, das [lat. nix, nivis = Schnee und ↑-meter]: ältere Bez. für ↑ Schneemesser.

NKGG, das [ɛnka:ge:'ge:]: Abk. für ↑ Nationales Komitee für Geodäsie und Geophysik.

NMC, das [ɛn'ɛm'tse:, engl. 'ɛn-ɛm'si:]: Abk. für engl. **National Meteorological Centre** (dt.: Nationale Meteorologische Zentrale); Organisationseinheit im Rahmen der ↑ Weltwetterwacht.

NN [Schreibvariante: N. N.]: Abk. für ↑ Normalnull.

NOAA, der [ɛn'o:'a:''a:, engl. 'ɛn-oʊ-eɪ-'eɪ ‖ Abk. nach dem engl. Namen der Behörde für Ozean- und Atmosphärenforschung: National **O**ceanic and **A**tmospheric **A**dministration]: Typenbez. für die ab 1970 in den USA gestartete Serie operationeller meteorologischer Satelliten **NOAA 1** bis **NOAA 9** (1984); Höhe etwa 1 500 km auf fast kreisförmiger polnaher Bahn; täglich 12 bis 13 Umläufe, sonnensynchron; ausgestattet mit Radiometern für Aufnahmen der Erdoberfläche einschl. Atmosphäre im Spektralbereich der Infrarotstrahlung und der visuellen Strahlung.

Vorläufer der NOAA-Serie war in gleicher Ausführung der Wettersatellit **ITOS 1** (von engl. **I**mproved **T**iros **O**perational **S**atellite = verbesserter Tiros-Einsatzsatellit).

Nordäquatorialstrom: eine im Bereich der Passate der niederen geographischen Breiten in allen drei Ozeanen auftretende, westwärts gerichtete Meeresströmung (↑ auch Südäquatorialstrom), die sich nur im Indischen Ozean unter dem Einfluß des SW-Monsuns in einen ostwärts gerichteten **Monsunstrom** umkehrt. Zwischen N. und Südäquatorialstrom ist der äquatoriale Gegenstrom eingebettet.

Nordatlantischer Strom: Hauptarm des ↑ Golfstroms im nördlichen Atlantik; verzweigt sich in den ↑ Kanarenstrom, den ↑ Irmingerstrom und den ↑ Norwegischen Strom.

Norddeutsche Seewarte: mit Unterstützung der Hamburger und Bremer Handelskammern 1868 gegründetes Institut zur Pflege der Seefahrtskunde; Vorläuferin der ↑ Deutschen Seewarte.

Norddeutsche Wetterdienstorganisation: Bez. für den 1906 durch Zusammenschluß „öffentlicher Wetterdienststellen" in Norddeutschland unter Federführung des Preußischen Landwirtschaftsministeriums geschaffenen Wetterdienst. Zur N.n W. gehörten als Ausgabestellen von Wetterprognosen insbes. die ↑Deutsche Seewarte in Hamburg, der Physikalische Verein in Frankfurt am Main, die Magdeburger Zeitung, das Berliner Wetterbüro und die Landwirtschaftsschule in Weilburg.
Nach dem 1. Weltkrieg wurden auch die „öffentlichen Wetterdienststellen" Königsberg (PR) und Stettin der Deutschen Seewarte und damit der N.n W. unterstellt. Bis zur Übernahme in den ↑Reichswetterdienst im Jahre 1934 waren fast sämtliche norddeutschen Länder an der N.n W. beteiligt.
Nordföhn: der ↑Föhn südlich des Alpenhauptkamms.
Nordlage [Abk.: N]: Großwetterlage der meridionalen Zirkulationsform, gekennzeichnet durch ein ↑blockierendes Hoch über dem östlichen Nordatlantik oder eine meridionale Hochdruckbrükke mit ausgeprägtem Höhenhochkeil über den bzw. westlich der Britischen Inseln und ein umfangreiches Tiefdrucksystem (auch Trog) über Skandinavien und Westrußland. Mit einer nördlichen Strömung wird frische Polarluft, meist in mehreren Staffeln, nach Mitteleuropa geführt. N.n bringen daher in allen Jahreszeiten zu kalte Witterung (typisch die Kälterückfälle im Frühjahr), im Winter oft heftige Schneefälle.
Je nach Lage und Einfluß des steuernden Hochs unterscheidet man für Mitteleuropa die **antizyklonale N.** (Abk.: NA) von der **zyklonalen N.** (Abk.: NZ).
Verwandte Großwetterlagen mit ähnlichen Auswirkungen sind das **Hoch über den Britischen Inseln** (Abk.: HB), das **Hoch über Nordmeer-Island** (Abk.: HNA, HNZ) und der **Trog über Mitteleuropa** (Abk.: TRM) mit Fünf-b-Tief-Entwicklungen. Alle zusammen bilden den **Großwettertyp Nord.**
Nordlicht ↑Polarlicht.
Nordmeerhoch: abgeschlossenes ↑blockierendes Hoch über dem Nordmeer; spaltet die westatlantische Frontalzone in einen nördlichen, über Grönland hinweg verlaufenden und einen südlichen Zweig auf, der nach Südwesteuropa und dem Mittelmeer gerichtet ist; bestimmt oft für längere Zeit die Witterung in weiten Teilen Europas durch einen intensiven Luftmassenaustausch in meridionaler Richtung (↑Nordlage).
Reicht der Einfluß des N.s bis Mitteleuropa, herrscht im Sommer warmes, im Winter sehr kaltes Strahlungswetter. Bei geringerer Reichweite ist die Witterung über Mitteleuropa zyklonal, teils durch Kaltlufttropfen, teils durch Mittelmeerstörungen.
Nordostlage [Abk.: NE (von engl. northeast = Nordosten)]: Großwetterlage der meridionalen Zirkulationsform. Vom Azorenraum erstreckt sich eine Hochdruckbrücke über die Britischen Inseln nach Nordeuropa. Sie verhindert ein Übergreifen atlantischer Störungen auf das Festland. Diese werden vor der norwegischen Küste nach N zum Eismeer gesteuert. An der SO-Flanke der Hochdruckzone strömt mit nö. Winden Festlandsluft nach Mitteleuropa. Über Rußland und der Balkanhalbinsel liegt meist ein ausgedehntes Tiefdrucksystem mit ausgeprägtem Höhentrog.
N.n bestimmen zusammen mit den Ostlagen oft den Witterungscharakter für mehrere Wochen bzw. eine Jahreszeit, im Sommer durch längere Wärmeperioden, im Winter durch strenge Kälte.
Die **antizyklonale N.** (Abk.: NEA) zeichnet sich durch reichlichen Sonnenschein aus; im Alpenraum kommt es vereinzelt zu Gewittern. Die **zyklonale N.** (Abk.: NEZ) wird durch ergiebige Niederschläge charakterisiert, im Winter als Schnee, und zwar im Bereich bzw. am Rand von Kaltlufttropfen.
Nordostpassat: der Passat der Nordhalbkugel (↑Passate).
Nordpazifischer Strom: warme, ostwärts gerichtete Meeresströmung im nördlichen Pazifik; entsteht durch Vereinigung von Kuroschio und Ojaschio östlich der japanischen Inseln; spaltet sich vor der amerikanischen W-Küste in den **Kalifornischen Strom** (nach S) und

einen nördlichen, zum Alaskastrom gerichteten Zweig auf.

Nordwestlage [Abk.: NW]: Großwetterlage der gemischten Zirkulationsform (zonale und meridionale Strömungskomponenten etwa gleich groß). Das Azorenhoch ist zum Seegebiet sw. der Britischen Inseln/Golf von Biskaya verschoben. An seiner NO-Flanke herrscht für große Teile Europas eine hochreichende NW-Strömung, in der Tiefdruckgebiete und deren Ausläufer aus dem isländischen Raum über Mitteleuropa sö. ziehen.

Bei der **antizyklonalen N.** (Abk.: NWA) herrscht insbes. im W Hochdruckeinfluß; die Witterung ist teils wolkig, teils aufgeheitert, nach O zu leicht unbeständig, im östlichen Alpenvorland zeitweilig Stau. Bei der **zyklonalen N.** (Abk.: NWZ) sind häufige, teils schauerartige, ergiebige Niederschläge, im Winter Schnee, typisch; ausgeprägter Stau an der NW-Seite der Gebirge, oft Hochwasser an Ems, Rhein, Main und Donau; in allen Jahreszeiten zu kalt.

Normalatmosphäre: die Werte für eine mittlere Atmosphäre, die für die BR Deutschland durch eine DIN-Norm verbindlich festgelegt sind. Die Norm stimmt im wesentlichen mit der internat. ↑Standardatmosphäre überein. Sie gibt mittlere Werte bis zu einer Höhe von 88 km an. In der DIN-Norm sind nicht nur die mittleren vertikalen Verteilungen von Temperatur und Luftdruck enthalten, sondern auch Normwerte für die Zusammensetzung der Luft, die Schallgeschwindigkeit, die Viskosität, die Wärmeleitfähigkeit sowie für weitere Konstanten und gaskinetische Kenngrößen.

Normaldruck: der Normalatmosphäre zugrunde gelegter, auf das Meeresniveau bezogener konstanter Bodenluftdruckwert von 1 013,25 hPa. Der N. wird zur Einstellung des Flugzeughöhenmessers benötigt.

normale Kompensation: die mittlere Abhängigkeit der Temperatur der Stratosphäre von der Temperatur der Troposphäre bzw. vom Luftdruck in der oberen Troposphäre. Diese Beziehung ist von der geographischen Breite und von der Jahreszeit abhängig. Sie ist meist so gut erfüllt, daß sie in den ersten Jahren der Durchführung von Radiosondenaufstiegen zur Kontrolle der manchmal recht unsicheren Temperaturmessungen in der Stratosphäre benutzt werden konnte.

Außerdem konnte die n. K. in der Zeit, als hochreichende Radiosondenaufstiege nicht in ausreichender Zahl und Zuverlässigkeit vorlagen, zur Konstruktion von Topographien der Stratosphäre genutzt werden, indem die Temperatur der Stratosphäre mit Hilfe der n.n K. extrapoliert wurde.

Normal-mode-Initialisierung ['nɔ:ml'moʊd...]: Methode der ↑Initialisierung, bei der von den Eigenschwingungen (engl. = normal modes) der Atmosphäre bzw. eines Modells Gebrauch gemacht wird. Hierzu werden für ein gegebenes Modell die relativen Anteile der verschiedenen Eigenschwingungen, die durch dieses Modell dargestellt werden können, durch eine Langzeitintegration bestimmt. Andererseits werden die in den Feldern einer numerischen Analyse enthaltenen Eigenschwingungen berechnet. Aus einem Vergleich beider Ergebnisse können diejenigen Eigenschwingungen in den Analysen ermittelt werden, die im Modell keine wesentliche Amplitude aufweisen. Sie werden als meteorologischer Lärm angesehen und weggelassen, wozu geringfügige Korrekturen in den Analysen notwendig sind.

Normalnull [Abk.: NN oder N. N.]: Bez. für eine Niveaufläche, die in einem Staat als einheitliche Bezugsfläche bei der Ermittlung bzw. Angabe der Vertikalabstände beliebiger Punkte der Erdoberfläche vom mittleren Meeresniveau benutzt wird.

Die auch als **Landes-** oder **Normalhorizont** bezeichnete Bezugsfläche ist in der *BR Deutschland* vom Nullpunkt des **Amsterdamer Pegels,** d. h. vom mittleren Wasserstand der Nordsee bei Amsterdam, abgeleitet. Sie bildet die Grundlage für Höhenmessungen und Höhenangaben (als **Meereshöhe** [Seehöhe] oder **Höhe über** bzw. **unter N.,** angegeben in m ü. NN bzw. u. NN).

Da einzelne Staaten (z. B. bezieht die DDR ihr N. auf den Pegel der Ostsee bei

Kronstadt) unterschiedliche Bezugspunkte für N. festgelegt haben, können sich die amtlichen Höhenangaben um einige Dezimeter unterscheiden.
In der Meteorologie dient N. als Bezugsniveau für die Luftdruckreduktion (um die höhenabhängigen Luftdruckwerte miteinander vergleichen zu können) und für die barometrische Höhenmessung.

Normalperiode [Syn.: Standardperiode]: von der Weltorganisation für Meteorologie festgelegter 30jähriger Beobachtungszeitraum, für den weltweit Klimadaten (Mittelwerte, Häufigkeiten usw.) der Klimaelemente berechnet werden. Die Mittelwerte der N. dienen zum Entwurf von globalen Klimakarten (z. B. für den Weltklimaatlas) und als Bezugswerte für die Berechnung von Abweichungen aktueller Zeitabschnitte (Monate, Jahr) von der „Norm" (z. B. zu warme oder zu kalte Monate).
Die gegenwärtig noch gültige, 1957 festgelegte N. umfaßt den Zeitraum von 1931 bis 1960. – ↑auch CLIMAT-Meldungen, ↑CLINO.

Normaltyp: ein Grundschichttyp (↑Grundschicht).

Normalverteilung: svw. ↑Gauß-Verteilung.

Normalwert: mittlerer monatlicher oder jährlicher, auf die ↑Normalperiode bezogener 30jähriger Mittelwert eines Klimaelements. N.e wurden von der Weltorganisation für Meteorologie für viele Klimastationen der Erde als ↑CLINO veröffentlicht. Diese Werte dienen in erster Linie zum Entwurf von globalen Klimakarten für den Weltklimaatlas, ferner zur Berechnung von Abweichungen einzelner Monate und Jahre von der Norm.

Normsichtweite: von H. H. Koschmieder aus der Sichttheorie abgeleitete idealisierte, ausschließlich von der Trübung der Atmosphäre abhängende Sichtweite am Tage. Danach ist die N. die horizontale Entfernung in km, in der bei gleichmäßig getrübter Atmosphäre der Kontrast zwischen Sichtmarken und Horizonthimmel als Hintergrund gleich dem Kontrastschwellenwert von 0,05 des Auges eines normalsichtigen Beobachters ist.
Die N. ist ein anschauliches physikalisches Maß für den Trübungszustand der Atmosphäre. Am Tage ist die N. weitgehend identisch mit der ↑meteorologischen Sichtweite.

Nortes, die (Mehrz.) [Einz.: der Norte ‖ span. = Norden, Nordwind]:
◇ kalte, durchdringende N-Winde, von den winterlichen, schneebedeckten Höhen der Pyrenäen nach *Spanien* herabwehend.
◇ feuchtwarme N-Winde in *Argentinien,* auf der warmen Vorderseite eines Tiefdruckgebietes oft dem Kaltlufteinbruch des ↑Pampero vorangehend.
◇ heftige NO-Stürme mit großen Temperaturstürzen in *Mexiko;* entsprechen den ↑Northers in den USA.

North Atlantic Ocean Stations, die (Mehrz.) ['nɔ:θ ət'læntɪk 'oʊʃən 'stɛɪʃənz]: ↑NAOS.

Northers, die (Mehrz.) ['nɔ:ðəz ‖ Einz.: der Norther ‖ engl. = Nordwind]:
◇ föhnige N-Winde im Sacramentotal in *Kalifornien.*
◇ heftige, winterliche kalte N-Winde (Polarluftausbrüche), die über die *USA* und den Golf von Mexiko bis *Mittelamerika* vorstoßen, meistens ausgelöst durch ein Hochdruckgebiet über dem Great Basin.
◇ nördliche trocken-heiße Wüstenwinde an der S-Küste *Australiens.*

Norwegischer Strom: warme, nordostwärts gerichtete Meeresströmung längs der norwegischen Küste, Ausläufer des Nordatlantischen Stroms (↑Golfstrom).

norwegische Schule [Syn.: Bergener Schule]: zusammenfassende Bez. für die fundamentalen wiss. Erkenntnisse über Luftmassen, Frontalzone, Polarfront und Entwicklung der Tiefdruckgebiete, die V. Bjerknes und seine Mitarbeiter an dem 1917 von ihm in Bergen (Norwegen) gegründeten meteorologischen Institut gewannen und zu einer neuen diagnostischen Arbeitsmethode der synoptischen Meteorologie ausbauten, die in der Folge von allen Wetterdiensten übernommen wurde. Ausgehend von seinem bereits 1904 erstellten theoretischen Programm der synoptischen Arbeitsweise und aufbauend auf Arbeiten

des österreichischen Meteorologen M. Margules, entwickelte V. Bjerknes auch die Grundlagen der mathematischen Wettervorhersage.
Die n. Sch. betrachtet die meteorologischen Elemente in ihrer Gesamtheit und stellt die Verteilung von Luftmassen und Fronten fest. Dank eines dichteren Beobachtungsnetzes und der indirekten Aerologie gelang es, von der alten geometrischen Vorstellung der Luftdruckverteilung und der Konvergenzlinien, der Isobarensynoptik, zu einer neuen Betrachungsweise der physikalischen Vorgänge im Bereich der Fronten und Druckgebilde zu kommen (↑ Polarfronttheorie). Die n. Sch. entdeckte den Mechanismus der Entstehung zyklonaler Störungen an den Hauptfronten, die dreidimensionale Struktur der Zyklonen in den verschiedenen Stadien ihres Lebens (↑ Idealzyklone), die Energietransformation während der Zyklonenentwicklung und die Rolle der Zyklonentätigkeit innerhalb der allg. Zirkulation der Atmosphäre.

Nowcasting, das ['naʊkɑːstɪŋ ‖ engl.-amerikan., eigtl. etwa = Sofortvorhersage]: Bez. für sehr kurzfristige Wettervorhersagen (wenige Stunden bis maximal 12 Stunden). Für diese Vorhersagen sind die Ergebnisse der numerischen Wettervorhersage praktisch nicht nutzbar, da letztere wegen des unvermeidlichen Zeitaufwandes für Datensammlung, Aufbereitung, Analyse, Vorhersagerechnung und Herstellung fertiger Karten erst mehrere (etwa 6) Stunden nach dem Beobachtungstermin vorliegen, in den ersten Stunden wegen einer benötigten gewissen „Einschwingzeit" noch keine wesentliche Neuentwicklung liefern und zudem wegen ihrer Großräumigkeit die für das N. erforderlichen lokalen und kleinräumigen Phänomene meist gar nicht erfassen können.
Neuerdings empfiehlt die Weltorganisation für Meteorologie, die Bez. N. auf Zeiträume bis zu zwei Stunden zu beschränken und für den Zeitraum bis zu 12 Stunden die Bez. **Kürzestfristprognose** (engl. very short-range forecasting) zu verwenden.

Ns: Abk. für ↑ Nimbostratus.

Nullgradgrenze: in der Atmosphäre die Fläche, auf der eine Temperatur von 0 °C herrscht und die Schichten mit positiven von im allg. höhergelegenen mit negativen Temperaturen trennt.
Die N. ist insbes. für die Luftfahrt wegen der Vereisungsgefahr in darüberliegenden unterkühlten Wolken bedeutungsvoll. Die Höhe der N. wird daher in der Gebiets- und Streckenvorhersage angegeben.

Nullschicht: von H. Faust eingeführte Bez. für eine Schicht in der oberen Troposphäre, in der die Vertikalgeschwindigkeit den Wert null erreicht und dabei mit der Höhe ihr Vorzeichen wechselt. Die von Faust eingehend untersuchte Schicht liegt im allg. etwas niedriger als die Tropopause; sie ist im Mittel zugleich die Schicht der höchsten horizontalen Windgeschwindigkeiten in der oberen Troposphäre.
Besondere Bedeutung für die Dynamik der Atmosphäre erhält die N. dadurch, daß in ihr im Mittel übergradientische Winde herrschen, durch die eine Strömungskomponente zum hohen Luftdruck verursacht wird. Dieses Ausströmen zum hohen Druck („Auspumpen in der Höhe") wird von Faust als **Nullschichteffekt** bezeichnet. Es bildet das Gegenstück zum Einströmen in den tiefen Druck in der Reibungsschicht am Boden, d. h. daß Divergenzen und Konvergenzen in der N. und am Boden gerade umgekehrt verteilt sein müssen.

numerisch [zu lat. numerus = Zahl, Anzahl, Menge]: 1. zahlenmäßig, der Anzahl nach; 2. unter Verwendung von Zahlen, Ziffern erfolgend.

numerische Analyse [Syn.: objektive Analyse]: die Berechnung der Feldverteilung eines meteorologischen Elements aus den unregelmäßig verteilten, zum Teil auch lückenhaften synoptischen Beobachtungen eines Termins mit Hilfe eines speziellen Rechenprogramms. Die Feldverteilung wird dabei meist durch die Werte des betreffenden Elements an den Gitterpunkten eines regelmäßigen ↑ Gitternetzes dargestellt.
Die Berechnung der Feldverteilung bzw. der Gitterpunktwerte kann mit verschiedenen mathematischen Verfahren erfol-

gen. So kennt man die ↑Korrektionsmethode, die ↑Interpolationsmethode, die Methode der ↑optimalen Interpolation, die ↑multivariate Analyse sowie die ↑spektrale Analyse.

numerische Bandpaßfilterung ↑Bandpaßfilterung.

numerische Filterung ↑Filterung.

numerische Hochpaßfilterung ↑Hochpaßfilterung.

numerische Instabilität: das Auftreten von immer weiter anwachsenden wellenartigen Schwankungen in numerischen Rechnungen, dessen Ursache nicht in den zu beschreibenden physikalischen Vorgängen, sondern allein in der Art des Rechenverfahrens liegt.
Bei der numerischen Wettervorhersage muß n. I. dadurch vermieden werden, daß der gewählte Zeitschritt die Bedingung des ↑Courant-Friedrichs-Levy-Kriteriums erfüllt. Anschaulich muß der durch die Zeitschritte gebildete Polygonzug längs einer Kurve deren Schwingungen noch einigermaßen nachvollziehen; sonst würden die Amplituden in kurzer Zeit exponentiell anwachsen.

numerische Modelle: in der *Meteorologie* abgeschlossene Systeme von mathematisch-physikalischen Gleichungen meist für die ↑numerische Wettervorhersage (für andere Zwecke ↑numerische Simulation). In n.n M.n werden atmosphärische Zustände und Prozesse so weit vereinfacht behandelt, daß die numerische Lösung auf Rechenanlagen mit erträglichem Zeitaufwand möglich ist.
Je nach Art und Grad der Vereinfachung ergibt sich eine Vielfalt von verschiedenen n.n M.n für die Wettervorhersage. Man kann u.a. unterteilen nach dem vorausgesetzten Zustand der Atmosphäre in ↑barotrope Modelle und ↑barokline Modelle. Die Eliminierung von internen Schwere- und Schallwellen durch Abwandlungen der Grundgleichungen führt zu ↑gefilterten Modellen, während ↑ungefilterte Modelle mit den unveränderten Bewegungsgleichungen, den sog. ↑primitiven Gleichungen, arbeiten.
Je nach Zahl der im Modell enthaltenen Schichten spricht man von ↑Einschichtenmodellen bzw. von Zwei- und Mehrschichtenmodellen.
Man kann ferner n. M. charakterisieren durch die Maschenweite des ↑Gitternetzes. Neuerdings geht man z. T. von der Gitternetzdarstellung der atmosphärischen Felder zu spektralen Darstellungen über (↑spektrale Analyse) und arbeitet dann mit ↑spektralen Modellen.
Sehr unterschiedlich kann schließlich in verschiedenen n.n M.n die Erfassung der internen und an der Grenzfläche zum Erdboden ablaufenden physikalischen Prozesse sein, wie Verdunstung, Reibung, Turbulenz, Konvektion, Wolkenbildung, Niederschlag und alle Strahlungsvorgänge, die überwiegend nur durch ↑Parametrisierung erfaßt werden können.

numerische Simulation: allg. Bez. für die Nachbildung komplizierter Prozesse durch ↑numerische Modelle. Die Anwendung der n.n S. beschränkt sich in der Meteorologie nicht auf die numerische Wettervorhersage, sondern umfaßt viele unterschiedliche zeitliche und räumliche Größenordnungen. So können kleinräumige Prozesse, wie z. B. die Entwicklung einer Cumuluswolke, die Zirkulation in einem Tal oder eng begrenzten Gebiet, die Ausbreitung einer Rauchfahne oder sonstiger Luftbeimengungen, ebenso simuliert werden wie langfristige und großräumige Entwicklungen. Hierbei haben sich die Simulation der allg. Zirkulation der Atmosphäre (↑Zirkulationsmodelle) sowie die Simulation des Klimas durch ↑Klimamodelle, insbes. mit dem Ziel der Erforschung von Klimaveränderungen, zu selbständigen Forschungsgebieten entwickelt.

numerische Tiefpaßfilterung ↑Tiefpaßfilterung.

numerische Wettervorhersage: die Methode, durch numerische Integration geeigneter mathematisch-physikalischer Vorhersagegleichungen zu einer Wettervorhersage zu gelangen. Strenggenommen werden nicht das eigentliche (lokale) Wetter, sondern die wesentlichen atmosphärischen Variablen, wie Luftdruck, Temperatur und Wind, als Feldverteilung vorausgesagt. Voraussetzung ist die genaue Erfassung der ↑Anfangsbedingungen.

Für die vollständige dreidimensionale Beschreibung des Anfangszustandes der Atmosphäre werden sieben Parameter benötigt: drei Windkomponenten, Luftdruck, Temperatur, Luftdichte und Feuchte.
Für die Berechnung des zukünftigen Zustandes sind somit sieben Gleichungen nötig. Diese sind: drei ↑hydrodynamische Bewegungsgleichungen, die ↑Kontinuitätsgleichung, der erste Hauptsatz der Wärmelehre, die Gaszustandsgleichung, mit deren Hilfe die Dichte durch Temperatur und Luftdruck ersetzt und das Gleichungssystem um eine Gleichung vermindert werden kann, sowie eine Wasserdampfgleichung, die Transport, Quellen und Senken des Wasserdampfs beschreibt.
Da das Gleichungssystem nichtlineare partielle Differentialgleichungen enthält, müssen aufwendige numerische Näherungsmethoden angewandt werden, die jeweils nur einen kleinen Zeitschritt in die Zukunft berechnen und erst durch Aneinanderreihung zahlreicher Zeitschritte Vorhersageräume von mehreren Tagen überdecken. Dafür sind wegen des hohen Rechenaufwandes sehr leistungsfähige Rechenanlagen erforderlich. Trotzdem sind wegen der Kompliziertheit sowohl des Ausgangszustandes als auch der atmosphärischen Prozesse Vereinfachungen unumgänglich. Je nach Art und Grad der Vereinfachung kennt man verschiedene ↑numerische Modelle.
NW: Abk. für ↑Nordwestlage.

O

Oberflächentemperatur: die Temperatur an der Boden- oder Wasseroberfläche. Sie wird bestimmt durch die Intensität der Ein- und Ausstrahlung in Abhängigkeit von geographischer Breite, Sonnenhöhe, Himmelsbedeckung, Neigung und Exposition des Geländes, Wärmeleitfähigkeit der Unterlage und Luftbewegungen. An dieser Wärmeumsatzfläche können bei Einstrahlung am Erdboden innerhalb kürzester Zeit erhebliche Schwankungen der O. auftreten.
Die O., wichtig für den Wärmehaushalt (Strahlungsenergieüberschuß), wird mit Hilfe der ↑Infrarotthermographie erfaßt.
Oberschicht: oberer Teil der atmosphärischen Grenzschicht, meist als ↑Ekman-Schicht bezeichnet.
objektive Analyse: svw. ↑numerische Analyse.
objektive Wettervorhersage: Vorhersage des Wetters, die frei von subjektiven Einflüssen (z. B. Fähigkeiten, Erfahrungen, Konzentrationsvermögen) ist und nur von festen Regeln, Rechenergebnissen und genau definierten Verfahrensweisen abhängt, so daß sich bei korrekter Anwendung aller Vorschriften immer die gleiche eindeutige Vorhersage ergibt.
Zur Erreichung dieses Ziels werden heute mit Hilfe von Rechenanlagen v. a. zwei Wege beschritten: Einerseits werden mit statistischen Methoden objektive Aussagen für das lokale Wetter aus den Ergebnissen großräumiger numerischer Modelle gewonnen (↑Model-output-statistics); andererseits wird in zunehmendem Maße versucht, die numerischen Modelle hpts. durch verfeinerte Modellierung und Parametrisierung der ↑Modellphysik soweit zu entwickeln, daß diese direkt eine lokal spezifizierte o. W. liefern. So werden z. B. vom Deutschen Wetterdienst stündliche Werte für einige Wetterelemente wie Winde, Temperaturen, Bewölkungsmengen (getrennt für das tiefe, mittelhohe und hohe Niveau), Hinweise auf Nebel, Art und Menge des Niederschlags u. a. für eine Reihe von Orten berechnet und als graphische Darstellungen herausgegeben.
Obs, die [Abk. für: **Obs**ervation (aus lat. observatio = Beobachtung)]: im Fach-

jargon häufige Bez. für eine verschlüsselte Wetterbeobachtung, insbes. die ↑SYNOP-Meldung.

Observatorium, das [zu lat. observare = beobachten]: astronomische, geophysikalische, meteorologische oder ozeanographische Beobachtungsstation, die neben der ständigen Registrierung von Meßwerten bestimmte wiss. Forschungsaufgaben zu erfüllen hat. – ↑auch meteorologische Observatorien.

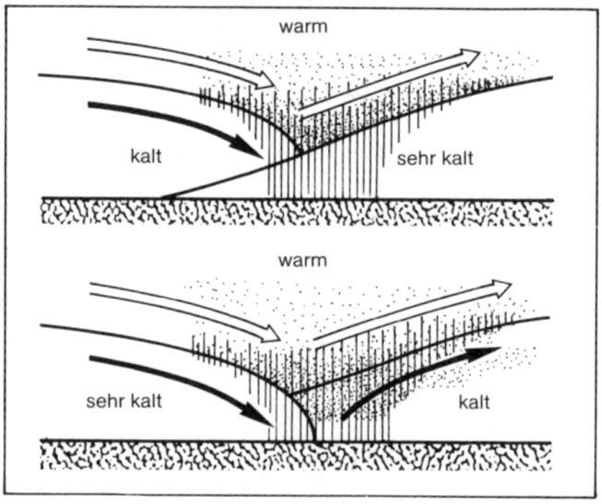

Okklusion. Modelle einer Warmfront- (oben) und einer Kaltfrontokklusion (nach T. Bergeron)

OHP, das [o:ha:'pe:]: Abk. für engl. **Operational Hydrology Programme** (= operationelles Hydrologieprogramm); von der Weltorganisation für Meteorologie eingeführtes internat. Programm zur Vereinheitlichung und Verdichtung hydrologischer Meßnetze, zur Erfassung, Sammlung und zum Austausch von Niederschlagsdaten sowie zur Förderung der Bestandsaufnahme der Wasservorräte und deren günstiger Bewirtschaftung.

Mit speziellen Fragen beschäftigt sich das Unterprogramm **HOMS** (Abk. für engl. **Hydrological Operational Multipurpose Subprogramme;** dt. = hydrologisches operationelles Mehrzweck-Unterprogramm); es beschäftigt sich z. B. mit dem internat. Austausch hydrologischer Technologien und Instrumente, mit Methoden der Fernerkundung, Beobachterleitfäden oder Computerprogrammen für Datenauswertung und Hochwasservorhersagen.

Das OHP ist hpts. anwendungsbezogen und mit dem von der UNESCO betreuten, mehr wiss. orientierten Internat. Hydrologischen Programm (↑IHP) koordiniert.

Zuständig für die Koordinierung der Meß- und Forschungsprogramme auf nationaler Ebene der *BR Deutschland* ist das IHP/OHP-Sekretariat bei der Bundesanstalt für Gewässerkunde in Koblenz.

Ojaschio, der [jap. ‖ Schreibvariante: Oyashio]: kalte Meeresströmung im nördlichen Pazifik, deren Wassermassen aus dem westlichen Beringmeer und dem Ochotskischen Meer stammen; fließt entlang den O-Küsten der Kurilen sowie der jap. Inseln Hokkaido und Hondo bis etwa 39° n. Br., vereinigt sich hier mit dem Kuroschio. Der O. ist für das kühlere Klima der O-Seiten Hokkaidos und Hondos verantwortlich.

Okklusion, die [zu lat. occludere, occlusum = verschließen]: Front, die durch die Vereinigung einer Kaltfront mit einer Warmfront entsteht. Zur Bildung einer O. kommt es regelmäßig im Reifestadium eines ↑Tiefdruckgebietes, da die Kaltfront rascher wandert als die vorangehende Warmfront. Die zwischen beiden Fronten liegende Warmluft wird mehr und mehr eingeschnürt und schließlich vom Boden abgehoben. Der Berührungspunkt von Warm- und Kaltfront, an dem die O. beginnt, ist der **O.spunkt.**

Ist die Rückseitenkaltluft kälter als die Vorderseitenkaltluft, entsteht eine **Kaltfront-O.** (auch als **O. mit Kaltfrontcharakter** bezeichnet). Dabei dringt die Rückseitenkaltluft – wie die Kaltluft an einer Kaltfront – gegen die Vorderseitenkaltluft vor.

Im umgekehrten Fall bildet sich eine **Warmfront-O.** (auch **O. mit Warmfrontcharakter** genannt). Bei dieser schiebt sich die weniger kalte Rückseitenluft – wie die Warmluft an einer Warmfront – auf die vorgelagerte kältere Vorderseitenwarmluft.

Kaltfront-O.en treten in Mitteleuropa bevorzugt im Sommer, Warmfront-O.en dagegen im Winter auf. Die Wettererscheinungen an einer O. sind deshalb unterschiedlich. Im Idealfall beginnen sie mit denen an einer Warmfront und gehen in die an einer Kaltfront über. Bei einer Kaltfront-O. sind sie mehr oder weniger denen an einer Kaltfront, bei einer Warmfront-O. denen an einer Warmfront ähnlich. – ↑auch umgebogene Okklusion.

Okklusionspunkt ↑Okklusion.

Ombrograph, der [griech. ómbros = Regen und ↑-graph]: veraltete Bez. für ↑Niederschlagsschreiber.

Ombrometer, das [griech. ómbros = Regen und ↑-meter]: veraltete Bez. für ↑Niederschlagsmesser.

Omegagleichung [Omega = letzter Buchstabe des klassischen griech. Alphabets]: Gleichung, die eine Beziehung zwischen den Vertikalbewegungen und anderen Größen des Strom- und Temperaturfeldes angibt und die Berechnung der Vertikalbewegung ermöglicht (mit Omega wird üblicherweise die Vertikalgeschwindigkeit im ↑p-System bezeichnet).

Die O. läßt sich aus der ↑Vorticitygleichung unter Verwendung des ersten Hauptsatzes der Wärmelehre herleiten. Die wesentlichen, in der O. enthaltenen Faktoren, die die Vertikalbewegung bestimmen, sind die Änderung der Vorticityadvektion mit der Höhe und die horizontale Verteilung der ↑Temperaturadvektion.

Während die exakte Lösung der O. schwierig und nur numerisch mit Näherungsmethoden möglich ist, kann in vielen Fällen mit ihrer Hilfe die Größenordnung der Vertikalbewegung durch Abschätzen des Vorzeichens und der Größe der beiden Hauptanteile anhand von üblichen Wetterkarten qualitativ bestimmt werden.

Omegasituation: Form der Höhenströmung bei einem ↑blockierenden Hoch.

opacus [lat. = schattig]: adjektivischer Zusatz zu den Namen der Wolkengattungen Altocumulus, Altostratus, Stratocumulus und Stratus mit der Bedeutung „nicht durchscheinend". Wolken der Unterart o. bilden ausgedehnte Flecken, Felder oder Schichten, die größtenteils so lichtundurchlässig sind, daß Sonne oder Mond völlig verdeckt werden. – ↑auch Wolkenklassifikation.

opaleszente Trübung [zum Mineralnamen Opal gebildet]: opalartiges Schillern der Luft, das durch Streuung des Sonnenlichtes an Luftmolekülen und trockenem Dunst hervorgerufen wird, wobei die Sichtweite noch Werte von über 50 km erreichen kann.

Die o. T. verursacht den bläulichen Schleier vor entfernten Bergen oder Gegenständen.

Operational Hydrology Programme, das [ɔpəˈrɛɪʃənəl haɪˈdrɔlədʒɪ ˈproʊgræm]: internat. Hydrologieprogramm (↑OHP).

optimale Interpolation [zu lat. optimus = bester]: Methode der ↑numerischen Analyse, bei der (ähnlich wie bei der ↑Korrektionsmethode) jeder Gitterwert aufgrund der in der Umgebung vorliegenden Beobachtungen korrigiert wird, wobei jeweils die Abweichungen der Beobachtungen von einem Normalwert betrachtet werden. Während jedoch bei der Korrektionsmethode das Gewicht jeder Korrektur nur von der Entfernung der Beobachtung vom Gitterpunkt abhängt, werden bei der o.n I. die Gewichte mit mathematisch-statistischen Verfahren so bestimmt, daß die Korrekturen im langzeitlichen Mittel optimale Ergebnisse liefern. Hierzu werden zusätzlich sowohl die Struktur des meteorologischen Feldes, d.h. die horizontale Veränderlichkeit des betreffenden Elements, durch Berechnung von Autokorrelationsfunktionen als auch die mittlere Genauigkeit der Beobachtungen, die je nach Beobachtungsart sehr verschieden sein kann, berücksichtigt.

optimale Netzdichte [zu lat. optimus = bester]: mathematisch-statistisch ableitbare, für jedes meteorologische Element existierende theoretische ↑Netzdichte. Die o. N. ist derjenige Grenzwert der Netzdichte, für den die ↑Korrelationskoeffizienten (z.B. der Lufttemperatur) zwischen einzelnen Stationen in Abhängigkeit vom mittleren Stationsabstand (d.h. die sog. Korrelationsfunktion) einen Sättigungswert erreichen, der

darin zum Ausdruck kommt, daß bei weiterer Verringerung der Stationsentfernungen die Korrelationskoeffizienten nicht mehr zunehmen.
In die Berechnung der o.n N. gehen, unter Zugrundelegung einer vorgegebenen Interpolationsgenauigkeit, folgende Größen ein: die Größenordnung der meteorologischen Vorgänge (der sog. ↑Scale), die räumliche Variabilität des meteorologischen Elements, die Korrelationsfunktion und der mittlere Meßfehler.
Die o. N. ist eine Basisgröße bei der Konzipierung neuer meteorologischer Stationsnetze.

optische Dicke [aus griech. optikós = das Sehen betreffend]: speziell bei Berechnungen des Strahlungstransports verwendete (dimensionslose) Größe, die die Masse (Schichtdicke) eines absorbierenden oder emittierenden Mediums in einer senkrechten Einheitssäule zwischen zwei vorgegebenen Niveaus angibt.

optische Luftmasse [aus griech. optikós = das Sehen betreffend]: relatives Maß für die von der Sonnenstrahlung durchquerte Luftmenge der Atmosphäre. Definitionsgemäß ist die o. L. $m = 1$ bei senkrechtem Strahlendurchgang und einem Bodenluftdruck von 1 000 hPa; bei schrägem Strahlengang gilt unter Berücksichtigung der Sonnenhöhe h die Beziehung

$$m = \frac{1}{\sin h}.$$

Ora, die [italien.]: am Gardasee und im Etschtal aus S wehender Talwind.

Orkan, der [über niederl. orkaan aus span. huracán (das auf anderem Wege das Fremdwort ↑Hurrikan geliefert hat)]: Wind größter Geschwindigkeit (über 32,7 m/s oder 118 km/Stunde bzw. Windstärke 12 der Beaufortskala).
O.e sind auf dem Meer im allg. häufiger als über dem Festland. In hohen Mittelbreiten kommen sie verhältnismäßig selten vor und sind dann an besonders kräftige **O.tiefs** (v.a. in den Übergangsjahreszeiten) gebunden.
Die tropischen O.e, die Windgeschwindigkeiten von 200 km/Stunde und mehr erreichen, sind wegen ihrer verheerenden Auswirkungen besonders gefürchtet.

orographisch [zu griech. óros = Berg und griech. gráphein = schreiben]: die **Orographie,** d. h. die beschreibende Darstellung des Reliefs der Erdoberfläche nach äußeren Merkmalen, betreffend.

orographische Effekte: zusammenfassende Bez. für alle meteorologischen Erscheinungen, die durch die Orographie hervorgerufen oder modifiziert werden. Sie treten in nahezu allen Größenordnungen auf: im Bereich der ↑planetarischen Wellen, als orographische Zyklogenesen und bei kleinräumigen Vorgängen (wie Luv- und Leewirkungen, Bildung orographischer Wolken und orographischen Niederschlags).
Besondere Probleme wirft die Behandlung der o.n E. für ↑numerische Modelle auf, für die Höhenangaben der Orographie bereitgestellt werden müssen. Anfangs benutzte man dazu mittlere Höhen für jedes Gitterquadrat; durch die weitgehende Einebnung kleinerer Gebirge erbrachte dieses Verfahren jedoch unbefriedigende Ergebnisse. Später gab man in unterschiedlichen Verfahrensweisen den höheren Erhebungen ein größeres Gewicht.

orographische Gewitter: in Gebirgsgegenden auftretende Gewitter, die ihre Ursache in der durch das Gebirge erzwungenen Hebung einer warmen und feuchten Luftmasse haben, deren Labilität dadurch noch verstärkt wird. In ihren Entstehungsbedingungen ähneln die o.n G. den ↑Warmfrontgewittern.

orographischer Nebel ↑orographische Wolken.

orographischer Niederschlag ↑orographische Wolken.

orographische Schneegrenze: die untere Grenze der Höhenregion, in der dauernd größere und kleinere Schneeansammlungen und -flecken vorhanden und Gipfel vergletschert sind. Sie ist abhängig von Geländeform, Stärke und Dauer der Sonnenstrahlung, der geographischen Breite und der Niederschlagshöhe.
Die o. Sch. steigt von den polaren Gegenden (dort in Meeresniveau) bis zum

Äquator an; die höchste Lage erreicht sie in den subtropischen Trockengebieten (v.a. Zentraltibet, Anden) in mehr als 6000 m ü.d.M. – ↑auch temporäre Schneegrenze.

orographische Wolken: durch den Einfluß des Geländes entstehende Wolken, wenn z.B. feuchte Luft eine Bergkette oder ein größeres Hindernis überströmt und durch die mit der Hebung verbundene Abkühlung Kondensation des Wasserdampfs eintritt.

Bei labiler Schichtung entwickeln sich auf der Luvseite dichte, aufgetürmte Cumulus- oder Cumulonimbuswolken ohne oder mit Niederschlag **(orographischer Niederschlag).** Bei tiefliegender Untergrenze berühren die o.n W. oft den Hang des Hindernisses und werden dort als Nebel **(orographischer Nebel)** beobachtet.

Bei stabiler Schichtung bilden sich o. W. oft erst in sehr großer Höhe als senkrecht zur Strömung verlaufende parallele Wolkenbänder. Typische o. W. sind auch die ↑Moazagotl-Wolken und die ↑Perlmutterwolken.

orographische Zyklogenese: die Entstehung eines Tiefdruckgebietes unter dem Einfluß der Orographie. Zyklogenetisch wirksame Regionen sind z.B. der S-Rand der Alpen (↑Adriatief, ↑Genuatief) oder das Skagerrakgebiet (↑Skagerrakzyklone).

Ortszeit: die auf den Meridian des Beobachtungsortes bezogene, für alle Orte auf diesem Meridian gleiche Sonnenzeit. Die O.en verschiedener Längengrade richten sich nach ihrem Abstand zum Nullmeridian (Meridian von Greenwich); dabei entsprechen 15° Länge 1 Stunde, d.h., zwei benachbarte Meridiane unterscheiden sich in der O. um 4 Minuten.

Die **wahre O.** (Abk.: **WOZ**) ist die nach dem wahren Sonnenstand bestimmte, auf einen Meridian bezogene O.; aufgrund der ungleichmäßigen scheinbaren Bewegung der Sonne auf der Ekliptik ist die wahre O. für einen Meridian im Jahresverlauf nicht konstant.

Die **mittlere O.** (Abk.: **MOZ**) ist die nach dem mittleren Sonnenstand bestimmte, auf einen Meridian bezogene O.; hierbei geht man von einer völlig gleichmäßigen scheinbaren Sonnenbewegung auf der Ekliptik aus.

Die Differenz zwischen WOZ und MOZ heißt ↑Zeitgleichung.

Ostaustralstrom: warme (20–25 °C) Meeresströmung im sw. Pazifik vor der O-Küste Australiens; entsteht in der Korallensee aus dem Südäquatorialstrom; über 1500 m tief reichend; Geschwindigkeit häufig mehr als 1 m/s.

Im Meeresgebiet vor Sydney löst sich der O. in eine Reihe von Wirbeln auf; der Großteil des Wassers fließt nördlich von Neuseeland nach O ab.

Österreichische Gesellschaft für Meteorologie [Abk.: ÖGM]: Fachorganisation der österreichischen Meteorologen zur Pflege und Förderung der Meteorologie als reiner und angewandter Wissenschaft; 1865 gegründet, Sitz Wien; gab ab 1866 eine eigene Zeitschrift heraus, die 1886 mit dem Organ der Deutschen Meteorologischen Gesellschaft vereinigt wurde und als „Meteorologische Zeitschrift" bis 1944 eine anerkannte wiss. Publikation von hohem Niveau darstellte.

Mit dem politischen Anschluß Österreichs an das Deutsche Reich 1938 wurde die ÖGM in eine „Gesellschaft für Meteorologie in Wien" umgewandelt. Die Neugründung der ÖGM nach dem 2. Weltkrieg erfolgte am 28. Oktober 1947. – Publikationsorgan ist seit 1953 die Zeitschrift „Wetter und Leben", seit 1963 mit dem Untertitel „Zeitschrift für angewandte Meteorologie".

Ostgewitter: Bez. für Gewitter, die bei östlicher Bodenströmung besonders über Norddeutschland in Küstennähe auftreten. Sie bilden sich hpts. an nur sehr langsam wandernden oder fast stationären Warmfronten, wenn die beteiligte Warmluft, die meist aus dem Mittelmeerraum stammt, feuchtlabil geschichtet ist und gegen skandinavische Kaltluft nur noch wenig vorankommt. Dabei kommt es gelegentlich zu kleinen Wellenbildungen an der Warmfront.

O. sind besonders bekannt wegen ihrer Heftigkeit; sie können auch als ↑Warmlufteinschubgewitter in Erscheinung treten.

Ostgrönlandstrom: aus dem Nordpolarmeer kommende, sw. gerichtete kalte (um −1 °C) Meeresströmung vor der O-Küste Grönlands; mit ihr stößt polares Packeis weit nach S vor; v. a. im Mai wird die O-Küste Grönlands fast völlig vom Eis blockiert.

Ostküstenklima: das im Vergleich zu den Westküsten der Kontinente durch thermische Benachteiligung (Herabdrücken der Isothermen äquatorwärts) gekennzeichnete Klima der Ostküsten in mittleren und hohen Breiten, v. a. im Winter. Wesentliche Ursachen sind die minimale Zufuhr maritimer Luftmassen (im Bereich der außertropischen Westwindzone) und, insbes. über dem östlichen Nordamerika und dem ostasiatischen Küstenraum, die Ausbildung quasistationärer ↑Höhentröge und die damit verbundenen häufigen Kaltlufttransporte nach Süden.

Ostlage [Abk.: E (von engl. east = Osten)]: Großwetterlage der meridionalen Zirkulationsform; am Boden ein umfangreiches, in den Wintermonaten starkes Hochdruckgebiet über Skandinavien, Finnland (= Fennoskandien) und oft auch Nordrußland, in der Höhe etwas weiter im W ein blockierender Hochkeil über Norwegen. Mitteleuropa liegt am Südrand des hohen Drucks in einer Ostströmung, mit der Festlandsluft herangeführt wird.

Die Witterung nimmt bei O. oft über längere Zeiträume kontinentale Züge an. Typisch sind lange Frostperioden im Winter und Hitzeperioden im Sommer. Insbes. im Frühjahr reicht die nordeuropäische Hochdruckzone oft über das Nordmeer hinaus weiter nach Westen. Die Großwetterlagenklassifikation unterscheidet daher bei den O.n zwischen dem „Hoch Fennoskandien" (HF) und dem „Hoch Nordmeer-Fennoskandien" (HNF).

Bei der für Mitteleuropa *antizyklonalen Form* (Abk.: HFA, HNFA) herrscht typisches Strahlungwetter mit großen Temperaturschwankungen zwischen Tag und Nacht. Bei der *zyklonalen Form* (Abk.: HFZ, HNFZ) verursachen in der Oströmung mitgeführte Kaltlufttropfen Niederschläge, oder im südlichen Ast der zum Mittelmer gerichteten atlantischen Frontalzone entstehen kräftige Mittelmeertiefs, deren Aufgleitniederschläge insbes. im Alpenraum Hochwasser verursachen können.

Oyashio, der [o'jaʃio]: eine Meeresströmung (↑Ojaschio).

ozeanisches Klima: svw. ↑maritimes Klima.

Ozeanität, die: svw. ↑Maritimität.

Ozeanographie, die [Ozean (von griech. ōkeanós) und ↑-graphie ‖ Syn.: Ozeanologie, Meereskunde]: die Wissenschaft vom Meer, ein Teilgebiet der Geophysik.

Die **physikalische O.** untersucht die physikalischen Eigenschaften und die chemische Zusammensetzung des Meerwassers, die Morphologie des Meeresbodens, den Energie- und Wasserhaushalt sowie die Dynamik der Ozeane (Meeresströmungen, Gezeiten, Wellen). Auf diesem Gebiet v. a. bestehen wegen der engen Wechselwirkungen zwischen Atmosphäre und Ozeanen Beziehungen zur Meteorologie.

Weitere *Teildisziplinen* der O. sind: die **Meeresgeologie** (Untersuchung der Strukturen und Ablagerungen des Meeresbodens); die **Meeresgeophysik** (Erschließung des Meeresbodenuntergrundes mit Hilfe geophysikalischer Verfahren); die **Meeresbiologie** (Erforschung von Leben, Verhalten, Verbreitung und Physiologie meerbewohnender Tiere und Pflanzen).

Ozon, der (auch: das) [griech. = das Duftende]: aus dreiatomigen Molekülen (O_3) bestehende Form des Sauerstoffs. Die höchste Konzentration weist O. in der oberen Stratosphäre auf (↑Ozonschicht, ↑Ozonverteilung), wo er aus molekularem Sauerstoff unter dem Einfluß der UV-Strahlung der Sonne gebildet wird. In geringen Mengen tritt O. auch in den unteren Schichten der Atmosphäre auf; hier entsteht er unter Sonneneinstrahlung aus Stickoxiden und Kohlenwasserstoffen.

O. verursacht schon bei niedrigen Konzentrationen Schäden an Pflanzen und Gebäuden; höhere Konzentrationen können beim Menschen zu Augenreizungen und Atembeschwerden führen.

Ozonloch ↑Ozonschicht.

Ozonosphäre, die [Kurzbildung aus ↑Ozon und ↑Atmosphäre]: in Anlehnung an die bekannten Stockwerke der Atmosphäre gebildete Bez. für die ↑Ozonschicht.

Ozonschicht [Syn.: Ozonosphäre]: die Schicht in der Atmosphäre, in der der größte Teil des atmosphärischen Ozons enthalten ist. Sie liegt etwa zwischen 20 und 50 km Höhe, weist aber jahreszeitliche und von der geographischen Breite abhängige Schwankungen auf (↑Ozonverteilung).

Die O. spielt eine bedeutende Rolle im Strahlungshaushalt der Atmosphäre, da sie die energiereiche kurzwellige Solarstrahlung (mit Wellenlängen $<0{,}29\ \mu m$) absorbiert, in Wärme umsetzt und alles Leben an der Erdoberfläche vor dieser UV-Strahlung abschirmt. Die Folge dieser Strahlungsabsorption ist eine Temperaturzunahme in der oberen Stratosphäre.

Eine Verminderung der Ozonkonzentration in der O., die durch Zersetzungsprodukte künstlich erzeugter Spurengase (Fluorchlorkohlenwasserstoffe) auf katalytischem Wege hervorgerufen werden könnte, würde in den Strahlungshaushalt der Atmosphäre eingreifen und insbes. zu einer Verstärkung der für das menschliche Leben schädlichen UV-Strahlung führen.

Neuere Beobachtungen zeigen, daß in der antarktischen Stratosphäre jedes Jahr am Ende des Südwinters (September/Oktober) bei sehr tiefen Temperaturen ein starker Rückgang des Ozons eintritt. Dieses von Jahr zu Jahr größer werdende **Ozonloch** wird als Beleg für die Auswirkungen der Zersetzungsprodukte von Fluorchlorkohlenwasserstoffen und somit als ein alarmierendes Zeichen dafür angesehen, daß eine weitere Zunahme dieser Spurenstoffe in der Atmosphäre zu einem allmählichen Abbau der O. führe.

Ozonsonde: spezielle Ballonsonde zur Messung des vertikalen Ozonprofils in der freien Atmosphäre. Als Meßflüssigkeit dient eine wäßrige Lösung aus Kaliumjodid. Eine kleine Pumpe bläst die zu untersuchende Außenluft in einen Sprudler. Durch chemische Umsetzung wird darin für jedes Ozonmolekül ein Jodmolekül frei. Letzteres nimmt von der Kathode zwei Elektronen auf und wird so zum Jodion. Gleichzeitig geht aus der Meßlösung ein Jodion an die Anode, gibt dort seine elektrische Ladung ab und wird dabei chemisch gebunden. An den Drahtenden der Elektroden wird ein elektrischer Strom abgenommen, dessen Stärke der Anzahl der entstehenden Jodionen und damit der Anzahl der ursprünglich vorhandenen Ozonmoleküle direkt proportional ist. Der (schwache) Strom wird verstärkt, in eine Frequenz umgewandelt und vom Sender der O. zur Empfangsstation übertragen.

Ozonspektrophotometer: spezielles Spektrophotometer zur Messung der Gesamtozonmenge in der Atmosphäre über einer Beobachtungsstation. Mit Hilfe des O.s, das mit einer Ballonsonde in die Höhe gebracht wird, können die Intensitäten verschiedener Bereiche des Sonnenspektrums miteinander verglichen werden. Dazu werden zwei gut definierte, nicht zu weit auseinander liegende Spektralbereiche im Ultravioletten mit unterschiedlichen Absorptionsbanden ausgewählt. Kennt man die Absorptionskoeffizienten des Ozons in den ausgewählten Spektralbereichen, so läßt sich daraus die Ozonmenge berechnen. In der Praxis verwendet man meist vier derartige Wellenlängenpaare.

Ozonverteilung: die vertikale und horizontale Verteilung des Ozons in der Atmosphäre. Obwohl der gesamte Ozongehalt der Atmosphäre nur sehr gering ist (auf Normaldruck und 0 °C reduziert würde er nur eine Schicht von etwa 3,5 mm Dicke darstellen), ist der Ozon fast über die gesamte Atmosphäre verteilt.

In mittleren Breiten liegt das Maximum der Ozonkonzentration (des absoluten Ozongehaltes) bei etwa 22 km Höhe. In den Polargebieten tritt die Schicht maximaler Konzentration in 16–18 km, in niederen Breiten bei etwa 26 km Höhe auf. Deshalb kann ein in mittleren Breiten gelegentlich zu beobachtendes sekundäres Maximum auf einen meridio-

nalen Transport polarer Luftmassen zurückgeführt werden.
Insgesamt ergeben sich jahreszeitliche und breitenabhängige Schwankungen der O. durch ein Zusammenspiel von strahlungsabhängiger photochemischer Erzeugung des Ozons einerseits und horizontalen Transportvorgängen andererseits. Ozontransporte, die sowohl von großräumigen Zirkulationen als auch von der jeweiligen Wetterlage ausgelöst werden können, wirken sich in der O. deshalb so deutlich aus, weil Ozon ein verhältnismäßig langlebiger Anteil der Luft ist; er kann somit als eine konservative Eigenschaft der Luft angesehen werden.
Ein etwas anderes Bild der vertikalen O. ergibt sich, wenn man anstelle des absoluten Ozongehaltes den relativen Anteil an der Luft, also das Mischungsverhältnis, betrachtet. Hierbei liegt das Maximum erst in einer Höhe von etwa 36 km. Die vertikale O. wird in der BR Deutschland seit vielen Jahren regelmäßig am meteorologischen Observatorium des Deutschen Wetterdienstes auf dem Hohen Peißenberg gemessen.

P

P: Einheitenzeichen für: Poise (↑dynamische Viskosität).
Pa: Einheitenzeichen für ↑Pascal.
Packeis: infolge Pressungen durch Wind, Seegang bzw. Strömung zusammen- und aufeinandergeschobene Meereisschollen; tritt v.a. im Nordpolarmeer auf.
Packschnee: vom Wind verfrachteter Lockerschnee, der an Leehängen wieder abgelagert wird und sich dabei verfestigt.
Paketmethode [Syn.: Parcel-method]: zum Studium der Vertikalbewegungen in der Atmosphäre angewandtes Verfahren. Ausgangspunkt der Betrachtungen ist die durch einen aerologischen Aufstieg gewonnene Zustandskurve in einem thermodynamischen Diagrammpapier, die sich, von der bodennahen Luftschicht abgesehen, im Laufe des Tages nicht ändern soll. Entsprechend der Zustandsänderung eines vertikal (thermisch oder dynamisch) aufsteigenden Luftpakets wird dann die Hebungskurve konstruiert, deren Verlauf im Vergleich zur Zustandskurve eine Aussage über die Schichtung der Atmosphäre, die vorhandene Labilitätsenergie und Vertikalbewegungen mit Höhe und Intensität von Wolkenentwicklungen (Cumulus, Cumulonimbus, Stratocumulus) ermöglicht.
Paläoklima, das [aus griech palaiós = alt]: das Klima der geologischen Vergangenheit. Im Verlauf der Erdgeschichte ist es durch einen ständigen und unregelmäßigen Wechsel von warmen bis sehr warmen Klimaten (↑akryogenes Klima, ↑Klimaoptimum, ↑Warmzeit) und kühlen bis sehr kalten Klimaten (↑Eiszeit, ↑Kaltzeit, ↑Klimapessimum) gekennzeichnet.
Der Erforschung des P.s widmet sich die ↑Paläoklimatologie.
Paläoklimatologie, die [↑Paläoklima und ↑-logie]: die Wissenschaft von den Klimaten der geologischen Vergangenheit. Sie versucht mit Hilfe von ↑Klimazeugen vorzeitliche Klimate zu rekonstruieren und zu erklären, wobei Anzahl und Verläßlichkeit der indirekten Klimazeugen mit wachsendem Alter der erdgeschichtlichen Abschnitte abnehmen. Eingehendere Kenntnisse über Klimate bzw. Klimaveränderungen liegen deshalb v.a. für die Zeit seit dem mittleren Tertiär (vor rund 35 Mill. Jahren), insbes. aus dem Quartär, vor.
Pampero, der [span., eigtl. = Pampaswind]: stürmischer S- bis SW-Wind im Bereich der Pampas (Argentinien); Einbruch kalter Luftmassen auf der Rückseite eines Tiefdruckgebietes über dem La-Plata-Gebiet. – Der P. entspricht den ↑Northers in Nordamerika.

PAN [pe:'a:''ɛn ‖ Abk. für: Peroxyacetylnitrat]: aus Kohlenwasserstoffen, Stickoxiden und Sauerstoff unter dem Einfluß der Sonnenstrahlung entstehende chemische Verbindung, ein typischer Bestandteil des photochemischen Smogs (Los-Angeles-Smog); führt beim Menschen zu Schleimhautreizungen.

pannus [lat. = Stück Tuch, Lappen]: substantivischer Zusatz zu den Namen der Wolkengattungen Altostratus, Cumulonimbus, Cumulus und Nimbostratus mit der Bedeutung „mit Fetzen"; bezeichnet eine Begleitwolke, die aus zerfetzten, manchmal eine zusammenhängende Schicht bildenden, unterhalb einer anderen Wolke liegenden Wolkenteilen besteht. – ↑auch Wolkenklassifikation.

Pappschnee: Schnee, der bei Temperaturen um den Gefrierpunkt fällt und daher feuchter als Pulverschnee ist.

Parametrisierung, die [zu Parameter = Modellvariable gebildet, dies zu griech. pará = von seiten, bei, neben und ↑-meter]: in ↑numerischen Modellen die Behandlung von kleinräumigen Vorgängen, die wegen ihrer geringen Größe nicht im gegebenen Gitternetz dargestellt werden können, und zwar durch Ansätze, die nur die an den Gitterpunkten definierten Modellvariablen enthalten. Man versucht damit, die pauschale Wirkung eines Prozesses zu erfassen, ohne daß der Prozeß selbst detailliert behandelt wird. So kann man z. B. die in der atmosphärischen Grenzschicht vor sich gehenden Austauschprozesse dadurch parametrisieren, daß man die vertikalen Flüsse dem Gradienten der austauschbaren Eigenschaften (Wärme, Impuls, Feuchte) proportional setzt.
Die meisten der in numerischen Modellen mitgeführten kleinräumigen physikalischen Vorgänge (↑Modellphysik) versucht man durch P. zu erfassen.

Parcel-method, die ['pɑ:sl 'mɛθəd ‖ engl.]: svw. ↑Paketmethode.

Parry-Bogen ['pærɪ... ‖ nach W. E. Parry]: ↑Haloerscheinungen.

Partialdruck [aus spätlat. partialis = teilweise vorhanden ‖ Syn.: Teildruck]: in einem Gasgemisch der Druckanteil eines einzelnen Gases am Gesamtdruck des Gasgemischs. Bei idealen Gasen gilt das ↑Dalton-Gesetz.

Pascal, das [...pas'kal ‖ nach B. Pascal ‖ Einheitenzeichen: Pa]: SI-Einheit des Drucks und der mechanischen Spannung. 1 Pa ist gleich dem auf eine Fläche von 1 m^2 gleichmäßig wirkenden Druck, bei dem senkrecht auf die Fläche die Kraft 1 N (↑Newton) ausgeübt wird:

$$1\ \text{Pa} = 1\ \text{N/m}^2.$$

Das 100fache dieser Einheit, das **Hektopascal** (hPa), entspricht 1 Millibar (mbar): 1 hPa = 10^2 Pa = 1 mbar.
Das P. ist als abgeleitete SI-Einheit nach dem „Gesetz über Einheiten im Meßwesen" in der BR Deutschland seit 1969 gesetzliche Einheit.

Passage, die [pa'sa:ʒə ‖ frz.]: in der *Meteorologie* der Durchgang einer Front an einem Ort. Die P. ist an bestimmten Änderungen der meteorologischen Elemente zu erkennen, z. B. in der dreistündigen Drucktendenz am Übergang vom fallenden zum gleichbleibenden oder steigenden Luftdruck, bei den Wolken am Übergang von Stratus- zu Cumuluswolken und/oder beim Wind in der plötzlichen Änderung von Richtung und Geschwindigkeit.

Passatcumuli: meist nur flache Haufenwolken (Cumulus humilis), die sich im Bereich der Passatströmung unter der ↑Passatinversion ausbilden; aus ihnen fällt im allg. kein Niederschlag. Liegt die Passatinversion höher oder ist sie nur schwach ausgeprägt bzw. aufgelöst, wie im Bereich der inneren Tropen, so können sich mächtige Konvektionswolken (Cumulus congestus oder Cumulonimbus) entwickeln, die mit starken Schauer- oder Gewitterniederschlägen verbunden sind.

Passate, die (Mehrz.) [Einz.: der Passat ‖ niederl.]: beständige Winde, die auf beiden Erdhalbkugeln das ganze Jahr hindurch von den subtropischen Hochdruckgürteln zur äquatorialen Tiefdruckrinne gerichtet sind. Sie sind Glied einer ↑Hadley-Zelle und können als innerhalb der von Bodenreibung beeinflußten Schicht abgelenkte tropische Ostwinde (↑Urpassat) angesehen wer-

den, die auf der Nordhalbkugel als **Nordostpassat,** auf der Südhalbkugel als **Südostpassat** wehen.
Die P. sind im allg. trockene und niederschlagsarme Luftströmungen. Da eine ausgeprägte ↑Passatinversion die Wolken- und Niederschlagsbildung verhindert (so in den äußeren Tropen), kommt es nur dort, wo die Inversion höher liegt, zur Ausbildung von Cumuluswolken (↑Passatcumuli), aus denen verschiedentlich schwache, schauerartige Niederschläge fallen können. An den W-Seiten der Ozeane (durch Stau an Küstengebirgen) und in der Nähe der innertropischen Konvergenz wird die Passatinversion aufgelöst; hier können sich hochreichende, mächtige Haufenwolken (Cumulus congestus, Cumulonimbus) und stärkere Niederschläge entwickeln (z. B. auf Hawaii, auf den Inseln der Karibik sowie an den O-Küsten Südafrikas und Südamerikas).

Passatgürtel: svw. ↑Passatzone.

Passatinversion: markante Sperrschicht (↑Inversion) an der Obergrenze der Passatströmung, die durch starke Absinkbewegungen innerhalb der subtropischen Hochdruckgürtel in Verbindung mit boden- bzw. meeresnaher Strömungsdivergenz zustande kommt. Sie trennt eine ursprünglich relativ trockene und kühle Passatströmung von einer sehr warmen und trockenen oberen Luftschicht.
Auf dem Weg über die tropischen Ozeane werden die Luftmassen unter der P. äquatorwärts allmählich wärmer und reichern sich immer mehr mit Wasserdampf an. Es kommt zu konvektiven Aufwärtsbewegungen mit Bildung von Wolken, die sich durch die in großen Mengen frei werdende latente Wärme selbst verstärken (↑Passatcumuli).
Die P. ist um so ausgeprägter, je stärker die Passatströmung ist. Ihre Höhenlage steigt von 500–600 m (äußere Tropen) bis über 2000 m (innere Tropen) an. In Äquatornähe wird sie aufgelöst.

Passatregen: Niederschläge unterschiedlicher Stärke innerhalb der Passatzone bei hochliegender oder bereits aufgelöster ↑Passatinversion, v. a. in Staugebieten der Passatströmung. Stauniederschläge erreichen im Winter, wenn die Passatströmung am stärksten ist, ihr Maximum (aufgrund orographisch bedingter Vertikalbewegungen wird die Passatinversion durchbrochen).

Passattyp: ein Grundschichttyp der Subtropen (↑Grundschicht).

Passatzirkulation: das beständige Windsystem in den Tropen (↑Passate).

Passatzone [Syn.: Passatgürtel]: die Breitenzone auf der Nord- bzw. Südhalbkugel, in der Passatzirkulation herrscht; sie liegt etwa zwischen 35° und 5° n. Br. bzw. s. Br., d. h. zwischen den subtropischen Hochdruckgürteln und der äquatorialen Tiefdruckrinne, mit Schwerpunkten in den östlichen Hälften der tropischen Ozeane (wo die Passatströmung in etwa 15° n. Br. bzw. s. Br. am beständigsten ist).

passive Kaltfront ↑Kaltfront.

passives Aufgleiten: der Vorgang der Hebung von Warmluft an einer Kaltfront, wenn die Kaltluft keilförmig unter die vorgelagerte Warmluft vorstößt. P. A. kann v. a. in der warmen Jahreszeit verbreitete und ergiebige Niederschläge verursachen.

passive Steuerung: svw. Bewegungssteuerung (↑Steuerung).

Paßwinde:
◇ Bez. für Pässe übergreifende Talwinde (z. B. ↑Malojawind).
◇ Ausgleichsströmungen zwischen den warmen Vorländern und kalten Hochländern der Hochgebirge; hervorgerufen durch unterschiedlich starke Hebung der Isobarenflächen als Folge der täglichen Erwärmung (z. B. an Himalaja- und Andenpässen); größte Windgeschwindigkeit in Kammhöhe.

Pazifikhoch: warmes dynamisches Hochdruckgebiet über dem Pazifik im Bereich des subtropischen Hochdruckgürtels; vergleichbar dem ↑Azorenhoch des Nordatlantiks.

PBL, der [pe:be:ˈˈɛl, engl. ˈpi:bi:ˈɛl]: Abk. für engl. **P**lanetary **b**oundary **l**ayer (↑atmosphärische Grenzschicht).

PDUS, die [pe:de:ˈu:ˈˈɛs, auch: ˈpi:dʌs]: Hauptempfangsstation von Satellitendaten (↑Satellitenempfangsanlage).

Penck-Trockengrenze: die Grenze zwischen humidem und aridem Klima in der Klimaklassifikation von A. Penck (1910); an ihr sind Niederschlagshöhe und Verdunstungshöhe gleich groß.

Penitentes, die (Mehrz.) [ohne Einz. ‖ span. = Büßer]: svw. ↑Büßerschnee.

Pentadenwert [griech. pentás, pentádos = Anzahl von fünf]: der auf einen Zeitraum von fünf aufeinanderfolgenden Tagen (Pentade) bezogene Mittel- oder Summenwert eines meteorologischen Elements. Die einzelnen Pentaden werden, beginnend mit dem 1. Januar, 5tageweise durchnumeriert (Pentade 1 = 1.–5. Januar, Pentade 2 = 6.–10. Januar usw.).

Pentadenmittel des Luftdrucks und der Lufttemperatur waren früher eine häufig benutzte klimatologisch-statistische Grundlage zur Erforschung von Singularitäten und Perioden. Gegenwärtig stützt man sich nur noch vereinzelt, z. B. in der Mittelfrist- und in der Persistenzprognose, auf Pentadenwerte.

PEP, das: Abk. für engl. **Precipitation Enhancement Project** (= Niederschlagsverstärkungsprojekt); internat., über mehrere Jahre sich erstreckendes Forschungsprojekt der Weltorganisation für Meteorologie, das Möglichkeiten einer Niederschlagsverstärkung in unterkühlten Schichtwolken untersucht. Neben praktischen Experimenten in einem großräumigen Gebiet in Spanien werden theoretische Arbeiten zum wiss. Verständnis der physikalischen Prozesse der Niederschlagsbildung gefördert.

Peplopause, die [zu griech. péplos = Decke, Obergewand und griech. paúein = beendigen]: die Obergrenze der ↑Grundschicht der Atmosphäre, die oft durch eine Inversion gebildet wird.

Peplosphäre, die: svw. ↑Grundschicht.

Periode, die [von griech. períodos = Herumgehen; regelmäßige Wiederkehr ‖ Abl.: periodisch]:

◇ fester, der Beobachtung, Messung oder klimatologischen Bearbeitung eines meteorologischen Elements zugrunde gelegter Zeitraum (z. B. Pentade, ↑Normalperiode).

◇ Zeitspanne mit mehr oder weniger einheitlichem Witterungscharakter (z. B. Schönwetter-, Trocken-, Hitze-P.).

◇ meist empirisch gefundener Rhythmus im Klimaablauf (z. B. ↑Brückner-Periode, ↑Easton-Periode).

periodische Windsysteme: tages- oder jahreszeitlich bedingte klein- oder großräumige Luftströmungen; z. B. Land- und Seewindzirkulation, Berg- und Talwindzirkulation, Wald- und Feldwindzirkulation, Monsun.

Periodogramm, das [↑Periode und ↑-gramm]: graphische, klimatologisch-statistische Darstellungsform eines periodischen Vorgangs in einer meteorologischen Zeitreihe. Die wichtigsten P.darstellungen sind:

Amplitudenspektrum: Darstellung der Amplituden (bei festgehaltenem Anfangspunkt und festgehaltener Länge des Analysenzeitraums) als Funktion einer (veränderlichen) Versuchsperiode;

Amplitudendiagramm: Darstellung der Abhängigkeit der Amplitude (bei festgehaltenem Analysenzeitraum und festgehaltener Versuchsperiode) von der Änderung des Anfangspunktes.

Periodogrammanalyse: in der Klimatologie die mathematisch-statistische Analyse eines ↑Periodogramms. Im Gegensatz zur ↑Fourier-Analyse liefert die P. auch Perioden, die nicht an eine bestimmte Länge des Grundintervalls gebunden sind. Mit der P. läßt sich ferner die Wahrscheinlichkeit abschätzen, ob eine reelle Periode (im Sinne überzufälliger Schwankungen) vorliegt oder nicht.

Perlmutterwolken: in 20 bis 30 km Höhe auftretende, den Cirren ähnliche, oft linsenförmige Wolken, die hell glänzen und perlmutterfarbig irisieren. P. bestehen aus Eiskristallen, an denen das Sonnenlicht gebrochen und in seine Spektralfarben zerlegt wird. Die wellen- oder linsenförmige Struktur deutet darauf hin, daß es sich um Wolken im aufsteigenden Ast hoher ↑Leewellen handelt, die über Gebirgen noch in der unteren Stratosphäre anzutreffen sind.

P. werden v. a. in Nordeuropa, in Alaska und in der Antarktis (hier in Höhen von 15 bis 30 km) beobachtet.

Perlschnurblitz: Blitz in Form aneinandergereihter leuchtender Kugeln, die an die Glieder einer Perlenkette erinnern.

Permafrost [Kurzbildung zu lat. permanere = fortdauern]: svw. ↑Dauerfrostboden.

Pernixhaar [lat. pernix = ausdauernd]: als Meßfühler in Hygrographen zur Messung der relativen Luftfeuchte verwendetes modifiziertes Menschenhaar. Im Gegensatz zu den in Haarhygrometern und in Hygrographen allg. verwendeten unbehandelten Menschenhaaren sind P.e einer mechanischen Vorbehandlung durch Walzen unterzogen, wodurch die äußere Schicht (Keratinschicht) der Haare zum Teil zerquetscht ist. Die Folge ist eine Verringerung der Trägheit und somit eine Erhöhung der Empfindlichkeit.
Die Geschwindigkeit der Einstellung auf das Feuchtegleichgewicht ist bei P.en etwa 10mal größer als bei normalem Haar, die Längenänderung mehr proportional der relativen Luftfeuchte, die Reißfestigkeit dagegen geringer.
Durch den Walzprozeß wird die Ausschlagcharakteristik (Längenänderung) der Haare verändert, so daß für P.e besondere Registrierstreifen erforderlich sind.

Peroxyacetylnitrat ↑PAN.

Persistenzprognose [zu lat. persistere = stehenbleiben, verharren]: Prognose, die eine Fortdauer des momentanen Wetters für den gesamten Vorhersagezeitraum annimmt. Da die ↑Erhaltungsneigung des Wetters ziemlich groß ist, können P.n im Durchschnitt Trefferprozente von weit mehr als 50% erzielen. P.n werden deshalb oft anstelle von reinen ↑Blindlingsprognosen als Vergleichsmaßstab benutzt, um den Wert aktueller Prognosen abzuschätzen.

Perustrom: svw. ↑Humboldtstrom.

Petterssen-Regeln: die von S. Petterssen entwickelten Regeln zur Vorhersage der Änderungen der Luftdruckverteilung, die meist als ↑kinematische Methoden bezeichnet werden.

Pfälzische Meteorologische Gesellschaft: svw. ↑Societas Meteorologica Palatina.

Pfänderwind [Syn.: Bregenzer Fallwind]: O- bis NO-Winde in der Bregenzer Bucht des Bodensees, vom Pfänder etwa 700 m föhnartig herabstürzend; am häufigsten im Frühjahr bei antizyklonalen Wetterlagen mit nö. Luftströmung.

Pflanzenklima: das durch die Vegetation abgewandelte Klima der bodennahen Luftschicht (↑Bestandsklima, ↑Waldklima).

Pflanzenphänologie: Zweig der ↑Phänologie.

Pflaumenregenzeit: svw. ↑Bai-u.

Phänologie, die [zu griech. phaínesthai = erscheinen und ↑-logie ‖ Abl.: phänologisch]: die Lehre vom Einfluß des Wetters, der Witterung und des Klimas auf den jahreszeitlichen Entwicklungsgang und die Wachstumsphasen der Pflanzen und Tiere, ein Grenzbereich zwischen Biologie und Klimatologie.
In der **Pflanzen-Ph.** beobachtet man (↑phänologische Beobachtung) an weitverbreiteten Kultur- und Wildpflanzen die Termine bestimmter ↑phänologischer Phasen, die zur Aufteilung des Jahres in ↑phänologische Jahreszeiten dienen. Die phänologischen Erscheinungen repräsentieren nicht ein einzelnes Klimaelement, sondern Wetter, Witterung und Klima als Ganzes in ihrer Auswirkung auf die Pflanzen.
Die räumliche Darstellung phänologischer Daten erfolgt in ↑phänologischen Karten, aus denen sich beispielsweise regionale Wärmestufen ableiten lassen.
In der **Tier-Ph.** beobachtet man u. a. die Termine des Vogelzugs, Paarungszeiten, Anfang und Ende des Winterschlafs sowie Entwicklungszyklen von Insekten.

phänologische Beobachtung: die Feststellung der Termine einzelner ↑phänologischer Phasen bei Wild- und Kulturpflanzen in verschiedenen Jahren zur Erfassung der durch Witterung, Bodenverhältnisse und Höhenlage bedingten räumlichen und zeitlichen Unterschiede; in der BR Deutschland von rund 2500 Beobachtern durchgeführt. Die Beobachtungen werden später statistisch aufbereitet und u. a. in phänologischen Karten dargestellt.

phänologische Geländeaufnahme: gleichzeitige systematische Erfassung der Pflanzenentwicklung in einem bestimmten Geländeabschnitt, um die Auswirkungen der Geländeunterschiede

auf das Wachstum zu erkennen, ein nicht für alle ↑phänologischen Phasen geeignetes Verfahren. Gute Erfahrungen wurden bei der ph.n G. der Getreideernte gemacht.
Die Ergebnisse können kartenmäßig im Maßstab 1:50 000 dargestellt werden.

phänologische Jahreszeiten: Einteilung des Jahres aufgrund ↑phänologischer Phasen. Die Jahreszeiten (und ihre wichtigsten Kriterien) sind:
Vorfrühling (Schneeglöckchenblüte bis Salweidenblüte);
Erstfrühling (Sommergetreidebestellung);
Vollfrühling (Ährenschieben);
Frühsommer (Winterroggenblüte);
Hochsommer (Winterroggenernte);
Spätsommer (Herbstzeitlosenblüte);
Frühherbst (Roßkastanienreife);
Vollherbst (Winterroggenbestellung);
Spätherbst (Laubfall bis Ende der Feldarbeiten);
Winter (Ende der Feldarbeiten bis Schneeglöckchenblüte).
Die Eintrittsdaten können regional sehr verschieden sein und in einzelnen Jahren beträchtlich vom Mittelwert abweichen.

phänologische Karte: Darstellung der räumlichen Verteilung der Eintrittszeiten ↑phänologischer Phasen oder der Zeitspanne zwischen zwei Phasen (z. B. beim Winterroggen von Ernte bis Aussaat, d. h. die für den Zwischenfruchtbau nutzbare Zeit). Die Daten beziehen sich auf ein einzelnes Jahr oder auf langjährige Mittelwerte. Die Linien gleichen Phasenbeginns **(Isophanen)** lassen die vom Klima begünstigten oder benachteiligten Gebiete erkennen.
Für das Gebiet der BR Deutschland sind u. a. Karten der Schneeglöckchenblüte, der Haferaussaat, der Apfelblüte sowie der Winterroggenblüte, -ernte und -aussaat veröffentlicht.

phänologische Phasen [zu ↑Phänologie]: Eintrittstermine bestimmter Abschnitte in der Wachstumsentwicklung von Pflanzen bzw. einiger damit zusammenhängender Feldarbeiten **(arbeitsphänologische Phasen),** die zugleich eine Einteilung des Jahres in ↑phänologische Jahreszeiten ermöglichen.
Zu den wichtigsten ph.n Ph. gehören Blühbeginn bzw. Ende der Blüte, Fruchtreife, Laubentfaltung, -verfärbung und -fall, Aussaat, Aufgang, Ernte sowie Beginn und Ende der Feldarbeiten. Beobachtet werden Kultur- und Wildpflanzen, die unterschiedlich in ihren verschiedenen Wachstumsabschnitten auf Temperatur, Niederschlag und Strahlung reagieren. Die ph.n Ph. variieren von Jahr zu Jahr teilweise beträchtlich.

phänologischer Gradient: die Veränderung der Eintrittszeit bestimmter ↑phänologischer Phasen innerhalb eines größeren Gebietes hinsichtlich Entfernung bzw. Höhenunterschied zwischen einzelnen Standorten.

Phasengeschwindigkeit: die Geschwindigkeit, mit der sich die Phase einer Welle, z. B. der Wellenberg oder das Wellental bzw. in der Atmosphäre ein Hochdruckkeil oder ein Tiefdrucktrog, bewegt. Von der Ph. ist die Geschwindigkeit zu unterscheiden, mit der sich ein Luftteilchen durch eine Wellenformation bewegt. Diese Geschwindigkeit (Strömungsgeschwindigkeit) kann größer sein als die Ph., wie bei den atmosphärischen Wellen der synoptischen Größenordnung; sie kann auch kleiner sein, wie bei Schwerewellen (z. B. die Ausbreitung der Wellen an der Oberfläche eines stehenden Gewässers durch einen hineingeworfenen Stein).

photo- [aus griech. phōs, phōtós = Licht]: in Zus. mit der Bed. „Licht"; z. B. Photochemie.

photoaktinisch: 1. svw. ↑aktinisch; 2. die Wirkung von Lichtstrahlen auf den menschlichen Organismus betreffend.

Photochemie, die: Teilgebiet der Chemie, das sich mit chemischen Reaktionen befaßt, die durch Licht oder andere elektromagnetische Strahlung ausgelöst werden.

photochemischer Smog: svw. Los-Angeles-Smog (↑Smog).

Photoklima, das: svw. ↑Lichtklima.

Photometeore, die (Mehrz.) [Einz.: der Photometeor]: Lichterscheinungen, die durch Brechung, Beugung, Spiegelung oder Interferenz des Sonnen- oder Mondlichtes hervorgerufen werden, wie

z. B. die verschiedenen ↑Haloerscheinungen, der ↑Regenbogen und der ↑Kranz.

Photometer, das [↑photo- und ↑-meter ‖ Syn.: Lichtmesser]: Instrument zur Lichtmessung, in der Meteorologie auch zur Messung der Sonnen- und Himmelsstrahlung verwendet.

Man unterscheidet **optische Ph.** (visuelle Ph.; als Strahlungsindikator wird die natürliche Empfindlichkeit des Auges benutzt), **lichtelektrische Ph.** (basieren auf der Messung des Photostroms von Photozellen) und **photographische Ph.** (Photopapier als Strahlungsempfänger).

Photooxidanzien, die (Mehrz.) [Einz.: das Photooxidans ‖ zu ↑photo- und Oxid gebildet ‖ Schreibvariante: Photooxidantia]: Sammelbez. für Umwandlungsprodukte, die durch photochemische Prozesse unter Einwirkung der Sonnenstrahlung bei gleichzeitiger Anwesenheit von Kohlenwasserstoffen, Stickoxiden und Sauerstoff entstehen.

Zu den Ph., die Folgeprodukte primäremittierter Schadstoffe sind (v. a. durch unvollständige Verbrennungsvorgänge) und besonders im Los-Angeles-Smog (↑Smog) vorkommen, gehören u. a. ↑Ozon und ↑PAN; sie können Pflanzenschäden verursachen und führen beim Menschen zu Schleimhautreizungen.

Photosphäre, die [Kurzbildung aus ↑photo- und ↑Atmosphäre]: die etwa 400 km dicke, gasförmige Schicht an der Oberfläche der Sonne, von der der größte Teil der Sonnenstrahlung ausgeht.

phreatisch [zu griech. phréar, phréatos = Brunnen]: bezeichnet nach A. Penck diejenigen Gebiete des humiden Klimabereichs, in denen Grundwasserbildung und -speicherung vorkommen; im Gegensatz zum polaren Klimatyp mit ewiger Gefrornis anstelle von Grundwasser.

pH-Wert [ph ist Abk. für nlat. **p**otentia **h**ydrogenii = Stärke (Konzentration) des Wasserstoffs]: Maß für den Säuregrad einer Lösung, bestimmt durch die Anzahl der Wasserstoffionen in einem bestimmten Volumen (angegeben in negativem dekadischem Logarithmus). Die Skala reicht von 0 bis 14.

Lösungen mit hoher Wasserstoffionenkonzentration haben einen niedrigen pH-W. und werden als **sauer,** Lösungen mit niedriger Wasserstoffionenkonzentration haben einen hohen pH-W. und werden als **basisch** bezeichnet.

physikalische Meteorologie: der Teil der meteorologischen Wissenschaft, der sich speziell mit den verschiedenen in der Atmosphäre vor sich gehenden physikalischen Prozessen befaßt. Im engeren Sinne versteht man unter ph.r M. die mikrophysikalisch zu behandelnden Prozesse (wie Strahlungsvorgänge, atmosphärische Elektrizität, Phasenübergänge des Wassers).

physische Klimazonen [zu griech. phýsis = Natur]: die wirklichen, durch die Einstrahlung und die allg. Zirkulation der Atmosphäre bedingten Zonen der Erde mit jeweils charakteristischen Hauptklimaten, wie sie allerdings aufgrund der unterschiedlichen Verteilung von Land und Wasser nicht überall zusammenhängend auftreten.

pileus [...e-ʊs ‖ lat. = Filzmütze]: substantivischer Zusatz zu den Namen der Wolkengattungen Cumulus und Cumulonimbus mit der Bedeutung „mit Kappe"; bezeichnet eine Begleitwolke von geringer horizontaler Erstreckung in Form einer Haube oder Kappe über dem Wolkengipfel oder unmittelbar am oberen Rand einer Cumulus- bzw. Cumulonimbuswolke, von der sie oft durchstoßen wird. – ↑auch Wolkenklassifikation.

Pilotballon: zur Höhenwindmessung benutzter, meist mit Wasserstoff gefüllter, unbemannter freifliegender Ballon, der mittels Windradar, Radiotheodolit oder Ballontheodolit angepeilt wird. Aus der Abdrift des P.s lassen sich bei bekannter Steiggeschwindigkeit Richtung und Geschwindigkeit des Höhenwindes berechnen. Zur Reflexion der ausgesandten Peilstrahlen dient ein ↑Target.

Pilotballonaufstieg: Bez. für den gesamten Vorgang einer Höhenwindmessung mit einem Pilotballon.

PILOT-Meldung [pi'lo:t..., bei engl. Aussprache: 'paɪlət...]: Höhenwindmeldung einer Landstation unter dem Schlüsselnamen **PILOT** bzw. einer Seestation unter dem Schlüsselnamen

PILOT SHIP. Die durch einen Pilotballon- oder Radiosondenaufstieg ermittelten Windwerte (Richtung in 360-Grad-Skala, Geschwindigkeit in Knoten) werden bei gleichzeitiger Luftdruckmessung für die Hauptdruckflächen und die markanten Punkte des Windes, bei Aufstiegen ohne Luftdruckmessung für Höhenstufen im Abstand von 300 m und für die markanten Punkte des Windes gemeldet.

Pistensichtweite: seltene Bez. für ↑Landebahnsicht.

Pitot-Rohr [pi'to:... ‖ nach H. Pitot]: zylindrische Strömungssonde zur Messung des Gesamtdrucks, der sich aus dem statischen Druck (Luftdruck) und dem Staudruck zusammensetzt.

Das P.-R. wird zur Registrierung der Windgeschwindigkeit verwendet und ist Hauptbestandteil vieler ↑Böenmesser. Es wird im vorderen Teil einer Windfahne montiert, damit es immer gegen den Wind weist. Den Gesamtdruck erhält man an einer Luftöffnung im vorderen Teil des Rohrs, den statischen Druck durch eine Öffnung in der Manteloberfläche des Rohrs. Über den ↑Staudruck, der fortlaufend instrumentell aus Gesamtdruck und statischem Druck ermittelt wird, erhält man die Windgeschwindigkeit.

Planck-Strahler: svw. ↑schwarzer Körper.

Planck-Strahlungsgesetz: von M. Planck hergeleitetes grundlegendes Gesetz über die Ausstrahlung eines schwarzen Körpers in Abhängigkeit von der Wellenlänge λ (bzw. Frequenz) und von der absoluten Temperatur T, das auch für alle Strahlungsvorgänge in der Atmosphäre maßgebend ist. Das durch die spektrale Strahlungsleistung gegebene Emissionsvermögen steigt danach bei einer bestimmten Temperatur von niederen zu höheren Wellenlängen zunächst bis zu einem Maximum steil an und fällt dann zu hohen Wellenlängen exponentiell ab.

Aus dem P.-St. lassen sich das ↑Stefan-Boltzmann-Gesetz der Gesamtstrahlung und das ↑Wien-Verschiebungsgesetz ableiten.

planetare Albedo: svw. Erdalbedo (↑Albedo).

planetarisch [zu Planet gebildet, dies von griech. Mehrz. plánētes (astéres) = Umherschweifende (Sterne)]: die Planeten betreffend; global.

planetarische Frontalzone: das Starkwindband, das in der freien Atmosphäre innerhalb der zirkumpolaren Strömung etwa zwischen 35 und 65° Breite jede Hemisphäre umschließt. Die p. F. ist nicht unmittelbar mit Fronten verbunden, sondern stellt im Sinne T. Bergerons (↑Frontalzone) eine Zone dar, in der sich bevorzugt Fronten bilden.

planetarische Grenzschicht: svw. ↑atmosphärische Grenzschicht.

planetarische Wellen: die am deutlichsten in der mittleren und oberen Troposphäre ausgeprägten, die ganze Hemisphäre umfassenden Wellen in der zirkumpolaren atmosphärischen Strömung. Sie bilden ein wesentliches Cha-

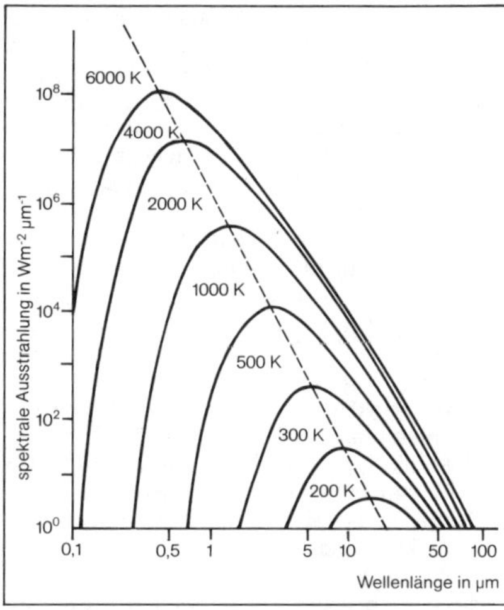

Planck-Strahlungsgesetz. Spektrale Ausstrahlung (Strahlungsflußdichte) schwarzer Körper nach dem Planck-Strahlungsgesetz im Temperaturbereich von 200 bis 6 000 K. Mit zunehmenden Temperaturen verschieben sich die Maxima der Strahlungskurven nach kürzeren Wellenlängen (Wien-Verschiebungsgesetz)

rakteristikum der hemisphärischen Zirkulation.

P. W. sind nicht direkt mit dem Bodendruckfeld verbunden, bewegen sich nur sehr langsam oder sind stationär und weisen eine große, bis in Tropopausenhöhe zunehmende Amplitude auf. Sie werden als der langwelligste Teil der atmosphärischen Turbulenz aufgefaßt und bewirken einen intensiven meridionalen Austausch, insbes. von Wärme und Drehimpuls.

Eine *grobe Einteilung* der p.n W. ist möglich aufgrund der Anzahl der Wellen auf einer Hemisphäre (der Wellenzahl) in Verbindung mit der wahrscheinlichen Ursache ihrer Entstehung. So sind die Wellenzahlen 1–3 den überwiegend orographisch (durch meridionale Gebirgszüge, wie z.B. die Rocky Mountains) verursachten Wellen zuzuordnen und die Wellenzahlen 4–7 den sog. ↑Rossby-Wellen, die überwiegend barotrope Wellen sind. Kürzere Wellen mit der Wellenzahl 8 und höher sind dann barokline Wellen, die als kurze Wellen mit Zyklonen und Antizyklonen am Boden in Verbindung stehen und im allg. nicht mehr zu den p.n W. gerechnet werden.

planetarische Windgürtel: svw. ↑Windzonen.

planetarische Zirkulation: svw. ↑allgemeine Zirkulation der Atmosphäre.

Planetary boundary layer, der ['plænıtərı 'baundərı 'lɛıə ‖ engl. = planetarische Grenzschicht ‖ Abk.: PBL]: svw. ↑atmosphärische Grenzschicht.

Platzregen: heftiger, großtropfiger Niederschlag hoher Intensität, der mindestens mehrere Minuten anhält und insgesamt etwa das Eineinhalbfache der Niederschlagshöhe je Zeiteinheit von ↑Starkregen erreicht.

P. treten v.a. im Sommer und Frühjahr sowie am Tage auf; häufig werden sie von Gewittern begleitet. P. sind eine ausgeprägte Erscheinung der Tropen.

Platzwetter: der im Bereich eines Flugplatzes zu einem bestimmten Zeitpunkt bestehende Zustand der Atmosphäre, der durch die Größe der meteorologischen Elemente und deren Zusammenwirken gekennzeichnet und nach dem ↑METAR-Code angegeben wird.

Plausibilitätsprüfung [zu lat. plausibilis = einleuchtend ‖ Syn.: Plausibilitätstest, Plausibilitätskontrolle]: bestimmtes Verfahren zur Qualitätskontrolle von meteorologischen Daten. Hauptinhalt der P. ist die Prüfung auf Widerspruchsfreiheit innerhalb eines meteorologischen Datensatzes. Dies geschieht im wesentlichen durch Anwendung entsprechender Prüfkriterien für die innere ↑Konsistenz und für das Abfragen von Einzelwerten hinsichtlich ihrer „Unmöglichkeit“, d.h. der Über- bzw. Unterschreitung von vorgegebenen (d.h. ins Prüfprogramm eingegebenen) „plausiblen“ Toleranzwerten (z.B. Extremwerte).

Plotterkarten [zu engl. to plot = eine Zeichnung anfertigen]: Wetterkarten, die von einem automatischen, elektronisch gesteuerten Zeichengerät **(Plotter)** hergestellt werden. P. können Stationseintragungen (für Boden- oder Höhenkarten) enthalten oder meteorologische Felder mit Hilfe von Isolinien darstellen.

Die automatische Herstellung von Wetterkarten durch Plotter ist der manuellen Herstellung durch Zeichner aufgrund der hohen Geschwindigkeiten weit überlegen.

Pluvial, das: svw. ↑Pluvialzeit.

Pluvialzeit [zu lat. pluvia = Regen ‖ Syn.: Pluvial]: Bez. für in die geologische Vergangenheit zu datierende, relativ niederschlagsreiche Zeitabschnitte in den heutigen subtropisch-randtropischen Trockengebieten, die den pleistozänen Eis- bzw. Kaltzeiten der hohen Mittelbreiten und der höheren Breiten entsprechen (die Gleichzeitigkeit wird heute z.T. angezweifelt). Die P.en wurden durch Südwärtsverlagerung der außertropischen Westwinddrift **(polare P.en)** bzw. am S-Rand des saharisch-arabischen Trockengürtels durch Ausweitung der innertropischen Regenzone **(tropische P.en)** hervorgerufen.

pluvio- [lat. pluvia = Regen]: in Zus. mit der Bed. „Niederschlag“; z.B. Pluviogramm.

Pluviogramm, das [↑pluvio- und ↑-gramm]: heute nicht mehr gebräuchliche Bez. für die Registrierstreifenaufzeichnung eines Niederschlagsereignisses.

Pluviograph, der [↑pluvio- und ↑-graph]: veraltete Bez. für ↑Niederschlagsschreiber.

Pluviometer, das [↑pluvio- und ↑-meter ‖ Abl.: pluviometrisch]: veraltete Bez. für ↑Niederschlagsmesser.

pluviometrischer Koeffizient [- ko-e... ‖ zu ↑Pluviometer]: das von Ch. A. Angot 1895 eingeführte Verhältnis der tatsächlich gemessenen Niederschlagsmenge eines bestimmten Monats zu derjenigen, die diesem Monat bei gleichmäßiger Verteilung (jährliche Niederschlagsmenge dividiert durch 12) zukommen würde. Der heute kaum noch verwendete Koeffizient verdeutlicht die monatlichen Abweichungen der Niederschlagsmengen von einer idealen gleichmäßigen Niederschlagsverteilung und dient somit zur Charakterisierung des Jahresgangs.

pluviothermischer Index [zu ↑pluvio- und griech. thermós = warm, heiß]: bei der *Klimaklassifikation* verwendete Kenngröße, die die Klimaelemente Temperatur und Niederschlag in bestimmter Weise kombiniert und empirisch aus mittleren Monats- und Jahreswerten gewonnen wird; dient zur regionalen Differenzierung eines Gebietes nach Aridität und Humidität bzw. zur Festlegung der Trockengrenze.

Poise, das [po'a:zə ‖ gekürzt aus dem Namen von J. L. Poiseuille ‖ Einheitenzeichen P]: ältere Einheit der ↑dynamischen Viskosität.

Poisson-Gleichung [pwa'sõ... ‖ nach D. Poisson]: die Beziehung zwischen den Änderungen des Luftdrucks und der Temperatur bei adiabatischen Prozessen in trockener Luft.

Die P.-G. kann aus dem ersten Hauptsatz der Wärmelehre abgeleitet werden. Mit ihrer Hilfe können ↑Trockenadiabaten in ↑thermodynamischen Diagrammen berechnet werden. Da die Abhängigkeit der Temperatur- von den Luftdruckänderungen exponentiell ist, erscheinen die Trockenadiabaten nur in solchen Diagrammpapieren als Geraden, in denen der Luftdruck in der gleichen exponentiellen Skala als Ordinate enthalten ist (z. B. im ↑Stüve-Diagramm).

Poisson-Verteilung [pwa'sõ... ‖ nach D. Poisson ‖ Syn.: Verteilung der seltenen Ereignisse]: spezielle Häufigkeitsverteilung. Die P.-V. kann als Grenzfall einer Binomialverteilung aufgefaßt werden, bei der die Eintreffwahrscheinlichkeit eines bestimmten (meteorologischen) Ereignisses sehr klein ist und nach der Wahrscheinlichkeit für eine nicht zu große Trefferzahl (pro Zeitintervall) gefragt wird. Im Gegensatz zur ↑Gauß-Verteilung ist die P.-V. durch eine einzige Variable, die zugleich Mittelwert und Varianz darstellt, bestimmt.

Anwendungsgebiete für die P.-V. sind: Aufstellung von meteorologischen Versicherungsstatistiken (z. B. Verteilung von Sturmschäden über mehrere Jahre); Abschätzung der Tornadohäufigkeit in den USA in einem vorgegebenen Zeitraum aufgrund der (bekannten) Eintreffwahrscheinlichkeit; Berechnung der Verteilung von Konzentrationsschwankungen eines von einer Punktquelle kontinuierlich emittierten Schadgases; Aufstellung von Statistiken zur Beurteilung der Häufigkeit des Auftretens von Nebel, Starkregen, Überschwemmungen und anderen (relativ seltenen) meteorologischen Ereignissen.

polar [zu Pol gebildet, dies von griech. pólos = Drehpunkt, Achse, Erdpol]: die Pole betreffend, aus dem Gebiet der Erdpole stammend.

Polarbanden: parallel angeordnete, den ganzen Himmel überziehende Wolkenstreifen der Gattung Cirrus, die zum Horizont hin scheinbar zusammenlaufen; sie sind erste Vorboten einer von W herannahenden Störung (Warmfront). – ↑auch radiatus.

polare Baumgrenze ↑Baumgrenze.

polarer Wettertyp: der überwiegend in nördlichen Breiten, in Mitteleuropa in der kalten Jahreszeit auftretende Wettertyp nach R. Mügge, der durch starke, mit der Höhe zunehmende Windgeschwindigkeiten charakterisiert ist. Beim polaren Wettertyp setzt während des Vorüberziehens eines Tiefausläufers mit dem beginnenden Luftdruckfall infolge aktiven Aufgleitens Wetterverschlechterung ein. Nach Frontdurchgang kommt es zu rascher Aufheiterung, die auf der Rückseite des Tiefausläufers bei steigendem Luftdruck unter Abgleitvorgängen anhält.

Polarfront: nach den Vorstellungen der ↑norwegischen Schule die als Front ausgebildete Grenze zwischen den beiden Hauptluftmassen, der Polarluft und der Tropikluft, die im Idealfall einen geschlossenen Frontenzug um die gesamte Hemisphäre bilden soll. Ihre Lage unterliegt größeren Schwankungen, die einerseits durch die Zyklonenaktivität, die an die Polarfront gebunden ist (↑Polarfronttheorie), verursacht werden, andererseits jahreszeitlich bedingt sind; im Mittel liegt sie im Winter bei 40–50° Breite, im Sommer in 60–70° Breite.

In der vertikalen Struktur entspricht die P. nach der Modellvorstellung weitgehend einer ↑Aufgleitfront. In der Höhe ist die P. mit dem P.strahlstrom verbunden, in dessen Bereich die Tropopause beim Übergang von der relativ niedrigen Lage über der Polarluft zur relativ hohen Lage über der Tropikluft einen Sprung (Tropopausenbruch) aufweist.

Polarfrontstrahlstrom ↑Strahlstrom.

Polarfronttheorie: die von der ↑norwegischen Schule entwickelte klassische Theorie der Zyklonenentstehung. Danach entwickeln sich Zyklonen grundsätzlich als Wellen an der ↑Polarfront aus einer kleinen Anfangsstörung. Ist diese Welle labil, wächst sie weiter an, und es bildet sich an der Wellenspitze ein Wirbel, aus dem die weiteren Entwicklungsphasen einer Zyklone hervorgehen (↑Zyklonenentwicklung).

Nach der P. ist die Zyklonenentwicklung ein Prozeß, der seinen Sitz in den unteren Schichten der Atmosphäre hat; die höheren Schichten werden in die Theorie nicht einbezogen. Wenn im weiteren Verlauf Deformationen im Höhendruckfeld eintreten, werden diese als Folge der bodennahen Entwicklungen angesehen.

Polargrenze: Bez. für den klimatisch bedingten Grenzsaum, in dem die polwärtige Verbreitung bestimmter Pflanzen und Tiere, menschlicher Siedlungen und des Anbaus von Kulturpflanzen endet. Da jeweils andere klimatische Faktoren lebensentscheidend sind, gibt es spezifische P.n (z. B. für jede Pflanze).

Polarhoch: Bez. für die im Durchschnitt über den Polargebieten vorhandenen kalten Hochdruckgebiete, die meist nur eine Mächtigkeit von 1 bis 2 km erreichen und in der Höhe von tiefem Druck überlagert werden. Am Rand des P.s befindet sich in hohen Breiten die Zone der polaren Ostwinde.

Polarimeter, das [Kurzbildung aus ↑Polarisation und ↑-meter]: Gerät zur Bestimmung der Polarisation des Lichtes, insbes. zur Messung der optischen Drehung der Polarisationsebene linear polarisierten Lichtes durch optisch aktive Substanzen.

P. bestehen im wesentlichen aus dem der Lichtquelle zugewandten **Polarisator** (zur Erzeugung v. a. von linear polarisierten Lichtstrahlen durch Reflexion oder Doppelbrechung von natürlichem Licht) und dem um die Strahlachse drehbar angeordneten, dem Beobachter zugewandten **Analysator** (zum Nachweis der Polarisation). Ordnet man Polarisator und Analysator um 90° gegeneinander gedreht an, so findet eine völlige Auslöschung des eingestrahlten Lichtes statt. Bringt man nun eine optisch aktive Substanz, z. B. einen doppelbrechenden Kristall, in den Strahlengang, so tritt eine Aufhellung im Gesichtsfeld ein, die durch eine kompensierende Drehung des Analysators wieder zum Verschwinden gebracht wird. Der Drehwinkel ist charakteristisch für die optisch aktive Substanz und ihre Konzentration in einer Lösung.

Ist das zu untersuchende Licht bereits polarisiert (z. B. das diffuse Himmelslicht), so kann man mit dem P. auch den jeweiligen Polarisationsgrad bestimmen.

Polarisation, die [zu ↑polar gebildet]: die Eigenschaft aller elektromagnetischen Wellen, insbes. der Lichtwellen **(optische P.),** daß ihre zur Ausbreitungsrichtung stets senkrechte Schwingungsrichtung nicht beliebig ist, sondern in einer **Schwingungsebene** liegt, die entweder ihre Lage im Raum stets beibehält **(lineare P.)** oder sich gleichmäßig um die Ausbreitungsrichtung dreht **(zirkulare,**

elliptische P.). Die zur Schwingungsebene linear polarisierter Wellen senkrechte Ebene heißt **Polarisationsebene.**
Zahlreiche Stoffe drehen die Schwingungs- bzw. P.sebene des in sie eingestrahlten linear polarisierten Lichtes um einen bestimmten Winkel **(optische Drehung, optischer Drehwert).** Man spricht dann von **optischer Aktivität** bzw. von **optisch aktiven Substanzen.**
P. tritt im allg. bei Reflexion an einer ebenen Oberfläche und bei Brechung auf, außerdem bei Beugung der Lichtwellen an kleinen Streuteilchen (z. B. Sonnenlicht an Luftmolekülen und Aerosolteilchen). An dieser **atmosphärischen P.** des Lichtes interessiert in der Meteorologie speziell diejenige des diffusen Himmelslichtes. Deren Maximum tritt etwa im Sonnenvertikal im Abstand von rund 90° von der Sonne auf. In gewissen neutralen Punkten, z. B. dem ↑Arago-Punkt, verschwindet die P. ganz. Geräte zur Messung der P. heißen ↑Polarimeter.

Polarjahr [Syn.: Internationales Polarjahr]: internat. wiss. Veranstaltung zur gemeinschaftlichen verstärkten Erforschung der Polargebiete, während der von zahlreichen Stationen meteorologische, erdmagnetische und astronomische Messungen zur gleichen Zeit und nach einheitlichen Richtlinien vorgenommen werden. Dem 1. P. 1882/83, das von der „Internationalen Polarkommission" unter Leitung des Dircktors der Deutschen Seewarte, G. v. Neumayer, vorbereitet wurde, folgte zur Feier der 50. Wiederkehr das 2. P. 1932/33, in dem auf der ganzen Erde zusätzliche aerologische Beobachtungen und Forschungen durchgeführt wurden. Die täglichen Wetterkarten für die einzelnen Tage des P.s wurden nachträglich von der Deutschen Seewarte und dem Dänischen Meteorologischen Institut überarbeitet und publiziert. Als 3. P. zählt das 1957/58 durchgeführte ↑Internationale Geophysikalische Jahr.

Polarklima: svw. ↑arktisches Klima.

Polarlicht: am nächtlichen Himmel zu beobachtende Leuchterscheinungen in polaren Gegenden der Nord- **(Nordlicht)** und Südhalbkugel **(Südlicht).** P.er entstehen dadurch, daß die von der Sonne ausgehende Partikelstrahlung (Protonen, freie Elektronen) durch das Magnetfeld der Erde hpts. in zwei ringförmige Zonen (P.zonen) um die beiden magnetischen Pole (im Abstand von 23°) abgelenkt wird und die Atome bzw. Moleküle der Lufthülle in Höhen zwischen 100 und 400 km (v. a. atomarer Sauerstoff und molekularer Stickstoff) zum Leuchten anregt.
P.er enthalten alle Spektralfarben und zeichnen sich durch große Farbenpracht und Formenreichtum aus. Intensität, Häufigkeit und geographische Verteilung hängen mit der ↑Sonnenaktivität zusammen. Bei starken solaren Ausbrüchen können P.er noch in den Subtropen beobachtet werden. – Abb. S. 186.

Polarluft: kalte, dem Polargebiet entstammende Luftmasse, die auf der Rückseite von Tiefdruckgebieten als **maritime P.** vom NO-Atlantik, als **kontinentale P.** mit einer NO-Strömung aus Rußland nach Mitteleuropa gelangt. **Arktische P. (frische P.)** ist eine für die Jahreszeit extrem kalte Luftmasse.
Von **gealterter (rückkehrender, erwärmter) P.** spricht man, wenn die P. bereits weit nach S gelangt ist und durch den Einfluß des Untergrundes bzw. diabatische Prozesse weitgehend umgewandelt wurde.
Abweichend vom umfassenderen Begriff P., wird der Ausdruck **Sub-P.** für eine Luftmasse verwendet, die nicht dem inneren Polargebiet, sondern dem Raum Island – Grönland (maritim) bzw. Nordost- und Osteuropa (kontinental) entstammt.

Polarluftausbruch: Bez. für eine Wetterlage, bei der unter markanten Wettererscheinungen frische Polarluft aus der Arktis bzw. Antarktis weit nach S bzw. auf der Südhalbkugel nach N vorstößt; leitet oft eine längere Kälteperiode ein. Gefürchtete Polarluftausbrüche sind in Nordamerika die ↑Nortes und ↑Northers.

Polarnacht: die Zeit, in der die Sonne länger als 24 Stunden unter dem Horizont bleibt, zutreffend für Orte zwischen den Polen und den Polarkreisen (66° 30′ geographischer Breite). Die Dauer der P.

wächst mit der geographischen Breite und beträgt im Bereich der Pole nahezu $^1/_2$ Jahr.

Während auf der Nordhalbkugel P. herrscht, ist auf der Südhalbkugel **Polartag,** d. h. die Zeit, in der die Sonne für einen Ort in der Polarzone länger als 24 Stunden über dem Horizont bleibt. Wegen der Strahlenbrechung in der Atmosphäre, die eine „Hebung" der Sonne verursacht, ist an den Polen die P. kürzer und der Polartag länger als $^1/_2$ Jahr.

Polarschnee: überwiegend in höheren, aber auch in mittleren Breiten fallender ↑ Diamantschnee.

Polartag ↑ Polarnacht.

Polartief [Syn.: Polarwirbel, Polarzyklone]:

◊ ein bis ins Bodenniveau durch zyklonale Strömung ausgezeichneter *Kaltlufttropfen* über relativ warmen Meeresgebieten, an dem sich durch Einbeziehung etwas wärmerer Luftmassen in einem späteren Stadium Fronten bilden können. Kleinräumige P.s der nördlichen Breiten sind wegen ihrer plötzlich aufkommenden Schneestürme gefürchtet.

◊ das im Durchschnitt in der mittleren und oberen Troposphäre großräumig über den Polargebieten vorhandene *kalte Tiefdruckgebiet,* das sich im Winter auf der Nordhalbkugel aufgrund der Ausstrahlung und Abkühlung über dem Festland in zwei Kerne über NO-Kanada und NO-Sibirien aufspaltet.

polarumlaufender Satellit: künstlicher Satellit, der in 1 000 bis 1 500 km Höhe auf einer polnahen Bahn die Erde umkreist. Der Neigungswinkel von rund 100° zwischen Bahn- und Äquatorebene bewirkt unter Einfluß des Äquatorwulstes eine Drehung der Satellitenbahnebene um 1° pro Tag. Damit wird der Satellit „sonnensynchron", d. h., die gesamte Erdoberfläche wird in 24 Stunden zweimal meßtechnisch erfaßt, wobei immer zur gleichen Ortszeit gleiche Gebiete überflogen werden. – ↑ auch Wettersatelliten.

Polarwirbel: svw. ↑ Polartief.

Polarzyklone: svw. ↑ Polartief.

Pollenanalyse:

◊ Verfahren zur Gewinnung von Aufschlüssen über zurückliegende Klimaschwankungen durch Rekonstruktion der Vegetationsgeschichte mit Hilfe von Pollenkörnern. Das Pollenspektrum integriert alle ökologischen Standortfaktoren (klimatische, edaphische) zurückreichend bis Anfang des Quartärs unter Berücksichtigung der Verfrachtung der Pollen durch den Wind.

◊ Untersuchung des in Pollenfallen angesammelten Gehaltes an Pollen (Zahl der Pollen je Art pro m^3 und Tag); analysiert werden Pollen von Gräsern, Getreide, Wildkräutern und Bäumen; relevant für Pollenallergien. – ↑ auch Pollenflugvorhersage.

Pollenflugvorhersage [Syn.: Pollenwarndienst]: von den Wetterdiensten mehrerer europäischer Länder in Zusammenarbeit mit Ärzten über Medien und Fernsprechansagedienste verbreitete Vorhersage für die nächsten Tage über die Stärke des zu erwartenden Flugs bestimmter Pflanzenpollen bzw. Schimmelpilzsporen (unterteilt nach vier Klassen: kein bis schwach; mäßig; stark; sehr stark).

Grundlage der P. sind aktuelle phänologische Beobachtungen des Blühbeginns und der Vollblüte, Messungen der Zahl der Pollen verschiedener Art pro Kubikmeter Luft und Tag in sog. Pollenfallen und die vorhergesagte Wetterlage (insbes. Windgeschwindigkeit und Niederschlag), deren Wirksamkeit auf Pollenfreisetzung und Pollenflug zu beurteilen ist.

Mit der P. sollen hpts. pollenempfindliche Menschen und Ärzte informiert werden, um Medikamente gegen Blütenstauballergie prophylaktisch einsetzen zu können.

poly- [aus griech. polýs = viel, häufig]: in Zus. mit der Bed. „viel, mehrere, zahlreiche"; z. B. polytrop.

Polygonverfahren [Polygon = Vieleck, aus gleichbed. griech. polýgōnon]: Methode zur Berechnung der Höhe des Gebietsniederschlags als gewichtetes Mittel aus den Niederschlagshöhen der im Gebiet liegenden Niederschlagsstationen. Das P. basiert auf der Annahme, daß jede Station für die Fläche desjenigen Polygons repräsentativ ist, das von den Mittelsenkrechten auf den Verbindungen zwischen den Stationen S_1, S_2, ..., S_n begrenzt wird (Abb.). Mathematisch bedeutet dies, daß die Station im Schwerpunkt des Polygons liegt. Die zur Berechnung des Gebietsniederschlags benötigten Gewichtsfaktoren entsprechen also den Polygonflächen. Die Gebietsniederschlagshöhe erhält man aus den durch die Gesamtfläche des Gebietes dividierten, jeweils aus Polygonfläche und zugehöriger Niederschlagshöhe gebildeten Produktsummen.

Um von der Topographie und den Standorteinflüssen unabhängig zu sein, ersetzt man die tatsächlichen (absoluten) durch relative Niederschlagshöhen, d.h. durch aus absoluten Niederschlagshöhen und entsprechenden Bezugswerten eines ausreichend langen Bezugszeitraums gebildete Verhältniswerte.

Polymeter, das [↑poly- und ↑-meter]: älteres, heute nicht mehr verwendetes, aus einer Kombination von Thermometer und Haarhygrometer bestehendes Mehrzweckinstrument zur Bestimmung der relativen Luftfeuchte, der Lufttemperatur, des Taupunktes und des Sättigungsdampfdrucks.

polytrop [↑poly- und ↑-trop]: nennt man die Eigenschaft einer den Zusammenhang zwischen Druck p und Volumen V beschreibenden Funktion von der Form $p \cdot V^n = \text{const}$, in der durch die Wahl des Exponenten n eine Vielzahl von unterschiedlichen, hyperbelartigen Kurvenverläufen beschrieben werden kann.

In der Meteorologie wird die Bez. v. a. in Verbindung mit der Atmosphäre gebraucht. **P.e Atmosphären** sind ein Oberbegriff für alle theoretisch denkbaren, einheitlich aufgebauten, idealen Atmosphären. Sie haben jeweils einen konstanten vertikalen Temperaturgradienten. Spezielle p.e Atmosphären sind z. B. die ↑homogene Atmosphäre und die ↑isotherme Atmosphäre.

polytrope Zustandsänderung: Zustandsänderung, bei der der Exponent der sie beschreibenden Zustandsgleichung (der **Polytropenexponent**) konstant ist.

Eine p. Z. ist umkehrbar, und das Verhältnis einer zugeführten Wärmemenge zu der daraus resultierenden Temperaturänderung (d.h. die spezifische Wärme) ist dabei konstant. Je nach Wahl der Exponenten in der Zustandsgleichung kann die Zustandsänderung isopyknisch, adiabatisch oder isotherm sein.

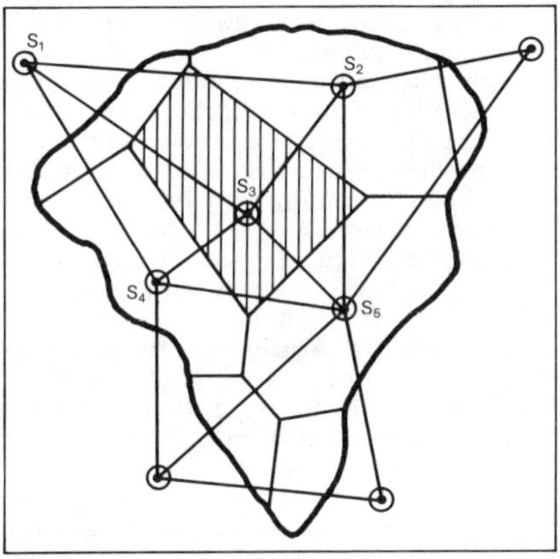

Polygonverfahren (die dicke Linie kennzeichnet die Grenze des Einzugsgebietes)

postfrontale Aufheiterung [zu lat. post = hinter, nach und ↑Front]: nach dem Durchzug schnellziehender Kaltfronten, die sich durch hochreichende Cumulonimbuswolken mit heftigen Schauern und Gewittern auszeichnen, typische rasche Bewölkungsabnahme bis zu mehrstündigem heiteren Wetter; wird verursacht durch kräftiges Absinken der Kaltluft hinter der Front, bevor sich in der nachströmenden, meist labil geschichteten Luft Konvektionswolken mit Schauern bilden.

postfrontales Wetter: svw. ↑Rückseitenwetter.

Potentialgradient [zu spätlat. potentialis = nach Vermögen, tätig wirkend]: das gewöhnlich nach oben gerichtete Spannungsgefälle des luftelektrischen Feldes (↑Luftelektrizität). Der P. unterscheidet sich nur im Vorzeichen von der elektrischen ↑Feldstärke; er nimmt nach oben zu, wenn das Potential der Erdoberfläche gleich null gesetzt wird.

Potentialsonde [Syn.: Kollektor]: Gerät zur Messung des vertikalen Gradienten des luftelektrischen Feldes (↑ Potentialgradient). Die P. besteht im allg. aus einem als elektrischer Leiter wirkenden, isoliert aufgestellten Metallstab oder -körper. Von ihm fließt so lange elektrische Ladung ab, bis zwischen einem bestimmten Punkt des Kollektors, dem sog. Ausgleichspunkt, und der über ihm liegenden Potentialfläche kein Spannungsunterschied mehr besteht (d. h. Potentialdifferenz null). Die abfließende elektrische Ladung wird mit einem Elektrometer gemessen.

potentiell [aus frz. potentiel, von spätlat. potentialis = nach Vermögen, tätig wirkend]: möglich, denkbar.

potentielle Äquivalenttemperatur [frühere Bez.: äquivalent-potentielle Temperatur]: diejenige Temperatur einer feuchten Luftmenge, die diese Luftmenge annimmt, nachdem sie zuerst isobar durch Zufuhr von Kondensationswärme des gesamten darin enthaltenen Wasserdampfs erwärmt und dann trockenadiabatisch auf einen Druck von 1 000 hPa gebracht wurde. – ↑ auch Äquivalenttemperatur.

potentielle Energie: die Energie der Lage, d. h. die Fähigkeit eines Luftteilchens, aufgrund seiner Lage in einem Kraftfeld oder zu den mit ihm in Wechselwirkung befindlichen Teilchen seiner Umgebung Arbeit zu leisten. Sie ist gegeben durch das Produkt aus Masse, Höhe über dem Meeresniveau und der Schwerebeschleunigung der Erde. Die p. E. eines Teilchens ist gleich der Arbeit, die geleistet werden muß, um dieses vom Meeresniveau bis auf die gegebene Höhe zu heben; das Teilchen hat dann die Fähigkeit, die gleiche Menge p.r E. wieder zu leisten, wenn es bis auf Meeresniveau absinkt.
Bei einer vertikalen Luftsäule steht die Summe der in ihr enthaltenen p.n E. in Zusammenhang mit der inneren Energie. Nimmt nämlich die innere Energie zu, so heben sich wegen der temperaturabhängigen Ausdehnung der Luft die Druckflächen und der Schwerpunkt der gesamten Luftsäule. Damit nimmt proportional auch die p. E. zu. Man faßt deshalb, wenn eine vertikale Luftsäule betrachtet wird, oft beide Energiearten zusammen und bezeichnet die Summe als **totale potentielle Energie.**

potentielle Feuchttemperatur [Syn.: feuchtpotentielle Temperatur]: diejenige Temperatur, die eine Luftmenge annimmt, nachdem sie, ausgehend von der ↑ Feuchttemperatur, feuchtadiabatisch auf einen Druck von 1 000 hPa gebracht wurde.

potentielle Labilität ↑ Labilität.

potentielle Temperatur: die Temperatur Θ, die ein Luftquantum annimmt, nachdem es trockenadiabatisch auf den Druck $p_o = 1\,000$ hPa gebracht wurde:

$$\Theta = T\left(\frac{p_o}{p}\right)^{R_L/c_p}$$

(R_L = individuelle Gaskonstante der Luft, c_p = spezifische Wärme bei konstantem Druck).

potentielle Verdunstung: die unter den klimatischen Gegebenheiten maximal mögliche Verdunstung von einer Oberfläche, unabhängig davon, ob die erforderliche Wassermenge zur Verfügung steht oder nicht.
Die p. V. ist in den heißen Trockengebieten der Erde sehr groß; im Gegensatz zur ↑ aktuellen Verdunstung.

potentielle Vorticity [vɔr'tɪsɪti]: die durch die Schichtdicke eines Luftpaketes dividierte ↑ absolute Vorticity. Bei adiabatischen, also zwischen zwei isentropen Flächen vor sich gehenden Verlagerungen eines Luftpaketes bleibt die p. V. konstant. Bei einer Änderung der Schichtdicke durch Schrumpfung oder Streckung tritt deshalb eine proportionale Änderung der absoluten Vorticity ein. Dies hat Bedeutung bei der Überströmung von Hindernissen oder Gebirgen. Kommt es dabei über dem Gebirge zu einer Beschleunigung der Strömung und zu vertikaler Schrumpfung des Luftpaketes, so nimmt die absolute Vorticity ebenfalls ab. Daher schwächt sich ein ein Gebirge überquerender Wirbel (bzw. ein Tiefdruckgebiet) ab; er verstärkt sich erneut, wenn im Lee wieder eine Streckung des Luftpaketes erfolgt.

PPI-Abbildung [pe:pe:''i:... ‖ PPI ist Abk. für engl. **p**lan **p**osition **i**ndicator =

zweidimensionaler Positionsanzeiger]: gebräuchlichste Form der Darstellung von Radarechos auf dem Bildschirm des Wetterradars. Bei der PPI-A. rotiert (im Gegensatz zur ↑RHI-Abbildung) die Radarantenne mehrmals in der Minute um eine vertikale Achse.
Die PPI-A. vermittelt eine Darstellung von Niederschlagsfeldern in Landkartenform. Indem man markante geographische Objekte wie Flüsse, Berge oder Ortschaften im entsprechenden Maßstab von einer Landkarte auf eine durchsichtige Plexiglasscheibe, die den Durchmesser der Bildröhre hat, überträgt und diese dann auf die Bildröhre legt, wird die PPI-A. leichter lesbar. Die Radarechos werden bei der PPI-A. synchron mit der Antennenumdrehung aufgezeichnet.
Der Bildschirm besitzt eine hohe Nachleuchtdauer, wodurch der Eindruck eines geschlossenen Bildes entsteht. Durch elektronische Einblendung von Entfernungsringen in das Radarschirmbild wird die Ortung der Echos erleichtert.
Der größte einstellbare Entfernungsbereich beträgt bei den gebräuchlichen Wetterradargeräten etwa 460 km.

präfrontale Aufheiterung [zu lat. prae = vor und ↑Front]: die häufig vor der Annäherung von Fronten (hpts. Kaltfronten und Okklusionen) durch Strömungsdivergenz und Absinken einsetzende Auflösung tiefer Wolkenschichten; kann im Winter oft zu vorübergehender Frostverschärfung führen.

Prandtl-Rohr [...təl... ‖ nach L. Prandtl ‖ Syn.: Prandtl-Staurohr]: zylindrische Strömungssonde zur Messung des ↑Staudrucks; heute in den meisten ↑Böenschreibern verwendet.

Prandtl-Schicht [...təl... ‖ nach L. Prandtl ‖ Syn.: bodennahe Grenzschicht]: die unterste, der laminaren Bodenschicht aufliegende Schicht der ↑atmosphärischen Grenzschicht. Ihre Höhe beträgt nur etwa 10% der atmosphärischen Grenzschicht (im Mittel etwa 100 m). Gekennzeichnet ist sie durch eine gleichbleibende Richtung des (zeitlich gemittelten) Windes, durch eine von der Höhe unabhängige Schubspannung und ebenso durch höhenunabhängige vertikale turbulente Transporte von fühlbarer und latenter Wärme.
An der Obergrenze der P.-Sch. herrschen bereits Windgeschwindigkeiten von 70–80% der Geschwindigkeiten an der Obergrenze der atmosphärischen Grenzschicht.

Precipitable water, das [prɪˈsɪpɪtəbl ˈwɔːtə ‖ engl.]: svw. ↑ausfällbares Wasser.

Precipitation Enhancement Project, das [prɪsɪpɪˈtɛɪʃən ɪnˈhɑːnsmənt ˈprɔdʒɛkt]: svw. ↑PEP.

Predicted mean vote , der oder das [prɪˈdɪktəd ˈmiːn ˈvoʊt ‖ engl. = vorhergesagter Mittelwert]: mittlere Einschätzung des thermischen Wirkungskomplexes auf einer psychophysischen Skala für ein größeres Kollektiv von Personen. Basis ist die sog. **Behaglichkeitsgleichung** des dänischen Ingenieurs P. O. Fanger (↑auch Wärmebilanz), die die Bedingungen der Wärmeabgabe (Temperatur, Feuchte, Windgeschwindigkeit, kurz- und langwellige Strahlung) unter Berücksichtigung der Wärmeisolation durch Bekleidung mit der inneren Wärmeproduktion des Menschen verknüpft. – ↑auch Klimamichelmodell.

Preußisches Meteorologisches Institut: auf Anregung Alexander von Humboldts 1847 gegründetes staatliches Institut, das in Preußen ein ausgedehntes klimatologisches Beobachtungsnetz organisierte und als Zentrale die Messungen auswertete. Durch seine wiss. Arbeiten wurde es eine anerkannte Forschungsstelle der Meteorologie in Deutschland. Das klimatologische Beobachtungsnetz wurde 1934 vom Reichswetterdienst übernommen und das Institut als wiss. Einrichtung der Universität Berlin angegliedert.

Prevailing westerlies, die (Mehrz.) [prɪˈvɛɪlɪŋ ˈwɛstəlɪz ‖ ohne Einz. ‖ engl. = vorherrschende Westwinde]: svw. ↑brave Westwinde.

primäre Druckwelle: ältere Bez. für eine dynamisch bedingte ↑Luftdruckänderung, die von Konvergenzen oder Divergenzen in höheren Schichten verursacht wird.

primäre Luftdruckänderung ↑Luftdruckänderung.

primitive Gleichungen [von lat. primitivus = der erste in seiner Art]: die hydrodynamischen Bewegungsgleichungen in ihrer ursprünglichen Form. Sie beschreiben nicht nur die meteorologisch interessanten Prozesse in der Atmosphäre wie die Entwicklung und Verlagerung von Luftdruck- und Windsystemen (Tiefdruck- und Hochdruckgebieten), sondern auch den sog. ↑meteorologischen Lärm. Die zu diesem gehörenden Schall- und Schwerewellen können die meteorologischen Prozesse überdekken.

Numerische Modelle, die die p.n G. enthalten, nennt man **ungefilterte Modelle** (**PE-Modelle;** PE = Abk. für engl. primitive equations = primitive Gleichungen). Bei ihrer Anwendung muß mit geeigneten mathematischen Verfahren der meteorologische Lärm in engen Grenzen gehalten werden (↑Initialisierung).

Wegen der Schwierigkeit des Lösungsverfahrens wurden in den ersten ein bis zwei Jahrzehnten der numerischen Wettervorhersage nur ↑gefilterte Modelle verwendet. Die Integration eines ungefilterten Modells mit den p.n G., die nur in sehr kleinen Zeitschritten in der Größenordnung von etwa 5 Minuten möglich ist, gelang weltweit um 1960 zum ersten Mal K. H. Hinkelmann mit einer Forschungsgruppe im Deutschen Wetterdienst.

Prognose, die [von griech. prógnōsis = das Vorherwissen ‖ Abl.: prognostisch]: mit wiss. Mitteln erarbeitete Voraussage von zukünftigen Entwicklungen und Zuständen. Für die P. des Wetters hat sich überwiegend die Bez. ↑Wettervorhersage eingebürgert.

Prognosengüte: zusammenfassende Bez. für Qualität, Zuverlässigkeit und Wert einer Prognose, meist angegeben als mittlere Trefferquote in Prozent.

Die P. festzustellen, ist Aufgabe der ↑Prognosenprüfung. Die P. kann sehr unterschiedlich beurteilt werden. So sind für verschiedene Nutzer aufgrund der jeweiligen Interessenlage die einzelnen Angaben einer Prognose nicht gleichwertig. Für den Seemann steht der Wind, für den Landwirt der Niederschlag, für manche Transportunternehmer die Temperatur, für den Urlauber vielleicht der Sonnenschein im Vordergrund des Interesses. Allgemeingültige Maßstäbe für die Beurteilung der P. gibt es daher nicht.

Prognosenprüfung [Syn.: Vorhersageprüfung]: die Ermittlung der ↑Prognosengüte durch systematische Vergleiche von vorhergesagtem mit eingetretenem Wetter.

Da Wettervorhersagen im allg. keine Alternativaussagen, sondern graduell abgestufte Angaben zu jedem einzelnen Wetterelement enthalten, kann eine P. nicht sinnvoll durch eine Reihe von Ja-Nein-Entscheidungen durchgeführt werden. Vielmehr ist die Aufstellung eines Prüfungsschemas erforderlich, in dem die Gewichte für jedes Wetterelement und innerhalb jedes Elements ein Bewertungsschema für die quantitative Bewertung von Abweichungen vom eingetroffenen Wert in geeigneten Klasseneinteilungen enthalten sein müssen. Hierbei ist eine Klasseneinteilung bei solchen Elementen, die nicht (wie Temperaturen) Zahlenangaben enthalten, besonders problematisch, insbes. beim Niederschlag und bei der Bewölkung. Jedes Ergebnis einer P. ist daher stark abhängig vom verwendeten Prüfungsschema. Angaben wie 85 oder 90 Trefferprozente in den Wettervorhersagen sind nur in Verbindung mit dem verwendeten Prüfungsschema aussagekräftig.

Eindeutiger und objektiver ist die P. für Vorhersagekarten durchzuführen, da hier die vorhergesagten und eingetroffenen meteorologischen Felder in Zahlenform vorliegen. Hierzu wurden eine Reihe von Maßzahlen definiert, die einen exakten Vergleich der Gitterpunktwerte ermöglichen. Als Maßzahlen werden u. a. verwendet: der Korrelationskoeffizient zwischen vorhergesagten und eingetretenen Änderungen; der mittlere (quadratische) Fehler der Änderungen oder der mittlere Fehler des geostrophischen Windes, meist bezogen auf den mittleren beobachteten Wind (auch als relativer Windfehler bezeichnet).

prognostische Gleichungen [zu ↑Prognose]: diejenigen Gleichungen des Gleichungssystems für die ↑numerische

Wettervorhersage, die mit Hilfe des in ihnen enthaltenen zeitlichen Differentialquotienten einen Zeitschritt in die Zukunft zu berechnen gestatten, wie z. B. die hydrodynamischen Bewegungsgleichungen. Die nicht durch p. G. zu ermittelnden Parameter werden dann mit ↑diagnostischen Gleichungen, in denen keine zeitlichen Änderungen auftreten, berechnet. Die Lösung des Gleichungssystems zerfällt deshalb pro Zeitschritt in einen prognostischen und einen diagnostischen Teil.

Protonosphäre, die [Kurzbildung aus Proton (zu griech. prōtos = erster) und ↑Atmosphäre]: der äußerste Teil der Atmosphäre, der überwiegend aus Protonen (Wasserstoffkernen) besteht.
Die P. beginnt in einer Höhe von etwa 1 000 km. Wegen der Entmischung der Atmosphäre oberhalb etwa 120 km (↑Heterosphäre) nimmt der Anteil des leichtesten Gases, des Wasserstoffs, mit der Höhe immer mehr zu. Im Bereich der P. wird er schließlich durch die solare Strahlung weitgehend ionisiert.

Protuberanzen, die (Mehrz.) [Einz.: die Protuberanz ‖ zu spätlat. protuberare = anschwellen, hervortreten]: über die Chromosphäre der Sonne (Übergangsschicht zwischen Photosphäre und Sonnenkorona) hinausragende glühende Gasmassen, die bei Sonnenfinsternissen am Sonnenrand sichtbar sind. – ↑auch Sonneneruptionen, ↑Sonnenfleckenperiode.

Proxydaten [engl. proxy = Stellvertretung, Ersatz]: im Zusammenhang mit der Sammlung und Aufbereitung von Daten zur Erforschung von Klimaschwankungen, insbes. im Rahmen des Weltklimadatenprogramms (↑Weltklimaprogramm), erst vor wenigen Jahren geprägter Sammelbegriff. Im Gegensatz zu direkt instrumentell gemessenen und visuell beobachteten Datenreihen von Klimaelementen handelt es sich bei P. um indirekt gewonnene Daten und Informationen über Klimaereignisse und -schwankungen, zum Teil mittels physikalischer Meßverfahren (Sauerstoffisotopenverfahren, Radiocarbonmethode). Die wichtigsten P., auch als **Daten indirekter Klimazeugen** bezeichnet, sind: Baumringe, Gletscherbewegungen, Meeresspiegelschwankungen, Eis- und Tiefseebohrkerne, Bändertone, Binnenseesedimente, Pflanzenpollen, Veränderungen an den Küstenlinien der Ozeane sowie historische Aufzeichnungen über Hochwasser, strenge Winter, Mißernten und Weinqualität.
Zwar sind P. wegen ihrer verminderten klimatologischen Aussagekraft und aufgrund der Problematik ihrer zeitlichen Zuordnung den auf direkter Messung beruhenden Datenreihen unterlegen, sie haben jedoch die Kenntnisse über vergangene Klimate erheblich erweitert.

Prozentgrenze [Schreibvariante: %-Grenze]: statistisches Verteilungsmaß; die **k-P.** ist derjenige Merkmalswert auf der Abszisse einer Summenhäufigkeitsverteilung eines meteorologischen Elements, der von k % aller Werte eines Datenkollektivs (↑Zeitreihe) unter- bzw. von 100 – k % überschritten wird.
Graphisch läßt sich jede P. mit zumeist hinreichender Genauigkeit ermitteln, indem man in der Summenhäufigkeitskurve in der Höhe des gewünschten (auf der Ordinate aufgetragenen) %-Anteils eine waagrechte Hilfslinie zieht. Durch senkrechte Projektion des Schnittpunkts dieser Hilfslinie mit der Summenhäufigkeitskurve auf die Abszisse läßt sich dort unmittelbar die P. ablesen.
Statistisch herausgehobene P.n sind z. B.: der **Median** (50-%-Grenze), das **erste** (oder **untere**) **Dezil** (10-%-Grenze); das **erste** (oder **untere**) **Quartil** (25-%-Grenze); das **zweite** (oder **obere**) **Quartil** (75-%-Grenze).
Statistiken über P.n, z. B. der Lufttemperatur oder des Äquivalentwindes, finden häufig Eingang in flugklimatologische Gutachten.

pseudo- [zu griech. pseúdein = belügen, täuschen]: in Zus. mit der Bed. „falsch; scheinbar, vorgetäuscht; unecht"; z. B. Pseudobeobachtung.

Pseudoadiabate, die [↑pseudo]: Kurve in einem Druck-Temperatur-Diagramm, die den Zustand eines kondensierend aufsteigenden Luftquantums angibt, wobei die Kondensationswärme größtenteils im Luftquantum verbleibt und das kondensierte Wasser ausfällt. Die P. wird in der Praxis der ↑Feuchtadiabate gleichgesetzt. – ↑auch pseudopotentielle Temperatur.

pseudoadiabatische Zustandsänderung: irreversibler Kondensationsprozeß in der Atmosphäre, bei dem bei Druckabnahme eines aufsteigenden feuchtegesättigten Luftquantums die durch Kondensation des Wasserdampfs frei gewordene Wärme im Luftquantum verbleibt, das kondensierende Wasser aber sofort ausfällt. Beim Absteigen ins Ausgangsniveau wird keine Verdunstungswärme benötigt, so daß sich das Luftquantum unter höherem Druck trockenadiabatisch erwärmt. Seine Wasserdampfmenge ist daher geringer und seine Temperatur höher als zu Beginn des Prozesses.

Pseudobeobachtung [↑pseudo-]: unechte Beobachtung, d.h. ein Wert, der als Ersatz für eine wirkliche Beobachtung angesehen wird. P.en werden bei der ↑Korrektionsmethode der numerischen Analyse verwendet, wenn die Zahl der echten Beobachtungen in datenarmen Gebieten für die Durchführung des Analysenverfahrens nicht ausreicht. Es werden dann Gitterpunktwerte, die nur vorläufig korrigiert worden sind, als P.en benutzt.

pseudopotentielle Temperatur [↑pseudo-]: die Temperatur einer Luftmenge, die diese annimmt, wenn sie vom Kondensationsniveau, zu dem sie zunächst trockenadiabatisch gehoben wurde, feuchtadiabatisch aufsteigt, bis der gesamte in ihr enthaltene Wasserdampf kondensiert und ausgefallen ist, und schließlich wieder trockenadiabatisch auf einen Druck von 1 000 hPa absinkt.

Psychrometer, das [griech. psychrós = kalt, frostig, kühl und ↑-meter]: meteorologisches Instrument zur Bestimmung der relativen Luftfeuchte aus der psychrometrischen Differenz (s. u.).

Hauptbestandteile des P.s sind das trockene und das feuchte Thermometer. Letzteres gibt aufgrund der Verdunstung Wärmeenergie ab, die zu seiner Abkühlung führt.

Der Temperaturunterschied zwischen trockenem und feuchtem Thermometer **(psychrometrische Differenz)** ist ein Maß für die relative Luftfeuchte (je kleiner die Differenz, desto feuchter die Luft). Zur Beschleunigung des Ausgleichsvorgangs zwischen Wärmeabgabe durch Verdunstung und Wärmezufuhr aus der Luft wird mit einem Aspirator ein gleichmäßiger Ventilationsstrom erzeugt.

Das bekannteste, auch heute noch als Standardinstrument geltende P. ist das ↑Aßmann-Aspirationspsychrometer. – ↑auch Schleuderpsychrometer.

Psychrometerformel [Syn.: Sprung-Formel]: von A. F. W. Sprung entwickelte Formel zur Berechnung des Dampfdrucks e aus der in K angegebenen psychrometrischen Differenz $t - t'$, dem Sättigungsdampfdruck E' (bezogen auf die Temperatur t' des feuchten Thermometers) und dem Luftdruck p in Stationshöhe:

$$e = E' - C \cdot p \cdot (t - t'),$$

wobei C einen von der Ventilationsgeschwindigkeit abhängigen Psychrometerkoeffizienten darstellt.

Psychrometertafel: Tabellensammlung zum Aufsuchen von bestimmten Zahlenwerten der am häufigsten benötigten Feuchtemeßgrößen. Die P. besteht größtenteils aus einer auf der ↑Psychrometerformel basierenden Tabelle zur Ablesung der Zahlenwerte für relative Luftfeuchte und Taupunkttemperatur aufgrund der entsprechenden, mit dem trockenen (Lufttemperatur) und dem feuchten (Feuchttemperatur) Thermometer gemessenen Eingangsgrößen. Eine auf jeder Tabellenseite angebrachte Randleiste enthält für jeden Taupunktwert den zugehörigen Dampfdruck. Zur Vermeidung von Ablesefehlern ist beim Gebrauch der P. darauf zu achten, ob am Gefäß des feuchten Thermometers Wasser oder Eis vorhanden ist; entsprechend bestehen die den Dampfdruck enthaltenden Tabellen der P. aus zwei verschiedenen Teilen: „über Wasser" und „über Eis".

Eine weitere, nach der ↑Magnus-Formel berechnete Tabelle gestattet die Ablesung des Sättigungsdampfdrucks aufgrund eines vorgegebenen Wertes der

Lufttemperatur. Ferner sind in der P. Tabellen zur Ablesung der absoluten Luftfeuchte, des Taupunkts (aus Lufttemperatur und relativer Feuchte), der relativen Luftfeuchte (aus Lufttemperatur und Taupunkt), des Mischungsverhältnisses (aus Taupunkt und Luftdruck), der spezifischen Luftfeuchte, der Äquivalenttemperatur (aus Lufttemperatur und relativer Luftfeuchte) und des Sättigungsdefizits enthalten. Zu berücksichtigen ist auch die in einer Tabelle niedergelegte Abweichung des Luftdrucks vom Standardluftdruck 1 013.25 hPa, die bei der Bestimmung des Taupunkts und der relativen Luftfeuchte zum Tragen kommt.

psychrometrische Differenz ↑Psychrometer.

p-System: Bez. für die Vertikalstruktur in ↑numerischen Modellen und in Gleichungssystemen, wenn als Vertikalkoordinate der Luftdruck (p) verwendet wird. Da die atmosphärischen Variablen (Temperatur, Feuchte, Wind) von den aerologischen Messungen in Abhängigkeit vom Luftdruck geliefert und bei der Analyse in Flächen gleichen Luftdrucks dargestellt werden, entspricht das p-S. direkt der üblichen synoptischen Arbeitsweise. Schwierigkeiten treten dabei jedoch in den untersten Schichten auf, da z. B. die 1 000-hPa-Fläche die Erdoberfläche vielfach schneidet, so daß die numerische Behandlung der Massenflüsse an der Erdoberfläche sehr kompliziert wird. Abhilfe kann die Verwendung des ↑Sigmasystems schaffen, bei dem die unterste Fläche mit der Erdoberfläche zusammenfällt.

Puelche, der ['puɛltʃe ‖ span.]: warmer Fallwind an der W-Abdachung der chilenischen Anden.

Pulverschnee [Syn.: Lockerschnee]: trockener, großflockiger Schnee, der bei tiefen Temperaturen (meist −2 °C bis −10 °C) und ruhigem Wetter fällt. Es baut sich davon eine luftreiche, lockere Schneedecke auf, die sich jedoch bald setzt und umwandelt (Diagenese).

Punktgitter: svw. ↑Gitternetz.

Purpurlicht [Syn.: Purpurdämmerung]: Dämmerungserscheinung, die bei Sonnenständen zwischen 2° und 6° unter dem Horizont (d. h. 10 bis 50 Minuten nach Sonnenuntergang) zu sehen ist. Das **Haupt-P.** ist bei einer Sonnentiefe von 4° voll entwickelt; sein intensivstes Leuchten ist zwischen 15° und 20° über dem Sonnenhorizont zu beobachten. Ein sekundäres P. **(Nacht-P.)** ist bei günstigen Beobachtungsverhältnissen etwa 1 bis 2 Stunden nach Sonnenuntergang zu sehen.
Man vermutet, daß das P. seine Entstehung einer stark getrübten Schicht in 20 bis 25 km Höhe verdankt, der ↑stratosphärischen Aerosolschicht. Intensive P.er treten v. a. nach größeren Vulkanausbrüchen auf. – ↑auch Alpenglühen.

Pyranometer, das [griech. pȳr = Feuer, griech. ánō = oben, oberhalb und ↑-meter]: Bez. für meteorologische Instrumente zur Messung der Sonnen- und der diffusen Himmelsstrahlung. Die Auffangflächen für die Strahlung (Strahlungsempfänger) sind horizontal gelagert und durch eine Glaskuppel gegen den Einfluß von Wind und langwelliger Strahlung abgeschirmt.
P. messen die Temperaturdifferenz zwischen geschwärzten Lamellen unterschiedlicher Wärmekapazität oder unterschiedlichen Absorptionsvermögens. Die eine Lamelle wird so lange geheizt, bis ihre Temperaturdifferenz zur anderen Lamelle verschwindet. Die Strahlungsintensität ist dann dem Quadrat der Stromstärke des Heizstroms proportional. Eine andere Meßmethode beruht auf der Messung der Stromstärke des Thermostroms, der durch die Bestrahlung der Lamellen entsteht.
Soll nur die diffuse Himmelsstrahlung gemessen werden, wird das P. mit einem Schattenring ausgerüstet, der die Meßfläche den ganzen Tag über vor der direkten Sonnenstrahlung schützt.
Unter den P.typen ist das von W. J. H. Moll und W. Gorczynski entwickelte, mit ↑Solarimeter bezeichnete Instrument zur Messung der Globalstrahlung das bekannteste.

Pyrgeometer, das [griech. pȳr = Feuer, ↑geo- und ↑-meter]: Bez. für meteorologische Instrumente zur Messung der langwelligen Ausstrahlung des Erdbodens. P. sind im allg. mit Auffangflächen (Strahlungsempfänger) unterschiedlichen Absorptionsvermögens ausgestattet, z. B. mit zwei schwarzen und zwei blanken Lamellen. Überwiegt die Ausstrahlung die Einstrahlung, so kühlen sich die schwarzen Lamellen stärker ab. Durch anschließende Heizung der schwarzen Lamellen wird wieder Temperaturgleichheit mit den blanken Lamellen hergestellt. Die Stärke des Heizstroms ist ein Maß für die effektive Ausstrahlung.

Pyrheliometer, das [py:rh... ‖ griech. pỹr = Feuer, griech. hḗlios = Sonne und ↑-meter]: Name von Absolutinstrumenten zur Messung der Energie der direkten Sonnenstrahlung bzw. der Solarkonstanten. Als Meßfühler dienen mattschwarze Flächen, die die einfallende Strahlung absorbieren und sich dadurch erwärmen. Die Temperaturerhöhung wird mit einer Serie von Thermoelementen gemessen, deren Ausgangsspannung registriert wird. Die Meßfühler der P. liegen im allg. am Ende eines langen Tubus mit mehreren Blenden, die gewährleisten, daß nur die Strahlung aus der Sonnenrichtung empfangen wird. P. müssen manuell auf die Sonne eingerichtet oder automatisch nachgeführt werden.

Kompensations-P. bedienen sich einer im wesentlichen aus Nullgalvanometer, Regelwiderstand und Amperemeter bestehenden elektrischen Kompensationsschaltung (↑Ångström-Kompensationspyrheliometer).

Spezielle P. sind das ↑Wasserflußpyrheliometer und das ↑Wasserwirbelpyrheliometer.

Pyrometer, das [griech. pỹr = Feuer und ↑-meter]: Gerät zur Temperaturmessung eines Gegenstandes mit Hilfe der von diesem ausgesandten Temperaturstrahlung (↑Strahlungspyrometer).

Pyrometrie, die [griech. pỹr = Feuer und ↑-metrie]: Verfahren der berührungsfreien Messung von Oberflächentemperaturen glühender Körper und Stoffe. Meßinstrumente sind die ↑Strahlungspyrometer.

Pyrradiometer, das [griech. pỹr = Feuer, ↑radio- und ↑-meter]: Instrument zur Messung der gesamten solaren und terrestrischen Wärmestrahlung. Das P. ist dem ↑Pyranometer vergleichbar, besitzt aber statt der Glaskuppel eine für kurz- und langwellige Strahlung durchlässige Polyäthylenhaube.

Eine Kombination aus einem nach oben und einem nach unten gerichteten P. liefert einen Strahlungsbilanzmesser.

Q

QBO, die [ku:be:ˈo:]: Abk. für engl. **Quasi-biennial-oscillation** (dt. = quasizweijährige Schwingung); die annähernd zweijährige Welle des zonalen Windes in der Stratosphäre in äquatorialen Breiten. Die Welle, die im Mittel eine Länge von 26 Monaten hat, ist nicht ganz symmetrisch; sie weist schwächere und kürzere Westwindphasen als Ostwindphasen auf. Das Maximum der Welle liegt in etwa 24 km Höhe. Sie verschwindet in Tropopausenhöhe. Mit zunehmender Breite nimmt sie rasch ab. Die QBO wird auf solare Ursachen zurückgeführt. Sie steht in Verbindung mit der mittleren heliographischen Breite der Sonnenflecken. Neuere Untersuchungen belegen, daß sich die QBO auch außerhalb der Tropen auswirkt. So wurden Zusammenhänge mit Zirkulationsschwankungen bis in Höhen über 30 km und auch mit Temperaturschwankungen in der gesamten Troposphäre und Stratosphäre festgestellt. Selbst das Auftreten des ↑Berliner Phänomens wird von der Phase der QBO beeinflußt.

Q-Code [Syn.: Q-Gruppen]: im *Flugfunk* für die Übermittlung immer wiederkehrender Fragen und Antworten eingeführter Buchstabenschlüssel, der mit dem Morsezeichen für den Buchstaben Q beginnt, dem zwei weitere Buch-

staben folgen; z. B. werden angefordert und beantwortet mit:
QFE: der gegenwärtige, im Flugplatzniveau herrschende Luftdruck;
QFF: der nach der aktuellen Temperatur auf Meeresniveau reduzierte Luftdruck;
QNE: die Höhe eines Flugplatzes, die der Höhenmesser (eingestellt auf einen Druck im Meeresniveau von 1013,2 hPa) auf der Piste anzeigen wird;
QNH: die Angabe der gegenwärtigen Höhenmessereinstellung (Luftdruck nach der ICAO-Standardatmosphäre auf Meeresniveau reduziert);
QNT: die maximale Windgeschwindigkeit in den Böen an der Erdoberfläche.

Qualitätskontrolle: die Gesamtheit der überwiegend maschinellen Verfahren zur Fehlererkennung (im wesentlichen Beobachtungs-, Meß-, Erfassungs- und Übertragungsfehler) und Fehlerbeseitigung in meteorologischen Daten. – ↑auch Datenprüfung.

quantitative Niederschlagsvorhersage: die Vorhersage der Menge des Niederschlags (in mm Niederschlagshöhe). Wegen zu großer Schwierigkeiten war eine qu. N. mit synoptischen Mitteln nicht möglich. Erst durch den fortgeschrittenen Ausbau von numerischen Vorhersagemodellen konnte über die Berechnung der Vertikalbewegungen, der vertikalen Schichtung und des ausfällbaren Wassers eine qu. N. in Angriff genommen werden. Die bisherigen Ergebnisse zeigen befriedigende Resultate für (stabile) Flächenniederschläge, weniger gute Resultate für Labilitätsniederschläge, da hier die Zufallskomponente eine größere Rolle spielt.

quasi- [lat. quasi = als wenn, gleichsam]: in Zus. mit der Bed. „so gut wie, ähnlich"; z. B. quasistationär.

Quasi-biennial-oscillation, die ['kwɛɪzaɪbaɪ'ɛnɪəlɔsɪ'lɛɪʃən]: svw. ↑QBO.

Quasi-real-time-Verfahren ['kwɑːzɪ'riːəltaɪm... ‖ engl. quasi-real time = quasiechte Zeit]: Verfahren, das sich einem **Real-time-Verfahren** (Echtzeitverfahren mit sofortiger Erledigung der Aufgaben) soweit wie möglich annähert.
Als Q.-r.-t.-V. wird oft die automatisierte Datenverarbeitung für den synoptischen Betriebsdienst bezeichnet. Alle Arbeitsgänge vom Dateneingang bis zur Herstellung der Vorhersagekarten sollen dabei unverzüglich, in kurzer Zeit und möglichst ohne menschliche Eingriffe vollautomatisch erledigt werden. Da aber manche Arbeitsgänge an feste Termine gebunden sind und nur in gewissen Zeitabständen sinnvoll durchgeführt werden können (z. B. Vorhersagerechnungen nur alle 12 Stunden), gilt das Verfahren nicht als Echtzeitbetrieb.

quasistationäre Druckgebilde [↑quasi-]: oft auch vereinfachend als **stationäre Druckgebilde** bezeichnete Tief- und Hochdruckgebiete, die ihre geographische Lage und Intensität nur wenig ändern und eine große Ausdehnung besitzen. Sie werden auch **Zentraltief (Zentralzyklone, Mutterzyklone)** bzw. **Zentralhoch** genannt. Randstörungen bzw. Druckänderungsgebiete steuern sie um ihr Zentrum und bestimmen meist für mehrere Tage (bis zu zwei Wochen) die Witterung größerer Gebiete.
Typisch für qu. D. sind die Hochdruckgebiete der Subtropen und in mittleren Breiten blockierende Hochs bzw. das Islandtief.

quasistationäre Front [↑quasi-]: Front, die ihre Lage nicht oder nur unwesentlich verändert. An einer wirklich stationären Front, an der die ↑Gleichgewichtsbedingungen für Grenzflächen nach M. Margules gelten würden, dürften theoretisch nur frontparallele und keine frontsenkrechten Bewegungskomponenten und damit auch kein Aufgleiten und keine Wettererscheinungen auftreten. Tatsächlich sind diese Gleichgewichtsbedingungen in der Natur meist nicht erfüllt, und es kommt auch an ortsfesten Fronten meist zu Aufgleitvorgängen, starker Bewölkung und Niederschlägen; nicht selten bilden sich an ihnen flache Wellenstörungen, die ihre Wetterwirksamkeit verstärken. Zur Unterscheidung von idealen stationären Fronten bezeichnet man sie deshalb als quasistationäre Fronten.

quasistatische Prozesse [↑quasi-]: so langsam ablaufende Vorgänge, daß das statische Gleichgewicht nicht merklich gestört wird, daß also etwa auftre-

tende vertikale Beschleunigungen so klein sind, daß sie vernachlässigt werden können.
In den üblichen numerischen Modellen zur Wettervorhersage werden die Vorgänge in der Atmosphäre als qu. P. behandelt. – ↑auch hydrostatische Approximation.

quasizweijährige Schwingung [↑quasi-]: svw. Quasi-biennial-oscillation (↑QBO).

Quecksilberbarometer: Instrument zur Luftdruckmessung; ein ↑Flüssigkeitsbarometer mit Quecksilber als Barometerflüssigkeit; die Wirkungsweise beruht darauf, daß der auf der Quecksilberoberfläche im Barometergefäß lastende atmosphärische Luftdruck bei Druckanstieg bzw. Druckfall zu einem Ansteigen bzw. Absinken der Quecksilbersäule führt. Die Länge der Quecksilbersäule hängt von Temperatur und Schwerebeschleunigung am jeweiligen Ort ab. Die gemessene Länge muß deshalb auf Normaltemperatur 0 °C und Normalschwere in Meeresniveau bei 45° Breite (↑Schwerekorrektion) reduziert werden. Bei ↑Normaldruck steht das Quecksilber in der Säule 760 mm hoch. Die verschiedenen Typen des Qu.s sind das ↑Fortin-Barometer, das ↑Gefäßbarometer, das ↑Gefäßheberbarometer und das ↑Heberbarometer.

Quecksilberthermometer: Instrument zur Messung der Temperatur, insbes. der Lufttemperatur. Wie alle ↑Flüssigkeitsthermometer setzt es sich aus Thermometergefäß, Kapillare, Temperaturskala, durchsichtigem Hüllrohr und Meßflüssigkeit (chemisch reines und gasfreies Quecksilber) zusammen. Das Meßprinzip basiert auf der temperaturabhängigen Längenausdehnung des Quecksilberfadens.
Der normale Meßbereich des Qu.s liegt zwischen + 200 °C und – 30 °C. Zur Erweiterung des Meßbereichs nach unten, auf etwa – 60 °C, kann dem Quecksilber Thallium zugesetzt werden.
Zu den Qu.n gehören die normalen Stationsthermometer, die Maximumthermometer und die konventionellen Erdbodenthermometer.

Quellen: Bez. für Entstehungsorte bzw. Herkunftsgebiete, Medien u. ä., von denen atmosphärische Spurenstoffe freigesetzt werden und von dort in die Luft gelangen.
Man unterscheidet **natürliche Qu.** wie Boden (Verwitterung), Vulkane, Wasser (Seesalz) und Vegetation (z. B. Waldbrände) sowie **anthropogene Qu.** wie Industrieanlagen, Kraftwerke, private Heizungsanlagen, Kraftfahrzeuge, Abfalllagerung u. a.
Die Bindung atmosphärischer Spurenstoffe erfolgt in den ↑Senken.

Quellhöhe: die Höhe, in der Luftbeimengungen an die Atmosphäre abgegeben werden. Man unterscheidet Qu.n am Boden (durch Verkehr und Deponien) und in Schornsteinhöhe (durch Hausbrand, Gewerbe und Industrie). – ↑auch effektive Quellhöhe.

Quellwolken: Wolken mit vorwiegend vertikaler Erstreckung, deren Mächtigkeit von der Temperaturschichtung der Luft und von der frei werdenden Kondensationswärme abhängt (labile Schichtung ist mit Quellbewölkung verbunden).
Typische Qu. sind die verschiedenen Formen des ↑Cumulus und des ↑Cumulonimbus; besonders aus letzterem fallen häufig Regenschauer.

Querwind: diejenige Komponente des Windvektors, die quer zur Flug- oder Rollrichtung eines Flugzeugs auftritt.

Quotientenverfahren [zu lat. quotiens = wievielmal (eine Zahl durch eine andere teilbar ist)]: Verfahren zur Prüfung der Homogenität von Beobachtungsreihen des Niederschlags und zur Reduktion kurzer Beobachtungsreihen (z. B. 10 Jahre) auf eine Normalperiode (30 Jahre). Für jedes Einzeljahr werden Quotienten aus den jährlichen Niederschlagshöhen zweier klimatologisch vergleichbarer Stationen gebildet. Der Mittelwert dieser Quotienten dient dann als Umrechnungsfaktor zur Reduktion der kurzen Reihe auf die Normalperiode.

R

R:
◇ Einheitenzeichen für Reaumur (↑Reaumur-Skala).
◇ Einheitenzeichen für ↑Röntgen.

Radar, das [ra'da:r, 'ra:dar ‖ Abk. für amerik. **r**adio **d**etecting **a**nd **r**anging (eigtl. = Funkermittlung und -entfernungsmessung)]: mit elektromagnetischen Wellen arbeitendes Verfahren zur Ortung von Objekten. Die Primärabstrahlung (im Zentimeterwellenbereich) in Form kurzer Impulse erfolgt mittels geeigneter Antennen stark gebündelt in eine Richtung. Treffen die Impulse auf ein Hindernis, so werden sie mehr oder weniger stark reflektiert. Diese Echoimpulse werden von derselben Antenne wieder empfangen und nach entsprechender Verstärkung auf einem Bildschirm **(R.schirm)** sichtbar gemacht. Aus der Antennenstellung ergibt sich die Richtung des Objekts, aus der Laufzeit zwischen Abstrahlung und Empfang des Echos die Entfernung. – ↑auch Wetterradar.

Radarmeteorologie [ra'da:r..., 'ra:dar...]: Teilgebiet der Meteorologie, das sich mit Hilfe von Radarmessungen (↑Wetterradar) mit der Bestimmung des Höhenwindes (↑Radarwind) und der Untersuchung der Wolken- und Niederschlagsstruktur beschäftigt. Bei ihrer praktischen Anwendung stehen die Auswertung von Radarbildern hinsichtlich Entstehung, Struktur und Verlagerung von Wolken und Niederschlagszonen (Fronten) zum Zwecke der kurzfristigen Wettervorhersage sowie die flächenmäßige Bestimmung des Niederschlags (↑Radarniederschlagmessung) im Vordergrund.

Radarniederschlagsmessung [ra'da:r..., 'ra:dar...]: Bestimmung der gefallenen Niederschlagshöhe über einem Gebiet mit Hilfe eines Radargeräts (verwendete Wellenlängen 5–6 cm), d. h. durch Ortung von Niederschlagsgebieten mittels elektromagnetischer Wellen bzw. Messung des aus dem Niederschlagsgebiet zurückgestreuten Bruchteils der Sendeimpulse (Echo). Die rückgestreute Energie des Radarstrahls wird bestimmt durch Größe und Dichteverteilung der Regentropfen innerhalb des Niederschlagsgebietes; sie wird meist als **Radarreflektivitätsfaktor** bezeichnet. Dieser Faktor wird über die sog. Radargleichung aus der gemessenen Empfangsleistung berechnet. Über eine weitere Beziehung erhält man die letztlich gewünschte Niederschlagsintensität.
Die Flächenniederschlagsmessung erfordert eine Digitalisierungseinrichtung mit angeschlossenem Prozeßrechner zur Berechnung und Speicherung der Niederschlagsintensität je Flächeneinheit. Diese Daten werden mit Meßwerten repräsentativer Niederschlagsmeßstellen angeeicht.

Radarsonde [ra'da:r..., 'ra:dar... ‖ Syn.: Radiowindsonde, Rawinsonde]: an einem freifliegenden Ballon befestigte ↑Radiosonde, die mit einem Windradar angepeilt und verfolgt wird, so daß neben den von der Radiosonde gelieferten Meßgrößen auch noch der Höhenwind gemessen wird. – ↑auch Radarwind.

Radartheodolit [ra'da:r..., 'ra:dar...]: svw. ↑Radiotheodolit.

Radarverbundsystem [ra'da:r..., 'ra:dar...]: Bez. für die Zusammenschaltung von Wetterradargeräten einzelner Stationen zu einem Wetterradarnetz, das ein größeres Areal überdeckt. Die Radarbildinformationen der einzelnen Standorte werden dabei an eine Zentrale übertragen und mit Hilfe moderner Rechner- und Bilddarstellungssysteme zu einem flächendeckenden Bild **(Kompositbild)** aufbereitet und quantitativ ausgewertet. Die Ergebnisse werden über Fernmeldeleitungen regelmäßig an ausgewählte Dienststellen (Wetterämter, Flugwetterwarten u. a.) übertragen.
Das R. dient hpts. der regionalen Wetterüberwachung. Es ist ein wichtiges Hilfsmittel für die Kürzestfristprognose (bis 12 Stunden) hinsichtlich der Ent-

wicklung und Verlagerung bedrohlicher Wettererscheinungen (Starkniederschläge, Hagel) und ermöglicht die Bestimmung quantitativer Flächenniederschläge (Hochwasserwarnung).
Für die *BR Deutschland* plant der Deutsche Wetterdienst ein R., das bis 1990 realisiert werden soll. Vorgesehen sind zehn Radarstandorte (Hamburg, Hannover, Emden, Kassel, Essen, Frankfurt am Main, Trier, Nürnberg, Stuttgart, München), die z. T. bereits auf regionaler Basis eingerichtet sind, und eine Zentrale in Offenbach am Main. Die für quantitative Niederschlagsmessungen erforderlichen Stationskreise mit 100 km Radius überdecken den größten Teil der BR Deutschland. Darüber hinaus werden für qualitative Radarinformationen bis zu einem Radius von 230 km auch die Deutsche Bucht, andere Bereiche der Nordsee, Bereiche der Ostsee, Teile der Benelux-Länder und Frankreichs im W, Gebiete des Alpenraums im S sowie die Luftkorridore nach Berlin (West) erfaßt. Für den südwestdeutschen Bereich sollen die Daten des Schweizer Radarverbundes übernommen werden.

Radarwind [ra'da:r..., 'ra:dar... ‖ Abk.: RAWIN]: Bez. für Höhenwindmessungen, bei denen ein mit konstanter Geschwindigkeit von 300 m/min aufsteigender Ballon, an dem an einer Leine ein Reflektor aus einer dünnen Metallfolie befestigt ist, von einem Radargerät verfolgt wird. Die reflektierten Impulse zeigen die Abdrift des Ballons, aus der sich Windrichtung und -geschwindigkeit in den aus Entfernung und Höhenwinkel errechneten Höhen fortlaufend bestimmen lassen. R.messungen reichen durchschnittlich bis in 30 km Höhe.

radiatus [lat. = mit Strahlen versehen]: adjektivischer Zusatz zu den Namen der Wolkengattungen Cirrus, Altocumulus, Altostratus, Stratocumulus und Cumulus mit der Bedeutung „strahlenförmig“. Wolken der Unterart r. weisen breite, parallele Bänder auf oder sind in parallelen Streifen so angeordnet, daß sie infolge perspektivischer Täuschung am Horizont in einem oder in zwei gegenüberliegenden Punkten, den sog. **Radiationspunkten,** scheinbar zusammenlaufen. – ↑ auch Polarbanden, ↑ Wolkenklassifikation.

radio- [aus lat. radius = Strahl]: in Zus. mit der Bed. „Strahlen, Strahlung; Radioaktivität“; z. B. Radiometer, Radiocarbonmethode.

Radioaktivität [↑ radio-]: der ohne äußere Beeinflussung erfolgende Zerfall instabiler Atomkerne gewisser Nuklide bzw. Isotope bestimmter chemischer Elemente. Dabei wandeln sich die Kerne eines radioaktiven Nuklids allmählich in die eines anderen Nuklids um (das dann einem anderen Element angehört), indem sie einen Teil ihrer Kernmasse in Form energiereicher Teilchen emittieren.
Man unterscheidet drei *Strahlungsarten:* **Alphastrahlen** (aus zweifach positiv geladenen Heliumkernen), **Betastrahlen** (stark ionisierte Teilchenstrahlen aus schnellen Elektronen oder Positronen) und **Gammastrahlen** (äußerst kurzwellige elektromagnetische Wellenstrahlung).
Nach der *Herkunft* unterscheidet man **natürliche R.** (terrestrische Strahlung aus natürlichen radioaktiven Stoffen der Erde und kosmische Strahlung) und **künstliche R.** (durch Kernspaltung mit Kettenreaktion bei Kernwaffenversuchen, durch kontrollierte Kettenreaktion in Kernreaktoren). – ↑ auch Radioaktivitätseinheiten, ↑ Radioaktivitätsmeßnetz.

Radioaktivitätseinheiten: Sammelbez. für die den Meßgrößen der Radioaktivität zugeordneten Maßeinheiten. Die wichtigsten sind ↑ Becquerel, ↑ Curie, ↑ Rem, ↑ Röntgen und ↑ Sievert.

Radioaktivitätsmeßnetz: aufgrund des Ergänzungsgesetzes vom 8. August 1955 zum Wetterdienstgesetz beim Deutschen Wetterdienst eingerichtetes Meßnetz zur großräumigen Überwachung der Atmosphäre auf radioaktive Stoffe. An zwölf Stationen wird die langlebige Betaaktivität der bodennahen Luft und der Niederschläge gemessen, an drei dieser Stationen (+) auch die langlebige Alphaaktivität: Aachen, Berlin (West), Essen, Freiburg im Breisgau, Hannover, München (+), Norderney, Offenbach am Main (+), Regensburg, Saarbrükken, Schleswig (+) und Stuttgart. Statio-

nen in Cuxhaven, Deuselbach, Emden, Kiel, Oberstdorf und Passau sammeln zusätzlich Proben von Tagesniederschlagshöhen, die jedoch von anderen Stationen ausgewertet werden. Im Radiochemischen Laboratorium Offenbach am Main, zugleich Leitstelle für die Überwachung der Radioaktivität in der Luft, im Niederschlag und der Umgebungsstrahlung, werden bestimmte Einzelnuklide bestimmt.
Beim Überschreiten bestimmter Grenzwerte des Radioaktivitätspegels von Luft und Niederschlag tritt ein Warnplan zur Information der zuständigen Bundes- und Länderbehörden in Kraft. Für besondere Zwecke steht ein Radioaktivitätsmeßwagen zur Verfügung.

Radiocarbonmethode [zu ↑radio- und Carboneum = Kohlenstoff (zu lat. carbo = Kohle) ‖ Syn.: C-14-Methode]: Methode zur absoluten Altersbestimmung organischer Substanzen auf der Basis des radioaktiven Kohlenstoffisotops C 14; Anwendbarkeitsbereich 50 000 bis 60 000 Jahre, daher auch als paläoklimatische Datierungsmethode von Bedeutung.

Radiometeorologie [↑radio-]: spezieller Zweig der Meteorologie, der sich mit dem Einfluß der Atmosphäre auf die Ausbreitung elektromagnetischer Wellen befaßt und andererseits die elektromagnetischen Wellen zur Erforschung der Struktur der Atmosphäre benutzt (↑Radarmeteorologie).

Radiometer, das [↑radio- und ↑-meter]:
◊ Sammelbez. für Geräte zur Messung der Wärmestrahlung. Zu den R.n werden auch ↑Pyranometer und ↑Pyrheliometer gezählt.
◊ Bez. für hochauflösende Strahlungsmeßgeräte, die meist in Spezialkameras (sog. Scanner) eingebaut sind und bei Satelliten eingesetzt werden.
◊ konventionelles Gerät zur Messung von Strahlung, v.a. von Wärmestrahlung. Das R. besteht aus einem evakuierten Glasgefäß, in dem an einem Quarzfaden ein Stäbchen leicht drehbar aufgehängt ist, das ein einseitig berußtes Metall- oder Glimmerplättchen und ein Balanciergewicht (Gegengewicht) trägt. Bei Bestrahlung erwärmt sich die berußte Seite des Plättchens stärker als die blanke. Es entsteht ein Temperaturgradient, der das Stäbchen in eine Torsionsbewegung versetzt, bis sich ein Gleichgewicht zwischen den Drehkräften und der rücktreibenden Torsionskraft des Quarzfadens einstellt. Der Drehwinkel ist ein Maß für den einfallenden Strahlungsfluß.

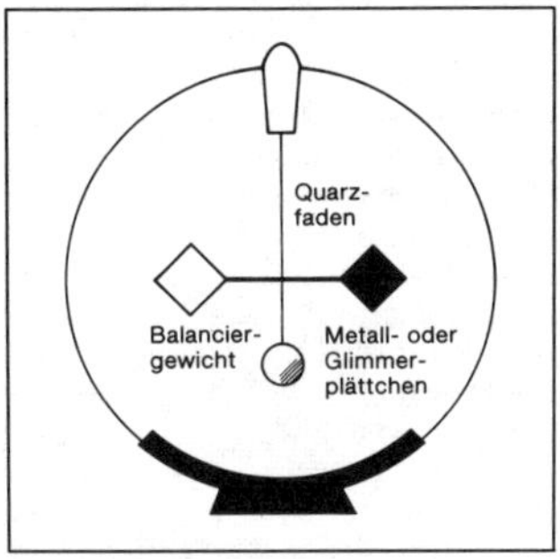

Radiometer

Radiosonde [↑radio- ‖ Syn.: Aerosonde]: wichtigstes Standardmeßgerät der ↑Aerologie zur Ermittlung meteorologischer Zustandsgrößen in der freien Atmosphäre. Die R. besteht aus einer Instrumentenkombination von Luftdruck- (Vidie-Dose), Temperatur- (Bimetallthermograph) und Feuchtemeßfühler (meist Lithiumchloridhygrometer zur Messung der relativen Luftfeuchte). Ein Kurzwellensender übermittelt die Meßergebnisse zur aerologischen Station **(R.nstation).** Instrumententräger für die R. ist ein gasgefüllter freifliegender Ballon (Startdurchmesser etwa 2 m). Durch Anpeilen der R. mit einem Windradar oder einem Radiotheodoliten wird aus der Ballondrift der Höhenwind bestimmt.
R.n steigen bis in große Höhen auf und erreichen dabei fast regelmäßig Gipfelhöhen von 30 km, unter günstigen meteorologischen Bedingungen auch von 50 km. Nachdem der Ballon geplatzt ist, fällt die R. an einem Fallschirm zu Boden. Ein **R.naufstieg** dauert im allg. etwa 1½ Stunden. Seine Ergebnisse werden

in verschlüsselter Form (↑Wetterschlüssel) über Funk oder Fernschreiber verbreitet.
Weltweit, auch in entlegenen Gebieten (z. B. in Polarregionen und Wüsten oder über Ozeanen), werden zweimal täglich (um 00 und 12 Uhr UTC) von über 700 R.nstationen Aufstiege durchgeführt.
Außer den Standard-R.n existiert eine Reihe von Spezialsonden, z. B. zur Messung der kosmischen Strahlung oder des Ozons (↑Ozonsonde). – ↑auch Abwurfsonde, ↑Windgespann.

Radiosondenaufstieg: aerologischer Aufstieg mit einer ↑Radiosonde.

Radiosondengespann: svw. ↑Windgespann.

Radiosondennetz: Meßnetz der ↑aerologischen Stationen.

Radiosturm [↑radio-]: unregelmäßige, längere Zeit andauernde Verstärkung in der Radiofrequenzstrahlung der Sonne.

Radiotheodolit [↑radio- ‖ Syn.: Radartheodolit]: zur Höhenwindmessung verwendetes elektronisches Gerät. Bei Messungen mit dem R.en wird an einem als Instrumententräger fungierenden Ballon neben der Radiosonde noch ein kleiner Radiosender mitgeführt, der ein kontinuierliches Signal aussendet, das vom R.en angepeilt wird. Ähnlich wie beim (optischen) ↑Ballontheodoliten erhält man Höhenwinkel und Azimut, aus denen der jeweilige Ballonstandort ermittelt wird. Die Stärke der Ballondrift ist ein Maß für den Höhenwind.

Radiowindsonde: svw. ↑Radarsonde.

Rainout, der ['rɛɪnaʊt ‖ engl., eigtl. = das Ausregnen]: ältere Bez. für das Auswaschen von atmosphärischen Spurenstoffen (↑Cloud-scavenging).

Raketenmeteorologie: Teilgebiet der Meteorologie, das die höheren Luftschichten (obere Stratosphäre bis zur Thermopause) mit Hilfe von Raketen (als Träger meteorologischer Instrumente) untersucht.

Raketensonde: svw. ↑Wetterrakete.

Randtief [Syn.: Randstörung, Tochterzyklone]: kleines Tiefdruckgebiet innerhalb einer ausgedehnten Zyklone, das noch von wenigstens einer Isobare des Haupttiefdruckgebiets (meist ein Zentraltief) umschlossen wird.
Das R. zeichnet sich durch markante Wettererscheinungen aus (Drehen und Auffrischen des Windes, Bewölkungsaufzug, Niederschläge) und entwickelt sich oft zu einem kräftigen Tiefdruckgebiet, das dann mit der ursprünglichen Zyklone (Mutterzyklone) verwirbelt.

Rangkorrelationskoeffizient: eine mit dem ↑Korrelationskoeffizienten verwandte, ebenfalls zwischen den Grenzwerten -1 und $+1$ liegende statistische Maßzahl für den Zusammenhang zwischen den entsprechenden (synchronen) Gliedern (Stichproben) zweier Zeitreihen. Im Gegensatz zum Korrelationskoeffizienten geht man bei der Berechnung des R.en nicht von den ursprünglichen Meßwerten aus, sondern von ihren sog. **Rangzahlen,** die man erhält, indem man die Meßwerte der Größe nach ordnet. Bildet man nun jeweils die Differenz der Rangzahlen zweier zusammengehöriger Meßwertpaare, quadriert diese Differenzen und addiert die so erhaltenen Differenzquadrate, gelangt man zur **Rangsumme** S. Damit kann, unter Hinzunahme der Anzahl N der Stichprobenpaare, der R. nach der folgenden Formel berechnet werden:

$$R = 1 - \frac{6 \cdot S}{N(N^2 - 1)}.$$

Anschließend ist noch die vom Stichprobenumfang N abhängige Signifikanz (Zufallsfreiheit) des R.en durch Vergleich mit dem sog. Sicherungsgrenzwert einer Verteilungstabelle zu prüfen.
Der R. ist verteilungsunabhängig, d. h., er wird vorzugsweise dann berechnet, wenn sich die Meßwerte nicht einer Gauß-Verteilung anpassen lassen.
R.en werden meist für zwischen 5 und 30 liegende Stichprobenpaare gebildet.

Raoult-Gesetz [ra'ul... ‖ nach F. M. Raoult]: *physikalisches* Gesetz, das besagt, daß bei einer wäßrigen Lösung der Sättigungsdampfdruck niedriger ist als über reinem Wasser (sog. **Lösungseffekt**); je höher die Konzentration der Lösung, desto größer die Dampfdruckerniedrigung. Dieser Effekt hat eine entgegengesetzte Wirkung wie der, der von einer konvex gekrümmten Fläche, z. B. der eines Wassertropfens, ausgeübt wird.

Bei sehr kleinen Tropfen und großer Salzkonzentration überwiegt so die Dampfdruckerniedrigung der Salzlösung die Dampfdruckerhöhung infolge Krümmung der Tropfenoberfläche (sog. ↑Krümmungseffekt).

Das Zusammenspiel beider Effekte führt dazu, daß sich in der Natur Wassertropfen von etwa 0,1 µm noch bis zu relativen Feuchten von 80% und darunter bilden können, während bei großen Tropfenradien nur geringe Übersättigungen vorkommen.

Rauheis: Form der Nebelfrostablagerung; körnige, grauweiße und ziemlich fest anhaftende Eisablagerung; entsteht hpts. bei Nebel und Lufttemperaturwerten zwischen −2 und −10 °C (zuweilen auch kälter) durch sehr schnelles Anfrieren von Nebeltröpfchen an Gegenständen unter Einschluß von Luftbläschen und durch Sublimation. R. zeigt typisches Wachstum gegen die Windrichtung; stärkerer Wind begünstigt seine Entstehung.

Rauhfrost: ältere Bez. für ↑Rauhreif; im Klimadienst des Deutschen Wetterdienstes seit 1986 nicht mehr verwendet.

Rauhigkeitsparameter: in Formeln zur Beschreibung der Vorgänge in der ↑Prandtl-Schicht benutzter Parameter, der ein Maß der Unebenheit oder Rauhigkeit der Erdoberfläche darstellt. Er tritt auch im ↑logarithmischen Windgesetz auf. Der R. ist über dem Festland etwa doppelt so groß wie über den Ozeanen; über dem Festland ist der Einfluß der Vegetation im Durchschnitt etwa viermal so groß wie der der reinen Orographie. Über den Ozeanen hängt der R. auch vom Seegang ab.

Rauhnächte: svw. ↑Zwölfnächte.

Rauhreif: Form der Nebelfrostablagerung; meist dünne, an Gegenständen nur locker haftende und zerbrechliche, fast ausschließlich durch Sublimation entstehende Eisnadeln oder -schuppen. Voraussetzungen für die R.bildung sind hohe Luftfeuchte (um 90% oder mehr), schwacher Wind und Temperaturwerte von im allg. unter −8 °C.

Vor 1986 war im Klimadienst des Deutschen Wetterdienstes R. die Sammelbez. für Klareis, Rauheis und Rauhfrost.

Raumklima: Bez. für die klimatischen Verhältnisse in geschlossenen Räumen. Das R. wird gestaltet durch den Einfluß von Sonnenstrahlung und Wind auf die Außenwände, durch die physikalischen Eigenschaften des Baumaterials (wie Reflexions- und Absorptionsvermögen, Oberflächenrauhigkeit, Wärmekapazität und -leitfähigkeit) sowie in besonderem Maße durch Lüftung und Heizung bzw. Klimatisierung.

Raumladung: die in der Atmosphäre vorhandene elektrische Ladung pro Volumeneinheit. R.en entstehen dadurch, daß in einem Luftvolumen (bzw. in einer bestimmten Luftschicht, z. B. in einer Gewitterwolke) ein Ionentyp (negativ oder positiv) überwiegt, so daß es nach außen als elektrisch geladen wirkt.

Bei luftelektrischen Messungen sind R.en als Unregelmäßigkeiten in der sonst regelmäßigen Abnahme der Feldstärke mit der Höhe zu erkennen (sog. **Schönwetterelektrizität**). R.en treten v. a. in Schauer- und Gewitterwolken auf (↑Gewitterelektrizität).

räumliche Konsistenz ↑Konsistenz.

RAWIN, der: Abk. für ↑Radarwind.

Rawinsonde [Kurzbildung aus **Ra**dar**win**dsonde]: ↑Radarsonde.

Rayleigh-Streuung ['rɛılı... ‖ nach J. W. Strutt, Baron Rayleigh]: die Streuung von Lichtstrahlen an kugelförmigen Teilchen (insbes. Luftmolekülen), deren Radius (etwa 10^{-4} µm) sehr klein gegenüber der Wellenlänge des Lichtes ist.

Die R.-St. in reiner, trockener Luft wird durch die **Rayleigh-Streufunktion** beschrieben; diese setzt sich aus zwei senkrecht zueinander linear polarisierten Bestandteilen zusammen, von denen der eine unabhängig vom Streuwinkel φ (Winkel zwischen primärer und Streustrahlung), der andere proportional $\cos^2\varphi$ ist.

Die Streuanteile für Vorwärts- und Rückwärtsstreuung sind gleich groß (im Gegensatz zur ↑Mie-Streuung, bei der die Vorwärtsstreuung überwiegt) mit einem Intensitätsmaximum in Richtung $\varphi = 0$ und $\varphi = 180°$ sowie einem Intensitätsminimum senkrecht dazu.

Die Streustrahlung ist im allg. partiell polarisiert; für $\varphi = 0$ und $\varphi = 180°$ ist

sie unpolarisiert, für $\varphi = +90°$ vollständig polarisiert.
Da die Streufunktion bzw. der Streukoeffizient der 4. Potenz der Wellenlänge umgekehrt proportional ist, werden bei der R.-St. die kürzeren Wellenlängen stark bevorzugt; dadurch erklärt sich die blaue Farbe des Himmels (↑ Himmelsblau).

Reaumur-Skala ['re:omy:r...]: von R. A. Ferchault de Réaumur 1730 eingeführte Temperaturskala, bei der der Abstand zwischen dem Siedepunkt des Wassers (80 °R) und dem Schmelzpunkt des Eises (0 °R) in 80 gleiche Teile (**Reaumur-Grade;** Zeichen: °R) unterteilt ist. Einer Temperaturdifferenz von 1 °C (1 K) entspricht eine Temperaturdifferenz von $^4/_5$ °R. Umrechnung:

$$t\,°R = {}^5/_4\,t\,°C \text{ bzw. } t\,°C = {}^4/_5\,t\,°R.$$

Die R.-S. ist heute aus der Praxis so gut wie verschwunden.

Rechengitter: das in numerischen Rechnungen verwendete ↑ Gitternetz.

Rechtdrehen: das Drehen des Windes im Uhrzeigersinn (auf der Nordhalbkugel). Ein R. tritt am Boden regelmäßig beim Durchzug einer Front ein. Erfolgt ein R. mit der Höhe, so zeigt das Warmluftadvektion an (↑ Hodogramm). Das Gegenteil von R. ist das **Rückdrehen** (Drehen entgegen dem Uhrzeigersinn). Beide Ausdrücke entstammen der Seemannssprache. Im Binnenland sind dafür die Bezeichnungen **Rechtsdrehen** bzw. **Linksdrehen** üblicher.

Reduktion, die: [aus lat. reductio = Zurückführung]: svw. ↑ Luftdruckreduktion.

Reduktionsverfahren: Methoden zum Vergleich von verschieden langen klimatologischen Beobachtungsreihen und zur Umrechnung von kurzen Reihen (z. B. 10 Jahre) auf eine Normalperiode (30 Jahre). Die zu vergleichenden Stationen müssen aus ähnlichen und geographisch nicht weit entfernten Räumen stammen. Die gebräuchlichsten R. sind das ↑ Differenzenverfahren und das ↑ Quotientenverfahren.

Referenzatmosphäre [zu lat. referre = berichten]: Bez. für die von der International Organization for Standardization für Zwecke der Raumfahrt festgelegten Normalwerte der mittleren Vertikalprofile von Lufttemperatur, Luftdruck und Luftdichte bis zu einer Höhe von 80 km. Den Bedürfnissen der Raumfahrt entsprechend beschränkte man sich nicht auf Jahresmittelwerte, sondern gliederte wegen der großen Schwankungen, die im Jahresverlauf, aber auch in Abhängigkeit von der geographischen Breite auftreten, die Normalwerte auf in Mittelwerte für die geographischen Breiten von 15, 30, 45, 60 und 80° und unterteilte diese Werte – mit Ausnahme der für 15° – noch in Sommer- und Winternormalwerte.

Referenzinstrumente [zu lat. referre = berichten]: ausgewählte Typen meteorologischer Instrumente, denen aufgrund ihrer hohen Präzision und ihrer großen Zuverlässigkeit (geringe Störanfälligkeit) von der Fachkommission für Instrumente und Beobachtungsmethoden der Weltorganisaton für Meteorologie der Charakter von Standardinstrumenten zuerkannt wurde. Die R. sollen den nationalen meteorologischen Diensten der Mitgliedsländer als Bezugsnormale dienen, an die sie ihre im nationalen Bereich verwendeten meteorologischen Instrumente anschließen können. Diesem Zweck dienen auch die von der Weltorganisation für Meteorologie durchgeführten internat. Instrumentenvergleiche.
Beispiele für R. sind das Referenzpsychrometer (WMO Reference Psychrometer), der internat. Referenzniederschlagsmesser (International Reference Precipitation Gauge/IRPG) und das internat. Referenzsonnenscheinregistriergerät (International Reference Sunshine Recorder/IRSR).

Referenzstation: Kurzbez. für ↑ klimatologische Referenzstation.

Reflexion, die [von lat. reflexio = das Zurückbeugen]: unstetige Änderung der Ausbreitungsrichtung von Wellen (insbes. von elektromagnetischen Wellen und von Schallwellen) beim Auftreffen auf eine Grenzfläche zwischen zwei verschiedenen Medien.
Je nach Beschaffenheit der reflektierenden Grenzfläche erfolgt die R. entweder

diffus oder spiegelnd. Sind die Rauhigkeiten der Grenzfläche von der Größenordnung der Wellenlänge, so wird eine gerichtet auftreffende Strahlung in viele Richtungen zerstreut zurückgestrahlt **(diffuse R.).** Sind die Rauhigkeiten klein gegen die Wellenlänge, so erfolgt eine **regelmäßige, gerichtete R.** (Spiegelung), die das sog. **R.sgesetz** befolgt: Einfallswinkel und R.swinkel sind gleich, und einfallender Strahl, reflektierter Strahl und Einfallslot liegen in einer Ebene.
In der Meteorologie spielt v. a. das R.svermögen (↑Albedo) eine wichtige Rolle.

Reflexstrahlung ↑Streuung.

Refraktion, die: svw. ↑Brechung.

Refsdal-Diagramm [nach A. Refsdal]: svw. ↑Aerogramm.

Regelfälle: svw. ↑Singularitäten.

Regen: Niederschlag in flüssiger Form, der dadurch entsteht, daß kleine, schwebende Wolkentröpfchen durch verschiedene wolkenphysikalische Prozesse (↑Koagulation, ↑Koaleszenz, ↑Bergeron-Findeisen-Theorie) zu größeren Tropfen (**R.tropfen;** Durchmesser definitionsgemäß > 0,5 mm) anwachsen, die von der Luftströmung nicht mehr getragen werden, ausfallen und den Erdboden erreichen.
Nach der Tropfengröße (↑Tropfendurchmesser) unterscheidet man gewöhnlichen, **großtropfigen** R. (Landregen, R. bei Schauern oder Gewittern) und **kleintropfigen** R. (Sprühregen).
R. fällt entweder aus reinen Wasserwolken („warmen" Wolken) oder aus Mischwolken, deren feste Niederschlagselemente (Schneeflocken, Graupeln, kleinere Hagelkörner) beim Fallen durch die tieferliegenden wärmeren Luftschichten ebenfalls zu R.tropfen zusammenschmelzen.

Regenbildschreiber: svw. ↑Regentropfenschreiber.

Regenbogen: atmosphärisch-optische Erscheinung, ein in den Spektralfarben leuchtender Kreisbogen auf den der Sonne gegenüberliegenden Regenwolken (gelegentlich auch auf Fallstreifen); der Mittelpunkt des zugehörigen konzentrischen Kreises ist der Gegenpunkt der Sonne.
R. entstehen durch Brechung des Sonnenlichtes (bzw. des Mondlichtes beim **Mond-R.**) an der Grenzschicht zwischen Luft und Wassertropfen, ein- oder zweimalige Reflexion an der Innenfläche der Tropfen und Interferenz der gebrochenen und reflektierten Lichtstrahlen.
Zu unterscheiden sind der **Haupt-R.** im Abstand von 42° und der seltenere **Neben-R.** in einer Entfernung von 51° vom Sonnengegenpunkt. Bei in Horizontnähe stehender Sonne können beide R.

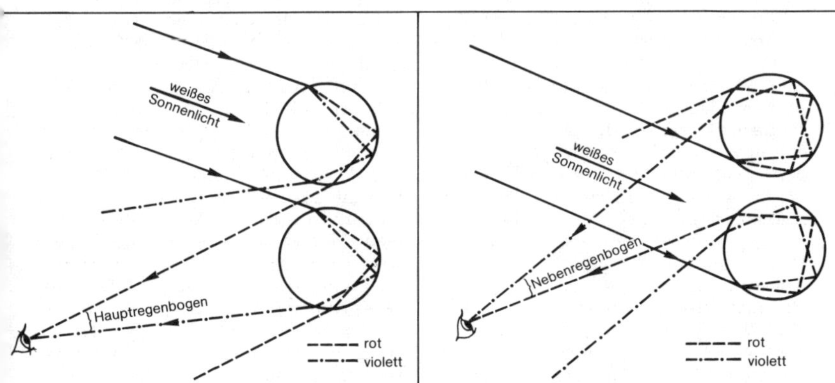

Regenbogen. Brechungs- und Reflexionsvorgänge in Regentropfen, die zur Bildung von Haupt- (links) und Nebenregenbogen führen

ihre größte Ausdehnung in Form eines Halbkreises annehmen. Die Farbenfolge des Haupt-R.s ist von außen nach innen: Rot, Orange, Gelb, Grün, Blau, Indigo, Violett **(R.farben),** beim Neben-R. umgekehrt von Violett (außen) nach Rot (innen); häufig fehlt jedoch eine Spektralfarbe, vielfach Blau.

Während das Gebiet zwischen Haupt-R. und Neben-R. frei ist, schließen sich oft an den Haupt-R. nach innen, an den Neben-R. nach außen **sekundäre R. (Interferenz-R.)** an, deren Farben der Farbfolge des Bogens, an den sie anschließen, entsprechen. Bei sehr tiefstehender (roter) Sonne fehlen zuweilen die blauen bis gelben Farben; man spricht dann von einem **roten R. (Dämmerungs-R.).** Bei großtropfigem Regen entstehen gut ausgeprägte, farbige R., bei kleintropfigem Regen beobachtet man dagegen weißliche, breite R., bei Nebel einen bis zu 10° breiten **weißen R. (Nebel-R.).**

Regeneration, die [zu lat. regenerare = von neuem hervorbringen]: in der *Meteorologie* die neuerliche Vertiefung eines nach Okklusion des Warmsektors bereits ins Stadium des Absterbens übergegangenen Tiefdruckgebietes, so daß die Wettererscheinungen (Sturm, Niederschläge) erneut kräftig werden.

Die R. kann durch Einverleiben von Tochterzyklonen, Einbeziehen anderer warmer oder kalter Luftmassen (Verschärfung der horizontalen Temperaturgegensätze) sowie unter dem Einfluß der Unterlage (Labilisierung durch warmes Meer, überhitztes Festland, Feuchtezufuhr) erfolgen.

Regenfaktor: von R. Lang (1920) eingeführte *Klimaindexzahl,* gebildet aus dem Quotienten von mittlerer Jahreshöhe des Niederschlags und mittlerer Jahrestemperatur (unter Verwendung von nur positiven Monatsmittelwerten); Hilfsmittel zur Kennzeichnung arider bzw. humider Klimate.

Regenklima: im Rahmen der *Köppen-Klimaklassifikation* Bez. für Klimate in den Tropen (A-Klimate) und in der warmgemäßigten Zone (C-Klimate), in denen die jahreszeitlichen oder jährlichen Niederschlagshöhen größer als die Grenzwerte für die B-Klimate sind.

Regenmesser: ältere Bez. für ↑Niederschlagsmesser.

Regenschatten: Bez. für die Auswirkung des im Lee erfolgenden Absinkens von Luftmassen nach Überschreiten eines Gebirges bezüglich des Niederschlags (d. h., die im R. gelegene Leeseite eines Gebirges erhält geringere Niederschläge als die Luvseite).

Bei den in Mitteleuropa vorherrschenden Luftströmungen aus SW und W, die feuchtigkeitsreiche maritime Luft heranführen, weisen die W-Seiten der Höhenzüge infolge des Stauniederschlags (Wetterseite) größere Niederschlagshöhen als die O-Seiten auf.

Regenschauer ↑Schauer.

Regenschichtwolke: svw. ↑Nimbostratus.

Regenschreiber: ältere Bez. für ↑Niederschlagsschreiber.

Regentag: Tag mit einer 24stündigen, zum Frühtermin des Folgetages gemessenen Regenhöhe von mindestens 0,1 mm (↑auch Niederschlagstag).

Regentropfen ↑Tropfendurchmesser.

Regentropfenschreiber [Syn.: Regenbildschreiber]: im praktischen Wetterdienst kaum noch verwendetes, einfaches Gerät zum Nachweis von Niederschlag und zur Bestimmung des Durchmessers von Regentropfen. Der R. besteht aus einer uhrwerkgetriebenen, aus kreisrundem Filtrierpapier gefertigten, mit Eosin belegten Scheibe. Die Regentropfen verursachen auf der Scheibe unterschiedlich große Flecke. Durch Eichen mit Tropfen bekannter Größe läßt sich eine Beziehung zwischen Fleckdurchmesser und Tropfengröße experimentell herleiten. Die Eosinflecke können leicht mit Zirkel und Millimetermaßstab ausgemessen werden.

Regenwaldklima: das Klima des Regenwaldbereichs mit immergrünem Wald in ganzjährig feuchten Gebieten der Tropen **(tropisches R.)** und der frostfreien Außertropen **(temperiertes R.).** Im Bereich des tropischen R.s wird nach Tiefland und Gebirge (in 1 000 m bis 2 000 m ü. d. M.) unterschieden.

Im R. treten hohe Werte der Temperatur auf; die Maxima erreichen häufig 30 bis 35 °C, die Minima 20 bis 25 °C. Die Nie-

derschläge sind entweder gleichmäßig auf die einzelnen Monate verteilt, oder es gibt einzelne Maxima und Minima im Jahresgang, jedoch keinen trockenen Monat. Die mittleren Jahreshöhen des Niederschlags übersteigen 1500 mm.
Das R. besitzt keine ausgesprochenen Jahreszeiten; der Witterungsverlauf ist einförmig.

Regenwettertyp: ein Grundschichttyp (↑Grundschicht).

Regenzeit [Syn.: Feuchtzeit]: durch [starke] Regenfälle gekennzeichnete Jahreszeit. Die Tropenzone hat zwei R.en, die den Sonnenhöchstständen folgen (↑Zenitalregen, ↑Äquatorialregen). Mit Annäherung an die Wendekreise vereinigen sich die beiden R.en zu einer einzigen. In den Monsungebieten wird die R. vom ↑Monsun bestimmt. Das subtropische ↑Etesienklima besitzt eine Winterregenzeit. Gebiete mit Niederschlägen zu allen Jahreszeiten haben keine R., sondern meist nur eine Hauptniederschlagszeit, die in kontinentalen Klimagebieten im Sommer-, in maritimen im Winterhalbjahr liegt.

Region, die [aus lat. regio, regionis = Gegend; Bereich ‖ Abl.: regional]: durch bestimmte Merkmale (z. B. Klima) gekennzeichneter räumlicher Bereich.

regionale Fernmeldezentrale: svw. ↑RTH.

regionale Klimatologie: die beschreibende, klassifizierende und regionalisierende Darstellung des Klimas von im allg. größeren Teilen der Erdoberfläche auf der Basis von Klimadaten und unter Berücksichtigung von Ergebnissen der physikalischen, dynamischen und synoptischen Klimatologie. Unter **Region** wird dabei ein funktional zusammengehöriges Gebiet (z. B. großstädtische Verdichtungsräume, Regionalverbände eines Bundeslandes), vorgegeben durch Verwaltungsgrenzen, verstanden. Untersucht werden v. a., auf der Grundlage regionaler Klimamodelle, Veränderungen des regionalen Klimas als Folge anthropogener Klimabeeinflussung und ihre sozioökonomischen Auswirkungen.

Regionale Vorhersagezentrale [Abk.: RVZ]: meteorologische Dienststelle, zu deren Aufgaben für ein bestimmtes Gebiet hpts. die Erstellung von Wetterberichten und -vorhersagen für die Öffentlichkeit, für Wirtschaft und Verkehr sowie die Durchführung des Wetterwarndienstes (Wirtschaftswetterdienst) gehören. Die RVZ erfüllt außerdem wiss. Aufgaben des Flugwetterdienstes und stellt Leitmaterial für die praktische Tätigkeit der zugeordneten Flugwetterwarten zur Verfügung.
Beim *Deutschen Wetterdienst* wurden drei RVZ mit unterschiedlichen Sonderaufgaben eingerichtet: für den Bereich Nord (zusätzlich Seewetterdienst) beim Seewetteramt Hamburg, für den Bereich Mitte (zusätzlich Betreuung der überregionalen Rundfunk- und Fernsehanstalten) beim Wetteramt Frankfurt am Main und für den Bereich Süd (zusätzlich alpiner Wetterdienst und Mittelmeergebiet) beim Wetteramt München.
Aufgaben im Rahmen einer RVZ nehmen auch die Wetterämter Essen und Berlin (West) wahr. Zur Aufgabenerfüllung ist eine ständige Besetzung mit Meteorologen erforderlich.

Regional Meteorological Centre, das ['ri:dʒənəl mi:tıərə'lɔdʒıkl 'sɛntə]: svw. ↑RMC.

Regionalwindsystem: mesoskalige, überwiegend thermisch bedingte Luftströmung, die bei Strahlungswetterlagen in orographisch gegliedertem Gelände auftritt und durch Berg- und Talwinde sowie Hangwinde gestützt wird. Vertikale Mächtigkeiten bis zu 500 m über Grund sind bekannt.

Registrierballon: svw. ↑Ballonsonde.

Registriergeräte [zu mlat. registrum = Verzeichnis]: meteorologische Instrumente zur fortlaufenden Aufzeichnung (Registrierung) des zeitlichen Verlaufs einer meteorologischen Meßgröße. R. besitzen eine Schreibvorrichtung, die mittels mechanischer oder elektrischer Übertragung die Meßwerte ständig auf einen Registrierstreifen (Schreibstreifen) aufzeichnet. Die Schreibvorrichtung besteht im wesentlichen aus einem Hebelwerk (zur einwandfreien Meßwertübertragung vom Meßfühler zum Schreibstreifen) mit Schreibfeder, aus einer uhrwerkgetriebenen Registriertrommel und einem auf ihr befindlichen Registrierstreifen (z. B. ↑Barograph, ↑Hygrograph, ↑Thermograph).

Regression, die [aus lat. regressio = Rückgang]: ein in der Regel kausaler Zusammenhang zwischen den entsprechenden (synchronen) Gliedern von im allg. zwei Zeitreihen. Während die Frage nach der Stärke des Zusammenhangs mit der Berechnung des ↑Korrelationskoeffizienten beantwortet wird, dient die **R.sanalyse** der Ermittlung des funktionalen Zusammenhangs, der mittels einer R.sgleichung oder Beziehungsgleichung beschrieben wird. Spezialfälle möglicher R.sarten sind:

1. Bei der **linearen R.** ist die optimale, unter Anwendung der ↑Methode der kleinsten Quadrate zu ermittelnde Beziehungsgleichung eine durch $y = a + bx$ (graphisch) darstellbare Gerade **(R.sgerade);** b heißt **R.skoeffizient.**
2. Bei der **nichtlinearen R.** läßt sich die Menge der Wertepaare nicht mehr einer Geraden, sondern nur einer Kurve höherer Ordnung anpassen (z. B. quadratische oder kubische Parabel, Exponentialfunktion).
3. Bei der **multiplen R.** hängt die Meßgröße y nicht mehr von nur einer Variablen (x), sondern von zwei oder mehreren Variablen ab. Die multiple R. wird angewendet, wenn der Zusammenhang zwischen den entsprechenden Gliedern mehrerer Datenreihen (z. B. Temperatur, Niederschlag, Abfluß) ermittelt werden soll.

Statistisch gesicherte R.sbeziehungen werden in der Klimatologie häufig zur Abschätzung der Auswirkung von Klimaschwankungen auf ein einzelnes Klimaelement sowie zur Interpolation ausgefallener oder fehlerhafter Messungen herangezogen.

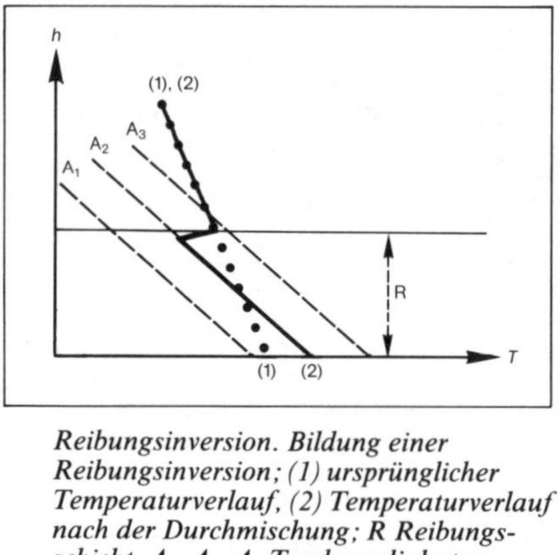

Reibungsinversion. Bildung einer Reibungsinversion; (1) ursprünglicher Temperaturverlauf, (2) Temperaturverlauf nach der Durchmischung; R Reibungsschicht, A_1, A_2, A_3 Trockenadiabaten

Regressionsgleichungen ↑Beziehungsgleichungen.

Regularitäten, die (Mehrz.) [zu lat. regula = Regel]: svw. ↑Singularitäten.

Reibung: der an der Grenzfläche eines in Bewegung befindlichen Körpers, einer Flüssigkeit oder eines Gases wirkende Widerstand, wenn sich die angrenzende Schicht gar nicht oder nicht mit gleicher Geschwindigkeit und in gleicher Richtung bewegt. Handelt es sich um Grenzflächen zwischen zwei Schichten der gleichen Flüssigkeit oder des gleichen Gases, spricht man von ↑innerer Reibung.

Äußere R. tritt im Bereich der Atmosphäre nur an der Erdoberfläche auf. Der Teil der unteren Atmosphäre, in der sich die R. auswirkt, ist die ↑Reibungsschicht; ihre Höhe ist die ↑Reibungshöhe. Die der bremsenden Wirkung der R. entsprechende Kraft ist die ↑Reibungskraft.

Reibungshöhe: die Höhe der ↑Reibungsschicht, d. h. die Höhe, in der der Wind sich nach Richtung und Geschwindigkeit dem geostrophischen Wind angepaßt hat. Sie beträgt im Mittel etwa 1000 m, unterliegt aber starken Schwankungen, die von der Windgeschwindigkeit, der vertikalen Schichtung und der Bodenrauhigkeit abhängig sind.

Reibungsinversion: durch die Reibung verursachte, an der Obergrenze der ↑Reibungsschicht entstehende Inversion. Eine R. kann sich bilden, wenn in der Ausgangssituation in der bodennahen Schicht ein stabiler Temperaturgradient herrscht. Kommt es zu einer völligen Durchmischung dieser Schicht durch Reibung, so stellt sich in ihr bei unveränderter Mitteltemperatur ein trockenadiabatischer Temperaturgradient ein (↑Vertikalaustausch). An der Obergrenze der Schicht kommt es dadurch zu einer Temperaturabnahme, so daß gegenüber der darüberliegenden Luftschicht mit unveränderter Temperatur eine Inversion entsteht.

Reibungskoeffizient: im Ansatz der ↑Guldberg-Mohn-Reibung der Proportionalitätsfaktor zwischen Reibungskraft und Windgeschwindigkeit. Der R. läßt sich aus dem Ablenkungswinkel (dem Winkel zwischen der Richtung des Gradientwindes und dem beobachteten Wind am Boden) bestimmen. Er ist (ähnlich wie der ↑Rauhigkeitsparameter) über dem Festland größer als über See und zudem von der Vegetation abhängig.

Reibungskraft: die von der ↑Reibung ausgeübte Kraft. Sie wird in einfachen Ansätzen für die Reibung an der Erdoberfläche (↑Guldberg-Mohn-Reibung) als eine Kraft angenommen, die entgegengesetzt zur Windrichtung gerichtet und proportional zur Windgeschwindigkeit ist. Der Proportionalitätsfaktor ist der ↑Reibungskoeffizient. In komplizierteren Ansätzen, in denen die turbulenten Austauschvorgänge mit berücksichtigt werden, tritt die R. proportional zum Quadrat der Windgeschwindigkeit auf.

Reibungsschicht: ältere Bez. für die unterste Schicht der Troposphäre, in der sich die Reibung am Erdboden auswirkt. Heute verwendet man dafür vielfach die Bez. ↑atmosphärische Grenzschicht.

Reibungswind: der Wind in der Reibungsschicht, der in Bodennähe beobachtet wird. Er ist immer schwächer als der Wind oberhalb der Reibungsschicht und zum tiefen Druck abgelenkt (↑Ablenkungswinkel).

Da der Wind sich in der Reibungsschicht vom Boden bis zur Reibungshöhe kontinuierlich ändert, ist der R. nicht eindeutig definiert; meist wird jedoch der von Bodenbeobachtungsstationen (in 10 m Höhe) gemessene Wind als R. angesehen.

Reichsamt für Wetterdienst ↑Reichswetterdienst.

Reichswetterdienst [Abk.: RWD]: Bez. für den mit Verordnung vom 6. April 1934 gegründeten einheitlichen staatlichen Wetterdienst des Deutschen Reiches, der den Flug-, Wirtschafts-, See-, Höhen- und Klimawetterdienst umfaßte. Dem R. wurden die bereits bestehenden Landeswetterwarten, Observatorien, Forschungsstellen und weitere mit meteorologischen Aufgaben betraute Institute eingegliedert. Die von den Hochschulen wahrgenommenen Forschungs- und Lehraufgaben blieben unberührt.

Der R. war dem Reichsluftfahrtministerium unterstellt und wurde vom „Chef des Reichswetterdienstes“ geleitet. Dem **Reichsamt für Wetterdienst** (Abk.: RfW) oblag die betriebliche, technische und wiss. Leitung.

Zum R. gehörten u. a. die Deutsche Seewarte (Hamburg), die Reichswetterdienstschule (Berlin) und das Forschungsinstitut für langfristige Witterungsvorhersage (Bad Homburg). Zahlreiche Wetterwarten, meist bei den Flughafenleitungen (betrieblich den Luftämtern unterstellt), führten den praktischen Flug-, Wirtschafts- und Höhenwetterdienst durch. Das klimatologische Beobachtungsnetz umfaßte 700 Stationen höherer Ordnung, 5 000 Niederschlagsstationen und 8 000 phänologische Beobachter.

Als Zentrale für den synoptischen Wetterdienst wurde 1938 die **Zentrale Wetterdienstgruppe** (Abk.: ZWG) geschaffen (zugleich Hauptwetterdienststelle des Oberkommandos der Luftwaffe), deren wesentliche Aufgabe die Erstellung von Wetteranalysen und Vorhersagekarten war.

Der R. stellte mit Kriegsende, am 8. Mai 1945, seine Tätigkeit als Reichsbehörde ein. Nachfolgeorganisationen wurden die ↑Zonenwetterdienste und der ↑Deutsche Wetterdienst.

Reif: Sammelbez. für durch Sublimation des Wasserdampfs aus der umgebenden Luft entstehende Eisablagerungen von kristallener Struktur. Die häufigsten R.arten sind ↑Advektionsreif und ↑Strahlungsreif.

Reifestadium: 1. bei der *Zyklonenentwicklung* das Stadium, in dem sich der Okklusionsprozeß vollzieht; 2. bei *tropi-*

schen Wirbelstürmen das Stadium des voll entwickelten Orkans; 3. bei *Cumulonimben* und *Gewitterzellen* das Stadium der kräftigsten Auf- und Abwinde mit dem Einsetzen der Gewitterbö und des Starkniederschlags.

Reifglätte: Art der Glätte; entsteht durch Bildung von Reif am Erdboden oder, in waldreichen Gegenden, durch Herabfallen von Reif oder Nebelfrostablagerungen von Bäumen.

Reifgraupel: Graupelform; nur als Schauer fallende, leicht zusammendrückbare, undurchsichtige Bällchen von schneeartiger Beschaffenheit; Durchmesser $\leq$ 5 mm. R. tritt, meist zusammen mit Schneefall, bei Temperaturwerten um den Gefrierpunkt auf.

Reifpunkt: diejenige Temperatur, bei der feuchte Luft über einer ebenen Eisfläche bei gegebenem Dampfdruck mit Wasserdampf gesättigt ist. Der R. stellt somit für Eis die Temperatur dar, auf die man ungesättigte Luft abkühlen muß, damit Sublimation bzw. Reifbildung einsetzen kann.

Aufgrund dieser Definition ist der R. die analoge Entsprechung zum ↑Taupunkt, der jedoch auf eine ebene Wasserfläche bezogen ist. Da der Dampfdruck über Eis geringer ist als über Wasser, liegt bei gegebenem Dampfdruck der R. höher als der Taupunkt. Deshalb kann bei Abkühlung unter 0 °C die Reifbildung vor der Taubildung beginnen, d. h. schon bei einer relativen Luftfeuchte von weniger als 100 %.

Reinluft: Bez. für Luft mit einer geringen Konzentration an Luftbeimengungen in Gebieten außerhalb von Ballungsräumen bzw. fernab von Verunreinigungsquellen. Die Messung von Luftbeimengungen in R.gebieten dient zur Erfassung der großräumigen Verteilung atmosphärischer Spurenstoffe.

Reisewettervorhersage: über Presse, Funk und Fernsehen verbreitete Informationen über die zu erwartende Witterung in den einzelnen europäischen und z. T. außereuropäischen Reisegebieten. Die R.n, gültig für 2 bis 3 Tage, enthalten Aussagen über die Bewölkungs- und Niederschlagsverhältnisse, die höchsten und niedrigsten Tagestemperaturen sowie die Wassertemperaturen an den Badestränden der Nord- und Ostsee, am Atlantik und rund um das Mittelmeer.

Die Zusammenstellung der R.n besorgen das Seewetteramt Hamburg (für Norddeutschland sowie für die nord- und westeuropäischen Länder) und das Wetteramt München (für Süddeutschland, die Alpenländer, das Mittelmeergebiet und Südosteuropa).

Reizklima: Klima, das starke Reize auf den Organismus, v. a. auf das vegetative Nervensystem, ausübt. Reize werden verursacht durch höhere Windgeschwindigkeit, niedrige Temperaturen, große Tagesschwankungen der Temperatur, höhere Werte der ↑Abkühlungsgröße, geringen Sauerstoffpartialdruck und erhöhte UV-Strahlung.

Reizklimate werden insbes. im Hochgebirge, an Meeresküsten und im Innern großer Kontinente angetroffen. – ↑auch Klimatherapie.

relative Feuchte [Zeichen: *f*]: Quotient aus dem in der Luft tatsächlich herrschenden Dampfdruck (*e*) und dem bei der gegebenen Lufttemperatur maximal möglichen Dampfdruck (Sättigungsdampfdruck [*E*] über Wasser bzw. Eis); bei Angaben in % gilt:

$$f = 100 \cdot \frac{e}{E}.$$

relative Häufigkeit: absolute Häufigkeit in einer Häufigkeitsklasse, dividiert durch die Gesamtanzahl der Einzeldaten einer Häufigkeitsverteilung (maximal mögliche Anzahl der Ereignisse). Aus der Definition der r.n H. folgt, daß ihre Summe über alle Klassen der Häufigkeitsverteilung immer 1 ergeben muß. Der mit 100 multiplizierte Wert der r.n H. heißt **prozentuale Häufigkeit** oder **Prozenthäufigkeit.**

relativer Fehler: in % ausgedrücktes Verhältnis (Quotient) des einer Messung zugrundeliegenden ↑Meßfehlers und der gemessenen Größe (Meßergebnis). Erst die Angabe des relativen Fehlers erlaubt eine Aussage über die Genauigkeit einer Messung.

relative Sonnenscheindauer ↑Sonnenscheindauer.

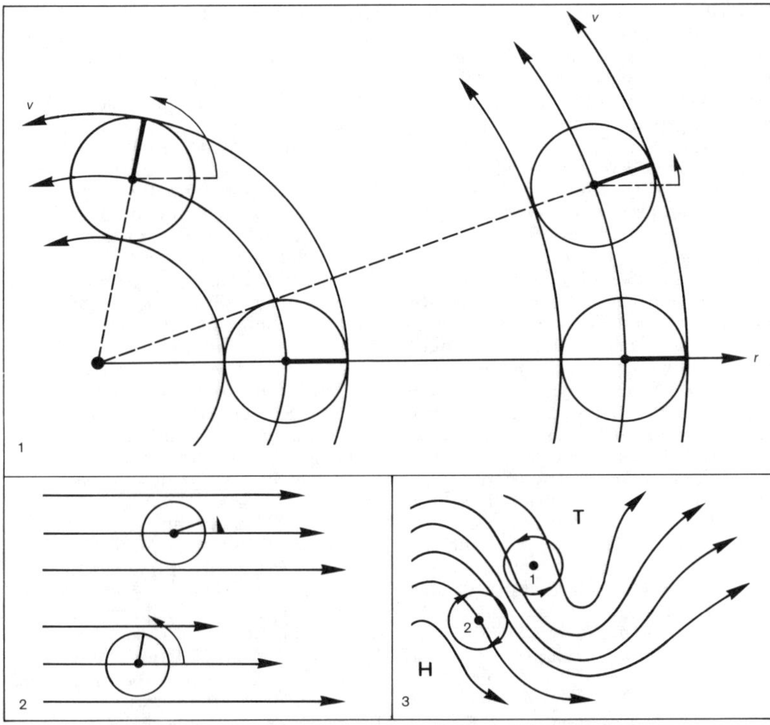

Relative Vorticity. 1 Krümmungsvorticity (erkennbar an der Drehung einer Kreisscheibe); links: bei starker Krümmung und hoher Windgeschwindigkeit große Krümmungsvorticity; rechts: bei geringer Krümmung und niedriger Windgeschwindigkeit kleine Krümmungsvorticity. 2 Scherungsvorticity; oben: bei geringer Scherung kleine Scherungsvorticity; unten: bei starker Scherung hohe Scherungsvorticity. 3 Relative Vorticity in einem zusammengesetzten Strömungsbild; Kreisscheibe 1 dreht sich zyklonal (relative Vorticity positiv), Kreisscheibe 2 dreht sich antizyklonal (relative Vorticity negativ)

relative Topographie ↑Topographie.

relative Vorticity, die [vɔr'tɪsɪti: ‖ engl. vorticity = Wirbeligkeit ‖ Syn.: relative Wirbelgröße]: Maß der Drehbewegung eines in einer Luftströmung mitgeführten Luftteilchens um seine vertikale Achse relativ zur Erdoberfläche (in einem mit der Erde fest verbundenen Koordinatensystem). Sie ist ein Teil der ↑absoluten Vorticity.

Die Drehbewegung eines Luftteilchens kann durch unterschiedliche Strömungsanordnungen hervorgerufen werden, durch Kreisströmungen bzw. durch Krümmungen der Luftbahnen (wenn es sich nur um Teile einer Kreisströmung handelt), durch unterschiedliche Geschwindigkeiten in einer parallel verlaufenden Strömung (Scherung) oder durch beliebige Kombination beider Strömungsbilder.

Veranschaulichen kann man sich die Drehbewegung eines Luftteilchens, indem man sich vorstellt, daß eine kleine

Kreisscheibe von der Strömung mitgeführt wird. Dreht sich die Scheibe (während des Mitschwimmens) entgegengesetzt zum Uhrzeigersinn, so zeigt das positive (zyklonale) r. V. an, dreht sie sich im Uhrzeigersinn, so tritt negative (antizyklonale) r. V. auf.
Im Falle einer Kreisströmung bzw. der Krümmung einer Luftbahn ist erkennbar, daß die Drehbewegung um so größer ist, je höher die Windgeschwindigkeit und um so geringer, je größer der Krümmungsradius ist. Die so entstehende r. V. nennt man **Krümmungsvorticity.**
Im Falle unterschiedlicher Geschwindigkeiten in einer parallelen Strömung (Scherung) würde sich die Kreisscheibe um so rascher drehen, je größer die Geschwindigkeitsdifferenzen quer zur Strömungsrichtung sind. Diese Art der r.n V. wird als **Scherungsvorticity** bezeichnet.
Auch in zusammengesetzten Strömungsbildern, bei denen sich Krümmungen und Scherungen überlagern, ist die r. V. mit Hilfe des Gedankenexperiments mit der Kreisscheibe gut erkennbar.
Ein besonderer Vorteil der r.n V. ist, daß man sie (im Gegensatz zur Divergenz) mit hinreichender Genauigkeit aus Wetterkarten bestimmen kann, wenn man den geostrophischen Wind überall als gültig ansieht. Die so gewonnene r. V. nennt man die **geostrophische r. V.;** ihre Berechnung gestaltet sich besonders einfach, wenn das Luftdruckfeld numerisch in einem äquidistanten Gitternetz vorliegt. Die r. V. ist dann proportional der Abweichung des Luftdruck- oder Höhenwertes an einem Punkt vom Mittel der Werte an den vier benachbarten Punkten. Der Proportionalitätsfaktor ist nur abhängig vom Gitterabstand und vom Coriolis-Parameter.

relative Wirbelgröße: selten gebrauchte Bez. für ↑relative Vorticity.

Relativmessung: die Bestimmung des Wertes einer Meßgröße durch Feststellung seiner Abweichung von einem (oft absolut gemessenen) Bezugswert derselben oder einer gleichwertigen physikalischen Größe; im Gegensatz zur ↑Absolutmessung.

Relativwind: in der Praxis meist gleichgesetzt mit ↑Scherwind und ↑thermischem Wind. Theoretisch ist der R. definiert als die vektorielle Differenz der geostrophischen Winde von zwei verschiedenen Luftdruckniveaus. Der R. entspricht dem Gradienten der Isohypsen einer relativen Topographie wie der geostrophische Wind dem Gradienten in einer absoluten Topographie.

Reliefeinflüsse [frz. relief, eigtl. = das Hervorheben]: die von den unterschiedlichen Erhebungen der Erdoberfläche, dem **Relief,** ausgehenden Einflüsse auf Wetter und Klima. Im Gegensatz zu den ↑orographischen Effekten, die meist auf die großräumige Struktur der Erdoberfläche bezogen werden, werden unter R.n im allg. kleinräumige Erscheinungen verstanden, wie Einflüsse von Tälern und Senken, Hügeln und Anhöhen sowie Stärke und Richtung von Hangneigungen. Sie stellen damit einen wesentlichen Faktor für das ↑Geländeklima dar.

Rem, das [Abk. für engl. **r**oentgen **e**quivalent **m**an = Röntgen-Äquivalentdosis für den Menschen ‖ Einheitenzeichen: rem]: frühere Einheit der Äquivalentdosis bei ionisierender Strahlung; abgeleitete SI-Einheit ist das J/kg. Rem ist ein Maß für die Einwirkung radioaktiver Strahlung auf lebende Materie (Strahlendosis), definiert als Absorption der Energie von 10^{-5} Joule je 1 Gramm lebende Materie.
Im geschäftlichen und amtlichen Verkehr der BR Deutschland war Rem bis zum 31. Dezember 1985 zugelassen und wurde danach durch das ↑Sievert ersetzt (1 Sv = 10^2 rem).

Remote sensing, das [rɪ'moʊt 'sɛnsɪŋ ‖ engl. = Fernerkundung]: die Ermittlung von Informationen über entfernte Objekte, ohne mit diesen in direkten Kontakt zu kommen; insbes. die Erforschung der Erdoberfläche einschl. der Atmosphäre mit Hilfe von in Luft- und Raumfahrzeugen installierten Sensoren und unter Verwendung moderner Datenübertragungs- und Datenverarbeitungsanlagen. Geeignete Sensoren registrieren die von der Oberfläche der untersuchten Objekte reflektierten oder emittierten elektromagnetischen Wellen im Mikrowellen-, Infrarot-, im sichtbaren Spektral- sowie im Ultraviolettbereich.

Repräsentanz, die [zu lat. repraesentare = vergegenwärtigen, darstellen]: Aussage über die Zulässigkeit der Übertragbarkeit der an einer Klimastation beobachteten und gemessenen Klimaelemente auf eine größere, geographisch ähnliche Stationsumgebung, z. B. Talboden, Hanglagen, Gipfellagen.

Die R. ist wichtig für den Entwurf von Klimakarten, um aus den Daten einzelner Stationen die räumliche Verteilung abzuleiten.

retrograde Bewegung [aus lat. retrogradus = rückwärtsgehend, zurückgehend]: zeitweilige, dem allg. W–O-Verlagerungstrend entgegengesetzte Bewegung einzelner Luftdruckgebilde.

Am bekanntesten ist eine r. B. bei langen Wellen und den damit verbundenen hochreichenden Tief- und Hochdruckgebieten. Die Verlagerung nach W geht dabei vielfach nicht kontinuierlich, sondern unstetig in einzelnen Schritten vor sich, die jeweils von überlagerten kürzeren Wellen ausgelöst werden.

R. B.en treten gelegentlich auch bei kleineren Störungen auf, die an der N-Seite von hochreichenden Tiefdruckgebieten nach W geführt werden.

reversible Prozesse [zu lat. revertere, reversum = umkehren]: solche Zustandsänderungen, die sich vollständig rückgängig machen lassen. In der Atmosphäre sind ↑adiabatische Zustandsänderungen r. P., soweit diese trockenadiabatisch ablaufen. Wenn sie feuchtadiabatisch vor sich gehen, sind sie nur so lange reversibel, wie die durch Kondensation entstehenden Wolkentröpfchen in der Wolke verbleiben, so daß sie, wenn das Luftquantum unter höheren Luftdruck gelangt und sich erwärmt, wieder vollständig verdunsten können.

Reynolds-Zahl [rɛnldz... ‖ nach O. Reynolds]: dimensionslose physikalische Maßzahl, die für Ähnlichkeitsbetrachtungen bei Strömungen in Röhren entwickelt wurde und aus dem Verhältnis Produkt von Geschwindigkeit und Rohrdurchmesser zum Koeffizienten der kinematischen Zähigkeit des Gases oder der Flüssigkeit besteht.

Bei Überschreitung eines kritischen Wertes der R.-Z. schlägt eine laminare in eine turbulente Strömung um. In der Atmosphäre sind Strömungen wegen der sehr großen Dimensionen (die dem Rohrdurchmesser entsprechen) fast immer turbulent.

RHI-Abbildung [ɛrha:ˈi:... ‖ RHI ist Abk. für engl. **r**ange **h**eight **i**ndicator = Bereichshöhenanzeiger]: bestimmte Art der Darstellung von Radarechos auf dem Bildschirm des Wetterradars. Im Gegensatz zu der ↑PPI-Abbildung schwenkt die Radarantenne um eine horizontale Achse auf und ab. Die Darstellung der Niederschlagsechos erfolgt dadurch in Form eines senkrechten Schnittes durch ein Niederschlagsgebiet.

Rhönwind: frischer, von der Rhön herabwehender Bergwind im unterfränkischen Sinntal.

Rhythmus, der [von griech. rhythmós = Takt, Taktmäßigkeit, Gleichmaß]: in der *Meteorologie* die Wiederholung eines bestimmten Vorgangs oder Witterungsereignisses, dessen zeitlicher Eintritt und dessen Intensität eine gewisse Schwankungsbreite aufweisen bzw. weniger präzise sein können.

Der R. *im Wettergeschehen* äußert sich zeitweise in mehr oder weniger periodischen Schwankungen des Luftdrucks, die durch das Dominieren von Wellen bestimmter Länge verursacht werden, und in der damit verbundenen Aufeinanderfolge von Hoch- und Tiefdruckgebieten; z. B. wandern sommerliche Azorenhochzellen im Wechsel mit Gewitterfronten oft im R. von etwa 7 Tagen über Mitteleuropa ostwärts. Versuche, solche Rhythmen für die mittel- und langfristige Wettervorhersage zu nutzen, blieben allerdings wenig erfolgreich.

Richtungsdivergenz: divergente Strömungsform, bei der die Stromlinien auffächern und auseinanderführen. Das Gegenstück ist die **Geschwindigkeitsdivergenz,** bei der die Luftteilchen geradlinig mit höherer Geschwindigkeit aus einem (gedachten) Volumen ausströmen als einströmen.

Riegeltheorie ↑Zyklonentheorien.

Riesenkerne: besonders wirksame Kondensationskerne mit einem Radius

> 1 µm; sie bestehen aus versprühten Meersalzen, Staubteilchen oder Verbrennungsprodukten.

Ring ↑Haloerscheinungen.

RMC, die [ɛr'ɛm'tse:, engl. ɑ:rɛm'si:]: Abk. für engl. **Regional Meteorological Centre** (dt.: Regionale Meteorologische Zentrale): Organisationseinheit der ↑Weltwetterwacht. Der Deutsche Wetterdienst übernahm 1967 für einen Teil Europas die Aufgabe einer RMC (↑Analysen- und Vorhersagezentrale).

Roaring forties, die (Mehrz.) ['rɔ:rɪŋ 'fɔ:tɪz ‖ ohne Einz. ‖ engl. = heulende Vierziger]: in der Seemannssprache ↑brave Westwinde.

ROFOR [Abk. für engl. **ro**ute **for**ecast = Kursvorhersage]: im *Flugwetterdienst* verwendetes Schlüsselkennwort für die ↑Streckenwettervorhersage.

Röntgen, das [nach W. C. Röntgen ‖ Einheitenzeichen: R]: bis 31. Dezember 1985 zugelassene Einheit der Ionendosis einer ionisierenden Strahlung (R.strahlung u. a.); SI-Einheit ist C/kg (Coulomb durch Kilogramm); 1 C/kg ist gleich der Ionendosis, die bei der Erzeugung von Ionen eines Vorzeichens mit der elektrischen Ladung 1 C in Luft der Masse 1 kg durch ionisierende Strahlung räumlich konstanter Energieflußdichte entsteht; 1 R entspricht $2{,}58 \cdot 10^{-4}$ C/kg.

Roßbreiten: windschwache Zonen der subtropischen Hochdruckgürtel zwischen 25 und 35° n. Br. bzw. s. Br. Die Bez. soll auf die Zeit der Segelschiffahrt zurückgehen, in der bei Pferdetransporten nach Südamerika in diesen Gebieten aufgrund fehlender Segelwinde viele Pferde wegen Futtermangels eingingen.

Roßbreitenhoch: svw. ↑Subtropenhoch.

Rossby-Diagramm ['rɔsbɪ...]: von C. G. Rossby entworfenes Diagrammpapier zur Auswertung aerologischer Aufstiege; mit logarithmischer Skala der ↑potentiellen Temperatur als Ordinate und einer Skala des ↑Mischungsverhältnisses als Abszisse. Isobaren und Isothermen sind als gegen rechts ansteigende Kurvenscharen dargestellt; Linien gleicher ↑potentieller Äquivalenttemperatur verlaufen schräg nach links. Die eingetragenen aktuellen Werte des aerologischen Aufstiegs ergeben eine für die verschiedenen Luftmassen charakteristische Kurve.

Rossby-Formel ['rɔsbɪ...] ↑Rossby-Wellen.

Rossby-Parameter ['rɔsbɪ...]: die Änderung des Coriolis-Parameters mit der geographischen Breite. Er tritt in verschiedenen, von C. G. Rossby abgeleiteten Gleichungen auf, die für großräumige Strömungen und insbes. für ↑Rossby-Wellen gelten.

Rossby-Wellen ['rɔsbɪ... ‖ nach C. G. Rossby ‖ Syn.: lange Wellen]: die langen ↑planetarischen Wellen in der mittleren und oberen Troposphäre mit den Wellenzahlen 4–7. Rossby untersuchte diese Wellen, faßte sie als ↑barotrope Wellen auf und konnte unter der Voraussetzung der Divergenzfreiheit eine Beziehung für ihre Verlagerungsgeschwindigkeit herleiten. Diese als **Rossby-Formel** bekannt gewordene Beziehung besagt, daß die Verlagerungsgeschwindigkeit gleich der zonalen Strömungsgeschwindigkeit ist, vermindert um einen Betrag, der proportional dem Quadrat der Wellenlänge und der meridionalen Änderung des Coriolis-Parameters ist.
Mit der Formel läßt sich die Wellenlänge für stationäre Wellen bei vorgegebener Zonalgeschwindigkeit und geographischer Breite errechnen. Diese beträgt z. B. für mittlere Verhältnisse in 45° Breite 5 000–6 000 km.

roter Regenbogen ↑Regenbogen.

Rotor, der [engl., Kurzbildung aus engl. rotator, zu engl. to rotate = kreisen]: ↑Leewirbel.

Routenberatung ['ru:... ‖ Syn.: Routenempfehlung]: ein Sonderdienst des Seewetteramtes Hamburg für die transatlantische Schiffahrt. Die R. enthält die voraussichtliche Großwetterlage auf dem Nordatlantik in den folgenden 4 bis 6 Tagen, durch die die Windverhältnisse an der Wasseroberfläche und der Seegang bestimmt werden, daneben u. a. die Nebelverhältnisse und Eisbedingungen um Neufundland und die Meeresströmungen. Unter Beachtung der technischen Bedingungen des Schiffes wird eine Empfehlung für die wirtschaftlich günstigste und für Material und Mann-

schaft sicherste Schiffsroute gegeben, die dann entweder nach N um Schottland oder auf einem längeren Weg durch den Kanal führt.
R.en werden auch in anderen Ländern angeboten, z. B. in den USA für die Schiffahrt auf dem Atlantik und Pazifik.
RTH, die [ɛrte:'ha: ‖ Abk. für engl. **r**egional **t**elecommunication **h**ub = regionale Fernmeldezentrale]: im Rahmen der ↑Weltwetterwacht mit hochleistungsfähigen Rechnern und entsprechendem Gerät eingerichtete Fernmeldezentrale. RTH hat die Aufgabe, Wettermeldungen aus dem zuständigen Regionalbereich einzusammeln und in die globalen Hauptverbindungen (↑Main-trunk-circuit) einzusteuern sowie Beobachtungsdaten und Arbeitsergebnisse (Analysen, Vorhersagen, Satellitenbilder) zu empfangen und weiterzuverbreiten.
Die RTH Offenbach am Main (Zentralamt Deutscher Wetterdienst) steuert die Wettermeldungen Skandinaviens, der Schweiz, Österreichs, der BR Deutschland und Israels in das globale Fernmeldenetz ein.
Rückdrehen ↑Rechtdrehen.
Rückseitenkaltluft ↑Rückseitenwetter.
Rückseitenwetter [Syn.: postfrontales Wetter]: das Wetter nach Durchzug einer Kaltfront auf der Rückseite eines Tiefdruckgebietes im Bereich der nachströmenden **Rückseitenkaltluft.** Es ist durch raschen Wechsel von starker Quellbewölkung (Cumuluswolken), verbunden mit Regen-, im Winter mit Schnee- und Graupelschauern, und Aufheiterungsabschnitten mit sehr guter Sicht gekennzeichnet.
Rückwärtsstreuung ↑Streuung.
Rundfunkwetterbericht: zur Versorgung der Allgemeinheit mit Wetterinformationen über Hörfunk regelmäßig verbreiteter Bericht. In Vereinbarungen zwischen den jeweiligen Sendeanstalten und dem zuständigen Wetterdienst (Wetteramt) werden Art, Anzahl, Übermittlungs- und Sendezeiten geregelt.
Der *allg. R.* enthält meist eine Kurzvorhersage, Aussagen über die Wetterlage und -entwicklung im europäischen Bereich, eine kurzfristige regionale (je nach Sendegebiet auch überregionale) Wettervorhersage und die „weiteren Aussichten". Er wird nach den neuesten meteorologischen Unterlagen mehrmals täglich erstellt und in den Zwischenzeiten stündlich, meist zu Beginn oder am Ende der Nachrichtensendungen des Hörfunks, wiederholt.
Der R. wird in den *Wintermonaten* durch Hinweise für Kraftfahrer über den Straßenzustand und durch Frostwarnungen für Zuckerrübenanbauer ergänzt. Daneben werden zu bestimmten Zeiten Reisewettervorhersagen, Wintersportwetterberichte, Berichte des Straßenwetter- und Warndienstes, Seewetterberichte, Segelflugwetterberichte, Berichte für die Landwirtschaft, Wochenvorhersagen sowie aktuelle Wettermeldungen von Wetterstationen des Sendegebietes und europäischen Städten verbreitet.
In telefonischen Direktinterviews erläutern Meteorologen der Vorhersagezentralen regelmäßig die aktuelle Wetterlage und deren Weiterentwicklung.
RVR, die [ɛrfaʊ''ɛr]: ↑Landebahnsicht.
RVZ, die [ɛrfaʊ'tsɛt]: Abk. für ↑Regionale Vorhersagezentrale.
RWD, der [ɛrve:'de:]: Abk. für ↑Reichswetterdienst.

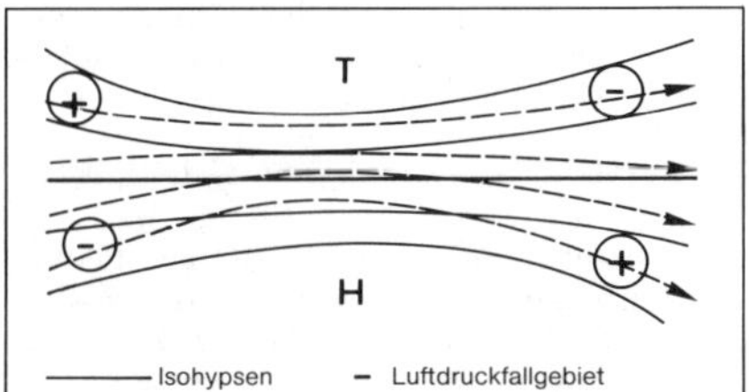

Ryd-Scherhag-Effekt in einer Frontalzone

Ryd-Scherhag-Effekt: von V. H. Ryd 1927 angegebene und von R. Scherhag weiterentwickelte Vorstellung über die Entstehung von Luftdruckänderungen im Bereich einer Frontalzone. Als Ursache gilt, daß Luftteilchen aus dem Kernbereich der Frontalzone aufgrund ihrer Trägheit mit zu hoher Geschwindigkeit in das ↑Delta einströmen und von der (von der Geschwindigkeit abhängigen) Coriolis-Kraft nach rechts abgelenkt werden. Durch diese ageostrophischen Winde entsteht im Delta in Strömungsrichtung links ein Massenverlust und rechts ein Massenzuwachs mit entsprechenden Luftdruckänderungen. Im Einzugsgebiet, wo die Luftteilchen mit zu geringer Geschwindigkeit in den Bereich höherer Luftdruckgradienten gelangen, ergibt sich umgekehrt: links Massenzuwachs und Luftdruckanstieg, rechts Massenverlust und Luftdruckfall. Es müßte sich also ein Viererfeld der Luftdruckänderungen ergeben. In der Natur wird das aber nur selten beobachtet.

S

S: Abk. für ↑Südlage.

Säkularreihe ↑klimatologische Beobachtungsreihe.

Säkularstation [aus lat. saecularis = alle hundert Jahre stattfindend]: meteorologische oder Klimastation mit einer sehr langen, etwa 80–120 Jahre (in Ausnahmefällen mehr als 120 Jahre) umfassenden Beobachtungsreihe. Wichtigstes Merkmal ist die Aufrechterhaltung ungestörter, hindernisfreier meteorologischer Meß- und Beobachtungsbedingungen über viele Jahre hinweg. – ↑auch klimatologische Referenzstation.

Salzpartikel: kleinste, salzhaltige Teilchen, die als Rückstände beim Versprühen und Verdunsten von Meerwasser entstehen. S. werden durch horizontale und vertikale Luftbewegungen bis über die Kontinente weiterverfrachtet. Ihr Anteil an wirksamen ↑Kondensationskernen wird auf etwa 10% geschätzt.

Samum, der [arab.]: trocken-heißer, staub- und sandbeladener Wüstenwind in Nordafrika (v. a. Algerien) und auf der Arabischen Halbinsel; entsteht entweder auf der Vorderseite von Tiefdruckgebieten im Mittelmeer oder im Zusammenhang mit lokalen Hitzetiefs.

Sand-devil, der ['sænddɛvl ‖ engl. = Sandteufel]: ein Sandwirbel (↑Trombe).

Sandfegen: das Aufwirbeln von Sand durch den Wind in geringer Höhe über dem Erdboden. Die Horizontalsicht in Augenhöhe ist dabei nicht merklich vermindert.

Sandhose ↑Trombe.

Sandström-Satz: von I. W. Sandström erkanntes und formuliertes Prinzip, nach dem eine temperaturbedingte Zirkulationsbeschleunigung nur dann über längere Zeit wirksam sein kann, wenn eine Wärmequelle tief und eine Kältequelle hoch liegt. Da die Erwärmung der Atmosphäre ganz überwiegend von der Erdoberfläche aus erfolgt und die Abkühlung durch langwellige Ausstrahlung sich auf die gesamte Atmosphäre – v. a. auf Wolkenoberflächen – erstreckt, ist das Prinzip des S.-S.es für die Atmosphäre im Durchschnitt immer erfüllt.

Sandsturm: svw. ↑Staubsturm.

Sandteufel ↑Trombe.

Sandtreiben: das Aufwirbeln von Sand durch den Wind bis in mäßige Höhen über dem Erdboden. Die Horizontalsicht in Augenhöhe ist dabei merklich vermindert.

Sankt-Elms-Feuer: svw. ↑Elmsfeuer.

Santa-Ana-Wind ['sæntə'ænə... ‖ nach Fluß und Paß gleichen Namens]: aus NO wehender föhnartiger Wind in S-Kalifornien (Küstenebene von Los Angeles); im Sommer außerordentlich warm und trocken; kann im Winter, wenn die Ausgangsluft in den Hochbekken sehr kalt ist, Frostschäden an Südfruchtkulturen verursachen.

Satellit, der [aus frz. satellite, von lat. satelles, satellitis = Leibwächter, Trabant]: ↑Wettersatelliten.

Satellitenbeobachtungen: die von Satellitenmessungen bzw. -bildern abgeleiteten meteorologischen Informationen, insbes. über: Wolkensysteme, Wolkenart und -struktur; Bedeckungsgrad, Eis- und Schneebedeckung; Staubstürme; Waldbrände (sofern nicht von Wolken verdeckt); Lage, Intensität und Verlagerung von Tiefdruckgebieten, Fronten und tropischen Wirbelstürmen; Starkwindzonen (Strahlströme); Windrichtung und -geschwindigkeit (anhand der Verlagerung von Wolken); Temperaturprofile; vertikale und horizontale Verteilung des Wasserdampfs und bestimmter Spurengase; Abschätzung von Niederschlägen und Wolkengipfeltemperaturen; Strahlungsbilanz, Meeresoberflächentemperaturen; Analyse des Planktons im Meerwasser.

Satellitenbild: das Ergebnis einer von einem Satelliten durchgeführten Aufnahme der Erdoberfläche einschl. der Atmosphäre.

S.er waren ursprünglich durch Kameras von polarumlaufenden Satelliten in Abständen von rund 2000 km aufgenommene Fernsehbilder. Dieses Verfahren wurde später durch den Einsatz von Strahlungsmeßgeräten abgelöst, die das Blickfeld zeilenweise und kontinuierlich abtasten und je nach Aufgabenstellung die von dem System Erde–Atmosphäre ausgehende Strahlung im sichtbaren, infraroten oder Mikrowellenbereich messen.

Es wird daher unterschieden zwischen: **VIS-Bildern** (von engl. **vis**ible = sichtbar; sichtbarer und naher infraroter Spektralbereich von 0,4 bis 1,1 μm), die fotoähnliche Bilder (bei Tag) der Erd- und Wolkenoberflächen mit entsprechenden Helligkeitsunterschieden darstellen; **IR-Bildern** (**i**nfra**r**oter [thermischer] Spektralbereich von 10,5 bis 12,5 μm), bei denen den einzelnen Helligkeitsstufen Oberflächentemperaturen von Wolken und Erdboden entsprechen (Gebiete hoher Temperatur werden dunkel, Gebiete niedriger Temperatur hell dargestellt); **WV-Bildern** (infraroter Bereich des Wasserdampfabsorptionsbandes 5,7 bis 7,1 μm), aus denen die Feuchteverteilung der oberen Troposphäre (5 bis 10 km Höhe) zu ersehen ist und die Luftströmungen auch beim Fehlen von Wolken erkennen lassen.

Eine Serie von gespeicherten S.ern kann automatisch zu einem **Satellitenfilm** zusammengesetzt werden, mit dem in Zeitrafferfolge die Entwicklung und Bewegung von Wolkensystemen sichtbar wird. Durch ein technisches Verfahren lassen sich den Grauwerten der Bildpunkte vorher fest definierte Farbstufen zuordnen, die eine farblich getrennte Darstellung von Wolken, Wasser- und Landflächen ermöglichen. – Abb. S. 370 und S. 372.

Satellitenempfangsanlage: für den Empfang der von Satelliten gesendeten Bilder, Wetterkarten und digitalen Daten bestimmte funktechnische Einrichtung. Die Bodenempfangsstation für die Meßergebnisse polarumlaufender Satelliten ist mit einer UKW-Richtempfangsantenne mit biaxialer Steuerung, die den Satelliten auf seiner Bahn verfolgt, einem UKW-Funkempfänger, der für die Empfangsfrequenzen quarzstabilisiert ist, und einem Telebildaufzeichnungsgerät ausgestattet, das automatisch die vom Satelliten gelieferten Aufnahmen fotographisch wiedergibt. Die Übertragung erfolgt nach dem ↑APT-System.

Bei S.n für METEOSAT-Daten (geostationärer Satellit) wird unterschieden zwischen den Hauptnutzer- bzw. Hauptempfangsstationen **PDUS** (Abk. für gleichbed. engl. **p**rimary **d**ata **u**sers **s**tations) und den Nebennutzer- bzw. Nebenempfangsstationen **SDUS** (Abk. für gleichbed. engl. **s**econdary **d**ata **u**sers **s**tations).

Für PDUS werden eine Spiegelantenne von 4,5 m Durchmesser und entsprechende Funkempfangsgeräte benötigt, mit denen sämtliche vom Satelliten übertragenen Daten (in digitaler und analoger Form) empfangen werden können. Diese Ausführung der S. ist hpts. für nationale Wetterdienste mit aufwendigen Bildaufbereitungs- und Wiedergabeanlagen bestimmt. Sie wird ergänzt durch Empfangsgeräte für die Vertikalsondierungsdaten der NOAA-Satelliten, die über einen Minicomputer zur Auswertung an das meteorologische Rechenzentrum weitergeleitet werden.

Nebenempfangsstationen (SDUS) werden mit einer Spiegelantenne von etwa 3 m Durchmesser und weniger kostspieligen Funkempfängern ausgerüstet. Sie ermöglichen aber nur den Empfang von

Analogdaten (Satellitenbilder und Wetterkarten im APT-Format).

Satellitenmessungen: die von radiometrischen Kamerasystemen an Bord geostationärer und polarumlaufender Wettersatelliten durchgeführten Messungen der von der Erde bzw. Atmosphäre ausgehenden Strahlung in verschiedenen Spektralbereichen. Im Sichtbaren mißt das Strahlungsmeßgerät die an Erdoberfläche und Wolken reflektierte Sonnenstrahlung und im Infraroten die von Erd- und Wolkenoberflächen sowie der Atmosphäre ausgehende thermische Strahlung.

Die Ergebnisse der S. werden in ↑ Satellitenbildern dargestellt und sind auch in digitaler Form zur wiss. Auswertung verfügbar (↑ Satellitenbeobachtungen).

Satellitenmeteorologie: Teilgebiet der Meteorologie, das die von Satelliten aus durchgeführten Beobachtungen und Messungen für die verschiedenen Arbeitsgebiete der Meteorologie, besonders für die Analyse und Vorhersage des Wetters, nutzbar macht.

Satelliten auf niedriger Umlaufbahn zwischen 300 und 1 500 km Höhe eignen sich v. a. für das Studium kleinräumiger Prozesse, Satelliten auf Umlaufbahnen in der Entfernung von einigen Erdradien dienen mehr großräumigen, globalen Untersuchungen.

Zum *Aufgabenbereich* der S. gehören: 1. die Erforschung der Erde und ihrer Atmosphäre durch die Messung der von diesem System ausgehenden und in den Weltraum gerichteten Strahlung; 2. die Abbildung der in der Atmosphäre auftretenden Wolkenfelder von oben; 3. die Sammlung und Übertragung von Meßwerten, die mit den bisher üblichen Methoden durch Bojen, automatische Wetterstationen in unbesiedelten Gebieten oder Ballons gewonnen werden. – ↑ auch Wettersatelliten.

Sattelpunkt ↑ Deformationsfeld.

Sättigung: atmosphärischer Zustand, bei dem in der Luft die maximal mögliche Feuchtigkeit enthalten ist. In diesem Zustand würden aus einer ebenen Wasseroberfläche genau so viel Wassermoleküle in die Luft übertreten, wie von der Luft in die Wasseroberfläche zurückkehren, so daß ein Gleichgewichtszustand zwischen Wasser und Luft herrschen würde.

Da die Molekülbewegungen um so stärker sind, je höher die Temperatur ist, hängt der Zustand der S. von der Temperatur ab. So beträgt der Dampfdruck, der bei S. herrscht, der sog. **S.sdampfdruck,** z. B. bei 0 °C 6,11 hPa, bei 10 °C 12,3 hPa, bei 20 °C 23,4 hPa; bei höheren Temperaturen steigt er immer steiler an (↑ auch Magnus-Formel).

Bei Temperaturen unter 0 °C sind die Werte des S.sdampfdrucks über Eis etwas niedriger als über unterkühltem Wasser (↑ Eissättigung). Falls im Wasser Salze gelöst sind, liegen die Werte je nach Art der Salze und der Konzentration der Lösung um unterschiedliche Beträge niedriger. Dagegen sind sie über kleinen Tröpfchen wegen der stark gekrümmten Oberfläche wesentlich erhöht.

Sättigungsdampfdruck: der Dampfdruck bei ↑ Sättigung.

Sättigungsdefizit: Differenz zwischen ↑ Sättigungsfeuchte und tatsächlich vorhandener Luftfeuchte bzw. zwischen Sättigungsdampfdruck und gemessenem Dampfdruck. Wieviel Wasserdampf die Luft noch aufnehmen kann, hängt vom S. ab, und damit auch die Höhe der Verdunstung.

Sättigungsfeuchte: die Höchstmenge an Wasserdampf (in g), die bei einer bestimmten Lufttemperatur in 1 m^3 feuchter Luft enthalten sein kann. Die S. besitzt unterschiedliche Werte über Wasser und über Eis wie der ihr entsprechende Sättigungsdampfdruck (↑ Sättigung). Je höher die Temperatur ist, um so mehr kann die Luft Wasserdampf aufnehmen, d. h. desto größer ist die S. bzw. der Sättigungsdampfdruck.

Sättigungsmischungsverhältnis [Syn.: Sättigungsverhältnis]: das maximal mögliche Mischungsverhältnis (in g Wasserdampf pro kg trockener Luft), das in der Luft bei Sättigung vorhanden sein kann. Es hängt v. a. von der Temperatur, in geringerem Maße vom Luftdruck ab.

In thermodynamischen Diagrammpapieren sind die Linien gleichen S.ses mit der Höhe bzw. mit abnehmendem Luftdruck leicht zu niedrigeren Temperaturen geneigt, d. h., bei tieferem Luftdruck tritt Sättigung bei etwas niedrigeren Temperaturen ein als bei höherem Luftdruck.

Sättigungspunkt: bei Zustandsänderungen eines Luftpakets der Punkt, bei dem Sättigung erreicht wird. Für adiabatische Zustandsänderungen kann der S. in einem thermodynamischen Diagrammpapier ermittelt werden. Hierzu ist der Schnittpunkt der Trockenadiabaten, auf der die Ausgangstemperatur des Luftpakets liegt, mit der Kurve des Mischungsverhältnisses des Luftpakets aufzusuchen. Durch die im Schnittpunkt beider Linien herrschende Temperatur und den zugehörigen Luftdruck ist der S. bestimmt.

Sättigungstemperatur: die Temperatur, bis zu der feuchte Luft abgekühlt werden muß, damit Sättigung eintritt; meist als Taupunkttemperatur (↑Taupunkt) bezeichnet.

Sauerstoff [chem. Zeichen: O (von nlat. Oxygenium)]: das häufigste chemische Element auf der Erde. Im Gasgemisch der Luft ist der S. als permanentes Gas normalerweise in der Form des molekularen S.s (O_2) zu rund 21 Volumenprozent enthalten.

Die Bildung des S.s in der Atmosphäre hängt im wesentlichen mit der Photosynthese der grünen Pflanzen zusammen. S.bildung und S.verbrauch (durch Atmung bei Mensch und Tier, Oxidation der Erdkruste, Verwesungsprozesse, menschliche Aktivitäten) halten sich seit langem durch komplizierte Prozesse in einem stabilen Gleichgewicht.

Unter der Einwirkung der Ultraviolettstrahlung der Sonne wird ein Teil des zweiatomigen Luftsauerstoffs gespalten, und die gebildeten Sauerstoffatome (O) können sich mit den zweiatomigen zum dreiatomigen ↑Ozon verbinden.

Sauerstoffisotopenverfahren: physikalische Methode, die zur Bestimmung der Temperatur, bei der bestimmte Prozesse abgelaufen sind, das Verhältnis der Sauerstoffisotope O_{18} und O_{16} heranzieht. Dieses Verhältnis ändert sich, wenn Wasser von einem Aggregatzustand in den anderen übergeht oder auch, wenn Sauerstoff aus Wasser in eine andere Substanz eingebaut wird (z. B. in Kalkschalen von Meeresorganismen), und zwar in Abhängigkeit von der jeweils herrschenden Temperatur.

Da der Sättigungsdampfdruck über Wasser, das das schwere Sauerstoffisotop O_{18} enthält, niedriger ist als der über normalem Wasser und die Differenz beider Sättigungsdampfdrücke bei niedrigen Temperaturen größer ist als bei hohen, enthält Niederschlag, der bei hohen Temperaturen gebildet wurde, weniger Wasser mit dem Isotop O_{16} als Niederschlag, der bei niedrigen Temperaturen entstanden ist. So kann beispielsweise bei der schichtweisen Analyse des Sauerstoffisotopenverhältnisses bei Eisbohrkernen (etwa aus dem grönländischen oder antarktischen Inlandeis) die Abfolge von Sommer- und Winterniederschlägen festgestellt werden.

saurer Niederschlag: Bez. für Niederschlag mit pH-Werten unter 5,6. Die Übersäuerung des Niederschlagswassers ist auf den Gehalt an Schwefel- und Salpetersäure zurückzuführen, die sich in der Atmosphäre als Folge der Schwefeldioxid- und Stickstoffoxidbelastung bilden.

In hohen Konzentrationen wirkt sich s. N. schädlich auf das Ökosystem (v. a. auf Seen, Wälder und Böden) aus.

Savannenklima [span. sabana = Savanne (indian. Ursprungs)]: das Klima der Vegetationsformation der Savanne in den wechselfeuchten Tropen. Es wird gekennzeichnet durch eine Regenzeit und eine ausgeprägte Trockenzeit (3 bis maximal 10 aride Monate). Die Niederschlagssummen verringern sich mit zunehmender Entfernung vom Äquator. Entsprechend bilden sich Feuchtsavanne (7–9 humide Monate), Trockensavanne (5–7 aride Monate) bzw. Dornstrauchsavanne (7,5–10 aride Monate) aus. Die Höchstwerte der Temperatur treten vielfach vor dem Einsetzen der Regenzeit auf.

Sc: Abk. für ↑Stratocumulus.

Scale, der [skeıl ‖ engl. = Skala]: Bez. für die Größenordnung atmosphärischer Phänomene. Die sehr unterschied-

liche Größe der Bewegungsvorgänge und Erscheinungen in der Atmosphäre hat zu einer Klassifizierung nach der räumlichen Erstreckung geführt. So sind im englischen Sprachraum die Begriffe **Makro-S.**, **Meso-S.** und **Mikro-S.** entstanden (über die Abgrenzungen zwischen diesen Größenordnungen gibt es international noch keine einheitliche Auffassung).
Für spezielle Zwecke werden diese Größenordnungen noch feiner unterteilt; diese kleineren Klassen werden der Größe nach mit dem Zusatz α, β oder γ bezeichnet. Als Beispiel einer Klassifikation siehe Tabelle.
Neben dieser Grundeinteilung haben sich noch einige weitere S.bezeichnungen eingebürgert:
Der **synoptische S.** umfaßt alle Phänomene, die in Wetterkarten enthalten sind; er ist weitgehend gleichzusetzen mit Makro-Scale. Für die gleiche Größenordnung gibt es noch den Begriff **Large-Scale.** – Phänomene, die kleiner sind, so daß sie nicht mehr in Wetterkarten erkennbar sind, nennt man **subsynoptisch.**
Der **Konvektions-S.** faßt die Größenordnung aller konvektiven Vorgänge zusammen. Er beginnt etwa beim Mikro-S. β (Thermik) und schließt den Meso-S. γ (Gewitterzellen) noch ein.
Schließlich wird oft von **subskaligen Prozessen** gesprochen. Hierunter werden solche Phänomene verstanden, die wegen ihrer geringen Größe von einem gegebenen Gitternetz nicht mehr dargestellt werden können.
Den Werten der horizontalen Erstreckung können sog. charakteristische Zeiten zugeordnet werden, die etwa angeben, wie lang ein Bewegungsvorgang des betreffenden Phänomens andauert oder welche Lebenszeit es selbst hat. Diese charakteristischen Zeiten reichen von der Größenordnung von etwa 10 s im Mikro-S.-γ-Bereich bis zu etwa einer Woche im Makro-S.-α-Bereich.

SCAR, das [skɑ:]: Abk. für **Scientific Committee on Antarctic Research;** wiss. Komitee für Antarktisforschung; arbeitet im Rahmen des ↑International Council of Scientific Unions.

Scavenging, das ['skævɪndʒɪŋ ‖ zu engl. to scavenge = reinigen]: Bez. für die An-

Scale

Scale-Definition		Phänomene	horizontale Erstreckung
Makro-Scale	α	allg. Zirkulation, lange Wellen	
			10 000 km
Makro-Scale	β	barokline Wellen, Hoch- und Tiefdruckgebiete	
			2 500 km
Meso-Scale	α	Fronten, tropische Zyklonen	
			250 km
Meso-Scale	β	orographische Effekte, Land-See-Wind, Cloud-cluster	
			25 km
Meso-Scale	γ	Gewitterzellen, Stadteffekte	
			2,5 km
Mikro-Scale	α	Konvektion, Tornados	
			250 m
Mikro-Scale	β	Staubtrombe, Thermik	
			25 m
Mikro-Scale	γ	kleinräumige Turbulenz	

lagerung von atmosphärischen Spurenstoffen in Wassertröpfchen (↑ Cloud-scavenging, ↑ Below-cloud-scavenging).

Schadstoffausbreitung: der Transport von Schadstoffen in der Atmosphäre (↑ Transmission).

Schadstoffe: natürlich oder als Folge menschlicher Aktivitäten in der Umwelt vorkommende Substanzen mit schädlicher Wirkung auf Lebewesen und Sachen. Zu den natürlich vorkommenden Sch.n zählen Schwefel-, Stickstoff- und Kohlenstoffverbindungen aus mikrobiologischen Prozessen, Vulkaneruptionen, Gischt, Wald- und Buschbränden, zu den anthropogenen (hpts. aus industriellen Produktionsstätten, Kraftwerken, Kraftfahrzeugverkehr, Hausbrand) v. a. Stäube, Schwefeldioxid, Kohlenmonoxid und -dioxid, Stickstoffoxide, Kohlenwasserstoffe und Schwermetalle (Blei, Cadmium u. a.; in der Luft überwiegend an Staub gebunden).

Schäfchenwolke: Bez. für Cirrocumulus **(feine Sch.)** und Altocumulus **(grobe Sch.).**

Schafkälte: sehr häufig Mitte Juni (Zeit der Schafschur) in Mitteleuropa auftretender Kaltlufteinbruch aus NW, der von unbeständigem, regnerischem Wetter begleitet wird und einen empfindlichen Temperaturrückgang verursacht. In den Gipfellagen der Mittelgebirge bildet sich mitunter vorübergehend eine dünne Schneedecke.
Die Sch. gehört zu den Kälterückfällen, die für das mitteleuropäische Klima im Sommer typisch sind und durch Meeresluftvorstöße infolge stärkerer Erwärmung des Festlandes herbeigeführt werden.

Schalenhandanemometer: svw. ↑ Handanemometer.

Schalenkreuzanemometer [Syn.: Schalensternanemometer, Schalenanemometer]: meteorologisches Instrument zur Messung der Windgeschwindigkeit; häufig mit einer ↑ Windfahne kombiniert. Als Meßfühler (Windgeber) dient ein meist dreiarmiger Stern **(Schalenkreuz, Schalenstern),** an dessen Zacken halbkugelförmige Hohlschalen montiert sind, die durch den Wind in Rotation versetzt werden. Die Meßwertübertragung geschieht elektromagnetisch: Auf die Achse des Schalenkreuzes ist ein Dynamo aufgesetzt, dessen erzeugte Spannung der Umdrehungsfrequenz und damit der Windgeschwindigkeit proportional ist; letztere wird an einem entsprechend geeichten Galvanometer abgelesen oder mit einem elektrischen Schreibgerät registriert.
Spezielle Sch. sind das ↑ Handanemometer und das ↑ Kontaktanemometer.

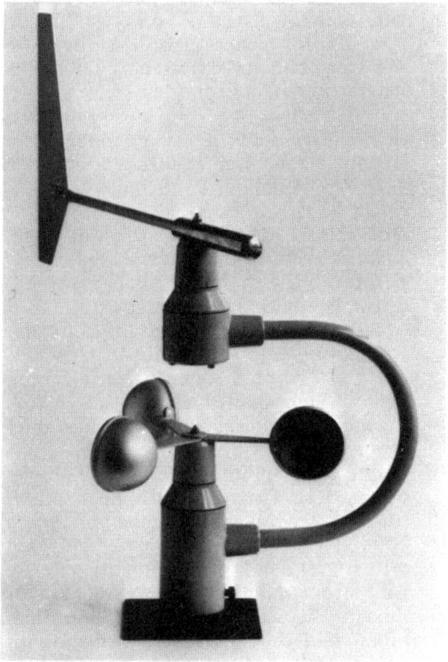

Schalenkreuzanemometer, mit einer Windfahne kombiniert

Schallausbreitung: die wellenförmige Ausbreitung des Schalls in einem Medium, insbes. in der Luft. Sie erfolgt mit einer charakteristischen Ausbreitungsgeschwindigkeit, der **Schallgeschwindigkeit.** Diese ist in der Luft von der Lufttemperatur, jedoch nicht vom Luftdruck abhängig. Bei einer mittleren Lufttemperatur von 15 °C beträgt sie rund 330 m/s. Die Sch. erfolgt analog zur Lichtausbreitung. Wie bei allen Wellenvorgängen sind auch beim Schall Erscheinungen der Brechung, Reflexion, Beugung und Interferenz zu beobachten. Bei einer Temperaturzunahme mit der Höhe (Inversion), die gleichbedeutend mit einer Zunahme der Schallgeschwindigkeit ist, können die Schallwellen in höheren Schichten vollständig reflektiert werden. Bei einem Explosionsknall kann deshalb der Schall gelegentlich außerhalb der **inneren Hörbarkeitszone** (Radius bis etwa 100 km) auch in einer **äußeren Hörbarkeitszone** (im Abstand von etwa 200 km vom Explosionsort) gehört werden, wo die von oben reflektierten Schallwellen wieder auf den Erdboden treffen. Zwischen beiden liegt die sog. **Zone des Schweigens,** die weder von den längs der Erdoberfläche sich ausbreitenden noch von den reflektierten Schallwellen erreicht wird.

Schattentemperatur: die mit abgeschatteten Meßfühlern gemessene Temperatur. Die Sch. ist die allein repräsentative Meßgröße der Temperatur, weil Messungen in der Sonne aufgrund der Reflexions- und Absorptionseigenschaften des Thermometers zu Verfälschungen der Temperaturmessung führen. Zur Vermeidung dieser als Strahlungsfehler bezeichneten Meßfehler werden Thermometer bzw. ihre Meßelemente entweder in der ↑Thermometerhütte untergebracht oder mit einem meist aus einem koaxial um das Thermometer gelegten reflektierenden Metallzylinder versehen.

Schauer: Niederschläge von kurzer Dauer, die aus Cumulonimbuswolken fallen und durch schroffe Schwankungen ihrer Intensität und ein charakteristisches Aussehen des Himmels gekennzeichnet sind.

Sch.wetter herrscht auf der Rückseite von Tiefdruckgebieten. Typisch ist dabei in rasch strömender, labil geschichteter Kaltluft ein schneller Wechsel zwischen dunklen, drohenden **Sch.wolken** und kurzer Aufheiterung mit oft tiefblauem Himmel.

Sch. entstehen auch bei ruhigem und heißem Wetter im Sommer über dem Festland infolge Labilisierung der Luft und Überhitzung und damit verbundener Wolkenentwicklung.

Sch. gibt es von Regen (größere Tropfen als Dauerregen), Schnee (große Flokken), Reif- und Frostgraupeln sowie Hagel.

Schauerstraßen: langgestreckte Gebietsstreifen, in denen (anscheinend weitgehend unabhängig vom Relief) häufiger Schauer oder von Niederschlag begleitete Wolkenstraßen auftreten. Die im Vergleich zur unmittelbaren Umgebung größere Niederschlagshöhe in Sch. ist v. a. bedingt durch unterschiedliche Reibungskräfte, die zu lokalen Aufwindkomponenten führen, wechselnde Strömungsrichtungen und dadurch verursachte Konvergenzen bzw. Divergenzen sowie unterschiedliche thermodynamische Verhältnisse an der Erdoberfläche.

Schein [Syn.: klarer Schein]: bei Dämmerung zu beobachtende schmale, helle Übergangszone zum dunklen, blauen Himmel in Richtung Zenit.

Scheinleitung: ältere Bez. für eine Wärmeübertragung, die im Gegensatz zu wirklicher Wärmeleitung durch turbulente Vorgänge vor sich geht und heute meist ↑Wärmeaustausch genannt wird.

Scheitelwert ↑Modalwert.

Schergui, der [ʃɛr'gi]: ein Wind (↑Chergui).

Scherhag-Divergenzregel [nach R. Scherhag]: svw. ↑Divergenzregel.

Scherung: Kurzbez. für ↑Windscherung.

Scherungsinstabilität: Instabilität in einem Strömungsfeld, die allein durch die horizontale Windscherung bedingt ist. Sie spielt eine wesentliche Rolle im Falle der ↑barotropen Instabilität. Aus theoretischen Untersuchungen ergibt sich ferner, daß sie die entscheidende Ursache für die Entstehung instabiler Wellen an der Polarfront ist (↑auch Polarfronttheorie).

Scherungslinie: parallel zur Strömung verlaufende Linie, auf deren beiden Seiten unterschiedliche Strömungsgeschwindigkeiten herrschen. Die Luftströmung beiderseits der Sch. kann dabei gleichgerichtet oder entgegengesetzt sein.

Am Boden ist eine Sch. oft mit einer ↑quasistationären Front verbunden. In der Höhe können sich Sch.n (zwischen entgegengesetzten Strömungsrichtungen) längs der Troglinie eines langgestreckten Höhentrogs bilden.

Scherungsturbulenz: der Anteil an der atmosphärischen Turbulenz, der nur auf Windscherung zurückzuführen ist. Sie ist ein Bestandteil der ↑dynamischen Turbulenz und tritt v.a. in der atmosphärischen Grenzschicht auf, in der immer eine vertikale Windscherung vorhanden ist.

Sch. kann gelegentlich auch in der freien Atmosphäre in Schichten stärkerer Windscherung vorkommen, z.B. als ↑Clear-air-Turbulenz.

Scherungsvorticity, die [...vɔrtɪsiti:]: der durch Windscherung verursachte Teil der ↑relativen Vorticity.

Scherwind: in der Praxis meist gleichgesetzt mit ↑Relativwind und ↑thermischem Wind; theoretisch definiert als vektorielle Differenz zwischen den (etwa gleichzeitig) gemessenen Winden in zwei verschiedenen Niveaus.

Der Sch. kann also unmittelbar aus einer Höhenwindsondierung berechnet werden, ohne daß eine Analyse einer Höhenkarte vorliegt. Sch.e können deshalb als Hilfe bei der Konstruktion von relativen Topographien verwendet werden, wenn die gemessenen Winde als geostrophische Winde und der Differenzwind als Relativwind angesehen wird.

Schichtdicke: der Höhenabstand zweier bestimmter Druckflächen, der in der relativen ↑Topographie flächenmäßig dargestellt wird.

Schichthaufenwolke: svw. ↑Stratocumulus.

Schichtung: die Anordnung von Luftschichten in der Vertikalen, gekennzeichnet durch die Verteilung der wichtigsten meteorologischen Elemente mit der Höhe (Temperatur, Feuchte, Wind).

Je nach Temperaturgradient in einer durch die ↑Zustandskurve charakterisierten Luftschicht unterscheidet man verschiedene *Arten des Gleichgewichts:*

In trockener bzw. ungesättigter Luft ist die Sch. stabil **(trockenstabil),** wenn die vertikale Temperaturabnahme geringer als 1 K pro 100 m Höhe, d.h. kleiner als der trockenadiabatische Temperaturgradient ist.

Die Sch. ist labil **(trockenlabil),** wenn die Temperaturabnahme mit der Höhe größer ist als 1 K pro 100 m (überadiabatisch); kommt in der freien Atmosphäre selten, in unmittelbarer Bodennähe durch Sonneneinstrahlung jedoch häufig vor.

Die Sch. ist **indifferent,** wenn die Temperaturabnahme mit der Höhe gleich dem trockenadiabatischen Gradienten ist, also gleich 1 K pro 100 m. In wasserdampfgesättigter Luft (Wolkenluft) folgen Vertikalbewegungen nicht mehr dem trockenadiabatischen, sondern dem feuchtadiabatischen Temperaturgradienten.

Die durch die Zustandskurve gekennzeichnete Sch. ist daher **feuchtstabil,** wenn der vertikale Temperaturgradient kleiner, **feuchtlabil,** wenn er größer und **feuchtindifferent,** wenn er genau so groß ist wie der feuchtadiabatische Gradient.

Schichtungskurve: svw. ↑Zustandskurve.

Schichtwolken: einförmige Wolken ohne große Helligkeitsunterschiede und Strukturen, die als Felder oder Schichten den Himmel ganz oder teilweise bedecken. Typische Sch. sind ↑Stratus, ↑Altostratus, ↑Cirrostratus und ↑Nimbostratus.

Schiefe der Ekliptik ↑Ekliptik.

Schiffsbarometer [Syn.: Marinebarometer]: früher zur Luftdruckmessung auf Schiffen verwendetes, mit Quecksilber gefülltes ↑Gefäßbarometer, bei dem die Röhre in der Mitte stark verengt ist, um das „Pumpen" des Quecksilbers, d.h. die Auf- und Niederbewegungen im Gefolge der Schiffsbewegungen, wodurch das genaue Ablesen des Barometerstands unmöglich wird, zu verhindern.

Heute werden Schiffe meistens mit ↑Aneroidbarometern ausgerüstet.

Schiffsbeobachtungen [Syn.: Schiffswetterbeobachtungen]: maritim-meteorologische Beobachtungen, die an Bord von Schiffen durchgeführt werden. Die Sch. werden in ein ↑Schiffstagebuch eingetragen und in der Regel als ↑SHIP-Meldung zu den synoptischen Terminen über Küstenfunkstellen und Fernmeldeleitungen an nationale Wetterzentralen

übermittelt, die sie in das globale Wetterfernmeldenetz einschleusen.
Zu den Sch. zählen auch *aerologische Messungen auf See,* die unter der Kennung **PILOT SHIP** (↑PILOT-Meldung) bzw. **RAWIN SHIP** (Höhenwindmessungen; ↑RAWIN, engl. ship = Schiff), **TEMP SHIP** (Radiosondenaufstiege; ↑TEMP-Meldung) und **ROCOB SHIP** (ROCOB ist Abk. für engl. **ro**cket **ob**servation = Raketenbeobachtung; Raketenaufstieg mit Meßdaten aus Höhen über 20 km) verbreitet werden. Diese aktuellen Sch. sind neben den Wetterbeobachtungen der Landstationen eine unentbehrliche Grundlage der Wetteranalyse und -vorhersage.
Die Sammlung und klimatologische Auswertung der Sch. dt. Seefahrzeuge obliegt dem Seewetteramt Hamburg, das nach internat. Übereinkommen auch für die Sammlung, Auswertung und Veröffentlichung aller internat. Sch. aus dem Südatlantik zwischen 20° n. Br. und 50° s. Br. verantwortlich ist.

Schiffstagebuch [Syn.: Logbuch, Journal]: auf Schiffen zu führendes Tagebuch, in das alle nautischen Daten sowie auf die Fahrt bezogene Beobachtungen und Vorkommnisse eingetragen werden.
Meist werden für die einzelnen Bereiche getrennte Tagebücher geführt, z. B. das **meteorologische Sch.,** in das zu bestimmten Terminen Wetterbeobachtungen einzutragen sind. Das meteorologische Sch. geht auf Vorschläge von M. F. Maury zurück, nach denen sich auf einer internat. Tagung in Brüssel 1853 die Seemächte verpflichteten, Kauffahrer aufzufordern, vierstündlich bestimmte Beobachtungen in vorgeschriebene Journale einzutragen.
In Deutschland wurde das meteorologische Sch. von der Norddeutschen Seewarte eingeführt und von der Deutschen Seewarte weiterentwickelt. Diese übernahm auch die wiss. Auswertung und Archivierung. Die Ergebnisse wurden der Schiffahrt in meteorologischen Zusammenstellungen, Segelanweisungen, Seehandbüchern und Dampferhandbüchern zur Verfügung gestellt. – ↑auch Schiffsbeobachtungen.

Schinze-Diagramm [nach G. Schinze]: svw. ↑Thetagramm.

Schirokko, der [italien., von arab. šarqī = östlich(er Wind), zu arab. šarq = Osten ‖ Schreibvariante: Scirocco]: sehr heißer, trockener, staubbeladener Wind aus südlichen Richtungen im Mittelmeerraum; entsteht in den Wüstengebieten Nordafrikas auf der Vorderseite von Tiefdruckgebieten; z. T. nach Überschreiten von Gebirgen zusätzlich föhnig erwärmt. Bei langen Wegstrecken über das Meer erfolgt Feuchtigkeitsanreicherung, so daß dann die feuchtwarme Luft in Spanien, Italien, Dalmatien und Griechenland bei orographisch erzwungenem Aufsteigen zu starken Niederschlägen Anlaß gibt. Der Sch. tritt v. a. im Frühjahr und Herbst auf.
In den afrikanischen Mittelmeerländern wird der Sch. auch als ↑Gibli, ↑Kamsin oder ↑Samum bezeichnet.

Schlagregen: Regen, dessen Tropfen unter der Wirkung des Windes merklich aus der lotrechten Fallrichtung abgelenkt werden und dadurch auf senkrecht exponierte Flächen (Hauswände) unter einem bestimmten Einfallswinkel, der von Tropfengröße und Windgeschwindigkeit abhängt, auftreffen.
Die Häufigkeit des Auftretens von Sch. in Abhängigkeit von der Windrichtung **(Sch.windrose)** ist z. B. bei der Konstruktion von Bauwerken (Feuchtedämmung, Verwitterung) zu berücksichtigen.
Sch. tritt bei Windstärken von mindestens 5 der Beaufortskala auf, da dann die Tropfen um mehr als 45° aus der vertikalen Fallrichtung abgelenkt werden.

Schlechtwetterbedingungen: svw. ↑Wettermindestbedingungen.

Schlechtwetterflug: Flug eines Luftfahrzeugs bei ungünstigen Wetterverhältnissen, bei dem jedoch die ↑Wettermindestbedingungen beachtet werden müssen.

Schlechtwetterfront: allg. Bez. für eine nicht näher klassifizierte Front, die mit einer wesentlichen Verschlechterung des Wetters verbunden ist. Der Begriff Sch. wird v. a. im Flugwetterdienst verwendet. Deshalb haben bei der Bewertung des Wetters als „schlecht“ diejenigen Wetterelemente, die einen Sichtflug gefährden, nämlich Höhe der unteren Wolken und die Sicht, besonderes Gewicht.

Schlechtwettergebiet: der bei zyklonaler Wetterlage durch ungünstige Wetterverhältnisse, hpts. anhaltende (frontale oder orographische) Niederschläge, gekennzeichnete Bereich.

Schlechtwetterweg: Flugroute, auf der bei im allg. ungünstigen Wetterverhältnissen die Wettermindestbedingungen für Sichtflug noch erfüllt sind. Sch.e verlaufen meist längs der Flußtäler oder im Lee von Gebirgen.

Schlechtwetterwolken: dunkle, jedoch geringmächtige, zerrissene Wolkenfetzen im tiefen Niveau, die infolge Sättigung der Luft mit Wasserdampf durch fallende Niederschläge oder dynamische Turbulenz hpts. unter Nimbostratuswolken entstehen und mit diesen häufig zusammenwachsen.
Wegen ihres Aussehens werden die Sch. als **Stratus fractus (Fraktostratus)** klassifiziert. Eine früher gebräuchliche Bez. war **Fractonimbus (Fraktonimbus).**

Schleierwolke: svw. ↑Cirrostratus.

Schleifzone: ältere Bez. für eine ↑quasistationäre Front, die eine stärkere Wetterwirksamkeit aufweist; im allg. die Folge von kleineren stabilen Wellen, die an der Front entlanglaufen, ohne sie stärker zu deformieren. In der Wetterkarte sind diese Wellen, die häufig mit intensiven Aufgleitvorgängen und längeranhaltenden Niederschlägen verbunden sind, oft schwer zu lokalisieren; am ehesten sind sie noch an dem begleitenden Druckfallgebiet erkennbar.

Schleuderpsychrometer: ↑Psychrometer, das durch einen Drehgriff in kreisende Bewegungen versetzt wird. Zum Schleudern kann auch eine Schnur verwendet werden. Die Rotationsbewegungen dienen zur Erzeugung eines nahezu konstanten Ventilationsstroms, der an den Gefäßen des trockenen und feuchten Thermometers entlanggeführt wird.

Schleuderthermometer [Syn.: Thermoschleuder]: zur Messung der Lufttemperatur auf Schiffen verwendetes Quecksilberthermometer. Das in einem verchromten Messingrohr befindliche Sch. wird um einen leicht drehbaren Griff in kreisende Bewegung versetzt. Dieses Schleudern erzeugt einen nahezu konstanten Ventilationsstrom, der am Quecksilbergefäß entlanggeführt wird, um ein thermisches Gleichgewicht zwischen Thermometergefäß und Umgebungsluft herzustellen. Der Schleudervorgang wird mehrmals wiederholt, bis die Ablesungen jeweils denselben Wert liefern.

Schlieren: eine optische Erscheinung (↑Flimmern).

Schloßen: landschaftlich für: Hagelkörner (↑Hagel).

Schlotströmung: engräumige, vertikale Aufwinde von besonderer Heftigkeit (hpts. in Tornados und Gewitterwolken), die im Einzelfall Geschwindigkeiten bis zu 30 m/s (108 km/h) erreichen können.

Schmelzpunkt [Syn.: Schmelztemperatur]: Temperatur, bei der eine Substanz beim Schmelzen unter konstantem Druck von 1013,25 hPa aus dem festen in den flüssigen Aggregatzustand übergeht. Der Übergangspunkt in entgegengesetzter Richtung heißt **Erstarrungspunkt** (bei Wasser der Gefrierpunkt).
Der Sch. ist druckabhängig: Bei Wasser (bzw. Eis) bewirkt Druckerhöhung eine Sch.erniedrigung.
Für Stoffgemische läßt sich nur ein Schmelzintervall angeben.

Schmelzwärme: diejenige Wärmemenge, die benötigt wird, um die Mengeneinheit eines Stoffs (meist 1 kg) ohne Temperaturerhöhung aus dem festen in den flüssigen Aggregatzustand zu überführen.
Die Sch. des Eises beträgt 333,7 kJ/kg, d. h., um 1 kg Eis zu schmelzen, wird die Wärmeenergie von 333,7 kJ verbraucht. Die entsprechende Energiemenge wird beim Gefrieren des Wassers wieder frei (↑Gefrierwärme).

Schnee: fester Niederschlag aus meist verzweigten kleinen Eiskristallen, den **Sch.kristallen.** Diese haben gewöhnlich die Form sechseckiger Plättchen und Säulen oder sechsstrahliger Sternchen **(Sch.sterne)** von zarter Struktur in vielfältigen Variationen (am häufigsten in verzweigten, dendritischen Formen). Die Kristallform hängt hpts. von der

Temperatur sowie von der Übersättigung der Luft bei der Bildung ab.
Bei Temperaturen um 0 °C fällt Sch. meist in Form großer, lockerer **Sch.flokken** (mit Durchmessern bis zu mehreren cm) aus zusammengeketteten Kristallen, bei größerer Kälte in Form von Eisplättchen, Eisnadeln (↑ Diamantschnee) oder Schneesternchen.

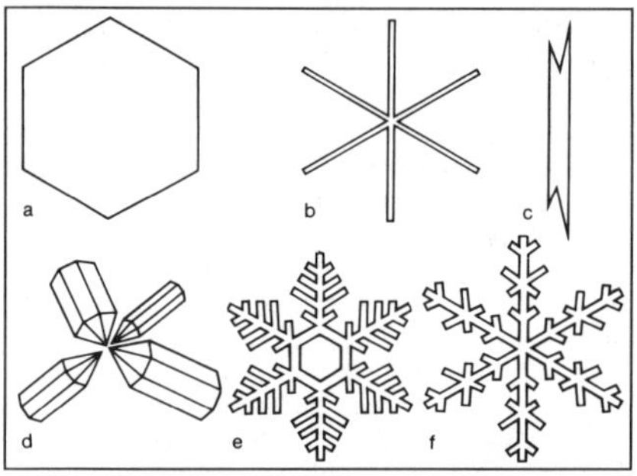

Schnee. Typische Kristallformen: a Plättchen, b Stern, c Nadel, d Zusammensetzung aus verschiedenen Prismen, e dendritisches Plättchen, f dendritischer Stern

Schneeausstecher: unten offener, mit einer Verzahnung versehener Blechzylinder von 200 cm^2 Grundfläche (gleich der Auffangfläche des Hellmann-Niederschlagsmessers), an dem außen eine im allg. 60 cm lange Skala zum Ablesen der Höhe der ausgestochenen Schneeschicht angebracht ist. Der Zylinder ist oben geschlossen und mit einem Handgriff versehen. Zum Sch. gehört eine Schaufel mit ebener Fläche zum Abdecken der Öffnung bei Entnahme der Schneeprobe.
Der mit dem Sch. ausgestochene Schnee dient zur Bestimmung des Wasseräquivalents einer Schneedecke.

Schneebrett:
◊ im Klimadienst ein Meßplatz zur Bestimmung der Höhe einer Neuschneedecke. Das Sch. wird von einer etwa 1 m^2 großen, möglichst mit hellen Brettern ausgelegten Fläche gebildet.
◊ der durch den Winddruck an Luvseiten von Bergflanken entstehende, oberflächig brettartig verfestigte, oft hohlliegende Schnee (sog. **Preßschnee**). Sch.er brechen bei Belastung mit scharfem Rand ab und zerteilen sich beim Abrutschen in feste, eckige Schollen, die sog. **Schneebrettlawinen.**

Schneebrettlawine ↑ Schneebrett, ↑ Lawine.

Schneebruch: Bez. für Bruchschäden an Bäumen durch Naßschnee, seltener durch Diagenese oder Zusammensacken von ursprünglich aus trockenem Pulverschnee bestehenden Schneewehen im Lee eines Gebirgshangs. Äste werden dabei herabgebogen oder abgebrochen und weniger widerstandsfähige Bäume geknickt.

Schneedecke: aus Schneeflocken und/oder Schneegriesel bestehende vollständige **(geschlossene Sch.)** oder teilweise (mindestens 50 % des Erdbodens; **durchbrochene Sch.**) Bedeckung des Bodens.

Schneedichte: Masse des gefallenen Schnees in g/cm^3 im Zustand der natürlichen, d. h. durch äußere Einwirkung nicht gestörten Lagerung.

Schneefall: die Auslösung von Niederschlag in Form von Schnee, hpts. infolge langsamer Hebung der Luft in Schichtwolken (Nimbostratus), die zu verbreitetem und oft längeranhaltendem Sch. führt, oder durch kräftige Konvektion in Schauerwolken (Cumulonimbus), die kurzzeitigen, räumlich begrenzten und meist großflockigen Sch. verursacht.
Anhaltend leichter Sch. wird gelegentlich auch aus Stratocumulusschichten bei kontinentalen winterlichen Hochdrucklagen sowie aus Stratusdecken als ↑ Industrieschneefall beobachtet.

Schneefegen: vom Wind bis in geringe Höhen über dem Erdboden aufgewirbelter Schnee, der jedoch die Sichtweite in Augenhöhe kaum beeinträchtigt.

Schneegestöber: etwas veraltete, im Klimadienst daher nicht mehr gebräuchliche Bez. für das Vorhandensein von wirbelnden Schneeflocken in der Luft bei starkem Wind. Hierbei ist nicht mit Sicherheit feststellbar, ob es sich um vom Erdboden aufgewirbelten (↑ Schneefegen, ↑ Schneetreiben) oder um fallenden Schnee bzw. um beide Formen handelt.

Schneeglätte: durch festgefahrenen oder festgetretenen Schnee verursachte Glätte.

Schneegrenze: Höhengrenze zwischen ganzjährig bedecktem und im Sommer schneefreiem (aperem) Gebiet. Die Lage der Sch. hängt v.a. von den Temperatur- und Niederschlagsverhältnissen sowie von der Exposition ab. Man unterscheidet ↑temporäre Schneegrenze, ↑orographische Schneegrenze und ↑klimatische Schneegrenze.

In der Klimaklassifikation trennt die Sch. die Gebiete nivalen bzw. seminivalen Klimas von den Gebieten humiden Klimas.

Schneegriesel: eine Graupelform: sehr kleine (Durchmesser < 1 mm), undurchsichtige Körner aus Schneekristallen mit rauhreifartigem Überzug. Sch. fällt nur in geringen Mengen, nie als Schauer, und bei Temperaturwerten unter dem Gefrierpunkt.

Schneehagel: eine Hagelart; besteht aus schneeähnlichen Körnern mit Durchmessern von 2 bis 5 mm, die meist zusammen mit Schnee aus niedrigen und fast vollständig vereisten Cumulonimbuswolken bei Temperaturen um 0 °C schauerartig ausfallen.

Schneehöhe [Syn.: Schneedeckenhöhe]: mit dem ↑Schneepegel senkrecht zum Erdboden gemessene, in cm angegebene Höhe einer Schneedecke. Für die Messung der Sch. ist eine möglichst mehrere Quadratmeter große, ebene Fläche auszuwählen, die weder Schneeverwehungen erwarten läßt noch im Einflußbereich (Staubereich) von Gebäuden liegt.

Schneeklima: Bez. für die E-Klimate der ↑Köppen-Klimaklassifikation.

Schneekreuz: aus zwei zueinander rechtwinklig versetzten Blechplatten bestehende Vorrichtung. Das Sch. wird bei zu erwartendem Schneefall in das Auffanggefäß des Hellmann-Niederschlagsmessers eingesetzt und wirkt wie zwei gekreuzte Zwischenwände, die das Herauswehen des Schnees verhindern.

Schneelast: durch Schnee hervorgerufene, auf eine Baukonstruktion einwirkende, zu statischen Belastungen führende Gewichtskraft. Neben der Schneehöhe bestimmt die Schneedichte das Gewicht einer Schneedecke und damit die Schneelast. Nach DIN ist die Sch. einer waagrechten Fläche (Dach) mindestens mit 75 kg/m^2 anzunehmen. Maximale, zumeist am Ende eines schneereichen Winters auftretende Sch.en können das 10fache, d.h. Werte um 750 kg je m^2 Dachfläche, erreichen.

Schneemesser [Syn.: Nivometer]: Sammelbez. für Instrumente zur Messung der als Schnee gefallenen Niederschläge. Dazu gehören das Auffanggefäß des ↑Hellmann-Niederschlagsmessers mit eingesetztem Schneekreuz, der ↑Schneeausstecher, der ↑Schneepegel, das ↑Schneebrett und die ↑Schneewaage.

Schneepegel: einfache Meßlatte mit Zentimetereinteilung zum Messen der Höhe einer Schneedecke. Der Sch. ist vor der Messung lotrecht bis zur Bodenoberfläche durchzustoßen. Da der Schnee gewöhnlich nicht gleichmäßig hoch liegt, werden an mehreren Stellen Messungen durchgeführt. Die Schneehöhe ergibt sich dann als arithmetischer Mittelwert aus den Einzelmessungen.

In schneereichen Gebieten und auf Bergstationen verwendet man im Erdboden verankerte Sch., sog. **Standpegel.** Sie dürfen nicht an einer Gebäudewand angebracht werden, da hier die Höhe der Schneedecke verfälscht wird.

Schneeregen: inoffizielle Bez. für das gleichzeitige Fallen von Regen und Schnee in Form von Schauern oder Dauerniederschlag. In das Klimatagebuch wird auch dann das Sch.symbol eingetragen, wenn von einem zum anderen Meßtermin flüssiger und fester Niederschlag nacheinander gefallen sind.

Schneeschauer ↑Schauer.

Schneeschmelze: das Abtauen einer Schneedecke, die sich im Winter gebildet hat. Die Sch. setzt im allg. in den Tälern ein und erfaßt mit zunehmender Frühjahrserwärmung auch die höheren Gebirgslagen. Sie wird durch Föhnwetterlagen begünstigt.

Bei starker Sch. durch intensive Warmluftadvektion und Sonneneinstrahlung können Bäche und Flüsse Hochwasser führen.

Schneesterne: besondere Form der Eiskristalle (↑Schnee).

Schneesturm: starker bis stürmischer Wind, der mit Schneefall verbunden ist. Der in der Luft vorhandene Schnee besteht dabei meist aus direkt fallendem Niederschlag, teilweise aber auch aus Schnee, der durch die turbulente Strömung von der Erdoberfläche aufgewirbelt wird. Bei abnehmender Windgeschwindigkeit können größere Mengen den Erdboden erreichen, so daß stellenweise Schneeanhäufungen (Schneewehen) entstehen. Bei schwerem Sch. mit ergiebigem Schneefall kann die Sichtweite auf wenige Meter zurückgehen.

Schneetag: Tag mit einer 24stündigen, zum Frühtermin des Folgetages gemessenen Niederschlagshöhe des getauten Schnees von mindestens 0,1 mm. Im Verlauf der 24 Stunden fiel ausschließlich Schnee.

Schneetreiben: vom Wind übermannshoch aufgewirbelter Schnee, der die Sichtweite in Augenhöhe stark beeinträchtigt, so daß Himmel und Sonne verschleiert erscheinen.

Schneewaage: ältere, im praktischen Wetterdienst nicht mehr verwendete Vorrichtung zur laufenden Gewichtsbestimmung der fallenden Schneemengen.

Schnee-Wald-Klima: svw. ↑boreales Klima.

Schneewehe [Syn.: Schneeverwehung]: durch Windwirkung entstehende Anhäufung stark korrodierten Schnees von z. T. beträchtlicher Höhe. Infolge Sackung kommt es in Wäldern häufig zu erheblichen Bruchschäden an Sträuchern und Jungwuchs. Straßen und Bahntrassen, v. a. auf windoffenen Flächen, können durch Stellzäune geschützt werden. – ↑auch Wächte.

Schockwellen: Bez. für Wellen in numerischen Rechnungen (insbes. bei der ↑vierdimensionalen Analyse), die dadurch entstehen, daß das vorhandene Gleichgewicht in der Modellatmosphäre, z. B. durch neu eingebrachte Meldungen, gestört wird. Die Sch. müssen durch entsprechende mathematische Verfahren gedämpft werden.

Schonklima: Klima mit allg. geringer Reizwirkung bei relativ ausgeglichenem Tagesgang der Temperatur und schwacher Luftbewegung (Abkühlungsgröße 10 bis 19 W/cm^2), möglichst staubfreier Luft und dosierter Sonnenstrahlung; v. a. in waldreichen Mittelgebirgen (300 bis 500 m ü. d. M.) an S-, SO- und O-Hängen.

Schönwetterauswahl [Syn.: Schwachwindauswahl]: Bez. für die früher mit Hilfe optischer Theodoliten durchgeführten Höhenwindmessungen, die nur bei einer Schönwetter- bzw. Schwachwindlage bis in größere Höhen möglich waren, da der Pilotballon bei bedecktem Himmel oder starkem Wind nicht mehr verfolgt werden konnte. Eine statistische Auswertung dieser Höhenwindmessungen läßt daher nicht die durchschnittlichen Verhältnisse über der Meßstation erkennen, sondern ist nur als Sch. geeignet.

Schönwetterelektrizität: die luftelektrischen Verhältnisse bei schönem (ungestörtem) Wetter (↑Luftelektrizität).

Schönwetterlage: Zustand der Atmosphäre, meist in einem größeren Gebiet und oft für mehrere Tage anhaltend, der durch heiteren oder nur leicht bewölkten Himmel bei Windstille oder schwachen bis mäßigen Winden und durch einen ausgeprägten Tagesgang der Lufttemperatur gekennzeichnet ist. Ursache der Sch. ist die absinkende Luftbewegung im Bereich eines Hochdruckgebietes.

Schönwetterwolken: Wolken, die sich an heiteren Tagen (↑Schönwetterlage) in einheitlicher Höhe bilden (hpts. Cumulus humilis und Cumulus mediocris) und sich am Abend wieder auflösen.

Schornsteinüberhöhung: bei einer Abgasfahne der Höhenunterschied zwischen Schornsteinmündung und dem Erreichen des horizontalen Ausbreitungsniveaus (effektive Quellhöhe). Die Sch. hängt ab von der Düsenwirkung des Schornsteins (je größer die Austrittsgeschwindigkeit der Abgasfahne im Vergleich zur umgebenden Luft, desto höher der Aufstieg der Fahne), vom thermischen Auftrieb (je wärmer das Rauchgas gegenüber der umgebenden Luft, desto höher der Aufstieg) und den meteorologischen Verhältnissen.

Schrägsicht [Abk.: SVR (von engl. slant visual range = schräger Sichtbereich]: die größte Entfernung aus der Luft zum Boden hin, in der ein markantes Ziel bei Tag oder Nacht gerade noch erkannt werden kann. Als Entfernung gilt hierbei der Horizontalabstand vom Fußpunkt des Beobachters zum Sichtziel. Die Sch. wird im allg. von einem Flugzeug, manchmal auch von einem Turm aus bestimmt.

Sch. und Horizontalsicht können sich beträchtlich unterscheiden. Die Sch. kann daher nicht vom Erdboden aus ermittelt werden.

Schrumpfungsachse ↑ Deformationsfeld.

Schrumpfungsinversion: ↑ Inversion, die durch vertikale Schrumpfung einer absinkenden Luftschicht entsteht. Voraussetzung für die Bildung einer Sch. ist, daß die Luftschicht in der Ausgangslage bereits stabil geschichtet ist. Beim Absinken gerät eine Luftschicht unter höheren Luftdruck. Die begrenzenden Isobarenflächen liegen bei hohem Luftdruck enger beieinander, d. h., es tritt eine vertikale Schrumpfung ein. Da sich die Temperatur an der Unter- und Obergrenze der Schicht beim Absinken trockenadiabatisch ändert und die Obergrenze eine größere Strecke absinkt als die Untergrenze, erwärmt sich die Obergrenze mehr als die Untergrenze, und es tritt mit der Schrumpfung eine weitere Stabilisierung der Schicht ein, die bis zu einer Temperaturinversion führen kann.

Im Erscheinungsbild der vertikalen Verteilung von Temperatur und relativer Feuchte sind Sch.en von ↑ Absinkinversionen und ↑ Abgleitinversionen nicht zu unterscheiden; die Bezeichnungen werden deshalb oft nebeneinander gebraucht.

Schubspannung: die parallel zu einer Fläche wirkende ↑ Reibungskraft pro Flächeneinheit, die in der bodennahen Reibungsschicht von einer unteren Schicht auf die unmittelbar darüberliegende Schicht ausgeübt wird. Die Sch. ist in der bodennahen Schicht (↑ Prandtl-Schicht) von der Höhe unabhängig und gleich der Reibungskraft am Boden.

Schwachwindauswahl ↑ Schönwetterauswahl.

Schwachwindlage: meist antizyklonale Wetterlage, für die wegen geringer horizontaler Luftdruckunterschiede eine schwache Luftbewegung kennzeichnend ist. Unter bestimmten Voraussetzungen ist die Sch. eine austauscharme Wetterlage.

schwarzer Körper [Syn.: schwarzer Strahler, Planck-Strahler]: idealer Körper, der elektromagnetische Strahlung aller Wellenlängen vollständig absorbiert und selbst Strahlung entsprechend seiner absoluten Temperatur in einer durch das ↑ Planck-Strahlungsgesetz (spektrale Emission) bzw. das ↑ Stefan-Boltzmann-Gesetz (Gesamtemission) gegebenen höchstmöglichen Stärke abstrahlt. Diese **schwarze Strahlung** ist nur von der Temperatur des Körpers, nicht aber von seiner materiellen Beschaffenheit abhängig.

Bei einem schwarzen Körper besitzen Absorptionsgrad und Emissionsvermögen den gleichen Wert 1 (Maximalwert).

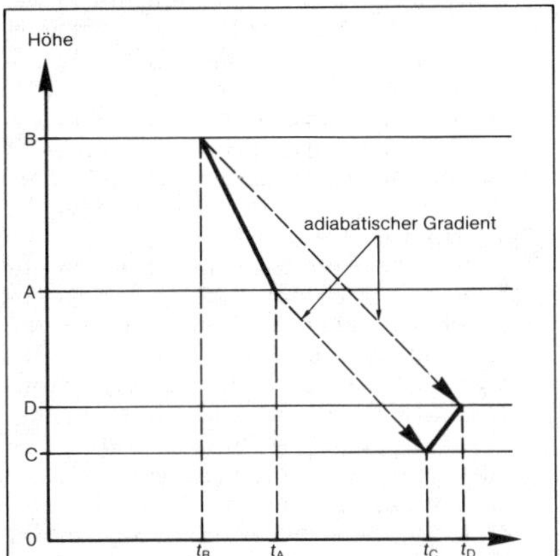

Schrumpfungsinversion. Entstehung: Die Luftschicht B–A sinkt ab auf Niveau D–C, die Temperaturen t_B und t_A gehen über in t_D und t_C

Schwarzkugelthermometer: älteres, zur Klasse der ↑Pyranometer zählendes, nicht mehr verwendetes meteorologisches Instrument zur Strahlungsmessung. Als Meßfühler dient die zum Zweck der Strahlungsabsorption außen geschwärzte Thermometerkugel eines Quecksilberthermometers. Um abkühlende Luftströmungen fernzuhalten, ist das eigentliche Thermometer in eine luftleere Glashülse eingeschmolzen. Die sog. **Übertemperatur** (Differenz aus Kugel- und Lufttemperatur) ist ein Maß für die Strahlungsintensität.

Schwebeballon: im Gegensatz zum ↑Pilotballon mehr oder weniger horizontal driftender Ballon zur Sondierung der Atmosphäre in annähernd gleichbleibender Höhe. Er ist mit meteorologischen Instrumenten und einem Sender ausgestattet. Die Meßwerte werden von einem Satelliten oder einer Bodenstation abgerufen.

Einige Sch.s hielten sich etwa ein halbes Jahr in der Luft und umkreisten dabei mehrmals die Erde. – ↑auch Constant-level-balloon.

Schwefeldioxid [chem. Formel: SO_2]: farbloses, stechend riechendes Gas; findet sich vornehmlich in allen aus schwefelhaltigen Brennstoffen entstehenden Abgasen und gehört zu den häufigsten Schadstoffen in der Atmosphäre. Sch. ist stark toxisch und führt zu Verätzungen an Schleimhäuten des Auges und der Atemwege. Es verursacht Gewebeschäden bei Pflanzen und beschleunigt die Zerstörung von Baustoffen.

In der Atmosphäre oxidiert Sch. teilweise zu **Schwefelsäure** (H_2SO_4) und ist dadurch an der Entstehung des ↑sauren Niederschlags beteiligt.

Schwefelregen: Regen, dessen Tropfen nach dem Verdunsten oder Versikkern ein feines, gelbliches Pulver zurücklassen (vom Regen aufgenommener Blütenstaub).

Schweizerische Meteorologische Anstalt [Abk.: SMA]: dem Eidgenössischen Departement des Innern unterstelltes Bundesamt; gegründet mit Bundesbeschluß vom 23. Dezember 1880 (bis 1979 **Schweizerische Meteorologische Zentralanstalt).** Die offizielle Tätigkeit begann am 1. Mai 1881; dabei wurde das seit 1860 von der Schweizerischen Naturforschenden Gesellschaft geschaffene gesamtschweizerische meteorologische Beobachtungsnetz mit rund 80 nach einheitlichen Vorschriften arbeitenden Stationen übernommen. Die SMA umfaßt den gesamten schweizerischen Wetterdienst. Sitz der **Landeswetterzentrale** ist Zürich. Wesentliche Aufgaben sind: Unterhalt und Ausbau der Wetterbeobachtungsnetze; Sammlung, Auswertung und Verbreitung von Wetterdaten; Veröffentlichung der Wetterberichte, -vorhersagen und Warnungen; meteorologische Sicherung der Luftfahrt; Unterhalt eines Auskunfts- und Beratungsdienstes; Ausarbeitung von Gutachten in meteorologischen Fragen; Nutzbarmachung der Meteorologie für die wirtschaftliche Entwicklung des Landes und zur Lösung von Umweltproblemen; wiss. Forschung und Fachausbildung; Pflege der Beziehungen zu internat. Organisationen und Instituten.

Der *schweizerische Wetterdienst* ist in drei **Regionalwetterzentralen** gegliedert: Genf-Cointrin (für die W-Schweiz und Wallis), Zürich-Stadt (für die deutschsprachige Schweiz, nördliches und mittleres Graubünden) und Locarno-Monti (für die Alpensüdseite und das Engadin). Sie werden durch die Landeswetterzentrale koordiniert.

Der *Flugwetterdienst* obliegt den **Flugwetterzentralen** Genf-Cointrin und Zürich-Kloten (seit 1929).

Seit 1941 besteht die aerologische Station Payerne und seit 1882 das meteorologische Observatorium auf dem Säntis. Die SMA unterhält insgesamt etwa 800 Beobachtungsstationen, die in zehn Netztypen mit zweckgebundenen unterschiedlichen Beobachtungsprogrammen organisiert sind (z. B. synoptisches Netz: 24 Stationen, Niederschlagsmeßnetz: 354 Stationen). Neben den konventionellen Netzen wurde ein Netz mit 63 automatischen Wetterstationen aufgebaut, die alle 10 Minuten Meßwerte von 30 bis 40 meteorologischen Elementen ermitteln; sie werden von Netzzentralen über Telefonstandleitungen abgerufen und in

EDV-kompatibler Form abgespeichert. Zu den synoptischen Terminen werden die automatisch erfaßten Meßwerte durch Augenbeobachtungen ergänzt.

Schwerebeschleunigung: die auf einen frei fallenden Körper auf der Erde wirkende Beschleunigung. Die von der Sch. auf eine Masse ausgeübte Kraft ist die **Schwerkraft.**

Da die Sch. den Luftdruck mitbestimmt, tritt sie in vielen meteorologischen Gleichungen und Formeln auf. In erster Näherung wird sie mit 9,81 m/s^2 als konstant angenommen. Bei genaueren Rechnungen muß beachtet werden, daß die Sch. geringfügig sowohl von der Höhe als auch von der geographischen Breite abhängt, da sie aus zwei Komponenten besteht, der **Gravitationsbeschleunigung** und der durch die Erdrotation bedingten **Zentrifugalbeschleunigung.** Die Gravitationsbeschleunigung nimmt mit zunehmender Höhe über der Erdoberfläche (umgekehrt proportional zum Quadrat der Entfernung vom Erdmittelpunkt) ab. Die (sehr viel geringere) Zentrifugalbeschleunigung hängt von der Entfernung von der Drehachse der Erdrotation ab und wirkt der Gravitationsbeschleunigung entgegen. Sie ist am Pol gleich null und erreicht am Äquator ihr Maximum. So weist die Sch. am Pol einen Wert von 9,83 m/s^2, am Äquator dagegen nur von 9.78 m/s^2 auf.

Schwerekorrektion, die [lat. correctio = Berichtigung]: Korrektion, die am Barometerstand eines Quecksilberbarometers anzubringen ist, da das Gewicht der Quecksilbersäule, die dem herrschenden Luftdruck das Gleichgewicht hält, von der ↑Schwerebeschleunigung am Ort abhängt.

Um die Barometerablesungen vergleichbar zu machen, hat man sich darauf geeinigt, die Schwerebeschleunigung, die in 45° Breite im Meeresniveau herrscht, als **Normalschwere** anzusehen und alle Barometerstände darauf zu beziehen.

In der Praxis berechnet man für jede Beobachtungsstation (d.h. für eine bestimmte geographische Breite und die Höhe der Station über NN) eine Tabelle der Korrektionen, die dann nur noch vom Barometerstand abhängig sind und u. U. mit einer Instrumentenkorrektion zusammengefaßt werden können.

Schwerewellen [Syn.: Gravitationswellen]: Wellen in der Atmosphäre, bei denen die Schwerkraft als rücktreibende Kraft wirkt. Reine Sch. sind immer stabile Wellen. Sie können mit verschiedenen Wellenlängen auftreten; am häufigsten sind sie im 10-km-Bereich. Erkennbar sind sie oft durch die Bildung von Wogenwolken. Ein Beispiel für Sch. sind ↑interne Wellen.

Schwerkraft ↑Schwerebeschleunigung.

Schwüle: subjektives menschliches Empfinden bei feuchtwarmem Klima bzw. bei entsprechenden Wetterlagen, für die es keine eindeutige, meteorologisch fundierte Definition gibt (↑Schwülegrenze). Das Empfinden von Sch. ist bedingt durch die Behinderung der Wärmeabgabe (im wesentlichen über die Verdunstung) bei hoher Luftfeuchte, so daß über Wärmestau und Hyperthermie die Gefahr eines Hitzschlags besteht.

Schwülegrenze: festgelegte Grenzwerte im Temperatur-Feuchte-Milieu für das subjektive menschliche Empfinden der ↑Schwüle. Grundlage ist v. a. die Kombination von Werten der Temperatur und relativen Feuchte.

Ausgehend von einem Dampfdruck von 18,8 hPa, ergeben sich z. B. folgende Feuchte-Temperatur-Verhältnisse als Sch.n: 100%/16,5 °C, 80%/20,1 °C, 50%/27,9 °C, 30%/36,9 °C; unberücksichtigt bleiben dabei Luftbewegung, Wärmestrahlung und körperliche Aktivität.

Andere Sch.n beziehen sich z. B. auf eine ↑Äquivalenttemperatur von mindestens 49 °C bzw. stellen eine Kombination aus ↑Abkühlungsgröße, Äquivalenttemperatur und ↑atmosphärischer Gegenstrahlung dar. Bevorzugt wird heute für diesen Bereich der Beeinträchtigung menschlichen Wohlbefindens der Ausdruck ↑Wärmebelastung.

Scientific Committee on Antarctic Research, das [saɪən'tɪfɪk kə'mɪtɪ ɔn æn'tɑ:ktɪk rɪ'sə:tʃ]: svw. SCAR (↑International Council of Scientific Unions).

Scientific Commitee on Problems of the Environment, das [saɪən'tɪfɪk kə'mɪtɪ ɔn 'prɔbləmz əv ðɪ ɪn'vaɪərənmənt]: svw. SCOPE (↑International Council of Scientific Unions).

Scirocco [ʃi'rɔko]: andere Schreibweise für ↑Schirokko.

SCOPE, das [skoʊp]: Abk. für **Scientific Committee on Problems of the Environment;** wiss. Komitee für Probleme des Umweltschutzes; arbeitet im Rahmen des ↑International Council of Scientific Unions.

SDUS, die (Mehrz.) [ɛsde:'u:''ɛs, auch: 'ɛsdʌs]: Nebenempfangsstationen von Satellitendaten (↑Satellitenempfangsanlage).

SE: Abk. für ↑Südostlage.

Sedimentation, die [zu lat. sedimentum = Bodensatz]: Ablagerung von in der Luft schwebenden Partikeln aufgrund der Schwerkraft, ein Teil der Selbstreinigung der Atmosphäre im Rahmen der trockenen ↑Deposition.

Seegang: Zustand der bewegten Meeresoberfläche, hervorgerufen durch ↑Windsee und ↑Dünung. Die Stärke des S.s wird, analog den Windstärken durch die Beaufortskala, in einer zehnteiligen Skala angegeben (von 0 = glatte See bis 9 = äußerst schwere See).

Seegangsmodellrechnungen: Modellrechnungen zur Vorhersage des Seegangs, im allg. durchgeführt im Anschluß an die numerische Berechnung der Windverteilung über See.

Da der Seegang aus der Überlagerung vieler Wellen mit verschiedenen Wellenlängen und Amplituden besteht, muß bei genaueren Rechnungen die spektrale Natur des Seegangs berücksichtigt werden. Dabei treten Wechselwirkungen und damit eine Umverteilung der Energie zwischen den Wellen verschiedener Länge auf, die als Antriebskräfte neben dem direkten Windeinfluß eine bedeutende Rolle spielen.

Bei der praktischen Durchführung der S. werden etwa stündlich vorhergesagte Winde verwendet. Wegen der großen Bedeutung der Seegangsvorhersage, insbes. auch zur Sicherung der Off-shore-Tätigkeiten, werden seit einigen Jahren S. in mehreren Ländern, im Deutschen Wetterdienst seit Anfang der 80er Jahre, regelmäßig durchgeführt.

Seegangsvorhersage: Prognose des Seegangs mit Hilfe der vorhergesagten Windverhältnisse über See. Obwohl der Seegang vom Wind angetrieben wird, ist er nicht nur vom momentanen Wind abhängig, sondern es müssen die Andauer des Windes und seine Streichlänge (das ist die Strecke, über der der Wind über See etwa geradlinig weht, der Seegang also immer mehr angefacht werden kann) berücksichtigt werden.

Verfahren zur S. wurden seit Mitte der 40er Jahre in den USA aufgrund von Erfahrungswerten und statistischen Untersuchungen entwickelt. Seit den 70er Jahren versucht man in zunehmendem Maße, S.n mit Hilfe von ↑Seegangsmodellrechnungen zu gewinnen.

Seehöhe: svw. Meereshöhe (↑Normalnull).

Seeklima: svw. ↑maritimes Klima.

Seenebel: svw. ↑Meernebel.

Seerauch [Syn.: Meerrauch]: ein Verdunstungsnebel (↑Nebelklassifikation); entsteht, wenn sehr kalte Luft über relativ warmes Wasser fließt. Infolge des starken Taupunktgefälles zwischen Wasseroberfläche und kalter Luft setzt Verdunstung ein; es kommt zur Übersättigung in der wassernahen Luftschicht und zur Bildung von Nebeltröpfchen, die aber in der sehr trockenen Kaltluft bald wieder verdunsten. So entsteht der Eindruck einer schwadenförmig rauchenden Wasseroberfläche.

S. tritt bevorzugt in Nähe der Festlandsküsten und an den polaren Eisgrenzen auf **(arktischer S.),** wenn kalte Festlands- oder Arktikluft auf das offene Meer übertritt.

Seesalzaerosol [...a-e...]: aus der Wasseroberfläche im Brandungsbereich durch Dispersion entstehendes ↑Aerosol, das Verdampfungs- und Austrocknungsvorgängen sowie dem Einfluß von Land-See-Winden unterliegt. Landeinwärts erfolgt eine schnelle Abnahme dieser feinsten Kochsalzkristalle in der Luft.

Das S. wird therapeutisch bei Atemwegserkrankungen genutzt.

Seewetteramt: Regionale Vorhersagezentrale (RVZ) des Deutschen Wetterdienstes in Hamburg, zuständig für

Wirtschaftswetterdienst und Flugwetterdienst in Norddeutschland. Zu den Sonderaufgaben des S.es gehören die Durchführung des ↑Seewetterdienstes, die wiss. Bearbeitung maritim-meteorologischer Beobachtungen, Gutachten zu Fragen der angewandten maritimen Meteorologie, der Schiffsraummeteorologie und Überseeklimatologie.

Seewetterbericht: spezieller Wetterbericht; Vorhersage und Warnung für bestimmte Gebiete der Nord- und Ostsee, des Nordatlantiks **(Ozeanwetterbericht)** und des Mittelmeers zur Sicherung der Groß- und Kleinschiffahrt, der Hochseefischerei und der Sportschifffahrt **(Segelsportbericht);** herausgegeben vom Seewetteramt in Hamburg; verbreitet zu festen Zeiten mehrmals täglich über Funk und Radio.

Seewetterdienst: Teil der Aufgaben des Wetterdienstes zur Sicherung der Seefahrt und der Luftfahrt über See; beim Deutschen Wetterdienst wahrgenommen vom Seewetteramt in Hamburg und den Bordwetterwarten **(Bordwetterdienst).**

Der S. umfaßt die Verbreitung von Seewetterberichten, Wettervorhersagen und Warnungen (z. B. vor Nebel, Sturm, Vereisung) über Radio, Funktelegrafie, Sprech- und Bildfunk sowie durch optische Signale, auf Ersuchen Sonderberatungen an Unternehmen und Behörden für Seenotfälle, Überführungen, Schleppzüge, Segelregatten, See- und Küstenbauten, ferner Routenempfehlungen an die transatlantische Schiffahrt.

Seewetterkarte: Wetterkarte, die den gesamten Nordatlantik, einschl. seiner Nebenmeere, und Nordamerika umfaßt. Sie enthält die synoptischen Wettermeldungen von Landstationen und Schiffen und zeigt die Verteilung des Luftdrucks (einschl. der Fronten) im Meeresniveau zum Beobachtungstermin. Die S. ist eine wichtige Arbeitsunterlage im Seewetterdienst.

Seewind: vom Meer zum Land wehender Wind (↑Land- und Seewindzirkulation).

Segelflugwetterbericht: meteorologische Informationen für Segelflieger, die der Sicherung der Flugeinsätze dienen. Der S. enthält einleitend die gegenwärtige großräumige Wetterlage und danach eine **Segelflugwettervorhersage,** die hpts. die Entwicklung des kleinräumigen bzw. regionalen Wettergeschehens im Segelfluggelände bzw. -gebiet sowie die für den Segelflug relevanten meteorologischen Elemente berücksichtigt.

Für den Segelflug wichtig sind Kenntnisse über Wolken und Niederschläge, hpts. die Entwicklung von Konvektionswolken (Cumulus), die Höhe der Untergrenze, Bedeckungsgrad und vertikale Erstreckung, ferner Angaben über Thermik (schwach, mäßig, stark; Beginn und Dauer), Sperrschichten in der Atmosphäre, Luftdruck, Tagesgang der Temperatur und des Taupunktes, Höhe der Nullgradgrenze, Sicht sowie Wind am Boden und in bestimmten Höhenstufen.

Der S. gehört zu den Aufgaben des Flugwetterdienstes und wird von den Flugwetterwarten erstellt. Die Verbreitung erfolgt über den Fernsprechansagedienst und die „Servicewelle" der Rundfunkanstalten.

Eine individuelle **Segelflugberatung** ist für bestimmte Wettbewerbsarten des Segelflugsports erforderlich, z. B. für freien Streckenflug, Zielstreckenflug, Zielflug mit Rückkehr, Höhenflug, Dreiecksflug oder Geschwindigkeitsflug.

sekundäre Druckwelle: ältere Bez. für eine thermisch bedingte ↑Luftdruckänderung als Folge der Zufuhr von kälterer (also schwererer) oder wärmerer (leichterer) Luft über dem Beobachtungsort.

sekundäre Front: schwächere Front, die einer gut ausgeprägten Front gleichen Charakters nachfolgt. S. F.en treten v. a. im Sommer über dem Festland auf, z. B. wenn hinter einer Kaltfront eine weitere Staffel Kaltluft nachstößt und mit verstärkter Schauer- oder Gewittertätigkeit nochmals ähnliche Wettererscheinungen wie an der vorangegangenen Kaltfront verursacht.

sekundäre Luftdruckänderung ↑Luftdruckänderung.

sekundärer Regenbogen ↑Regenbogen.

semi- [aus lat. semis = halb]: in Zus. mit der Bed. „halb"; z. B. semiarid.

semiarides Klima ↑arides Klima.
semihumides Klima ↑humides Klima.
seminivales Klima ↑nivales Klima.
Senken: Bez. für Medien, Organismen, Substanzen u. ä. (z. B. Wasser, Pflanzen, durch photolytische oder andere Prozesse gebildete chemische Verbindungen in der Atmosphäre), in denen atmosphärische Spurenstoffe gelöst, gebunden bzw. abgebaut werden. Ozeane und Pflanzen sind beispielsweise S. für Kohlendioxid. – ↑auch Quellen.
sensible Wärme: svw. ↑fühlbare Wärme.
Sensitivität, die [zu lat. sentire, sensum = fühlen, empfinden]: in numerischen Modellrechnungen die Empfindlichkeit der Ergebnisse gegenüber kleinen Änderungen des Anfangszustandes oder der Parameter, die die zeitliche Entwicklung der physikalischen Parameter bestimmen.
Besondere Bedeutung haben Experimente zur Bestimmung der S. in der *Klimaforschung* mit Hilfe von ↑Klimamodellen erlangt. Hierbei wird versucht, darüber Aufschluß zu erhalten, wie stabil sich das Klima gegenüber Änderungen natürlicher oder vom Menschen verursachter Faktoren verhält, bzw. ob kleine Ursachen möglicherweise große Wirkungen haben können.
Zu den natürlichen klimabestimmenden Faktoren, deren Auswirkungen auf das Klima in S.sexperimenten untersucht werden, gehören z. B. die Sonnenstrahlung und ihre eventuelle Verminderung durch Vulkanstaub, zu den vom Menschen beeinflußten Faktoren z. B. die Wärmeerzeugung, die Anreicherung der Atmosphäre mit Beimengungen und Verunreinigungen oder die Änderung der Beschaffenheit der Erdoberfläche (durch Abholzung usw.).
Sensor, der [engl., zu lat. sensus = Sinn, Wahrnehmung]: svw. ↑Meßfühler.
SHIP-Meldung ['ʃɪp... ‖ engl. ship = Schiff]: synoptische Bodenwettermeldung einer Seestation, die meteorologische Elemente in gleicher Reihenfolge wie die ↑SYNOP-Meldung enthält. Anstelle der Stationskennziffer einer Landstation wird die Position der Seestation in geographischen Koordinaten gemeldet. Zusätzlich enthält die S.-M. Angaben über Fahrtrichtung und Geschwindigkeit des Schiffes, Wassertemperatur, Periode und Höhe der Wellen, Dünung und Windsee, Eisansatz an der Seestation und nach dem Kennwort **ICE** (engl. ice = Eis) Angaben über eventuelles Meereis.
Zu den Seestationen, die den **SHIP-Schlüssel** (FM 13-VII SHIP) anwenden, gehören Ozeanwetterschiffe, Schiffe mit Bordwetterwarten des Deutschen Wetterdienstes, Handelsschiffe, auf denen freiwilliger Wetterbeobachtungsdienst (teilweise mit amtlichen Instrumenten) durchgeführt wird, andere Schiffe (militärische Schiffe, Fährschiffe u. ä.), feste Bauwerke (Plattformen) auf See (mit automatischen Wetterstationen ausgerüstet) und Bojen.
Showalter-Index ['ʃoʊwɔ:ltər... ‖ nach A. K. Showalter]: Maßzahl für die Stabilität bzw. Labilität der Schichtung der Atmosphäre, deren Größe eine Aussage über die Wahrscheinlichkeit des Auftretens von Gewittern zuläßt. Der S.-I. geht davon aus, daß vom 850-hPa-Niveau ein Luftquantum trockenadiabatisch bis zum Hebungskondensationsniveau gehoben wird und dann von dort aus feuchtadiabatisch bis 500 hPa steigt. Die Differenz zwischen der Temperatur der Feuchtadiabaten in 500 hPa und der aktuellen Temperatur in diesem Niveau ist ein Maß für die Labilität. Ist das aufsteigende Luftquantum wärmer als die Umgebung, würde es über das 500-hPa-Niveau hinaus aufsteigen. Die Entwicklung von Quellwolken würde somit bis in Höhen reichen, die für Gewitterentstehung notwendig sind.
In der praktischen Anwendung des Verfahrens geht man mit Temperatur und Taupunkt der 850-hPa-Fläche (aus der TEMP-Meldung oder absoluten Topographie) in eine Tabelle, die für das aufsteigende Luftquantum errechnete Vergleichstemperaturen im 500-hPa-Niveau enthält. Die Differenz zwischen dieser und der aktuellen Temperatur im 500-hPa-Niveau ist der **Labilitätsindex.** Negative Werte deuten auf stabile Schichtung hin. Untersuchungen zeigen, daß

schon bei einem Index von −2 örtliche Gewitter auftreten können. Mit steigendem positiven Wert nimmt die Labilität und damit die Wahrscheinlichkeit von Gewittern zu.

Shrieking sixties, die (Mehrz.) ['ʃri:kɪŋ 'sɪkstɪz ‖ ohne Einz. ‖ engl. = kreischende Sechziger]: in der Seemannssprache ↑brave Westwinde.

sibirischer Winter: Bez. für seltene, sehr kalte Winter in Mitteleuropa, die durch längeranhaltendes strenges Frostwetter, meist mit geschlossener Schneedecke, gekennzeichnet sind. Ursache sind beständige Hochdruckgebiete über Nordeuropa bei gleichzeitig tiefem Luftdruck über dem Mittelmeerraum, so daß mit einer großräumigen O-Strömung sibirische Kaltluft mit extrem niedrigen Temperaturen nach Mitteleuropa geführt wird (z. B. im Winter 1928/29 oder im Februar 1956).

sibirisches Hoch: durch starke Auskühlung des Erdbodens und der bodennahen Luftmassen im Winter über Sibirien entstehendes kaltes Hochdruckgebiet; Kerndruck meist zwischen 1 040 und 1 065 hPa, im Extremfall bei 1 080 hPa, Lufttemperatur bis −70 °C.
Das sibirische Hoch bildet mitunter einen Hochdruckkeil bis nach Skandinavien, so daß bei gleichzeitig tiefem Luftdruck über dem Mittelmeer mit östlichen Winden sibirische Kaltluft bis nach Mittel- und Westeuropa vorstoßen kann, eine für die extrem kalten Winter Mitteleuropas typische Situation.

Sicht: Kurzbez. für ↑Sichtweite.

Sichtflug: Flug eines Luftfahrzeugs, bei dem der Pilot – im Gegensatz zum ↑Instrumentenflug – die Flugführung v. a. nach Sicht durchführt, d. h. gemäß den in der Luftverkehrsordnung festgelegten **S.regeln** (Abk.: **VFR,** von gleichbed. engl. **v**isual **f**light **r**ules), die – unterschiedlich in kontrollierten und nicht kontrollierten Lufträumen sowie nach Flughöhe – bestimmte Mindestsichtweiten, Mindesthöhen der Hauptwolkenuntergrenze, die Einhaltung von Mindestabständen von Wolken u. a. vorschreiben. – ↑auch GAFOR-Code.

Sichtmarke: festes, markantes, möglichst dunkelfarbiges Sichtziel (z. B. Baum, Turm, Hochhaus, Schornstein) bekannter Entfernung, dessen scheinbare Größe (Sichtwinkel) zwischen 0,5 und 5 Grad liegen soll. Die S. soll sich vom hellen Untergrund abheben.
Für jede meteorologische Station ist eine größere Anzahl von S.n in unterschiedlichen Entfernungen und Richtungen festzulegen und in eine **S.ntafel** einzutragen.

Sichtmesser [Syn.: Sichtweitenmesser]: Instrumente zur ↑Sichtweitenmessung.

Sichtweite [Kurzbez.: Sicht]: die visuell oder instrumentell vorgenommene Bestimmung der größten Entfernung, bis zu der ein bestimmtes Objekt noch sichtbar und erkennbar ist. Die S. ist in erster Linie abhängig von der Lufttrübung, der Bewölkung, den Beleuchtungsverhältnissen, der Art des Sichtziels und seinem Hintergrund, bei visuellen Schätzungen auch von den Eigenschaften des Beobachterauges.
Die am häufigsten verwendeten S.nbegriffe sind ↑Normsichtweite, ↑meteorologische Sichtweite und ↑Landebahnsicht. – ↑auch Feuersicht, ↑Fernsicht, ↑Bodensicht, ↑Schrägsicht, ↑Vertikalsicht.

Sichtweitenmessung: Sammelbez. für Methoden zur Bestimmung der Sichtweite mittels Sichtweitenmeßgeräten **(Sichtmesser, Sichtweitenmesser).** Die S. basiert im wesentlichen auf der Beeinflussung der Sichtweite durch Trübungspartikel (Wasser, Eiskristalle, Staub, Ruß, chemische Schwebstoffe), sprunghafte Dichteänderungen in der Atmosphäre als Folge von Mischungsvorgängen und durch physiologische Eigenschaften des Auges (Farbempfindlichkeit, Auflösungsvermögen, Adaptionszustand).
Zur S. ist eine eindeutige physikalische Verknüpfung zwischen Sichtweite und Trübungsgrad der Luft erforderlich. In die visuelle S. geht noch der Leuchtdichtekontrast des Auges ein (↑Normsichtweite).
Die heutigen Sichtweitenmeßverfahren benutzen entweder den Lichtverlust durch Extinktion an den Trübungspartikeln auf einer Meßstrecke (↑Transmis-

someter) oder die Streuung des Lichtes an diesen Partikeln in einem Meßvolumen (↑Streulichtmesser). Beide Verfahren setzen voraus, daß verschiedenartige Luftbeimengungen in ihren Auswirkungen reproduzierbar gleich sind.
Die visuelle Methode der S. beruht auf der Abzählung sichtbarer Lampen einer Lampenkette (↑Landebahnsicht).

Sichtwetterbedingungen: svw. ↑VMC.

Sickerwasser: derjenige Anteil des Niederschlags, der weder verdunstet noch an der Erdoberfläche abfließt, sondern in den Boden eindringt und sich nach unten verlagert (bis zum Grund- oder Stauwasser).

Siebenschläfer: nach der Legende sieben christliche Brüder, die bei der Verfolgung unter Decius in eine Höhle bei Ephesus flüchteten, dort eingemauert wurden und nahezu 200 Jahre schliefen; danach wunderbar aufgewacht, bezeugten sie die leibliche Auferstehung von den Toten. Der Erinnerungstag, der 27. Juni, gilt nach altem Volksglauben als Lostag einer Wetterregel, nach der es sieben Wochen lang täglich mindestens etwas regnen soll, wenn der S.tag ein Regentag ist. Dieser Zusammenhang zwischen Regen am S.tag und nachfolgenden verregneten Wochen wird durch die meteorologische Statistik nicht bestätigt. Sinngemäß hält aber unbeständiges Wetter (Westwetterlage), das sich um diese Zeit einstellt, mit großer Wahrscheinlichkeit längere Zeit an.

Siedebarometer: andere Bez. für ↑Hypsometer.

Siededruck ↑Siedepunkt.

Siedepunkt [Syn.: Kochpunkt]: Wertepaar von Druck und Temperatur, das den Zustand eines Stoffs kennzeichnet, bei dem dieser unter Sieden vom flüssigen in den gasförmigen Aggregatzustand übergeht. Der zu einer bestimmten Temperatur gehörende Druck wird als **Siededruck,** umgekehrt die zu einem bestimmten Druck gehörende Temperatur als **Siedetemperatur** bezeichnet.
Der normale S. eines Stoffs bezieht sich auf das Sieden beim Normaldruck von 1013,25 hPa; für Wasser beträgt die zugehörige Siedetemperatur 100 °C. Druckerniedrigung setzt die Siedetemperatur herab.
Die normalen S.e des Wassers (↑Dampfpunkt), des Sauerstoffs, des Schwefels und einiger anderer Elemente werden als Fixpunkte der Internat. Praktischen Temperaturskala (IPTS) verwendet.

Siedepunktserhöhung: die Zunahme der Siedetemperatur von Lösungen gegenüber den reinen Lösungsmitteln. Durch die von den gelösten Stoffen bewirkte ↑Dampfdruckerniedrigung wird erst bei höherer Temperatur der Druck erreicht, der zur Überwindung des äußeren Drucks und damit zum Sieden nötig ist. Die eintretende Erhöhung der Siedetemperatur ist der Konzentration des jeweils gelösten Stoffs proportional.

Siedetemperatur ↑Siedepunkt.

Siedethermometer [Syn.: Hypsothermometer]: wichtiger Bestandteil des ↑Hypsometers, ein spezielles Quecksilberthermometer, das oberhalb des Quecksilbergefäßes so konstruiert ist, daß die darüber befindliche Kapillare auf ihrer ganzen Länge nur einen sehr kleinen Temperaturbereich umfaßt (95–105 °C), der in 0,02 oder 0,01 Grad geteilt ist. Einer Änderung des Siedepunktes um 0,03 K entspricht eine Druckänderung von 1 hPa.

Siedlungsklima: das durch Wechselwirkung mit bebauten Flächen lokal beeinflußte Klima im Bereich von Siedlungen, speziell von Städten (↑Stadtklima).

SI-Einheiten [ɛs'i:...]: Basiseinheiten des **Internationalen Einheitensystems** (frz. Système International d'Unités; Abk.: SI). Das System der SI-E. besteht aus den in der folgenden Übersicht zusammengestellten SI-Basiseinheiten für die entsprechenden *Basisgrößen:*

Basisgröße	SI-Basiseinheit Name	Zeichen
Länge	Meter	m
Masse	Kilogramm	kg
Zeit	Sekunde	s
elektrische Stromstärke	Ampere	A
thermodynamische Temperatur	Kelvin	K
Stoffmenge	Mol	mol
Lichtstärke	Candela	cd

Zu den SI-Basiseinheiten gehören ferner aus ihnen **abgeleitete SI-E.** (z. B. m/s, m/s^2, kg/m^3), einschl. der SI-E. mit besonderen Namen (z. B. Coulomb, Pascal, Volt) sowie die sog. **ergänzenden SI-E.** (Radiant und Steradiant).
Die den gesetzlichen Basiseinheiten zugrunde gelegten SI-Basiseinheiten wurden 1954 von der X. Generalkonferenz für Maße und Gewichte festgelegt.

Sievert, das [nach R. M. Sievert ‖ Einheitenzeichen: Sv]: gesetzliche SI-Einheit (seit 1. Januar 1986 anstelle von ↑Rem) der Äquivalentdosis insbes. radioaktiver Strahlen: 1 Sv = 1 J/kg. Es gilt:
1 Sv = 10^2 rem bzw. 1 rem = 10^{-2} Sv.

Sigmasystem [Schreibvariante: σ-System]: Bez. für eine Vertikalstruktur in numerischen Modellen, in der als Vertikalkoordinate nicht der Luftdruck selbst (↑p-System), sondern ein relativer Luftdruck verwendet wird, der aus dem Quotienten aus dem Luftdruck in der jeweiligen Höhe und dem am Boden gemessenen Luftdruck gebildet wird (Bez.: **Sigma**).
Dieser relative Luftdruck ist eine dimensionslose Größe, die an der Obergrenze der Atmosphäre den Wert null (da dort der Luftdruck null ist), am Boden genau den Wert 1 annimmt. Da sich die Fläche Sigma = 1 genau dem Boden anschmiegt, können so die Vorgänge an der Erdoberfläche ohne Schwierigkeiten beschrieben werden. Dem steht als Nachteil gegenüber, daß die Modellflächen keine isobaren Flächen sind, die Modellgleichungen komplizierter werden und am Beginn und am Ende der Modellrechnungen jeweils Umwandlungen vom p-System (das von den Analysen- und Vorhersagekarten verwendet wird) ins S. und zurück notwendig werden.

SIGMET-Meldung [SIGMET ist Kurzwort aus engl. **sig**nificant **met**eorological phenomena = bedeutsame meteorologische Phänomene]: Meldung über das Auftreten oder das voraussichtliche Auftreten einer oder mehrerer der folgenden signifikanten Wettererscheinungen in einem Gebiet, über dem Flugwetterüberwachung durchgeführt wird: aktiver Gewitterherd; tropischer Wirbelsturm; ausgeprägte Linienbö; starker Hagel; starke Turbulenz; starke Vereisung; starker Wind über Gebirgsgegenden; Staubsturm.

Significant-weather-chart, die [sɪgˈnɪfɪkənt ˈwɛðərtʃɑːt ‖ engl. = Karte bedeutsamer Wettererscheinungen ‖ Abk.: SWC]: über Faksimile verbreitete Vorhersagekarte der signifikanten Wettererscheinungen für die Luftfahrt.
Die SWC enthält für einen bestimmten Zeitpunkt die vorhergesagte Lage von Luftdruckzentren und Fronten, mit den Satellitenbildern vergleichbare Angaben über Wolkenbedeckung, Wolkenober- und -untergrenzen, für die Luftfahrt gefährliche Wettererscheinungen (z. B. Gewitter, Vereisung), die Lage der Strahlstromachsen, die Gebiete mit Turbulenz im wolkenfreien Raum (↑Clear-air-Turbulenz) und an mehreren Punkten die Höhe der Nullgradgrenze.

Silberjodid [chemische Formel: AgI]: künstlich hergestellte, in Wasser nicht lösliche Verbindung von Silber und Jod. S. besteht aus Kristallen, die eine ähnliche Gitterstruktur und Gitterenergie wie die natürlichen Eiskristalle besitzen.
Die Kristalle werden in großer Menge beim ↑Wolkenimpfen in unterkühlte Wolken eingebracht und wirken als Gefrierkerne, die bei Berührung mit unterkühlten Wassertröpfchen deren Umwandlung in Eisteilchen einleiten und damit eine wesentliche Voraussetzung für die Niederschlagsbildung schaffen.

Simulationsrechnung [aus lat. simulatio = Vorspiegelung]: numerische Rechnung, mit der komplizierte Prozesse mit Hilfe von Modellen numerisch simuliert werden (↑numerische Simulation).

Singularitäten, die (Mehrz.) [Einz.: die Singularität ‖ zu lat. singularis = vereinzelt ‖ Syn.: Regelfälle, Regularitäten, synoptische S., Witterungsregelfälle]: in der Meteorologie nach A. Schmauß die im mittleren jährlichen Gang der meteorologischen Elemente auftretenden Abweichungen (relative Maxima und Minima) von der Durchschnittskurve, die durch mehr oder weniger regelmäßig an bestimmten Kalendertagen auftretende

(Groß)wetterlagen und die damit zusammenhängenden Witterungserscheinungen verursacht werden.
Für die Häufigkeit von Witterungs-S. zu bestimmten Terminen des Jahres sind ↑Eisheilige, ↑Schafkälte, ↑Siebenschläfer, ↑Altweibersommer und ↑Weihnachtstauwetter typische Beispiele (↑auch Lostage).
Wegen der Schwankungsbreite ihres Eintreffens und gelegentlichen Ausfallens sind S. für die Wettervorhersage nicht geeignet; sie liefern aber wertvolle Hinweise für den durchschnittlichen Jahresablauf der Witterung.

Singularitätenkalender: kalendermäßige Zusammenstellung der markantesten Witterungsregelfälle zu einem idealen jährlichen Witterungsablauf, der in Klimabeschreibungen eines Landes die klassischen Mittelwerte der meteorologischen Elemente sinnvoll ergänzt.

SIRS-Daten [SIRS ist Abk. für engl. satellite infraredspectrometer = Satelliten-Infrarotspektrometer]: Werte der vertikalen Temperaturverteilung und des Geopotentials bestimmter Druckflächen über Beobachtungspunkten längs der Bahn eines polarumlaufenden Satelliten, die aus Messungen mit Hilfe eines Infrarotspektrometers in der Kohlendioxid-Absorptionsbande abgeleitet wurden.
S.-D. ergänzen die Ergebnisse der Radiosondenmessungen über den datenarmen Ozeanen und dünn besiedelten Gebieten. Der Zeitpunkt der Messungen deckt sich jedoch nicht mit den synoptischen Terminen, ein gewisser Nachteil gegenüber einem Radiosondennetz.

Six-Thermometer [Syn.: Maximum-Minimum-Thermometer, älter: Thermometrograph]: älteres, von dem Engländer James Six 1782 gebautes Thermometer zur Messung der täglichen Extremwerte der Lufttemperatur. Das S.-Th. kombiniert Maximum- und Minimumthermometer in einem Instrument. In der U-förmig gebogenen Kapillare eines alkoholgefüllten Flüssigkeitsthermometers befindet sich eine kleine Quecksilbermenge, die bei Erwärmung einen im Glas eingeschmolzenen Metallstift (Schwimmer) mitführt. Bei Abkühlung wird die Quecksilbersäule durch die Dampfspannung einer kleinen Alkoholmenge im zweiten Schenkel des S.-Th.s wieder zurückgeschoben. Hier befindet sich ein zweiter Schwimmer, der während der gesamten Abkühlung auf das Thermometergefäß hinbewegt wird. An den unteren Enden der Schwimmer lassen sich jeweils Höchst- und Tiefstwert der Lufttemperatur ablesen. Zur Vorbereitung auf eine neue Messung werden die Schwimmer mit einem Magneten wieder bis an die beiden Enden der Quecksilbersäule herangeführt.
Aufgrund ihrer Fehlerquellen wurden S.-Th. in Deutschland nicht in den amtlichen meteorologischen Gebrauch eingeführt.

Skagerrak-Zyklone: Tiefdruckgebiet über dem Skagerrak, das aufgrund der orographischen Verhältnisse an der S-Spitze Norwegens entsteht. Ausgangslage ist dabei eine über das Nordmeer ostwärts ziehende Zyklone, die durch das norwegische Gebirge aufgespalten wird, wobei der Hauptkern unter Abschwächung nach N ausschert. Der südliche Teil wird am Hindernis vorbeigeführt und erfährt gewöhnlich eine stärkere Entwicklung, weil das Gebirge das Strömungsfeld verändert und als Leitlinie für einen konzentrierten Kaltluftvorstoß in die Rückseite des über dem Skagerrak neuformierten Tiefkerns wirkt. Dadurch kommt es zu einer orographischen Zyklogenese bzw. zu einer Regeneration der bereits okkludierten alten Zyklone.

skalare Windgeschwindigkeit [zu Skala (dies von lat.-italien. scala = Treppe, Leiter)]: derjenige Anteil der ↑Windgeschwindigkeit, der allein aus der Betrachtung des Windes als skalare Größe, d. h. ohne Berücksichtigung der Windrichtung (unter Vernachlässigung der Vektoreigenschaft des Windes), herrührt. Die s. W. ist durch Angabe eines einzigen Zahlenwertes (Geschwindigkeitswert), des sog. Betrags, vollständig charakterisiert (im Gegensatz zum ↑Windvektor). Die mittlere s. W. beispielsweise beträgt bei einem Ostwind und einem Westwind von je 10 kn ebenfalls 10 kn, das ↑Vektormittel ergibt dagegen null.

Skew(*T*, log *p*)-Diagramm ['skju:... ‖ engl. skew = schräg]: weitverbreitetes, insbes. im US- und teilweise im dt. Flugwetterdienst verwendetes thermodynamisches Diagramm zur Auswertung aerologischer Aufstiege. Die Ordinate zeigt eine logarithmische Skala des Luftdrucks und die Abszisse eine lineare Skala der Temperatur. Die waagrecht verlaufenden Isobaren und die schräg von links unten nach rechts oben verlaufenden Isothermen (Skew *T* = schiefes *T*) schneiden sich in einem Winkel von 45°. Neben diesen enthält es ebenfalls in braun eingedruckter Farbe Trockenadiabaten und den Temperaturverlauf der ICAO-Standardatmosphäre.
Alle anderen Linien und Angaben sind in grüner Farbe gehalten, insbes. Linien gleichen Sättigungsmischungsverhältnisses, Feuchtadiabaten, Schichtdicken zwischen bestimmten Druckflächen für Höhenberechnungen, Linien für die Winddarstellung und Linien für die Kondensstreifenvorhersage.
Durch die Anordnung der Linienscharen treten bei eingetragenen Zustandskurven Isothermien und Inversionen deutlich hervor. Ein weiterer Vorteil ist die Flächentreue für Energiebetrachtungen in allen Luftdruckniveaus.

-skop [zu griech. skopeīn = betrachten]: in Zus. mit der Bed. „Sehgerät"; z. B. Meteoroskop.

Smog, der [Kurzwort aus engl. **sm**oke = Rauch und engl. f**og** = Nebel]: infolge ungünstiger meteorologischer Bedingungen (anhaltende austauscharme Wetterlage) stark erhöhte Schadstoffkonzentration in der Luft über städtischen oder industriellen Ballungsgebieten, verbunden mit Dunst- oder Nebelbildung (die Luftverunreinigungen wirken als Kondensationskerne).
Man unterscheidet den (ursprünglich häufig über London auftretenden) **London-S.,** einen hpts. mit Schwefeldioxid und Ruß beladenen Nebel, der sich besonders an naßkalten, trüben Herbst- und Wintertagen bildet und sich während der Nacht noch verstärkt, und den für Los Angeles typischen **Los-Angeles-S. (photochemischer S.);** bei dieser Art des S.s bilden sich unter dem Einfluß der Sonneneinstrahlung (meist mittags) durch photochemische Reaktionen aus Industrie- und Kraftfahrzeugabgasen (v. a. Stickoxiden) insbes. Ozon und Peroxyacetylnitrat (PAN), die u. a. Schleimhautreizungen verursachen.
S. kann zu Erkrankungen der Atemwege und Atmungsorgane sowie zu Belastungen von Kreislaufkranken führen. Um den gesundheitsschädigenden Auswirkungen zu begegnen, wurden in der BR Deutschland von zuständigen Landesbehörden S.warndienste eingerichtet. – ↑auch Smogalarm.

Smogalarm: im Rahmen des Smogwarndienstes von zuständigen Landesbehörden für Umweltschutz in Zusammenarbeit mit dem Wetterdienst über die Medien meist in drei Stufen verbreitete Warnung vor ↑Smog. Voraussetzung sind bestimmte Schadstoffkonzentrationen in der Luft bei austauscharmer Wetterlage.
Mit Erreichen der jeweiligen S.stufe werden die in den Smogverordnungen der Länder festgelegten Maßnahmen zur Begrenzung der Emission von Schadstoffen wirksam; z. B. Einschränkung oder Verbot des Kraftfahrzeugverkehrs, Drosselung von Heizungsanlagen, Abschaltung von Industrieanlagen.

Smogwarndienst: in der BR Deutschland von zuständigen Landesbehörden für Umweltschutz eingerichteter Warndienst (↑Smogalarm).

SMS, der [ɛs'ɛm''ɛs]: Abk. für engl. **S**ynchronous **M**eteorological **S**atellite (↑Wettersatelliten).

Sno, der [norweg.]: winterlicher kalter Fallwind in Norwegen; weht bei antizyklonalem Wetter von den Hochflächen (Fjell), die aufgrund starker Ausstrahlung sehr kalt sind, vorwiegend in die inneren Enden der Fjorde hinab.

Societas Meteorologica Palatina [Syn.: Pfälzische Meteorologische Gesellschaft]: von Kurfürst Karl Theodor 1780 als „Meteorologische Klasse" der Akademie der Wissenschaften zu Mannheim gestiftete Witterungsgesellschaft (bestand bis 1795), deren Sekretär, J. J. Hemmer, erstmals in der Geschichte der Meteorologie ein weltweites (vom Ural bis Grönland und Nordamerika) funktionsfähiges Wetterbeobachtungsnetz organisierte. Erstmals für alle Stationen gab es einheitliche, verglichene Instrumente, eine einheitliche Beobachteranleitung (von Hemmer in lat. Sprache verfaßt) und die gleichen Beobachtungszeiten um 7, 14 und 21 Uhr mittlerer Ortszeit (als „Mannheimer Stunden" im Klimadienst vieler Länder noch heute gebräuchlich).

Die Veröffentlichung der Daten erfolgte nach einheitlichen Gesichtspunkten in Jahrbüchern, den „Ephemerides Societatis Meteorologicae Palatinae" durch die „Zentrale" in Mannheim. Die Ephemeriden der Jahre 1781 bis 1792 enthalten Meßwerte und Wetterbeobachtungen von 39 Stationen aus aller Welt. Sie waren etwa für ein halbes Jahrhundert die einzige Quelle für wiss. meteorologische Forschungen.

Die S. M. P. schuf auch ein phänologisches Beobachtungsnetz in der Kurpfalz (1780), befaßte sich mit der Luftelektrizität, konstruierte den Blitzableiter (1776) und startete die ersten Ballonfahrten in Mannheim (1784). Sie gilt heute als Vorläuferin der ↑Weltorganisation für Meteorologie.

Sodar, das [so'da:r, 'so:dar ‖ Abk. für engl. **so**nic **d**etecting **a**nd **r**anging = Schallermittlung und -ortung ‖ Schreibvariante: SODAR]: mit dem Radar- oder Echolotprinzip verwandtes meteorologisches Fernerkundungsverfahren zur Sondierung der atmosphärischen Grenzschicht. Die S.technik wird zur Aufnahme vertikaler Windprofile, für Turbulenzmessungen und zur Ortung unsichtbarer Abgasfahnen eingesetzt.

Eine **S.anlage** besteht im wesentlichen aus mehreren schwenkbaren, etwa 3 m hohen Schalltrichtern, aus denen kurze Schallsignale von 100 ms Dauer scharf gebündelt in die Atmosphäre gesendet werden. Aufgrund der in der Atmosphäre immer vorhandenen Inhomogenitäten der Brechzahl wird ein kleiner Teil der Schallenergie wieder zu Boden gestreut und von einem Empfänger aufgenommen.

Die Höhenzuordnung erfolgt über die Laufzeit Sender–Streuvolumen–Empfänger. Stehen Sender und Empfänger am gleichen Ort **(monostatisches S.),** so ist die gemessene Doppler-Verschiebung (↑Doppler-Effekt) proportional zur Windkomponente in Strahlrichtung der Sendeantenne.

solar [zu lat. sol = Sonne]: zur Sonne gehörend, die Sonne betreffend.

solare Klimazonen: die strahlungsklimatischen Breitenzonen der Erde (↑Solarklima).

Solarenergie: mit Hilfe von Sonnenkollektoren, Solarzellen und Sonnenkraftwerken technisch genutzte bzw. nutzbare Strahlungsenergie der Sonnenstrahlung. Eine wirtschaftliche Nutzung hängt von der geographischen Breite bzw. der Sonnenhöhe, von der Bewölkung, atmosphärischen Trübung und anderen Faktoren ab.

In unseren Breiten ist nur eine begrenzte Nutzung möglich, und zwar für Raumheizung und/oder Brauchwasseraufbereitung mittels Wärmetauschern (für Wohnhäuser, Schwimmbäder, Treibhäuser). Eine Nutzung der S. in Sonnenkraftwerken ist unrentabel, da die mittlere jährliche Sonnenscheindauer z. B. in der BR Deutschland nur 1300–1900 Stunden beträgt (von insgesamt 8760 Stunden), d. h., die S. wäre im langjährigen Mittel nur in 15–22% aller Stunden eines Tages nutzbar.

Solarigraph, der [↑solar und ↑-graph]: mit einer Registriereinrichtung zur selbsttätigen Aufzeichnung ausgerüstetes ↑Solarimeter. Die Registriereinrichtung besteht aus einem die Thermospannung der Thermoelemente aufzeichnenden „schreibenden" Millivoltmeter.

Solarimeter, das [↑solar und ↑-meter]: ↑Pyranometer zur Messung der ↑Globalstrahlung. Das 1926 von W. Gorczynski eingeführte S. hat als Meßfühler eine geschwärzte Moll-Thermosäule (nach W. J. H. Moll) aus hintereinandergeschalteten Manganin-Konstantan-Thermoelementen. Die schwarze Fläche der aktiven Lötstellen absorbiert die einfallende Strahlung und erwärmt sich gegenüber den passiven Lötstellen. Die Temperaturdifferenz erzeugt eine Thermospannung, die ein Maß für die empfangene Strahlung ist. Eine halbkugelförmige Glashaube schützt den Meßfüh-

ler vor unmittelbaren Witterungseinflüssen und filtert gleichzeitig den langwelligen Strahlungsanteil der Atmosphäre aus. Eine geweißte Kreisringscheibe schützt die Fassung der Thermosäule und den Sockel des Geräts vor der direkten Sonnenstrahlung, damit die Strahlungswerte nicht durch unregelmäßige Aufheizung der passiven Lötstellen verfälscht werden.
Das S. wird im Strahlungsmeßnetz des Deutschen Wetterdienstes routinemäßig eingesetzt.

Solarklima: die strahlungsklimatischen Verhältnisse der Erde, dargestellt anhand der auf die Breitenkreise bezogenen Tagessummen zugestrahlter Sonnenenergie unter Vernachlässigung der Atmosphäreneinflüsse. Die Berechnung erfolgt aus der Sonnenhöhe bzw. dem Winkel des Strahlungseinfalls und der Dauer der Sonnenstrahlung (↑Tagbogen), wobei die Intensität der Sonnenstrahlung gleich dem Produkt aus ↑Solarkonstante und Sinus der Sonnenhöhe ist.
Der zeitliche Verlauf der Energiewerte ergibt für die jeweiligen Breiten sog. **Strahlungsjahreszeiten** (sehr starke Schwankungen der Energiezufuhr in den hohen Mittelbreiten und Polargebieten während des Jahres, gleichmäßige Energiezufuhr in den Tropen), die breitenmäßige Differenzierung **solare Klimazonen** (innere und äußere Tropen, Subtropen, hohe Mittelbreiten, Polargebiete).

Solarkonstante: die annähernd konstante Bestrahlungsstärke (Intensität) der Sonnenstrahlung an der Obergrenze der Erdatmosphäre, bezogen auf eine Einheitsfläche, die senkrecht zur einfallenden Strahlung steht (bei einem mittleren Sonnenabstand von $1{,}4960 \cdot 10^8$ km).
Neuere Messungen ergeben für die S. einen Wert von 1 368 Wm^{-2} (bei einer Unsicherheit von $\pm$ 2 Wm^{-2}); dieser kann infolge wechselnder Sonnenaktivität um bis zu 4 Wm^{-2} schwanken (für etwa 5–7 Tage). Längerperiodische Schwankungen der S.n konnten durch Messungen bisher nicht belegt werden.

Solarstrahlung [Syn.: solare Strahlung]: svw. ↑Sonnenstrahlung.

solarterrestrische Erscheinungen: im weiteren Sinne Bez. für alle Auswirkungen der Sonnenaktivität auf Vorgänge in der Erdatmosphäre und an der Erdoberfläche, insbes. auf ionosphärische, meteorologische und erdmagnetische Erscheinungen; im engeren Sinne Bez. für eine Gruppe verschiedenartiger Erscheinungen, die mit starken Strahlungsausbrüchen auf der Sonne, den sog. Flares (↑Sonneneruptionen), im Zusammenhang stehen.
Die von den Flares ausgehende, extrem kurzwellige Strahlung bewirkt eine plötzliche Erhöhung der Ionisierung der ↑Ionosphäre und ein Absinken der D-Schicht von etwa 75 auf 60 km. Aufgrund der höheren Ionendichte ist die Absorption von Radiowellen dann vergrößert; die sich daraus ergebenden Störungen des Funkverkehrs sind unter der Bez. **Mögel-Dellinger-Effekt** bekannt.
Die von den Flares ausgehende energiereiche Korpuskularstrahlung kann auf der Erde als solare Komponente der kosmischen Strahlung nachgewiesen werden. Die energieärmeren Teilchen können wegen der abschirmenden Wirkung des Erdmagnetfeldes nur noch in Nähe der magnetischen Pole in die Atmosphäre eindringen.

Solarwind: svw. ↑Sonnenwind.

Solenoidfeld [griech. sōlḗn = Furche, Röhre und griech. -eidḗs = gestaltet, ähnlich]: die Gesamtheit der in einer Fläche vorhandenen, durch zwei verschiedene, sich kreuzende Liniensysteme gebildeten, meist rhombenförmigen Vierecke, bei denen je zwei gegenüberliegende Seiten vom gleichen Liniensystem gebildet werden.
In der Meteorologie werden am häufigsten S.er dargestellt, die durch die Überlagerung von Isobaren und Isothermen entstehen; damit läßt sich ein guter Überblick über die in dieser Fläche vor sich gehende ↑Temperaturadvektion gewinnen. S.er zwischen Linien gleichen Luftdrucks und gleichen spezifischen Volumens werden zur Bestimmung der Zirkulationsbeschleunigung (↑Bjerknes-Zirkulationssatz) verwendet.

Solstitialregen [zu ↑Solstitium]: die etwa einen Monat vor dem Sonnenhöchststand (Solstitium) beginnende und bis zu zwei Monaten danach andauernde Regenzeit der äußeren Tropen; zu den ↑ Zenitalregen zählender Regentyp.

Solstitium, das [lat. ‖ Syn.: Sonnenwende]: der Zeitpunkt im Jahr, an dem die Mittagshöhe der Sonne ihren höchsten oder tiefsten Stand (größte nördliche bzw. größte südliche Deklination) erreicht hat. Wenn die Sonne am 21./22. Juni im nördlichen Wendepunkt **(Solstitialpunkt)** steht, hat die Nordhalbkugel ihren längsten Tag (Sommeranfang), wenn sie am 21./22. Dezember im südlichen Wendepunkt steht, den kürzesten Tag (Winteranfang); auf der Südhalbkugel entsprechend umgekehrt.

Sommer ↑ Jahreszeiten.

Sommermonsun ↑ Monsun.

Sommerregen: die durch Konvektion bedingten sommerlichen Niederschläge in den kontinentalen Gebieten der höheren Mittelbreiten; im Gegensatz zu den an Tiefdruckgebiete gebundenen **Winterregen** der maritim beeinflußten Regionen.

Sommertag: Tag mit einer Höchsttemperatur von mindestens 25 °C. Die mittlere Zahl der S.e dient zur Charakterisierung des Klimas.

Sonderwettermeldung: Wettermeldung von Land- und Küstenstationen, die beim Über- oder Unterschreiten bestimmter Grenzwerte meteorologischer Elemente neben den planmäßigen synoptischen Meldungen abzusetzen ist (↑ Gefahrenmeldung).

Sonnenaktivität: Erscheinungen auf der Sonnenoberfläche, die nicht nur zeitlich schwanken, sondern auch räumlich auf bestimmte Aktionszentren begrenzt sind; zu ihnen zählen insbes. die ↑ Sonnenflecken, die ↑ Sonneneruptionen und die ↑ Protuberanzen.

Die verschiedenen Erscheinungen hängen weitgehend miteinander zusammen und führen infolge verstärkter Strahlungsausbrüche (solare UV-, Röntgen- und Korpuskularstrahlung) bzw. Gasemissionen u. a. zu starken Veränderungen der Sonnenkorona und des ↑ Sonnenwindes, die sich ihrerseits auf der Erde als ↑ solarterrestrische Erscheinungen bemerkbar machen.

Sonnenböigkeit ↑ Böigkeit.

Sonnenenergie: svw. ↑ Solarenergie.

Sonneneruptionen, die (Mehrz.) [Einz.: die Sonneneruption ‖ lat. eruptio = das Hervorbrechen]: plötzliche, kurzdauernde Helligkeitsausbrüche (sog. **Flares** oder **Fackeln**) von eng begrenzten Gebieten der Sonnenoberfläche (meist innerhalb von Sonnenfleckengruppen), die mit einem verstärkten Ausstoß solarer Röntgen-, UV- und Korpuskularstrahlung verbunden sind.

S. führen u. a. zu plötzlichen Veränderungen in der Ionosphäre, zu erdmagnetischen Störungen und zu einem verstärkten Auftreten von Polarlichtern.

Sonnenflecken: dunklere Stellen der Sonnenoberfläche, die durch starke solare Magnetfelder (bzw. deren Zyklen) verursacht werden. Sie unterbinden in Teilbereichen unterhalb der Photosphäre die Konvektion und verringern damit den nach außen fließenden Energiestrom. In ihrem Kern (der Umbra) haben sie eine effektive Temperatur von 4 500 K (gegenüber 5 800 K für die ungestörte Sonnenoberfläche, die Photosphäre). Der Kern ist von einem Halbschatten (der Penumbra) umgeben, dessen Helligkeit zwischen der der Umbra und der Photosphäre liegt.

S. treten einzeln, als Doppelfleck oder in Gruppen im Abstand zwischen etwa 5 und 40° vom Sonnenäquator auf. Ihr Durchmesser kann bis über 50 000 km betragen, ihre Lebensdauer bis zu 100 Tage (im Mittel etwa 4 Tage).

Die Häufigkeit der S. wird durch die **S.relativzahl** $R = 10g + f$ (g = Zahl der Gruppen, f = Zahl der Einzelflecke) ausgedrückt.

Sonnenfleckenperiode [Syn.: Sonnenfleckenzyklus]: im Mittel eine Periode von 11,2 Jahren (schwankend zwischen 7,3 und 17,1 Jahren) mit unterschiedlichen Maxima und Minima der Sonnenfleckenhäufigkeit. Die einzelnen Perioden können bis in das 17. Jahrhundert (dem Beginn systematischer Beobachtungen) zurückverfolgt werden. Die 11jährige Periode tritt auch bei Sonneneruptionen und Protuberanzen auf und macht sich u. a. in der Häufigkeit von Polarlichtern bemerkbar.

Wie bei einzelnen Sonnenflecken bzw. Sonnenfleckenextremen sind eindeutige Zusammenhänge zwischen S.n (neben der 11jährigen auch schwächer ausgeprägte Perioden von 22/23 und 90 Jahren) und Schwankungen der allgemeinen Zirkulation der Atmosphäre und des Klimas schwer nachzuweisen.

Sonnenharsch: verfestigter Schnee (↑Harsch).

Sonnenkorona: die äußerste, hochionisierte Schicht der Sonnenatmosphäre mit einer Temperatur von etwa 10^6 K. Sie wird erst sichtbar, wenn der Mond bei totaler Sonnenfinsternis die Sonnenscheibe und die Chromosphäre abdeckt.

Sonnenscheinautograph, der [↑auto- und ↑-graph ‖ Syn.: Heliograph]: Meßgerät zur Registrierung der Sonnenscheindauer. Beim einfachsten, bisher am meisten verwendeten Gerät, dem S. von J. F. Campbell und Sir G. G. Stokes, geschieht dies mit Hilfe einer als Brennglas wirkenden Glaskugel (Schusterkugel), die eine Spur in einem auf einer Kugelschale angebrachten, geschwärzten Kartonstreifen einbrennt. Die Auswertung der Brennspuren ergibt die Sonnenscheindauer in den einzelnen Tagesstunden. Je nach der maximalen Sonnenhöhe (mit ihr verändert sich der Kreisbogen, auf dem der Brennpunkt im Laufe des Tages wandert) gibt es in der Kugelschale drei Einschübe für die verschieden geformten, täglich zu wechselnden Streifen (Sommer, Frühjahr/Herbst, Winter).

Neuere Geräte registrieren photoelektrisch mit gleichzeitiger digitaler Ausgabe bzw. Speicherung der Meßwerte.

Sonnenscheindauer: die Zeit der direkten Sonnenstrahlung an einem bestimmten Ort für jeden Tag des Jahres. Die **astronomische S.,** d.h. die theoretisch mögliche Dauer des Sonnenscheins zwischen Sonnenauf- und Sonnenuntergang, hängt von der geographischen Breite (Tageslänge) ab. Sie kann lokal durch ↑Horizonteinschränkung verringert werden. Gegenüber dieser für einen Ort **maximal möglichen S.** wird die **tatsächliche S.** durch den Bewölkungsgrad bestimmt. Die **relative S.** ergibt sich aus dem Verhältnis (in %) von tatsächlicher zu maximal möglicher Sonnenscheindauer.

Sonnenstrahlung [Syn.: Solarstrahlung, solare Strahlung]: die von der Photosphäre der Sonne emittierte Strahlung, die nach dem ↑Planck-Strahlungsgesetz angenähert der Strahlung eines etwa 5 800 bis 6 000 K heißen ↑schwarzen Körpers entspricht. Die an der Obergrenze der Atmosphäre einfallende S. wird als ↑extraterrestrische Sonnenstrahlung bezeichnet, ihr mittlerer Energiefluß als ↑Solarkonstante. Das Maximum der spektralen Energieverteilung befindet sich bei 0,5 µm (im sichtbaren Spektralbereich).

Fast der gesamte solare Strahlungsenergiefluß entfällt auf die Wellenlängen von 0,2 bis 4 µm (99 %); davon verteilen sich prozentual: 9 % auf die UV-Strahlung, 45 % auf den schmalen Bereich des sichtbaren Lichts und 46 % auf den Infrarotbereich.

Beim Durchgang durch die Atmosphäre wird die S. selektiv geschwächt. Die ↑Extinktion hat neben der Schwächung der S. eine mehr oder weniger vollständige Auslöschung bestimmter Spektralbereiche zur Folge; insbes. wird das Spektrum bei Wellenlängen unterhalb 0,29 µm durch Absorptionsvorgänge, an denen v. a. das Ozon in Höhen zwischen

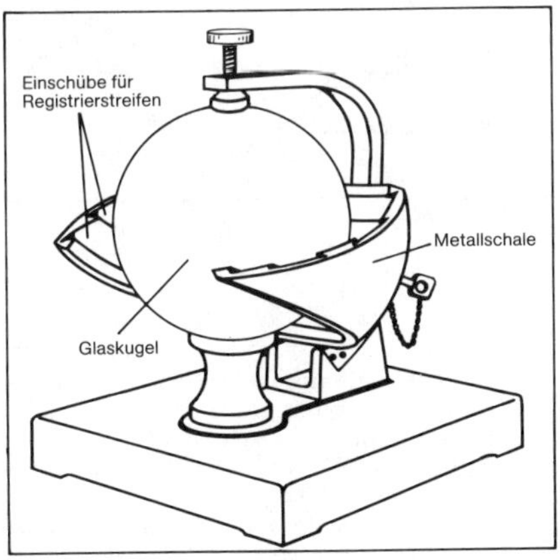

Sonnenscheinautograph nach J. F. Campbell und Sir G. G. Stokes

20 und 50 km beteiligt ist, abgeschnitten (↑Ozonschicht). Dadurch wird das organische Leben auf der Erde von der kurzwelligen, schädlichen UV-Strahlung abgeschirmt. Im infraroten Spektralbereich wird die Schwächung hpts. von Wasserdampf und Kohlendioxid bewirkt. Insgesamt wird durch die Intensitätsschwächung der S. eine geringe Verschiebung ihres Energiemaximums auf Wellenlängen knapp oberhalb 0,5 µm bewirkt. – Nach den Wechselwirkungen in der Atmosphäre unterscheidet man ↑direkte Sonnenstrahlung, ↑Himmelsstrahlung und ↑Globalstrahlung.

Sonnenwende: die Umkehr in der Deklinationsbewegung der Sonne; ↑Solstitium.

Sonnenwind [Syn.: Solarwind]: der von der Sonne ständig ausgehende ionisierte Partikelstrom aus Protonen (Wasserstoffionen), Alphateilchen (Heliumionen), geringen Mengen weiterer Ionen und Elektronen. Die Feldlinien des solaren Magnetfeldes bilden die Bahnen, auf denen der S. in den interplanetaren Raum vordringt. Veränderungen des solaren Magnetfeldes, die mit der Sonnenaktivität zusammenhängen, haben deshalb auch Richtungs- und Intensitätsschwankungen des S.es zur Folge, die ihrerseits erdmagnetische Störungen und andere ↑solarterrestrische Erscheinungen hervorrufen (↑auch Polarlicht).

SOP, die [Abk. für engl. **s**pecial **o**bserving **p**eriod = spezielle Beobachtungs-

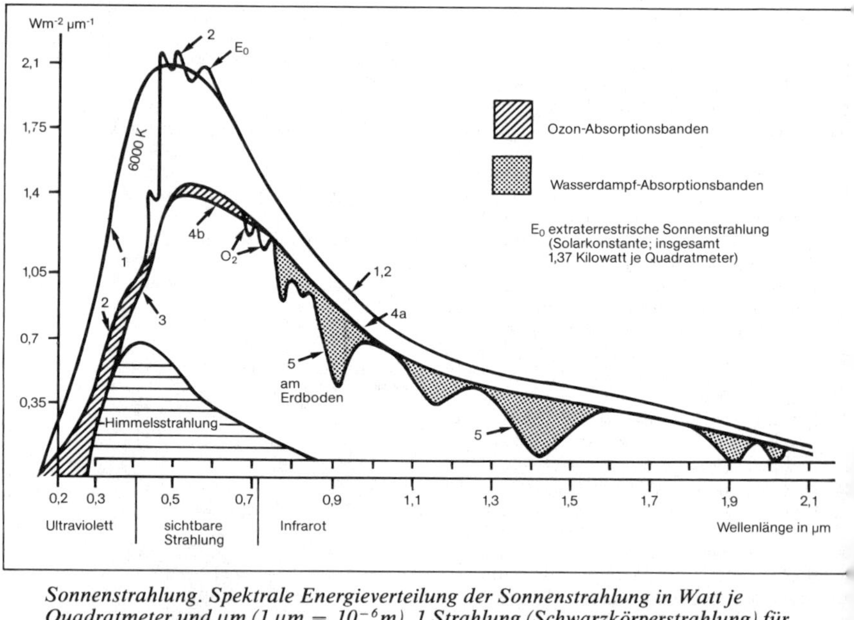

Sonnenstrahlung. Spektrale Energieverteilung der Sonnenstrahlung in Watt je Quadratmeter und µm (1 µm = 10^{-6} m). 1 Strahlung (Schwarzkörperstrahlung) für die Temperatur von 6 000 K; 2 extraterrestrische Sonnenstrahlung; 3 die unter der Ozonschicht (in 20–50 km Höhe) ankommende Sonnenstrahlung; 4 a Sonnenstrahlung an der Erdoberfläche unter der Voraussetzung, daß die Atmosphäre keine Aerosol- bzw. Dunstpartikel enthält, bei einer Sonnenhöhe von 60 Grad; 4 b dasselbe mit Berücksichtigung der Absorption der sichtbaren Sonnenstrahlung durch Ozon und Sauerstoff; 5 dasselbe mit Berücksichtigung der Wasserdampfabsorption (nach K. Bullrich)

periode]: Bez. für eine oder mehrere bestimmte Zeitabschnitte in zeitlich ausgedehnten Forschungsvorhaben, in denen besonders dichte und häufige Beobachtungen und Messungen angestellt werden sollen.
Solche SOPs hat man z. B. innerhalb des ↑FGGE und ↑ALPEX aus wirtschaftlichen Gründen festgelegt, da die Durchführung von intensiven Messungen mit Hilfe von Flugzeugen, Ballons, Bojen und Schiffen sehr aufwendig ist und für die Gesamtlänge der Experimente nicht finanzierbar wäre.

Southerly bursters, die (Mehrz.) ['sʌðəlɪ 'bəːstəz ‖ ohne Einz. ‖ engl. = südliche Sprenger]: sommerliche Kaltlufteinbrüche aus S auf der Rückseite von Tiefdruckgebieten in SO-Australien und Neuseeland.

Southern oscillation, die ['sʌðən ɔsɪ'lɛɪʃən ‖ engl. = südliche Oszillation]: großräumige Luftdruckschwingung, die der ↑Walker-Zirkulation überlagert ist. Hierbei treten mit einer Periode von etwa drei bis fünf Jahren gleichzeitig Verstärkungen des südostpazifischen Hochs und des tiefen Luftdrucks über Indonesien ein, gefolgt von Perioden mit Abschwächung beider Druckgebilde. Damit sind Schwankungen der mittleren Windströmung (insbes. des Südostpassats westlich von Südamerika) und der Intensität von Meeresströmungen sowie daraus folgend Anomalien der mittleren Temperatur- und Niederschlagsverhältnisse verbunden.
Die Erforschung dieser (im einzelnen sehr komplizierten) Zusammenhänge wurde in den letzten Jahren verstärkt betrieben, da die S. o. in Verbindung mit dem ↑El-Niño-Phänomen steht und sogar Auswirkungen auf die Intensität des indischen Monsuns hat.

Spätfrost: Bez. für den letzten Frost (in bezug auf die winterliche Frostzeit) im Frühjahr, der innerhalb der Vegetationsperiode auftritt und vielfach zu Schäden an den in voller Entwicklung befindlichen Pflanzen, insbes. Kulturpflanzen, führen kann.

SPECI-Code ['speːtsi...]: Wetterschlüssel mit der Kennung **SPECI** (von engl. **speci**al report = spezieller Bericht) für eine Sonderwettermeldung für die Luftfahrt, die von den Flugwetterwarten zur internen Verbreitung an Flugplätzen bei bestimmten Wetteränderungen zu erstellen ist.
Die **SPECI-Wettermeldung** enthält Angaben über Windrichtung und -geschwindigkeit (Böen), Landebahnsicht, Wetter und Bewölkung. Sie ist bei Wetterverschlechterung bzw. Wetterbesserung unter Angabe der tatsächlichen Beobachtungszeit der Wettererscheinung ohne Verzögerung abzusetzen. Die zu berücksichtigenden Kriterien sind in gesonderten Anweisungen für die Flugwetterwarten festgelegt.

spektrale Analyse [zu ↑Spektrum]: Methode der numerischen Analyse, bei der die meteorologischen Felder nicht in Form von Gitterpunktdaten, sondern durch Zerlegung in trigonometrische und andere Funktionen sowie Angabe der Koeffizienten dieser Funktionen dargestellt werden. Hierbei macht man davon Gebrauch, daß man sich z. B. ein beliebiges Luftdruckfeld aus einer Anzahl von Wellen mit verschiedener Länge, Phase und Amplitude zusammengesetzt denken kann, so wie ein Lichtstrahl aus einem ganzen Spektrum verschiedener Wellenlängen besteht. Kennt man die Parameter (Länge, Phase, Amplitude) dieser Wellen, so ist damit das gesamte Feld lückenlos bestimmt.
Im Gegensatz dazu ist das Feld bei einer Gitterpunktdarstellung nur an diesen diskreten Gitterpunkten definiert; dazwischenliegende Punkte müssen erst durch Interpolation ermittelt werden.
Die Wiedergabe des Feldes durch Wellen ist um so genauer, je mehr kürzere Wellen (Oberschwingungen) analysiert werden.
Aus praktischen (wirtschaftlichen) Gründen bricht man die Analyse bei einer bestimmten Wellenzahl ab. Vergleiche haben ergeben, daß schon sp. A.n bis zur Wellenzahl 24 (d. h. 24 Wellen auf einem Breitenkreis) in der Genauigkeit etwa einer Darstellung in einem Gitterpunktnetz mit dem Standardabstand von 381 km entsprechen. Neuerdings setzt man die sp.n A.n bis zu Wellenzahlen von über 100 fort.

spektrale Modelle [zu ↑Spektrum]: numerische Modelle, die auf eine ↑spektrale Analyse aufbauen und die Vorhersagegleichungen auf diese anwenden. Da durch eine spektrale Analyse ein meteorologisches Feld lückenlos dargestellt und definiert ist, können bei sp.n M.n horizontale Differentialquotienten exakt berechnet werden. Die bei Modellen mit Gitterpunktdarstellungen sonst üblichen Verstümmelungsfehler durch Verwendung von Differenzenapproximationen entfallen hier. Dadurch lassen sich systematische Fehler (z. B. die etwas zu langsame Verlagerung von Störungen mit kürzeren Wellenlängen) vermeiden.
Andererseits ist die Behandlung von manchen physikalischen Prozessen (z. B. Konvektion, Kondensation und Niederschlagsbildung oder Strahlungsvorgänge) in sp.n M.n umständlicher und schwerfälliger als in der Gitterpunktdarstellung. Man geht deshalb in der Praxis meist einen Mittelweg und berechnet zunächst in der spektralen Darstellung den Zeitschritt in die Zukunft, wandelt dann das Ergebnis in eine Gitterpunktdarstellung um, berechnet damit die erwähnten physikalischen Prozesse und kehrt dann zur spektralen Darstellung zurück, um den nächsten Zeitschritt zu beginnen. Ein solches Modell bezeichnet man als **semispektral.**
Im Europäischen Zentrum für mittelfristige Wettervorhersage werden sp. M. seit 1983 verwendet.

Spektrum, das [lat. = Erscheinung ‖ Abl.: spektral]: auf die Strahlung bezogen eine Aufeinanderfolge von Wellenlängen bzw. Frequenzen, die für eine bestimmte Strahlungsart (z. B. Sonnenstrahlung, terrestrische Strahlung) und ihre spezifische spektrale Energieverteilung charakteristisch ist.

Sperrschicht: etwa horizontale Schicht in der Atmosphäre, die aufgrund ihrer hohen vertikalen Stabilität nahezu alle vertikalen Bewegungs-, Austausch- und Durchmischungsvorgänge verhindert. Sie ist mit einer Temperaturzunahme mit der Höhe verbunden und deshalb einer ↑Inversion gleichzusetzen.

spezifische Feuchte [von spätlat. specificus = von besonderer Art]: die Wasserdampfmenge (in g), die in 1 kg feuchter Luft enthalten ist:

$$s = 0{,}622 \frac{e}{(p - 0{,}378e)};$$

(e Dampfdruck, p Luftdruck, beide in gleichen Einheiten). Wegen des zu vernachlässigenden geringen Dampfdruckwertes, gilt:

$$s \approx 0{,}622 \frac{e}{p}.$$

Die sp. F. entspricht zahlenmäßig etwa dem ↑Mischungsverhältnis.

spezifische Wärmekapazität [von spätlat. specificus = von besonderer Art ‖ Formelzeichen: c; SI-Einheit: J/(kg · K) ‖ Syn.: spezifische Wärme]: diejenige Wärmemenge, die erforderlich ist, um 1 kg eines Stoffs um 1 K zu erwärmen.
Für die Thermodynamik bedeutsame Arten sind die **isobare sp. W.** c_p (sp. W. bei konstantem Druck) und die **isochore sp. W.** c_V (sp. W. bei konstantem Volumen). Es gilt stets: $c_p > c_V$ ($c_p/c_V \approx 1{,}4$). Wasser besitzt mit 1 J/(kg · K) eine viel größere sp. W. als fast alle festen und flüssigen Stoffe. Sie ist fast fünfmal so groß wie die sp. W. des Erdbodens. Dies führt dazu, daß die Ozeane durch die Sonneneinstrahlung langsamer erwärmt werden als die Festländer; sie kühlen sich allerdings auch langsamer ab. Die täglichen und jahreszeitlichen Schwankungen der meisten Klimaelemente sind daher in Meeresnähe geringer als im Innern der Festländer (↑auch Kontinentalklima, ↑maritimes Klima).

Spherics, die (Mehrz.) ['sfɛrɪks ‖ Einz.: das Spheric ‖ engl. ‖ Syn.: Atmospherics]: Bez. für die atmosphärische Impulsstrahlung, die durch elektrische Entladungen (v. a. Gewitterblitze) in der Atmosphäre hervorgerufen wird. Es handelt sich um kurzzeitige elektromagnetische Impulse mit Schwingungscharakter, deren Energieschwerpunkt im Langwellenbereich zwischen 5 und 50 kHz (Maximum bei 10 kHz, Schwingungsdauer etwa $^1/_{10}$ ms) liegt; ein sekundärer Schwerpunkt befindet sich im Längstwellenbereich (< 2 kHz, Schwingungsdauer zwischen 5 und 100 ms).

Mit Hilfe geeigneter Empfangsanlagen können S. über Häufigkeit und Verbreitung von Gewittern, aber auch sonstiger elektrischer Entladungen Auskunft geben. Umstritten ist ihr biotroper (beschwerdeauslösender) Einfluß auf den Menschen.

Spiegelungspunkte: svw. ↑Symmetriepunkte.

Spitzenbö: besonders starker Windstoß, der für einen bestimmten Zeitraum (z. B. 10 Minuten, 6 Stunden, 1 Tag) die größte gemessene Windgeschwindigkeit ergibt. In der Bodenwettermeldung für die Luftfahrt werden Sp.en (Böenspitzen) angegeben, wenn die höchste Windgeschwindigkeit in den letzten 10 Minuten vor der Beobachtung mindestens 25 kn beträgt und hierbei die mittlere Windgeschwindigkeit um mindestens 10 kn überschritten wird. Je nach Beobachtungstermin wird in der SYNOP-Meldung die Sp. von 25 kn und mehr gemeldet, die während 1, 3 oder 6 Stunden gemessen wurde.

Spitzenentladung: elektrische Entladung an den Spitzen von elektrischen Leitern, d. h. an Stellen mit kleinem Krümmungsradius, wo die Feldstärke bereits bei relativ kleinen Spannungen groß genug ist, um eine Gasentladung in der umgebenden Luft hervorzurufen. Ist die Spitze (z. B. Mast- und Kirchturmspitze, Blitzableiter) positiv gepolt, so zeigen sich schwach leuchtende Büschel (z. B. das ↑Elmsfeuer).

sporadische E-Schicht: svw. E_s-Schicht (↑E-Schicht).

Spread, der [sprɛd ‖ engl. = Zwischenraum, Abstand]: hpts. im Flugwetterdienst verwendete Bez. für ↑Taupunktdifferenz.

Sprühregen [ältere Bez.: Nieseln, Nieselregen, Nieseltropfen]: aus Wolken von im allg. stabiler Schichtung, gewöhnlich aus niedrigem ↑Stratus, fallender gleichförmiger flüssiger Niederschlag, der aus feinen, winzigen Wassertröpfchen mit einem Durchmesser von weniger als 0,5 mm besteht. Sp. ist die typische Niederschlagsform in einem ↑Warmsektor.

Sprung-Formel: svw. ↑Psychrometerformel.

Sprungschicht: Bez. für eine Grenzschicht, die zwei übereinanderliegende Massen unterschiedlicher Dichte trennt. In der Atmosphäre, in der die Dichte in erster Linie von der Temperatur bestimmt wird, hat sich dafür der Begriff ↑Inversion eingebürgert. Die Bez. Sp. ist dagegen in der Meereskunde üblich. Im Meerwasser können Dichteunterschiede sowohl von der Temperatur als auch vom Salzgehalt verursacht werden.

Spurengase: die in der Atmosphäre in geringer Konzentration enthaltenen Gase wie Kohlendioxid, Argon, Helium, Krypton, Xenon, Methan, Wasserstoff, Ozon, Schwefeldioxid und Stickstoffoxide.

Spurenstoffe ↑atmosphärische Spurenstoffe.

Squall-line, die ['skwɔːllaɪn ‖ engl.]: svw. ↑Böenlinie.

St: Abk. für ↑Stratus.

stabiles Gleichgewicht ↑Gleichgewicht.

Stabilisierung, die [zu stabil (↑Stabilität)]: die Veränderung des vertikalen Temperaturgradienten in bestimmten Schichten einer Luftmasse infolge Abkühlung der bodennahen Schicht durch nächtliche Ausstrahlung bzw. Abkühlung über kaltem Meerwasser oder infolge Erwärmung höherer Schichten durch Warmluftadvektion.

St. erfolgt bei antizyklonaler Strömung auch durch Absinken und adiabatische Erwärmung größerer Luftschichten (↑auch Inversion). Sie schwächt die Turbulenz und wirkt der Wolken- und Niederschlagsbildung entgegen. – Gegensatz: ↑Labilisierung.

Stabilität, die [zu stabil = festgefügt, konstant, beständig (aus lat. stabilis = standhaft, dauerhaft) ‖ Syn.: statische St.]: in der Meteorologie Bez. für einen Zustand der Atmosphäre, bei dem die vertikale Temperaturabnahme in nicht feuchtegesättigter Luft kleiner ist, als es der Trockenadiabate entspricht, also geringer als 1 K pro 100 m Höhendifferenz. Wird ein Luftquantum, das die Temperatur seiner Umgebung besitzt, bei diesem Zustand der Atmosphäre verschoben, so ist es beim Aufsteigen immer kälter, beim Absteigen dagegen ständig

wärmer als seine Umgebung und hat das Bestreben, in seine Ausgangslage zurückzukehren. St. herrscht insbes. bei Isothermie und Temperaturzunahme mit der Höhe (↑Inversion).
Von **bedingter St.** bzw. ↑Labilität spricht man, wenn die Atmosphäre bei gleichem Temperaturgradienten für Vertikalbewegungen ungesättigter Luft stabil und für gesättigte Luft (Wolkenluft) labil geschichtet ist.

Stabilitätsenergie: quantitatives Maß für die Stabilität einer atmosphärischen feuchtstabilen Schichtung zwischen dem Konvektionskondensationsniveau und dem 600-hPa-Niveau, dargestellt durch eine Fläche, die im ↑Stüve-Diagramm zwischen beiden Niveaus durch die ↑Zustandskurve und die durch den Kondensationspunkt verlaufende ↑Feuchtadiabate begrenzt wird.
Die St. wirkt der Bildung von Quellwolken entgegen und ist um so größer, je kälter ein feuchtadiabatisch aufsteigendes Luftteilchen gegenüber der umgebenden Luft ist. – ↑auch Labilitätsenergie.

Stabilitätskriterien: Merkmale zur Beschreibung der vertikalen Schichtung der Atmosphäre und der damit verbundenen Turbulenzbedingungen zum Zweck ihrer Einteilung in **Stabilitätsklassen** (stabil, indifferent, labil) im Hinblick auf die Vorgänge der Ausbreitung von Luftbeimengungen (↑auch Ausbreitungsklassen).
Als *Kriterien* dienen für die thermische Turbulenz die Strahlungsbilanz (ermittelt aus Wolkenhöhe und Bedeckungsgrad in Abhängigkeit vom Sonnenstand unter Berücksichtigung des vertikalen Temperaturgradienten), für die mechanisch bedingte Turbulenz die Windgeschwindigkeit in Bodennähe.

städtische Grenzschicht: der bodennahe Teil der atmosphärischen Grenzschicht, der im Bereich von Städten durch Baukörperstruktur, Konzentration von Verkehr, Produktionsprozessen usw. mit den damit zusammenhängenden Energieumsätzen modifiziert bzw. gestört ist. Man unterscheidet:
1. **Urban canopy layer,** die sog. **Stadthindernisschicht,** die vom Erdboden bis zum mittleren Dachniveau reicht und sich aus unterschiedlichen Mikroklimaten zusammensetzt, die sich in Wechselwirkung mit ihrer unmittelbaren Umgebung (Gebäude, Straßen, Parkanlagen u.a.) bilden.
2. **Urban boundary layer (urbane Grenzschicht),** die eigentliche Stadtgrenzschicht, die sich vom Dachniveau bis zur Grenze mit der ungestörten atmosphärischen Grenzschicht erstreckt. Ihre Ausbildung setzt in Wechselwirkung mit der veränderten Oberflächenbeschaffenheit an der luvseitigen Stadtgrenze (bezogen auf die allg. großräumige Strömung) ein, während sie im Lee der Stadt oberhalb der hier ausgebildeten Grenzschicht des Umlandes als **Urban plume (Stadtluftfahne),** ähnlich einer Rauchfahne, noch mehrere hundert Meter leewärts weiter existiert.

Stadtklima: das gegenüber dem Umland stark modifizierte Mesoklima von Städten und Industrieballungsräumen. Es umfaßt das gesamte Volumen der bodennahen Luftschicht oberhalb und in unmittelbarer Umgebung der Stadt (↑städtische Grenzschicht). Verursacht wird es durch die Art und Dichte der Bebauung, das Wärmespeichervermögen der Baustoffe, die Versiegelung des Bodens, das Fehlen der Vegetation, durch einen veränderten Wasserhaushalt und die vermehrte Emission von Abgasen, Aerosolen und Abwärme.
Wechselseitig bedingend ergeben sich daraus markante Phänomene des St.s, etwa die Entstehung einer ↑Wärmeinsel, erhöhte Lufttrübung (↑Dunstglocke), reduzierte Windgeschwindigkeit und -zirkulation, vermehrte Niederschläge (↑auch METROMEX) und verminderte UV-Einstrahlung. Die bioklimatische Belastung durch Luftbeimengungen bzw. Smog und Schwüle kann beträchtlich sein. Positiv wirken sich v.a. Grün- und Wasserflächen innerhalb des Stadtgebietes aus. – ↑auch Übersicht S. 366.

Stadtluftfahne ↑städtische Grenzschicht.

Standard- [engl. standard = Norm]: in Zus. mit der Bed. „der Norm entsprechend, mittlerer"; z.B. Standardatmosphäre.

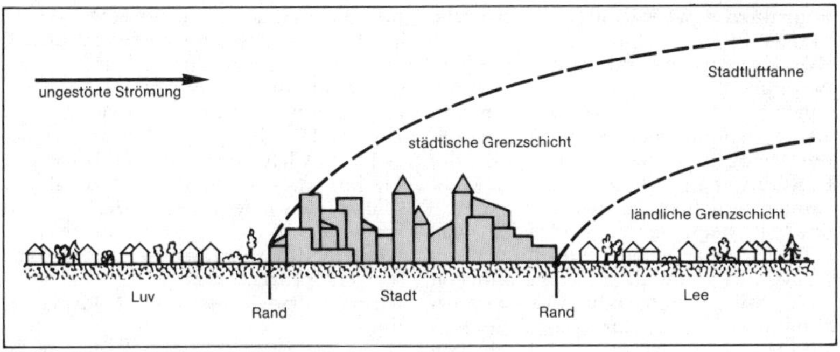

Städtische Grenzschicht

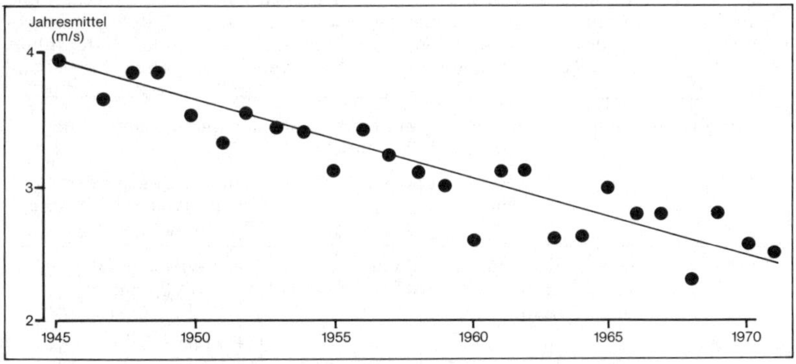

Stadtklima. Trend (Abnahme) des Jahresmittels der Windgeschwindigkeit (m/s) durch Stadteinfluß am Beispiel von Ganzewitschi (UdSSR) 1945–1971

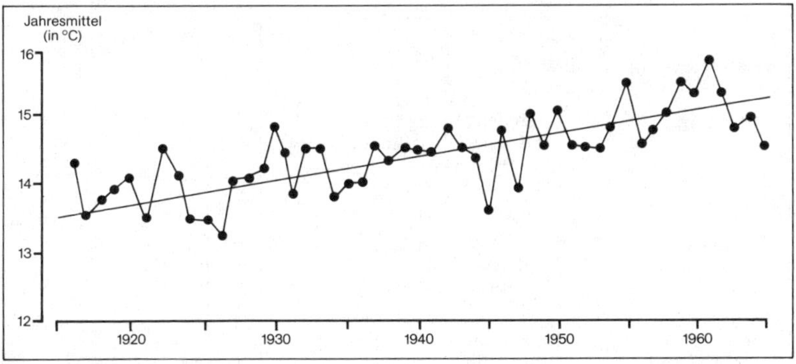

Stadtklima. Trend (Zunahme) des Mittelwertes der Lufttemperatur (°C) durch Stadteinfluß am Beispiel von Tokio 1916–1965

Standardabweichung: statistische Maßzahl (↑Streuung).

Standardatmosphäre [Syn.: internat. Normalatmosphäre, US-Standardatmosphäre]: die internat. vereinbarten und allg. angenommenen Werte einer mittleren Atmosphäre, die v. a. für Zwecke der Luftfahrt und für die Eichung von Meßgeräten festgelegt worden sind.
Die St. beginnt am Boden (in 0 m ü. d. M.) mit einem Luftdruck von 1 013,25 hPa und einer Temperatur von 15 °C. Mit einer konstanten Temperaturabnahme von 6,5 K/km erreicht sie in 11 km Höhe mit einem Luftdruck von 226,32 hPa und einer Temperatur von −56,5 °C die Tropopause. Von dort an bleibt die Temperatur bis in 20 km Höhe und zu einem Luftdruck von 54,75 hPa konstant. Hier setzt Temperaturzunahme von 1 K/km ein, bis die Höhe von 32 km bei −44,5 °C und einem Luftdruck von 8,68 hPa erreicht ist. Darüber verstärkt sich die Temperaturzunahme auf 2,8 K/km und hält bis zur Höhe von 47 km an. Die Temperatur liegt dort bei −2,5 °C, bleibt dann bis zur Höhe von 51 km wieder konstant und nimmt schließlich wieder bis auf −76,5 °C in 80 km Höhe ab.

Standarddruckflächen: andere Bez. für ↑Hauptdruckflächen.

Standardperiode: svw. ↑Normalperiode.

Standardzeiten: svw. ↑synoptische Termine.

Standortklima: die klimatischen Gegebenheiten eines bestimmten Standortes (ökologische Standorte oder solche für Kraftwerke, Sanatorien, Sport- und

Stadtklima: mittlere Veränderung von Klimaelementen durch Stadteinfluß
(nach H. E. Landsberg)

Element	charakteristische Größen	Änderung gegenüber nicht bebauten Gebieten (+ mehr, − weniger)
Luftbeimengungen	Kondensationskerne	+ 10- bis 100mal
	gasförmige Verunreinigungen	+ 5- bis 25mal
	Staub	+ 10- bis 50mal
Wolken	Bedeckung	+ 5 bis + 10 %
	Nebel (Winter)	+ 100 %
	Nebel (Sommer)	+ 20 bis 30 %
Niederschlag	Höhe (mm)	+ 5 bis + 10 % (im Lee)
	Tage mit ≧ 5 mm Regen	+ 10 %
	Schneefall	− 5 bis − 10 %
relative Feuchte	Winter	− 2 %
	Sommer	− 8 %
Strahlung	Globalstrahlung (horizontale Oberfläche)	− 10 bis − 20 %
	UV (Winter)	− 30 %
	UV (Sommer)	− 5 %
	Sonnenscheindauer	− 5 bis − 15 %
Temperatur	Jahresmittel	+ 0,5 bis + 1,5 K
	Winterminima	+ 1 bis + 2 K
	Heizgradtage	− 10 %
	frostfreie Tage	+ 10 %
Windgeschwindigkeit	Jahresmittel	− 20 bis − 30 %
	Windstille	+ 5 bis + 20 %
	Spitzenböen	− 10 bis − 20 %

Erholungseinrichtungen usw.), der eine Ausdehnung bis zu einigen Kilometern haben kann (z. B. eine Talmulde).
Untersuchungen des St.s erfassen räumliche Differenzierungen bis in die Größenordnung von Metern (Mesoklima) bzw. die Feinstruktur des bodennahen Klimas (Mikroklima) mit besonderen Meßgeräten und -anordnungen.

Starkregen: Niederschlag hoher Dichte pro Zeiteinheit. Nach Richtlinien des Deutschen Wetterdienstes werden St. im Bundesgebiet wie folgt definiert (Niederschlagshöhe mindestens ... mm/Niederschlagsdauer in Minuten): 5 mm/5 Min., 7,1 mm/10 Min., 10 mm/20 Min., 17,1mm/60 Minuten.
Kurze St. fließen schnell ab; sie verursachen z. T. ein plötzliches Anschwellen der Flüsse und führen zu Bodenerosion. Die Auswertung von St.vorkommen ist v. a. wichtig für die Dimensionierung von Stadtentwässerungsnetzen, Pumpwerken, Kläranlagen und Rückhaltebekken.

Starkwindband [Syn.: Starkwindfeld]: Bez. für ein Gebiet mit großen Windgeschwindigkeiten, in Bodennähe meist beim Durchgang von Fronten und Trögen, in der freien Atmosphäre im Zusammenhang mit einem ↑Strahlstrom.

Starkwindtag: im *Klimadienst* ein Tag, an dem das Maximum der Windgeschwindigkeit, ausgedrückt durch das größte während des Tages aufgetretene 10-Minuten-Mittel, mindestens Windstärke 6 auf der Beaufortskala entspricht.

Statik der Atmosphäre, die [griech. statikḗ (téchnē) = die Kunst des Wägens]: der Teil der theoretischen Meteorologie, der sich mit der ruhenden Atmosphäre befaßt. In der St. d. A. werden z. B. die Luftdruckabnahme mit der Höhe, die Anwendung der barometrischen Höhenformel, die unterschiedlichen Stabilitätsbedingungen und die Eigenschaften idealer Atmosphären (↑polytrope Atmosphäre) behandelt.

Station, die [aus lat. statio = das Stehen, der Aufenthaltsort]: Kurzbez. für ↑meteorologische Station.

stationäre Druckgebilde [von lat. stationarius = stillstehend]: vereinfachend für ↑quasistationäre Druckgebilde.

Stationsbarometer: im Wetterdienst verwendetes Quecksilberbarometer (und zwar ein spezielles ↑Gefäßbarometer) zur Luftdruckmessung. Hauptbestandteile sind ein mit Quecksilber gefülltes Barometergefäß (dessen Gefäßdeckel

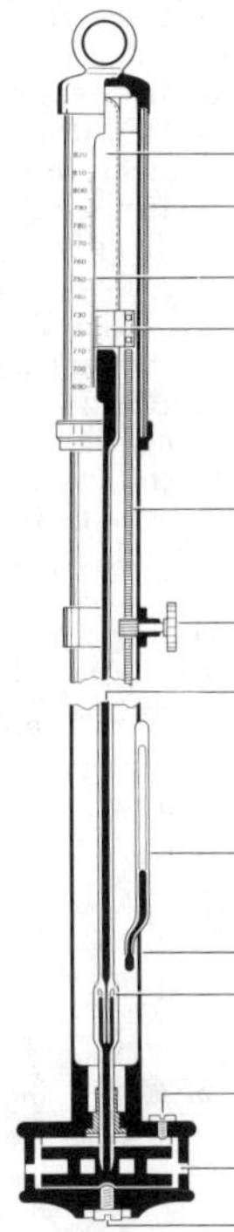

Stationsbarometer. Schema eines Quecksilberstationsbarometers

mit einer Lufteinlaßschraube versehen ist), in das ein mit Quecksilber gefülltes Glasrohr eintaucht, sowie ein Hüllrohr (mit Skala, Antrieb der Visiereinrichtung, Nonius und Beithermometer). Die Schwankungen des Nullpunktes (Schwankungen des Quecksilberspiegels im Gefäß) werden durch eine sog. reduzierte Skala kompensiert.

Das St. wird häufig als sog. Kontrollbarometer zur Kontrolle und Prüfung von Aneroidbarometern und Barographen verwendet.

Stationskennziffer: nach Beschlüssen der Weltorganisation für Meteorologie den synoptischen Landstationen zugeteilte fünfstellige Zahl, die zur Kennzeichnung des Stationsnamens bei den Wettermeldungen in die Schlüsselgruppe IIiii eingesetzt wird (↑auch SYNOP-Meldung). Die St. besteht aus der zweiziffrigen Blocknummer II, die das Gebiet (in der Regel ein oder mehrere Länder, z. B. 10 für die BR Deutschland) bezeichnet, in der die Station liegt, und einer dreistelligen Kennziffer für die Station innerhalb des Blocks. Jeder Block ist in mehrere horizontale Streifen eingeteilt, in denen die Stationsziffern von W nach O zunehmen, während die Hunderterziffern entsprechend den jeweiligen Streifen von N nach S ansteigen (z. B. St. von Helgoland 10015, Berchtesgaden 10997).
Bei der Bodenwettermeldung für die Luftfahrt (↑METAR-Code) wird nicht die St., sondern unter der Schlüsselgruppe CCCC die internat. **Buchstabenortskennung** der ICAO verwendet, die dem Ort einer festen Flugfernmeldestelle bzw. der Flugwetterwarte zugeteilt ist (z. B. eddf für Frankfurt / Rhein-Main).

Stationsmodell [Syn.: Stationsschema]: die Form der Eintragung einer ↑SYNOP-Meldung mit Zahlen und Zeichen (↑Wetterkartensymbole) in eine Arbeitswetterkarte. Der Stationskreis kennzeichnet die geographische Lage der synoptischen Station. Er wird dem Gesamtbedeckungsgrad entsprechend ausgefüllt.
Die übrigen meteorologischen Elemente sind um den Stationskreis angeordnet und haben stets den im St. vorgegebenen Platz. Der Windpfeil gibt die Windrichtung an und ist bei der manuellen Eintragung zum Mittelpunkt des Stationskreises gerichtet, bei der maschinellen Eintragung tangential am Stationskreis angelegt. Wegen der unterschiedlichen Windrichtungen ergeben sich mitunter geringe Verschiebungen der übrigen Elemente nach der Seite oder Höhe.

Stationsnetze [Syn.: Beobachtungsnetze, meteorologische St., Meßnetze]:

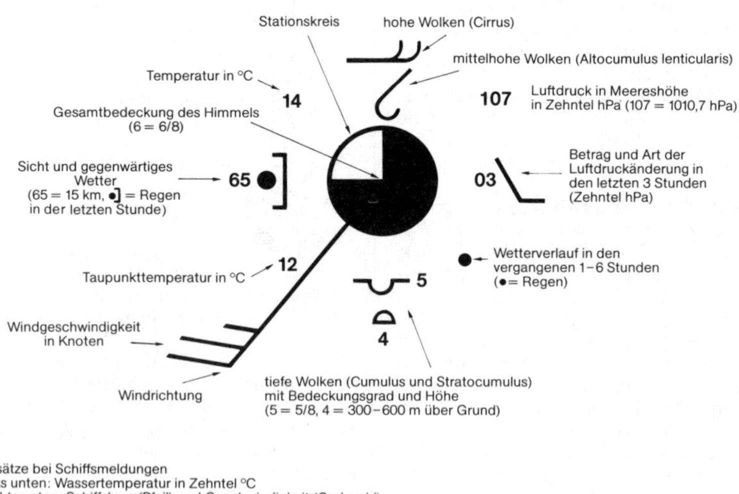

Stationsmodell auf der Bodenwetterkarte

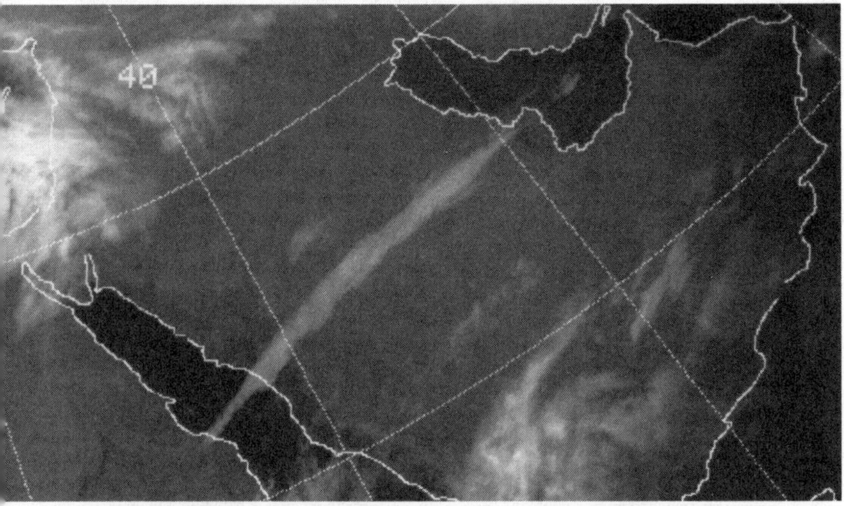

Subtropenstrahlstrom, markiert durch ein dünnes Cirrusband in 12 000 m Seehöhe zwischen Rotem Meer und Persischem Golf (Satellitenbild vom 17. 2. 1986)

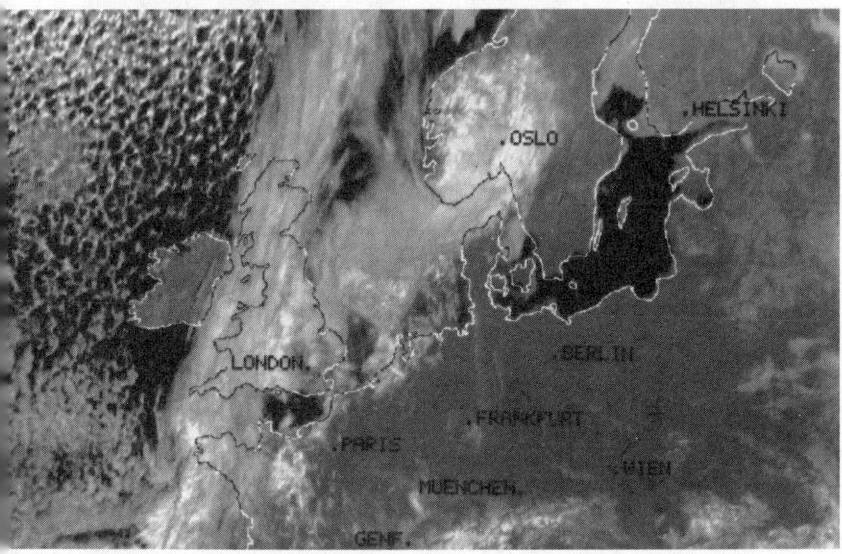

Zellularkonvektion westlich eines vom Nordmeer bis Spanien sich erstreckenden frontalen Wolkenbandes. Offene Zellen sind nordwestlich, geschlossene Zellen südwestlich von Irland zu erkennen (Satellitenbild vom 18. 3. 1986)

Satellitenbild (vom 18. September 1983). Westlage. Im Seegebiet südlich von Island befindet sich ein Orkantief mit deutlich ausgeprägter Wolkenspirale. Die auf der Südflanke des Orkantiefs nach Osten strömende polare Kaltluft verursacht über dem wärmeren Meerwasser eine zellenförmige Wolkenstruktur

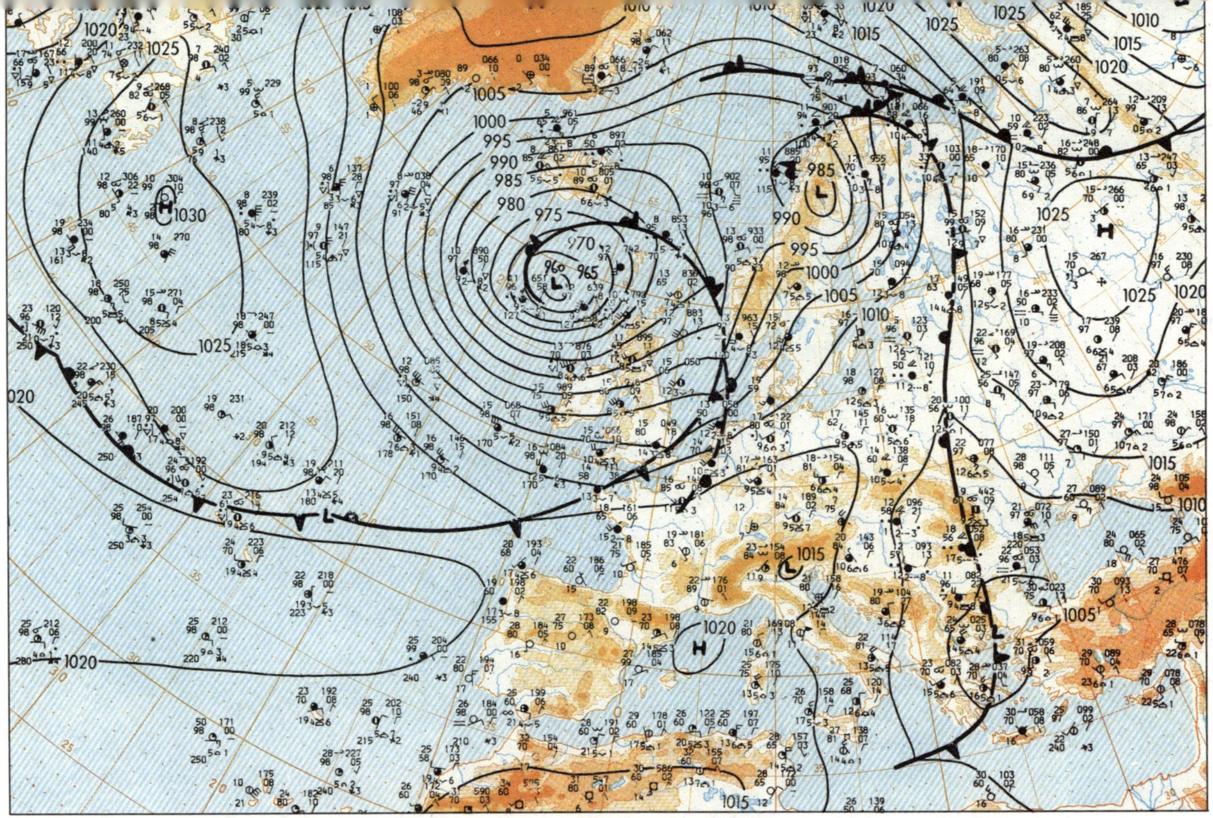

Bodenwetterkarte vom 18. September 1983, 12 Uhr GMT, zum Satellitenbild vom gleichen Tag (S. 370)

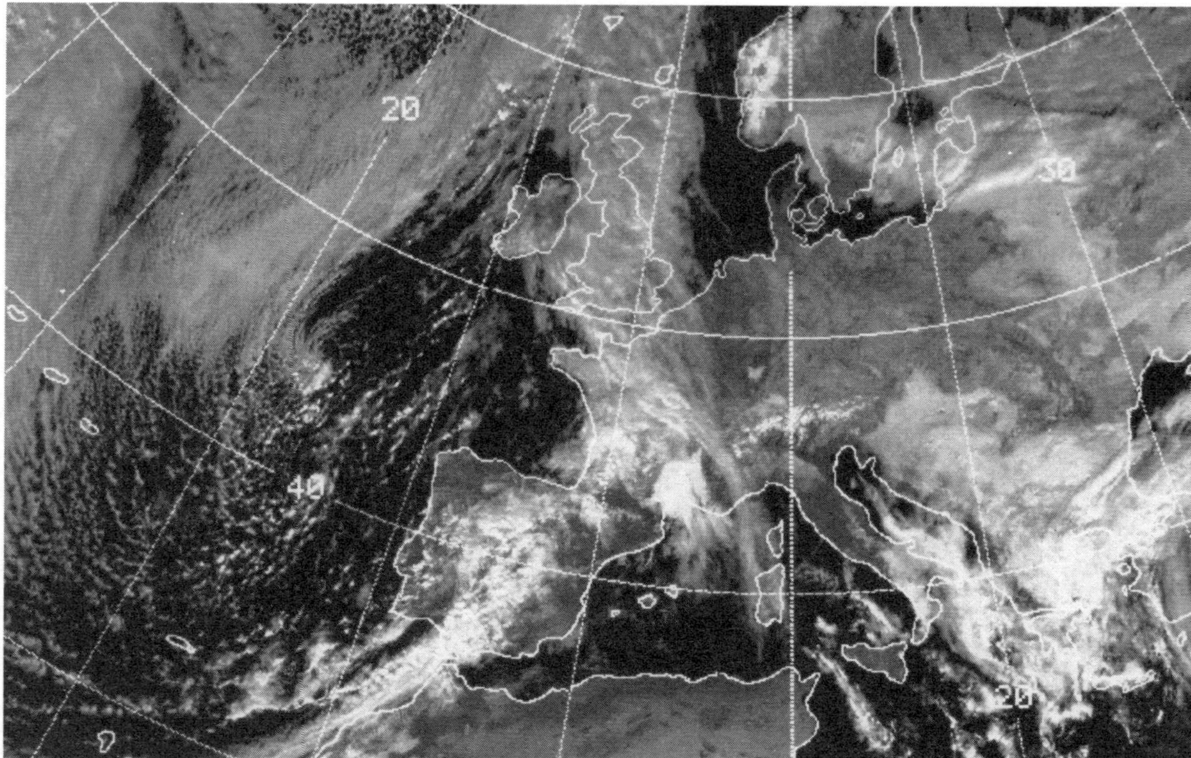

Satellitenbild (vom 2. Februar 1987). Das Wetter in Mitteleuropa wird von einem kräftigen Hochdruckgebiet mit Schwerpunkt im Karpatenraum bestimmt. Das Bild zeigt ausgedehnte wolkenlose Gebiete (die hellen Flächen deuten auf eine meist geschlossene Schneedecke hin). Das Wolkenband über Westeuropa ist identisch mit dem Frontenzug einer meridionalen Tiefdruckrinne

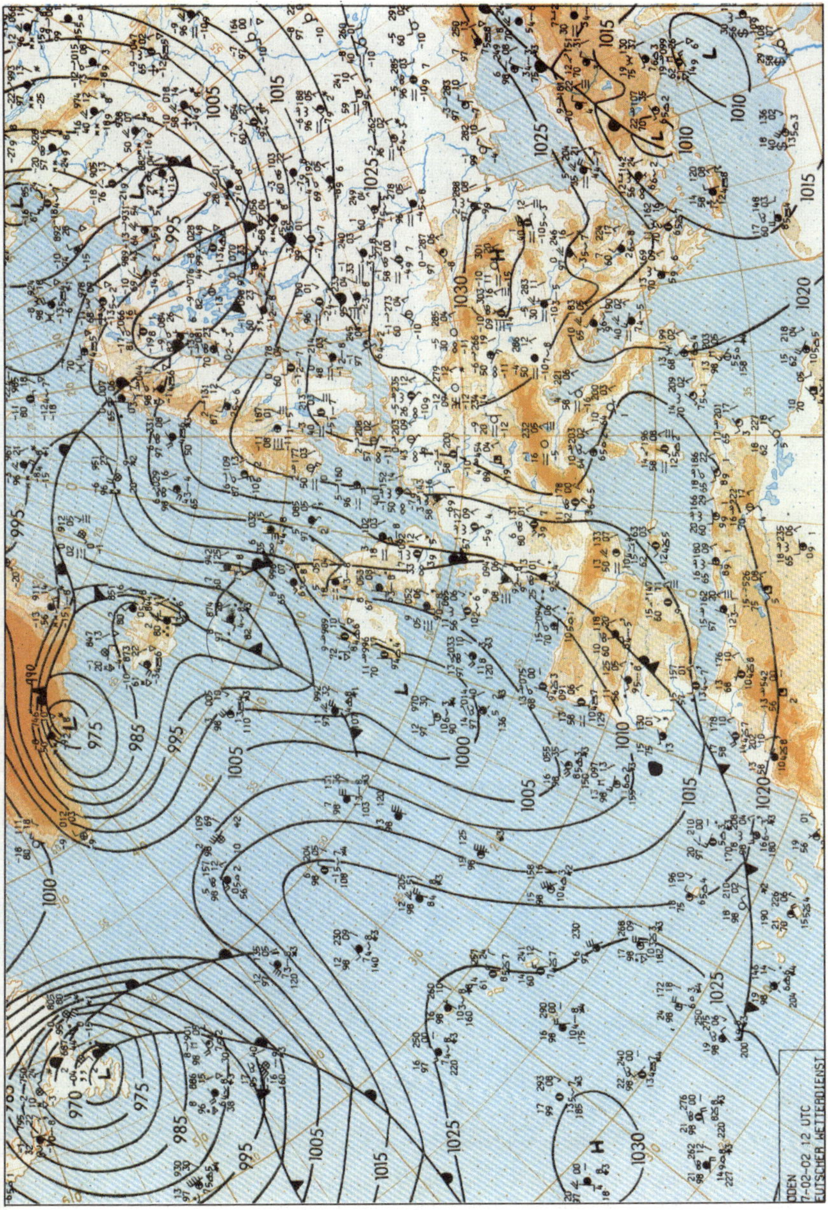

Bodenwetterkarte vom 2. Februar 1987, 12 Uhr UTC, zum Satellitenbild vom gleichen Tag (S. 372)

Wolken (von links oben nach rechts unten): Cirrus, Cirrus fibratus, Cirrus uncinus, Cirrocumulus, Cirrostratus, Altocumulus

Wolken (von links oben nach rechts unten): Altostratus, Nimbostratus, Stratocumulus, Stratus, Stratus undulatus, Cumulus humilis

Wolken (von links oben nach rechts unten): Cumulus, Cumulonimbus, beutelförmige Wolken (mamma), linsenförmige Wolken (lenticularis)

Wolkenstraße in der Oberrheinebene

die für jedes meteorologische Element existierende Gesamtheit ↑meteorologischer Stationen. St. dienen in erster Linie zur Gewinnung der für zahlreiche Anwendungszwecke (Öffentlichkeit, Technik, Wissenschaft) benötigten meteorologischen Daten.
Die aufgrund rein empirischer Erkenntnisse entstandenen und historisch gewachsenen St. stellen einen Kompromiß aus fachlichen und wirtschaftlichen Gesichtspunkten dar, d. h. aus der Forderung nach einer möglichst großen Netzdichte einerseits und der von Einrichtungs- und Unterhaltungskosten diktierten Beschränkungen andererseits. Der unterschiedlichen räumlichen Variabilität der einzelnen meteorologischen Elemente entsprechend ist die Netzdichte, die zu ihrer flächendeckenden Erfassung benötigt wird, jeweils verschieden.
Die wichtigsten St. eines nationalen Wetterdienstes sind das synoptische Netz (↑synoptische Station), das ↑Klimabeobachtungsnetz, das aerologische (↑aerologische Station) und das Niederschlagsmeßnetz (↑Niederschlagsstation), das ↑Windmeßnetz, das ↑Strahlungsmeßnetz, das ↑Radioaktivitätsmeßnetz und das phänologische Stationsnetz, ferner (für meteorologische Beobachtungen auf See) das aus fahrenden Handelsschiffen, stationären Feuer- und Wetterschiffen sowie aus Fischereiforschungsschiffen und -schutzbooten bestehende maritime Stationsnetz. – ↑auch temporäre Meßnetze.

Stationsschema: svw. ↑Stationsmodell.

statische Grundgleichung [zu Statik (↑Statik der Atmosphäre) ‖ Syn.: hydrostatische Grundgleichung]: einfache Differentialgleichung von fundamentaler Bedeutung, die angibt, wie der Luftdruck innerhalb eines (unendlich) kleinen Höhenintervalls mit der Höhe abnimmt. Die Luftdruckabnahme ist so groß wie das Gewicht der in dem Intervall liegenden Luft. Für eine vertikale Säule von 1 cm^2 Querschnitt ist dieses Gewicht gegeben durch das Produkt aus der Schwerebeschleunigung (g), der Luftdichte (ϱ) und dem Höhenintervall (∂z). Die Luftdruckabnahme (∂p) ist deshalb $\partial p = -g \cdot \varrho \cdot \partial z$; da der Luftdruck mit zunehmender Höhe abnimmt, erscheint in der Gleichung ein Minuszeichen.

statische Instabilität: svw. ↑Labilität.

statische Stabilität: svw. ↑Stabilität.

statistische Meteorologie [zu lat. status = Stehen, Stand, Stellung]: Zweig der Meteorologie, der sich bei der Beurteilung meteorologischer Sachverhalte und Zusammenhänge statistischer Methoden bedient. Dabei wird die **Statistik** als methodische Wissenschaft zur Erfassung zufälliger und zufallsartiger (nicht determinierter) Massenerscheinungen aufgefaßt.
Schwerpunkte der st.n M. sind die Analyse von ↑Zeitreihen und die Anwendung statistischer Testverfahren (z. B. ↑Chi-Quadrat-Test) mit dem Ziel, aus einer relativ geringen Datenmenge (Stichprobe) statistisch gesicherte und für sehr große Datenkollektive gültige Aussagen abzuleiten.

statistische Vorhersage [zu lat. status = Stehen, Stand, Stellung]: allg. Bez. für eine Wettervorhersage, die mit Hilfe von statistischen Methoden erarbeitet wird. Die Methoden für st. V.n umfassen das Heraussuchen von ↑ähnlichen Fällen in der Witterungsgeschichte, das Aufstellen von ↑Mehrfachkorrelationen und schließlich die Berechnung von ↑Beziehungsgleichungen aufgrund von ↑stochastischen Modellen oder in Kombination mit Ergebnissen der numerischen Wettervorhersage als ↑Model-output-statistics.
St. V.n sind immer Wahrscheinlichkeitsaussagen; sie sollten stets durch Angabe der Streuung oder des wahrscheinlichen Fehlers eine Aussage über die Sicherheit der Vorhersage enthalten.

Stau: die Ansammlung von Luftmassen im Luv eines Hindernisses (Berg, Gebirge), an dem die Luft zum Aufsteigen gezwungen wird, wobei es zu Wolkenbildung und Niederschlägen kommt.
Die Wirkung des St.s, der **St.effekt,** ist abhängig von der Höhe der Gebirge, ihrer Lage zu den regenbringenden Winden, ihrer Nähe zum Meer sowie zu den häufigsten Zyklonenbahnen.

Erstes Anzeichen für St. ist auf der Anströmseite der Gebirge, der **St.seite,** der sich bereits vor Einsetzen der Kondensation bildende **St.dunst.** Bei geeigneter Wetterlage fallen dann ergiebige **St.niederschläge (St.regen, Steigungsregen),** die sich klimatologisch in Mitteleuropa in größeren Niederschlagshöhen hpts. an den W-Flanken der Bergländer gegenüber den Werten in gleicher Höhenlage der O-Seiten auswirken.

Staub: in der Atmosphäre verteilte feste Partikel in Form von **Grob-St.** (Durchmesser über 10 µm) oder feinsten Schwebstoffen (Aerosol), die sowohl aus natürlichen (Staubstürme, Wald- und Steppenbrände, Vulkanausbrüche, Erosion) als auch aus anthropogenen Quellen (industrielle Prozesse, Bergbau, Verbrennungsvorgänge) stammen.

Die Ausbreitung hängt von Art der Quelle, der Sinkgeschwindigkeit (entsprechend Korndurchmesser), der Windrichtung und der Windgeschwindigkeit ab. Grob-St. sinkt im allg. bald zur Erde und lagert sich dort ab, **Fein-St.** (Durchmesser unter 10 µm) weist dagegen eine hohe Verweildauer auf.

Der St.gehalt der Luft kann zu Sichttrübungen führen. Besonders hoch ist er in Industriegebieten. Fein-St. wird vom Menschen eingeatmet und kann sich in den Lungenbläschen für längere Zeit festsetzen.

Staubdunst: durch aufgewirbelte, in der Luft schwebende Staub- oder kleine Sandteilchen verursachte Lufttrübung. St. bildet sich im allg. als Folge eines vorausgegangenen Staubsturms aus.

Staubewölkung [Syn.: Stauwolken]: Wolken auf der Luvseite von Bergen oder Gebirgen; sie entstehen durch die erzwungene Hebung anströmender Luftmassen nach Erreichen des Kondensationsniveaus. Bei stabiler Schichtung der Luftmasse bilden sich stratusförmige Wolken in einzelnen oder zusammenhängenden Schichten (Stratus, Stratocumulus, Nimbostratus), aus denen anhaltender Niederschlag fallen kann.

Staubfegen: das Aufwirbeln von Staub durch den Wind in geringer Höhe über dem Erdboden. Die Horizontalsicht in Augenhöhe ist dabei nicht merklich vermindert.

Staubfolie: Gerät zur Messung des Staubniederschlags; besteht aus der eigentlichen St. und einem Folienhalter. Die St. ist ein 0,4 mm dünnes, mit einer aufzuschmelzenden Vaselineschicht überzogenes Aluminiumblech. Die Immissionen setzen sich auf der etwa $\frac{1}{3}$ dm^2 großen Folie ab. Die Zeit, während der die Folie der Luft ausgesetzt ist, beträgt im allg. 7 Tage.

Die St. wird danach gravimetrisch und qualitativ nach Intensitätsstufen ausgewertet. Dazu kommt noch die Auszählung der einzelnen Bestandteile des Sediments nach Gesteinsteilchen, Rußteilchen und Öltröpfchen unter dem Mikroskop bei 100facher Vergrößerung.

Staubhose ↑Trombe.

Staublawine ↑Lawine.

Staubschleierindex: svw. ↑Dust-veil-Index.

Staubsturm [Syn.: Sandsturm]: starker Wind, der große Mengen Sand und Staub mit sich führt, die sich teilweise erst in großer Entfernung als **Staubfälle** am Erdboden oder über dem Meer absetzen.

Staubstürme größeren Ausmaßes kommen als ↑Habub oder ↑Kamsin vor. Sie hängen mit lokalen Tiefdruckstörungen zusammen und sind durch hochreichende, staubtragende, sehr dunkle Stirnwolken gekennzeichnet. Staubausbrüche aus dem Sudan und der Sahara werden durch den Passat oft weit auf den Atlantik getragen (↑Harmattan).

Auch im ariden Nordamerika wird feiner Wüstenstaub zeitweise über weite Strecken transportiert. In Mitteleuropa wird gelegentlich roter afrikanischer Wüstenstaub festgestellt, der mit einer stürmischen S-Strömung in großen Höhen über das Mittelmeer herantransportiert und durch Niederschläge (↑Blutregen) ausgewaschen wird.

Zu den Staubstürmen zählen auch die heftigen Staubverwehungen der mittleren Breiten. In relativ trockenen Frühjahrsmonaten werden dabei nicht selten die Feinbestandteile der ausgetrockneten Oberkrume in 50 bis 100 m mächtigen Sand- und Staubwolken durch böigturbulente Winde über große Strecken verfrachtet, bis sie sich als dichter Staubbelag absetzen.

Staubteufel ↑Trombe.

Staubtreiben: das Aufwirbeln von Staub durch den Wind bis in mäßige Höhen über dem Erdboden. Die Horizontalsicht in Augenhöhe ist dabei merklich vermindert.

Staubzähler: svw. ↑Konimeter.

Staudruck [Syn.: dynamischer Druck]: Differenz zwischen dem Gesamtdruck eines strömenden Mediums (Luft) und dem statischen Druck der Strömung (Luftdruck).

Auf der St.messung basiert die Windgeschwindigkeitsmessung mittels ↑Böenmesser bzw. ↑Böenschreiber. Der St. ist zahlenmäßig die Hälfte des Produkts aus Luftdichte und Quadrat der Geschwindigkeit. Aus dieser Beziehung erhält man bei gemessenem St. die Windgeschwindigkeit als Wurzel aus dem doppelten Verhältnis von St. und Luftdichte.

Staueffekt ↑Stau.

Stauniederschläge ↑Stau.

Staurohr: Gerät zur Bestimmung des Gesamtdrucks bzw. des Staudrucks einer Strömung (↑Pitot-Rohr, ↑Prandtl-Rohr).

Stauwolken: svw. ↑Staubewölkung.

Stefan-Boltzmann-Gesetz [nach J. Stefan und L. Boltzmann]: Gesetzmäßigkeit für die Temperaturstrahlung eines ↑schwarzen Körpers. Das St.-B.-G. sagt aus, daß das gesamte Emissionsvermögen eines solchen Strahlers der 4. Potenz seiner absoluten Temperatur T proportional ist:

$$E = \sigma \cdot T^4$$

($\sigma = 5{,}67 \cdot 10^8$ $\mathrm{Wm^{-2}K^{-4}}$ heißt **Stefan-Boltzmann-Konstante**).

Das St.-B.-G. leitet sich aus dem ↑Planck-Strahlungsgesetz ab.

Steiggebiet: in der ↑Druckänderungskarte das durch Isallobaren (↑Isolinien, Übersicht) gekennzeichnete Gebiet, in dem der Luftdruck in den letzten 3, 12 bzw. 24 Stunden gestiegen ist. – ↑auch Luftdruckänderung.

Steiggeschwindigkeit [Syn.: Aufstiegsgeschwindigkeit]: mittlere Geschwindigkeit, mit der ein ↑Pilotballon oder eine ↑Radiosonde vom Boden in die Atmosphäre aufsteigt. Die St. ist vom Gewicht des gesamten Aufstiegsgespanns (Ballon, Ballonfüllung, Schnüre, Meßinstrumente, Radarreflektor) und von der Tragkraft (Auftrieb) des Ballons abhängig. Beim Fehlen vertikaler Luftströmungen nimmt der Ballon nach wenigen Sekunden eine durch den freien Auftrieb gegebene konstante St. an.

Die mittlere St. eines wasserstoffgefüllten Gummiballons von 200 g Gewicht und eines (durch die Füllmenge gegebenen) freien Auftriebs von 500 g beträgt etwa 300 m pro Minute.

Steigungsregen ↑Stau.

Steppenklima: trockenes, kontinentales Klima mit warmen bis heißen Sommern und kalten Wintern, durchschnittlichen Jahresniederschlagshöhen von 200 bis 500 mm und häufigen Dürren, das der außertropischen Vegetationsformation der Steppe zugeordnet ist (beispielsweise im Bereich des eurasischen Steppengürtels von Ungarn bis zur Mongolei, im Bereich der Prärien Nordamerikas oder der Pampas Ostpatagoniens). In der Köppen-Klimaklassifikation dient das St. (BS) neben dem Wüstenklima zur Differenzierung der Trockenklimate (B-Klimate).

Steuerung: Bez. für einen Vorgang, der von der Vorstellung ausgeht, daß die unterschiedliche Bewegung wandernder Tief- und Hochdruckgebiete bzw. der Luftdruckänderungsgebiete am Boden durch eine Grundströmung, die ihren Sitz vorzugsweise in höheren Schichten hat, gelenkt wird. Der Begriff St. wurde von H. von Ficker geprägt. Er war die Grundlage vieler Arbeitshypothesen in der synoptischen Meteorologie.

Es wurde festgestellt, daß die St. besser auf Druckänderungsgebiete als auf Druckgebilde selbst anzuwenden ist. Die reine Mitführung eines Druckänderungsgebietes durch eine „Führungsströmung" wurde als **Bewegungs-St.** oder auch **passive St.** bezeichnet. Abweichungen hiervon, die eintraten, wenn eine Wechselwirkung zwischen Druckänderungsgebiet und Höhenströmung erfolgte, die zu einer Veränderung der

Höhenströmung führte, nannte man **aktive Steuerung.**

Lange Zeit war die Höhe der steuernden Fläche strittig. Obwohl schon früh die Auffassung geäußert worden war, daß die Verlagerung von Druckstörungen am besten mit der Strömung im Schwerpunkt der Atmosphäre, also etwa in 500 hPa, in Verbindung zu bringen sei, wurden zeitweise stark abweichende Meinungen vertreten. So wurde von der ↑Frankfurter Schule angenommen, daß die steuernde Fläche in der unteren Stratosphäre liege. Schließlich setzte sich die 500-hPa-Fläche als Standardsteuerungsfläche durch, wobei auch praktische Gründe maßgebend waren; denn lange Zeit war die 500-hPa-Fläche die höchste gut belegte Fläche.

Steuerungsregeln: Regeln, die die Konsequenzen aus der Lehre von der ↑Steuerung für die praktische Anwendung zusammenfassen. Die wichtigsten lauten: 24stündige Druckänderungsgebiete verlagern sich in erster Näherung in Richtung der Höhenströmung im 500-hPa-Niveau; ihre Geschwindigkeit entspricht etwa 50 bis 60% derjenigen in 500 hPa; die Druckänderungsgebiete folgen der Höhenströmung um so genauer, je kleiner sie im Vergleich zur Konfiguration der Höhenströmung sind. Die Steuerung gilt nicht nur für die Zentren von Druckänderungsgebieten, sondern für alle Punkte der Isallobaren.

Die St. bildeten eine wichtige Grundlage für die Konstruktion von Vorhersagekarten mit synoptischen Methoden.

Steuerungszentrum: großes, quasistationäres und hochreichendes Tief- oder Hochdruckgebiet, das die Steuerung der kleinen Tief- und Hochdruckgebiete in seiner Umgebung bestimmt. Ein steuerndes Hochdruckgebiet ist immer ein Warmluft-Hochdruckgebiet, ein steuerndes Tiefdruckgebiet immer ein Kaltluft-Tiefdruckgebiet. Beide sind in der Höhe stärker ausgebildet als am Boden, da der Luftdruck in Warmluft langsamer, in Kaltluft rascher abnimmt als in der neutralen Umgebung. Die Richtung der Höhenströmung entspricht dabei weitgehend der Strömung am Boden; deshalb ist die Richtung der Steuerung im Bereich von Steuerungszentren meist schon aus der Bodenkarte zu erkennen. Da hochreichende Tief- und Hochdruckgebiete im allg. sehr langlebige Gebilde sind, bestimmen sie die Wetterentwicklung oft über viele Tage.

Stevenson-Hütte ['sti:vnsn... ‖ nach Th. Stevenson]: svw. ↑Thermometerhütte.

Stickoxide: svw. ↑Stickstoffoxide.

Stickstoff [chemisches Zeichen: N (von nlat. Nitrogenium)]: farb-, geschmack- und geruchloses Gas in Form zweiatomiger Moleküle (N_2), Hauptbestandteil der Luft (↑Atmosphäre).

Stickstoffoxide [Kurzbez.: Stickoxide ‖ chemische Formel: NO_x]: die Verbindungen des Stickstoffs mit Sauerstoff. Die größte Rolle spielen **Stickstoffdioxid** (NO_2) und **Stickstoff[mon]oxid** (NO), das mit Sauerstoff rasch unter Bildung von Stickstoffdioxid reagiert.

St. fallen hpts. bei Verbrennungsprozessen (insbes. bei Kraftfahrzeugen) und als Nebenprodukte der chemischen Industrie an, ferner werden sie bei Gewitterentladungen, Waldbränden und biologischen Umsetzungen im Boden frei.

St. sind im wesentlichen als Stickstoffdioxid biologisch wirksam. Stickstoffdioxid greift die Schleimhäute der Atmungsorgane an und kann Pflanzenschäden verursachen. Unter Einfluß des Sonnenlichtes ist es zusammen mit anderen Substanzen an der Entstehung von photochemischem ↑Smog und durch Bildung von Salpetersäure am ↑sauren Niederschlag beteiligt.

stochastisch [aus griech. stochastikós = mutmaßend]: vom Zufall abhängig.

stochastisch-dynamische Wettervorhersage: numerische Vorhersagemethode, die die zufälligen Fehler in den Beobachtungen und in den Ausgangsanalysen mitberücksichtigt. Hierbei wird in den Vorhersagegleichungen der Ausgangswert einer Variablen nicht durch einen festen Wert, sondern durch eine Wahrscheinlichkeitsverteilung angegeben, wobei auch die statistischen Beziehungen zwischen den abhängigen Variablen in den Gleichungen enthalten sind.

Die Methode liefert als Ergebnis einen wahrscheinlichen Wert für jeden Gitterpunkt und gibt zugleich dessen – mit zunehmender Vorhersagezeit anwachsende – Streuung mit an. Die Berechnung einer st.-d.n W. ist äußerst rechenzeitaufwendig.

Einen geringeren Aufwand erfordert die **Monte-Carlo-Methode** (in Anspielung auf das Roulett im Spielkasino von Monte Carlo). Bei dieser Methode werden an der Ausgangslage nach dem Zufallsprinzip kleine Änderungen angebracht, deren Größenverteilung gerade derjenigen der (unvermeidbaren) zufälligen Fehler der Analysen entspricht. Aufbauend auf dieser veränderten Ausgangslage, berechnet man mit einem üblichen numerischen Modell eine Vorhersage. Wiederholt man dieses Verfahren mit der gleichen Ausgangslage, aber jeweils anders zufällig verteilten Fehlern, so erhält man eine Serie von Vorhersagen, die sich gegenseitig etwas unterscheiden.

Die Verschiedenheit der Ergebnisse liefert ein Bild der Unsicherheit der Vorhersagerechnung, insbes. der möglichen Streuung, die nur auf die zufälligen Fehler der Anfangsanalyse zurückzuführen ist.

stochastische Konvergenz: svw. ↑Konsistenz.

stochastische Modelle: solche Modelle, bei denen die Variablen nicht streng deterministisch durch mathematisch-physikalische Gesetzmäßigkeiten verbunden sind, sondern nur ein mehr oder weniger loser, eine Zufallskomponente enthaltender, d. h. ein statistischer, Zusammenhang besteht.

In der Meteorologie sind st. M. v. a. in der Agrarmeteorologie, z. B. zur Modellierung der Abhängigkeit des Wachstums von der Witterung mit dem Ziel der Voraussage der Ertragsmengen, neuerdings auch in der Klimatologie zur Voraussage von Klimaschwankungen entwickelt worden.

Stokes-Reibungsgesetz ['stoʊks... ‖ nach Sir G. G. Stokes ‖ Syn.: Widerstandsgesetz]: Gesetz über die Fallgeschwindigkeit von kugelförmigen Körpern in Flüssigkeiten und Gasen.

Das St.-R. ist in der Atmosphäre auf Wolkentropfen anwendbar. Es besagt, daß die Fallgeschwindigkeit der Tropfen konstant ist und nur von der Viskosität der Luft und dem Radius der fallenden Tropfen abhängt. Für gewöhnliche Wolkentropfen ergeben sich Fallgeschwindigkeiten von wenigen cm/s, d. h. daß diese Wolkentropfen lange in einer Wolke verbleiben. Erst größere Tropfen, die die Größe von Niederschlagstropfen erreichen, fallen mit Geschwindigkeiten in der Größenordnung von 1 m/s.

Störung [Syn.: atmosphärische St.]: Bez. für die von einer gleichförmigen Grundströmung abweichenden zyklonalen und antizyklonalen Wirbel, die Tief- und Hochdruckgebiete, häufiger jedoch für Tiefausläufer und die mit diesen zusammenhängenden Fronten. Als **frontale St.** oder **Wellen-St.** bezeichnet man den Anfangszustand einer Tiefdruckentwicklung, als **Rand-St.** ein kleines Tief am Rand einer Zentralzyklone, als **tropische St.** polwärts ausgebuchtete Isobaren auf der Äquatorseite der Subtropenhochgürtel.

Strahlstrom [Syn.: Jetstream]: äußerst intensiver, bandförmiger Luftstrom mit außerordentlich hohen Windgeschwindigkeiten, der entlang einer horizontalen Achse, der **St.achse,** in der oberen Troposphäre oder unteren Stratosphäre konzentriert ist und durch große horizontale Temperaturunterschiede verursacht wird.

Der St. zeichnet sich durch große vertikale und seitliche Windscherungen und ein oder mehrere Maxima der Windgeschwindigkeit aus. Er hat im Normalfall eine Erstreckung von einigen 1 000 km Länge, eine Breite in einer Horizontalebene von einigen 100 km und eine vertikale Ausdehnung von einigen Kilometern. Als untere Grenzgeschwindigkeit gilt ein Wert von 30 m/s, nicht selten werden Geschwindigkeiten von 70 bis 100 m/s (etwa 250 bis 360 km/h) erreicht; die Höchstwerte liegen um 170 m/s (über 600 km/h).

Zwei markante *St.systeme* treten auf jeder Halbkugel der Erde auf:

1. **Subtropen-St.:** über dem subtropischen Hochdruckgürtel, auf der Nord-

halbkugel etwa längs der Linie Bermudainseln – Kanarische Inseln – Nordafrika – Persischer Golf – Indien – S-China und über den Pazifik nach Kalifornien; mittlere Höhe etwa 12 km; außerordentlich persistent, mit nur langsamen, jahreszeitlich bedingten Änderungen.

2. **Polarfront-St.**: in den höheren Mittelbreiten; Achse dicht unterhalb der Tropopause, im Mittel bei rund 10 km Höhe. Die geographische Lage ist eng mit derjenigen der Polarfront gekoppelt, daher rasche und kräftige zeitliche Änderungen hinsichtlich Lage und Geschwindigkeit. Der Polarfront-St. umgibt als wellenförmiges, stellenweise auch unterbrochenes Starkwindband die Nordhalbkugel; er schwankt zwischen 40 und 70° n. Br., im Winter liegt er weiter im S und weist eine größere Geschwindigkeit auf als im Sommer.

Beide St.systeme sind wegen ihrer sehr großen Windgeschwindigkeit und der häufig in ihrer Nähe beobachteten gefährlichen ↑Clear-air-Turbulenz von großer Bedeutung für die Luftfahrt in Höhen von etwa 9 000 bis 12 000 m.

Neben diesen St.systemen entsteht im jeweiligen Winterhalbjahr beider Halbkugeln in der Stratosphäre in 20 bis 30 km Höhe und in 65° Breite ein westliches Starkwindband, verursacht durch den Temperaturgegensatz an der Grenze zwischen den sonnenbeschienenen Gebieten der Erde und dem Bereich der Polarnacht. Dieser St. wird daher als **arktischer** bzw. **antarktischer stratosphärischer St.** oder **Polarnacht-St.** bezeichnet. In den Sommermonaten zeigt die Stratosphäre in der tropischen Zone, etwa in 15 km, mitunter auch in 20 bis 50 km Höhe, ein östliches Starkwindband, den **tropischen** oder **äquatorialen Strahlstrom.**

Unabhängig von der Definition des St.s bezeichnet der **Grenzschicht-St.** (**Low-level-jet;** Abk.: **LLJ**) ein relatives Starkwindfeld, das sich in 100 bis 300 m Höhe an nächtlichen Inversionen bildet und bei ungewöhnlich starker Änderung der Windrichtung mit der Höhe Windgeschwindigkeiten bis zum doppelten Betrag des geostrophischen Windes aufweist. – Abb. S. 369.

Strahlung: der Energiefluß in Form elektromagnetischer Wellen (**Wellen-St.**) oder der Fluß schneller Teilchen (**Teilchen-** oder **Korpuskular-St.**).

Die verschiedenen Arten von St.en unterscheiden sich durch ihre Wellenlänge λ (Abstand zwischen zwei aufeinanderfolgenden Wellenbergen oder -tälern) bzw. durch die Frequenz ν (Anzahl der Schwingungen pro Sekunde). Wellenlänge und Frequenz lassen sich durch die Beziehung

$$\lambda = \frac{c_0}{\nu}$$

ineinander überführen (c_0 Ausbreitungsgeschwindigkeit für alle elektromagnetischen Wellen im Vakuum, rund 300 000 km s^{-1}).

Das *elektromagnetische St.sspektrum* reicht von der extrem kurzwelligen ↑kosmischen Strahlung ($\lambda \sim 10^{-15}$m) bis zu den langen Rundfunkwellen ($\lambda \geq 10^2$m). In diesem Gesamtspektrum ist der Wellenlängenbereich von 0,3 bis 100 µm für die Meteorologie von fundamentaler Bedeutung; er umfaßt die kurzwellige ↑Sonnenstrahlung und die langwellige ↑terrestrische Strahlung.

Strahlungsabsorption: die Absorption der kurz- und langwelligen Strahlung in der Atmosphäre und an der Erdoberfläche. Die kurzwellige Strahlung wird bei Wellenlängen < 0,3 µm (Ultraviolettstrahlung) in Luftschichten oberhalb 20 km durch Ozon und Sauerstoff vollständig absorbiert und in Wärmeenergie umgewandelt (↑Ozonschicht). Im sichtbaren Spektralbereich (0,36 bis 0,76 µm) findet nur eine relativ geringe St. durch Ozon und Wasserdampf statt; hier kann die kurzwellige Strahlung fast ungehindert bis zum Erdboden durchdringen und infolge ihrer Absorption den maßgebenden Beitrag zur Erwärmung der Erdoberfläche liefern. Im langwelligen (infraroten) Spektralbereich (> 0,76 µm), insbes. im Bereich der terrestrischen Strahlung (> 3,5 µm), absorbieren jedoch Wasserdampf und Kohlendioxid sehr stark, in geringerem Umfang auch Spurengase.

Die mit der St. im infraroten Spektralbereich verbundenen Erwärmungseffekte sind für die Strahlungsbilanz des Systems Erde–Atmosphäre von großer Bedeutung und spielen auch bei der anthropogenen Klimabeeinflussung eine wichtige Rolle.

Strahlungsbilanz [Syn.: Strahlungshaushalt, Wärmebilanz, Wärmehaushalt]: die Differenz zwischen der von oben und der von unten auf eine Fläche einfallenden Strahlung, insbes. die *St. des Systems Erde–Atmosphäre.* Setzt man den an der Obergrenze der Atmosphäre einfallenden solaren Strahlungsenergiefluß mit 343 Wm^{-2} (= $^1/_4$ der

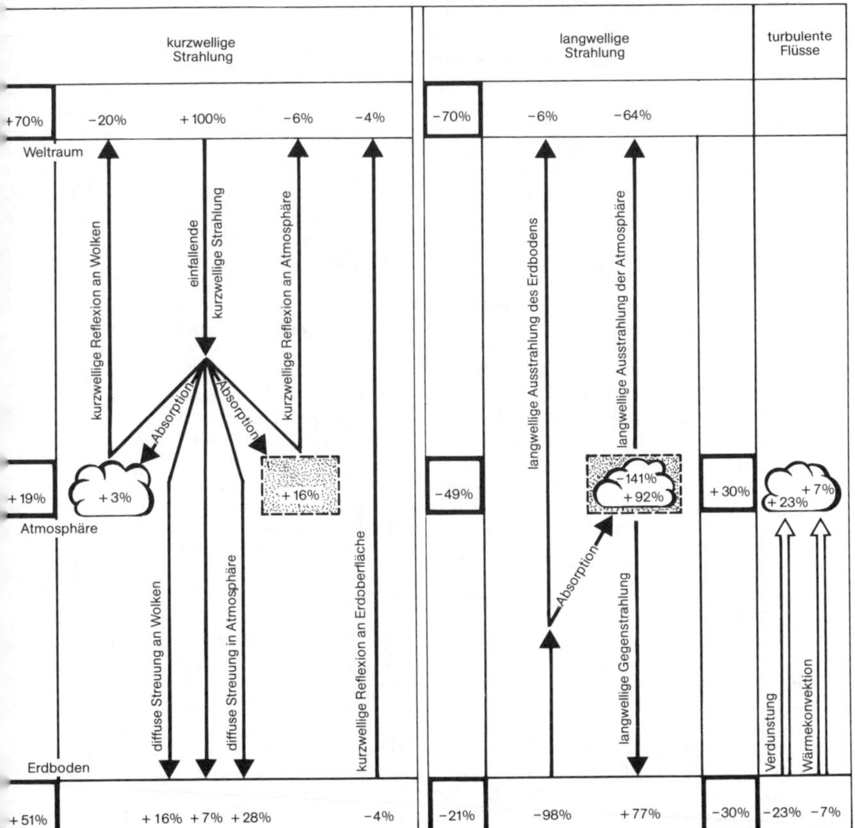

Strahlungsbilanz. Globale Jahresmittel der Strahlungsbilanzanteile des Systems Erde–Atmosphäre (in % des extraterrestrischen Strahlungsenergieflusses = 343 Wm^{-2}), bestehend aus der Bilanz von kurzwelliger solarer und langwelliger terrestrischer Strahlung sowie der ausgleichenden Bilanz von Verdunstung und Wärmekonvektion, getrennt für die Obergrenze der Atmosphäre (extraterrestrisch), die Atmosphäre als Ganzes sowie für die Erdoberfläche. Die stark umrandeten Energieflußbeträge ergänzen sich in jeder horizontalen Ebene zu null, es herrscht somit in diesen Strahlungsgleichgewicht

↑Solarkonstante wegen des Verhältnisses von Querschnitt zur Oberfläche einer Kugel) gleich 100% an, so ergibt sich im globalen jährlichen Mittel folgendes Bild: Auf dem Weg durch die Lufthülle der Erde werden nach neueren Berechnungen (aufgrund von Satellitenmessungen) 30% der Sonnenstrahlung infolge Reflexion und Streuung in der Atmosphäre und am Erdboden wieder in den Weltraum zurückgestrahlt (Erdalbedo); 19% werden von der Atmosphäre absorbiert. Die Erdoberfläche empfängt insgesamt 51% der extraterrestrischen Sonnenstrahlung, davon 28% als direkte Sonnenstrahlung und 23% als (diffuse) Himmelsstrahlung, die sie absorbiert und in Wärme umwandelt.

Durch die langwellige (infrarote) Ausstrahlung der Erdoberfläche tritt sofort wieder ein Wärmeverlust ein, dessen Betrag 98% des einfallenden mittleren Strahlungsenergieflusses der Sonne entspricht; jedoch wird diese terrestrische Strahlung fast vollständig von Wasserdampf, Kohlendioxid und anderen Spurengasen in der Atmosphäre absorbiert (92%) und als ↑atmosphärische Gegenstrahlung zur Erdoberfläche wieder zurückgestrahlt (77%). Die *effektive Ausstrahlung* der Erdoberfläche beträgt daher nur 21%, so daß ihr ein *effektiver Energiegewinn* von 30% verbleibt **(positive St.).**

Die Atmosphäre gewinnt im kurzwelligen Bereich 19% und verliert im langwelligen Bereich durch eigene Ausstrahlung nach oben und unten 49%; sie weist daher eine **negative St.** (−30%) auf.

Der Ausgleich des effektiven Energiegewinns der Erdoberfläche und des effektiven Energieverlustes der Atmosphäre wird durch die turbulenten Flüsse fühlbarer Wärme (Konvektion) und latenter Wärme (Verdunstung) herbeigeführt, durch die 7 bzw. 23% (zusammen 30%) vom Erdboden in die Atmosphäre transportiert werden. Auf diese Weise herrscht für das System Erde–Atmosphäre im globalen Jahresmittel ein **Strahlungsgleichgewicht.**

Strahlungsbilanzmesser: der unmittelbaren Ermittlung der ↑Strahlungsbilanz dienendes Instrument.

Der *St. nach A. A. Michelson* besteht aus zwei geschwärzten Metallblechen, von denen das eine nach oben, das andere nach unten gerichtet ist. Ihre Temperaturdifferenz wird thermoelektrisch (↑Thermoelement) gemessen und sodann durch Heizung der geringer temperierten Fläche auf 0 gebracht. Die hierzu nötige Heizleistung ist gleich der Strahlungsbilanz der Fläche, über die der St. parallel zu ihr gehalten wird.

Im *St. nach R. Schulze* werden zwei geschwärzte Thermosäulen (geschützt durch für Wärmestrahlung durchlässige dünne Polyäthylenhauben) so angeordnet, daß die eine Säule die Einstrahlung von oben, die andere die Ausstrahlung oder die reflektierte Strahlung vom Erdboden mißt. Die durch Gegeneinanderschaltung gewonnene Differenz der Thermospannungen ist ein Maß für die Strahlungsbilanz.

Strahlungsdiagramm: graphische Darstellung zur Berechnung der langwelligen Strahlung der Atmosphäre nach unten (Boden) und oben (Weltraum) aufgrund der Absorptions- und Emissionseigenschaften von Wasserdampf und Kohlendioxid. Für sehr genaue Rechnungen verwendet man heute Computerprogramme.

Strahlungsenergie: die in Form von Strahlung ausgesandte, übertragene oder absorbierte Energie; sie ist bei konstantem Strahlungsfluß meßtechnisch bestimmt durch das Produkt aus dem Strahlungsfluß und der Zeitspanne, während der dieser von einer Strahlungsquelle abgegeben wird.

Strahlungsfehler: Meßfehler, der insbes. bei Temperaturmessungen in der freien Atmosphäre mittels aerologischer Aufstiege durch Einwirkung der Sonnenstrahlung auf den Meßfühler verursacht wird. Die Sonnenbestrahlung behindert den Wärmeübergang zwischen Meßfühler und der ventilierenden Luft und somit die Herbeiführung eines Wärmegleichgewichtes zwischen beiden. Durch Umhüllen des Temperaturfühlers mit einem wirksamen Schutzmantel (↑Strahlungsschutz) und Schaffung günstiger Ventilationsverhältnisse läßt sich der St. erheblich reduzieren.

Die Erwärmung des Strahlungsschutzes durch Wärmeaustausch und -strahlung kann allerdings eine neue Fehlerquelle darstellen. Sehr geringe St. weisen dünne zylindrische Widerstandsthermometer mit starker turbulenter Umströmung und großem Reflexionsvermögen ihrer Oberfläche auf, ferner Thermistoren mit einem die Reflexion stark vergrößernden Bleikarbonatanstrich.
Der St. läßt sich aus aerologischen Vergleichsaufstiegen bei Tag und Nacht (strahlungsfrei) sowie durch Vergleich von Auf- und Abstiegen (stark erhöhte Ventilation) ermitteln.
Je nach Strahlungsexposition des Temperaturmeßfühlers und Konstruktionsmerkmalen des Strahlungsschutzes liegen die St. zwischen etwa 0,3 und einigen K.

Strahlungsfluß [Syn.: Strahlungsleistung]: die durch die zeitliche Änderung der Strahlungsenergie Q gegebene Strahlungsgröße $\Phi = \mathrm{d}Q/\mathrm{d}t$; sie stellt bei stationärer Abstrahlung die je Zeiteinheit von einer Strahlungsquelle abgestrahlte und im Strahlungsfeld übertragene Strahlungsenergie dar (Einheit: W).

Strahlungsfrost: im Unterschied zum ↑Advektivfrost ein Frost, der bei klarem und heiterem Wetter entsteht, indem die nächtliche Wärmeausstrahlung die Nachtkälte bis zur Frostgrenze verschärft.
Dem St. geht meist ein allg. Absinken der Lufttemperatur durch die Zufuhr polarer Kaltluft voraus, die in einem Hochdruckgebiet (Zwischenhoch) zur Ruhe kommt, so daß die Ausstrahlung wirksam wird. Relativ trockene, wenig bewegte Luft sowie örtliche Bedingungen (schlechte Wärmeleitfähigkeit des Erdbodens, starke Verdunstung einer Pflanzendecke, Muldenlage, Fehlen von Bäumen und Sträuchern als Ausstrahlungsschutz) begünstigen die Entstehung.

Strahlungsgenuß: die Summe der Strahlungsenergiemenge, die ein bestimmter Standort aufgrund direkter Sonneneinstrahlung erhält (z. B. hohe Werte an S-Hängen in mittleren Breiten).
Der St. hängt von der geographischen Breite, der Höhenlage, der Neigung und der Exposition des Geländes sowie von der Bewölkung, der Nebelbildung und dem Reinheitsgrad der Luft ab.

Strahlungsgleichgewicht: Bez. für den meist auf eine Fläche (z. B. Erdoberfläche, Obergrenze der Atmosphäre) bezogenen Gleichgewichtszustand zwischen absorbierter und emittierter Strahlung. Im Durchschnitt über einen längeren Zeitraum herrscht für die Erde als Ganzes ein St. zwischen der absorbierten Sonnenstrahlung und der emittierten terrestrischen Strahlung (↑auch Strahlungsbilanz). Im Einzelfall (sowohl räumlich als auch zeitlich) treten jedoch z. T. erhebliche Abweichungen vom St. auf, die letzten Endes Ursache für die Wetter- und Klimaverhältnisse auf der Erde sind.

Strahlungshaushalt: svw. ↑Strahlungsbilanz.

Strahlungsintensität: svw. ↑Bestrahlungsstärke.

Strahlungsinversion: ↑Inversion, die dadurch entsteht, daß die Erdoberfläche sich durch Ausstrahlung abkühlt und die Abkühlung sich auf die bodennahe Luftschicht überträgt. Die Abkühlung ist unmittelbar am Erdboden am stärksten und wird mit zunehmender Höhe geringer. Eine St. beginnt infolgedessen direkt am Boden und entspricht daher weitgehend einer ↑Bodeninversion.

Strahlungsklima [Syn.: Helioklima]: Klima mit häufiger und intensiver direkter Sonneneinstrahlung (v. a. in Hochgebirgsregionen und an kühlen Meeresküsten). Es wird entscheidend durch die Höhenlage des Standortes, den Sonnenstand, die Hangneigung und -exposition bestimmt und setzt geringen Staub- und Wasserdampfgehalt der Luft voraus; eine Rolle spielt auch die extreme Reflexion an Schneedecken.

Strahlungsleistung: svw. Strahlungsfluß.

Strahlungsmeßnetz: besonderes Meßnetz zur Erfassung der Sonnenstrahlung. Das *St. des Deutschen Wetterdienstes* umfaßt 28 Stationen, von denen 15 außer der Globalstrahlung auch die diffuse Sonnenstrahlung und 2 zusätzlich die atmosphärische Gegenstrahlung registrieren. Die Sammlung, Aufbereitung, Archivierung und Veröffentlichung der Daten erfolgen durch das meteorologische Observatorium in Hamburg (nationale Strahlungszentrale, zugleich Zentrale des Regionalverbandes Europa der Weltorganisation für Meteorologie). Die Daten werden zum Nachweis etwaiger lokaler oder regionaler Klimaänderungen, für wärme- und beleuchtungstechnische Fragen im Bauwesen und insbes. für Planungen zur Nutzung der Sonnenenergie herangezogen.

Strahlungsmessung: Sammelbez. für Methoden zur instrumentellen Bestimmung von Strahlungsmeßgrößen.

St.en dienen in der Meteorologie zur Untersuchung des Energieumsatzes im System Erde–Atmosphäre, zur Erforschung von Ein- und Ausstrahlung bzw. der ↑Strahlungsbilanz. Mit Strahlungsmeßwerten werden außerdem Biologie, Medizin, Landwirtschaft, Verkehrswesen, Bauindustrie und andere Bereiche beliefert.

Die gebräuchlichen **Strahlungsmeßgeräte** beruhen auf der Feststellung der durch die Strahlung erzeugten Wärmewirkung. Die Strahlungswärme führt zu einer Temperaturerhöhung des als Meßfühler dienenden Strahlungsempfängers, die mit Thermoelementen oder Widerstandsthermometern gemessen wird. Strahlungsmeßgeräte messen entweder nur die unmittelbare Sonnenstrahlung (↑Pyrheliometer, ↑Aktinometer) oder die Himmelsstrahlung einschl. der unmittelbaren Sonnenstrahlung (↑Pyranometer), die Temperaturstrahlung der Luft bzw. der Erde (↑Pyrgeometer) oder die Strahlungsbilanz (↑Strahlungsbilanzmesser). Die berührungsfreie St. erfolgt mit ↑Strahlungspyrometern. – ↑auch Radiometer.

Innerhalb des *Deutschen Wetterdienstes* ist für St.en das meteorologische Observatorium in Hamburg zuständig.

Strahlungsnacht: Nacht, in der aufgrund der meteorologischen Bedingungen einer ↑Strahlungswetterlage oder durch Wolkenauflösung hinter einer Kaltfront die Wärmeausstrahlung erhöht ist, so daß die Lufttemperatur in den bodennahen Schichten stark absinkt und die Luftbewegung schwächer wird.

Strahlungsnebel: eine Nebelart (↑Nebelklassifikation).

Strahlungspyrometer [Kurzbez.: Pyrometer]: ein Strahlungsthermometer; Instrument zur berührungsfreien Messung der [Ober]flächentemperatur von Stoffen oder Körpern mit Hilfe der von ihnen ausgehenden Temperaturstrahlung.

Die Strahlung, deren Temperatur gemessen werden soll, wird meist mittels Glaslinsen oder Hohlspiegeln auf einen im allg. thermischen Detektor (Thermoelement, Widerstandsthermometer) gebracht. Beim **Glühfadenpyrometer** wird die einfallende Strahlung visuell mit der Strahlung des Glühfadens einer geeichten Glühlampe verglichen, deren Heizstrom verändert wird, bis beide Strahlungen dieselbe Helligkeit aufweisen. Die Stromstärke der Vergleichsstrahlungsquelle ist ein direktes Maß für die Temperatur.

Der Einsatz von St.n eignet sich, abgesehen vom konventionellen meteorologischen Temperaturbereich, vorwiegend bei Temperaturwerten oberhalb von 1 400 K bzw. bei Messung bewegter oder schwer zugänglicher Objekte sowie von zeitlich rasch veränderlichen Temperaturen.

Nach der spektralen (wellenlängenabhängigen) Empfindlichkeit unterscheidet man Spektral-, Bandstrahlungs- und Gesamtstrahlungspyrometer.

Strahlungsreif: durch Sublimation entstehende Eisablagerungen in Form von Schuppen, Nadeln oder Federn an Gegenständen. Voraussetzung für die Entstehung von St. ist die Abkühlung (infolge Ausstrahlung) von Oberflächen unter den Gefrierpunkt in wolkenloser oder wolkenarmer Nacht.

Strahlungsschutz: technische Vorrichtung zur Abschirmung von Meßfühlern, insbes. von Temperaturmeßfühlern, gegen Strahlungseinflüsse, die die Temperaturmessung verfälschen. Als St. eignet sich ein um das Thermometer (bzw. den entsprechenden Meßfühler) gelegter, aus blankem, dünnem Metallblech bestehender doppelwandiger Zy-

linder. Da aber selbst blanke Metallflächen nicht die gesamte auftreffende Strahlung reflektieren, sondern einen Teil absorbieren, d. h. sich erwärmen, muß für ständige Belüftung (Ventilation) gesorgt werden.
Einen St. benötigen v. a. die Temperaturmeßelemente (Bimetallthermometer) der Radiosonden, um den ↑Strahlungsfehler zu reduzieren.
Den besten St. für stationär installierte meteorologische Instrumente stellt die ↑Thermometerhütte dar.

Strahlungstau: Wassertropfen, die sich bei Abkühlung (infolge Ausstrahlung) von Oberflächen in wolkenloser oder wolkenarmer Nacht durch Kondensation des Wasserdampfes der umgebenden Luft an Gegenständen niederschlagen.

Strahlungstemperatur: diejenige Temperatur, die ein ↑schwarzer Körper haben müßte, um die nach dem ↑Planck-Strahlungsgesetz in einem bestimmten Spektralbereich geforderte Energiemenge je Flächen- und Zeiteinheit auszustrahlen. Handelt es sich nicht nur um die Strahlung in einem bestimmten Spektralbereich, sondern um die Gesamtstrahlung, so spricht man von **bolometrischer** oder **effektiver Temperatur** (nicht mit dem gleichlautenden bioklimatologischen Begriff zu verwechseln).

Strahlungsthermometer: Instrumente zur Temperaturmessung aufgrund der von der Oberfläche eines Körpers ausgehenden Wärmestrahlung. Zur Bestimmung der wahren Oberflächentemperatur muß in einem Spektralbereich gemessen werden, in dem die Wärmestrahlung nicht durch Wasserdampf oder andere Luftbestandteile absorbiert und der Einfluß der reflektierten Sonnenstrahlung ausgeschaltet wird.
Gebräuchliche St. sind das ↑Strahlungspyrometer und das ↑Infrarotthermometer.

Strahlungswetterlage: Wetterlage, die im wesentlichen durch Strahlungsvorgänge geprägt ist; typisch hierfür sind Hochdruckgebiete.
Am Tag erwärmt sich die Luft bei ungehinderter Sonneneinstrahlung sehr stark (Temperaturmaximum etwa zwei Stunden nach Sonnenhöchststand), nachts kühlt sie durch Wärmeausstrahlung des Bodens gegen den wolkenlosen Himmel kräftig ab (Temperaturminimum bei Sonnenaufgang). Die relative Luftfeuchte verläuft invers (Maximum in der Frühe, Minimum am Nachmittag). Die Luftbewegung ist im allg. schwach, lebt tagsüber durch Sonnenböigkeit etwas auf. Durch lokale Temperaturunterschiede entstehen tagesperiodische Windsysteme (Berg- und Talwind, Land- und Seewind).
Im Winter reicht die Tageserwärmung oft nicht aus, die durch nächtliche Ausstrahlung entstandene Bodeninversion aufzulösen. Es bilden sich dann Nebel (Strahlungsnebel) oder Hochnebel, die in den Niederungen mitunter tage- und wochenlang naßkaltes Wetter verursachen, während gleichzeitig auf den Bergen bei strahlendem Sonnenschein und guter Fernsicht relativ hohe Lufttemperaturen herrschen.

Straßenwetter- und -warndienst: von den Wetterdiensten in Zusammenarbeit mit den für das Straßenwesen zuständigen Behörden eingerichteter Dienst, der im Winter und bei außergewöhnlichen Wetterverhältnissen in den anderen Jahreszeiten die Verkehrsteilnehmer und -verantwortlichen über den wetterbedingten Straßenzustand informiert und in einer **Straßenzustandsprognose** Hinweise auf anhaltende oder zu erwartende wetterbedingte Verkehrsbehinderungen (Nebel, Niederschläge, Glätte, Böen) mit Unfallgefahren gibt. **Straßenzustandsberichte** und **Straßenwetterberichte** werden über die „Servicewelle" der Rundfunkanstalten und im Fernsprechansagedienst verbreitet.

Stratocumulus, der [lat. stratum = Decke und ↑Cumulus ‖ Abk.: Sc ‖ Schreibvariante: Stratokumulus ‖ Syn.: Schichthaufenwolke]: Gattung der tiefen Wolken; Flecken, Felder oder Schichten von grauen und/oder weißlichen Wolken mit dunklen Stellen, die auch in schichtförmiger Anordnung von größeren Ballen und Walzen den Himmel überziehen. St.wolken haben eine nichtfaserige Struktur (ausgenommen bei Bildung von Fallstreifen) und bestehen aus feinen Wassertröpfchen; gelegentlich enthalten sie auch Regentropfen oder Reifgraupeln, seltener Schneeflocken oder Schneekristalle. – ↑auch Wolkenklassifikation. – Abb. S. 375.

Stratokumulus: Schreibvariante für ↑Stratocumulus.

Stratopause, die [Kurzbildung aus Stratosphäre und griech. paũsis = Beendigung]: die Obergrenze der ↑Stratosphäre.

Stratosphäre, die [Kurzbildung aus lat. stratum = Decke und ↑Atmosphäre ‖ Abl.: stratosphärisch]: das Stockwerk der Atmosphäre, das sich an die Troposphäre anschließt, oberhalb der Tropopause je nach Jahreszeit und geographischer Breite in einer Höhe zwischen 8 und 17 km beginnt und bis zur **Stratopause** in etwa 50 km Höhe reicht.

Die St. ist in erster Linie durch ihren vertikalen Temperaturaufbau gekennzeichnet. Die Temperatur bleibt in ihr mit der Höhe zunächst etwa konstant und nimmt dann allmählich immer mehr bis zu einem Temperaturgradienten von etwa 2,5 K/km zu. Während an der Untergrenze der St. Temperaturen zwischen etwa –80 °C (über dem Äquator) und –45 bis –50 °C (im Sommer über den Polen) herrschen, wird an der Stratopause etwa 0 °C erreicht.

Entsprechend dem unterschiedlichen vertikalen Temperaturgradienten teilt man die St. oft in eine **untere St. (Sub-St.)** mit keiner oder nur geringer Temperaturzunahme und eine **obere St.** mit deutlicher Temperaturzunahme ein, wobei die Grenze zwischen beiden Teilen nicht eindeutig festgelegt ist. Die horizontale Temperaturverteilung wird in der unteren St. im wesentlichen bestimmt durch das ↑Gegenläufigkeitsprinzip gegenüber der Troposphäre, d. h. daß im Mittel die Temperatur der St. vom Äquator zum Pol hin zunimmt und daß auch wetterbedingte Unregelmäßigkeiten der Temperaturverteilung in der Troposphäre entgegengesetzte Temperaturverhältnisse in der unteren St. zur Folge haben.

Die Gegenläufigkeit der Temperatur bestimmt auch die wesentlichen Züge der ↑stratosphärischen Zirkulation. In der oberen St. ist die Temperaturverteilung weitgehend unabhängig von derjenigen in der Troposphäre; hier herrscht im Mittel ein Temperaturabfall vom Äquator zum Pol. Allerdings treten in diesen Höhen im Winter gelegentlich plötzliche Störungen auf, die als ↑Berliner Phänomen bezeichnet werden.

Die St. ist ferner der Sitz der ↑Ozonschicht. Die Temperaturzunahme in der oberen St. wird auf die Strahlungsabsorption durch den Ozon zurückgeführt.

Stratosphärenerwärmung: die gelegentlich im Hochwinter plötzlich auftretende Erwärmung in der oberen Stratosphäre, nach dem Ort ihrer Entdeckung als ↑Berliner Phänomen bezeichnet.

stratosphärische Aerosolschicht [zu ↑Stratosphäre ‖ Syn.: Junge-Schicht (nach ihrem Entdecker Ch. Junge), Sulfatschicht]: in etwa 20 bis 25 km Höhe liegende Schicht der unteren Stratosphäre, in der v. a. sulfatische Partikel angereichert sind. Diese Partikel, deren Fallgeschwindigkeit aufgrund ihrer Größe (0,1–1 µm) sehr gering ist, bilden sich durch photochemische Prozesse aus magmatischen Gasen, die bei großen Vulkanausbrüchen in die Stratosphäre gelangen.

Die st. A. hat Auswirkungen auf den Strahlungshaushalt der Atmosphäre, dadurch daß die Sonnenstrahlung gestreut und z. T. absorbiert wird (mit Erwärmung verbunden). – ↑auch Trübung.

stratosphärische Kompensation [zu ↑Stratosphäre]: die Erfahrungstatsache, daß über einer Erwärmung in der Troposphäre gleichzeitig eine Abkühlung in der Stratosphäre stattfindet oder daß über einer übernormal warmen Troposphäre eine unternormal kalte Stratosphäre liegt und umgekehrt. Diese Erscheinung wird im allg. damit gedeutet, daß die Stratosphäre bestrebt ist, die an der Obergrenze der Troposphäre herrschenden Luftdruckgegensätze, die eng mit den Temperaturabweichungen gekoppelt sind, auszugleichen. – ↑auch normale Kompensation.

stratosphärische Zirkulation [↑zu Stratosphäre]: die mittleren Strömungsverhältnisse in der Stratosphäre. Sie sind

allg. durch die mittleren Temperaturverhältnisse bedingt, die die Luftdruckverteilung und damit die mittlere Strömung bestimmen.
In der unteren Stratosphäre hat die gegenüber der Troposphäre gegenläufige Temperaturverteilung zur Folge, daß alle Luftdruckgegensätze, die an der Obergrenze der Troposphäre bestehen, mit zunehmender Höhe mehr und mehr ausgeglichen werden. Dadurch vermindert sich nicht nur die mittlere zonale Strömung immer mehr, sondern es schwächen sich auch alle Luftdruckgebilde, hochreichende Hoch- und Tiefdruckgebiete, Höhenkeile und Höhentröge deutlich ab. Schon im 100-hPa-Niveau sind meist nur noch die großräumigen Strukturen der zonalen Strömung erkennbar. Häufig ist zu beobachten, daß die Windgeschwindigkeiten, die im allg. in der Nähe der Tropopause (im Strahlstromniveau) ihr Maximum aufweisen, in der unteren Stratosphäre mit der Höhe sehr rasch abnehmen.
In der oberen Stratosphäre ist die Zirkulation weitgehend unabhängig von derjenigen in der Troposphäre. Hier treten markante Unterschiede zwischen Sommer und Winter auf. Bedingt durch die relativ warme untere Stratosphäre im Polargebiet, bildet sich im Sommer hoher Luftdruck in hohen Breiten, und es entsteht bis in die mittleren Breiten allg. eine großräumige und beständige O-Strömung. Im Winter kühlt sich das Polargebiet in der langen Polarnacht hingegen so stark ab, daß in der Höhe sich ein markantes Polartief entwickelt, unter dessen Einfluß es fast auf der gesamten Hemisphäre zu einer kräftigen westlichen Strömung kommt, die v. a. in höheren Breiten höhere Geschwindigkeiten als im Bereich der Tropopause erreichen kann. Dieser gut ausgeprägte polare Wirbel kann im Hochwinter durch ein plötzlich auftretendes ↑Berliner Phänomen zerstört werden.

Stratus, der [zu lat. sternere, stratum = hinbreiten ‖ Abk.: St ‖ Syn.: Schichtwolke]: Gattung der tiefen Wolken; eine durchgehend graue Wolkenschicht mit ziemlich einförmiger Untergrenze, einem Nebel entsprechend, der nicht auf dem Boden aufliegt; manchmal auch in Form zerfetzter Schwaden **(Stratus fractus)** vorkommend.
Aus St.wolken können Sprühregen, Schnee oder Schneegriesel fallen. – Abb. S. 375.

Streckenerkundungsflüge: svw. ↑Wettererkundungsflüge.

Streckenwettervorhersage: Wettervorhersage für eine Flugstrecke zwischen zwei gegebenen Flughäfen. Die St. wird in verschlüsselter Form durch die Kennung **ROFOR** (Abk. für engl. **ro**ute **for**ecast = Kursvorhersage) eingeleitet. Die Streckenführung wird durch die internat. Ortskennung der Flughäfen an den beiden Endpunkten und durch die Koordinaten ausgewählter Punkte entlang der Strecke gekennzeichnet, für die die Wetterbedingungen vorhergesagt werden, so daß die Wetterverhältnisse auf der gesamten Flugstrecke erfaßt werden. Die meteorologischen Elemente werden in der gleichen Form verschlüsselt wie bei der ↑Gebietswettervorhersage.

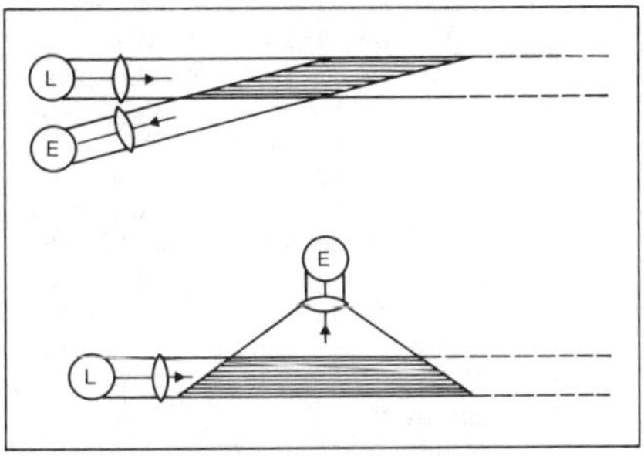

Streulichtmesser. Backscatter (oben) und integrierender Streulichtmesser (unten); L Lichtquelle, E Empfänger

Streulichtmesser: Instrumente zur Sichtweitenmessung. Sie erfassen das aus einem Luftvolumen durch Streuung an Partikeln austretende Licht einer Impulslichtquelle. Ähnlich wie bei einem Scheinwerfer, bei dem das austretende Strahlenbündel von der Seite her um so besser sichtbar wird, je mehr Licht durch Trübungspartikel gestreut wird, äußert sich auch im Empfänger des St.s die

Sichtweitenabnahme (Sichtverschlechterung) in einer Helligkeitszunahme.
Man unterscheidet **Backscatter,** die nur die Rückwärtsstreuung erfassen, und **integrierende St.,** die einen großen Streuwinkelbereich erfassen (Abb.).
St. eignen sich für Sichtweitenmessungen, bei denen die Errichtung einer hinreichend langen Meßbasis nicht möglich oder zu aufwendig ist.
Der bekannteste St. ist der ↑Videograph.

Streuung:
◇ [Syn.: Streustrahlung]: *physikalisch* eine Wechselwirkung zwischen Strahlung und Materie, bei der die aus einer Richtung aufgenommene Strahlungs- bzw. Photonenenergie in verschiedene Richtungen wieder abgegeben (gestreut) wird. Die direkte Strahlung wird durch die St. geschwächt, aber die Gesamtenergie des Strahlungsfeldes (elektromagnetisches Wellen- oder Photonenfeld) bleibt erhalten.
In der *Atmosphäre* wird sowohl die direkte Sonnenstrahlung als auch die Himmelsstrahlung durch St.svorgänge beeinflußt. Verursacht wird die St. von Luftmolekülen (↑Rayleigh-Streuung), Aerosolteilchen (Radien etwa 0,01 bis 10 µm) und Wolkenelementen mit Radien von etwa 10 bis 100 µm (↑Mie-Streuung). Die einmal gestreute Strahlung kann im weiteren Verlauf des Strahlungstransports mehrfach gestreut **(Mehrfach-St.)** und von Wolken oder vom Erdboden reflektiert werden (sog. **Reflexstrahlung**). Streuprozesse, bei denen die gestreute Strahlung um weniger als 90° aus ihrer ursprünglichen Richtung abgelenkt wird, heißen **Vorwärtsstreuung.** Ist der Streuwinkel größer als 90°, spricht man von **Rückwärtsstreuung.**
◇ [Syn.: Standardabweichung, mittlere quadratische Abweichung]: *statistische* Maßzahl, die angibt, wie stark die Einzelwerte in einer Reihe von Meßwerten um den arithmetischen Mittelwert streuen. Rechnerisch erhält man die St., indem man zuerst den arithmetischen Mittelwert der Datenreihe bestimmt, sodann die jeweiligen Differenzen der Einzelwerte dieser Meßreihe zum arithmetischen Mittelwert bildet, diese Differenzen ins Quadrat erhebt, danach aufsummiert und diese Summe durch die um 1 verminderte Gesamtanzahl der Meßdaten dividiert. Die (positive) Wurzel aus dem so erhaltenen Wert heißt Streuung.

Stromfeld: die Darstellung der augenblicklichen Strömungsverhältnisse in einer Fläche durch ↑Stromlinien. Durch die Stromlinien wird für jeden Punkt der Fläche die momentane Bewegungsrichtung der Flüssigkeits- oder Gasteilchen angegeben.
Bei rein horizontaler Strömung – wenn also keine Vertikalkomponente vorhanden ist – ist der Abstand der Stromlinien in einem St. der Strömungsgeschwindigkeit umgekehrt proportional, d. h., je enger die Stromlinien verlaufen, um so größer ist die Geschwindigkeit. In diesem Fall können sich die Stromlinien nie berühren, sie können im St. nicht enden und nicht neu entstehen.
Läßt man allerdings Vertikalbewegungen zu, dann können an singulären Stellen des Stromfeldes Quellen und Senken durch vertikales Zu- oder Abströmen entstehen. An solchen Stellen (Divergenzen, Konvergenzen) können dann Stromlinien in einem Punkt oder an einer Linie neu entstehen oder enden, indem sie sich teilen oder zusammenlaufen.

Stromfunktion: eine mathematische Funktion, die ein rein horizontales ↑Stromfeld in einer Fläche beschreibt. Ein Stromfeld, das durch eine St. dargestellt wird, ist immer frei von Divergenzen und Konvergenzen. St.en werden daher in der theoretischen Meteorologie verwendet, wenn die Divergenzfreiheit eines Strömungsfeldes sichergestellt werden soll. Sie können auch bei der numerischen Analyse benutzt werden. Hier kann man zur Unterstützung der Analyse einer absoluten Topographie einer Luftdruckfläche unabhängig von den gemessenen Höhenwerten nur aus den beobachteten Winden eine St. berechnen, die genau dem Windfeld entspricht. Diese kann dann zur Verbesserung des mit Hilfe der Höhenwerte gewonnenen Luftdruckfeldes dienen.

Stromlinie: Linie, die für einen bestimmten Zeitpunkt die Bewegungsrichtung eines auf ihr liegenden Flüssigkeits-

oder Gasteilchens in einer Strömung angibt. Die momentane Bewegung des Teilchens erfolgt jeweils genau tangential zur Richtung der Stromlinie. Der Bewegungssinn muß an der St. (z. B. durch Pfeile) angegeben sein.
Im allg. Fall, wenn zeitliche Änderungen in der Strömung eintreten, verbleiben die Teilchen nicht längere Zeit auf der gleichen St., da sich auch diese zeitlich ändern. Nur im stationären Fall folgen die Teilchen der St.; sie wird dann zugleich zur ↑Trajektorie.

Strömungsdivergenz: svw. ↑Divergenz.

Strömungskonvergenz: svw. ↑Konvergenz.

Sturm: Wind von großer Heftigkeit (nach der Beaufortskala der Stärke 9 bis 11 mit Geschwindigkeiten von 20,8 bis 32,6 m/s bzw. 75 bis 117 km/h), der erhebliche Schäden und Zerstörungen anrichtet. Vor allem **schwere** und **orkanartige Stürme** treten im allg. über dem Meer häufiger auf als über dem Festland.

Sturmfeld: Bereich eines Sturmtiefs, in dem die Windgeschwindigkeiten 75 km/h überschreiten. Das St. liegt entsprechend der Wirbelstruktur der Zyklone ringförmig oder halbkreisförmig um eine windschwächere Kernzone und kann bei außertropischen Sturmtiefs eine Breite von mehreren hundert Kilometern haben, wobei Geschwindigkeitsmaxima im Bereich der Fronten und des nachfolgenden Trogs vorkommen.
Das **St. tropischer Wirbelstürme** ist intensiver, jedoch weniger breit. Es liegt ringförmig um das 10 bis 30 km breite Auge des Orkans und kann eine Breite von etwa 200 km erreichen, wobei die größten Windgeschwindigkeiten (bis 300 km/h) auf der rechten Seite der Zugbahn auftreten.

Sturmflut: ungewöhnlich hohes Ansteigen des Wassers an Meeresküsten und Tidenflüssen, das durch ungünstiges Zusammentreffen mehrerer Faktoren bedingt ist: Flut, Wirkung von Luftdruckgradient und starkem Windschub auf die Wasseroberflächen, brandender Seegang sowie bei Randmeeren gelegentlich die Eigenschwingungen der Wassermassen.
Besonders große Fluthöchstwasserstände werden bei Springtiden erreicht. An Küsten von Meeren mit großer Erdbebenhäufigkeit kommen als Flutursachen sehr lange Wellen hinzu, die durch untermeerische Beben erzeugt werden, z. B. im Pazifik. Sie überfluten schnell Strand- und Hafengebiete.
St.en hängen oft mit typischen **St.wetterlagen** zusammen, in deren Ablauf die Wassermassen optimal gegen die Küste getrieben werden, wobei der Küstenverlauf eine ausschlaggebende Rolle spielt. Für die Deutsche Bucht sind Winde aus W bis NW besonders stauwirksam, für die englische O-Küste Winde aus N bis NO. Dementsprechend unterscheiden sich die St.wetterlagen. Schwere St.en an der deutschen Nordseeküste hängen meist mit Sturmtiefs zusammen, die entweder von Island nach S-Skandinavien oder auf einer südlicher gelegenen Zugbahn vom Ostatlantik über die südliche Nordsee nach Dänemark ziehen.

stürmischer Wind: nach der ↑Beaufortskala ein Wind der Stärke 8.

Sturmtag: im *Klimadienst* ein Tag, an dem das Maximum der Windgeschwindigkeit, ausgedrückt durch das größte während des Tages auftretende 10-Minuten-Mittel, mindestens Windstärke 8 der Beaufortskala entspricht.

Sturmtief [Syn.: Sturmwirbel, Sturmzyklone]: Tiefdruckgebiet mit einem ausgeprägten Sturmfeld und sehr niedrigem, häufig 975 hPa unterschreitenden Luftdruck in seinem Kern.
Voraussetzung für die Entwicklung eines St.s ist das Vorhandensein unterschiedlich temperierter Luftmassen mit großen Temperaturunterschieden in der Vertikalen. Die Auslösung der damit verbundenen feuchtlabilen Schichtung liefert den Hauptanteil der Antriebsenergie für den Wirbel, in dessen Bereich die Windgeschwindigkeiten bis Orkanstärke anwachsen.

Sturmwarndienst: zur Sicherung der Schiffahrt in den Küstengebieten organisierter Vorhersagedienst, der auf einen bevorstehenden Sturm aufmerksam macht.
Der St. in *Deutschland* wurde von der Deutschen Seewarte eingeführt und ob-

liegt heute dem Seewetteramt Hamburg. Wind- und Sturmwarnungen werden für bestimmte *Seegebiete* über Norddeich-Radio und Kiel-Radio durch Sprechfunk und Funktelegrafie sowie durch optische Signale an den Sturmwarnstellen für die Küsten der BR Deutschland sowie durch die Radarzentralen Elbe und Weser für die betreffenden Flußgebiete verbreitet.

St.e sind auch im *Binnenland* für größere *Seen* eingerichtet, z. B. an oberbayerischen Seen, am Bodensee und an den Schweizer Seen (durch Blinkscheinwerfer, andere optische und akustische Signale). – ↑auch Wetterwarndienst.

Stüve-Diagramm [nach G. Stüve]: für die Auswertung aerologischer Aufstiege in Mitteleuropa häufig benutztes thermodynamisches Diagramm. Auf der Abszisse ist die Temperatur in linearem Maßstab aufgetragen. Die Isothermen sind senkrechte Geraden. Die Ordinate gibt den nach oben abnehmenden Luftdruck (mit waagrechten Isobaren) in einer exponentiellen Skala an, so daß die von rechts unten nach links oben verlaufenden Trockenadiabaten eine Schar von Geraden bilden, die sich im (außerhalb des Blattes liegenden) Nullpunkt von Luftdruck und Temperatur treffen. Die Trockenadiabaten sind mit der Temperatur (in °C) beziffert, bei der sie die Temperaturskala in 1 000 hPa schneiden (potentielle Temperatur). Die Feuchtadiabaten verlaufen mit einer Linkskrümmung von rechts unten nach links oben und nähern sich dabei asymptotisch den Trockenadiabaten. Die an sie angeschriebenen Zahlen sind die Werte der pseudopotentiellen Temperatur.

Die Linien gleichen Sättigungsmischungsverhältnisses sind als gestrichelte Linien eingedruckt, die steil von rechts unten nach links oben verlaufen. Auf jeder Hunderterisobare sind kurze schräge Striche, sog. **Grashalme,** angebracht, aus deren jeweiligem Abstand der virtuelle Temperaturzuschlag für eine relative Luftfeuchte von 100 % bei gegebener Temperatur entnommen werden kann.

Das St.-D. enthält außerdem Angaben zur Berechnung der absoluten Höhen der Druckflächen, die ICAO-Standardatmosphäre, eine Skala für Energieberechnungen, ein Diagramm (Magnus-Diagramm) zur Bestimmung der relativen Luftfeuchte bei gegebener Temperatur und Taupunktdifferenz.

sub- [lat. sub = unter, unterhalb]: Präfix mit der Bed. „unterhalb von; nahe angrenzend"; z. B. subalpin.

subalpine Stufe [↑sub- und lat. alpinus = zu den Alpen gehörend]: thermische Höhenstufe der Hochgebirge; umfaßt in Europa im Anschluß an die obere Grenze des Bergwaldes (↑montane Stufe) den Krummholzgürtel und den Zwergstrauchgürtel bis zur ↑Baumgrenze unterhalb der alpinen Matten (↑alpine Stufe).

subarktisches Klima [↑sub- und ↑arktisch ‖ Syn.: subpolares Klima]: das Klima im Übergangsbereich vom arktischen Klima der Polargebiete zum gemäßigten Klima der mittleren Breiten; gekennzeichnet durch strenge Winter und kurze, kühle Sommer, polare O- und W-Winde sowie ganzjährig geringe Niederschläge; Vegetationstyp ist die Tundra; auf der Nordhalbkugel stärker ausgeprägt als auf der Südhalbkugel.

Sublimation, die [zu lat. sublimare = erheben, erhöhen]: der direkte Übergang eines Stoffs vom festen Aggregatzustand in den gasförmigen (oder umgekehrt), ohne daß der normalerweise dazwischenliegende flüssige Zustand angenommen wird; speziell in der *Meteorologie* der Übergang von der Dampf- in die Eisphase, während der Übergang vom festen (Eis) in den gasförmigen (Wasserdampf) Zustand mit **Verdunstung** (Eisverdunstung) bezeichnet wird. Bei der S. wird Wärme frei, die in gleichem Betrag bei der Verdunstung verbraucht wird.

Sublimationsadiabate: Kurve in einem thermodynamischen Diagrammpapier (Druck-Temperatur-Diagramm), die den Zustand eines feuchtegesättigt aufsteigenden Luftquantums angibt, dessen überschüssiger Wasserdampf unmittelbar in den festen Aggregatzustand (Eisteilchen) übergeht. Die frei werdende Sublimationswärme verbleibt im Luftquantum und vermindert die durch die Druckabnahme beim Aufsteigen ver-

ursachte Abkühlung gegenüber trockenadiabatischer Hebung.
Die Abweichung gegenüber den bei unterkühlter Kondensation sich einstellenden Temperaturen ist jedoch gering, so daß in der meteorologischen Praxis anstelle der S. die ↑Feuchtadiabate verwendet wird.

Sublimationskerne [Syn.: Eiskeime]: zur Erklärung der Kondensations- und Sublimationsvorgänge in der Atmosphäre ursprünglich analog zu den Kondensationskernen hypothetisch angenommene, in der Luft schwebende Teilchen, an denen bei tiefen Temperaturen und Sättigung der Wasserdampf sich direkt als Eis absetzt (sublimiert).
Nach neueren Vorstellungen nimmt man an, daß zunächst winzige Wassertröpfchen in den Wolken vorhanden sein müssen, die unterhalb 0 °C gefrieren und auf diese Art „Kerne" (↑Gefrierkerne) bilden, an denen dann die Sublimation erfolgt.
In Polargegenden können Eispartikel bei Schneetreiben und starkem Wind bis in größere Höhen aufgewirbelt werden, wo sie als echte S. wirken.

Sublimationswärme: diejenige Wärmemenge, die nötig ist, um 1 Mol oder 1 g eines Stoffs bei einer bestimmten Temperatur durch Sublimation vom festen Aggregatzustand in den gasförmigen zu überführen. Sie ist gleich der Summe aus ↑Schmelzwärme und ↑Verdampfungswärme.
Beim umgekehrten Vorgang wird in der Atmosphäre die S. des Eises frei, die sich aus der Summe von Kondensationswärme (= Verdampfungswärme) bei 0 °C (2 501 kJ/kg) und Gefrierwärme (= Schmelzwärme; 334 kJ/kg) zusammensetzt und somit bei 0 °C 2 835 kJ/kg beträgt. Bei tieferen Temperaturen bleibt die S. annähernd gleich.

subnivales Klima [zu ↑sub- und lat. nix, nivis = Schnee]: der Bereich des nivalen Klimas im Übergang zum humiden Klima; mit ausgedehnten, geschlossenen Schneedecken nur in der kalten Jahreszeit und Ableitung des Wassers zur Zeit der Schneeschmelze hpts. durch Flüsse (zum Teil mit Hochwasser verbunden).

subpolares Klima: svw. ↑subarktisches Klima.

subpolare Tiefdruckrinne [↑sub- und ↑polar]: in der mittleren Luftdruckverteilung der Erde eine Zone tiefen Luftdrucks bei etwa 60° n. Br. bzw. s. Br., in der die Hauptaktionszentren liegen (z. B. das Islandtief).
Südlich der s.n T. befindet sich die Westwinddrift, an der Nordseite der s.n T. herrschen östliche Winde vor. – ↑auch allgemeine Zirkulation der Atmosphäre.

Subpolarluft ↑Polarluft.

Subpolartief: in der subpolaren Tiefdruckrinne (Raum Grönland–Island–Nordmeer) gelegene Zyklone. S.s sind meist okkludierte, von Polarluft umströmte, hochreichende Tiefdruckgebiete, die sich allmählich auffüllen.

subskalige Prozesse [zu ↑sub- und ↑Scale]: solche Prozesse, die wegen ihrer geringen Größe von einem gegebenen Gitternetz nicht mehr dargestellt werden können (↑Scale).

Substratosphäre, die [↑sub-]: der untere Teil der ↑Stratosphäre.

subsynoptisch [↑sub-]: nennt man die Größenordnung von meteorologischen Phänomenen, die wegen ihrer geringen Größe nicht mehr in üblichen synoptischen Wetterkarten erkannt und dargestellt werden können (↑Scale).

Subtropen, die (Mehrz.) [ohne Einz. ‖ ↑sub- und ↑Tropen ‖ Abl.: subtropisch]: Übergangszone von den Tropen zu den hohen Mittelbreiten, etwa zwischen den Wendekreisen und maximal 45° Breite. Die S. umfassen im wesentlichen den Wirkungsbereich der ↑subtropischen Hochdruckgürtel mit der Wurzelzone der Passate (randtropisch-subtropische Trockengebiete) und entsprechen damit der warmgemäßigten Klimazone, die sich in die zyklonalen Winterregengebiete an den W-Seiten der Kontinente (↑auch Etesienklima) und die monsunalen Sommerregengebiete an den O-Seiten unterteilen läßt.

Subtropenhoch [Syn.: Roßbreitenhoch]: warmes, dynamisches Hochdruckgebiet im Bereich des subtropischen Hochdruckgürtels; z. B. das ↑Azorenhoch.

Subtropenstrahlstrom ↑Strahlstrom.

subtropische Luftmasse [zu ↑Subtropen ‖ Syn.: Subtropikluft]: warme, den Subtropen entstammende Luftmasse; häufig auch in Kurzform als ↑Tropikluft bezeichnet. – ↑auch Luftmassenklassifikation.

subtropischer Hochdruckgürtel [zu ↑Subtropen]: in der mittleren Luftdruckverteilung auf der Nordhalbkugel bei 25 bis 40° n. Br., auf der Südhalbkugel bei 25 bis 35° s. Br. um die Erde verlaufende Zone hohen Luftdrucks, aufgespalten in mehrere quasipermanente subtropische Hochdruckzellen, auf der Nordhalbkugel das Azorenhoch und das Pazifikhoch, auf der Südhalbkugel Hochdruckzellen über dem Südatlantik, Südpazifik, dem Indischen Ozean und Australien (im Juli).

Die einzelnen Hochdruckgebiete sind häufiger über der Ostseite der Ozeane als über deren Westseite anzutreffen. Die Lage der subtropischen Hochdruckgürtel ist strahlungsbedingten jahreszeitlichen Schwankungen unterworfen; z. B. verschiebt sich der subtropische Hochdruckgürtel der Nordhalbkugel im Sommer nordwärts. – ↑auch allgemeine Zirkulation der Atmosphäre.

subtropischer Wettertyp [zu ↑Subtropen]: der vorzugsweise in südlichen Breiten, in Mitteleuropa in der warmen Jahreszeit vorkommende Wettertyp nach R. Mügge, der durch niedrige, mit der Höhe noch abnehmende Windgeschwindigkeiten gekennzeichnet ist. Beim subtropischen Wettertyp bleibt wolkenarmes Wetter bei der Annäherung eines Tiefausläufers auch bei stärker fallendem Luftdruck bestehen; erst mit dem Einsetzen des Luftdruckanstiegs schlägt das Wetter plötzlich um und bleibt infolge passiver Aufgleitvorgänge längere Zeit bedeckt und regnerisch, auch wenn der Luftdruck stetig ansteigt.

Suchowei, der [russ.]: heißer und trokkener, aus sö. Richtung wehender Wind in den Steppengebieten der sw. Sowjetunion; tritt im Sommer auf, wenn sich Tiefdruckgebiete von W her nähern; führt bei verfrühtem Auftreten zur Notreife des Getreides und zu großen Dürreschäden.

Südäquatorialstrom: in der Passatregion der niederen südlichen Breiten in allen drei Ozeanen auftretende, beständig westwärts gerichtete Oberflächenströmung.

Sudden warming, das ['sʌdn 'wɔːmɪŋ ‖ engl. = plötzliche Erwärmung]: die plötzliche Erwärmung der Stratosphäre (↑Berliner Phänomen).

Südföhn ↑Föhn.

Südlage [Abk.: S]: Großwetterlage der meridionalen Zirkulationsform, gekennzeichnet durch ein ↑blockierendes Hoch über Osteuropa oder einen Höhenkeil in meridionaler Erstreckung sowie tiefen Luftdruck über dem Ostatlantik und Teilen Westeuropas; über Mitteleuropa hochreichende Südströmung, die subtropische Warmluft heranführt.

Bei der **antizyklonalen S.** (Abk.: **SA**) ist es im Sommer meist heiter, trocken und heiß, im Alpenvorland föhnig; im Winter in den Niederungen Nebel, Hochnebel und Strahlungsfröste; Berggipfel jedoch mild, sonnig, mit sehr guter Fernsicht.

Bei der **zyklonalen S.** (Abk.: **SZ**) fällt gelegentlich Regen durch atlantische Tiefausläufer; im Sommer auch Gewitterschauer; im Winter meist neblig-trüb.

Verwandte Großwetterlagen mit zyklonalen Wettererscheinungen (in den Nordalpen jedoch Föhn) sind das **Tief über den Britischen Inseln** (Abk.: **TB**) und der **Trog über Westeuropa** (Abk.: **TRW**). Sie bilden zusammen mit den S.n den **Großwettertyp Süd.**

Südlicht ↑Polarlicht.

Südostlage [Abk.: SE (von engl. southeast = Südosten)]: Großwetterlage der meridionalen Zirkulationsform, gekennzeichnet durch ein ↑blockierendes Hoch über Süd- und Mittelrußland mit einem Höhenkeil über Südskandinavien zum Nordmeer sowie tiefem Luftdruck über dem westlichen Mittelmeer, Westeuropa und dem Ostatlantik. Damit verläuft über Mitteleuropa eine sö. Höhenströmung, in der Wellenstörungen der von W auflaufenden Fronten mit den entsprechenden Wettererscheinungen nordwestwärts gesteuert werden.

Bei der **antizyklonalen S.** (Abk.: **SEA**) überwiegt der kontinentale Einfluß; Hit-

zewelle im Sommer, Kälteperiode im Winter; Nordalpen föhnig.
Bei der **zyklonalen S.** (Abk.: **SEZ**) ist die Witterung unbeständig mit einzelnen Niederschlägen, auch im Winter meist als Regen; in der wärmeren Jahreszeit schwül; bisweilen ↑Einschubgewitter mit ergiebigen Niederschlägen; im Ostalpengebiet zeitweise Föhn.

Südostpassat: der Passat der Südhalbkugel (↑Passate).

Südwestlage [Abk.: SW]: Großwetterlage der gemischten Zirkulationsform (zonale und meridionale Strömungskomponenten etwa gleich groß). Zwischen einer Hochdruckzone, die sich vom westlichen Mittelmeer nach Südrußland erstreckt, und einem Tiefdruckgebiet über dem mittleren Nordatlantik/Irland verläuft über West- und Mitteleuropa eine hochreichende Südweströmung, mit der milde bzw. warme Meeresluft herangeführt wird.
Bei der **antizyklonalen S.** (Abk.: **SWA**) ist die Witterung meist heiter, trocken und warm; zeitweise Alpenföhn; in der kälteren Jahreszeit auch Nebel und Hochnebel.
Bei der **zyklonalen S.** (Abk.: **SWZ**) ist die Witterung unbeständig durch atlantische Tiefausläufer; im Winter ergiebige, teilweise längeranhaltende Niederschläge, meist Regen; sehr mild, extrem hohe Temperaturen; Tauwetter bis in die Hochlagen der Mittelgebirge; stürmische SW-Winde; nach SO zu, besonders in der wärmeren Jahreszeit, niederschlagsärmer, mitunter föhnig.

Sulfatschicht: svw. ↑stratosphärische Aerosolschicht.

Sutcliffe-Entwicklungstheorie ['sʌtklɪf...]: von R. C. Sutcliffe aufgestellte Theorie, die es ermöglicht, aus der Analyse der Bodenkarte und der relativen Topographie die Zyklonenentwicklung, d. h. die Druckänderungen erzeugenden Divergenzen und Konvergenzen, qualitativ abzuschätzen.
Die Theorie wendet die ↑Vorticity-Gleichung auf ein einfaches Zweischichtenmodell an und leitet daraus einige *Entwicklungskriterien* ab. Diese besagen u. a., daß die Entwicklung – unter sonst gleichen Umständen – der Stärke des thermischen Windes, dem Gefälle der relativen Vorticity des Bodendruckfeldes und dem der relativen Topographie in Richtung des thermischen Windes proportional ist.
Die S.-E. hatte ihre größte Bedeutung in der Zeit, als numerische Vorhersagekarten noch nicht zur Verfügung standen; sie ist aber auch heute noch brauchbar. Mit ihr wurde der Begriff der ↑thermischen Steuerung in die synoptische Meteorologie eingeführt.

Sv: Einheitenzeichen für ↑Sievert.

SVR, die [ɛsfaʊ''ɛr]: ↑Schrägsicht.

SW: Abk. für ↑Südwestlage.

SWC, die [ɛsve:'tse:]: Abk. für ↑Significant-weather-chart.

Symmetriepunkte [von griech. symmetría = Ebenmaß ‖ Syn.: Spiegelungspunkte]: Bez. für Punkte (Tage), die sich in den jährlichen Luftdruckkurven von Stationen mittlerer Breiten nachweisen lassen und ab denen sich der Druckablauf spiegelbildlich zum Druckverlauf vor den S.n verhält.
Solche S. treten regelmäßig im Sommer und Winter, aber auch (weniger bedeutsam) in den Übergangsjahreszeiten auf und kommen durch das Dominieren von stehenden Schwingungen längerer und fortschreitenden Wellen kürzerer Periode zustande, wenn die Extremwerte **(einfache Spiegelung)** oder aber (seltener) die Nullstellen **(doppelte Spiegelung)** der vorhandenen Rhythmen großer Amplitude zusammenfallen.
Da S. für große Gebiete auf den gleichen Tag **(Symmetrietag)** fallen, zeigt auch die räumliche Verteilung des Luftdrucks zu bestimmten Zeiten eine gewisse **Wetterkartensymmetrie.**
Die S. wurden hpts. von der ↑Leipziger Schule wissenschaftlich untersucht.

SYNOP-Meldung [Kurzbildung aus ↑synoptisch]: Bodenwettermeldung einer Landstation zu den ↑synoptischen Terminen, mit der die Beobachtungs- und Meßwerte meteorologischer Elemente nach einem internat. vereinbarten Wetterschlüssel in Form fünfstelliger Zahlengruppen verbreitet werden.
Die S.-M. erfolgte von 1929 bis 1948 nach dem Kopenhagener Wetterschlüssel, der am 1. Januar 1949 von einem

neuen, 1955 nochmals geänderten **SYNOP-Schlüssel** abgelöst wurde. Dieser wurde von der Fachkommission für Basissysteme der Weltorganisation für Meteorologie in eine computergerechte Form gebracht, die unter der Bez. **FM 12 – VII SYNOP** seit 1. Januar 1982 angewendet wird.
Die allg. *symbolische Form der S.-M.* lautet daher jetzt IIiii i_Ri_xhVV Nddff $1s_nTTT$ $2s_nT_dT_dT_d$ 4PPPP 5appp $7wwW_1W_2$ $8N_hC_LC_MC_H$. Dabei bedeuten:

II: Blocknummer des Landes;
iii: internat. Stationskennziffer;
i_R: Indikator für die Schlüsselgruppe $6RRRt_R$ (Niederschlag);
i_x: Indikator für die Schlüsselgruppe $7wwW_1W_2$ einer bemannten Station;
h: Höhe der Untergrenze der tiefsten Wolken über Stationshöhe;
VV: horizontale Sichtweite am Boden;
N: Gesamtbedeckung des Himmels in Achteln der Himmelsfläche;
dd: Windrichtung in Zehnergraden;
ff: Windgeschwindigkeit in Knoten;
1 ... 8: Kennzahl der einzelnen Gruppen;
s_n: Vorzeichen von Temperatur und Taupunkt (0 = positiv oder null, 1 = negativ);
TTT: Lufttemperatur in Zehntel °C;
$T_dT_dT_d$: Taupunkttemperatur in Zehntel °C;
PPPP: auf Meeresniveau reduzierter Stationsluftdruck in Zehntel Hektopascal (hPa) unter Weglassung der Tausenderziffer;
a: Art der Luftdruckänderung während der letzten 3 Stunden (steigend, gleichbleibend, fallend);
ppp: Betrag der 3stündigen Luftdruckänderung in Zehntel hPa;
ww: gegenwärtiges Wetter;
W_1W_2: Wetterverlauf der letzten 3 bzw. 6 Stunden;
N_h: Bedeckungsgrad mit tiefen oder mittelhohen Wolken;
C_L: Art der tiefen Wolken;
C_M: Art der mittelhohen Wolken;
C_H: Art der hohen Wolken.

Eine *verschlüsselte Wettermeldung* kann dann folgende Form haben: 10384 41465 62225 10144 20123 40107 56003 72166 85842. Die *Entschlüsselung* dieser Meldung ergibt folgende Werte:
Station Berlin-Tempelhof (10384); Wolkenuntergrenze 300–600 m (h = 4); Sichtweite 15 km (VV = 65); Gesamtbedeckung 6/8 (N = 6); Windrichtung 220 Grad (dd = 22); Windgeschwindigkeit 25 Knoten (ff = 25); Temperatur 14,4 °C (TTT = 144); Taupunkt 12,3 °C ($s_nT_dT_dT_d$ = 0123); Luftdruck 1010,7 hPa (PPPP = 0107); Tendenz fallend, dann gleichbleibend (a = 6) um 0,3 hPa (ppp = 003); Regen in der letzten Stunde (ww = 21); Wetterverlauf Regen (W_1W_2 = 66); Bedeckungsgrad der tiefen Wolken 5/8 (N_h = 5); Wolkenarten: Cumulus und Stratocumulus (C_L = 8), Altocumulus, linsenförmig (C_M = 4), Cirrus in Flecken (C_H = 2); Schlüsselgruppe $7wwW_1W_2$ wird gemeldet (i_x = 1); Niederschlagsmessung zum Termin nicht vorgesehen (i_R = 4).

Synoptik, die [zu griech. sýnopsis = Übersicht, Überblick ‖ Abl.: synoptisch ‖ Syn.: synoptische Meteorologie]: Teilgebiet der Meteorologie, das in einer großräumigen Zusammenschau **(Synopsis)** mit Hilfe zahlreicher Wetterkarten der verschiedensten Art die Wetterzustände in ihrer räumlichen Verteilung und zeitlichen Änderung für einen gegebenen Zeitpunkt untersucht (↑Analyse) und daraus die folgende Wetterentwicklung zu erkennen bemüht ist, die in Form einer ↑Wettervorhersage formuliert wird.
Zu diesem Zweck müssen gleichzeitig zu den synoptischen Terminen Beobachtungen und Messungen der relevanten meteorologischen Elemente am Boden und in der freien Atmosphäre weltweit angestellt, über ein globales Fernmeldenetz möglichst rasch verbreitet und anschließend in Kartenform dargestellt werden. Dieses umfangreiche Material bildet die Grundlage einer dreidimen-

sionalen Wetteranalyse und, davon ausgehend, der Wetterprognose.
In der *geschichtlichen Entwicklung* der S. kann man vier große Abschnitte unterscheiden: ↑Isobarensynoptik, Luftmassen-S. (↑Polarfronttheorie, ↑Luftmassenklassifikation), aerologische S. (↑Höhenwetterdienst, ↑Steuerung, ↑Strahlstrom) und theoretische S. (↑Kinematik, ↑theoretische Meteorologie, ↑numerische Modelle). Sie haben jeweils bedeutsame Erkenntnisse in der Erforschung des Wetters und damit auch Fortschritte bei der Wettervorhersage gebracht.

synoptisch [zu ↑Synoptik]: in der Meteorologie svw. zusammenschauend.

synoptische Analyse: die herkömmliche Methode der Durchführung einer Analyse durch einen Meteorologen von Hand, deshalb auch **manuelle Analyse** genannt. Hierzu werden die gesammelten synoptischen Beobachtungen eines Termins gemäß einem festgelegten Eintragungsschema in eine Wetterkarte eingetragen und Isobaren bzw. Isohypsen oder auch andere Liniensysteme, wie Isothermen oder Isotachen, vom Meteorologen konstruiert.
Meldungsfreie oder meldungsarme Räume (z. B. über den Ozeanen) müssen mit Hilfe der Analysen der vorangegangenen Termine unter Berücksichtigung der inzwischen eingetretenen Entwicklung und unter Anwendung von Modellvorstellungen der einzelnen Wettersysteme überbrückt werden. Besondere Probleme wirft die ↑Frontenanalyse auf.

synoptische Beobachtungen: Wetterbeobachtungen, die überall zur selben Zeit (↑synoptische Termine) und auf gleiche Weise angestellt werden, damit die in verschlüsselter Form rasch verbreiteten Wettermeldungen für die Wetteranalyse miteinander vergleichbar sind; im Unterschied zu Klimabeobachtungen, die nach gleicher Ortszeit und damit nach gleichem Sonnenstand vorgenommen werden.

synoptische Klimatologie: Teilgebiet der Klimatologie, das sehr eng mit der ↑Synoptik verknüpft ist und das Klima auf der Grundlage der großräumigen Zirkulation, Steuerung und Luftmassenbeeinflussung untersucht und interpretiert.
Die s. K. befaßt sich mit den Wettervorgängen, ausgehend von den synoptischen Grundeinheiten (Druckgebilde, Fronten, Großwetterlagen, Wetterlagen, Steuerungstypen, Vertikalstruktur) und unter Verwendung von Wetterkarten, Höhenkarten u. a., und analysiert die Wetterlagen sowie ihre täglichen und jahreszeitlichen Eigenschaften in einem bestimmten Gebiet.

synoptische Meteorologie: svw. ↑Synoptik.

synoptischer Scale [skɛɪl]: der Größenbereich atmosphärischer Phänomene, der in Wetterkarten dargestellt ist (↑Scale).

synoptische Singularitäten: svw. ↑Singularitäten.

synoptische Station: meteorologische Station, an der achtmal täglich zu den dreistündlichen ↑synoptischen Terminen Beobachtungen und Messungen durchgeführt werden. Zwischen den Terminen werden außerdem fortlaufend Auftreten, Dauer und Intensität von markanten Wettererscheinungen aufgezeichnet.
Die an s.n St.en gewonnenen Meß- und Beobachtungswerte dienen hpts. als Ausgangsdaten für die ↑Analyse und die kurzfristige ↑Wettervorhersage.
In der BR Deutschland gibt es rund 100 vom Deutschen Wetterdienst betriebene s. St.en, weltweit über 8 000.

synoptische Termine [Syn.: Standardzeiten]: internat. vereinbarte Zeiten, an denen synoptische Beobachtungen angestellt werden. Es wird unterschieden zwischen **synoptischen Hauptterminen** (00, 06, 12, 18 Uhr UTC), **synoptischen Zwischenterminen** (03, 09, 15, 21 Uhr UTC) und **synoptischen Stundenterminen** (die jeweils dazwischenliegenden stündlichen Termine für die „Stundenwetter").

synoptische Wetterkarte: vereinfachte Landkarte, die aufgrund der Beobachtungen eines meteorologischen Beobachtungsnetzes mit Hilfe vereinbarter Symbole (↑Wetterkartensymbole) den Wetterzustand zu einem bestimmten Zeitpunkt über einem großen Gebiet darstellt. S. W.n sind Bodenwetterkarten und aerologische Karten, im weiteren

Sinne auch Radarbilder und Satellitenbilder.
Die erste s. W. wurde von H. W. Brandes 1816 auf der Grundlage von Beobachtungen der ↑Societas Meteorologica Palatina von 1783 gezeichnet. Aktuelle s. W.n konnten erst nach Entwicklung der Telegrafie hergestellt werden, erstmals versuchsweise auf der Londoner Weltausstellung 1851. Eine regelmäßige Veröffentlichung s.r W.n begann anhand telegrafischer Meldungen 1863 in Frankreich, 1865 in Österreich.

synthetische Klimakarten [zu Synthese = Verknüpfung (dies von griech. sýnthesis = Zusammensetzung)]: ↑Klimakarten mit synthetischen, d. h. über die Darstellung einzelner Klimaelemente hinausgehenden, Beziehungen und Verknüpfungen beinhaltenden Größen. S. K. sind Verbreitungskarten in Flächendarstellung (z. B. Klimagebiete, Klimatypen); ihre Begrenzungen orientieren sich an relevanten klimatologischen Schwellenwerten.

systematischer Meßfehler ↑Meßfehler.

Systèmes nuageux, die (Mehrz.) [sistɛmnɥaˈʒø: ‖ frz. = Wolkensysteme]: Klassifikation von Himmelsansichten, die Wolken mit Luftdruckgebilden (Tiefdruckgebiete, sommerliche Gewitterstörungen) in Verbindung bringt. Diese von Ph. Schereschewsky und Ph. Wehrlé im Jahre 1923 aufgestellte Klassifikation ist im praktischen Wetterdienst nicht mehr im Gebrauch.

Szintillation, die [aus lat. scintillatio = das Funkeln]: das Glitzern und Funkeln der Sterne aufgrund der Luftunruhe (atmosphärische Turbulenz). Die Bahn eines Lichtstrahls wird durch unterschiedliche vertikale Brechzahlen ständig verändert; die Gestirne wechseln daher geringfügig und scheinbar ihren Ort, und es treten gleichzeitig Helligkeitsschwankungen und Farbänderungen auf. Die S. kann kurzzeitig zum völligen Verschwinden der Beobachtbarkeit der Sterne führen.

T

T: Abk. für ↑Tiefdruckgebiet.

TAF-Code, der [ˈtaf... ‖ TAF ist Abk. für engl. terminal aerodrome forecast = Flughafenvorhersage]: Wetterschlüssel für die ↑Flughafenwettervorhersage.

Tagbogen: der oberhalb des Horizonts verlaufende Teil der scheinbaren täglichen Bahn eines Himmelskörpers (in der Klimatologie im allg. die Sonne). Der T. der Sonne bestimmt die Länge des Tages (im Verhältnis zur Nacht) und somit die astronomische Sonnenscheindauer.
Die Steilheit des T.s ist allein von der geographischen Breite abhängig: in niederen Breiten ist der T. sehr steil, unmittelbar am Äquator senkrecht zum Horizont gerichtet, in hohen Breiten dagegen flacher; an den Polen selbst entspricht er fast parallel zum Horizont verlaufenden Kreisen.
Der T. wird mit dem ↑Tagbogenmesser bestimmt.

Tagbogenmesser: theodolitartiges Gerät zur ↑Horizontvermessung. Nach Entnahme der Sonnendeklination für den Datumstag aus einer Tabelle stellt man diesen Wert am Deklinationskreis ein. Danach wird das Gerät mit der so eingestellten Neigung des Prismas um die Fernrohrachse gedreht, bis im Okular der natürliche Horizont (bzw. bei Horizonteinschränkung der Rand des Hindernisses) in der Gegend des Sonnenauf- bzw. -untergangs sichtbar wird. Am Stundenkreis können dann die Stunden und Minuten wahrer Sonnenzeit für den Auf- und Untergang der Sonne unter Verwendung eines Nonius mit einer Genauigkeit von 1 min abgelesen werden.

Tagesamplitude: svw. ↑Tagesschwankung.

Tagesgang: Verlauf eines meteorologischen Elements innerhalb eines Tages.

Der T. der *Temperatur* wird im wesentlichen durch Ein- und Ausstrahlung (in Abhängigkeit von geographischer Breite, physikalischen Eigenschaften des Untergrundes, Orographie und Bewölkung) sowie durch Advektion bestimmt. Das Minimum liegt durchschnittlich um die Zeit des Sonnenaufgangs, das Maximum am frühen Nachmittag.
Der T. der *Niederschläge* wird durch konvektive und advektive Vorgänge sowie durch Orographie, Land-Meer-Verteilung und Höhenlage geprägt. Frontalniederschläge, die von der Tageszeit unabhängig sind, stören die Regelhaftigkeit des T.s, wie sie z. B. in Teilen der Tropen vorzufinden ist.
Beim T. der *Windgeschwindigkeit,* der von Konvektion und Advektion abhängig ist, erscheint das Maximum in tieferen Lagen durchschnittlich mittags, das Minimum nachts.

Tageshelligkeit: das durch Sonnenstrahlung, Himmelsstrahlung und Wolkenbedeckung verursachte natürliche Tageslicht.
Die T. kann zahlenmäßig durch die **Globalbeleuchtungsstärke** angegeben werden. Diese beträgt z. B. in 50° n. Br. im Sommer bei klarem Himmel maximal etwa 100 000 lx, im Winter (Dezember, Mittagszeit) etwa 20 000 lx, bei bedecktem Himmel 20 000 lx im Sommer und 5 000 lx im Winter.

Tagesschwankung [Syn.: tägliche Schwankung, Tagesamplitude]: die Differenz zwischen dem höchsten (Maximum) und niedrigsten (Minimum) Wert eines meteorologischen Elements im Verlauf von 24 Stunden.
Die T. dient häufig zur Charakterisierung von Klimaten; in kontinentalen Klimaten ist die mittlere T. beispielsweise größer als in maritimen. In der technischen Klimatologie dienen Statistiken der T. zur Auswahl der in verschiedenen Klimaten am besten geeigneten Werkstoffe.

Tageswindspitze: die größte, innerhalb eines Tages in Böen gemessene Windgeschwindigkeit (↑ Spitzenbö).

Tageszeitenklima: Klima, bei dem die Schwankungen der Klimaelemente (v. a. der Temperatur) während des Tages größer sind als während des Jahres; typisch für die Tropen. – ↑ auch Jahreszeitenklima.

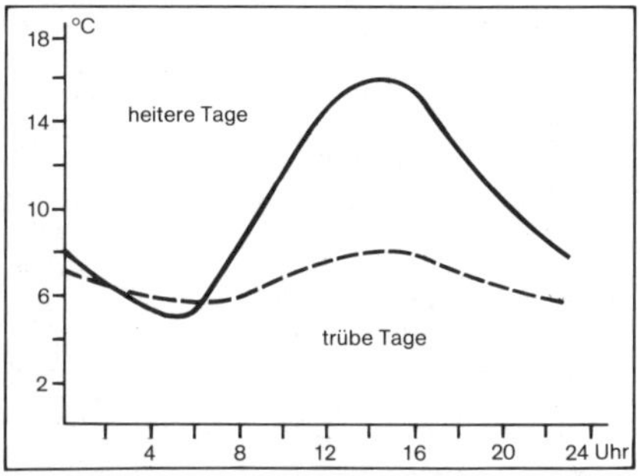

Tagesgang. Einfluß der Bewölkung auf den Tagesgang der Temperatur

Täglicher Wetterbericht: seit 16. Februar 1876 täglich erscheinende wiss. Dokumentation der Wetterlage; enthält Bodenwetterkarten, seit 1934 auch Höhenwetterkarten, aerologische Diagramme sowie Tabellen mit synoptischen Boden- und Höhenwettermeldungen; bis 30. März 1945 von der Deutschen Seewarte herausgegeben, nach etwa einjähriger Unterbrechung von den Zonenwetterdiensten, ab 1. Januar 1953 vom Deutschen Wetterdienst (ab 1. Januar 1976 als ↑ Europäischer Wetterbericht).
Der Tägliche Wetterbericht ist Grundlage für wiss. Untersuchungen und Gutachten zur Wetterlage in der angewandten Meteorologie.

tägliche Schwankung: svw. ↑ Tagesschwankung.

Tag- und Nachtgleichen: svw. ↑ Äquinoktien.

Taifun, der [aus engl. typhoon, dies (unter Einfluß von älter engl. typhon = Wirbelwind) von chin. (Dialekt von Kanton) tai fung, eigtl. = großer Wind]: Bez. für ↑ tropische Wirbelstürme im Bereich des westlichen Pazifiks. T.e richten v. a. in der Zeit zwischen Juli und November in Japan bzw. an den O- und SO-Küsten Asiens häufig starke Verheerungen an.

Taldunst: in Tälern bei mangelnder Durchlüftung und geringem vertikalen

Luftaustausch sich bildender Dunst; besonders häufig bei Strahlungswetterlagen im Herbst und Winter während der Vormittagsstunden.

Talnebel: Abkühlungsnebel, der in Tälern oder Mulden vorkommt, wo für die durch nächtliche Ausstrahlung sich abkühlende und kondensierende Luft keine Ausweichmöglichkeit besteht.

TA Luft [te:"a:]: Abk. für: **Technische Anleitung zur Reinhaltung der Luft;** allg. Verwaltungsvorschrift für alle nach dem Bundesimmissionsschutzgesetz (↑Immissionsschutz) genehmigungspflichtigen Anlagen; dient der Vermeidung von Gefahren, erheblichen Belästigungen und Nachteilen durch Immissionen. Die darin angegebenen Immissionswerte und Verfahren sind jeweils dem neuesten Stand der Kenntnisse und der Technik angepaßt und werden in VDI-Richtlinien weiter behandelt.

Talwind: talaufwärts gerichtete Luftströmung (↑Berg- und Talwindzirkulation).

Target, das ['tɑ:gɪt ‖ engl., eigtl. = Scheibe, Schießscheibe]: mit Aluminiumfolie bespannter, pyramidenförmiger Reflektor, der bei aerologischen Aufstiegen zur Reflexion der ausgesandten Peilstrahlen dient.

Tau: Sammelbez. für an der Erdoberfläche, an Gegenständen oder Pflanzen abgesetzte Wassertropfen, die durch Kondensation des Wasserdampfs aus der umgebenden Luft entstehen. Man unterscheidet ↑Advektionstau, ↑Strahlungstau und ↑weißen Tau.

Taumesser [Syn.: Drosometer]: Gerät zur Messung der Taumenge durch Bestimmung des Gewichtes der als Tau abgesetzten Flüssigkeit. Als Auffangfläche (Taufänger) dienen ↑Tauplatten, deren durch Taubeschlag verursachte Gewichtszunahme mittels Wägung festgestellt wird. – ↑auch Tauschreiber, ↑Tauwaage.

Tauniederschlag: die allein aus dem Taubeschlag resultierende Niederschlagshöhe. Im allg. ist dieser Betrag unter mitteleuropäischen Klimaverhältnissen gering: je Nacht etwa 0,1 bis 0,2 mm, selten bis 0,5 mm (Anteil am Gesamtniederschlag etwa 2 bis 5%). Dagegen stellt der Tau in den Trockengebieten der Erde über weite Strecken des Jahres die einzige Quelle der Wasserversorgung für die Vegetation dar.

Tauplatte: zur Taumessung verwendete, aus einer Mischung von Kieselgur, Alabaster und Wasser im Verhältnis 1:2:4 bestehende, sehr wasseraufnahmefähige (hygroskopische) poröse Platte von 1 cm Dicke und 100 cm^2 Fläche.
Im allg. werden mehrere T.n an verschiedenen Orten nachts ausgelegt. Am nächsten Morgen bestimmt man ihre Gewichtszunahme. Der Gewichtsdifferenz zwischen unbetauter und betauter T. entspricht die Taumenge.

Taupunkt [Syn.: Taupunkttemperatur]: diejenige Temperatur, bei der der Wasserdampfgehalt der Luft am Beobachtungsort gleich dem (temperaturabhängigen) maximal möglichen (Sättigungs)wasserdampfgehalt ist und die Luft keine weitere Feuchtigkeit mehr aufnehmen kann.
Die Taupunkttemperatur ist gleich der Lufttemperatur bei einer relativen Feuchtigkeit von 100%. Beim Zuführen weiteren Wasserdampfs bzw. beim Abkühlen unter den T. kondensiert so viel Wasserdampf in Form kleiner Wassertröpfchen (Nebel, Wolken, Tau), daß die relative Feuchtigkeit stets ihren Wert von 100% beibehält.

Taupunktdifferenz [Syn.: Spread]: Maß für die Feuchtigkeit der Luft; die Differenz zwischen Lufttemperatur und ↑Taupunkt; sie ist relativ groß bei trokkener Luft, klein dagegen bei hoher Luftfeuchte.
Bei aerologischen Messungen wird häufig anstelle der relativen Feuchtigkeit die T. angegeben.

Taupunkthygrometer: Gerät zur Messung des ↑Taupunkts bzw. des Wasserdampfgehaltes der Luft. Eine spiegelnde Fläche wird dazu so lange abgekühlt, bis Kondensation eintritt. In diesem Augenblick ist der Taupunkt erreicht, und der Wasserdampf der Luft schlägt sich auf der Spiegelfläche nieder. Der Beginn der Kondensation wird photoelektrisch festgestellt. Die Temperatur der Spiegelfläche zum Zeitpunkt der Kondensation entspricht der Taupunkttemperatur; sie wird mittels Thermoelement oder Widerstandsthermometer gemessen. Die Differenz zwischen Taupunkt und Lufttemperatur ist ein Maß für den Feuchtigkeitsgehalt der Luft.

Taupunktmessung: Sammelbez. für Meßverfahren zur Bestimmung des Taupunkts (↑Kondensationshygrometer, ↑Taupunkthygrometer, ↑Taupunktspiegel, ↑TETALUX-Anlage).

Taupunktspiegel: Gerät zur Messung des Taupunkts. Die Funktionsweise entspricht derjenigen des ↑Taupunkthygrometers.

Taupunkttemperatur: svw. ↑Taupunkt.

auf das Haarsieb niederfallende Tau bewirkt eine Bewegung des Waagebalkens, die durch eine Mehrfachübersetzung auf einen Zeiger übertragen wird. Ersetzt man die Zeigervorrichtung durch eine Registriereinheit, erhält man einen **Tauschreiber.**

Tauwetter: Wetterlage, bei der nach längerem Frost die Temperatur infolge von Warmluftzufuhr den Gefrierpunkt überschreitet, so daß die meist vorhandene Schneedecke taut.

T. in Verbindung mit ergiebigen Niederschlägen führt in den Wintermonaten und zu Beginn des Frühjahrs häufig zu Hochwasser.

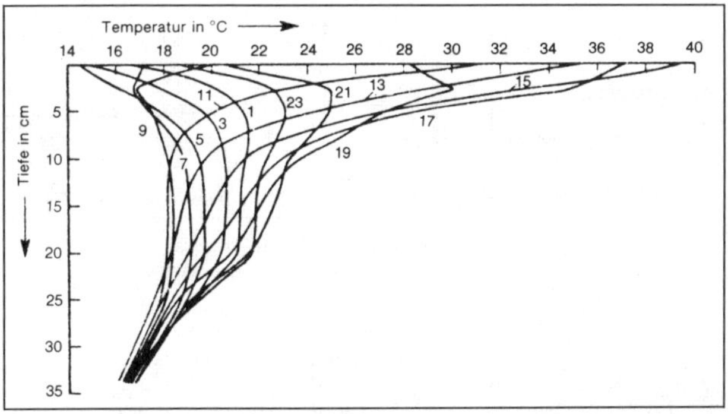

Tautochronen. Darstellung des Tagesgangs der Bodentemperatur an einem wolkenlosen Sommertag

Tauschreiber [Syn.: Drosograph]: auf dem Prinzip der ↑Tauwaage basierender registrierender Taumesser.

Tautochronen, die (Mehrz.) [...'kro:nən ‖ Einz.: die Tautochrone ‖ zu griech. tautó = dasselbe und griech. chrónos = Zeit]: in der Meteorologie Bez. für eine Kurvenschar in einer graphischen Darstellung, die jeweils für bestimmte Tagesstunden die vertikale Verteilung eines meteorologischen Elements, z. B. der Erdbodentemperatur in Abhängigkeit von der Bodentiefe (etwa in 5, 10, 20, 50, 100 cm), veranschaulicht.

Tauwaage: Instrument zur Messung der durch Taubeschlag verursachten Taumenge. Als Auffangfläche **(Taufänger)** dient ein quadratisches Haarsieb von 10 cm Kantenlänge, welches, an Aluminiumdrähten befestigt, am Waagebalken einer Hebelwaage hängt. Der

Technische Anleitung zur Reinhaltung der Luft ↑TA Luft.

technische Klimatologie [Syn.: Technoklimatologie, technische Meteorologie, Ingenieurmeteorologie]: vorwiegend praxisorientiertes Teilgebiet der Klimatologie, das klimatologische Erkenntnisse und Daten in allen technischen Bereichen anwendet, die mit klimaabhängigen Materialien arbeiten und in denen klimatischen Einflüssen unterliegende Prozesse ablaufen.

Das weite Anwendungsfeld der t.n K. umfaßt die Gebiete Industrie (Standortwahl, Abwärme, Abgase, Staub, Lagerklima), Materialprüfung (v. a. Beeinflussung durch Feuchte und Lufttemperatur), Energiewirtschaft (Ausbreitung von Gasen, Abwärme, Wind- und Solarenergie), Elektrotechnik (u. a. Wind-, Eis- und Schneelast bei Freileitungen), Bau-

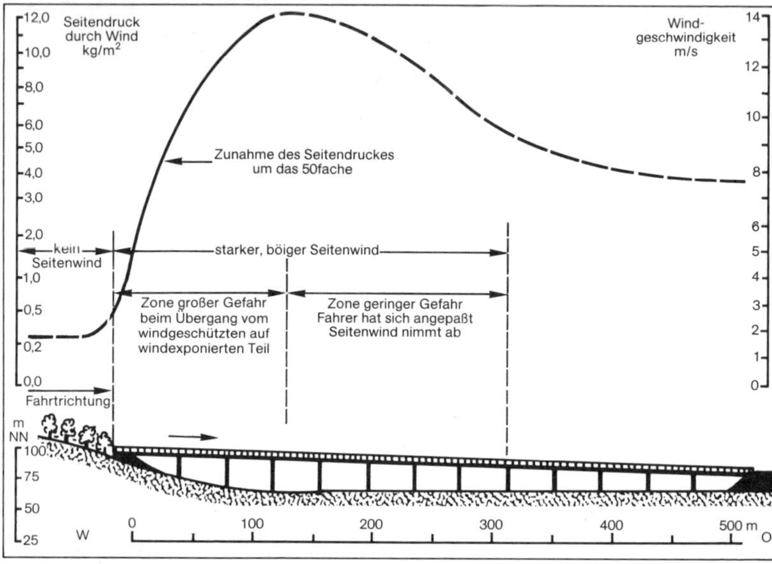

Technische Klimatologie. Klimatologische Beratung zur Vermeidung bzw. Verminderung von Seitenwindgefahr bei der Planung von Straßenbrücken (nach Unterlagen des Deutschen Wetterdienstes)

wesen (Isolierung, Windlast, Wärmeschutz, Schlagregen), Klimatechnik (Heizungs- und Klimaanlagen, Wärmehaushalt von Gebäuden und Räumen, Strahlungsintensität auf Wänden, Heizstoffkontrolle), Verkehrswesen (Seitenwindgefahr, Nebel, Frostschadensverhütung, Straßenglätte, Wasserstand) und Stadtplanung (Luftverunreinigung, Klimaveränderungen durch Bebauung, Lokalwinde).

Mit den Verbänden der Technik (z. B. VDI) und den Normenausschüssen ist eine enge Zusammenarbeit erforderlich. Spezielle Auswertungsverfahren (z. B. für Gradtagszahlen) und ihre Darstellung in Kartenform (z. B. Klimazonen zur Berechnung des Wärmebedarfs in Gebäuden), in Diagrammen und Häufigkeitsverteilungen werden entwickelt. Für bestimmte Zwecke erfolgt der Einsatz von Meßzügen, die Errichtung von Sondernetzen oder die Durchführung geländeklimatischer Untersuchungen.

technische Meteorologie: svw. ↑technische Klimatologie.

Technoklimatologie, die: svw. ↑technische Klimatologie.

Teildruck: svw. ↑Partialdruck.

Teiltief: relativ kleinräumiger Tiefausläufer am S- oder SO-Rand eines Tiefdruckgebietes, der meist am Okklusionspunkt entsteht, sich als selbständiger Wirbel abspaltet und ostwärts oder südostwärts zieht, während der Hauptkern seine Bahn nach NO fortsetzt.

T.s werden sehr häufig von markanten Witterungserscheinungen begleitet (im Sommer Gewitter, im Winter vorübergehend Niederschläge, danach bei anhaltend östlicher Strömung über Mitteleuropa Fortdauer der winterlichen Witterung).

Die *T.bildung* ist v. a. an den Luftdrucktendenzen zu erkennen, die am Okklusionspunkt besonders hohe Werte zeigen und entscheidende Hinweise für die Vorhersage geben.

Telekonnektion, die [griech. tẽle = fern, weit und engl. connection = Verbindung (zu lat. co(n)nectere = verknüpfen)]: in der Meteorologie der Zusammenhang zwischen Wettervorgängen in zwei weit voneinander entfernten Gebieten. Die Zusammenhänge beziehen sich meist auf das gegensätzliche Verhalten des Luftdrucks oder der Temperatur. So besteht z. B. eine Tendenz zu einem gegensätzlichen Luftdruckverlauf zwischen Island und den Azoren, d. h., je niedriger der Luftdruck über Island ist, um so höher ist er (über ein längeres Zeitintervall, etwa einen Monat, gemittelt) über den Azoren und umgekehrt. Neuerdings wird diese Erscheinung als **atlantische Oszillation** bezeichnet.
Ebenso sind im Durchschnitt im Winter unternormale Temperaturen im Raum O-Kanada/Grönland mit übernormalen Temperaturen über Europa verbunden. Ein weiteres Beispiel einer T. ist die sog. ↑Southern oscillation.

Temperatur, die [aus lat. temperatura = gehörige Mischung]: thermodynamische Zustandsgröße, die ein Maß für den Wärmezustand materieller Systeme ist; ↑Lufttemperatur, ↑Bodentemperatur.

Temperaturabnahme ↑Temperaturänderung.

Temperaturadvektion: der mit dem Wind erfolgende Transport von wärmerer oder kälterer Luft, der am Zielort eine Änderung der lokalen Temperatur hervorruft. Die Größe der T. ist abhängig von der Geschwindigkeit des Windes, mit der kältere oder wärmere Luft herangeführt wird, und dem Temperaturgefälle, das genau in Richtung des Windes herrscht.
Auf Wetterkarten kann die T. dadurch anschaulich dargestellt werden, daß man Isobaren (bzw. Isohypsen) und Isothermen übereinander zeichnet. Da die Windgeschwindigkeit um so höher ist, je enger die Isobaren verlaufen, und das Temperaturgefälle um so größer, je stärker die Isothermen gedrängt sind, ist die Zahl der sich zwischen Isobaren und Isothermen ergebenden Schnittpunkte ein direktes Maß der T.; anders ausgedrückt: Die Größe der aus Isobaren und Isothermen gebildeten Vierecke (Solenoide) ist umgekehrt proportional der Temperaturadvektion.
Solche Kartendarstellungen, die man **Advektionskarten** nennt, werden im synoptischen Wetterdienst viel verwendet, da die T. nicht nur eine Hilfe für die Vorhersage der Temperatur ist, sondern auch zur Beurteilung der Entwicklung der Wetterlage wertvolle Hinweise liefert.

Temperaturänderung: die Zu- oder Abnahme der Lufttemperatur in räumlicher (horizontaler oder vertikaler) Beziehung (↑Temperaturgradient) oder in zeitlicher Beziehung (lokale T.).
Eine lokale **Temperaturzunahme** erfolgt durch Advektion wärmerer Luft, Absinkbewegung bei stabiler Schichtung und/oder diabatische Wärmezufuhr. Umgekehrt kommt es zu lokaler **Temperaturabnahme** durch Advektion kälterer Luft, Hebung bei stabiler Schichtung und/oder diabatischem Wärmeentzug.

Temperaturextreme: höchster (Maximum) und tiefster Wert (Minimum) einer Temperaturreihe, bezogen auf einen bestimmten Tag, Monat oder ein bestimmtes Jahr. – ↑auch absolute Temperaturextreme, ↑Extremwerte.

Temperaturgefälle: die räumliche Abnahme der Temperatur (↑Temperaturgradient).
In der bodennahen Luftschicht unterscheidet man den **Einstrahlungstyp** des T.s, der in den untersten 2 m an heißen Sommertagen extrem hohe Temperaturgradienten aufweist, vom **Ausstrahlungstyp,** der infolge nächtlicher Abkühlung durch eine kräftige Bodeninversion mit einem Minimum der Lufttemperatur in Bodennähe kurz nach Sonnenaufgang gekennzeichnet ist.

Temperaturgradient: die räumliche Änderung der Temperatur, bezogen auf eine bestimmte Entfernung oder Höhe. Von besonderer Bedeutung in der Meteorologie sind die **vertikalen T.en,** die Temperaturänderungen mit der Höhe. Sie werden in K pro 100 m Höhe angegeben und sind positiv bei mit der Höhe abnehmender (Temperaturgefälle), negativ dagegen bei mit der Höhe zunehmender Temperatur (Inversion) bzw.

null in Isothermien. Der mittlere T. der Troposphäre beträgt 0,6 K/100 m; er ist oft größer in kalten, kleiner in warmen Luftmassen. Von Art und Größe des vertikalen T.en, d.h. der Schichtung der Luft, hängt der Gleichgewichtszustand der Atmosphäre ab (Kriterium für ↑Stabilität bzw. ↑Labilität).

Ein nicht mit Wasserdampf gesättigtes Luftquantum kühlt sich beim Aufsteigen um 1 K pro 100 m ab. Diese konstante Größe wird als **adiabatischer** bzw. **trockenadiabatischer T.** bezeichnet. Wird bei der mit dem Aufsteigen verbundenen Abkühlung der Taupunkt der Luft erreicht, beginnt die Kondensation des Wasserdampfs. Die dabei frei werdende Wärme verlangsamt die weitere Hebungsabkühlung, die entsprechend dem **feuchtadiabatischen T.** 0,4 bis nahe 1,0 K/100 m beträgt.

Ein **überadiabatischer T.** (Temperaturgefälle größer als 1 K/100 m) bildet sich in der bodennahen Luftschicht oft an heißen Sommertagen, in der freien Atmosphäre jedoch selten.

In der Regel zeigt die Zustandskurve **unteradiabatische T.en.** Wird der feuchtadiabatische T. unterschritten, herrscht in der Atmosphäre eine feuchtstabile Schichtung.

Horizontale T.en sind in der Atmosphäre etwa um drei Zehnerpotenzen kleiner. Sie sind bei der Advektion unterschiedlich temperierter Luftmassen bedeutsam für die Temperaturvorhersage. Gebiete mit relativ großem horizontalem T.en zeichnen sich durch ungewöhnlich kräftige Windänderung mit der Höhe aus und sind im Bereich der Frontalzonen zu finden.

Temperaturkompensation: die Beseitigung des Einflusses von Temperaturänderungen auf die Genauigkeit der Luftdruckmessung mit dem Aneroidbarometer. Bei steigender Temperatur erhöht sich die Elastizität der ↑Vidie-Dose; sie wird daher stärker zusammengedrückt, als es dem tatsächlichen Luftdruck entspricht. Zur T. wird die Vidie-Dose mit einem chemisch trägen Gas (meist Stickstoff) gefüllt, das sich bei steigender Temperatur ausdehnt und der Elastizitätszunahme entgegenwirkt. Dieser Ausgleichseffekt kann aber jeweils nur für einen bestimmten Luftdruck, den **Kompensationsdruck,** erreicht werden, d.h., bei bestimmten Druckwerten sind die Vidie-Dosen temperaturunempfindlich (v.a. für die Verwendung von Aneroidbarometern bei aerologischen Aufstiegen von Bedeutung).

Temperaturmessung: übergeordneter Begriff für die verschiedenen Methoden und physikalischen Prinzipien der instrumentellen Ermittlung von Meßwerten für Temperaturmeßgrößen (insbes. Lufttemperatur, Erdbodentemperatur, Taupunkttemperatur) mit Thermometern.

Voraussetzung für möglichst genaue T.en sind, abgesehen von der berührungsfreien T. mit ↑Pyrometern, ein enger thermischer Kontakt und ein thermisches Gleichgewicht zwischen Meßfühler und Medium (z.B. Luft, Wasser, Bodenart), dessen Temperatur gemessen werden soll. Um über möglichst störungsfreie T.en sog. **wahre Lufttemperaturen** zu erhalten, muß man die Thermometer, insbes. ihre Meßfühler, durch einen geeigneten ↑Strahlungsschutz gegen fälschende Strahlungseinflüsse abschirmen.

Grundsätzlich basiert die T. auf der Ausnutzung temperaturabhängiger physikalischer Eigenschaften von Stoffen:

1. Änderung der Länge bzw. des Volumens von Thermometerflüssigkeiten, die in Glasgefäßen eingeschlossen sind (↑Flüssigkeitsthermometer);
2. Formänderung von zwei verschweißten Metallstreifen oder flüssigkeitsgefüllten Metallröhren aufgrund unterschiedlicher thermischer Ausdehnungskoeffizienten (↑Deformationsthermometer);
3. Änderung des elektrischen Widerstands eines stromdurchflossenen Leiters (↑Widerstandsthermometer);
4. Erzeugung einer temperaturabhängigen elektrischen Berührungsspannung (Thermospannung) an der Verbindungsstelle (Lötstelle) zweier unterschiedlicher Metalle (↑Thermoelement);
5. Änderung der Strahlungsverhältnisse aufgrund physikalischer Gesetzmäßigkeiten, die zwischen Temperatur und

Spektralbereich existieren (↑Strahlungsthermometer);
6. Änderung eines Volumens bei konstant gehaltenem Druck oder Änderung des Drucks bei konstantem Volumen (↑Gasthermometer).
Zur Erzielung vergleichbarer Temperaturen benötigt man Temperaturskalen mit reproduzierbaren Fixpunkten. Die Grundlage der wiss. T. bildet die thermodynamische Temperaturskala (↑Kelvin-Skala).

Temperaturprofil: die vertikale Temperaturverteilung mit der Höhe, dargestellt in einem Temperatur-Höhen-Diagramm als Ergebnis von Radiosonden- oder Satellitenmessungen, bzw. die horizontale Verteilung der Lufttemperatur längs einer Meßstrecke, die von einem Profilmeßwagen durchfahren wird (↑Meßzug).

Temperaturschreiber: svw. ↑Thermograph.

Temperaturschwankung: jede zeitliche Änderung der Temperatur. Ursächlich sind in erster Linie Strahlungsvorgänge (Bilanz zwischen Ein- und Ausstrahlung) beteiligt. Klimatisch markant sind die täglichen und jährlichen T.en (↑Tagesschwankung, ↑Jahresschwankung). Außer diesen vorwiegend strahlungsbedingten periodischen T.en unterliegt der zeitliche Temperaturverlauf auch aperiodischen, hpts. im Luftmassenwechsel begründeten Schwankungen.

Temperaturskala: mit Hilfe von im allg. zwei ↑Fixpunkten festgelegte, aus gleich langen Teilstrichen **(Grad)** bestehende Skalenteilung zur Angabe von Temperaturwerten. Die am häufigsten gewählten Fixpunkte der T. sind der Siedepunkt des Wassers und der Schmelzpunkt des Eises.
Um (neben den Fixpunkten) andere Temperaturpunkte (Grad) auf der T. in reproduzierbarer Weise zu realisieren, bedient man sich physikalischer Abhängigkeiten, z. B. derjenigen zwischen Temperatur und Längenausdehnung. Die gebräuchlichste T. ist die ↑Celsius-Skala. In den USA, vereinzelt auch in anderen angelsächsischen Ländern wird noch die ↑Fahrenheit-Skala verwendet. Die früher in Frankreich benutzte ↑Reaumur-Skala besitzt nur noch historischen Wert. Eine auf thermodynamischen Gesetzmäßigkeiten basierende T. ist die ↑Kelvin-Skala; ihr Fixpunkt ist der absolute Nullpunkt.

Temperaturstrahlung: svw. ↑Wärmestrahlung.

Temperatursumme: statistische Größe, die durch Aufsummieren bestimmter Temperaturwerte ermittelt wird. Man unterscheidet:
1. **Wärmesumme:** Summe der positiven Tagesmittel der Temperatur oder der über einem für das Pflanzenwachstum entscheidenden Grenzwert (z. B. 5 °C) liegenden Tagesmittel für einen bestimmten Zeitabschnitt; dient zur Eingrenzung der Vegetationsperiode.
2. **Kältesumme:** Summe der negativen Tagesmittel der Temperatur in den Monaten November bis März; dient zur Bewertung der thermischen Verhältnisse (Kälte) eines Winters. Es gelten folgende Kennzeichnungen: *K. weniger als 100* = mild; *K. 100–200* = mäßig warm; *K. 200–300* = mäßig kalt; *K. mehr als 300* = streng.

Temperaturumkehr: das Umspringen der normalerweise vorhandenen Temperaturabnahme mit der Höhe auf eine vorübergehende Temperaturzunahme (↑Inversion).

Temperaturverteilung: horizontale (räumliche) Verteilung der Lufttemperatur auf der Erde. Für ihre *Darstellung* gibt es verschiedene *Kriterien:*
1. wirkliche Temperaturen auf der Basis der an einzelnen Stationen oder in bestimmten Höhen der Atmosphäre gemessenen Werte (u. a. in den Klimaatlanten verwendet);
2. auf Meeresniveau reduzierte Werte der Temperatur, um den Höheneinfluß auszuschalten und die Abhängigkeit von geographischer Breite und Land-Meer-Verteilung aufzuzeigen;
3. theoretische Werte des ↑Solarklimas zur Darstellung von Wärmeabgabe bzw. -zufuhr in den verschiedenen Breitenzonen.

Temperaturvorhersage: Teil der Wettervorhersage mit Angaben über die zu erwartenden Höchst- und Tiefstwerte der Lufttemperatur. Grundlage der T. sind die Vorhersagekarten, die die Verlagerung unterschiedlich temperierter Luftmassen und damit des großräumigen Temperaturfeldes erkennen lassen. Für die regionale und lokale T. muß der Meteorologe aber noch verschiedene Einflußfaktoren abschätzen, die die Temperaturwerte modifizieren können, z. B. Strahlung, Bewölkungsverhältnisse, Wind, Erdbodenzustand (Schneedecke) oder Orographie. Für ungestörte Strahlungstage sind aus langjährigen Messungen abgeleitete mittlere Tagesgänge hilfreich.

Objektive Anhaltspunkte für die Vorhersage des Temperaturmaximums gewinnt man aus den Temperaturen im 850-hPa-Niveau, der relativen Topographie 500/1 000 hPa und durch Auswertung einer ↑TEMP-Meldung. Die Vorhersage des Minimums berücksichtigt hpts. die Entwicklung von Taupunkt, Bewölkung und Wind (↑Frostvorhersage).

Die numerische Meteorologie entwickelt seit einigen Jahren T.n auf physikalisch-statistischer Grundlage, die eine weitere Objektivierung erwarten lassen.

Temperaturzunahme ↑Temperaturänderung.

TEMP-Meldung [TEMP ist Abk. für **Temp**eratur]: verschlüsselte aerologische Meldung mit Angaben über Luftdruck (Geopotential), Temperatur, Feuchte (Taupunktdifferenz) und Wind von einer Landstation (aerologische Station); entsprechend **TEMP SHIP** (engl. ship = Schiff) von einer Seestation und **TEMP DROP** bei Messungen durch eine Dropsonde (↑Abwurfsonde).

Teil A der Meldung enthält bis 100 hPa die entsprechenden Werte der Hauptdruckflächen und der Tropopause sowie das Windmaximum, Teil B die markanten Punkte von Temperatur, Feuchte und Wind sowie die an der Station beobachtete Bewölkung, die Teile C und D analog zu A und B die Messungen oberhalb von 100 hPa.

Die T.-M.en sind Grundlagenmaterial für die Höhenwetterkarten. – ↑auch thermodynamisches Diagramm.

temporär [aus frz. temporaire, von lat. temporarius = der Zeit angemessen, nur eine bestimmte Zeit dauernd (zu lat. tempus, temporis = Zeit)]: zeitweilig, vorübergehend.

temporäre Meßnetze: für spezielle Zwecke (z. B. ↑Geländeklimakartierung) zeitlich begrenzt errichtete Meßnetze, in denen nur ausgewählte Klimaelemente (v. a. Temperatur, relative Feuchte und Wind) mit Hilfe von Registriergeräten erfaßt werden.

Für wasserwirtschaftliche Zwecke können ebenfalls t. M. zur Verdichtung des bestehenden Beobachtungsnetzes eingerichtet werden.

temporäre Schneegrenze: die jeweilige, von der Jahreszeit abhängige und von Tag zu Tag schwankende untere Grenze des schneebedeckten Bereichs im Gebirge; erreicht im Spätsommer die höchste Lage und fällt dann mit der ↑orographischen Schneegrenze zusammen. – ↑auch Schneegrenze.

Tendenz, die [wohl unter Einfluß von älter engl. tendence und frz. tendance zu lat. tendere = spannen, (sich aus)strekken]: in der Meteorologie die 3stündige Änderung des Luftdrucks; ↑Luftdrucktendenz.

Tendenzgleichung: svw. ↑Drucktendenzgleichung.

Tendenzkarte: Karte der 3stündigen Luftdruckänderungen; ↑Druckänderungskarte.

Tensiometer, das [lat. tensio = Spannung und ↑-meter]: Gerät zur Messung der ↑Bodenfeuchte. Das Meßprinzip beruht auf der Bestimmung der von der Bodenfeuchte abhängenden Saugkraft der Wurzeln, welche diese aufwenden müssen, um dem Boden Wasser zu entziehen.

Zur Messung wird eine poröse keramische Zelle luftdicht an ein mit Wasser gefülltes Rohr angeschlossen und beides in den Boden eingelassen. Das vom Boden über die Zelle aufgesaugte Wasser erzeugt im Rohr einen Unterdruck, der ein Maß für den Bodenwassergehalt darstellt.

Gut funktionieren T. allerdings nur bei relativ hohem Bodenwassergehalt.

Tephigramm, das [Kurzbildung aus *T* (Formelzeichen für Temperatur), φ (gesprochen: phi:; Formelzeichen für En-

tropie) und ↑-gramm]: von N. Shaw eingeführtes ↑thermodynamisches Diagramm zur Auswertung aerologischer Aufstiege; mit absoluter Temperaturskala als Abszisse und logarithmischer Skala der ↑potentiellen Temperatur oder der ↑Entropie als Ordinate. Die Isobaren verlaufen als Exponentialkurven schräg durch das Formblatt.
Das T. enthält außerdem ↑Feuchtadiabaten und Linien gleicher ↑spezifischer Feuchte. Es ist insbes. für quantitative Energiebetrachtungen geeignet, da jede ausgemessene Fläche im T. einen Energiebetrag darstellt.

terrestrische Strahlung [aus lat. terrestris = die Erde betreffend]: die von der Temperatur abhängige langwellige (infrarote) Ausstrahlung der Erde im Wellenlängenbereich von etwa 3,5 µm bis etwa 100 µm.
Bei einer mittleren Oberflächentemperatur der Erde von 15 °C (= 288 K) entspricht das Energiespektrum der t.n St. angenähert dem eines ↑schwarzen Körpers von gleicher Temperatur. Das Energiemaximum befindet sich bei etwa 10 µm (im Bereich des großen ↑atmosphärischen Fensters).
Die Ausstrahlung in den Weltraum wird durch die atmosphärische Gegenstrahlung vermindert, die v. a. auf Reemission der teilweise von Wasserdampf und Kohlendioxid absorbierten t.n St. beruht. Die atmosphärische Gegenstrahlung bewirkt, daß bei wolkenlosem Himmel nur im Wellenlängenbereich von 8,5 bis 13 µm eine Ausstrahlung in den Weltraum erfolgt. – ↑auch Strahlungsbilanz.

Testreferenzjahr [Abk.: TRY (Abk. für gleichbed. engl. **t**est **r**eference **y**ear)]: für einen Ort oder eine Klimaregion aus 12 Einzelmonaten (Januar bis Dezember) verschiedener Jahre synthetisch erzeugtes, aus stündlichen Datensätzen bestehendes Datenkollektiv.
Das T. soll einen mittleren, aber für das Jahr typischen Witterungsverlauf repräsentieren. Es dient in erster Linie als klimatologischer Eingangsparameter und als Randbedingung für die Simulation des Betriebs von heiz- und raumlufttechnischen sowie von Solarenergieanlagen und des thermischen Verhaltens von Gebäuden (z. B. Wärmebedarfs- und Energieverbrauchsrechnung, Heiz- oder Kühllast).
Als Nachteil des Datenkollektivs kann der etwas fiktive Charakter des Auswahlprinzips (Einzelmonate aus verschiedenen Jahren, somit Verzicht auf

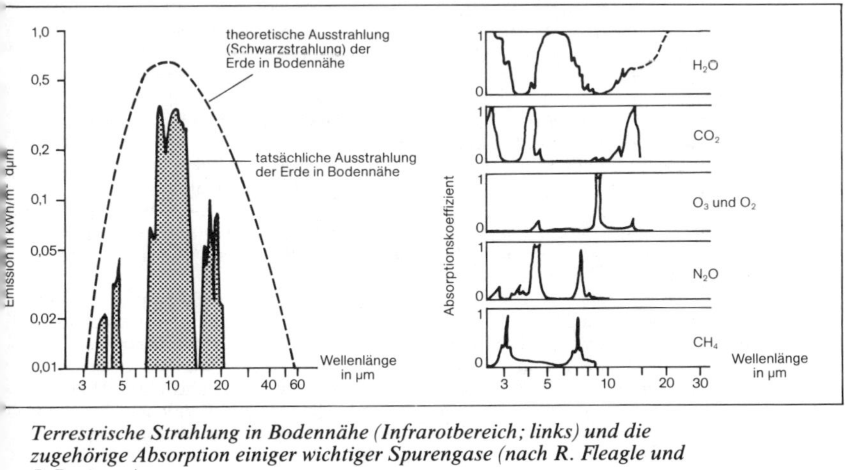

Terrestrische Strahlung in Bodennähe (Infrarotbereich; links) und die zugehörige Absorption einiger wichtiger Spurengase (nach R. Fleagle und J. Businger)

witterungsklimatologische Aspekte) angesehen werden.

TETALUX-Anlage [TETALUX ist Abk. aus **Te**mperatur, **Ta**upunkt und lat. **lux** = Licht]: Vorrichtung zur fernelektrischen Messung von Luft- und Taupunkttemperatur. Die Anlage besteht aus einem nach der Nullmethode arbeitenden Lichtmarkengalvanometer mit eingebauter Brückenschaltung sowie aus den elektrischen Widerstandsmeßfühlern für Lufttemperatur (Platin-Hartglas-Widerstand) und Taupunkttemperatur (gesättigte Lithiumchloridlösung).

Thalassotherapie, die [griech. thálassa = Meer und griech. therapeía = Pflege, Krankenpflege]: die Anwendung des Seewassers und des Meeresklimas zu Heilzwecken.

Theodolit, der [Herkunft unsicher]: Instrument zur Messung von Azimut und Horizontalwinkel. Hauptbestandteile sind eine Grundplatte mit festem Horizontalkreis, ein vertikal angeordneter Höhenteilkreis, ferner ein um eine waagerechte und senkrechte Achse drehbares Fernrohr (bis zu 60fache Vergrößerung) zum Einstellen der Richtung.
In der Meteorologie dient der Th. als ↑Ballontheodolit zur Bestimmung von Azimut und Höhenwinkel, den Ausgangsgrößen zur Berechnung des Höhenwindes. – ↑auch Radiotheodolit.

theoretische Klimatologie: svw. ↑Klimatonomie.

theoretische Meteorologie [ältere Bez.: dynamische Meteorologie]: die Anwendung der Methoden der theoretischen Physik auf die Meteorologie, d. h. die Aufdeckung von mathematisch-physikalischen Zusammenhängen in der Meteorologie und die Formulierung dieser Zusammenhänge in mathematisch-physikalischen Gleichungen aufgrund allgemeingültiger Prinzipien und Gesetze, soweit die meteorologischen Vorgänge der mathematischen Darstellung zugänglich sind. Die th. M. ist deshalb weniger ein Teil der Meteorologie als vielmehr eine Methode oder Arbeitsweise, die in vielen Teilgebieten der Meteorologie angewendet werden kann.
Die herkömmliche Unterteilung der th.n M. in ↑Statik der Atmosphäre, ↑Kinematik der Atmosphäre, ↑Dynamik der Atmosphäre und ↑Thermodynamik der Atmosphäre gibt ein nicht ganz vollständiges Bild; denn die theoretische Arbeitsweise ist auch in andere, z. T. sehr komplexe Teilbereiche der Meteorologie, beispielsweise in die Behandlung der ↑atmosphärischen Grenzschicht, der ↑atmosphärischen Turbulenz oder der ↑Wolkenphysik, eingedrungen.
Nahezu alle Teilbereiche der th.n M. finden schließlich eine Anwendung im neuesten Tätigkeitsfeld, der ↑numerischen Wettervorhersage.

Thermik, die [zu griech. thérmē = Wärme]: die durch starke Erwärmung des Bodens und der bodennahen Luftschichten hervorgerufene konvektive Vertikalbewegung von Luftteilchen (Aufwind).
Die Erwärmung durch Sonneneinstrahlung ist wegen der oft wechselnden Bodenbeschaffenheit und Bodenneigung auf engem Raum sehr unterschiedlich. Über schnell aufheizbarem Untergrund (Sand, trockene Erde, Getreidefelder, Felsen, Häuser) wird die Luft wärmer als z. B. über Wiesen, Wäldern und Gewässern. Es bilden sich Warmluftblasen **(Th.blasen)** entsprechender Ausdehnung (Durchmesser 200–500 m), die sich bei genügendem Auftrieb vom Boden abheben und mit etwa 3–5 m/s Geschwindigkeit so lange aufsteigen, bis sie infolge adiabatischer Abkühlung und Mischung die Temperatur der Umgebungsluft angenommen haben.
Einer Th.blase folgt einige Minuten später die nächste, im allg. mit größerer Auftriebsgeschwindigkeit, so daß sie die Schleppe der Vorgängerin einholt. Es bildet sich so ein **Th.schlauch** mit aufsteigender Luft, der von Segelfliegern zur Gewinnung von Höhe ausgenutzt werden kann.
Solange die aufsteigende Luft mit Wasserdampf ungesättigt bleibt und noch keine Wolkenbildung einsetzt, spricht man von ↑Blauthermik. Bei ausreichender Luftfeuchtigkeit und labiler Schichtung bildet sich bei Erreichen des Kondensationsniveaus **Th.bewölkung** (Cumuluswolken) bzw. es kommt auch zu Wärmegewittern.

Thermikbewölkung ↑Thermik.
Thermikblase ↑Thermik.
Thermikschlauch ↑Thermik.
thermisch [zu griech. thérmē = Wärme]: die Wärme betreffend, durch Wärme verursacht.
thermische Anomalie ↑Anomalie.
thermische Belastung: svw. ↑Wärmebelastung.
thermische Höhenstufen: durch vertikale Unterschiede in Temperatur und Niederschlag bedingte Vegetationszonen (auch Wirtschaftszonen), die an einem Gebirgshang aufeinander folgen. In den höheren Mittelbreiten unterscheidet man (von unten): ↑kolline Stufe, ↑montane Stufe, ↑alpine Stufe und ↑nivale Stufe.
thermische Instabilität: Zustand der Atmosphäre, der durch eine labile Schichtung gekennzeichnet ist, verursacht durch eine Erwärmung der untersten Luftschicht infolge Sonneneinstrahlung oder durch warme Meeresströmungen.
thermische Kontinentalität: die anhand von Temperaturwerten bestimmte ↑Kontinentalität, in denen die Auswirkungen einer großen Landmasse auf den Strahlungshaushalt zur Geltung kommen.
Im allg. sind die Festländer durch starke Erhitzung im Sommer und kräftige Abkühlung im Winter gekennzeichnet. Am häufigsten wird daher die mittlere Jahresschwankung der Temperatur als Kontinentalitätskriterium verwendet.
Differenziert wird die th. K. durch die geographische Breite (unterschiedlicher Wärmehaushalt des Festlandes äquator- bzw. polwärts, von der allg. Zirkulation abhängiger Bewölkungsgrad).
thermische Konvektion: intensivste Art der Wärmeübertragung in Flüssigkeiten und Gasen; wird ausgelöst, wenn das vertikale Temperaturgefälle einen bestimmten Grenzwert überschreitet, in der Atmosphäre den adiabatischen Temperaturgradienten von 1 K pro 100 m Höhendifferenz.
Die th. K. spielt insbes. in den Wärmeüberschußgebieten der Erdoberfläche, den äquatorialen und tropischen Breiten, eine bedeutsame Rolle. Sie verursacht dort hochreichende ↑Cloudcluster, über die die überschüssige Wärme der Erdoberfläche in die Atmosphäre gelangt und durch die allg. Zirkulation der Atmosphäre in kältere Gebiete transportiert wird.
thermische Luftdruckänderung ↑Luftdruckänderung.
thermische Maritimität ↑Maritimität.
thermischer Äquator [Syn.: Wärmeäquator]: breitenkreisähnliche Linie, die Orte mit den durchschnittlich höchsten Temperaturen auf der Erde miteinander verbindet. Wegen der größeren Landbedeckung der Nordhalbkugel ist der th. Ä. im Mittel bis zu 10° n. Br. verschoben. Im Nordsommer liegt der wärmste Breitenkreis bei etwa 20° n. Br., im Südsommer (Nordwinter) fällt er mit dem geographischen Äquator zusammen. – ↑auch meteorologischer Äquator.
thermischer Wind: in der Praxis meist gleichgesetzt mit ↑Scherwind und ↑Relativwind. Theoretisch gibt der thermische Wind an, wie sich der geostrophische Wind aufgrund der Temperaturverteilung in einem sehr kleinen (differentiellen) Intervall mit der Höhe ändert. Er entspricht einem fiktiven Wind, der durch den Gradienten der Isothermen in einer absoluten Topographie gegeben wäre.
Ersetzt man das differentielle Höhenintervall durch eine größere Differenz zweier Hauptisobarenflächen (die eine relative Topographie begrenzen) und die Temperatur in der Isobarenfläche durch die Mitteltemperatur zwischen beiden Flächen, so geht der thermische Wind in den Relativwind über.
thermischer Wirkungskomplex: Bedingungen der Wärmeabgabe des Menschen aufgrund von Lufttemperatur, Luftfeuchte, Windgeschwindigkeit, kurz- und langwelliger Strahlung. Bei Behinderung der Wärmeabgabe trotz angepaßter Bekleidung tritt ↑Wärmebelastung ein, bei starkem Wärmeentzug ↑Kältereiz.
Zur einfachen, im allg. aber unzureichenden Beschreibung des thermischen Milieus dienen sog. Komplexgrößen, In-

dizes oder ↑Klimasummenmaße; geeigneter sind Wärmehaushaltsmodelle (u. a. ↑Klimamichelmodell).

thermisches Gleichgewicht: *physikalischer* Begriff, der den Endzustand in einem abgeschlossenen System bezeichnet, der sich nach einiger Zeit von selbst einstellt, wenn sich die ursprünglich vorhandenen Temperaturunterschiede durch gegenseitige Wechselwirkungen (Wärmeleitung, Wärmeaustausch) völlig ausgeglichen haben, so daß im gesamten System eine einheitliche Temperatur herrscht.

In der Atmosphäre würde th. G. herrschen, wenn in der Horizontalen überall die gleiche Temperatur, in der Vertikalen überall die gleiche potentielle Temperatur vorhanden wäre, weil diese bei vertikalen Bewegungen konstant bleibt.

Die Natur ist immer bestrebt, das th. G. herzustellen. Dies geschieht insbes. durch die in verschiedenen Größenordnungen vor sich gehende atmosphärische Turbulenz. Ein Ausgleich der Temperaturgegensätze wird jedoch in der Atmosphäre dadurch verhindert, daß durch Strahlungsvorgänge (Sonneneinstrahlung, langwellige Ausstrahlung) Wärmequellen und Wärmesenken vorhanden sind, die die Temperaturgegensätze aufrechterhalten.

thermische Steuerung: durch die ↑Sutcliffe-Entwicklungstheorie in die synoptische Meteorologie eingeführter Begriff, der zum Ausdruck bringt, daß für die Steuerung wandernder Tief- und Hochdruckgebiete bzw. der Luftdruckänderungsgebiete der thermische Wind, d. h. der Verlauf der Isothermen, als maßgebend angesehen werden kann.

thermische Strahlung: svw. ↑Wärmestrahlung.

thermische Trägheit ↑Trägheit.

thermische Turbulenz: der Anteil der ↑atmosphärischen Turbulenz, der durch eine gegenüber der Luft wärmere Erdoberfläche ausgelöst wird.

Im Turbulenzspektrum der Atmosphäre erstreckt sich die th. T. über mehrere Größenordnungen, die vom Bereich von weniger als 1 m bis zu einigen 100 km reichen. Hierzu gehören sowohl aufsteigende Warmluftblasen über erhitzten Gegenständen, kleinräumige th. T. und Thermik in engen Thermikschläuchen als auch großräumige Konvektion mit der Bildung von Cumulus- und Cumulonimbusbewölkung bis hin zu Cloudclustern.

Der Begriff th. T. stellt die turbulenten Auswirkungen in den Vordergrund. Sollen die thermischen Aspekte, insbes. die Auswirkungen der unterschiedlichen Temperaturverhältnisse am Boden, besonders betont werden, faßt man nahezu die gleichen Vorgänge unter dem Begriff ↑Konvektion zusammen.

thermische Windgleichung: Gleichung, die angibt, wie sich der geostrophische Wind mit der Höhe in Abhängigkeit vom Verlauf der Isothermen ändert. Im einzelnen sagt die th. W. aus, daß die Windrichtung mit der Höhe gleich bleibt, wenn Isobaren (bzw. Isohypsen) und Isothermen parallel verlaufen. Sind dabei die Isothermen so angeordnet, daß die wärmere Luft im höheren Luftdruck, die kältere Luft dagegen im niedrigeren Luftdruck liegt, so nimmt der Wind mit der Höhe zu; im entgegengesetzten Fall nimmt er ab.

Kreuzen sich Isobaren (bzw. Isohypsen) und Isothermen in der Weise, daß der Wind in ein kälteres Gebiet weht, daß also Warmluftadvektion stattfindet, so dreht der Wind mit der Höhe nach rechts. Weht der Wind in ein wärmeres Gebiet, geht also Kaltluftadvektion vor sich, so dreht der Wind mit der Höhe nach links.

Thermistor, der [Kurzbildung aus ↑thermo- und engl. resistor = Widerstand]: als Meßfühler in ↑Widerstandsthermometern verwendeter Halbleiter. Th.en bestehen aus einer Mischung von Magnesium- und Titanoxid bzw. Nickeloxid. Je nach Verwendungszweck werden Stab-, Kugel- oder Perl-Th.en mit einem Durchmesser von etwa 1 mm eingesetzt. Im Gegensatz zum Platinwiderstandsthermometer (Zunahme des elektrischen Widerstands bei steigender Temperatur) nimmt beim Th. der elektrische Widerstand mit steigender Temperatur exponentiell ab, d. h., Th.en besitzen einen negativen Temperaturkoeffizienten, weshalb sie auch **NTC-Wider-**

stände (von engl. **n**egative **t**emperature **c**oefficient = negativer Temperaturkoeffizient) genannt werden.

thermo- [zu griech. thermós = warm, heiß bzw. griech. thérmē = Wärme]: in Zus. mit der Bed. „Wärme, Wärmeenergie; Temperatur"; z. B. Thermodynamik, Thermometer.

Thermodynamik der Atmosphäre, die [zu ↑thermo- und griech. dýnamis = Kraft]: Teilgebiet der theoretischen Meteorologie, das sich mit der Zu- oder Abführung von Wärmeenergie in der Atmosphäre und mit Zustandsänderungen, die mit Änderungen der Temperatur verbunden sind, befaßt.

Eine besondere Rolle spielt die Behandlung feuchter Luft und deren Zustandsänderungen. Dazu gehören z. B. die Definition von abgeleiteten Temperaturen (die von der Luftfeuchte abhängig sind), die Phasenübergänge des in der Atmosphäre enthaltenen Wassers (gasförmig–flüssig–fest) und deren thermische Auswirkungen sowie der Einfluß der Feuchte auf die Stabilität der Schichtung und auf den Wärmeinhalt der Luft.

thermodynamisches Diagramm [zu Thermodynamik]: eine graphische Darstellung mit den Koordinaten Druck (Höhe) und Temperatur, die Zustandsänderungen eines Luftquantums beim vertikalen Aufsteigen oder Absinken erkennen läßt.

Für solche Betrachtungen werden die in einer ↑TEMP-Meldung verbreiteten Ergebnisse eines aerologischen Aufstiegs als Zustandskurve in ein **th. D.papier** eingetragen. Dieses enthält eine Anzahl von Kurvenscharen, die durch mathematische Gleichungen in funktioneller Abhängigkeit zueinander stehen. Neben den durch die Koordinaten vorgegebenen Isobaren und Isothermen sind dies in den meisten Diagrammpapieren die Trockenadiabaten, die Feucht- oder Sättigungsadiabaten und die Isolinien des Sättigungsmischungsverhältnisses.

Mit diesen Kurven lassen sich Vorgänge in der Atmosphäre graphisch nachvollziehen; daher werden sie auch **Vorgangskurven** genannt. Im Diagrammpapier können bei gegebenen Zustandskurven mit Hilfe der Vorgangskurven weitere thermodynamische Größen bestimmt, Labilitäts- und Stabilitätsbetrachtungen durchgeführt sowie Energietransformationen zum Zwecke der Wetteranalyse und -vorhersage abgeschätzt werden.

Während die Bez. „th. D." die Bewegungsvorgänge herausstellt, weist die fast gleichbedeutende allgemeinere Bez. **aerologisches Diagramm(papier)** auf die Zugehörigkeit zur Aerologie und deren Meßmethoden hin. Analog dazu hebt die Bez. **Adiabatenpapier** die wichtigsten Kurvenscharen, die Adiabaten, hervor.

Je nach dem Zweck der praktischen Anwendung wurden für die Auswertung aerologischer Aufstiege verschiedene Diagrammpapiere entwickelt, die sich hpts. in der Anordnung der Kurvenscharen unterscheiden. Die gebräuchlichsten sind das ↑Stüve-Diagramm und das ↑Skew(T, log p)-Diagramm. In manchen meteorologischen Diensten sind insbes. für Energiebetrachtungen ↑Aerogramm, ↑Emagramm und ↑Tephigramm geläufig.

Thermoelement, das [aus ↑thermo- und lat. elementum = Grundstoff]: auf der von Th. J. Seebeck entdeckten Thermoelektrizität basierendes Temperaturmeßgerät; Meßprinzip: Verbindet man zwei verschiedene Metalldrähte, z. B. aus Kupfer bzw. Konstantan, durch zwei Lötstellen und erwärmt die eine der beiden, so fließt durch den Leiter ein elektrischer Strom **(Thermostrom),** der sich mit einem empfindlichen Anzeigegerät (Galvanometer) nachweisen läßt.

Die Größe der in einer solchen Vorrichtung erzeugten **Thermospannung** hängt vom Material der verlöteten Drähte und von der Temperaturdifferenz der beiden Lötstellen ab. Hält man eine Lötstelle auf bekannter konstanter Temperatur (z. B. 0 °C) und befindet sich die andere Lötstelle im thermischen Gleichgewicht mit der Lufttemperatur, so läßt sich letztere aus der entstehenden Thermospannung ermitteln.

Vorzüge des Th.s sind große Empfindlichkeit, kleine Wärmekapazität und somit geringe thermische Trägheit.

Am häufigsten verwendete Metallkombinationen: Antimon/Wismut, Kupfer/

Konstantan, Nickel/Chromnickel, Platin/Platin-Rhodium, Wolfram/Molybdän.

Zur Erhöhung der Empfindlichkeit (Erzielung einer größeren Thermospannung) werden mehrere Th.e zu einer sog. **Thermosäule** oder **Thermobatterie** hintereinandergeschaltet.

Anwendung des Th.s bei mikrometeorologischen Studien und bei der Bestimmung von Oberflächentemperaturen.

Thermogrammm, das [↑thermo- und ↑-gramm]: die sich über eine Woche erstreckende Aufzeichnung der Lufttemperatur auf dem Registrierstreifen eines Thermographen.

Thermograph, der [↑thermo- und ↑-graph ‖ Syn.: Temperaturschreiber]: in der ↑Thermometerhütte untergebrachtes Instrument zur laufenden selbsttätigen Registrierung der Lufttemperatur. Als Meßinstrument dient ein ↑Bimetallthermometer; die temperaturabhängige Deformationsbewegung des Bimetallstreifens wird auf einen Schreibhebel mit Schreibfeder übertragen. Die Temperaturwerte werden auf einem Schreibstreifen aufgezeichnet **(Thermogramm),** der

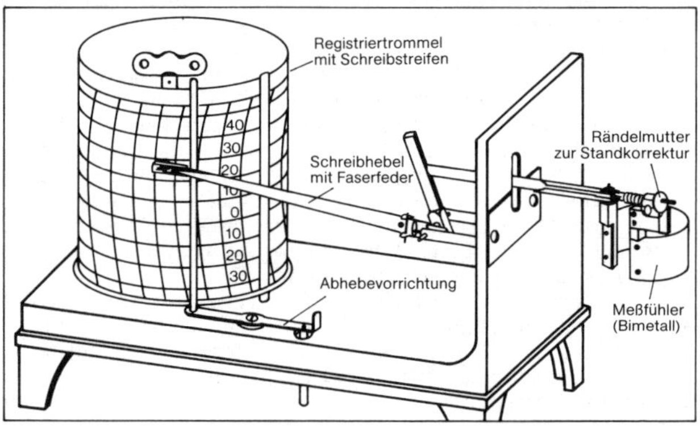

Thermograph (ohne Gehäusedeckel)

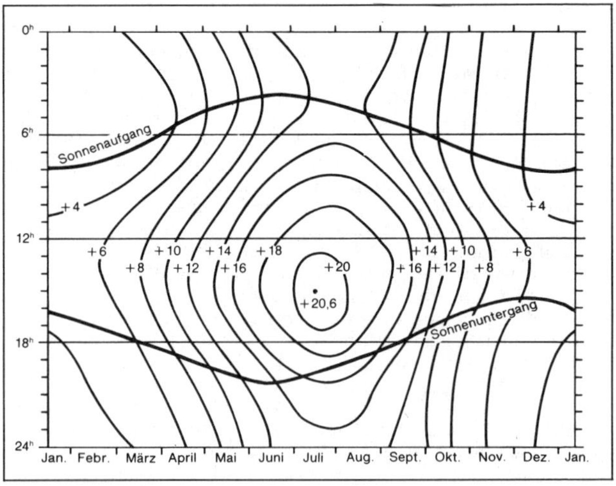

Thermoisoplethen bei maritimem Klima in mittleren Breiten

mittels Spannleiste auf einer durch ein Uhrwerk angetriebenen Registriertrommel befestigt ist. Der Meßbereich reicht von −35 bis +45 °C; die Meßgenauigkeit liegt bei etwa 0,3 K.

Thermohygrogramm, das [↑thermo-, ↑hygro- und ↑-gramm]: Schreibstreifen des ↑Thermohygrographen.

Thermohygrograph, der [↑thermo-, ↑hygro- und ↑-graph]: in der ↑Thermometerhütte untergebrachte, aus einem ↑Thermographen und einem ↑Hygrographen bestehende Instrumentenkombination zur selbsttätigen Aufzeichnung (Registrierung) von Lufttemperatur und relativer Luftfeuchte auf einer gemeinsamen Registriertrommel.

Thermoisoplethen, die (Mehrz.) [Einz.: die Thermoisoplethe ‖ ↑thermo- und Isoplethen (↑Isolinien)]: in der *Klimatologie* die kombinierte Darstellung des tages- und jahreszeitlichen Ganges der Lufttemperatur an einem bestimmten Ort in Form eines Diagramms. Neben Monaten (auf der Abszisse) und Tageszeiten (auf der Ordinate) werden die entsprechenden Temperaturwerte eingetragen und durch Isolinien verbunden.

Thermometer, das [↑thermo- und ↑-meter]: Instrument zur Messung der Temperatur, insbes. der Lufttemperatur in 2 m Höhe über Grund. Nach den physikalischen Prinzipien bzw. Methoden der Messung (↑auch Temperaturmessung) unterscheidet man ↑Deformationsthermometer, ↑Flüssigkeitsthermometer, ↑Gasthermometer, ↑Siedethermometer, ↑Strahlungsthermometer, ↑Thermoelemente und ↑Widerstandsthermometer.

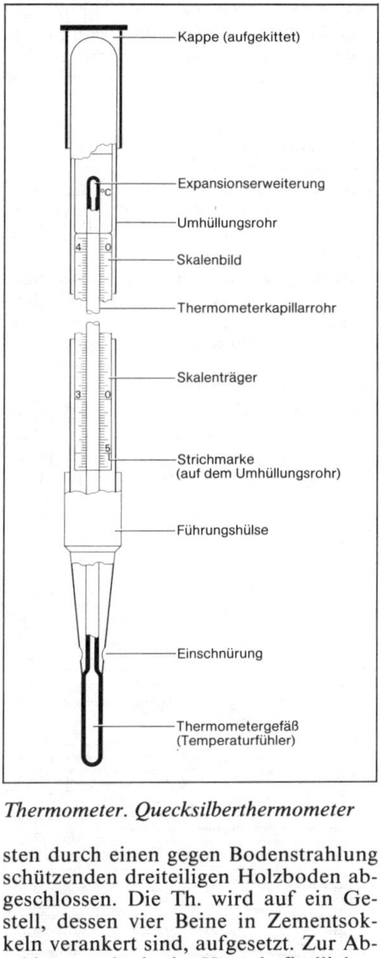

Thermometer. Quecksilberthermometer

Thermometerhütte [Syn.: englische Hütte, Hütte, Jalousiehütte, Klimahütte, Stevenson-Hütte, Wetterhütte]: zur Aufstellung meteorologischer Instrumente bestimmter, im allg. weiß gestrichener Kasten mit als Doppeljalousien ausgebildeten, 6 bis 8 mm dicken Wänden, die eine gute Durchlüftung gewährleisten. Das Hüttendach besitzt einen Zwischenboden, der mit Ventilationsöffnungen versehen ist. Die Umgebung der Th. sollte frei von Hindernissen sein, um insgesamt eine gute Luftzirkulation zu gewährleisten. Unten wird der Hüttenkasten durch einen gegen Bodenstrahlung schützenden dreiteiligen Holzboden abgeschlossen. Die Th. wird auf ein Gestell, dessen vier Beine in Zementsockeln verankert sind, aufgesetzt. Zur Abschirmung der in der Hütte befindlichen Instrumente gegen direkte Sonneneinstrahlung bei geöffneter Tür ist diese nach N orientiert. Zur Erleichterung der Instrumentenablesungen ist vor der Th. ein dreistufiger Tritt aufgestellt, der die Hütte zur Vermeidung von Erschütterungen nicht berühren darf.

Wichtigste Funktion der Th. ist der Schutz der in ihr installierten Meßgeräte gegen Strahlungseinflüsse.

In der Th. befinden sich, mit ihren Meßfühlern in 2 m Höhe über Grund, ein Psychrometer, die Extremthermometer, ein Thermograph und ein Hygrograph bzw. ein Thermohygrograph.

Thermometrograph, der [↑Thermometer und ↑-graph]: ältere Bez. für ↑Six-Thermometer.

Thermopause, die [Kurzbildung aus ↑Thermosphäre und griech. paũsis = Beendigung]: die Obergrenze der ↑Thermosphäre.

thermopluvialer Faktor [zu ↑thermo- und lat. pluvia = Regen]: bei der ↑Klimaklassifikation verwendete Kennzahl, die aus dem Verhältnis von Temperatur zu Niederschlag nach unterschiedlichen Berechnungsverfahren gewonnen wird.

Thermoregulation, die [zu ↑thermo- und lat. regula = Richtschnur, Regel ‖ Syn.: Wärmeregulation]: die Fähigkeit des Organismus, zur Erhaltung der Körpertemperatur (Kerntemperatur) ständig Wärmegewinn und Wärmeabgabe des Körpers aufeinander abzustimmen. Unter thermisch indifferenten Bedingungen weist das autonome Th.ssystem des Organismus minimale Aktivität auf.
Bei nur geringen Abweichungen von diesen Bedingungen erfolgt die Regulation vasomotorisch, d. h. über eine Änderung der peripheren Durchblutung. Unter überwärmenden Bedingungen spielt die Wärmeabgabe durch Verdunstung von Schweiß eine wesentliche Rolle, daneben durch Wärmeleitung, Konvektion (turbulenter Transport fühlbarer Wärme) und Wärmeabstrahlung. Zunehmender Abkühlung wird durch eine Steigerung der Wärmeproduktion begegnet.
Das Th.ssystem wird durch die jeweilige Situation (Bekleidung, Heizung, körperliche Aktivität u. a.) unterstützt.

Thermoschleuder: svw. ↑Schleuderthermometer.

Thermosphäre, die [Kurzbildung aus ↑thermo- und ↑Atmosphäre]: das sich an

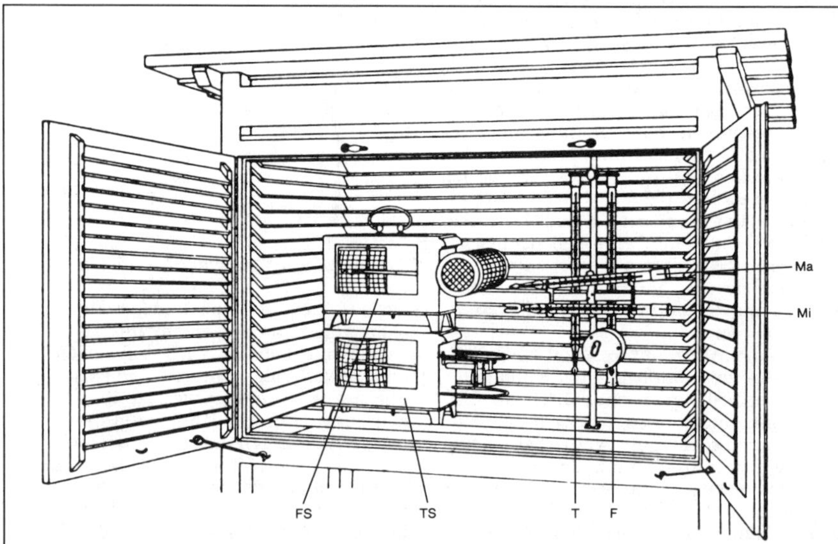

Thermometerhütte (offen) und die darin aufgestellten Instrumente (T trockenes Thermometer, F feuchtes Thermometer, Ma Maximumthermometer, Mi Minimumthermometer, TS Thermograph, FS Hygrograph) oder ein kombiniertes Registriergerät (Thermohygrograph)

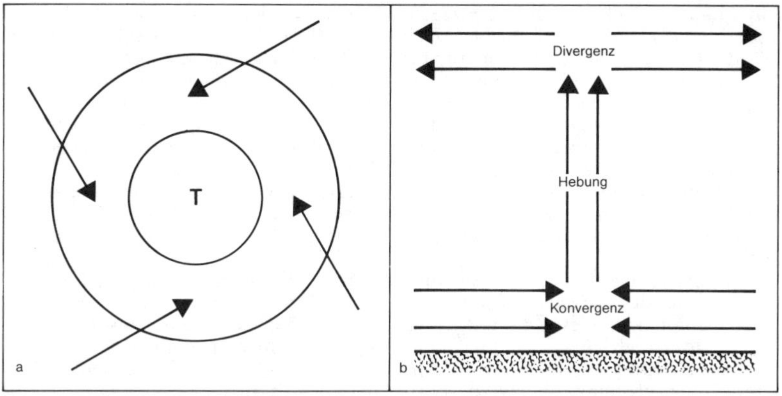

Tiefdruckgebiet. Luftströmungen in einem Tiefdruckgebiet; a zyklonale Bodenströmung, b vertikale Zirkulation

die Mesosphäre anschließende Stockwerk der Atmosphäre, das in 80 bis 85 km Höhe beginnt und bis etwa 500–1 000 km Höhe reicht.
In der Th. steigt die Temperatur von etwa −90 °C an der Untergrenze bis zu etwa 1 000 °C an der Obergrenze, der **Thermopause,** an.
Die Bez. Th. bezieht sich auf eine Einteilung der Atmosphäre aufgrund der Temperaturverteilung. Ihr Höhenbereich fällt weitgehend zusammen mit dem der Ionosphäre. Die Erforschung dieser Schicht wird deshalb überwiegend von der Ionosphärenforschung betrieben.
Thetagrạmm, das [↑-gramm ‖ Syn.: Schinze-Diagramm]: Diagrammpapier mit linearer Temperaturskala als Abszisse und linearer Druckskala als Ordinate zur Auswertung aerologischer Aufstiege. Das Th. zeigt die Vertikalverteilung der ↑potentiellen Äquivalenttemperatur (Formelzeichen: ϑ, θ; = der griechische Buchstabe Theta), deren Form Schlüsse auf die Herkunft, Schichtung und Beeinflussung der sondierten Luftmassen zuläßt.
In das **Th.papier** sind Typhomologen der Hauptluftmassen für Mitteleuropa monatsweise eingedruckt als Vergleichsgrundlage für den aktuellen Aufstieg. Es bildete früher ein wichtiges Hilfsmittel für die luftmassenmäßige Arbeitsweise, wird im synoptischen Dienst heute jedoch nicht mehr verwendet.
Tief: svw. ↑Tiefdruckgebiet.
Tiefausläufer: von einem Tiefdruckgebiet ausgehende Ausbuchtung der Isobaren, die durch eine Front gekennzeichnet ist.
Tiefdruckfurche: svw. ↑Tiefdruckrinne.
Tiefdruckgebiet: Abk.: T oder L (von gleichbed. engl. low-pressure area) ‖ Syn.: Tief, Zyklone, Depression, barometrisches Minimum]: Gebiet relativ niedrigen Luftdrucks, dessen Zentrum **(Tiefkern)** den niedrigsten Druckwert aufweist und in der Wetterkarte von einer oder mehreren Isobaren umschlossen ist.
T.e sind zyklonal (auf der Nordhalbkugel entgegen dem Uhrzeigersinn) rotierende Luftwirbel unterschiedlicher Ausdehnung und Intensität mit vertikaler, meist leicht geneigter Achse, die Luftmassen unterschiedlicher Temperatur in ihre Strömung einbeziehen. Das durch die Reibung bedingte Einströmen der Luft in den unteren Schichten führt zu großräumigen Vertikalbewegungen (Hebungen), die v.a. an den Fronten des T.es stattfinden und mit Wolken- und Niederschlagsbildung verbunden sind.
Der Konvergenz der Strömung in den unteren Schichten steht eine Divergenz,

ein Massenabfluß, in der Höhe gegenüber, der bei der Entstehung des T.es, der **Zyklogenese,** zuerst wirksam und bis zur beginnenden Auffüllung stärker ist als die untere Konvergenz.

Zwischen beiden Entwicklungsstadien zeigen die T.e der höheren Mittelbreiten normalerweise einen weitgehend ähnlichen Lebenszyklus (↑Zyklonenentwicklung). Davon abweichend erfolgt die Entwicklung ↑tropischer Tiefdruckgebiete.

Kleinräumige T.e sind ↑Tromben. Eine Erscheinung des Sommers ist das ↑Hitzetief. Ein T. in höheren Luftschichten heißt ↑Höhentief.

Tiefdruckrinne [Syn.: Tiefdruckfurche]: langgestreckte Zone tiefen Luftdrucks, die nicht von Isobaren durchquert wird und meist zwei oder mehrere Tiefdruckgebiete verbindet.

Tiefdrucksystem: umfangreiches Gebiet tiefen Luftdrucks, in dem sich meist ein Zentraltief als Schwerpunkt (Mutterzyklone) und mehrere Randstörungen (Tochterzyklonen) in unterschiedlichen Entwicklungsstadien befinden.

tiefe Wolken: Sammelbez. für Wolken, deren Untergrenzen in 0 bis 2000 m Höhe liegen (↑Wolkenfamilien).

Tiefpaßfilterung [Syn.: Gauß-Tiefpaßfilterung, numerische Tiefpaßfilterung]: in der *Klimaforschung* ein spezielles, bei der Analyse einer ↑Zeitreihe angewendetes mathematisch-statistisches Verfahren zur Auffindung von klimatologischen Periodizitäten. Die T. verfolgt das Ziel, relativ kurzfristige Schwankungen (hohe Frequenzen) eines klimatologischen Elementes, z. B. der Lufttemperatur, zu unterdrücken und die verbleibenden längerfristigen Schwankungen (niedrige Frequenzen) deutlich herauszuheben.

Die T. ist aufgrund ihrer Glättungseigenschaft eng verwandt mit der Methode der Berechnung ↑übergreifender Mittelwerte.

Tierkreislicht: svw. ↑Zodiakallicht.

Tierphänologie: Zweig der ↑Phänologie.

Tierra caliente, die ['ti̯ɛrra ka'li̯ente ‖ span. = heißes Land]: unterste thermische Höhenstufe der tropischen Gebirge Lateinamerikas, bis etwa 700–1000 m ü. d. M., heiß-feucht oder heiß-trocken (mittlere Jahrestemperatur mehr als 24 °C). Die natürliche Vegetation bilden die immergrünen tropischen Tieflandregenwälder, Savannen oder trockenere Formationen. Im Anbau ist Kakao die Leitkultur.

Tierra fría, die ['ti̯ɛrra 'fria ‖ span. = kaltes Land]: thermische Höhenstufe der tropischen Gebirge Lateinamerikas, oberhalb der ↑Tierra templada und unterhalb der ↑Tierra helada; reicht bis etwa 4000 m ü. d. M.; mittlere Jahrestemperatur mit der Höhe von 18 °C auf 10 °C abnehmend; Höhen- und Nebelwald. Im Anbau sind Getreide und Obst die Leitkulturen.

Tierra helada, die ['ti̯ɛrra e'laða ‖ span. = gefrorenes Land]: oberste thermische Höhenstufe der tropischen Gebirge Lateinamerikas, oberhalb der ↑Tierra fría und oberhalb 4000 m ü. d. M.; mittlere Jahrestemperatur weniger als 6 °C; Hochgebirgsvegetation (Páramo, Trocken-, Dorn- oder Feuchtpuna) oder vegetationslos.

Tierra templada, die ['ti̯ɛrra tɛm'plaða ‖ span. = gemäßigtes Land]: thermische Höhenstufe der tropischen Gebirge Lateinamerikas, oberhalb der ↑Tierra caliente und unterhalb der ↑Tierra fría; reicht bis etwa 2000–2500 m ü. d. M.; mittlere Jahrestemperatur mit der Höhe von 24 °C auf etwa 18 °C abnehmend; immergrüne tropische Gebirgsregenwälder und Nebelwälder. Im Anbau ist Kaffee die Leitkultur.

TIROS, der [Schreibvariante: Tiros]: Abk. für engl. **Television and Infrared Observation Satellite** (= Fernseh- und Infrarotbeobachtungs-Satellit); Bez. für den am 1. April 1960 als ersten für meteorologische Messungen in den USA gestarteten Forschungssatelliten; Bahnhöhe 700 km, Neigungswinkel Bahnebene–Äquatorebene 58°; ausgestattet mit zwei Fernsehkameras zum Aufnehmen von Wolkenfeldern.

Die T.-Serie umfaßte von 1960 bis 1965 **T 1** bis **T 10.** Ein wesentlicher Fortschritt bei **T 8** war die Einführung des ↑APT-Systems, das an entsprechend ausgerüsteten Stationen den direkten Empfang der Satellitenbilder ermöglichte, während diese vorher auf Magnetband gespeichert und erst beim Überqueren des amerikanischen Kontinents abgerufen wurden. – ↑auch Wettersatelliten.

Tochterzyklone: in Entwicklung befindliches ↑Randtief.

Topographie, die [griech. tópos = Ort, Stelle und ↑-graphie]: die Isohypsendarstellung von Druckflächen in Höhenwetterkarten. Man unterscheidet:

1. Bei der **absoluten T.** ist das ↑Geopotential einer Druckfläche über dem Meeresniveau in geopotentiellen Dekametern (gpdam) durch Isohypsen (Isopotentialen) dargestellt. Die absolute T. enthält außerdem Meßwerte von Temperatur, Taupunkt und Wind; sie gibt so einen Überblick über die meteorologischen Verhältnisse in dem betreffenden Niveau der freien Atmosphäre. Aus dem Abstand der Isohypsen kann man die Windgeschwindigkeit der betrachteten Höhe entnehmen (je dichter diese beieinander liegen, um so größer ist die Windgeschwindigkeit). Im praktischen Wetterdienst werden aus den Daten der ↑aerologischen Aufstiege die absoluten Höhen der Hauptdruckflächen 850, 700, 500, 300, 200 und 100 hPa berechnet, in Karten eingetragen und durch Isohypsen im Abstand von 4 zu 4 gpdam analysiert. Diese Druckflächen entsprechen mittleren Höhen von 1 500 m, 3, 5, 10, 12 und 15 km. Mitunter werden auch absolute Topographien der 50-, 10- und 5-hPa-Fläche, entsprechend einer Höhe von 20, 30 und 35 km, gezeichnet.

2. Bei der **relativen T.** ist der Höhenabstand zwischen zwei bestimmten Druckflächen in geopotentiellen Dekametern (gpdam) durch Isohypsen dargestellt. Da dieser Abstand nur von der mittleren ↑virtuellen Temperatur der dazwischenliegenden Luftschicht abhängt, gibt die relative T. die mittlere Temperaturverteilung der betreffenden Schicht wieder und läßt so die Lage von Warm- und Kaltluft erkennen. Für hohe bzw. tiefe Temperaturen erhält man große bzw. kleine Werte der relativen T.; Zentren der Höchstwerte werden mit einem W (warm), Zentren der Tiefstwerte mit einem K (kalt) gekennzeichnet. Im praktischen Wetterdienst ist insbes. die relative T. 500 über 1 000 hPa gebräuchlich. Die im Abstand von 4 zu 4 gpdam gezeichneten Isohypsen entsprechen Unterschieden der virtuellen Temperatur von 2 K. Die Drängungszonen der Isohypsen sind mit der thermischen Frontalzone identisch und geben einen Hinweise auf die Lage der Fronten in der Bodenwetterkarte.

Topoklima, das [griech. tópos = Ort, Stelle]: svw. ↑Geländeklima.

Topoklimatologie, die: svw. ↑Geländeklimatologie.

Tornado, der [engl.-amerik., unter Anlehnung an span. tornar = sich drehen aus span. tornada = Gewitter umgebildet]: kleinräumiger, den Großtromben zugeordneter verheerender Wirbelsturm. T.s *entstehen* meistens in den Staaten des Mittleren Westens der *USA,* v. a. in der warmen Jahreshälfte und in Verbindung mit Gewitterwolken, bevorzugt vor Kaltfronten, an denen trockenkalte Luft von den Rocky Mountains mit feuchtwarmer Luft aus dem Golf von Mexiko zusammentrifft. Dabei bilden sich große Temperatur- und Feuchtegegensätze auf engstem Raum und eine starke Labilität der Luftschichtung. Durch örtlich starke Aufwinde in einem engen Schlauch gerät die aufsteigende Luft in eine Kreisbewegung mit nach innen zunehmender Windgeschwindigkeit, die mehrere hundert Kilometer pro Stunde erreichen kann.

Sichtbares Zeichen der T.s ist ein „Rüssel“, der mit Wassertropfen als Folge der Kondensationsvorgänge bei starkem Druckfall und mit aufgewirbeltem Staub gefüllt ist und sich von der Gewitterwolke in Richtung Erdboden erstreckt. In seinem Bereich treten außerordentlich hohe Vertikal- und Rotationsgeschwindigkeiten auf.

Längs der Zugbahn von T.s (im Mittel 5 bis 10 km, aber auch bis 300 km) bleibt auf einer Breite von einigen hundert Metern bis über einen Kilometer, dem Durchmesser der T.s, eine Schneise der Verwüstung zurück, da Häuser bersten, Bäume entwurzelt und Autos sowie sonstige Gegenstände durch die Luft gewirbelt werden.

Auch in *Mitteleuropa* treten gelegentlich derartige kleinräumige Wirbelstürme auf.

Torr, das [nach E. Torricelli]: ältere Einheit des Luftdrucks; der 760. Teil einer physikalischen Atmosphäre; 1 Torr entspricht 1 mm Hg (↑Millimeter Quecksilbersäule).
1 Torr ≙ 1,3332 mbar = 133,3224 Pa. Die Verwendung von Torr und mm Hg ist nach dem „Gesetz über Einheiten im Meßwesen" in der BR Deutschland im amtlichen und geschäftlichen Verkehr seit 1. Januar 1978 nicht mehr zulässig.

Totalisator, der [aus frz. totalisateur, zu frz. totaliser = alles addieren]: in der Meteorologie Bez. für einen ↑Niederschlagssammler.

Total-totals-Index ['toʊtl'toʊtlz... ‖ engl. total = Gesamtsumme, Gesamtbetrag ‖ Abk.: TT]: Maßzahl (Labilitätsindex) zur Beurteilung der Labilität/Stabilität der Schichtung der Atmosphäre. Der Index wird aus der Summe von sog. **Vertical totals** (Differenz zwischen den Temperaturen der 850- und 500-hPa-Fläche) und sog. **Cross totals** (Differenz zwischen Taupunkt der 850- und Temperatur der 500-hPa-Fläche) gebildet. Er reagiert besonders auf Labilität infolge Höhenabkühlung, weil die 500-hPa-Temperatur mit doppeltem Gewicht eingeht.
Mit dem TT werden insbes. Gewitter mit großer Vertikalerstreckung angezeigt, bei denen mit Starkniederschlägen bzw. Hagel zu rechnen ist. In Mitteleuropa kommt es ab Werten von 44 zu einzelnen, ab 55 zu zahlreichen und schweren Gewittern.

Totluftzone: der Bereich beim Überströmen eines Hindernisses, in dem die Windgeschwindigkeit wesentlich geringer ist als die Geschwindigkeit der von dem Hindernis unbeeinflußten Strömung.

Tracer, der ['trɛɪsə ‖ engl. = Aufspürer]: Substanz, die z. B. abgelassen wird, um den Weg der bodennahen Luftströmung bei austauscharmen Wetterlagen sowie die Verdünnung der Schadstoffkonzentration zu verfolgen. Der Einsatz erfolgt u. a. für die Verifizierung von Ausbreitungsmodellen.

Trade winds, die (Mehrz.) ['trɛɪd‚wɪndz ‖ ohne Einz. ‖ engl. ‖ Syn.: Handelswinde]: aus der Zeit der Segelschiffahrt stammende Bez. für die beständig wehenden Passate (↑Passat).

Trägheit: bei *meteorologischen Meßinstrumenten* die zu Meßfehlern führende zeitliche Verzögerung in der Einstellung des im allg. thermischen oder Strahlungsgleichgewichts aufgrund des schlechten Wärmeübergangs zwischen Meßfühler und umgebender Luft. Für die Temperaturmessung bedeutet dies, daß der vom Thermometer angezeigte Wert hinter der im Augenblick der Ablesung tatsächlich herrschenden Temperatur ständig nachhinkt **(thermische T.).** Kurzperiodische Temperaturschwankungen können daher von einem Thermometer mit großer T. nicht wahrgenommen werden.
Die thermische T. hängt von der Masse, der ↑spezifischen Wärmekapazität, der Oberfläche und dem Wärmeübergang des Thermometers ab. Geringe thermische T. haben ↑Thermoelemente und Platinwiderstandsthermometer (↑Widerstandsthermometer).
Thermische T. einiger Instrumente:
Quecksilberthermometer 50–60 s
Bimetallthermograph 20–30 s
Thermoelement 0,1–3 s

Trägheitsfehler: durch die ↑Trägheit von Meßfühlern verursachte Meßfehler.

Trägheitsströmung: die Strömung einer Flüssigkeit oder eines Gases, auf deren Masse keine äußeren Kräfte (also auch keine Reibung) einwirken, so daß die weitere Bewegung nur von der Trägheit der beteiligten Masse bestimmt wird.
Im absoluten Raum würde sich eine solche Bewegung geradlinig mit unveränderter Geschwindigkeit fortsetzen. Auf der rotierenden Erde tritt jedoch die Coriolis-Kraft hinzu; sie bewirkt, daß jede Strömung nach rechts abgelenkt wird. Die Rechtsablenkung ist proportional der Strömungsgeschwindigkeit, außerdem ist sie aber auch von der geographischen Breite abhängig.
Theoretische Überlegungen führen zu dem Ergebnis, daß eine T. auf der Erde genau eine Kreisbahn (wegen der

Rechtsablenkung im antizyklonalen Sinne) durchläuft, den sog. **Trägheitskreis.** Sein Radius ist gleich der Geschwindigkeit, dividiert durch den Coriolis-Parameter. Da letzterer am Äquator gleich null ist, ist der Radius des Trägheitskreises dort unendlich groß, d. h., die T. verläuft geradlinig. Mit zunehmender geographischer Breite wird der Radius kleiner. So beträgt er z. B. für eine Geschwindigkeit von 5 m/s in 30° Breite 69 km, in 50° Breite 45 km, in 70° Breite 36,5 km, für eine Geschwindigkeit von 20 m/s in den gleichen geographischen Breiten 275, 180 bzw. 146 km.

Trägheitswellen: Wellen in großräumigen Strömungen, die dadurch entstehen, daß eine ↑Trägheitsströmung, die einen Trägheitskreis zu durchlaufen sucht, einer vom allg. Luftdruckgradienten bestimmten Strömung überlagert wird.

Solche Wellen hat man z. B. bei der Untersuchung von Strahlströmen gefunden, bei denen die Abstände von einzelnen Windmaxima in Strömungsrichtung als Wellenlänge gedeutet werden konnten, die mit der Größe des Trägheitskreises in Übereinstimmung stand. Auch die bei der gegenseitigen Adaptation von Wind- und Luftdruckfeld auftretenden Wellen sind z. T. als T. anzusehen. T. hat man außerdem bei der Untersuchung von Meeresströmungen entdeckt.

Trajektorie, die [zu spätlat. traiector = Durchdringer ‖ Syn.: Luftbahn]: die Bahn eines individuellen Luftteilchens während eines längeren Bewegungsablaufs. Eine T. verbindet alle Orte, die ein Teilchen während seiner Bewegung einmal berührt hat. Dabei kann eine T. sich selbst oder die T. eines anderen Teilchens schneiden, da die Kreuzungspunkte zu verschiedenen Zeiten von den Teilchen durchlaufen werden.

Die angenäherte Konstruktion von T.n setzt voraus, daß eine zeitlich dichte Folge von Wetterkarten vorliegt, z. B. im Abstand von 6 Stunden. Man verfolgt dazu in einer Karte die Verlagerung eines Teilchens bis zur Mitte des Zeitraums zwischen dem Termin dieser und dem der nächsten Karte, also für die nächsten drei Stunden. Auf der folgenden Karte sucht man den Endpunkt der Verlagerung des Teilchens aus der vorhergehenden Karte und verfolgt wiederum die Verlagerung bis zur Mitte des nächsten Zeitintervalls (also von 3 Stunden vor bis 3 Stunden nach dem Termin der Karte). Dabei muß allerdings angenommen werden, daß das Teilchen vertikal keine wesentlichen Bewegungen ausführt.

Wegen der Kompliziertheit der Konstruktion werden T.n selten bestimmt. Man verwendet sie, wenn die Herkunft der Teilchen in atmosphärischen Gebilden (z. B. Tiefdruckgebieten) dargestellt werden soll. Neuerdings haben sie erheblich an Bedeutung gewonnen, da sie zur Untersuchung der Herkunft und der weiteren Verfrachtung von Luftverunreinigungen verwendet werden können.

Tramontana, die: italien. Name für den über das Gebirge (Alpen) kommenden N-Wind.

translucidus [lat. = durchsichtig]: adjektivischer Zusatz zu den Namen der Wolkengattungen Altocumulus, Altostratus, Stratocumulus und Stratus mit der Bedeutung „durchscheinend". Wolken der Unterart t. bilden ausgedehnte Flecke, Felder oder Schichten, die so durchsichtig sind, daß Sonne oder Mond zu erkennen sind. – ↑auch Wolkenklassifikation.

Transmission, die [aus lat. transmissio = Übersendung, Übertragung]:

◇ die Durchlässigkeit der Atmosphäre für Strahlung in bestimmten Spektralbereichen, insbes. für die infrarote ↑terrestrische Strahlung zwischen 8 und 13 μm (↑atmosphärische Fenster). Die T. wird meist in % ausgedrückt.

Die komplementäre Eigenschaft der Atmosphäre ist die ↑Absorption.

◇ [Syn.: Luftverfrachtung]: die Ausbreitung von Schadstoffen in der Atmosphäre vom Entstehungsort (Emission) zum Einwirkungsort (Immission); umfaßt alle Vorgänge, durch die Luftbeimengungen unter dem Einfluß meteorologischer oder anderer physikalischer bzw. chemischer Prozesse in der Atmosphäre transportiert oder verändert werden.

Transmissionsgrad: das Verhältnis des Strahlungsflusses vor und nach dem

Durchgang durch ein absorbierendes Medium (z. B. die Atmosphäre).

Transmissometer, das [↑Transmission und ↑-meter]: Gerät zur Messung der Lichtdurchlässigkeit der Atmosphäre, v. a. zur Ermittlung der ↑Landebahnsicht. Bestimmt wird der durch Extinktion an Trübungspartikeln verursachte Lichtverlust. Dazu wird z. B. der Strahl einer Lichtquelle mittels eines Strahlteilers in zwei Strahlen geteilt, von denen der eine die Atmosphäre auf einer etwa 50 bis 75 m langen Meßstrecke durchläuft, an einem Spiegel reflektiert wird und auf demselben Weg zurück auf eine Photozelle gelangt, während der andere Strahl direkt auf die Photozelle geleitet wird und als Vergleichsstrahl dient. Aus dem Verhältnis der registrierten Intensitäten läßt sich die Lichtdurchlässigkeit der Atmosphäre und damit die Sichtweite bestimmen.

Transparenz, die [zu mlat. transparere = durchscheinen]: die Lichtdurchlässigkeit der Atmosphäre. – ↑auch Trübung.

Transpiration, die [zu lat. trans = jenseits, über – hinaus und lat. spirare = wehen, atmen]: bei *Pflanzen* die Abgabe von Wasserdampf (Verdunstung) an die Atmosphäre. – ↑auch Evapotranspiration.

Transportgleichung [frz. transport = Transport, zu lat. transportare = hinüberbringen]: Gleichung, die den Transport von Beimengungen in der Atmosphäre in Abhängigkeit von einem gegebenen Windfeld beschreibt.

Besondere Bedeutung haben in den letzten Jahren T.en erlangt, die zur Berechnung der Ausbreitung von Luftverunreinigungen und Schadstoffen dienen. Dabei wird nicht nur der in Windrichtung vor sich gehende Transport berechnet, sondern auch die durch turbulente Vorgänge verursachte seitliche Durchmischung und Ausbreitung einbezogen.

Treibeis: lose, auf Flüssen, Seen oder Meeren treibende Eisschollen. – ↑auch Packeis.

Treibhauseffekt: svw. ↑Glashauseffekt.

TREND-Meldung [engl. trend = Entwicklungstendenz]: Entwicklungsvorhersage, mit der im *Flugwetterdienst* flugbetrieblich wichtige Änderungen des aktuellen Wetterzustandes vorhergesagt werden. Die T.-M. wird durch eines der folgenden Kennworte eingeleitet, die auf Art und Schnelligkeit der voraussichtlichen Änderung des nachfolgend gemeldeten meteorologischen Elements (Wind, Sicht, Wetterzustand, Wolken) zum angegebenen Zeitpunkt hinweisen:

GRADU (von engl. gradual = allmählich): allmähliche Änderung;
RAPID (von engl. rapid = rasch): rasche Änderung;
INTER (von engl. intermittent = mit Unterbrechungen): kurzdauernde Änderung;
TEMPO (von engl. temporary = zeitweilig): zeitweilige Änderung;
TEND (von engl. tendency = Tendenz): Entwicklungstendenz.

T.-M.en sind in der Lande-, Flughafen- und Streckenwettervorhersage enthalten und werden der aktuellen Bodenwettermeldung für die Luftfahrt (↑METAR-Code) angefügt. Werden keine (engl. no) signifikanten (sig) Änderungen der beobachteten Wetterelemente erwartet, wird als Entwicklungsvorhersage **NOSIG** gemeldet.

Trift: svw. ↑Drift.

Tripelpunkt [aus frz. triple = dreifach, von gleichbed. lat. triplus ‖ Syn.: Dreiphasenpunkt]: der bezüglich Druck und Temperatur eindeutig bestimmte Punkt im Zustandsdiagramm (p-T-Diagramm) einer chemisch einheitlichen Substanz, in dem ihr fester, flüssiger und gasförmiger Aggregatzustand gleichzeitig nebeneinander bestehen und in dem alle drei Phasen in stabilem Gleichgewicht sind. Der T. ist gemeinsamer Schnittpunkt der jeweils zwei Phasen trennenden Dampfdruck-, Schmelz- und Sublimationskurve.

Der T. des Wassers, bei dem Gleichheit des Dampfdrucks über Eis und über Wasser herrscht, liegt bei 0,0100 °C und 6,112 hPa Dampfdruck und dient als Fixpunkt der Internat. Praktischen Temperaturskala.

Trockenadiabate, die: Kurve in einem Adiabatenpapier, auf der die Werte für Druck und Temperatur bei adiabatischen Prozessen (ohne Wärmeaustausch mit der Umgebung) liegen, solange keine Kondensation eintritt. Solche **trockenadiabatischen Prozesse** entstehen in der Atmosphäre bei Vertikalbewegungen eines Luftquantums infolge Turbulenz, Konvektion, Auf- und Absteigen bzw. Absinken. – ↑auch Feuchtadiabate.

trockenadiabatischer Temperaturgradient: die Ab- bzw. Zunahme der Temperatur eines trockenadiabatisch aufsteigenden bzw. absinkenden Luftquantums. Sie beträgt 1 K pro 100 m Höhenunterschied. – ↑auch feuchtadiabatischer Temperaturgradient.

trockene Deposition ↑Deposition.

trockener Dunst: ↑Dunst bei einer relativen Luftfeuchte von unter 80%. T. D. besteht im allg. aus einer Mischung von ungesättigten Wassertröpfchen, Staub, Rauch, Sand und Schmutzteilchen.

trockenes Thermometer: konventionelles Thermometer zur Messung der Lufttemperatur; neben dem feuchten Thermometer eines der beiden Hauptbestandteile des ↑Psychrometers.

Trockengebiete: Gebiete der Erde, in denen die mittlere jährliche Verdunstungshöhe größer als die Niederschlagshöhe ist; die Vegetation entspricht den Klimaverhältnissen (Wüste, Steppe, Savanne, Trockenwald u. a.).

Trockengrenze [Syn.: Ariditätsgrenze]: in der *Klimatologie* die Grenze zwischen den Gebieten ariden bzw. semiariden Klimas (Verdunstungshöhe ständig oder überwiegend größer als die Niederschlagshöhe) und den Gebieten humiden bzw. semihumiden Klimas (Vorherrschen von Niederschlag und Dauerabfluß). Über die Verdunstung hängt die T. von der Temperatur ab.

Die T. läßt sich durch physiographische Methoden auf kleinmaßstäblichen Karten relativ genau festlegen.

Trockengürtel: die Trockengebiete der Erde beiderseits des nördlichen und südlichen Wendekreises im Bereich der randtropisch-subtropischen Hochdruckgürtel, in denen aufgrund des vorherrschenden Absteigens der Luft nur sehr geringe Niederschlagshöhen verzeichnet werden.

Trockenheitsindex: svw. ↑Ariditätsfaktor.

Trockeninsel: inselartig in einem relativ niederschlagsreichen Gebiet gelegener Raum, der im Vergleich zu seiner weiteren Umgebung nur geringe Niederschlagshöhen verzeichnet; vielfach durch die Lage im Lee von Gebirgen bedingt.

Trockenklimate: in der ↑Köppen-Klimaklassifikation die Hauptgruppe der B-Klimate, die durch eine von Temperatur und Niederschlagsverteilung abhängige Trockengrenze bestimmt sind.

trockenlabil: nennt man eine bestimmte Art der Luftschichtung (↑Schichtung).

Trockenmonat: Monat mit ariden Klimabedingungen. Der jeweils für einzelne Regionen sehr unterschiedlich aus dem Verhältnis von Temperatur- und Niederschlagswerten definierte Begriff ist auf andere Gebiete nicht übertragbar. Im Bereich der BR Deutschland wird z. B. ein Monat mit einer mittleren Niederschlagshöhe von weniger als 50 mm als T. bezeichnet (Klimaatlanten der Bundesländer).

Eine objektive Bewertung der Aridität ermöglicht dagegen die ↑klimatische Wasserbilanz.

Trockenperiode: Zeitraum mit ausgeprägter trockener Witterung. Kriterien hinsichtlich Mindestlänge bzw. Temperatur-, Niederschlagswerten usw. sind nicht einheitlich definiert; sie beziehen sich vielmehr auf den Wasserbedarf einzelner Bereiche (Land-, Forstwirtschaft, Wasserwirtschaft, Binnenschiffahrt u. a.).

trockenstabil: nennt man eine bestimmte Art der Luftschichtung (↑Schichtung).

Trockentag: Tag ohne Niederschlag (einschl. Nebel und Tau) sowie mit geringer relativer Luftfeuchte.

Trockenthermik: svw. ↑Blauthermik.

Trockenwaldklima: das Klima im Bereich des Trockenwaldes (regengrüner, lichter Wald) der wechselfeuchten Tropen und Subtropen mit fünf bis sieben ariden Monaten im Jahr.

Trockenzeit: die zwischen den ↑Regenzeiten liegende niederschlagsarme oder -freie Jahreszeit der wechselfeuchten Tropen (im Winter; mit zunehmender Entfernung vom Äquator ausgeprägter) und Subtropen (teils im Sommer, z. B. ↑Etesienklima, teils im Winter, Monsungebiete).

Trog: Gebiet tiefen Luftdrucks innerhalb der Rückseitenströmung eines kräftigen, bereits zu altern beginnenden Tiefdruckgebietes. Der aus hochreichender Kaltluft bestehende T. wandert meist in einem bestimmten Abstand hinter der Kaltfront her.

Tröge zeichnen sich durch lebhafte Schauertätigkeit und starke bis stürmische Winde aus, die an der tiefsten Stelle des T.s, der **T.achse** oder **T.linie,** am kräftigsten ausgeprägt sind. Als hochreichendes Druckgebilde ist der **Höhen-T.** in der überwiegend westlichen Strömung der absoluten Topographien als zyklonales Wellental zu erkennen. Es wird unterschieden zwischen dem schnell wandernden **Kurzwellen-T.** und dem langsamer wandernden **Langwellentrog.**

Quasistationäre Höhentröge bestimmen oft für längere Zeit die Witterung größerer Gebiete (↑Troglage).

Trogachse: svw. Troglinie (↑Trog).

Troglage: durch einen ↑Trog gekennzeichnete Wetterlage. Als Großwetterlagen sind zwei typische T.n definiert, die oft für mehrere Tage die Witterung Mitteleuropas nachhaltig beeinflussen:

Beim **Trog über Westeuropa** (Abk.: **TRW**) verläuft die Trogachse vom westlichen Nordmeer über die Britischen Inseln nach Spanien; Mitteleuropa liegt auf der Vorderseite des Trogs in einer südlichen bis sw. Höhenströmung, in der einzelne Störungen mitgeführt werden. Die Witterung ist meist unbeständig, aber nicht durchweg unfreundlich; im Sommer oft schwülwarm und gewittrig mit ergiebigen Niederschlägen; auch im Winter Regen und mild; im Ostalpenraum zeitweise föhnig.

Beim **Trog über Mitteleuropa** (Abk.: **TRM**) verläuft die Trogachse vom Nordmeer zum westlichen Mittelmeer; dabei liegt Mitteleuropa im Bereich tiefen Luftdrucks und hochreichender Kaltluft. An ihrem Rand wandern Störungen über Frankreich zum Mittelmeer und schwenken von dort nach NO, überqueren unter Intensitätszunahme die Alpen und beeinflussen insbes. das östliche Mitteleuropa. Die Witterung ist unbeständig; häufige, im W meist schauerartige Niederschläge, im Winter Schnee; im O ausgedehnte, ergiebige Niederschläge; überwiegend naßkalt, im Winter im O vorübergehend mild.

Troglinie ↑Trog.

Trogsteuerung: die durch einen großräumigen Höhentrog ausgeübte Steuerung, bei der die Luftdruckänderungsgebiete auf einer U-förmigen Bahn wandern.

Bei der Wanderung sind im allg. typische Veränderungen an den Druckänderungsgebieten zu beobachten. So tritt an der W-Seite eines Höhentrogs meist eine Abschwächung von Druckfallgebieten und eine Verstärkung von Drucksteiggebieten, also ein überlagerter Druckanstieg, ein. Wenn die Änderungsgebiete den Trog im S umrundet haben, kommt es dann zu einer Verstärkung der Druckfallgebiete und einer Abschwächung der Drucksteiggebiete an der O-Seite des Höhentrogs.

Trombe, die [aus frz. trombe, von italien. tromba, eigtl. = Trompete]: räumlich eng begrenzter Wirbelsturm von unterschiedlicher Größenordnung; um eine vertikale Achse rotierende Luftsäule. **Klein-T.n,** zu denen **Sand-** oder **Staubhosen** sowie **Sand-** oder **Staubteufel (Sanddevil, Dust-devil)** zählen, sind kurzlebig und von geringer vertikaler Ausdehnung. Bei starker lokaler Überhitzung (hpts. in Wüstengebieten, im Sommer auch in unseren Breiten) steigen Konvektionsblasen unter Rotation vom Erdboden auf, wobei sie Sand und Staub mehrere Meter hoch aufwirbeln; sie wandern eine kurze Strecke und brechen dann wieder zusammen.

Bei **Groß-T.n,** die v. a. in vegetationsarmen Trockengebieten, aber auch über Wasserflächen der wärmeren Zonen und in Mitteleuropa auftreten, setzt die Wirbelbildung in höheren, warmfeuchten und labilen Luftschichten ein, in denen kräftige Konvektion herrscht. Groß-T.n „wachsen“ als trichter- oder schlauchförmige Gebilde aus einer Wolke heraus, erreichen schließlich die Erdoberfläche und wirbeln große Mengen Sand, Staub und Gegenstände **(Windhose)** oder Wasser **(Wasserhose)** auf. Sie können dabei erhebliche Schäden verursachen. Der Durchmesser von Groß-T.n beträgt meist 100 bis 200 m. In ihrem Bereich treten in extremen Fällen Windgeschwindigkeiten von 50 bis 100 m/s (180 bis 360 km/h) auf. Während ihrer Lebensdauer von durchschnittlich 10 bis 30 Minuten legen die meisten Groß-T.n nur einige Kilometer zurück. Zu den Groß-T.n zählt auch der ↑Tornado.

-trop [zu griech. tropḗ = Wende, Kehre, Wendung]: letzter Wortbestandteil von Adjektiven mit der Bedeutung „gerichtet auf"; z. B. barotrop.

Tropen, die (Mehrz.) [ohne Einz. ‖ aus griech. tropaí (hēlíou) = Sonnenwende, also eigtl. = Wendekreise ‖ Abl.: tropisch]: die zwischen den Wendekreisen (bei 23° 27′ n. Br. bzw. s. Br.) gelegene *solare Klimazone,* die etwa 40% der gesamten Erdoberfläche umfaßt. Die T. sind dadurch gekennzeichnet, daß die Sonne zweimal im Jahr im Zenit steht, am Äquator jeweils am 21. März und 23. September, zu den Wendekreisen hin in immer kürzeren Abständen, über den Wendekreisen jeweils nur einmal.
Aufgrund der v. a. in den äquatornahen Bereichen intensiven Sonneneinstrahlung während des ganzen Jahres, die zu einer starken Verdunstung besonders über den tropischen Ozeanen führt, wirken die T. entscheidend auf den Wärme- und Wasserhaushalt des Systems Erde–Atmosphäre ein. Der Haupttransport latenter und fühlbarer Wärme erfolgt in der ↑äquatorialen Tiefdruckrinne im Zusammenhang mit starker Konvektionsbewölkung (↑auch Cloud-cluster) von der Erdoberfläche in die hohe tropische Atmosphäre.
Im *klimatologischen* Sinne versteht man unter T. die Gebiete beiderseits des Äquators (aufgrund unterschiedlicher Abgrenzungskriterien nicht unbedingt mit den strahlungsklimatischen T. identisch), in denen ↑Tropenklima herrscht.

Tropenklima: das Klima am Äquator und beiderseits des Äquators mit beständig hohen Temperaturen (außerhalb der Gebirge, in denen thermische Höhenstufen ausgebildet sind) aufgrund der ganzjährig intensiven Sonneneinstrahlung. Die Jahresschwankungen der Lufttemperatur sind daher äußerst gering (keine thermischen Jahreszeiten), die Tagesschwankungen infolge nächtlicher Abkühlung dagegen relativ groß. Man spricht deshalb von **Tageszeitenklima.**
Für die jahreszeitliche Differenzierung und die Gliederung der tropischen Gebiete sind die Niederschlagsverhältnisse maßgebend. Durch die den Sonnenhöchstständen folgenden ↑Zenitalregen, die sich aus der Konvektion im Bereich der ↑innertropischen Konvergenz ergeben, ist in den **inneren Tropen** (bis etwa 10° n. Br. und s. Br.) eine doppelte Regenzeit (ohne ausgeprägte Trockenzeit) mit Maxima nach den Tag- und Nachtgleichen (Äquinoktialregen) ausgebildet. Diese **immerfeuchten Tropen** erhalten die größten Niederschlagshöhen auf der Erde.
Mit Annäherung an die Wendekreise und dem zeitlichen Zusammenrücken der Sonnenhöchststände in den **äußeren** oder **wechselfeuchten Tropen (Randtropen)** geht das doppelte Niederschlagsmaximum in eine einfache sommerliche Regenzeit über (Solstitialregen, zu denen auch die Monsunregen Süd- und Südostasiens gehören), die mit einer zunehmend ausgeprägten Trockenzeit wechselt (passatische Trockenheit aufgrund der winterlichen Verlagerung der randtropisch-subtropischen Hochdruckgürtel äquatorwärts).

Tropentag: veraltet für ↑heißer Tag.

Tropfendurchmesser: Durchmesser von Wolken-, Nebel-, Sprühregen- und Regentropfen. Im Mittel ergeben sich folgende Werte:

Tropfenart	Tropfendurchmesser (in mm)
Wolkentröpfchen	<0,01–0,02
Nebeltröpfchen	0,01–0,10
Sprühregentropfen	0,10–0,50
Regentropfen	0,50–5,00

Die Durchmesser der Tropfenarten variieren im Einzelfall sehr stark; so können

z. B. die Wolkentropfen in Cumulonimben Durchmesser bis 0,3 mm erreichen. Typische Regentropfen besitzen Durchmesser von 1 bis 2 mm (Fallgeschwindigkeit 6–8 m/s). Der kritische Wert beim Regentropfendurchmesser liegt bei 5–6 mm; die Regentropfen brechen dann beim Fallen durch den Luftwiderstand auseinander. Bei Durchmessern über 1 mm verlieren sie ihre sphärische Form. Die T. hängen hpts. von der Wasserdampfübersättigung, vom Wachstum der Kondensationskerne, von der Stärke der vertikalen Luftbewegung, von der Lufttemperatur und von der Verweildauer der Tropfen in der Wolke ab. – ↑auch Fallgeschwindigkeit, ↑Tropfenkonzentration, ↑Tropfenspektrum.

Tropfenkonzentration: Anzahl der Wolkentropfen pro cm^3; schwankt je nach Wolkengattung zwischen rund $70/cm^3$ (Cumulonimbus) und $500/cm^3$ (Altostratus, Stratocumulus); in Extremfällen können Werte von mehr als $600/cm^3$ erreicht werden (gemessen in Stratus).

Tropfenspektrum: die Größenverteilung der Nebel-, Wolken-, Sprühregen- und Regentropfen im allgemeinen, speziell die Häufigkeitsverteilung von Tropfen unterschiedlicher Größe.
Wolkentröpfchen verschiedener Wolkengattungen treten insgesamt am häufigsten mit Durchmessern um 0,01 mm (= 10 µm) auf. Bei Regentropfen liegt der Durchmesser in unseren Breiten am häufigsten bei etwa 1,3 mm, in den Tropen bei etwa 2,7 mm (sekundäres Maximum bei etwa 1,5 mm).

Tropfenzähler [Syn.: Tropfer]: Meßfühler zur digitalen Erfassung der Niederschlagsmenge im Niederschlagsschreiber. Das Meßprinzip des T.s beruht auf der Ausnutzung der Adhäsionskräfte zwischen einem Wassertropfen und der Wandung einer Abtropfdüse. Am Auffangtrichter ist eine Fassung für den Tropfengeber mit Einlaufsieb angebracht. Nach dem Ablösen durchfallen die durch den Tropfengeber künstlich gebildeten Tropfen eine Lichtschranke (Photozelle), mit deren Hilfe Zählimpulse erzeugt werden.

Tropikluft [zu ↑tropisch]: warme, aus südlichen (subtropischen) Breiten stammende Luftmassen, die meist als **maritime T.** (Abk.: **mT**) im Warmsektor wandernder Tiefdruckgebiete Mitteleuropa erreichen. **Kontinentale T.** (Abk.: **cT**) wird mit S- bis SO-Winden von der Sahara bzw. Südosteuropa herangeführt. **Gemäßigte T.** ist nach R. Scherhag eine Luftmasse, die einem Hochdruckgebiet über dem nö. Atlantik (maritim) bzw. Mitteleuropa (kontinental) entstammt. – ↑auch Luftmassenklassifikation.

tropisch [zu ↑Tropen]: auf die Tropen bezogen, aus den Tropen stammend, für die Tropen charakteristisch.

tropische Ostwinde ↑Urpassat.

tropische Tiefdruckgebiete: Tiefdruckgebiete unterschiedlicher Intensität in den Tropen, die aus wellenartigen Störungen an der innertropischen Konvergenz entstehen oder aus Störungen, die aus der Westwindzone in die tropische Zirkulation einbezogen werden. Für den *Nordatlantik* und den *nö. Pazifik* unterscheidet man verschiedene *Entwicklungsstufen:*

1. **tropische Tiefdruckstörung:** ist durch polwärts ausgebuchtete Isobaren gekennzeichnet (↑auch Easterly waves). Die Ausbuchtung enthält eine Konvergenzlinie, die mit einem parallelen, weiter östlich gelegenen Wolkenfeld gekoppelt ist;
2. **tropische Depression:** zeigt in den bodennahen Schichten eine geschlossene zyklonale Strömung (mindestens eine geschlossene Isobare), deren Wolkenfeld im Innern die Form eines Kommas annimmt. Die Windstärke beträgt höchstens 61 km/h (Beaufortgrad 7);
3. **tropischer Sturm:** gekennzeichnet durch Windgeschwindigkeiten von 62 bis 117 km/h (Beaufortgrad 8 bis 11). Der Kern ist vollkommen von Wolken bedeckt; um das zentrale Wolkenfeld beginnen sich spiralförmige Wolkenfelder auszubilden;
4. **tropischer Orkan:** intensives Orkantief mit Windgeschwindigkeiten von mehr als 118 km/h oder Beaufortgrad 12 (↑tropische Wirbelstürme).

tropische Wirbelstürme: heftige, orkanartige Wirbelstürme der Tropenzone, häufig mit Windgeschwindigkeiten von 200 km/h und mehr.

T. W. entstehen nur über warmen Meeresgebieten, also auf der Nordhalbkugel vorwiegend im Sommer und frühen Herbst, jedoch nicht in unmittelbarer Nähe des Äquators, da eine ausreichende Coriolis-Beschleunigung wirksam sein muß. Sie haben in der Regel einen Durchmesser von etwa 500 km und damit eine geringere Ausdehnung als die Tiefdruckgebiete der Mittelbreiten.
In ihrem Zentrum weisen t. W. eine 10 bis 30 km breite Zone auf, in der der Wind schwach ist und die Wolkendecke aufgrund absinkender Luftbewegung aufreißt, das sog. **Auge.**
In einer bis 200 km breiten Zone um das Auge erreichen die Windgeschwindigkeiten volle Orkanstärke. Aus mächtig aufgetürmten Wolkenmassiven (Cumulonimben) fallen sintflutartige Niederschläge, mitunter 500 bis 1 000 mm in wenigen Stunden.
An der Küste bilden meterhohe Flutwellen der aufgepeitschten See eine zusätzliche Gefahr. Beim relativ seltenen Übertritt auf das Festland richten die t.n W. oft große Zerstörungen an, verlieren aber dann rasch an Energie und lösen sich auf.
In bestimmten, geographisch bevorzugten Gebieten ihres Auftretens werden t. W. mit unterschiedlichen Namen bezeichnet: **Hurrikan** im Bereich des Karibischen Meeres, der Westindischen Inseln und des Golfs von Mexiko; **Taifun** in den Gewässern Chinas und Japans; **Baguio** im Bereich der Philippinen; **Zyklon** im Golf von Bengalen; **Mauritiusorkan** im südlichen Indischen Ozean; **Willy-Willy** in Australien.

Tropopause, die [Kurzbildung aus ↑Troposphäre und griech. paûsis = Beendigung]: die Obergrenze der Troposphäre, charakterisiert durch eine sprunghafte Änderung des vertikalen Temperaturgradienten, der von dem in der Troposphäre üblichen mittleren Betrag von −6,5 K/km plötzlich auf eine leichte Temperaturzunahme, eine Isothermie bzw. nur geringe Temperaturabnahme von 2 K/km oder weniger zurückgeht.
Die Höhe der T., die zwischen 8 und 17 km schwanken kann, ist von der geographischen Breite, der Jahreszeit und von der Wetterlage abhängig. Allg. gilt die Regel, daß die T. um so höher liegt, je wärmer im Mittel die Troposphäre ist. Gleichzeitig ist die T., wegen des sich in der Troposphäre mit der Höhe fortsetzenden Temperaturrückgangs, um so kälter, je höher sie liegt. Umgekehrt ist über einer kalten Troposphäre immer eine niedrige T. mit relativ hohen Temperaturen (bis etwa −45 °C) anzutreffen.
Da im Einzelfall die T. nicht immer klar und eindeutig ausgeprägt ist, sah sich die Weltorganisation für Meteorologie veranlaßt, für die Praxis (insbes. für den Flugwetterdienst) eine verbindliche Definition herauszugeben. Diese lautet, daß die T. in der niedrigsten Höhe liegt, von der ab der Temperaturabfall auf 2 K/km oder weniger zurückgeht. Falls darüber der mittlere Temperaturabfall innerhalb eines Höhenintervalls von 1 km wieder größer als 3 K/km wird, wird eine zweite T. definiert, sobald das erste Kriterium (Abfall um 2 K/km oder weniger) wieder erfüllt ist.
Global gesehen, bildet die T. nicht immer eine einheitliche Fläche; es können „Brüche" und auch „blättrige Strukturen" vorkommen. Typisch ist ein T.nbruch an der Grenze zwischen zwei Luftmassen mit stark unterschiedlichen Temperaturen, meist im Bereich der Polarfront und eines gut ausgeprägten Strahlstroms. Hier endet im allg. die hoch liegende T. der subtropischen Warmluft, und es setzt – meist etwas überlappend – die über der Polarluft relativ niedrig liegende polare T. ein.
Zu großen Deformationen der T. kommt es oft bei Wetterentwicklungen, die mit starken Vertikalbewegungen verbunden sind. Dabei kann in kräftigen Höhentiefdruckgebieten die T. trichterförmig nach unten in den Tiefkern hineinragen; man spricht dann von einem **Tropopausentrichter.**

Tropopausentrichter: trichterförmige Ausbuchtung der ↑Tropopause.

Troposphäre, die [Kurzbildung zu griech. tropḗ = Kehre, Wende und ↑Atmosphäre (bezogen auf die ständig auf- und absteigenden Luftströme in dieser

Schicht)]: das unterste Stockwerk der Atmosphäre, in dem sich die wechselhaften Wettervorgänge abspielen. Die T. reicht bis zu der in Höhen zwischen 8 und 17 km liegenden ↑Tropopause.
Die T. ist gekennzeichnet durch einen im Durchschnitt etwa 6,5 K/km betragenden Temperaturrückgang mit der Höhe, der im Einzelfall stark schwanken kann, aber nur gelegentlich von dünnen Schichten mit Temperaturzunahme (Inversionen) unterbrochen wird.
In der T., die bereits etwa drei Viertel der Atmosphärenmasse umfaßt, ist fast der gesamte Wasserdampf der Atmosphäre enthalten. Wolkenbildung, Niederschläge und sonstige mit dem Wasserdampfgehalt in Verbindung stehende Wettererscheinungen sind deshalb – bis auf wenige Ausnahmen (↑Perlmutterwolken) – auf die T. beschränkt. Hierbei ist bedeutsam, daß der vorhandene vertikale Temperaturgradient eine vertikale Durchmischung der T. und eine Vielfalt von Wettererscheinungen begünstigt.
Häufig wird die unterste Schicht der T., in der der Einfluß der Erdoberfläche eine besondere Rolle spielt, als gesonderte Schicht betrachtet (↑Reibungsschicht, ↑Grundschicht, ↑atmosphärische Grenzschicht).

trüber Tag: Tag mit einer mittleren Bewölkung von mehr als 6,4 Achtel (↑Bedeckungsgrad); wurde früher bei Verwendung einer zehnteiligen Skala von 0 (wolkenlos) bis 10 (bedeckt) mit mehr als 8,0 Zehntel (entspricht 80% der sichtbaren Himmelsfläche) definiert.

Trübung [Syn.: Lufttrübung]: Verringerung der Lichtdurchlässigkeit der Atmosphäre durch Staubteilchen (trockener Dunst) und Dunst- bzw. Wassertröpfchen (feuchter Dunst), die eine erhöhte Absorption und Streuung der Sonnen- und Himmelsstrahlung verursachen und im Gegensatz zu einer reinen Atmosphäre (↑Rayleigh-Streuung, ↑Himmelsblau) eine mehr weißliche Himmelsfarbe bewirken. Die T. der Atmosphäre, an der v.a. Aerosolteilchen mit Radien zwischen 0,1 µm und 1 µm beteiligt sind, wird zu einem wesentlichen Teil durch die T. der Stratosphäre (↑stratosphärische Aerosolschicht) mitbestimmt.
Die horizontale Sicht wird hpts. durch Teilchen um 0,3 µm beeinträchtigt. Starke T.en der Atmosphäre treten innerhalb der Dunstglocken über Großstädten und Industrieballungsräumen auf oder begleiten Staubstürme in bestimmten Gegenden der Erde. – ↑auch Linke-Trübungsfaktor.

Truncation-error, der [trʌŋˈkɛɪʃən-ˌɛrə ‖ engl.]: svw. ↑Verstümmelungsfehler.

TRY, das [traɪ]: ↑Testreferenzjahr.

TT, der [te:ˈte:]: Abk. für ↑Total-totals-Index.

Tundrenklima [russ. tundra = baumlose Steppe]: subarktisches Klima der Gebiete jenseits der polaren Baumgrenze. Kennzeichnend sind lange, strenge Winter und kurze Sommer (Mitteltemperatur des wärmsten Monats zwischen 0° und 10 °C), größere Tages- als Jahresschwankungen der Temperatur und mittlere jährliche Niederschlagshöhen von weniger als 250 mm.

turbulent [aus lat. turbulentus = unruhig, stürmisch ‖ Abl.: ↑Turbulenz]: durch das Auftreten von Wirbeln gekennzeichnet.

turbulente Diffusion: die gegenseitige Vermischung einander berührender Gase oder Flüssigkeiten infolge kleinräumiger Turbulenz in der Atmosphäre, somit ein Teil der atmosphärischen Turbulenz. Sie unterscheidet sich von der reinen (molekularen) Diffusion durch ihre größere Wirksamkeit sowie darin, daß sie nicht nur dem Gefälle der austauschbaren Eigenschaften proportional ist, sondern auch von der Intensität der Turbulenz abhängt.
Die t. D. spielt insbes. bei der Theorie des Transports und der Ausbreitung von Luftbeimengungen eine Rolle.

turbulente Flüsse: diejenigen Transporte (insbes. von Wärme, Wasserdampf, Impuls und Beimengungen), die durch ↑atmosphärische Turbulenz verursacht werden. Da die Turbulenz immer bestrebt ist, bestehende Gegensätze auszugleichen, ist die Stärke der t.n F. nicht nur abhängig von der Intensität der Turbulenz, sondern auch vom Gefälle der Eigenschaften bzw. Beimengungen im Ausgangszustand.

Bekannteste Beispiele sind die t.n F. in der atmosphärischen Grenzschicht. In ihr sind die t.n F. nicht einheitlich gerichtet. Während der Fluß des Impulses (↑turbulenter Impulsaustausch) immer nach unten vor sich geht, sind die Flüsse der Wärme und des Wasserdampfs meist nach oben orientiert, solange der Boden wärmer und feuchter ist als die darüberliegende Luft.

turbulẹnter Austauschkoeffizient: der Proportionalitätsfaktor zwischen einem turbulenten Fluß und dem Gefälle der zu transportierenden Eigenschaft oder Beimengung, wobei der Transport pro Volumeneinheit betrachtet wird.

Der turbulente Austauschkoeffizient ist keine Konstante, er hängt vielmehr von der Wetterlage, insbes. von der thermischen Schichtung, und vom Größenbereich der Turbulenzelemente ab. – ↑auch turbulenter Diffusionskoeffizient.

turbulẹnter Diffusio̱nskoeffizient: der Proportionalitätsfaktor zwischen einem turbulenten Fluß und dem Gefälle der zu transportierenden Eigenschaft oder Beimengung, wobei der Transport pro Masseneinheit betrachtet wird. Aus dem ähnlich definierten ↑turbulenten Austauschkoeffizienten erhält man den t.n D.en, indem man ersteren durch die Luftdichte dividiert.

Ebenso wie der turbulente Austauschkoeffizient ist auch der turbulente Diffusionskoeffizient keine Konstante; er hängt wie dieser von der Wetterlage ab.

turbulẹnter Impụlsaustausch [Kurzbez.: Impulsaustausch]: derjenige der ↑turbulenten Flüsse, der sich auf den Impuls bezieht. Er tritt bei jeder ↑Windscherung, besonders aber in der bodennahen Reibungsschicht auf.

Da die Windgeschwindigkeit am Boden am geringsten ist und die Turbulenz bestrebt ist, bestehende Gegensätze auszugleichen, ist der turbulente Impulsaustausch immer nach unten zum Boden gerichtet. Am Boden wird der herabtransportierte Impuls durch die Reibung vernichtet.

turbulẹnte Strömung: Strömung, in der im Gegensatz zur ↑laminaren Strömung die Grundströmung unregelmäßig von Störungen überlagert ist. Die Störungen formieren sich meist zu Wirbeln verschiedener Größe, die sich laufend bilden und wieder zerfallen. Die Wirbel, v. a. die größeren, sorgen für einen Austausch von Eigenschaften und Beimengungen senkrecht zur Grundströmung (↑turbulente Flüsse).

Turbulẹnz, die [zu ↑turbulent]: Bez. für einen Strömungszustand in Flüssigkeiten und Gasen, der durch Bildung und Zerfall von Wirbeln gekennzeichnet ist. T. entsteht durch äußere Einflüsse (Reibung an rauhen Grenzflächen, wobei schon kleinste Ausbuchtungen Wirbel erzeugen können) oder innere Faktoren (Überschreitung von kritischen Geschwindigkeiten, ↑Reynolds-Zahl).

Theoretisch behandelt man die T. durch Zerlegung der Strömungskomponenten in eine mittlere Hauptbewegung des strömenden Mediums und ihre mittleren Fluktuationsanteile, die durch die Wirbelbildung entstehen.

Zu den besonderen Aspekten der T. in der Atmosphäre ↑atmosphärische Turbulenz.

Turbulẹnzinversion: an der Obergrenze einer durch Turbulenz durchmischten Schicht entstehende Inversion. Da die Turbulenz überwiegend durch Reibung an der Erdoberfläche hervorgerufen wird, ist die Bez. T. weitgehend gleichbed. mit ↑Reibungsinversion.

Turbulẹnzspektrum: Darstellung der Energieverteilung turbulenter Störungen in der Atmosphäre in Abhängigkeit von der Wellenlänge bzw. Periode. Dabei wird über jeder Wellenlänge bzw. Periode der Anteil der Energie aufgetragen, den Störungen dieser Wellenlänge an der über alle Wellenlängen summierten Energie der Turbulenz haben.

Die für einen festen Ort berechneten Spektren sind abhängig von der Höhe, in der die Meßwerte gewonnen werden; sie sind auch unterschiedlich für Meßstationen über Land und über Meer.

Gemeinsames Merkmal der meisten Turbulenzspektren sind Maxima bei Perioden von etwa 4 Tagen (die dem Durchzug von großräumigen synoptischen Störungen zuzuordnen sind) und etwa einer Minute (die der Böigkeit des Windes entsprechen); dazwischen liegt ein deutliches Minimum bei einer Periode von etwa ½ bis 2 Stunden.

Turbulenzwolke: Wolke, die im oberen Teil einer durch Turbulenz durchmischten Schicht entsteht. Kommt es bei anfangs stabiler Schichtung in einer Schicht zu völliger Durchmischung, so stellt sich – solange keine Kondensation eintritt – ein trockenadiabatischer Temperaturgradient ein, wobei die Temperatur an der Untergrenze der Schicht zunimmt, an der Obergrenze abnimmt, die Mitteltemperatur aber gleich bleibt.

Ist die Luftschicht nun hinreichend feucht oder wird der Luftschicht vom Boden her (z. B. durch Verdunstung) Feuchtigkeit zugeführt, so wird in einem Luftpaket, das bei dem eingetretenen indifferenten Temperaturgradienten durch Turbulenz leicht aufsteigen kann, in einer bestimmten Höhe (dem Hebungskondensationsniveau) Kondensation und Wolkenbildung einsetzen. Diese so entstehenden Wolken können eine geschlossene Wolkendecke, meist vom Typ Stratocumulus, bilden, deren Untergrenze vom Kondensationsniveau und deren im allg. sehr scharf ausgeprägte Obergrenze von einer ↑Reibungsinversion gebildet wird.

Twilightglow, das ['twaɪlaɪtgloʊ ‖ engl. = Zwielichtglühen]: zur Zeit des Sonnenauf- und -untergangs im Spektrum der Airglow-Emission zu beobachtende verstärkte Helligkeit bestimmter Spektrallinien, insbes. der Sauerstoff-D-Linie bei der Wellenlänge 0,5893 µm.

Typhomologen, die (Mehrz.) ['ty:pho... ‖ Einz.: das Typhomologe]: Bez. für die Darstellung der vertikalen Verteilung langjähriger monatlicher Mittelwerte der pseudopotentiellen Temperatur und der potentiellen Äquivalenttemperatur in Abhängigkeit vom Luftdruck für die typischen Luftmassen Mitteleuropas. – ↑auch Thetagramm.

U

überadiabatischer Temperaturgradient ↑Temperaturgradient.

übergreifende Mittelwerte [Syn.: gleitende Mittelwerte]: spezielle Durchschnittsbildung zur ↑Glättung von Zeitreihen.

Zu ü.n M.n gelangt man durch folgende *Einzelschritte:* 1. Zusammenfassung der chronologisch geordneten Einzelwerte einer Zeitreihe zu Intervallen von jeweils k Gliedern; 2. Berechnung der arithmetischen Mittelwerte in den einzelnen Intervallen; 3. Bildung neuer Intervalle aus der ursprünglichen Zeitreihe durch Verschiebung um jeweils einen Wert nach rechts in der Zeitskala; 4. Berechnung der arithmetischen Mittelwerte für die durch Verschiebung erhaltenen neuen Intervalle.

Jede weitere Rechtsverschiebung liefert ein neues, sich mit dem vorhergehenden überlappendes Intervall. Die jeweiligen Intervallmittelwerte sind die übergreifenden Mittelwerte.

Überreichweiten: anomale Reichweiten elektromagnetischer Wellen im UKW- und Mikrowellenbereich infolge Brechung und Reflexion an starken Inversionen, die mit entsprechend starken Änderungen des vertikalen Feuchtegradienten (↑Feuchteinversion) verbunden sind.

Übersättigung: atmosphärischer Zustand, in dem der Feuchtigkeitsgehalt der Luft höher ist, als es der Sättigung entspricht. Ü. tritt in der Natur nur selten und in sehr geringem Maße, v. a. an der Basis von Wolken, auf; sie ist hier von der Vertikalgeschwindigkeit der Luftbewegung und der Art der vorhandenen Kondensationskerne abhängig, überschreitet aber nur in 3% aller Fälle eine relative Feuchte von 101%.

Überschreitungshäufigkeit: in der *angewandten Statistik,* speziell auf dem Gebiet der *Hydrometeorologie,* Bez. für den Wert eines meteorologischen Elements (in einer aus Stichproben erlangten Häufigkeitsverteilung), der innerhalb eines vorgegebenen Zeitraums erreicht oder überschritten wird (↑auch Extremwertstatistik). Beispiel: Die jährliche Ü. hat den Wert 1, wenn ein Ereignis einmal im Jahr erreicht oder überschritten wird.

Überseeklimatologie: Teilbereich der maritimen Klimatologie, der sich speziell mit der Bearbeitung synoptischer und klimatologischer Daten von überseeischen Ländern (v.a. der dortigen Häfen) befaßt. Die Ü. liefert die von Schiffahrt, Wirtschaft, Industrie und Technik für langfristige Planungen in Übersee benötigten Angaben und Gutachten (v.a. für Entwicklungsländer). Monatlich wird ein Bericht „Witterung in Übersee" herausgegeben.

überzufällig: bezeichnet in der *angewandten Statistik* die Eigenschaft eines meteorologischen Ereignisses, dessen Eintrittshäufigkeit nicht mehr den statistischen Gesetzen des Zufalls zugeschrieben werden kann.
Ist der Zusammenhang zwischen zwei Ereignissen ü., so liegt ein (meist) physikalischer Zusammenhang zwischen den Ereignissen vor.

UIT, die [u:'i:'te:, frz. yi'te]: Abk. für frz. Union Internationale des Télécommunications (↑Internationale Fernmelde-Union).

Ultraviolettstrahlung [lat. ultra = jenseits, darüber ‖ Kurzbez.: UV-Strahlung]: im Spektrum der Sonnenstrahlung der Bereich zwischen 0,001 µm und 0,40 µm. Nach ihrer biologischen Wirksamkeit wird die U. in folgende Bereiche eingeteilt:

Bezeichnung		Wellenlänge
EUV	extrem kurzwellig	0,001–0,1 µm
UV C	kurzwellig	0,1–0,28 µm
UV B	mittelwellig	0,28–0,315 µm
UV A	langwellig	0,315–0,40 µm

Das für die Biosphäre lebensgefährliche EUV und UV C wird aufgrund der Absorption durch Ozon bzw. Sauerstoff in Höhen über 20 km aus der U. der Sonne herausgefiltert, kann also den Erdboden nicht erreichen.

umgebogene Okklusion: der bei manchen Tiefdruckgebieten vorhandene Teil einer ↑Okklusion, der um den Tiefkern herumgebogen ist und bis auf die Rückseite des Tiefdruckgebietes reicht (im Normalfall endet eine Okklusion im Bereich des Tiefkerns).
Die Struktur einer Okklusion wird durch Satellitenwolkenaufnahmen deutlich, die nicht selten eine spiralige Form des die Okklusion darstellenden Wolkenbandes erkennen lassen.
Nicht zu verwechseln ist eine u.O. mit einer Troglinie (↑Trog), die ebenfalls auf der Rückseite eines Tiefdruckgebietes auftritt und v.a. im Sommer mit verstärkter Wolkenbildung und Schauer- oder Gewittertätigkeit verbunden ist. Beide Erscheinungen unterscheiden sich durch die Temperaturverteilung in der Höhe, die in der Form der relativen Topographie erkennbar ist. Während eine Troglinie am Boden im allg. mit einer Kaltluftzunge in der Höhe zusammenfällt, steht eine Okklusion immer mit einer Warmluftzunge in Verbindung, die im Falle der u.n O. um den Tiefkern herumführt und sich bis in die Rückseitenkaltluft hinein erstreckt.

Umkehreffekt: Effekt, der früher zur Bestimmung der vertikalen Verteilung des Ozons vom Boden aus benutzt wurde. Dazu mißt man bei untergehender Sonne laufend die Intensitäten zweier Wellenlängen im ultravioletten Sonnenlicht, von denen eine sehr stark, die andere weniger stark vom Ozon absorbiert wird, und bildet das Verhältnis beider Intensitäten. Da bei sinkender Sonne die Sonnenstrahlen wegen des schrägen Einfallswinkels einen immer längeren Weg durch die Ozonschicht nehmen, wird die Intensität der stärker absorbierten Wellenlänge stärker abgeschwächt als die der anderen Wellenlänge. Das Verhältnis beider Intensitäten erreicht bei einem Höhenwinkel von etwa 4°, also bei sehr niedrigem Sonnenstand, ein Minimum, steigt dann bei weiter untergehender Sonne aber wieder an (es kehrt sich um), da dann der größte Teil des Lichtes der stark absorbierten Wellenlänge in der Atmosphäre oberhalb der Ozonschicht zerstreut wird und den Be-

obachter auf der Erde auf kurzem Wege durch die Ozonschicht erreicht.
Aus dem gemessenen Verlauf des Intensitätsverhältnisses bei sinkender Sonne und der Höhe des Umkehrpunktes kann auf die vertikale Ozonverteilung geschlossen werden.

umschriebener Halo ↑Haloerscheinungen.

Umspringen: beim Wind die plötzliche starke Änderung der Richtung.

Umwandlungspunkt: Bez. für diejenige Temperatur, Dichte u. a., bei der der Übergang eines Stoffs von einer thermodynamischen Phase in eine andere erfolgt **(Phasenumwandlung),** wobei sich alle oder nur gewisse physikalische Eigenschaften sprunghaft ändern, z. B. bei Änderungen des ↑Aggregatzustandes. Die Umwandlungstemperatur ist dabei vom äußeren Druck abhängig, z. B. beim Übergang von Eis zu Wasser die Schmelztemperatur und von Wasser zu Wasserdampf die Siedepunkttemperatur. Bei der Phasenumwandlung wird Wärme benötigt bzw. frei, die als Umwandlungswärme oder ↑latente Wärme bezeichnet wird.

Umwandlungswärme: svw. ↑latente Wärme.

Umweltbundesamt: 1974 geschaffene, ursprünglich dem Bundesminister des Innern, seit 1986 dem Bundesminister für Umwelt, Naturschutz und Reaktorsicherheit unterstellte Bundesoberbehörde; Sitz Berlin (West).
Hauptaufgaben: wiss. Unterstützung der Bundesregierung in den Bereichen Luftreinhaltung, Lärmbekämpfung, Abfallwirtschaft, Wasserwirtschaft und Umweltchemikalien; Entwicklung von Hilfen für die Umweltplanung und die ökologische Begutachtung umweltrelevanter Maßnahmen; Umweltdokumentation; Koordinierung der Umweltforschung; Aufklärung der Öffentlichkeit in Umweltfragen.
Zur Überwachung der Luftqualität wurde ein Meßstellennetz eingerichtet, das die Aufgabe hat, durch Messungen in Reinluftgebieten den Normalpegel zwischen Verdichtungsräumen festzustellen (↑BAPMoN) und den großräumigen, grenzüberschreitenden Massentransport von Luftverunreinigungen zu überwachen.

unbeständiges Wetter: häufiger Wechsel zwischen entgegengesetzten Wettererscheinungen, insbes. zwischen kurzdauernden Niederschlägen (Regen-, Schnee-, Graupelschauer) und Sonnenschein, oft verbunden mit lebhaften westlichen Winden.

uncinus [lat. = Haken]: substantivischer Zusatz zum Namen der Wolkengattung Cirrus mit der Bedeutung „mit Haken- oder Krallenform“ (↑Cirrus uncinus).

UNDP, das [u:'ɛnde:'pe:, engl. 'ju:ɛndi:'pi:]: Abk. für engl. **United Nations Development Programme;** Entwicklungsprogramm der Vereinten Nationen, das der Unterstützung von Entwicklungsländern dient und durch Beiträge der Mitgliedsländer sowie bilaterale Hilfsprojekte getragen wird.
Auf dem Gebiet der Meteorologie besteht enge Zusammenarbeit mit der Weltorganisation für Meteorologie, die selbst einen Fonds geschaffen hat, das sog. **Freiwillige Kooperationsprogramm** (engl. **Voluntary Co-operation Programme,** Abk. **VCP**), das sich auf Geld-, Sach- und Dienstleistungen (Stellung von Experten, Aufnahme von Stipendiaten) stützt. Damit sollen v. a. das Beobachtungs- und Wetterfernmeldenetz in den Wetterdiensten der Entwicklungsländer auf das im Rahmen der Weltwetterwacht angestrebte Niveau gebracht, aber auch naturgegebene Wetter- und Klimaverhältnisse optimal genutzt und wetterbedingte Schäden verringert werden.
Die BR Deutschland hat seit 1968 auch meteorologische Projekte, meist auf bilateraler Basis, in ihr Entwicklungshilfeprogramm aufgenommen.

undulatus [zu lat. undula = kleine Welle]: adjektivischer Zusatz zu den Namen der Wolkengattungen Cirrocumulus, Cirrostratus, Altocumulus, Altostratus, Stratocumulus und Stratus mit der Bedeutung „wogenförmig“. Wolken der Unterart u. bilden Flecke, Felder oder Schichten in Wellenanordnung. – ↑auch Wolkenklassifikation. – Abb. S. 375.

UNEP, das ['u:nɛp, engl. 'ju:nɪp]: Abk. für engl. **United Nations Environment**

Programme (= Umweltprogramm der Vereinten Nationen); 1972 gegründete Umweltorganisation der UN; koordiniert weltweit die Umweltaktivitäten und gibt Anstöße für neue Umweltschutzmaßnahmen.
Schwerpunkte sind u. a. der Kampf gegen die Ausbreitung der Wüsten, die Erhaltung der Ozonschicht, die Verbesserung der Meßnetze und Informationssysteme (z. B. ↑GEMS) und die Weiterentwicklung des internat. Umweltrechts.

ungarischer Wind: warmer, trockener, aus der ungarischen Steppe nach Oberösterreich wehender O-Wind.

ungefilterte Modelle: numerische Modelle zur Wettervorhersage, die die ↑primitiven Gleichungen benutzen.

ungewöhnliche Fernsicht: svw. ↑Fernsicht.

Union Internationale des Télécommunications, die [ynjõɛ̃tɛrnasjɔnaldetelekɔmynikɑ'sjõ]: svw. UIT (↑Internationale Fernmelde-Union).

United Nations Development Programme, das [jʊ'naɪtɪd 'neɪʃənz dɪ'vɛləpmənt 'proʊgræm]: ↑UNDP.

United Nations Environment Programme, das [jʊ'naɪtɪd 'neɪʃənz ɪn'vaɪərənmənt 'proʊgræm]: ↑UNEP.

Universal time coordinated, die [ju:nɪ'və:sl taɪm koʊ'ɔ:dɪnɛɪtɪd ‖ engl. = koordinierte Weltzeit]: eine Zeitskala (↑UTC).

Unstetigkeitsfläche: Fläche, an der eine Diskontinuität eines meteorologischen Elements oder einer abgeleiteten Größe auftritt.

unteradiabatischer Temperaturgradient ↑Temperaturgradient.

unterkühltes Wasser: Wasser, das ohne Änderung des Aggregatzustandes bis unter den Gefrierpunkt (0 °C) abgekühlt ist. Sehr reines Wasser läßt sich bei langsamer Abkühlung (ohne Erschütterung) bis −70 °C flüssig halten.
In der Atmosphäre kann u. W. bis −40 °C auftreten. **Unterkühlte Wolkentröpfchen** überwiegen im Temperaturbereich von 0 °C bis −12 °C; darunter (bis etwa −20 °C) kommen sie gleich häufig mit Eiskristallen vor, während unter −20°C Eiskristalle vorherrschen (unter −40 °C nur noch Eiskristalle).
Das meist gleichzeitige Vorhandensein von Wassertröpfchen und Eiskristallen in **unterkühlten Wolken** ist ein entscheidender niederschlagsbildender Faktor (↑Niederschlag).
Unterkühlter Regen führt im Winter zu Glatteisbildung, bei **unterkühltem Nebel** entsteht Rauhreif.

Untersonne ↑Haloerscheinungen.

Unwetter: Bez. für meteorologische Ereignisse (Sturm, Hagel, Wirbelstürme sowie hochwasserverursachende starke Regenfälle, Dauerniederschläge und plötzliche Schneeschmelze), die stärkste Auswirkungen haben und unter Umständen einen Notstand hervorrufen können. Die Warnung vor U.n ist Aufgabe des ↑Wetterwarndienstes.

Urban boundary layer, der ['ə:bən 'baʊndərɪ 'lɛɪə ‖ engl.]: ↑städtische Grenzschicht.

Urban canopy layer, der ['ə:bən 'kænəpɪ 'lɛɪə ‖ engl. = städtische Dachschicht]: ↑städtische Grenzschicht.

Urban plume, die ['ə:bən 'plu:m ‖ engl. = städtische Feder]: ↑städtische Grenzschicht.

Urpassat, der [Syn.: tropische Ostwinde]: Bez. für die beständig wehenden Ostwinde beiderseits des Äquators (in 10° bis 25° n. Br. und 5° bis 20° s. Br.), die sich aufgrund des Druckgefälles zwischen den subtropischen Hochdruckgürteln und der äquatorialen Tiefdruckrinne sowie der Coriolis-Kraft als ↑geostrophischer Wind ausbilden und bis in die mittlere und höhere Troposphäre reichen. In der bodennahen Reibungsschicht erfolgt ihre Ablenkung äquatorwärts, so daß auf der Nordhalbkugel der Nordostpassat, auf der Südhalbkugel der Südostpassat entsteht (↑Passate).

US-Standardatmosphäre: svw. ↑Standardatmosphäre.

UTC, die [u:te:'tse:]: Abk. für engl. **Universal time coordinated** (dt. = koordinierte Weltzeit); eine aus der 1971 definierten „Internationalen Atomzeitskala" abgeleitete Zeitskala, die durch bedarfsweise Einfügung oder Weglassung von Schaltsekunden in annähernder Übereinstimmung mit der astronomischen Weltzeit gehalten wird. Insbes. in der Navigation ist die Unterscheidung

zwischen UTC und ↑GMT von erheblicher Bedeutung, im normalen täglichen Gebrauch ist sie jedoch praktisch belanglos, da die maximale Differenz nie mehr als 0,9 s beträgt.
In der Praxis wird die UTC durch Mittelbildung der Zeittakte von 100 ausgewählten, in vielen Staaten betriebenen Atomuhren, die beim „Internationalen Büro für die Zeit“ in Paris zusammenlaufen, erzeugt.
Die UTC wurde in der BR Deutschland durch das „Gesetz über die Zeitbestimmung“ („Zeitgesetz“) vom 25. Juli 1978 eingeführt; aufgrund dieses Gesetzes ist die UTC auch die Basis für die ↑mitteleuropäische Zeit (MEZ).
In den Arbeitskarten und -unterlagen des Deutschen Wetterdienstes wird die UTC seit 1985 verwendet.

UV-Strahlung: Kurzbez. für ↑Ultraviolettstrahlung.

V

Van-Allen-Gürtel [væn'ælın...]: zwei innerhalb der ↑Magnetosphäre liegende röhrenförmige Strahlungsgürtel um die Erde, in denen sich elektrisch geladene Teilchen hoher Energie befinden; benannt nach dem amerikanischen Physiker J. A. Van Allen, der sie aus Messungen des US-Satelliten Explorer (1958) fand.
In den Gürteln sind elektrisch geladene Teilchen, die aus der kosmischen Strahlung und dem Sonnenwind stammen, von den Magnetfeldlinien der Erde eingefangen; sie pendeln auf ihnen zwischen dem magnetischen Nord- und Südpol mit hoher Geschwindigkeit hin und her.
Der innere Gürtel hat über dem Äquator eine Höhe von 1000 bis 6000 km, der äußere eine Höhe von 15000 bis 25000 km. Nach den Polen zu nähern sie sich entsprechend der Form der magnetischen Kraftlinien der Erde.

Van-Bebber-Zugstraßen: Bez. für Zugbahnen von Tiefdruckgebieten, die W. J. van Bebber nach einer statistischen Auswertung von Wetterkarten festgestellt und durch römische Ziffern I bis V gekennzeichnet hat, und zwar unter Hinzufügung von kleinen lateinischen Buchstaben zur Angabe von besonderen Verzweigungen der Hauptbahnen. Von diesen hat sich in der meteorologischen Praxis lediglich die Bez. der Zugstraße Vb (↑Fünf-b-Tief) als fester Begriff gehalten.

Vardarwind ['va...]: kalter, dem ↑Mistral ähnlicher NW-Wind, der v.a. im Winter vom Vardartal (Makedonien) in die Bucht von Saloniki (Thermaischer Golf) hinabweht; meist bei trockenem, heiterem Wetter auftretend.

Variabilität, die [zu lat. variabilis = veränderlich ‖ Syn.: Veränderlichkeit]: im Rahmen einer *Stichprobenbeschreibung* bzw. eines zu untersuchenden Datenkollektivs das Ausmaß möglicher Datenvariationen. Gebräuchliche *Maßzahlen* der V. in einer Datenreihe sind:
1. **Schwankungsbreite** (Spannweite): größter Wert minus kleinster Wert;
2. **durchschnittliche Abweichung:** der aus den Absolutbeträgen der Abweichungen der Einzeldaten vom arithmetischen Mittelwert der gesamten Datenreihe gebildete arithmetische Mittelwert;
3. **V.skoeffizient** (Variationskoeffizient): Streuung, dividiert durch den arithmetischen Mittelwert;
4. ↑**Streuung;**
5. ↑**Varianz.**

Varianz, die [zu lat. variare = verändern]: statistisches Maß der Abweichung, definiert als Quadrat der ↑Streuung.

Variograph, der [Kurzbildung aus ↑Variometer und ↑-graph]: älteres, heute durch den ↑Mikrobarographen ersetztes registrierendes ↑Variometer.

Variometer, das [zu lat. variare = verändern und ↑-meter]: älteres, heute durch das ↑Mikrobarometer ersetztes

Gerät zur Messung kurzperiodischer Luftdruckschwankungen.

Vaudaire, der [vo'dɛ:r ‖ frz.]: vom Kanton Waadt (Vaud) über den Genfer See wehender NO-Wind.

VCP, das [faʊtse:'pe:, engl. 'vi:si:'pi:]: Abk. für: **V**oluntary **C**o-operation **P**rogramme (↑UNDP).

VDM, der [faʊde:''ɛm]: Abk. für ↑Verband Deutscher Meteorologen e. V.

VDMG, der [faʊde:'ɛm'ge:]: Abk. für ↑Verband Deutscher Meteorologischer Gesellschaften.

Vegetation, die [aus mlat. vegetatio = Grünung ‖ Syn.: Pflanzendecke]: die Gesamtheit der Pflanzen, die die Erdoberfläche bzw. ein bestimmtes Gebiet mehr oder weniger geschlossen bedecken.

Vegetationsperiode [Syn.: Vegetationszeit]: derjenige Zeitraum des Jahres, in dem Pflanzen photosynthetisch aktiv sind, d. h. wachsen, blühen und fruchten. Je nach Wärmeanspruch der einzelnen Pflanzen ergeben sich unterschiedliche Schwellenwerte der Temperatur, die zur Bestimmung der V. herangezogen werden. Im allg. wird die Wachstumszeit als der Abschnitt des Jahres definiert, in dem das Tagesmittel der Temperatur mindestens 5 °C (für verschiedene Pflanzen 10 °C) beträgt. Andere Abgrenzungsverfahren greifen auf ↑phänologische Phasen bzw. ↑phänologische Jahreszeiten zurück.

Beim Unterschreiten der Schwellenwerte für die Temperatur bzw. bei Trockenheit tritt **Vegetationsruhe** ein (in den außertropischen Breiten im Winter).

Vegetationszonen: den Klimazonen der Erde zugeordnete, mehr oder weniger breitenkreisparallel verlaufende Gürtel, die von bestimmten, für die jeweiligen klimatischen Bedingungen (v. a. Temperaturen und Niederschläge) typischen Pflanzenformationen besiedelt werden. Innerhalb dieser großklimatisch bestimmten Zonen können aufgrund besonderer Standortfaktoren (z. B. thermische Höhenstufen der Gebirge) azonale Pflanzenformationen auftreten.

Vektormittel [lat. vector = Träger, Fahrer]: der unter Berücksichtigung der Richtungen und Beträge von Vektoren gebildete Mittelwert; auf den *Wind* bezogen: der unter Berücksichtigung von Windrichtung und -geschwindigkeit aus einer Anzahl von ↑Windvektoren gebildete Mittelwert.

Velopause, die [zu lat. velocitas = Geschwindigkeit und griech. paũsis = Beendigung]: selten verwendete Bez. für eine Schicht in der mittleren Stratosphäre (im Mittel bei etwa 20 km Höhe), die durch ein Minimum der horizontalen Windgeschwindigkeit gekennzeichnet ist. An der V. geht im Sommer der im Durchschnitt westliche Wind der unteren Stratosphäre in den östlichen Wind der oberen Stratosphäre über. Im Winter nimmt der westliche Wind oberhalb des Minimums in der V. mit der Höhe wieder zu. – ↑auch stratosphärische Zirkulation.

Veränderlichkeit: svw. ↑Variabilität.

Verband Deutscher Meteorologen e. V. [Abk.: VDM]: 1950 gegründete berufsständische Interessenvertretung der auf dem Gebiet der Meteorologie tätigen Mitglieder in Staat und Gesellschaft. Aufgaben sind u. a. die Wahrnehmung berufsspezifischer Belange gegenüber Arbeitgebern, Einflußnahme auf die Schaffung von Arbeitsplätzen sowie auf die Berufsausbildung und -fortbildung, fachliche Stellungnahme zu wirtschaftlichen und wiss. Planungen sowie Zusammenarbeit mit anderen naturwiss. Fachverbänden. Sitz des VDM ist Frankfurt am Main. Gliederung in mehrere Zweigverbände mit jeweiligem Sitz an Orten mit größeren Dienststellen des Deutschen Wetterdienstes und des Geophysikalischen Beratungsdienstes der Bundeswehr bzw. mit Universitäten, die ein meteorologisches Institut besitzen.

Verband Deutscher Meteorologischer Gesellschaften [Abk.: VDMG]: von 1964 bis 1974 Fachorganisation der Meteorologen in der BR Deutschland; ↑Deutsche Meteorologische Gesellschaft e. V.

Verdampfung: *physikalischer* Vorgang des Übergangs eines Stoffs vom flüssigen in den gasförmigen Zustand. Geht dieser Übergang nur langsam und bei Temperaturen unter dem Siedepunkt der betreffenden Flüssigkeit vor sich, spricht man auch von ↑Verdunstung.

Wird die Flüssigkeit bis zum Siedepunkt erwärmt, tritt die V. nicht nur an der Oberfläche, sondern unter Blasenbildung auch im Innern der Flüssigkeit ein; es kommt zum **Sieden,** einer speziellen Art der Verdampfung.

Zur Überwindung der molekularen Kräfte muß bei der V. Energie aufgewendet werden, die in Form von ↑Verdampfungswärme zugeführt werden muß.

Verdampfungsluzimeter: svw. ↑Luzimeter.

Verdampfungswärme [Syn.: Verdunstungswärme]: die Wärmemenge, die zur Verdampfung bzw. Verdunstung einer Flüssigkeit verbraucht wird.

Die V., die nötig ist, eine Gewichtseinheit einer bestimmten Flüssigkeit zu verdampfen, nennt man **spezifische Verdampfungswärme.** Diese ist abhängig von Art und Temperatur der Flüssigkeit. Für Wasser beträgt sie $2{,}498 \cdot 10^6$ Joule pro kg bei 0 °C und $2{,}256 \cdot 10^6$ Joule pro kg bei 100 °C.

Verdunstung: der sich unterhalb des Siedepunktes vollziehende Übergang des Wassers vom flüssigen Zustand in Wasserdampf. Die beim V.svorgang benötigte Wärme wird der Flüssigkeit und der Umgebung entzogen. V. ist deshalb mit Abkühlung verbunden **(V.kälte).**

Die große Bedeutung der V. für den Wärmehaushalt der Erde liegt darin, daß die im Wasserdampf latent enthaltene Wärme bei Kondensation der Atmosphäre wieder zugeführt wird. Die V. ist außerdem ein wichtiges Glied im ↑Wasserkreislauf.

V. findet sowohl von Wasserflächen und der vegetationsfreien Erdoberfläche **(Evaporation)** als auch von Pflanzenbeständen **(Transpiration)** und der natürlich bewachsenen Bodenoberfläche **(Evapotranspiration)** aus statt.

Die *Messung* der V. erfolgt mit ↑Evaporimeter und ↑Lysimeter. – ↑auch aktuelle Verdunstung, ↑potentielle Verdunstung.

Verdunstungsformeln: mit Hilfe meteorologischer Parameter aufgestellte Näherungsformeln zur Berechnung der Verdunstung.

Zu den bekanntesten V. gehören diejenigen von *F. Albrecht* (aus Sättigungsdefizit und einem von der Windgeschwindigkeit abhängenden Faktor), *W. Haude* (aus dem Sättigungsdefizit von 14 Uhr und einem monatlich differierenden Faktor), *H. L. Penman* (für Wasseroberflächen aus Strahlungsbilanz, Windgeschwindigkeit, Sättigungsdefizit; für Landoberflächen mit zusätzlichem Korrekturfaktor) und *C. W. Thornthwaite* (aus einem von Tages- und Monatsmitteln abgeleiteten Wärmeindex und einer Breitenkorrektur).

Verdunstungshöhe: die durch Verdunstung an Land- oder Wasseroberflächen abgegebene Wassermenge, ausgedrückt als Wasserhöhe (mm) über einer Fläche in einem bestimmten Zeitraum (Tag, Monat, Jahr).

Aufgrund der Abhängigkeit der V. von Sonnenstrahlung, Sättigungsdefizit und Windgeschwindigkeit ergibt sich ein ausgeprägter mittlerer Tages- (Maximum: mittags) und Jahresgang (Maximum: Mai–August mit etwa 15–17% der mittleren jährlichen V. im Bundesgebiet, Minimum: November–Februar mit etwa 1–2%).

Die mittlere jährliche V. beträgt im Bundesgebiet etwa 460–560 mm, über Wasserflächen etwa 650 mm (zum Vergleich: Atlantik und Pazifik 1 200–1 300 mm).

Verdunstungskälte: andere Bez. für ↑Verdampfungswärme; wird verwendet, wenn betont werden soll, daß bei einem Verdunstungsvorgang Wärme verbraucht wird, also Abkühlung eintritt.

Verdunstungslabilität: von H. Faust geprägter Begriff für einen Zustand der Atmosphäre, der das Ausbleiben von Gewittern trotz errechneter Feuchtlabilität erklären soll. Diese Beobachtung wird dem Umstand zugeschrieben, daß einem aufsteigenden Wolkenluftpaket durch die Verdunstung in die trockene Umgebung laufend Wärme entzogen wird, die um so größer ist, je trockener die Umgebungsluft ist. Die Entwicklung der Quellbewölkung verläuft dann oberhalb des Kondensationsniveaus nicht feuchtadiabatisch, sondern entlang einer Kurve, die zwischen der Feuchtadiabate und der Trockenadiabate liegt.

Der Betrag der V. wird in einem thermodynamischen Diagramm von der Fläche

gebildet, die oberhalb des Kondensationsniveaus bis zum 600-hPa-Niveau von der Zustandskurve und dieser Hebungskurve begrenzt wird.
In der Praxis erhält man die V., indem man den Betrag der Feuchtlabilität mit einem statistisch ermittelten Faktor multipliziert (↑ Faust-Index).

Verdunstungsmesser: svw. ↑ Evaporimeter.

Verdunstungsmessung: Sammelbez. für Methoden zur Bestimmung der Verdunstung. Instrumente zur V. bedienen sich schwimmender oder in die Erdoberfläche eingelassener großer Wassergefäße, kleiner flacher Verdunstungspfannen, poröser Keramikkörper oder feuchter Saugpapiere. Andere Methoden der V. bestehen in der Bestimmung des durch Verdunstung entstehenden Wasserverlustes durch Wiegen. – ↑ auch Evaporimeter, ↑ Lysimeter, ↑ Verdunstungswaage.

Verdunstungsnebel [Syn.: Dampfnebel]: eine Nebelart (↑ Nebelklassifikation).

Verdunstungsschreiber: ein registrierendes ↑ Evaporimeter.

Verdunstungswaage [Syn.: Wild-Waage]: von H. Wild konstruiertes, auf dem Briefwaageprinzip basierendes Gerät zur Verdunstungsmessung: Eine Neigungswaage trägt eine Metallschale von bekannter Verdunstungsfläche. Die Skala ist so geeicht, daß der Zeiger direkt die verdunstete Wassermenge in mm Wasserhöhe oder Liter/m^2 anzeigt.
Überträgt man die Zeigerausschläge der Waage auf eine Schreibvorrichtung, so erhält man einen **Verdunstungsschreiber.**

Verdunstungswärme: svw. ↑ Verdampfungswärme.

vereinfachter Faust-Index ↑ Faust-Index.

Vereisung: der Ansatz von Eis insbes. an einem Flugzeug **(Flugzeug-V.)**; entsteht, wenn die Temperatur der Oberfläche des Luftfahrzeuges unter 0 °C liegt und unterkühlte Wassertröpfchen (im Nebel, in Wolken oder als Regen) beim Berühren der Oberfläche gefrieren.
Der **V.sgrad** ist abhängig von der Lufttemperatur, der Luftfeuchte, dem Flüssigwassergehalt der Wolken auf dem Flugweg, der Tröpfchengröße, der Fluggeschwindigkeit und den Profilformen der Flugzeugteile. Häufigstes Vorkommen bei 0 bis −10 °C, aber auch bei Lufttemperaturen bis −30 °C. Überwiegend kleine Tröpfchen verursachen Rauheis, große Tröpfchen bei geringerer Unterkühlung das gefährlichere Klareis. Der Eisansatz verändert die aerodynamischen Eigenschaften des Flugzeugs und behindert seine Steuerfähigkeit sowie die Sicht des Piloten.
Der V.sgefahr wird durch Einbau von Enteisungsanlagen sowie durch Vorhersage der **V.sgebiete** (horizontal) und **V.sschichten** (**V.sniveaus**; vertikal) bei der Flugwetterberatung entgegengewirkt.

verfügbare potentielle Energie: der Teil der ↑ potentiellen Energie in der Atmosphäre, der in kinetische Energie umgesetzt werden kann. Da wegen der vertikalen Ausdehnung der Atmosphäre niemals alle Luftteilchen gleichzeitig in der Höhe Normalnull liegen können, ist offensichtlich, daß in jeder Luftsäule immer ein gewisser Betrag von potentieller Energie vorhanden sein muß. Man kann sich nun eine Atmosphäre vorstellen, in der sich horizontal alle Unterschiede der potentiellen Energie ausgeglichen haben; es würden dann in allen Höhen auch keine Luftdruckunterschiede herrschen. Eine solche ruhende Atmosphäre würde noch die nichtverfügbare potentielle Energie enthalten.
Nur der Betrag, um den die in der wirklichen Atmosphäre vorhandene potentielle Energie höher ist als die nichtverfügbare potentielle Energie, steht für Umsetzung in kinetische Energie zur Verfügung. Berechnungen haben ergeben, daß die v. p. E. um einige Zehnerpotenzen kleiner ist als die gesamte potentielle Energie der Atmosphäre, so daß also nur ein kleiner Bruchteil der potentiellen Energie für das Entstehen von Luftströmungen ausgenutzt werden kann.

Vergleichsstation: svw. ↑ Bezugsstation.

Verlagerungskarte ↑ Extrapolationsmethode.

Verlagerungsmethode: svw. ↑ Extrapolationsmethode.

Verschlechterungsmeldung: svw. ↑Gefahrenmeldung.

Verschlüsselung: die Übertragung der Meßwerte und Augenbeobachtungen meteorologischer Elemente sowie der Wetterkarten und sonstiger meteorologischen Darstellungen in die durch die ↑Wetterschlüssel festgelegten Zifferngruppen. Hilfsmittel bei der V. sind v. a. der ↑Wolkenatlas und die im Wetterschlüsselhandbuch enthaltenen Schlüsseltabellen.

Verstümmelungsfehler [Syn.: Truncation-error]: Fehler, der in numerischen Rechnungen entsteht, wenn die Differentialquotienten durch Differenzenquotienten ersetzt werden.

V., die nie ganz zu vermeiden sind, können durch Verringerung der Maschenweite des benutzten Rechengitters (wobei die Steigerung des Rechenaufwandes rasch an eine Grenze stößt) oder durch Benutzung besonderer Gitternetze (z. B. ↑Eliassen-Gitter) vermindert werden.

vertebratus [zu lat. vertebra = Wirbelbein des Rückgrats]: adjektivischer Zusatz zum Namen der Wolkengattung Cirrus mit der Bedeutung „grätenförmig“. Mit v. wird eine Unterart der Wolken bezeichnet, deren Anordnung an eine Wirbelsäule, an Rippen oder Fischgräten erinnert (sog. **Wirbelcirren**). – ↑auch Wolkenklassifikation.

Verteilung der seltenen Ereignisse: svw. ↑Poisson-Verteilung.

Vertical totals, die (Mehrz.) ['vəːtɪkl 'toʊtlz ‖ engl. = Längssummen]: ↑Total-totals-Index.

Vertiefen: bei einem Tiefdruckgebiet die Erniedrigung des Luftdrucks in seinem Zentrum und damit die Intensivierung des Druckgebildes. Ursache ist die Auslösung zyklogenetischer Prozesse (Divergenz in der Höhe, Änderung des Temperaturfeldes, Labilisierung und geringere Reibung beim Übertritt vom Festland auf das Meer).

Das V. von jungen Tiefdruckgebieten ist an den Luftdrucktendenzen in der Spitze des Warmsektors zu erkennen. Da die lokale (dreistündig gemessene) Luftdrucktendenz sich aus zwei Teilen zusammensetzt, der Druckänderung, die mit der Intensitätsänderung gekoppelt ist, und der durch die reine Verlagerung des Druckgebildes bewirkten Druckänderung, muß bei einem V. der Luftdruckfall den gesamten Kernbereich des Tiefs überdecken und sich auf der Rückseite fortsetzen, und zwar bis zu einem Abstand hinter dem Zentrum, der größer ist, als das Tief in $1\frac{1}{2}$ Stunden zurücklegt. Ist der Abstand der Null-Isallobare geringer oder verläuft sie genau durch das Zentrum des Tiefs, findet bereits eine Auffüllung statt.

vertikal [aus gleichbed. spätlat. verticalis]: senkrecht, lotrecht.

Vertikalaustausch: die Vertikalkomponente des ↑Austauschs. Der V. hat innerhalb der atmosphärischen Turbulenz seine größte Bedeutung im Bereich der thermischen Turbulenz, da in dieser die vertikale Komponente wesentlich größer ist als die horizontale. Er ist aber auch im Bereich der dynamischen Turbulenz, bei der Vertikal- und Horizontalkomponente etwa gleich stark sind, wirksam.

Der V. hat bei völliger Durchmischung einer Luftschicht eine charakteristische vertikale Verteilung der Eigenschaften der Luft zur Folge. Bei der Temperatur stellt sich, solange die gesamte Schicht nicht feuchtgesättigt ist, ein trockenadiabatischer Temperaturgradient, d. h. eine konstante potentielle Temperatur, ein. Bei der Feuchte wird eine Gleichverteilung der spezifischen Feuchte erreicht; das hat zur Folge, daß die relative Feuchte mit der Höhe gleichmäßig zunimmt. Bezüglich des Impulses strebt der V. ebenfalls eine vertikale Gleichverteilung an.

Vertikalbewegung: Luftbewegung mit vertikaler Strömungskomponente, deren Geschwindigkeit im Durchschnitt (einige cm/s) wesentlich kleiner als die der horizontalen Strömung ist, die aber für die Entstehung von Wettererscheinungen große Bedeutung besitzt.

Man unterscheidet **Aufwärtsbewegungen** (Aufgleiten, Hebung, Konvektion), die zu Wolkenbildung und Niederschlägen führen, und **Abwärtsbewegungen** (Abgleiten, Absinken), die mit Wolkenauflösung und Aufklaren verbunden sind.

V.en können thermische oder dynamische Ursachen haben. Ihre Stärke ist von der Schichtung der Luft abhängig. Bei feuchtlabiler Schichtung kann die ursprünglich schwache V. kräftig verstärkt werden, so daß z. B. Gewitter, tropische Wirbelstürme oder Tornados entstehen.

vertikaler Temperaturgradient ↑ Temperaturgradient.

Vertikalgeschwindigkeit: die Geschwindigkeit der auf- oder abwärts gerichteten Luftbewegung in der Atmosphäre. Da die V. mit den üblichen meteorologischen Meßgeräten nicht erfaßt werden kann, muß sie entweder indirekt, z. B. durch Berechnung aus dem horizontalen Strömungsfeld mit Hilfe der ↑ Omegagleichung, oder durch spezielle Meßverfahren (z. B. an hohen Masten) sehr aufwendig bestimmt werden.

Die in der Atmosphäre vorkommenden V.en sind je nach Wetterlage sehr unterschiedlich. So haben die großräumig auftretenden absinkenden Luftbewegungen in Hochdruckgebieten im allg. eine Geschwindigkeit von wenigen cm/s. Andererseits können die in Cumulonimben in begrenzten Bereichen vor sich gehenden aufwärts gerichteten Luftströmungen Geschwindigkeiten von etwa 10 m/s, in Extremfällen von 20 bis 30 m/s erreichen.

Vertikalkoordinate: die senkrecht nach oben weisende Achse, längs der mit geeigneten Maßeinheiten die Höhe eines beliebigen Punktes in der Atmosphäre bestimmt werden kann. Als Maßeinheit der Höhe wird in der Meteorologie das normale Meter (die geometrische Höhe; ↑ z-System) nur selten verwendet. Aus theoretischen Gründen ist es sinnvoller, dafür das ↑ geopotentielle Meter zu verwenden, da zwei Luftteilchen, die in der gleichen potentiellen Höhe liegen, die gleiche potentielle Energie aufweisen, so daß bei einer horizontalen Verschiebung keine Änderung der potentiellen Energie eintritt.

Häufiger wird als Höhenmaßstab der Luftdruck genommen. Dies hat den Vorteil, daß der Luftdruck bei aerologischen Aufstiegen direkt gemessen wird und die übrigen gemessenen Elemente (Temperatur, Feuchte, Wind) unmittelbar in Abhängigkeit vom Luftdruck dargestellt werden können, während die Höhe, mit der der Luftdruck bei bekannter vertikaler Temperaturverteilung durch die barometrische Höhenformel eindeutig verknüpft ist, erst nachträglich berechnet werden muß.

In aerologischen Diagrammpapieren wird üblicherweise nicht der Luftdruck selbst, sondern entweder der Logarithmus des Luftdrucks oder eine (ähnliche) exponentielle Funktion des Luftdrucks als V. dargestellt. Der Vorteil besteht darin, daß sich eine nahezu lineare Höhenskala ergibt, wenn man die Luftdruckwerte in Höhenwerte umsetzt.

In numerischen Modellen wird entweder der Luftdruck selbst (↑ p-System) oder ein relativer Luftdruck (↑ Sigmasystem) als V. verwendet.

Vertikalschnitt: graphische Darstellung, die längs einer geeigneten Linie, z. B. einer Flugroute oder eines Meridians, die Verteilung meteorologischer Elemente (bzw. deren Mittelwerte) oder meteorologischer Vorgänge in Abhängigkeit von der Höhe zeigt (z. B. Temperatur, Bewölkung, Tropopause, Frontalzone).

V.e ergänzen die Wetterkarten bei der Wetteranalyse und -vorhersage und eignen sich zur Darstellung der durchschnittlichen meteorologischen Verhältnisse in einem Atmosphärenquerschnitt.

Vertikalsicht: die vom Boden aus ermittelte größte senkrechte Entfernung, in der ein Objekt (z. B. Ballon, Flugzeug) gerade noch deutlich erkennbar ist. Die V. ist im Flugwetterdienst anstelle der Wolkenhöhe zu melden, wenn die Wolkenuntergrenze (z. B. wegen Nebels oder starken Schneefalls) nicht mehr erkennbar ist.

Vertikalzirkulation: geschlossener Luftkreislauf mit horizontaler Achse, der aus korrespondierenden auf- und absteigenden Luftströmen (↑ Vertikalbewegung) und horizontalen Ausgleichsströmungen besteht.

V.en kommen in unterschiedlichen Größenordnungen vor, z. B. großräumig als ↑ Hadley-Zelle, im regionalen Bereich als ↑ Land- und Seewindzirkulation, kleinräumig als ↑ Leewirbel.

Verweilzeit: der Zeitraum, in dem ↑atmosphärische Spurenstoffe in der Atmosphäre verbleiben; kann stoffspezifisch von einigen Minuten bis zu Tagen und Wochen, in der Stratosphäre bis zu einigen Jahren dauern; somit können geringe bis große Transportstrecken (bis zu Tausenden von Kilometern) zurückgelegt werden mit der Möglichkeit chemischer Umwandlungen.

VFR, die (Mehrz.) [faʊ'ɛf''ɛr ‖ ohne Einz.]: ↑Sichtflug.

Videograph, der [zu lat. videre = sehen und ↑-graph]: spezielles, auf der Rückwärtsstreuung basierendes Sichtweitenmeßgerät (Streulichtmesser); besteht aus einem Lichtimpulssender und einem empfindlichen Lichtimpulsempfänger, der über dem Sender im gleichen Gehäuse montiert ist. Das vom Sender ausgehende Strahlenbündel und der Empfangswinkel des Empfängers schneiden sich in einem Gebiet von 5 bis maximal 30 m vor dem Gerät. Befinden sich in dieser Zone trübende Partikel (z. B. Nebeltröpfchen), so wird ein Teil des vom Sender ausgestrahlten Lichtes in den Empfänger zurückgestreut. Die Intensität des zurückgestreuten Lichtes wird vom Empfänger gemessen und auf einem in ↑Normsichtweiten geeichten Zeigerinstrument angezeigt.

Vidie-Dose [vi'di... ‖ Syn.: Druckdose]: von L. Vidie 1844 konstruierte Vorrichtung zur Luftdruckmessung, wichtigster Bestandteil des ↑Aneroidbarometers; ein früher aus Stahlblech, heute meist aus Kupfer-Beryllium gefertigtes flaches, dünnwandiges, dosenförmiges Gefäß von etwa 3–15 mm Höhe und 30–200 mm Durchmesser, aus dem die Luft teilweise ausgepumpt wurde. Stützfedern verhindern, daß die Dose durch den Luftdruck zusammengedrückt wird. Die Grundflächen der V.-D. werden Membranen genannt. Bei Erhöhung des äußeren Luftdrucks wird die Dose gegen ihre Federkraft zusammengedrückt, bis sich ein Gleichgewichtszustand einstellt; die Deformation der Dose ist ein Maß für den Luftdruck.
Zur Erhöhung der Meßempfindlichkeit werden mehrere Dosen zu einem Satz zusammengefügt. Eine weitere Steigerung der Empfindlichkeit erreicht man durch eine wellige Oberflächenstruktur (Oberflächenvergrößerung).
Aufgrund der Temperaturabhängigkeit der Elastizität sind V.-D.n mit einer ↑Temperaturkompensation ausgestattet.

vierdimensionale Analyse [Syn.: vierdimensionale Datenassimilation]: Methode der numerischen Analyse, die die Analyse der dreidimensionalen Atmosphäre nicht auf einen festen Zeitpunkt begrenzt, sondern die Zeit als vierte Koordinate einführt und damit die Verarbeitung von ↑asynoptischen Daten ermöglicht. Die v. A. ist auf verschiedenen Wegen versucht worden:
Beim **kontinuierlichen Verfahren** werden die asynoptischen Daten jeweils in eine laufende Vorhersagerechnung direkt eingebracht, wenn der Zeitpunkt der Beobachtung erreicht wird. Dies kann zu nur schwer zu bekämpfenden Schockwellen führen, da die lokale Abänderung eines Elements das in der Atmosphäre vorhandene Gleichgewicht mit anderen Elementen stört.
Beim sog- **Vorwärts-rückwärts-Verfahren** wird die Vorhersagerechnung über ein bestimmtes Zeitintervall mehrfach vorwärts und rückwärts durchgeführt und dabei jedes Mal an die asynoptischen Meldungen angepaßt, bis die Schockwellen abgeklungen sind.
Beim **diskontinuierlichen Verfahren** werden die asynoptischen Daten eines bestimmten Zeitintervalls (z. B. 6 Stunden) auf den mittleren Zeitpunkt bezogen und als synoptische Daten behandelt; das Einbringen erfolgt also nur einmal innerhalb jedes Zeitintervalls. Dieses Verfahren hat sich als am praktikabelsten erwiesen und wurde deshalb im Deutschen Wetterdienst eingeführt.

Viererdruckfeld: Luftdruckfeld, das aus je zwei Hochdruckgebieten und zwei Tiefdruckgebieten, die sich kreuzweise gegenüberliegen, besteht, wie es in einem ↑Deformationsfeld der Fall ist.

virga [lat. = dünner Zweig, Rute, Stab]: substantivischer Zusatz zu den Namen fast aller Wolkengattungen (ausgenommen Cirrus und Stratus) mit der Bedeutung „mit Fallstreifen". Man versteht unter dieser Wolkensonderform dünne

Wolken aus Eis- oder Wasserteilchen, die in streifiger oder haarähnlicher Form vertikal oder schräg an der Unterseite einer Wolke herabhängen; es handelt sich um Niederschlag, der verdunstet, ehe er den Erdboden erreicht. – ↑auch Wolkenklassifikation. – Abb. S. 183.

virtuelle Temperatur [von mlat. virtualis = als Möglichkeit vorhanden]: diejenige Temperatur, die trockene Luft annehmen müßte, um bei gleichem Druck die gleiche Dichte wie feuchte Luft zu haben. Die v. T. (t_v) ist immer etwas höher (um den sog. **virtuellen Temperaturzuschlag**) als die tatsächliche Temperatur (t) der Luft:

$$t_v = t\,(1 + 0{,}604\,s),$$

wobei s die ↑spezifische Feuchte ist.

Viskosität, die [zu spätlat. viscosus = klebrig ‖ Syn.: Zähigkeit]: Maß für die temperaturabhängige innere Reibung in Flüssigkeiten und Gasen; in Flüssigkeiten nimmt die V. mit steigender Temperatur sehr stark ab, in Gasen dagegen zu. Man unterscheidet ↑dynamische Viskosität und ↑kinematische Viskosität.

VMC, die (Mehrz.) [faʊ'ɛm'tse: ‖ ohne Einz. ‖ Abk. für engl. **v**isual **m**eteorological **c**onditions = Sichtwetterbedingungen]: im Luftverkehr verwendete Bez. für Wetterverhältnisse, die durch Werte für Sicht, Abstand von den Wolken und der Hauptwolkenuntergrenze ausgedrückt werden und den festgelegten Mindestwerten entsprechen oder darüber liegen.

vollarides Klima ↑arides Klima.

vollhumides Klima ↑humides Klima.

vollnivales Klima ↑nivales Klima.

VOLMET-Meldung [VOLMET ist Abk. für frz. **vol** = Flug und frz. **mét**éorologie = Meteorologie]: Bez. für die routinemäßig auf einer bestimmten Frequenz über Ultrakurzwelle an den Hauptflughäfen Europas verbreiteten Bodenwettermeldungen für die Luftfahrt und die zweistündigen Flughafenwettervorhersagen von mehreren Flughäfen und deren Ausweichflughäfen.

Voluntary Co-operation Programme, das ['vɔləntərɪ koʊɔpə'reɪʃən 'proʊgræm ‖ engl. = freiwilliges Kooperationsprogramm]: ↑UNDP.

Vorderseitenwetter: das Wetter auf der Vorderseite eines Tiefdruckgebietes im Bereich der **Vorderseitenkaltluft.** Es ist nach abklingendem Schönwetter durch aufziehende Bewölkung gekennzeichnet, deren Untergrenze allmählich absinkt und aus der schließlich zum Teil länger anhaltende Niederschläge fallen.

Vorfrühling: im durchschnittlichen Jahresablauf der Witterung die häufig zwischen 13. und 22. März vorkommenden Hochdruckwetterlagen, die durch beständiges, sonniges Wetter und eine kräftige Tageserwärmung gekennzeichnet sind; in der Phänologie die Jahreszeit zwischen Beginn der Blüte von Schneeglöckchen und Haselnuß und der Aussaat des Sommergetreides sowie der Blüte des Buschwindröschens.

Vorgangskurven: die in thermodynamischen Diagrammen eingedruckten Kurven, mit denen Vorgänge in der Atmosphäre verfolgt und die dabei auftretenden Änderungen meteorologischer Größen beschrieben werden können. V. sind z. B. Trocken-, Feuchtadiabaten und Linien konstanten Sättigungsmischungsverhältnisses. Spezielle V. sind die ↑Absinkkurve und die ↑Hebungskurve.

Vorhersagbarkeit: die grundsätzliche Möglichkeit, eine zukünftige Wetterentwicklung vorherzusagen, und speziell die Frage, bis zu welchen zeitlichen Grenzen und mit welcher Genauigkeit eine wiss. fundierte Wettervorhersage überhaupt möglich ist. Dieses theoretisch sehr komplizierte Problem war in den letzten Jahren Gegenstand intensiver Forschungen.

Es ist plausibel, daß in einer Vorhersagerechnung mit numerischen Modellen die Fehler, die in den Anfangsbedingungen durch nicht ganz einwandfreie und in manchen Gebieten fehlende Beobachtungen unvermeidbar sind, und die Ungenauigkeiten, die in jedem Modell durch die notwendigen Vereinfachungen und Näherungsverfahren auftreten müssen, mit der fortschreitenden Rechnung weiter anwachsen. Wann die Schwelle der Brauchbarkeit überschritten wird, ist vom Nutzer letztlich nur subjektiv angebbar.

Bei einer theoretischen Behandlung des Problems muß beachtet werden, daß sich die Bewegungsvorgänge und physikalischen Prozesse in der Atmosphäre in einem ganzen Spektrum unterschiedlicher Größenordnungen (Scales) abspielen. Die Vorgänge einer Größenordnung können nun nicht getrennt von denen anderer Größenordnungen behandelt werden, sondern es finden dauernd Wechselwirkungen und Energieübergänge zwischen ihnen statt. Bedeutsam ist hierbei besonders die Größenordnung, die von den üblichen Vorhersagemodellen grundsätzlich nicht mehr erfaßt werden kann, der sog. subskalige Bereich. Auch diese subskaligen Vorgänge, deren Größenordnung immerhin von wenigen 100 km bis herab zu einigen cm reicht, nehmen an den Wechselwirkungen teil. Sie beeinflussen im Laufe der Vorhersagezeit immer mehr die Entwicklungen in der synoptischen Größenordnung in unkontrollierbarer Weise, bis sie schließlich alle Größenordnungen überwuchert und die gesamte Prognosenrechnung wertlos gemacht haben. In Modellrechnungen ist die Zeitspanne bis zur völligen Wertlosigkeit der Prognosen mit zwei bis drei Wochen ermittelt worden. Obwohl solche Modellrechnungen mit vielen Unsicherheiten behaftet sind, gilt heute diese Zeitspanne als äußerste Grenze der Vorhersagbarkeit. In der Praxis, die sich dieser Grenze verständlicherweise nur allmählich annähern kann, werden heute, z. B. vom Europäischen Zentrum für mittelfristige Wettervorhersage, regelmäßig Vorhersagen berechnet, deren Brauchbarkeit bis zu etwa 6 oder 7 Tagen reicht.

Vorhersage: in der Meteorologie svw. ↑Wettervorhersage.

Vorhersagekarte: Wetterkarte, die für einen in der Zukunft liegenden Zeitpunkt gilt. Zum Unterschied von normalen Wetterkarten enthalten V.n zunächst nur Liniensysteme (Isobaren bzw. Isohypsen, Frontensysteme, eventuell Isothermen); zusätzlich werden lediglich in die für die Öffentlichkeit bestimmten Boden-V.n (v. a. für Zeitungen) für einige Orte Stationsvorhersagen in vereinfachter Form, in die für den Flugwetterdienst angefertigten Höhen-V.n für einige Punkte vorhergesagte Temperaturen sowie für die Angabe der Windgeschwindigkeit entweder Isotachen oder Windsymbole an festen Punkten eingetragen.

Anfangs wurden V.n mit synoptischen Methoden, d. h. durch Anwendung von Steuerungsregeln und der Extrapolationsmethode, konstruiert. In Deutschland wurde 1940 mit der regelmäßigen Erarbeitung und Veröffentlichung von Boden-V.n für 24 Stunden (durch R. Scherhag) begonnen; einige Jahre später folgten V.n für die 500-hPa-Fläche.

Die ersten numerischen V.n, die zunächst nur für die Höhe berechnet werden konnten, wurden ab Mitte der 50er Jahre in den USA in den praktischen Dienst eingeführt. Der Deutsche Wetterdienst begann damit im Jahre 1966. Heute stehen dem synoptischen Dienst numerisch berechnete V.n für alle Höhen vom Boden bis 50 hPa und für beliebige Vorhersagezeiträume (in 12- oder 24-Stunden-Intervallen) bis zu 6 Tagen zur Verfügung. Während die numerischen V.n für die Höhe unverändert verwendet werden können, werden in die V.n für den Boden die Frontensysteme nachträglich vom Meteorologen eingefügt.

Vorhersageprüfung: svw. ↑Prognosenprüfung.

Vorticity, die [vɔr'tɪsɪti ‖ engl. = Wirbeligkeit ‖ Syn.: Wirbelgröße]: Maß für die Drehbewegung eines in einer Luftströmung mitgeführten Luftteilchens um seine vertikale Achse. Zu unterscheiden sind ↑relative Vorticity und ↑absolute Vorticity.

V. und Divergenz sind zwei aus dem Stromfeld abgeleitete Größen, die von besonderer Bedeutung für die theoretische Wettervorhersage sind. – ↑auch Vorticity-Gleichung.

Vorticity-Gleichung [vɔr'tɪsɪti...]: Gleichung, die einen Zusammenhang zwischen ↑Vorticity und ↑Divergenz herstellt. Da die für viele Wettervorgänge und die Wetterentwicklung ausschlaggebende Divergenz aus Wetterkarten nicht entnommen werden kann, wohl dagegen die Vorticity (↑relative Vorticity), ermög-

licht die V.-G., die Divergenz und damit die zu erwartenden Luftdruckänderungen aus der Vorticity-Verteilung feldmäßig rechnerisch zu bestimmen. Von dieser Möglichkeit machten die ersten numerischen Wettervorhersagen Gebrauch (↑gefilterte Modelle).
In der einfachsten Form (für eine barotrope Atmosphäre) besagt die V.-G., daß Advektion von höherer Vorticity zu Divergenz, also zu Massenabfluß und Luftdruckfall, führt, Advektion niedrigerer Vorticity dagegen zu Konvergenz, also zu Massenzufluß und Luftdruckanstieg.

Vorwärtsstreuung ↑Streuung.

Vulkanausbrüche: Vorgänge explosiver Förderung von festen, flüssigen und gasförmigen Stoffen aus dem Erdinnern. Im Klimasystem sind sie als externe klimatogenetische Effekte von Bedeutung, v.a. wenn es sich um große Ausbrüche handelt (z.B. Krakatau 1883, Katmai 1912, Agung 1963, Fuego 1974, Mount Saint Helens 1980, El Chichón 1982), bei denen neben vulkanischem Lockermaterial (Staub) große Mengen magmatischer Gase (Schwefeldioxid, Kohlendioxid, Wasserdampf u.a.) bis in die Stratosphäre gelangen. Durch photochemische Prozesse bilden sich hier hpts. sulfatische Teilchen, die sich in der ↑stratosphärischen Aerosolschicht anreichern.
Von großen V.n herrührende stratosphärische Staubschichten führen zu einer Schwächung der Sonneneinstrahlung und können deshalb ein geringes Absinken der globalen Mitteltemperaturen um mehrere Zehntel °C (besonders in hohen Breiten der Nordhalbkugel) bewirken.
Ob sich V. auf die troposphärische Zirkulation oder auf einzelne Klimaelemente auswirken, konnte empirisch-statistisch nicht zweifelsfrei festgestellt werden. Wegen der Komplexität atmosphärischer Prozesse und vieler Rückkopplungsmechanismen im ↑Klimasystem sind solche Untersuchungen, in neuester Zeit mit Hilfe von Modellrechnungen, sehr schwierig.
Ein weiterer Effekt großer V. zeigt sich in farbenprächtigen Dämmerungserscheinungen (Purpurlicht, Bishop-Ring). – ↑auch Dust-veil-Index.

W

W:
◊ Einheitenzeichen für ↑Watt.
◊ Abk. für ↑Westlage.

Wabenschnee: bienenwabenförmige Struktur einer Schneedecke, die dadurch zustande kommt, daß sich bei günstiger Sonneneinstrahlung durch Schmelzvorgänge zahlreiche halbrunde bis ovale Hohlformen (sog. **Schmelzwannen**) in der Schneedecke bilden, die durch kleine Schneekämme voneinander getrennt sind.

Wächte, die [schweizer., eigtl. = Angewehtes]: im Mittel- und Hochgebirge am Rand von Plateauabstürzen, an den Kanten von Kämmen, Graten u.a. durch den Wind abgelagerte, auf der Leeseite dachartig über den Steilabfall überhängende Schneemassen, die sich allmählich durch ihre zunehmende Schwere senken und unter Lawinenbildung abstürzen können.

WAFS, das [vafs, veːˈaːˈɛfˈɛs ‖ Abk. für engl. **w**orld **a**rea **f**orecast **s**ystem = Welt-Gebietsvorhersagesystem]: weltweites Gebietsvorhersagesystem der ↑ICAO, das seit November 1984 schrittweise eingeführt wird. Die Organisation besteht aus zwei Weltzentralen (**WAFC**; Abk. für engl. **w**orld **a**rea **f**orecast **c**entre = Welt-Gebietsvorhersagezentrale) in Washington und London (Bracknell), 15 Regionalzentralen (**RAFC**; Abk. für engl. **r**egional **a**rea **f**orecast **c**entre = Regional-Gebietsvorhersagezentrale), darunter in Europa Frankfurt am Main, London, Moskau und Paris, sowie nationalen Zentralen.
Ziel von WAFS ist die globale Flächendeckung der WAFS-Produkte (Wetter-

vorhersagen) für die Luftfahrt, weitgehende Standardisierung in Form und Inhalt, Bereitstellung von Gitterpunktdaten (in acht Standardhöhen) für die Computerflugplanung, Vermeidung von Doppelarbeit und Minimierung der Systemkosten, zeitgerechte Bereitstellung der benötigten Produkte an Flughäfen und hinreichende Ausfallsicherung.

wahre Ortszeit [Abk.: WOZ]: ↑Ortszeit.

Waldgrenze: klimatisch bedingte Grenzzone, bis zu der geschlossener Wald noch gedeiht. Die W. reicht in Sibirien am weitesten nach N und liegt in großen Gebirgsmassiven höher als in deren Randzonen oder in kleinen Gebirgen; in den schweizerischen Alpen etwa bei 1 700 bis 2 200 m ü. d. M. – ↑auch Baumgrenze.

Waldklima: aufgrund eines eigenen Strahlungshaushaltes und eigener Zirkulationsbedingungen ausgebildetes ↑Bestandsklima eines Waldes in Abhängigkeit von Baumart und -dichte. Waldboden, Stamm- und Kronenraum prägen das Waldklima. Allg. bestehen im Gegensatz zur offenen Landschaft ausgeglichene Temperaturverhältnisse mit geringem Tagesgang, größere Luftruhe, höhere relative Feuchte, verminderte Einstrahlung und größere Luftreinheit (Filterwirkung). Das W. ist therapeutisch nutzbar.

Wald- und Feldwindzirkulation: lokales thermisches Zirkulationssystem zwischen einem Wald und dem umliegenden freien Feld, das sich bei einer ruhigen Strahlungswetterlage ausbildet. Tagsüber ist die Luft im Waldinnern kühler, nachts dagegen wärmer als gegenüber dem freien Feld, so daß am Tage eine schwache und seichte Luftströmung vom Wald zum Feld gerichtet ist **(Waldwind),** während sich nach Sonnenuntergang eine umgekehrte Strömung einstellt **(Feldwind).** Der Feldwind ist im allg. noch schwächer als der Waldwind und daher schwer nachzuweisen.

Walker-Zirkulation ['wɔːkə...]: von Sir G. Walker entdeckte Zirkulation über dem tropischen Pazifik. Sie wird verursacht durch unterschiedliche Oberflächentemperaturen des Ozeans. So herrschen im östlichen Pazifik als Folge des kalten Humboldtstroms verhältnismäßig niedrige Wassertemperaturen. Über diesem Gebiet wird die Luft abgekühlt und zum Absinken im Bereich eines Hochdruckgebietes veranlaßt. Dem steht im indonesischen Raum eine sehr warme Wasseroberfläche gegenüber, über der sich die Luft erwärmt, sich tiefer Luftdruck entwickelt und die Luft zum Aufsteigen gezwungen wird. Die Zirkulation wird geschlossen durch eine Oströmung am Boden (die Passate) und eine westliche Strömung in größeren Höhen.

Die W.-Z. stellt eine thermisch direkte Zirkulation dar. Ihr sind quasiperiodische Änderungen überlagert, die man ↑Southern oscillation nennt.

Walliser Talwind [nach dem schweizer. Kanton Wallis]: vom oberen Ende des Genfer Sees nach Brig wehender Talwind des oberen Rhonetals; bei Schönwetterlagen sehr regelmäßig auftretend.

Wärme: spezifische physiologische Empfindungen auslösende Energieform; auch Bez. für einen gegenüber Normalbedingungen oder normaler Körpertemperatur durch [stark] erhöhte Temperatur gekennzeichneten Zustand eines Körpers oder seiner Umgebung. Physikalisch ist W. die Summe der in einem Körper enthaltenen Bewegungsenergien seiner Moleküle und Atome. Maßzahl für den W.zustand eines Körpers ist die ↑Temperatur. – ↑auch fühlbare Wärme, ↑latente Wärme.

Wärmeäquator: svw. ↑thermischer Äquator.

Wärmeaustausch: der durch turbulente Vorgänge bewirkte Ausgleich von Temperaturunterschieden. Im Gegensatz zur ↑Wärmeleitung erfolgt die Wärmeübertragung beim W. durch materielle Teilchen bzw. durch Turbulenzelemente unterschiedlicher Größe.

Beim **vertikalen W.** bezieht sich der Austausch wegen der damit verbundenen adiabatischen Zustandsänderungen auf die potentielle Temperatur. Die Richtung des Wärmeflusses ist deshalb abhängig von der vertikalen Temperaturschichtung. Bei indifferenter Schichtung, bei der die potentielle Temperatur mit der Höhe konstant bleibt, ist der W. gleich null. Bei stabiler Schichtung ist der Wärmefluß nach unten gerichtet, da trockenadiabatisch absinkende Teilchen in unteren Schichten wärmer ankommen, als die vorhandene Umgebung bei stabiler Schichtung ist. Bei labiler Schichtung ist der Wärmefluß nach oben gerichtet, da adiabatisch aufsteigende Teilchen in höheren Schichten wärmer als ihre Umgebung sind.

Wärmebedarfszahl: in der *technischen Klimatologie* früher häufig benutzte heiztechnische Kenngröße zur Berechnung des Wärmebedarfs von Gebäuden. Die W. ist definiert als Differenz zwischen der Tagesmitteltemperatur und dem früheren (heute bei 15 °C liegenden) Wert der ↑Heizgrenztemperatur von 12 °C.

Wärmebelastung [Syn.: thermische Belastung]: Beeinträchtigung der ↑Behaglichkeit, wenn trotz angepaßten Verhaltens die thermische Belastungsgrenze überschritten wird und die ↑Thermoregulation nicht mehr ausreicht. – ↑auch Schwüle, ↑Schwülegrenze, ↑Wärmestau.

Wärmebilanz:

◇ in bezug auf das *System Erde–Atmosphäre* ↑Strahlungsbilanz.

◇ beim *Menschen* das fortwährende Gleichgewicht zwischen aufgenommenen und abgegebenen Energiemengen, ausgedrückt in der **W.gleichung:**

$$H = C + R + E_{sw} + Q_{res} + S$$

(H = Wärmeproduktion, C = Konvektion, R = Nettostrahlung, E_{sw} = Verdunstung, Q_{res} = Atmung, S = Wärmespeicherung). Diese Gleichung muß für eine Kerntemperatur von 37 °C erfüllt sein. Bei der modellmäßigen Simulation sind deshalb Effekte der Thermoregulation (z. B. metabolische Rate, Änderungen der Hauttemperatur und -feuchte) zu berücksichtigen, wie dies in den heute gebräuchlichen Energiebilanzmodellen geschieht (↑Predicted mean vote, ↑Klimamichelmodell).

Wärmeeinbruch: plötzliche Temperaturzunahme, z. B. nach dem Durchzug einer Warmfront oder bei Föhn; besonders markant im Winter bei Südwestlagen infolge Advektion milder Meeresluft, in der die Lufttemperatur auf 5 bis 10 °C und darüber ansteigt und bis in große Höhen Tauwetter einsetzt.

Wärmefluß [Syn.: Wärmestrom]: die Wärmemenge, die durch turbulenten Austausch oder durch Wärmeleitung pro Sekunde durch eine Kontrollfläche von 1 cm² hindurchfließt. Seine Stärke ist sowohl vom Temperaturgefälle als auch von der Art und Stärke des turbulenten Austauschs, im Fall der Wärmeleitung von der Wärmeleitfähigkeit der betreffenden Materie abhängig. – ↑auch Wärmeaustausch.

Wärmegewitter: Gewitter, das im Gegensatz zum ↑Frontgewitter nur durch Aufheizung und Labilisierung der Luft vom Boden her verursacht wird.
W. treten v. a. im Sommer über Land innerhalb von Warmluft auf. Wegen ihrer direkten Abhängigkeit von der Sonneneinstrahlung weisen sie einen ausgeprägten Tagesgang auf, der sein Maximum entsprechend der Thermik am späten Nachmittag hat. Neben der Aufheizung ist eine ausreichende Feuchte sowohl am Boden als auch in der Höhe Voraussetzung für ihre Entstehung. Bevorzugt treten sie bei gradientschwacher Luftdruckverteilung auf. Dagegen wird ihre Ausbildung in ausgeprägten Hochdruckgebieten oder Hochdruckkeilen wegen der in deren Bereich herrschenden Absinkbewegung und Austrocknung in der Höhe verhindert.

warme Hangzone: Geländebereich an Hängen, der sich zwischen kalter Hochfläche und Talsohle befindet und oberhalb eines ausstrahlungsbedingten Kaltluftsammelgebietes (in Mulden, Becken, Tälern) liegt. Die w. H. ist daher nebelarm, kaum frostgefährdet und bioklimatisch allg. begünstigt. – Abb. S. 444.

Wärmehaushalt ↑Strahlungsbilanz.

Wärmeinsel: derjenige städtische Lebensraum, der gegenüber der Umgebung eine höhere Temperatur aufweist (meist ½ bis 1½ K im Jahresmittel); bei Strahlungswetterlagen abends und nachts am stärksten ausgeprägt mit Temperaturdifferenzen zwischen Stadtkern und Umland bis etwa 10 K als Folge der verzögerten abendlichen Abkühlung des

Stadtgebietes (nächtliche Wärmebelastung).
Wesentliche Ursachen für die Bildung von W.n sind Veränderungen des Wasserhaushaltes der Erdoberfläche (Abfluß des Regenwassers durch die Kanalisation), erhöhte Wärmespeicherung im Stadtgebiet (Baumassen) und Produktion fühlbarer Wärme durch Verbrennungsprozesse (Abwärme). Je nach der städtischen Infrastruktur können sich mehrere W.n bilden.

Wärmekonvektion [Syn.: Wärmemitführung]: der Transport bzw. die Ausbreitung von Wärmeenergie durch strömende Flüssigkeiten oder Gase. Es können dabei größere Wärmemengen übertragen werden als von ruhenden Medien durch Wärmeleitung allein.

Wärmeleitfähigkeit: physikalische Materialkonstante, die angibt, welche Wärmemenge pro Sekunde durch eine Einheitsfläche innerhalb des gleichen Stoffs fließt, wenn senkrecht zur Fläche ein Temperaturgefälle von 1 K pro m herrscht. Sie ist also ein Maß der Fähigkeit eines Materials, Wärme durch Wärmeleitung zu übertragen.
Die W. von Luft ist sehr gering; sie beträgt 0,034 W/m · K (vergleichsweise von Wasser 0,58 W/m · K, von festem Boden je nach der Bodenart 1 bis 3 W/m · K).

Wärmeleitung: der Wärmeübergang innerhalb fester, flüssiger oder gasförmiger Stoffe, der nur durch die Molekularbewegung verursacht wird. Die W. hängt allein von der Natur der Substanz ab, ist also eine spezifische Eigenschaft der Stoffe. Sie spielt in der Atmosphäre wegen der sehr niedrigen Wärmeleitfähigkeit der Luft nur eine untergeordnete Rolle. Sie ist aber ausschlaggebend für das langsame Eindringen von Wärmewellen in den Erdboden.

Wärmemitführung: svw. ↑Wärmekonvektion.

Wärmepole: die Orte auf der Erdoberfläche mit den höchsten beobachteten Lufttemperaturen. Voraussetzung für die Ausbildung von W.n sind anhaltende Hochdruckwetterlagen mit absteigenden Luftbewegungen, intensiver Einstrahlung, wasserdampfarmer Luft und Windstille. W. treten daher nicht am Äquator auf, sondern auf der Nordhalbkugel im Bereich des subtropischen Hochdruckgürtels. Bisherige Höchstwerte: 57,8 °C in Al Asisia (Libyen; 1922) und 56,7 °C im Death Valley (Kalifornien; 1913).

warmer Fallwind ↑Fallwind.

warmes Hochdruckgebiet: svw. ↑dynamisches Hochdruckgebiet.

Wärmestau: passive Überwärmung des Körpers mit Anstieg der Körperkerntemperatur durch ein Mißverhältnis zwischen Wärmegewinn und -abgabe (↑Thermoregulation); entsteht durch körperliche Tätigkeit bei zu hoher Außentemperatur, hoher Luftfeuchte und/oder unzweckmäßiger Bekleidung.

Wärmestrahlung [Syn.: Temperaturstrahlung, thermische Strahlung]: die

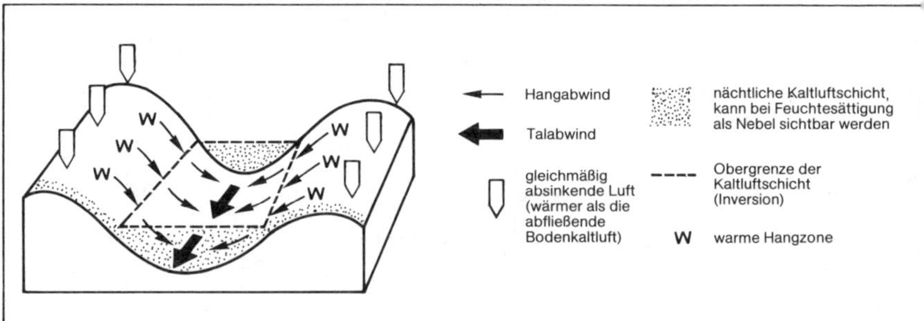

Warme Hangzone. Nächtliche Entstehung einer warmen Hangzone und eines Kaltluftsammelgebietes im Tal

von einem Körper ausgesandte elektromagnetische Strahlung, deren spektrale Zusammensetzung nach den Strahlungsgesetzen (u. a. ↑ Planck-Strahlungsgesetz) von der Temperatur und dem spektralen Emissionsvermögen des Körpers abhängt. Als idealen Temperaturstrahler bezeichnet man den ↑ schwarzen Körper.

Wärmestrom: svw. ↑ Wärmefluß.

Wärmesumme ↑ Temperatursumme.

Wärmetransport: die einseitig in eine Richtung vor sich gehende Verfrachtung von Wärme. Die Bez. wird zwar auch auf kleinräumige turbulente Vorgänge angewendet und ist dann gleichbed. mit ↑ Wärmeaustausch, häufiger wird jedoch unter W. der großräumige horizontale Transport von Wärme verstanden, wie er mit den großen Meridionalströmungen verbunden ist (↑ Makroturbulenz).

Wärmeumsatz: zusammenfassende Bez. für alle physikalischen Vorgänge an einer Grenzfläche (worunter meist die Grenzfläche zwischen der Atmosphäre und der festen oder flüssigen Erdoberfläche betrachtet wird), durch die eine Wärmeübertragung in unterschiedlicher Weise erfolgt.

Am W. *an der Erdoberfläche* sind im wesentlichen die kurzwellige Einstrahlung, die langwellige Ausstrahlung, die Wärmeleitung, die Verdunstung und der turbulente Wärmeaustausch beteiligt. Der W. *am Boden* wird darüber hinaus sehr stark von der Art der Erdoberfläche (Land oder Meer) und über Land von der Bodenbeschaffenheit, dem Bewuchs und der Bebauung beeinflußt. Alle diese Faktoren bestimmen die täglichen, jahreszeitlichen und z. T. auch die wetterlagenabhängigen Schwankungen der Temperatur am Boden.

Wärmewelle: kräftige Erwärmung innerhalb weniger Stunden infolge Advektion von Warmluft; in Mitteleuropa insbes. auf der Vorderseite eines im Raum der Britischen Inseln gelegenen Tiefdruckgebietes. – ↑ auch Hitzewelle.

Wärmezyklone: svw. ↑ Hitzetief.

Warmfront: Front, an der wärmere Luft gegen kältere vordringt. Im Gegensatz zu der bei ↑ Kaltfronten zu beobachtenden Vielfalt an Typen sind W.en fast alle gleichartig als **Aufgleitfronten** aufgebaut, d. h., an ihnen gleitet die vordringende Warmluft aufgrund etwas höherer frontsenkrechter Geschwindigkeit auf die keilförmig langsam zurückweichende Kaltluft längs einer schrägen Aufgleitfläche auf. Die theoretisch denkbare Möglichkeit, daß eine W. als Abgleitfront auftritt, kommt in der Natur nur selten vor.

Bei einer Neigung der Frontfläche von 1:100 erstreckt sich das Gebiet des Aufgleitens an einer W. über eine Fläche von 500 bis 1 000 km Breite. In den weitaus meisten Fällen geht das Aufgleiten in stabiler Form vor sich **(stabile W.).** Daher bildet sich in der Warmluft durch die Hebung eine stabile Aufzugsbewölkung. Sie beginnt weit vor der Front in großer Höhe mit Cirrus, der zunächst eine faserige oder hakenförmige Struktur aufweist, und geht dann in geschlossenen Cirrostratus über, der immer dichter wird und nach unten anwächst. Gelangt er in etwas niedrigere Höhen, in denen sich wegen der etwas höheren Temperaturen neben den Eisteilchen der Cirruswolken auch unterkühlte Wolkentropfen bilden können, so geht er in Altostratus über.

Mit zunehmender vertikaler Ausdehnung des Altostratus kommt es schließlich durch das weitere Anwachsen der Wolkentropfen zur Niederschlagsbildung und – wenn die Untergrenze des Altostratus bis in die Höhe von tiefen Wolken abgesunken ist – zur Umwandlung des Altostratus in Nimbostratus.

Der Niederschlag, im Winter als Schnee, in den Übergangsjahreszeiten und im Sommer als Regen, beginnt im allg. einige 100 km vor der W. und hält dann, je nach Verlagerungsgeschwindigkeit der W., einige, oft 6 bis 12 Stunden an, bis die W. am Boden durchgegangen ist.

Außer daß die Aufgleitniederschläge aufhören, ist der Durchgang der W. am Boden in der Regel mit einem mehr oder weniger deutlichen Temperaturanstieg, mit einer Winddrehung nach rechts und mit einem Nachlassen des Luftdruckfalls verbunden. Die Sichtverhältnisse, die wegen des fallenden Niederschlags schon schlecht waren, bleiben auch in der Warmluft mäßig bis schlecht.

Neben diesem W.typ mit stabilem Aufgleiten tritt, allerdings nur selten, der Typ der **labilen W.** auf. Hierbei muß die Warmluft schon vorher labil geschichtet sein, oder es muß durch die Hebung zur Freisetzung von latenter Labilität kommen. Aufgrund der Labilität bilden sich dann innerhalb der Aufgleitbewölkung Konvektionszellen, die sich zu Cumulonimben entwickeln, und es kann zu ↑Warmfrontgewittern kommen.
Eine weitere Sonderform ist die nur in der Höhe ausgeprägte **Höhen-W.** (↑Höhenfront).

Warmfrontgewitter: Gewitter, das an einer Warmfront auftritt. In der Regel steht der Entwicklung von Gewittern an Warmfronten die normalerweise stabile Schichtung, die durch das Aufgleiten der Warmluft über kältere Luft bedingt ist, entgegen. W. treten deshalb nur selten auf; sie können sich nur dann bilden, wenn die aufgleitende Warmluft schon vorher labil geschichtet war. Die mit dem Aufgleiten verbundene Hebung führt gegebenenfalls auch zur Freisetzung von latenter Labilität.
Am bekanntesten sind W. in den USA, wo sie häufiger beim Vorstoß von sehr warmer und feuchter Luft aus dem Golf von Mexiko in den Südstaaten auftreten. In Mitteleuropa kommen sie am ehesten bei der Zufuhr von Mittelmeerwarmluft aus sö. Richtungen vor; sie werden dann auch als ↑Ostgewitter bezeichnet.

Warmfrontokklusion: Sonderform der ↑Okklusion.

Warmfronttyp: svw. ↑W-Typ.

Warmluft: Luftmenge, die gegenüber durchschnittlichen Verhältnissen, der Unterlage oder ihrer Umgebung eine höhere Temperatur aufweist bzw. deren Wärmezustand als warm empfunden wird. W. hat wegen ihrer geringeren Dichte das Bestreben, nach oben zu entweichen. Beim Öffnen eines Fensters in einem erwärmten Zimmer strömt daher die W. nach draußen, während gleichzeitig Kaltluft von außen eindringt.
Im lokalen und regionalen Bereich löst die durch Sonneneinstrahlung entstandene W. der unteren Schichten bei entsprechender Wetterlage Konvektion, Quellbewölkung und Gewitter aus.
W. mit überregionaler Ausdehnung bezeichnet man häufiger als **W.masse** (↑Luftmasse).

Warmluftadvektion: horizontale Zufuhr von Warmluft; ↑Advektion.

Warmlufteinschubgewitter: Gewitter, die dadurch gekennzeichnet sind, daß die für die Gewitterbildung notwendige Labilität durch den Einschub einer wärmeren Luftschicht in die vorgelagerte Kaltluft verursacht wird. Im Unterschied zu echten ↑Warmfrontgewittern erfolgt die Erwärmung nur in Höhen zwischen etwa 1000 und 3000 m, während in den anderen Schichten keine wesentlichen Temperaturänderungen eintreten. W. treten vor allem an quasistationären Warmfronten auf.

Warmluftinsel: in der *relativen Topographie* ein von kälterer Luft umgebenes Gebiet mit Warmluft. Die W. ist mindestens von einer Isohypse ganz umschlossen und meist identisch mit einem Höhenhoch.

Warmluftvorstoß: das rasche Vordringen subtropischer Warmluft nach N, meist in Verbindung mit einer kräftigen Tiefdruckentwicklung auf der Vorderseite eines Höhentrogs.
Intensive Warmluftvorstöße verursachen im Winter bis in die Mittelgebirgslagen Tauwetter, im Frühjahr, verstärkt durch kräftige Sonneneinstrahlung, die ersten, im Extremfall bereits auf das letzte Märzdrittel entfallenden Sommertage (Temperaturmaximum 25 °C und darüber) und in der zweiten Aprilhälfte die ersten heißen Tage (Temperaturmaximum 30 °C und darüber).

Warmluftzunge: in der *relativen Topographie* ein Warmluftgebiet, das in ein Gebiet mit Kaltluft hineinragt und von den Isohypsen zungenförmig begrenzt wird. Die Achse der W. kennzeichnet im allg. den Verlauf einer Okklusion auf der Bodenwetterkarte.

Warmsektor: in einem Tiefdruckgebiet ein großer, mit Warmluft gefüllter Bereich, der von der Warmfront und der Kaltfront begrenzt wird. Da die Kaltfront im allg. rascher wandert als die Warmfront, wird bei der Weiterentwicklung des Tiefdruckgebietes der W. zunehmend eingeengt und verkleinert. Er verschwindet, sobald beide Fronten in der Okklusion vereint sind und die Warmluft nach oben verdrängt wurde.

Warmsektorregel: durch die Erfahrung bestätigte Regel über die Verlagerung von Tiefdruckgebieten. Danach bewegen sich junge Tiefdruckgebiete in der Richtung der oberhalb des Reibungsniveaus herrschenden Warmsektorströmung fort, d. h. parallel zu den Isobaren der Bodenwetterkarte im Warmsektor.

Warmzeit: *im weiteren Sinne* eine erdgeschichtliche Epoche relativer Klimagunst (Erwärmung; ↑auch Klimaoptimum), die zwischen zwei kühleren Zeiträumen (↑Kaltzeit) lag (z. B. die mehrere Mill. Jahre umfassende W. des Tertiärs; ↑akryogenes Klima); *im engeren Sinne* (speziell in der Quartärgeologie) ein durch wesentliche Erwärmung gekennzeichneter Zeitabschnitt zwischen zwei Eiszeiten **(Interglazial, Zwischeneiszeit),** in dem ähnliche Klimaverhältnisse wie heute herrschten.

Washout, der ['wɔʃaʊt ‖ engl. = das Auswaschen]: ältere Bez. für das Auswaschen von atmosphärischen Spurenstoffen (↑Below-cloud-scavenging).

Wasser [chemische Formel: H_2O ‖ Syn.: Wasserstoffoxid]: chemische Verbindung von Wasserstoff und Sauerstoff. Der *Schmelzpunkt* des W.s liegt bei 0 °C, der *Siedepunkt* bei 100 °C (bei 1 013 hPa). Beide Umwandlungspunkte sind die Fixpunkte der Celsius-Skala.

Bezüglich der *Dichte* zeigt W. ein anomales Verhalten. W. von 0 °C besitzt eine Dichte von 0,9998 g/cm^3. Beim Erwärmen steigt die Dichte an, bei 4 °C wird das Dichtemaximum von 1,000 g/cm^3 erreicht, bei weiterer Erwärmung nimmt die Dichte wieder ab (bei 20 °C 0,998 g/cm^3). Beim Übergang vom flüssigen in den festen Zustand tritt ebenfalls eine Erniedrigung der Dichte ein (aufgrund der Volumenvergrößerung): Eis von 0 °C besitzt eine Dichte von 0,91674 g/cm^3 (schwimmt deshalb auf W.).

Die *Schmelzwärme* des W.s beträgt bei 0 °C $0{,}334 \cdot 10^6$ J/kg, die *Verdampfungswärme* bei 100 °C $2{,}256 \cdot 10^6$ J/kg.

W. ist die häufigste chemische Verbindung auf der Erde. Die Erdoberfläche ist zu 71 % von W. bedeckt. In der Atmosphäre ist W. in Form von W.dampf bis zu 4 Vol.-% enthalten. Als Niederschlag gelangt es wieder auf die Erde zurück und von dort durch Verdunstung wiederum in die Atmosphäre (↑Wasserkreislauf).

Aufgrund seines großen Wärmespeicherungsvermögens, der mit Phasenänderungen verbundenen latenten Wärmeenergieabgabe und der Absorptionseigenschaften des atmosphärischen W.dampfs ist W. der wichtigste Energieregler für den Wärmehaushalt.

Wasseräquivalent [Syn.: Wassergleichwert]: die Höhe der Wasserschicht (in mm Wasserhöhe), die sich über einer ebenen Fläche nach Schmelzen der Schneedecke ausbilden würde, wenn kein Schmelzwasser abfließt, versickert oder verdunstet. Das W. wird aus einer mit dem Schneeausstecher entnommenen Schneeprobe bestimmt.

Wasserbilanz: die quantitative Gegenüberstellung von Wassergewinn und -verbrauch in einem bestimmten Gebiet (z. B. Einzugsgebiet) für einen festgelegten Zeitraum. Die **W.gleichung** lautet:

$$N = A + V + (R - B)$$

(N = Niederschlag, A = Abfluß, V = Verdunstung, R = Rücklage/Vorrat, B = Aufbrauch/Bindung). Im langjährigen Mittel sind R und B annähernd gleich und deshalb vernachlässigbar. Die Gleichung lautet dann: $N = A + V$.

Die W. wird v. a. für die mittleren Verhältnisse der Monate berechnet, da die einzelnen Komponenten einen unterschiedlichen Jahresgang haben. Mit Hilfe von Modellen ist es möglich, eine stärkere zeitliche Auflösung zu erreichen, z. B. für einzelne Jahre, Monate und sogar Tage.

Im Bundesgebiet fallen im langjährigen Jahresmittel 837 mm Niederschlag (208 Mrd. m^3), von denen 519 mm (129 Mrd. m^3) die Verdunstung verbraucht, während der Rest durch den ober- und unterirdischen Abfluß abgeführt wird.

Wasserdampf: das in der Atmosphäre in gasförmigem Zustand enthaltene Wasser. Das unsichtbare **W.gas** gelangt durch die Verdunstung (v. a. von Meeren, Seen und Flüssen) in die Lufthülle und wird hier infolge Kondensation bzw. Sublimation als Dunst, Nebel oder Wolke sichtbar. – ↑auch Wasserdampfgehalt.

Wasserdampffenster ↑atmosphärische Fenster.

Wasserdampfgehalt: die in der Luft enthaltene Menge an Wasserdampf, welche auf verschiedene Weise gemessen oder bestimmt werden kann (↑absolute Feuchte, ↑spezifische Feuchte, ↑Mischungsverhältnis, ↑Dampfdruck). Die Luft kann nur eine bestimmte Höchstmenge an Wasserdampf enthalten; diese wird Sättigungsfeuchte bzw. Sättigungsdampfdruck genannt. Der W. der Atmosphäre (an der Zusammensetzung der Luft maximal mit etwa 4 Vol.-% beteiligt) schwankt räumlich und zeitlich außerordentlich stark, z. T. auch eine Folge der häufigen Phasenübergänge vom Wasserdampf zum flüssigen Wasser und Eis bzw. umgekehrt.

Im Wetter- und Klimageschehen ist der W. der wichtigste Faktor. – ↑auch atmosphärische Gegenstrahlung, ↑Strahlungsabsorption, ↑Strahlungsbilanz.

Wasserdampfverteilung: die aus Satellitenmessungen im infraroten Bereich abgeleitete Feuchteverteilung in der oberen Troposphäre (↑Satellitenbild). – Abb. S. 188.

Wasserfalleffekt ↑Lenard-Effekt.

Wasserflußpyrheliometer: Instrument zur unmittelbaren Messung der Energie der direkten Sonnenstrahlung. Im Gegensatz zu anderen Pyrheliometertypen wird beim W. die auf den Strahlungsempfänger auffallende Strahlung von einem innen geschwärzten, mit mehreren Blenden versehenen Tubus absorbiert. Die dadurch verursachte Temperaturzunahme eines Wasserstroms, der den Tubus umspült, wird gemessen.

Eine Abwandlung des W.s ist das ↑Wasserwirbelpyrheliometer.

Wassergehalt [Syn.: Flüssigwassergehalt]: der Gehalt an flüssigem Wasser in Wolken und im Nebel (in $g m^{-3}$); er beträgt in flachen Schönwetterwolken (Cumulus humilis) weniger als $1 g m^{-3}$, in mächtigen Haufenwolken (Cumulus congestus) bzw. in Cumulonimben bis über $4 g m^{-3}$, in Stratus- und Stratocumuluswolken im Durchschnitt $0{,}3 g m^{-3}$, in Nebel zwischen 0,01 und $0{,}4 g m^{-3}$.

Wassergleichwert: svw. ↑Wasseräquivalent.

Wasserhose ↑Trombe.

Wasserkreislauf: die natürliche, auch mit Änderungen des Aggregatzustandes verbundene Bewegung des Wassers auf der Erde zwischen Ozeanen, Atmosphäre und Festland, wobei der Hauptumsatz über den Meeren erfolgt.

Erwärmte Luft nimmt bis zu einem gewissen Grad Wasserdampf auf, der durch Verdunstung an der Erdoberfläche (v. a. an Meeresoberflächen) entsteht, aufsteigt (Konvektion) und z. T. horizontal verfrachtet wird. Bei Abkühlung kondensiert der atmosphärische Wasserdampf unter Wolkenbildung. Der ausfallende Niederschlag erreicht, sofern er nicht vorher verdunstet (z. B. bei Interzeption), die Erdoberfläche. Vom Festland fließt das Wasser ober- bzw. unterirdisch zu den Ozeanen ab, wobei durch Rückhaltung an der Oberfläche ein Teil verdunsten kann, oder es versickert im Boden, wo es für die Verdunstung bereitsteht oder das Grundwasser bildet.

Der W. wird durch den Energiehaushalt der Atmosphäre in Bewegung gehalten.

Wasserstoff [chemisches Symbol: H]: farb- und geruchloses Gas; das leichteste der chemischen Elemente, Molekulargewicht 2,016, mittleres Atomgewicht 1,008.

An der Zusammensetzung der Erdatmosphäre ist W. als Spurengas nur mit 0,5 ppm (1 ppm = 10^{-4} Vol.-%) beteiligt. Wegen seiner sehr geringen Masse und der großen Geschwindigkeit seiner Moleküle kann W. die Erdanziehung überwinden und in den Weltraum entweichen. Umgekehrt werden W.atome von der Erde ständig aus dem Weltraum eingefangen.

W. tritt fast nur in gebundener Form auf; besonders zahlreiche Verbindungen bildet er mit Kohlenstoff (Kohlenwasserstoffe). Die häufigste W.verbindung auf der Erde überhaupt ist ↑Wasser.

Wassertemperatur: Temperatur der oberflächennahen Wasserschichten in

Meeren, Seen und Flüssen. Aufgrund der großen spezifischen Wärmekapazität des Wassers ist die W. hinsichtlich ihrer zeitlichen Änderungen ein sehr konservatives Klimaelement. Die Jahresschwankung der W. bleibt in tropischen Gewässern unterhalb von 2 K, in mittleren Breiten beträgt sie 4 bis 8 K. Die mittlere Tagesschwankung der W. liegt im offenen Ozean unter 0,2 K.
Durch die langsamere Erwärmung des Wassers verzögern sich die Eintrittstermine der Extremwerte von W. und Lufttemperatur. An der dt. Nordseeküste z. B. stellt sich das mittlere monatliche Maximum der W. (im September) etwa einen Monat später ein als das der Lufttemperatur.
Die W. wird mit dem ↑ Kippthermometer gemessen.

Wassertemperaturanalyse: Analyse der Oberflächentemperatur der Ozeane. Sie wird für numerische Modelle zur Wettervorhersage benötigt, da die unterste Luftschicht sehr wesentlich vom Untergrund beeinflußt wird und v. a. die Übergänge von Wärme und Feuchte zwischen Oberflächenwasser und Luft von der Wassertemperatur abhängen.
Die W. wird im selben Gitternetz durchgeführt wie die numerische Analyse der meteorologischen Elemente. Zur Verfügung stehen hierzu die von Schiffen angestellten und abgesetzten synoptischen Beobachtungen, die auch die Temperatur des Oberflächenwassers enthalten. Wegen der geringen Tagesschwankung der Wassertemperatur ist die W. nur einmal am Tag nötig.
Problematisch ist die W. in Gebieten, die wenig von Schiffen befahren werden und aus denen infolgedessen kaum Meldungen vorliegen. Hier greift man auf die Analyse des vorhergegangenen Tages oder auf klimatologische Mittelwerte des betroffenen Monats zurück.

Wasservorrat: der Wassergehalt einer Schneedecke, gebildet aus dem Produkt

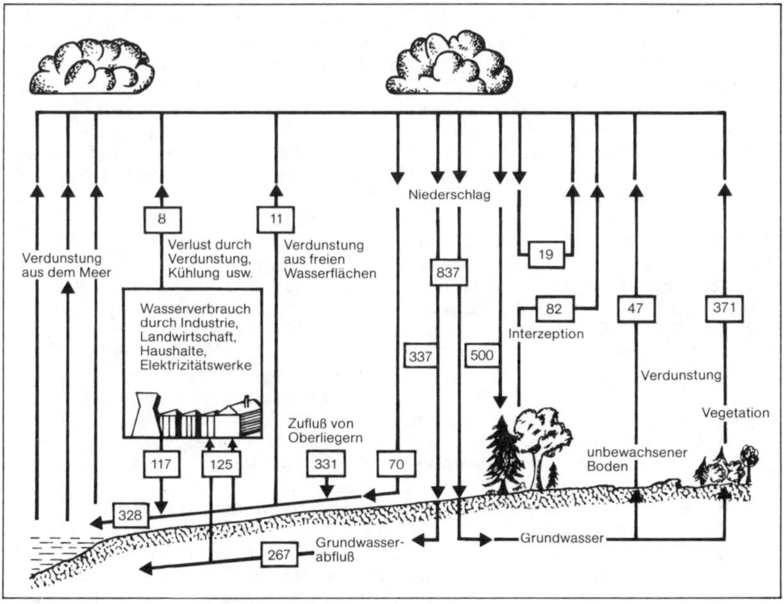

Wasserkreislauf in der BR Deutschland (nach Daten aus Deutscher Wetterdienst 1980); alle Angaben in mm (1 mm = 248 Mill. m³)

des ↑Wasseräquivalents der Schneedecke und der Fläche des betrachteten Gebietes. Die Angabe des W.es wird z. B. zur Abschätzung des möglichen Abflusses beim plötzlichen Schmelzen einer Schneedecke benötigt, insbes. beim Vorhandensein größerer Schneedeckenhöhen (Hochwassergefahr).

Wasserwirbelpyrheliometer: dem ↑Wasserflußpyrheliometer verwandtes Strahlungsmeßgerät. Strahlungsempfänger des W.s ist ein doppelwandiger Hohlkörper, dessen Zwischenwand mit Wasser gefüllt ist. Die aufgrund der Sonneneinstrahlung erfolgende Temperaturerhöhung der mittels eines Rührwerks turbulent durchmischten Wassermasse wird gemessen.

Wasserwolken: Wolken, die nur aus Wassertröpfchen im Temperaturbereich oberhalb von −10 °C bestehen. Zu den W. zählen die Gattungen Stratus, Stratocumulus und Altocumulus, die bei tieferen Temperaturen aber auch ↑Mischwolken sein können, aus denen gelegentlich leichter Niederschlag fällt.
Ein sicheres Zeichen für W. sind ↑Beugungserscheinungen.

Wasserziehen: optische Erscheinung in der Atmosphäre, bei der die durch Wolkenlücken gelangenden Sonnenstrahlen in dunstiger, wasserdampfreicher Luft als lange, gerade Lichtstrahlen sichtbar werden; gilt als Vorbote schlechten Wetters.

Watt [nach J. Watt ‖ Einheitenzeichen: W]: gesetzliche SI-Einheit der Leistung und des Energie- bzw. Wärmestroms. 1 W ist gleich der Leistung, bei der während der Zeit 1 s die Energie 1 J umgesetzt wird. Es gilt:

$$1\ \mathrm{W} = 1\ \mathrm{J/s} = 1\ \mathrm{N\ m/s}.$$

WCAP, das [ve:tse:'a:'pe:]: Bestandteil des ↑Weltklimaprogramms.

WCDP, das [ve:tse:de:'pe:]: Bestandteil des ↑Weltklimaprogramms.

WCIP, das [ve:tse:'i:'pe:]: Bestandteil des ↑Weltklimaprogramms.

WCP, das [ve:tse:'pe:]: Abk. für engl. **W**orld **C**limate **P**rogramme (↑Weltklimaprogramm).

WCRP, das [ve:tse:'ɛr'pe:]: Bestandteil des ↑Weltklimaprogramms.

WDC, das [ve:de:'tse: ‖ Abk. für engl. **w**orld **d**ata **c**entre = Weltdatenzentrum]: Bez. für die in Washington und Moskau eingerichteten Archive, in denen alle bei ↑GATE und den Unterprogrammen anfallenden meteorologischen Daten gesammelt und für wiss. Untersuchungen zur Verfügung gestellt werden.

WDS, die [ve:de:''ɛs]: Abk. für ↑**W**etter**d**ienst**s**chule.

wechselfeuchtes Klima: durch einen im Jahresverlauf ausgeprägten Wechsel zwischen Regen- und Trockenzeit gekennzeichnetes Klima, wie es für die äußeren Tropen (↑Tropenklima) typisch ist.

Wechselfrost: Frostperioden von mehrtägiger Dauer, bei denen jeweils tagsüber die Temperaturen über 0 °C ansteigen und regelmäßig nachts wieder unter den Gefrierpunkt absinken.

Weihnachtstauwetter: Wetterlage, bei der durch rege Tiefdrucktätigkeit („Weihnachtsdepression“) mit intensiver, hochreichender Warmluftadvektion aus SW Tauwetter eintritt, das bis in die Hochlagen der Mittelgebirge reicht und mit ziemlicher Regelmäßigkeit zwischen Weihnachten und Neujahr zu beobachten ist. Durch ergiebige Regenfälle und rasches Abschmelzen einer vorher gebildeten Schneedecke führen die Flüsse oft Hochwasser. Ist der Warmluftvorstoß und die damit verbundene Milderung weniger stark, können die Niederschläge in den höhergelegenen Landesteilen bald in Schnee übergehen. Das W. zählt zu den markantesten Singularitäten.

weißer Regenbogen [Syn.: Nebelregenbogen]: ↑Regenbogen.

weißer Tau: weiß aussehende, gefrorene Tautropfen.

Wellendispersion: die in der *Physik,* bes. in der *Optik,* bekannte Erscheinung, daß die Ausbreitungsgeschwindigkeit einer Wellenbewegung von der Wellenlänge abhängt.
In der *Meteorologie* tritt W. als eine (unerwünschte) Erscheinung in numerischen Vorhersagemodellen auf. Hier führen die durch die Differenzenapproximationen bedingten Verfahrensfehler dazu, daß Wellen unterschiedlich verlagert werden. Während lange Wellen na-

hezu unbeeinflußt bleiben und sich mit richtiger Geschwindigkeit verlagern, werden kürzere Wellen um so mehr verlangsamt, je kürzer sie sind.

Wellenstadium: bei einer Zyklonenentwicklung die Phase, in der sich an einer Front eine wellenförmige Ausbuchtung, eine „Welle", gebildet hat, die durch eine Verdickung oder Ausweitung des frontalen Wolken- und Niederschlagsbandes gekennzeichnet ist. Dynamisch stabile Wellen ziehen in Richtung der Höhenströmung an der Front entlang und verursachen regional eine kurzzeitige Wetterverschlechterung. Dynamisch instabile Wellen entwickeln sich dagegen zu einem umfangreichen Tiefdruckgebiet.

Wellenstörung: allg. Bez. für eine zyklonale Erscheinung im Wetterkartenbild, die sowohl ↑Frontalwellen als auch ↑Frontalzyklonen einschließt. Oft wird unter W. weniger die Art und Form des Frontensystems als vielmehr die wellenförmige Deformation der Isobaren und der Form des Barogramms beim Vorüberziehen einer solchen Störung verstanden.

Wellenzahl: die Anzahl der Wellenlängen pro Längeneinheit. Während in der Physik als Längeneinheit 1 cm gilt, wird in der Meteorologie zur Beschreibung großräumiger wellenartiger Strömungen üblicherweise die Länge eines Breitenkreises als Einheit angesehen.

In dieser Bezeichnungsweise beschreibt z. B. die *W. 1* eine ringförmige zirkumpolare Strömung, die eine Auslenkung nach S und entsprechend (auf der anderen Seite der Hemisphäre) eine Auslenkung nach N aufweist. Damit ist im allg. eine Verschiebung des Mittelpunktes der zirkumpolaren Strömung vom Pol um einige Breitengrade verbunden, weshalb die W. 1 oft als die Exzentrizität des Polarwirbels bezeichnet wird.

Bei der *W. 2* existieren jeweils zwei Wellenberge und -täler rings um einen Breitenkreis. Der polare Wirbel ist dabei entweder zu einer Ellipse deformiert oder in zwei Teilwirbel aufgespalten, die sich beide in entgegengesetzter Richtung vom Pol etwa gleich weit entfernen. Entsprechend kennzeichnen die *W.en 3,4,5* usw. die Zahl der Wellenberge und -täler, d. h. der Höhenhochkeile und Höhentröge, längs eines Breitenkreises.

Die W.en eignen sich gut zur Einteilung der ↑planetarischen Wellen.

Wellenzirkulation: Form der allg. Zirkulation, die durch die Ausbildung von Wellen charakterisiert ist, d. h. bei der die zirkumpolare Strömung nicht ungestört zonal verläuft, sondern durch Wellen deformiert ist. Die Wellen spielen hierbei eine entscheidende Rolle für den Wärmeaustausch zwischen den niederen und höheren Breiten.

Bei einer rein zonalen Zirkulation würde sich die Atmosphäre in den Tropen immer weiter erwärmen und in den Polargebieten immer weiter abkühlen. Wenn aber die Temperaturgegensätze einen bestimmten kritischen Wert erreicht haben, wird die zonale Zirkulation instabil, und es entstehen Wellen. Diese führen die notwendige Verminderung der Temperaturgegensätze herbei, bis die Strömung wieder stabil wird.

Die W. ist am deutlichsten in der Strömung der oberen Troposphäre ausgeprägt. In der unteren Troposphäre bilden sich meist entsprechende abgeschlossene Luftdruckgebilde, wobei unter einem Wellenberg, d. h. einem Höhenhochkeil, ein größeres Hochdruckgebiet, unter einem Wellental, d. h. unter einem Höhentrog, dagegen ein größeres Tief oder eine Serie von Tiefdruckgebieten entstehen.

Weltjahrestag der Meteorologie: in jedem Jahr der 23. März zur Erinnerung an den 23. März 1950, an dem das Übereinkommen über die ↑Weltorganisation für Meteorologie in Kraft trat (30 Tage nach Hinterlegung der dreißigsten Ratifikations- und Beitrittsurkunde) und der als offizielles Gründungsdatum der Weltorganisation für Meteorologie gilt.

Der W. d. M. wird seit 1962 begangen und steht jeweils unter einem besonderen Motto, z. B. „Meteorologie und Energie", das die Öffentlichkeit auf die Leistungen und Möglichkeiten der Meteorologie aufmerksam machen soll.

Weltklimaprogramm [engl. Bez.: World Climate Programme, Abk.: WCP]: Fachprogramm der Weltorganisation für Meteorologie, dessen Durchführung (aufgrund einer Entschließung des Wirtschafts- und Sozialrates der UN) nach der Weltklimakonferenz (Februar 1979) im Mai 1979 von der Weltorganisation für Meteorologie beschlossen wurde und an dem alle Nationen im Rahmen ihrer Möglichkeiten mitarbeiten sollen. Ziel ist die Untersuchung der Abhängigkeit von Volkswirtschaften vom Klima, insbes. bei Klimaveränderungen, und des anthropogenen Einflusses auf das Klima, v. a. im Hinblick auf die stetige Zunahme von ↑Kohlendioxid und anderer Spurengase. – Das W. setzt sich aus insgesamt vier Komponenten zusammen:

1. **Weltklimadatenprogramm** (engl. Bez.: **World Climate Data Programme,** Abk.: **WCDP**): Ziele sind Einrichtung und Betrieb von Datenbanken sowie die Klimaüberwachung. Die Daten müssen den Anforderungen der drei übrigen Komponenten entsprechen und sollen auch andere Bereiche einbeziehen (z. B. Ozeanographie, Hydrologie, Geophysik, Biologie, Ökologie, Gesellschaft, Wirtschaft, Medizin). Mit der Klimaüberwachung, die Daten der bestehenden Beobachtungsnetze verwendet, sollen Klimaveränderungen frühzeitig erkannt werden.
2. **Weltklimaanwendungsprogramm** (engl. Bez.: **World Climate Applications Programme,** Abk.: **WCAP**): die Anwendung klimatologischer Erkenntnisse auf die verschiedenen Bereiche der Wirtschaft (mit den Schwerpunkten Nahrungsmittel-, Energie- und Wasserversorgung), des Siedlungs- und Gesundheitswesens, des Verkehrs und des Umweltschutzes.
3. **Weltklimaauswirkungsprogramm** (engl. Bez.: **World Climate Impact-Studies Programme,** Abk.: **WCIP**): Untersuchung der Abhängigkeit sozioökonomischer Systeme von Klimaveränderungen (koordiniert von ↑UNEP). Im Rahmen des WCIP wird beispielsweise der Einfluß des Kohlendioxids erforscht.
4. **Weltklimaforschungsprogramm** (engl. Bez.: **World Climate Research Programme,** Abk.: **WCRP**): Abschätzung von Klimaveränderungen und anthropogenen Klimabeeinflussungen unter Einbeziehung des gesamten ↑Klimasystems mit Hilfe numerischer Klimamodelle.

Das W. ist ein Langzeitprogramm, das die Weltorganisation für Meteorologie gemeinsam mit UNEP und dem International Council of Scientific Unions durchführt, wobei die nationalen Institutionen die eigentlichen Aktivitäten übernehmen müssen (↑auch Klimaforschungsprogramm).

Weltorganisation für Meteorologie [engl. Bez.: World Meteorological Organization, Abk.: WMO]: aus der 1873 in Wien gegründeten **Internationalen Meteorologischen Organisation** (Abk.: **IMO**) hervorgegangene, auf einer Direktorenkonferenz in Washington 1947 beschlossene und am 23. März 1950 (↑Weltjahrestag der Meteorologie) in Kraft gesetzte Sonderorganisation der Vereinten Nationen, der 154 Mitgliedsstaaten und 5 Hoheitsgebiete angehören (die BR Deutschland seit 10. Juli 1954; ihr Ständiger Vertreter bei der W. f. M. ist der Präsident des Deutschen Wetterdienstes); Sitz Genf.

Zu den *Aufgaben* und *Zielen* gehören u. a. die internat. Zusammenarbeit auf dem Gebiet der Meteorologie und Hydrologie, der schnelle Austausch von meteorologischen Informationen, die Standardisierung der Beobachtungen und Koordinierung der Wetterdienste, die Schaffung eines weltumfassenden Netzes von Wetterstationen und Wettersatelliten (↑Weltwetterwacht) sowie wiss.-technische Programme (u. a. ↑Weltklimaprogramm).

Die *Organisation* besteht aus dem Meteorologischen Weltkongreß, der „Generalversammlung", die alle vier Jahre zusammentritt, und dem Exekutivrat (36 Mitglieder), dem ausführenden Organ, das einmal jährlich tagt, sowie aus sechs Regionalverbänden (die BR Deutschland gehört zum Regionalverband VI „Europa"), acht Fachkommissionen und dem Sekretariat in Genf unter Leitung des Generalsekretärs.

Die *Fachkommissionen* behandeln alle technischen und wiss. Fragen. Es gibt drei Grundlagenkommissionen (Basic Commissions) und fünf anwendungsorientierte (Applications Commissions): „Atmosphärische Wissenschaften" (Commission for Atmospheric Sciences, Abk.: CAS), „Basissysteme" (Commission for Basic Systems, Abk.: CBS), „Instrumente und Beobachtungsmethoden" (Commission for Instruments and Methods of Observation, Abk.: CIMO), „Flugmeteorologie" (Commission for Aeronautical Meteorology, Abk.: CAeM), „Agrarmeteorologie" (Commission for Agricultural Meteorology, Abk.: CAgM), „Klimatologie" (Commission for Climatology, Abk.: CCl), „Hydrologie" (Commission for Hydrology, Abk.: CHy) und „Maritime Meteorologie" (Commission for Marine Meteorology, Abk.: CMM).

Weltwetterwacht [Abk.: WWW ‖ engl. Bez.: World Weather Watch]: größtes und wichtigstes der wiss.-technischen Programme der Weltorganisation für Meteorologie, das aufgrund einer 1961 gefaßten Entschließung der UN und nach intensiver Planungsarbeit 1967 von der Weltorganisation für Meteorologie beschlossen wurde. Ziel ist die Versorgung aller Länder der Erde mit dem für die operationelle Wettervorhersage und meteorologische Beratung sowie für die Forschung benötigten meteorologischen Grundlagenmaterial.

Die nationalen technischen Einrichtungen werden internat. koordiniert, und zwar in den drei Komponenten: 1. globales Beobachtungssystem (engl. **Global observing system,** Abk.: **GOS**), 2. globales Fernmeldesystem (engl. **Global telecommunication system,** Abk.: **GTS**), 3. globales Datenverarbeitungssystem (engl. **Global data processing system,** Abk.: **GDPS**).

GOS besteht aus den regionalen synoptischen Stationsnetzen (insgesamt über 8 000 Boden- und etwa 700 aerologische Stationen), meteorologischen Flugzeug- und Satellitenbeobachtungen.

GTS besteht aus den Fernmeldeverbindungen und Einrichtungen, die für eine schnelle Sammlung und Verbreitung der Meß- und Beobachtungswerte sowie der meteorologischen Arbeitsergebnisse (Analysen, Vorhersagen, Wetterkarten u. a.) erforderlich sind. Der Nachrichtenaustausch des GTS vollzieht sich auf drei Ebenen: 1. der globalen Hauptverbindung (engl. **Main-trunk-circuit,** Abk.: **MTC**) und den Hauptzweigen, die die Weltzentralen und die regionalen Fernmeldezentralen (engl. **Regional telecommunication hubs,** Abk.: **RTH**) miteinander verbinden; 2. den regionalen Fernmeldenetzen mit den Haupt- und Ergänzungsverbindungen (engl. **Main-regional-circuit,** Abk.: **MRC**); 3. den ihnen zugeordneten nationalen Fernmeldenetzen.

GDPS besteht aus den meteorologischen Zentralen und modernen technischen Einrichtungen, einschl. leistungsfähiger EDV-Anlagen für die Speicherung und Weiterverarbeitung der Beobachtungsdaten. Man unterscheidet **Weltwetterzentralen** (engl. **World Meteorological Centre,** Abk.: **WMC**), regionale meteorologische Zentralen (engl. **Regional Meteorological Centre,** Abk.: **RMC**) und nationale meteorologische Zentralen (engl. **National Meteorological Centre,** Abk.: **NMC**). Weltwetterzentralen sind für die Nordhalbkugel Moskau (UdSSR) und Washington (USA), für die Südhalbkugel Melbourne (Australien). Ihre Aufgabe ist die Verarbeitung des synoptischen Grundlagenmaterials im globalen oder hemisphärischen Ausmaß und die Verbreitung der Ergebnisse. RMCs gibt es auf der Erde 23, darunter in der Region VI (Europa) Bracknell (London), Moskau, Offenbach am Main, Rom und Norköpping (Schweden). Ihre Aufgabe ist u. a. die Verbreitung von Analysen und Vorhersagen für ein bestimmtes geographisches Gebiet. NMCs sind die staatlichen Wetterdienstzentralen in jedem Land. Ihre Aufgabe ist im Rahmen der W. die Sammlung, Prüfung, Übermittlung, Archivierung und Bereithaltung des meteorologischen Grundlagenmaterials, ferner in dem jeweiligen Staat die meteorologische Versorgung der Öffentlichkeit.

Die W. stellt ihre Einrichtungen auch für ↑GARP zur Verfügung, dessen Forschungsergebnisse umgekehrt für die W. genutzt werden.

Weltwetterzentrale ↑Weltwetterwacht.

Weltzeit: mittlere Sonnenzeit des durch Greenwich (London) verlaufenden Nullmeridians, daher im internat. Verkehr auch mit **Greenwich mean time** (Abk.: **GMT; mittlere** Greenwichzeit) bezeichnet. Die W. stimmt aufgrund ihrer Definition mit der westeuropäischen Zeit (WEZ) überein.
Am 1. Januar 1985 stellte der Deutsche Wetterdienst die Zeitangaben von W. auf koordinierte W. (↑UTC) um.

Westaustralstrom: kalte, nach N gerichtete Meeresströmung an der W-Küste Australiens.

Westdrift: svw. ↑Westwinddrift.

Westerly wave, die ['wɛstəlɪ 'wɛɪv ‖ engl. = westliche Welle]: eine atmosphärische ↑Wellenstörung innerhalb der Westwinddrift.

Westküsteneffekt: starke Abkühlung und Nebelbildung an W-Küsten in niederen Breiten; verursacht durch ablandige Ostwinde der Passatzone, die im Verein mit Meeresströmungen (Humboldtstrom, Benguelastrom, Kalifornischer Strom, Kanarenstrom) kalte Auftriebswasser bedingen. – ↑auch Küstennebel, ↑Küstenwüste.

Westküstenklima: in mittleren Breiten das gegenüber den O-Küsten der Kontinente (↑Ostküstenklima) mildere Klima der W-Küsten. Es wird geprägt durch die zyklonale Tätigkeit der außertropischen Westwinde, die überwiegend warme Luftmassen über die Ozeane von SW heranführen.

Westlage [Abk.: W]: Großwetterlage der zonalen Zirkulationsform, typisch für das Klima Mitteleuropas. In einer kräftigen Westströmung am Nordrand des Azorenhochs ziehen Tiefdruckgebiete mit den zugehörigen Fronten, Wolken- und Niederschlagsfeldern vom Atlantik über die Britischen Inseln, die Nord- und die Ostsee hinweg nach Osteuropa (↑Westwetter).
Bei der **zyklonalen W.** (Abk.: **WZ**) liegt die Frontalzone zwischen 50° und 60° n. Br.; Witterung in Mitteleuropa unbeständig, oft stürmisch, Wechsel zwischen Niederschlägen und Aufheiterungen (Zwischenhocheinfluß).
Bei der **antizyklonalen W.** (Abk.: **WA**) ist die Frontalzone bis etwa 60° n. Br. verschoben; ein Keil des Azorenhochs reicht bis Süddeutschland; Witterung im südlichen Deutschland und im Mittelgebirgsraum meist freundlich; beim Durchzug schwacher Tiefausläufer gelegentlich etwas Regen, zum Teil mit Gewittern verbunden; nördlich der Mittelgebirge stärker bewölkt und mehr oder weniger unbeständig, mit einzelnen Regenfällen.
Bei der **südlichen W.** (Abk.: **WS**) ist das Azorenhoch nur schwach und nach S abgedrängt, das Islandtief ist dagegen kräftig; Frontalzone südlich von 50° n. Br., so daß Störungen vom Golf von Biskaya über Deutschland ostwärts ziehen; Witterung trüb und sehr niederschlagsreich, im Winter Schnee.
Bei der **winkelförmigen W.** (Abk.: **WW**) liegt ein ↑blockierendes Hoch über Osteuropa, die Frontalzone biegt über Mitteleuropa scharf nach N um; Witterung stark unbeständig, im Winter zum Teil Schnee.

Westwetter: durch eine Serie von durchziehenden Tiefausläufern mit Zufuhr von Meeresluft verursachtes unbeständiges Wetter, gekennzeichnet durch lebhafte, oft stürmische Winde aus westlichen Richtungen und einen Wechsel zwischen starker Bewölkung mit teils längeranhaltenden, teils schauerartigen Niederschlägen und halb- bis ganztägigen Aufheiterungen (Zwischenhocheinfluß); typisch für milde Perioden im Winter und kühle im Sommer.

Westwinddrift:
◇ [Syn.: Westdrift]: kräftige, von W nach O gerichtete (allerdings häufig durch meridionale Strömungen unterbrochene) *Luftströmung* der höheren Mittelbreiten beider Hemisphären, die aus dem Luftdruckgefälle zwischen dem subtropischen Hochdruckgürtel und der subpolaren Tiefdruckrinne und der Coriolis-Kraft resultiert. Im Durchschnitt stellt sie sich zwischen 35° und 60° Breite ein **(Westwindzone, [ektropischer] Westwindgürtel).**
Über den Ozeanen der Südhalbkugel ist die W. in Form der ↑braven Westwinde besonders stark ausgeprägt.
In der W. bilden sich im Grenzbereich zwischen Kaltluft aus polaren und

Warmluft aus subtropischen Breiten die Tiefdruckgebiete der höheren Mittelbreiten, die mit der Strömung nach O wandern und Witterung und Klima dieser Zone unbeständig gestalten.
◇ überwiegend ostwärts gerichtete *Oberflächenströmung in den Ozeangebieten* der Südhalbkugel, etwa zwischen 40° und 60° s. Br.; verursacht durch die in diesen Breiten vorherrschenden Westwinde.

Westwindgürtel: svw. Westwindzone (↑Westwinddrift).

Westwindzone: außertropische Zone vorherrschender Westwinde (↑Westwinddrift).

Wetter: in der Meteorologie der physikalische Zustand der Atmosphäre zu einem bestimmten Zeitpunkt an einem bestimmten Ort, wie er durch die meteorologischen Elemente und ihr Zusammenwirken gekennzeichnet ist (im Unterschied zur ↑Witterung und zum ↑Klima). Das W.geschehen spielt sich in der ↑Troposphäre ab.

Wetteramt: größere meteorologische Dienststelle, die, im allg. für den Bereich eines Landes (↑Deutscher Wetterdienst), den praktischen Wetterdienst durchführt, d. h. Wetterberichte und -vorhersagen herausgibt sowie meteorologische Auskünfte und Gutachten erteilt. Den Wetterämtern unterstehen Flugwetterwarten, Wetterwarten, aerologische Stationen, Wetterstationen und nebenamtliche Beobachtungsstellen.

Wetteranalyse: selten für ↑Analyse.

Wetterballon: bei aerologischen Aufstiegen (↑Radiosonde) als Instrumententräger fungierender oder zur Höhenwindmessung (↑Pilotballon) verwendeter, meist mit Wasserstoff oder Helium gefüllter Gummi- oder Kunststoffballon; neben den seltener eingesetzten ↑Wetterraketen und ↑Wetterflugzeugen ein unentbehrliches Hilfsmittel der aerologischen Forschung.

Wetterbeeinflussung [Syn.: anthropogene W.]: Versuche des Menschen, die Wettervorgänge zu seinen Gunsten zu beeinflussen **(beabsichtigte W.).**
Das Haupthindernis für eine Beeinflussung der atmosphärischen Prozesse sind die enormen Energiemengen, die in der Atmosphäre umgesetzt werden. Die moderne W. beschränkt sich daher auf die Steuerung atmosphärischer Vorgänge, d. h. darauf, wolkenphysikalische bzw. niederschlagsbildende Prozesse in eine bestimmte Richtung zu lenken.
Die seit 1946 in verschiedenen Ländern durchgeführten Projekte befassen sich vorwiegend mit der Beeinflussung unterkühlter Wolken, die durch Einbringen zahlreicher Gefrierkerne (Kristalle von Silberjodid u. a.; ↑Wolkenimpfen) teilweise oder ganz in einen kristallinen Zustand übergehen, so daß sich nach der ↑Bergeron-Findeisen-Theorie auf künstlichem Wege Niederschlag bilden kann. Dabei stehen drei Ziele im Vordergrund: 1. Auflösung von Wolken bzw. Nebel (künstliche ↑Nebelauflösung); 2. Erzeugung von Niederschlägen (Regen oder Schnee); 3. Hagelbekämpfung:

Wolkenauflösung: Beim Impfen von unterkühlten Wolken (bzw. unterkühltem Nebel) mit Trockeneis (Kohlensäureschnee) oder Silberjodidkristallen wachsen diese auf Kosten der unterkühlten Wolkentröpfchen rasch an und fallen unter günstigen Bedingungen aus, so daß es zur Auflösung einer flachen Wolkendecke (z. B. tiefe Stratuswolken) oder von Nebel im beimpften Bereich kommen kann. Dieses Verfahren wird in einigen Ländern (USA, UdSSR, Frankreich) operationell auf Flugplätzen zur Verbesserung der Start- und Landemöglichkeiten im Winter eingesetzt.

Künstlicher Niederschlag: Das am meisten angewendete Verfahren der W. verfolgt den Zweck, den Mangel an Niederschlägen in bestimmten Ländern oder Gebieten oder zu bestimmten Zeiten durch Wolkenimpfung (hpts. mit Silberjodid) auszugleichen. Die in verschiedenen Ländern bisher durchgeführten Versuche zeigen, daß unter günstigen Bedingungen, v. a. bei kalten orographischen Wolken und winterlicher Konvektionsbewölkung, eine Niederschlagsvermehrung von 10 bis 30 % im Impfgebiet (einige 10 km im Durchmesser) möglich ist, in anderen Fällen jedoch eine Verminderung des Niederschlags auftritt. Bisher lassen sich (etwa durch Vergleich zwischen geimpften und ungeimpften

Wolkenarealen) noch keine eindeutigen Schlüsse über Erfolg oder Nichterfolg der künstlichen Niederschlagserzeugung ziehen.
Hagelbekämpfung: erfolgt heute vorwiegend durch Impfung von zur Hagelbildung neigenden Cumulonimbuswolken, indem vom Boden (mittels Raketen, Geschützen, Generatoren) oder von Flugzeugen aus Gefrierkerne gezielt (z. B. auch unter Verwendung von Radarbeobachtungen) in die Embryonalzone einer Hagelwolke (unterkühlte Zone, in der sich noch relativ wenige kleine Eiskörner befinden) eingebracht werden. Auf diese Weise soll erreicht werden, daß sich viele kleine Hagelkörner unter allmählicher Aufzehrung des unterkühlten Wasservorrats bilden, die beim Fallen leichter schmelzen und als Regen bzw. kleine, weniger gefährliche Hagelkörner zur Erdoberfläche gelangen. Wiss. durchgeführte Hagelbekämpfungsversuche ergaben unterschiedliche bzw. widersprüchliche Ergebnisse und lassen angebliche Dauererfolge der Hagelbekämpfung zweifelhaft erscheinen.
Versuche zur **Hurrikanbekämpfung** durch Wolkenimpfung oder durch andere Verfahren, die in erster Linie auf eine Verringerung der extremen Windgeschwindigkeiten am Rande des Wirbelsturmzentrums abzielen sollen, brachten bisher keine befriedigenden Erfolge und wurden wieder eingestellt. Eine Ursache scheint darin zu liegen, daß nicht beeinflußte Hurrikane zu viele natürliche Eiskristalle und zu wenig unterkühltes Wasser enthalten.
Im Gegensatz zur beabsichtigten W. gibt es zahlreiche Beispiele für eine **unbeabsichtigte W.** im lokalen Bereich (z. B. von Kühltürmen erzeugte Wolken, Brandwolken, Anreicherung von Aerosolpartikeln über Industriegebieten und daraus folgende Wolkenbildung u. a.).

Wetterbeobachtung: die Feststellung des Zustandes der Atmosphäre an einem bestimmten Ort durch Ablesen (oder automatische Registrierung) der Meßwerte meteorologischer Elemente und durch Augenbeobachtungen.
W.en sind Aufgabe des W.sdienstes an meteorologischen Stationen, die jeweils zweckbestimmten Beobachtungsnetzen angehören. Damit W.en verschiedener Stationen vergleichbar sind, müssen sie zu gleichen Terminen (↑synoptische Termine), mit gleichartigen Instrumenten und nach einheitlicher Beobachteranleitung durchgeführt werden.

Wetterberater: Angehöriger eines meteorologischen Dienstes, dem eine bestimmte Auskunfts- und Beratungstätigkeit obliegt. Voraussetzungen beim Deutschen Wetterdienst sind eine Ausbildung im Rahmen der Fachhochschule des Bundes für öffentliche Verwaltung mit bestandener Prüfung für die Laufbahn des gehobenen Wetterdienstes sowie eine zusätzliche Lizenz für die Flugwetterberatung.

Wetterberatung: mündlich oder schriftlich erteilte meteorologische Auskünfte an Interessenten, die den verschiedensten wetterabhängigen Wirtschaftszweigen angehören oder deren private Planung von Wetter und Klima beeinflußt werden kann. Spezielle Auskünfte ergehen insbes. an die Luftfahrt (↑Flugwetterberatung), die Schiffahrt (↑Routenberatung), die Landwirtschaft (↑Beregnungsberatung), die allg. Wirtschaft (Produktion und Versand frost-, nässe- und hitzeempfindlicher Güter), die Technik und das Bauwesen (↑Windlast, ↑Schneelast, ↑Eislast), das Gesundheitswesen (↑bioklimatische Bewertung, ↑biotrope Wetterlagen) und an die Öffentlichkeit.
Ziel der W. ist eine optimale Rationalisierung, Schadensverhütung und Aufwandsbegrenzung durch Berücksichtigung des Faktors „Wetter“.

Wetterbericht: Darstellung eines meteorologischen Sachverhalts, mit der in verschiedener Weise die Interessen der Empfänger berücksichtigt werden, z. B. der W. für die Landwirtschaft, der See-, Reise-, Wintersport- oder Straßenwetterbericht.
Allg. W.e im Rahmen des ↑Wirtschaftswetterdienstes enthalten einleitend in der Wetterübersicht einen Bericht zur Wetterlage, dem sich eine Wettervorhersage anschließt und der oft durch aktuelle Meßwerte meteorologischer Elemente ergänzt wird.

Bei *speziellen W.en* liegt der Schwerpunkt der Vorhersage häufig auf bestimmten einzelnen Wetterelementen, z. B. der Lufttemperatur (im Hinblick auf den Versand hitze- oder frostempfindlicher Güter).
Eine Dokumentation der Wetterlage ist der ↑Tägliche Wetterbericht.

Wetterboje: svw. ↑Boje.

Wetterbriefing: svw. ↑Briefing.

Wetterdienst [Syn.: meteorologischer Dienst]: die Gesamtheit der (staatlich organisierten) Dienste, die sich mit der Messung, Registrierung, Verarbeitung und Veröffentlichung von Wetterdaten im allg. Interesse, insbes. zur Erstellung von Wettervorhersagen, befassen.
In der BR Deutschland ist der ↑Deutsche Wetterdienst mit der Wahrnehmung aller öffentlichen wetterdienstlichen Aufgaben betraut, in der DDR der Meteorologische Dienst der Deutschen Demokratischen Republik (Sitz: Potsdam), in Österreich die Zentralanstalt für Meteorologie und Geodynamik (Sitz: Wien), in der Schweiz die Schweizerische Meteorologische Anstalt (Sitz: Zürich). – Spezialdienste sind u. a. der ↑Seewetterdienst und der ↑Flugwetterdienst.
Die W.e der einzelnen Staaten sind auf enge Zusammenarbeit angewiesen, die im Rahmen der ↑Weltorganisation für Meteorologie verwirklicht wird.

Wetterdienstgesetz: das vom dt. Bundestag mit Zustimmung des Bundesrates beschlossene, am 11. November 1952 verkündete Gesetz über den Deutschen Wetterdienst, das mit Wirkung vom 1. April 1952 die Überführung des Meteorologischen Amtes für Nordwestdeutschland, der Körperschaft des öffentlichen Rechtes „Deutscher Wetterdienst in der US-Zone" und der Wetterdienste des Landes Rheinland-Pfalz sowie der Länder Baden und Württemberg-Hohenzollern mit den jeweiligen nachgeordneten Verwaltungsstellen in die dem Bundesminister für Verkehr unterstellte nicht rechtsfähige Anstalt „Deutscher Wetterdienst" regelt und u. a. deren Aufgaben bestimmt.
Durch das Ergänzungsgesetz vom 8. August 1955 wird der Deutsche Wetterdienst auch mit der Überwachung der Atmosphäre auf radioaktive Beimengungen und deren Verfrachtung beauftragt. Das zweite Änderungsgesetz vom 23. Dezember 1959 regelt die Überführung des Wetterdienstes des Saarlandes mit Wirkung vom 1. Januar 1960 in den Deutschen Wetterdienst.

Wetterdienstplakette: 1955 vom Bundesminister für Verkehr gestiftete Auszeichnung. Die Vorderseite zeigt einen stilisierten Adler, darunter die Worte: „Deutscher Wetterdienst". Die Rückseite trägt die Widmung: „In Anerkennung wertvoller Mitarbeit und besonderer Leistungen für die Meteorologie". Die W. wird hpts. an Wetterbeobachter auf See und in der Luft nach 10jähriger freiwilliger Mitarbeit, an nebenamtliche Beobachter an Klimahauptstationen, Niederschlagsmeßstellen und für phänologische Beobachtungen nach 25jähriger Mitarbeit sowie für Leistungen, die für die meteorologische Wissenschaft oder den praktischen Wetterdienst besonders wertvoll sind, verliehen.

Wetterdienstschule [Abk.: WDS]: Dienststelle des Deutschen Wetterdienstes mit überregionalen Aufgaben, 1958 in Neustadt an der Weinstraße eingerichtet. Sie ist zuständig für die Ausbildung und Fortbildung der Bediensteten des Deutschen Wetterdienstes und, im Rahmen der Verwaltungsvereinbarung zwischen dem Bundesminister für Verkehr und dem Bundesminister der Verteidigung über die Zusammenarbeit zwischen dem Deutschen Wetterdienst und der Bundeswehr auf dem Gebiet des Wetterdienstes, auch für die Angehörigen des Geophysikalischen Beratungsdienstes der Bundeswehr.
Die Ausbildung erfolgt nach den Bestimmungen der „Laufbahn-, Ausbildungs- und Prüfungsordnung" (LAPO) in drei Laufbahngruppen: für den mittleren Wetterdienst (Wetterfachdienst; Voraussetzung: mittlere Reife), den gehobenen Wetterdienst (Wetterberatungsdienst, Datenverarbeitung; Voraussetzung: Abitur) und den höheren Wetterdienst (wiss. Dienst; Voraussetzung: Hochschulstudium der Meteorologie mit Abschluß als Diplommeteoro-

loge). Die W. ist im Rahmen der Ausbildung des gehobenen Wetterdienstes zugleich Ausbildungsstätte der „Fachhochschule des Bundes für öffentliche Verwaltung“, Fachbereich Flugsicherung und Wetterdienst/Geophysikalischer Beratungsdienst. Beide verlegen ihren Dienstsitz 1988 nach Langen (Hessen).

Wetterelemente: svw. ↑meteorologische Elemente.

Wettererkundungsflüge [Syn.: Streckenerkundungsflüge]: während des Krieges mit besonderen Flugzeugen vorgenommene Erkundungsflüge, deren Zweck die Wetterbeobachtung und Durchführung aerologischer Aufstiege in Gebieten war, aus denen kriegsbedingt keine meteorologischen Daten zur Verfügung standen.

W. fanden regelmäßig jeden Tag auf verschiedenen Strecken statt, z. B. von N-Norwegen nach Spitzbergen, von Drontheim nach Jan Mayen, von Stavanger über die Faröer in das Seegebiet um Island, von der Deutschen Bucht bis zu den Shetlandinseln und von Brest zum Atlantik um die Britischen Inseln.

Wetterertragsmodell: in der *angewandten Agrarmeteorologie* Bez. für ein empirisches oder mathematisch-statistisches Modell zur Abschätzung des Ernteertrags verschiedener landwirtschaftlicher Kulturen; verwendet werden hierfür Beziehungsgleichungen unter Einbezug von Daten der Temperatur, des Niederschlags, der Verdunstung und der Sonnenscheindauer.

Wetterfahne: Vorläufer der ↑Windfahne, heute auch volkstümliche Bez. für diese.

Wetterfernmeldedienst: Teil des Wetterdienstes, der für den nationalen, regionalen und globalen Austausch von Wetterdaten verantwortlich ist.

Zur Versorgung der eigenen Dienststellen mit Wetterinformationen sowie zur stündlichen Sammlung und zum Austausch der Wetterbeobachtungen betreibt der Deutsche Wetterdienst zwei innerdeutsche Fernschreibnetze. Die Steuerung des Datenflusses (täglich bis zu 3 Mill. fünfziffrige Zahlengruppen) wird durch die **automatische Fernmeldespeichervermittlung** (Abk.: **AFSV**) vorgenommen, so daß die Zubringung von Routinemeldungen und deren Weiterleitung zu genau festgelegten Zeiten sichergestellt ist.

Die regionalen und weltweiten Wetterfernmeldesysteme (↑Weltwetterwacht) sorgen dafür, daß jede nationale Zentrale das für sie notwendige Datenmaterial erhält. Die Zentrale in Offenbach am Main ist eine der 30 Zentralen im Weltnetz, der 9 Hauptzentralen im europäischen Netz und der 3 Zentralen im europäischen Flugwetternetz (↑MOTNE).

Die unterschiedlichen Wetterfernmeldenetze bestehen entweder aus Fernschreibleitungen mit einer Übertragungsgeschwindigkeit von 400 bis 800 Zeichen pro Minute oder aus Datenleitungen (Telefonleitungen) mit Hochgeschwindigkeitsverbindungen von Computer zu Computer zwischen 9000 und 18000 Zeichen pro Minute, die neben Rohdaten auch Bildinformationen (Faksimilekarten) übertragen.

Zu den Aufgaben des W.es gehören ferner die Aufnahme von Wolkenbildern durch Wettersatelliten und deren Wiederverbreitung für die nationalen Bedürfnisse sowie die Durchführung des ↑Wetterfunkdienstes.

Wetterfilm: die Eintragungen von ↑SYNOP-Meldungen in Form des ↑Stationsmodells in ein Formblatt, in dem die stündlichen Meldungen nebeneinander und mehrere Stationen in bestimmter Reihenfolge untereinander angeordnet sind. Der W. dient der ständigen Wetterüberwachung für ein größeres Gebiet.

Wetterflug: mit einem Wetterflugzeug zur Feststellung der atmosphärischen Verhältnisse in einem bestimmten Gebiet durchgeführter Flug (↑Flugzeugaufstieg).

Wetterflüge wurden früher an zahlreichen W.stellen ein- bis zweimal täglich durchgeführt und erbrachten für die Wetteranalyse wichtige Beobachtungs- und Meßdaten bis in Höhen von 5 bis 7 km. Sie waren Vorläufer der heutigen Radiosondenaufstiege.

Wetterflugzeug: mit Spezialinstrumenten bestücktes Flugzeug zur Erkundung der meteorologischen Verhältnisse

in der freien Atmosphäre. Über das Meßprogramm der Radiosonde hinaus lassen sich bei Aufstiegen mit W.en noch sog. Augenbeobachtungen durchführen, z. B. über die Besonderheiten von Wolkenformen, Vertikalbewegungen (Böigkeit) und Vereisungen. Eine besondere Art des Aufstiegs mit W.en waren die ↑Wettererkundungsflüge im Zweiten Weltkrieg.
Moderne W.e (verschiedentlich als Motorseglerflotte) gestatten eine nahezu synchrone Vermessung mesometeorologischer Strukturen und Vorgänge in der unteren Troposphäre bis in rund 4000 m Höhe. Meteorologische Fernerkundungssysteme wie Wetterradar, Lidar oder Sodar gehören häufig ebenfalls zum Instrumentarium von W.en.
In den *USA* werden W.e überwiegend zur Turbulenz- und Hurrikanforschung eingesetzt.

Wetterfühligkeit [Syn.: Meteorotropie]: das Auftreten von Beschwerden oder Befindensstörungen bei ↑biotropen Wetterlagen mit individuell unterschiedlicher Ausprägung.

Wetterfunkdienst: Teil des Wetterfernmeldedienstes, der die Übertragung und den Empfang von Wettermeldungen (hpts. von Schiffen) mittels Funk durchführt.
Der Deutsche Wetterdienst verbreitet über Langwellensender der Funksendestelle Mainflingen Wetteranalysen, Vorhersagekarten und Wettersatellitenbilder, die mit Faksimilegeräten an Bildfunkempfangsstellen (Wetterämter, Flug-, Bordwetterwarten, Wetterdienste in europäischen Ländern) aufgenommen werden können. Kurzwellensender der Wetterfunkstelle Pinneberg versorgen die Seeschiffahrt mit Spezialkarten mittels Bildfunk. Über Fernmeldesatelliten werden Wetterkarten für den Flugwetterdienst von Offenbach am Main nach Nairobi übermittelt und Wettermeldungen aus Afrika empfangen. Funkfernschreib- und Morsefunksendungen werden von der Fernmeldebetriebsgruppe Quickborn (Holstein) über Kurzwellensender abgewickelt und können auf der Nordhalbkugel und in Südamerika empfangen werden.
Auf den Funkempfangsdienst wird zurückgegriffen, wenn auf Drahtverbindungen Störungen auftreten und unentbehrliche Daten, z. B. aus Nordamerika oder Afrika, herangeschafft werden sollen. Für die Versorgung von Piloten während des Fluges mit Wettermeldungen besteht in Europa ein Netz von Wetterrundstrahlungen mittels Ultrakurzwelle (↑VOLMET-Meldung).

Wetterglas:
◇ ältere, der Seemannssprache entlehnte Bez. für Quecksilberbarometer.
◇ meist in Holz gefaßtes, mit einer Lösung aus Wasser und Kupfersulfat gefülltes Glasrohr. Anhand der Struktur der Sulfatkristalle und ihrer Verteilung im Wasser sollen Wettervorhersagen möglich sein.

Wetterhilfsmeldestelle ↑Hilfsmeldestelle.

Wetterhütte: svw. ↑Thermometerhütte.

Wetterkarte: allg. Bez. für Karten, in denen für ein größeres Gebiet die Wetterlage eines bestimmten Zeitpunktes dargestellt ist, entweder durch Eintragung der Beobachtungen von Wetterstationen nach einem festen Schema (Eintragungsschema) oder durch Liniensysteme (Isobaren, Fronten, Isohypsen) bzw. durch beides gleichzeitig.
Man unterscheidet ↑Bodenwetterkarten, die bis etwa Mitte der 30er Jahre ausschließlich unter W.n verstanden wurden, und ↑Höhenwetterkarten für alle Hauptdruckflächen. Spezielle Karten wurden für den Flugwetterdienst entwickelt, die besondere Wettererscheinungen (↑Significant-weather-chart), die Höhe der Tropopause oder die Schicht der stärksten Winde in der oberen Troposphäre (Maximalwindkarte) enthalten.
Für die Öffentlichkeit werden entsprechend den Bedürfnissen vereinfachte Karten als Aushang-, Zeitungs- oder Fernseh-W.n hergestellt. Zu den W.n für einen bestimmten Beobachtungstermin sind seit etwa 1940 die die voraussichtliche Entwicklung angebenden ↑Vorhersagekarten hinzugekommen.
Um die Vergleichbarkeit und den internat. Austausch von W.n zu erleichtern, hat man sich auf bestimmte Maßstäbe

und Projektionen geeinigt. Gemäß einer Richtlinie der Weltorganisation für Meteorologie sollten nur Projektionen benutzt werden, die eine winkeltreue Wiedergabe (und damit eine exakte Darstellung der Windrichtung) gewährleisten. Dies sind die stereographische Projektion (für polnahe Gebiete und für die Darstellung größerer Gebiete bis zu einer gesamten Hemisphäre), die konforme Kegelprojektion (für mittlere Breiten) und die Merkatorprojektion (für äquatornahe Gebiete).

Wetterkarte des Deutschen Wetterdienstes: Veröffentlichung in zwei unterschiedlichen Ausgaben als Amtsblatt der Wetterämter Frankfurt am Main, Freiburg im Breisgau, München, Nürnberg, Stuttgart und Trier sowie als Amtsblatt des Seewetteramtes und der Wetterämter Bremen, Essen, Hannover und Schleswig.

Wesentlicher Inhalt: Beobachtungen und Meßwerte von synoptischen Stationen in Tabellenform; aktuelle Boden- und Höhenwetterkarte; Vorhersagekarte für den kommenden Tag; Bericht über Wetterlage und -entwicklung; Wettervorhersagen für die Bereiche der süddeutschen bzw. norddeutschen Wetterämter; dazu Beilagen mit monatlichen Witterungsberichten einschließlich Tabellen der Mittelwerte, Berichte über extreme Wetterereignisse, Probleme der Meteorologie, besondere Anlässe.

Die W. d. D. W. erscheint täglich und dient der Information eines breitgefächerten Interessentenkreises.

Wetterkartensymbole [Syn.: meteorologische Symbole, meteorologische Zeichen]: Zeichen, die für bestimmte Wettererscheinungen und Fronten in Wetterkarten verwendet werden. Die W. wurden von der Internationalen Meteorologischen Organisation festgelegt und von der Weltorganisation für Meteorologie aktualisiert. – ↑auch Stationsmodell.

Wetterkartensymmetrie ↑Symmetriepunkte.

Wetterkunde: die Wissenschaft vom Wetter; im weiteren Sinn svw. ↑Meteorologie. Häufig wird unter W. nur der im täglichen Leben am deutlichsten in Erscheinung tretende Zweig der Meteorologie verstanden, der sich mit dem Wettergeschehen einschl. der Wettervorhersage befaßt und den Einfluß der verschiedenen meteorologischen Elemente als wetterbestimmende Faktoren zu erfassen sucht (↑Synoptik).

Wetterlage [Kurzbez.: Lage]: Bez. für den Wetterzustand in bezug auf die wichtigsten meteorologischen Elemente (Luftdruck, Boden- und Höhenwind, Bewölkung, Niederschlag, Lufttemperatur, Feuchtigkeit) über einem begrenzten Gebiet während eines kurzen, höchstens eintägigen Zeitintervalls, dargestellt durch die Wetterkarte. – ↑auch Großwetterlage.

Wetterlagenklassifikation: Einteilung der Wetterlagen nach bestimmten Merkmalen, z. B. Art und Lage der wetterbestimmenden Druckgebilde, vorherrschende Strömung, Wärmegehalt der Luftmasse, besondere Wettererscheinungen (Nebel, Gewitter, Dauerniederschläge, Schneefälle u. a.), wobei auch die Begrenzung des betrachteten Raums definiert wird.

Für eine *globale* W. wird der tägliche Zonalindex errechnet, im *kontinentalen* Ausmaß findet die ↑Großwetterlagenklassifikation Anwendung.

Für *regionale* und *lokale* Untersuchungen wurden verschiedene W.en entwikkelt, von denen die von M. Schüepp für das zentrale Alpengebiet (die Schweiz) eingeführte sich objektiv nach den meteorologischen Elementen orientiert und auch in anderen Regionen mit einem Radius von zwei Breitenkreisen angewendet werden kann. Grundlage ist ein **Wetterlagenkalender,** in den nach einem bestimmten Schema täglich codierte Angaben über Boden- und Höhenströmung (500 hPa), Wettercharakter, Luftdruckdifferenz zwischen N- und S-Seite der Alpen, Höhe der relativen (500/1 000 hPa) und absoluten (500 hPa) Topographie, Frontdurchgänge und Luftmassen eingetragen werden. Mehrere Tage mit gleicher Wetterlage werden zu **Witterungslagen** zusammengefaßt, die sich in bestimmten Grundtypen unterscheiden: den advektiven Lagen (N, S als Meridional-, W als Zonalzirkulation, O als Blok-

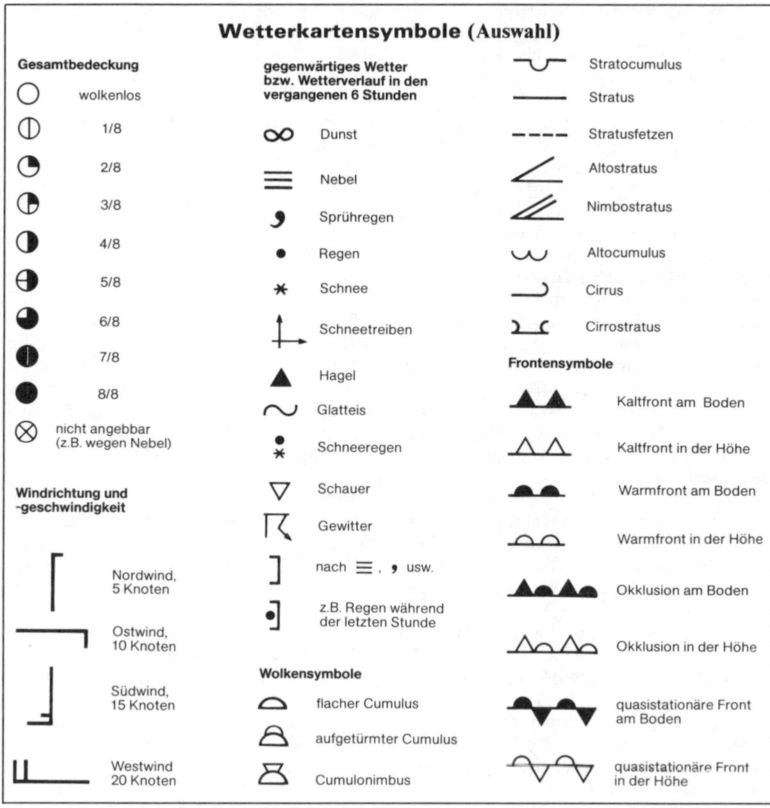

kierungslage), den konvektiven Lagen (Hochdruck-, Flachdruck-, Tiefdrucklage) und einigen Mischlagen. Diese W. bildet die Grundlage für eine synoptische Klimatologie des Alpengebietes.
Eine objektive W. wurde im lokalen Bereich mehrfach auch durch Verwendung orthogonaler Polynome versucht.

Wetterleuchten: Blitze entfernter Gewitter oder die von ihnen herrührenden flächenhaften Lichterscheinungen (Widerschein an Wolken) ohne hörbaren Donner.

Wettermeldung: Angaben über beobachtete Wetterverhältnisse, bezogen auf eine bestimmte Zeit und einen bestimmten Ort. W.en werden anhand der Wetterbeobachtungen an meteorologischen Stationen erstellt, in verschlüsselter Form (↑ Wetterschlüssel) über Telefon, Fernschreiber oder Funk an bestimmte Sammelstellen weitergeleitet und von dort in das internat. Wetterfernmeldenetz eingespeist.
Dabei wird unterschieden zwischen **Boden-W.en,** die Beobachtungsdaten und Meßwerte der untersten Atmosphärenschichten enthalten, und **aerologischen Meldungen,** die Beobachtungsdaten und Meßwerte enthalten, die in der freien Atmosphäre mit Hilfe von Instrumenten oder an Bord von Luftfahrzeugen festgestellt werden. Beide Arten der W.en bilden die wichtigste Grundlage für die an

den Wetterzentralen erarbeiteten Wetteranalysen und -vorhersagen.
Zu den W.en zählen auch verschlüsselte Wetterkarten, Vorhersagen für den Flugwetterdienst (verschlüsselte Angaben über Wetterbedingungen an Flughäfen, in Lufträumen und entlang von Flugstrecken) sowie Meldungen für besondere Zwecke (agrarmeteorologische W., klimatologische Monatswerte, atmosphärische elektrische Erscheinungen, Vorhersagen für die Schiffahrt u. a.).

Wettermindestbedingungen [Kurzbez.: Mindestbedingungen ‖ Syn.: Schlechtwetterbedingungen]: Grenzwerte der Wetterverhältnisse, die zur Bestimmung der Benutzbarkeit eines Flugplatzes für Start und Landung vorgeschrieben sind bzw. von Luftfahrzeugführern (unterschiedlich für Sicht- und Instrumentenflug) beachtet werden müssen.

Wetternavigation ↑meteorologische Navigation.

Wetterradar: in der Meteorologie eingesetztes Radargerät (zum Prinzip ↑Radar, ↑Radarniederschlagsmessung) zur Ortung und Feststellung der Intensität von Wettererscheinungen, die mit Niederschlag verbunden sind (z. B. Durchgang frontaler Niederschlagsgebiete, orographisch bedingte Niederschläge, Schauer, Gewitter), ferner zur Höhenwindmessung (↑Windradar), zur Wolkenhöhenmessung und zur Messung von Turbulenzen. Die Darstellung der Radarechos auf dem Bildschirm erfolgt entweder in Form der ↑PPI-Abbildung oder in Form der ↑RHI-Abbildung.
Ein spezielles W. ist das auf dem Doppler-Effekt beruhende **Doppler-Radar** (nutzt die Frequenzverschiebung des Echosignals gegenüber dem abgestrahlten Signal bei radial bewegtem „Ziel"), das in erster Linie zu Turbulenzuntersuchungen in Konvektionsniederschlagsgebieten und in Wirbelstürmen dient. – ↑auch Radarverbundsystem.

Wetterrakete [Syn.: meteorologische Rakete, Raketensonde]: mit meteorologischen Instrumenten bestückte Rakete zur aerologischen Erforschung hoher Atmosphärenschichten (Stratosphäre, Mesosphäre), die von Pilotballons und Radiosonden nicht mehr erreicht werden. Im höchsten Punkt des Aufstiegs löst die W. einen Fallschirm aus, an dem die Meßinstrumente während der Messungen langsam zum Boden herabschweben; im Gegensatz zum konventionellen aerologischen Aufstieg finden die Messungen also während des Abstiegs statt. Die mit der W. sondierte Atmosphärenschicht beträgt, je nach Raketentyp, gewöhnlich 15 bis 65 km; es wurden jedoch schon Gipfelhöhen von 90 km erreicht.
In den USA werden W.naufstiege routinemäßig in einem Raketenmeßnetz betrieben.

Wetterregeln: durch lokale Wetterbeobachtungen aufgestellte Vorhersagen, die vielfach in ↑Bauernregeln enthalten sind. Wiss. W. stützen sich auf die Auswertung von Wetterkarten; z. B. die ↑Guilbert-Großmann-Regel. – ↑auch Wetterzeichen.

Wettersatelliten [Syn.: meteorologische Satelliten]: künstliche Erdsatelliten für großräumige Beobachtung und Erforschung des Wetters als Hilfsmittel der ↑Satellitenmeteorologie. Von ihrer Umlaufbahn her sind zwei verschiedene *Typen* von W. zu unterscheiden:
Die **polarumlaufenden W.** bewegen sich auf nahezu kreisförmigen Flugbahnen in etwa 800 bis 1 500 km Höhe, die nahe am Nord- und Südpol vorbeiführen. Unter dieser Bahn dreht sich die Erde um ihre Achse, so daß im zeitlichen Nacheinander die Wetterbeobachtungen von der ganzen Erde verfügbar sind. Jedes einzelne Gebiet wird innerhalb von 24 Stunden vom W. zweimal überflogen. Mit zwei entsprechend zeitverschobenen W. kann somit erreicht werden, daß in einem Gebiet W.informationen alle 6 Stunden verfügbar sind.
Der zweite Typ, die **geostationären W.**, bewegt sich auf seiner Umlaufbahn mit der gleichen Winkelgeschwindigkeit und in die gleiche Richtung wie der Erdpunkt unter ihm und erscheint somit ortsfest über dem Erdpunkt stationiert. Die Flugbahn dieser Satelliten liegt in 36 000 km Höhe über dem Äquator. Die geostationären W. liefern ↑Satellitenbilder in 30minütigem Abstand und überwachen damit das globale Wettergesche-

hen zwischen 60° n. Br. und 60° s. Br. Sie haben außerdem die Aufgabe, die Daten von automatischen Stationen, Meßbojen oder Abwurfsonden einzusammeln und meteorologisches Datenmaterial (Wetterkarten) zu übermitteln.
Der erste Wettersatellit war der am 1. April 1960 gestartete amerikanische Satellit ↑TIROS 1, dem bis 1965 TIROS 2 bis 10 folgten. Sie waren ursprünglich als Forschungssatelliten geplant, wurden aber bald routinemäßig in der Wetteranalyse genutzt. Die zweite W.generation, die ESSA-Serie (↑ESSA) der Jahre 1966 bis 1969, war von vornherein für den operationellen Gebrauch projektiert, ebenso die dritte Generation der weiterentwickelten TIROS-Familie, von der von 1970 bis 1984 unter dem Satellitennamen ↑NOAA die Nr. 1 bis Nr. 9 gestartet wurden. Daneben wurden seit 1964 die Satelliten der Serie ↑NIMBUS als meteorologische Forschungssatelliten erfolgreich eingesetzt.
Der erste geostationäre Satellit wurde 1966 von den USA auf eine erdsynchrone Umlaufbahn gebracht. Er führte die Bez. **ATS 1** (Abk. für engl. **A**pplications and **T**echnology **S**atellite = Satellit für technische Zwecke und praktische Anwendungen) und war über dem mittleren Pazifik stationiert. **ATS 3** wurde 1967 gestartet und nahm eine Position über der Amazonasmündung ein. Die **ATS-Serie** diente v.a. der Nachrichtenübermittlung, hatte aber auch meteorologische Aufgaben. Erstmals konnte die hemisphärische Wetterentwicklung eines Tages im Satellitenfilm dargestellt werden.
Die ersten experimentellen geostationären W. waren die 1974 bzw. 1975 von den USA gestarteten Satelliten **SMS 1** und **SMS 2** (Abk. für engl. **S**ynchronous **M**eteorological **S**atellite = synchroner meteorologischer Satellit), denen die USA für operationelle meteorologische Zwecke 1975 und 1977 **GOES 1** und **GOES 2** (Abk. für engl. **G**eostationary **O**perational **E**nvironmental **S**atellite = geostationärer Satellit im Umwelteinsatz) folgen ließen.
Das von der ↑Weltwetterwacht konzipierte globale meteorologische Satellitensystem zur ständigen Überwachung der Atmosphäre sieht fünf geostationäre W. und mehrere polarumlaufende W. vor. Es besteht aus W. der **GOES-Serie,** die über dem Äquator in 75° und 135° w. L. stationiert sind, und dem von der Europäischen Weltraumorganisation ESA entwickelten und 1977 bzw. 1981 gestarteten ↑METEOSAT 1 bzw. 2 sowie dem japanischen W. **GMS** (Abk. für engl. **G**eostationary **M**eteorological **S**atellite = geostationärer meteorologischer Satellit), der in 140° ö. L. stationiert ist. Die 5. Position über dem Indischen Ozean wurde zeitweise von einem amerikanischen W. der GOES-Serie eingenommen, ist aber in 70° ö. L. für den indischen W. **INSAT II** bestimmt. Die polarumlaufenden W. in diesem System werden von der NOAA-Serie gestellt.
Von der Sowjetunion wurden mehrere Satelliten der auf polnahen Bahnen ziehenden **Kosmos-Serie** und die **Meteor-Serie** als W. verwendet. – Abb. S. 188.

Wetterschäden: durch bestimmte meteorologische Ereignisse beim Menschen, in der Natur und an Sachen verursachte Schäden.
Volks- und privatwirtschaftlich am bedeutendsten (bis zu mehrere Milliarden US-Dollar) sind W. durch tropische Wirbelstürme, außertropische Sturmtiefs und Tornados. Gebietsmäßig begrenzt sind Windschäden (ab Beaufortgrad 8 = 62 km/h) und Sturmschäden (ab Beaufortgrad 9 = 75 km/h) bei Frontdurchgängen und Fallwinden.
Gewitter verursachen W. durch Blitzschlag und Sturm, Kälteeinbrüche mitunter Frostschäden.
Durch Trockenheit und Hitze entstehen Dürreschäden und Waldbrände, an hitzeempfindlichen Gütern Hitzeschäden; Menschen können Hitzschläge erleiden.
W. bei Überflutungen, Unterspülungen oder Erosion hängen mit Starkregen und Wolkenbrüchen oder starker Schneeschmelze zusammen, während Sturmfluten eine Begleiterscheinung der Sturmtiefs in den Küstengebieten sind.
Schneebelastung und Rauhreif führen zu Eis- und Schneebruch in den Wäldern und zu W. an Gebäuden und Telegrafenleitungen.

Wetterscheide: Bez. für einen Landschaftsteil, der durch seinen Einfluß unterschiedliche Wetterbedingungen in seiner Umgebung schafft. Vielfach sind es Gebirge mit der Ausbildung von Staueffekten auf der Luvseite und föhnartigen Erscheinungen (Wolkenauflösung, Erwärmung) auf der Leeseite. Bei sommerlichen Wärmegewittern können größere Seen oder Flüsse den Weiterzug behindern oder die Bahn des Gewitters umlenken.

Wetterschiff: für meteorologische Messungen ausgerüstetes Schiff in fester Position (in einem quadratischen Bereich mit einer Seitenlänge von 210 Seemeilen, dessen Mittelpunkt der festgelegte Standort ist). Hauptaufgabe der W.e ist die Durchführung und Verbreitung meteorologischer und aerologischer Beobachtungen.

Wetterschlüssel: im Wetterdienst internat. vereinbarte Zahlenschlüssel zur zeit- und raumsparenden Übermittlung von Meß- und Beobachtungsdaten der wetterbestimmenden meteorologischen Elemente, der Wetteranalysen und -vorhersagen sowie der sonstigen für den praktischen Wetterdienst wichtigen Informationen durch Fernschreib- oder Funkverbindungen.

Jeder internat. W. hat eine Nummer, der die Buchstaben „FM" (Abk. für engl. **f**orm of **m**essage = Form der Meldung) vorangestellt werden. Nach der Nummer folgt eine römische Ziffer. Die Ziffern geben an, auf der wievielten Tagung der Fachkommission für synoptische Meteorologie (CSM) der Weltorganisation für Meteorologie bzw. ab Nummer VI der Fachkommission für Basissysteme (CBS) der W. eingeführt bzw. geändert wurde. Jeder Schlüssel wird außerdem durch ein Kennwort, den Schlüsselnamen, gekennzeichnet (z. B. FM 12 – VII SYNOP bedeutet internat. W. Nr. 12, auf der 7. Tagung der CBS beschlossen, für Bodenwettermeldungen einer Landstation).

W., die nur innerhalb eines nationalen Wetterdienstes gelten, haben keine FM-Nummer, werden aber ebenfalls durch ein Kennwort eingeleitet (z. B. WISP = Wintersportmeldung). W. bestehen fast durchweg aus Zahlen, die meist zu fünfstelligen Gruppen zusammengefaßt werden. In der symbolischen Form der einzelnen Schlüssel erscheinen anstelle der Zahlen Buchstaben (↑SYNOP-Meldung).

Wetterseite: diejenige Seite, die der vorherrschenden Zugrichtung von Schlechtwetterfronten zugewandt ist (in unseren Breiten meist die SW- bis W-Seite).

Wetterstation: meteorologische Station, die hpts. Wetterbeobachtungen durchführt und Wettermeldungen erstellt. – ↑auch automatische Wetterstation.

Wettersturz [Syn.: Wetterumschlag, Wetterumsturz]: grundlegende Umstellung des Wetters, die meist mit dem Durchgang einer markanten Kaltfront eingeleitet wird. Ein plötzlicher W. im Gebirge bedeutet oft eine Gefahr für Bergwanderer.

Wettersymbole: meteorologische Zeichen für bestimmte Wettererscheinungen (↑Wetterkartensymbole).

Wettertagebücher [Syn.: Beobachtungstagebücher]: Hefte, in die der meteorologische Beobachter Wahrnehmungen über das Wetter und die abgelesenen Meßwerte regelmäßig einträgt.

Die ältesten tagebuchartig geführten Wetteraufzeichnungen stammen von dem Engländer William Merle aus den Jahren 1337 bis 1344. Mit dem Aufbau verschiedenartiger meteorologischer Meßnetze wurden dem jeweiligen Zweck angepaßte W. entwickelt, z. B. das Klimatagebuch, das synoptische Tagebuch, das Schiffstagebuch.

Die offizielle Bez. der W. des Deutschen Wetterdienstes lautet: „Meteorologisches Beobachtungstagebuch für hauptamtliche synoptisch-klimatologische Meldestellen."

Wettertelegramm: über Funk bzw. Fernschreiber abgesetzte Wettermeldung.

Wettertyp: die zwei unterschiedlichen Arten des Wetterablaufs beim Durchzug eines Tiefausläufers, die von R. Mügge 1929 definiert und beschrieben wurden (↑polarer Wettertyp, ↑subtropischer Wettertyp).

Wetterübersicht: großzügiger Überblick über die Wetterlage eines bestimmten Gebietes anhand der Wetterkarten unter Hervorhebung der wetterbestimmenden Druckgebilde und Fronten. Die W. leitet meist einen ↑ Wetterbericht ein.

Wetterumschlag: svw. ↑ Wettersturz.

Wetterumsturz: svw. ↑ Wettersturz.

Wettervorhersage: [Syn.: Vorhersage, Wetterprognose]: Aussage über das zu erwartende Wetter. Sie wird meist gewonnen durch Interpretation von Vorhersagekarten. Trotz aller Fortschritte in der ↑ numerischen Wettervorhersage bleibt die Umsetzung der berechneten Vorhersagekarten in das wirklich anzutreffende Wetter und die Formulierung der W. eine Aufgabe des Meteorologen. Eine vollständige W. sollte mit der Angabe des zeitlichen und räumlichen Gültigkeitsbereichs beginnen und Aussagen über die wichtigsten meteorologischen Elemente (Bewölkung, Niederschlag, Temperatur und Wind) sowie gegebenenfalls Hinweise auf besondere Wettererscheinungen wie Nebel, starker Wind, Sturm oder Gewitter enthalten (↑ Niederschlagsvorhersage, ↑ Temperaturvorhersage, ↑ Nebelvorhersage, Windwarnung [↑ Wetterwarndienst], ↑ Gewittervorhersage).

Man unterscheidet allgemeine W.n, die für die breite Öffentlichkeit bestimmt sind und als Teil eines Wetterberichts durch Aushang, Presse, Rundfunk, Fernsprechansagedienst oder Fernsehen (auch Videotext, Bildschirmtext) verbreitet werden, und spezielle, auf die jeweiligen Bedürfnisse einzelner Interessentengruppen zugeschnittene Vorhersagen (↑ Wetterbericht).

Nach der Gültigkeitsdauer unterteilt man W.n in ↑ Kurzfristprognosen, ↑ Mittelfristprognosen und ↑ Langfristprognosen. Für sehr kurzfristige W.n ist neuerdings der Begriff Kürzestfristprognose geprägt worden (↑ Nowcasting). – ↑ auch Vorhersagbarkeit.

Wetterwarndienst: wichtiger Teil des Wirtschaftswetterdienstes, der vor bestimmten meteorologischen Ereignissen warnt, damit vom Empfänger vorbeugende Maßnahmen gegen Wetterschäden eingeleitet werden können.

Unwetterwarnungen werden an öffentliche Dienststellen, über Rundfunk und an private Warnkunden erteilt, wenn bestimmte meteorologische Ereignisse erwartet werden, die stärkste Auswirkungen haben und einen Notstand hervorrufen können (Unwetter).

Wetterwarnungen werden an private Warnkunden und Behörden übermittelt, wenn festgelegte Ereignisse erwartet oder bestimmte Grenzwerte des Wetters voraussichtlich überschritten werden, z. B. Wind ab 60, 80 bzw. 100 km/h **(Windwarnung),** Gewitter, Frost, Glatteis, Schneefall, Starkregen, Tauwetter, austauscharme Wetterlage, Nebel mit bestimmten Sichtweiten.

Vorwarnungen sind Vorstufen von Warnungen und werden unter bestimmten Voraussetzungen vorsorglich (z. B. vor Wochenenden oder Feiertagen) herausgegeben.

Wetterwarte: meteorologische Station, die neben dem Wetterbeobachtungsdienst auch die lokale Wetterberatung durchführt.

Wetterwinkel: diejenige Gegend am Horizont, in der die ersten Anzeichen einer Wetterverschlechterung erscheinen.

Wetterzeichen: bestimmte atmosphärische Erscheinungen, die auf eine Änderung bzw. den Fortbestand der Wetterlage hinweisen; z. B. Wolkenformen und -zugrichtung, Himmelsfarbe, Haloerscheinungen, fallender oder steigender Luftdruck, Schallausbreitung.

Whistler, der ['wɪslə ‖ engl., eigtl. = Pfeifer]: von atmosphärischen Blitzentladungen (v. a. Erdblitzen) ausgesandte niederfrequente elektromagnetische Wellen, die an den Kraftlinien des erdmagnetischen Feldes entlang durch den Raum laufen. In dem Gebiet, in dem die magnetischen Feldlinien die Erdoberfläche wieder erreichen (im sog. Konjugationspunkt auf der anderen Erdhälfte), sind in Radioempfangsgeräten (bei entsprechender Verstärkung) Pfeifgeräusche zu hören, die von hohen zu tiefen Tönen übergehen. Durch mehrmalige Reflexionen dieser Wellen kann in Sekundenabständen eine ganze Folge von W.n auftreten; am stärksten in etwa 55° geomagnetischer Breite zu hören.

White-out, der oder das ['waɪtaʊt ‖ engl., eigtl. = das Aushellen]: extreme Tagesbeleuchtung bei bedecktem Himmel über verschneiten Gebieten, die durch wiederholte diffuse Reflexion des Lichtes zwischen der Erdoberfläche und der Wolkenunterseite v. a. in polaren Gegenden auftritt. Die Unebenheiten der schneebedeckten Erdoberfläche und die Umrisse des Horizonts sind nicht zu erkennen, so daß das Orientierungsvermögen und die Fähigkeit, Entfernungen abzuschätzen, verlorengehen können.

Widerstandsgesetz: svw. ↑Stokes-Reibungsgesetz.

Widerstandsthermometer: Instrument zur Messung der Temperatur, wobei die Eigenschaft von Metallen, bei Temperaturänderung ihren elektrischen Widerstand zu ändern, genutzt wird.
Die gebräuchlichsten W. sind **Platin-W.** vom Typ Pt-100 mit einem Meßbereich von − 200 bis + 500 °C. Ein Platinfühler mit einem elektrischen Widerstand von 100 Ohm und einer Temperatur von 0 °C ändert seinen Widerstand um etwa 0,4 Ohm je 1 K. Die Widerstandsmessung erfolgt in einer Brückenschaltung. Bei aerologischen und agrarmeteorologischen Messungen werden häufig W. mit Halbleiterelementen (↑Thermistor) eingesetzt.
W. eignen sich besonders zur Verwendung in Fernmeßanlagen (↑Fernanzeige).

Wiederkehrzeit: der zeitliche Abstand (in Jahren), in dem ein meteorologisches Ereignis im Mittel entweder einmal erreicht bzw. überschritten oder einmal erreicht bzw. unterschritten wird.

Wien-Verschiebungsgesetz [nach W. Wien]: ein Strahlungsgesetz; es besagt, daß das Produkt aus der Wellenlänge λ des Maximums der spezifischen spektralen Ausstrahlung (Strahlungsfluß) eines schwarzen Körpers und der dazugehörigen absoluten Temperatur T eine Konstante ist.
Mit dem aus dem Planck-Strahlungsgesetz abgeleiteten W.-V. kann die Verschiebung des Strahlungsmaximums gegen kürzere bzw. längere Wellenlängen bei steigenden bzw. abnehmenden Temperaturen berechnet werden.

Wild-Waage [nach H. Wild]: svw. ↑Verdunstungswaage.

Wild-Windfahne: von H. Wild konstruiertes, rein mechanisches Windmeßgerät, das (im Gegensatz zur ↑Windfahne) zusätzlich (zumindest näherungsweise) die Angabe der Windstärke ermöglicht. Die W.-W. besteht aus einer rechteckigen Blechtafel, die durch eine konventionelle Windfahne immer senkrecht zur Windrichtung gestellt wird. Je nach Windgeschwindigkeit wird die Blechtafel durch den Winddruck nach oben bewegt, wobei der Anstellwinkel ein Maß für die Windgeschwindigkeit ist. Die entsprechende Windstärke wird von einem Metallstift, der an einem Gradbogen befestigt ist, angezeigt.
W.-W.n werden im Klimadienst nur noch vereinzelt verwendet.

Willy-Willy, der ['wɪlɪ'wɪlɪ ‖ engl.]: Bez. für die ↑tropischen Wirbelstürme an der Küste N-Australiens.

Wind: vorwiegend in horizontaler Richtung bewegte Luft; entsteht als Folge des Ausgleichs von Luftdruckunterschieden in der Atmosphäre, v. a. durch ungleichmäßige Erwärmung der Erdoberfläche durch die Sonneneinstrahlung. Die Luft strömt jedoch nicht in Richtung des Druckgefälles (↑Luftdruckgradient), sondern wird wegen der ablenkenden Kraft der Erdrotation (↑Coriolis-Kraft) auf der Nordhalbkugel nach rechts abgelenkt und bewegt sich in der freien Atmosphäre parallel zu den Linien gleichen Luftdrucks, den Isobaren (↑Gradientwind, ↑geostrophischer Wind).
In Bodennähe bewirkt die Reibung an der Erdoberfläche, daß der W. nicht isobarenparallel, sondern aus einem Hochdruckgebiet heraus- und in ein Tiefdruckgebiet hineinweht. Wegen der Ablenkung nach rechts umströmen die W.e ein Hochdruckgebiet im Uhrzeigersinn, ein Tiefdruckgebiet dagegen entgegen dem Uhrzeigersinn.
Der Winkel zwischen Isobaren und W.vektor **(W.richtung)** hängt von der Rauhigkeit der Erdoberfläche ab; er beträgt über See 0 bis 10°, über Land zwischen 30 und 45°. Mit zunehmender Höhe dreht der W. bis zur Obergrenze der

Reibungsschicht (in etwa 1000 m Höhe) nach rechts (sog. **Ekman-Spirale**), wobei gleichzeitig seine Geschwindigkeit zunimmt.

Die W.strömung ist im allg. nicht gleichmäßig (laminar), sondern fortwährend kurzfristigen Schwankungen hinsichtlich Richtung und Geschwindigkeit unterworfen (↑Turbulenz). Die Unruhe des W.es wird als ↑Böigkeit bezeichnet. – ↑auch Bodenwind, ↑Höhenwind, ↑Strahlstrom, ↑Windsysteme, ↑Windmessung.

Windbaum: *seemännische* Bez. für eine Wolkenform im Cirrusniveau, bei der quer bzw. fedrig gekämmte, gebogene, mannigfach verwobene Fäden zu beobachten sind, die als erste Anzeichen eines Wolkenaufzugs auftreten.

Windbö: svw. ↑Bö.

Wind-chill-Index ['wɪnd'tʃɪl... ‖ engl. wind = Wind und engl. chill = Schauer, Kälte]: spezielle Form einer ↑Abkühlungsgröße, mit der in extremen Klimaten der turbulente Wärmeentzug (Kältereiz) aus Lufttemperatur und Windgeschwindigkeit ermittelt wird.

Winddrehung: die zeitliche Änderung der Windrichtung an einem festen Ort oder die zu einem festen Zeitpunkt zu beobachtende Änderung der Windrichtung mit der Höhe. Erstere ist, wenn es sich nicht um kleinräumige Windsysteme handelt, im allg. mit der Verlagerung und dem Durchzug von synoptischen Luftdruckgebilden oder Fronten verbunden. So kündigt z. B. eine W. nach links oft die Annäherung einer Front an, während eine plötzliche W. nach rechts den Durchgang einer Front anzeigt.

Die W. mit der Höhe geht in den unteren Schichten (↑Reibungsschicht) zunächst regelmäßig nach rechts vor sich. Darüber zeigt die W. gemäß der ↑thermischen Windgleichung an, ob Warmluftadvektion (bei W. nach rechts) oder Kaltluftadvektion (bei W. nach links) herrscht.

Winddreieck:

◊ in der *Luftfahrt* das Dreieck, das aus den Vektoren der Eigengeschwindigkeit des Flugzeugs, der Geschwindigkeit des Flugzeugs über Grund und dem Differenzvektor, der den Wind darstellt, gebildet wird. Im W. sind zunächst nur die Länge des Vektors der Eigengeschwindigkeit, die Länge des Windvektors und der Winkel zwischen Windrichtung und der Richtung zum Ziel bekannt. Aus diesen Größen können rechnerisch die Geschwindigkeit über Grund und der Winkel zwischen dem zu steuernden Kurs und der direkten Richtung zum Ziel bestimmt werden.

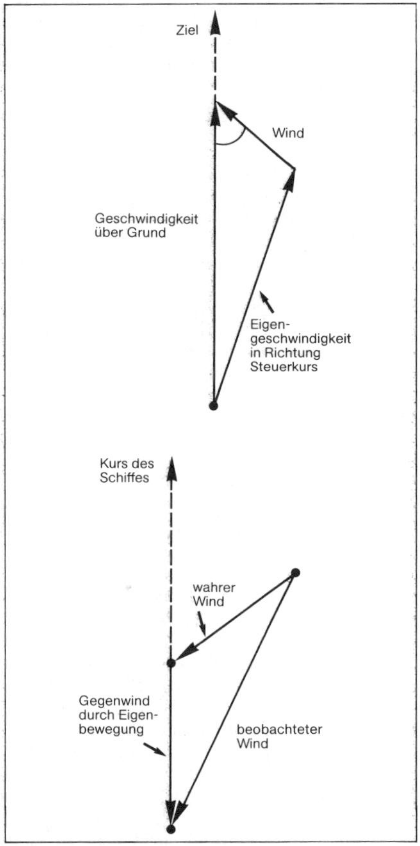

Winddreieck in der Luftfahrt (oben) zur Bestimmung des zu steuernden Kurses und in der Seefahrt (unten) zur Bestimmung des wahren Windes von einem fahrenden Schiff aus

◊ in der *Seefahrt* das Dreieck, das aus dem Vektor der Eigengeschwindigkeit des Schiffes, dem Vektor des Windes, den ein Beobachter vom fahrenden Schiff aus feststellt, und dem Differenzvektor, der den wahren Wind darstellt, gebildet wird. Mit Hilfe des W.s läßt sich aus dem beobachteten Wind der wahre Wind bestimmen, indem der durch die Eigengeschwindigkeit des Schiffes erzeugte Gegenwind vom beobachteten Wind vektoriell subtrahiert wird.

Winddruck: Druckkraft des Windes auf die Einheit der angeströmten Fläche:

$$w = \frac{c \cdot \varrho \cdot v^2}{2}$$

(ϱ = Luftdichte, v = mittlere Windgeschwindigkeit, c = von Reynolds-Zahl und Flächenform abhängige Widerstandsziffer [Beiwert]).
Der W. ist eine wichtige Einflußgröße bei der mechanischen Beanspruchung von Bauwerken (↑ Windlast).

Windenergie: die durch Ausnutzung der in bewegter Luft enthaltenen natürlichen Kraft **(Windkraft)** gewonnene Energie.
Hauptbestandteile von Windkraftanlagen sind sog. Rotoren (propeller-, schaufel- oder blattförmig), die durch die Windkraft in Drehung versetzt werden. Die Rotornaben befinden sich bei Großanlagen in etwa 100 m über Grund, bei Kleinanlagen mindestens bei 20 m, da im allg. die Windgeschwindigkeit mit der Höhe zunimmt. Die gewonnene W. ist in etwa der dritten Potenz der Windgeschwindigkeit proportional.
Für die Standortwahl von Windkraftanlagen sind folgende meteorologische Größen wichtig: Häufigkeit von Flauten (Stundenmittel der Windgeschwindigkeit unter 3 m/s: Anlage ohne Leistung), Anzahl der Stunden mit Windgeschwindigkeiten von mindestens 5 m/s (Anlaufen der Anlage) bzw. von 8 m/s und 12 m/s (Erreichen der Nennleistung).
Wegen der räumlich und zeitlich sehr unterschiedlichen Windverhältnisse ist im Bundesgebiet nur eine begrenzte Nutzung der Windkraft möglich (v. a. in Küstengebieten und höheren Gebirgslagen).

Windfahne: Windrichtungsgeber (Meßfühler) in Windmeßgeräten. Bei den meisten Windmessern besteht die W. aus zwei trapezförmigen Metallplatten, die miteinander einen kleinen Winkel bilden und so angeordnet sind, daß sie von der Luft durchströmt werden können. Durch den Winddruck stellt sich die W. so ein, daß das ihr gegenüber angebrachte Gegengewicht stets in die Windrichtung zeigt.
Die W. wird in hindernisfreiem Gelände meist in 10 m über Grund auf einem Windmast montiert.

Windfeld: das meteorologische Feld, das den Wind wiedergibt. Am besten kann das W. durch Stromlinien dargestellt werden. Wenn man den Gradientwind überall als gültig ansieht, also Abweichungen vom Gradientwind vernachlässigt, können auch die Isohypsen einer Topographie ein W. mit hinreichender Genauigkeit beschreiben. Die Windgeschwindigkeiten können durch die Konstruktion von Isotachen genauer erfaßt werden.
Auch wenn ein W. üblicherweise nur in einer horizontalen Fläche dargestellt wird, ist zu beachten, daß der Wind in der freien Atmosphäre fast immer auch eine kleine Vertikalkomponente aufweist, daß also der Wind nur durch eine dreidimensionale Darstellung vollständig erfaßt werden kann.

Windflüchter ↑ Windschur.

Windgeschwindigkeit: die Geschwindigkeit der Luftbewegung, gemessen entweder in m/s, in km/h oder in Knoten. Es entspricht 1 m/s = 3,6 km/h und 1 Knoten ≙ 1,852 km/h. Die Maßeinheit m/s (auch cm/s) wird überwiegend im wiss. Bereich, die Einheit km/h in allen Angaben, die für die Öffentlichkeit bestimmt sind, verwendet. Die Maßeinheit ↑ Knoten wird von der internat. Luftfahrt (bis auf wenige Ausnahmen) benutzt. Wegen der engen Zusammenarbeit mit der Luftfahrt ist die Einheit Knoten bei den meisten meteorologischen Diensten intern und beim gegenseitigen Datenaustausch in Gebrauch, obwohl seit vielen Jahren Bestrebungen im Gange sind, auf ein metrisches Maßsystem überzugehen.

Die Bez. W. sollte nicht mit ↑Windstärke verwechselt werden, die nicht eine Geschwindigkeit, sondern die Auswirkungen des Windes auf Gegenstände an der Erdoberfläche angibt.

Windgesetz: Kurzbez. für ↑barisches Windgesetz.

Windgespann [Syn.: Radiosondengespann]: Anordnung der bei einem aerologischen Aufstieg verwendeten Geräte, bei der Ballon, Reflektor (für die Ortung und Radarwindmessung) und Radiosonde hintereinander mit Leinen verbunden sind.

Beim **Ballongespann** wird das Meßinstrument (Meteorograph, Radiosonde) von zwei Ballons getragen. Platzt der eine Ballon, wirkt der zweite als Fallschirm und Signalballon, so daß das Meßgerät leichter gefunden bzw. auf See eingeholt werden kann. Diese „Tandemmethode" wird bei wiss. Untersuchungen angewendet, wobei ein Ballon in einer bestimmten Gipfelhöhe abgetrennt wird, so daß der untere Ballon mit einem Radarmeßreflektor langsam absinkt; dabei werden mit Feinstruktursonden Messungen vorgenommen.

Windharsch: verfestigter Schnee (↑Harsch).

Windhäufigkeit: das zahlenmäßige Auftreten bestimmter Klassen (↑Klasseneinteilung) der Windrichtung und Windgeschwindigkeit.

Die W. ist, je nach Großwetterlage, relativ starken Schwankungen unterworfen; dies drückt sich sowohl in der Tages- als auch in der Jahresschwankung aus. Im Jahresgang der W. an der dt. Nordseeküste zeichnet sich ein Maximum im Winter und ein Minimum im Sommer ab.

Die W. ist eine wertvolle Entscheidungshilfe bei der Beurteilung von (insbes. an der Küste gelegenen) Regionen für ihre Eignung zur Windkrafterzeugung.

Windhose ↑Trombe.

Windkomponente: der jeweilige Anteil des Windes in den beiden Hauptrichtungen W–O und N–S. Jeden Wind kann man sich wie einen Vektor zerlegt denken in eine W–O-Komponente und eine S–N-Komponente. Jede Komponente erhält dabei ein Vorzeichen, z. B. ein positives, wenn die Komponente von W nach O, ein negatives, wenn sie von O nach W gerichtet ist, und in der Hauptrichtung S–N ein positives, wenn die Komponente von S nach N, ein negatives, wenn sie von N nach S gerichtet ist. Mit diesen Komponenten, mit denen eine Vektorgröße (der Wind) in skalare Größen (die W.n) zurückgeführt wird, können statistische Bearbeitungen vorgenommen und z. B. Mittelwerte und andere Maßzahlen berechnet werden. Am Schluß solcher Berechnungen kann aus den beiden W.n des Ergebnisses der wirkliche Wind durch vektorielle Addition wieder gewonnen werden.

Windkraft ↑Windenergie.

Windlast: durch Wind hervorgerufene mechanische Beanspruchung von Bauwerken. Der Wind wirkt hierbei in zweierlei Hinsicht als Einflußgröße, einmal als ↑Winddruck, zum andern als Anreger von Schwingungserscheinungen (Windpulsationen). Die stärksten W.beanspruchungen sind immer dann zu erwarten, wenn Windpulsationen mit großer Amplitude etwa in der Eigenfrequenz des Bauwerks auftreten.

In der Technik dienen W.angaben als Berechnungsgrundlagen für Standsicherheitsuntersuchungen von Bauwerken.

Windmesser: svw. ↑Anemometer.

Windmeßnetz: die Gesamtheit der Windmeßstationen in einer bestimmten Region, an denen hpts. die Momentanwerte von Windrichtung und Windgeschwindigkeit, die Windgeschwindigkeitsmaxima (↑Windspitzen), die ↑Böigkeit und das Zehnminutenmittel der Windgeschwindigkeit nach einheitlichen Gesichtspunkten (u. a. gleiche Instrumente, Meßhöhe 10 m über Grund, Hindernisfreiheit) gemessen bzw. registriert werden. Ziel des W.es ist die möglichst flächendeckende Erfassung der Windstruktur (↑Windfeld).

Das W. des Deutschen Wetterdienstes besteht aus rund 200 repräsentativ über das Gebiet der BR Deutschland verteilten Windmeßstationen.

Die im W. gewonnenen Winddaten werden in erster Linie bei der Bearbeitung von Gutachten für Belange des Umweltschutzes (Ausbreitungsrechnung, Schadstoffkonzentration) und der Energiewirtschaft (Windenergie) verwendet.

Windmessung: Sammelbez. für die instrumentellen Verfahren zur Messung von Richtung, Geschwindigkeit und Böigkeit (Windspitzen) des Bodenwindes. Instrumente zur W. heißen ↑Anemometer bzw. ↑Anemographen.

W.en werden in hindernisfreiem Gelände, im allg. in 10 m über Grund, durchgeführt. Als Meßfühler für die Messung der *Windrichtung* nach einer im allg. 36teiligen Richtungsskala (↑Windrose) benutzt man meist die ↑Windfahne. Als Meßfühler für die Messung der *Windgeschwindigkeit* werden überwiegend Schalenkreuze verwendet (↑Schalenkreuzanemometer). Zur Windgeschwindigkeitsmessung kommen häufig auch indirekte Verfahren zur Anwendung, d. h., man schließt aus der Windwirkung auf die Windgeschwindigkeit; hier sind v. a. der ↑Staudruck (direkt mit ↑Prandtl-Rohr, indirekt mit ↑Pitot-Rohr gemessen) und die Abkühlung durch Windwirkung (↑Hitzdrahtanemometer) zu nennen. Zur Aufzeichnung der *Windschwankungen,* insbes. der Windspitzen, hat sich der ↑Böenschreiber bewährt. Die Schallausbreitung kann ebenfalls zur W. herangezogen werden. Einige Windmeßgeräte beruhen auf der Messung des ↑Windweges. Die ↑Wild-Windfahne entspricht nicht mehr heutigen Genauigkeitsanforderungen.

Die W. wird überwiegend mit elektrischen, vereinzelt auch noch mit mechanischen Registriergeräten durchgeführt. – ↑auch Höhenwindmessung.

Windpfeil: Zeichen für Windrichtung und -geschwindigkeit in Wetterkarten und aerologischen Diagrammen. Der W. „fliegt“ mit dem Wind und weist mit der Spitze auf den Stationskreis oder wird (maschinell) an diesen tangential gezeichnet. Die Windgeschwindigkeit wird durch kurze (5 kn) oder lange (10 kn) Fiederung bzw. ein Dreieck (50 kn) dargestellt, die gegen den tiefen Druck weisen, d. h. auf der Nordhalbkugel auf der linken Seite des Windpfeils; Beispiel: Westwind 65 kn = 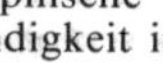.

Windprofil: graphische Darstellung der Windgeschwindigkeit in Abhängigkeit von der Höhe. Das W. zeigt als Folge der Reibung der Luft an der Erdoberfläche eine Zunahme der Windgeschwindigkeit vom Erdboden weg mit zunehmender Höhe. Die Form des W.s ist von der Schichtung der Luft abhängig, bei indifferenter Schichtung ist sie logarithmisch.

Windradar: zur Höhenwindmessung eingesetztes Radargerät. Die vom W. ausgestrahlten Radarimpulse werden von einem wenige Meter unterhalb des Pilotballons oder der ↑Radarsonde befestigten Radarreflektor (Target) zurückgeworfen und auf dem W. aufgenommen. Aus der daraus elektronisch ermittelten Ballonentfernung sowie dem Höhen- und Seitenwinkel der Antennenachse läßt sich der jeweilige Standort des Ballons bestimmen. Aus der Ballondrift, d. h. aus der Differenz unterschiedlicher Ballonstandorte, können Richtung und Geschwindigkeit des Höhenwindes errechnet werden. – ↑auch Radarwind.

Windrichtung: die Himmelsrichtung, aus der der Wind weht. Für eine zahlenmäßige Angabe der W. verwendet man im allg. die Einteilung des Vollkreises in 360°. In dieser Richtungsskala (↑Windrose) bedeuten: Nordwind 360°, Ostwind 90°, Südwind 180°, Westwind 270°.

Neben dieser Einteilung sind vereinzelt noch Einteilungen in 32, 16 oder 8 Abschnitte (Sektoren) in Gebrauch. Die W.en Nord (N), Nordost (NE), Ost (E), Südost (SE), Südwest (SW), West (W), Nordwest (NW) und Nord (N) heißen **Hauptwindrichtungen.** Die 8teilige W.s-skala wird überwiegend an Stationen, die den Wind schätzen (↑Windfahne), benutzt.

An Stationen mit Anemographen wird die W. dem Registrierstreifen („Windschrieb“) entnommen.

Windrose [Syn.: Kompaßrose]: mit einer Grad- bzw. Stricheinteilung versehene kreisförmige Windrichtungsskala. In der Meteorologie wird überwiegend die 36teilige W. verwendet (↑Windrichtung). Eine klimatologische Darstellungsart ist die Kombination der W. mit der Häufigkeit eines bestimmten Klimaelements

(↑ Klimawindrosen, ↑ Niederschlagswindrose).

Windsack: aus festem Stoff gefertigter, kegelstumpfförmiger, an beiden Enden offener Sack zur weithin sichtbaren Anzeige der Windrichtung. An der größeren Öffnung wird der W. durch einen Drahtring offengehalten. Er ist mit einem drehbaren Ring an einer Stange befestigt. Windsäcke findet man häufig auf Klein- und Segelflugplätzen sowie auf windexponierten Brücken, wo sie den Autofahrer vor Seitenwind warnen.

Windschäden: durch Windeinwirkung verursachte Schäden, hpts. an Bäumen **(Windbruch),** Gebäuden und Gegenständen bei stürmischem Wind oder Sturm. W. entstehen an landwirtschaftlichen Kulturen in Trockenperioden auch durch Verwehungen humusreicher Böden oder durch Sandablagerungen.

Windschatten: das im Lee eines Hindernisses (Gebäude, Wald, Gebirge u. a.) liegende windgeschützte Gebiet.

Windscherung: das Aneinandervorbeigleiten zweier unmittelbar benachbarter Luftschichten. Die W. kann horizontal oder vertikal erfolgen. In der Horizontalen tritt eine W. auf, wenn zwei Luftmassen parallel zueinander mit unterschiedlichen Geschwindigkeiten, gegebenenfalls auch in entgegengesetzter Richtung, aneinander vorbeiströmen. Die Trennungslinie zwischen beiden Strömungen ist die ↑ Scherungslinie. In der Vertikalen kann die W. sowohl durch unterschiedliche Geschwindigkeiten als auch durch verschiedene Richtungen der Strömung der übereinander liegenden Luftschichten verursacht werden.

Windschreiber: svw. ↑ Anemograph.

Windschur: charakteristische Wuchsform von Bäumen in windexponierten Gebieten (Küsten, Gebirge) mit relativ beständigen Winden; extremer Fall der Windwirkung. Die Äste der **Windflüchter** genannten Bäume wachsen im wesentlichen nur in die Richtung, in die der Wind weht.

Windschutz: in windreichen Gebieten oder windexponierten Lagen angelegte

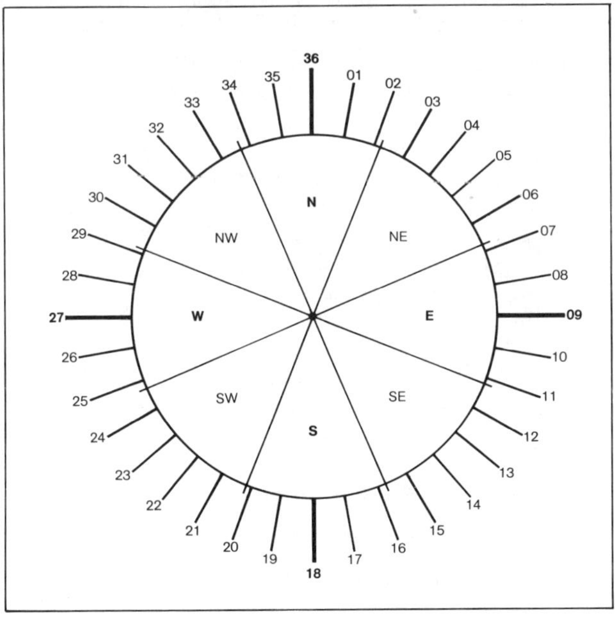

Windrose

Schutzstreifen (Hecken-, Baumreihen) für menschliche Wohnstätten, weidendes Vieh oder zur Verbesserung des Bestandsklimas (insbes. bei Hackfrüchten, Gemüse und Sonderkulturen).
Folgende Veränderungen stellen sich ein: Erhöhung der Temperatur der Bodenkrume bis zu 2 K, verringerte Verdunstung, erhöhte Bodenfeuchte, größerer Taufall, frühere Keimung, Verlängerung der Weidezeit, Verminderung der Kahlfröste und Auswinterungsschäden, verminderte Bodenerosion, Verhinderung mechanischer Schäden an Kulturpflanzen, um bis zu 15% gesteigerte Erträge.
Die räumliche Auswirkung eines W.streifens beträgt etwa das 25fache seiner Höhe, so daß die parallele Anordnung des W.es in einem entsprechenden Abstand erforderlich ist (z. B. bei einer Höhe des Streifens von 20 m beträgt der Abstand zum nächsten etwa 500 m).

Windsee: durch unmittelbare Einwirkung des Windes entstehende Bewegung (Oberflächenwellen) der See; im Gegensatz zur ↑ Dünung.

Windspirale: svw. Ekman-Spirale (↑ Ekman-Schicht).

Windspitze: die größte innerhalb eines bestimmten Zeitraums in Böen gemessene Windgeschwindigkeit (↑ Spitzenbö).

Windsprung: plötzliche Änderung im zeitlichen Verlauf des Windes an einem festen Ort oder im horizontalen Windfeld zu einer bestimmten Zeit. Hierbei ändert sich in erster Linie die Windrichtung sprunghaft, während die Windgeschwindigkeit gleichbleiben oder sich ändern kann.
Ein W. wird meist durch eine Front verursacht. Besonders markante Windsprünge treten in Verbindung mit Gewittern auf.

Windstärke: nach der ↑ Beaufortskala festgelegte, anhand der Windwirkung auf Objekte in Bodennähe oder auf eine größere Wasseroberfläche geschätzte Stufe. Den einzelnen W.n sind bestimmte Geschwindigkeitsbereiche zugeordnet.

Windstau: besonders bei höheren Windgeschwindigkeiten auftretender Staueffekt an Hindernissen (Gebirge, Steilküsten, Gebäudekomplexe u. a.), der mit einer Erhöhung des Luftdrucks auf der Luvseite verbunden ist.

Windstille: unterste Stufe der ↑ Beaufortskala. Die Windgeschwindigkeit beträgt weniger als 0,3 m/s. W. herrscht, wenn Rauch nahezu senkrecht aufsteigt

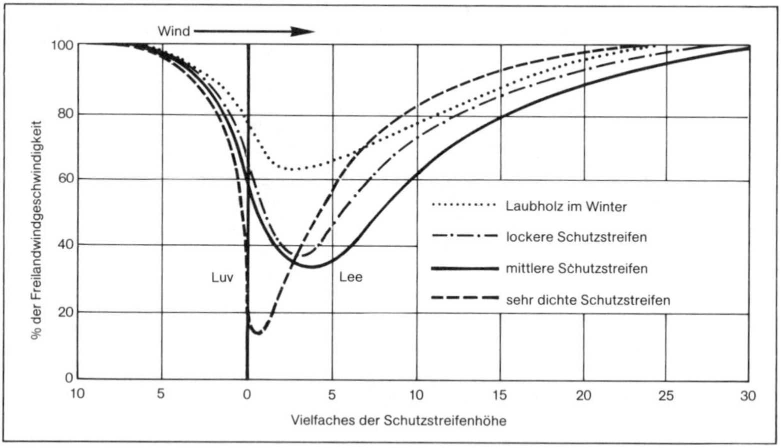

Windschutz. Wirkung eines Windschutzstreifens in Abhängigkeit von seiner Durchlässigkeit (nach W. Nägeli)

und feinste Blätter und Zweige keine Bewegung mehr erkennen lassen.
Bei W. wird in das Klimatagebuch für die Windrichtung „C“ (von engl. calm = Stille) und für die Windgeschwindigkeit „0“ eingetragen.

Windstoß: schnelles Anwachsen der Windgeschwindigkeit mit bald nachfolgendem Abflauen (↑ Bö).

Windsysteme: großräumige Luftströmungen mit vorherrschenden Windrichtungen oder lokale Systeme des Luftaustauschs (↑ Westwinddrift, ↑ Passate, ↑ Monsun, ↑ Land- und Seewindzirkulation, ↑ Berg- und Talwindzirkulation, ↑ Wald- und Feldwindzirkulation). – ↑ auch allgemeine Zirkulation der Atmosphäre.

Windunruhe: kleine, kurzperiodische Schwankungen der Windgeschwindigkeit und der Windrichtung, die durch die Turbulenz des Windes ausgelöst werden (↑ auch Böigkeit). Die Bez. W. wird vorzugsweise auf nur schwache Böigkeit bei geringen Windgeschwindigkeiten angewendet.

Windvektor: die Darstellung des Windes durch einen Vektor. Da zur vollständigen Beschreibung eines Windes sowohl ein Betrag (die Windgeschwindigkeit) als auch eine Richtung (die Windrichtung) notwendig sind, ist der Wind eine typische Vektorgröße.
Ein W. wird durch eine gerichtete Strekke (einen Pfeil) dargestellt, wobei die Länge der Strecke die Windgeschwindigkeit, die Richtung des Pfeiles die Windrichtung angibt, d. h. die Richtung, in die der Wind weht (während ein Wind nach der Richtung bezeichnet wird, aus der er kommt). Für statistische Bearbeitungen und zur Ableitung von Formeln ist es oft zweckmäßig, den W. in ↑ Windkomponenten zu zerlegen.

Windwarnung ↑ Wetterwarndienst.

Windweg: diejenige Strecke, die ein Luftteilchen von bestimmter Geschwindigkeit in einer bestimmten Zeit (meist Verwendung von 10-Minuten-Intervallen) zurücklegt, d. h., der W. ist gleich der mittleren Windgeschwindigkeit, multipliziert mit der Zeit.

Windwirkung: Auswirkungen des Windes auf Gebäude, Bäume u. a. (↑ Windlast, ↑ Windschäden) oder auf die feste und flüssige Erdoberfläche (Winderosion, Windsee, Meeresströmungen).

Windzonen [Syn.: planetarische Windgürtel]: die auf der Erde in bestimmten Breitenzonen mit vorherrschenden Richtungen auftretenden Winde. Dazu zählen die tropischen Ostwinde (↑ Urpassat) bzw. Passate, die beiden außertropischen Westwindzonen und die in polaren Breiten vorhandenen Ostströmungen. – ↑ auch allgemeine Zirkulation der Atmosphäre.

Winter: eine der ↑ Jahreszeiten.

Wintergewitter: Gewitter, die im Winter auftreten. W. sind in Mitteleuropa ein seltenes Ereignis, da zur Auslösung von Gewittern eine sehr labile Schichtung und eine warme Erdoberfläche erforderlich sind, die beide im Winter nur sehr selten vorkommen.
In der kalten Jahreszeit kann die Labilisierung im allg. nur über warmen Meeresgebieten erfolgen. Sie wird am ehesten wirksam, wenn es sich um eine in der Höhe sehr kalte Polarluft handelt. W. treten deshalb am häufigsten über dem Meer oder an der Küste auf; landeinwärts werden sie immer seltener. Sie sind ihrer Entstehung nach überwiegend ↑ Luftmassengewitter in polarer Kaltluft.

Wintermonsun ↑ Monsun.

Winterregenklima: Klima, das durch Vorherrschen winterlicher Niederschläge gekennzeichnet ist; typisch für die subtropischen W-Seiten der Kontinente (z. B. ↑ Etesienklima), für die monsunbeeinflußten Küsten Ostafrikas und für die Luvseiten der Inseln und Küsten im Bereich der passatischen Trockenzone der Tropen (winterliche Stauniederschläge).

Wintersportwetterdienst: Teil des Wirtschaftswetterdienstes, der in Zusammenarbeit mit Fremdenverkehrsverbänden die Allgemeinheit über die Schneelage und die Wetterentwicklung in den Wintersportgebieten informiert. Der **Wintersportwetterbericht** stützt sich auf aktuelle Wintersportmeldungen mit Angaben über Schneehöhe, Schneebeschaffenheit und Temperaturen; er wird über Presse, Rundfunk und Fernsehen sowie über den Fernsprechansagedienst verbreitet.

Winterstrenge: Bez. für die Kälte eines Winters, ausgedrückt in den Werten der Kältesumme (↑ Temperatursumme).
Wippe: Kurzbez. für ↑ Niederschlagswippe.
Wirbel: svw. ↑ Luftwirbel.
Wirbelcirren ↑ vertebratus.
Wirbelentstehung: die Bildung von Luftwirbeln unterschiedlicher Größe in der Atmosphäre. Die Entstehungsursachen sind je nach der Größe der Wirbel verschieden. Kleine Wirbel sind eine Erscheinung der Turbulenz; sie entstehen dabei ungeordnet, als Einzelphänomene nicht erfaßbar, in einer turbulenten Strömung, insbes. als Folge der Reibung an einer Grenzfläche. Größere Wirbel, wie Lee- und Luvwirbel, stehen ursächlich mit der Ausbildung von stehenden Wellen in Verbindung.
Die Wirbel in der synoptischen Größenordnung sind schließlich als Endstadium von labilen Wellen anzusehen. Sie entwickeln sich, verursacht durch die Instabilität der Strömung, aus barotropen oder baroklinen Wellen, die sich im barotropen Fall zu großen, nahezu stationären Tief- und Hochdruckgebieten, im baroklinen Fall zu rasch wandernden Tiefdruckgebieten und Zwischenhochdruckgebieten umwandeln.
Wirbelgleichung: Gleichung, die das Verhalten von Wirbeln in Flüssigkeiten oder Gasen beschreibt. W.en für ideale, d.h. reibungsfreie und inkompressible Flüssigkeiten oder Gase in einem Inertialsystem wurden bereits von H. von Helmholtz (↑ Helmholtz-Wirbelsätze) abgeleitet. Die Erweiterung dieser Sätze auf eine kompressible Flüssigkeit auf der rotierenden Erde gelang 1942 H. Ertel. Der Ertel-Wirbelsatz bildete die Grundlage für die einige Jahre später abgeleitete ↑ Vorticity-Gleichung, die für die Entwicklung der numerischen Wettervorhersage von ausschlaggebender Bedeutung war.
Wirbelgröße: svw. ↑ Vorticity.
Wirbelstürme: heftige, orkanartige Luftwirbel mit unterschiedlicher Ausdehnung. Am gefährlichsten sind die ↑ tropischen Wirbelstürme. Die atlantischen W. bilden besonders in den Übergangsjahreszeiten eine Gefahr für die Schiffahrt und können Sturmfluten an den europäischen Küsten hervorrufen. Auch ↑ Tromben können trotz ihrer geringen räumlichen Ausdehnung und kürzeren Lebensdauer verheerende Schäden anrichten.
Wirbelwind: Bez. für eine um eine vertikale Achse rotierende Luftbewegung. W.e werden thermisch durch Überhitzung der bodennahen Luftschicht bzw. durch kräftige Konvektion in labil geschichteter Luft (↑ Trombe) oder dynamisch an Strömungshindernissen (↑ Ekkeneffekt) verursacht.
Wirkungskomplexe: Gruppen von meteorologischen Elementen, die nicht isoliert, sondern kombiniert biotrop wirksam sind (Akkordwirkung). Sie werden dem ↑ thermischen Wirkungskomplex, dem ↑ lufthygienischen Wirkungskomplex oder dem photoaktinischen Wirkungskomplex (↑ aktinisch) zugeordnet. Über die W. lassen sich Klimate bewerten (bioklimatische Belastungs-, Schon- und Reizstufen).
Wirtschaftswetterdienst: Teil des praktischen Wetterdienstes, dem die fachliche Unterrichtung und Beratung der Öffentlichkeit und aller vom Wetter abhängigen Zweige der Wirtschaft obliegt. Die Aufgabenerfüllung erfolgt durch Herausgabe von Wetterberichten und -vorhersagen über die Medien (↑ Fernsehwetterbericht, ↑ Rundfunkwetterbericht, ↑ Zeitungswetterbericht), über den Fernsprechansagedienst der Deutschen Bundespost, durch Sonderberichte (↑ Straßenwetter- und -warndienst, ↑ Reisewettervorhersage), durch eine Auskunfts-, Beratungs- und Gutachtertätigkeit für Einzelkunden und durch den ↑ Wetterwarndienst. Zuständig für den W. ist das jeweilige Wetteramt.
Ziel des W.es ist die optimale Nutzung der Gegebenheiten von Wetter, Witterung und Klima und die Verhütung bzw. Begrenzung von Wetterschäden.
Wisperwind: nächtlicher kühler Bergwind, der vom Wispertal ins Mittelrheintal weht.
Witterung: der allgemeine, durchschnittliche oder auch vorherrschende Charakter des Wetterablaufs eines bestimmten Zeitraums (von einigen Tagen

bis zu ganzen Jahreszeiten); im Unterschied zu ↑Wetter und ↑Klima.

Witterungsbericht: Beschreibung des Wetterablaufs eines längeren Zeitraums (Monat, Jahr) in Verbindung mit Tabellen der täglichen Meßwerte von Temperatur und Niederschlag (im Winter auch Schneedecke) sowie von Mittelwerten, Summen und Häufigkeiten meteorologischer Elemente von zahlreichen Stationen. Ein Beispiel ist der „Monatliche W.", der von den meisten Wetterdiensten publiziert wird.

Witterungsklimatologie: Teilgebiet der Klimatologie, das von den Witterungen als Bausteinen des Klimas ausgeht. Methodisch werden die Großwetterlagen einbezogen, um den typischen Ablauf der Witterung innerhalb eines Jahres darzustellen und eine komplexere Betrachtungsweise der Klimaelemente im Zusammenhang mit verschiedenen Witterungstypen und -verläufen zu erreichen. Wichtig ist dabei die Herausarbeitung von Aufeinanderfolge, Häufigkeit und örtlicher bzw. regionaler Ausbildung der kennzeichnenden Witterungen.

Witterungsnavigation ↑meteorologische Navigation.

Witterungsperiode: mehr oder weniger langer Zeitraum (mindestens 3 Tage), in dem die Witterung eines Ortes oder einer Region gleich bleibt; z. B. eine Folge von Trocken- oder Niederschlagstagen, bzw. von antizyklonalen oder zyklonalen Tagen. Die Dauer einer W. wird weitgehend durch die vorherrschende Großwetterlage bestimmt.

Witterungsregelfälle: svw. ↑Singularitäten.

Witterungstypen: charakteristische Formen des Wetterablaufs über mehrere Tage, die durch bestimmte Großwetterlagen geprägt werden. Unterscheidungsmerkmale sind hpts. die Advektion als Strömungsfaktor (z. B. Westwettertyp), die Strahlungsbilanz (z. B. Hochdruckwetter, Strahlungstyp) und die Vertikalbewegung (z. B. Schauerwettertyp). Zyklonale und antizyklonale W. unterscheiden sich durch Bewölkung und Niederschlag.

Witterungsverlauf: allg. Bez. für den Ablauf des Wetters in einem längeren Zeitraum (Monat, Jahr), der in Abschnitte mit gleichem Witterungscharakter untergliedert ist.
In der Klimatologie bedeutet „der ideale jährliche Witterungsablauf" die durchschnittlichen Verhältnisse vieler Jahre unter Hervorhebung der kalendermäßigen Bindung bestimmter Wetterlagen (↑Singularitäten).
Die Bez. **Wetterverlauf** ist demgegenüber ein fester Begriff der ↑SYNOP-Meldung und bezieht sich auf das Wetter der letzten drei bzw. sechs Stunden.

WMC, das [ve:'ɛm'tse:]: Abk. für engl. **W**orld **M**eteorological **C**entre (↑Weltwetterwacht).

WMO, die [ve:'ɛm''o:]: Abk. für engl. **W**orld **M**eteorological **O**rganization (↑Weltorganisation für Meteorologie).

Wogenwolken: Wolkenbildungen infolge vertikaler Luftschwingungen (interne Schwerewellen). Es können zwei Arten von W. unterschieden werden:
1. *Von Leewellen verursachte W.:* In den Wellenbergen dieser Schwingungen bilden sich bei ausreichender Feuchte langgezogene, parallel zum Hindernis ausgerichtete linsen- oder fischförmige Wolkenbänke (vorwiegend vom Typ Altocumulus lenticularis; ↑auch Moazagotlwolke), die auch mehrfach übereinandergeschichtet sein können;
2. Durch Temperatur- bzw. Dichte- und Windsprünge an Grenzflächen sich ausbildende *wellenförmige Wolkenanordnung* (hpts. bei Cirrocumulus- und Altocumuluswolken), deren physikalische Erklärung von H. von Helmholtz stammt (daher der Name **Helmholtz-Wogen**). Die Wolkenanordnung besteht aus langgestreckten, ballenförmigen Teilen.
Der gegenseitige Abstand (Wellenlänge) der W. läßt sich aus dem vertikalen Temperaturgradienten und der vertikalen Windscherung berechnen. W. treten bei stabiler Luftschichtung auf und sind am besten bei großer Schwingungsamplitude der internen Schwerewellen ausgebildet.

Wolken: sichtbare, in der Luft schwebende Anhäufung von Kondensationsprodukten des Wasserdampfs, d. h. von sehr kleinen **W.tröpfchen** (Wassertröpfchen mit Durchmessern $\leqq$ 0,01 mm) und/oder Eiskristallen.

Die **W.bildung** setzt eine genügend feuchte, sich unter den ↑Taupunkt abkühlende Luft voraus, wobei gleichzeitig ↑Kondensationskerne in ausreichender Zahl vorhanden sein müssen, an denen sich die Wasserdampfmoleküle bei der Kondensation anlagern können.

Die Abkühlung der Luft erfolgt v.a. durch Vertikalbewegungen: bei Hebungsprozessen an orographischen Hindernissen, beim Aufgleiten an Fronten, durch ↑Konvektion oder durch turbulente Mischungsvorgänge (↑Turbulenzwolke). Aufsteigende Luft kühlt sich trockenadiabatisch ab, bis der in ihr enthaltene Wasserdampf den Sättigungszustand (100% relative Feuchte) erreicht hat. In dieser Höhe (Kondensationsniveau) beginnt die Kondensation des Wasserdampfs, und es bilden sich kleine Wassertröpfchen.

Die weitere Abkühlung geht feuchtadiabatisch (langsamer) vor sich. Wenn die aufsteigende Luft den Gefrierpunkt unterschritten hat, tritt im allg. noch kein Gefrieren ein. Die W.tröpfchen bleiben vielmehr flüssig, die Wolke befindet sich zwischen 0 und −15 °C (seltener sogar bis −40 °C) im unterkühlten Zustand.

Ab etwa −12 °C gefrieren dann die ersten W.tröpfchen unter Mitwirkung von ↑Gefrierkernen zu Eiskristallen. Aus der ursprünglich reinen **Wasserwolke** wird eine **Mischwolke.** Mit weiter abnehmender Temperatur (zunehmender Höhe der Wolke) vergrößert sich die Zahl der Eiskristalle ständig auf Kosten der Wassertröpfchen.

Ab Temperaturen von −35 °C bestehen die W. überwiegend aus Eiskristallen **(Eiswolken).** – ↑auch Niederschlag, ↑Wolkenklassifikation, ↑Wolkenstockwerke.

Wolkenalbedo: das Verhältnis der von Wolken diffus reflektierten Strahlung zur einfallenden Strahlung. Die W. ist abhängig vom Einfallswinkel der Strahlung, von Wolkenart, -dichte und -menge; sie schwankt etwa zwischen 30% (Schönwettercumuli) und 95% (ausgedehnte Cumulonimben).

Wolkenanalyse: svw. ↑NEPH-Analyse.

Wolkenarten: Unterteilung der Wolkengattungen nach bestimmten Merkmalen ihres Erscheinungsbildes und ihres inneren Aufbaus (↑Wolkenklassifikation).

Wolkenatlas: Zusammenstellung von charakteristischen Wolkenbildern mit textlichen Erläuterungen. Der von der Weltorganisation für Meteorologie im Jahre 1956 herausgegebene revidierte **internat. W.** enthält die für die amtlichen Wetterdienste verbindliche Wolkenklassifikation mit Definitionen und Beschreibungen der Wolken, Erläuterungen zur Wolkenbeobachtung und zu ihrer Verschlüsselung, Definitionen und Klassifikationen von Hydro-, Litho-, Photo- und Elektrometeoren sowie einen z.T. farbigen Bildteil.

Wolkenauflösung: Verdunstung der Wolkenelemente infolge Untersättigung der Wolkenluft. Diese entsteht durch dynamische und thermodynamische Vorgänge, die denen der Wolkenbildungsprozesse entgegengesetzt sind.

W. erfolgt insbes. bei Erwärmung der Wolkenluft, entweder durch adiabatische Erwärmung bei Absinkbewegungen oder durch diabatische Erwärmung bei Strahlung (terrestrische Infrarotstrahlung), durch Ausfallen von Niederschlag aus Mischwolken und unterkühlten Wasserwolken, die durch Eiskristalle aus höheren Schichten infiziert wurden, ferner nach Aufhören der Wolkenbildungsprozesse sowie durch Mischung der Wolkenluft mit trockener Luft der Umgebung infolge Turbulenz und Entrainment an den Wolkenrändern. – ↑auch Wetterbeeinflussung.

Wolkenaufzug ↑Aufzug.

Wolkenband: in Satellitenbildern bandartig angeordnetes Wolkensystem, das meist die Lage einer Front kennzeichnet. Auch Strahlströme sind oft an einem W. (Cirrusband) zu erkennen.

Wolkenbank: langgestreckte, flache Wolkenschichten am Himmelshorizont (nicht bis zum Zenit reichend).

Wolkenbildung ↑Wolken.

Wolkenbildungskerne: zusammenfassende Bez. für die an der Wolkenbildung beteiligten Kondensations-, Sublimations-, Gefrier- und Mischkerne.

Wolkenblitz ↑ Blitz.

Wolkenbruch: außerordentlich intensiver, lokal begrenzter Regenfall aus Cumulonimbuswolken von relativ kurzer Dauer, oft zusammen mit Gewitter und Hagel; verursacht Schäden durch Überflutungen und Bodenerosion. Während eines W.s können in Mitteleuropa bis zu 200 mm Regen in einigen Stunden fallen, in den Tropen bis zu 1 000 mm.

Wolkencluster: svw. ↑ Cloud-cluster.

Wolkendecke: (meist) einförmige Wolkenschicht, die den Himmel mehr oder weniger vollständig bedeckt.

Wolkenelemente: die durch Kondensation bzw. Sublimation des Wasserdampfs an Wolkenbildungskernen entstehenden flüssigen oder festen Wolkenteilchen.

Wolkenfamilien: die Einteilung der Wolkengattungen nach der Höhenlage (↑ Wolkenstockwerke) ihres Auftretens in der Troposphäre. Man unterscheidet vier W.:

Wolkenfamilie	Höhenlage (in mittleren Breiten)
hohe Wolken (Cirrus, Cirrocumulus, Cirrostratus)	5–13 km
mittelhohe Wolken (Altocumulus, Altostratus)	2–7 km
tiefe Wolken (Stratocumulus, Stratus)	0–2 km
Wolken mit großer vertikaler Erstreckung (Cumulus, Cumulonimbus, Nimbostratus)	0–13 km

Wolkengattungen: Bez. für die Hauptwolkentypen (↑ Wolkenklassifikation).

Wolkenhöhe: svw. ↑ Wolkenuntergrenze.

Wolkenimpfen: das Einbringen bestimmter Impfsubstanzen (Trockeneis, Silberjodid u. a.) vom Flugzeug oder vom Boden aus (mittels Raketen, Kanonen oder Bodengeneratoren) in (unterkühlte) Wolken, um die entscheidenden niederschlagsbildenden Prozesse in die gewünschte Richtung zu steuern. – ↑ auch Wetterbeeinflussung.

Wolkenklassifikation: die Einteilung der Wolken nach genetischen (↑ genetische Wolkenklassifikation) oder morphologischen Gesichtspunkten.

Die für die amtlichen Wetterdienste verbindliche **internat. W.**, die auf die ↑ Howard-Wolkenklassifikation zurückgeht, unterscheidet die Wolken nach ihren charakteristischen Erscheinungsformen, d. h. nach morphologischen Gesichtspunkten, und nach ihrer Höhenlage (↑ Wolkenfamilien).

Die W. umfaßt zehn Hauptwolkentypen, **Wolkengattungen** genannt, und zwar ↑ Cirrus, ↑ Cirrocumulus, ↑ Cirrostratus, ↑ Altocumulus, ↑ Altostratus, ↑ Nimbostratus, ↑ Stratocumulus, ↑ Stratus, ↑ Cumulus und ↑ Cumulonimbus.

Zur genaueren Kennzeichnung werden die Wolkengattungen nach mehreren Arten und Unterarten weiter unterschieden. Die **Wolkenart** bezeichnet im allg. die äußere Form oder die Mächtigkeit bestimmter Gattungen näher; z. B. fibratus = faserig, castellanus = türmchenförmig, lenticularis = linsenförmig oder humilis = wenig entwickelt.

Die **Wolkenunterart** kennzeichnet die Form noch näher (z. B. undulatus = wellenförmig) oder gibt spezielle Eigenschaften an (z. B. translucidus = durchscheinend). Außerdem können noch bestimmte **Sonderformen** und **Begleitwolken** durch Angaben wie incus = mit Amboß, mamma = mit beutelförmigen Auswüchsen an der Unterseite gekennzeichnet werden. – ↑ Übersicht S. 478/479; Abb. S. 480 und S. 374–376.

wolkenlos: nennt man einen ↑ Bedeckungsgrad, bei dem keine Wolken am Himmel zu beobachten sind.

Wolkenmessung: Sammelbez. für Methoden der visuellen und instrumentellen Messung von ↑ Wolkenzug, Zuggeschwindigkeit und Höhe (Untergrenze) von Wolken. Die bei der Wolkenhöhenmessung am häufigsten eingesetzten Meßgeräte sind ↑ Ceilometer, ↑ Wetterradar, ↑ Wolkenscheinwerfer und (vereinzelt) Pilotballons. – ↑ auch Wolkenrechen, ↑ Wolkenspiegel.

Internationale Wolkenklassifikation

Gattung	Art	Unterart	Sonderformen und Begleitwolken
Cirrus (Ci): isolierte Wolken, zarte Fäden, dichtere Flecken; weiß, faserig; seidiger Glanz	fibratus (fib) = faserig uncinus (unc) = haken-, krallenförmig spissatus (spi) = dicht castellanus (cas) = türmchenförmig floccus (flo) = flockenförmig	intortus (in) = verflochten radiatus (ra) = strahlenförmig vertebratus (ve) = grätenförmig duplicatus (du) = doppelschichtig	mamma (mam) = mit beutelförmigen Auswüchsen
Cirrocumulus (Cc): Flecken, Felder, Schichten; weiß, körnig gerippelt	stratiformis (str) = schichtförmig lenticularis (len) = linsen-, mandelförmig castellanus (cas) = türmchenförmig floccus (flo) = flockenförmig	undulatus (un) = wogenförmig lacunosus (la) = durchlöchert	virga (vir) = mit Fallstreifen mamma (mam) = mit beutelförmigen Auswüchsen
Cirrostratus (Cs): weißlicher Schleier, faserig oder glatt	fibratus (fib) = faserig nebulosus (neb) = nebelartig	duplicatus (du) = doppelschichtig undulatus (un) = wogenförmig	
Altocumulus (Ac): weißliche bis graue Flecken, Felder, Schichten; mosaikartig, wogenförmig; Eigenschatten	stratiformis (str) = schichtförmig lenticularis (len) = linsen-, mandelförmig castellanus (cas) = türmchenförmig floccus (flo) = flockenförmig	translucidus (tr) = durchscheinend perlucidus (pe) = durchsichtig (Lücken) opacus (op) = nicht durchscheinend duplicatus (du) = doppelschichtig undulatus (un) = wogenförmig radiatus (ra) = strahlenförmig lacunosus (la) = durchlöchert	virga (vir) = mit Fallstreifen mamma (mam) = mit beutelförmigen Auswüchsen
Altostratus (As): manchmal bläuliche, graue, einförmige Wolkenschicht		translucidus (tr) = durchscheinend opacus (op) = nicht durchscheinend duplicatus (du) = doppelschichtig undulatus (un) = wogenförmig radiatus (ra) = strahlenförmig	virga (vir) = mit Fallstreifen praecipitatio (pra) = mit Niederschlag pannus (pan) = mit Fetzen mamma (mam) = mit beutelförmigen Auswüchsen

Nimbostratus (Ns): graue bis dunkle Wolkenschicht			praecipitatio (pra) = mit Niederschlag virga (vir) = mit Fallstreifen pannus (pan) = mit Fetzen
Stratocumulus (Sc): graue, teils weißliche Flecken, Felder, Schichten; mosaikartig, wogenförmig; Eigenschatten	stratiformis (str) = schichtförmig lenticularis (len) = linsen-, mandelförmig castellanus (cas) = türmchenförmig	translucidus (tr) = durchscheinend perlucidus (pe) = durchsichtig (Lücken) opacus (op) = nicht durchscheinend duplicatus (du) = doppelschichtig undulatus (un) = wogenförmig radiatus (ra) = strahlenförmig lacunosus (la) = durchlöchert	mamma (mam) = mit beutelförmigen Auswüchsen virga (vir) = mit Fallstreifen praecipitatio (pra) = mit Niederschlag
Stratus (St): durchweg graue, einförmige Schicht	nebulosus (neb) = nebelartig fractus (fra) = zerrissen	opacus (op) = nicht durchscheinend translucidus (tr) = durchscheinend undulatus (un) = wogenförmig	praecipitatio (pra) = mit Niederschlag
Cumulus (Cu): Einzelwolke mit Vertikalentwicklung; bei scharfen Rändern glänzend weiß; teils blumenkohlartig geformte Gipfel	humilis (hum) = wenig entwickelt mediocris (med) = mittelmäßig congestus (con) = mächtig aufquellend fractus (fra) = zerrissen	radiatus (ra) = strahlenförmig	pileus (pil) = mit Kappe velum (vel) = mit Schleier virga (vir) = mit Fallstreifen praecipitatio (pra) = mit Niederschlag arcus (arc) = mit Böenkragen pannus (pan) = mit Fetzen tuba (tub) = mit Wolkenschlauch
Cumulonimbus (Cb): vertikal sehr mächtige Wolke; Ränder schlierig, streifig; Gipfel glatt oder ausgefranst, gelegentlich amboßförmig ausgebildet; Basis dunkel; teils drohendes Aussehen	calvus (cal) = kahl (nicht faserig) capillatus (cap) = behaart (faserig)		praecipitatio (pra) = mit Niederschlag virga (vir) = mit Fallstreifen pannus (pan) = mit Fetzen incus (inc) = mit Amboß mamma (mam) = mit beutelförmigen Auswüchsen pileus (pil) = mit Kappe velum (vel) = mit Schleier arcus (arc) = mit Böenkragen tuba (tub) = mit Wolkenschlauch

Wolkennebel: Bez. für die im Mittelgebirgsland aufliegenden Schlechtwetterwolken mit Niederschlägen. Insbes. in der Regional- und Landesplanung hat die Untergrenze des W.s Bedeutung, z. B. bei der Planung von Trassen, Freileitungen, Sendemasten oder Bauwerken.

Wolkenobergrenze: der oberste Teil einer Wolke oder Wolkenschicht, angegeben in Metern über Grund.

Wolkenphysik: Teilgebiet der Meteorologie, das sich hpts. mit zwei Problemkreisen beschäftigt: 1. den meteorologischen Voraussetzungen, die zur Kondensation bzw. Sublimation des atmosphärischen Wasserdampfs führen (↑Wolken); 2. den rein physikalischen Prozessen, die in den Wolken die Bildung und das Ausfallen des ↑Niederschlags in seinen verschiedenen Erscheinungsformen bewirken.

Wolkenrechen: einem (halbseitigen) Heurechen ähnelndes, höchstens noch zu Lehrzwecken verwendetes Gerät zur Bestimmung von Richtung und Geschwindigkeit des Wolkenzuges und damit (indirekt) auch des Höhenwindes. Der W. besteht aus einem horizontalen Stab, auf dem in Abständen von 40 cm Spitzen angebracht sind. Der Stab ist an einem Mast in 4 m über der Augenhöhe des Beobachters um eine senkrechte Achse drehbar.
Die in der Verlängerung des Mastes sitzende, in Ruhe verharrende Spitze wird auf einen markanten Wolkenpunkt ausgerichtet. Dann wird der W. so gedreht, daß der Wolkenpunkt an den einzelnen Spitzen entlang läuft. Gemessen wird

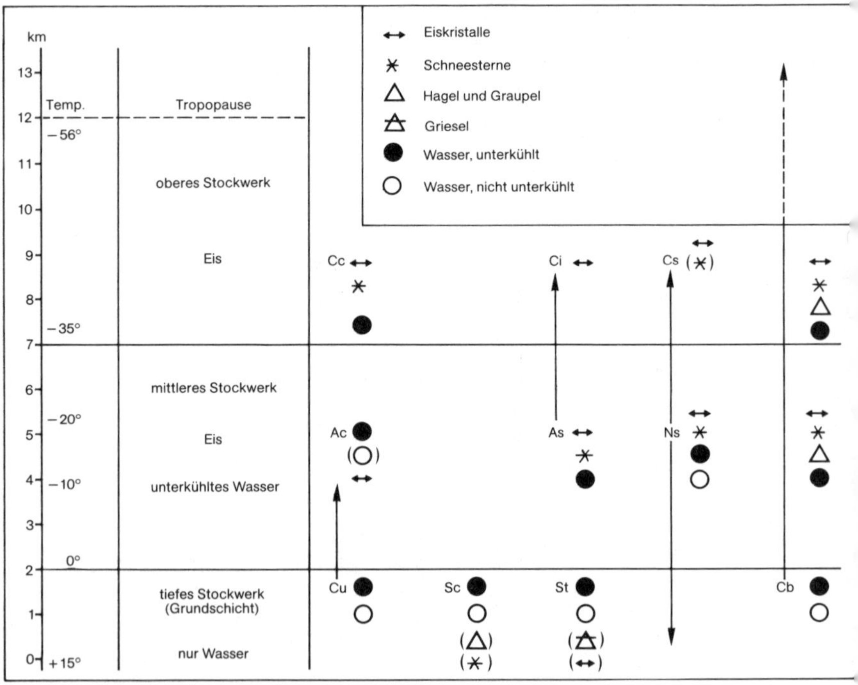

Wolkengattungen. Temperatur- und Höhenbereiche der Wolkengattungen sowie Art der Wolkenbestandteile

die Zeit zwischen den Durchgängen des Wolkenpunkts durch zwei aufeinanderfolgende Spitzen. Aus der gestoppten Zeit und dem Abstand der Spitzen läßt sich bei bekannter Wolkenhöhe aus einfachen geometrischen Beziehungen die Geschwindigkeit des Wolkenzuges berechnen.

Wolkenreihe: in Reihen angeordnete Wolken, die bestimmte Strukturen aufweisen, z. B. in Form von Ballen, Platten oder Wülsten. W.n entstehen bei bestimmten Windverhältnissen in Höhe der Wolken (↑Wogenwolken, ↑Wolkenstraße).

Wolkenscheinwerfer: zur Messung der Wolkenhöhe bei Nacht benutzter Scheinwerfer.

Bei bekannter Meßbasis b wird an einem Ende, das dem W. gegenüberliegt, der Höhenwinkel α des Lichtflecks gemessen, den der senkrecht nach oben gerichtete W. an der Wolkenuntergrenze erzeugt. Für die Berechnung der Wolkenhöhe h gilt dann die einfache trigonometrische Beziehung:

$$h = b \cdot \operatorname{tg} \alpha.$$

Für die Wolkenhöhenmessung bei Tag wird das ↑Ceilometer benutzt.

Wolkenschichten: bestimmte Bereiche in der Atmosphäre, in denen sich aufgrund hoher Feuchte durch Hebungsvorgänge Wolken gebildet haben. Je nach vertikaler Temperatur- und Feuchteverteilung können mehrere W. entstehen.

Wolkenspiegel [Syn.: Nephoskop]: heute höchstens noch zu Lehrzwecken verwendetes Gerät zur Bestimmung von Richtung und Geschwindigkeit des Wolkenzuges und damit (indirekt) auch des Höhenwindes. Der W. besteht aus einem Planspiegel, der mit einer Kompaßeinteilung von 8 bis 16 radialen Streifen sowie einigen konzentrischen Kreisen versehen ist.

Der Beobachter fixiert im W. einen markanten Wolkenpunkt und mißt die Zeit t, die dieser Punkt zum Durchlaufen des Abstandes s zweier benachbarter Kreise benötigt. Bei bekannter Wolkenhöhe H läßt sich anhand einfacher geometrischer Beziehungen aus der gestoppten Zeit t, dem Abstand s der Kreisumfänge und der Höhe h des Auges über der Spiegelebene die Geschwindigkeit v des Wolkenzuges berechnen:

$$v = s \cdot H / (h \cdot t).$$

Wolkenspirale: das um den Kern eines Tiefdruckgebietes spiralförmig angeordnete Hauptwolkenfeld einer Okklusion; kennzeichnet im Satellitenbild das fortgeschrittene Okklusionsstadium des verwirbelten Tiefdruckgebietes.

Wolkenstockwerke: Höhenbereiche, in denen die hohen, mittelhohen und tiefen Wolken (↑Wolkenfamilien) im allg. vorkommen. Es werden drei Bereiche, ein oberes, mittleres und unteres Stockwerk, unterschieden. Die Bereiche überschneiden sich und ändern sich mit der geographischen Breite (siehe Tab.).

Wolkenstraße: in geordneter Form hintereinander auftretende Konvektionswolken (meist Cumuli), die sich bei Kaltluftadvektion über Flachland bzw. flachem Hügelland oder über See aufgrund dynamischer oder thermischer Instabilität parallel zur Windrichtung bilden. Ursache sind Schraubenwirbel (Konvektionsrollen) mit horizontaler Achse, die in Windrichtung angeordnet sind, wobei der aufsteigende Ast bei ausreichender Feuchtigkeit durch Wolken markiert ist. Eine Inversionsschicht beschränkt dabei die vertikale Entwicklung der Konvektionsströme auf eine Höhe von 1 500 bis 2 500 m.

Wolkenstockwerke

Stockwerk	Polargebiete	mittlere Breiten	Tropen
oberes	3–8 km	5–13 km	6–18 km
mittleres	2–4 km	2– 7 km	2– 8 km
unteres	von der Erdoberfläche bis in 2 km Höhe (in allen drei Zonen)		

W.n können sich über eine Länge von mehreren hundert Kilometern erstrecken. Der Abstand zwischen benachbarten W.n beträgt 3 bis 5 km. – Abb. S. 376.

Wolkensymbole: meteorologische Zeichen zur Kennzeichnung der Bewölkung (↑ Wetterkartensymbole).

Wolkentröpfchen ↑ Wolken, ↑ Tropfendurchmesser, ↑ unterkühltes Wasser.

Wolkenuntergrenze [Syn.: Wolkenhöhe]: die Höhe der Wolkenbasis in Metern über Grund. – ↑ auch Wolkenstockwerke, ↑ Wolkenfamilien.

Wolkenzug: horizontale Bewegung der Wolken am Himmel. Unter der Voraussetzung, daß eine Wolke, kurzzeitig betrachtet, ihre Struktur nicht allzu schnell verändert, läßt sich der W. annähernd mit Richtung und Geschwindigkeit des Höhenwindes gleichsetzen.
Messungen des W.s mit dem ↑ Wolkenspiegel und dem ↑ Wolkenrechen wurden früher häufig zur Höhenwindbestimmung verwendet.

wolkig: bezeichnet einen ↑ Bedeckungsgrad, bei dem 4/8 bis 6/8 des Himmels mit tiefen und/oder mittelhohen Wolken bedeckt sind. Die Wolken bilden dabei im allg. keine zusammenhängende Decke.

World Climate Applications Programme, das ['wə:ld 'klaımıt æplı'kεıʃənz 'proʊgræm]: ↑ Weltklimaprogramm.

World Climate Data Programme, das ['wə:ld 'klaımıt 'dεıtə 'proʊgræm]: ↑ Weltklimaprogramm.

World Climate Impact-Studies Programme, das ['wə:ld klaımıt 'ımpækt'stʌdız 'proʊgræm]: ↑ Weltklimaprogramm.

World Climate Programme, das ['wə:ld klaımıt 'proʊgræm]: svw. ↑ Weltklimaprogramm.

World Climate Research Programme, das ['wə:ld 'klaımıt rı'sə:tʃ 'proʊgræm]: ↑ Weltklimaprogramm.

World Meteorological Centre, das ['wə:ld mi:tıərə'lɔdʒıkəl 'sεntə]: svw. Weltwetterzentrale (↑ Weltwetterwacht).

World Meteorological Organization, die ['wə:ld mi:tıərə'lɔdʒıkəl ɔ:rgənaı'zεıʃən]: svw. ↑ Weltorganisation für Meteorologie.

World Weather Watch, die ['wə:ld 'wεðə 'wɔtʃ]: svw. ↑ Weltwetterwacht.

WOZ, die [ve:'o:'tsεt]: Abk. für **w**ahre **O**rts**z**eit (↑ Ortszeit).

W-Typ, der [Abk. für: **W**armfront**typ**]: in der Medizinmeteorologie Bez. für Menschen, die beim Herannahen einer Warmfront wetterfühlig reagieren (meist hypotone Reaktionen).

Wüstenklima: extremes Trockenklima mit stark ausgeprägtem Tages- und Jahresgang der Temperatur aufgrund ungehinderter Ein- und Ausstrahlung, sehr geringen oder fehlenden Niederschlägen, geringer relativer Feuchte und am Tage oft stark böigen Winden bzw. Tromben und Staubstürmen.

WWW, die [ve:ve:'ve:]: Abk. für engl. **W**orld **W**eather **W**atch (↑ Weltwetterwacht).

X, Y

xerochimenisch [zu griech. xērós = trocken und griech. cheimṓn = Winter]: bedeutet bei einer Klimaklassifikation, die mittlere Monatswerte des Niederschlags und der Temperatur verwendet: 1 bis 8 Trockenmonate im Winter, kein Frostmonat.

xerotherisch [zu griech. xērós = trocken und griech. théros = Sommer]: bedeutet bei einer Klimaklassifikation, die mittlere Monatswerte des Niederschlags und der Temperatur verwendet: 1 bis 8 Trockenmonate im Sommer, kein Frostmonat.

Yamase, der [jap.]: mit einem Kaltlufteinbruch verbundener sommerlicher O-Wind im nö. Japan, der eine Abkühlung um 2 bis 6 K bringt und bei mehrtägiger Dauer die Blüte der Reispflanzen gefährdet.

Z

Zackenfirn: svw. ↑Büßerschnee.
Zackenschnee: svw. ↑Büßerschnee.
Zähigkeit: svw. ↑Viskosität.
ZAMG, die [tsɛt'aː'ɛm'geː]: Abk. für ↑Zentralanstalt für Meteorologie und Geodynamik.
Zeitgleichung: die Differenz zwischen wahrer (WOZ) und mittlerer Ortszeit (MOZ). Die Z. schwankt im Jahresverlauf; sie hat zwei Maxima (14. Mai, 3. November) und zwei Minima (12. Februar, 26. Juli); viermal im Jahr wird sie 0 (16. April, 14. Juni, 1. September und 25. Dezember). Ursachen der Z. sind die ungleichmäßige Bewegung der Erde und die Schiefe der ↑Ekliptik.
zeitliche Konsistenz ↑Konsistenz.
Zeitmarke: zur genauen zeitlichen Zuordnung (aufgrund der manchmal schwankenden Ganggenauigkeit des die Registriertrommel steuernden Uhrwerks) auf dem Registrierstreifen zu bestimmten Zeiten (im allg. zu den Ablesezeiten) anzubringender Strich.
Zeitreihe: festen Zeitpunkten (Terminen) oder Zeitintervallen von im allg. gleichem Abstand zugeordnete Menge beobachteter oder gemessener Daten. Es kann sich dabei um stündliche, tägliche, monatliche, jährliche oder aus mehreren Jahren (z. B. Normalperiode) stammende Termin-, Extrem- oder Mittelwerte eines Klimaelements handeln.
Zeitreihenanalyse: Sammelbez. für Verfahren zur mathematisch-statistischen Bearbeitung von meteorologischen ↑Zeitreihen. Dazu gehören u. a. die Bildung ↑übergreifender Mittelwerte, die ↑Fourier-Analyse, Methoden der numerischen ↑Filterung, die Korrelation (↑Korrelationskoeffizient, ↑Rangkorrelationskoeffizient) und die ↑Regression.
Zeitschritt: das Zeitintervall, um das bei der numerischen Wettervorhersage die Modellgleichungen in einem Schritt in die Zukunft gerechnet werden können. Dieses Zeitintervall wird in alle zeitlichen Differenzenquotienten eingesetzt, wenn die ursprünglichen prognostischen Differentialgleichungen in Differenzengleichungen umgewandelt werden, um sie der numerischen Lösung zugänglich zu machen.
Die Länge des Z.s wird mit Hilfe des ↑Courant - Levy - Friedrichs - Kriteriums bestimmt. Die wirklich verwendete Größe des Z.s muß unter dem kritischen Wert dieses Kriteriums liegen, darf diesen aber nicht zu stark unterschreiten, um Rechenzeit zu sparen.
In der Praxis wird der Z. meist experimentell bestimmt. Er beträgt z. B. bei einer Maschenweite von 381 km 5 Minuten, bei einer Maschenweite von 254 km 3½ Minuten.
Zeitungswetterbericht: zur Versorgung der Allgemeinheit mit Wetterinformationen regelmäßig in der Presse erscheinender Bericht, der das Verbreitungsgebiet der jeweiligen Tageszeitung berücksichtigt. Der Umfang des Z.es wird vertraglich mit dem zuständigen Wetteramt vereinbart.
Der Z. enthält im allg. eine Übersicht über die aktuelle Wetterlage und eine Vorhersage für ein bis zwei Tage, oft auch eine Vorhersagekarte des Bodendruckfeldes und ein Satellitenbild, daneben Meßwerte der Temperatur und des Niederschlags von zahlreichen Städten des In- und Auslandes. – Jahreszeitlich wechselnd wird der Z. an bestimmten Tagen durch die Pollenflugvorhersage, die Reisewettervorhersage oder den Wintersportwetterbericht ergänzt.
Zellularkonvektion [zu lat. cellula = kleine Zelle ‖ Syn.: zellulare Konvektion]: meist auf der Rückseite von Tiefdruckgebieten über relativ warmen Meeresgebieten (auf Satellitenbildern) nachgewiesene Form der ↑Konvektion, die eine systematische zellenförmige Anordnung von Wolken erkennen läßt. Man findet sowohl offene als auch geschlossene Zellen. Bei **offenen Zellen** herrschen die stärksten Aufwinde an den Zellwänden, die aus Cumulus- und Cu-

mulonimbuswolken bestehen. Das Innere der Zelle ist aufgrund absinkender Luft wolkenfrei. Bei **geschlossenen Zellen** ist das Innere mit Wolken gefüllt (Hebung der Luft), und die Zellenränder bleiben frei (Absinken).

Ursache der Z. ist die Differenz zwischen Wasser- und Lufttemperatur und eine feuchtlabile Schichtung der durch eine Inversion nach oben abgegrenzten Kaltluft. – ↑auch Bénard-Zellen. – Abb. S. 369.

Zenitalregen: zur Zeit des Sonnenhöchststandes (Zenit) auftretende, meist von heftigen Gewittern begleitete Starkregen im Bereich der Tropen; man unterscheidet die ↑Äquinoktialregen der inneren Tropen und die ↑Solstitialregen der äußeren Tropen.

Zentralanstalt für Meteorologie und Geodynamik [Abk.: ZAMG]: seit 1904 Bez. für die durch kaiserliches Dekret vom 23. Juli 1851 gegründete Zentralanstalt für Meteorologie und Erdmagnetismus in Wien; wiss. Institut und zugleich Zentrale des österr. Wetterdienstes.

Von 1938 bis 1945 waren die meisten Aufgabengebiete und Beobachtungsnetze dem Reichswetterdienst angegliedert; die Zentralanstalt blieb aber als Forschungsinstitut unter gleichem Namen erhalten. Durch Verfügung des Staatsamtes für Volksaufklärung, Unterricht, Erziehung und Kultusangelegenheiten vom 18. Juli 1945 wurde der ZAMG der gesamte meteorologische Dienst in Österreich erneut übertragen.

Die ZAMG umfaßt ein Observatorium, Klima-, bioklimatische, Radiosonden-, Wetter-, Forschungs- und Statistikabteilungen, ein chemisches Laboratorium und eine geophysikalische Abteilung mit geomagnetischem Observatorium auf dem Kobenzl und sechs seismischen Stationen. Sie betreut rund 1000 Beobachtungsstationen, die verschiedenen Netzen mit zweckgebundenen Beobachtungsprogrammen (z. B. 57 synoptische Stationen) angehören. Bedeutende Außenstellen sind das Sonnblick-Observatorium (gegr. 1886) sowie die Wetterdienststellen in Innsbruck, Klagenfurt und Salzburg.

Neben der ZAMG gibt es in Österreich einen selbständigen Flugwetterdienst, einen Militärwetterdienst und einen hydrographischen Dienst.

Zentrale Wetterdienstgruppe ↑Reichswetterdienst.

Zentralhoch ↑quasistationäre Druckgebilde.

Zentraltief ↑quasistationäre Druckgebilde.

Zentralwert: svw. ↑Medianwert.

Zentralzyklone: svw. Zentraltief (↑quasistationäre Druckgebilde).

Zentrifugalbeschleunigung [zu lat. centrum = Mittelpunkt und lat. fugere = fliehen]: die Beschleunigung, die auf jeden sich auf einer Kreisbahn bewegenden Körper wirkt. Sie ist vom Kreismittelpunkt nach außen gerichtet, steht also senkrecht auf der Richtung des sich bewegenden Körpers. Die Z. ist proportional dem Quadrat der Geschwindigkeit und umgekehrt proportional dem Radius der Kreisbewegung.

Die Kraft, die von der Z. auf einen Körper ausgeübt wird, ist die **Zentrifugalkraft.** Damit der Körper, der sich ohne Krafteinwirkung von außen aufgrund der Trägheitskraft geradlinig weiter bewegen würde, auf seiner Kreisbahn bleibt, muß der Zentrifugalkraft eine genau gleich große Kraft, die **Zentripetalkraft,** entgegenwirken.

Bei atmosphärischen Bewegungen wird die Rolle der Zentripetalkraft von der Gradientkraft (bei zyklonaler Bewegung) oder der Coriolis-Kraft (bei antizyklonaler Bewegung) übernommen. Ist die atmosphärische Bewegung so kleinräumig, daß allein Zentrifugalkraft und Gradientkraft sich das Gleichgewicht halten, so kann nur eine zyklonale Bewegung entstehen (↑Euler-Wind). Tritt bei großräumigen Bewegungen die Coriolis-Kraft hinzu, so bezeichnet man den Wind, der dem Gleichgewicht aus Zentrifugalkraft, Gradientkraft und Coriolis-Kraft entspricht, als ↑zyklostrophischen Wind.

Zentrifugalkraft ↑Zentrifugalbeschleunigung.

Zentripetalkraft [zu lat. petere = nach etwas streben]: ↑Zentrifugalbeschleunigung.

Zirkulation, die [aus lat. circu(m)latio = der Kreislauf]: allg. Bez. für eine in sich geschlossene ringförmige Luftströmung. Z.en sind oft mit Vertikalbewegungen verbunden und treten in ganz verschiedenen Größenordnungen auf. So gibt es lokale und regionale Windsysteme, die Z.en darstellen, etwa die Berg- und Talwind- oder die Land- und Seewindzirkulation.
Im größeren Maßstab erfolgt die Z. in Hoch- und Tiefdruckgebieten. Die globalen mittleren Strömungsverhältnisse bezeichnet man als ↑allgemeine Zirkulation der Atmosphäre.

Zirkulationsanomalie: auffällige Abweichung vom mittleren Strömungszustand der Atmosphäre. Neben unregelmäßig auftretenden Z.n, z. B. bei starken Verlagerungen oder Abschwächungen der ↑Aktionszentren der Atmosphäre, gibt es quasiperiodische Z.n, die z. B. auf längeranhaltende Rückkoppelungseffekte zwischen Ozean und Atmosphäre zurückzuführen sind (↑El-Niño-Phänomen bzw. ↑Walker-Zirkulation).
Z.n kommen auch in der Stratosphäre vor, so die mit dem ↑Berliner Phänomen verbundenen Anomalien und die quasizweijährige Schwingung der äquatorialen Stratosphärenwinde (↑QBO).

Zirkulationsbeschleunigung: von V. Bjerknes in die Meteorologie eingeführter Begriff, der die zeitliche Änderung einer ringförmig geschlossenen Strömung in der Atmosphäre (der Zirkulation) bezeichnet (↑Bjerknes-Zirkulationssatz).

Zirkulationsform: svw. ↑Zirkulationstyp.

Zirkulationsgürtel: Breitenzonen auf der Nord- und Südhalbkugel, die entsprechend der mittleren Luftdruckverteilung durch mehr oder weniger einheitliche bzw. konstante Strömungsverhältnisse gekennzeichnet sind (↑allgemeine Zirkulation der Atmosphäre, ↑Windzonen).

Zirkulationsmodelle: Bez. für numerische Modelle, deren Ziel es ist, die mittlere allg. Zirkulation der Atmosphäre möglichst genau zu simulieren. Sie versuchen nicht, die zu einem bestimmten, in der Zukunft liegenden Zeitpunkt herrschende Wetterlage vorherzusagen, sondern sie wollen den mittleren Zustand der Atmosphäre über einen längeren Zeitraum (z. B. einen Monat) erfassen; diesen erhält man dadurch, daß über die Zwischenergebnisse dieses Zeitraums ein Mittel gebildet wird.

Zirkulationstyp [Syn.: Zirkulationsform]: typische Erscheinungsform der großräumigen Strömung. Es wird meist unterschieden zwischen dem **zonalen Z.** (Strömung parallel zu den Breitenkreisen) und dem **meridionalen Z.** (Strömung parallel zu den Meridianen). Vom **gemischten Z.** spricht man, wenn die Hauptaktionszentren aus ihrer normalen Lage so verschoben sind, daß die zonalen und meridionalen Strömungsanteile etwa gleich groß sind.
Die einzelnen Z.en sind mit bestimmten Wetterabläufen verbunden. Sie haben auch für die statistische Bearbeitung von Wetterlagen Bedeutung und dienen dem Verständnis der Klimaverhältnisse größerer Gebiete. – ↑auch Großwetterlagenklassifikation.

zirkum- [aus lat. circum = ringsumher, ringsum]: in Zus. mit der Bed. „um – herum, ringsum"; z. B. zirkumpolar.

Zirkumglobalstrahlung [↑zirkum-]: hpts. in der *Bioklimatologie* verwendeter Begriff. Die Z. erfaßt auch den durch Reflexion an der Erdoberfläche, an Gegenständen, Pflanzen oder Personen zusätzlich zugestrahlten Teil der ↑Globalstrahlung.

zirkumpolare Strömung [↑zirkum- und ↑polar]: die in der freien Atmosphäre vorhandene, um das Polargebiet führende, in sich geschlossene Strömung auf einer Hemisphäre. Man kann sie sich zerlegt denken in den ↑zonalen Grundstrom und die überlagerten Störungen, die hpts. durch die langen Wellen bedingt sind. Diese können stehende lange Wellen sein, die sich in Mittelkarten als quasistationäre Tröge auswirken, oder wandernde Wellen unterschiedlicher Länge, die nur in Einzelkarten erkennbar sind und bei einer Mittelbildung unterdrückt werden.

Zirkumpolarkarte [↑zirkum- und ↑polar]: Wetterkarte, die eine gesamte

Hemisphäre oder größere Teile derselben darstellt und den Pol etwa als Mittelpunkt aufweist.

Z.n dienen als Grundlage für ↑hemisphärische Analysen; dabei hat sich im synoptischen Dienst ein Maßstab von 1 : 30 Mill. als zweckmäßig erwiesen. Z.n werden fast ausschließlich in stereographischer Projektion konstruiert; sie dienen auch als Basis für hemisphärische Gitternetze, die für numerische Rechnungen verwendet werden.

Zirkumzenitalbogen ↑Haloerscheinungen.

Zirrokumulus: eine Wolkengattung (↑Cirrocumulus).

Zirrostratus: eine Wolkengattung (↑Cirrostratus).

Zirrus: eine Wolkengattung (↑Cirrus).

Zodiakallicht [zu griech. zōdiakós (kýklos) = Tierkreis ‖ Syn.: Tierkreislicht]: schwacher, fast dreieckig geformter Lichtkegel am nächtlichen Himmel entlang der scheinbaren Sonnenbahn (↑Ekliptik).

Das Z. ist hpts. in den Tropen über dem Aufgangs- bzw. Untergangspunkt der Sonne nach Beendigung der allg. Dämmerung zu beobachten. Es entsteht durch Streuung des Sonnenlichtes an interplanetarer Materie. – ↑auch Nachthimmelslicht.

zonal [zu Zone gebildet, dies aus lat. zona = (Erd)gürtel, von gleichbed. griech. zṓnē]: parallel zu den Breitenkreisen verlaufend, gerichtet.

zonaler Grundstrom: die im Mittel in der freien Atmosphäre ausgeprägte westliche Strömung, die die gesamte Hemisphäre umschließt und einen Teil der allg. Zirkulation der Atmosphäre darstellt. Der zonale Grundstrom ist die Folge der mittleren Temperaturverteilung, die zu einem bis zur Tropopause zunehmenden Luftdruckgefälle vom Äquator zum Pol führt. Entsprechend den mittleren jährlichen Temperaturschwankungen ist er im Winter wesentlich stärker ausgebildet als im Sommer. Er kann vielfältige Störungen und Deformationen aufweisen. Ein Maß seiner Stärke ist der ↑zonale Index.

zonaler Index [Syn.: Zonalindex]: Maß für den mittleren zonalen geostrophischen Wind zwischen zwei Breitenkreisen, gegeben durch die Differenz der mittleren geopotentiellen Höhen längs dieser Breitenkreise in einer Isobarenfläche.

Der zonale Index kann für jede Isobarenfläche und zwischen verschiedenen Breitenkreisen bestimmt werden. Da man jedoch den Bereich der höchsten zonalen Windgeschwindigkeiten zu erfassen sucht, beschränkt man sich im allg. auf Breiten zwischen 40° und 60°. Der zonale Index wird entweder über den gesamten Breitenkreis oder über größere Teile desselben bestimmt. Im zeitlichen Verlauf weist er (von Tag zu Tag berechnet) beträchtliche Schwankungen auf; Zeiten mit hohen Werten (↑High-Index-Typ) wechseln mit Zeiten niedriger Werte (↑Low-Index-Typ) ab. Die Abfolge von hohen zu niedrigen und wieder zu hohen Werten bezeichnet man als **Indexzyklus.** Die ursprüngliche Erwartung, daß man diese Zyklen prognostisch verwerten könne, hat sich nicht bestätigt, da sie zu unregelmäßig und unbeständig sind.

zonale Tiefdruckrinne: Rinne tiefen Luftdrucks, meist als Verbindung zweier oder mehrerer Tiefdruckgebiete, die zonal, d. h. breitenkreisparallel, verläuft.

zonale Wetterlage: Wetterlage, bei der die großräumigen Strömungen in der freien Atmosphäre zonal, d. h. parallel zu den Breitenkreisen, verlaufen; typische Luftdruckverteilung: ein subtropisches Hochdruckgebiet in Normallage über dem Nordatlantik und ein hochreichendes System tiefen Luftdrucks im subpolaren Raum. Dadurch besteht in der Höhe eine mehr oder weniger glatte Westströmung, in der einzelne Tiefdruckgebiete mit ihren Frontensystemen von W nach O, vom östlichen Nordatlantik zum europäischen Festland, wandern. – Gegensatz: ↑meridionale Wetterlage. – ↑auch Westlage.

Zonalindex: svw. ↑zonaler Index.

Zonalzirkulation: allg. Bez. für eine Zirkulation, die durch ein Vorherrschen der zonalen Strömung in der freien Atmosphäre gekennzeichnet ist; deshalb weitgehend gleichbed. mit ↑High-Index-Typ.

Der Begriff Z. wird jedoch oft auf kleinere Ausschnitte einer Hemisphäre angewendet und dient als Bez. für eine Zusammenfassung von Großwetterlagen, bei denen eine überwiegend westliche Strömung auftritt.

Zonda, die [nach dem Ort gleichen Namens in Argentinien]: warmer, trockener und meist böiger Fallwind am O-Abhang der argentinischen Anden. Die Z. tritt vorwiegend im Winterhalbjahr auf und ist vergleichbar mit dem Südföhn der Alpen und dem Chinook der Rocky Mountains.

Zone des Schweigens ↑Schallausbreitung.

Zonenwetterdienst: Bez. für die meteorologischen Dienste, die 1945/46 auf Beschluß der Potsdamer Konferenz unter Weisung des Alliierten Kontrollrates in den vier Besatzungszonen in Deutschland gebildet wurden, nachdem der ↑Reichswetterdienst mit Kriegsende seine Tätigkeit eingestellt hatte.

In der *amerikanischen Besatzungszone* wurde eine Körperschaft des öffentlichen Rechts **Deutscher Wetterdienst in der US-Zone** mit Zentralamt in Bad Kissingen geschaffen.

In der *britischen Besatzungszone* wurde aus der Abteilung Wetterdienst der Deutschen Seewarte und aus dt. Wetterdienststellen der Royal Air Force am 1. April 1946 das **Meteorologische Amt für Nordwestdeutschland** (Abk.: **MANWD**) mit Zentralamt in Hamburg als Sonderbehörde gebildet.

Der **Meteorologische Dienst in der französischen Besatzungszone** mit Zentralamt in Seelbach/Schwarzwald und einer Wetterzentrale Nord in Trier unterstand der *französischen Besatzungsmacht;* federführend war das badische Finanzministerium. Nach Auflösung dieses Dienstes am 31. März 1949 wurden drei getrennte **Länderwetterdienste** eingerichtet, und zwar der **Wetterdienst Rheinland-Pfalz** (Sitz Wetteramt Neustadt an der Weinstraße), der **Wetterdienst Baden** (Wetteramt Freiburg im Breisgau) und der **Wetterdienst Württemberg-Hohenzollern** (Wetteramt Tübingen).

In der *sowjetischen Besatzungszone* erfolgte der Neubeginn des Wetterdienstes im Auftrag der Roten Armee zunächst auf Länderebene, ab 1950 als **Meteorologischer Dienst der DDR** (Zentrale in Potsdam).

Nachfolger der westlichen Zonen- und Länderwetterdienste ist der ↑Deutsche Wetterdienst.

z-System: Bez. für ein Koordinatensystem, bei dem als Vertikalkoordinate die geometrische Höhe (z) verwendet wird. Obwohl das z-S. ein exaktes kartesisches Koordinatensystem darstellt und viele Gleichungen ursprünglich in ihm abgeleitet worden sind, wird es in der Meteorologie nur wenig benutzt.

Gegenüber dem p-System hat das z-S. theoretisch den Nachteil, daß in ihm in vielen Gleichungen die Dichte als Variable mitgeführt werden muß, während diese im p-System entfällt, da sie bei gegebenem Druck nur noch von der Temperatur abhängt und von dieser ersetzt werden kann.

Für den praktischen Dienst spricht gegen das z-S., daß die Höhe bei aerologischen Messungen nicht direkt gemessen werden kann, sondern erst mit Hilfe der barometrischen Höhenformel aus der Luftdruck- und Temperaturverteilung berechnet werden muß.

zufälliger Meßfehler ↑Meßfehler.

Zugbahn [Syn.: Zugstraße]: der in eine geographische Karte eingetragene Weg, den ein Tief- oder Hochdruckgebiet bei seiner Verlagerung zurückgelegt hat.

Nach synoptisch-klimatologischen Untersuchungen zeigen die Z.en der nach bestimmten Kriterien ausgewählten Druckgebilde mehr oder weniger breite Bänder oder Streifen, die klimatologische Eigenheiten bestimmter Typen erkennen lassen, z. B. tropische Wirbelstürme oder die in die Nordsee ziehenden Sturmtiefs.

Da die Druckgebilde weitgehend von der Höhenströmung gesteuert werden, sind die Z.en im hemisphärischen Ausmaß ein Abbild der mittleren Strömungsverhältnisse der Troposphäre. Jahreszeitliche Schwankungen ihrer Lage und Häufigkeit liefern Erklärungen zum durchschnittlichen Witterungsablauf in größeren Gebieten. – ↑auch Van-Bebber-Zugstraßen.

Zuggeschwindigkeit: die Verlagerung von Fronten und Druckgebilden in der Zeiteinheit. Fronten verlagern sich mit der frontsenkrechten Komponente des Bodenwindes. Die Z. von Kaltfronten beträgt dabei 80 bis 100%, die von Warmfronten häufig nur 50 bis 70% der geostrophischen frontsenkrechten Windgeschwindigkeit.
Die Z. von Druckgebilden hängt vom Entwicklungsstadium ab. Sie beträgt durchschnittlich 50 bis 60% der Windgeschwindigkeit im 500-hPa-Niveau. Frontalwellen sind jedoch meist schneller. Zwischenhochs wandern mit derselben Z. wie die Frontalzyklonen.

Zugstraße: svw. ↑Zugbahn.

Zustandsänderung: jede Änderung des thermodynamischen Zustandes eines Systems, die durch Änderung einer Zustandsgröße verursacht wird. Unter Z.en der Luft versteht man Änderungen ihrer hauptsächlichen Eigenschaften, wie Temperatur, Druck, Dichte und Feuchtigkeit. Dabei sind zwei Haupttypen zu unterscheiden:
1. **adiabatische Z.en,** bei denen kein Wärmeaustausch zwischen einem gegebenen Luftquantum und der Umgebung stattfindet, z. B. mit hinreichender Annäherung bei sämtlichen Arten vertikaler Luftbewegungen; sie lassen sich im thermodynamischen Diagramm längs der Trockenadiabate **(trockenadiabatische Z.)** und der Feuchtadiabate **(feuchtadiabatische Z.)** verfolgen (↑auch pseudoadiabatische Zustandsänderung);
2. **nichtadiabatische Z.en,** bei denen ein Luftquantum Wärme von außen erhält oder Wärme nach außen abgibt, z. B. durch Strahlung oder Einflüsse des Erdbodens bzw. Meeres.

Isobare Z.en verlaufen bei konstantem Druck, **isochore Z.en** bei konstanter Dichte (spezifischem Volumen) und **isotherme Z.en** bei konstanter Temperatur.

Zustandsgleichung idealer Gase: eine physikalische Gleichung, meist abgekürzt als ↑Gaszustandsgleichung bezeichnet.

Zustandskurve [Syn.: Schichtungskurve]: die in einem aerologischen Diagrammpapier eingetragene Verteilung der Lufttemperatur oder der Luftfeuchte (relative Feuchte, Taupunktdifferenz) in der Vertikalen über einem beliebigen Punkt der Erdoberfläche zu einem bestimmten Zeitpunkt. – ↑auch Hebungskurve.

Zweischichtenmodell: ↑numerisches Modell, das nur zwei Horizontalschichten enthält. Z.e sind die einfachsten Versionen eines ↑baroklinen Modells. Sie wurden in den frühen Jahren der numerischen Wettervorhersage vielfach verwendet, heute aber kaum noch.

Zwischeneiszeit ↑Warmzeit.

Zwischenhoch [Syn.: Zwischenhochkeil]: Gebiet relativ hohen Luftdrucks zwischen zwei Tiefdruckgebieten. Im Z. ist das Wetter nach vorausgehenden Schauern durch kurzzeitige Aufheiterung gekennzeichnet, der je nach Verlagerungsgeschwindigkeit bald der Wolkenaufzug des nächsten Tiefdruckgebietes folgt. Im Z. gibt es meist strahlungsbedingte große Temperaturschwankungen zwischen Tag und Nacht. – ↑auch Hochdruckgebiet.

Zwischentermin ↑synoptische Termine.

Zwölfnächte [Syn.: Zwölften, Rauhnächte]: die Zeit zwischen Weihnachten und Dreikönigstag, die nach uraltem Aberglauben maßgebend für die Witterung der kommenden 12 Monate sein soll. Eine solche Annahme entbehrt jeglicher meteorologischer Grundlage.

Zyklogenese, die [↑Zyklone und griech. génesis = Erzeugung, Hervorbringung]: der Entstehungsprozeß von Tiefdruckgebieten (↑Zyklonenentwicklung).

Zyklolyse, die [↑Zyklone und griech. lýsis = Auflösung]: der Auflösungsprozeß von Tiefdruckgebieten (↑Zyklonenentwicklung).

Zyklon, der [aus gleichbed. engl. cyclone, zu griech. kyklós = Kreis]: Bez. für ↑tropische Wirbelstürme im Golf von Bengalen.

zyklonal [zu ↑Zyklone]: 1. von einer gekrümmten Luftströmung gesagt, die auf der Nordhalbkugel entgegen dem Uhrzeigersinn (auf der Südhalbkugel im Uhrzeigersinn) um ein Gebiet tiefen Luftdrucks gerichtet ist; 2. bezeichnet den Wettercharakter im Bereich von

Tiefdruckgebieten, d.h. das Vorherrschen wolkenreichen und zu Niederschlägen neigenden Wetters. – Gegensatz: ↑antizyklonal.

zyklonale Niederschläge: bei der Typisierung der Niederschläge verwendete Bez. für die Wettererscheinungen an Fronten (flächenhafte Aufgleitniederschläge, schauerartige Einbruchsniederschläge); im Unterschied zu luftmassengebundenen Konvektionsniederschlägen, Nebelnässen, orographischen und abgesetzten Niederschlägen.

zyklonales Westwindklima: in den hohen Mittelbreiten das Klima der W-Seiten der Kontinente im Bereich der Westwinddrift. Es wird geprägt durch die ganzjährige Zufuhr maritimer Luftmassen, gemäßigte Temperaturen zu allen Jahreszeiten und das Vorherrschen zyklonaler Witterungsperioden mit größter Niederschlagshäufigkeit im Winter.

zyklonale Wirbel: Wirbel in der Atmosphäre, bei denen die kreisförmige Strömung auf der Nordhalbkugel entgegengesetzt zum Uhrzeigersinn (auf der Südhalbkugel umgekehrt) verläuft.

Z. W. sind aus Gründen der Adaptation von Luftdruck- und Windfeld immer mit einem Tiefdruckgebiet verbunden. Sie nehmen gegenüber antizyklonalen Wirbeln eine Vorzugsstellung ein, da für sie gemäß der ↑Gradientwindgleichung keine Begrenzung der Strömungsgeschwindigkeit existiert, während diese bei antizyklonalen Wirbeln in Abhängigkeit vom Krümmungsradius beschränkt ist. Kleinräumige und kräftige Wirbel sind deshalb sämtlich zyklonale Wirbel.

Zyklone, die [aus gleichbed. engl. cyclone, zu griech. kyklós = Kreis ‖ Abl.: zyklonal]: svw. ↑Tiefdruckgebiet.

Zyklonenachse: die vertikale Verbindungslinie der Tiefdruckkerne in den einzelnen Druckniveaus. Die Z. ist in einem sich entwickelnden Tiefdruckgebiet entsprechend der zunächst asymmetrischen Temperaturverteilung nach rückwärts geneigt. Mit fortschreitender Verwirbelung wächst das Tiefdruckzentrum in die Höhe und erreicht bei vollendeter Okklusion die Tropopause. Der damit verbundene Temperaturausgleich bewirkt eine Aufrichtung der Zyklonenachse. Bei senkrechter Z. ist das Tiefdruckgebiet stationär.

Zyklonenbewegung: die Verlagerung von Tiefdruckgebieten nach Richtung und Geschwindigkeit in Abhängigkeit vom Entwicklungsstadium des Druckgebildes.

Kreisförmige Tiefdruckgebiete bewegen sich in Richtung des isallobarischen Gradienten, also vom Gebiet stärksten Anstiegs zum Gebiet stärksten Druckfalls, die durch die dreistündigen Luftdruckänderungen bestimmt werden.

Ellipsenförmige Tiefdruckgebiete schlagen eine Verlagerungsrichtung zwischen isallobarischem Gradienten und längster Symmetrieachse ein.

Druckgebilde mit stark *asymmetrischer Druck- und Windverteilung* ziehen in Richtung der stärksten Winde an ihren Flanken.

Junge Tiefdruckgebiete bewegen sich in Richtung der Warmsektorströmung, die die stärkste Strömung im Tiefbereich darstellt und nahezu dieselbe Richtung hat wie die Höhenströmung, die auch allg. für die Z. maßgebend ist. Die Verlagerungsgeschwindigkeit beträgt dabei durchschnittlich 50 bis 60% der Windgeschwindigkeit in Höhe der 500-hPa-Fläche; Wellen wandern jedoch meist schneller.

Zyklonenentwicklung: Prozeß in der Atmosphäre, der bei bestimmten Voraussetzungen zu einem für die meisten Tiefdruckgebiete typischen „Lebenslauf" führt und erstmals in der ↑Polarfronttheorie beschrieben wurde:

Zyklogenese: In der Initialphase der Z. entsteht an einer quasistationären Front eine wellenförmige Deformation, eine Welle, mit leichter Strömungskonvergenz und einer auffälligen Ausweitung des frontalen Wolken- und Niederschlagsbandes hpts. zur kalten Seite der Bodenfront hin, ein Zeichen für großräumige Hebungsvorgänge in der Troposphäre.

Verbunden mit Druckfall, der aus der Dynamik der Höhenströmung resultiert, entwickelt sich um den Wellenscheitel bald eine zyklonale Zirkulation, ein Tiefdruckgebiet. Damit bekommt der

Wind eine stärkere Komponente von der kalten zur warmen Luft hinter dem Wellenscheitel und von der warmen zur kalten Luft vor ihm, d. h., Kaltfront und Warmfront bilden sich mit den entsprechenden Wettererscheinungen und wandern mit der Welle in Richtung und mit der Geschwindigkeit der Warmluftströmung oberhalb der atmosphärischen Grenzschicht.
In dieser Phase zeigen die Tiefdruckgebiete einen ausgeprägten Warmsektor und erreichen bei weiter fallendem Luftdruck den Höhepunkt **(Reifestadium)** ihrer Entwicklung. Im Kern kräftiger Bodentiefs werden Luftdruckwerte oft unter 990 hPa, in Orkantiefs um 950 hPa und in tropischen Wirbelstürmen unter 880 hPa erreicht. Im Zyklonenbereich sind Windgeschwindigkeiten bis Sturmstärke typisch und Orkanwinde über See nicht selten.
Für die weitere Z. ist charakteristisch, daß die Kaltfront schneller vordringt als die Warmfront, so daß der von beiden Fronten eingegrenzte Warmsektor immer schmäler wird (einsetzende **Alterung**). Schließlich holt die Kaltfront die Warmfront ein, ein Vorgang, der als ↑Okklusion bezeichnet wird.

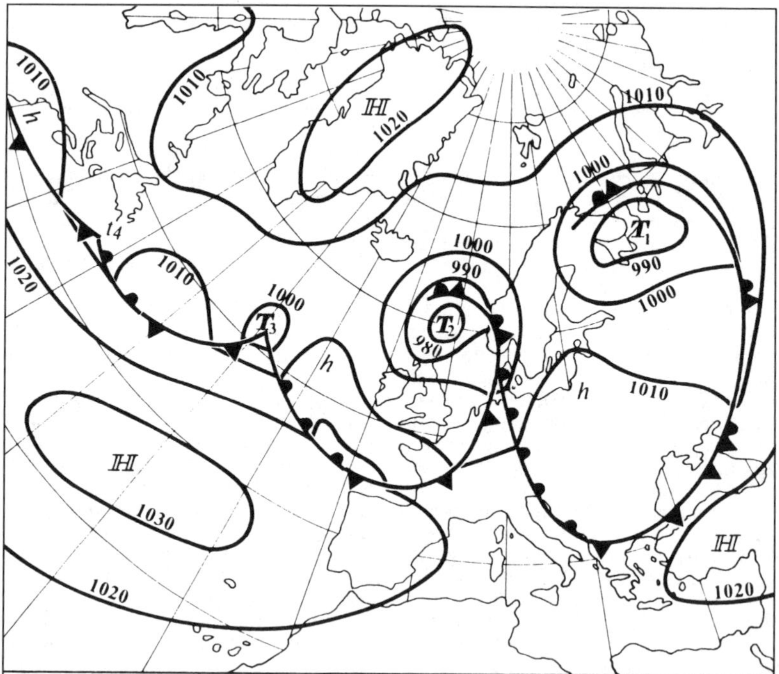

Zyklonenfamilie

*T*1 älteste Zyklone

*t*4 jüngste Zyklone

h Zwischenhoch

Kaltfront

Warmfront

Okklusion

1030 Isobare 1 030 hPa

Der Tiefkern verlagert sich jetzt wesentlich langsamer als vorher, so daß das Frontensystem (die Okklusion) zyklonal um den Kern herumzuschwenken beginnt, als Wolkenspirale in den Satellitenbildern deutlich erkennbar.
Während der beginnenden Okklusionsphase werden auch höhere Schichten der Troposphäre und der unteren Stratosphäre von der Zirkulation erfaßt, so daß die absoluten Topographien ein Höhentief zeigen, das im Bereich der Rückseitenkaltluft mehrere hundert Kilometer vom Bodentiefzentrum entfernt liegt.
Die so geneigte Zyklonenachse richtet sich mit fortschreitendem Alterungsprozeß allmählich auf, bis schließlich im Stadium des quasistationären Tiefs Boden- und Höhenkern nahezu die gleiche geographische Position einnehmen. Das Tiefzentrum ist dabei von Kaltluft angefüllt, und durch die Bodenreibung, die einen Massenfluß in das Tiefdruckgebiet hinein bewirkt, erfolgt das „Auffüllen" des Bodentiefs, d. h., der Kerndruck steigt wieder an, das Druckgefälle an den Flanken wird geringer, die Winde und die Zirkulation lassen nach, bis sich das Tief vollständig aufgelöst hat **(Zyklolyse).** – ↑auch Zyklonenmodell.

Zyklonenfamilie: Serie von drei bis fünf Zyklonen in verschiedenen Entwicklungsstadien, die an einem durchgehenden Frontenzug, der Kaltfront der ersten, teilokkludierten Zyklone, hintereinander aufgereiht sind, wobei unter der Vorderseite eines Höhentrogs die jeweils folgende Wellenstörung sich südlicher entwickelt als die vorausgehende Zyklone.
Z.n entstehen hpts. bei relativ schwacher zonaler, dafür aber vergleichsweise starker meridionaler Bewegungskomponente in der Westwindzone der höheren Mittelbreiten. Über die Nordhalbkugel sind dann nicht selten vier oder fünf Z.n verteilt, zwischen denen sich umfangreiche, meridional orientierte Hochdruckzonen befinden.
Die einzelnen Glieder der Z.n weisen eine vorherrschende Verlagerungsrichtung von SW nach NO auf. In ihren Warmsektoren werden in breitem Strom Warmluftmassen nordostwärts transportiert. Begrenzte Kaltluftvorstöße findet man auf der Rückseite der Einzelzyklonen, während am westlichen Ende der Serie ein Ausbruch hochreichender Polarluft weit nach S erfolgt.

Zyklonenfriedhof: im Fachjargon Bez. für Gebiete, in denen sich Zyklonen und Tiefausläufer rasch auflösen. Dies ist oft in küstennahen Gebieten der Fall, wenn beim Übertritt vom Meer auf das Festland wegen der stärkeren Bodenreibung ein größerer Massenfluß in das Tiefdruckgebiet hinein erfolgt und gleichzeitig die zyklogenetischen Prozesse zum Erliegen kommen. Typisch dafür ist das Absterben tropischer Wirbelstürme über Landgebieten.
Für Mitteleuropa ist die Bez. **Frontenfriedhof** geläufig, wenn bei einer winkelförmigen Westlage Fronten und Tiefausläufer heranziehen und ihre Verlagerung durch ein über Osteuropa gelegenes Hoch blockiert wird, so daß mehrere dicht hintereinander quasistationär werden und sich auflösen.

Zyklonenmodell: das von der norwegischen Schule entwickelte Schema des durchschnittlichen Verlaufs einer Zyklonenentwicklung mit den Stufen Wellenstörung (Bildungsstadium), junge Warmsektorzyklone (Entwicklungsstadium), okkludierende Zyklone (Reifestadium), okkludierte Zyklone (Alterungsstadium).

Zyklonentheorien: Theorien, die die Entstehung von Tiefdruckgebieten zu erklären suchen.
Ältere Z., die jeweils dem Kenntnisstand der Zeit entsprachen, sind heute nur noch von historischem Interesse. Dazu gehören z. B.:
die **Zyklonentheorie von R. Fitz-Roy** (1863), in der das Zusammentreffen von Kaltluft aus dem Polargebiet mit Warmluft aus den Subtropen zum Entstehen eines zyklonalen Wirbels führen soll (älteste bekannt gewordene Theorie);
die **Riegeltheorie** von F. M. Exner (1920), bei der eine südwärts vorstoßende Kaltluft für eine von W nach O strömende Warmluft wie ein Riegel als Hindernis wirken soll, hinter dem es zu einer Wirbelbildung kommt (in Analogie zu oro-

graphischen Zyklogenesen hinter Gebirgen);
die **Theorie von E. H. Palmén,** der „auspumpende Kräfte" in der mittleren und oberen Troposphäre für die Zyklogenese verantwortlich macht;
die ↑**Divergenzregel** von R. Scherhag.

Von *bleibender Bedeutung* hat sich lediglich die ↑Polarfronttheorie der norwegischen Schule erwiesen, die die Zyklonen als labile Wellen an der Polarfront auffaßt. Obwohl nicht alle Zyklonen mit dieser Theorie erklärt werden können (wie tropische Wirbelstürme, Polarzyklonen oder Hitzetiefs), hat sie für den praktischen Dienst auch heute noch großen Wert.
Von theoretischer Seite wurde inzwischen die Baroklinität der atmosphärischen Schichtung als entscheidende Voraussetzung für die Zyklogenese erkannt, wobei sich Zyklonen aus labilen Wellen in baroklinen Zonen entwickeln (↑barokline Instabilität).

zyklostrophischer Wind [zu griech. kyklós = Kreis und griech. strophḗ = Drehung, Wendung]: der Wind bei gekrümmten Isobaren. Z. W. und ↑geostrophischer Wind bilden zusammen den ↑Gradientwind. Zu den Kräften, die beim geostrophischen Wind im Gleichgewicht stehen, der Gradientkraft und der Coriolis-Kraft, tritt beim zyklostrophischen Wind als dritte Kraft die Zentrifugalkraft hinzu. Die Zentrifugalkraft ist immer vom Krümmungsmittelpunkt bzw. vom Luftdruckzentrum nach außen gerichtet. Sie ist abhängig vom Krümmungsradius der Kreisbewegung und von der Geschwindigkeit der Luftbewegung.

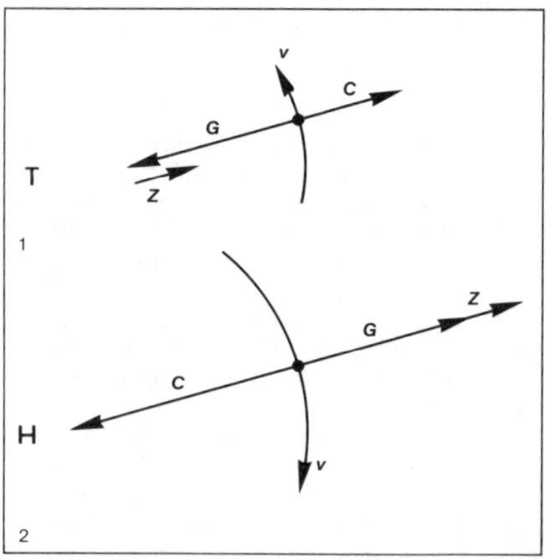

*Zyklostrophischer Wind. Gleichgewicht der Kräfte beim zyklostrophischen Wind; 1 bei zyklonaler Krümmung (**G** – **Z** = **C**), 2 bei antizyklonaler Krümmung (**G** + **Z** = **C**); **G** Gradientkraft, **Z** Zentrifugalkraft, **C** Coriolis-Kraft, v Windgeschwindigkeit*

Beim zyklostrophischen Wind sind zwei Fälle zu unterscheiden: Im Falle der *zyklonalen Strömung,* bei der die Gradientkraft zum Zentrum des tiefen Drukkes gerichtet ist, wirkt die Zentrifugalkraft genau entgegengesetzt zur Gradientkraft, sie vermindert also die Wirkung des Gradienten. Diesem verminderten Gradienten muß, um das Gleichgewicht herzustellen, eine verringerte Coriolis-Kraft gegenüberstehen. Da die Coriolis-Kraft der Windgeschwindigkeit proportional ist, kann sie nur verringert werden, indem die Windgeschwindigkeit niedriger wird. Die Windgeschwindigkeit ist deshalb in diesem Fall geringer als die des geostrophischen Windes bei gleichem Isobarenabstand; dies um so mehr, je stärker die Isobarenkrümmung und damit die Zentrifugalkraft ist.
Im andern Fall, wenn eine *antizyklonale Krümmung* vorliegt, wirken sowohl die Gradientkraft als auch die Zentrifugalkraft nach außen; um der dadurch verstärkten Gradientkraft das Gleichgewicht zu halten, muß die entgegengesetzt wirkende Coriolis-Kraft um den gleichen Betrag anwachsen. Dies ist nur dadurch möglich, daß gleichzeitig auch die Windgeschwindigkeit entsprechend zunimmt. Der zyklostrophische Wind ist deshalb bei antizyklonaler Krümmung bei gleichem Luftdruckgradienten immer größer als der geostrophische Wind, und dieser ist wiederum größer als der zyklostrophische Wind bei zyklonaler Krümmung. Der zyklostrophische Wind ist immer wie der geostrophische Wind gerichtet, bei Krümmungen schmiegt er sich tangential den Isobaren an.

Personenregister

(berücksichtigt sind nur im Text genannte Personen)

Aitken, John, britischer Physiker (1839–1919)
Albrecht, Fritz, deutscher Meteorologe (1896–1965)
Angot, Charles Alfred, französischer Meteorologe (1948–1924)
Ångström, Anders Jonas, schwedischer Astronom und Physiker (1814–1874)
Ångström, Anders Knutsson, schwedischer Physiker und Meteorologe (* 1888)
Appleton, Sir Edward Victor, britischer Physiker (1892–1965)
Arago, Dominique François Jean, französischer Physiker und Astronom (1786–1853)
Aßmann, Richard, deutscher Arzt und Meteorologe (1845–1918)
Baur, Franz, deutscher Meteorologe (1887–1977)
Beaufort, Sir Francis, britischer Admiral und Hydrograph (1774–1857)
Bebber, Wilhelm Jakob van, deutscher Meteorologe (1841–1909)
Becquerel, Antoine Henri, französischer Physiker (1852–1908)
Beer, August, deutscher Physiker (1825–1863)
Bellani, Angelo, italienischer Physiker (1776–1852)
Bénard, Henri [Claude], französischer Physiker (1874–1939)
Bergeron, Tor, schwedischer Meteorologe (1891–1977)
Bernoulli, Jakob, schweizerischer Mathematiker (1655–1705)
Berson, [Joseph] Arthur [Stanislaus], deutscher Meteorologe (1859–1942)
Bishop, Sereno E., amerikanischer Missionar (* 1909)
Bjerknes, Vilhelm, norwegischer Geophysiker (1862–1951)
Boltzmann, Ludwig, österreichischer Physiker (1844–1906)
Bouquer, Pierre, französischer Geodät und Naturforscher (1698–1758)
Bourdon, Eugene, französischer Ingenieur (1808–1884)
Bowen, Ira [Sprague], amerikanischer Astronom (1898–1973)
Brandes, Heinrich Wilhelm, deutscher Physiker (1777–1834)
Brezowsky, Helmut, deutscher Meteorologe (1913–1969)
Brückner, Eduard, deutscher Geograph und Klimatologe (1862–1927)
Bunsen, Robert Wilhelm, deutscher Chemiker (1811–1899)
Buys-Ballot, Christophorus Henricus Didericus, niederländischer Meteorologe (1821–1885)
Campbell, John Francis, britischer Meteorologe (1821–1885)
Celsius, Anders, schwedischer Astronom (1701–1744)
Coriolis, Gaspard Gustave de, französischer Physiker und Ingenieur (1792–1843)
Dalton, John, britischer Naturforscher (1766–1844)
Doppler, Christian, österreichischer Physiker und Mathematiker (1803–1853)
Dorno, Carl [Wilhelm Max], deutscher Bioklimatologe (1865–1942)
Easton, Cornelius, niederländischer Meteorologe (1864–1929)
Ekman, Walfried, schwedischer Physiker und Ozeanograph (1874–1954)
Eliassen, Arnt, norwegischer Meteorologe (* 1915)
Ertel, Hans, deutscher Geophysiker (1904–1971)
Euler, Leonhard, schweizerischer Mathematiker (1707–1783)
Exner, Felix Maria, österreichischer Meteorologe (1876–1930)
Fahrenheit, Daniel Gabriel, deutscher Physiker und Instrumentenbauer (1686–1736)
Faust, Heinrich, deutscher Meteorologe (1912–1975)
Ferrel, William, amerikanischer Meteorologe (1817–1891)
Ficker, Heinrich von, österreichischer Meteorologe (1881–1957)
Findeisen, Walter, deutscher Meteorologe (1909–1945)
Fitz-Roy, Robert, britischer Admiral und Meteorologe (1805–1865)
Fjørtoft, Ragnar, norwegischer Meteorologe (* 1913)
Flohn, Hermann, deutscher Klimatologe (* 1912)
Fortak, Heinz, deutscher Meteorologe (* 1926)
Fortin, Jean, französischer Mechaniker (1750–1831)
Fourier, [Jean-Baptiste] Joseph Baron de, französischer Mathematiker und Physiker (1768–1830)
Franklin, Benjamin, amerikanischer Politiker, Schriftsteller und Naturwissenschaftler (1706–1790)
Froude, William, britischer Schiffbauingenieur (1810–1879)

Galton, Sir Francis, britischer Naturforscher (1822–1911)
Gauß, Carl Friedrich, deutscher Mathematiker, Astronom und Physiker (1777–1855)
Gorczynski, Wladyslaw, polnischer Meteorologe (1879–1953)
Großmann, Louis Adolf, deutscher Meteorologe (1855–1917)
Grunow, Johannes, deutscher Ingenieur und Meteorologe (1902–1971)
Guericke, Otto von, deutscher Naturforscher (1602–1686)
Guilbert, Paul Gabriel, französischer Meteorologe (1862–1940)
Guldberg, Cato Maximilian, norwegischer Mathematiker und Chemiker (1836–1902)
Hadley, George, englischer Meteorologe (1685–1768)
Haude, Waldemar, deutscher Meteorologe (* 1898)
Heaviside, Oliver, britischer Physiker (1850–1925)
Hellmann, Gustav, deutscher Meteorologe (1854–1939)
Helmholtz, Hermann [Ludwig Ferdinand] von, deutscher Physiker und Physiologe (1821–1894)
Hemmer, Johann Jakob, deutscher Meteorologe und Physiker (1733–1790)
Hess, Paul, deutscher Meteorologe (1911–1983)
Hinkelmann, Karl Heinz, deutscher Meteorologe (1915–1986)
Hoff, Jacobus Henricus van't, niederländischer Physikochemiker (1852–1911)
Howard, Luke, britischer Fabrikant (1772–1864)
Jeffreys, Sir Harold, britischer Astronom und Geophysiker (* 1891)
Joule, James Prescott, britischer Physiker (1818–1889)
Junge, Christian, deutscher Geophysiker (* 1912)
Kármán, Tódor, amerikanischer Physiker und Aerodynamiker ungarischer Herkunft (1881–1963)
Kelvin, William Lord Kelvin of Largs, britischer Physiker (1824–1907)
Kennelly, Arthur Edwin, amerikanischer Ingenieur britischer Herkunft (1861–1939)
Kirchhoff, Gustav Robert, deutscher Physiker (1824–1887)
Klug, Werner, deutscher Meteorologe (* 1928)
Köppen, Wladimir, deutscher Meteorologe und Klimatologe russischer Herkunft (1846–1940)
Koschmieder, Harald, deutscher Meteorologe (1897–1966)
Lagrange, Joseph [Louis] de, französischer Mathematiker (1736–1813)
Lamb, Hubert Horace, britischer Klimatologe (* 1913)
Lambert, Johann Heinrich, elsässischer Universalgelehrter (1728–1777)
Lang, Richard, deutscher Bodenkundler (1882–1935)
Langley, Samuel Pierpont, amerikanischer Astrophysiker (1834–1906)
Lauscher, Friedrich, österreichischer Meteorologe (* 1905)
Lenard, Philipp, deutscher Physiker (1862–1947)
Linke, Franz, deutscher Meteorologe und Geophysiker (1878–1944)
Linné, Carl von, schwedischer Naturforscher (1707–1778)
Magnus, Heinrich Gustav, deutscher Physiker und Chemiker (1802–1870)
Margules, Max, österreichischer Meteorologe (1856–1920)
Maury, Matthew Fontaine, amerikanischer Ozeanograph (1806–1873)
Michelson, Albert Abraham, amerikanischer Physiker (1852–1931)
Michelson, Wladimir Alexandrowitsch, sowjetischer Physiker und Meteorologe (1860–1927)
Mie, Gustav [Adolf Ludwig], deutscher Physiker (1868–1957)
Milanković, Milutin, jugoslawischer Astronom (1879–1958)
Moese, Oskar, deutscher Meteorologe (1900–1947)
Mohn, Henrik, norwegischer Meteorologe (1835–1916)
Möller, Fritz, deutscher Meteorologe (1906–1983)
Monin, Andrei Sergejewitsch, sowjetischer Ozeanograph (* 1921)
Montgomery, Raymond Braislin, amerikanischer Ozeanograph (* 1910)
Mügge, Ratje, deutscher Meteorologe und Geophysiker (1896–1975)
Neumayer, Georg von, deutscher Hydrograph (1826–1909)
Newton, Sir Isaac, englischer Mathematiker, Physiker und Astronom (1643–1727)
Nipher, Francis Eugene, amerikanischer Physiker (1847–1926)
Obuchow, Alexandr Michailowitsch, sowjetischer Geophysiker (* 1918)
Palmén, Erik Herbert, finnischer Meteorologe (1898–1985)
Parry, Sir William Edward, britischer Admiral und Polarforscher (1790–1855)

Pascal, Blaise, französischer Philosoph, Mathematiker und Physiker (1623–1662)
Penck, Albrecht, deutscher Geograph (1858–1945)
Penman, Howard Latimer, britischer Physiker (1909–1984)
Petterssen, Sverre, norwegischer Meteorologe (1898–1974)
Pfleiderer, Heinrich, deutscher Bioklimatologe (* 1900)
Pitot, Henri, französischer Physiker (1695–1771)
Planck, Max [Karl Ernst Ludwig], deutscher Physiker (1858–1947)
Poiseuille, Jean Léonhard, französischer Mediziner (1797–1869)
Poisson, [Siméon] Denis, französischer Mathematiker und Physiker (1781–1840)
Prandtl, Ludwig, deutscher Physiker (1875–1953)
Raoult, François Marie, französischer Chemiker (1830–1901)
Rayleigh, John William Strutt, Baron, britischer Physiker (1842–1919)
Réaumur, René Antoine Ferchault de, französischer Naturwissenschaftler (1683–1757)
Refsdal, Anfinn, norwegischer Meteorologe (1897–1956)
Reynolds, Osborne, britischer Physiker und Ingenieur (1842–1912)
Röntgen, Wilhelm Conrad, deutscher Physiker (1845–1923)
Rossby, Carl-Gustav Arvid, schwedischer Meteorologe (1898–1957)
Ryd, Valdemar Hansen, dänischer Meteorologe (1865–1950)
Sandström, Johan Wilhelm, schwedischer Meteorologe und Physiker (1874–1947)
Schereschewsky, Philippe, französischer Meteorologe (1892–1980)
Scherhag, Richard, deutscher Meteorologe (1907–1970)
Schinze, Gerhart, deutscher Meteorologe (1899–1982)
Schmauß, August, deutscher Meteorologe (1877–1954)
Schüepp, Max, schweizerischer Meteorologe (* 1917)
Schulze, Rudolf, deutscher Strahlungsphysiker, Bioklimatologe, Meteorologe und Aerologe (1906–1974)
Seebeck, Thomas Johann, deutscher Physiker (1770–1831)
Seilkopf, Heinrich, deutscher Meteorologe (1895–1968)
Shaw, Sir [William] Napier, britischer Meteorologe (1854–1945)
Showalter, Albert K., amerikanischer Meteorologe (1907–1986)
Siegel, Otto, deutscher Bodenkundler (* 1909)
Sievert, Rolf Maximilian, schwedischer Radiologe (1896–1966)
Sprung, Adolf Friedrich Wichard, deutscher Meteorologe (1848–1909)
Stefan, Josef, österreichischer Physiker (1835–1893)
Stevenson, Thomas, britischer Physiker und Ingenieur (1818–1887)
Stokes, Sir George Gabriel, britischer Physiker und Mathematiker (1819–1903)
Stüve, Georg, deutscher Meteorologe (1888–1935)
Sutcliffe, Reginald Cockcroft, britischer Meteorologe (* 1904)
Thornthwaite, Charles Warren, amerikanischer Klimatologe (1899–1963)
Torricelli, Evangelista, italienischer Mathematiker und Physiker (1608–1647)
Van Allen, James Alfred, amerikanischer Physiker (* 1914)
Vidie, Lucien, französischer Mechaniker (1805–1866)
Wagner, Artur, österreichischer Meteorologe (1883–1942)
Walker, Sir Gilbert, britischer Meteorologe (1868–1958)
Watt, James, britischer Ingenieur und Erfinder (1736–1819)
Weber, Wilhelm [Eduard], deutscher Physiker (1804–1891)
Wegener, Alfred [Lothar], deutscher Meteorologe und Geophysiker (1880–1930)
Weickmann, Ludwig, deutscher Meteorologe und Geophysiker (1882–1961)
Wherlé, Philippe, französischer Meteorologe (um 1890–1965)
Wien, Wilhelm (Willy) [Karl Werner], deutscher Physiker (1864–1928)
Wild, Heinrich, schweizerischer Physiker und Meteorologe (1833–1902)

Literaturverzeichnis

L. J. Battan, Weather in your life, San Francisco 1983
L. J. Battan, Fundamentals of meteorology, Englewood Cliffs [2]1984
L. J. Battan, Weather, Englewood Cliffs, [2]1985
J. Blüthgen/W. Weischet, Allgemeine Klimageographie, Berlin [3]1980
S. Bodin/H. Malberg, Das Wetter und wir (Übers. a. d. Schwed.), Berlin 1979
P. Bohr u. a., Allgemeine Meteorologie, Offenbach am Main [2]1974
H. R. Byers, General meteorology, New York [4]1974
P. Devuyst, Comprendre, interpréter, appliquer la météorologie, Paris 1972
A. Eliassen/K. Pedersen, Meteorology. An introductory course, Oslo 1977, 2 Bde.
H. Faust, Das große Buch der Wetterkunde, Düsseldorf 1968
R. G. Fleagle/J. A. Businger, An introduction to atmospheric physics, New York [2]1980
H. Flohn, Vom Regenmacher zum Wettersatelliten. Klima und Wetter, München 1968
H. Flohn (Hg.), General climatology, Amsterdam 1969
H. Fortak, Meteorologie, Berlin [2]1982
H. Häckel, Meteorologie, Stuttgart 1985
E. Heyer, Witterung und Klima. Eine allgemeine Klimatologie, Leipzig [7]1984
D. D. Houghton (Hg.), Handbook of applied meteorology, New York 1985
H. G. Houghton, Physical meteorology, Cambridge 1985
R. Leduc/R. Gervais, Connaître la météorologie, Quebec 1985
G. H. Liljequist/K. Cehak, Allgemeine Meteorologie (Übers. a. d. Schwed.), Braunschweig [3]1984
H. Malberg, Meteorologie und Klimatologie. Eine Einführung, Berlin 1985
Meteorological Office, A course in elementary meteorology, London [2]1978
F. Möller, Einführung in die Meteorologie, Mannheim 1973, Nachdr. 1984, 2 Bde.
M. Neiburger/J. G. Edinger/W. D. Bonner, Understanding our atmospheric environment, San Francisco [2]1982
S. Petterssen, Introduction to meteorology, New York [3]1969
P. Queney, Eléments de météorologie, Paris 1974
H. Reuter, Die Wissenschaft vom Wetter, Berlin/New York [2]1978
H. Riehl, Introduction to the atmosphere, New York [3]1978
V. J. Schaefer/J. A. Day, A field guide to the atmosphere, Boston 1981
U. Scharnow/W. Berth/W. Keller, Wetterkunde, Berlin [6]1982
R. Scherhag/W. Lauer, Klimatologie, Braunschweig [10]1982 (Neuauflage 1985)
S. Schöpfer, Wie wird das Wetter? Stuttgart [8]1985
H.-J. Tanck, Meteorologie. Wetterkunde, Wetteranzeichen, Wetterbeeinflussung, Reinbek 39.–49. Tsd. 1985
J. P. Triplet/G. Roche, Météorologie générale, Paris [2]1977
H. Wachter, Wie entsteht das Wetter? Meteorologie für jedermann, Frankfurt am Main 1969
H. Wachter, Wechselnd bewölkt, Wien u. a. 1973
D. Walch, Wetterkunde, Düsseldorf 1986
J. M. Wallace/P. V. Hobbs, Atmospheric science. An introductory survey, New York 1977
W. Weischet, Einführung in die allgemeine Klimatologie. Physikalische und meteorologische Grundlagen, Stuttgart 1977

Bildquellenverzeichnis

Bibliographisches Institut und F. A. Brockhaus, Mannheim; Deutsche Forschungs- und Versuchsanstalt für Luft- und Raumfahrt e. V., Oberpfaffenhofen; Deutscher Wetterdienst Zentralamt, Offenbach am Main; Deutscher Wetterdienst, Medizin – Meteorologische Forschungsstelle, Freiburg im Breisgau; V. Dietze, Freiburg im Breisgau; ESA Meteosat Bild – mit Genehmigung CDZ-Film, Berlin (West); Dr. H. Möller, Hamburg; Prof. H. Schirmer, Offenbach am Main.